建筑施工手册

(第四版)

5

《建筑施工手册》(第四版) 编写组

中国建筑工业出版社

图书在版编目（CIP）数据

建筑施工手册．5/《建筑施工手册》编写组编．
4版．—北京：中国建筑工业出版社，2003
ISBN 978-7-112-05564-7

Ⅰ. 建… Ⅱ. 建… Ⅲ. 建筑工程—工程施工—技术手册 Ⅳ. TU7-62

中国版本图书馆 CIP 数据核字（2003）第 009132 号

　　《建筑施工手册》第四版共分 5 个分册，本册为第 5 分册。本书共分 6 章，主要内容包括：施工项目管理；建筑工程造价；工程施工招标投标；施工组织设计；建筑施工安全；建设工程监理。

　　本手册修订的特点是：技术内容新，对近年来发展较快的施工技术和施工管理内容做了大量的补充，反映了建设部重点推广的新材料、新技术、新工艺；手册修订紧密结合近年来建筑材料、建筑结构设计、建筑工程施工质量验收及工程项目管理等标准、规范、规程进行编写，符合最新规范、规程、标准的要求；本次修订突出了内容简洁、资料齐全、实用、查找方便、新技术信息含量高的特点。本书反映了 21 世纪初的最新施工技术水平和管理水平，书中囊括了许多最新的科研成果，内容系统丰富，实用性强。是建筑工程技术人员及管理人员的得力助手。

　　本书可供建筑施工工程技术人员、管理人员使用，也可供大专院校相关专业师生参考。

* * *

责任编辑　郦锁林

建 筑 施 工 手 册
（第 四 版）
5
《建筑施工手册》（第四版）　编写组
*
中国建筑工业出版社出版、发行（北京西郊百万庄）
各地新华书店、建筑书店经销
北京中科印刷有限公司印刷
*

开本：787×1092 毫米　1/16　印张：69　插页：1　字数：1719 千字
2003 年 5 月第四版　2007 年 10 月第十一次印刷
印数：36501—38000 册　　定价：112.00 元
ISBN 978-7-112-05564-7
（11182）

版权所有　翻印必究
如有印装质量问题，可寄本社退换
（邮政编码 100037）

第四版出版说明

《建筑施工手册》自 1980 年出版问世，1988 年出版了第二版，1997 年出版了第三版。由于近年来我国建筑工程勘察设计、施工质量验收、材料等标准规范的全面修订，新技术、新工艺、新材料的应用和发展，以及为了适应我国加入 WTO 以后建筑业与国际接轨的形势，我们对《建筑施工手册》（第三版）进行了全面修订。此次修订遵循以下原则：

1. 继承发扬前三版的优点，充分体现出手册的权威性、科学性、先进性、实用性，同时反映我国加入 WTO 后，建筑施工管理与国际接轨，把国外先进的施工技术、管理方法吸收进来。精心修订，使手册成为名副其实的精品图书，畅销不衰。

2. 近年来，我国先后对建筑材料、建筑结构设计、建筑工程施工质量验收规范进行了全面修订并实施，手册修订内容紧密结合相应规范，符合新规范要求，既作为一本资料齐全、查找方便的工具书，也可作为规范实施的技术性工具书。

3. 根据国家施工质量验收规范要求，增加建筑安装技术内容，使建筑安装施工技术更完整、全面，进一步扩大了手册实用性，满足全国广大建筑安装施工技术人员的需要。

4. 增加补充建设部重点推广的新技术、新工艺、新材料，删除已经落后的、不常用的施工工艺和方法。

第四版仍分 5 册，全书共 36 章。与第三版相比，在结构和内容上有很大变化，第四版第 1、2、3 册主要介绍建筑施工技术，第 4 册主要介绍建筑安装技术，第 5 册主要介绍建筑施工管理。与第三版相比，构架不同点在于：(1) 建筑施工管理部分内容集中单独成册；(2) 根据国家新编建筑工程施工质量验收规范要求，增加建筑安装技术内容，使建筑施工技术更完整、全面；(3) 将第三版其中 22 装配式大板与升板法施工、23 滑动模板施工、24 大模板施工精简压缩成滑动模板施工一章；15 木结构工程、27 门窗工程、28 装饰工程合并为建筑装饰装修工程一章；根据需要，增加古建筑施工一章。

第四版由中国建筑工业出版社组织修订，来自全国各施工单位、科研院校、建筑工程施工质量验收规范编制组等专家、教授共 61 人组成手册编写组。同时成立了《建筑施工手册》（第四版）审编组，在中国建筑工业出版社主持下，负责各章的审稿和部分章节的修改工作。

本手册修订、审稿过程中，得到了很多单位及个人的大力支持和帮助，我们表示衷心地感谢。

第四版总目（主要执笔人）

1

1	施工常用数据	关 柯　刘长滨　罗兆烈
2	常用结构计算	赵志缙　赵 帆
3	材料试验与结构检验	张 青
4	施工测量	吴来瑞　邓学才　陈云祥
5	脚手架工程和垂直运输设施	杜荣军　姜传库
6	土方与基坑工程	江正荣　赵志缙　赵 帆
7	地基处理与桩基工程	江正荣

2

8	模板工程	侯君伟
9	钢筋工程	杨宗放
10	混凝土工程	王庆生
11	预应力工程	杨宗放
12	钢结构工程	赵志缙　赵 帆　王 辉
13	砌体工程	朱维益
14	起重设备与混凝土结构吊装工程	梁建智　叶映辉
15	滑动模板施工	毛凤林

3

16	屋面工程	张文华　项桦太
17	地下防水工程	薛振东　邹爱玲　吴 明　王 天
18	建筑地面工程	熊杰民
19	建筑装饰装修工程	侯君伟　王寿华
20	建筑防腐蚀工程	侯锐钢　芦 天
21	构筑物工程	王寿华　温 刚
22	冬期施工	项鬻行
23	建筑节能与保温隔热工程	金鸿祥　杨善勤
24	古建筑施工	刘大可　马炳坚　路化林　蒋广全

4

25	设备安装常用数据与基本要求	陈御平　田会杰
26	建筑给水排水及采暖工程	赵培森　王树瑛　田会杰　王志伟
27	建筑电气安装工程	杨南方　尹 辉　陈御平
28	智能建筑工程	孙述璞　张青虎
29	通风与空调工程	张学助　孟昭荣
30	电梯安装工程	纪学文

5

31	施工项目管理	田金信　周爱民

32	建筑工程造价	丛培经
33	工程施工招标与投标	张 琰　郝小兵
34	施工组织设计	关 柯　王长林　董玉学　刘志才
35	建筑施工安全技术与管理	杜荣军
36	建设工程监理	张 莹　张稚麟

手册第四版审编组成员（按姓氏笔画排列）

王寿华　王家隽　朱维益　吴之昕　张学助　张 琰　张惠宗
林贤光　陈御平　杨嗣信　侯君伟　赵志缙　黄崇国　彭圣浩

出版社审编人员

胡永旭　佘永祯　周世明　林婉华　刘 江　时咏梅　郦锁林

第三版出版说明

《建筑施工手册》自1980年出版问世,1988年出版了第二版。从手册出版、二版至今已16年,发行了200余万册,施工企业技术人员几乎人手一册,成为常备工具书。这套手册对于我国施工技术水平的提高,施工队伍素质的培养,起了巨大的推动作用。手册第一版荣获1971~1981年度全国优秀科技图书奖。第二版荣获1990年建设部首届全国优秀建筑科技图书部级奖一等奖。在1991年8月5日的新闻出版报上,这套手册被誉为"推动着我国科技进步的十部著作"之一。同时,在港、澳地区和日本、前苏联等国,这套手册也有相当的影响,享有一定的声誉。

近十年来,随着我国经济的振兴和改革的深入,建筑业的发展十分迅速,各地陆续兴建了一批对国计民生有重大影响的重点工程,高层和超高层建筑如雨后春笋,拔地而起。通过长期的工程实践和技术交流,我国建筑施工技术和管理经验有了长足的进步,积累了丰富的经验。与此同时,许多新的施工验收规范、技术规程、建筑工程质量验评标准及有关基础定额均已颁布执行。这一切为修订《建筑施工手册》第三版创造了条件。

现在,我们奉献给读者的是《建筑施工手册》(第三版)。第三版是跨世纪的版本,修订的宗旨是:要全面总结改革开放以来我国在建筑工程施工中的最新成果,最先进的建筑施工技术,以及在建筑业管理等软科学方面的改革成果,使我国在建筑业管理方面逐步与国际接轨,以适应跨世纪的要求。

新推出的手册第三版,在结构上作了调整,将手册第二版上、中、下3册分为5个分册,共32章。第1、2分册为施工准备阶段和建筑业管理等各项内容,分10章介绍;除保留第二版中的各章外,增加了建设监理和建筑施工安全技术两章。3~5为各分部工程的施工技术,分22章介绍;将第二版各章在顺序上作了调整,对工程中应用较少的技术,作了合并或简化,如将砌块工程并入砌体工程,预应力板柱并入预应力工程,装配式大板与升板工程合并;同时,根据工程技术的发展和国家的技术政策,补充了门窗工程和建筑节能两部分。各章中着重补充近十年采用的新结构、新技术、新材料、新设备、新工艺,对建设部颁发的建筑业"九五"期间重点推广的10项新技术,在有关各章中均作了重点补充。这次修订,还将前一版中存在的问题作了订正。各章内容均符合国家新颁规范、标准的要求,内容范围进一步扩大,突出了资料齐全、查找方便的特点。

我们衷心地感谢广大读者对我们的热情支持。我们希望手册第三版继续成为建筑施工技术人员工作中的好参谋、好帮手。

1997年4月

手册第三版主要执笔人

第1册

1 常用数据　　　　　　　关 柯　刘长滨　罗兆烈

2	施工常用结构计算	赵志缙 赵 帆
3	材料试验与结构检验	项萧行
4	施工测量	吴来瑞 陈云祥
5	脚手架工程和垂直运输设施	杜荣军 姜传库
6	建筑施工安全技术和管理	杜荣军

第 2 册

7	施工组织设计和项目管理	关 柯 王长林 田金信 刘志才 董玉学 周爱民
8	建筑工程造价	唐连珏
9	工程施工的招标与投标	张 琰
10	建设监理	张稚麟

第 3 册

11	土方与爆破工程	江正荣 赵志缙 赵 帆
12	地基与基础工程	江正荣
13	地下防水工程	薛振东
14	砌体工程	朱维益
15	木结构工程	王寿华
16	钢结构工程	赵志缙 赵 帆 范懋达 王 辉

第 4 册

17	模板工程	侯君伟 赵志缙
18	钢筋工程	杨宗放
19	混凝土工程	徐 帆
20	预应力混凝土工程	杨宗放 杜荣军
21	混凝土结构吊装工程	梁建智 叶映辉 赵志缙
22	装配式大板与升板法施工	侯君伟 戎 贤 朱维益 张晋元 孙 克
23	滑动模板施工	毛凤林
24	大模板施工	侯君伟 赵志缙

第 5 册

25	屋面工程	杨 扬 项桦太
26	建筑地面工程	熊杰民
27	门窗工程	王寿华
28	装饰工程	侯君伟
29	防腐蚀工程	芦 天 侯锐钢 白 月 陆士平
30	工程构筑物	王寿华
31	冬季施工	项萧行
32	隔热保温工程与建筑节能	张竹荪

第二版出版说明

《建筑施工手册》(第一版)自 1980 年出版以来,先后重印七次,累计印数达 150 万册左右,受到广大读者的欢迎和社会的好评,曾荣获 1971～1981 年度全国优秀科技图书奖。不少读者还对第一版的内容提出了许多宝贵的意见和建议,在此我们向广大读者表示深深的谢意。

近几年,我国执行改革、开放政策,建筑业蓬勃发展,高层建筑日益增多,其平面布局、结构类型复杂、多样,各种新的建筑材料的应用,使得建筑施工技术有了很大的进步。同时,新的施工规范、标准、定额等已颁布执行,这就使得第一版的内容远远不能满足当前施工的需要。因此,我们对手册进行了全面的修订。

手册第二版仍分上、中、下三册,以量大面广的一般工业与民用建筑,包括相应的附属构筑物的施工技术为主。但是,内容范围较第一版略有扩大。第一版全书共 29 个项目,第二版扩大为 31 个项目,增加了"砌块工程施工"和"预应力板柱工程施工"两章。并将原第 3 章改名为"施工组织与管理"、原第 4 章改名为"建筑工程招标投标及工程概预算"、原第 9 章改名为"脚手架工程和垂直运输设施"、原第 17 章改名为"钢筋混凝土结构吊装"、原第 18 章改名为"装配式大板工程施工"。除第 17 章外,其他各章均增加了很多新内容,以更适应当前施工的需要。其余各章均作了全面修订,删去了陈旧的和不常用的资料,补充了不少新工艺、新技术、新材料,特别是施工常用结构计算、地基与基础工程、地下防水工程、装饰工程等章,修改补充后,内容更为丰富。

手册第二版根据新的国家规范、标准、定额进行修订,采用国家颁布的法定计量单位,单位均用符号表示。但是,对个别计算公式采用法定计量单位计算数值有困难时,仍用非法定单位计算,计算结果取近似值换算为法定单位。

对于手册第一版中存在的各种问题,这次修订时,我们均尽可能一一作了订正。

在手册第二版的修订、审稿过程中,得到了许多单位和个人的大力支持和帮助,我们衷心地表示感谢。

手册第二版主要执笔人

上 册

项 目 名 称	修 订 者
1. 常用数据	关 柯　刘长滨
2. 施工常用结构计算	赵志缙　应惠清　陈 杰
3. 施工组织与管理	关 柯　王长林　董五学　田金信
4. 建筑工程招标投标及工程概预算	侯君伟
5. 材料试验与结构检验	项蔚行
6. 施工测量	吴来瑞　陈云祥

7. 土方与爆破工程　　　　　　　　　　　　　　　　江正荣
8. 地基与基础工程　　　　　　　　　　　　江正荣　朱国梁
9. 脚手架工程和垂直运输设施　　　　　　　　　　　杜荣军

中　　册

10. 砖石工程　　　　　　　　　　　　　　　　　　朱维益
11. 木结构工程　　　　　　　　　　　　　　　　　王寿华
12. 钢结构工程　　　　　　　　　赵志缙　范懋达　王　辉
13. 模板工程　　　　　　　　　　　　　　　　　　王壮飞
14. 钢筋工程　　　　　　　　　　　　　　　　　　杨宗放
15. 混凝土工程　　　　　　　　　　　　　　　　　徐　帆
16. 预应力混凝土工程　　　　　　　　　　　　　　杨宗放
17. 钢筋混凝土结构吊装　　　　　　　　　　　　　朱维益
18. 装配式大板工程施工　　　　　　　　　　　　　侯君伟

下　　册

19. 砌块工程施工　　　　　　　　　　　　　　　　张稚麟
20. 预应力板柱工程施工　　　　　　　　　　　　　杜荣军
21. 滑升模板施工　　　　　　　　　　　　　　　　王壮飞
22. 大模板施工　　　　　　　　　　　　　　　　　侯君伟
23. 升板法施工　　　　　　　　　　　　　　　　　朱维益
24. 屋面工程　　　　　　　　　　　　　　　　　　项桦太
25. 地下防水工程　　　　　　　　　　　　　　　　薛振东
26. 隔热保温工程　　　　　　　　　　　　　　　　韦延年
27. 地面与楼面工程　　　　　　　　　　　　　　　熊杰民
28. 装饰工程　　　　　　　　　　　　　　侯君伟　徐小洪
29. 防腐蚀工程　　　　　　　　　　　　　　　　　侯君伟
30. 工程构筑物　　　　　　　　　　　　　　　　　王寿华
31. 冬期施工　　　　　　　　　　　　　　　　　　项蕴行

1988 年 12 月

第一版出版说明

《建筑施工手册》分上、中、下三册，全书共二十九个项目。内容以量大面广的一般工业与民用建筑，包括相应的附属构筑物的施工技术为主，同时适当介绍了各工种工程的常用材料和施工机具。

手册在总结我国建筑施工经验的基础上，系统地介绍了各工种工程传统的基本施工方法和施工要点，同时介绍了近年来应用日广的新技术和新工艺。目的是给广大施工人员，特别是基层施工技术人员提供一本资料齐全、查找方便的工具书。但是，就这个本子看来，有的项目新资料收入不多，有的项目写法上欠简练，名词术语也不尽统一；某些规范、定额，因为正在修订中，有的数据规定仍取用旧的。这些均有待再版时，改进提高。

本手册由国家建筑工程总局组织编写，共十三个单位组成手册编写组。北京市建筑工程局主持了编写过程的编辑审稿工作。

本手册编写和审查过程中，得到各省市基建单位的大力支持和帮助，我们表示衷心的感谢。

手册第一版主要执笔人

上 册

1. 常用数据	哈尔滨建筑工程学院	关 柯 陈德蔚
2. 施工常用结构计算	同济大学	赵志缙 周士富
		潘宝根
	上海市建筑工程局	黄进生
3. 施工组织设计	哈尔滨建筑工程学院	关 柯 陈德蔚
		王长林
4. 工程概预算	镇江市城建局	左鹏高
5. 材料试验与结构检验	国家建筑工程总局第一工程局	杜荣军
6. 施工测量	国家建筑工程总局第一工程局	严必达
7. 土方与爆破工程	四川省第一机械化施工公司	郭瑞田
	四川省土石方公司	杨洪福
8. 地基与基础工程	广东省第一建筑工程公司	梁 润
	广东省建筑工程局	郭汝铭
9. 脚手架工程	河南省第四建筑工程公司	张肇贤

中　册

10. 砌体工程	广州市建筑工程局	余福荫
	广东省第一建筑工程公司	伍于聪
	上海市第七建筑工程公司	方　枚
11. 木结构工程	山西省建筑工程局	王寿华
12. 钢结构工程	同济大学	赵志缙　胡学仁
	上海市华东建筑机械厂	郑正国
	北京市建筑机械厂	范懋达
13. 模板工程	河南省第三建筑工程公司	王壮飞
14. 钢筋工程	南京工学院	杨宗放
15. 混凝土工程	江苏省建筑工程局	熊杰民
16. 预应力混凝土工程	陕西省建筑科学研究院	徐汉康　濮小龙
	中国建筑科学研究院 建筑结构研究所	裴　骕　黄金城
17. 结构吊装	陕西省机械施工公司	梁建智　于近安
18. 墙板工程	北京市建筑工程研究所	侯君伟
	北京市第二住宅建筑工程公司	方志刚

下　册

19. 滑升模板施工	河南省第三建筑工程公司	王壮飞
	山西省建筑工程局	赵全龙
20. 大模板施工	北京市第一建筑工程公司	万嗣诠
		戴振国
21. 升板法施工	陕西省机械施工公司	梁建智
	陕西省建筑工程局	朱维益
22. 屋面工程	四川省建筑工程局建筑工程学校	刘占黑
23. 地下防水工程	天津市建筑工程局	叶祖涵　邹连华
24. 隔热保温工程	四川省建筑科学研究所	韦延年
	四川省建筑勘测设计院	侯远贵
25. 地面工程	北京市第五建筑工程公司	白金铭
		阎崇贵
26. 装饰工程	北京市第一建筑工程公司	凌关荣
	北京市建筑工程研究所	张兴大
		徐晓洪
27. 防腐蚀工程	北京市第一建筑工程公司	王伯龙
28. 工程构筑物	国家建筑工程总局第一工程局二公司	陆仁元
	山西省建筑工程局	王寿华　赵全龙
29. 冬季施工	哈尔滨市第一建筑工程公司	吕元骐
	哈尔滨建筑工程学院	刘宗仁
	大庆建筑公司	黄可荣

手册编写组组长单位　　北京市建筑工程局（主持人：徐仁祥　梅　璋　张悦勤）

手册编写组副组长单位　国家建筑工程总局第一工程局（主持人：俞佾文）
　　　　　　　　　　同济大学（主持人：赵志缙　黄进生）
手册审编组成员　　　王壮飞　王寿华　朱维益　张悦勤　项骞行　侯君伟　赵志缙
出版社审编人员　　　夏行时　包瑞麟　曲士蕴　李伯宁　陈淑英　周　谊　林婉华
　　　　　　　　　　胡凤仪　徐竞达　徐焰珍　蔡秉乾

1980 年 12 月

本册编写人员

31	施工项目管理	田金信	周爱民		
32	建筑工程造价	丛培经			
	参加本章编写工作的还有	董红梅	顾祖惠	李兆荣	习志中
		邱世勋	卢旭东	杨俊杰	陈新民
		李庆梅			
33	工程施工招标投标	张 琰	郝小兵		
	参加本章编写工作的还有	陈彦平	张 科	刘铭基	王亚军
		李 洁			
34	施工组织设计	关 柯	王长林	董玉学	刘志才
35	建筑施工安全	杜荣军			
36	建设工程监理	张 莹	张稚麟		
	参加本章编写工作的还有	彭莹莹	张 玮	张鸿敏	张智恒

目 录

31 施工项目管理

- 31-1 施工项目管理概述 …………… 1
  - 31-1-1 基本概念 ……………………… 1
    - 31-1-1-1 项目 ………………………… 1
    - 31-1-1-2 建设项目 …………………… 1
    - 31-1-1-3 施工项目 …………………… 2
    - 31-1-1-4 项目管理 …………………… 2
    - 31-1-1-5 建设项目管理 ……………… 2
    - 31-1-1-6 施工项目管理 ……………… 2
    - 31-1-1-7 施工项目管理与建设项目管理的区别 ……………………… 3
  - 31-1-2 施工项目管理程序及内容 …… 3
    - 31-1-2-1 施工项目管理程序 ………… 3
    - 31-1-2-2 施工项目管理的内容 ……… 4
  - 31-1-3 施工项目管理规划 …………… 5
    - 31-1-3-1 施工项目管理规划的概念和类型 ……………………… 5
    - 31-1-3-2 施工项目管理规划大纲 …… 5
    - 31-1-3-3 施工项目管理实施规划 …… 6
- 31-2 施工项目管理组织 ……………… 8
  - 31-2-1 施工项目管理组织概述 ……… 8
    - 31-2-1-1 施工项目管理组织的概念 … 8
    - 31-2-1-2 施工项目管理组织的内容 … 9
  - 31-2-2 施工项目管理组织机构设置 … 9
    - 31-2-2-1 施工项目管理组织机构设置的原则 ……………………… 9
    - 31-2-2-2 施工项目管理组织机构设置的程序 ……………………… 10
    - 31-2-2-3 施工项目管理组织的主要形式 ……………………… 10
    - 31-2-2-4 施工项目管理组织形式的选择 ……………………… 14
  - 31-2-3 施工项目经理部 ……………… 15
    - 31-2-3-1 施工项目经理部的作用 …… 15
    - 31-2-3-2 施工项目经理部的设置 …… 16
    - 31-2-3-3 施工项目管理制度 ………… 17
    - 31-2-3-4 施工项目经理部的解体 …… 18
  - 31-2-4 施工项目经理 ………………… 19
    - 31-2-4-1 施工项目经理应具备的素质 … 19
    - 31-2-4-2 施工项目经理的选择 ……… 19
    - 31-2-4-3 施工项目经理责任制 ……… 20
    - 31-2-4-4 施工项目经理资质管理 …… 23
- 31-3 施工项目进度控制 ……………… 24
  - 31-3-1 施工项目进度控制概述 ……… 24
    - 31-3-1-1 影响施工项目进度的因素 … 24
    - 31-3-1-2 施工项目进度控制的措施 … 24
    - 31-3-1-3 施工项目进度控制原理 …… 25
    - 31-3-1-4 施工项目进度控制目标体系 … 27
    - 31-3-1-5 施工项目进度控制程序 …… 28
  - 31-3-2 施工项目进度计划的审核、实施与检查 ……………………… 28
    - 31-3-2-1 施工项目进度计划的审核 … 28
    - 31-3-2-2 施工项目进度计划的实施 … 30
    - 31-3-2-3 施工项目进度计划的检查 … 32
  - 31-3-3 施工项目进度计划执行情况对比分析 ……………………… 33
    - 31-3-3-1 计算对比法 ………………… 33
    - 31-3-3-2 图形对比法 ………………… 34
  - 31-3-4 施工进度计划的调整与总结 … 45
    - 31-3-4-1 施工进度检查结果的处理意见 ……………………… 45
    - 31-3-4-2 施工进度计划的调整 ……… 45
    - 31-3-4-3 施工进度控制总结 ………… 47
- 31-4 施工项目质量控制 ……………… 47
  - 31-4-1 施工项目质量计划 …………… 47
    - 31-4-1-1 施工项目质量计划编制的内容 ……………………… 47
    - 31-4-1-2 施工项目质量计划编制的依据和要求 ……………………… 48
  - 31-4-2 施工生产要素质量控制 ……… 51
    - 31-4-2-1 人的控制 …………………… 51

31-4-2-2 材料、设备的控制 …… 52
31-4-2-3 施工机械设备的控制 …… 53
31-4-2-4 施工方法的控制 …… 53
31-4-2-5 环境的控制 …… 53
31-4-3 施工工序质量控制 …… 54
　31-4-3-1 工序质量控制的概念和内容 … 54
　31-4-3-2 工序质量控制点的设置和管理 …… 54
　31-4-3-3 工程质量预控 …… 57
　31-4-3-4 成品保护 …… 66
31-4-4 质量控制方法 …… 66
　31-4-4-1 PDCA循环工作方法 …… 66
　31-4-4-2 质量控制的统计分析方法 …… 67
31-4-5 工程质量问题的分析和处理 …… 104
　31-4-5-1 工程质量问题的分类 …… 104
　31-4-5-2 工程质量事故的分类及处理职责 …… 105
　31-4-5-3 工程质量问题原因分析 …… 106
　31-4-5-4 工程质量问题处理程序 …… 107
　31-4-5-5 质量事故处理方案的确定 …… 108
　31-4-5-6 质量事故处理的鉴定验收 …… 110
31-4-6 建筑工程质量验收 …… 110
　31-4-6-1 基本规定 …… 110
　31-4-6-2 建筑工程质量验收的划分 …… 112
　31-4-6-3 建筑工程质量验收标准 …… 116
　31-4-6-4 建筑工程质量验收程序和组织 …… 123

31-5 施工项目成本控制 …… 123

31-5-1 施工项目成本控制概述 …… 123
　31-5-1-1 施工项目成本的概念 …… 123
　31-5-1-2 施工项目成本的主要形式 …… 124
　31-5-1-3 施工项目成本的构成 …… 125
　31-5-1-4 施工项目成本控制的概念及原则 …… 126
　31-5-1-5 施工项目成本控制的程序 …… 127
　31-5-1-6 施工项目成本控制的内容 …… 127
　31-5-1-7 施工项目成本目标责任制 …… 128
31-5-2 施工项目成本预测和目标成本 … 128
　31-5-2-1 施工项目成本预测 …… 128
　31-5-2-2 施工项目目标成本 …… 131
31-5-3 施工项目成本控制实施 …… 137
　31-5-3-1 施工项目成本控制责任制 …… 137
　31-5-3-2 施工项目成本控制的方法 …… 138

31-5-3-3 降低施工项目成本的途径和措施 …… 144
31-5-4 施工项目成本核算 …… 145
　31-5-4-1 施工项目成本核算的对象、任务和要求 …… 145
　31-5-4-2 施工项目成本核算的基础工作 …… 146
　31-5-4-3 施工项目成本核算的工作流程 …… 153
　31-5-4-4 施工项目成本核算的办法 …… 161
31-5-5 施工项目成本分析和考核 …… 164
　31-5-5-1 施工企业成本分析的内容和分类 …… 164
　31-5-5-2 施工项目成本分析的方法 …… 164
　31-5-5-3 施工项目成本考核 …… 170

31-6 施工项目安全控制 …… 171

31-6-1 施工项目安全控制概述 …… 171
　31-6-1-1 施工项目安全控制的对象 …… 171
　31-6-1-2 施工项目安全控制目标及目标体系 …… 172
　31-6-1-3 施工项目安全控制的程序 …… 172
31-6-2 施工项目安全保证计划与实施 … 174
　31-6-2-1 安全生产策划 …… 174
　31-6-2-2 施工项目安全保证计划 …… 174
　31-6-2-3 安全保证计划的实施 …… 175
31-6-3 施工项目安全控制措施 …… 175
　31-6-3-1 施工项目安全立法措施 …… 175
　31-6-3-2 施工项目安全管理组织措施 … 176
　31-6-3-3 施工安全技术措施 …… 180
　31-6-3-4 安全教育 …… 181
　31-6-3-5 安全检查与验收 …… 183
31-6-4 伤亡事故的调查处理 …… 187
　31-6-4-1 伤亡事故等级 …… 187
　31-6-4-2 伤亡事故种类 …… 187
　31-6-4-3 事故原因 …… 188
　31-6-4-4 伤亡事故的调查处理程序 …… 189
31-6-5 安全事故原因分析方法 …… 192
　31-6-5-1 事件树分析法 …… 192
　31-6-5-2 故障树分析法 …… 193
　31-6-5-3 因果分析图法 …… 194

31-7 施工项目生产要素管理 …… 195

31-7-1 施工项目劳动力管理 …… 195

- 31-7-1-1 施工项目劳动力管理的概念 …… 195
- 31-7-1-2 施工项目劳动力组织管理的原则 …… 195
- 31-7-1-3 施工项目劳动组织管理的内容 …… 196
- 31-7-1-4 劳动定额与定员 …… 196
- 31-7-2 施工项目材料管理 …… 197
  - 31-7-2-1 施工项目材料管理概述 …… 197
  - 31-7-2-2 施工项目材料计划管理 …… 198
  - 31-7-2-3 施工项目现场材料管理 …… 200
  - 31-7-2-4 库存管理方法 …… 201
- 31-7-3 施工项目机械设备管理 …… 202
  - 31-7-3-1 施工项目机械设备管理概述 …… 202
  - 31-7-3-2 施工项目机械设备的选择 …… 203
  - 31-7-3-3 施工项目机械设备的合理使用 …… 205
  - 31-7-3-4 施工项目机械设备的保养与维修 …… 206
- 31-7-4 施工项目技术管理 …… 206
  - 31-7-4-1 施工项目技术管理概述 …… 206
  - 31-7-4-2 施工项目技术管理基础工作 …… 207
  - 31-7-4-3 施工项目技术管理主要工作 …… 208
- 31-7-5 施工项目资金管理 …… 211
  - 31-7-5-1 施工项目资金管理概述 …… 211
  - 31-7-5-2 施工项目资金收支预测 …… 212
  - 31-7-5-3 施工项目资金的筹措 …… 213
- 31-8 施工项目现场管理 …… 214
  - 31-8-1 施工项目现场管理的概念及内容 …… 214
    - 31-8-1-1 施工项目现场管理的概念 …… 214
    - 31-8-1-2 施工项目现场管理的内容 …… 214
  - 31-8-2 施工项目现场管理的要求 …… 215
  - 31-8-3 施工项目现场综合考评 …… 216
    - 31-8-3-1 施工现场综合考评概述 …… 216
    - 31-8-3-2 施工现场综合考评的内容 …… 217
    - 31-8-3-3 施工现场综合考评办法及奖罚 …… 217
    - 31-8-3-4 施工现场综合考评用表 …… 218
- 31-9 施工项目合同管理 …… 221
  - 31-9-1 施工项目合同管理概述 …… 221
    - 31-9-1-1 施工项目合同管理的概念和内容 …… 221
    - 31-9-1-2 施工项目合同的两级管理 …… 221
  - 31-9-2 施工项目合同的种类和内容 …… 222
    - 31-9-2-1 涉及施工项目的合同种类 …… 222
    - 31-9-2-2 建设工程施工合同的内容 …… 222
  - 31-9-3 施工项目合同的签订及履行 …… 223
    - 31-9-3-1 施工项目合同的签订 …… 223
    - 31-9-3-2 施工项目合同的履行 …… 225
    - 31-9-3-3 分包合同的签订与履行 …… 226
    - 31-9-3-4 施工项目合同履行中的问题及处理 …… 227
  - 31-9-4 施工索赔 …… 232
    - 31-9-4-1 施工索赔的概念 …… 232
    - 31-9-4-2 通常可能发生的索赔事件 …… 232
    - 31-9-4-3 施工索赔的分类 …… 233
    - 31-9-4-4 施工索赔的程序 …… 233
    - 31-9-4-5 索赔报告 …… 234
    - 31-9-4-6 索赔计算 …… 236
- 31-10 施工项目风险管理 …… 239
  - 31-10-1 施工项目风险管理概述 …… 239
    - 31-10-1-1 施工项目的主要风险 …… 239
    - 31-10-1-2 施工项目风险管理 …… 240
    - 31-10-1-3 施工项目风险管理目标 …… 241
    - 31-10-1-4 施工项目风险管理流程 …… 241
  - 31-10-2 施工项目风险的识别 …… 241
    - 31-10-2-1 施工项目风险识别的过程 …… 241
    - 31-10-2-2 施工项目风险识别的步骤 …… 241
    - 31-10-2-3 施工项目风险识别的方法 …… 243
  - 31-10-3 施工项目风险衡量 …… 245
    - 31-10-3-1 风险衡量指标 …… 245
    - 31-10-3-2 风险因素的衡量 …… 246
    - 31-10-3-3 风险衡量方法 …… 247
  - 31-10-4 施工项目风险防范策略与措施 …… 250
    - 31-10-4-1 施工项目风险防范策略 …… 250
    - 31-10-4-2 常见的施工项目风险及其防范策略和措施 …… 253
- 31-11 施工项目组织协调 …… 253
  - 31-11-1 施工项目组织协调概述 …… 253

31-11-1-1　施工项目组织协调的概念 … 253
　　31-11-1-2　施工项目组织协调的范围 … 254
　31-11-2　施工项目组织协调的内容 …… 254
　　31-11-2-1　施工项目内部关系协调 …… 254
　　31-11-2-2　施工项目外部关系协调 …… 255
31-12　施工项目信息管理 …………… 257
　31-12-1　施工项目信息管理概述 …… 257
　　31-12-1-1　施工项目信息管理的概念 … 257
　　31-12-1-2　施工项目信息的主要分类 … 257
　　31-12-1-3　施工项目信息的表现形式 … 258
　　31-12-1-4　施工项目信息的流动形式 … 258
　　31-12-1-5　施工项目信息管理的基本
　　　　　　　要求 ……………………… 259
　　31-12-1-6　施工项目信息结构及内容 … 260
　31-12-2　施工项目信息管理系统 …… 261
　　31-12-2-1　施工项目信息管理系统结
　　　　　　　构 ………………………… 261
　　31-12-2-2　施工项目信息管理系统的
　　　　　　　内容 ……………………… 261
　　31-12-2-3　施工项目信息管理系统的
　　　　　　　基本要求 ………………… 263
　　31-12-2-4　施工项目管理软件应用简介
　　　　　　　……………………………… 263
　　31-12-2-5　应用项目管理软件的基本
　　　　　　　步骤 ……………………… 266
31-13　施工项目竣工验收及回访
　　　　保修 …………………………… 267
　31-13-1　施工项目竣工验收 ………… 267
　　31-13-1-1　施工项目竣工验收的条件和
　　　　　　　标准 ……………………… 267
　　31-13-1-2　施工项目竣工验收管理程序
　　　　　　　和准备 …………………… 268
　　31-13-1-3　施工项目竣工验收的步骤
　　　　　　　……………………………… 269
　　31-13-1-4　施工项目竣工资料 ……… 271
　31-13-3　工程质量保修和回访 ……… 272
　　31-13-3-1　工程质量保修 …………… 272
　　31-13-3-2　工程回访 ………………… 274

32　建筑工程造价

32-1　建筑工程造价构成 ……………… 278
　32-1-1　建筑工程造价构成的理论要点 … 278
　32-1-2　建筑工程造价构成要素 ……… 279
　32-1-3　我国现行建筑工程造价的构成
　　　　　框架 ………………………… 279
　32-1-4　直接工程费的构成及计算 …… 280
　32-1-5　间接费的构成及计算 ………… 285
　32-1-6　利润和税金的构成及计算 …… 287
32-2　建筑工程造价计算依据 ………… 288
　32-2-1　工程量计算规则 ……………… 288
　32-2-2　建筑工程定额 ………………… 293
　32-2-3　建筑工程价格信息 …………… 295
　32-2-4　建筑工程施工发包与承包计价
　　　　　管理办法 …………………… 296
32-3　建筑工程造价分类 ……………… 298
　32-3-1　建筑工程造价按用途分类 …… 298
　32-3-2　建筑工程造价按计价方法分
　　　　　类 …………………………… 302
32-4　建筑工程价款管理 ……………… 308
　32-4-1　工程预付款和工程进度款 …… 308
　　32-4-1-1　建筑工程预付款 …………… 308
　　32-4-1-2　建筑工程进度款 …………… 310
　32-4-2　建筑工程变更价款和施工索赔价
　　　　　款的结算 …………………… 312
　　32-4-2-1　工程变更价款 ……………… 312
　　32-4-2-2　工程施工索赔价款 ………… 316
　32-4-3　建筑工程竣工结算 …………… 318
　　32-4-3-1　竣工结算的原则 …………… 319
　　32-4-3-2　竣工结算程序 ……………… 319
　　32-4-3-3　竣工结算方法 ……………… 320
32-5　建筑工程造价信息管理 ………… 323
　32-5-1　建筑工程造价信息分类与积
　　　　　累 …………………………… 323
　　32-5-1-1　建筑工程造价信息的分类 … 323
　　32-5-1-2　建筑工程造价信息的积累 … 324
　32-5-2　定额管理系统 ………………… 325
　　32-5-2-1　概预算定额编制系统 ……… 325
　　32-5-2-2　企业内部定额管理系统 …… 327
　　32-5-2-3　定额管理软件系统的特点
　　　　　　　和发展 …………………… 329
　32-5-3　价格管理系统 ………………… 329
　　32-5-3-1　合格分供厂商管理分系统 … 330
　　32-5-3-2　资源编码管理分系统 ……… 330
　　32-5-3-3　价格信息库管理分系统 …… 331

32-5-3-4 价格趋势预测分系统………… 331
32-5-3-5 其他系统的接口 ……………… 331
32-5-4 造价计算系统 …………………… 332
 32-5-4-1 造价计算系统的设计理念
  和工作原理……………………… 332
 32-5-4-2 图形算量软件………………… 332
 32-5-4-3 钢筋用量计算软件…………… 334
 32-5-4-4 造价计算软件………………… 335
32-5-5 造价控制系统 …………………… 337
 32-5-5-1 平台性、全过程工程造价管理
  系统……………………………… 338
 32-5-5-2 施工项目成本管理系统……… 339
32-5-6 建筑工程造价的计算机应用 …… 345
 32-5-6-1 定额管理系统的计算机应用
  现状……………………………… 345
 32-5-6-2 造价管理系统的计算机应用
  现状……………………………… 346
 32-5-6-3 造价计算系统的计算机应用
  现状……………………………… 347
 32-5-6-4 造价控制系统的计算机应用
  现状……………………………… 349

32-6 国外建筑工程造价管理 ………… 350
32-6-1 国外建筑工程造价的构成 ……… 350
32-6-2 我国对外建筑工程造价费用的组成
 形式及其分摊比例 ……………… 354
32-6-3 建筑工程量计算原则（国际通用）
 …………………………………… 361
32-6-4 美国建筑工程造价估算简介 …… 368
32-6-5 英国工料测量师制度 …………… 374

32-7 建筑工程造价管理参考资料 …… 377
32-7-1 建筑工程造价估算资料 ………… 377
 32-7-1-1 新建、改建居住区公共服务
  设施配套建设指标……………… 377
 32-7-1-2 北京市民用建筑近期市政
  能源规划指标…………………… 380
 32-7-1-3 城乡住宅建筑设计面积标准
  ………………………………… 380
 32-7-1-4 北京市建筑工程造价构成及
  取费……………………………… 381
 32-7-1-5 土建工程的分部分项工程参
  考造价指标……………………… 383
 32-7-1-6 混凝土单价表………………… 385
32-7-2 建筑工程主要工程量估算指标 … 385
 32-7-2-1 单层工业厂房每100m^2建筑
  面积主要工程量指标…………… 385
 32-7-2-2 一般多层轻工车间（厂房）每
  100m^2建筑面积主要工程量指
  标………………………………… 385
 32-7-2-3 一般民用建筑每100m^2建筑
  面积主要工程量指标…………… 386
 32-7-2-4 全国部分城市民用建筑每100m^2
  建筑面积主要工程量指标案例 …
  ………………………………… 386
32-7-3 建筑工程主要材料消耗量指标 … 391
 32-7-3-1 各类结构工业厂房每100m^2
  建筑面积主要材料消耗量指标 …
  ………………………………… 391
 32-7-3-2 民用建筑每平方米建筑面积
  三材消耗量指标………………… 391
 32-7-3-3 "八五"期间各省（区）市住宅
  工程平均材料消耗量指标……… 392
 32-7-3-4 北京地区高级公共建筑每平方米
  建筑面积三材消耗指标………… 392
 32-7-3-5 每立方米混凝土中模板接触面积
  参考……………………………… 393
 32-7-3-6 每立方米钢筋混凝土钢筋含量参
  考………………………………… 395
32-7-4 工程造价比 ……………………… 395
 32-7-4-1 民用建筑不同类型对工程造价
  影响参数………………………… 395
 32-7-4-2 单层工业厂房不同类型对工程
  造价影响参数…………………… 396
 32-7-4-3 地震烈度对土建工程造价的影
  响………………………………… 399
 32-7-4-4 不同地耐力对基础工程造价的
  影响……………………………… 400
 32-7-4-5 不同类型工程造价构成参数
  ………………………………… 400
32-7-5 民用建筑工程造价及三材消耗量
 参考指标 ………………………… 402
 32-7-5-1 全国部分城市建筑工程造价
  参考资料………………………… 402
 32-7-5-2 民用建筑工程造价及三材消耗
  量参考指标……………………… 402
32-7-6 建筑工程材料、成品、半成品
 场内运输及操作损耗资料 ……… 407

33 工程施工招标投标

33-1 工程施工招标投标基本知识 …… 412
- 33-1-1 招标投标释义 …………………… 412
- 33-1-2 工程施工招标范围及承包方式 …… 412
  - 33-1-2-1 招标范围 …………………… 412
  - 33-1-2-2 承包方式 …………………… 413
- 33-1-3 工程建设招标投标市场 …………… 419
  - 33-1-3-1 建设工程交易中心——有形建筑市场 …………………… 419
  - 33-1-3-2 招标单位 …………………… 420
  - 33-1-3-3 投标单位 …………………… 420
  - 33-1-3-4 中介机构——招标代理及其他咨询服务组织 …………………… 421
- 33-1-4 政府对建筑市场的管理 …………… 435
  - 33-1-4-1 管理机构及其职责分工 …… 435
  - 33-1-4-2 建筑市场行为管理 …………… 436
- 33-1-5 行业协会和学术团体在建筑市场中的作用 …………………… 437

33-2 工程施工招标投标实务 …………… 438
- 33-2-1 招标程序和招标方式 …………… 438
  - 33-2-1-1 招标程序 …………………… 438
  - 33-2-1-2 招标方式 …………………… 439
- 33-2-2 招标工作机构 …………………… 440
  - 33-2-2-1 招标工作机构的职能 …… 440
  - 33-2-2-2 招标工作机构的组织 …… 440
- 33-2-3 发布招标公告或投标邀请书 …… 441
  - 33-2-3-1 发布招标公告 …………………… 441
  - 33-2-3-2 发送投标邀请书 …………… 441
- 33-2-4 投标人的资格审查 …………… 444
  - 33-2-4-1 投标人资格预审 …………… 444
  - 33-2-4-2 资格后审 …………………… 456
- 33-2-5 编制标底 …………………… 457
  - 33-2-5-1 标底的编制原则 …………… 457
  - 33-2-5-2 标底的编制依据 …………… 457
  - 33-2-5-3 标底价格的类型 …………… 458
  - 33-2-5-4 标底价格编制程序与内容 …… 459
  - 33-2-5-5 标底价格的编制说明 …… 459

32-7-6-1 土建工程材料、成品、半成品场内运输及操作损耗包括的内容和范围 …… 407
32-7-6-2 土建工程材料、成品、半成品场内运输及操作损耗率 …… 407

- 33-2-5-6 特殊施工方法及现场条件 …… 460
- 33-2-6 招标文件的编制和发售 …… 460
  - 33-2-6-1 招标文件的组成 …………… 460
  - 33-2-6-2 招标文件的发售 …………… 471
- 33-2-7 投标 …………………… 472
  - 33-2-7-1 投标工作机构 …………… 472
  - 33-2-7-2 投标程序 …………………… 472
  - 33-2-7-3 投标准备工作 …………… 472
  - 33-2-7-4 投标决策与投标策略 …… 476
  - 33-2-7-5 制定施工方案 …………… 477
  - 33-2-7-6 报价 …………………… 478
  - 33-2-7-7 投标文件的汇编和投送 …… 492
- 33-2-8 开标评标和中标 …………… 510
  - 33-2-8-1 开标 …………………… 510
  - 33-2-8-2 评标 …………………… 511
  - 33-2-8-3 中标和谈判 …………… 516

33-3 工程施工承包合同 …………… 517
- 33-3-1 国内工程施工合同 …………… 517
- 33-3-2 境内涉外工程施工合同 …… 524
- 33-3-3 建筑装饰工程施工合同 …… 526
- 33-3-4 国际工程施工合同 …………… 533
  - 33-3-4-1 国际通用施工合同——FIDIC《土木工程施工合同条件》 … 533
  - 33-3-4-2 FIDIC 其他标准合同 …… 535
  - 33-3-4-3 英国土木工程师协会（ICE）合同条件 …………………… 537
  - 33-3-4-4 美国建筑师协会（AIA）工程承包合同 …………………… 539
- 33-3-5 合同的履行、违约责任、索赔和争议的解决 …………………… 541
  - 33-3-5-1 合同的履行 …………… 541
  - 33-3-5-2 违约责任 …………………… 542
  - 33-3-5-3 工程索赔 …………………… 542
  - 33-3-5-4 争议的解决 …………… 542

33-4 工程施工承包的风险管理 …… 542

33-5 工程发包承包活动的信息管理 …… 542
- 33-5-1 信息管理概述 …………… 542
- 33-5-2 建筑业企业的信息管理系统 …… 543
- 33-5-3 有形建筑市场和建设行政主管部门的信息管理系统 …………… 543

主要参考文献 …………………… 550

34 施工组织设计

34-1 施工组织设计概述 ……… 551
34-1-1 施工准备工作 ……… 551
34-1-1-1 施工准备工作分类 ……… 551
34-1-1-2 施工准备工作内容 ……… 551
34-1-2 施工组织设计工作 ……… 557
34-1-2-1 施工组织设计类型 ……… 557
34-1-2-2 施工组织设计编制原则 ……… 558

34-2 施工组织计划技术 ……… 558
34-2-1 流水施工基本方法 ……… 558
34-2-1-1 流水施工表达方式 ……… 558
34-2-1-2 流水参数确定方法 ……… 560
34-2-1-3 流水施工基本方式 ……… 562
34-2-1-4 流水施工排序优化 ……… 566
34-2-2 普通工程网络图 ……… 571
34-2-2-1 概述 ……… 571
34-2-2-2 普通双代号网络图 ……… 571
34-2-2-3 普通单代号网络图 ……… 580
34-2-2-4 普通工程网络图实例 ……… 585
34-2-3 三维工程网络图 ……… 588
34-2-3-1 概述 ……… 588
34-2-3-2 三维双代号普通网络图 ……… 590
34-2-3-3 三维单代号普通网络图 ……… 595
34-2-3-4 三维双代号流水网络图 ……… 598
34-2-3-5 三维单代号流水网络图 ……… 605
34-2-3-6 三维流水施工排序优化 ……… 611

34-3 施工设施 ……… 615
34-3-1 施工用房屋 ……… 615
34-3-1-1 一般要求 ……… 615
34-3-1-2 办公用房屋 ……… 616
34-3-1-3 生产用房屋 ……… 616
34-3-1-4 仓储用房屋 ……… 618
34-3-1-5 生活用房屋 ……… 621
34-3-2 施工运输设施 ……… 622
34-3-2-1 施工运输组织 ……… 622
34-3-2-2 施工运输道路组织 ……… 624
34-3-2-3 施工道路要求 ……… 625
34-3-3 施工供水设施 ……… 626
34-3-3-1 确定供水数量 ……… 626
34-3-3-2 选择水源 ……… 629
34-3-3-3 确定供水系统 ……… 630
34-3-4 施工供电设施 ……… 635
34-3-4-1 确定供电数量 ……… 635
34-3-4-2 选择电源 ……… 636
34-3-4-3 确定供电系统 ……… 639
34-3-5 施工通讯设施 ……… 644
34-3-5-1 有线通讯设施 ……… 644
34-3-5-2 无线通讯设施 ……… 644
34-3-6 施工供热设施 ……… 644
34-3-6-1 确定供热数量 ……… 644
34-3-6-2 选择热源 ……… 646
34-3-6-3 确定供热系统 ……… 648
34-3-7 施工供压缩空气设施 ……… 649
34-3-7-1 确定供气数量 ……… 649
34-3-7-2 选择空气压缩机站 ……… 649
34-3-8 施工安全设施 ……… 650
34-3-8-1 一般要求 ……… 650
34-3-8-2 防火设施 ……… 650
34-3-8-3 防污染设施 ……… 652
34-3-8-4 防爆设施 ……… 652

34-4 施工组织设计大纲 ……… 653
34-4-1 编制依据 ……… 653
34-4-2 编制程序 ……… 654
34-4-3 编制内容 ……… 654
34-4-3-1 项目概况 ……… 654
34-4-3-2 项目施工目标 ……… 655
34-4-3-3 项目管理组织 ……… 655
34-4-3-4 项目施工部署 ……… 655
34-4-3-5 项目施工进度计划 ……… 656
34-4-3-6 项目施工质量计划 ……… 656
34-4-3-7 项目施工成本计划 ……… 656
34-4-3-8 项目施工安全计划 ……… 656
34-4-3-9 项目施工环保计划 ……… 656
34-4-3-10 项目施工风险防范 ……… 656
34-4-3-11 项目施工平面布置 ……… 656

34-5 施工组织总设计 ……… 656
34-5-1 编制依据 ……… 656
34-5-2 编制程序 ……… 657
34-5-3 编制内容 ……… 657
34-5-3-1 建设项目概况 ……… 657
34-5-3-2 施工总目标 ……… 658
34-5-3-3 施工管理组织 ……… 659
34-5-3-4 施工部署 ……… 659
34-5-3-5 施工准备计划 ……… 660

34-5-3-6 施工总进度计划……………660	35-1-1-3 按建筑施工安全的内在规律
34-5-3-7 施工总质量计划……………662	实施安全管理……………718
34-5-3-8 施工总成本计划……………663	35-1-2 建筑施工中的安全意外事故与
34-5-3-9 施工总安全计划……………665	安全隐患………………………719
34-5-3-10 施工总环保计划……………665	35-1-2-1 研究事故对安全工作的重要性
34-5-3-11 施工总资源计划……………666	及其加强要求……………719
34-5-3-12 施工风险总防范……………667	35-1-2-2 安全意外事故的分类………720
34-5-3-13 施工总平面布置……………669	35-1-2-3 安全意外事故的性质和基本
34-5-3-14 主要技术经济指标…………675	要素………………………723
34-6 施工组织设计…………………………676	35-1-2-4 安全隐患和事故征兆………733
34-6-1 编制依据…………………………676	35-1-3 建筑施工安全技术………………736
34-6-2 编制程序…………………………676	35-1-3-1 施工技术与施工安全技术…736
34-6-3 编制内容…………………………677	35-1-3-2 施工安全技术的基本内容…738
34-6-3-1 工程概况……………………677	35-1-3-3 施工安全技术文件的基本
34-6-3-2 施工目标……………………677	构架………………………740
34-6-3-3 施工（管理）组织…………677	35-1-3-4 施工安全技术的分类及其涉及
34-6-3-4 施工方案……………………678	领域………………………741
34-6-3-5 施工准备计划………………680	35-1-4 建筑施工安全保证体系…………744
34-6-3-6 施工进度计划………………682	35-1-4-1 组织保证体系………………745
34-6-3-7 施工质量计划………………683	35-1-4-2 制度保证体系………………746
34-6-3-8 施工成本计划………………684	35-1-4-3 技术保证体系………………747
34-6-3-9 施工安全计划………………684	35-1-4-4 投入保证体系………………751
34-6-3-10 施工环保计划………………685	35-1-4-5 信息保证体系………………752
34-6-3-11 施工资源计划………………685	35-1-5 建筑施工安全的监控与管理
34-6-3-12 施工风险防范………………687	工作………………………………752
34-6-3-13 施工平面布置………………688	35-1-5-1 建筑施工安全的监控管理
34-6-3-14 主要技术经济指标…………690	模型………………………753
附录Ⅰ 超高层建筑施工组织设计大纲	35-1-5-2 建筑施工安全监控管理工作的
实例——某科技大厦施工组织	任务和要求………………754
设计大纲……………………………690	35-2 建筑施工安全的行政管理……………755
附录Ⅱ 超高层建筑施工组织设计实例	35-2-1 建筑施工安全行政管理的依据…755
——某饭店工程施工组织设计	35-2-1-1 安全生产方针——"安全第一、
………………………………………701	预防为主"…………………756
主要参考文献………………………716	35-2-1-2 安全生产的政策……………756
	35-2-1-3 建筑施工安全生产的标准…759
35 建筑施工安全	35-2-1-4 建筑施工安全行政管理的三级
35-1 建筑施工安全概述……………………717	文件………………………761
35-1-1 安全生产和建筑施工安全………717	35-2-2 建筑施工安全行政管理的要求…764
35-1-1-1 安全生产、生产安全与劳动	35-2-2-1 建筑施工安全行政管理的工作
保护………………………717	特点………………………764
35-1-1-2 建筑施工安全、安全施工和	35-2-2-2 建筑施工安全行政管理工作的
文明施工……………………718	基本要求…………………766
	35-2-2-3 安全施工的管理用语——管理

　　　　要求的提炼……………………… 768
35-2-3　建筑施工的安全生产责任制 …… 770
　35-2-3-1　建立企业各级人员安全生产责
　　　　任制的基本要求……………… 770
　35-2-3-2　施工企业各级人员的安全生产
　　　　职责…………………………… 770
35-2-4　工程项目施工的安全性评价 …… 773
　35-2-4-1　工程项目施工安全性的评价
　　　　体系…………………………… 774
　35-2-4-2　工程项目施工安全性的检评
　　　　项目和评分规定……………… 774
35-2-5　安全生产教育和职工安全素质
　　　　培养……………………………… 783
　35-2-5-1　安全生产教育的要求、类别和
　　　　基本内容……………………… 783
　35-2-5-2　事故典型案例教育……………… 788
　35-2-5-3　职工安全生产素质的培养与提
　　　　高……………………………… 793
35-2-6　施工安全的监控管理工作 ……… 797
　35-2-6-1　监控管理工作必须实现的保证
　　　　作用…………………………… 797
　35-2-6-2　监督和促进安全管理工作的改
　　　　进与提高……………………… 798
　35-2-6-3　认真监督、做好消除安全隐患
　　　　的整改工作…………………… 801
35-2-7　伤亡事故的管理工作 …………… 806
　35-2-7-1　伤亡事故的报告……………… 806
　35-2-7-2　伤亡事故的调查……………… 807
　35-2-7-3　伤亡事故的处理……………… 810
　35-2-7-4　伤亡事故的统计……………… 811
　35-2-7-5　伤亡事故的常用分析方法…… 815
35-3　安全文明施工……………………… 817
　35-3-1　实现安全文明施工要求的工作
　　　　目标……………………………… 817
　　35-3-1-1　安全文明施工的要求………… 817
　　35-3-1-2　安全文明施工的工作目标…… 819
　35-3-2　安全文明施工技术 ……………… 823
　　35-3-2-1　安全文明施工技术的任务和内
　　　　容组成………………………… 823
　　35-3-2-2　创建安全文明施工场所的基本
　　　　要求…………………………… 825
　　35-3-2-3　采用安全文明施工工艺和技术
　　　　的基本要求…………………… 836

　　35-3-2-4　实施安全文明施工作业和操作
　　　　的基本要求…………………… 841
35-4　施工安全的技术和措施保证 …… 862
　35-4-1　技术和措施的安全可靠性要求 … 862
　　35-4-1-1　技术和措施安全可靠性的研究
　　　　和判断………………………… 862
　　35-4-1-2　实施安全可靠性要求的注意
　　　　事项…………………………… 865
　　35-4-1-3　确保施工安全设计的计（验）算
　　　　工作达到可靠要求的控制
　　　　事项…………………………… 867
　35-4-2　技术和措施中的安全限控要求 … 871
　　35-4-2-1　安全限控技术的基本概念和安
　　　　全控制点……………………… 871
　　35-4-2-2　安全技术设计的计算项目和要
　　　　求……………………………… 876
　　35-4-2-3　安全考核取证和安全交底的要
　　　　求……………………………… 879
　　35-4-2-4　施工机具设备使用安全的限控
　　　　要求…………………………… 882
　　35-4-2-5　施工设施安全的限控要求…… 885
　　35-4-2-6　施工工艺和技术安全的主要限
　　　　控要求………………………… 887
　35-4-3　技术和措施中的安全保险要求 … 892
　　35-4-3-1　安全保险技术的基本概念和安
　　　　全保险点……………………… 892
　　35-4-3-2　安全保险装置的作用原理…… 895
　　35-4-3-3　强制性制（停）止作业的规
　　　　定……………………………… 898
　35-4-4　技术和措施中的安全保护要求 … 901
　　35-4-4-1　安全保护技术的基本概念…… 901
　　35-4-4-2　劳动保护用品及其使用……… 904
　　35-4-4-3　安全保护措施的设置………… 910
　　35-4-4-4　劳动的卫生环境和条件……… 912
　35-4-5　应急事态的排险和救助要求 …… 916
　　35-4-5-1　安全排险救助的含义和基本原
　　　　则……………………………… 916
　　35-4-5-2　安全排险救助工作的基本要
　　　　求……………………………… 917
　　35-4-5-3　急救工作…………………… 918
35-5　附录：香港特区、日本和
　　　美国的建筑业安全管理 ………… 919

35-5-1 香港建筑业的文明施工安全
管理 …………………………… 919
35-5-2 日本建筑业的安全管理 ………… 922
35-5-3 美国"OSHA"的建筑安全管理
……………………………………… 923
主要参考文献 ………………………………… 929

36 建设工程监理

36-1 建设工程监理概述 …………………… 930
　36-1-1 建设工程监理的概念 …………… 930
　36-1-2 建设工程监理制的提出 ………… 930
　36-1-3 建设工程监理试点、发展和
　　　　 推行 ………………………………… 931
　36-1-4 "FIDIC"合同条件与工程师 …… 932
36-2 工程监理单位 …………………………… 934
　36-2-1 监理单位的性质 ………………… 935
　36-2-2 监理范围及内容 ………………… 936
　　36-2-2-1 监理范围 …………………… 936
　　36-2-2-2 监理内容 …………………… 937
　36-2-3 监理单位应具备的条件 ………… 939
　36-2-4 监理单位的资质管理 …………… 939
　　36-2-4-1 一般规定 …………………… 939
　　36-2-4-2 资质等级和业务范围 ……… 939
　　36-2-4-3 资质申请和审批 …………… 944
　　36-2-4-4 监督管理 …………………… 947
　36-2-5 监理单位守则 …………………… 948
　36-2-6 监理单位的民事责任 …………… 949
　36-2-7 罚则 ……………………………… 949
　36-2-8 监理单位与建设单位、承包单位、
　　　　 质量监督机构的关系 …………… 951
　　36-2-8-1 监理单位与建设单位的关系
　　　　　　 …………………………………… 951
　　36-2-8-2 监理单位与承建单位的关系
　　　　　　 …………………………………… 951
　　36-2-8-3 监理单位与质量监督机构的
　　　　　　 区别 ………………………… 951
36-3 监理工程师 ……………………………… 953
　36-3-1 监理工程师的性质 ……………… 953
　36-3-2 监理工程师的责任、权力和应
　　　　 具备的条件 ……………………… 954
　　36-3-2-1 监理工程师的责任 ………… 954
　　36-3-2-2 监理工程师的权利 ………… 954

36-3-2-3 监理工程师应具备的条件 …… 955
　36-3-3 监理工程师的执业资格考试 …… 955
　　36-3-3-1 报考条件 …………………… 956
　　36-3-3-2 考试工作计划 ……………… 956
　　36-3-3-3 考前培训 …………………… 957
　　36-3-3-4 合格发证 …………………… 957
　36-3-4 监理工程师注册 ………………… 957
　　36-3-4-1 注册条件 …………………… 957
　　36-3-4-2 注册程序和要求 …………… 957
　　36-3-4-3 注册限制 …………………… 958
　36-3-5 监理工程师的职业道德 ………… 958
　36-3-6 罚则 ……………………………… 959
36-4 工程建设项目的招标投标 …………… 959
　36-4-1 监理工程师招标投标知识 ……… 960
　　36-4-1-1 招标投标法的立法与宗旨 … 960
　　36-4-1-2 招标范围 …………………… 961
　36-4-2 监理工程师在施工招标阶段的工
　　　　 作 ………………………………… 963
　36-4-3 监理项目的招标投标 …………… 964
　　36-4-3-1 监理项目的招标投标管理 … 964
　　36-4-3-2 建设工程监理范围和规模标
　　　　　　 准 …………………………… 965
　　36-4-3-3 工程建设项目招标范围和规
　　　　　　 模标准 ……………………… 965
　　36-4-3-4 监理项目交易方式 ………… 965
　　36-4-3-5 招标条件 …………………… 967
　　36-4-3-6 招标机构 …………………… 967
　　36-4-3-7 招标程序 …………………… 967
　　36-4-3-8 招标文件 …………………… 968
　　36-4-3-9 投标文件 …………………… 968
　　36-4-3-10 开标、评标和定标 ………… 972
　　36-4-3-11 合同签订 …………………… 973
　36-4-4 建设工程委托监理合同 ………… 974
　36-4-5 争议调解 ………………………… 982
　36-4-6 法律责任 ………………………… 982
36-5 项目监理机构及其设施 ……………… 986
　36-5-1 项目监理机构 …………………… 986
　　36-5-1-1 组织形式 …………………… 986
　　36-5-1-2 监理人员和要求 …………… 987
　36-5-2 监理人员的职责 ………………… 987
　　36-5-2-1 总监理工程师 ……………… 987
　　36-5-2-2 总监理工程师代表 ………… 988
　　36-5-2-3 专业监理工程师 …………… 988

36-5-2-4 监理员 …… 988
36-5-3 监理设施 …… 989
36-5-4 监理人员守则 …… 989
36-6 项目监理工作程序 …… 989
36-6-1 监理工作程序的制定要点 …… 990
36-6-2 施工准备阶段的监理工作 …… 990
36-6-3 监理规划 …… 992
36-6-3-1 监理规划的编制 …… 992
36-6-3-2 监理规划的内容 …… 993
36-6-4 监理实施细则 …… 993
36-6-4-1 监理实施细则的编制 …… 993
36-6-4-2 监理实施细则的内容 …… 994
36-6-5 监理工作方法 …… 994
36-6-6 监理工作报告制度 …… 995
36-6-6-1 工地例会和会议纪要 …… 996
36-6-6-2 专题会议和会议纪要 …… 996
36-6-6-3 监理月报 …… 997
36-6-6-4 质量评价报告 …… 997
36-6-6-5 专题报告 …… 998
36-6-6-6 监理工作总结 …… 998
36-7 项目质量控制 …… 998
36-7-1 质量控制的原则和要求 …… 999
36-7-2 监理工程师的责任和任务 …… 1000
36-7-3 质量控制的依据和内容 …… 1001
36-7-4 质量控制的方法和手段 …… 1004
36-7-5 对影响工程质量因素的控制 …… 1007
36-7-6 工程质量事故（或缺陷）的分析与处理 …… 1008
36-7-7 建筑工程质量验收与确认 …… 1011
36-7-7-1 建筑工程施工质量验收统一标准 …… 1012
36-7-7-2 建筑工程施工质量验收统一标准的基本规定 …… 1012
36-7-7-3 建筑工程质量验收的划分 …… 1014
36-7-7-4 建筑工程质量验收 …… 1018
36-7-7-5 工程质量验收程序和组织 …… 1026
36-7-8 建设工程质量监督机构的监督工作 …… 1027
36-7-8-1 办理建设工程质量监督手续 …… 1028
36-7-8-2 开工前的监督准备工作 …… 1028
36-7-8-3 对工程参建各方主体质量行为的监督 …… 1028
36-7-8-4 对建设工程的实体质量的监督 …… 1029
36-7-8-5 工程竣工验收的监督 …… 1029
36-7-8-6 建设工程质量监督报告 …… 1029
36-7-8-7 竣工验收备案管理 …… 1029
36-7-8-8 建设工程质量监督档案 …… 1029
36-7-9 见证取样和送检的规定 …… 1030
36-8 项目投资控制 …… 1031
36-8-1 投资控制的原理 …… 1031
36-8-2 监理工程师的任务、职责和权限 …… 1032
36-8-2-1 监理工程师的任务和职责 …… 1032
36-8-2-2 监理工程师的权限 …… 1033
36-8-3 施工图预算编制与审核 …… 1033
36-8-3-1 施工图预算及其作用 …… 1033
36-8-3-2 施工图预算的编制方法和步骤 …… 1034
36-8-3-3 施工图预算的审核 …… 1034
36-8-4 工程计量与工程款支付 …… 1034
36-8-4-1 工程计量与工程款支付程序 …… 1034
36-8-4-2 审核与签认 …… 1034
36-8-4-3 统计与分析报告 …… 1035
36-8-5 工程变更的控制 …… 1035
36-8-5-1 工程变更的原因 …… 1035
36-8-5-2 工程变更的性质 …… 1036
36-8-5-3 工程变更的管理 …… 1036
36-8-5-4 工程变更的资料和文件 …… 1037
36-8-6 索赔管理 …… 1037
36-8-6-1 索赔的分类 …… 1038
36-8-6-2 索赔处理的原则 …… 1039
36-8-6-3 索赔处理的操作程序 …… 1041
36-8-6-4 索赔的资料和文件要求 …… 1043
36-8-7 竣工结算与决算 …… 1043
36-8-7-1 竣工结算 …… 1043
36-8-7-2 竣工决算 …… 1045
36-9 项目进度控制 …… 1045
36-9-1 监理工程师的任务、职责和权限 …… 1046
36-9-1-1 监理工程师的任务和职责 …… 1046
36-9-1-2 监理工程师的权限 …… 1047
36-9-2 进度控制的程序和内容 …… 1048
36-9-2-1 进度控制的程序 …… 1048

36-9-2-2　进度控制的内容 …………… 1049
　36-9-3　进度计划的编制 ………………… 1051
　　36-9-3-1　编制进度计划的依据 ……… 1052
　　36-9-3-2　编制进度计划应考虑的因素
　　　　　　 …………………………… 1052
　　36-9-3-3　编制进度计划的方法和步骤
　　　　　　 …………………………… 1052
　36-9-4　进度计划的检查、分析与调整
　　　　 …………………………………… 1053
　　36-9-4-1　进度计划的检查 …………… 1054
　　36-9-4-2　进度计划偏差的分析 ……… 1054
　　36-9-4-3　进度计划的调整 …………… 1054
36-10　合同管理 …………………………… 1054
　36-10-1　监理工程师的合同管理知识 … 1055
　　36-10-1-1　《合同法》的立法目的 …… 1055
　　36-10-1-2　合同法的基本原则 ……… 1055
　36-10-2　施工合同管理 ………………… 1055
　　36-10-2-1　项目工期管理 …………… 1056
　　36-10-2-2　工程暂停及复工 ………… 1057
　　36-10-2-3　工程延期及工程延误的处
　　　　　　　理 ……………………… 1057
　　36-10-2-4　项目质量管理 …………… 1058
　　36-10-2-5　项目结算管理 …………… 1059
　　36-10-2-6　合同争议的调解 ………… 1059
　　36-10-2-7　合同的解除 ……………… 1060
36-11　监理信息与监理档案管理 …… 1060
　36-11-1　监理信息 ……………………… 1061
　　36-11-1-1　监理信息的重要性 ……… 1061
　　36-11-1-2　监理信息的特点 ………… 1061
　　36-11-1-3　监理信息的管理 ………… 1061
　　36-11-1-4　监理信息系统 …………… 1063
　36-11-2　监理资料的管理 ……………… 1064
　　36-11-2-1　监理资料的内容 ………… 1064
　　36-11-2-2　监理月报 ………………… 1064
　　36-11-2-3　监理工作总结 …………… 1065
　　36-11-2-4　监理资料的管理 ………… 1065
　36-11-3　施工阶段监理工作的基本表式
　　　　　 ………………………………… 1065
　　36-11-3-1　A类表 …………………… 1066
　　36-11-3-2　B类表 …………………… 1066
　　36-11-3-3　C类表 …………………… 1066
36-12　工程竣工验收 ……………………… 1073
　36-12-1　建设工程竣工验收备案管理 … 1073
　　36-12-1-1　竣工验收条件 …………… 1073
　　36-12-1-2　竣工验收程序 …………… 1074
　　36-12-1-3　组织竣工验收要求 ……… 1074
　　36-12-1-4　竣工验收报告 …………… 1074
　　36-12-1-5　竣工验收监督要点 ……… 1075
　　36-12-1-6　工程质量监督报告 ……… 1075
　　36-12-1-7　竣工验收备案文件 ……… 1075
　　36-12-1-8　竣工验收备案手续 ……… 1076
　　36-12-1-9　罚则 ……………………… 1076
　36-12-2　监理工程师在竣工验收中的工
　　　　　 作 ……………………………… 1076
　36-12-3　保修期的监理工作 …………… 1077
主要参考文献 ………………………………… 1077

31 施工项目管理

31-1 施工项目管理概述

31-1-1 基本概念

31-1-1-1 项目

项目是指为达到符合规定要求的目标，按限定时间、限定资源和限定质量标准等约束条件完成的，由一系列相互协调的受控活动组成的特定过程。

项目的基本特征是：一次性，目标的明确性，具有独特的生命周期，整体性和不可逆性。

31-1-1-2 建设项目

建设项目是项目中最重要的一类。建设项目是指需要一定量的投资，按照一定的程序，在一定时间内完成，符合质量要求的，以形成固定资产为明确目标的特定过程。一个建设项目就是一个固定资产投资项目，建设项目有基本建设项目（新建、扩建、改建、迁建、重建等扩大再生产的项目）和技术改造项目（以改进技术、增加产品品种、提高质量、治理"三废"、改善劳动安全、节约资源为主要目的的项目）。

建设项目有以下基本特征：

（1）建设目标明确性。建设项目以形成固定资产为特定目标。政府主要审核建设项目的宏观经济效益和社会效益，企业则更重视盈利能力等微观的财务目标。

（2）建设项目的整体性。在一个总体设计或初步设计范围内，建设项目是由一个或若干个互相有内在联系的单项工程所组成的，建设中实行统一核算、统一管理。

（3）建设过程程序性。建设项目需要遵循必要的建设程序和经过特定的建设过程。一般建设项目的全过程都要经过提出项目建议书、进行可行性研究、设计、建设准备、建设施工和竣工验收交付使用等六个阶段。

（4）建设项目的约束性。建设项目的约束条件主要有：①时间约束，即要有合理的建设工期时限限制；②资源约束，即有一定的投资总额、人力、物力等条件限制；③质量约束，即每项工程都有预期的生产能力、产品质量、技术水平或使用效益的目标要求。

（5）建设项目的一次性。按照建设项目特定的任务和固定的建设地点，需要专门的单一设计，并应根据实际条件的特点，建立一次性组织进行施工生产活动，建设项目资金的投入具有不可逆性。

（6）建设项目的风险性。建设项目的投资额巨大，建设周期长，投资回收期长。期间的物价变动、市场需求、资金利率等相关因素的不确定性会带来较大风险。

31-1-1-3 施工项目

施工项目是指建筑企业自施工承包投标开始到保修期满为止的全过程完成的项目。

施工项目除了具有一般项目的特征外，还具有以下特征：

(1) 施工项目是建设项目或其中的单项工程、单位工程的施工活动过程。

(2) 建筑企业是施工项目的管理主体。

(3) 施工项目的任务范围是由施工合同界定的。

(4) 建筑产品具有多样性、固定性、体积庞大的特点。

只有建设项目、单项工程、单位工程的施工活动过程才称得上施工项目，因为它们才是建筑企业的最终产品。由于分部工程、分项工程不是建筑企业的最终产品，故其活动过程不能称为施工项目，而是施工项目的组成部分。

31-1-1-4 项目管理

项目管理是指项目管理者为达到项目的目标，运用系统理论和方法对项目所进行策划（规划、计划）、组织、控制、协调等活动过程的总称。

项目管理的对象是项目。项目管理者是项目中各项活动主体本身。项目管理的职能同所有管理的职能均是相同的。由于项目的特殊性，要求运用系统的理论和方法进行科学管理，以保证项目目标的实现。

31-1-1-5 建设项目管理

建设项目管理是项目管理的一类。建设项目管理是指建设单位为实现项目的目标，运用系统的观点、理论和方法对建设项目进行的决策、计划、组织、控制、协调等管理活动。

建设项目管理的对象是建设项目。建设项目管理主体是建设单位或其委托的咨询（监理）单位。建设项目管理的职能是决策、计划、组织、控制、协调。建设项目管理的主要任务就是进行投资、质量、进行目标控制。

31-1-1-6 施工项目管理

施工项目管理是指建筑企业运用系统的观点、理论和方法对施工项目进行的决策、计划、组织、控制、协调等全过程的全面管理。

施工项目管理有以下主要特点：

(1) 施工项目管理的主体是建筑企业。建设单位和设计单位都不进行施工项目管理，它们对项目的管理分别称为建设项目管理、设计项目管理。

(2) 施工项目管理的对象是施工项目。施工项目管理周期包括工程投标、签订施工合同、施工准备、施工以及交工验收、保修等。由于施工项目多样性、固定性及体形庞大等特点，施工项目管理具有先有交易活动，后有"生产成品"，生产活动和交易活动很难分开等特殊性。

(3) 施工项目管理的内容是按阶段变化的。由于施工项目各阶段管理内容差异大，因此要求管理者必须进行有针对性的动态管理，要使资源优化组合，以提高施工效率和效益。

(4) 施工项目管理要求强化组织协调工作。由于施工项目生产活动的独特性（单件性）、流动性、露天工作、工期长、需要资源多，且施工活动涉及到复杂的经济关系、技术关系、法律关系、行政关系和人际关系，因此，必须通过强化组织协调工作才能保证施工活动顺利进行。主要强化办法是优选项目经理，建立调度机构，配备称职的调度人员，努力使调度工作科学化、信息化，建立起动态的控制体系。

31-1-1-7 施工项目管理与建设项目管理的区别

施工项目管理与建设项目管理的主要区别见表31-1

施工项目管理与建设项目管理的区别　　　　　表31-1

区别特征	施工项目管理	建设项目管理
管理主体	建筑企业或其授权的项目经理部	建设单位或其委托的工程咨询（监理）单位
管理任务	生产出符合需要的建筑产品，获得预期利润	取得符合要求的能发挥应有效益的固定资产
管理内容	涉及从工程投标开始到交工与保修期满为止的全部生产组织与管理及维修	涉及投资周转和建设全过程的管理
管理范围	由工程承包合同规定的承包范围，可以是建设项目，也可以是单项（位）工程	由可行性研究报告评估审定的所有工程，是一个建设项目

31-1-2 施工项目管理程序及内容

31-1-2-1 施工项目管理程序

施工项目管理程序见表31-2。

施工项目管理程序表　　　　　表31-2

序号	管理阶段	管理目标	主要工作	负责执行者
1	投标签订合同阶段	中标签订工程承包合同	①按企业的经营战略，对工程项目做出是否投标及争取承包的决策 ②决定投标后，收集掌握企业本身、相关单位、市场、现场及诸方面信息 ③编制《施工项目管理规划大纲》 ④编制既能使企业经营盈利又有竞争力，可能中标的投标书，在投标截止日期前发出投标函 ⑤若中标，则与招标方谈判，依法签订工程承包合同	企业决策层 企业管理层
2	施工准备阶段	使工程具备开工和连续施工的基本条件	①企业正式委派资质合格的项目经理，项目经理组建项目经理部，根据工程管理需要建立机构，配备管理人员 ②企业管理层次与项目经理协商签订《施工项目管理目标责任书》，明确项目的管理应承担的责任目标及各项管理任务 ③编制《施工项目管理实施规划》 ④做好施工各项准备工作，达到开工要求 ⑤编写开工申请报告，上报，待批开工	项目经理部 企业管理层
3	施工阶段	完成合同规定的全部施工任务，达到验收、交工条件	①进行施工 ②做好动态控制工作，保证质量、进度、成本、安全目标的全面实现 ③管理施工现场，实行文明施工 ④严格履行合同，协调好与建设单位、监理、设计及相关单位的关系 ⑤处理好合同变更及索赔 ⑥做好记录、检查、分析和改进工作	项目经理部 企业管理层

续表

序号	管理阶段	管理目标	主 要 工 作	负责执行者
4	验收交工与结算阶段	对项目成果进行总结、评价，对外结清债权债务，结束交易关系	①工程收尾 ②进行试运转 ③接受正式验收 ④整理移交竣工的文件，进行工程款结算 ⑤总结工作，编制竣工报告 ⑥办理工程交接手续，签订《工程质量保修书》 ⑦项目经理部解体	项目经理部 企业管理层
5	用后服务阶段	保证用户正确使用，使建筑产品发挥应有功能，反馈信息，改进工作，提高企业信誉	①根据《工程质量保修书》的约定做好保修工作 ②为保证正常使用提供必要的技术咨询和服务 ③进行工程回诉，听取用户意见，总结经验教训，发现问题，及时维修和保修 ④配合科研等需要，进行沉陷、抗震性能观察	企业管理层

31-1-2-2 施工项目管理的内容

1．建立施工项目管理组织

（1）由企业法定代表人采用适当的方式选聘称职的施工项目经理。

（2）根据施工项目管理组织原则，结合工程规模、特点，选择合适的组织形式，建立施工项目管理组织机构，明确各部门、各岗位的责任、权限和利益。

（3）在符合企业规章制度的前提下，根据施工项目管理的需要，制订施工项目经理部管理制度。

2．编制施工项目管理规划

（1）在工程投标前，由企业管理层编制施工项目管理大纲（或以"施工组织总体设计"代替），对施工项目管理自投标到保修期满进行全面的纲领性规划。

（2）在工程开工前，由项目经理组织编制施工项目管理实施规划（或以"施工组织设计"代替），对施工项目管理从开工到交工验收进行全面的指导性规划。

3．进行施工项目的目标控制

在施工项目实施的全过程中，应对项目的质量、进度、成本和安全目标进行控制，以实现项目的各项约束性目标。控制的基本过程是：

（1）确定各项目标控制标准。

（2）在实施过程中，通过检查、对比，衡量目标的完成情况。

（3）将衡量结果与标准进行比较，若有偏差，分析原因，采取相应的措施以保证目标的实现。

4．对施工项目的生产要素管理

施工项目生产要素主要包括：劳动力、材料、设备、技术和资金（即5M），生产要素管理的内容有：

（1）分析各生产要素的特点。

（2）按一定的原则、方法，对施工项目生产要素进行优化配置并评价。

(3) 对施工项目各生产要素进行动态管理。

5. 施工项目合同管理

合同管理的水平直接涉及项目管理及工程施工的技术组织效果和目标实现。因此，要从工程投标开始，加强工程承包合同的策划、签订、履行和管理。同时，还必须注意搞好索赔，讲究方法和技巧，提供充分的证据。

6. 施工项目信息管理

进行施工项目管理和施工项目目标控制、动态管理、必须在项目实施的全过程中，充分利用计算机对项目有关的各类信息进行收集、整理、储存和使用，提高项目管理的科学性和有效性。

7. 施工现场管理

应对施工现场进行科学有效管理，以达到文明施工，保护环境，塑造良好企业形象，提高施工管理水平之目的。

8. 组织协调

在施工项目实施过程中，应进行组织协调，沟通和处理好内部及外部的各种关系，排除种种干扰和障碍。协调为有效控制服务，协调和控制都是保证计划目标的实现。

31-1-3 施工项目管理规划

31-1-3-1 施工项目管理规划概念和类型

1. 施工项目管理规划的概念

施工项目管理规划是指由企业管理层或项目经理主持编制的，用来作为编制投标书的依据或指导施工项目管理的规划文件。

2. 施工项目管理规划的类型

施工项目管理规划包括两种：一种是施工项目管理规划大纲，是由企业管理层在投标之前编制的，旨在作为投标依据，满足投标文件要求及签订合同要求的管理规划文件。另一种是施工项目管理实施规划，是由项目经理在开工之前主持编制的，旨在指导施工项目实施阶段管理的计划文件。

两种施工项目管理规划的比较见表31-3

施工项目管理规划大纲与实施规划的比较 表31-3

种类	作用	编制时间	编制者	性质	主要目标
规划大纲	编制投标书、签订合同、编制控制目标计划的依据	投标前	企业管理层	规划性	追求经济效益
实施规划	指导施工项目实施过程的管理依据	开工前	项目经理部	实施性	追求良好的管理效率和效果

31-1-3-2 施工项目管理规划大纲

1. 施工项目管理规划大纲的编制依据

(1) 招标文件及发包人对招标文件的解释。

(2) 企业对招标文件的分析研究结果。

(3) 工程现场情况。

(4) 发包人提供的工程信息和资料。

(5) 有关竞争对手、市场资源的信息。

(6) 企业决策层的投标决策意见。

2．施工项目管理规划大纲的内容

(1) 项目概况描述。包括：根据投标文件提供的情况对项目产品的构成、工程特征、使用功能、建设规模、投资规模、建设意义的综合描述。

(2) 项目实施条件分析。包括：发包人条件、相关市场、自然和社会条件、现场条件的分析。

(3) 管理目标描述。包括：施工合同要求的目标，承包人自己对项目的规划目标。

(4) 拟定的项目组织结构。其中包括：拟选派的项目经理，拟建立的项目经理部部门设置及主要成员等。

(5) 质量目标规划和施工方案。其中包括：招标文件（或发包人）要求的质量目标及其分解，保证质量目标实现的主要技术组织措施，工程施工程序，重点单位工程或重点分部工程的施工方案，拟采用的施工方法、新技术和新工艺及拟选用的主要施工机械。

(6) 工期目标规划和施工总进度计划。其中包括：招标文件（或发包人）的总工期目标及其分解，主要的里程碑事件及主要施工活动的进度计划安排，施工进度计划表，保证进度目标实现的措施。

(7) 成本目标规划。其中包括：总成本目标和总造价目标，主要成本项目及成本目标分解，人工及主要材料用量，保证成本目标实现的技术措施。

(8) 安全目标规划。其中包括：安全责任目标，施工过程中不安全因素分析，安全技术组织措施。专业性较强的施工项目，应当编制安全施工组织设计及采取的安全技术措施。

(9) 项目风险管理规划。其中包括：根据工程实际情况对施工项目的主要风险因素作出预测，采取相应对策措施，风险管理的主要原则。

(10) 项目现场管理规划和施工平面图。其中包括：施工现场情况描述，施工现场平面特点，施工现场平面布置的原则，施工现场管理目标和管理原则，施工现场管理的主要技术组织措施，施工平面图及其说明。

(11) 投标及签订施工合同规划。其中包括：投标和签订合同的总体策略，工作原则，投标小组组成，签订合同谈判组成员，谈判安排，投标和签订合同的总体计划安排。

(12) 文明施工及环境保护规划。

31-1-3-3 施工项目管理实施规划

1．施工项目管理实施规划的编制依据

(1) 施工项目管理规划大纲。

(2) 《施工项目管理目标责任书》。

(3) 施工合同及相关文件。

(4) 施工项目经理部的管理水平。

(5) 施工项目经理部掌握的有关信息。

2．施工项目管理实施规划的内容

(1) 工程概况描述，应包括：

1) 工程特点。
2) 建设地点特征。
3) 施工条件。
4) 项目管理特点及总体要求。

(2) 施工部署，应包括：
1) 该项目的质量、进度、成本及安全总目标。
2) 拟定投入的最高人数和平均人数。
3) 分包规划，劳动力规划，材料供应规划，机械设备供应规划。
4) 施工程序。
5) 项目管理总体安排，包括：组织、制度、控制、协调、总结分析与考核。

(3) 施工方案。应包括：
1) 施工流向和施工顺序。
2) 施工段划分。
3) 施工方法和施工项目机械选择。
4) 安全施工设计。

(4) 施工进度计划。如果是建设项目施工，应编制施工总进度计划；如果是单项工程或单位工程施工，应编制单位工程施工进度计划。它们的内容均按有关规定确定。

(5) 资源供应计划，应包括：
1) 劳动力供应计划。
2) 主要材料和周转材料供应计划
3) 机械设备供应计划。
4) 预制品订货和供应计划。
5) 大型工具、器具供应计划。

(6) 施工准备工作计划，应包括：
1) 施工准备工作组织及时间安排。
2) 技术准备。
3) 施工现场准备。
4) 作业队伍和管理人员的组织准备。
5) 物资准备。
6) 资金准备。

(7) 施工平面图，应包括：
1) 施工平面图说明，应有设计依据、说明，使用说明。
2) 施工平面图，应有拟建工程各种临时设施，施工设施及图例。
3) 施工平面图管理规划。

(8) 施工技术组织措施计划，应包括：
1) 保证质量目标的措施。
2) 保证进度目标的措施。
3) 保证安全目标的措施。
4) 保证成本目标的措施。

5) 季节施工的措施。
6) 保护环境的措施。
7) 文明施工措施。

上述各项施工技术组织计划。均包括技术措施、组织措施、经济措施及合同措施。

(9) 施工项目风险管理规划。应包括：

1) 风险因素识别一览表。
2) 风险可能出现的概率及损失值估计。
3) 风险管理重点。
4) 风险防范对策。
5) 风险管理责任。

(10) 技术经济指标的计算与分析。应包括：

1) 技术经济指标；总工期；分部工程及单位工程达到的质量标准，单项工程和建设项目的质量水平；总造价和总成本，单位工程造价和成本，成本降低率；总用工量，平均人数，高峰人数，劳动力不均衡系数，单位面积（产值）的用工；主要材料消耗量及节约量；主要大型机械使用数量，台班量及利用率。
2) 对以上指标的水平高低做出分析和评价。
3) 针对实施难点提出对策。

3. 施工项目管理实施规划的管理

(1) 施工项目经理组织编制完成项目管理实施规划文件至签字后报企业主管领导审批签字。

(2) 如监理工程师对施工项目管理实施规划持有不同意见，可协商后由项目经理主持修改。

(3) 在项目管理实施规划实施前应按专业和各子项目进行交流，并落实执行责任。

(4) 在项目管理实施规划执行过程中，应进行检查、协调和调整，保证规划目标的完成。

(5) 施工项目管理结束后，必须对项目管理实施规划的编制、执行的经验和问题做出全面总结、分析，连同规划文件一同作为企业档案资料保存。

以上详见"34 施工组织设计"。

31-2 施工项目管理组织

31-2-1 施工项目管理组织概述

31-2-1-1 施工项目管理组织的概念

施工项目管理组织是指为实施施工项目管理建立的组织机构，以及该机构为实现施工项目目标所进行的各项组织工作的简称。

施工项目管理组织作为组织机构，它是根据项目管理目标通过科学设计而建立的组织实体。该机构是由有一定的领导体制、部门设置、层次划分、职责分工、规章制度、信息管理系统等构成的有机整体。一个以合理有效的组织机构为框架所形成的权力系统、责任系统、利益系统、信息系统是实施施工项目管理及实现最终目标的组织保证。作为组织工作，它则是通过该机构所赋予的权力，所具有的组织力、影响力，在施工项目管理中，合理配置生产要素，协调内外部及人员间关系，发挥各项业务职能的能动作用，确保信息畅通，推进施工项目目标的优化实现等全部管理活动。施工项目管理组织机构及其所进行的管理活动的有机结合才能充分发挥施工项目管理的职能。

31-2-1-2 施工项目管理组织的内容

施工项目管理组织的内容包括组织设计、组织运行、组织调整等3个环节。具体内容见表31-4。

施工项目管理组织的内容　　　　　　　　　　　表31-4

管理组织基本环节	依　据	内　　容
组织设计	·管理目标及任务 ·管理幅度、层次 ·责权对等原则 ·分工协作原则 ·信息管理原理	·设计、选定合理的组织系统（含生产指挥系统、职能部门等） ·科学确定管理跨度、管理层次、合理设置部门、岗位 ·明确各层次、各单位、各部门、各岗位的职责和权限 ·规定组织机构中各部门之间的相互联系、协调原则和方法 ·建立必要的规章制度 ·建立各种信息流通、反馈的渠道，形成信息网络
组织运行	·激励原理 ·业务性质 ·分工协作	·做好人员配置、业务衔接、职责、权力、利益明确 ·各部门、各层次、各岗位人员各司其职、各负其责、协同工作 ·保证信息沟通的准确性、及时性，达到信息共享 ·经常对在岗人员进行培训、考核和激励，以提高其素质和士气
组织调整	·动态管理原理 ·工作需要 ·环境条件变化	·分析组织体系的适应性，运行效率，及时发现不足与缺陷 ·对原组织设计进行改革、调整或重新组合 ·对原组织运行进行调整或重新安排

31-2-2　施工项目管理组织机构设置

31-2-2-1　施工项目管理组织机构设置的原则

施工项目管理的首要问题是建立一个完善的施工项目管理组织机构。在设置施工项目管理组织机构时，应遵循表31-5所列的6项原则。

施工项目管理组织机构设置的原则　　　　　　　　表31-5

原　则	说　　明
目的性原则	·明确施工项目管理总目标，并以此为基本出发点和依据，将其分解为各项分目标、各级子目标，建立一套完整的目标体系 ·各部门、层次、岗位的设置，上下左右关系的安排，各项责任制和规章制度的建立，信息交流系统的设计，都必须服从各自的目标和总目标，做到与目标相一致，与任务相统一
效率性原则	·尽量减少机构层次、简化机构，各部门、层次、岗位的职责分明，分工协作 ·要避免业务量不足，人浮于事或相互推诿，效率低下 ·通过考核选聘素质高、能力强、称职敬业的人员 ·领导班子要有团队精神，减少内耗；力求工作人员精干，一专多能，一人多职，工作效率高
管理跨度与管理层次的统一原则	·根据施工项目的规模确定合理的管理跨度和管理层次，设计切实可行的组织机构系统 ·使整个组织机构的管理层次适中，减少设施、节约经费、加快信息传递速度和效率 ·使各级管理者都拥有适当的管理幅度，能在职责范围内集中精力、有效领导，同时还能调动下级人员的积极性、主动性

续表

原则	说　明
业务系统化管理原则	·依据项目施工活动中，各不同单位工程，不同组织、工种、作业活动，不同职能部门、作业班组，以及和外部单位、环境之间的纵横交错、相互衔接、相互制约的业务关系，设计施工项目管理组织机构 ·应使管理组织机构的层次、部门划分、岗位设置、职责权限、人员配备、信息沟通等方面，适应项目施工活动的特点，有利于各项业务的进行，充分体现责、权、利的统一 ·使管理组织机构与工程项目施工活动，与生产业务、经营管理相匹配，形成一个上下一致、分工协作的严密完整的组织系统
弹性和流动性原则	·施工项目管理组织机构应能适应施工项目生产活动单件性、阶段性、流动性的特点，具有弹性和流动性 ·在施工的不同阶段，当生产对象数量、要求、地点等条件发生改变时，在资源配置的品种、数量发生变化时，施工项目管理组织机构都能及时做出相应调整和变动 ·施工项目管理组织机构要适应工程任务的变化对部门设置增减、人员安排合理流动，始终保持在精干、高效、合理的水平上
与企业组织一体化的原则	·施工项目组织机构是企业组织的有机组成部分，企业是施工项目组织机构的上级领导 ·企业组织是项目组织机构的母体，项目组织形式、结构应与企业母体的相协调、相适应，体现一体化的原则，以便于企业对其进行领导和管理 ·在组建施工项目组织机构，以及调整、解散项目组织时，项目经理由企业任免，人员一般都是来自企业内部的职能部门等，并根据需要在企业组织与项目组织之间流动 ·在管理业务上，施工项目组织机构接受企业有关部门的指导

31-2-2-2　施工项目管理组织机构设置的程序

施工项目管理组织机构设置的程序如图31-1所示。

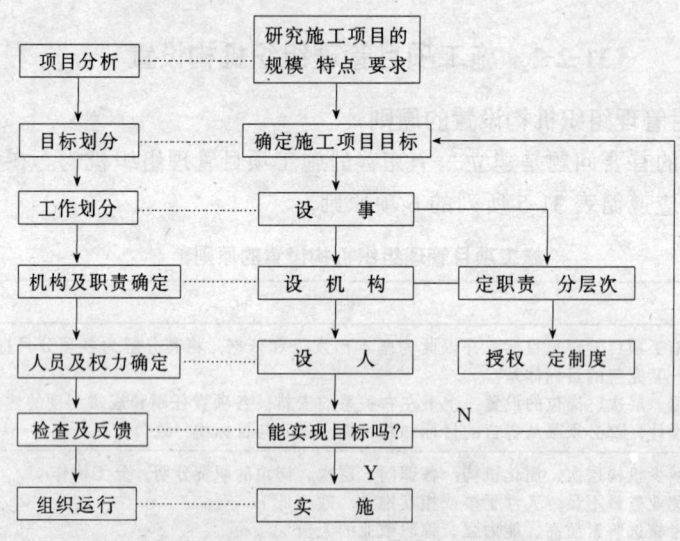

图31-1　施工项目组织机构设置程序图

31-2-2-3　施工项目管理组织主要形式

施工项目管理组织形式是指在施工项目管理组织中处理管理层次、管理跨度、部门设置和上下级关系的组织结构的类型。其主要管理组织形式有工作队式、部门控制式、矩阵制、事业部制等。

1. 工作队式项目组织

(1) 工作队式项目组织构成

工作队式项目组织构成如图31-2所示。

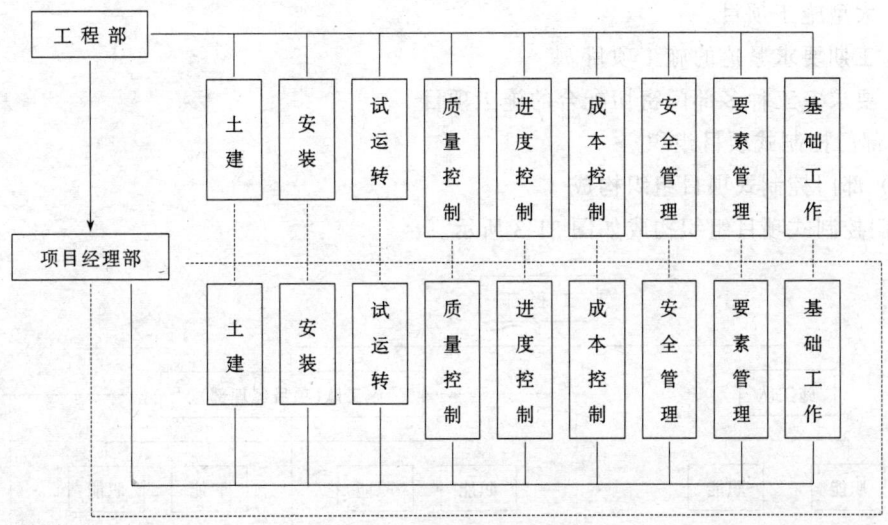

图31-2 工作队式项目组织

注：虚线框内为项目组织机构

(2) 特征

1) 按照特定对象原则，由企业各职能部门抽调人员组建项目管理组织机构（工作队），不打乱企业原建制。

2) 项目管理组织机构由项目经理领导，有较大独立性。在工程施工期间，项目组织成员与原单位中断领导与被领导关系，不受其干扰，但企业各职能部门可为之提供业务指导。

3) 项目管理组织与项目施工同寿命。项目中标或确定项目承包后，即组建项目管理组织机构；企业任命项目经理；项目经理在企业内部选聘职能人员组成管理机构；竣工交付使用后，机构撤消，人员返回原单位。

(3) 优点

1) 项目组织成员来自企业各职能部门和单位，熟悉业务，各有专长，可互补长短，协同工作，能充分发挥其作用。

2) 各专业人员集中现场办公，减少了扯皮和等待时间，工作效率高，解决问题快。

3) 项目经理权力集中，行政干预少，决策及时，指挥得力。

4) 由于这种组织形式弱化了项目与企业职能部门的结合部，因而项目经理便于协调关系而开展工作。

(4) 缺点

1) 组建之初来自不同部门的人员彼此之间不够熟悉，可能配合不力。

2) 由于项目施工一次性特点，有些人员可能存在临时观点。

3) 当人员配置不当时，专业人员不能在更大范围内调剂余缺，往往造成忙闲不均，人才浪费。

4）对于企业来讲，专业人员分散在不同的项目上，相互交流困难，职能部门的优势难以发挥。

5）适用范围

1）大型施工项目。

2）工期要求紧迫的施工项目。

3）要求多工种多部门密切配合的施工项目。

2．部门控制式项目组织

（1）部门控制式项目组织构成

部门控制式项目组织构成如图31-3所示。

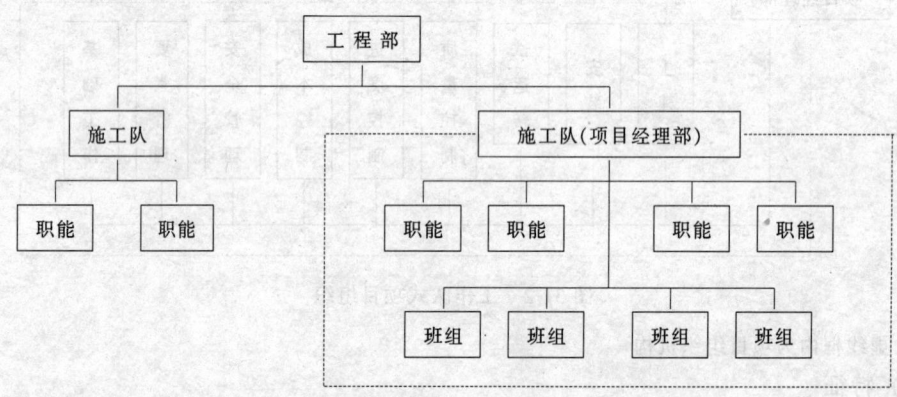

图31-3　部门控制式项目组织

（2）特征

1）按照职能原则建立项目管理组织。

2）不打乱企业现行建制，即由企业将项目委托其下属某一专业部门或某一施工队。被委托的专业部门或施工队领导在本单位组织人员，并负责实施项目管理。

3）项目竣工交付使用后，恢复原部门或施工队建制。

（3）优点

1）利用企业下属的原有专业队伍承建项目，可迅速组建施工项目管理组织机构。

2）人员熟悉，职责明确，业务熟练，关系容易协调，工作效率高。

（4）缺点

1）不适应大型项目管理的需要。

2）不利于精简机构。

（5）适用范围

1）小型施工项目。

2）专业性较强，不涉及众多部门的施工项目。

3．矩阵制式项目组织

（1）矩阵制式项目组织构成

矩阵制式项目组织构成如图31-4所示。

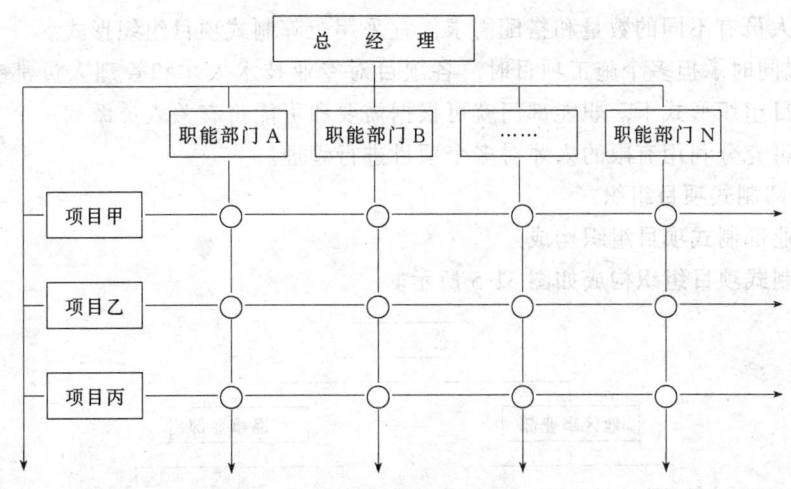

图 31-4 矩阵制式项目组织

(2) 特征

1) 按照职能原则和项目原则结合起来建立的项目管理组织,既能发挥职能部门的纵向优势又能发挥项目组织的横向优势,多个项目组织的横向系统与职能部门的纵向系统形成了矩阵结构。

2) 企业专业职能部门是相对长期稳定的,项目管理组织是临时性的。职能部门负责人对项目组织中本单位人员负有组织调配、业务指导、业绩考察责任。项目经理在各职能部门的支持下,将参与本项目组织的人员在横向上有效地组织在一起,为实现项目目标协同工作,项目经理对其有权控制和使用,在必要时可对其进行调换或辞退。

3) 矩阵中的成员接受原单位负责人和项目经理的双重领导,可根据需要和可能为一个或多个项目服务,并可在项目之间调配,充分发挥专业人员的作用。

(3) 优点

1) 兼有部门控制式和工作队式两种项目组织形式的优点,将职能原则和项目原则结合融为一体,而实现企业长期例行性管理和项目一次性管理的一致。

2) 能通过对人员的及时调配,以尽可能少的人力实现多个项目管理的高效率。

3) 项目组织具有弹性和应变能力。

(4) 缺点

1) 矩阵制式项目组织的结合部多,组织内部的人际关系、业务关系、沟通渠道等都较复杂,容易造成信息量膨胀,引起信息流不畅或失真,需要依靠有力的组织措施和规章制度规范管理。若项目经理和职能部门负责人双方产生重大分歧难以统一时,还需企业领导出面协调。

2) 项目组织成员接受原单位负责人和项目经理的双重领导,当领导之间发生矛盾,意见不一致时,当事人将无所适从,影响工作。在双重领导下,若组织成员过于受控于职能部门时,将削弱其在项目上的凝聚力,影响项目组织作用的发挥。

3) 在项目施工高峰期,一些服务于多个项目的人员,可能应接不暇而顾此失彼。

(5) 适用范围

1) 大型、复杂的施工项目,需要多部门、多技术、多工种配合施工,在不同施工阶段，对不同人员有不同的数量和搭配需求，宜采用矩阵制式项目组织形式。

2）企业同时承担多个施工项目时，各项目对专业技术人才和管理人员都有需求。在矩阵制式项目组织形式下，职能部门就可根据需要和可能将有关人员派到一个或多个项目上去工作，可充分利用有限的人才对多个项目进行管理。

4．事业部制式项目组织

（1）事业部制式项目组织构成

事业部制式项目组织构成如图31-5所示。

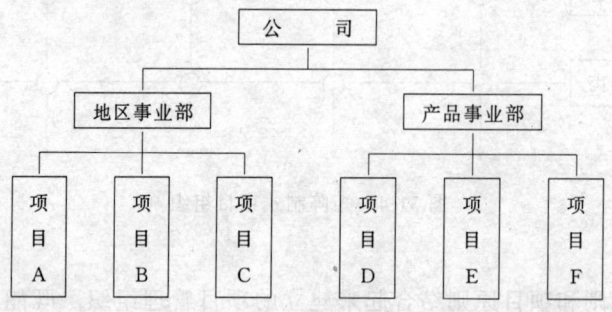

图31-5　事业部制式项目组织

（2）特征

1）企业下设事业部，事业部可按地区设置，也可按建设工程类型或经营内容设置，相对于企业，事业部是一个职能部门，但对外享有相对独立经营权，可以是一个独立单位。

2）事业部中的工程部或开发部，或对外工程公司的海外部下设项目经理部。项目经理由事业部委派，一般对事业部负责，经特殊授权时，也可直接对业主负责。

（3）优点

1）事业部制式项目组织能充分调动发挥事业部的积极性和独立经营作用，便于延伸企业的经营职能，有利于开拓企业的经营业务领域。

2）事业部制式项目组织形式，能迅速适应环境变化，提高公司的应变能力。既可以加强公司的经营战略管理，又可以加强项目管理。

（4）缺点

1）企业对项目经理部的约束力减弱，协调指导机会减少，以致有时会造成企业结构松散。

2）事业部的独立性强，企业的综合协调难度大，必须加强制度约束和规范化管理。

（5）适用范围

1）适合大型经营型企业承包施工项目时采用。

2）远离企业本部的施工项目，海外工程项目。

3）适宜在一个地区有长期市场或有多种专业化施工力量的企业采用。

31-2-2-4　施工项目管理组织形式的选择

1．对施工项目管理组织形式的选择要求

（1）适应施工项目的一次性特点，有利于资源合理配置，动态优化，连续均衡施工。

（2）有利于实现公司的经营战略，适应复杂多变的市场竞争环境和社会环境，能加强施工项目管理，取得综合效益。

（3）能为企业对项目的管理和项目经理的指挥提供条件，有利于企业对多个项目的协调和有效控制，提高管理效率。

（4）有利于强化合同管理、履约责任，有效地处理合同纠纷，提高公司信誉。

（5）要根据项目的规模、复杂程序及其所在地与企业的距离等因素，综合确定施工项目管理组织形式，力求层次简化，责权明确，便于指挥、控制和协调。

（6）根据需要和可能，在企业范围内，可考虑几种组织形式结合使用。如事业部制式与矩阵制式项目组织结合；工作队式与事业部制式项目组织结合；但工作队式与矩阵制式不可同时采用，否则会造成管理渠道和管理秩序的混乱。

2．选择施工项目管理组织形式考虑的因素

选择施工项目管理组织形式应考虑企业类型、规模、人员素质、管理水平，并结合项目的规模、性质的要求等诸因素综合考虑，作出决策。表31-6所列内容可供决策时参考。

选择施工项目管理组织形式参考因素 表31-6

项目组织形式	项目性质	企业类型	企业人员素质	企业管理水平
工作队式	·大型施工项目 ·复杂施工项目 ·工期紧的施工项目	·大型综合建筑企业 ·项目经理能力强的建筑企业	·人员素质较高 ·专业人才多 ·技术素质较高	·管理水平较高 ·管理经验丰富 ·基础工作较强
部门控制式	·小型施工项目 ·简单施工项目 ·只涉及个别少数部门的项目	·小型建筑施工企业 ·工程任务单一的企业 ·大中型直线职能制企业	·人员素质较差 ·技术力量较弱 ·专业构成单一	·管理水平较低 ·基础工作较差 ·项目经理人员较缺
矩阵制式	·需多工种、多部门、多技术配合的项目 ·管理效率要求高的项目	·大型综合建筑企业 ·经营范围广的企业 ·实力强的企业	·人员素质较高 ·专业人员紧缺 ·有一专多能人才	·管理水平高 ·管理经验丰富 ·管理渠道畅通信息流畅
事业部制式	·大型施工项目 ·远离企业本部的项目 ·事业部制企业承揽的项目	·大型综合建筑企业 ·经营能力强的企业 ·跨地区承包企业 ·海外承包企业	·人员素质高 ·专业人才多 ·项目经理的能力强	·经营能力强 ·管理水平高 ·管理经验丰富 ·资金实力雄厚 ·信息管理先进

31-2-3 施工项目经理部

31-2-3-1 施工项目经理部的作用

施工项目经理部是由企业授权，并代表企业履行工程承包合同，进行项目管理的工作班子。施工项目经理部的作用有：

1．施工项目经理部是企业在某一工程项目上的一次性管理组织机构，由企业委任的施工项目经理领导。

2．施工项目经理部对施工项目从开工到竣工的全过程实施管理，对作业层负有管理和服务的双重职能，其工作质量好坏将对作业层的工作质量有重大影响。

3．施工项目经理部是代表企业履行工程承包合同的主体，是对最终建筑产品和建设单位全面负责、全过程负责的管理实体。

4．施工项目经理部是一个管理组织体，要完成项目管理任务和专业管理任务；凝聚管理人员的力量，调动其积极性，促进合作；协调部门之间、管理人员之间的关系，发挥每个人的岗位作用，为共同目标进行工作；贯彻组织责任制，搞好管理；及时沟通部门之间，项目经理部与作业层之间，与公司之间，与环境之间的信息。

31-2-3-2 施工项目经理部的设置

1．设置施工项目经理部的依据

（1）根据所选择的项目组织形式组建

不同的组织形式决定了企业对项目的不同管理方式，提供的不同管理环境，以及对项目经理授予权限的大小。同时对项目经理部的管理力量配备、管理职责也有不同的要求，要充分体现责权利的统一。

（2）根据项目的规模、复杂程度和专业特点设置

如大型施工项目的项目经理部要设置职能部、处；中型施工项目的项目经理部要设置职能处、科；小型施工项目的项目经理部只要设置职能人员即可。在施工项目的专业性很强时，可设置相应的专业职能部门，如水电处、安装处等。项目经理部的设置应与施工项目的目标要求相一致，便于管理，提高效率，体现组织现代化。

（3）根据施工工程任务需要调整

项目经理部是弹性的一次性的工程管理实体，不应成为一级固定组织，不设固定的作业队伍。应根据施工的进展，业务的变化，实行人员选聘进出，优化组合，及时调整，动态管理。项目经理部一般是在项目施工开始前组建，工程竣工交付使用后解体。

（4）适应现场施工的需要设置

项目经理部人员配置可考虑设专职或兼职，功能上应满足施工现场的计划与调度、技术与质量、成本与核算、劳务与物资、安全与文明施工的需要。不应设置经营与咨询、研究与发展、政工与人事等与项目施工关系较少的非生产性部门。

2．施工项目经理部的规模

施工项目经理部的规模等级，一般按项目的性质和规模划分。表31-7给出了试点的项目经理部规模等级的划分标准，供参考。

施工项目经理部规模等级　　　　　表31-7

施工项目经理部等级	施工项目规模		
	群体工程建筑面积（万 m²）	或单体工程建筑面积（万 m²）	或各类工程项目投资（万元）
一级	15及以上	10及以上	8000及以上
二级	10～15	5～10	3000～8000
三级	2～10	1～5	500～3000

3．施工项目经理部的部门设置和人员配置

施工项目是市场竞争的核心、企业管理的重心、成本管理的中心。为此，施工项目经理部应优化设置部门、配置人员，全部岗位职责能覆盖项目施工的全方位、全过程，人员应素质高、一专多能、有流动性。表31-8列出了不同等级的施工项目经理部部门设置和人员配置要求，可供参考。

施工项目经理部的部门设置和人员配置参考　　　　　表 31-8

施工项目经理部等级	人　数	项目领导	职能部门	主　要　工　作
一级	30~45	项目经理 总工程师 总经济师 总会计师	经营核算部门	预算、资金收支、成本核算、合同、索赔、劳动分配等
二级	20~30		工程技术部门	生产调度、施工组织设计、进度控制、技术管理、劳动力配置计划、统计等
三级	15~20		物资设备部门	材料工具询价、采购、计划供应、运输、保管、管理、机械设备租赁及配套使用等
			监控管理部门	施工质量、安全管理、消防、保卫、文明施工、环境保护等
			测试计量部门	计量、测量、试验等

31-2-3-3　施工项目管理制度

1. 施工项目管理制度的概念、种类

施工项目管理制度是施工项目经理部为实现施工项目管理目标，完成施工任务而制订的内部责任制度和规章制度。

(1) 责任制度。是以部门、单位、岗位为主体制订的制度。责任制规定了各部门、各类人员应该承担的责任、对谁负责、负什么责、考核标准以及相应的权利和相互协作要求等内容。责任制是根据职位、岗位划分的，其重要程度不同责任大小也各不相同；责任制强调创造性地完成各项任务，其衡量标准是多层次的，可以评定等级。如各级领导、职能人员、生产工人等的岗位责任制和生产、技术、成本、质量、安全等管理业务责任制度。

(2) 规章制度。是以各种活动、行为为主体，明确规定人们行为和活动不得逾越的规范和准则，任何人只要涉及或参与其事都必须遵守。规章制度是组织的法规，更强调约束精神，对谁都同样适用。执行的结果只有是与非，即只有遵守与违反两个衡量标准。如围绕施工项目的生产施工活动制订的专业类管理制度主要有：施工、技术、质量、安全、材料、劳动力、机械设备、成本管理制度等，以及非施工专业类管理制度主要有：有关的合同类制度、分配类制度、核算类制度等。

2. 建立施工项目管理制度的原则

建立施工项目管理制度时必须遵循以下原则：

(1) 制订施工项目管理制度必须以国家、上级部门、公司制订颁布的与施工项目管理有关的方针政策、法律法规、标准规程等文件精神为依据，不得有抵触与矛盾。

(2) 制订施工项目管理制度应符合该项目施工管理需要，对施工过程中例行性活动应遵循的方法、程序、标准、要求做出明确规定，使各项工作有章可循；有关工程技术、计划、统计、核算、安全等各项制度，要健全配套，覆盖全面，形成完整体系。

(3) 施工项目管理制度要在公司颁布的管理制度基础上制订，要有针对性，任何一项条款都应该文字简捷、具体明确、可操作、可检查。

(4) 管理制度的颁布、修改、废除要有严格程序。项目经理是总决策者。凡不涉及到公司的管理制度，由项目经理签字决定，报公司备案；凡涉及到公司的管理制度，应由公司经理批准才有效。

3. 施工项目经理部的主要管理制度

施工项目经理部组建以后，首先进行的组织建设就是立即着手建立围绕责任、计划、技术、质量、安全、成本、核算、奖惩等方面的管理制度。项目经理部的主要管理制度有：

(1) 施工项目管理岗位责任制度；
(2) 施工项目技术与质量管理制度；
(3) 图纸和技术档案管理制度；
(4) 计划、统计与进度报告制度；
(5) 施工项目成本核算制度；
(6) 材料、机械设备管理制度；
(7) 施工项目安全管理制度；
(8) 文明施工和场容管理制度；
(9) 施工项目信息管理制度；
(10) 例会和组织协调制度；
(11) 分包和劳务管理制度；
(12) 内外部沟通与协调管理制度。

31-2-3-4 施工项目经理部的解体

企业工程管理部门是施工项目经理部组建、解体、善后处理工作的主管部门。当施工项目临近结尾时，项目经理部的解体工作即列入议事日程，其工作程序、内容如表31-9所示。

项目经理部解体及善后工作的程序和内容　　　　　　表31-9

程　序	工　作　内　容
成立善后工作小组	·组长：项目经理 ·留守人员：主任工程师、技术、预算、财务、材料各一人
提交解体申请报告	·在施工项目全部竣工验收合格签字之日起15天内，项目经理部上报解体申请报告，提交善后留用、解聘人员名单和时间 ·经主管部门批准后立即执行
解聘人员	·陆续解聘工作业务人员，原则上返回原单位 ·预发两个月岗位效益工资
预留保修费用	·保修期限一般为竣工使用后一年 ·由经营和工程部门根据工程质量、结构特点、使用性质等因素，确定保修费预留比例，一般为工程造价的1.5%～5% ·保修费用由企业工程部门专款专用、单独核算、包干使用
剩余物资处理	·剩余材料原则上让售处理给企业物资设备处，对外让售须经企业主管领导批准；让售价格：按质论价、双方协商 ·自购的通讯、办公用小型固定资产要如实建立台账，按质论价、移交企业
债权债务处理	·留守小组负责在解体后3个月处理完工程结算、价款回收、加工订货等债权债务 ·未能在限期内处理完，或未办理任何符合法规手续的，其差额部分计入项目经理部成本亏损
经济效益（成本）审计	·由审计部门牵头，预算、财务、工程部门参加，以合同结算为依据，查收入、支出是否正确，财务、劳资是否违反财经纪律 ·要求解体后4个月内向经理办公会提交经济效益审计评价报告
业绩审计奖惩处理	·对项目经理和经理部成员进行业绩审计，做出效益审计评估 ·盈余者：盈余部分可按比例提成作为经理部管理奖 ·亏损者：亏损部分由项目经理负责，按比例从其管理人员风险（责任）抵押金和工资中扣除 ·亏损数额大时，按规定给项目经理行政和经济处分，乃至追究其刑事责任
有关纠纷裁决	·所有仲裁的依据原则上是双方签订的合同和有关的签证 ·当项目经理部与企业有关职能部门发生矛盾时，由企业办公会议裁决 ·与劳务、专业分公司、栋号作业队发生矛盾时，按业务分工，由企业劳动部门、经营部门、工程管理部门裁决

31-2-4 施工项目经理

31-2-4-1 施工项目经理应具备的素质

施工项目经理是施工承包企业法定代表人在施工项目上的一次性授权代理人,是对施工项目管理实施阶段全面负责的管理者,一个称职的施工项目经理必须在政治水平、知识结构、业务技能、管理能力、身心健康等诸方面具备良好的素质。具体内容见表31-10。

施工项目经理应具备的素质　　　　　　　表31-10

素　质	具　体　内　容
政治素质	·具有高度的政治思想觉悟和职业道德,政策性强 ·有强烈的事业心责任感,敢于承担风险,有改革创新竞争进取精神 ·有正确的经营管理理念,讲求经济效益 ·有团队精神,作风正派,能密切联系群众,发扬民主作风,不谋私利,实事求是,大公无私 ·言行一致,以身作则;任人唯贤,不计个人恩怨;铁面无私,赏罚分明
管理素质	·对项目施工活动中发生的问题和矛盾有敏锐的洞察力,并能迅速做出正确分析判断和有效解决问题的严谨思维能力 ·在与外界洽谈(谈判)以及处理问题时,有多谋善断的应变能力、当机立断的科学决策能力 ·在安排工作和生产经营活动时,有协调人财物能力,排除干扰实现预期目标的组织控制能力 ·有善于沟通上下级关系、内外关系、同事间关系,调动各方积极性的公共关系能力 ·知人善任、任人唯贤,善于发现人才,敢于提拔使用人才的用人能力
知识素质	·具有大专以上工程技术或工程管理专业学历,受过有关施工项目经理的专门培训,取得任职资质证书 ·具有可以承担施工项目管理任务的工程施工技术、经济、项目管理和有关法规、法律知识 ·具备资质管理规定的工程实践经历、经验和业绩,有处理实际问题的能力 ·一级或承担涉外工程的项目经理应掌握一门外语
身心素质	·年富力强、身体健康 ·精力充沛、思维敏捷、记忆力良好 ·有坚强的毅力和意志品质,健康的情感、良好的心理素质

31-2-4-2 施工项目经理的选择

1. 施工项目经理的选择方式

施工项目经理的选择方式有竞争招聘制、企业经理委任制、基层推荐内部协调制三种,它们的选择范围、程序和特点各有不同,具体如表31-11所列。

施工项目经理的选择方式　　　　　　　表31-11

选择方式	选择范围	程　序	特　点
公开竞争招聘制	·面向社会招聘 ·本着先内后外的原则	·个人自荐 ·组织审查 ·答辩演讲 ·择优选聘	·选择范围广 ·竞争性强 ·透明度高
企业经理委任制	·限于企业内部的在职干部	·企业经理提名 ·组织人事部门考核 ·企业办公会议决定	·要求企业经理知人善任 ·要求人事部门考核严格
基层推荐、内部协调制	·限于企业内部	·企业各基层推荐人选 ·人事部门集中各方意见严格考核 ·党政联席办公会议决定	·人选来源广泛 ·有群众基础 ·要求人事部门考核严格

2．施工项目经理的选拔程序

施工项目经理的选拔程序和方法如图31-6所示。

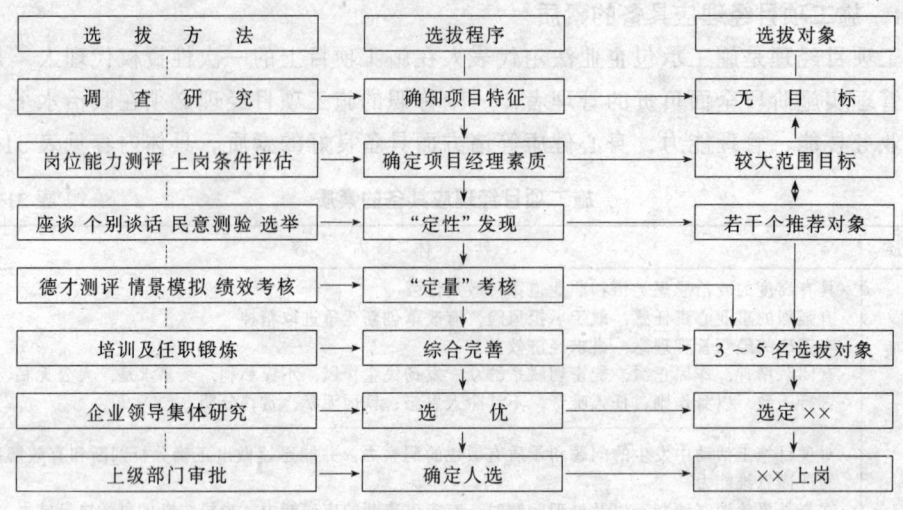

图31-6 施工项目经理的选拔程序

31-2-4-3 施工项目经理责任制

1．施工项目经理责任制的含义

施工项目经理责任制是指以施工项目经理为主体的施工项目管理目标责任制度。它是以施工项目为对象，以项目经理为主体，以项目管理目标责任书为依据，以求得项目产品的最佳经济效益为目的，实行从施工项目开工到竣工验收交工的施工活动以及售后服务在内的一次性全过程的管理责任制度。

2．施工项目经理责任制的作用

(1) 建立和完善以施工项目管理为基点的适应市场经济的责任管理机制；

(2) 明确项目经理与企业、职工三者之间的责、权、利、效关系；

(3) 利用经济手段、法制手段对项目进行规范化科学化管理；

(4) 强化项目经理人的责任与风险意识，对工程质量、工期、成本、安全、文明施工等方面全面负责，全过程负责，促使施工项目高速优质低耗地全面完成。

3．施工项目经理的责、权、利

(1) 施工项目经理的任务

1) 确定项目管理组织机构，配备人员，制定规章制度，明确所有人员岗位职责，组织项目经理部开展工作。

2) 确定项目管理总目标，进行目标分解，制定总体计划，实行总体控制，确保施工项目成功。

3) 及时、明确地做出项目管理决策，包括投标报价、合同签订及变更、施工进度、人事任免、重大技术组织措施、财务工作、资源调配等决策。

4) 协调本组织机构与各协作单位之间的协作配合及经济技术关系，代表企业法人进行有关签证，并进行相互监督检查，确保质量、安全、工期和成本控制。

5) 建立完善内部及对外信息管理系统。

6) 实施合同，处理好合同变更、洽商纠纷和索赔，处理好总分包关系，搞好与有关单位的协作配合。

(2) 施工项目经理的职责

1) 代表企业实施施工项目管理，在管理中，贯彻执行国家和工程所在地政府的有关法律、法规和政策，执行企业的各项规章制度，维护企业整体利益和经济权益。

2) 签订和组织履行《施工项目管理目标责任书》。

3) 主持组建项目经理部和制订项目的各项管理制度。

4) 组织项目经理部编制施工项目管理实施规划。

5) 对进入现场的生产要素进行优化配置和动态管理，推广和应用新技术、新工艺、新材料和新设备。

6) 在授权范围内沟通与承包企业、协作单位、建设单位和监理工程师的联系，协调处理好各种关系，及时解决项目实施中出现的各种问题。

7) 严格财经制度，加强成本核算，积极组织工程款回收，正确处理国家、企业、分包单位以及职工之间的利益分配关系。

8) 加强现场文明施工，及时发现和处理例外性事件。

9) 工程竣工后及时组织验收、结算和总结分析，接受审计。

10) 做好项目经理部的解体与善后工作。

11) 协助企业有关部门进行项目的检查、鉴定等有关工作。

(3) 施工项目经理的权限

1) 参与企业进行的施工项目投标和签订施工合同等工作。

2) 有权决定项目经理部的组织形式，选择、聘任有关管理人员，明确职责，根据任职情况定期进行考核评价和奖惩，期满辞退。

3) 在企业财务制度允许的范围内，根据工程需要和计划安排，对资金投入和使用作出决策和计划；对项目经理部的计酬方式、分配办法，在企业相关规定的条件下作出决策。

4) 按企业规定选择施工作业队伍。

5) 根据《施工项目管理目标责任书》和《施工项目管理实施规划》组织指挥项目的生产经营管理活动，进行工作部署、检查和调整。

6) 以企业法定代表人代理的身份，处理、调整与施工项目有关的内部、外部关系。

7) 有权拒绝企业经理和有关部门违反合同行为的不合理摊派，并对对方所造成的经济损失有索赔权。

8) 企业法人授予的其他管理权力。

(4) 施工项目经理的利益

施工项目经理最终利益是项目经理行使权力和承担责任的结果，也是市场经济条件下责、权、利、效相互统一的具体体现。施工项目经理应享有以下利益：

1) 项目经理的工资主要包括基本工资、岗位工资和绩效工资，其中绩效工资应与施工项目的效益挂钩。

2) 在全面完成《施工项目管理目标责任书》确定的各项责任目标、交工验收并结算后，接受企业的考核、审计后，应获得规定的物质奖励和相应的表彰、记功、优秀项目经理等荣誉称号等精神奖励。

3) 经企业考核、审计，确认未完成责任目标或造成亏损的，要按有关条款承担责任，并接受经济或行政处罚。

5. 施工项目经理责任制管理目标责任体系

(1) 施工项目经理责任制管理目标责任体系内容

施工项目经理责任制管理目标责任体系是实现施工项目经理责任制的重要内容。它包括施工项目经理与企业经理及有关的部门、人员、分包单位之间的各种类型的责任制。详见表 31-12。

施工项目经理责任制管理目标责任体系　　　　表 31-12

责任状签发人	责任状接受人	主　要　内　容
企业经理 （法人代表）	项目经理	·双方签订的《项目管理目标责任书》是项目经理的任职目标 ·是关于项目施工活动全过程及项目经理部寿命期内重大问题办理而事先形成的具有企业法规性的文件 ·《项目管理目标责任书》的主要内容是： 　·企业各职能部门与项目经理之间的关系 　·项目经理使用作业队伍的方式；项目的材料和机械设备供应方式 　·按中标价与项目可控成本分离的原则确定项目经理目标责任成本 　·施工项目应达到的质量目标、安全目标、进度目标和文明施工目标 　·《施工项目管理制度》规定以外的有法定代表人向项目经理的授权 　·企业对项目经理进行奖惩的依据、标准、办法及应承担的风险 　·项目经理解职及项目经理部解体的条件及办法 　·《项目管理目标责任书》争议的行政解决办法 ·对跨年度施工的项目，还应以企业当年下达给项目经理部的综合计划指标为依据，签订《年度项目经理经营责任状》
项目经理	项目经理部 内部人员	·建立以项目经理为中心的分工负责岗位（横向）管理目标责任制 ·将各岗位工作职责具体化、规范化，形成分工协作的业务管理系统 ·与各岗位业务人员签订上岗责任状，明确各自的责、权、利
项目经理部	水电专业队 土方运输队 ： 劳务分包队	·签约双方是合同关系，是以施工项目分包单位为对象的（纵向）经济责任制 ·通常以承包工程为对象，以施工预算为依据签订目标责任书 ·责任书中应明确对承包任务的质量、工期、成本、文明施工等目标要求 ·责任书中还应明确考核标准，争议纠纷处理办法等责、权、利、效规定
各分包队	作业班组	·规定了分包队内部作业班组对质量、进度、安全等方面的管理要求
项目经理部	企业各 职能部门	·企业各职能部门为施工项目提供服务、指导、协调、控制、监督保证的业务管理责任

(2) 施工项目经理责任制管理目标责任的考核

在施工项目经理责任期内，企业成立由主管生产经营的领导、三总师及经营、工程、安全、质量、财会、审计等有关部门组成的专门的考核领导小组，依据《施工项目管理目标责任书》（或《年度项目经理经营责任状》）对项目经理在考核期内生产经营业绩、履行责任制情况等进行考核。

通常是每月由经营管理部门按统计报表和文件规定，进行政审性考核；每季度由考委会按纵横考评结果和经济效益综合考核；年末进行全面考核。

项目经理部下属的各类责任制，由项目经理部组织，按双方所签订责任状进行月、季和全年考核。

31-2-4-4 施工项目经理资质管理

1. 施工项目经理资质等级及申请条件

项目经理是岗位职务，实行持证上岗制度，从事施工项目管理的项目经理必须持有由建设部统一印制，全国通用的《建筑业企业项目经理资质证书》，才能承担与之资质等级相符合的工程项目管理。我国各级建设行政主管部门负责本地区的项目经理资质考核、注册以及升级考核、注册工作。

施工项目经理资质等级分为三级，其申请条件见表31-13。

施工项目经理资质等级和申请条件 表31-13

项目经理等级	申 请 条 件
一级	·担任过1个一级建筑业企业资质标准要求的工程项目或2个二级建筑业企业资质标准要求的工程项目施工管理工作的主要负责人 ·已取得国家认可的高级或中级专业技术职称者
二级	·担任过2个建筑工程项目，其中至少1个为二级建筑业企业资质标准要求的工程项目施工管理工作的主要负责人 ·已取得国家认可的中级或初级专业技术职称者
三级	·担任过2个建筑工程项目，其中至少1个为三级建筑业企业资质标准要求的工程项目施工管理工作的主要负责人 ·已取得国家认可的中级或初级专业技术职称者

注：表中所称一、二、三级建筑业企业资质标准，见建设部颁布的《建筑业企业资质等级标准》的有关规定。

2. 施工项目经理资质考核和注册

(1) 项目经理资质考核的内容

根据建设部颁发的《建筑业企业项目经理资质管理办法》规定，项目经理资质考核的内容有：

1) 申请人的技术职称证书、项目经理培训合格证书。

2) 申请人从事施工项目管理工作简历和主要业绩。

3) 有关方面对申请人的施工项目管理水平、完成情况（包括工期、效益、工程质量、施工安全）的评价。

4) 其他有关情况。

(2) 项目经理资质的注册

建筑业企业项目经理资质考核通过后，由相应的建设主管部门认定注册，颁发相应等级的资质证书。其中一级项目经理须报建设部认可后方能颁发。

3. 施工项目经理资质复查和管理

(1) 项目经理资质管理部门每两年对《建筑业企业项目经理资质证书》持有者复查一次，并根据项目经理在这期间的工作业绩情况，做出合格、不合格、不在岗三种复查结论：

1) 项目经理履行项目承包合同，且未发生工程建设重大事故的，为"合格"。

2) 项目经理未能履行项目承包合同，或发生过一起三级工程建设重大事故，或发生过两起以上四级工程建设重大事故，或发生过重大违法行为的，均为"不合格"。

3）项目经理在工程项目施工管理工作中，未担任项目经理岗位职务的，为"不在岗"。

（2）连续两次复查结论为"不合格"者，降低资质等级一级；连续两次复查结论为"不在岗"者，须重新认定注册后方可担任项目经理职务。

（3）项目经理达到上一级资质等级条件的，可随时提出升级申请，并须经考核和注册。

（4）项目经理因管理不善，发生二级工程建设重大事故，或两起以上三级工程建设重大事故的，降低资质等级一级。在降低资质等级期间，再发生一起四级以上工程建设重大事故，给予项目经理吊销资质证书的处罚。

（5）被降低资质等级的项目经理，须两年后，经检查合格方可申请恢复原资质等级。被吊销资质等级的项目经理，须三年后，才能申请项目经理资质注册。

31-3 施工项目进度控制

31-3-1 施工项目进度控制概述

31-3-1-1 影响施工项目进度的因素

影响施工项目进度的因素大致可分为三类，详见表31-14。

影响施工项目进度的因素　　　　　　表31-14

种类	影响因素	相应对策
项目经理部内部因素	·施工组织不合理，人力、机械设备调配不当，解决问题不及时 ·施工技术措施不当或发生事故 ·质量不合格引起返工 ·与相关单位关系协调不善等 ·项目经理部管理水平低	·项目经理部的活动对施工进度起决定性作用，因而要： ·提高项目经理部的组织管理水平、技术水平 ·提高施工作业层的素质 ·重视与内外关系的协调
相关单位因素	·设计图纸供应不及时或有误 ·业主要求设计变更 ·实际工程量增减变化 ·材料供应、运输等不及时或质量、数量、规格不符合要求 ·水电通讯等部门、分包单位没有认真履行合同或违约 ·资金没有按时拨付等	·相关单位的密切配合与支持，是保证施工项目进度的必要条件，项目经理部应做好： ·与有关单位以合同形式明确双方协作配合要求，严格履行合同，寻求法律保护，减少和避免损失 ·编制进度计划时，要充分考虑向主管部门和职能部门进行申报、审批所需的时间，留有余地
不可预见因素	·施工现场水文地质状况比设计合同文件预计的要复杂得多 ·严重自然灾害 ·战争、政变等政治因素等	·该类因素一旦发生就会造成较大影响，应做好调查分析和预测 ·有些因素可通过参加保险，规避或减少风险

31-3-1-2 施工项目进度控制的措施

施工项目进度控制的措施主要有组织措施、技术措施、合同措施、经济措施和管理信息措施等，具体见表31-15。

施工项目进度控制措施　　　　　　　　　表31-15

措施种类	措　施　内　容
管理信息措施	·建立对施工进度能有效控制的监测、分析、调整、反馈信息系统和信息管理工作制度 ·随时监控施工过程的信息流，实现连续、动态的全过程进度目标控制
组织措施	·建立施工项目进度实施和控制的组织系统 ·订立进度控制工作制度：检查时间、方法，召开协调会议时间、人员等 ·落实各层次进度控制人员、具体任务和工作职责 ·确定施工项目进度目标，建立施工项目进度控制目标体系
技术措施	·尽可能采用先进施工技术、方法和新材料、新工艺、新技术，保证进度目标实现 ·落实施工方案，在发生问题时，能适时调整工作之间的逻辑关系，加快施工进度
合同措施	·以合同形式保证工期进度的实现，即 　·保持总进度控制目标与合同总工期相一致 　·分包合同的工期与总包合同的工期相一致 　·供货、供电、运输、构件加工等合同规定的提供服务时间与有关的进度控制目标一致
经济措施	·落实实现进度目标的保证资金 ·签订并实施关于工期和进度的经济承包责任制 ·建立并实施关于工期和进度的奖惩制度

31-3-1-3　施工项目进度控制原理

施工项目进度控制是以现代科学管理原理作为其理论基础的，主要有系统原理、动态控制原理、信息反馈原理、弹性原理和封闭循环原理等。

（1）系统原理

系统原理就是用系统的概念来剖析和管理施工项目进度控制活动。进行施工项目进度控制应建立施工项目进度计划系统、施工项目进度组织系统。

1）施工项目进度计划系统

施工项目进度计划系统是施工项目进度实施和控制的依据。施工项目进度计划包括施工项目总进度计划、单位工程进度计划、分部分项工程进度计划、材料计划、劳动力计划、季度和月（旬）作业计划等。形成了一个进度控制目标按工程系统构成、施工阶段和部位等逐层分解，编制对象从大到小，范围由总体到局部，层次由高到低，内容由粗到细的完整的计划系统。计划的执行则是由下而上，从月（旬）作业计划、分项分部工程进度计划开始，逐级按进度目标控制，最终完成施工项目总进度计划。

2）施工项目进度组织系统

施工项目进度组织系统是实现施工项目进度计划的组织保证。施工项目的各级负责人，从项目经理、各子项目负责人、计划人员、调度人员、作业队长、班组长以及有关人员组成了施工项目进度组织系统。这个组织系统既要严格执行进度计划要求、落实和完成各自的职责和任务，又要随时检查、分析计划的执行情况，在发现实际进度与计划进度发生偏离时，能及时采取有效措施进行调整、解决。也就是说，施工项目进度组织系统既是施工项目进度的实施组织系统，又是施工项目进度的控制组织系统，既要承担计划实施赋予的生产管理和施工任务，又要承担进度控制目标，对进度控制负责，这样才能保证总进度目标实现。

(2) 动态控制原理

施工项目进度目标的实现是一个随着项目的施工进展以及相关因素的变化不断进行调整的动态控制过程。施工项目按计划实施，但面对不断变化的客观实际，施工活动的轨迹往往会产生偏差。当发生实际进度与计划进度超前或落后时，控制系统就要做出应有的反应：分析偏差产生的原因，采取相应的措施，调整原来计划，使施工活动在新的起点上按调整后的计划继续运行；当新的干扰影响施工进度时，新一轮调整、纠偏又开始了。施工项目进度控制活动就这样循环往复进行，直至预期计划目标实现。

(3) 信息反馈原理

反馈是控制系统把信息输送出去，又把其作用结果返送回来，并对信息的再输出施加影响，起到控制作用，以达到预期目的。

施工项目进度控制的过程实质上就是对有关施工活动和进度的信息不断搜集、加工、汇总、反馈的过程。施工项目信息管理中心要对搜集的施工进度和相关影响因素的资料进行加工分析，由领导作出决策后，向下发出指令，指导施工或对原计划做出新的调整、部署；基层作业组织根据计划和指令安排施工活动，并将实际进度和遇到的问题随时上报。每天都有大量的内外部信息、纵横向信息流进流出。因而必须建立健全一个施工项目进度控制的信息网络，使信息准确、及时、畅通，反馈灵敏、有力，以及能正确运用信息对施工活动有效控制，才能确保施工项目的顺利实施和如期完成。

(4) 弹性原理

施工项目进度控制中应用弹性原理，首先表现在编制施工项目进度计划时，要考虑影响进度的各类因素出现的可能性及其变化的影响程度，进度计划必须保持充分弹性，要有预见性；其次是在施工项目进度控制中具有应变性，当遇到干扰，工期拖延时，能够利用进度计划的弹性，或缩短有关工作的时间，或改变工作之间的逻辑关系，或增减施工内容、工程量，或改进施工工艺、方案等有效措施，对施工项目进度计划作出及时地相应调整，缩短剩余计划工期，最后达到预期的计划目标。

(5) 封闭循环原理

施工项目进度控制是从编制项目施工进度计划开始的，由于影响因素的复杂和不确定性，在计划实施的全过程中，需要连续跟踪检查，不断地将实际进度与计划进度进行比较，如果运行正常可继续执行原计划；如果发生偏差，应在分析其产生的原因后，采取相应的解决措施和办法，对原进度计划进行调整和修订，然后再进入一个新的计划执行过程。这个由计划、实施、检查、比较、分析、纠偏等环节组成的过程就形成了一个封闭循环回路，见图31-7。而施工项目进度控制的全过程就是在许多这样的封闭循环中得到有

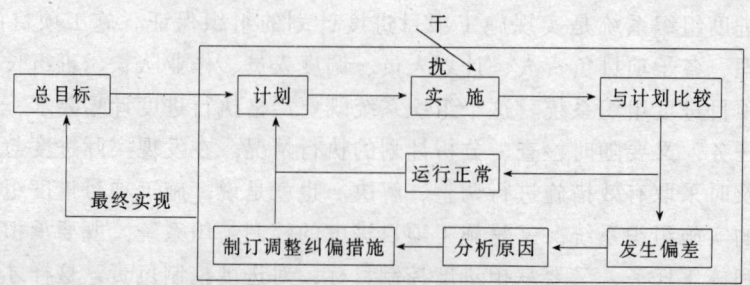

图 31-7 施工项目进度控制的封闭循环

效地不断调整、修正与纠偏，最终实现总目标的。

31-3-1-4 施工项目进度控制目标体系

施工项目进度控制总目标是依据施工项目总进度计划确定的。然后对施工项目进度控制总目标进行层层分解，形成实施进度控制、相互制约的目标体系。

施工项目进度目标是从总的方面对项目建设提出的工期要求。但在施工活动中，是通过对最基础的分部分项工程的施工进度控制来保证各单项（位）工程或阶段工程进度控制目标的完成，进而实现施工项目进度控制总目标的。因而需要将总进度目标进行一系列的从总体到细部、从高层次到基础层次的层层分解，一直分解到在施工现场可以直接调度控制的分部分项工程或作业过程的施工为止。在分解中，每一层次的进度控制目标都限定了下一级层次的进度控制目标，而较低层次的进度控制目标又是较高一级层次进度控制目标得以实现的保证，于是就形成了一个自上而下层层约束，由下而上级级保证，上下一致的多层次的进度控制目标体系，如可以按单位工程或分包单位分解为交工分目标，按承包的专业或按施工阶段分解为完工目标，按年、季、月计划期分解为时间目标等，其结构框架如图 31-8 所示。

为了便于对施工进度的控制与协调，可以从不同角度建立与施工进度控制目标体系相联系配套的进度控制目标。

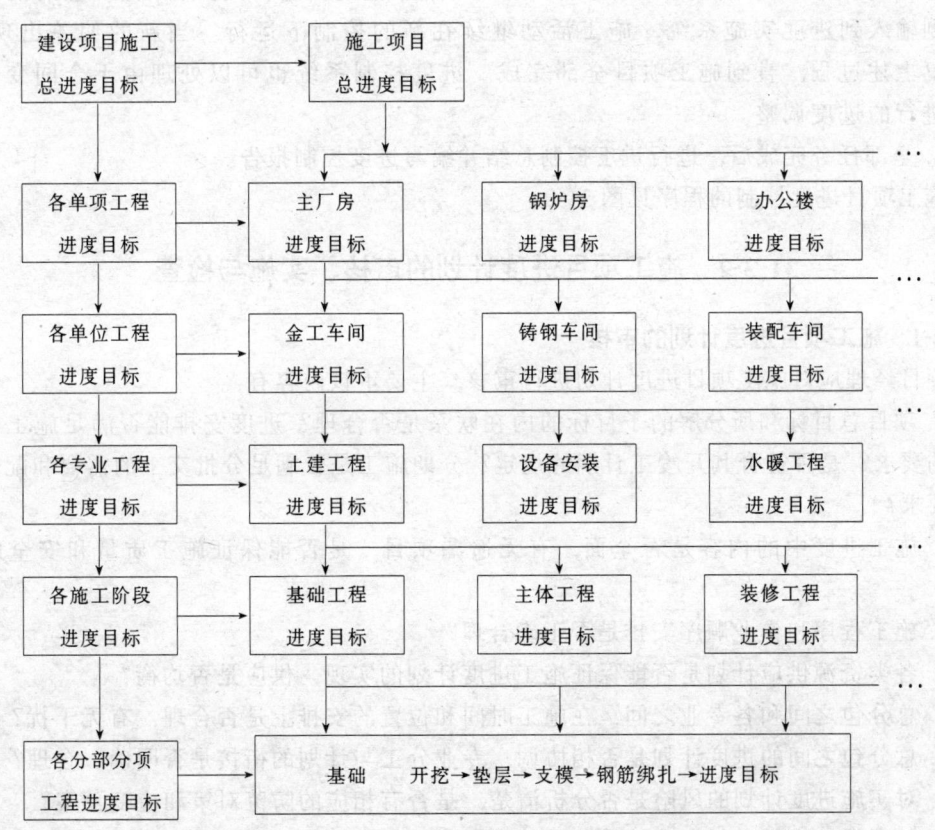

图 31-8 进度控制目标体系结构框架示意图

31-3-1-5　施工项目进度控制程序

1. 项目经理部要根据施工合同的要求确定施工进度目标，明确计划开工日期、计划总工期和计划竣工日期，确定项目分期分批的开竣工日期。

2. 编制施工进度计划，具体安排实现计划目标的工艺关系、组织关系、搭接关系、起止时间、劳动力计划、材料计划、机械计划及其他保证性计划。分包人负责根据项目施工进度计划编制分包工程施工进度计划。

3. 向监理工程师提出开工申请报告，按监理工程师开工令确定的日期开工。

4. 实施施工进度计划。项目经理应通过施工部署、组织协调、生产调度和指挥、改善施工程序和方法的决策等，应用技术、经济和管理手段实现有效地进度控制。项目经理部首先要建立进度实施、控制的科学组织系统和严密的工作制度，然后依据施工项目进度控制目标体系，对施工的全过程进行系统控制。正常情况下，进度实施系统应发挥监测、分析职能并循环运行，即随着施工活动的进行，信息管理系统会不断地将施工实际进度信息，按信息流动程序反馈给进度控制者，经过统计整理，比较分析后，确认进度无偏差，则系统继续运行；一旦发现实际进度与计划进度有偏差，系统将发挥调控职能，分析偏差产生的原因，及对后续施工和总工期的影响。必要时，可对原计划进度做出相应地调整，提出纠正偏差方案和实施的技术、经济、合同保证措施，以及取得相关单位支持与配合的协调措施，确认切实可行后，将调整后的新进度计划输入到进度实施系统，施工活动继续在新的控制下运行。当新的偏差出现后，再重复上述过程，直到施工项目全部完成。进度控制系统也可以处理由于合同变更而需要进行的进度调整。

5. 全部任务完成后，进行进度控制总结并编写进度控制报告。

施工项目进度控制的程序见图31-9。

31-3-2　施工项目进度计划的审核、实施与检查

31-3-2-1　施工项目进度计划的审核

项目经理应对施工项目进度计划进行审核，主要审核内容有：

1. 项目总目标和所分解的子目标的内在联系是否合理？进度安排能否满足施工合同工期的要求？是否符合其开竣工日期的规定？分期施工是否满足分批交工的需要和配套交工的要求？

2. 施工进度中的内容是否全面，有无遗漏项目，是否能保证施工质量和安全的需要？

3. 施工程序和作业顺序安排是否正确合理？

4. 各类资源供应计划是否能保证施工进度计划的实现，供应是否均衡？

5. 总分包之间和各专业之间，在施工时间和位置的安排上是否合理，有无干扰？

6. 总分包之间的进度计划是否相协调，专业分工与计划的衔接是否明确、合理？

7. 对实施进度计划的风险是否分析清楚，是否有相应的防范对策和应变预案？

8. 各项保证进度计划实现的措施设计得是否周到、可行、有效。

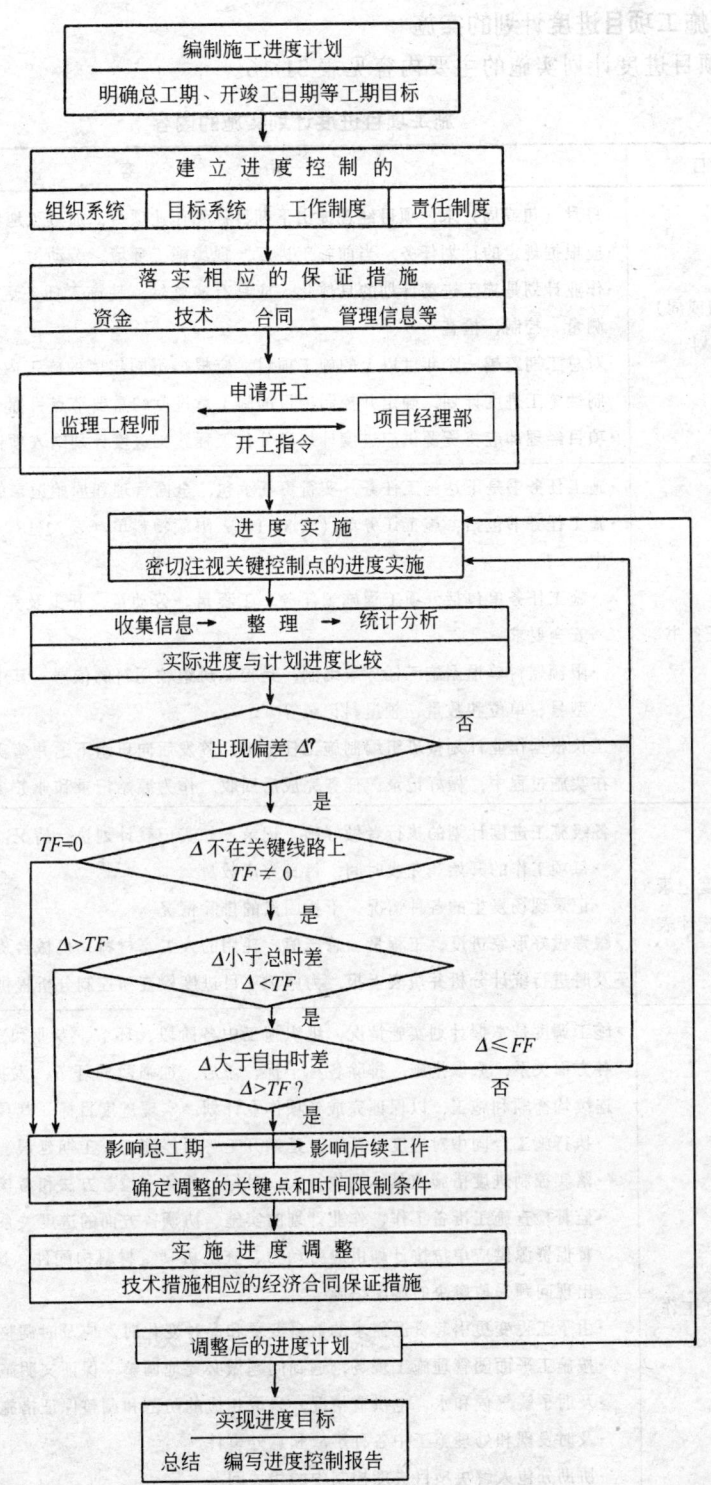

图 31-9 施工进度控制过程示意图

31-3-2-2 施工项目进度计划的实施

施工项目进度计划实施的主要内容见表31-16。

施工项目进度计划实施的内容　　　　表31-16

项　目	内　容
编制月（旬或周）作业计划	·每月（旬或周）末，项目经理提出下期目标和作业项目，通过工地例会协调后编制 ·应根据规定的计划任务，当前施工进度，现场施工环境、劳动力、机械等资源条件编制 ·作业计划是施工进度计划的具体化，应具有实施性，使施工任务更加明确具体可行，便于测量、控制、检查 ·对总工期跨越一个年度以上的施工项目，应根据不同年度的施工内容编制年度和季度的控制性施工进度计划，确定并控制项目的施工总进度的重要节点目标 ·项目经理部应将资源供应进度计划和分包工程施工进度计划纳入项目进度控制范畴
签发施工任务书	·施工任务书是下达施工任务，实行责任承包，全面管理和原始记录的综合性文件 ·施工任务书包括：施工任务单（表31-17）、限额领料单（表31-18、31-19）、考勤表等，其中 　·施工任务单包括分项工程施工任务、工程量、劳动量、开工及完工日期、工艺、质量和安全要求 　·限额领料单根据施工任务单编制，是控制班组领用料的依据，其中列明材料名称、规格、型号、单位和数量、领退料记录等 ·工长根据作业计划按班组编制施工任务书，签发后向班组下达并落实施工任务 ·在实施过程中，做好记录，任务完成后回收，作为原始记录和业务核算资料保存
做好施工进度记录填施工进度统计表	·各级施工进度计划的执行者做好施工记录，如实记载计划执行情况： 　·每项工作的开始和完成时间，每日完成数量 　·记录现场发生的各种情况、干扰因素的排除情况 ·跟踪做好形象进度、工程量、总产值、耗用的人工、材料、机械台班、能源等数量 ·及时进行统计分析并填表上报，为施工项目进度检查和控制分析提供反馈信息
做好施工调度工作	·施工调度是掌握计划实施情况，组织施工中各阶段、环节、专业和工种的互相配合，协调各方面关系，采取措施，排除各种干扰、矛盾，加强薄弱环节，发挥生产指挥作用，实现连续均衡顺利施工，以保证完成各项作业计划，实现进度目标。其具体工作： ·执行施工合同中对进度、开工及延期开工、暂停施工、工期延误、工程竣工的承诺 ·落实控制进度措施应具体到执行人、目标、任务、检查方法和考核办法 ·监督检查施工准备工作、作业计划的实施、协调各方面的进度关系 ·督促资源供应单位按计划供应劳动力、施工机具、材料构配件、运输车辆等，并对临时出现问题采取解决的调配措施 ·由于工程变更引起资源需求的数量变更和品种变化时，应及时调整供应计划 ·按施工平面图管理施工现场，遇到问题做必要地调整，保证文明施工 ·及时了解气候和水、电供应情况，采取相应的防范和调整保证措施 ·及时发现和处理施工中各种事故和意外事件 ·协助分包人解决项目进度控制中的相关问题 ·定期、及时召开现场调度会议，贯彻项目主管人的决策，发布调度令 ·当发包人提供的资源供应进度发生变化不能满足施工进度要求时，应敦促发包人执行原计划，并对造成的工期延误及经济损失进行索赔

31-3 施工项目进度控制

施工任务单 表31-17

项目名称_____ 编　　号_____ 开工日期_____
部位名称_____ 签 发 人_____ 交 底 人_____
施工班组_____ 签发日期_____ 回收日期_____

定额编号	分项工程名称	单位	定额工数		实际完成情况				考勤记录								
			工程量	时间定额 定额系数	定额工数	工程量	实需工数	实耗工数	工效(%)	姓名	日　　期							
	小计																	

材料名称	单位	单位定额	定额数量	实需数量	实耗数量	施工要求及注意事项
						验收内容　　签证人
						质　量　分
						安　全　分
						文明施工分

合计

计划施工日期：　月　日～　月　日　　实际施工日期：　月　日～　月　日　　工期超　天
　　　　　　　　　　　　　　　　　　　　　　　　　　　　　　　　　　　　　　　拖　天

限 额 领 料 单 表31-18

年　月　日

单位工程		施工预算工程量		任务单编号	
分项工程		实际工程量		执行班组	

材料名称	规格	单位	施工定额	计划用量	实际用量	计划单价	金额	级配	节约	超用

限额领料发放记录　　　　　　　　　表 31-19

月/日	名称、规格	单位	数量	领用人	月/日	名称、规格	单位	数量	领用人	月/日	名称、规格	单位	数量	领用人

31-3-2-3　施工项目进度计划的检查

跟踪检查施工实际进度是项目施工进度控制的关键措施，其有关内容见表 31-20。

施工项目进度计划检查　　　　　　　　　表 31-20

项目	说明
检查依据	·施工进度计划、作业计划及施工进度计划实施记录
检查目的	·检查实际施工进度，收集整理有关资料，并与计划对比，为进度分析和计划调整提供信息
检查时间	·根据施工项目的类型、规模、施工条件和对进度执行要求的程度确定检查时间和间隔时间 　·常规性检查可确定为每月、半月、旬或周进行一次 　·施工中遇到天气、资源供应等不利因素严重影响时，间隔时间临时可缩短，次数应频繁 　·对施工进度有重大影响的关键施工作业可每日检查或派人驻现场督阵
检查内容	·对日施工作业效率、周、旬作业进度及月作业进度分别进行检查，对完成情况做出记录 ·检查期内实际完成和累计完成工程量 ·实际参加施工的人力、机械数量和生产效率 ·窝工人数、窝工机械台班及其原因分析 ·进度偏差情况 ·进度管理情况 ·影响进度的特殊原因及分析
检查方法	·建立内部施工进度报表制度 ·定期召开进度工作会议，汇报实际进度情况 ·进度控制、检查人员经常到现场实地察看
数据整理 比较分析	·将实际收集的进度数据和资料进行整理加工，使之与相应的进度计划具有可比性 ·一般采用实物工程量、施工产值、劳动消耗量、累计百分比等和形象进度统计 ·将整理后的实际数据、资料与进度计划比较，通常采用的方法有：横道图法、列表比较法、S 形曲线比较法、"香蕉"形曲线比较法、前锋线比较法等 ·得出实际进度与计划进度是否存在偏差的结论：相一致、超前、落后

续表

项 目	说 明
检查报告	·由计划负责人或进度管理人员与其他管理人员协作，在检查后即时编写进度控制报告，也可按月、旬、周的间隔时间编写上报，其中： ·向项目经理、企业经理或业务部门以及建设单位上报关于整个施工项目进度执行情况的项目概要级进度报告 ·向项目经理、企业业务部门上报关于单位工程或项目分区进度执行情况的项目概要管理级进度报告 ·就某个重点部位或重点问题的检查结果应编制业务管理级进度报告，为项目管理者及各业务部门提供参考 ·施工项目进度控制报告的基本内容有： ·对施工进度执行情况做综合描述：检查期的起止时间、当地气象及晴雨天数统计、计划目标及实际进度、检查期内施工现场主要大事记 ·项目实施、管理、进度概况的总说明：施工进度、形象进度及简要说明；施工图纸提供进度；材料、物资、构配件供应进度；劳务记录及预测；日历计划；对建设单位和施工者的工程变更指令、价格调整、索赔及工程款收支情况；停水、停电、事故发生及处理情况；实际进度与计划目标相比较的偏差状况及其原因分析；解决问题措施；计划调整意见等

31-3-3 施工项目进度计划执行情况对比分析

施工项目进度计划的执行情况对比分析是将施工实际进度与计划进度对比，计算出计划的完成程度与存在的差距，也可结合与计划表达方式一致的图表进行图解分析。其对比分析方法有：

31-3-3-1 计算对比法

1. 单一施工过程（一个分项工程）的进度完成情况

（1）匀速施工情况

匀速施工是指每天完成的工程量是相同的。这时施工的时间进度和工程量进度是一致的。检查施工进度计划完成的计算分析公式是：

$$Y(施工进度计划完成程度\%) = \frac{到检查日止实际施工时间(天)}{到检查日止计划施工时间(天)}$$

$$= \frac{到检查日止累计实际完成工程量}{到检查日止累计计划完成工程量}$$

若上式中的分子－分母：（实际－计划）累计完成工程量为 ΔQ

（实际－计划）施工进度时间（天）为 Δt

则判别关系见表 31-21。

表 31-21

	未完成计划	刚好完成计划	超额完成计划
Y（%）	<100	=100	>100
ΔQ	<0 拖欠工程量	=0 按量完成	>0 超额工程量
Δt（天）	<0 拖后时间	=0 按时完成	>0 超前时间

（2）变速施工情况

变速施工是指每天的计划施工速度不同，或者是实际施工速度与计划施工速度不同。这时应检查施工以来累计工程量进度完成情况，其计算公式是：

$$Y(累计工程量进度计划完成程度\%) = \frac{到检查日止实际累计完成工程量}{到检查日止计划累计完成工程量}$$

$$= \frac{到检查日止实际工程量累计完成百分比(\%)}{到检查日止计划工程量累计完成百分比(\%)}$$

若上式中：(实际－计划)累计完成工程量为 ΔQ

实际施工时间（天）－完成实际累计完成工程量所需的计划施工时间（天）为 Δt

则判别关系见表 31-22。

表 31-22

	未完成计划	刚好完成计划	超额完成计划
Y（%）	<100	=100	>100
ΔQ	<0 拖欠工程量	=0 按量完成	>0 超额工程量
Δt（天）	>0 拖后时间	=0 按时完成	<0 超前时间

2. 多项施工过程（多工种、多分项分部工程）进度计划的综合完成情况

多项施工过程的工程量性质不同，不能相加，可用施工产值或消耗的劳动时间工日进行综合比较后，其计算公式为：

Y_1 多项施工过程施工进度（累计产值）计划完成程度（%）

$$= \frac{\Sigma(到检查日止各项施工实际完成工程量 \times 预算单价)}{\Sigma(到检查日止各项施工计划完成工程量 \times 预算单价)}$$

$$= 到检查日止用预算单价计算的 \left(\frac{实际完成产值}{计划完成产值}\right)$$

Y_2 多项施工过程施工进度（累计工日）计划完成程度（%）

$$= \frac{\Sigma(到检查日止各项施工实际完成工程量 \times 工日定额)}{\Sigma(到检查日止各项施工计划完成工程量 \times 工日定额)}$$

$$= 到检查日止各项施工累计完成的 \left(\frac{实际定额工日数}{计划定额工日数}\right)$$

则 $Y_1 Y_2$ 判别关系见表 31-23。

表 31-23

	未完成计划	刚好完成计划	超额完成计划
Y_1（%）	<100	=100	>100
Y_2（%）	<100	=100	>100

此法亦可用于单位工程、单项工程和建设项目的计划完成情况的对比分析。

31-3-3-2 图形对比法

1. 图形对比法的选择

图形对比法是在表示计划进度的图形上，标注出实际进度，根据两个进度之间的相对位置差距或形态差异，对进度计划的完成情况作出判断和预测的方法。它具有形象直观的

优点。

由于施工过程包含的施工作业工作多样、复杂，因而施工进度的图形表达方式有很多种，主要分为横道图法、垂直进度图法、S形曲线图法、香蕉形曲线图法、网络图法、模型图法、列表检查法等。一般是根据施工的特点和检查要求来选择适当的方法。详见表31-24。

施工进度图形对比法的特点及选择 表 31-24

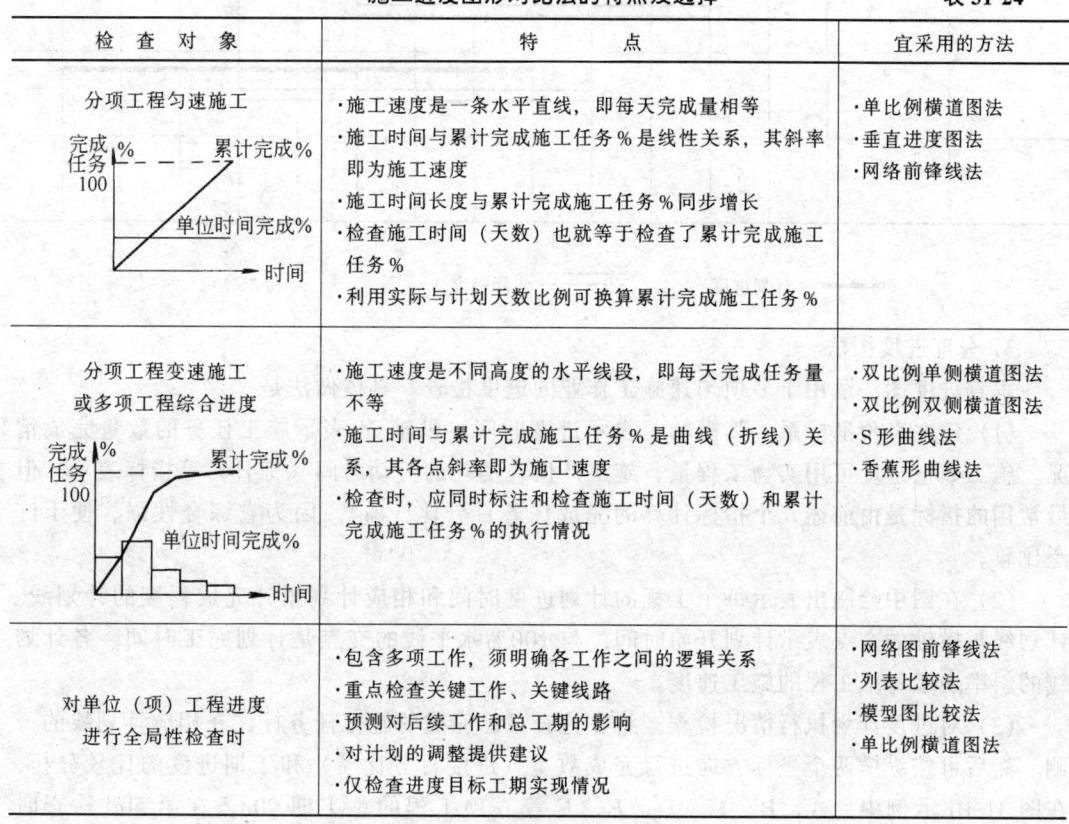

2. 单比例横道图法

对分项工程检查时，匀速施工条件下，时间进度与完成工程量进度一致，仅按时间进度标注、检查即可。具体做法是：将检查结果得到的实际进度（施工时间）用另一种颜色（或标记）标注在相应的计划进度横道图上。如果实际施工速度与计划速度不同，则应将实际完成施工任务量按计划速度换算为施工时间（天数）标注。将到检查日止的实际进度线与计划进度线的长度进行比较，二者之差为时间进度差 Δt，$\Delta t = 0$，为按期完成；$\Delta t > 0$，为提前时间；$\Delta t < 0$，为拖期时间。

如表 31-25 所示例中，在第 10d 检查时，A 工程按期完成计划；B 工程进度落后 2d；C 工程因早开工 1d，实际进度提前了 1d。

当进行单位（单项）工程或整个项目的进度计划检查，特别注重的是各组成部分的工期目标（完工或交工时间）是否实现，而不计较具体的施工速度时，也可采用单比例横道图法。

单比例横道图进度表　　　　　　　　　表 31-25

工作编号	工作时间(d)	施工进度 (d)											
		1	2	3	4	5	6	7	8	9	10	11	12	…
A	6													
B	9													
C	8													
…	…													

━━━ 计划进度　　═══ 实际进度　　△ 检查时间

3. 垂直进度图法

垂直进度图法适用于多项匀速施工作业的进度检查。具体做法是：

(1) 建立直角坐标系，其横轴 t 表示进度时间，纵轴 Y 表示施工任务的数量完成情况。施工数量进度可用实物工程量、施工产值、消耗的劳动时间（工日）等指标表示，但最常用的指标是由前述几个指标计算的完成任务百分比（%），因为它综合性强、便于广泛比较。

(2) 在图中绘制出表示每个工程的计划进度时间和相应计划累计完成程度的计划线。计划线与横轴的交点表示计划开始时间，与100%水平线的交点是计划完工时间，各计划线的斜率表示每个工程的施工速度。

(3) 对进度计划执行情况检查，将在检查日已完成的施工任务标注在相应计划线的一侧。然后可按纵横两个坐标方向进行完成数量（进度百分比%）和工期进度的比较分析，在图 31-10 示例中，A、B、C、D、E、F 等 6 项工程的总工期 90d，在第 50d 检查时 A、B 工程已完成；D 工程完成了 60%，符合进度按计划要求；C 工程按计划应全部完成，但实际完成了 80%，相当于第 40 天计划任务，故拖期了 10d。

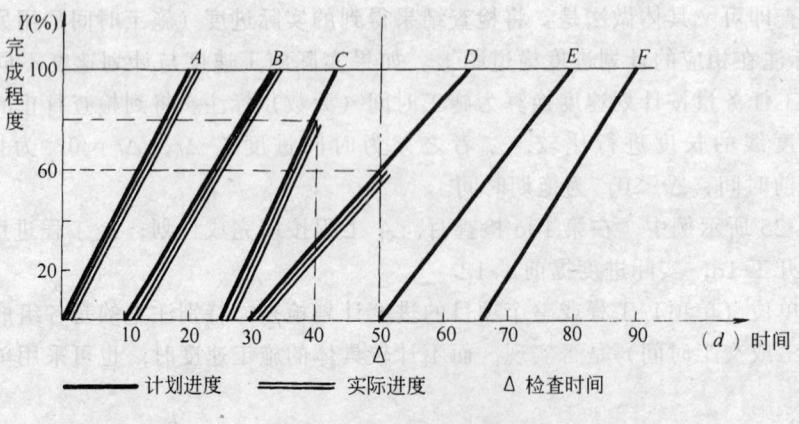

图 31-10　垂直进度图法

运用垂直进度图法检查进度，可在纵坐标上直接查到实际的数量进度，不必用时间进度去换算，在实际施工速度与计划施工速度不同时，尤为方便、快捷。

4. 双比例单侧（双侧）横道图法

双比例单侧（双侧）横道图法用于检查变速施工进度或多项施工的综合进度。变速施工或多项施工条件下，单位时间完成的施工任务数量不同，且不能简单相加，时间进度与数量进度不一致，因而，应对时间坐标及计划和实际两个进度的累计完成百分比同时标注检查，才能准确地反映施工进度完成情况。具体做法是：

（1）在计划横道图上方平行绘制出标注有时间及对应的累计计划完成%的横坐标；

（2）检查后，用明显标识将自开工日（或上一检查日）起至检查日止的实际施工时间标注在计划横道图的一侧；

（3）在计划横道图下方平行标注出检查结果，即绘制出自开工日起至检查日止的实际累计完成%的横坐标，于是就得到了双比例单侧横道图。

（4）如果将每次检查的实际施工时间交替标注在计划横道图的上下两侧，得到的是双比例双侧横道图。双侧标注可以提供各段检查期间的施工进度情况等更多信息。

（5）观察同一时间的计划与实际累计完成%的差距，进行进度比较。

如图 31-11 例中，该项施工工期 8 个月。7 月末计划应完成计划的 90%，但实际只完成了计划的 80%，和 6 月末的计划要求相同，故拖延工期 1 个月；进度计划的完成程度为 89%（=80%/90%），少完成了 10 个百分点（=80%−90%）。

若该项工程每月末检查一次，其结果按双侧标注，将得到更多信息：前两个月尚能完成计划，从第 3 个月开始都没有完成计划。因而及早检查发现，采取措施是必要的。

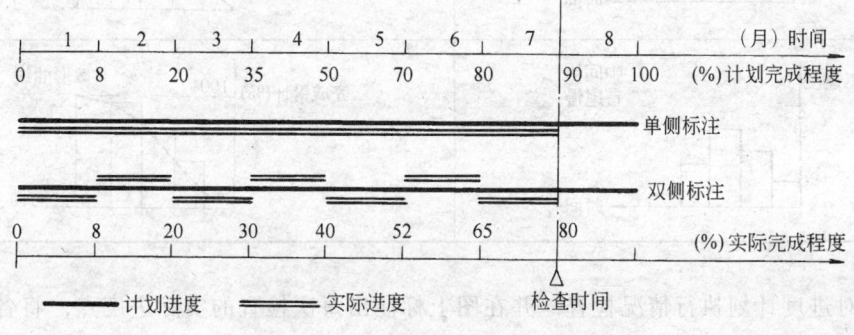

图 31-11 双比例单侧（双侧）横道图法

5. S 形曲线比较法

S 形曲线比较法适用于变速施工作业或多项工程的综合进度检查。具体做法是：

（1）建立直角坐标系，其横轴 t 表示进度时间，纵轴 Y 表示施工任务的累计完成任务百分比（%）。

（2）在图中绘制出表示计划进度时间和相应计划累计完成程度的计划线。因为是变速施工，所以计划线是曲线形态，若施工速度（单位时间完成工程任务）是先快后慢，计划累计曲线呈抛物线形态；若施工速度是先慢后快，计划累计曲线呈指数曲线形态；若施工速度是快慢相间，曲线呈上升的波浪线；若施工速度是中期快首尾慢，计划累计曲线呈 S 形曲线形态；见表 31-26，其中后者居多，故而得名。计划线上各点切线的斜率表示即时施工速度。

施工速度与累计完成任务量的关系　　　　　　　表 31-26

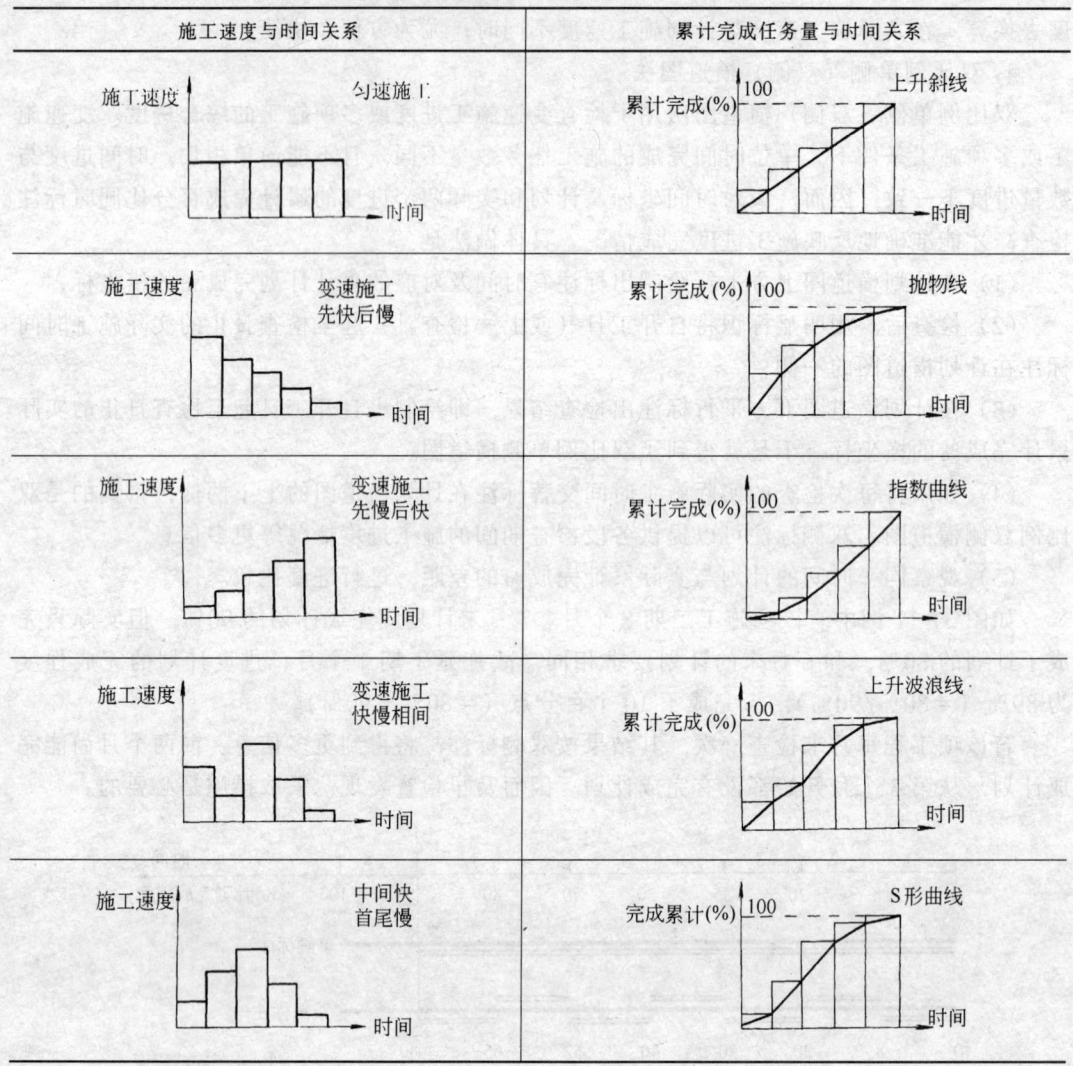

(3) 对进度计划执行情况检查，并在图上标注出每次检查的实际进度点，将各点连接成实际进度线。然后可按纵横两个坐标方向进行完成数量（进度百分比%）和工期进度的比较分析，具体判别关系如表 31-27。

S 形曲线比较判别关系　　　　　　　表 31-27

纵向（数量）比较	同一时间内实际完成与计划完成数量（进度百分比%）Q 相比较		
实际点位于 S 线	上方	重合	下方
ΔQ	>0	=0	<0
进度计划执行情况	超额完成	刚好完成	未完成
横向（时间）比较	完成相同工作（进度百分比%）实际所用时间与计划需要时间 t 相比较		
实际点位于 S 线	左侧	重合	右侧
Δt	<0	=0	>0
进度计划执行情况	工期提前	按期完成	工期拖延

在图 31-12 示例中，计划工期 90d。第 40d 检查时，实际进度点 a 落在了计划线的上方左侧，从纵向比较看：实际完成进度 30%，与同期计划比 $\Delta Q_a = 30\% - 20\% = 10\%$，即多完成 10 个百分点；从横向看：相当于完成了第 50d 的计划任务，$\Delta t_a = 40 - 50 = -10$，故工期提前了 10d。第 70d 检查时，实际进度点 b 落在了计划线的下方右侧，从纵向比较看：实际完成进度 60%，与同期计划比 $\Delta Q_b = 60\% - 80\% = -20\%$，即少完成 20 个百分点；从横向看：相当于完成了第 60d 的计划任务，$\Delta t_b = 70 - 60 = 10$，故工期拖延了 10d。若继续保持当前速度施工（施工进度呈直线），预计总工期有可能拖后 $\Delta t_c = 10d$。

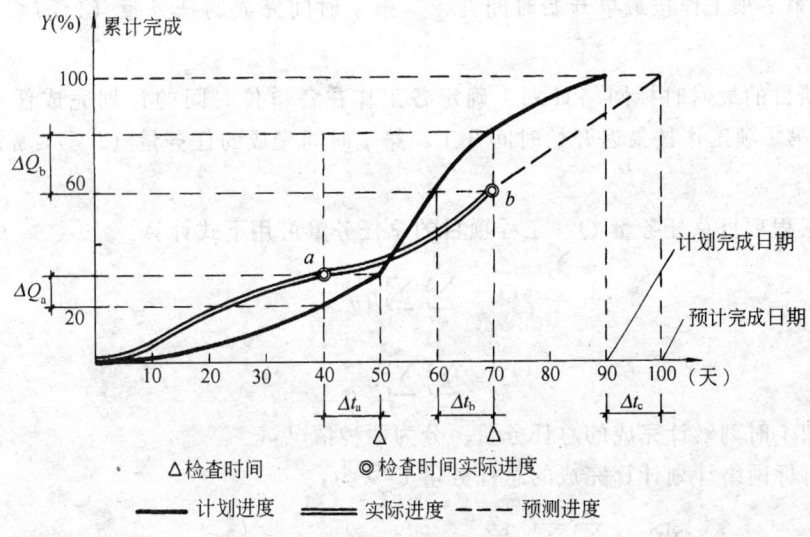

图 31-12 S 形曲线比较法

6. 香蕉形曲线比较法

(1) 香蕉形曲线的特征

香蕉形曲线是两条 S 形曲线组合成的闭合图形。如前所述，工程项目的计划时间和累计完成任务量之间的关系都可用一条 S 形曲线表示。在工程项目的网络计划中，各项工作一般可分为最早和最迟开始时间，于是根据各项工作的计划最早开始时间安排进度，就可绘制出一条 S 形曲线，称为 ES 曲线，而根据各项工作的计划最迟开始时间安排进度，绘制出的 S 形曲线，称为 LS 曲线。这两条曲线都是起始于计划开始时刻，终止于

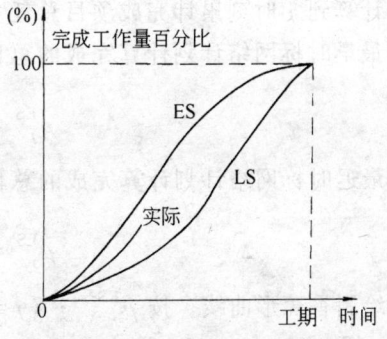

图 31-13 香蕉形曲线比较图

计划完成之时，因而图形是闭合的；一般情况下，在其余时刻，ES 曲线上各点均应在 LS 曲线的左侧，其图形如图 31-13 所示，形似香蕉，因而得名。

因为在项目的进度控制中，除了开始点和结束点之外，香蕉形曲线的 ES 和 LS 上的点不会重合，即同一时刻两条曲线所对应的计划完成量形成了一个允许实际进度变动的弹性区间，只要实际进度曲线落在这个弹性区间内，就表示项目进度是控制在合理的范围

内。在实践中,每次进度检查后,将实际点标注于图上,并连成实际进度线,便可以对工程实际进度与计划进度进行比较分析,对后续工作进度做出预测和相应安排。

(2) 香蕉形曲线的绘制

①以工程项目的网络计划为基础,确定该工程项目的工作数目 n 和计划检查次数 m,并计算时间参数 ES_i、LS_i ($i=1、2……n$);

②确定各项工作在不同时间的计划完成任务量,分为两种情况:

按工程项目的最早时标网络计划,确定各工作在各单位时间的计划完成任务量,用 q_{ij}^{ES} 表示,即第 i 项工作按最早开始时间开工,第 j 时间完成的任务量($1\leqslant i\leqslant n$; $1\leqslant j\leqslant m$);

按工程项目的最迟时标网络计划,确定各工作在各单位时间的计划完成任务量,用 q_{ij}^{LS} 表示;即第 i 项工作按最迟开始时间开工,第 j 时间完成的任务量($1\leqslant i\leqslant n$; $1\leqslant j\leqslant m$);

③计算工程项目总任务量 Q。工程项目的总任务量可用下式计算:

$$Q = \sum_{i=1}^{n}\sum_{j=1}^{m} q_{ij}^{ES}$$

或

$$Q = \sum_{i=1}^{n}\sum_{j=1}^{m} q_{ij}^{LS}$$

④计算到 j 时刻累计完成的总任务量,分为两种情况:

按最早时标网络计划计算完成的总任务量 Q_j^{ES} 为:

$$Q_j^{ES} = \sum_{i=1}^{n}\sum_{j=1}^{j} q_{ij}^{ES} \quad 1\leqslant i\leqslant n \quad 1\leqslant j\leqslant m$$

按最迟时标网络计划计算完成的总任务量 Q_j^{LS} 为:

$$Q_j^{LS} = \sum_{i=1}^{n}\sum_{j=1}^{j} q_{ij}^{LS} \quad 1\leqslant i\leqslant n \quad 1\leqslant j\leqslant m$$

⑤计算到 j 时刻累计完成项目总任务量百分比,分为两种情况:

按最早时标网络计划计算完成的总任务量百分比 μ_j^{ES} 为:

$$\mu_j^{ES} = \frac{Q_j^{ES}}{Q} \times 100\%$$

按最迟时标网络计划计算完成的总任务量百分比 μ_j^{LS} 为:

$$\mu_j^{LS} = \frac{Q_j^{LS}}{Q} \times 100\%$$

⑥绘制香蕉形曲线。按 μ_j^{ES},j($j=1、2……m$),描绘各点,并连接各点得 ES 曲线;按 μ_j^{LS},j($j=1、2……m$),描绘各点,并连接各点得 LS 曲线,由 ES 曲线和 LS 曲线组成香蕉形曲线。在项目实施过程中,按同样的方法,将每次检查的各项工作实际完成的任务量,代入上述各相应公式,计算出不同时间实际完成任务量的百分比,并在香蕉形曲线的平面内绘出实际进度曲线,便可以进行实际进度与计划进度的比较。

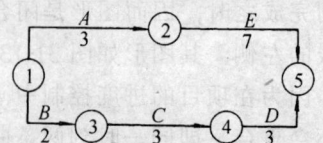

图 31-14 某施工项目网络计划

【例】 已知某工程项目网络计划如图 31-14,所示,有关网络计划时间参数见表 31-28,完成任务量以劳动量消耗数量表示，见表31-29，试绘制香蕉形曲线。

网络计划时间参数表　　　　　　　　　　　表31-28

i	工作编号	工作名称	D_i（天）	ES_i	LS_i
1	1—2	A	3	0	0
2	1—3	B	2	0	2
3	3—4	C	3	2	4
4	4—5	D	3	5	7
5	2—5	E	7	3	3

劳动量消耗数量表　　　　　　　　　　　表31-29

q_{ij}（工日）					q_{ij}^{ES}										q_{ij}^{LS}				
i　　j（天）	1	2	3	4	5	6	7	8	9	10	1	2	3	4	5	6	7	8	9	10
1	3	3	3								3	3	3							
2	3	3											3	3						
3				3	3	3									3	3	3			
4						2	2	1										2	2	1
5				3	3	3	3	3	3	3				3	3	3	3	3	3	3

【解】 施工项目工作数 $n=5$，计划每天检查一次 $m=10$

1）计算工程项目的总劳动消耗量 Q；

$$Q = \sum_{i=1}^{5}\sum_{j=1}^{10} q_{ij}^{ES} = 50$$

2）计算到 j 时刻累计完成的总任务量 Q_j^{ES} 和 Q_j^{LS}，见表31-30；

3）计算到 j 时刻累计完成的总任务量百分比 μ_j^{ES}、μ_j^{LS} 见表31-30。

完成的总任务量及其百分比表　　　　　　　表31-30

j（d）	1	2	3	4	5	6	7	8	9	10
Q_j^{ES}（工日）	6	12	18	24	30	35	40	44	47	50
Q_j^{LS}（工日）	3	6	12	18	24	30	36	41	46	50
μ_j^{ES}（%）	12	24	36	48	60	70	80	88	94	100
μ_j^{LS}（%）	6	12	24	36	48	60	72	82	92	100

（4）根据 μ_j^{ES}、μ_j^{LS} 及其相应的 j 绘制 ES 曲线和 LS 曲线，得香蕉形曲线，如图31-15

7. 网络图切割线法

在网络图上作切割线（常用点划线表示）表示检查日的实际进度，并在〔〕内标注出检查日之后完成各项工作尚需要的施工天数，再与计划相比较。如图31-16例中，在第14d检查时，A 工作已完成，D 工作尚需 2d 才能完成，而按计划还有 2d（16－14）可

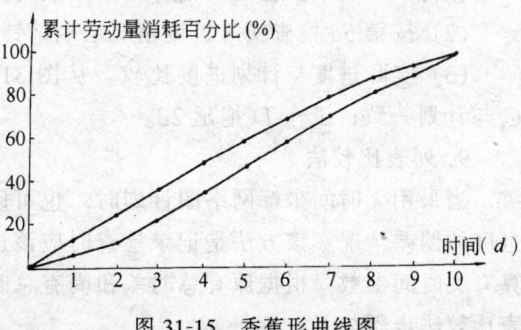

图31-15　香蕉形曲线图

以施工，不致影响进度，B 工作还有 3d 的任务量，但作业时间仅剩 2d，而且 B 工作是关键工作，其拖延 1d 工期将对总工期造成影响。

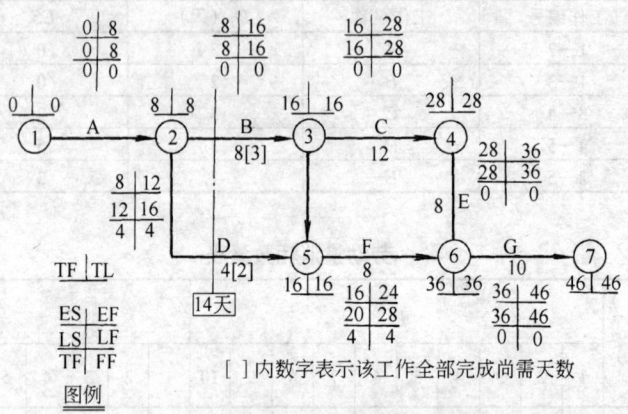

图 31-16 网络图切割线检查进度

8. 网络图前锋线法

网络图前锋线法是利用时标网络计划图检查和判定工程进度实施情况的方法。其具体做法是：

（1）将一般网络计划图变换为时标网络计划图，并在图的上下方绘制出时间坐标，使各工作箭线长度与所需工作时间一致，即将图 31-17 形式变换为图 31-18 形式；

（2）在时标网络计划图上标注出检查日的各工作箭线实际进度点，并将上下方的检查日点与实际进度点依次连接，即得到一条（一般为折线）实际进度前锋线；

（3）前锋线的左侧为已完施工，右侧为尚需工作时间；

（4）其判别关系是：工作箭线的实际进度点与检查日点重合，说明该工作按时完成计划；若实际进度点在检查日点左侧，表示该工作未完成计划，其长度的差距为拖后时间；若实际进度点在检查日点右侧，表示该工作超额完成计划，其长度的差距为提前时间。

【例】 已知网络计划如图 31-17 所示，在第 5d 检查时，发现工作 A 已完成，工作 B 已进行 1d，工作 C 已进行 2d，工作 D 尚未开始。试用前锋线法进行实际进度与计划进度比较。

【解】 （1）按已知网络计划图绘制时标网络计划如图 31-18 所示；

（2）按第 5d 检查实际进度情况绘制前锋线，如图 31-18 点划线所示；

（3）实际进度与计划进度比较。从图 31-18 前锋线可以看出：工作 B 拖延 1d；工作 C 与计划一致；工作 D 拖延 2d。

9. 列表比较法

当采用无时间坐标网络图计划时，也可以采用列表比较法，比较工程实际进度与计划进度的偏差情况。该方法是记录检查时应该进行的工作名称和已进行的天数，然后列表计算有关时间参数，根据原有总时差和尚有总时差判断实际进度与计划进度的比较方法。列表比较法步骤如下：

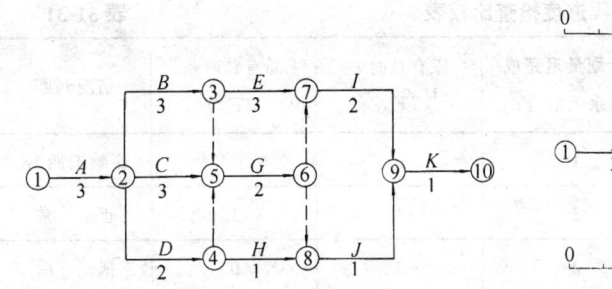
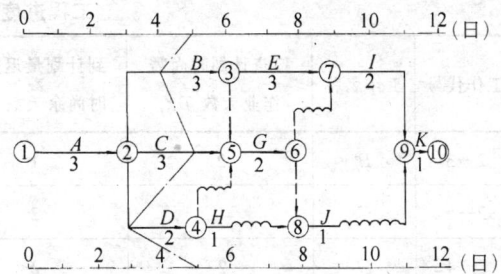

图 31-17　某网络计划图　　　　图 31-18　某网络计划前锋线比较图

(1) 计算检查时应该进行的工作 $i \cdot j$ 尚需作业时间 $T_{i \cdot j}^{②}$，其计算公式为：

$$T_{i \cdot j}^{②} = D_{i \cdot j} - T_{i \cdot j}^{①}$$

式中　$D_{i \cdot j}$——工作 $i \cdot j$ 的计划持续时间；

$T_{i \cdot j}^{①}$——工作 $i \cdot j$ 检查时已经进行的时间。

(2) 计算工作 $i \cdot j$ 检查时至最迟完成时间的尚余时间 $T_{i \cdot j}^{③}$，其计算公式为：

$$T_{i \cdot j}^{③} = LF_{i \cdot j} - T_2$$

式中　$LF_{i \cdot j}$——工作 $i \cdot j$ 的最迟完成时间；

T_2——检查时间。

(3) 计算工作 $i \cdot j$ 尚有总时差 $TF_{i \cdot j}^{①}$，其计算公式为：

$$TF_{i \cdot j}^{①} = T_{i \cdot j}^{③} - T_{i \cdot j}^{②}$$

(4) 填表分析工作实际进度与计划进度的偏差。可能有以下几种情况：

若工作尚有总时差与原有总时差相等，则说明该工作的实际进度与计划进度一致；

若工作尚有总时差小于原有总时差，但仍为正值，则说明该工作的实际进度比计划进度拖后，产生的偏差值为二者之差，但不影响总工期；

若尚有总时差为负值，则说明对总工期有影响。

【例】　已知网络计划如图 31-17 所示，在第 5d 检查时，发现工作 A 已完成，工作 B 已进行 1d，工作 C 已进行 2d，工作 D 尚未开始。试用列表比较法进行实际进度与计划进度比较。

【解】　(1) 计算检查时计划应进行工作尚需作业时间 $T_{i \cdot j}^{②}$。如工作 B：

$$T_{2 \cdot 3}^{②} = D_{2 \cdot 3} - T_{2 \cdot 3}^{①} = 3 - 1 = 2d$$

(2) 计算工作检查时至最迟完成时间的尚余时间 $T_{i \cdot j}^{③}$。如工作 B：

$$T_{2 \cdot 3}^{③} = LF_{2 \cdot 3} - T_2 = 6 - 5 = 1d$$

(3) 计算工作尚有总时差 $TF_{i \cdot j}^{①}$。如工作 B：

$$TF_{2 \cdot 3}^{①} = T_{2 \cdot 3}^{③} - T_{2 \cdot 3}^{②} = 1 - 2 = -1d$$

其余有关工作 C 和 D 的时间数据计算方法相同，见表 31-31。

(4) 从表上分析工作实际进度与计划进度的偏差。将有关数据填入表格的相应栏目内，并进行情况判断，见表 31-31。

工程进度检查比较表   表 31-31

工作代号	工作名称	检查计划时尚需作业天数 $T^{②}_{i,j}$	到计划最迟完成时尚余天数 $T^{③}_{i,j}$	原有总时差 $TF_{i,j}$	尚有总时差 $TF^{①}_{i,j}$	情况判断
2—3	B	2	1	0	−1	影响工期 1d
2—5	C	1	2	1	1	正 常
2—4	D	2	2	2	0	拖 后

10. 模型图检查法

模型图检查法常用于监测高层建筑的施工进度。图 31-19 为一高层建筑施工进度模型检查示意图，竖向表示由基础到楼顶的各层施工作业面，横向依次表示各作业面上的施工过程，当施工内容大致相同时，应按最多的施工过程列项，某层没有该内容时，可越过不填；当施工内容相差很大时，可以分段（如基础、地上一层、标准层、设备层，屋面等）标注。表示进度的要素依施工进度控制的要求而定，一般包括计划和实际的开始时间、结束时间和工作持续时间。在整个施工过程中，按施工流向从左至右、由下而上依次标注出施工进度的完成情况，并将提前完成、按期完成和拖期完成部分用不同颜色区别开来，参见图 31-19。这是一种用施工的形象进度结合时间要素综合反映施工进度的方法，形象直观，逻辑关系表达清楚，便于检查、比较、分析，便于不同专业工种或分包单位施工的协调。

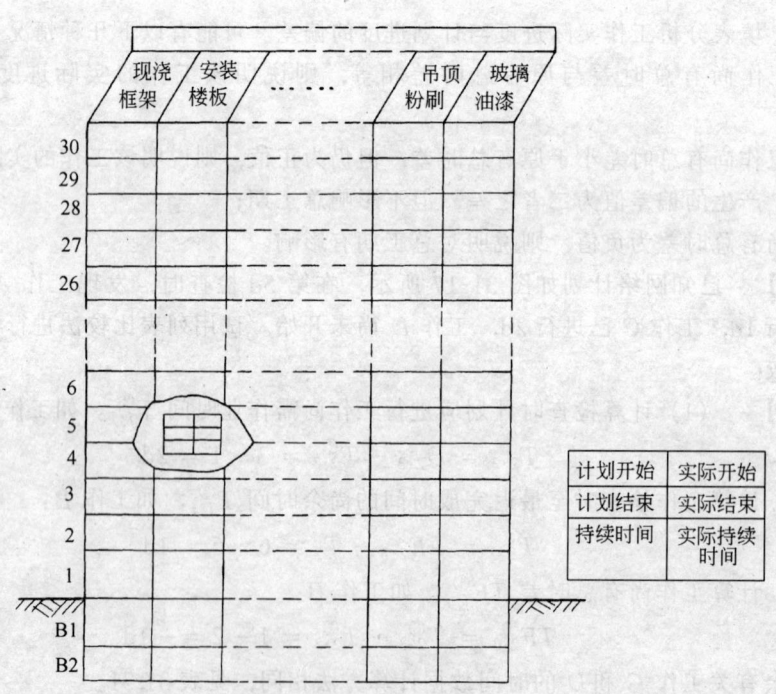

图 31-19 模型图检查法

31-3-4 施工进度计划的调整与总结

施工进度计划的调整应依据施工进度计划检查结果,在进度计划执行发生偏离的时候,通过对施工内容、工程量、起止时间、资源供应的调整,或通过局部改变施工顺序,重新确认作业过程相互协作方式等工作关系进行的调整,更充分利用施工的时间和空间进行合理交叉衔接,并编制调整后的施工进度计划,以保证施工总目标的实现。

31-3-4-1 施工进度检查结果的处理意见

通过检查发现施工进度发生偏差 Δ 后,可利用网络图分析偏差 Δ 所处的位置及其与总时差 TF、自由时差 FF 的对比关系,判断 Δ 对总工期和后续工作的影响(见图31-32),并依据施工工期要求提出处理意见,在必要时做出调整。每次检查之后都要及时调整,力争将偏差在最短期间内,在所发生的施工阶段内自行消化、平衡,以免造成影响太大。对施工进度检查结果的处理意见见表 31-32。

施工进度检查结果的处理意见   表 31-32

工期要求	进度偏差(Δ)分析		序号	处 理 意 见
按期完工 总工期:T		$\Delta = 0$	①	执行原计划
	$TF > 0$	$\Delta < 0$	②	不需调整
		$0 < \Delta \leq FF$	③	
		$FF < \Delta \leq TF$	④	按后续工作机动时间,确定允许拖延时间 局部调整后续工作:移动工作起止时间,压缩后续工作持续时间
		$\Delta > TF$	⑤	非关键线路上,后续工作压缩工期,同④ 关键线路上,后续工作压缩工期 $\Delta - TF$
	$TF = 0$	$\Delta < 0$	⑥	将提前的 Δ 分配给耗资大的后续关键工作,以降低成本
		$\Delta > 0$	⑦	后续关键工作压缩 Δ
允许工期 延长 Δ'	$TF = 0$	$\Delta > \Delta' > 0$	⑧	新工期 $T + \Delta$ 后续关键工作压缩 $\Delta - \Delta'$
		$\Delta' > \Delta > 0$	⑨	新工期 $T + \Delta$ 后续关键工作不必压缩工期、不必改变工作关系,只需按实际进度数据修改原网络计划的时间参数
工期提前 Δ' 新工期 $T - |\Delta'|$	$TF = 0$	$\Delta = 0$	⑩	后续关键工作压缩工期 $|\Delta'|$
		$\Delta > 0$	⑪	后续关键工作压缩工期 $|\Delta'| + \Delta$
		$0 > \Delta > \Delta'$	⑫	后续关键工作压缩工期 $|\Delta'| - |\Delta|$
		$0 > \Delta = \Delta'$	⑬	同⑨

注:表中 Δ 为工期偏差,工期提前 $\Delta < 0$;工期拖后 $\Delta > 0$
$\Delta =$ 实际进度工期 $-$ 计划进度工期。

31-3-4-2 施工进度计划的调整

1. 压缩后续工作持续时间

在原网络计划的基础上,不改变工作间的逻辑关系,而是采取必要的组织措施、技术措施和经济措施,压缩后续工作的持续时间,以弥补前面工作产生的负时差。一般是根据工期-费用优化的原理进行调整。具体作法是:

(1) 研究后续各工作持续时间压缩的可能性,及其极限工作持续时间;
(2) 确定由于计划调整,采取必要措施,而引起的各工作的费用变化率;
(3) 选择直接引起拖期的工作及紧后工作优先压缩,以免拖期影响扩大;

(4) 选择费用变化率最小的工作优先压缩，以求花费最小代价，满足既定工期要求；
(5) 综合考虑 (3)、(4)，确定新的调整计划。具体调整示例见图 31-20。

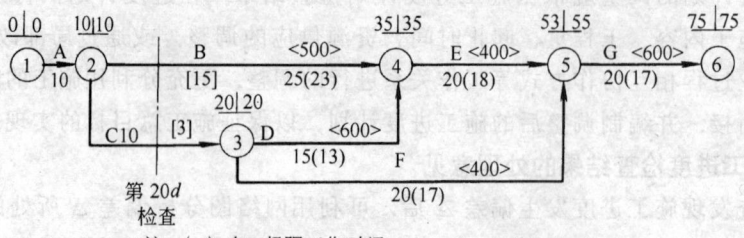

图 31-20 计划进度调整示例（一）

图 31-20 中，第 20d 检查时，A 工作已完成，B 工作进度在正常范围内，C 工作尚有 3d 才能完成，拖期 3d，将影响总工期。若保持总工期 75d 不变，需在后续关键工作中压缩工期 3d，可有多种方案供选择，考虑到若在 D 工作能尽量压缩工期，以减少 D 工作拖期造成的损失，最后选择的压缩途径是：

D：缩短 2d；E 缩短 1d；调整工期所多花费用为：$600×2+400×1=1600$ 元

2. 改变施工活动的逻辑关系及搭接关系

缩短工期的另一个途径是通过改变关键线路上各工作间的逻辑关系、搭接关系和平行流水途径来实现，而施工活动持续时间并不改变。如图 31-21 示例。对于大型群体工程项目，单位工程间的相互制约相对较小，可调幅度较大；对于单位工程内部，由于施工顺序和逻辑关系约束较大，可调幅度较小。

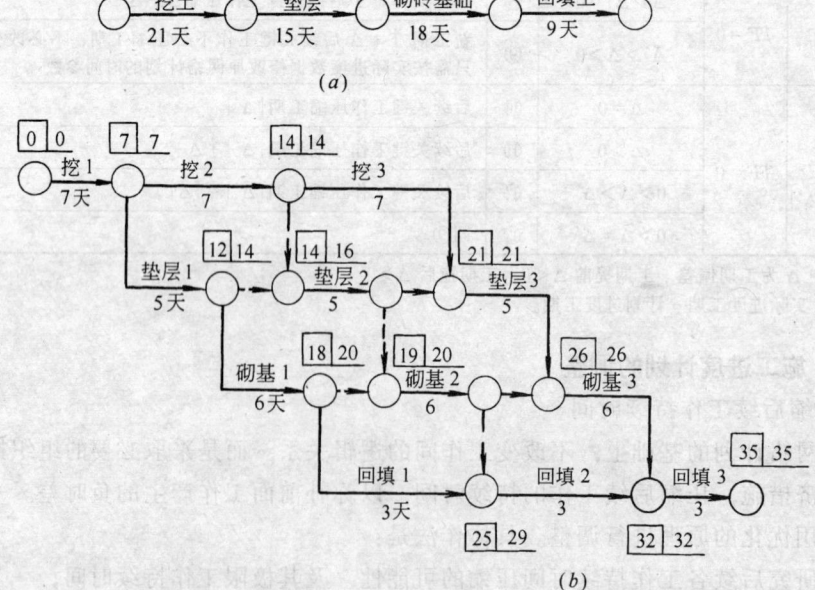

图 31-21 计划进度调整示例（二）
(a) 原进度计划；(b) 调整后进度计划

在施工进度拖期太长，某一种方式的可调幅度都不能满足工期目标要求，可以同时采用上述两种方法进行进度计划调整。

3．资源供应的调整

对于因资源供应发生异常而引起进度计划执行问题，应采用资源优化方法对计划进行调整，或采取应急措施，使其对工期影响最小。

4．增减施工内容

增减施工内容应做到不打乱原计划的逻辑关系，只对局部逻辑关系进行调整。在增减施工内容以后，应重新计算时间参数，分析对原网络计划的影响。当对工期有影响时，应采取调整措施，保证计划工期不变。

5．增减工程量

增减工程量主要是指改变施工方案、施工方法，从而导致工程量的增加或减少。

6．起止时间的改变

起止时间的改变应在相应的工作时差范围内进行：如延长或缩短工作的持续时间，或将工作在最早开始时间和最迟完成时间范围内移动。每次调整必须重新计算时间参数，观察该项调整对整个施工计划的影响。

31-3-4-3 施工进度控制总结

项目经理部应在施工进度计划完成后，及时进行施工进度控制总结，为进度控制提供反馈信息。总结依据的资料有：

1．施工进度计划；
2．施工进度计划执行的实际记录；
3．施工进度计划检查结果；
4．施工进度计划的调整资料。

总结的主要内容有：

1．合同工期目标和计划工期目标完成情况；
2．施工进度控制经验；
3．施工进度控制中存在的问题；
4．科学的施工进度计划方法的应用情况；
5．施工进度控制的改进意见。

31-4 施工项目质量控制

31-4-1 施工项目质量计划

31-4-1-1 施工项目质量计划编制的内容

施工项目质量计划是指确定施工项目的质量目标和如何达到这些质量目标所规定必要的作业过程、专门的质量措施和资源等工作。

施工项目质量计划的主要内容包括：

(1) 编制依据；
(2) 项目概述；

(3) 质量目标；
(4) 组织机构；
(5) 质量控制及管理组织协调的系统描述；
(6) 必要的质量控制手段，施工过程、服务、检验和试验程序及与其相关的支持性文件；
(7) 确定关键过程和特殊过程及作业指导书；
(8) 与施工阶段相适应的检验、试验、测量、验证要求；
(9) 更改和完善质量计划的程序。

31-4-1-2 施工项目质量计划编制的依据和要求

1. 质量计划的编制依据
(1) 工程承包合同、设计文件；
(2) 施工企业的《质量手册》及相应的程序文件；
(3) 施工操作规程及作业指导书；
(4) 各专业工程施工质量验收规范；
(5) 《建筑法》、《建设工程质量管理条例》、环境保护条例及法规；
(6) 安全施工管理条例等。

2. 施工项目质量计划的编制要求

施工项目质量计划应由项目经理主持编制。质量计划作为对外质量保证和对内质量控制的依据文件，应体现施工项目从分项工程、分部工程到单位工程的过程控制，同时也要体现从资源投入到完成工程质量最终检验和试验的全过程控制。施工项目质量计划编制的要求主要包括以下几个方面。

(1) 质量目标

合同范围内的全部工程的所有使用功能符合设计（或更改）图纸要求。分项、分部、单位工程质量达到既定的施工质量验收统一标准，合格率100%，其中专项达到：①所有隐蔽工程为业主质检部门验收合格。②卫生间不渗漏、地下室、地面不出现渗漏，所有门窗不渗漏雨水。③所有保温层、隔热层不出现冷热桥。④所有高级装饰达到有关设计规定。⑤所有的设备安装、调试符合有关验收规范。⑥特殊工程的目标。⑦工程交工后维修期为一年，其中屋面防水维修期三年。⑧工程基础和地下室　　年　月　　日前完工；主体　　年　　月　　日完工；设备安装和装修　　年　　月　　日交付业主（或安装）；分包工程××项　　年　　月　　日交工。

(2) 管理职责

项目经理是本工程实施的最高负责人，对工程符合设计、验收规范、标准要求负责；对各阶段、各工号按期交工负责。

项目经理委托项目质量副经理（或技术负责人）负责本工程质量计划和质量文件的实施及日常质量管理工作；当有更改时，负责更改后的质量文件活动的控制和管理。①对本工程的准备、施工、安装、交付和维修整个过程质量活动的控制、管理、监督、改进负责；②对进场材料、机械设备的合格性负责；③对分包工程质量的管理、监督、检查负责；④对设计和合同有特殊要求的工程和部位负责组织有关人员、分包商和用户按规定实施，指定专人进行相互联络，解决相互间接口发生的问题；⑤对施工图纸、技术资料、项目质量文件、记录的控制和管理负责。

项目生产副经理对工程进度负责，调配人力、物力保证按图纸和规范施工，协调同业主、分包商的关系，负责审核结果、整改措施和质量纠正措施和实施。

队长、工长、测量员、试验员、计量员在项目质量副经理的直接指导下，负责所管部位和分项施工全过程的质量，使其符合图纸和规范要求，有更改者符合更改要求，有特殊规定者符合特殊要求。

材料员、机械员对进场的材料、构件、机械设备进行质量验收或退货、索赔，有特殊要求的物资、构件、机械设备执行质量副经理的指令。对业主提供的物资和机械设备负责按合同规定进行验收；对分包商提供的物资和机械设备按合同规定进行验收。

(3) 资源提供

规定项目经理部管理人员及操作工人的岗位任职标准及考核认定方法。

规定项目人员流动时进出人员的管理程序。

规定人员进场培训（包括供方队伍、临时工、新进场人员）的内容、考核、记录等。

规定对新技术、新结构、新材料、新设备修订的操作方法和操作人员进行培训并记录等。

规定施工所需的临时设施（含临建、办公设备、住宿房屋等）、支持性服务手段、施工设备及通讯设备等。

(4) 工程项目实现过程策划

规定施工组织设计或专项项目质量的编制要点及接口关系。

规定重要施工过程的技术交底和质量策划要求。

规定新技术、新材料、新结构、新设备的策划要求。

规定重要过程验收的准则或技艺评定方法。

(5) 业主提供的材料、机械设备等产品的过程控制

施工项目上需用的材料、机械设备在许多情况下是由业主提供的。对这种情况要做出如下规定：①业主如何标识、控制其提供产品的质量；②检查、检验、验证业主提供产品满足规定要求的方法；③对不合格的处理办法。

(6) 材料、机械、设备、劳务及试验等采购控制

由企业自行采购的工程材料、工程机械设备、施工机械设备、工具等，质量计划作如下规定：①对供方产品标准及质量管理体系的要求；②选择、评估、评价和控制供方的方法；③必要时对供方质量计划的要求及引用的质量计划；④采购的法规要求；⑤有可追溯性（追溯所考虑对象的历史、应用情况或所处场所的能力）要求时，要明确追溯内容的形成、记录、标志的主要方法。⑥需要的特殊质量保证证据。

(7) 产品标识和可追溯性控制

隐蔽工程、分项分部工程质量验评、特殊要求的工程等必须做可追溯性记录，质量计划要对其可追溯性范围、程序、标识、所需记录及如何控制和分发这些记录等内容做出规定。

坐标控制点、标高控制点、编号、沉降观察点、安全标志、标牌等是工程重要标识记录，质量计划要对这些标识的准确性控制措施、记录等内容做规定。

重要材料（水泥、钢材、构件等）及重要施工设备的运作必须具有可追溯性。

(8) 施工工艺过程的控制

对工程从合同签订到交付全过程的控制方法做出规定。

对工程的总进度计划、分段进度计划、分包工程的进度计划、特殊部位进度计划、中间交付的进度计划等做出过程识别和管理规定。

规定工程实施全过程各阶段的控制方案、措施、方法及特别要求等。主要包括下列过程：①施工准备；②土石方工程施工；③基础和地下室施工；④主体工程施工；⑤设备安装；⑥装饰装修；⑦附属建筑施工；⑧分包工程施工；⑨冬、雨期施工；⑩特殊工程施工；⑪交付。

规定工程实施过程需用的程序文件、作业指导书（如工艺标准、操作规程、工法等），作为方案和措施必须遵循的办法。

规定对隐蔽工程、特殊工程进行控制、检查、鉴定验收、中间交付的方法。

规定工程实施过程需要使用的主要施工机械、设备、工具的技术和工作条件，运行方案，操作人员上岗条件和资格等内容，作为对施工机械设备的控制方式。

规定对各分包单位项目上的工作表现及其工作质量进行评估的方法、评估结果送交有关部门，对分包单位的管理办法等，以此控制分包单位。

(9) 搬运、贮存、包装、成品保护和交付过程的控制。

规定工程实施过程在形成的分项、分部、单位工程的半成品、成品保护方案、措施、交接方式等内容，作为保护半成品、成品的准则。

规定工程期间交付、竣工交付、工程的收尾、维护、验评、后续工作处理的方案、措施，作为管理的控制方式。

规定重要材料及工程设备的包装防护的方案及方法。

(10) 安装和调试的过程控制

对于工程水、电、暖、电讯、通风、机械设备等的安装、检测、调试、验评、交付、不合格的处置等内容规定方案、措施、方式。由于这些工作同土建施工交叉配合较多，因此对于交叉接口程序、验证哪些特性、交接验收、检测、试验设备要求、特殊要求等内容要做明确规定，以便各方面实施时遵循。

(11) 检验、试验和测量的过程控制

规定材料、构件、施工条件、结构形式在什么条件、什么时间必须进行检验、试验、复验、以验证是否符合质量和设计要求，如钢材进场必须进行型号、钢种、炉号、批量等内容的检验，不清楚时要进行取样试验或复验。

规定施工现场必须设立试验室（室、员）配置相应的试验设备，完善试验条件，规定试验人员资格和试验内容；对于特定要求要规定试验程序及对程序过程进行控制的措施。

当企业和现场条件不能满足所需各项试验要求时，要规定委托上级试验或外单位试验的方案和措施。当有合同要求的专业试验时，应规定有关的试验方案和措施。

对于需要进行状态检验和试验的内容，必须规定每个检验试验点所需检验、试验的特性、所采用程序、验收准则、必须的专用工具、技术人员资格、标识方式、记录等要求。例如结构的荷载试验等。

当有业主亲自参加见证或试验的过程或部位时，要规定该过程或部位的所在地，见证或试验时间，如何按规定进行检验试验，前后接口部位的要求等内容。例如屋面、卫生间的渗漏试验。

当有当地政府部门要求进行或亲临的试验、检验过程或部位时，要规定该过程或部位在何处、何时、如何按规定由第三方进行检验和试验。例如搅拌站空气粉尘含量测定、防火设施验收、压力容器使用验收，污水排放标准测定等。

对于施工安全设施、用电设施、施工机械设备安装、使用、拆卸等，要规定专门安全技术方案、措施、使用的检查验收标准等内容。

要编制现场计量网络图、明确工艺计量、检测计量、经营计量的网络、计量器具的配备方案、检测数据的控制管理和计量人员的资格。

编制控制测量、施工测量的方案，制定测量仪器配置，人员资格、测量记录控制、标识确认、纠正、管理等措施。

要编制分项、分部、单位工程和项目检查验收、交付验评的方案，作为交验时进行控制的依据。

(12) 检验、试验、测量设备的过程控制

规定要在本工程项目上使用所有检验、试验、测量和计量设备的控制和管理制度，包括：①设备的标识方法；②设备校准的方法；③标明、记录设备准状态的方法；④明确哪些记录需要保存，以便一旦发现设备失准时，便确定以前的测试结果是否有效。

(13) 不合格品的控制

要编制工种、分项、分部工程不合格产品出现的方案、措施，以及防止与合格之间发生混淆的标识和隔离措施。规定哪些范围不允许出现不合格；明确一旦出现不合格哪些允许修补返工，哪些必须推倒重来，哪些必须局部更改设计或降级处理。

编制控制质量事故发生的措施及一旦发生后的处置措施。

规定当分项分部和单位工程不符合设计图纸（更改）和规范要求时，项目和企业各方面对这种情况的处理有如下职权：①质量监督检查部门有权提出返工修补处理、降级处理或作不合格品处理；②质量监督检查部门以图纸（更改）、技术资料、检测记录为依据用书面形式向以下各方发出通知：当分项分部项目工程不合格时通知项目质量副经理和生产副经理；当分项工程不合格时通知项目经理；当单位工程不合格时通知项目经理和公司生产经理。

上述接收返工修补处理、降级处理或不合格处理通知方有权接受和拒绝这些要求：当通知方和接收通知方意见不能调解时，则上级质量监督检查部门、公司质量主管负责人，乃至经理裁决；若仍不能解决时申请由当地政府质量监督部门裁决。

31-4-2 施工生产要素质量控制

31-4-2-1 人的控制

人是生产过程的活动主体，其总体素质和个体能力，将决定着一切质量活动的成果，因此，既要把人作为质量控制对象又要作为其他质量活动的控制动力。

人的控制内容包括：组织机构的整体素质和每一个体的知识、能力、生理条件，心理状态、质量意识、行为表现、组织纪律、职业道德等，做到合理用人，发挥团队精神，调动人的积极性。

施工现场对人的控制，主要措施和途径是：

(1) 以项目经理的管理目标和职责为中心，合理组建项目管理机构，贯彻因事设岗，配备合适的管理人员。

(2) 严格实行分包单位的资质审查，控制分包单位的整体素质，包括技术素质、管理素质、服务态度和社会信誉等。严禁分包工程或作业的转包，以防资质失控。

(3) 坚持作业人员持证上岗，特别是重要技术工种、特殊工种、高空作业等，做到有资质者上岗。

(4) 加强对现场管理和作业人员的质量意识教育及技术培训。开展作业质量保证的研讨交流活动等。

(5) 严格现场管理制度和生产纪律，规范人的作业技术和管理活动的行为。

(6) 加强激励和沟通活动，调动人的积极性。

31-4-2-2 材料、设备的控制

1. 材料的控制

材料（包括原材料、成品、半成品、构配件）是工程施工的物质条件，材料质量是保证工程施工质量的必要条件之一，实施材料的质量控制应抓好以下环节：

(1) 材料采购　承包商采购的材料都应根据工程特点、施工合同、材料的适用范围和施工要求、材料的性能价格等因素综合考虑。采购材料应根据施工进度提前安排，项目经理部或企业应建立常用材料的供应商信息库并及时追踪市场。必要时，应让材料供应商呈送材料样品或对其实地考察，应注意材料采购合同中质量条款的严格说明。

(2) 材料检验　材料质量检验的目的是事先通过一系列的检测手段，将所取得的材料数据与其质量标准相比较，借以判断材料质量的可靠性，能否用于工程。业主供应的材料同样应进行质量检验，检验方法有书面检验、外观检验、理化检验和无损检验四种，根据材料信息的保证资料的具体情况，其质量检验程序分免检、抽检和全部检查三种。抽样理化检验是建筑材料常见的质量检验方式，应按照国家有关规定的取样方法及试验项目进行检验，并对其质量做出评定。

(3) 材料的仓储和使用　运至现场或在现场生产加工的材料经过检验后应重视对其仓储和使用管理，避免因材料变质或误用造成质量问题，如水泥的受潮结块、钢筋的锈蚀、不同直径钢筋的混用等。为此，一方面，承包商应合理调度，避免现场材料大量积压，另一方面坚持对材料应按不同类别排放、挂牌标志，并在使用材料时现场检查督导。

2. 建筑设备的控制

建筑设备应从设备选择采购、设备运输、设备检查、设备安装和设备调试方面考虑。

(1) 设备选择采购　除参考前面材料采购外，尚应指派相关专业人员专门负责，大型设备如无定型产品，还需联系厂家定制；有的设备还需相应政府部门审批。在有设备供应分包商时，应特别注意设备供应分包合同的管理。

(2) 设备运输　设备生产厂家距工程项目施工地点可能很远，甚至从国外进口，为此，应对运输过程中的设备保护特别重视，并通过运输投保转移风险。当然，如果设备供应分包负责运至工地，总承包商就不存在上面的问题了。

(3) 设备检查验收　承包商对运至现场的设备应会同有关人员开箱检查，主要检查设备外观、部件、配件数量、书面资料等是否合格齐全，同时注意开箱时避免破坏设备。

(4) 设备安装　设备安装应符合有关技术要求和质量标准。由于设备安装通常以土建

工作为先导,并时有交叉作业,所以应特别注意两者的交叉作业;设备安装通常进行专业分包,所以选择合适的分包单位和对之有效的管理就显得非常重要。

(5) 设备调试 设备调试是设备正常运转并保证其质量的必经环节,应按照要求和一定步骤顺序进行,对调试结果分析以判断前续工作效果。

31-4-2-3 施工机械设备的控制

施工机械设备是现代建筑施工必不可少的设施,是反映一个施工企业力量强弱的重要方面,对工程项目的施工进度和质量有直接影响。说到底对其质量控制就是使施工机械设备的类型、性能参数与施工现场条件、施工工艺等因素相匹配。

(1) 承包商应按照技术先进、经济合理、生产适用、性能可靠、使用安全的原则选择施工机械设备,使其具有特定工程的适用性和可靠性。如预应力张拉设备,根据锚具的型式,从适用性出发,对于拉杆式千斤顶,只适用于张拉单根粗钢筋的螺丝端杆锚具、张拉钢丝束的锥形螺杆锚具或 DM5A 型墩头锚具。

(2) 应从施工需要和保证质量的要求出发,正确确定相应类型的性能参数,如千斤顶的张拉力,必须大于张拉程序中所需的最大张拉值。

(3) 在施工过程中,应定期对施工机械设备进行校正,以免误导操作,如锥螺纹接头的力矩扳手就应经常校验,保证接头质量的可靠。另外,选择机械设备必须有与之相配套的操作工人相适应。

31-4-2-4 施工方法的控制

施工方法集中反映在承包商为工程施工所采取的技术方案、工艺流程、检测手段,施工程序安排等,对施工方法的控制,着重抓好以下几个关键:

(1) 施工方案应随工程进展而不断细化和深化。

(2) 选择施工方案时,对主要项目要拟定几个可行的方案,突出主要矛盾,摆出其主要优劣点,以便反复讨论与比较,选出最佳方案。

(3) 对主要项目、关键部位和难度较大的项目,如新结构、新材料、新工艺、大跨度、大悬臂、高大的结构部位等,制订方案时要充分估计到可能发生的施工质量问题和处理方法。

31-4-2-5 环境的控制

创造良好的施工环境,对于保证工程质量和施工安全,实现文明施工,树立施工企业的社会形象,都有很重要的作用。施工环境控制,既包括对自然环境特点和规律的了解、限制、改造及利用问题,也包括对管理环境及劳动作业环境的创设活动。

1. 自然环境的控制 主要是掌握施工现场水文、地质和气象资料信息,以便在制订施工方案、施工计划和措施时,能够从自然环境的特点和规律出发,建立地基和基础施工对策,防止地下水、地面水对施工的影响,保证周围建筑物及地下管线的安全;从实际条件出发做好冬雨季施工项目的安排和防范措施;加强环境保护和建设公害的治理。

2. 管理环境控制 主要是根据承发包的合同结构,理顺各参建施工单位之间的管理关系,建立现场施工组织系统和质量管理的综合运行机制。确保施工程序的安排以及施工质量形成过程能够起到相互促进、相互制约、协调运转的作用。此外,在管理环境的创设方面,还应注意与现场近邻的单位、居民及有关方面的协调、沟通,做好公共关系,以取得他们对施工造成的干扰和不便给予必要的谅解和支持配合。

3. 劳动作业环境控制 首先是做好施工平面图的合理规划和管理，规范施工现场的机械设备、材料构件、道路管线和各种大临设施的布置。其次是落实现场安全的各种防护措施，做好明显标识，注意确保施工道路畅通，安排好特殊环境下施工作业的通风照明措施。第三，加强施工作业场所的落手清工作，每天下班前应留出5分钟进行场所清理收拾。

31-4-3　施工工序质量控制

31-4-3-1　工序质量控制的概念和内容

工序质量是指施工中人、材料、机械、工艺方法和环境等对产品综合起作用的过程的质量，又称过程质量，它体现为产品质量。

好的产品或工程质量是通过一道一道工序逐渐形成的，要确保工程项目施工质量，就必须对每道工序的质量进行控制，这是施工过程中质量控制的重点。

工序质量控制就是对工序活动条件即工序活动投入的质量和工序活动效果的质量即分项工程质量的控制。在进行工序质量控制时要着重于以下几方面的工作：

(1) 确定工序质量控制工作计划。一方面要求对不同的工序活动制定专门的保证质量的技术措施，做出物料投入及活动顺序的专门规定；另一方面须规定质量控制工作流程、质量检验制度等。

(2) 主动控制工序活动条件的质量。工序活动条件主要指影响质量的五大因素，即人、材料、机械设备、方法和环境等（如 31-4-2　施工生产要素质量控制）。

(3) 及时检验工序活动效果的质量。主要是实行班组自检、互检、上下道工序交接检，特别是对隐蔽工程和分项（部）工程的质量检验。

(4) 设置工序质量控制点（工序管理点），实行重点控制。工序质量控制点是针对影响质量的关键部位或薄弱环节而确定的重点控制对象。正确设置控制点并严格实施是进行工序质量控制的重点。

31-4-3-2　工序质量控制点的设置和管理

1．工序质量控制点的设置原则
(1) 重要的和关键性的施工环节和部位。
(2) 质量不稳定、施工质量没有把握的施工工序和环节。
(3) 施工技术难度大的、施工条件困难的部位或环节。
(4) 质量标准或质量精度要求高的施工内容和项目。
(5) 对后续施工或后续工序质量或安全有重要影响的施工工序或部位。
(6) 采用新技术、新工艺、新材料施工的部位或环节。

2．工序质量控制点的管理
(1) 质量控制措施的设计

选择了控制点，就要针对每个控制点进行控制措施设计。主要步骤和内容如下：
①列出质量控制点明细表；
②设计控制点施工流程图；
③进行工序分析，找出主导因素；
④制定工序质量控制表，对各影响质量特性的主导因素规定出明确的控制范围和控制

要求；

⑤编制保证质量的作业指导书；

⑥编制计量网络图，明确标出各控制因素采用什么计量仪器、编号、精度等，以便进行精确计量；

⑦质量控制点审核。可由设计者的上一级领导进行审核。

(2) 质量控制点的实施

①交底。将控制点的"控制措施设计"向操作班组进行认真交底，必须使工人真正了解操作要点。

②质量控制人员在现场进行重点指导、检查、验收。

③工人按作业指导书认真进行操作，保证每个环节的操作质量。

④按规定做好检查并认真做好记录，取得第一手数据。

⑤运用数据统计方法，不断进行分析与改进，直至质量控制点验收合格。

⑥质量控制点实施中应明确工人、质量控制人员的职责。

3．工序质量控制点设置实例

(1) 工序质量控制点设置一览表（表31-33）

工序质量控制点设置 表31-33

编 号	名 称	编 号	名 称
基-1	防止深基础塌方	结-7	预应力张拉
基-2	钢筋混凝土桩垂直度控制	结-8	混凝土砂浆试块强度
基-3	砂垫层密实度	结-9	试块标准养护
基-4	独立基础钢筋绑扎	装-1	阳台地坪
结-1	高层建筑垂直度控制	装-2	屋面油毡
结-2	楼面标高控制	装-3	门窗装修
结-3	大模板施工	装-4	细石混凝土地坪
结-4	墙体混凝土浇捣	装-5	木制品油漆
结-5	砖墙粘结率	装-6	水泥砂浆粉刷
结-6	混合结构内外墙同步砌筑		

(2) 工序质量控制点的内容、要求（表31-34～表31-36）

(一) 工序质量控制点的内容要求（基-4） 表31-34

工序控制点名称	工作内容	执行人员	标 准	检查工具	检查频次
独立基础钢筋绑扎	防止插筋偏位保护层达到规范要求	施工员 质量员 技术员	钢筋位置位移控制在±5mm，箍筋间距±10mm，搭接长度不少于35d，有垫块确保保护层20mm厚，混凝土浇捣时不能一次卸料	钢尺 线锤 目测	逐个检查

技术要求：

(1) 在垫层上先弹线，经技术员复核验收后，才能绑扎钢筋。

(2) 先扎底板及基础梁钢筋，最后扎柱头插铁钢筋。

(3) 插筋露面处，固定环箍不少于3个。

(4) 基础面与柱交接处，应固定牢中心线并位置正确，控制钢筋位置垂直以及保护层和中距位置。

(5) 木工施工员、技术员要验收位置及标高。

(6) 浇混凝土时，振捣要注意插筋位置，不得将振捣棒振偏钢筋，看模工注意钢筋位置。

(7) 插筋露面、环箍大小，钢筋翻样要严格按图进行，不能任意改动。

(8) 钢筋与基础相连部位，必要时用电焊固定。

(二) 工序质量控制点的内容要求（结-5） 表31-35

工序控制点名称	工作内容	执行人员	标准	检查工具	检查频次
砖墙粘结率	砖墙砌筑粘结率达80%以上	质量员 施工员	按部颁标准，砖墙砌筑要求，执行每组3块砖，平均不低于80%	百格网 目测	每操作台班抽检2组

技术要求：

(1) 严格执行规范，砖砌体砌筑砂浆稠度必须控制在7～10cm。

(2) 砂浆保水性良好（分层度不大于2cm）。

(3) 各种原料（砂、石灰膏、电石膏、粉煤粉等）精确度应控制在±5%误差内，有机塑化剂，如氯化盐早强剂等，精确度控制在±1%误差内，所有材料均需过磅计量。

(4) 砂浆拌和时间不应少于1.5min，使用时间不宜超过2～3h。

(5) 砖块要浇水湿润，含水率宜为10%～15%（冬季施工另行考虑）。

(6) 采用铺浆砌筑，铺浆长度不得超过50cm。

(7) 砌墙操作宜采用皮头缝，加泥刀压砖办法，增加砂浆与砖块粘结率。

(三) 工序质量控制点的内容要求（装-1） 表31-36

工序控制点名称	工作内容	执行人员	标准	检查工具	检查频次
阳台地坪施工	防止阳台地坪倒泛水及落水斗渗漏	施工员 技术员 质量员	建工局优良工程质量评定标准	水平尺 托线板 目测	阳台逐个检查

技术要求：

(1) 阳台板吊装前应先检查板的搁置点，墙身处的标高是否平整。

(2) 阳台板不论现浇或预制，在安装后要检查，是否有倒泛水现象。

(3) 预制阳台板底必须要坐灰，严禁生摆，坐灰时适当提高，没有落水斗一侧的板面提高（5mm）。

(4) 阳台找平找泛水时，用水平尺控制泛水坡度，并在墙身及栏板上弹好线，确保泛水基本正确。

(5) 埋设落水斗前,必须先清理预留孔洞,预留孔表面过于光滑要凿毛。

(6) 埋设时,要洒水湿润,四周用1:2水泥砂浆嵌密实。

(7) 严禁粉阳台地坪与窝落水斗两道工序并做一次施工。

(8) 阳台粉面完毕后,用水平尺检查其泛水,不符合要求时需要凿去返工重粉。

31-4-3-3 工程质量预控

1. 工程质量预控的概念

工程质量预控就是针对所设置的质量控制点或分项、分部工程,事先分析在施工中可能发生的质量问题和隐患,分析可能的原因,提出相应的预防措施和对策,实现对工程质量的主动控制。

2. 质量预控的表达形式及示例

质量预控的表达形式有:①文字表达。②用表格形式表达。③用解析图形式表达。

(1) 钢筋电焊焊接质量的预控——文字表达

①可能产生的质量问题:

a. 焊接接头偏心弯折;

b. 焊条型号或规格不符合要求;

c. 焊缝的长、宽、厚度不符合要求;

d. 凹陷、焊瘤、裂纹、烧伤、咬边、气孔、夹渣等缺陷;

②质量预控措施

a. 检查焊接人员有无上岗合格证明,禁止无证上岗;

b. 焊工正式施焊前,必须按规定进行焊接工艺试验;

c. 每批钢筋焊完后,施工单位自检并按规定取样进行力学性能试验,然后专业监理人员抽查焊接质量,必要时需抽样复查其力学性能;

d. 在检查焊接质量时,应同时抽检焊条的型号。

(2) 混凝土灌注桩质量预控——用表格形式表达

用简表形式分析其在施工中可能发生的主要质量问题和隐患,并针对各种可能发生的质量问题,提出相应的预控措施,如表31-37所示。

混凝土灌注桩质量预控表　　　　　　　　表31-37

可能发生的质量问题	质 量 预 控 措 施
1. 孔斜	1. 督促施工单位在钻孔前对钻机认真整平
2. 混凝土强度达不到要求	2. 随时抽查原料质量;试配混凝土配合比经监理工程师审批确认;评定混凝土强度;按月向监理报送评定结果
3. 缩颈、堵管	3. 督促施工单位每桩测定混凝土坍落度2次,每30~50cm测定一次混凝土浇筑高度,随时处理
4. 断桩	4. 准备足够数量的混凝土供应机械(拌合机等),保证连续不断地浇筑桩体
5. 钢筋笼上浮	5. 掌握泥浆密度和灌注速度,灌注前做好钢筋笼固定

(3) 土方回填工程质量预控及对策、混凝土工程质量预控及对策、预制构件吊装工程预控及对策，见图31-22～图31-29。这是用解析图的形式表达的。

图31-22 土方回填工程质量预控

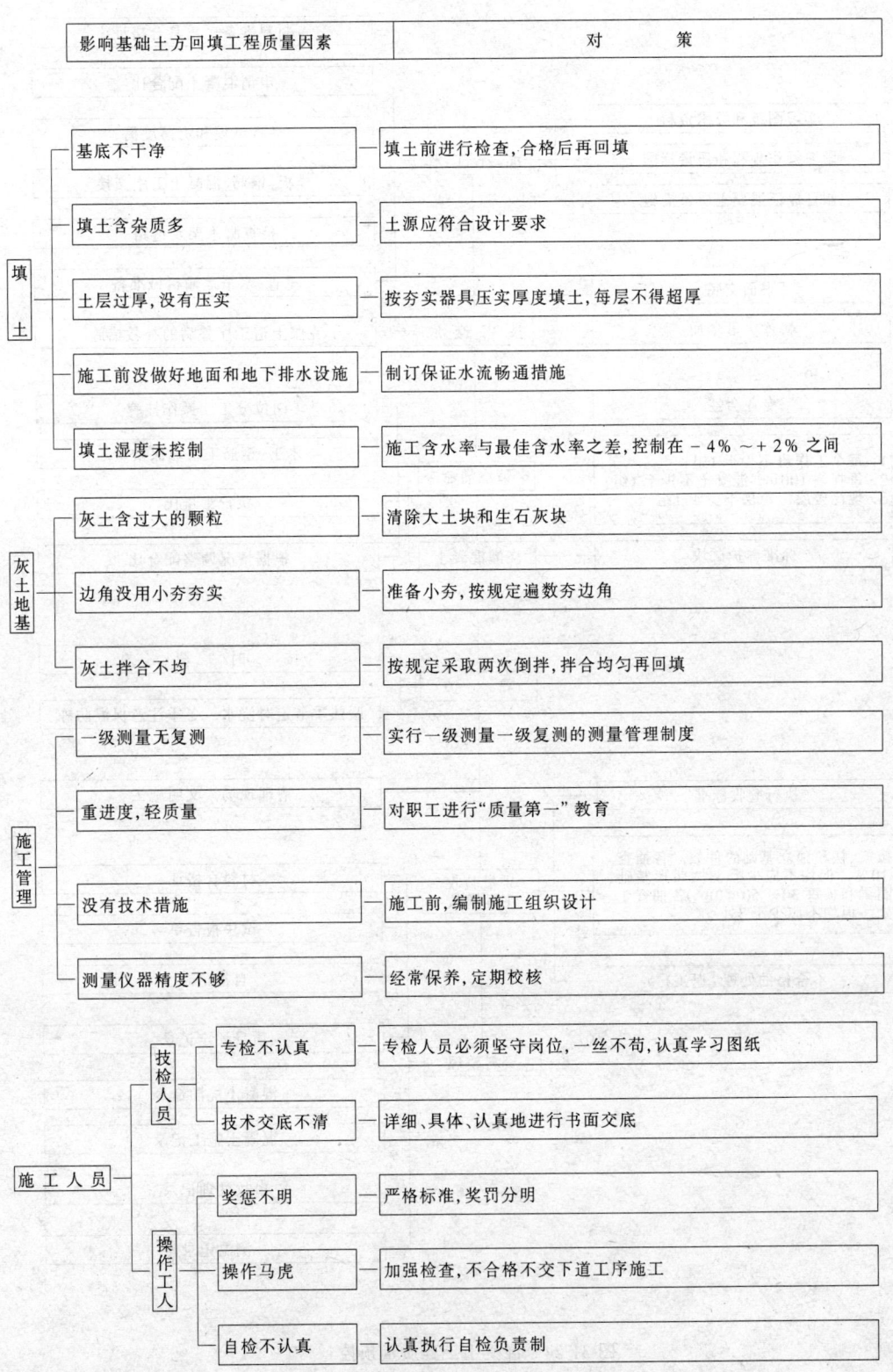

图 31-23 土方回填工程质量对策

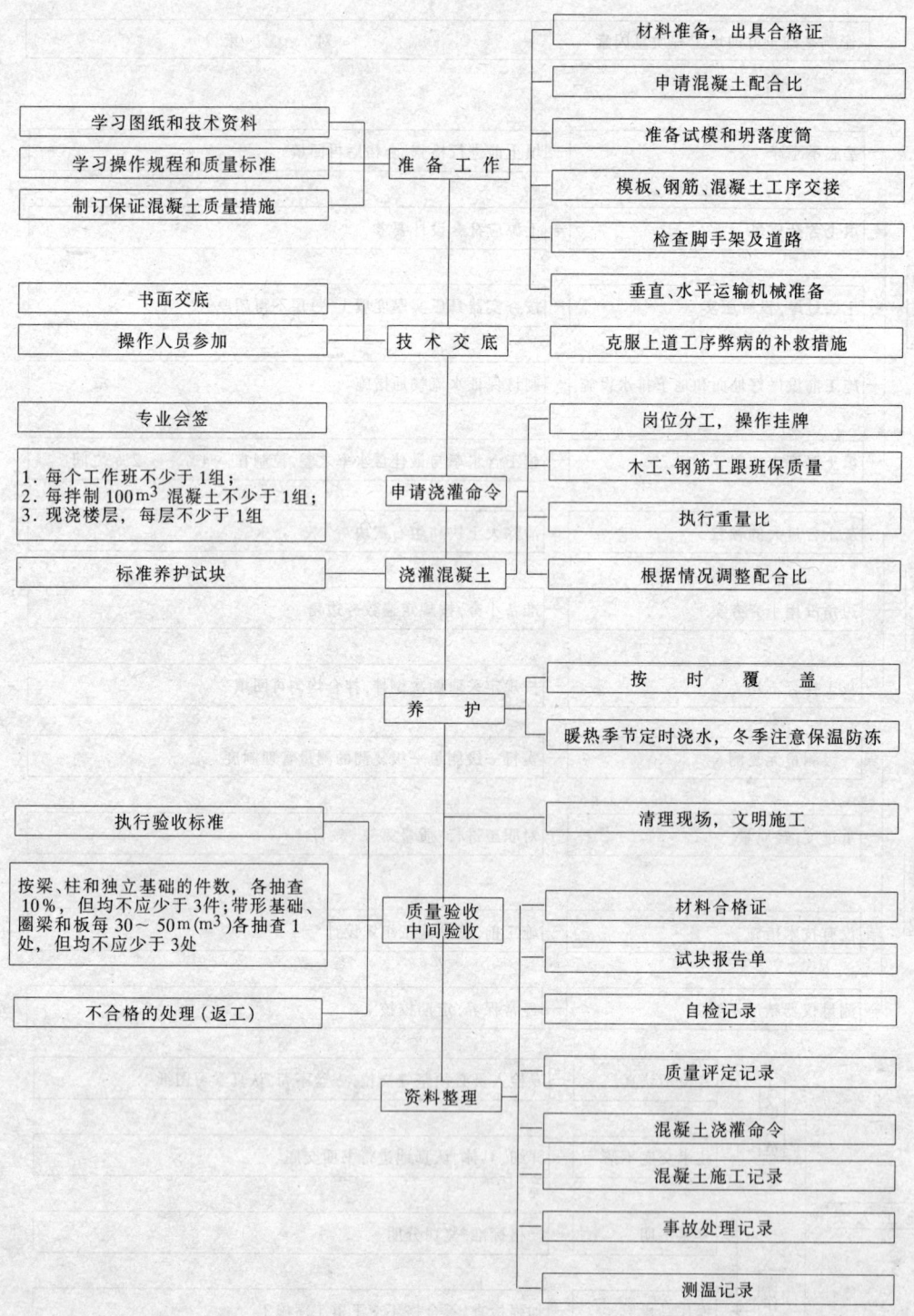

图 31-24 混凝土工程质量预控

图 31-25 混凝土工程质量对策（一）

图 31-26 混凝土工程质量对策（二）

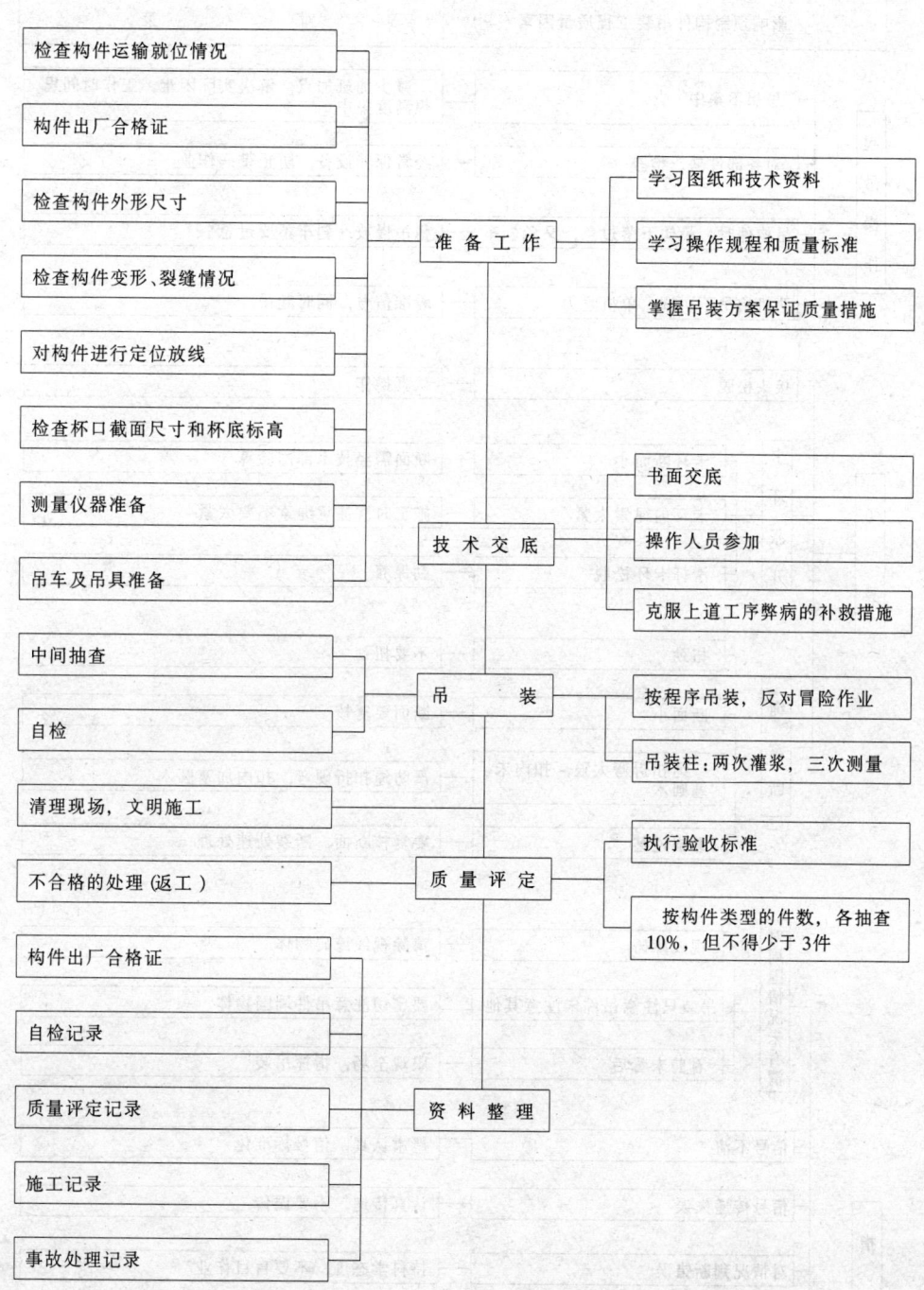

图 31-27 预制构件吊装工程质量预控

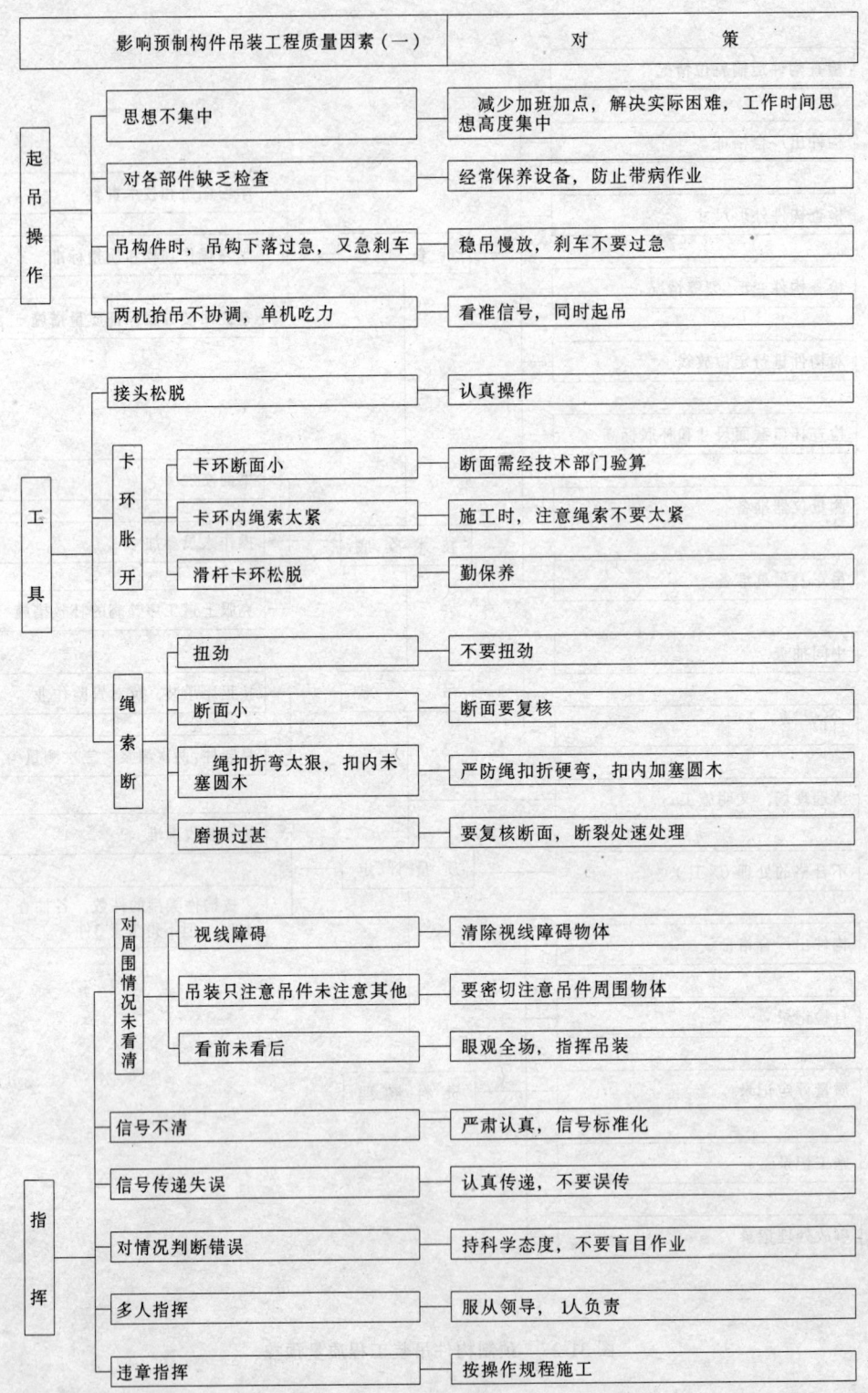

图 31-28 预制构件吊装工程质量对策（一）

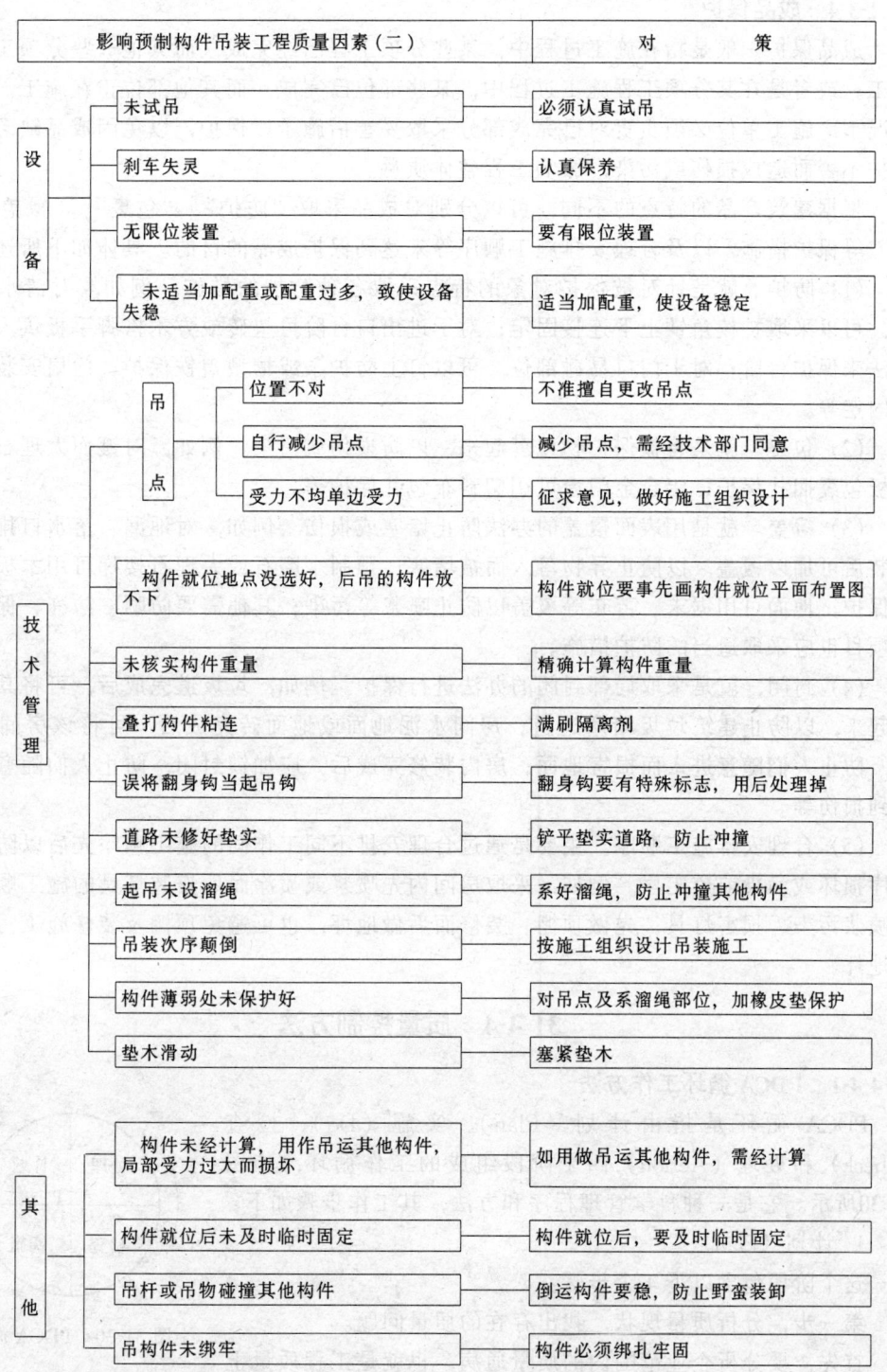

图 31-29 预制构件吊装工程质量对策（二）

31-4-3-4 成品保护

成品保护一般是指在施工过程中，某些分项工程已经完成，而其他一些分项工程尚在施工；或者是在其分项工程施工过程中，某些部位已完成，而其他部位正在施工。在这种情况下，施工单位必须负责对已完成部分采取妥善措施予以保护，以免因成品缺乏保护或保护不善而造成损伤或污染，影响工程整体质量。

根据建筑产品的特点的不同，可以分别对成品采取"防护"、"包裹"、"覆盖"、"封闭"等保护措施，以及合理安排施工顺序等来达到保护成品的目的。具体如下所述。

（1）防护。就是针对被保护对象的特点采取各种防护的措施。例如，对清水楼梯踏步，可以采取护棱角铁上下连接固定；对于进出口台阶可垫砖或方木搭脚手板供人通过的方法来保护台阶；对于门口易碰部位，可以钉上防护条或槽型盖铁保护；门扇安装后可加楔固定等。

（2）包裹。就是将被保护物包裹起来，以防损伤或污染。例如，对镶面大理石柱可用立板包裹捆扎保护；铝合金门窗可用塑料布包扎保护等。

（3）覆盖。就是用表面覆盖的办法防止堵塞或损伤。例如，对地漏、落水口排水管等安装后可加以覆盖，以防止异物落入而被堵塞；预制水磨石或大理石楼梯可用木板覆盖加以保护；地面可用锯末、苫布等覆盖以防止喷浆等污染；其他需要防晒、防冻、保温养护等项目也应采取适当的防护措施。

（4）封闭，就是采取局部封闭的办法进行保护。例如，垃圾道完成后，可将其进口封闭起来，以防止建筑垃圾堵塞通道；房间水泥地面或地面砖完成后，可将该房间局部封闭，防止人们随意进入而损害地面；房内装修完成后，应加锁封闭，防止人们随意进入而受到损伤等。

（5）合理安排施工顺序。主要是通过合理安排不同工作间的施工顺序先后以防止后道工序损坏或污染前道工序。例如，采取房间内先喷浆或喷涂而后安装灯具的施工顺序可防止喷浆污染、损害灯具；先做顶棚、装修而后做地坪，也可避免顶棚及装修施工污染、损害地坪。

31-4-4 质量控制方法

31-4-4-1 PDCA 循环工作方法

PDCA 循环是指由计划（Plan）、实施（Do）、检查（Check）和处理（Action）四个阶段组成的工作循环，如图 31-30 所示。它是一种科学管理程序和方法，其工作步骤如下：

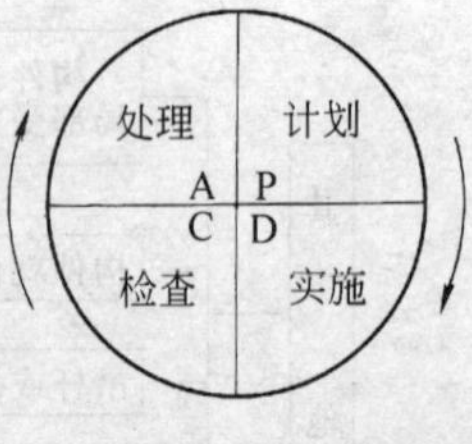

1．计划（Plan）

这个阶段包含以下 4 个步骤：

第一步，分析质量现状，找出存在的质量问题。

图 31-30 PDCA 循环

首先，要分析企业范围内的质量通病，也就是工程质量上的常见病和多发病，其次，是针对工程中的一些技术复杂、难度大的项目，质量要求高的项目，以及新工艺、新技术、新结构、新材料等项目，要依据大量的数据和情报资料，让数据说话，用数理统计方法来分析反映问题。

第二步，分析产生质量问题的原因和影响因素。

这一步也要依据大量的数据，应用数理统计方法，并召开有关人员和有关问题的分析会议，最后，绘制成因果分析图。

第三步，找出影响质量的主要因素。

为找出影响质量的主要因素，可采用的方法有两种：一是利用数理统计方法和图表；二是当数据不容易取得或者受时间限制来不及取得时，可根据有关问题分析会的意见来确定。

第四步，制订改善质量的措施，提出行动计划，并预计效果。

在进行这一步时，要反复考虑并明确回答以下"5W1H"问题：①为什么要采取这些措施？为什么要这样改进？即要回答采取措施的原因。(Why) ②改进后能达到什么目的？有什么效果？（What）③改进措施在何处（哪道工序、哪个环节、哪个过程）执行？(Where) ④什么时间执行，什么时间完成？(When) ⑤由谁负责执行？(Who) ⑥用什么方法完成？用哪种方法比较好？(How)

2. 实施（Do）

这个阶段只有一个步骤，即第五步。

第五步，组织对质量计划或措施的执行。

怎样组织计划措施的执行呢？首先，要做好计划的交底和落实。落实包括组织落实、技术落实和物资材料落实。有关人员还要经过训练、实习并经考核合格再执行。其次，计划的执行，要依靠质量管理体系。

3. 检查（Check）

检查阶段也只有一个步骤，即第六步。

第六步，检查采取措施的效果。

也就是检查作业是否按计划要求去作的：哪些作对了？哪些还没有达到要求？哪些有效果？哪些还没有效果？

4. 处理（Action）

处理阶段包含两个步骤。

第七步，总结经验，巩固成绩。

也就是经过上一步检查后，把确有效果的措施在实施中取得的好经验，通过修订相应的工艺文件、工艺规程、作业标准和各种质量管理的规章制度加以总结，把成绩巩固下来。

第八步，提出尚未解决的问题。

通过检查，把效果还不显著或还不符合要求的那些措施，作为遗留问题，反映到下一循环中。

PDCA循环是不断进行的，每循环一次，就实现一定的质量目标，解决一定的问题，使质量水平有所提高。如是不断循环，周而复始，使质量水平也不断提高。

31-4-4-2 质量控制的统计分析方法

1. 质量统计基本知识

(1) 总体　样本及统计推断工作过程

①总体

总体也称母体，是所研究对象的全体。个体，是组成总体的基本元素。总体中含有个体的数目通常用 N 表示。在对一批产品质量检验时，该批产品是总体，其中的每件产品是个体，这时 N 是有限的数值，则称之为有限总体。若对生产过程进行检测时，应该把整个生产过程过去、现在以及将来的产品视为总体，随着生产的进行 N 是无限的，称之为无限总体。实践中一般把从每件产品检测得到的某一质量数据（强度、几何尺寸、重量等）即质量特性值视为个体，产品的全部质量数据的集合即为总体。

②样本

样本也称子样，是从总体中随机抽取出来，并根据对其研究结果推断总体质量特征的那部分个体。被抽中的个体称为样品，样品的数目称样本容量，用 n 表示。

③统计推断工作过程

质量统计推断工作是运用质量统计方法在生产过程中或一批产品中，随机抽取样本，通过对样品进行检测和整理加工，从中获得样本质量数据信息，并以此为依据，以概率数理统计为理论基础，对总体的质量状况做出分析和判断。质量统计推断工作过程见图 31-31。

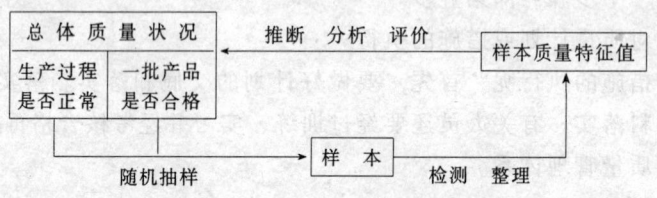

图 31-31 质量统计推断工作过程

(2) 质量数据的收集方法

①全数检验

全数检验是对总体中的全部个体逐一观察、测量、计数、登记，从而获得对总体质量水平评价结论的方法。

全数检验一般比较可靠，能提供大量的质量信息，但要消耗很多人力、物力、财力和时间，特别是不能用于具有破坏性的检验和过程质量控制，应用上具有局限性；在有限总体中，对重要的检测项目，当可采用简易快速的不破损检验方法时可选用全数检验方案。

②随机抽样检验

抽样检验是按照随机抽样的原则，从总体中抽取部分个体组成样本，根据对样品进行检测的结果，推断总体质量水平的方法。

随机抽样检验抽取样品不受检验人员主观意愿的支配，每一个体被抽中的概率都相同，从而保证了样本在总体中的分布比较均匀，有充分的代表性；同时它还具有节省人力、物力、财力、时间和准确性高的优点；它又可用于破坏性检验和生产过程的质量监控，完成全数检测无法进行的检测项目，具有广泛的应用空间。抽样的具体方法有：

A. 简单随机抽样

简单随机抽样又称纯随机抽样、完全随机抽样，是对总体不进行任何加工，直接进行随机抽样，获取样本的方法。

一般的做法是对全部个体编号，然后采用抽签、摇号、随机数字表等方法确定中选号码，相应的个体即为样品。这种方法常用于总体差异不大，或对总体了解甚少的情况。

B. 分层抽样

分层抽样又称分类或分组抽样，是将总体按与研究目的有关的某一特性分为若干组，然后在每组内随机抽取样品组成样本的方法。

由于对每组都有抽取，样品在总体中分布均匀，更具代表性，特别适用于总体比较复杂的情况。如研究混凝土浇筑质量时，可以按生产班组分组、或按浇筑时间（白天、黑夜；或季节）分组、或按原材料供应商分组后，再在每组内随机抽取个体。

C. 等距抽样

等距抽样又称机械抽样、系统抽样，是将个体按某一特性排队编号后均分为 n 组，这时每组有 $K = N/n$ 个个体，然后在第一组内随机抽取第一件样品，以后每隔一定距离（K 号）抽选出其余样品组成样本的方法。如在流水作业线上每生产 100 件产品抽出一件产品做样品，直到抽出 n 件产品组成样本。

在这里距离可以理解为空间、时间、数量的距离。若分组特性与研究目的有关，就可看作分组更细且等比例的特殊分层抽样，样品在总体中分布更均匀，更有代表性，抽样误差也最小；若分组特性与研究目的无关，就是纯随机抽样。进行等距抽样时特别要注意的是所采用的距离（K 值）不要与总体质量特性值的变动周期一致，如对于连续生产的产品按时间距离抽样时，相隔的时间不要是每班作业时间 8h 的约数或倍数，以避免产生系统偏差。

D. 整群抽样

整群抽样一般是将总体按自然存在的状态分为若干群，并从中抽取样品群组成样本，然后在中选群内进行全数检验的方法。如对原材料质量进行检测，可按原包装的箱、盒为群随机抽取，对中选箱、盒做全数检验；每隔一定时间抽出一批产品进行全数检验等。

由于随机性表现在群间，样品集中，分布不均匀，代表性差，产生的抽样误差也大，同时在有周期性变动时，也应注意避免系统偏差。

E. 多阶段抽样

多阶段抽样又称多级抽样。上述抽样方法的共同特点是整个过程中只有一次随机抽样，因而统称为单阶段抽样。但是当总体很大时，很难一次抽样完成预定的目标。多阶段抽样是将各种单阶段抽样方法结合使用，通过多次随机抽样来实现的抽样方法。如检验钢材、水泥等质量时，可以对总体按不同批次分为 R 群，从中随机抽取 r 群，而后在中选的 r 群中的 M 个个体中随机抽取 m 个个体，这就是整群抽样与分层抽样相结合的二阶段抽样，它的随机性表现在群间和群内有两次。

(3) 质量数据的分类

质量数据是指由个体产品质量特性值组成的样本（总体）的质量数据集，在统计上称为变量；个体产品质量特性值称变量值。根据质量数据的特点，可以将其分为计量值数据和计数值数据。

①计量值数据

计量值数据是可以连续取值的数据，属于连续型变量。其特点是在任意两个数值之间都可以取精度较高一级的数值。它通常由测量得到，如重量、强度、几何尺寸、标高、位移等。此外，一些属于定性的质量特性，可由专家主观评分、划分等级而使之数量化，得到的数据也属于计量值数据。

②计数值数据

计数值数据是只能按 0,1,2,……数列取值计数的数据,属于离散型变量。它一般由计数得到。计数值数据又可分为计件值数据和计点值数据。

A. 计件值数据,表示具有某一质量标准的产品个数。如总体中合格品数、一级品数。

B. 计点值数据,表示个体(单件产品、单位长度、单位面积、单位体积等)上的缺陷数、质量问题点数等。如检验钢结构构件涂料涂装质量时,构件表面的焊渣、焊疤、油污、毛刺的数量等。

(4) 质量数据的特征值

样本数据特征值是由样本数据计算的描述样本质量数据波动规律的指标。统计推断就是根据这些样本数据特征值来分析、判断总体的质量状况。常用的有描述数据分布集中趋势的算术平均数、中位数和描述数据分布离中趋势的极差、标准偏差、变异系数等。

①描述数据集中趋势的特征值

A. 算术平均数

算术平均数又称均值,是消除了个体之间个别偶然的差异,显示出所有个体共性和数据一般水平的统计指标,它由所有数据计算得到,是数据的分布中心,对数据的代表性好。其计算公式为:

a. 总体算术平均数 μ

$$\mu = \frac{1}{N}(X_1 + X_2 + \cdots + X_N) = \frac{1}{N}\sum_{i=1}^{N} X_i$$

式中 N——总体中个体数;

X_i——总体中第 i 个的个体质量特性值。

b. 样本算术平均数 $\bar{x}$

$$\bar{x} = \frac{1}{n}(x_1 + x_2 + \cdots + X_n) = \frac{1}{n}\sum_{i=1}^{n} x_i$$

式中 n——样本容量;

x_i——样本中第 i 个样品的质量特性值。

B. 样本中位数 $\tilde{x}$

样本中位数是将样本数据按数值大小有序排列后,位置居中的数值。中位数值由位置决定,受样本容量 n 多少的影响,不受极端值大小的影响,数据少时很容易确定。其公式为:

$$\tilde{x} = \begin{cases} x_{\frac{n+1}{2}} & (n \text{ 为奇数}) \\ \left(x_{\frac{n}{2}} + x_{\frac{n}{2}+1}\right)/2 & (n \text{ 为偶数}) \end{cases}$$

②描述数据离中趋势的特征值

A. 极差 R

极差是数据中最大值与最小值之差,是用数据变动的幅度来反映其分散状况的特征值。极差计算简单、使用方便,但粗略,数值仅受两个极端值的影响,损失的质量信息多,不能反映中间数据的分布和波动规律,仅适用于小样本。其计算公式为:

$$R = x_{\max} - x_{\min}$$

B. 标准偏差

标准偏差简称标准差或均方差，是个体数据与均值离差平方和的算术平均数的算术根，是大于0的正数。总体的标准差用 σ 表示；样本的标准差用 S 表示。标准差值小说明分布集中程度高，离散程度小，均值对总体（样本）的代表性好；标准差的平方是方差，有鲜明的数理统计特征，能确切说明数据分布的离散程度和波动规律，是最常用的反映数据变异程度的特征值。其计算公式为：

a. 总体的标准偏差 σ

$$\sigma = \sqrt{\frac{\sum_{i=1}^{N}(x_i - \mu)^2}{N}}$$

b. 样本的标准偏差 S

$$S = \sqrt{\frac{\sum_{i=1}^{n}(x_i - \overline{x})^2}{n-1}}$$

样本的标准偏差 S 是总体标准偏差 σ 的无偏估计。在样本容量较大（$n \geqslant 50$）时，上式中的分母（$n-1$）可简化为 n。

C. 变异系数 C_v

变异系数又称离散系数，是用标准差除以算术平均数得到的相对数。它表示数据的相对离散波动程度。变异系数小，说明分布集中程度高，离散程度小，均值对总体（样本）的代表性好。由于消除了数据平均水平不同的影响，变异系数适用于均值有较大差异的总体之间离散程度的比较，应用更为广泛。其计算公式为：

$$C_v = \sigma/\mu \quad (总体) \qquad C_v = S\sqrt{x} \quad (样本)$$

(5) 质量数据的分布特征

①质量数据的特性

质量数据具有个体数值的波动性和总体（样本）分布的规律性。

在实际质量检测中，我们发现即使在生产过程是稳定正常的情况下，同一总体（样本）的个体产品的质量特性值也是互不相同的，这种个体间表现形式上的差异性，反映在质量数据上即为个体数值的波动性、随机性；然而，当运用统计方法对这些大量丰富的个体质量数值进行加工、整理和分析后，我们又会发现这些产品质量特性值（以计量值数据为例）大多都分布在数值变动范围的中部区域，即有向分布中心靠拢的倾向，表现为数值的集中趋势；还有一部分质量特性值在中心的两侧分布，随着逐渐远离中心，数值的个数变少，表现为数值的离中趋势。质量数据的集中趋势和离中趋势反映了总体（样本）质量变化的内在规律性。

②质量数据波动的原因

众所周知，影响产品质量主要有五方面因素，即人，包括质量意识、技术水平、精神状态等；材料，包括材质均匀度、理化性能等；方法，包括生产工艺、操作方法等；环境，包括时间、季节、现场温湿度、噪声干扰等；机械设备，包括其先进性、精度、维护保养状况等，同时这些因素自身也在不断变化中。个体产品质量的表现形式的千差万别就是这些因素综合作用的结果，质量数据也就具有了波动性。

质量特性值的变化在质量标准允许范围内波动称之为正常波动，是由偶然性原因引起的；若是超越了质量标准允许范围的波动则称之为异常波动，是由系统性原因引起的。

A．偶然性原因

在实际生产中，影响因素的微小变化具有随机发生的特点，是不可避免、难以测量和控制的，或者是在经济上不值得消除，它们大量存在但对质量的影响很小，属于允许偏差、允许位移范畴，引起的是正常波动，一般不会因此造成废品，生产过程正常稳定。通常把因素的这类变化归为偶然性原因、不可避免原因或正常原因。

B．系统性原因

当影响质量的因素发生了较大变化，如工人未遵守操作规程、机械设备发生故障或过度磨损、原材料质量规格有显著差异等情况发生时，没有及时排除，生产过程则不正常，产品质量数据就会离散过大或与质量标准有较大偏离，表现为异常波动，次品、废品产生。这就是产生质量问题的系统性原因或异常原因。由于异常波动特征明显、容易识别和避免，特别是对质量的负面影响不可忽视，生产中应该随时监控、及时识别和处理。

③质量数据分布的规律性

对于每件产品来说，在产品质量形成的过程中，单个影响因素对其影响的程度和方向是不同的，也是在不断改变的。众多因素交织在一起，共同起作用的结果，使各因素引起的差异大多互相抵消，最终表现出来的误差具有随机性。对于在正常生产条件下的大量产品，误差接近零的产品数目要多些，具有较大正负误差的产品要相对少，偏离很大的产品就更少了，同时正负误差绝对值相等的产品数目非常接近。于是就形成了一个能反映质量数据规律性的分布，即以质量标准为中心的质量数据分布，它可用一个"中间高、两端低、左右对称"的几何图形表示，即一般服从正态分布。

概率数理统计在对大量统计数据研究中，归纳总结出许多分布类型，如一般计量值数据服从正态分布，计件值数据服从二项分布，计点值数据服从泊松分布等。实践中只要是受许多起微小作用的因素影响的质量数据，都可认为是近似服从正态分布的，如构件的几何尺寸、混凝土强度等；如果是随机抽取的样本，无论它来自的总体是何种分布，在样本容量较大时，其样本均值也将服从或近似服从正态分布。因而，正态分布最重要、最常见、应用最广泛。正态分布概率密度曲线如图31-32所示。

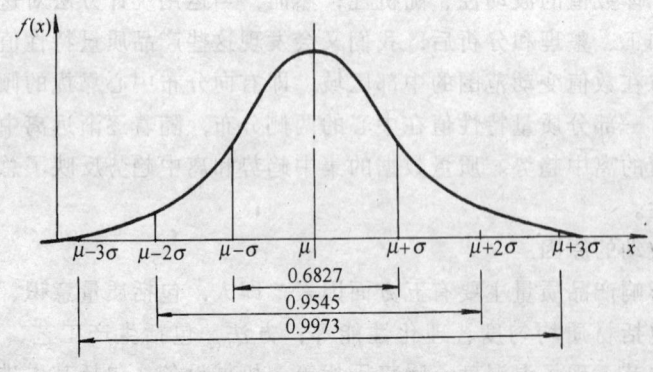

图31-32　正态分布概率密度曲线

④正态分布及其性质

A. 正态分布概率密度函数

正态分布概率密度函数表达式为：

$$f(x) = \frac{1}{\sigma\sqrt{2\pi}}e^{-\frac{(x-\mu)^2}{2\sigma^2}}$$

式中　$f(x)$——概率密度函数；
　　　　e——自然对数的底（$e = 2.7183$）。

B. 正态分布的性质

a. 曲线 $f(x)$ 关于 $x = \mu$ 对称；μ 为分布中心，在 $x = \mu$ 处 $f(x)$ 有最大值，随着 x 远离分布中心，$f(x)$ 逐渐变小。

b. 曲线 $f(x)$ 在 $x = \mu \pm \sigma$ 处有拐点，并以 ox 轴为渐近线。

c. μ 与 σ 是正态分布的两个重要参数，若 X 服从正态分布，可记为 $X \sim N(\mu, \sigma^2)$。μ 反映了分布的集中趋势，σ 则描述分布的离中趋势，它们的数值变动将影响分布的对称轴位置或分布的形态。

a）若固定 σ 改变 μ，则曲线 $f(x)$ 的图形沿着 ox 轴平移，分布中心位置发生偏离，而分布形态不变，如图 31-33 所示；

b）若固定 μ 改变 σ，则曲线 $f(x)$ 的最大值改变，分布对称中心不变。

c）当 σ 值变小时，最大值变大，两个拐点向分布中心靠拢，分布图形变得更尖峭，反映数据分布的集中程度增大；当 σ 值变大时，最大值变小，两个拐点将远离分布中心，分布图形变得更平坦，说明数据分布的离散程度增大，如图 31-34 所示。

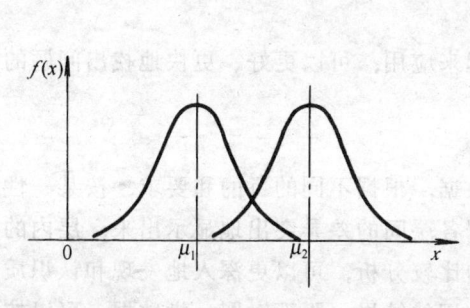

图 31-33　μ 值对 $f(x)$ 曲线的影响

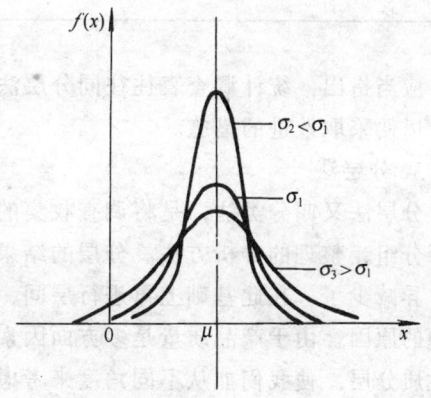

图 31-34　σ 值对 $f(x)$ 曲线的影响

d. 曲线 $f(x)$ 位于 ox 轴的上方，与之围成的曲边梯形面积为横轴上变量区间所对应的概率。变量所有可能取值的概率之和，即总面积等于 1。

实践中，经常用 μ 与 σ 来表示区间概率，见图 31-32。

如：变量取值在 $(\mu \pm \sigma)$ 区间的概率为 0.6827；

　　　　在 $(\mu \pm 2\sigma)$ 区间的概率为 0.9545；

　　　　在 $(\mu \pm 3\sigma)$ 区间的概率为 0.9973。

由于正态分布函数复杂，通过计算曲边梯形面积求概率是很麻烦的事，一般是查标准正态分布表来求概率。标准正态分布是指参数 $\mu=0$，$\sigma=1$ 的正态分布，即 $X \sim N(0,1)$。

2. 统计调查表法

统计调查表法又称统计调查分析法，它是利用专门设计的统计表对质量数据进行收集、整理和粗略分析质量状态的一种方法。

在质量控制活动中，利用统计调查表收集数据，简便灵活，便于整理，实用有效。它没有固定格式，可根据需要和具体情况，设计出不同统计调查表。常用的有：

(1) 分项工程作业质量分布调查表；
(2) 不合格项目调查表；
(3) 不合格原因调查表；
(4) 施工质量检查评定用调查表等。

表 31-38 是混凝土空心板外观质量缺陷调查表。

混凝土空心板外观质量缺陷调查表　　　　　表 31-38

产品名称	混凝土空心板		生产班组			
日生产总数	200 块	生产时间	年　月　日	检查时间	年　月　日	
检查方式	全数检查		检查员			
项目名称	检查记录			合计		
露　筋	正 正			9		
蜂　窝	正 正 一			11		
孔　洞	丅			2		
裂　缝	一			1		
其　他	丅			3		
总　计				26		

应当指出，统计调查表往往同分层法结合起来应用，可以更好、更快地找出问题的原在，以便采取改进的措施。

3. 分层法

分层法又叫分类法，是将调查收集的原始数据，根据不同的目的和要求，按某一性质进行分组、整理的分析方法。分层的结果使数据各层间的差异突出地显示出来，层内的数据差异减少了。在此基础上再进行层间、层内的比较分析，可以更深入地发现和认识质量问题的原因。由于产品质量是多方面因素共同作用的结果，因而对同一批数据，可以按不同性质分层，使我们能从不同角度来考虑、分析产品存在的质量问题和影响因素。

常用的分层标志有：

(1) 按操作班组或操作者分层；
(2) 按使用机械设备型号分层；
(3) 按操作方法分层；
(4) 按原材料供应单位或供应时间或等级分层；
(5) 按施工时间分层；
(6) 按检查手段、工作环境等分层。

现举例说明分层法的应用。

【例】　钢筋焊接质量的调查分析，共检查了 50 个焊接点，其中不合格 19 个，不合格率为38%。存在严重的质量问题,试用分层法分析质量问题的原因。

现已查明这批钢筋的焊接是由A、B、C三个师傅操作的,而焊条是由甲、乙两个厂家提供的。因此,分别按操作者和焊条生产厂家进行分层分析,即考虑一种因素单独的影响。见表31-39和表31-40所列。

按操作者分层 表31-39

操作者	不合格	合格	不合格率(%)
A	6	13	32
B	3	9	25
C	10	9	53
合计	19	31	38

按供应焊条厂家分层 表31-40

工厂	不合格	合格	不合格率(%)
甲	9	14	39
乙	10	17	37
合计	19	31	38

由表31-39和表31-40分层分析可见,操作者B的质量较好,不合格率25%;而不论是采用甲厂还是乙厂的焊条,不合格率都很高且相差不大。为了找出问题之所在,再进一步采用综合分层进行分析,即考虑两种因素共同影响的结果。见表31-41所列。

综合分层分析焊接质量 表31-41

操作者	焊接质量	甲厂 焊接点	甲厂 不合格率(%)	乙厂 焊接点	乙厂 不合格率(%)	合计 焊接点	合计 不合格率(%)
A	不合格 合格	6 2	75	0 11	0	6 13	32
B	不合格 合格	0 5	0	3 4	43	3 9	25
C	不合格 合格	3 7	30	7 2	78	10 9	53
合计	不合格 合格	9 14	39	10 17	37	19 31	38

从表31-41的综合分层法分析可知,在使用甲厂的焊条时,应采用B师傅的操作方法为好;在使用乙厂的焊条时,应采用A师傅的操作方法为好,这样会使合格率大大的提高。

分层法是质量控制统计分析方法中最基本的一种方法。其他统计方法一般都要与分层法配合使用,如排列图法、直方图法、控制图法、相关图法等,常常是首先利用分层法将原始数据分门别类,然后再进行统计分析。

4. 排列图法

(1) 什么是排列图法

排列图法是利用排列图寻找影响质量主次因素的一种有效方法。排列图又叫帕累托图或主次因素分析图,它是由两个纵坐标、一个横坐标、几个连起来的直方形和一条曲线所组成。如图31-35所示。左侧的纵坐标表示频数,右侧纵坐标表示累计频率,横坐标表示影响质量的各个因素或项目,按影响程度大小从左至右排列,直方形的高度示意某个因素的影响大小。实际应用中,通常按累计频率划分为(0%~80%)、(80%~90%)、(90%~100%)三部分,与其对应的影响因素分别为A、B、C三类。A类为主要因素,B类为次要因素,C类为一般因素。

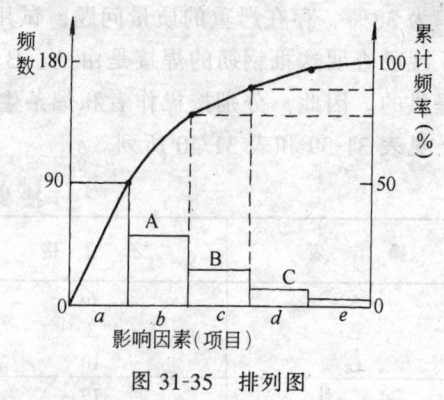

图31-35 排列图

排列图最早是由意大利经济学家帕累托创立的,当他发现少数人占有社会大量财富这一现象,即推断出所谓的"关键的少数和次要的多数"的关系。后经美国质量管理专家朱兰将其应用到质量管理中,认为影响质量的因素很多,要解决质量问题,必须抓"关键的少数",分清主次,这样才能收到好的效果。

(2)排列图的作法

下面结合实例加以说明。

【例】 某工地现浇混凝土结构尺寸质量检查结果是:在全部检查的8个项目中不合格点(超偏差限值)有150个,为改进并保证质量,应对这些不合点进行分析,以便找出混凝土结构尺寸质量的薄弱环节。

①收集整理数据。首先收集混凝土结构尺寸各项目不合格点的数据资料,见表31-42。各项目不合格点出现的次数即频数。然后对数据资料进行整理,将不合格点较少的轴线位置、预埋设施中心位置、预留孔洞中心位置三项合并为"其他"项。按不合格点的频数由大到小顺序排列各检查项目,"其他"项排在最后。以全部不合格点数为总数,计算各项的频率和累计频率,结果见表31-43。

不合格点统计表 表31-42

序号	检查项目	不合格点数
1	轴线位置	1
2	垂直度	8
3	标高	4
4	截面尺寸	45
5	电梯井	15
6	表面平整度	75
7	预埋设施中心位置	1
8	预留孔洞中心位置	1

不合格点项目频数频率统计表 表31-43

序号	项目	频数	频率(%)	累计频率(%)
1	表面平整度	75	50.0	50.0
2	截面尺寸	45	30.0	80.0
3	电梯井	15	10.0	90.0
4	垂直度	8	5.3	95.3
5	标高	4	2.7	98.0
6	其他	3	2.0	100.0
合计		150	100	

② 排列图的绘制

a. 画横坐标。将横坐标按项目数等分,并按项目频数由大到小顺序从左至右排列,该例中横坐标分为六等份。

b. 画纵坐标。左侧的纵坐标表示项目不合格点数即频数,右侧纵坐标表示累计频率。要求总频数对应累计频率100%。该例中150应与100%在一条水平线上。

c. 画频数直方形。以频数为高画出各项目的直方形。

d. 画累计频率曲线。从横坐标左端点开始,依次连接各项目直方形右边线及所对应的累计频率值的交点,所得的曲线为累计频率曲线。

e. 记录必要的事项。如标题、收集数据的方法和时间等。

图31-36为本例混凝土结构尺寸不合格点排列图。

(3) 排列图的观察与分析

① 观察直方形,大致可看出各项目的影响程度。排列图中的每个直方形都表示一个质量问题或影响因素。影响程度与各直方形的高度成正比。

② 利用ABC分类法,确定主次因素。将累计频率曲线按(0%~80%)、(80%~90%)、(90%~100%)分为三部分,各曲线下面所对应的影响因素分别为A、B、C三类因素,该例中A类即主要因素是表面平整度(2m长度)、截面尺寸(梁、柱、墙板、其他构件),B类即次要因素是电梯井(井筒长、宽对定位中心线,井筒全高垂直度),C类即一般因素有垂直度、标高和其他项目。综上分析结果,下步应重点解决A类等质量问题。

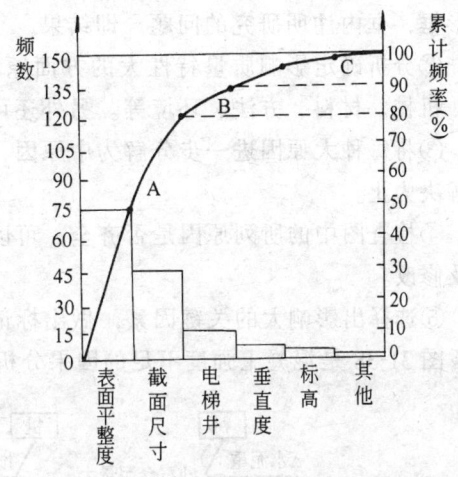

图31-36 混凝土结构尺寸不合格点排列图

(4) 排列图的应用

排列图可以形象、直观地反映主次因素。其主要应用有:

① 按不合格点的缺陷形式分类,可以分析出造成质量问题的薄弱环节。

② 按生产作业分类,可以找出生产不合格品最多的关键过程。

③ 按生产班组或单位分类,可以分析比较各单位技术水平和质量管理水平。

④ 将采取提高质量措施前后的排列图对比,可以分析措施是否有效。

⑤ 此外还可以用于成本费用分析、安全问题分析等。

5. 因果分析图法

(1) 什么是因果分析法

因果分析图法是利用因果分析图来系统整理分析某个质量问题(结果)与其产生原因之间关系的有效工具。因果分析图也称特性要因图,又因其形状常被称为树枝图或鱼刺图。

因果分析图基本形式如图31-37所示。从图31-37可见,因果分析图由质量特性(即质量结果指某个质量问题)、要因(产生质量问题的主要原因)、枝干(指一系列箭线表示不同层次的原因)、主干(指较粗的直接指向质量结果的水平箭线)等所组成。

(2) 因果分析图的绘制

下面结合实例加以说明。

【例】 绘制混凝土强度不足的因果分析图。

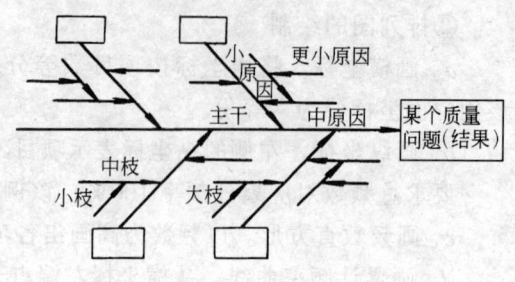

图 31-37 因果分析图的基本形式

因果分析图的绘制步骤与图中箭头方向恰恰相反,是从"结果"开始将原因逐层分解的,具体步骤如下:

①明确质量问题—结果。该例分析的质量问题是"混凝土强度不足",作图时首先由左至右画出一条水平主干线,箭头指向一个矩形框,框内注明研究的问题,即结果。

②分析确定影响质量特性大的方面原因。一般来说,影响质量因素有五大方面,即人、机械、材料、方法、环境等。另外还可以按产品的生产过程进行分析。

③将每种大原因进一步分解为中原因、小原因,直至分解的原因可以采取具体措施加以解决为止。

④检查图中的所列原因是否齐全,可以对初步分析结果广泛征求意见,并做必要的补充及修改。

⑤选择出影响大的关键因素,做出标记"△"。以便重点采取措施。

图 31-38 是混凝土强度不足的因果分析图。

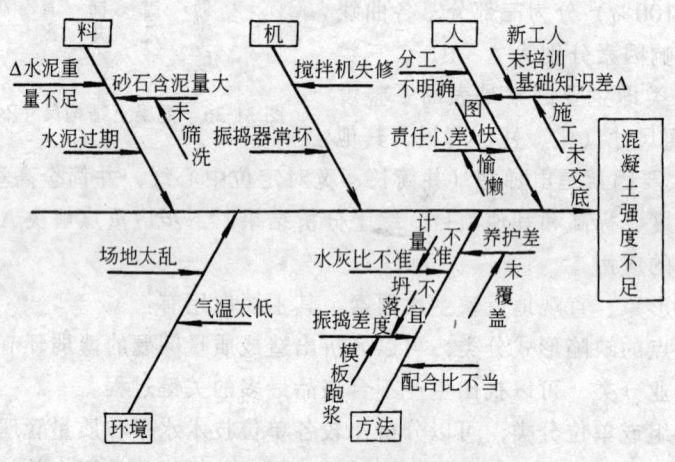

图 31-38 混凝土强度不足的因果分析图

(3) 绘制和使用因果分析图时应注意的问题

①集思广益。绘制时要求绘制者熟悉专业施工方法技术,调查、了解施工现场实际条件和操作的具体情况。要以各种形式,广泛收集现场工人、班组长、质量检查员、工程技术人员的意见,集思广益,相互启发、相互补充,使因果分析更符合实际。

②制订对策。绘制因果分析图不是目的,而是要根据图中所反映的主要原因,制订改进的措施和对策,限期解决问题,保证产品质量。具体实施时,一般应编制一个对策计划表。

表 31-44 是混凝土强度不足的对策计划表。

31-4 施工项目质量控制

对 策 计 划 表   表31-44

项目	序号	生产问题原因	采取的对策	执行人	完成时间
人	1	分工不明确	根据个人特长、确定每项作业的负责人及各操作人员职责、挂牌示出。		
	2	基本知识差	①组织学习操作规程 ②搞好技术交底		
方法	3	配合比不当	①根据数理统计结果,按施工实际水平进行配比计算 ②进行实验		
	4	水灰比不准	①制作试块 ②搅制时每半天测砂石含水率一次 ③搅制时控制坍落度在5cm以下		
	5	计量不准	校正磅秤		
材料	6	水泥重量不足	进行水泥重量统计		
	7	原材料不合格	对砂、石、水泥进行各项指标试验		
	8	砂、石含泥量大	冲洗		
机械	9	振捣器常坏	①使用前检修一次 ②施工时配备电工 ③备用振捣器		
	10	搅拌机失修	①使用前检修一次 ②施工时配备检修工人		
环境	11	场地乱	认真清理,搞好平面布置,现场实行分片制		
	12	气温低	准备草包,养护落实到人		

6. 直方图法

(1) 直方图法的用途

直方图法即频数分布直方图法,它是将收集到的质量数据进行分组整理,绘制成频数分布直方图,用以描述质量分布状态的一种分析方法,所以又称质量分布图法。

通过直方图的观察与分析,可了解产品质量的波动情况,掌握质量特性的分布规律,以便对质量状况进行分析判断。同时可通过质量数据特征值的计算,估算施工生产过程总体的不合格品率,评价过程能力等。

(2) 直方图的绘制方法

①收集整理数据

用随机抽样的方法抽取数据,一般要求数据在50个以上。

【例】 某建筑施工工地浇筑C30混凝土,为对其抗压强度进行质量分析,共收集了50份抗压强度试验报告单,经整理如表31-45。

数 据 整 理 表(单位:N/mm^2)   表31-45

序号	抗压强度数据					最大值	最小值
1	39.8	37.7	33.8	31.5	36.1	39.8	31.5*
2	37.2	38.0	33.1	39.0	36.0	39.0	33.1
3	35.8	35.2	31.8	37.1	34.0	37.1	31.8

续表

序号	抗压强度数据					最大值	最小值
4	39.9	34.3	33.2	40.4	41.2	41.2	33.2
5	39.2	35.4	34.4	38.1	40.3	40.3	34.4
6	42.3	37.5	35.5	39.3	37.3	42.3	35.5
7	35.9	42.4	41.8	36.3	36.2	42.4	35.9
8	46.2	37.6	38.3	39.7	38.0	46.2*	37.6
9	36.4	38.3	43.4	38.2	38.0	42.4	36.4
10	44.4	42.0	37.9	38.4	39.5	44.4	37.9

* 即数据中的最大值和最小值。

②计算极差 R

极差 R 是数据中最大值和最小值之差,本例中:

$$x_{\max} = 46.2 \text{N/mm}^2$$

$$x_{\min} = 31.5 \text{N/mm}^2$$

$$R = x_{\max} - x_{\min} = 46.2 - 31.5 = 14.7 \text{N/mm}^2$$

③对数据分组

包括确定组数、组距和组限。

a. 确定组数 k。确定组数的原则是分组的结果能正确地反映数据的分布规律。组数应根据数据多少来确定。组数过少,会掩盖数据的分布规律;组数过多,使数据过于零乱分散,也不能显示出质量分布状况。一般可参考表 31-46 的经验数值确定。

数据分组参考值　　表 31-46

数据总数 n	分组数 k
50~100	6~10
100~250	7~12
250 以上	10~20

本例中取 $k = 8$

b. 确定组距 h,组距是组与组之间的间隔,也即一个组的范围。各组距应相等,于是有:

$$极差 \approx 组距 \times 组数$$

即

$$R \approx h \cdot k$$

因而组数、组距的确定应结合极差综合考虑,适当调整,还要注意数值尽量取整,使分组结果能包括全部变量值,同时也便于以后的计算分析。

本例中:

$$h = \frac{R}{k} = \frac{14.7}{8} = 1.8 \approx 2 \text{N/mm}^2$$

c. 确定组限。每组的最大值为上限,最小值为下限,上、下限统称组限。确定组限时应注意使各组之间连续,即较低组上限应为相邻较高组下限,这样才不致使有的数据被遗漏。对恰恰处于组限值上的数据,其解决的办法有二:一是规定每组上(或下)组限不计在该组内,而应计入相邻较高(或较低)组内;二是将组限值较原始数据精度提高半个最小测量单位。

本例采取第一种办法划分组限,即每组上限不计入该组内。

首先确定第一组下限:

$$x_{\min} - \frac{h}{2} = 31.5 - \frac{2.0}{2} = 30.5$$

第一组上限：$30.5 + h = 30.5 + 2 = 32.5$
第二组下限＝第一组上限＝32.5
第二组上限：$32.5 + h = 32.5 + 2 = 34.5$
以下以此类推，最高组限为44.5～46.5，分组结果覆盖了全部数据。

④编制数据频数统计表

统计各组频数，可采用唱票形式进行，频数总和应等于全部数据个数。本例频数统计结果见表31-47。

频 数 统 计 表　　　表 31-47

组号	组限（N/mm²）	频数统计	频数	组号	组限（N/mm²）	频数统计	频数
1	30.5～32.5	丁	2	5	38.5～40.5	正正	9
2	32.5～34.5	正一	6	6	40.5～42.5	正	5
3	34.5～36.5	正正	10	7	42.5～44.5	丁	2
4	36.5～38.5	正正正	15	8	44.5～46.5	一	1
合　　计							50

从表31-47中可以看出，浇筑C30混凝土，50个试块的抗压强度是各不相同的，这说明质量特性值是有波动的。但这些数据分布是有一定规律的，就是数据在一个有限范围内变化，且这种变化有一个集中趋势，即强度值在36.5～38.5范围内的试块最多，可把这个范围即第四组视为该样本质量数据的分布中心，随着强度值的逐渐增大和逐渐减小，数据也逐渐减少。为了更直观、更形象地表现质量特征值的这种分布规律，应进一步绘制出直方图。

⑤绘制频数分布直方图

在频数分布直方图中，横坐标表示质量特性值，本例中为混凝土强度，并标出各组的组限值。根据表31-47可画出以组距为底，以频数为高的 k 个直方形，便得到混凝土强度的频数分布直方图，见图31-39。

（3）直方图的观察与分析

①观察直方图的形状、判断质量分布状态

作完直方图后，首先要认真观察直方图的整体形状，看其是否属于正常型直方图。正常型直方图就是中间高，两侧底，左右接近对称的图形，如图31-40（a）所示。

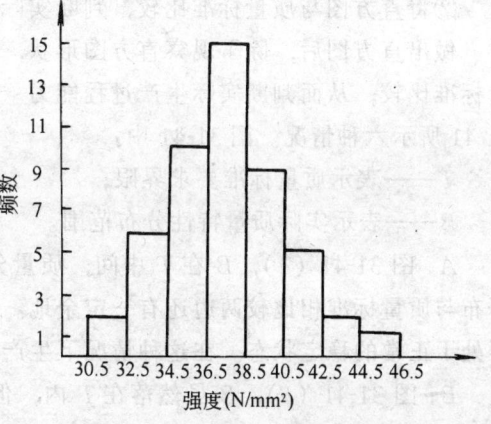

图 31-39　混凝土强度分布直方图

出现非正常型直方图时，表明生产过程或收集数据作图有问题。这就要求进一步分析判断，找出原因，从而采取措施加以纠正。凡属非正常型直方图，其图形分布有各种不同缺陷，归纳起来一般有五种类型，如图31-40所示。

A．折齿型（图31-40b），是由于分组不当或者组距确定不当出现的直方图。

B．左（或右）缓坡型（图31-40c），主要是由于操作中对上限（或下限）控制太严造成的。

C．孤岛型（图31-40d），是原材料发生变化，或者临时他人顶班作业造成的。

D．双峰型（图31-40e）；是由于用两种不同方法或两台设备或两组工人进行生产，然后把两方面数据混在一起整理产生的。

E．绝壁型（图31-40f），是由于数据收集不正常，可能有意识地去掉下限以下的数据，或是在检测过程中存在某种人为因素所造成的。

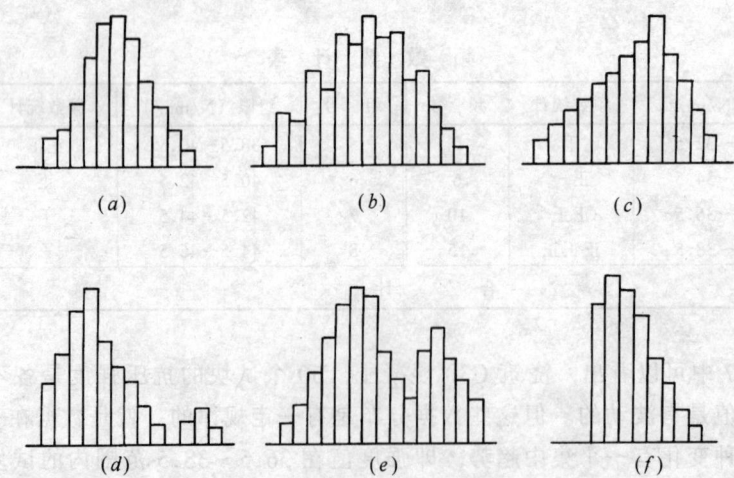

图31-40　常见的直方图图形
(a)正常型；(b)折齿型；(c)左缓坡型；(d)孤岛型；(e)双峰型；(f)绝壁型

②将直方图与质量标准比较，判断实际生产过程能力

做出直方图后，除了观察直方图形状，分析质量分布状态外，再将正常型直方图与质量标准比较，从而判断实际生产过程能力。正常型直方图与质量标准相比较，一般有如图31-41所示六种情况。图31-41中：

T——表示质量标准要求界限；

B——表示实际质量特性分布范围。

A．图31-41 (a)，B 在 T 中间，质量分布中心 $\bar{x}$ 与质量标准中心 M 重合，实际数据分布与质量标准相比较两边还有一定余地。这样的生产过程质量是很理想的，说明生产过程处于正常的稳定状态。在这种情况下生产出来的产品可认为全都是合格品。

B．图31-41 (b)，B 虽然落在 T 内，但质量分布中 $\bar{x}$ 与 T 的中心 M 不重合，偏向一边。这样如果生产状态一旦发生变化，就可能超出质量标准下限而出现不合格品。出现这样情况时应迅速采取措施，使直方图移到中间来。

C．图31-41 (c)，B 在 T 中间，且 B 的范围接近 T 的范围，没有余地，生产过程一旦发生小的变化，产品的质量特性值就可能超出质量标准。出现这种情况时，必须立即采取措施，以缩小质量分布范围。

D．图31-41 (d)，B 在 T 中间，但两边余地太大，说明加工过于精细，不经济。在这种情况下，可以对原材料、设备、工艺、操作等控制要求适当放宽些，有目的地使 B 扩大，从而有利于降低成本。

E．图 31-41 (e)，质量分布范围 B 已超出标准下限之外，说明已出现不合格品。此时必须采取措施进行调整，使质量分布位于标准之内。

F．图 31-41 (f)，质量分布范围完全超出了质量标准上、下界限，散差太大，产生许多废品，说明过程能力不足，应提高过程能力，使质量分布范围 B 缩小。

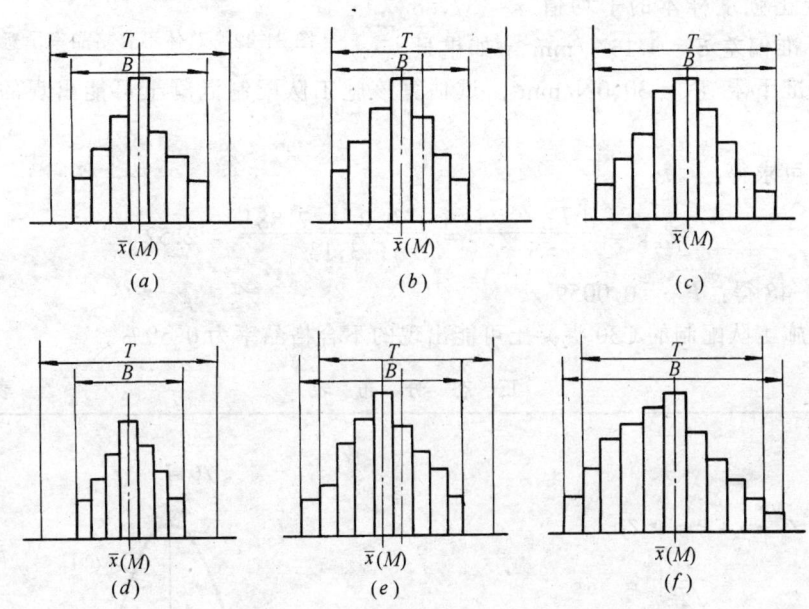

图 31-41　实际质量分析与标准比较

(4) 统计特征值的应用

在质量控制中，我们还可以计算质量数据的统计特征值，进一步定量地描述直方图所显示的质量分布状况，用以估算总体（某一生产过程）的不合格品率，评价过程能力等。

① 估算总体的不合格品率

当计算出样本的平均值 $\bar{x}$ 和标准偏差 S 后，我们就可以用 $\bar{x}$ 和 S 去估计总体的平均值 μ 和标准偏差 σ，并绘出总体的质量分布曲线。如果曲线与横坐标值围成的面积有超出公差标准上、下限以外的部分，就是总体的不合格品率，如图 31-42 所示。从图 31-42 中可以看出，T_U、T_L 分别是公差标准的上、下限，其超上、下限的不合格品率分别用 $P_上$ 和 $P_下$ 表示。

a．求超公差标准上限的不合格品率 $P_上$。将公差标准上限 T_U 在正态分布中的位置，变换为标准正态分布中的位置：

$$Z_{\alpha 上} = \frac{|T_U - \bar{x}|}{S}$$

计算出 $Z_{\alpha 上}$ 值后，查标准正态分布表见表 31-48 即可得 $P_上$。

b．求超公差标准下限的不合格品率 $P_下$。首先将公差标准下限（T_L）在正态分布中的位置，变换为标准正态分布中的位置：

$$Z_{\alpha\text{下}} = \frac{|T_L - \bar{x}|}{S}$$

根据计算出的 $Z_{\alpha\text{下}}$ 值同样查标准正态分布表即得 $P_\text{下}$。

c. 不合格品率合计为：$P = P_\text{上} + P_\text{下}$

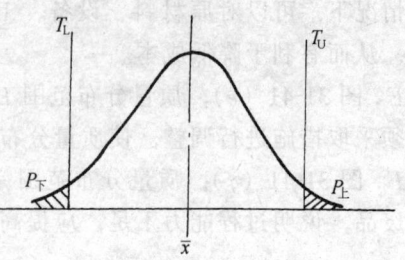

图 31-42 总体不合格品率示意图

【例】 某施工队浇筑 C30 混凝土，统计计算混凝土强度样本的平均值 $\bar{x} = 37.88$ N/mm² 和标准偏差 $S = 3.13$ N/mm²，如果只要求质量标准下限 $T_L = 30.0$ N/mm²，试估算该施工队配制混凝土可能出现的不合格品率。

由题意可求得：

$$Z_{\alpha\text{下}} = \frac{|T_L - \bar{x}|}{S} = \frac{|30.0 - 37.88|}{3.13} = 2.52$$

查表 31-48 得：$P_\text{下} = 0.0059$

所以该施工队配制的 C30 混凝土可能出现的不合格品率为 0.59%。

正 态 分 布 表   表 31-48

$$Z_\alpha \rightarrow \alpha = P\{u \geq Z_\alpha\}$$
$$= \frac{1}{\sqrt{2\pi}} \int_{Z_\alpha}^{\infty} e^{-\frac{x^2}{2}} dx$$

（从 Z_α 求 α 表）

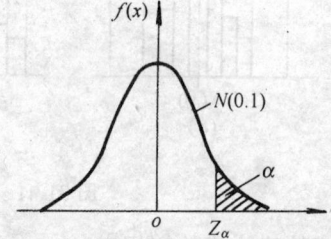

Z_α	0	1	2	3	4	5	6	7	8	9
0.0	.5000	.4960	.4920	.4480	.4840	.4801	.4761	4.21	.4681	.4641
0.1	.4602	.4562	.4522	.4483	.4443	.4404	.4364	.4325	.4286	.4247
0.2	.4207	.4168	.4129	.4090	.4052	.4013	.3974	.3936	.3897	.3859
0.3	.3821	.3783	.3745	.3707	.3669	.3632	.3594	.3557	.3520	.3483
0.4	.3446	.3409	.3372	.3336	.3300	.3264	.3228	.3192	.3156	.3121
0.5	.3085	.3050	.3015	.2981	.2946	.2912	.2877	.2843	.2810	.2776
0.6	.2743	.2709	.2676	.2643	.2611	.2578	.2546	.2514	.2483	.2451
0.7	.2420	.2389	.2358	.2327	.2296	.2266	.2236	.2206	.2177	.2148
0.8	.2119	.2090	.2061	.2033	.2005	.1977	.1949	.1922	.1894	.1867
0.9	.1841	.1814	.1788	.1762	.1736	.1711	.1685	.1660	.1635	.1611
1.0	.1587	.1562	.1539	.1515	.1492	.1469	.1446	.1423	.1401	.1379
1.1	.1357	.1335	.1314	.1292	.1271	.1251	.1230	.1210	.1190	.1170
1.2	.1151	.1131	.1112	.1093	.1075	.1056	.1038	.1020	.1003	.0985
1.3	.0968	.0951	.0934	.0918	.0901	.0885	.0869	.0853	.0838	.0823
1.4	.0808	.0793	.0778	.0764	.0749	.0735	.0721	.0708	.0694	.0681
1.5	.0668	.0655	.0643	.0630	.0618	.0606	.0594	.0582	.0571	.0559

续表

Z_α	0	1	2	3	4	5	6	7	8	9
1.6	.0548	.0537	.0526	.0516	.0505	.0495	.0485	.0475	.0465	.0455
1.7	.0446	.0436	.0427	.0418	.0409	.0401	.0392	.0384	.0375	.0367
1.8	.0359	.0351	.0344	.0336	.0329	.0322	.0314	.0307	.0301	.0294
1.9	.0287	.0281	.0274	.0268	.0262	.0256	.0250	.0244	.0239	.0233
2.0	.0228	.0222	.0217	.0212	.0207	.0202	.0197	.0192	.0188	.0183
2.1	.0179	.0174	.0170	.0166	.0162	.0158	.0154	.0150	.0146	.0143
2.2	.0139	.0136	.0132	.0129	.0125	.0122	.0119	.0116	.0113	.0110
2.3	.0107	.0104	.0102	.0099	.0096	.0094	.0091	.0089	.0087	.0084
2.4	.0082	.0080	.0078	.0075	.0073	.0071	.0069	.0068	.0066	.0064
2.5	.0062	.0060	.0059	.0057	.0055	.0054	.0052	.0051	.0049	.0048
2.6	.0047	.0045	.0044	.0043	.0041	.0040	.0039	.0038	.0037	.0036
2.7	.0035	.0034	.0033	.0032	.0031	.0030	.0029	.0028	.0027	.0026
2.8	.0026	.0025	.0024	.0023	.0023	.0022	.0021	.0021	.0020	.0019
2.9	.0019	.0018	.0018	.0017	.0016	.0016	.0015	.0015	.0014	.0014
3.0	.0013	.0013	.0013	.0012	.0012	.0011	.0011	.0011	.0010	.0010

[例] 求 $Z_\alpha = 1.96$ 对应的 α 先从 Z_α 栏向下找到 1.9，再向右查到表头 6 字对应值 0.0250，即得 $\alpha = 0.0250$。

②评价过程能力

A. 什么是过程能力

过程能力是指过程处于稳定状态下生产某一质量水平产品的能力。用符号 B 来记之。过程能力是生产中人、机械设备、材料、方法和环境这些因素（称 4MIE）的综合反映。

对于任何生产过程，其产品质量总是存在着差异的，就像直方图显示的质量分布那样。不同生产技术管理水平下的过程，其过程能力也是不一样的。如果生产技术管理水平高，其过程能力也高，产品质量特性值的分散就小。反之，生产技术管理水平低，过程能力低，产品质量特性值的分散就大，一般都用 6σ 来描述过程能力，即

$$B = 6\sigma$$

为什么要用 6σ 代表的实际波动范围表示过程能力呢？因为当生产过程处于稳定状态下生产的质量分布遵从正态分布，在 $\mu \pm 3\sigma$ 范围内的产品有 99.73%，几乎包括了全部。而处在这个范围之外的产品仅占总数的 0.27%。所以，用这样的波动范围表示过程能力是恰当的。

在计算过程能力时，首先应对组成过程的人、机械、材料、方法、环境等条件加以充分标准化，并使作业活动处于受控状态，然后收集样品的质量特性值，计算其标准偏差 S，用来近似推算 σ。

B. 过程能力指数

过程能力是描述生产过程客观存在的质量分散的一个参数。但这个参数能否满足产品质量标准的要求呢？这就需要知道质量标准与过程能力的比值，这个比值就是过程能力指数，一般用符号 C_P 来表示。它反映了过程固有的能力满足产品质量标准的程度，其计算公式为：

$$C_P = \frac{T}{6\sigma} \approx \frac{T}{6s}$$

式中　T——质量标准范围；

　　　σ——过程（总体）标准偏差。

过程能力指数 C_P 值的计算分以下两种情况：

a. 给出双侧质量标准的情况

（a）分布无偏移。即实际质量分布中心（μ）与标准中心（M）重合（如图31-43所示），这是比较理想的情况。这时，过程能力指数计算公式为：

$$C_P = \frac{T}{6\sigma} \approx \frac{T_U - T_L}{6s}$$

式中　T_U——质量标准上限；

　　　T_L——质量标准下限；

　　　s——样本标准偏差。

（b）分布有偏移。即实际质量分布中心（μ）与标准中心（M）偏移了一段距离 ε（如图31-44所示），这时必须用一个考虑了偏移量 ε 的新的过程能力指数 C_{PK} 来评价过程能力，其计算公式为：

$$C_{PK} = (1 - K)C_P \approx \frac{T - 2\varepsilon}{6s}$$

式中　C_{PK}——考虑了偏移量 ε 的过程能力指数（也称修正后的过程能力指数）；

　　　ε——平均值偏移量（$\varepsilon = |\bar{x} - M|$）；

　　　M——平均值的偏离度（$K = \frac{\varepsilon}{T/2}$）。

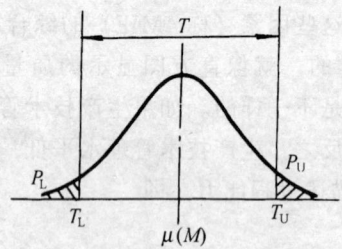
图 31-43　分布无偏情形

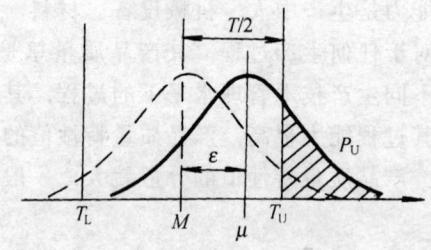
图 31-44　分布有偏情形

【例】　某车间加工的一批零件，其标准偏差 $s = 0.056$mm，标准公差要求范围 $T = 0.50$mm，从直方图可知，该批零件尺寸分布中心与公差中心偏移量 $\varepsilon = 0.022$mm，求 C_{PK} 值。

$$C_{PK} = (1 - K)C_P \approx \frac{T - 2\varepsilon}{6s} = \frac{0.50 - 2 \times 0.022}{6 \times 0.056} = 1.357$$

b. 只有单侧质量标准的情况

（a）当只规定标准上限要求时（如图31-45（a）所示），过程能力指数可按下面公式计算：

$$C_{P上} = \frac{T_U - \mu}{3\sigma} \approx \frac{(T_U - \bar{x})}{3s}$$

式中　$C_{P上}$——只给出 T_U 时的过程能力指数；

μ ——过程（总体）的平均值；
$\bar{x}$ ——样本的平均值；
其他符号同前。

当 $\mu \geqslant T_U$ 时，则认为 $C_{P\pm}=0$，就是说完全没有过程能力。

（b）当只规定标准下限要求时（如图31-45（b）所示）过程能力指数可按下面公式计算：

$$C_{P\bar{F}} = \frac{\mu - T_L}{3\sigma} \approx \frac{\bar{x} - T_L}{3s}$$

式中 $C_{P\bar{F}}$ ——只给出 T_L 时的过程能力指数；
其他符号同前。

当 $\mu \leqslant T_L$ 时，则认为 $C_{P\bar{F}}=0$

一般对于强度、寿命等质量特性只规定下限质量标准。

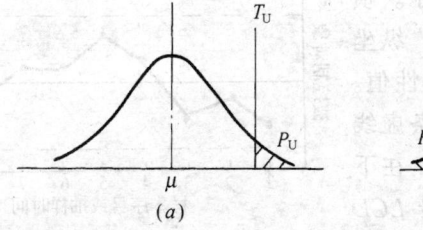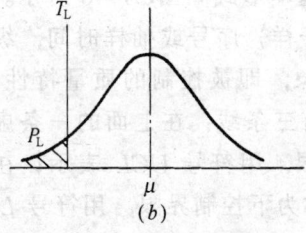

图 31-45 只有单侧标准的情况

c. 过程能力评价。计算出过程能力指数后，可以依据它判断生产过程是否具有能力或能力是否充足，以满足质量标准要求。

通常过程能力的判断及相应的建议措施见表31-49。

过程能力的判断及相应措施 表 31-49

C_P（或 C_{PK}）	等级	判 断	措 施
$C_P > 1.67$	特级	过程能力过高	可将标准范围缩小，放宽波动幅度，降低设备精度，设法降低成本，简略检验
$1.67 \geqslant C_P > 1.33$	一级	过程能力充分	如果不是关键或主要项目，可放宽波动幅度，降低对原材料要求，简化检验或放宽检查
$1.33 \geqslant C_P > 1$	二级	过程能力尚可	必须用控制图或其他方法对过程进行监视和控制，对产品按正常规定进行检验
$1 \geqslant C_P > 0.67$	三级	过程能力不足	分析散差大的原因，制定措施加以改进，在不影响产品质量的情况下，放宽标准范围，加强质量检验，全数检验
$0.67 > C_P$	四级	过程能力严重不足	一般应停止生产，追查原因，采取改进措施，提高过程能力指数，或研究修订标准

影响过程能力指数有三个变量，即产品质量规格的范围即公差范围 T，过程加工的分布中心 $\bar{x}$ 与公差中心 M 的偏移量 ε，过程加工的质量特性值的分散程度，即标准偏差

s。所以提高过程能力指数的途径有：一是调整过程加工的分布中心，减少偏移量；二是提高过程能力，减少分散程度；三是修订公差范围。

这里需要指出，上述 C_P 值的判断标准，适用于机械加工业和某些机械化、自动化程度较高以及工艺标准比较固定的生产过程。但建筑工程施工由于机械化程度低，手工作业多，环境变化大，质量分散程度较大，所以如何确定 C_P 值的判断标准，尚需要做进一步的研究。

7．控制图法

(1) 控制图的基本形式及其用途

控制图又称管理图。它是在直角坐标系内画有控制界限，描述生产过程中产品质量波动状态的图形。利用控制图区分质量波动原因，判明生产过程是否处于稳定状态的方法称为控制图法。

①控制图的基本形式

控制图的基本形式如图 31-46 所示。横坐标为样本（子样）序号或抽样时间，纵坐标为被控制对象，即被控制的质量特性值。控制图上一般有三条线：在上面的一条虚线称为上控制界限，用符号 UCL 表示；在下面的一条虚线称为下控制界限，用符号 LCL 表示；中间的一条实线称为中心线，用符号 CL 表示。中心线标志着质量特性值分布的中心位置，上下控制界限标志着质量特性值允许波动范围。

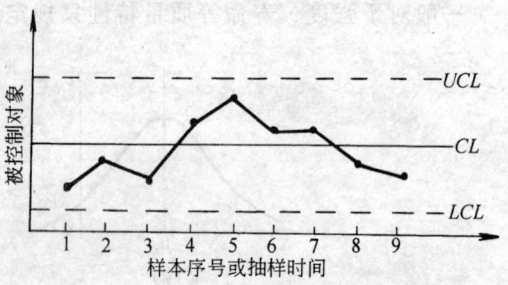

图 31-46 控制图基本形式

在生产过程中通过抽样取得数据，把样本统计量描在图上来分析判断生产过程状态。如果点子随机地落在上、下控制界限内，则表明生产过程正常处于稳定状态，不会产生不合格品；如果点子超出控制界限，或点子排列有缺陷，则表明生产条件发生了异常变化，生产过程处于失控状态。

②控制图的用途

控制图是用样本数据来分析判断生产过程是否处于稳定状态的有效工具。它的用途主要有两个：

A．过程分析，即分析生产过程是否稳定。为此，应随机连续收集数据，绘制控制图，观察数据点分布情况并判定生产过程状态。

B．过程控制，即控制生产过程质量状态。为此，要定时抽样取得数据，将其变为点子描在图上，发现并及时消除生产过程中的失调现象，预防不合格品的产生。

前述排列图、直方图法是质量控制的静态分析法，反映的是质量在某一段时间里的静止状态。然而产品都是在动态的生产过程中形成的，因此，在质量控制中单用静态分析法显然是不够的，还必须有动态分析法。只有动态分析法，才能随时了解生产过程中质量的变化情况，及时采取措施，使生产处于稳定状态，起到预防出现废品的作用。控制图就是典型的动态分析法。

(2) 控制图的原理

影响生产过程和产品质量的因素，可分为异常性因素和偶然性因素。在生产过程中，如果仅仅存在偶然性因素影响，而不存在系统因素，这时生产过程是处于稳定状态，或称为控制状态。其产品质量特性值的波动是有一定规律的，即质量特性值分布服从正态分布。控制图就是利用这个规律来识别生产过程中的异常因素，控制系统性原因造成的质量波动，保证生产过程处于控制状态。

如何衡量生产过程是否处于稳定状态呢？我们知道：一定状态下的生产的产品质量是具有一定分布的，过程状态发生变化，产品质量分布也随之改变。观察产品质量分布情况，一是看分布中心位置（μ）；二是看分布的离散程度（σ）。这可通过图31-47 所示的四种情况来说明。

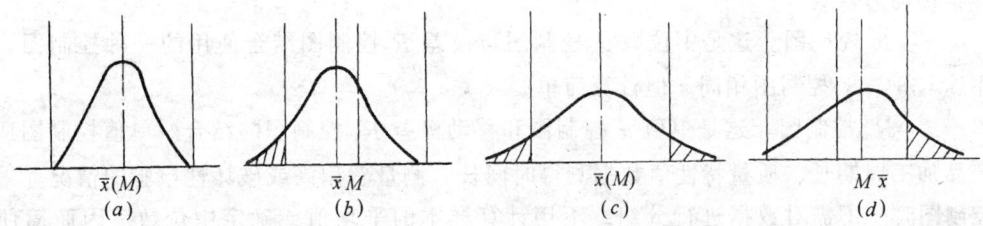

图 31-47　质量特性值分布变化

①图31-47（a），反映产品质量分布服从正态分布，其分布中心 $\bar{x}$ 与质量标准中心 M 重合，散差分布在质量控制界限之内，表明生产过程处于稳定状态，这时生产的产品基本上都是合格品，可继续生产。

②图31-47（b），反映产品质量分布散差没变，而分布中心发生偏移。

③图31-47（c），反映产品质量分布中心虽然没有偏移，但分布的散差变大。

④图31-47（d），反映产品质量分布中心和散差都发生了较大变化，即 μ（$\bar{x}$）值偏离标准中心，σ（s）值增大。

后三种情况都是由于生产过程中存在异常因素引起的，都出现了不合格品，生产过程处于不稳定状态，应及时分析，消除异常因素的影响。

综上所述，我们可依据描述产品质量分布的集中位置和离散程度的统计特征值，随时间（生产进程）的变化情况来分析生产过程是否处于稳定状态。在控制图中，只要样本质量数据的特征值是随机地落在上、下控制界限之内，就表明产品质量分布的参数 μ 和 σ 基本保持不变，生产中只存在偶然因素，生产过程是稳定的。而一旦发生了质量数据点飞出控制界限之外，或排列有缺陷，则说明生产过程中存在系统原因，使 μ 或 σ 发生了改变，生产过程出现异常情况。

(3) 控制图的种类

①按用途分类

A．分析用控制图。主要是用来调查分析生产过程是否处于控制状态。绘制分析用控制图时，一般需连续抽取 20～25 组样本数据，计算控制界限。

B．管理（或控制）用控制图。主要用来控制生产过程，使之经常保持在稳定状态下。当根据分析用控制图判明生产处于稳定状态时，一般都是把分析用控制图的控制界限延长作为管理用控制图的控制界限，并按一定的时间间隔取样、计算、打点，根据点子分布情况，判断生产过程是否有异常因素影响。

②按质量数据特点分类

A. 计量值控制图。主要适用于质量特性值属于计算值的控制，如时间、长度、重量、强度、成分等连续型变量。计算值性质的质量特性值服从正态分布规律。常用的计量值控制图有以下几种：

$a. \bar{x}-R$ 控制图。这是平均数 $\bar{x}$ 控制图和极差 R 控制图相配合使用的一种基本的控制图。$\bar{x}$ 为组的平均值，$\bar{x}$ 控制图主要控制组间平均值变化（质量特性值的集中趋势）。R 为组的极差值，R 控制图主要用于控制组内的散差变化（质量特性值的离散程度）。$\bar{x}-R$ 控制图与其他控制图相比其特点是，提供的质量情报较多，发现生产过程异常的能力即检出能力较高。

$b. \tilde{x}-R$ 控制图。这是中位数 $\tilde{x}$ 控制图与极差 R 控制图结合使用的一种控制图。它的用途与 $\bar{x}-R$ 控制图相同，但计算简单。

$c. x-R_s$ 控制图。这是单值 x 控制图和移动极差 R_s 控制图的结合。单值控制图适用于产品加工周期长、质量特性值数据测得时间长、测量费用高或破坏性检验的情况。采用 x 控制图时，不需对数据进行分组，不用计算样本的平均值或确定中位数，因而简便易行。其特点是测得的数据能立即记入控制图中，以及时判断生产过程状态。x 控制图检出能力较差，一般常和移动极差 R_s 控制图联合使用，R_s 为相邻两数据之差的绝对值，即 $R_s = |x_{i+1} - x_i|$。

B. 计数值控制图。通常用于控制质量数据中的计数值，如不合格品质、疵点数、不合格品率、单位面积上的疵点数等离散型变量。根据计数值的不同又可分为计件值控制图和计点值控制图。计件值性质的质量特性值通常服从二项分布，而计点值性质的质量特性值通常符合泊松分布。

a. 计件值控制图。有不合格产品数 P_n 控制图和不合格品率 P 控制图。当某些产品的质量特性值无法直接测量，只要求按合格品与不合格品区分时，均宜采用 P_n 控制图和 P 控制图。P_n 控制图一般用于样本容量 n 相等的情况，而 P 控制图则用于样本容量 n 不相等的情况。

b. 计点值控制图。有缺陷数 c 控制图和单位缺陷数 u 控制图。c 控制图和 u 控制图都是用来控制表面缺陷，如铸件表面砂眼、气孔、喷漆表面脏污、管道工程的焊接未熔合、夹渣、裂痕等。c 控制图用于样本容量一定的情况，如在检查的表面积相等时使用。而 u 控制图用于样本容量不一定的情况，如在检查的表面积不同的时候使用。

(4) 控制图控制界限的确定

根据数理统计的原理，考虑经济的原则，世界上大多数国家采用"三倍标准偏差法"来确定控制界限，即将中心线定在被控制对象的平均值上，以中心线为基准向上向下各量三倍被控制对象的标准偏差，即为上、下控制界限。如图31-48所示。

采用三倍标准偏差法是因为控制图是以正态分布为理论依据的。采用这种方法可以

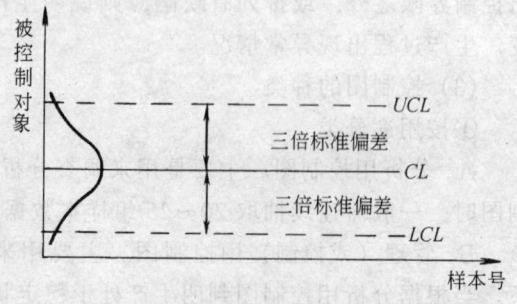

图 31-48 控制界限的确定

在最经济的条件下,实现生产过程控制,保证产品的质量。在用三倍标准偏差法确定控制界限时,其计算公式如下:

中心线　$CL = E(X)$

上控制界限　$UCL = E(X) + 3D(X)$

下控制界限　$LCL = E(X) - 3D(X)$

式中　X——样本统计量;X 可取 $\bar{x}$(平均值)、$\tilde{x}$(中位数)、x(单值)、R(极差)、P_n(不合格品数)、P(不合格品率)、c(缺陷数)、u(单位缺陷数)等;

$E(X)$——X 的平均值;

$D(X)$——X 的标准偏差。

按三倍标准偏差法,各类控制图的控制界限的计算公式如表 31-50 所示。控制图用系数见表 31-51。

控制图控制界限计算公式　　　　表 31-50

控制图种类		中心线	控制界限
计量值控制图	平均数 $\bar{x}$ 控制图	$\bar{\bar{x}} = \dfrac{\sum\limits_{i=1}^{k} \bar{x}_i}{k}$	$\bar{\bar{x}} \pm A_2 \bar{R}$
	极差 R 控制图	$\bar{R} = \dfrac{\sum\limits_{i=1}^{k} R_i}{k}$	$D_4 \bar{R}, D_3 \bar{R}$
	中位数 $\tilde{x}$ 控制图	$\bar{\tilde{x}} = \dfrac{\sum\limits_{i=1}^{k} \tilde{x}_i}{k}$	$\bar{\tilde{x}} \pm m_3 A_2 \bar{R}$
	单值 x 控制图	$x = \dfrac{\sum\limits_{i=1}^{k} x_i}{k}$	$\bar{x} \pm E_2 \bar{R}_S$
	移动极差 R_S 控制图	$\bar{R}_S = \dfrac{\sum\limits_{i=1}^{k} R_{Si}}{k}$	$D_4 \bar{R}_S$
计数值控制图	计件 不合格品数 P_n 控制图	$\bar{P}_n = \dfrac{\sum\limits_{i=1}^{k} P_i n_i}{k}$	$\bar{P}_n \pm 3\sqrt{\bar{P}_n(1-\bar{P}_n)}$
	计件 不合格品率 P 控制图	$\bar{P} = \dfrac{\sum\limits_{i=1}^{k} P_i n_i}{k}$	$\bar{P} \pm 3\sqrt{\bar{P}(1-\bar{P})}$
	计点 缺陷数 C 控制图	$\bar{C} = \dfrac{\sum\limits_{i=1}^{k} C_i}{k}$	$\bar{C} \pm 3\sqrt{\bar{C}}$
	计点 单位缺陷 u 控制图	$\bar{u} = \dfrac{\sum\limits_{i=1}^{k} u_i}{k}$	$\bar{u} \pm 3\sqrt{\dfrac{\bar{u}}{n}}$

控制图用系数表　　　　　　　　　　　表 31-51

样本容量 n	A_2	D_4	D_3	$m_3 A_2$	E_2
2	1.88	3.27	—	1.88	2.66
3	1.02	2.57	—	1.19	1.77
4	0.73	2.28	—	0.80	1.46
5	0.58	2.11	—	0.69	1.29
6	0.48	2.00	—	0.55	1.18
7	0.42	1.92	0.08	0.51	1.11
8	0.37	1.86	0.14	0.43	1.05
9	0.34	1.82	0.18	0.41	1.01
10	0.31	1.78	0.22	0.36	0.96

(5) 控制图的绘制方法

无论是计量控制图还是计数值控制图，其绘制程序方法基本是一致的。

首先，要选定被控制的质量特性，即明确控制对象。要控制的质量特性应是影响质量的关键特性，且必须是可测量、技术上可以控制的。

其次，收集数据并分组。收集数据应采取随机抽样。绘制分析用计量值控制图时，数据量应不少于 50~100 个，收集数据的时间不应少于 10~15d。在日常控制中，样本含量多取 $n = 4 \sim 5$。

再次，确定中心线和控制界限。这是绘制控制图的中心问题。可利用表 31-50 所列公式计算确定。

最后，描点分析。如果认为生产过程处于稳定状态，该控制图可转为管理用控制图。如果生产过程处于非控制状态，则应查表原因，剔除异常点，或重新取得数据，再行绘制，直到得出处于稳定状态下的控制图为止。

下面结合建筑工程实例，说明分析用 $\bar{x} - R$ 控制图的绘制方法及应用。

【例】　某混凝土搅拌站捣制 C30 混凝土，为保证其质量，采用平均值与极差（$\bar{x} - R$）控制图进行分析和控制。$\bar{x} - R$ 控制图的绘制步骤如下：

A. 收集数据并分组。共收集了 50 份抗压强度报告单。按时间顺序排列，每组五个数据（$n = 5$），共分为 10 组（$k = 10$），如表 31-52（本例是说明绘制控制图的方法，为简化计算数据取得较少。）

混凝土强度数据表　　　　　　　　　　　表 31-52

组序	抗压强度（N/mm²）					小计 Σx	平均值 $\bar{x}_i$	极差 R_i
	x_1	x_2	x_3	x_4	x_5			
1	32.5	44.6	35.6	34.7	34.9	182.3	36.46	12.1
2	36.7	38.9	41.8	30.8	40.3	188.5	37.70	11.0
3	37.5	33.4	36.8	37.1	39.9	184.5	36.94	3.5
4	41.1	47.0	37.0	34.2	37.9	197.2	39.44	12.8
5	37.7	34.0	37.4	35.3	32.8	177.2	35.44	1.9
6	36.4	39.3	38.5	36.3	34.4	184.9	36.98	4.9
7	33.1	36.7	33.9	35.5	37.8	177.0	35.40	4.7
8	38.6	40.9	43.7	35.1	39.7	198.0	39.60	8.6
9	35.8	36.9	38.1	41.3	43.1	195.2	39.04	7.3
10	39.4	42.4	40.7	42.2	38.3	203.0	40.60	4.1
合计							377.60	76.9

B. 确定中心线和控制界限

a. 计算每组的平均值 $\overline{x}_i$ 和 R_i，要求精度较测定单位高一级。其结果记入表 31-52 中最后两列。

b. 计算各组平均值 $\overline{x}_i$ 的平均值 $\overline{\overline{x}}$ 和各组极差 R_i 的平均值 $\overline{R}$。

$$\overline{\overline{x}} = \frac{\sum_{i=1}^{k} \overline{x}_i}{k} = \frac{377.60}{10} = 37.76 \text{ N/mm}^2$$

$$\overline{R} = \frac{\sum_{i=1}^{k} R_i}{k} = \frac{76.9}{10} = 7.69 \text{ N/mm}^2$$

c. 确定中心线和控制界限

$\overline{x}$ 控制图的中心线和控制界限为：

$$CL = \overline{\overline{x}} = 37.76 \text{ N/mm}^2$$
$$UCL = \overline{\overline{x}} + A_2 \overline{R} = 37.76 + 0.58 \times 7.69 = 42.22 \text{ N/mm}^2$$
$$LCL = \overline{\overline{x}} - A_2 \overline{R} = 37.76 - 0.58 \times 7.69 = 33.30 \text{ N/mm}^2$$

R 控制图的中心线和控制界限为：

$$CL = \overline{R} = 7.69 \text{ N/mm}^2$$
$$UCL = D_4 \overline{R} = 2.11 \times 7.69 = 16.23 \text{ N/mm}^2$$
$$LCL = D_3 \overline{R} \quad \because n < 6 \quad \therefore \quad \text{可不考虑下控制界限}$$

C. 绘图、描点与分析

根据确定的控制图的中心线和上、下控制界限，绘制出 $\overline{x}$ 控制和 R 控制图，并将各

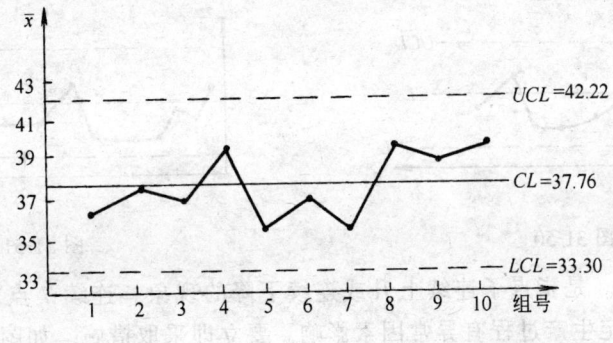

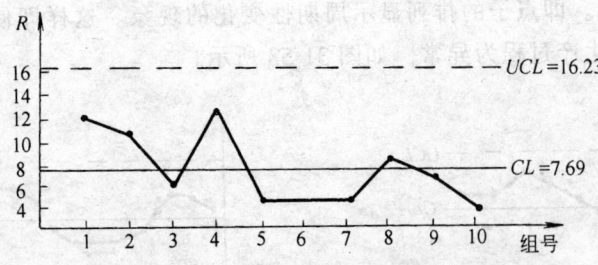

图 31-49 混凝土强度 $\overline{x} - R$ 控制图

组的平均值和极差变为点子描在图上,如图31-49所示。观察分析控制图上点子分布情况可知,混凝土生产过程处于稳定状态。所确定的控制界限,可转为管理控制图。

(6) 控制图的观察与分析

绘制控制图的目的是分析判断生产过程是否处于稳定状态。这主要是通过对控制图上点子的分布情况的观察与分析进行。因为控制图上点子作为随机抽样的样本,可以反映出生产过程(总体)的质量分布状态。

当控制图同时满足以下两个条件:一是点子几乎全部落在控制界限之内;二是控制界限内的点子排列没有缺陷。我们就可以认为生产过程基本上处于稳定状态。如果点子的分布不满足其中任何一条,都应判断生产过程为异常。

A. 点子几乎全部落在控制界线内,是指应符合下述三个要求:

a. 连续25点以上处于控制界限内;

b. 连续35点中仅有1点超出控制界限;

c. 连续100点中不多于2点超出控制界限。

B. 点子排列没有缺陷,是指点子的排列是随机的,而没有出现异常现象。这里的异常现象是指点子排列出现了"链"、"多次同侧"、"趋势或倾向"、"周期性变动"、"接近控制界限"等情况。

a. 链。是指点子连续出现在中心线一侧的现象。出现五点链,应注意生产过程发展状况;出现六点链,应开始调查原因;出现七点链,应判定工序异常,需采取处理措施。如图31-50所示。

b. 多次同侧。是指点子在中心线一侧多次出现的现象,或称偏离。下列情况说明生产过程已出现异常:在连续11点中有10点在同侧,如图31-51所示。在连续14点中有12点在同侧。在连续17点中有14点在同侧。在连续20点中有16点在同侧。

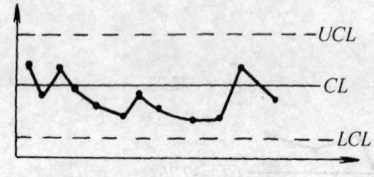

图 31-50　　　　　　　　　　图 31-51

c. 趋势或倾向。是指点子连续上升或连续下降的现象。连续7点或7点以上上升或下降排列,就应判定生产过程有异常因素影响,要立即采取措施,如图31-52所示。

d. 周期性变动。即点子的排列显示周期性变化的现象。这样即使所有点子都在控制界限内,也应认为生产过程为异常,如图31-53所示。

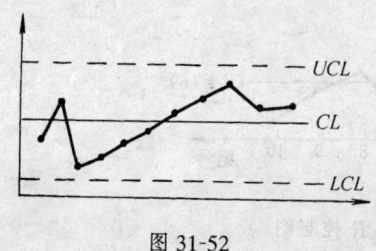 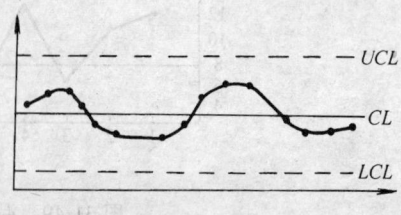

图 31-52　　　　　　　　　　图 31-53

e. 点子排列接近控制界限。是指点子落在了 $\bar{x} \pm 2\sigma$ 以外和 $\bar{x} \pm 3\sigma$ 以内。如属下列情况的判定为异常：连续 3 点至少有 2 点接近控制界限。连续 7 点至少有 3 点接近控制界限。连续 10 点至少有 4 点接近控制界限。如图 31-54。

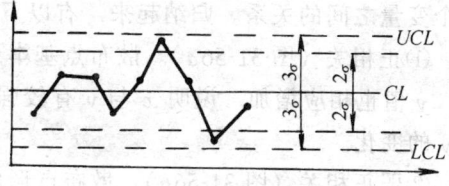

图 31-54

以上是分析用控制图判断生产过程是否正确的准则。如果生产过程处于稳定状态，则把分析用控制图转为管理用控制图。分析用控制图是静态的，而管理用控制图是动态的。随着生产过程的进展，通过抽样取得质量数据把点描在图上，随时观察点子的变化，一是点子落在控制界限外或界限上，即判断生产过程异常，点子即使在控制界限内，也应随时观察其有无缺陷，以对生产过程正常与否做出判断。

8. 相关图法

(1) 相关图法的用途

相关图又称散布图。在质量控制中它是用来显示两种质量数据之间关系的一种图形。质量数据之间的关系多属相关关系。一般有三种类型：一是质量特性和影响因素之间的关系；二是质量特性和质量特性之间的关系；三是影响因素和影响因素之间的关系。

我们可以用 Y 和 X 分别表示质量特性值和影响因素，通过绘制散布图，计算相关系数等，分析研究两个变量之间是否存在相关关系，以及这种关系密切程度如何，进而对相关程度密切的两个变量，通过对其中一个变量的观察控制，去估计控制另一个变量的数值，以达到保证产品质量的目的。这种统计分析方法，称为相关图法。

(2) 相关图的绘制方法

【例】 分析混凝土抗压强度和水灰比之间的关系

①收集数据

要成对地收集两种质量数据，数据不得过少。本例收集数据如表 31-53 所示。

混凝土抗压强度与水灰比统计资料　　　　表 31-53

	序　号	1	2	3	4	5	6	7	8
x	水灰比（W/C）	0.4	0.45	0.5	0.55	0.6	0.65	0.7	0.75
y	强度（N/mm²）	36.3	35.3	28.2	24.0	23.0	20.6	18.4	15.0

②绘制相关图

在直角坐标系中，一般 x 轴用来代表原因的量或较易控制的量，本例中表示水灰比；y 轴用来代表结果的量或不易控制的量，本例中表示强度。然后将数据中相应的坐标位置上描点，便得到散布图，如图 31-55 所示。

(3) 相关图的观察与分析

相关图中点的集合，反映了两种数据之间的散布状况，根据散布状况我们可以分析

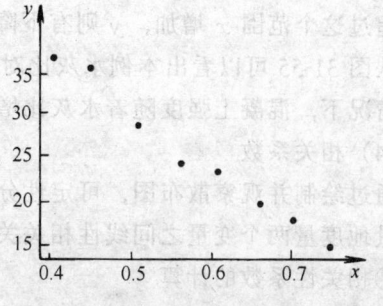

图 31-55　相关图

两个变量之间的关系。归纳起来,有以下六种类型,如图 31-56 所示。

①正相关(图 31-56a)。散布点基本形成由左至右向上变化的一条直线带,即随 x 增加,y 值也相应增加,说明 x 与 y 有较强的制约关系。此时,可通过对 x 控制而有效控制 y 的变化。

②弱正相关(图 31-56b)。散布点形成向上较分散的直线带。随 x 值的增加,y 值也有增加趋势,但 x、y 的关系不像正相关那么明确。说明 y 除受 x 影响外,还受其他更重要的因素影响。需要进一步利用因果分析图法分析其他的影响因素。

③不相关(图 31-56c)。散布点形成一团或平行于 x 轴的直线带。说明 x 变化不会引起 y 的变化或其变化无规律,分析质量原因时可排除 x 因素。

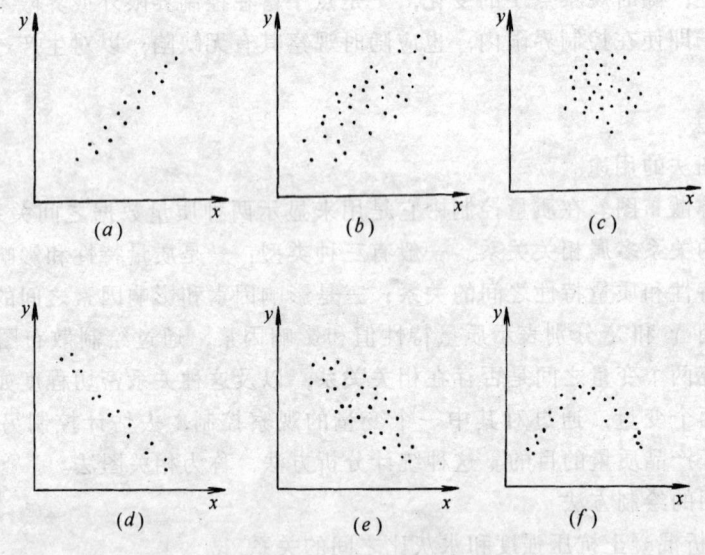

图 31-56 散布图的类型
(a)正相关;(b)弱正相关;(c)不相关;(d)负相关;(e)弱负相关;(f)非线性相关

④负相关(图 31-56d)。散布点形成由左至右向下的一条直线带。说明 x 对 y 的影响与正相关恰恰相反。

⑤弱负相关(图 31-56e)。散布点形成由左至右向下分布的较分散的直线带。说明 x 与 y 的相关关系较弱,且变化趋势相反,应考虑寻找影响 y 的其他更重要的因素。

⑥非线性相关(图 31-56f)。散布点呈一曲线带,即在一定范围内 x 增加,y 也增加;超过这个范围 x 增加,y 则有下降趋势。

从图 31-55 可以看出本例水灰比对强度影响是属于负相关。初步结果是,在其他条件不变情况下,混凝土强度随着水灰比增大有逐渐降低的趋势。

(4)相关系数

通过绘制并观察散布图,可定性分析判断两个变量之间的相关关系。而用相关系数则可定量地度量两个变量之间线性相关关系的密切程度。

①相关性系数的计算

相关系数用 r 表示,其计算公式为:

$$r = \frac{n\Sigma xy - \Sigma x \Sigma y}{\sqrt{n\Sigma x^2 - (\Sigma x)^2}\sqrt{n\Sigma y^2 - (\Sigma y)^2}}$$

根据上述公式，上例的相关系数可列表 31-54 进行计算。

相 关 系 数 计 算 表　　　　表 31-54

序　号	水灰比 x	强度 y	x^2	y^2	xy
1	0.40	36.3	0.16	1317.69	14.52
2	0.45	35.3	0.2025	1246.09	15.89
3	0.50	28.2	0.25	795.24	14.10
4	0.55	24.0	0.3025	576.00	13.20
5	0.60	23.0	0.36	529.00	13.80
6	0.65	20.6	0.4225	424.36	13.39
7	0.70	18.4	0.49	338.65	12.88
8	0.75	15.0	0.5625	225.00	11.25
合　计	4.60	200.8	2.75	5451.94	109.03

$$r = \frac{8 \times 109.03 - 4.60 \times 200.8}{\sqrt{8 \times 2.75 - 4.60^2}\sqrt{8 \times 5451.94 - 200.8^2}} = -0.9367$$

②相关系数的意义

相关系数可以定量地说明变量 x、y 之间线相关关系的密切程度和变化方向。相关系数 r 是一个无量纲数值，变化范围是：

$$-1 \leqslant r \leqslant 1$$

r 的绝对值越接近于 1，表示 x、y 之间线性相关程度高；r 越接近于 0，表示线性相关程度低；当 r 等于零时，有两种可能，即或者是非线性相关，或者是不相关。

当 r 为负值时，表示变量间为负相关；r 为正值时，表示变量间为正相关。

当变量数据对数较多（$n \geqslant 50$）时，可以将相关关系的密切程度分为四级：

A. $r < 0.3$，x、y 无线性相关关系；

B. $0.3 \leqslant r < 0.5$，x、y 低度相关关系；

C. $0.5 \leqslant r < 0.8$，x、y 有显著相关关系；

D. $r \geqslant 0.8$，x、y 是高度相关关系。

当变量数据较少时（即小样本），需要对相关系数进行检验。

③相关系数的检验

相关系数是根据样本资料计算的，根据抽样原理可知，用一个小样本的相关系数去说明总体的相关程度是具有随机性的。需要对样本相关系数进行检验。下面介绍一种查表检验的方法，其步骤如下：

A. 确定自由度。当样本数据对数是 n 时，自由度等于 $n-2$。

B. 确定危险率 α。一般取 $\alpha = 5\%$ 或 $\alpha = 1.0\%$，危险率的含义是：用计算的样本相关系数说明总体相关程度，其可靠程度为 $(1-\alpha)$，一般 95% 或 99%。

C. 查相关系数检验表。根据自由度 $n-2$ 和危险率 α 查相关系数检验表，见表 31-55。

相 关 系 数 检 验 表　　　　　　　表 31-55

$n-2$	α 0.01	α 0.05	$n-2$	α 0.01	α 0.05	$n-2$	α 0.01	α 0.05
1	1.000	0.997	14	0.623	0.497	27	0.470	0.367
2	0.990	0.950	15	0.606	0.482	28	0.463	0.361
3	0.950	0.878	16	0.590	0.468	29	0.456	0.355
4	0.917	0.811	17	0.575	0.456	30	0.449	0.249
5	0.874	0.754	18	0.561	0.444	35	0.418	0.325
6	0.834	0.707	19	0.549	0.433	40	0.393	0.304
7	0.798	0.666	20	0.537	0.423	45	0.372	0.288
8	0.765	0.632	21	0.526	0.413	50	0.354	0.273
9	0.735	0.602	22	0.515	0.404	60	0.325	0.250
10	0.708	0.576	23	0.505	0.369	70	0.302	0.232
11	0.684	0.553	24	0.496	0.388	80	0.283	0.217
12	0.661	0.532	25	0.487	0.381	90	0.267	0.205
13	0.641	0.514	26	0.478	0.374	100	0.254	0.195

从表 31-55 中查得相应的 r_α 和计算的 $|r|$ 比较，这里 r_α 是在一定的可靠度 $(1-\alpha)$ 条件下，样本相关系数有效的起码值（界限值），即 $|r|>r_\alpha$ 时，可判断 x、y 相关，其保证程度是 $(1-\alpha)$；若 $|r|<r_\alpha$，则认为 x 与 y 无线性相关关系。

在上例中，$n=8$，需要对相关系数进行检验。自由度 $=8-2=6$，α 取 0.05，查表 31-55 可得 $r_{0.05}=0.707$，因 $|r|=0.9367$，因而可以认为混凝土强度与水灰比之间存在高度线性相关系，是负相关。在实际工作中其他条件一定时，我们就可以通过控制水灰比来保证混凝土强度。

9．抽样检验方案

(1) 抽样检验的几个基本概念

①抽样检验方案

抽样检验方案是根据检验项目特性所确定的抽样数量、接受标准和方法。如在简单的计数值抽样检验方案中，主要是确定样本容量 n 和合格判定数，即允许不合格品件数 c，记为方案 (n,c)。

②检验

检验是对检验项目中的性能进行量测、检查、试验等，并将结果与标准规定要求进行比较，以确定每项性能是否合格所进行的活动。它包括对每一个体的缺陷数目或某种属性记录的计数检验和对每一个体的某个定量特性测量的计量检验。

③检验批

检验批是按同一的生产条件或是按规定的方式汇总起来供检验用的，由一定数量产品组成的检验体，其中的产品件数称为批量，用 N 表示。组成检验批的基本原则应是具有生产条件、时间基本相同，质量基本均匀的一定量同批次个体产品，否则难于通过检验区分质量水平。

在建筑工程质量检验中，检验批是检验的最小单位，是分项工程乃至整个建筑工程质量验收的基础，一般根据施工及质量控制和专业验收需要按楼层、施工段、变形缝等进行划分。在施工过程中条件相同并具有一定数量的材料、构配件或安装项目，由于其质量基本均匀一致,因此可作为检验的基本单位,即检验批,并按批验收。

④批不合格品率

批不合格品率是指检验批中不合格品数占整个批量的比重。反映了批的质量水平,其计算公式为:由总体计算:
$$P = D/N$$
由样本计算:
$$p = d/n$$

式中 P、p——分别由检验批(总体)、样本计算的批不合格品率;

D、d——分别为检验批、样本中的不合格品件数;

N、n——分别为检验批、样本中的产品件数。

对于计点值数据,若用 C 表示批中的缺陷数时,其质量水平可由下式计算:
$$批的每百单位缺陷数 = 100\ C/N$$

⑤过程平均批不合格品率

过程平均批不合格品率是指对 k 批产品首次检验得到的 k 个批不合格品率的平均数。它可以衡量一个基本稳定的生产过程,在较长时间内所提供产品的质量水平。由总体计算的用 $\overline{P}$ 表示;由样本计算的 k 批的平均不合格品率用 $\overline{p}$ 表示。$\overline{p}$ 是 $\overline{P}$ 的优良估计值。这里,首次检验的含义是指:在实施二次或多次抽样检验方案时,只能取第一个样本的 P 或 p 值计算;k 值不应少于 20 批。一般利用抽样检验结果计算,公式为:

$$\overline{p} = \frac{d_1 + d_2 + \cdots + d_k}{n_1 + n_2 + \cdots + n_k} = \frac{\sum_{i=1}^{k} d_i}{\sum_{i=1}^{k} n_i}$$

⑥接受概率

接受概率又称批合格概率,是根据规定的抽样检验方案将检验批判为合格而接受的概率。一个既定方案的接受概率是产品质量水平,即批不合格品率 p 的函数,用 $L(p)$ 表示,检验批的不合格品率 p 越小,接受概率 $L(p)$ 就越大。对方案 (n, c),若实际检验中,样本的不合格品数为 d,其接受概率计算公式是:
$$L(p) = P(d \leqslant c)$$

式中 $P(d \leqslant c)$——样本中不合格品数为 $d \leqslant c$ 时的概率。

$L(p)$ 数值可用超几何分布、二项分布、泊松分布等公式计算或查图表得到。

(2)抽样检验方案类型

①抽样检验方案的分类

抽样检验方案的分类见图 31-57。

②常用的抽样检验方案

A. 标准型抽样检验方案

a. 计数值标准型一次抽样检验方案

计数值标准型一次抽样检验方案是规定在一定样本容量 n 时的最高允许的批合格判定数 c,记作 (n, c),并在一次抽检后给出判断检验批是否合格的结论。c 也可用 Ac 表示。c 值一般为可接受的不合格品数,也可以是不合格品率,或者是可接受的每百单位缺陷数。若实际抽检时,检出不合格品数为 d,则当:

$d \leqslant c$ 时,判定为合格批,接受该检验批;$d > c$,判定为不合格批,拒绝该检验批。

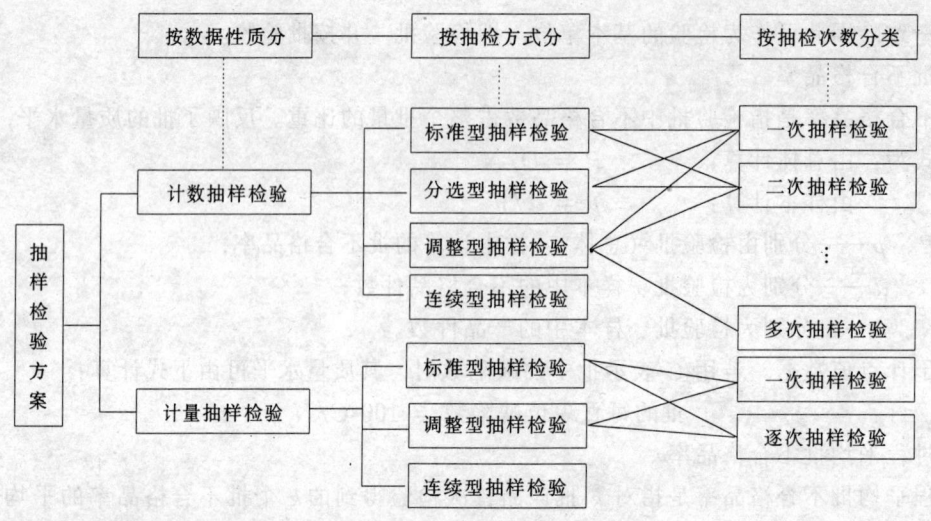

图 31-57 抽样检验方案分类

b. 计数值标准型二次抽样检验方案

计数值标准型二次抽样检验方案是规定两组参数，即第一次抽检的样本容量 n_1 时的合格判定数 c_1 和不合格判定数 r_1（$c_1 < r_1$）；第二次抽检的样本容量 n_2 时的合格判定数 c_2。在最多两次抽检后就能给出判断检验批是否合格的结论。其检验程序是：

第一次抽检 n_1 后，检出不合格品数为 d_1，则当：

$d_1 \leqslant c_1$ 时，接受该检验批；$d_1 \geqslant r_1$ 时，拒绝该检验批；$c_1 < d_1 < r_1$ 时，抽检第二个样本。

第二次抽检 n_2 后，检出不合格品数为 d_2，则当：

$d_1 + d_2 \leqslant c_2$ 时，接受该检验批；$d_1 + d_2 > c_2$ 时，拒绝该检验批。

以上两种标准型抽样检验程序见图 31-58、图 31-59。

c. 多次抽样检验方案（略）

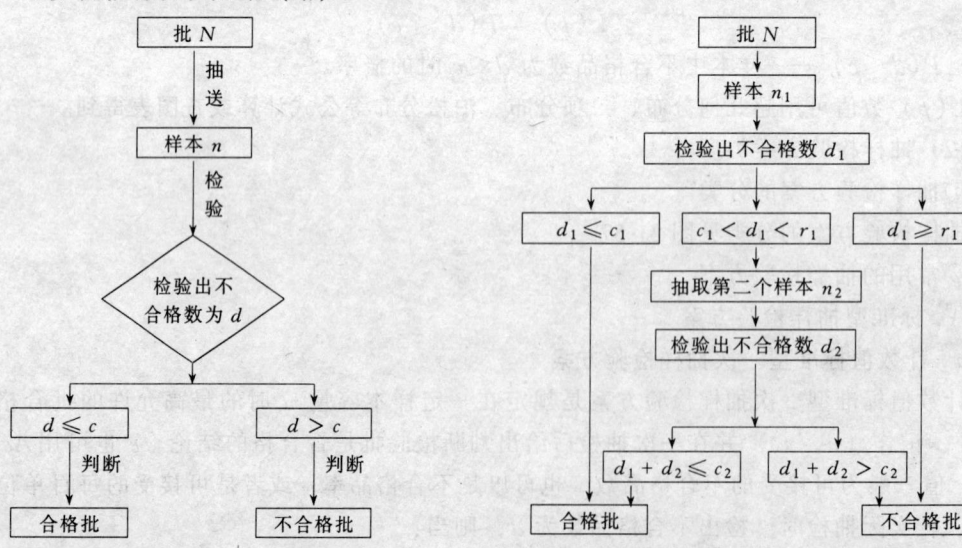

图 31-58 标准型一次抽样检验程序图　　图 31-59 标准型二次抽样检验程序图

B. 分选型抽样检验方案

计数值分选型抽样检验方案基本与计数值标准型一次抽样检验方案相同，只是在抽检后给出检验批是否合格的判断结论和处理有所不同。即实际抽检时，检出不合格品数为 d，则当：$d \leqslant c$ 时，接受该检验批；$d > c$ 时，则对该检验批余下的个体产品全数检验。

C. 调整型抽样检验方案

计数值调整型抽样检验方案是在对正常抽样检验的结果进行分析后，根据产品质量的好坏，过程是否稳定，按照一定的转换规则对下一次抽样检验判断的标准加严或放宽的检验。调整型抽样检验方案加严或放宽的规则详见图 31-60。

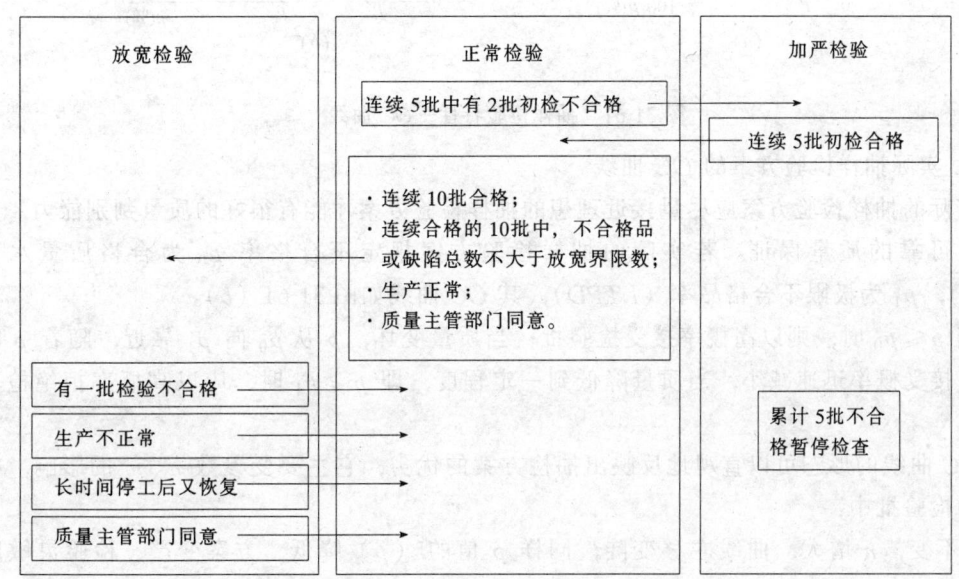

图 31-60　质量抽样检验宽严转换规则

(3) 抽样检验原理

①抽样检验特性曲线（OC 曲线）

实际产品中总是存在一定比例的不合格品。运用抽样检验的方法只能是在检验批中全部是合格品或者是不合格品时，才能有绝对准确的判断，而这两种情况是很少见的。因而一个合理的抽样检验方案 (n, c) 只能是以很高的概率 $L(p)$ 来保证检验结果的准确性。一般称接受概率 $L(p)$ 为方案 (n, c) 的特性函数，即 OC 函数。如果以横坐标表示不合格品率 $p(\%)$，纵坐标为 p 所对应的接受概率 $L(p)$，就可得到抽样检验特性的 OC 曲线。OC 曲线定量地表示了产品质量的状况（不合格品率 p）和被接受可能性 $L(p)$ 之间的变化关系，每条 OC 曲线都代表一个抽样方案的特性。

A. 理想抽样检验方案的 OC 曲线

若规定批不合格品率 p 不超过 p_i，该检验批是合格的，那么理想的抽检方案应满足：当 $p \leqslant p_i$ 时，接受检验批的概率 $L(p) = 1$；$p > p_i$，接受检验批的概率 $L(p) = 0$。其抽检方案的特性可由 $L(p) = 1$ 和 $L(p) = 0$ 两段直线描述，见图 31-61 (a)。这只有在全数检验且无错漏检情况时才会出现，因而又称其为全检 OC 曲线。然而，理想的抽样检验方案是不可能达到的。

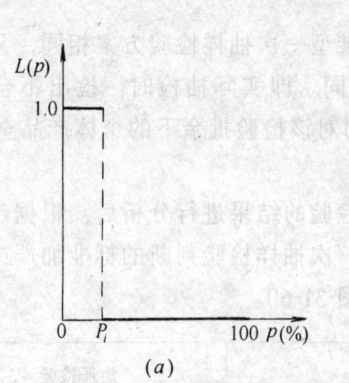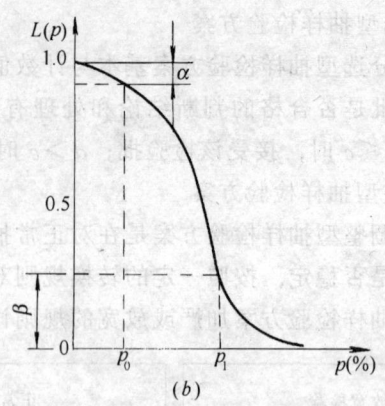

图 31-61 抽样检验特性—OC 曲线

B. 实际抽样检验方案的 OC 曲线

实际的抽样检验方案应尽量接近理想的抽样检验方案才能有很好的质量判别能力,真正提供可靠的质量保证。若实际的抽样检验方案规定不合格率 p_0 为合格质量水平 (AQL),p_1 为极限不合格品率 (LTPD),其 OC 曲线如图 31-61 (b)。

当 $p \leqslant p_0$ 时,则以高概率接受检验批;当质量变坏,p 从 p_0 向 p_1 靠近,随着 p 的增大,接受概率迅速减小,当质量降低到一定程度,即 $p \geqslant p_1$ 时,应以高概率拒绝检验批。

OC 曲线的形态可以直观地反映出抽检方案的优劣,它主要受参数 n、c 的影响,在一定的检验批中:

c 不变,n 增大,曲线左移变陡,同样 p 值的 $L(p)$ 降低,方案变严,检验灵敏度高;

n 不变,c 减小,曲线左移变陡,同样 p 值的 $L(p)$ 降低,方案变严,检验灵敏度高。

②抽样检验中的两类错误

同过程控制中所讲过的一样,除 $p = 0$ 或 $p = 1$ 外,实际抽样检验方案中也都存在两类判断错误。即可能犯第一类错误,将合格批判为不合格批,错误地拒收;也可能犯第二类错误,将不合格批判为合格批,错误地接收。错误的判断将带来相应的风险,这种风险的大小可用概率来表示,如图 31-61 (b) 所示。

第一类错误是当 $p = p_0$ 时,以高概率 $L(p) = 1 - \alpha$ 接受检验批,以 α 为拒收概率将合格批判为不合格。由于对合格品的错判将给生产者带来损失,所以关于合格质量水平 p_0 的概率 α,又称供应方风险、生产方风险等;

第二类错误是当 $p = p_1$ 时,以高概率 $(1 - \beta)$ 拒绝检验批,以 β 为接受概率将不合格批判为合格。这种错判是将不合格品漏判从而给消费者带来损失,所以关于极限不合格质量水平 p_1 的概率 β,又称使用方风险、消费者风险等。

4) 抽样检验方案参数的确定

以下叙述均以计数值标准型一次抽样方案为例。

①确定 α 与 β

如前所述，α 是生产者所要承担的风险，β 是使用者所要承担的风险；生产者特别要防止质量合格的产品错被拒收；反之，使用者则力求避免或减少接受质量不合格的产品，双方都希望尽量减小自己的损失。要绝对避免这两种错判是不可能的，片面强调某一方的利益也是不对的。一个合理有效的抽样检验方案应该是将两类风险都控制在一个适当小的范围内，尽量减少所带来的损失。

为了保证消费者和生产者的利益，一般都有一定的规定和标准，也可以双方协商确定。《建筑工程施工质量验收统一标准》中的规定是：在抽样检验中，两类风险一般控制范围是 $\alpha = 1\% \sim 5\%$；$\beta = 5\% \sim 10\%$。对于主控项目，其 α、β 均不宜超过 5%；对于一般项目，α 不宜超过 5%，β 不宜超过 10%。

② 确定 p_0（AQL）与 p_1（LTPD）

A. 应考虑的因素

p_0（AQL）是生产者比较重视的参数，p_1（LTPD）是使用者比较重视的参数，它们是制定抽样检验方案的基础，因此要综合考虑各方面因素的影响慎重确定。其主要方面有：

a. 确定 p_0，p_1 应以 α，β 为标准。

b. 生产过程的质量水平，即过程平均批不合格品率 $\bar{p}$ 的大小。

c. 质量要求及不合格品对使用性能的影响程度。

d. 制造成本和检查费用。

B. 确定 p_0

一般由使用方和供应方协商确定；还可计算检验盈亏点 p_b 确定 p_0，计算公式为：

检验盈亏点　　p_b = 检验一件产品的成本(a) / 一件不合格品造成的损失(b)

p_b 值越小表示产品质量问题越严重，造成损失越大。

对于致命缺陷、严重缺陷，p_0 值应取得小些：$p_0 = 0.1\%$、0.3%、0.5% 等；

对于轻微缺陷，出于经济考虑，p_0 值可取得大些：$p_0 = 3\%$、5%、10% 等。

C. 确定 p_1

抽样检验方案中，p_1 与 p_0 的比例常用鉴别比 p_1/p_0 表示，鉴别比值过小，如 $p_1/p_0 \leq 3$ 时，会因增加抽检数量 n 而使检验费用增加；鉴别比值过大，如 $p_1/p_0 > 20$ 时，又会放松对质量的要求，对用户不利。通常是以 $\alpha = 5\%$、$\beta = 10\%$ 为准，取 $p_1 = (4 \sim 10) p_0$。

③ 确定抽样检验方案（n，c）

根据 α，β 与 p_0，p_1 和 p_1/p_0 可通过公式计算、查图、查表得到 n，c 数值。至此，抽样检验方案即已确定。

以下仅介绍利用一次抽样检验表（表 31-56）求参数 n，c 的方法。

【例】　设 $\alpha = 0.05$，$\beta = 0.10$，$p_0 = 0.01$，$p_1 = 0.07$，求一次抽样检验方案（n，c）。

·计算鉴别比　　$p_1/p_0 = 0.07/0.01 = 7$；

·查表 $\alpha = 0.05$，$\beta = 0.10$ 栏内最接近 7 的值为 6.509；

·查表 6.509 对应的 c 值是 2，对应的 np_0 为 0.818；

·于是有：$n = np_0/p_0 = 0.818/0.01 = 82$

·即所求一次抽样检验方案（82，2）。

抽样检验方案确定后,即可采用选定的抽样方法(分类抽样、等距抽样、整群抽样等),从既定的检验批中随机抽取 n 件样品,按照质量标准进行检验和判断。

一次抽样方案检验法　　　　　　表 31-56

C	p_1/p_0			np_0	C	p_1/p_0			np_0
	$\alpha=0.05$ $\beta=0.10$	$\alpha=0.05$ $\beta=0.05$	$\alpha=0.05$ $\beta=0.01$	$\alpha=0.05$		$\alpha=0.01$ $\beta=0.10$	$\alpha=0.01$ $\beta=0.05$	$\alpha=0.01$ $\beta=0.01$	$\alpha=0.01$
0	44.890	58.404	89.781	0.052	0	229.105	298.073	458.210	0.010
1	10.946	13.349	16.681	0.355	1	20.184	31.933	44.686	0.149
2	6.509	7.699	10.280	0.818	2	12.206	4.439	19.278	0.436
3	4.490	5.675	7.352	1.366	3	8.115	9.418	12.202	0.283
4	4.057	4.646	5.890	1.970	4	6.249	7.156	9.072	1.279
5	3.549	4.023	5.017	2.613	5	5.195	5.889	7.343	1.785
6	3.206	3.604	4.435	3.286	6	4.520	5.082	6.253	2.330
7	2.957	3.303	4.019	3.981	7	4.050	4.524	5.506	2.906
8	2.768	3.074	3.707	4.695	8	3.705	4.115	4.962	3.507
9	2.618	2.895	3.462	5.426	9	3.440	3.803	4.548	4.130
10	2.497	2.750	3.265	6.169	10	3.229	3.555	4.222	4.771
11	2.397	2.630	3.104	6.924	11	3.058	3.354	3.959	5.428
12	2.312	2.528	2.968	7.690	12	2.915	3.188	3.742	6.099
13	2.240	2.442	2.852	8.464	13	2.795	3.047	3.559	6.782
14	2.177	2.367	2.752	9.246	14	2.692	2.927	3.403	7.477
15	2.122	2.302	2.665	10.035	15	2.603	2.823	3.269	8.181
16	2.073	2.244	2.588	10.831	16	2.524	2.732	3.151	8.895
17	2.029	2.192	2.520	11.633	17	2.455	2.652	3.048	9.616
18	1.990	2.145	2.458	12.442	18	2.393	2.580	2.956	10.346
19	1.954	2.103	2.403	13.254	19	2.337	2.516	2.874	11.082
20	1.922	2.065	2.352	14.072	20	2.287	2.458	2.799	11.825
21	1.892	2.030	2.307	14.894	21	2.241	2.405	2.733	12.574
22	1.865	1.999	2.265	15.719	22	2.200	2.357	2.671	13.329
23	1.840	1.969	2.226	16.548	23	2.162	2.313	2.615	14.088
24	1.817	1.942	2.191	17.382	24	2.126	2.272	2.564	14.353
25	1.795	1.917	2.158	18.218	25	2.094	2.235	2.516	15.623
26	1.775	1.893	2.217	19.058	26	2.064	2.200	2.472	16.397
27	1.757	1.871	2.096	19.900	27	2.035	2.168	2.431	17.175
28	1.739	1.850	2.071	20.746	28	2.009	2.138	2.393	17.957
29	1.723	1.831	2.046	21.594	29	1.985	2.110	2.358	18.742
30	1.707	1.813	2.023	22.444	30	1.962	2.083	2.324	19.532

31-4-5 工程质量问题的分析和处理

31-4-5-1 工程质量问题的分类

工程质量问题一般分为工程质量缺陷、工程质量通病、工程质量事故。

1. 工程质量缺陷

是指工程达不到技术标准允许的技术指标的现象。

2. 工程质量通病

是指各类影响工程结构、使用功能和外形观感的常见性质量损伤,犹如"多发病"一样，而称为质量通病。

目前建筑安装工程最常见的质量通病主要有以下几类：

(1) 基础不均匀下沉，墙开裂。
(2) 现浇钢筋混凝土工程出现蜂窝、麻面、露筋。
(3) 现浇钢筋混凝土阳台、雨篷根部开裂或倾覆、坍塌。
(4) 砂浆、混凝土配合比控制不严，任意加水，强度得不到保证。
(5) 屋面、厨房渗水、漏水。
(6) 墙面抹灰起壳、裂缝、起麻点、不平整。
(7) 地面及楼面起砂、起壳、开裂。
(8) 门窗变形、缝隙过大、密封不严。
(9) 水暖电卫安装粗糙，不符合使用要求。
(10) 结构吊装就位偏差过大。
(11) 预制构件裂缝，预埋件移位，预应力张拉不足。
(12) 砖墙接槎或预留脚手眼不符合规范要求。
(13) 金属栏杆、管道、配件锈蚀。
(14) 墙纸粘贴不牢、空鼓、折皱、压平起光。
(15) 饰面板、饰面砖拼缝不平、不直、空鼓、脱落。
(16) 喷浆不均匀，脱色，掉粉等。

3. 工程质量事故

是指在工程建设过程中或交付使用后，对工程结构安全、使用功能和外形观感影响较大，损失较大的质量损伤。如住宅阳台、雨篷倾覆，桥梁结构坍塌，大体积混凝土强度不足，管道、容器爆裂使气体或液体严重泄漏等等。它的特点是：

(1) 经济损失达到较大的金额。
(2) 有时造成人员伤亡。
(3) 后果严重，影响结构安全。
(4) 无法降级使用，难以修复时，必须推倒重建。

31-4-5-2 工程质量事故的分类及处理职责

各门类、各专业工程，各地区、不同时期界定建设工程质量事故的标准尺度不一，通常按损失严重程度可分为一般质量事故、严重质量事故、重大质量事故。

(1) 一般质量事故　一般质量事故是指由于质量低劣或达不到合格标准，需加固补强，且直接经济损失在 5 千元以上（含 5 千元）、5 万元以下的事故。一般质量事故由相当于县级以上建设行政主管部门负责牵头进行处理。

(2) 严重质量事故　是指建筑物明显倾斜、偏移；结构主要部位发生超过规范规定的裂缝，强度不足，超过设计规定的不均匀沉降，影响结构安全和使用寿命；工程建筑物外形尺寸已造成永久性缺陷，且直接经济损失在 5 万元以上、10 万元以下的质量事故。严重质量事故由县级以上建设行政主管部门牵头组织处理。

(3) 重大质量事故　具备下列条件之一时，即为重大质量事故。

1) 工程倒塌或报废。
2) 由于质量事故，造成人员伤亡。

3) 直接经济损失 10 万元以上。

按建设部规定，重大质量事故根据造成损失大小、死伤人员多少又分为四个等级。如死亡 30 人以上，直接经济损失 300 万元人民币以上为一级重大事故。

建设工程发生质量事故，有关单位应在 24h 内向当地建设行政主管部门和其他有关部门报告。

重大质量事故的处理职责为，凡三、四级重大事故由事故发生地的市县级建设行政主管部门牵头，提出处理意见，报当地人民政府批准；一、二级重大事故由省、自治区、直辖市建设行政主管部门牵头，提出处理意见，报到当地人民政府批准。凡事故发生单位属于国务院部委的，由国务院有关主管部门或其授权部门会同当地建设行政主管部门提出处理意见，报请当地人民政府批准。

任何单位和个人对建设工程的质量事故、质量缺陷都有权检举、控告、投诉。

31-4-5-3　工程质量问题原因分析

工程质量问题的表现形式千差万别，类型多种多样，例如结构倒塌、倾斜、错位、不均匀或超量沉陷、变形、开裂、渗漏、强度不足、尺寸偏差过大等等，但究其原因，归纳起来主要有以下几方面。

1．违背建设程序和法规

（1）违反建设程序

建设程序是工程项目建设过程及其客观规律的反映，但有些工程不按建设程序办事，例如不经可行性论证，未做调查分析就拍板定案；没有搞清工程地质情况就仓促开工；无证设计、无图施工；任意修改设计，不按图施工；不经竣工验收就交付使用等，它常是导致重大工程质量事故的重要原因。

（2）违反有关法规和工程合同的规定

例如，无证设计；无证施工；越级设计；越级施工；工程招、投标中的不公平竞争；超常的低价中标；擅自转包或分包；多次转包；擅自修改设计等。

2．工程地质勘察失误或地基处理失误

（1）工程地质勘察失误

诸如未认真进行地质勘察或勘探时钻孔深度、间距、范围不符合规定要求，地质勘察报告不详细、不准确、不能全面反映实际的地基情况等，从而使得或地下情况不清，或对基岩起伏、土层分布误判，或未查清地下软土层、墓穴、孔洞等，它们均会导致采用不恰当或错误的基础方案，造成地基不均匀沉降、失稳，使上部结构或墙体开裂、破坏，或引发建筑物倾斜、倒塌等质量事故。

（2）地基处理失误

对软弱土、杂填土、冲填土、大孔性土或湿陷性黄土、膨胀土、红黏土、熔岩、土洞、岩层出露等不均匀地基未进行处理或处理不当也是导致重大事故的原因。必须根据不同地基的特点，从地基处理、结构措施、防水措施、施工措施等方面综合考虑，加以治理。

3．设计计算问题

诸如盲目套用图纸，采用不正确的结构方案，计算简图与实际受力情况不符，荷载取值过小，内力分析有误，沉降缝或变形缝设置不当，悬挑结构未进行抗倾覆验算，以及计算错误等，都是引发质量事故的隐患。

4. 建筑材料及制品不合格

诸如，钢筋物理力学性能不良会导致钢筋混凝土结构产生裂缝或脆性破坏；骨料中活性氧化硅会导致碱骨料反应使混凝土产生裂缝；水泥安定性不良会造成混凝土爆裂；水泥受潮、过期、结块，砂石含泥量及有害物质含量、外加剂掺量等不符合要求时，会影响混凝土强度、和易性、密实性、抗渗性，从而导致混凝土结构强度不足、裂缝、渗漏、蜂窝等质量问题。此外，预制构件断面尺寸不足，支承锚固长度不足，未可靠地建立预应力值，漏放或少放钢筋，板面开裂等均可能出现断裂、坍塌事故。

5. 施工与管理失控

施工与管理失控是造成大量质量问题的常见原因。其主要表现为：

(1) 图纸未经会审即仓促施工；或不熟悉图纸，盲目施工。

(2) 未经设计部门同意，擅自修改设计；或不按图施工。例如将铰接做成刚接，将简支梁做成连续梁；用光圆钢筋代替异形钢筋等，导致结构破坏。挡土墙不按图设滤水层、排水导孔，导致压力增大，墙体破坏或倾覆。

(3) 不按有关的施工质量验收规范和操作规程施工。例如浇筑混凝土时振捣不良，造成薄弱部位；砖砌体包心砌筑，上下通缝，灰浆不均匀饱满等均能导致砖墙或砖柱破坏。

(4) 缺乏基本结构知识，蛮干施工，例如将钢筋混凝土预制梁倒置吊装；将悬挑结构钢筋放在受压区等均将导致结构破坏，造成严重后果。

(5) 施工管理紊乱，施工方案考虑不周，施工顺序错误，技术交底不清，违章作业，疏于检查、验收等，均可能导致质量问题。

6. 自然条件影响

施工项目周期长，露天作业，受自然条件影响大，空气温度、湿度、暴雨、风、浪、洪水、雷电、日晒等均可能成为质量事故的诱因，施工中应特别注意并采取有效的措施预防。

7. 建筑结构或设施的使用不当

对建筑物或设施使用不当也易造成质量问题。例如未经校核验算就任意对建筑物加层；任意拆除承重结构部；任意在结构物上开槽、打洞、削弱承重结构截面等也会引起质量事故。

31-4-5-4 工程质量问题处理程序

工程质量问题发生后，一般可以按以下程序进行处理，如图31-62所示。

1. 当发现工程出现质量问题或事故后，应停止有质量问题部位和其有关部位及下道工序施工，需要时，还应采取适当的防护措施。同时，要及时上报主管部门。

2. 进行质量问题调研，主要目的是要明确问题的范围、问题程度、性质、影响和原因，为问题的分析处理提供依据。调查力求全面、准确、客观。

3. 在问题调查的基础上进行问题原因分析，正确判断问题原因。事故原因分析是确定事故处理措施方案的基础。正确的处理来源于对问题原因的正确判断。只有对调查提供的充分的调查资料、数据进行详细、深入的分析后，才能由表及里、去伪存真，找出造成事故的真正原因。

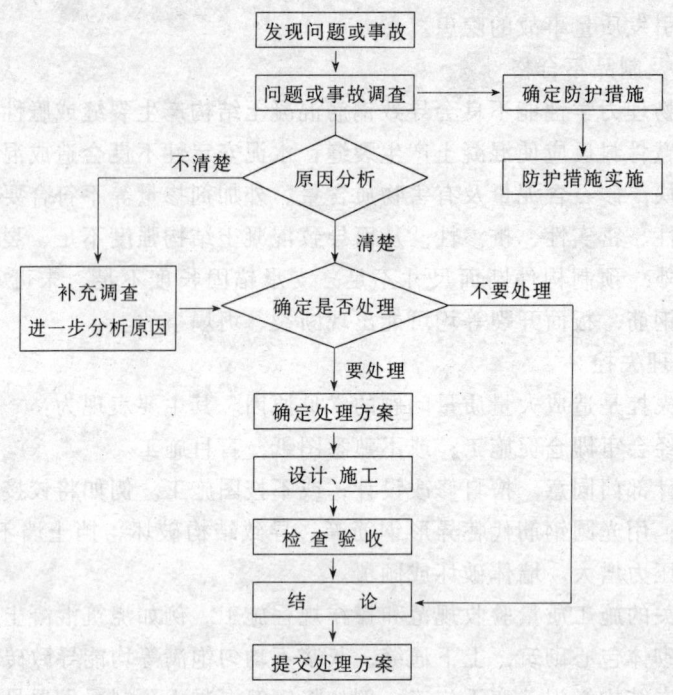

图 31-62 质量问题分析处理程序

4. 研究制订事故处理方案。事故处理方案的制订以事故原因分析为基础。如果某些事故一时认识不清,而且事故一时不致产生严重的恶化,可以继续进行调查、观测,以便掌握更充分的资料数据,做进一步分析,找出原因,以利制订方案。

制定的事故处理方案,应体现:安全可靠,不留隐患,满足建筑物的功能和使用要求,技术可行,经济合理等原则。如果一致认为质量缺陷不需专门的处理,必须经过充分的分析、论证。

5. 按确定的处理方案对质量事故进行处理。发生的质量事故不论是否由于施工承包单位方面的责任原因造成的,质量事故的处理通常都是由施工承包单位负责实施。如果不是施工单位方面的责任原因,则处理通常都是由施工承包单位负责实施。如果不是施工单位方面的责任原因,则处理质量事故所需的费用或延误的工期,应给予施工单位补偿。

6. 在质量问题处理完毕后,应组织有关人员对处理结果进行严格的检查、鉴定和验收,由监理工程师写出"质量事故处理报告",提交业主或建设单位,并上报有关主管部门。

31-4-5-5 质量事故处理方案的确定

1. 事故处理的依据

处理工程质量事故,必须分析原因,做出正确的处理决策,这就要以充分的、准确的有关资料作为决策基础和依据,一般的质量事故处理,必须具备以下资料。

(1) 与工程质量事故有关的施工图。

(2) 与工程施工有关的资料、记录。例如建筑材料的试验报告,各种中间产品的检验记录和试验报告,以及施工记录等。

(3) 事故调查分析报告,一般应包括以下内容:

①质量事故的情况。包括发生质量事故的时间、地点,事故情况,有关的观测记录,

事故的发展变化趋势、是否已趋稳定等等。

②事故性质。应区分是结构性问题，还是一般性问题；是内在的实质性的问题，还是表面性的问题；是否需要及时处理，是否需要采取保护性措施。

③事故原因。阐明造成质量事故的主要原因，例如对于混凝土结构裂缝是由于地基的不均匀沉降原因导致的，还是由于温度应力所致，或是由于施工拆模前受到冲击、振动的结果，还是由于结构本身承载力不足等。对此，应附有说服力的资料、数据说明。

④事故评估。应阐明该质量事故对于建筑物功能、使用要求、结构承受力性能及施工安全有何影响，并应附有实测、验算数据和试验资料。

⑤设计、施工以及使用单位对事故的意见和要求。

⑥事故涉及的人员与主要责任者的情况等。

2．事故处理方案

质量事故处理方案，应当在正确地分析和判断事故原因的基础上进行。对于工程质量问题，通常可以根据质量问题的情况，做出以下四类不同性质的处理方案。

(1) 修补处理

这是最常采用的一类处理方案。通常当工程的某些部分的质量虽未达到规定的规范、标准或设计要求，存在一定的缺陷，但经过修补后还可达到要求的标准，又不影响使用功能或外观要求，在此情况下，可以做出进行修补处理的决定。

属于修补这类方案的具体方案有很多，诸如封闭保护、复位纠偏、结构补强、表面处理等均是。例如，某些混凝土结构表面出现蜂窝麻面，经调查、分析，该部位经修补处理后，不会影响其使用及外观；某些结构混凝土发生表面裂缝，根据其受力情况，仅作表面封闭保护即可等等。

(2) 返工处理

当工程质量未达到规定的标准或要求，有明显的严重质量问题，对结构的使用和安全有重大影响，而又无法通过修补的办法纠正所出现的缺陷情况下，可以做出返工处理的决定。例如，某防洪堤坝的填筑压实后，其压实土的干密度未达到规定的要求干密度值，核算将影响土体的稳定和抗渗要求，可以进行返工处理，即挖除不合格土，重新填筑。又如某工程预应力按混凝土规定张力系数为1.3，但实际仅为0.8，属于严重的质量缺陷，也无法修补，即需作出返工处理的决定。十分严重的质量事故甚至要做出整体拆除的决定。

(3) 限制使用

当工程质量问题按修补方案处理无法保证达到规定的使用要求和安全，而又无法返工处理的情况下，不得已时可以做出诸如结构卸荷或减荷以及限制使用的决定。

(4) 不做处理

某些工程质量问题虽然不符合规定的要求或标准，但如其情况不严重，对工程或结构的使用及安全影响不大，经过分析、论证和慎重考虑后，也可做出不作专门处理的决定。可以不做处理的情况一般有以下几种：

①不影响结构安全和使用要求者。例如，有的建筑物出现放线定位偏差，若要纠正则会造成重大经济损失，若其偏差不大，不影响使用要求，在外观上也无明显影响，经分析论证后，可不做处理；又如，某些隐蔽部位的混凝土表面裂缝，经检查分析，属于表面养护不够的干缩微裂，不影响使用及外观，也可不做处理。

②有些不严重的质量问题，经过后续工序可以弥补的，例如，混凝土的轻微蜂窝麻面或墙面，可通过后续的抹灰、喷涂或刷白等工序弥补，可以不对该缺陷进行专门处理。

③出现的质量问题，经复核验算，仍能满足设计要求者。例如，某一结构断面做小了，但复核后仍能满足设计的承载能力，可考虑不再处理。这种做法实际上是挖掘设计潜力或降低设计的安全系数，因此需要慎重处理。

31-4-5-6 质量事故处理的鉴定验收

质量事故的处理是否达到了预期目的，是否仍留有隐患，应当通过检查鉴定和验收做出确认。

事故处理的质量检查鉴定，应严格按施工质量验收规范及有关标准的规定进行，必要时还应通过实际量测、试验和仪表检测等方法获取必要的数据，才能对事故的处理结果做出确切的结论。检查和鉴定的结论可能有以下几种：

（1）事故已排除，可继续施工；
（2）隐患已消除，结构安全有保证；
（3）经修补、处理后，完全能够满足使用要求；
（4）基本上满足使用要求，但使用时应有附加的限制条件，例如限制荷载等；
（5）对耐久性的结论；
（6）对建筑物外观影响的结论等；
（7）对短期难以做出结论者，可提出进一步观测检验的意见。

事故处理后，监理工程师还必须提交事故处理报告，其内容包括：事故调查报告，事故原因分析，事故处理依据，事故处理方案、方法及技术措施，处理施工过程的各种原始记录资料，检查验收记录，事故结论等。

31-4-6 建筑工程质量验收

31-4-6-1 基本规定

1. 施工现场质量管理应有相应的施工技术标准，健全的质量管理体系、施工质量检验制度和综合施工质量水平评定考核制度。

施工现场质量管理可按表 31-57 的要求进行检查记录。

施工现场质量管理检查记录　　开工日期：　　表 31-57

工程名称			施工许可证（开工证）	
建设单位			项目负责人	
设计单位			项目负责人	
监理单位			总监理工程师	
施工单位		项目经理	项目技术负责人	
序号	项　　　目		内　　　容	
1	现场质量管理制度			
2	质量责任制			
3	主要专业工种操作上岗证书			
4	分包方资质与对分包单位的管理制度			
5	施工图审查情况			
6	地质勘察资料			
7	施工组织设计、施工方案及审批			

续表

序号	项目	内容
8	施工技术标准	
9	工程质量检验制度	
10	搅拌站及计量设置	
11	现场材料、设备存放与管理	
12		

检查结论：

总监理工程师
（建设单位项目负责人） 　　年　月　日

2. 建筑工程应按下列规定进行施工质量控制

（1）建筑工程采用的主要材料、半成品、成品、建筑构配件、器具和设备应进行现场验收。凡涉及安全、功能的有关产品，应按各专业工程质量验收规范规定进行复检，并应经监理工程师（建设单位技术负责人）检查认可。

（2）各工序应按施工技术标准进行质量控制，每道工序完成后，应进行检查。

（3）相关各专业工种之间，应进行交接检验，并形成记录。未经监理工程师（建设单位技术负责人）检查认可，不得进行下道工序施工。

3. 建筑工程施工质量应按下列要求进行验收：

（1）建筑工程施工质量应符合建筑工程施工质量验收统一标准和相关专业验收规范的规定。

（2）建筑工程施工质量应符合工程勘察、设计文件的要求。

（3）参加工程施工质量验收的各方人员应具备规定的资格。

（4）工程质量的验收均应在施工单位自行检查评定的基础上进行。

（5）隐蔽工程在隐蔽前应由施工单位通知有关单位进行验收，并应形成验收文件。

（6）涉及结构安全的试块、试件以及有关材料，应按规定进行见证取样检测。

（7）检验批的质量应按主控项目和一般项目验收。

（8）对涉及结构安全和使用功能的重要分部工程应进行抽样检测。

（9）承担见证取样检测及有关结构安全检测的单位应具有相应资质。

（10）工程的观感质量应由验收人员通过现场检查，并应共同确认。

4. 检验批的质量检验，应根据检验项目的特点在下列抽样方案中进行选择：

（1）计量、计数或计量-计数等抽样方案。

（2）一次、二次或多次抽样方案。

（3）根据生产连续性和生产控制稳定性情况，尚可采用调整型抽样方案。

（4）对重要的检验项目当可采用简易快速的检验方法时，可选用全数检验方案。

（5）经实践检验有效的抽样方案。

5. 在制定检验批的抽样方案时，对生产方风险（或错判概率 α）和使用方风险（或漏判概率 β）可按下列规定采取：

(1) 主控项目：对应于合格质量水平的 α 和 β 均不宜超过5%。

(2) 一般项目：对应于合格质量水平的 α 不宜超过5%，β 不宜超过10%。

31-4-6-2 建筑工程质量验收的划分

建筑工程质量验收应划分为单位（子单位）工程、分部（子分部）工程、分项工程和检验批的质量验收。

1. 单位工程的划分

(1) 具备独立施工条件并能形成独立使用功能的建筑物及构筑物为一个单位工程。

(2) 建筑规模较大的单位工程，可将其能形成独立使用功能的部分划分为一个子单位工程。

2. 分部工程的划分

(1) 分部工程的划分应按专业性质、建筑部位确定。如建筑工程可划分为九个分部工程：地基与基础、主体结构、建筑装饰装修、建筑屋面、建筑给排水及采暖、建筑电气、智能建筑、通风与空调和电梯等分部工程。

(2) 当分部工程规模较大或较复杂时，可按材料种类、施工特点、施工顺序、专业系统及类别等划分为若干个子分部工程。如地基与基础分部工程可分为：无支护土方、有支护土方、地基及基础处理、桩基、地下防水、混凝土基础、砌体基础、劲钢（管）混凝土和钢结构等子分部工程。

3. 分项工程的划分

分项工程应按主要工种、材料、施工工艺、设备类别等进行划分。如无支护土方子分部工程可分为土方开挖和土方回填等分项工程。

建筑工程分部（子分部）、分项工程如表31-58所列。

建筑工程分部、分项工程划分　　　　　　　表31-58

序号	分部工程	子分部工程	分项工程
1	地基与基础	无支护土方	土方开挖、土方回填
		有支护土方	排桩、降水、排水、地下连续墙、锚杆、土钉墙、水泥土桩、沉井与沉箱、钢及混凝土支撑
		地基及基础处理	灰土地基、砂和砂石地基、碎砖三合土地基、土工合成材料地基，粉煤灰地基，重锤夯实地基、强夯地基、振冲地基、砂桩地基、预压地基、高压喷射注浆地基、土和灰土挤密桩地基、注浆地基、水泥粉煤灰碎石桩地基、夯实水泥土桩地基
		桩基	锚杆静压桩及静力压桩、预应力离心管桩、钢筋混凝土预制桩、钢桩、混凝土灌注桩（成孔、钢筋笼、清孔、水下混凝土灌注）
		地下防水	防水混凝土、水泥砂浆防水层、卷材防水层、涂料防水层、金属板防水层、塑料板防水层、细部构造、喷锚支护、复合式衬砌、地下连续墙、盾构法隧道；渗排水、盲沟排水、隧道、坑道排水；预注浆、后注浆、衬砌裂缝注浆
		混凝土基础	模板、钢筋、混凝土、后浇带混凝土、混凝土结构缝处理
		砌体基础	砖砌体、混凝土砌块砌体、配筋砌体、石砌体
		劲钢（管）混凝土	劲钢（管）焊接、劲钢（管）与钢筋的连接、混凝土
		钢结构	焊接钢结构、栓接钢结构、钢结构制作、钢结构安装、钢结构涂装

续表

序号	分部工程	子分部工程	分项工程
2	主体结构	混凝土结构	模板，钢筋，混凝土，预应力，现浇结构，装配式结构
		劲钢（管）混凝土结构	劲钢（管）焊接、螺栓连接、劲钢（管）与钢筋的连接，劲钢（管）制作、安装，混凝土
		砌体结构	砖砌体，混凝土小型空心砌块砌体，石砌体，填充墙砌体，配筋砖砌体
		钢结构	钢结构焊接，紧固件连接，钢零部件加工，单层钢结构安装，多层及高层钢结构安装，钢结构涂装，钢构件组装，钢构件预拼装，钢网架结构安装，压型金属板
		木结构	方木和原木结构、胶合木结构、轻型木结构，木构件防护
		网架和索膜结构	网架制作、网架安装、索膜安装、网架防火、防腐涂料
3	建筑装饰装修	地面	整体面层：基层、水泥混凝土面层、水泥砂浆面层、水磨石面层、防油渗面层、水泥钢（铁）屑面层、不发火（防爆的）面层；板块面层：基层、砖面层（陶瓷锦砖、缸砖、陶瓷地砖和水泥花砖面层）、大理石面层和花岗岩面层，预制板块面层（预制水泥混凝土、水磨石板块面层）、料石面层（条石、块石面层）、塑料板面层、活动地板面层、地毯面层；木竹面层：基层、实木地板面层（条材、块材面层）、实木复合地板面层（条材、块材面层）、中密度（强化）复合地板面层（条材面层）、竹地板面层
		抹灰	一般抹灰，装饰抹灰，清水砌体勾缝
		门窗	木门窗制作与安装、金属门窗安装、塑料门窗安装、特种门安装、门窗玻璃安装
		吊顶	暗龙骨吊顶、明龙骨吊顶
		轻质隔墙	板材隔墙、骨架隔墙、活动隔墙、玻璃隔墙
		饰面板（砖）	饰面板安装、饰面砖粘贴
		幕墙	玻璃幕墙、金属幕墙、石材幕墙
		涂饰	水性涂料涂饰、溶剂型涂料涂饰、美术涂饰
		裱糊与软包	裱糊、软包
		细部	橱柜制作与安装，窗帘盒、窗台板和暖气罩制作与安装，门窗套制作与安装，护栏和扶手制作与安装，花饰制作与安装
4	建筑屋面	卷材防水屋面	保温层，找平层，卷材防水层，细部构造
		涂膜防水屋面	保温层，找平层，涂膜防水层，细部构造
		刚性防水屋面	细石混凝土防水层，密封材料嵌缝，细部构造
		瓦屋面	平瓦屋面，油毡瓦屋面，金属板屋面，细部构造
		隔热屋面	架空屋面，蓄水屋面，种植屋面
5	建筑给水、排水及采暖	室内给水系统	给水管道及配件安装、室内消火栓系统安装、给水设备安装、管道防腐、绝热
		室内排水系统	排水管道及配件安装、雨水管道及配件安装
		室内热水供应系统	管道及配件安装、辅助设备安装、防腐、绝热
		卫生器具安装	卫生器具安装、卫生器具给水配件安装、卫生器具排水管道安装
		室内采暖系统	管道及配件安装、辅助设备及散热器安装、金属辐射板安装、低温热水地板辐射采暖系统安装、系统水压试验及调试、防腐、绝热
		室外给水管网	给水管道安装、消防水泵接合器及室外消火栓安装、管沟及井室
		室外排水管网	排水管道安装、排水管沟与井池
		室外供热管网	管道及配件安装、系统水压试验及调试、防腐、绝热
		建筑中水系统及游泳池系统	建筑中水系统管道及辅助设备安装、游泳池水系统安装
		供热锅炉及辅助设备安装	锅炉安装、辅助设备及管道安装、安全附件安装、烘炉、煮炉和试运行、换热站安装、防腐、绝热

续表

序号	分部工程	子分部工程	分项工程
6	建筑电气	室外电气	架空线路及杆上电气设备安装，变压器、箱式变电所安装，成套配电柜、控制柜（屏、台）和动力、照明配电箱（盘）及控制柜安装，电线、电缆导管和线槽敷设，电线、电缆穿管和线槽敷设，电缆头制作、导线连接和线路电气试验，建筑物外部装饰灯具、航空障碍标志灯和庭院路灯安装，建筑照明通电试运行，接地装置安装
		变配电室	变压器、箱式变电所安装，成套配电柜、控制柜（屏、台）和动力、照明配电箱（盘）安装，裸母线、封闭母线、插接式母线安装，电缆沟内和电缆竖井内电缆敷设，电缆头制作、导线连接和线路电气试验，接地装置安装，避雷引下线和变配电室接地干线敷设
		供电干线	裸母线、封闭母线、插接式母线安装，桥架安装和桥架内电缆敷设，电缆沟内和电缆竖井内电缆敷设，电线、电缆导管和线槽敷设，电线、电缆穿管和线槽敷线，电缆头制作、导线连接和线路电气试验
		电气动力	成套配电柜、控制柜（屏、台）和动力、照明配电箱（盘）及安装，低压电动机、电加热器及电动执行机构检查、接线，低压电气动力设备检测、试验和空载试运行，桥架安装和桥架内电缆敷设，电线、电缆导管和线槽敷设，电线、电缆穿管和线槽敷线，电缆头制作、导线连接和线路电气试验，插座、开关、风扇安装
		电气照明安装	成套配电柜、控制柜（屏、台）和动力、照明配电箱（盘）安装，电线、电缆导管和线槽敷设，电线、电缆导管和线槽敷线，槽板配线，钢索配线，电缆头制作、导线连接和线路电气试验，普通灯具安装，专用灯具安装，插座、开关、风扇安装，建筑照明通电试运行
		备用和不间断电源安装	成套配电柜、控制柜（屏、台）和动力、照明配电箱（盘）安装，柴油发电机组安装，不间断电源的其他功能单元安装，裸母线、封闭母线、插接式母线安装，电线、电缆导管和线槽敷设，电线、电缆导管和线槽敷设，电缆头制作、导线连接和线路电气试验，接地装置安装
		防雷及接地安装	接地装置安装，避雷引下线和变配电室接地干线敷设，建筑物等电位连接，接闪器安装
7	智能建筑	通信网络系统	通信系统、卫星及有线电视系统、公共广播系统
		办公自动化系统	计算机网络系统、信息平台及办公自动化应用软件、网络安全系统
		建筑设备监控系统	空调与通风系统、变配电系统、照明系统、给排水系统、热源和热交换系统、冷冻和冷却系统、电梯和自动扶梯系统、中央管理工作站与操作分站、子系统通信接口
		火灾报警及消防联动系统	火灾和可燃气体探测系统、火灾报警控制系统、消防联动系统
		安全防范系统	电视监控系统、入侵报警系统、巡更系统、出入口控制（门禁）系统、停车管理系统
		综合布线系统	缆线敷设和终接、机柜、机架、配线架的安装、信息插座和光缆芯线终端的安装
		智能化集成系统	集成系统网络、实时数据库、信息安全、功能接口
		电源与接地	智能建筑电源、防雷及接地
		环境	空间环境、室内空调环境、视觉照明环境、电磁环境
		住宅（小区）智能化系统	火灾自动报警及消防联动系统、安全防范系统（含电视监控系统、入侵报警系统、巡更系统、门禁系统、楼宇对讲系统、住户对讲呼救系统、停车管理系统）、物业管理系统（多表现场计量及与远程传输系统、建筑设备监控系统、公共广播系统、小区网络及信息服务系统、物业办公自动化系统）、智能家庭信息平台

续表

序号	分部工程	子分部工程	分项工程
8	通风与空调	送排风系统	风管与配件制作；部件制作；风管系统安装；空气处理设备安装；消声设备制作与安装，风管与设备防腐；风机安装；系统调试
		防排烟系统	风管与配件制作；部件制作；风管系统安装；防排烟风口、常闭正压风口与设备安装；风管与设备防腐；风机安装；系统调试
		除尘系统	风管与配件制作；部件制作；风管系统安装；除尘器与排污设备安装；风管与设备防腐；风机安装；系统调试
		空调风系统	风管与配件制作；部件制作；风管系统安装；空气处理设备安装；消声设备制作与安装；风管与设备防腐；风机安装；风管与设备绝热；系统调试
		净化空调系统	风管与配件制作；部件制作；风管系统安装；空气处理设备安装；消声设备制作与安装；风管与设备防腐；风机安装；风管与设备绝热；高效过滤器安装；系统调试
		制冷设备系统	制冷机组安装；制冷剂管道及配件安装；制冷附属设备安装；管道及设备的防腐与绝热；系统调试
		空调水系统	管道冷热（媒）水系统安装；冷却水系统安装；冷凝水系统安装；阀门及部件安装；冷却塔安装；水泵及附属设备安装；管道与设备的防腐与绝热；系统调试
9	电梯	电力驱动的曳引式或强制式电梯安装工程	设备进场验收，土建交接检验，驱动主机，导轨，门系统，轿厢，对重（平衡重），安全部件，悬挂装置，随行电缆，补偿装置，电气装置，整机安装验收
		液压电梯安装工程	设备进场验收，土建交接检验，液压系统，导轨，门系统，轿厢，平衡重，安全部件，悬挂装置，随行电缆，电气装置，整机安装验收
		自动扶梯、自动人行道安装工程	设备进场验收，土建交接检验，整机安装验收

4．检验批的划分

所谓检验批是指按同一生产条件或按规定的方式汇总起来的供检验用的、由一定数量样本组成的检验体。检验批由于其质量基本均匀一致，因此可以作为检验的基础单位。

分项工程可由一个或若干个检验批组成，检验批可根据施工及质量控制和专业验收需要按楼层、施工段、变形缝等进行划分。分项工程划分成检验批进行验收有助于及时纠正施工中出现的质量问题，确保工程质量，也符合施工的实际需要。检验批的划分原则是：

(1) 多层及高层建筑工程中主体部分的分项工程可按楼层或施工段划分检验批，单层建筑工程中的分项工程可按变形缝等划分检验批；

(2) 地基基础分部工程中的分项工程一般划分为一个检验批，有地下层的基础工程可按不同地下层划分检验批；

(3) 屋面分部工程的分项工程中的不同楼层屋面可划分为不同的检验批；

(4) 其他分部工程中的分项工程，一般按楼层划分检验批；

(5) 对于工程量较少的分项工程可统一划分为一个检验批；

(6) 安装工程一般按一个设计系统或设备组别划分为一个检验批；

(7) 室外工程统一划分为一个检验批；

(8) 散水、台阶、明沟等含在地面检验批中。

5. 室外工程可根据专业类别和工程规模划分单位（子单位）工程。

室外单位（子单位）工程、分部工程见表31-59所列。

室外单位工程划分　　　　表31-59

单位工程	子单位工程	分部（子分部）工程
室外建筑环境	附属建筑	车棚、围墙、大门、挡土墙、垃圾收集站
	室外环境	建筑小品、道路、亭台、连廊、花坛、场坪绿化
室外安装	给排水与采暖	室外给水系统、室外排水系统、室外供热系统
	电气	室外供电系统、室外照明系统

31-4-5-3　建筑工程质量验收标准

1. 检验批质量合格规定

(1) 主控项目和一般项目的质量经抽样检验合格。

(2) 具有完整的施工操作依据、质量检查记录

所谓主控项目是指建筑工程中的对安全、卫生、环境保护和公众利益起决定性作用的检验项目。主控项目是对检验批的基本质量起决定性影响的检验项目，其不允许有不符合要求的检验结果，即这种项目的检查具有否决权。因此，主控项目必须全部符合有关专业工程验收规范的规定。所谓一般项目是指除主控项目以外的检验项目。

质量控制资料反映了检验批从原材料到最终验收的各施工工序的操作依据、检查情况以及保证质量所必须的管理制度等。对其完整性的检查，实际是对过程控制的确认，这是检验批合格的前提。

2. 分项工程质量验收合格规定

(1) 分项工程所含的检验批均应符合合格质量的规定。

(2) 分项工程所含的检验批的质量记录应完整。

分项工程的验收是在检验批的基础上进行的。一般情况下，两者具有相同或相近的性质，只是批量的大小不同而已。

3. 分部（子分部）工程质量验收合格规定

(1) 分部（子分部）工程所含分项工程的质量均应验收合格。

(2) 质量控制资料应完整。

(3) 地基与基础、主体结构和设备安装等分部工程有关安全及功能的检验和抽样检测结果应符合有关规定。

(4) 观感质量验收应符合要求。

4. 单位（子单位）工程质量验收合格规定

(1) 单位（子单位）工程所含分部（子分部）工程的质量均应验收合格。

(2) 质量控制资料应完整。

(3) 单位（子单位）工程所含分部工程有关安全和功能的检测资料应完整。

(4) 主要功能项目的抽查结果应符合相关专业质量验收规范的规定。

(5) 观感质量验收应符合要求。

单位工程质量验收也称质量竣工验收，是施工项目投入使用前的最后一次验收，也是最重要的一次验收。

5. 建筑工程质量验收记录的规定

检验批、分项工程、分部（子分部）工程和单位（子单位）工程竣工的质量验收记录如表 31-60、表 31-61、表 31-62、表 31-63 所示。

检验批质量验收记录　　　　　　　　表 31-60

工程名称		分项工程名称		验收部位	
施工单位			专业工长	项目经理	
施工执行标准名称及编号					
分包单位		分包项目经理		施工班组长	
	质量验收规范的规定		施工单位检查评定记录		监理（建设）单位验收记录
主控项目 1					
主控项目 2					
主控项目 3					
主控项目 4					
主控项目 5					
主控项目 6					
主控项目 7					
主控项目 8					
主控项目 9					
一般项目 1					
一般项目 2					
一般项目 3					
一般项目 4					
施工单位检查结果评定	项目专业质量检查员：　　　　　　　　　　　　年　月　日				
监理（建设）单位验收结论	监理工程师 （建设单位项目专业技术负责人）　　　　　　　　　　年　月　日				

　　　　　分项工程质量验收记录　　　　　　　　表 31-61

工程名称		结构类型		检验批数	
施工单位		项目经理		项目技术负责人	
分包单位		分包单位负责人		分包项目经理	
序号	检验批部位、区段		施工单位检查评定结果		监理（建设）单位验收结论
1					
2					
3					
4					
5					
6					
7					
8					

续表

序号	检验批部位、区段	施工单位检查评定结果	监理（建设）单位验收结论
9			
10			
11			
12			
13			
14			
15			
16			
17			

检查结论	项目专业技术负责人： 年　月　日	验收结论	监理工程师 （建设单位项目专业技术负责人） 年　月　日

_____分部（子分部）工程验收记录　　　表31-62

工程名称		结构类型		层数	
施工单位		技术部门负责人		质量部门负责人	
分包单位		分包单位负责人		分包技术负责人	

序号	分项工程名称	检验批数	施工单位检查评定	验 收 意 见
1				
2				
3				
4				
5				
6				

质量控制资料	
安全和功能检验（检测）报告	
观感质量验收	

验收单位	分包单位		项目经理　　年　月　日
	施工单位		项目经理　　年　月　日
	勘察单位		项目负责人　　年　月　日
	设计单位		项目负责人　　年　月　日
	监理（建设）单位	总监理工程师 （建设单位项目专业负责人）　　年　月　日	

单位（子单位）工程质量竣工验收记录　　　　　表31-63

工程名称		结构类型		层数/建筑面积		/
施工单位		技术负责人		开工日期		
项目经理		项目技术负责人		竣工日期		
1	分部工程	共　分部，经查　分部　符合标准及设计要求　分部				
2	质量控制资料核查	共　项，经审查符合要求　项，经核定符合规范要求　项				
3	安全和主要使用功能核查及抽查结果	共核查　项，符合要求　项，共抽查　项，符合要求　项，经返工处理符合要求　项				
4	观感质量验收	共抽查　项，符合要求　项，不符合要求　项				
5	综合验收结论					
参加验收单位	建设单位		监理单位	施工单位		设计单位
	（公章）		（公章）	（公章）		（公章）
	单位（项目）负责人　年　月　日		总监理工程师　年　月　日	单位负责人　年　月　日		单位（项目）负责人　年　月　日

单位（子单位）工程质量控制资料核查记录、单位（子单位）工程安全和功能检验资料核查及主要功能抽查记录、单位（子单位）工程观感质量检查记录应按表31-64、31-65、31-66的要求进行填写。

单位（子单位）工程质量控制资料核查记录　　　　　表31-64

工程名称			施工单位			
序号	项目	资料名称		份数	核查意见	核查人
1	建筑与结构	图纸会审、设计变更、洽商记录				
2		工程定位测量、放线记录				
3		原材料出厂合格证书及进场检（试）验报告				
4		施工试验报告及见证检测报告				
5		隐蔽工程验收表				
6		施工记录				
7		预制构件、预拌混凝土合格证				
8		地基、基础、主体结构检验及抽样检测资料				
9		分项、分部工程质量验收记录				
10		工程质量事故及事故调查处理资料				
11		新材料、新工艺施工记录				
12						
1	给排水与采暖	图纸会审、设计变更、洽商记录				
2		材料、配件出厂合格证书及进场检（试）验报告				
3		管道、设备强度试验、严密性试验记录				
4		隐蔽工程验收表				
5		系统清洗、灌水、通水、通球试验记录				
6		施工记录				
7		分项、分部工程质量验收记录				
8						

续表

序号	项目	资料名称	份数	核查意见	核查人
1	建筑电气	图纸会审、设计变更、洽商记录			
2		材料、设备出厂合格证书及进场检（试）验报告			
3		设备调试记录			
4		接地、绝缘电阻测试记录			
5		隐蔽工程验收表			
6		施工记录			
7		分项、分部工程质量验收记录			
8					
1	通风与空调	图纸会审、设计变更、洽商记录			
2		材料、设备出厂合格证书及进场检（试）验报告			
3		制冷、空调、水管道强度试验、严密性试验记录			
4		隐蔽工程验收表			
5		制冷设备运行调试记录			
6		通风、空调系统调试记录			
7		施工记录			
8		分项、分部工程质量验收记录			
9					
1	电梯	土建布置图纸会审、设计变更、洽商记录			
2		设备出厂合格证书及开箱检验记录			
3		隐蔽工程验收表			
4		施工记录			
5		接地、绝缘电阻测试记录			
6		负荷试验、安全装置检查记录			
7		分项、分部工程质量验收记录			
8					
1	建筑智能化	图纸会审、设计变更、洽商记录、竣工图及设计说明			
2		材料、设备出厂合格证及技术文件及进场检（试）验报告			
3		隐蔽工程验收表			
4		系统功能测定及设备调试记录			
5		系统技术、操作和维护手册			
6		系统管理、操作人员培训记录			
7		系统检测报告			
8		分项、分部工程质量验收报告			

结论：

施工单位项目经理　　　年　月　日　　　　　总监理工程师
　　　　　　　　　　　　　　　　　　　　（建设单位项目负责人）　　年　月　日

31-4 施工项目质量控制

单位（子单位）工程安全和功能检验资料核查及主要功能抽查记录　　表31-65

工程名称			施工单位			
序号	项目	安全和功能检查项目	份数	核查意见	抽查结果	核查（抽查）人
1	建筑与结构	屋面淋水试验记录				
2		地下室防水效果检查记录				
3		有防水要求的地面蓄水试验记录				
4		建筑物垂直度、标高、全高测量记录				
5		抽气（风）道检查记录				
6		幕墙及外窗气密性、水密性、耐风压检测报告				
7		建筑物沉降观测测量记录				
8		节能、保温测试记录				
9		室内环境检测报告				
10						
1	给排水与采暖	给水管道通水试验记录				
2		暖气管道、散热器压力试验记录				
3		卫生器具满水试验记录				
4		消防管道、燃气管道压力试验记录				
5		排水干管通球试验记录				
6						
1	电气	照明全负荷试验记录				
2		大型灯具牢固性试验记录				
3		避雷接地电阻测试记录				
4		线路、插座、开关接地检验记录				
5						
1	通风与空调	通风、空调系统试运行记录				
2		风量、温度测试记录				
3		洁净室洁净度测试记录				
4		制冷机组试运行调试记录				
5						
1	电梯	电梯运行记录				
2		电梯安全装置检测报告				
1	智能建筑	系统试运行记录				
2		系统电源及接地检测报告				
3						

结论：

施工单位项目经理　　年　月　日　　　　　　总监理工程师
　　　　　　　　　　　　　　　　　　　　（建设单位项目负责人）　　年　月　日

注：抽查项目由验收组协商确定。

单位（子单位）工程观感质量检查记录　　　　　表 31-66

序号	项目		抽查质量状况	质量评价		
				好	一般	差
工程名称			施工单位			
1	建筑与结构	室外墙面				
2		变形缝				
3		水落管，屋面				
4		室内墙面				
5		室内顶棚				
6		室内地面				
7		楼梯、踏步、护栏				
8		门窗				
1	给排水与采暖	管道接口、坡度、支架				
2		卫生器具、支架、阀门				
3		检查口、扫除口、地漏				
4		散热器、支架				
1	建筑电气	配电箱、盘、板、接线盒				
2		设备器具、开关、插座				
3		防雷、接地				
1	通风与空调	风管、支架				
2		风口、风阀				
3		风机、空调设备				
4		阀门、支架				
5		水泵、冷却塔				
6		绝热				
1	电梯	运行、平层、开关门				
2		层门、信号系统				
3		机房				
1	智能建筑	机房设备安装及布局				
2		现场设备安装				
3						
观感质量综合评价						
检查结论	施工单位项目经理　　年　月　日		总监理工程师（建设单位项目负责人）　　年　月　日			

注：质量评价为差的项目，应进行返修。

6．当建筑工程质量不符合要求时的处理

（1）经返工重做或更换器具、设备的检验批，应重新进行验收。在检验批验收时，其主控项目不能满足验收规范规定或一般项目超过偏差限值的子项不符合检验规定的要求时，处理后应重新进行检验；一般缺陷通过翻修或更换器具、设备，施工单位应在采取相应措施后重新验收。

（2）经有资质的检测单位检测鉴定能够达到设计要求的检验批，应予以验收。这种情况是指当个别检验批发现如试块强度等质量不满足要求，难以确定是否验收时，应请具有资质的法定检测单位检测。

(3) 经有资质的检测单位检测鉴定达不到设计要求，但经原设计单位核算认可能够满足安全和使用功能的检验批，可予以验收。

(4) 经返修或加固处理的分项、分部工程，虽然改变外形尺寸但仍能满足安全使用要求，可按技术处理方案和协商文件进行验收。

(5) 通过返修或加固处理仍不能满足安全使用要求的分部（子分部）工程、单位（子单位）工程，严禁验收。

31-4-6-4 建筑工程质量验收程序和组织

1．所有检验批和分项工程均应由监理工程师（建设单位项目技术负责人）组织施工单位项目专业质量（技术）负责人等进行验收。验收前，施工单位先填好"检验批和分项工程质量验收记录"，并由项目专业质量检验员和项目专业技术负责人分别在检验批和分项工程质量检验记录中相关栏目签字，然后由监理工程师组织。

2．分部工程由总监理工程师（建设单位项目负责人）组织施工单位项目负责人和技术、质量负责人等进行验收；地基与基础、主体结构分部工程的勘查、设计单位工程项目负责人和施工单位技术、质量部门负责人也应参加相关分部工程的验收。

3．单位工程完成后，施工单位首先要依据质量标准、设计图纸等组织有关人员进行自检，并对检查结果进行评定，符合要求后向建设单位提交工程验收报告和完整的质量资料，请建设单位组织验收。

4．建设单位收到工程验收报告后，应由建设单位（项目）负责人组织施工单位（含分包单位）、设计单位、监理单位等项目负责人进行单位（子单位）工程验收。

5．单位工程有分包单位施工时，分包单位对所承包的工程项目应按上述的程序进行检查验收，总包单位要派人参加。分包工程完成后，应将工程有关资料交给总包单位。

6．当参加验收各方对工程质量验收意见不一致时，可请当地建设行政主管部门或工程质量监督机构协调处理。

7．单位工程质量验收合格后，建设单位应在规定时间内将工程竣工验收报告和有关文件，报建设行政管理部门备案。

31-5 施工项目成本控制

31-5-1 施工项目成本控制概述

31-5-1-1 施工项目成本的概念

施工项目成本是指建筑业企业以施工项目作为成本核算对象的施工过程中所耗费的生产资料转移价值和劳动者的必要劳动所创造的价值的货币形式。即某施工项目在施工中所发生的全部生产费用总和，包括所消耗的主、辅材料，构配件，周转材料的摊销费或租赁费，施工机械台班费或租赁费，支付给生产工人的工资、奖金以及项目经理部（或分公司、工程处）一级为组织和管理工程所发生的全部费用支出。

施工项目成本不包括劳动者为社会所创造的价值（如税金和计划利润），也不应包括不构成施工项目价值的一切非生产支出。

施工项目成本是建筑业企业的产品成本，亦称工程成本，一般以项目的单位工程作为成本核算对象，通过各单位工程成本核算的综合来反映施工项目成本。

31-5-1-2 施工项目成本的主要形式

1. 按成本控制需要，从成本发生时间来划分

(1) 承包成本（预测成本）。是反映企业竞争水平的成本。它根据施工图由全国统一的工程计算规则计算出来的工程量，全国统一的建筑安装工程基础定额和各地区的市场劳务价格、材料价格信息和价差系数及施工机械台班，并按有关取费的指导性费率进行计算。

(2) 计划成本。是指施工项目经理部根据计划有关资料（如工程具体条件和企业为实现该项目的各项技术组织措施），在实际成本发生前预先计算的成本。亦即建筑业企业考虑降低成本措施后的成本计划数，反映了企业在计划期内应达到的成本水平。它对于加强企业和项目经理部的经济核算，建立和健全施工项目成本责任制，控制施工过程中的生产费用，降低施工项目成本具有十分重要作用。

(3) 实际成本。是施工项目在报告期内实际发生的各项生产费用总用。

把实际成本与计划比较，可揭示成本的节约和超支，考核企业施工技术水平及技术组织措施的贯彻执行情况和企业经营效果。实际成本与承包成本比较，可反映工程盈亏情况。因此，计划成本和实际成本都是反映施工企业成本水平的，它受企业本身的生产技术、施工条件及生产经营管理水平所制约。

预测成本、计划成本和实际成本的关系如图 31-63 所示。

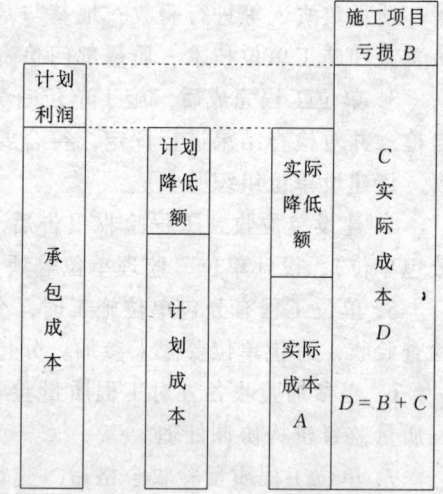

图 31-63 三种成本的关系图

2. 按生产费用计入成本的方法来划分

(1) 直接成本。是指直接耗用于并能直接计入工程对象的费用。

(2) 间接成本。是指非直接用于也无法直接计入工程对象，但为进行工程施工所必须发生的费用。

按上述分类方法，能正确反映工程成本的构成，考核各项生产费用的使用是否合理，便于找出降低成本的途径。

3. 按生产费用与工程量的关系来划分

(1) 固定成本。是指在一定的期间和一定的工程量范围内，其发生的成本额不受工程量增减变动的影响而相对固定的成本。如折旧费、大修理费、管理人员工资、办公费、照明费等。这一成本是为了保持企业一定的生产经营条件而发生的。一般来说，对于企业的固定成本每年基本相同，但是，当工程量超过一定范围则需要增添机械设备和管理人员，此时固定成本将会发生变动。此外，所谓固定，也是就其总额而言，关于分配到每个项目单位工程量上的固定费用则是变动的。

(2) 变动费用。是指发生总额随着工程量的增减变动而成正比例变动的费用，如直接用于工程的材料费、实行计件工资制的人工费等。所谓变动，也是就其总额而言，对于单

位分项工程上的变动费用往往是不变的。

将施工过程中发生的全部费用划分为固定成本和变动成本，对于成本控制和成本决策具有重要作用。它是成本控制的前提条件。由于固定成本是维持生产的能力所必须的费用，要降低单位工程量固定费用，只有通过提高劳动生产率，增加企业总工程量数量并降低固定成本的绝对值入手，降低变动成本只能是从降低单位分项工程的消耗定额入手。

31-5-1-3 施工项目成本的构成（见表31-67）

施工项目成本的构成表　　　　　　　　　　　　　表31-67

成本项目	内　　容
直接成本	直接成本是指施工过程中耗费的构成工程实体或有助于工程形成，并可以直接计入成本核算对象的各项支出 1. 人工费　直接从事建筑安装工程施工的生产工人开支的各项费用 　包括：工资、奖金、工资性质的津贴、生产工人辅助工资、职工福利费、生产工人劳动保护费等 2. 材料费　施工过程中耗用的构成工程实体的各种材料费用 　包括：原材料、辅助材料、构配件、零件、未成品的费用、周转材料的摊销费和租赁费 3. 机械使用费　施工过程中使用机械所发生的费用 　包括：使用自有施工机械的费用、外租施工机械的租赁费、施工机械安装、拆卸和进出场费 4. 其他直接费　除1.2.3以外的直接用于施工过程的费用。包括：材料二次搬运费、临时设施摊销费、生产工具使用费、检验试验费、工程定位复测费、工程点交费、场地清理费等 建筑安装工程费用项目组成还列有：冬雨季施工增加费、夜间施工增加费、仪器仪表使用费、特殊工程培训费、特殊地区施工增加费
间接成本	间接成本是指项目经理部为施工准备、组织和管理施工生产所发生的，与成本核算对象相关联的全部施工间接支出 1. 工作人员薪金　指现场项目管理人员的工资、资金、工资性质的津贴等 2. 劳动保护费　指现场管理人员的按规定标准发放的劳动保护用品的购置费和修理费，防暑降温费，在有碍身体健康环境中施工的保健费用等 3. 职工福利费　指按现场项目管理人员工资总额的14％提取的福利费 4. 办公费　指现场管理办公用的文具、纸张、账表、印刷、邮电、书报、会议、水、电、烧水和集体取暖用煤等费用 5. 差旅交通费　指职工因公出差期间的旅费、住勤补助费、市内交通费和误餐补助费、职工探亲路费、劳动力招募费、职工离退休及职工退职一次性路费、工伤人员就医路费、工地转移费以及现场管理使用的交通工具的油料、燃料、养路费和牌照费等 6. 固定资产使用费　指现场管理及试验部门使用的属于固定资产的设备、仪器等折旧、大修理、维修费和租赁费等 7. 工具用具使用费　指现场管理使用的不属于固定资产的工具、器具、家具交通工具和检验、试验、测验、消防用具等的购置、维修和摊销费等 8. 保险费　指施工管理用财产、车辆保险及高空、井下、海上作业特殊工种安全保险等 9. 工程保修费　指工程施工交付使用后在规定的保修期内的修理费用 10. 工程排污费　指施工现场按规定交纳的排污费用 11. 其他费用 按项目管理的要求，凡发生于项目的可控费用，均应下沉到项目核算，不受层次限制，必须落实项目经济责任制，所以还包括费用项目： 12. 工会经费　指按现场管理人员的工资总额的2％计提工会经费 13. 教育经费　指按现场管理人员的工资总额的1.5％提取使用的职工教育经费 14. 业务活动经费　指按"小额、合理、必需"原则使用的业务活动经费 15. 税金　指应由项目负担的房产税、车船使用税、土地使用税、印花税等 16. 劳保统筹费　指按工资总额一定比例交纳的劳保统筹基金 17. 利息支出　指项目在银行开户的存贷款利息收支净额 18. 其他财务费用　指汇兑净损失、调剂外汇手续费、银行手续费用

31-5-1-4 施工项目成本控制的概念及原则

1. 施工项目成本控制的概念

施工项目成本控制，是指项目经理部在项目成本形成的过程中，为控制人、机、材消耗和费用支出，降低工程成本，达到预期的项目成本目标，所进行的成本预测、计划、实施、核算、分析、考核、整理成本资料与编制成本报告等一系列活动。

2. 施工项目成本控制的原则（表31-68）

施工项目成本控制的原则 表31-68

原则	内 容
全面控制的原则	1. 全员控制 ·建立全员参加的责权利相结合的项目成本控制责任体系 ·项目经理、各部门、施工队、班组人员都负有成本控制的责任，在一定的范围内享有成本控制的权利，在成本控制方面的业绩与工资奖金挂钩，从而形成一个有效的成本控制责任网络 2. 全过程控制 ·成本控制贯穿项目施工过程的每一个阶段 ·每一项经济业务都要纳入成本控制的轨道 ·经常性成本控制通过制度保证，不常发生的"例外问题"也要有相应措施控制，不能疏漏
动态控制的原则	1. 项目施工是一次性行为，其成本控制应更重视事前、事中控制 2. 在施工开始之前进行成本预测，确定目标成本，编制成本计划，制订或修订各种消耗定额和费用开支标准 3. 施工阶段重在执行成本计划，落实降低成本措施实行成本目标管理 4. 成本控制随施工过程连续进行，与施工进度同步不能时紧时松，不能拖延 5. 建立灵敏的成本信息反馈系统，使成本责任部门（人员）能及时获得信息、纠正不利成本偏差 6. 制止不合理开支，把可能导致损失和浪费的苗头消灭在萌芽状态 7. 竣工阶段成本盈亏已成定局，主要进行整个项目的成本核算、分析、考评
创收与节约相结合的原则	1. 施工生产既是消耗资财人力的过程，也是创造财富增加收入的过程，其成本控制也应坚持增收与节约相结合的原则 2. 作为合同签约依据，编制工程预算时，应"以支定收"，保证预算收入；在施工过程中，要"以收定支"，控制资源消耗和费用支出 3. 每发生一笔成本费用，都要核查是否合理 4. 经常性的成本核算时，要进行实际成本与预算收入的对比分析 5. 抓住索赔时机，搞好索赔、合理力争甲方给予经济补偿 6. 严格控制成本开支范围，费用开支标准和有关财务制度，对各项成本费用的支出进行限制和监督 7. 提高施工项目的科学管理水平、优化施工方案，提高生产效率、节约人、财、物的消耗 8. 采取预防成本失控的技术组织措施，制止可能发生的浪费 9. 施工的质量、进度、安全都对工程成本有很大的影响，因而成本控制必须与质量控制、进度控制、安全控制等工作相结合、相协调，避免返工（修）损失、降低质量成本，减少并杜绝工程延期违约罚款、安全事故损失等费用支出发生 10. 坚持现场管理标准化，堵塞浪费的漏洞

31-5-1-5 施工项目成本控制的程序（图 31-64）

图 31-64 施工项目成本控制一般程序

31-5-1-6 施工项目成本控制的内容（表 31-69）

施工项目成本控制工作内容 表 31-69

项目施工阶段	内 容
投标承包阶段	·对项目工程成本进行预测、决策 ·中标后组建与项目规模相适应的项目经理部，以减少管理费用 ·公司以承包合同价格为依据，向项目经理部下达成本目标
施工准备阶段	·审核图纸，选择经济合理、切实可行的施工方案 ·制订降低成本的技术组织措施 ·项目经理部确定自己的项目成本目标 ·进行目标分解 ·反复测算平衡后编制正式施工项目计划成本
施工阶段	·制订落实检查各部门、各级成本责任制 ·执行检查成本计划，控制成本费用 ·加强材料、机械管理，保证质量，杜绝浪费，减少损失 ·搞好合同索赔工作，及时办理增加账，避免经济损失 ·加强经常性的分部分项工程成本核算分析以及月度（季年度）成本核算分析，及时反馈，以纠正成本的不利偏差
竣工阶段 保修期间	·尽量缩短收尾工作时间，合理精简人员 ·及时办理工程结算，不得遗漏 ·控制竣工验收费用 ·控制保修期费用 ·提出实际成本 ·总结成本控制经验

31-5-1-7 施工项目成本目标责任制

施工项目成本目标责任制就是项目经理部将施工项目的成本目标，按管理层次进行再分解为各项活动的子目标，落实到每个职能部门和作业班组，把与施工项目成本有关的各项工作组织起来，并且和经济责任制挂钩，形成一个严密的成本控制工作体系。

建立施工项目成本目标责任制，一是确立施工项目成本责任制，关键是责任者责任范围的划分和对费用的可控程度，二是要对施工项目成本目标责任制分解，见图31-65。

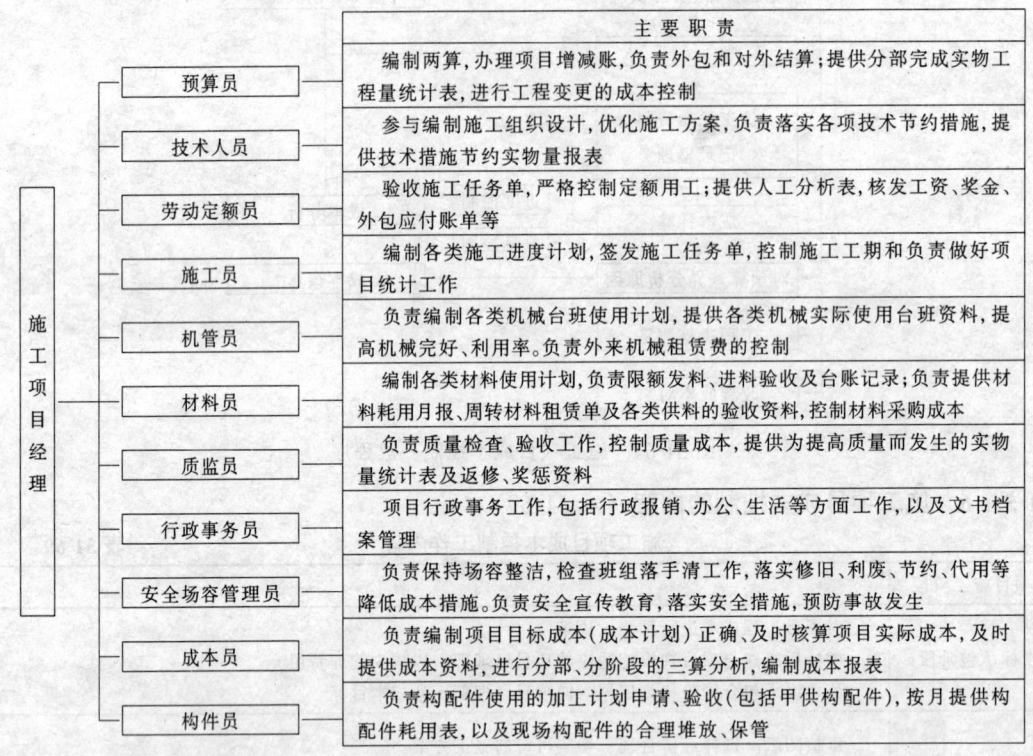

图 31-65 施工项目成本目标责任分解图

31-5-2 施工项目成本预测和目标成本

31-5-2-1 施工项目成本预测

1. 施工项目成本预测的作用

施工项目成本预测是从投标承包开始的。预测者在深入市场调查，占有大量的技术经济信息的基础上，选择合理的预测方法，依据有关文件、定额，反复测算、分析，对施工项目成本作出判断和推测。其结果，在投标时，可作为估计项目预算成本的参考；在中标承包后是项目经理部确定项目目标成本，编制成本计划的依据。

2. 施工项目成本预测方法

首先要计算最近期已完或将近完工的类似施工项目（以下称为参照工程）的成本，包括各成本项目的数额；第二步要分析影响成本的因素，并分析预测各因素对成本有关项目的影响程度；第三步再按比重法计算，预测出目前施工项目（以下简称对象工程）的成本。具体步骤如下：

(1) 最近期类似施工项目的成本调查或计算。
(2) 结构上或建筑上的差异修正。
修正公式如下：

对象工程总本成＝参照工程单方成本×对象工程建筑面积＋Σ［结构或建筑上不同部分的量×（对象工程该部分的单位成本－参照工程该部分的单位成本）］

或：对象工程单方成本＝参照工程单方成本＋Σ［结构或建筑上不同部分的量×（对象工程该部分的单位成本－参照工程该部分的单位成本）］÷对象工程建筑面积

公式中：如果参照工程有的部分，而对象工程没有，则对象工程该部分单位成本取值为0；反之，则参照工程有关部分的单位成本取0。

(3) 预测影响工程成本的因素

在工程施工过程中，影响工程成本的主要因素有以下几个方面：

①材料（燃料、动力等）消耗定额的增加或降低；
②物价的上涨或下降；
③劳动力工资的增长；
④劳动生产率的变化；
⑤其他直接费的变化；
⑥间接费用的变化。

以上这些因素对于具体工程来说，不一定都可能发生，不同的工程情况也会不同。

预测影响成本因素主要采用定性预测方法，即召集有关专业人员，采用专家会议法，先由各位提出自己的意见，然后再对不同的意见进行讨论，最后确定主要的因素。

(4) 预测影响因素的影响程度

①预测各因素的变化情况。各因素变化情况的预测方法的选择，可根据各因素的性质，以及历史工程的资料情况，并适应及时性的要求而决定。一般来讲，各因素适用预测方法如下：

a. 材料消耗定额变化，适用经验估计方法和时间序列分析法；
b. 材料价格变化，适用时间序列分析法、回归分析法和专家调查法；
c. 职工工资变化，适用时间序列分析法和专家调查法；
d. 劳动生产率变化，适用时间序列分析法和经验估计法；
e. 其他直接费变化，适用经验估计和统计推断法；
f. 间接费用变化，适用经验估计和回归预测法。

②计算各因素对成本的影响程度。各因素对成本的影响程度分别用下列公式计算：

a. 材料消耗定额而引起的成本变化率

γ_1＝材料费占成本的％×材料消耗定额变化的％

b. 材料价格变化而引起的成本变化率

γ_2＝材料费占成本的％×（1－材料消耗定额变化的％）×材料平均价格变化

c. 劳动生产率变化而引起的成本变化率

γ_3＝人工费占成本的％／［（1＋劳动生产率变化的％）－1］

d. 劳动力工资增长而引起的成本变化率

γ_4＝人工费占成本的％×平均工资增长的％／（1＋劳动生产率变化的％）

e. 其他直接费变化引起的成本变化率

$\gamma_5 = $ 其他直接费占成本的 % × 其他直接费变化的 %

f. 间接费变化引起的成本变化率

$\gamma_6 = $ 间接费占成本的 % × 其他直接费变化的 %

（5）计算预测成本

预测成本 = 结构和建筑修正成本 × $(1 + \gamma_1 + \gamma_2 + \gamma_3 + \gamma_4 + \gamma_5 + \gamma_6)$

【例】 B 建筑公司承建位于某市的商住楼的主体结构工程（框剪结构）的工程（以下简称 H 工程），建筑面积 10000m^2，20 层，工期 1994 年 1 月至 1995 年 2 月，B 公司在该地区的最近期类似项目是外形仿古建筑内部框剪结构的某饭店工程（以下简称 F 工程），其主体结构工程施工成本为 450 元/m^2。H 工程和 F 工程之间的建筑和结构上差异是：一是 F 工程采用的木窗（980/10m^2），而 H 工程是铝合金窗（6490 元/10m^2）；二是 F 工程屋顶是仿古歇山形屋顶（投影面积成本为 600 元/m^2）；而 H 工程是钢筋混凝土屋顶（成本为 78 元/m^2）。H 工程铝合金总面积 1200m^2，屋顶面积为 400m^2。预测影响 H 工程主体结构施工成本的因素及影响程度如表 31-70。试在施工之前进行 H 工程的成本预测工作。

表 31-70

序号	主要因素	变化范围	影响的成本项目	序号	主要因素	变化范围	影响的成本项目
1	材料价格上涨	10%	材料费	3	劳动生产率提高	5%	人工费
2	劳动工资上涨	20%	人工费	4	间接费用减少	6%	间接费

【解】 ①H 工程单方成本修正值 = 450 + [120 × (6490 - 980) + 400 × (78 - 600)] ÷ 10000 = 495.24 元/m^2

H 工程总成本修正值 = 450 × 10000 + [120 × (6490 - 980) + 400 × (78 - 600)] = 4952400 元

②计算成本构成的项目在成本中所占的比率。计算方法如下，一是采用参照工程的成本构成的比率，二是采用历史同类工程的成本构成比率进行统计平均。B 公司根据以往的资料计算出框剪结构工程的成本构成比率见表 31-71。

表 31-71

序号	成本项目	成本比率	序号	成本项目	构成比率
1	人工费	17%	4	其他直接费	9%
2	材料费	52%	5	间接费	12%
3	机械使用费	9%			

③计算主要因素对成本的影响程度。B 公司 H 工程的计算结果见表 31-72。

表 31-72

序号	主要因素	变化范围	影响的成本项目（占成本的比率）	计算式（对成本影响程度）	结果
1	材料价格上涨	10%	材料费（52%）	$\gamma_1 = 52\% \times 10\%$	0.052
2	劳动力工资上涨	20%	人工费（17%）	$\gamma_2 = 17\% \times 20\% \div (1 + 5\%)$	0.0323
3	劳动生产率提高	5%	人工费（17%）	$\gamma_3 = 17\% \times [1 \div (1 + 5\%) - 1]$	-0.0081
4	间接费减少	6%	间接费（12%）	$\gamma_4 = 12\% \times 6\%$	0.0072

④计算 H 工程的预测成本

总成本 $= 4952400 \times (1 + 0.052 + 0.0323 - 0.0081 + 0.0072) = 5365430.16$ 元

单位面积成本 $= 495.24 \times (1 + 0.052 + 0.0323 - 0.0081 + 0.0072) = 536.54$ 元$/m^2$

31-5-2-2 施工项目目标成本

1. 施工项目目标成本的概念

所谓目标成本即是项目对未来产品成本所规定的奋斗目标，它比已经达到的实际成本要低，但又是经过努力可以达到的。

2. 施工项目目标成本的组成

施工项目目标成本一般由施工项目直接目标成本和间接目标成本组成。

施工项目直接目标成本主要反映工程成本的目标价值。直接目标成本总表如表 31-73。

直接目标成本总表　　　　　　　　　　　　　　　　　　　　　　表 31-73

工程名称：　　　　　项目经理：　　　　　日期：　　　　　单位：

项目	目标成本	实际发生成本	差异	差异说明
1. 直接费用				
人工费				
材料费				
机械使用费				
其他直接费				
2. 间接费用				
施工管理费				
合计				

施工项目间接目标成本的主要反映施工现场管理费目标支出数。施工目标管理费用表如表 31-74。

施工现场目标管理费用表　　　　　　　　　　　　　　　　　　　表 31-74

项目	目标费用	实际支出	差异	差异说明
1. 工作人员工资				
2. 生产工人辅助工资				
3. 工资附加费				
4. 办公费				
5. 差旅交通费				
6. 固定资产使用费				
7. 工具用具使用费				
8. 劳动保护费				
9. 检验试验费				
10. 工程保养费				
11. 财产保险费				
12. 取暖、水电费				
13. 排污费				
14. 其他				
合计				

3．目标成本编制依据

目标成本编制可以按单位工程或分部工程为对象来进行编制。编制依据是：
(1) 设计预算或国际招标合同报价书、施工预算；
(2) 施工组织设计或施工方案；
(3) 公司颁布的材料指导价，公司内部机械台班价，劳动力内部挂牌价；
(4) 周转设备内部租赁价格，摊销损耗标准；
(5) 已签订的工程合同，分包合同（或估价书）；
(6) 结构件外加工计划和合同；
(7) 有财务成本核算制度和财务历史资料；
(8) 项目经理部与公司签订的内部承包合同。

4．目标成本的编制要求（表31-75）

目标成本的编制要求表　　　　　表31-75

要求项目	内　　容
编制设计预算	仅编制工程基础地下室、结构部分时，要剔除非工程结构范围的预算收入，如各分项中综合预算定额包含粉刷工程的费用，并使用计算机预算软件上机操作，提供设计预算各预算成本作为成本项目和工料分析汇总，分包项目应单独编制设计预算，以便同目标比较。高层工程项目，标准层部位单独编制一层的设计预算，作为成本过程控制的预算收入标准
编制施工预算	包括进行"两算"审核、实物量对比、纠正差错。施工预算实际上是计报产值的依据，同时起到指导生产、控制成本作用，也是编制项目目标成本的主要依据
人工费目标成本编制	根据施工图预算人工费为收入依据，按施工预算计划工日数，对照包清工人挂牌价，列出实物量定额用工内的人工费支出，并根据本工程实际情况可能发生的各种无收入的人工费支出，不可预计用工的比例，参照以往同类型项目对估点工的处理及公司对估点工控制的要求而确定。对自行加工构件、周转材料整理、修理、临时设施及机械辅助工，提供资料列入相应的成本费用项目
材料费、构件费目标成本的编制	用由施工图预算提供各种材料、构件的预算用量、预算单价，施工预算提供计划用量，在此基础上，根据对实物量消耗控制的要求，以及技术节约措施等，计算目标成本的计划用量。单价根据指导价，无指导价的参照定额数提供的中准价，并根据合同约定的下浮率计算出单价。根据施工图预算、目标成本所列的数量、单价、计算出量差、价差，构成节超额。构料费、构件费的目标成本确定：目标成本＝预算成本－节超额
周转材料目标成本的编制	以施工图预算周转材料费为收入依据，按施工方案和模板排列图，作为周转材料需求量的依据，以施工部门提供的该阶段施工工期作为使用天数（租赁天数），再根据施工的具体情况，分期分批量进行量的配备。单价的核定，钢模板、扣件管及材料的修理费、赔偿费（报废）依据租赁分公司的租赁单价。在编制目标成本时，同时要考虑钢模、机件修理费、赔偿费，一般是根据以前历史资料进行测算。项目部使用自行采购的周转材料，同样按施工方案和模板排列图，作用周转材料需求量的依据，以及使用天数和周转次数，并预计周转材料的摊销和报废
机械费用目标成本的编制	以施工图预算机械费为收入依据，按施工方案计算所需机械类型、使用台班数、机械进出场费、塔基加固费、机操工人工费、修理用工和用工费用，计算小型机械、机具使用费
其他直接费用目标成本的编制	以施工图预算其他直接费为收入依据，按施工方案和施工现场条件，预计二次搬运费、现场水电费、场地租借费、场地清理费、检验试验费、生产工具用具费、标准化与文明施工等发生的各项费用
施工间接费用目标成本的编制	以施工图预算管理费为收入依据，按实际项目管理人员数和费用标准计算施工间接费的开支，计算承包基数上缴数，预计纠察、炊事等费用。根据临时设施搭建数量和预算计算摊销费用。按历史资料计算其他施工间接费

要求项目	内　　容
分包成本的目标成本的编制	以预算部门提供的分包项目的施工图预算为收入依据，按施工预算编制的分包项目施工预算的工程量，单价按市场价，计算分包项目的目标成本
项目核算员汇总审核，在综合分析基础上，编制《目标成本控制表》，各部门汇审签字，项目部经理组织讨论落实	项目核算员根据预算部门提供的施工图预算进行各项预算成本项目拆分。审核各部门提供的资料和计划，纠正差错。汇总所有的资料，进行两算对比，根据施工组织设计中的技术节约措施，主要实物量耗用计划，分包工程降低成本计划，设备租赁计划等原始资料，考虑内部承包合同的要求和各种主客观因素，在综合分析挖掘潜力的基础上，编制《目标成本控制表》，编写汇总说明，形成目标成本初稿，提请各部门汇审、签字，报请项目部经理组织讨论落实，分别归口落实到部门和责任人，督促实施

5. 目标成本的编制程序

(1) 编制施工方案并进行优化，制定技术降低措施；

(2) 编制"两算"（施工预算和施工图预算）；

(3) 进行"两算"审核，实物量对比，纠正差错；

(4) 对施工图预算进行定额费用拆分；

(5) 计算材料、结构件、机械、劳动力计划消耗量和费用；

(6) 制定大型临时设施搭建计划和计算费用；

(7) 根据施工方案指定模板、脚手架、使用设备和计算费用。

(8) 根据现场管理人员的开支标准和项目承包上交基数及其他财务历史资料，计算施工间接费用；

(9) 根据分包合同或分包部位估价书计算分建成本；

(10) 各部门拟定编制说明资料；

(11) 审定各部门提供的计算资料和编制说明，纠正差错；

(12) 汇总所有资料，形成目标成本初稿，要各部门汇审、签字；

(13) 项目经理审定、签发、实施。

6. 施工项目目标成本的确定

目标成本编制过程的计算公式、口径及目标成本控制表填制方法和编制说明情况如下：

(1) 目标成本控制表中，预算成本总计数＝工程合同造价－税金

(2) 目标成本控制表中，目标成本各项费用项目数值＝各单位计划表数值。

(3) 工程造价让利及法定利润在预算成本其他收入中填列。

(4) 仅编制工程基础地下室、结构部分的目标成本，要剔除非工程结构的预算收入和支出，如各分项中综合预算定额包含粉刷工程的费用。

(5) 单价的确定：

①施工图预算的单价，按合同规定与经济签证取定，材料中准价一般按编制月份的材料中准价减下浮取定；

②目标成本各成本项目的单价，按编制月公司材料指导价、劳动挂牌价或分包、采购外加工合同取定；

③租赁公司内部机械和周转设备的单价，按现行机械台班单价、周转设备租赁单价、周转设备租赁单价取定。

(6) 合同规定的补贴费，按合同规定的内容计入相应的预算成本项目。

(7) 合同规定的开办费，合同规定明确的计入的相应预算成本项目，不明确的按企业拟定的分摊比率计入相应的预算成本项目。

(8) 人工补差费、施工流动津贴拆分时归入人工费。

(9) 其他费用拆分：定额编制费、工程质量监督费、上级管理费等三项费用，拆分时归入施工间接费。

(10) 施工图预算计取的大型临时设施费，拆分时归入施工间接费。

(11) 目标成本按分部分项编制的，预算含钢量大于实际数，调整实际数，不计盈利；预算含钢量少于实际数的，调整预算数不计亏损。

(12) 使用商品混凝土、市场价已包括泵送费、硬管费的，计划成本拆分时泵送费、硬管费应计入机械费。计划耗用应扣除钢筋容量。

(13) 按部位编制的目标成本的临时设施摊销方法，部位摊销量＝部位计划工期×临时设施总费用／总工期。

(14) 用商品混凝土，在计算人工计划成本时，应按现行扣除后台用工。

(15) 目标成本控制表的组成：

①项目目标成本测算表，见表 31-76；

②主要成本差异对比表，见表 31-77；

③分包成本差异对比表，见表 31-78；

④技术节约措施及其他成本差异计算表，见表 31-79。

项目目标成本测算表　　　　　　　　　　　表 31-76

项目名称		工程造价	
建设单位		施工面积	

目标成本控制表

部位：　　　　　　　　　　　　　　　　　　　　　　　　　　　　　　单位：万元

成本项目	预算成本	目标成本	计划差异	差异率%
人工费				
材料费				
结构件				
周转材料费				
机械使用费				
其他直接费				
施工间接费				
小计				
分建成本				
其他收入				
成本总计				

续表

编制说明:

制表人: 　　　　　　　　　　　　　　　　　　　　　　　　　　　年　月　日

主要成本差异对比表

表 31-77

工程项目: 　　　　部位: 　　　　　　　　　　　　　　　　单位: 万元

名称规格	计量单位	预算值			计划值			计划差异		
		数量	单价	金额	数量	单价	金额	数量	单价	金额

制表人: 　　　　　　　　　　　　　　　　年　月　日

分包成本差异对比表　　　　　　　　　　表 31-78

工程项目：　　　　　　部位：　　　　　　　　　　　　　单位：万元

分包内容	计量单位	数量	合同价	分包价	计划差异	差异率%

制表人：　　　　　　　　　　　　　　　　　　　　　年　月　日

技术节约措施及其他成本差异计算表　　　　　　表 31-79

工程项目：　　　　　　部位：　　　　　　　　　　　　　单位：万元

序	内容	计算依据	计划差异

制表人：　　　　　　　　　　　　　　　　　　　　　年　月　日

（16）编制方法

①项目目标成本测算表：该表的预算成本项目根据预算成本拆分填入。目标成本的确定：目标成本＝预算成本－计划差异，本表同时作为控制主要实物量消耗。

②主要成本差异对比表：该表的编制是以施工图预算和施工预算所提供的主要工料分

析为依据,包括人工、材料、构件、周转料。单价的确定前面已说明。

③分包成本差异对比表:合同价按预算部门提供填列,分包价按生产部门提供填列。

④技术节约措施及其他成本差异计算表:技术节约措施根据技术部门提供数据填列到有关成本项目。其他成本差异计算:主要指机械费、其他直接费、施工间接费的计算,根据影响这些成本项目的主要因素的盈亏,计算出计划成本。

(17) 编制说明的内容

①简单介绍工程概况;

②工程中标价及让利情况,以及有利、不利因素;

③承包基数情况;

④目标成本中单价取定依据;

⑤采取了哪些降低成本措施。

31-5-3 施工项目成本控制实施

31-5-3-1 施工项目成本控制责任制

施工项目成本控制责任制的主要内容见表 31-80。

施工项目成本控制责任制　　　　　表 31-80

人　员	内　　　容
项目经理	·全面负责项目成本控制工作,项目成本控制的责任中心 ·负责项目成本的预测、目标成本、成本控制实施、成本核算、成本分析、考核等工作
合同预算员	·根据合同内容、预算定额和有关规定,充分利用有利因素,编好施工图预算 ·深入研究合同规定的"开口"项目,在有关管理人员的配合下,努力增加工程收入 ·收集工程变更资料,及时办理增加账,保证工程收入,及时归回垫付的资金 ·参加对外经济合同的谈判与决策,以施工图预算和增加账为依据,严格经济合同的数量、单价和金额,切实做到"以收定支"
工程技术人员	·根据施工现场的实际情况,合理规划施工现场平面布置,为文明施工,减少浪费创造条件 ·严格执行工程技术规定和预防为主的方针,确保工程质量,减少零星修补,消灭质量事故,不断降低质量成本 ·根据工程特点和设计要求,运用自身的技术优势,采取实用、有效的技术组织措施和合理化建议 ·严格执行安全操作规定,减少一般安全事故,消灭重大人身伤亡事故和设备事故,确保安全生产
材料人员	·材料采购和构件加工,要选择质高、价低、运距短的供应(加工)单位。对到场的材料、构件要正确计量、认真验收,如遇质量差、量不足的情况,要进行索赔。切实做到:一要降低采购(加工)成本,二要减少采购(加工)过程中的管理损耗 ·根据项目施工的计划进度,及时组织材料、构件的供应,保证项目施工的顺利进行,防止因停工待料造成的损失。在构件加工的过程中,要按照施工的顺序组织配料供应,以免因规格不齐造成施工间隙、浪费时间、人力 ·在施工过程中,严格执行限额领料制度,控制材料消耗;同时,还要做好余料回收和利用,为考核材料实际消耗水平提供正确的依据 ·钢管脚手和钢模板等周转材料,进出现场都要认真清点,正确核实并减少赔偿数量;使用后,要及时回收、整理、堆放,并及时退场,既可节省租费,又有利于场地整洁,还可加速周转,提高利用效率 ·根据施工生产的需要,合理安排材料储备,减少资金的占用,提高资金的利用效率

续表

人 员	内 容
机械管理人员	·根据工程特点和施工方案,合理选择机械的型号规格,充分发挥机械的效能,节约机械费用 ·根据施工需求,合理安排机械施工,提高机械利用率,减少机械费成本 ·严格执行机械维修保养制度,加强平时的机械维修保养,保证机械完好
行政管理人员	·根据施工生产的需要和项目经理的意图,合理安排项目管理人员和后勤服务人员,节约工资性支出 ·具体执行费用开支标准和有关财务制度,控制将生产性开支 ·管好行政办公用的财产物资,防止损失和流失 ·安排好生活后勤服务,在勤俭节约的前提下,满足职工群众的生活需要,安心为前方生产出力
财务成本员	·按照成本开支范围、费用开支标准和有关财务制度,严格审核各项成本费用,控制成本支出 ·建立月度财务收支计划制度,根据施工生产的需要,平衡调度资金,通过控制资金使用,达到控制成本的目的 ·建立辅助记录,及时向项目经理和有关项目管理人员反馈信息,以便对资源消耗进行有效控制 ·开展成本分析,特别是分部分项工程成本分析、月度综合分析和针对特定的专题分析,要做到及时向项目经理和有关项目管理人员反映情况,找出问题和解决问题的建议,以便采取针对性的措施来纠正项目成本的偏差 ·在项目经理的领导下,协助项目经理检查、考核各部门、各单位乃至班组责任成本的执行情况,落实责、权、利相结合的有关规定

31-5-3-2 施工项目成本控制的方法

1. 以施工图预算控制成本支出。在施工项目成本控制中,可按施工图预算,实行"以收定支",或者叫"量入为出",是有效的方法之一。这样对人工费、材料费、钢管脚手、钢模板等周转设备使用费、施工机械使用费、构件加工费和分包工程费实行有效的控制。

2. 以施工预算控制人力资源和物质资源的消耗。项目开工以前,应根据设计图纸计算工程量,并按照企业定额或上级统一规定的施工预算定额编制整个工程项目的施工预算,作为指导和管理施工的依据。对生产班组的任务安排,必须签收施工任务单和限额领料单,并向生产班组进行技术交底。要求生产班组根据实际完成的工程量和实耗人工、实耗材料做好原始记录,作为施工任务单和限额领料单结算的依据。任务完成后,根据回收的施工任务单和限额领料进行结算,并按照结算内容支付报酬(包括奖金)。为了便于任务完成后进行施工任务单和限额领料与施工预算对比,要求在编制施工预算时对每一个分项工程工序名称进行编号,以便对号检索对比,分析节超。

3. 建立资源消耗台账,实行资源消耗中间控制。资源消耗台账,属于成本核算的辅助记录,在成本核算中讲。

4. 应用成本与进度同步跟踪的方法控制分部分项工程成本。为了便于在分部分项工程的施工中同时进行进度与费用的控制,可以按照横道图和网络图的特点分别进行处理。即横道图计划的进度与成本的同步控制、网络图计划的进度和成本的同步控制。

5. 建立项目成本审核签证制度,控制成本费用支出。在发生经济业务的时候,首先要由有关项目管理人员审核,最后经项目经理签证后支付。审核成本费用的支出,必须以有关规定和合同为依据,主要有:国家规定的成本开支范围;国家和地方规定的费用开支标准和财务制度;施工合同;施工项目目标管理责任书。

6. 坚持现场管理标准化,堵塞浪费漏洞。现场管理标准化的范围很广,比较突出而需要特别关注的是现场平面布置管理和现场安全生产管理。

7. 定期开展"三同步"检查，防止项目成本盈亏异常。"三同步"就是统计核算、业务核算、会计核算同步。统计核算即产值统计，业务核算即人力资源和物质资源的消耗统计，会计核算即成本会计核算。根据项目经济活动的规律，这三者之间有着必然的同步关系。这种规律性的同步关系具体表现为：完成多少产值、消耗多少资源，发生多少成本，三者应该同步。否则，项目成本就会出现盈亏异常的偏差。"三同步"的检查方法可从以下三方面入手：时间上的同步、分部分项工程直接费的同步和其他费用同步。

8. 应用成本控制的财务方法—成本分析表法来控制项目成本。作为成本分析控制手段之一的成本分析表，包括月度成本分析表和最终成本控制报告表（表31-83）。月度成本分析表又分直接成本分析表（表31-81）和间接成本分析表（表31-82）。月度直接成本分析表主要反映分部分项工程实际完成的实物量与成本相对应的情况，以及与预算成本和计划成本相对比的实际偏差和目标偏差，为分析偏差产生的原因和针对偏差采取相应措施提供依据。月度间接成本分析表主要反映间接成本的发生情况，以及与预算成本和计划成本相对比的实际偏差和目标偏差，为分析偏差产生的原因和针对偏差采取相应的措施提供依据。此外，还要通过间接成本占产值的比例来分析其支用水平。最终成本控制报告表主要是通过已完实物进度、已完产值和已完累计成本，联系尚需完成的实物进度、尚可上报的产品和还将发生的成本，进行最终成本预测，以检验实现成本目标的可能性，并可为项目成本控制提出新的要求。这种预测，工期短的项目应该每季度进行一次，工期长的项目可每半年进行一次。

月度直接成本分析表　　　　　　　　表31-81

年　　　月份

分项工程编号	分项工程工序名称	实物单位	实物工程量				预算成本		计划成本		实际成本		实际偏差		目标偏差	
			计划		实际		本月	累计	本月	累计	本月	累计	本月	累计	本月	累计
			本月	累计	本月	累计										
甲	乙	丙	1	2	3	4	5	6	7	8	9	10	11=5-9	12=6-10	13=7-9	14=8-10

月度间接成本分析表

表 31-82
单位：元

项目名称 _____   年份 ___ 月份 ___

间接成本编号	间接成本项目	产值		预算成本		计划成本		实际成本		实际偏差		目标偏差		占产值的百分数（%）	
		本月	累计	本月	累计	本月	累计	本月	累计	本月	累计	本月	累计	本月	累计
		1	2	3	4	5	6	7	8	9=3−7	18=4−8	11=5−7	12=6−8	13=7÷1	14=8÷2
甲	乙														

最终成本控制报告表

项目名称＿＿＿＿＿

年 月份

表 31-83
单位：元

进度	已完主要实物进度						预计到竣工还将发生的成本			到竣工尚有主要实物进度	预测最终工程造价	最终成本预测		
造价	预算造价 元								元	到竣工尚可报产值				
成本项目	到本月为止的累计成本													
	预算成本	实际成本	降低额	降低率	预算成本	实际成本	到竣工正将发生的成本	降低额	降低率			预算成本	实际成本	降低额	降低率
甲	1	2	3=1-2	4=3÷1	5	6		7=5-6	8=7÷5			9=1+5	10=2+6	11=9-10	12=11÷9
一、直接成本															
1. 人工费															
2. 材料费															
其中：结构件															
周转材料费															
3. 机构使用费															
4. 其他直接费															
二、间接成本															
1. 现场管理人员工资															
2. 办公费															
3. 差旅交通费															
4. 固定资产使用费															
5. 物资消耗费															
6. 低值易耗品摊销费															
7. 财产保险费															
8. 检验试验费															
9. 工程保修费															
10. 工程排污费															
11. 其他															
三、合计															

9. 加强质量管理、控制质量成本。

(1) 质量成本的构成

质量成本是指为确保和保证满意的质量而发生的费用以及没有达到满意的质量所造成的损失。

施工项目质量成本的构成见表31-84。

质 量 成 本 构 成   表 31-84

成本构成项目		含 义	包含的费用项目
控制成本	预防成本	为了确保工程质量而进行预防工作所发生的费用,即为使故障成本和鉴定成本减到最低限度所需要的费用	·质量工作计划费 ·工序能力控制、研究费 ·质量信息费 ·质量管理教育费 ·质量管理活动费
	鉴定成本	为了确保工程质量达到质量标准要求而对工程本身以及对材料、构配件、设备进行质量鉴别所需要的一切费用	·材料检验费 ·工序质量检验费 ·竣工检验费 ·机械设备试验、维修费
故障成本	内部故障成本	在施工过程中,由于工程本身的缺陷而造成的损失以及为处理缺陷所发生的费用之和	·返工损失 ·返修损失 ·事故分析处理费 ·停工损失 ·质量过剩支出 ·技术超前支出
	外部故障成本	工程交付使用后发现质量缺陷,受理用户提出的申诉而进行的调查、处理所发生的一切费用	·回访保修费 ·劣质材料额外支出 ·索赔费用

(2) 质量成本分析

质量成本分析是根据质量成本核算的资料进行归纳、比较和分析,找出影响成本的关键因素,从而提出改进质量和降低成本的途径,进一步寻求最佳质量成本。质量成本分析的内容有:

①质量成本总额的构成内容分析;
②质量成本总额的构成比例分析;
③质量成本各要素之间的比例关系分析;
④质量成本占预算成本的比例分析。

现结合示例说明。

某工程项目1994年上半年完成预算成本4147500元,发生实际成本3896765元,其中质量成本146842元。质量成本分析见表31-85。

从表31-85可以看出,质量成本总额占预算成本3.53%,比一般工程的降低成本水平还要高,特别是内部故障成本的比例(占预算成本2.61%,占质量成本总额73.78%)更为突出。但是,预防成本只占预算成本的0.32%,占质量成本总额也只有9.09%,说明在质量管理上没有采取有效的预防措施,以致返工损失、返修损失以及由此而发生的停工损失明显增加。

质量成本分析表 表31-85

质量成本项目		金额(元)	质量成本率(%) 占本项	质量成本率(%) 占总额	对 比 分 析 (%)
预防成本	质量管理工作费	1380	10.43	0.95	预算成本 4147500 元
	质量情报费	854	6.41	0.58	实际成本 3896765 元
	质量培训费	1875	14.08	1.28	降低成本 250735 元
	质量技术宣传费	—	—	—	成本降低率 6.50%
	质量管理活动费	9198	69.08	6.28	① $\dfrac{质量成本}{实际成本} = \dfrac{146482}{3896765} \times 100\% = 3.76$
	小计	13316	100.00	9.08	
鉴定成本	材料检验费	1154	12.81	0.79	② $\dfrac{质量成本}{预算成本} = \dfrac{146482}{4147500} \times 100\% = 3.53$
	工序质量检查费	7851	87.19	5.36	③ $\dfrac{预防成本}{预算成本} = \dfrac{13316}{4147500} \times 100\% = 0.32$
	小计	9005	100.00	6.15	
内部故障成本	返工损失	53823	49.80	36.74	④ $\dfrac{鉴定成本}{预算成本} = \dfrac{9005}{4147500} \times 100\% = 0.22$
	返修损失	27999	25.91	19.11	
	事故分析处理费	1956	1.81	1.34	⑤ $\dfrac{内部故障成本}{预算成本} = \dfrac{108079}{4147500} \times 100\% = 2.61$
	停工损失	2488	2.30	1.70	
	质量过剩支出	21813	20.18	14.89	⑥ $\dfrac{外部故障成本}{预算成本} = \dfrac{16082}{4147500} \times 100\% = 0.39$
	技术超前支出费	—	—	—	
	小计	108079	10.00	73.76	
外部故障成本	回访修理费	4434	27.57	3.03	
	劣质材料额外支出	11648	72.43	7.95	
	小计	16082	100.00	10.98	
质量成本支出额		146482	100.00	100.00	

(3) 质量成本控制

根据上述分析资料,对影响质量成本较大的关键因素,采取有效措施,进行质量成本控制。质量成本控制表见表31-86。

质量成本控制表 表31-86

关键因素	措 施	执行人、检查人
降低返工、停工损失,将其控制在占预算成本的1%以内	(1) 对每道工序事先进行技术质量交底 (2) 加强班组技术培训 (3) 设置班组质量员,把好第一道关 (4) 设置施工队技监点,负责对每道工序进行质量复检和验收 (5) 建立严格的质量奖罚制度,调动班组积极性	
减少质量过剩支出	(1) 施工员要严格掌握定额标准,力求在保证质量的前提下,使人工和材料消耗不超过定额水平 (2) 施工员和材料员要根据设计要求和质量标准,合理使用人工和材料	
健全材料验收制度,控制劣质材料额外损失	(1) 材料员在对现场材料和构配件进行验收时,发现劣质材料时要拒收、退货,并向供应单位索赔 (2) 根据材料质量的不同,合理加以利用以减少损失	
增加预防成本,强化质量意识	(1) 建立从班组到施工队的质量QC攻关小组 (2) 定期进行质量培训 (3) 合理地增加质量奖励,调动职工积极性	

31-5-3-3 降低施工项目成本的途径和措施（表 31-87）

降低施工项目成本的途径和措施 表 31-87

途径	措　施
认真审图纸，积极提出修改意见	·施工单位应该在满足用户要求和保证质量的前提下，联系项目的主客观条件，对设计图纸进行认会有审，并能提出修改意见，在取得用户和设计单位同意后，修改设计图纸，同时办理增减账
制订先进的、经济合理的施工方案	·施工方案主要包括四项内容：施工方法的确定、施工机具的选择、施工顺序的安排和流水施工的组织。正确选择施工方案是降低成本关键所在 ·制定施工方案要以合同工期和上级要求为依据，联系项目的规模、性质、复杂程度、现场条件、装备情况、人员素质等因素综合考虑 ·同时制订两个或两个以上的先进可行的施工方案，以便从中优选最合理、最经济的一个
落实技术组织措施	·项目应在开工前根据工程情况制定技术组织计划，在编制月度施工作业计划的同时，作为降低成本计划的内容编制月度技术组织措施计划 ·应在项目经理领导下明确分工：由工程技术人员订措施，材料人员供材料，现场管理人员和班组负责执行，财务成本员结算节约效果，最后由项目经理根据措施执行情况和节约效果对有关人员进行奖励，形成落实技术组织措施的一条龙
组织均衡施工，加快施工进度	·凡按时间计算的成本费用，在加快施工进度缩短施工周期的情况下，都会有明显的节约。除此之外，还可从用户那里得到一笔提前竣工奖 ·为加快施工进度，将会增加一定的成本支出。因此在签订合同时，应根据用户和赶工的要求，将赶工费列入施工图预算。如果事先并未明确，而由用户在施工中临时提出要求，则应该请用户签字，费用按实计算 ·在加快施工进度的同时，必须根据实际情况，组织均衡施工，确实做到快而不乱以免发生不必要的损失
降低材料成本	·节约采购成本，选择运费少、质量好、价格低的供应单位 ·认真计量验收，如遇数量不足、质量差的情况，要进行索赔 ·严格执行材料消耗定额，通过限额领料落实 ·正确核算材料消耗水平，坚持余料回收 ·改进施工技术，推广新技术、新工艺、新材料 ·利用工业废渣，扩大材料代用 ·减少资金占用，根据施工需要合理储备 ·加强现场管理，合理堆放，减少搬运，减少仓储和堆积损耗
提高机械的利用率	·结合施工方案制订，从机械性能、操作运行和台班成本等因素综合考虑，最适合项目施工特点的施工机械，要求做到既实用又经济 ·做好工序、工种机械施工的组织工作，最大限度地发挥机械效能；同时对机械操作人员的技能也有一定的要求，防止因不规范操作或操作不熟练影响正确施工，降低机械利用率 ·做好平时的机械的维修保养工作，严禁在机械维修时将零件拆东补西，人为地损坏机械
用好用活激励机制，调动职工增产节约的积极性	·用好用活激励机制，应从项目施工的实际情况出发，有一定的随机性，这里举几例作为项目管理参考 ·对关键工序施工的关键班组要实行重奖 ·对材料操作损耗特别大的工序，可由生产班组直接承包 ·实行钢模零件和脚手螺丝有偿回收 ·实行班组落手清承包

31-5-4 施工项目成本核算

31-5-4-1 施工项目成本核算的对象、任务和要求

1. 施工项目成本核算的对象

施工项目成本一般以每一独立编制施工图预算的单位工程为成本核算对象，但也可以按照承包工程项目的规模、工期、结构类型、施工组织和施工现场等情况，结合成本控制的要求，灵活划分成本核算对象。一般说来有以下几种划分的方法：

(1) 一个单位工程由几个施工单位共同施工时，各施工单位都应以同一单位工程为成本核算对象，各自核算自行完成的部分。

(2) 规模大、工期长的单位工程，可以将工程划分为若干部位，以分部位的工程作为成本核算对象。

(3) 同一建设项目，由同一施工单位施工，并在同一施工地点，属于同一建设项目的各个单位工程合并作为一个成本核算对象。

(4) 改建、扩建的零星工程，可根据实际情况和管理需要，以一个单项工程为成本核算对象，或将同一施工地点的若干个工程量较少的单项工程合并作为一个成本核算对象。

2. 施工项目成本核算的基本任务

(1) 执行国家有关成本的开支范围、费用开支标准、工程预算定额和企业施工预算、成本计划的有关规定，控制费用，促使项目合理、节约地使用人力、物力和财力。这是施工项目成本核算的先决前提和首要任务。

(2) 正确及时地核算施工过程中发生的各项费用，计算施工项目的实际成本。是施工项目成本核算的主体和中心任务。

(3) 反映和监督施工项目成本计划的完成情况，为项目成本预测，为参与项目施工生产、技术和经营决策提供可靠的成本报告和有关资料，促使项目改善经营管理，降低成本，提高经济效益。这是施工项目成本核算的根本目的。

3. 施工项目的成本核算遵守的基本要求

(1) 划清成本、费用支出和非成本费用支出的界限。这是指划清不同性质的支出，即划清资本性支出和收益性支出与其他支出，营业支出与营业外支出的界限。这个界限也就是成本开支范围的界限。

(2) 正确划分各种成本、费用的界限。这是指对允许列入成本、费用开支范围的费用支出，在核算上应划清的几个界限：划清施工项目工程成本和期间费用的界限，划清本期工程成本与下期工程成本的界限，划清不同成本核算对象之间的成本界限，划清未完工程成本与已完工程成本的界限。

4. 施工项目成本计算期

建筑产品所固有的多样性和单件性的特点，决定了它属于批件生产类型，应采用分批（定单）进行成本核算，将生产费用按成本核算对象和成本项目进行归集与分配，按照工程价款结算时间与成本结算时间相一致的原则，对已向建设单位（发包单位）办理工程价款结算的已完工程，同时结算实际成本，形成表 31-88 所示的关系。

表 31-88

序号	项 目	说 明
1	成本计算方法	分批（定单法）
2	生产类型	单件、小批
3	成本核算对象	工程合同中的某个（或某批）单位工程
4	成本计算期	原则：以季为计算期，有条件以月为计算期 要求： （1）定期计算：采用按月结算工程价款的工程，以月为计算期 （2）不定期计算：采用按期结算工程价款的工程，以办理结算的当月为计算期
5	生产费用在已完工程和未完工程之间的分配	（1）按月结算工程价款方式 1) 未完工程价值较小的，一般可不分配 2) 未完工程价值较大的，应予分配 （2）按合同规定结算期结算工程价款方式： 1) 分段结算工程 一般需在两者之间进行分配 2) 竣工后一次结算工程结算前为未完工程费用，结算后为已完工程费用

31-5-4-2 施工项目成本核算的基础工作

1．施工项目成本会计的账表

项目经理部应根据会计制度的要求，设立核算必需的账户，进行规范的核算。编制项目资产负债表、损益表及项目有关的成本表、费用表。正式"成本会计"账表定为"三账四表"：工程施工账（项目成本明细账、单位工程成本明细账），施工间接费账，其他直接费账，项目工程成本表，在建工程成本明细表，竣工工程成本明细表和施工间接费表。

以下根据所附报表格式（表 31-89～表 31-94）说明各类报表的钩稽关系，项目经理部填列报表时同理操作。

××市施工企业 2000 年月度会计报表　　　　　　　表 31-89
主要税金应交明细表　　　　　　　会施地月 01 表附表
编报单位：××建筑工程公司　　2000 年×月　　　　金额单位：元

机行次	项 目	行次	本月数	本年累计数
1	一、增值税			
2	1．期初未交数（多交或未抵扣数用负号填列）	1	−1027276.59	336811.68
3	2．销项税额	2	548452.50	2768155.45
4	出口退税	3		
5	进项税额转出	4	15685.82	78073.07
6		5		
7	3．进项税额	6	1442136.72	4601871.80
8	已交税金	7	89.13	486532.52
9		8		
10	4．期末未交数	9	−1905364.12	1905364.12
11	二、消费税			
12	1．期初未交数（多交或未抵扣数用负号填列）	10		
13	2．应交数	11		
14	3．已交数	12		

续表

机行次	项　目	行次	本月数	本年累计数
15	4．期末未交数	13		
16	三、营业税			
17	1．期初未交数（多交数用负号填列）	14	2462084.65	1834326.18
18	2．应交数	15	2175218.30	9365580.68
19	3．已交数	16	2462084.65	9024688.56
20	4．期末未交数（多交数用负号填列）	17	2175218.30	2175218.30
21	四、城乡建设维护税			
22	1．期初未交数（多交数用负号填列）	18	172387.39	151979.66
23	2．应交数	19	152278.61	666985.30
24	3．已交数	20	172371.76	666670.72
25	4．期末未交数（多交数用负号填列）	21	152294.24	152294.24
26	五、土地增值税			
27	1．期初未交数（多交数用负号填列）	22		
28	2．应交数	23		
29	3．已交数	24		
30	4．期末未交数（多交数用负号填列）	25		
31	六、企业所得税			
32	1．期初未交数（多交数用负号填列）	26		
33	2．应交数	27		
34	3．已交数	28		
35	4．期末未交数（多交数用负号填列）	29		

行政领导人：　　　　　　　　　　　　　　　　　　　　　　　　　　　总会计师：

××市施工企业2000年月度会计报表　　　　　　　　表31-90

损　益　表

会施地月02表

编报单位：××建筑工程公司　　　2000年×月　　　　金额单位：元

机行次	项　目	行次	本月数	本年累计数
1	一、工程结算收入	1	46701942.58	201421463.90
2	减：工程结算成本	2	45565326.59	183777142.80
3	工程结算税金及附加	3	2222437.49	9569584.51
4	二、工程结算利润	4	－1085821.50	8074736.64
5	加：其他业务利润	5	1711728.57	5758997.96
6	减：管理费用	6	248072.51	12237008.08
7	财务费用	7	256.42	71182.15
8	三、营业利润	8	377578.14	1525544.37
9	加：投资收益	9	156000.00	478200
10	补贴收入	10		
11	营业外收入	11	86350.80	1311950.96
12	用含量工资节余弥补利润	12		
13				
14				
15	减：营业外支出	13	37623.87	66571.87
16	结转的含量工资节余	14		
17	四、利润总额（亏损以"－"号表示）	15	582305.07	3249123.46

会计主管人员：　　　　　　　　　　　　　　　　　　　　　　　　　　制表人：

表 31-91

工 程 成 本 表

编报单位：××建筑工程公司　　　2000年×月　　　会施地月 03-1表
单位：元

行次	项 目	预算成本	本　期　数			累　计　数			
			实际成本	降低额	降低率	实际成本	预算成本	降低额	降低率
		1	2	3	4	6	5	7	8
1	人工费	5286532.00	-391828.76	5678360.76	107.41%	1290607.08	16214551.17	14923944.09	92.04%
2	外清包人工费		2893527.65	-2893527.65		12249776.53		-12249776.53	3.69%
3	材料费	20339425.00	22224604.84	-1885179.84	-9.27%	80182326.90	83250108.69	3067781.79	10.07%
4	结构件	4333963.00	4198657.15	135305.85	3.12%	29846700.48	33187838.76	3341138.28	-61.94%
5	周转材料费	1784628.00	4483476.40	-2698848.40	-151.23%	13064617.15	8067643.06	-4996974.09	17.03%
6	机械使用费	2710929.00	2011767.33	699161.67	25.79%	12683446.46	15286881.00	2603434.54	-142.31%
7	其他直接费	309841.00	773678.60	-463837.60	-149.70%	7451119.78	3075058.00	-4376061.78	-4.11%
8	间接成本	3529284.00	4339813.57	-810529.57	-22.97%	16270420.40	15628257.20	-642163.20	0.96%
9	工程成本合计	38294602.00	40533696.78	-2239094.78	-5.85%	173039014.78	174710337.88	1671323.10	4.42%
10	分建成本	5219910.58	5031629.81	188280.77	3.61%	10738127.97	11234407.35	496279.38	1.17%
11	工程结算成本合计	43514512.58	45565326.59	-2050814.01	-4.71%	183777142.75	185944745.23	2167602.48	38.17%
12	工程结算其他收入	3187430.00	2222437.49	964992.51	30.27%	9569584.51	15476718.67	5907134.16	4.01%
13	工程结算成本总计	46701942.58	47787764.08	-1085821.50	-2.33%	193346727.26	201421463.90	8074736.64	

企业负责人：　　财会负责人：　　制表人：

表 31-92

在建工程成本明细表

编报单位：××建筑工程公司　　　2000年×月　　　本　月　数

单位名称	预算成本	人工费	外包费用	材料费	周转材料费	结构件	机械费	其他直接费
第一工程管理部	12512283.00	11836.00	877370.00	3715907.76	2789701.84	1735211.82	449886.34	216079.27
第二工程管理部	7955943.00	139574.00	754571.19	3466939.21	1102192.81	1137858.76	647321.73	58827.97
第三工程管理部	14275514.00	97491.00	337043.86	8428038.43	204531.04	214422.57	279660.91	402932.19
第五工程管理部	2084136.58		6900.00	103237.15	69510.84			
第六工程管理部	4495481.00	117372.00	282550.00	1408274.74	305213.55	1165638.00	259313.68	35917.00
安装分公司	2191155.00	60437.46	150483.31	1016758.15			4820.50	59922.17
第一分公司		-287020.89	84609.29	-193061.84	-21415.00	-54474.00	79014.53	
第二分公司		4181.10	400000.00	-198976.26			-63431.99	
第三分公司		-535699.43		4477487.50	33741.32		-126068.53	
机　　关							481250.16	
合　　计	43514512.58	-391828.76	2893527.65	22224604.84	4483476.40	4198657.15	2011767.33	773678.60

续表

本月数

单位名称	施工间接费	分包成本	实际成本合计	降低额	降低率	工程其他收入	预算成本	实际成本
第一工程管理部	2589555.44		12385548.47	126734.53	1.01%	645673.00	45238251.20	42184645.51
第二工程管理部	382334.22	3368295.00	7689619.89	266323.11	3.35%	643447.00	46557117.00	43307684.80
第三工程管理部	314212.52	1620054.81	13646627.52	628886.48	4.41%	999027.00	41670393.00	44181967.81
第五工程管理部	653407.64		1799702.80	284433.78	13.65%	195308.89	341735.27	180039.66
第六工程管理部	184998.27	43280.00	4227686.61	267794.39	5.96%	321797.00	25859872.00	21548171.78
安装分公司	-13551.83		1520699.86	670455.14	30.60%	371562.00	13048967.00	11066257.04
第一分公司	54655.67		-405899.74	405899.74		10615.11		328145.91
第二分公司	174201.64		-4595.22	4595.22				400511.37
第三分公司			-252801.26	252801.26				-567521.13
机关			-4958737.66	-4958737.66				
合计	4339813.57	5031629.81	45565326.59	-2050814.01	-4.71%	3187430.00	172716335.47	162629902.75

跨年度累计

单位名称	降低额	降低率	工程其他收入	预算成本	实际成本	降低额	降低率	工程其他收入
第一工程管理部	3053605.69	6.75%	2223570.67	201208888.41	197850521.70	3358366.71	1.67%	7352921.46
第二工程管理部	3249432.20	6.98%	4130338.00	124929699.00	124056554.93	873144.07	0.70%	5696143.00
第三工程管理部	-2511574.81	-6.03%	3302010.73	120233261.00	122110064.68	-1876803.68	-1.56%	5616891.39
第五工程管理部	161695.61	47.32%	870220.66	29740832.31	28930716.36	810115.95	2.72%	870220.66
第六工程管理部	4311700.22	16.67%	2139401.00	81831521.00	79976752.79	1854768.21	2.27%	3356959.00
安装分公司	1982709.96	15.19%	1636181.92	78114243.43	75930811.15	2183432.28	2.80%	3397726.00
第一分公司	-3281145.91		13382.17		897533.83	-897533.83		20656.92
第二分公司	-400511.37				400511.37	-400511.37		
第三分公司	567521.13				-567521.13	567521.13		9580.72
机关			9580.72					
合计	10086432.72	5.84%	14324685.87	636058445.15	629585945.68	6472499.47	1.02%	26321099.15

单位负责人：   成本员：   编报日期：2000年×月×日

竣工工程成本明细表

表 31-93

编报单位：××建筑工程公司　　　　2000年×月

单位名称	预算	人工费 实际	其他直接费 预算	其他直接费 实际	外包费用	材料费 预算	材料费 实际	周转材料费 预算	周转材料费 实际	结构件 预算	结构件 实际
第一工程管理部	809155.00	121331.48			868516.80	4244660.00	3165225.16	510209.00	891855.75	5521228.00	4884643.38
第二工程管理部	734237.00	794214.06			-9412.62	2929414.00	3119769.16	685141.00	1544701.92	1956798.78	1941107.72
第三工程管理部	1828395.00	785987.48			2265101.15	8290686.77	8780801.87	748225.80	2458312.77	5234527.76	3789487.88
第五工程管理部	850013.81	193864.99			719429.46	5852209.00	4793039.99	1018918.00	923880.42	6044803.00	5069108.89
第六工程管理部							-66789.00		717737.33		2276688.38
安装分公司	499977.00	291912.81			2150349.33	10808880.00	7820242.77				
第一分公司											
第二分公司											
第三分公司											
机关							8710410.99				
合计	4721777.81	2187310.82			5993984.12	32125849.77	36322700.94	2962493.80	6536488.19	18757357.54	17961036.25

单位名称	机械费 预算	机械费 实际	其他直接费 预算	其他直接费 实际	施工间接费 预算	施工间接费 实际	分建成本 预算	分建成本 实际	合计 预算成本	合计 实际
第一工程管理部	313765.00	731510.87	52027.04		685115.00	1533162.28	3741130.00	3707223.81	12074616.00	11254103.62
第二工程管理部	520375.84	568006.93	10000.00	-2855.00	689862.00	2076230.66	3362290.00	3368295.00	22275900.46	19636911.60
第三工程管理部	1257438.00	1447592.33	136549.42	78764.13	1475573.00	-2598615.00	2845302.08	2673547.49		
第五工程管理部	1396821.00	1267143.84		66124.00	1562720.71	1737837.67				
第六工程管理部		-479645.86	1196901.58							
安装分公司	307966.00	185471.82	-29203.31		1149294.00	691451.76	1290937.08	1083478.07	14057054.08	
第一分公司										
第二分公司										
第三分公司										
机关		572181.61								
合计	3796365.84	4292261.54	1366274.73	132517.13	5562564.71	3440067.37	11239659.16	10832544.37	79298585.76	

续表

单位名称	合计					合计数中属于本年度的				
	实际成本	降低额	降低率	工程其他收入	预算成本	实际成本	降低额	降低率	工程其他收入	
第一工程管理部	12248272.76	-173656.76	-1.44%	12208.00	-713985.00	-121175.74	-592809.26	83.03%	12208.00	
第二工程管理部	13751841.64	-2497738.02	-22.19%	91505.49	3856884.62	5026947.33	-1170062.71	-30.34%	49497.49	
第三工程管理部	20433512.90	1842387.56	8.27%	522614.11	4612133.46	-688140.08	5300273.54	144.92%	279166.11	
第五工程管理部	17377852.75	2259058.85	11.50%	811161.20	3950042.60	3433575.65	516466.95	13.07%	811161.20	
第六工程管理部	3644892.43	-3644892.43				3644892.43	-3644892.43			
安装分公司	12193703.25	1863350.83	13.26%		1523334.08	568547.81	954786.27	62.68%		
第一分公司										
第二分公司										
第三分公司										
机关	9282592.60	-9282592.60				9282592.60	-9282592.60			
合计	88932668.33	-9634082.57	-12.15%	1437488.80	13228409.76	21147240.00	-7918830.24	-59.86%	-1152032.80	

单位负责人：　　　　　　　　　　　成本员：　　　　　　　　　　　　编报日期：2000 年　月

费 用 表

表 31-94

编报单位：××建筑工程公司　　　　2000年×月　　　　单位：元

行次	项目	管理费用	财务费用	施工间接费	小计	备注
1	工作人员薪金					
2	职工福利费					
3	工会经费					
4	职工教育经费					
5	差旅交通费					
6	办公费					
7	固定资产使用费					
8	低值易耗品摊销					
9	劳动保护费					
10	技术开发费					
11	业务活动经费					
12	各种税金					
13	上级管理费					
14	劳保统筹费					
15	离退休人员医疗费					
16	其他劳保费用					
17	利息支出					
17-1	其中：利息收入					
18	银行手续费					
19	其他财务费用					
20	内部利息					
21	资金占用费					
22	房改支出					
23	坏账损失					
24	保险费					
25						
26						
27	其他					
28	合计					

行政领导人：　　　　　　　财会主管人员：　　　　　　　编表人：

2．施工项目成本核算的"管理会计"台账（表31-95）

施工项目成本核算的"管理会计"台账

表 31-95

序号	台账名称	责任人	原始资料来源	设置要求
1	产值构成台账	统计员	"已完工程验工月板"	反映施工产值的费用项目组成
2	预算成本构成台账	统计员 预算员	"已完工程验工月板"及"竣工结算账单"	反映预算成本按成本项目的拆算情况

续表

序号	台账名称	责任人	原始资料来源	设置要求
3	增减账台账	预算员	增减账资料	反映单位工程在施工过程中因工程变更而发生的工程造价的变更情况，以及按实算按实调整的事项和金额
4	人工耗用台账	经济员	劳动合同结算单	反映内包工和外包工的用工情况
5	材料耗用台账	料具员	入库单，限额领料单	反映月度分部分项收、发、存数量金额
6	结构件耗用台账	构件员	结构耗材费用月报	反映单位工程主要结构件的耗用情况
7	周转材料使用台账	料具员	周转材料租用结算单	反映单位工程周转材料的租用和赔偿情况
8	机械使用台账	经济员	机械租赁月报	反映单位工程的机械租赁情况
9	临时设施（专项工程）台账	料具员（经济员）	搭拆临时设施耗工、耗料等资料	反映临时设施的搭拆情况
10	技术措施执行情况台账	工程师 预算员 成本员	措施项目、工程量和措施内容，节约效果	反映单位工程技术组织措施的执行和节约效果，检查和分析技术组织措施的执行情况
11	质量成本台账	施工员 技术员 经济员	用于技措项目的报耗实物量费用原始单据	反映保证和提高工程项目质量而支出的有关费用
12	甲供料台账	核算员 料具员	建设单位（总承包单位）提供的各种材料构件验收、领用单（包括三料交料情况）	反映供料实际数据、规格、损坏情况
13	分包合同台账	成本员	有关合同副本应交项目成本员备案，以便登记和结算	反映项目经理部与有分包商签订的主要经济合同的签约、履行、结算等情况

表 31-95 所列各种台账的表格见表 31-96～表 31-108。

31-5-4-3 施工项目成本核算工程流程

项目经理部在承建工程项目收到设计图纸以后，一方面要进行现场"三通一平"等施工前期准备工作；另一方面，还要组织力量分头编制施工图预算、施工组织设计，降低成本计划及其他实施和控制措施，最后将实际成本与预算成本、计划成本对比考核。对比的内容，包括项目总成本和各个成本项目的相互对比，用以观察分析成本升降情况，同时作为考核的依据。比较的方法如下：

通过实际成本与预算成本的对比，考核工程项目成本的降低水平；通过实际成本与计划成本的对比，考核工程项目成本的管理水平。

施工项目成本核算和管理的工作流程见图 31-66。

产值构成台账

表 31-96

单位工程名称：

年　月份

日期		工作量(万元)	预算成本					工程成本表预算成本合计	计划利润 4%	装备费 3%	劳保基金 1.92%	二税一费	二站费用	双包费用	机械分包
年	月		人工费	材料费	结构件	周转材料费	间接费	利息	2.5%大临费	计账数合计	系数材差	高进高出			已减让利	全部	全部			

预算成本构成台账

表 31-97

单位工程名称：

	结构	面积 m^2	预算造价					竣工决算造价					备注
			人工费	材料费	结构件	周转材料费	机械使用费	其他直接费	施工间接费	分建成本	合计		
原合同数													
增减账													
竣工决算数													
逐月发生数 年 月													

制表人

单位工程增减账台账

表 31-98

单位工程名称：

编号	日期		内容	金额	其中：直接费部分						签证状况		
	年	月			合计	人工费	材料费	结构件	周转材料费	机械费	其他直接费	已送审	已签证	已报工作录
1														
2														
3														
…														

表 31-99

人 工 耗 用 台 账

单位名称：

日期		内包工		外包工		其他		合计		备注
年	月	工日数	金额	工日数	金额	工日数	金额	工日数	金额	

单位工程名称：

表 31-100

主 要 材 料 耗 用 台 账

单位名称：

材料名称		水泥 32.5级	水泥 42.5级	水泥 52.5级	砂子	石子	统一砖	20孔	水灰	纸筋灰	商品混凝土	沥青	玻璃	油毛毡	瓷砖	地砖	陶瓷锦砖
规格	单位	t	t	t	t	t	万块	万块	t	t	m³	t	m²	卷	块	块	m²
日期		合同预算数	增加账	实际耗用数													
年	月																

单位工程名称：

结构件耗用台账

表 31-101

单位工程名称：

年		构件名称	钢窗	钢门	钢框	木门	木窗	其他木制品	多孔板	槽形板	阳台板	扶梯梁	扶梯板	过梁	小构件	成型钢筋	金属制品	铁制品
月	日	规格	m²	m²	m²	m²	m²	元	m²	m²	m²	m²	m²	m²	m²	t	t	t
		单位																
		计划单价																
		预算用量																
		增减账																
		实际耗用量																

周转材料使用台账

表 31-102

单位工程名称：

年		名称	组合钢模		钢管脚手		脚手扣件		回形销		山字夹		毛竹		海底色		钢木脚手板		木模		组合钢模赔损		金额合计
月	日	单位	m²		套		只		只		只		支		块		块		m²		m²		
		单价	数量	金额	数量	金额	数量	金额	数量	金额	数量	金额	数量	金额	数量	金额	数量	金额	数量	金额	数量	金额	
		摘要																					
		施工预算用量																					

机械使用台账

表 31-103

单位工程名称：

机械名称：
型号规格：

年																	金额合计
月	台班	单价	金额	台班	单价	金额	台班	单价	金额	台班	单价	金额	台班	单价	金额	台班	单价	金额

表 31-104

临时设施（专项工程）台账

工程项目名称：

日期		人工		水泥	钢材	木材	砂子	石子	砖	门窗	屋架	石棉瓦	浴室	食堂	宿舍	厕所	其他	活动房	机械费	金额合计
年	月	工日	金额	t	t	m³	t	t	万元	m²	榀	张	元	元	元	元	元	元	元	

逐月消耗

日期		作业棚	机具棚	材料库	办公室	休息室	化灰池	化粪池	储灰池	道路	围墙	水电料								
年	月	m² 元	m² 元	m² 元	m² 元	m² 元	m³ 元	m³ 元	m³ 元	元	元	元								

化制建成

裁处记录

表 31-105

技术措施执行台账

工程项目名称：

年	月	日	分部分项	单位	工程量	掺用原状煤灰代砂子	掺用石屑代砂子	掺用磨细粉煤灰节约水泥	使用碎砖三合土代道渣	使用散装水泥	金额合计
1		30	钢筋混凝土带基C20	m³	120.00		37.92 227.52				227.5
			基础墙MU10	m³	154.00	116.66 2566.52					2566.5
			本月合计								2794.0
			自开工起累计								

注：节约金额的计算：1. 钢筋混凝土带基120m³，掺用50%石屑代砂子：120×0.632×50%×(30－24)

2. MU10砂浆基础墙154m³，掺用50%原状煤灰代砂子：154×1.515×50%×(30－8)

质量成本台账

表31-106

工程项目名称：

	日期							
质量成本科目								
预防成本	质量工作费							
	质量培训费							
	质量奖励费							
	在建产品保护费							
	工资及福利基金							
	小计							
鉴定成本	材料检验费							
	构件检验费							
	计量工具检验费							
	工资及福利基金							
	小计							
内部故障成本	操作返修损失							
	施工方案失误损失							
	窝工损失							
	事故分析处理费							
	质量罚款							
	质量过剩支出							
	外单位损坏返修损失							
	小计							
外部故障成本	保护期修补							
	回访管理费							
	诉讼费							
	索赔费用							
	经营损失							
	小计							
外部保证成本	评审费用							
	评审管理费							
质量成本总计								
(质量成本/实际成本)×100%								

表 31-107

甲 供 料 台 账

年		凭证		摘要	供料情况				结算方式			经办人	备注
月	日	种类	编号		名称	规格	单位	数量	结算方式	单价	金额		

表 31-108

分 包 合 同 台 账

工程项目名称：

序	合同名称	合同编号	签约日期	签约人	对方单位及联系人	合同标的	履行标的	结算日期	违约情况	索赔记录

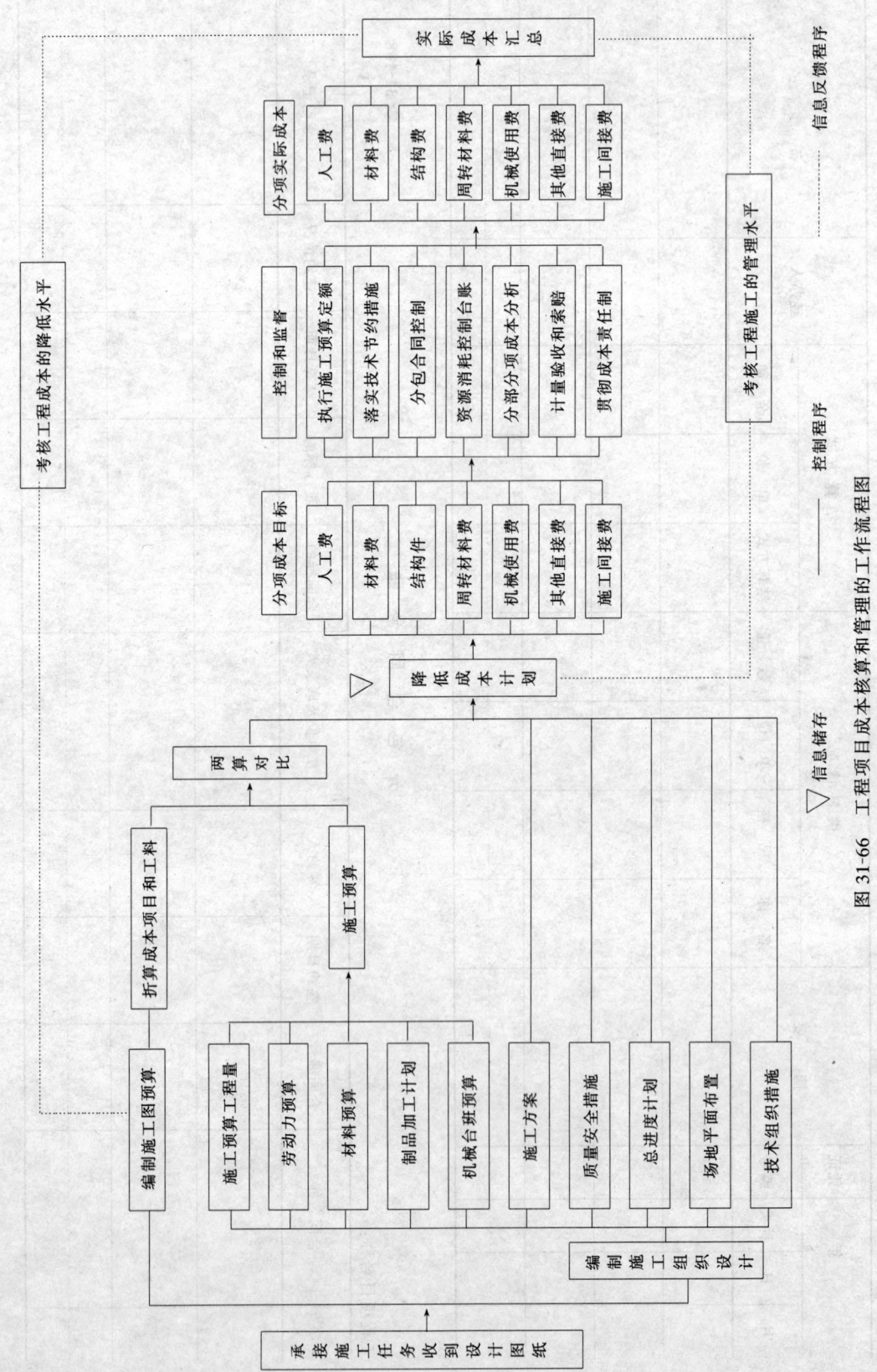

图 31-66 工程项目成本核算和管理的工作流程图

31-5-4-4 施工项目成本核算的办法

成本的核算过程，实际上也是各项成本项目的归集和分配过程。成本的归集是指通过一定的会计制度以有序的方式进行成本数据的收集和汇总，而成本的分配是指将归集的间接成本分配给成本对象的过程，也称间接成本的分摊或分派。

1. 人工费核算

内包人工费，按月估算计入项目单位工程成本。外包人工费，按月凭项目经济员提供的"包清工工程款月度成本汇总表"预提计入项目单位工程成本。上述内包、外包合同履行完毕，根据分部分项的工期、质量、安全、场容等验收考核情况，进行合同结算，以结账单按实据以调整项目的实际值。

2. 材料费核算

(1) 工程耗用的材料，根据限额领料单、退料单、报损报耗单、大堆材料耗用计算单等，由项目料具员按单位工程编制"材料耗用汇总表"，据以计入项目成本。

(2) 钢材、水泥、木材价差核算

①标内代办。指"三材"差价列入工程预算账单内作为造价组成部分。由项目成本员按价差发生额，一次或分次提供给项目负责统计的统计员报出产值，以便收回资金。单位工程竣工结算，按实际消耗来调整实际成本。

②标外代办。指由建设单位直接委托材料分公司代办三材，其发生的"三材"差价，由材料分公司与建设单位按代办合同口径结算。项目经理部只核算实际耗用超过设计预算用量的那部分量差及应负担市场部高进高出的差价，并计入相应的单位工程成本。

(3) 一般价差核算

①提高项目材料核算的透明度，简化核算，做到明码标价。

②钢材、水泥、木材、玻璃、沥青按实际价格核算，高于预算费用的差价，高进高出，谁用谁负担。

③装饰材料按实际采购价作为计划价核算，计入该项目成本。

④项目对外自行采购或按定额承包供应材料，如砖、瓦、砂、石、小五金等，应按实际采购价或按议价供应价格结算，由此产生的材料成本差异节超，相应增减成本。

3. 周转材料费核算

(1) 周转材料实行内部租赁制，以租费的形式反映消耗情况，按"谁租用谁负担"的原则，核算其项目成本。

(2) 按周转材料租赁办法和租赁合同，由出租方与项目经理部按月结算租赁费。租赁费按租用的数量、时间和内部租赁单价计入项目成本。

(3) 周转材料在调入移出时，项目经理部都必须加强计量验收制度，如有短缺、损坏，一律按原价赔偿，计入项目成本（短损数＝进场数－退场数）。

(4) 租用周转材料的进退场运费，按其实际发生数，由调入项目负担。

(5) 对 U 形卡、脚手扣件等零件除执行租赁制外，考虑到其比较容易散失的因素，故按规定实行定额预提摊耗，摊耗数计入项目成本，相应减少次月租赁基数及租费。单位工程竣工，必须进行盘点，盘点后的实物数与前期逐月按控制定额摊耗后的数量差，按实调整清算计入成本。

(6) 实行租赁制的周转材料，一般不再分配负担周转材料差价。

4. 结构件费核算

(1) 项目结构件的使用必须要有领发手续，并根据这些手续，按照单位工程使用对象编制"结构件耗用月报表"。

(2) 项目结构件的单价，以项目经理部与外加工单位签订的合同为准，计算耗用金额进入成本。

(3) 根据实际施工形象进度、已完施工产值的统计、各类实际成本报耗三者在月度时点的三同步原则（配比原则的引申与应用），结构件耗用的品种和数量应与施工产值相对应。结构件数量金额账的结存数，应与项目成本员的账面余额相符。

(4) 结构件的高进高出价差核算同材料费高进高出价差核算一致。

(5) 如发生结构件的一般价差，可计入当月项目成本。

(6) 部位分项分包，如铝合金门窗、卷帘门、轻钢龙骨石膏板、平顶屋面防水等，按照企业通常采用的类似结构件管理和核算方法，项目经济员必须做好月度已完工程部分验收记录，正确计报部位分项分包产值，并书面通知项目成本员及时、正确、足额计入成本。

(7) 在结构件外加工和部位分包施工过程中，项目经理部通过自身努力获取经营利益或转嫁压价让利风险所产生的利益，均应受益于施工项目。

5. 机械使用费核算

(1) 机械设备实行内部租赁制，以租赁费形式反映其消耗情况，按"谁租用谁负担"原则，核算其项目成本。

(2) 按机械设备租赁办法和租赁合同，由企业内部机械设备租赁市场与项目经理部按月结算租赁费。租赁费根据机械使用台班、停置台班和内部租赁单价计算，计入项目成本。

(3) 机械进出场费，按规定由承租项目负担。

(4) 项目经理部租赁的各类中小型机械，其租赁费全额计入项目机械费成本。

(5) 根据内部机械设备租赁运行规则要求，结算原始凭证由项目指定专人签证开班和停班数，据以结算费用。现场机、电、修等操作工奖金由项目考核支付，计入项目机械成本并分配到有关单位工程。

(6) 向外单位租赁机械，按当月租赁费用全额计入项目机械费成本。

6. 其他直接费核算

项目施工生产过程中实际发生的其他直接费，有时并不"直接"，凡能分清受益对象的，应直接计入受益成本核算对象的工程施工—"其他直接费"，如与若干个成本核算对象有关的，可先归集到项目经理部的"其他直接费"总账科目（自行增设），再按规定的方法分配计入有关成本核算对象的工程施工—"其他直接费"成本项目内。分配方法可参照费用计算基数，以实际成本中的直接成本（不含其他直接费）扣除"三材"差价为分配依据。即人工费、材料费、周转材料费、机械使用费之和扣除高进高出价差。

(1) 施工过程中的材料二次搬运费，按项目经理部向劳务分公司汽车队托运包天或包月租费结算，或以汽车公司的汽车运费计算。

(2) 临时设施摊销费按项目经理部搭建的临时设施总价（包括活动房）除项目合同工期求出每月应摊销额，临时设施使用一个月摊销一个月，摊完为止。项目竣工搭拆差额

（盈亏）按实调整实际成本。

（3）生产工具用具使用费。大型机动工具、用具等可以套用类似内部机械租赁办法以租费形式计入成本，也可按购置费用一次摊销法计入项目成本，并做好在用工具实物借用记录，以便反复利用。工具用具的修理费按实际发生数计入成本。

（4）除上述以外的其他直接费内容，均应按实际发生的有效结算凭证计入项目成本。

7．施工间接费核算

施工间接费的具体费用核算内容已在 31-5-1-3 施工项目成本的构成已有论述，这里不再重复。下面着重讨论几个应注意的问题：

（1）要求以项目经理部为单位编制工资单和奖金单列支工作人员薪金。项目经理部工资总额每月必须正确核算，以此计提职工福利费、工会经费、教育经费、劳保统筹费等。

（2）劳务分公司所提供的炊事人员代办食堂承包、服务、警卫人员提供区域岗点承包服务以及其他代办服务费用计入施工间接费。

（3）内部银行的存贷款利息，计入"内部利息"（新增明细子目）。

（4）施工间接费，先在项目"施工间接费"总账归集，再按一定的分配标准计入受益成本核算对象（单位工程）"工程施工—间接成本"。

8．分包工程成本核算

（1）包清工程，如前所述纳入人工费—外包人工费内核算。

（2）部位分项分包工程，如前所述纳入结构件费内核算。

（3）双包工程，是指将整幢建筑物以包工包料的形式包给外单位施工的工程。可根据承包合同取费情况和发包（双包）合同支付情况，即上下合同差，测定目标盈利率。月度结算时，以双包工程已完工程价款作收入，应付双包单位工程款作支出，适当负担施工间接费预结降低额。为稳妥起见，拟控制在目标盈利率的 50% 以内，也可月结成本时作收支持平，竣工结算时，再接实调整实际成本，反映利润。

（4）机械作业分包工程，是指利用分包单位专业化的施工优势，将打桩、吊装、大型土方、深基础等施工项目分包给专业单位施工的形式。对机械作业分包产值的统计的范围是，只统计分包费用，而不包括物耗价值。机械作业分包实际成本与此对应包括分包结账单内除工期费之外的全部工程费。总体反映其全貌成本。

同双包工程一样，总分包企业合同差，包括总包单位管理费，分包单位让利收益等在月结成本时，可先预结一部分，或月结时作收支持平处理，到竣工结算时，再作项目效益反映。

（5）上述双包工程和机械作业分包工程由于收入和支出比较容易辨认（计算），所以项目经理部也可以对这两项分包工程，采用竣工点交办法，即月度不结盈亏。

（6）项目经理部应增设"分建成本"成本项目，核算反映双包工程、机械作业分包工程的成本状况。

（7）各类分包形式（特别是双包），对分包单位领用、租用、借用本企业物资、工具、设备、人工等费用，必须根据经管人员开具的、且经分包单位指定专人签字认可的专用结算单据，如"分包单位领用物资结算单"及"分包单位租用工具设备结算单"等结算依据入账，抵作已付分包工程款。同时，要注意对分包资金的控制，分包付款、供料控制，主要应依据合同及要料计划实施制约，单据应及时流转结算，账上支付款（包括抵作额）不得突破合同。要注意阶段控制，防止资金失控，引起成本亏损。

31-5-5 施工项目成本分析和考核

31-5-5-1 施工企业的成本分析的内容和分类

施工企业成本分析的内容就是对施工项目成本变动因素的分析。影响施工项目成本变动的因素有两个方面，一是外部的属于市场经济的因素，二是内部的属于企业经营的因素。影响施工项目成本变动的市场因素主要包括施工企业的规模和技术装备水平，施工企业专业协作的水平以及企业员工的技术水平及操作熟练程度等几个方面，这些因素不是在短期内所能改变的。重点是影响施工项目成本升降的内部因素包括：材料、能源利用效果，机械设备的利用效果，施工质量水平的高低，人工费用水平的合理性和其他影响施工项目成本变动的因素（其他直接费用以及为施工准备、组织施工和管理所需的费用）。

施工项目成本分析的分类见表31-109。

施工项目成本分析的分类表　　　　　　表31-109

类　别	内　容
随项目施工的进展进行的成本分析	·分部分项工程成本分析 ·月（季）度成本分析 ·年度成本分析 ·竣工成本分析
按成本项目构成进行的成本分析	·人工费分析 ·材料费分析 ·机械使用费分析 ·其他直接费分析 ·间接成本分析
专题分析及影响因素分析	·成本盈亏异常分析 ·工期成本分析 ·资金成本分析 ·技术组织措施节约效果分析 ·其他因素对成本影响分析

31-5-5-2 施工项目成本分析的方法

1．成本分析的基本方法

（1）比较法（又称指标对比分析法）

①将实际指标与目标指标对比。以此检查目标的完成情况，分析完成目标的积极因素和影响目标完成的原因，以便及时采取措施，保证成本目标的实现。

②本期实际指标和上期实际指标对比。通过这种对比，可以看出各项技术经济指标的动态情况，反映施工项目管理水平的提高程度。

③与本行业平均水平、先进水平对比。通过这种对比，可以反映项目的技术管理和经济管理与其他项目的平均水平和先进水平的差距，进而采取措施赶超先进水平。

【例】　某项目本年度"三材"的目标为100000元，实际节约120000元，上年节约95000元，本企业先进水平节约130000元。根据上述资料编制分析表，见表31-110。

实际指标与目标指标、上期指标、先进水平对比表　　　　表 31-110

单位：元

指　标	本年目标数	上年实际数	企业先进水平	本年实际数	差异数		
					与目标比	与上年比	与先进比
"三材节约额"	100000	95000	130000	120000	+20000	+25000	-10000

2．因素分析法（又称连锁置换法或连环替代法）

这种方法可以用来分析各种因素对成本形成的影响程度。在进行分析时，首先要假定众多因素中的一个因素发生了变化，而其他因素不变，然后逐个替换，并分别比较其计算结果，以确定各个因素的变化对成本的影响程度。

因素分析法的计算步骤如下：

①确定分析对象（即所分析的技术经济指标），并计算出实际与目标（或预算）数的差异；

②确定该指标是由哪几个因素组成的，并按其相互关系进行排序；

③以目标（或预算）数量为基础，将各因素的目标（或预算）数相乘，作为分析替代的基数；

④将各个因素的实际数按照上面的排列顺序进行替换计算，并将替换后的实际数保留下来；

⑤将每次替换计算所得的结果与前一次的计算结果相比较，两者的差异即为该因素对成本的影响程度；

⑥各个因素的影响程度之和应与分析对象的总差异相等。

【例】　某工程浇筑一层结构商品混凝土，目标成本 364000 元，实际成本为 383760 元，比目标成本增加 19790 元。根据表 31-111 的资料，用"因素分析法"分析其成本增加原因。

商品混凝土目标成本与实际成本对比表　　　　表 31-111

项　目	单　位	计　划	实　际	差　额
产量	m³	500	520	+20
单价	元	700	720	+20
损耗率	%	4	2.5	-1.5
成本	元	364000	383760	+19760

【解】　①分析对象是浇筑一层结构商品混凝土的成本，实际成本与目标成本的差额为 19760 元。

②该指标是由产量、单价、损耗率三个因素组成的，其排序见表 31-112。

③以目标数 364000 元（$=500 \times 700 \times 1.04$）为分析替代的基础。

④第一次替代：产量因素，以 520 替代 500，得 378560 元，即 $520 \times 700 \times 1.04 = 378560$ 元。

第二次替代：单价因素，以 720 替代 700，并保留上次替代后的值，得 389376 元，即 $520 \times 720 \times 1.04 = 389376$ 元。

第三次替代：损耗率因素，以1.025替代1.04，并保留上两次替代后的值，得38760元，即 $520 \times 720 \times 1.025 = 383760$ 元

⑤计算差额：第一次替代与目标数的差额 = 378560 - 364000 = 14560 元

第二次替代与第一次替代的差额 = 389376 - 378560 = 10816 元

第三次替代与第二次替代的差额 = 383760 - 389376 = -5616 元

产量增加使成本增加了14560元，单价提高使成本增加了10816元，而损耗率下降使成本减少了5616元。

⑥各因素的影响程度之和 = 14560 + 10816 - 5616 = 19760 元，与实际成本与目标成本的总差额相等。

为了使用方便，企业也可以通过运用因素分析表来求出各因素的变动对实际成本的影响程度，其具体形式见表31-112。

商品混凝土成本变动因素分析表　　　　　　　　　　表31-112

顺　序	连环替代计算	差异（元）	因　素　分　析
目标数	$500 \times 700 \times 1.04$		
第一次替代	$520 \times 700 \times 1.04$	14560	由于产量增加 $120m^3$，成本增加 14560 元
第二次替代	$520 \times 720 \times 1.04$	10816	由于单价提高 20 元，成本增加 10816 元
第三次替代	$520 \times 720 \times 1.025$	-5616	由于损耗率下降 15%，成本减少 5616 元
合　计	14560 + 10216 - 5616 = 19760	19760	

必须说明，在应用"因素分析法"时，各因素的排列顺序应该固定不变。否则，就会得出不同的计算结果，也会产生不同的结论。

(3) 差额计算法

差额计算法是因素分析法的一种简化形式，它利用各个因素的目标与实际的差额来计算其对成本的程度。

(4) 比率法

比率法是指用两个以上的指标的比例进行分析的方法。它的基本特点是：先把对比分析的数值变成相对数，再观察其相互之间的关系。常用的比率法有：相关比率、构成比率和动态比率。

2．综合成本的分析方法

(1) 分部分项工程成本分析。是施工项目成本分析的基础。分析对象是已完分部分项工程。分析方法：进行预算成本、目标成本和实际成本的"三算"对比，分别计算实际偏差和目标偏差，分析偏差产生的原因，为今后的分部分项工程成本寻找节约途径。

分部分项工程成本分析表的格式见表31-113。

(2) 月（季）度成本分析。是施工项目定期的、经常性的中间成本分析。月（季）度的成本分析的依据是月（季）度的成本报表。分析的方法通常有以下几个方面：

①通过实际成本与预算成本的对比，分析当月（季）的成本降低水平；通过累计实际成本与累计预算成本的对比，分析累计的成本降低水平，预测出实际项目成本的前景。

②通过实际成本与目标成本的对比，分析目标成本的落实情况，以及目标管理中的问题和不足，进而采取措施，加强成本控制，保证成本目标的落实。

分部分项工程成本分析　　　　　　　　　　　　　　　　　　表 31-113

单位工程：_____

分部分项工程名称：_____　工程量：_____　施工班组：_____　施工日期：_____

工料名称	规格	单位	单价	预算成本		计划成本		实际成本		实际与预算比较		实际与计划比较	
				数量	金额	数量	金额	数量	金额	数量	金额	数量	金额
合计													
实际与预算比较%（预算=100）													
实际与计划比较%（计划=100）													
节超原因说明													

编制单位：　　　　　　　　成本员：　　　　　　　　填表日期：

③通过对各成本项目的成本分析，可以了解成本总量的构成比例和成本控制的薄弱环节。

④通过主要技术经济指标的实际与目标对比，分析产量、工期、质量、"三材"节约率、机械利用率等对成本的影响。

⑤通过对技术组织措施执行效果的分析，寻求更加有效的节约途径。

⑥分析其他有利条件和不利条件对成本的影响。

（3）年度成本分析。分析的依据是年度成本报表。分析的内容，除了月（季）度成本分析的六个方面以外，重点是针对下一年度的施工进展情况规划切实可行的成本控制措施，以保证施工项目成本目标的实现。

（4）竣工成本的综合分析。凡是有几个单位工程而且是单独进行成本核算的施工项目，其竣工成本分析应以各单位工程竣工成本分析资料为基础，再加上项目经理部的经济效益（如资金调度、对外分包等所产生的效益）进行综合分析。如果施工项目只有一个成本核算对象（单位工程），就以该成本核算对象的竣工成本资料作为成本分析的依据。单位工程竣工成本分析的内容应包括：竣工成本分析；主要资源节超对比分析；主要技术节约措施及经济效果分析。通过以上分析，可以全面了解单位工程的成本构成和降低成本的来源，对今后同类工程的成本控制很有参考价值。

3．专项成本的分析方法

（1）成本盈亏异常分析。检查成本盈亏异常的原因，应从经济核算的"三同步"入手。"三同步"检查可以通过以下五个方面的对比分析来实现。

①产值与施工任务单的实际工程量和形象进度是否同步？

②资源消耗与施工任务单的实耗人工、限额领料单的实耗耗料、当期租用的周转材料和施工机械是否同步？

③其他费用（如材料价差、超高费、井点抽水的打拨费和台班费等）的产值统计与实

际支付是否同步?

④预算成本与产值统计是否同步?

⑤实际成本与资源消耗是否同步?

月度成本盈亏异常情况分析表的格式见表31-114。

月度成本盈亏异常情况分析表 表31-114

工程名称_____

结构层数_____ 200 年 月份 预算造价_____万元

到本月末的形象进度												
累计完成产值			万元	累计点交预算成本								万元
累计发生实际成本			万元	累计降低或亏损			金额			率		%
本月完成产值			万元	本月点交预算成本								万元
本月发生实际成本			万元	本月降低或亏损			金额			率		%

已完工程及费用名称	单位	数量	产值	资源消耗									机械租费	工料机金额合计
				实耗人工		实耗材料								
				工日	金额	金额小计	其　中							
							水泥		钢材		木材		结构件	设备
							数量	金额	数量	金额	数量	金额	金额	租费

(2) 工期成本分析。就是目标工期成本和实际工期成本的比较分析。所谓目标工期成本,是指在假定完成预期利润的前提下计划工期内所耗用的目标成本。而实际成本则是在实际工期耗用的实际成本。工期成本分析的方法一般采用比较法,即将目标工期成本与实际工期成本进行比较,然后应用"因素分析法"分析各种因素的变动对工期成本差异的影响程度。

(3) 资金成本分析。进行资金成本分析,通常应用"成本支出率"指标,即成本支出占工程款收入的比例。计算公式如下:成本支出率=(计算期实际成本支出/计算期实际工程款收入)×100%。通过对"成本支出率"的分析,可以看出资金收入中用于成本支出的比重有多大;也可通过资金管理来控制成本支出;还可联系储备金和结存资金的比重,分析资金使用的合理性。

(4) 技术组织措施执行效果分析。对执行效果的分析要实事求是,既要按理论计算,又要联系实际。对节约的实物进行验收,然后根据节约效果论功行赏,以激励有关人员执行技术组织措施的积极性。不同特点的施工项目,需要采取不同的技术组织措施,有很强的针对性和适应性。在这种情况下,计算节约效果的方法也会有所不同。但总的来说,措施节约效果=措施前的成本-措施后的成本。对节约效果的分析,需要联系措施的内容和措施的执行经过来进行。

(5) 其他有利因素和不利因素对成本影响的分析。这些有利因素和不利因素,包括工程结构的复杂性和施工技术上的难度,施工现场的自然地理环境(如水文、地质、气候等),以及物资供应渠道和技术装备水平等等。它们对成本的影响,需要具体问题具体分析。

4．目标成本差异分析方法

（1）人工费分析。主要依据是工程预算工日和实际人工的对比，分析出人工费的节约和超用的原因。主要因素有两个：人工费量差和人工费价差。其计算公式如下：

人工费量差＝（实际耗用工日数－预算定额工日数）×预算人工单价

人工费价差＝实际耗用工日数×（实际人工单价－预算人工单价）

影响人工费节约和超支的原因是错综复杂的，除上述分析外，还应分析定额用工、估点工用工，从管理上找原因。

（2）材料费分析

①主要材料和结构件费用的分析。为了分析材料价格和消耗数量的差异对材料和结构件费用的影响程度，可按下列计算公式计算：

因材料价格差异对材料费的影响＝（实际单价－目标单价）×实际用量

因材料用量差异对材料费的影响＝（实际用量－目标用量）×目标单价

主要材料和结构件差异分析表的格式见表31-115。

主要材料和结构件差异分析表　　　　　　　　　　　表31-115

材料名称	价 格 差 异				数 量 差 异				成本差异
	实际单价	目标单价	节超	价差金额	实际用量	目标用量	节超	量差金额	

②周转材料费分析。主要通过实际成本与目标成本之间的差异比较。节超分析从提高周转材料使用率入手，分析与工程进度关系，及周转材料使用管理上是否有不足之处。周转利用率的计算公式如下：

$$周转利用率 = \frac{实际使用数 \times 租用期内的周转次数}{进场数 \times 租用期} \times 100\%$$

（3）机械使用费分析。主要通过实际成本和目标成本之间的差异分析，目标成本分析主要列出超高费和机械费补差收入。机械使用费的分析要从租用机械和自有机械这两方面入手。使用大型机械的要着重分析预算台班数、台班单价和金额，同实际台班数、台班单价及金额相比较，通过量差、价差进行分析。机械使用费差异分析表的格式见表31-116。

机械使用费差异分析表　　　　　　　　　　　表31-116

机械名称	台数	价 格 差 异				数 量 差 异				成本差异
		实际台班单价	预算台班单价	节超	价差金额	实际台班数	预算台班数	节超	量差金额	
翻斗车										
搅拌机										
砂浆机										
塔吊										

（4）其他直接费分析。主要应通过目标与实际数的比较来进行。其他直接费目标与实

际比较表的格式见表31-117。

其他直接费目标与实际比较表（单位：万元）　　　　　表31-117

序号	项目	目标	实际	差异	序号	项目	目标	实际	差异
1	材料二次搬运费				6	工程定位复测费			
2	工程用水电费				7	工程点交费			
3	临时设施摊销费				8	场地清理费			
4	生产工具用具使用费					合　计			
5	检验试验费								

（5）间接成本分析。应将其实际成本和目标成本进行比较，将其实际发生数逐项与目标数加以比较，就能发现超额完成施工计划对间接成本的节约或浪费及其发生的原因。间接成本目标与实际比较表的格式见表31-118。

间接成本目标与实际比较表（单位：万元）　　　　　表31-118

序号	项目	目标	实际	差异	备注
1	现场管理人员工资				包括职工福利费和劳动保护费
2	办公费				包括生活用水电费、取暖费
3	差旅交通费				
4	固定资产使用费				包括折旧及修理费
5	物资消耗费				
6	低值易耗品摊销费				指生活行政用的低值易耗品
7	财产保险费				
8	检验试验费				
9	工程保修费				
10	排污费				
11	其他费用				
	合　计				

用目标成本差异分析方法分析完各成本项目后，再将所有成本差异汇总进行分析，目标成本差异汇总表的格式见表31-119。

目标成本差异汇总表的格式（单位：万元）　　　　　表31-119

部位：

成本项目	实际成本	目标成本	差异金额	差异率（%）	成本项目	实际成本	目标成本	差异金额	差异率（%）
人工费					机械使用费				
材料费					其他直接费				
结构件					施工间接成本				
周转材料费					合　计				

31-5-5-3　施工项目成本考核

1. 施工项目成本考核的内容（见表31-120）

施工项目成本考核的内容 表 31-120

考核对象	考核内容
企业对项目经理考核	·项目成本目标和阶段成本目标的完成情况 ·成本控制责任制的落实情况 ·成本计划的编制和落实情况 ·对各部门、作业队、班组责任成本的检查和考核情况 ·在成本控制中贯彻责权利相结合原则的执行情况
项目经理对各部门的考核	·本部门、本岗位责任成本的完成情况 ·本部门、本岗位成本控制责任的执行情况
项目经理对作业队的考核	·对劳务合同规定的承包范围和承包内容的执行情况 ·劳务合同以外的补充收费情况 ·对班组施工任务单的管理情况 ·对班组完成施工后的考核情况
对生产班组的考核	·平时由作业队对生产班组考核 ·考核班组责任成本（以分部分项工程成本为责任成本）完成情况

2. 施工项目成本考核的实施

(1) 评分制。具体方法为：先按考核的内容评分，然后按七与三的比例加权平均，即：责任成本完成情况的评分为七，成本管理工作业绩的评分为三。这是一个假定的比例，施工项目可根据自己的情况进行调整。

(2) 要与相关指标的完成情况相结合。具体方法是：成本考核的评分是奖罚的依据，相关指标的完成情况为奖罚的条件。也就是，在根据评分计奖的同时，还要考虑相关指标的完成情况加奖或扣罚。与成本考核相结合的相关指标，一般有质量、进度、安全和现场标准化管理。

(3) 强调项目成本的中间考核。一是月度成本考核，二是阶段成本考核（基础、结构、装饰、总体等）。

(4) 正确考核施工项目的竣工成本。施工项目竣工成本是项目经济效益的最终反映。它既是上交利税的依据，又是进行职工分配的依据。由于施工项目的竣工成本关系到国家、企业、职工的利益，必须做到核算正确，考核正确。

(5) 施工项目成本的奖罚。在施工项目的月度考核、阶段考核和竣工考核的基础上立即兑现，不能只考核不奖罚，或者考核后拖了很久才奖罚。由于月度成本和阶段成本都是假设性的，正确程度有高有低。因此，在进行月度成本和阶段成本奖罚的时候不妨留有余地，然后再按照竣工结算的奖金总额进行调整（多退少补）。施工项目成本奖罚的标准，应通过经济合同的形式明确规定。

31-6 施工项目安全控制

31-6-1 施工项目安全控制概述

31-6-1-1 施工项目安全控制的对象

安全控制通常包括安全法规、安全技术、工业卫生。安全法规侧重于"劳动者"的管理、约束，控制劳动者的不安全行为；安全技术侧重于"劳动对象和劳动手段"的管理，清除或减少物的不安全因素；工业卫生侧重于"环境"的管理，以形成良好的劳动条件。施工项目安全控制主要以施工活动中的人、物、环境构成的施工生产体系为对象，建立一个安全的生产体系，确保施工活动的顺利进行。施工项目安全控制的对象见表31-121。

施工项目安全控制的对象　　　　　　　　表31-121

控制对象	措施	目的
劳动者	依法制定有关安全的政策、法规、条例，给予劳动者的人身安全、健康以法律保障的措施	约束控制劳动者的不安全行为，消除或减少主观上的不安全隐患
劳动手段 劳动对象	改善施工工艺、改进设备性能，以消除和控制生产过程中可能出现的危险因素，避免损失扩大的安全技术保证措施	规范物的状态，以消除和减轻其对劳动者的威胁和造成财产损失
劳动条件 劳动环境	防止和控制施工中高温、严寒、粉尘、噪声、震动、毒气、毒物等对劳动者安全与健康影响的医疗、保健、防护措施及对环境的保护措施	改善和创造良好的劳动条件，防止职业伤害，保护劳动者身体健康和生命安全

31-6-1-2　施工项目安全控制目标及目标体系

1．施工项目安全控制目标

施工项目安全控制目标是在施工过程中，安全工作所要达到的预期效果。工程项目实施施工总承包的，由总承包单位负责制定。

（1）施工项目安全控制目标适合项目施工的规模、特点制定，具有先进性和可行性；应符合国家安全生产法律、行政法规和建筑行业安全规章、规程及对业主和社会要求的承诺。

（2）施工项目安全控制目标应实现重大伤亡事故为零的目标，以及其他安全目标指标：控制伤亡事故的指标（死亡率、重伤率、千人负伤率、经济损失额等）、控制交通安全事故的指标（杜绝重大交通事故、百车次肇事率等）、尘毒治理要求达到的指标（粉尘合格率等）、控制火灾发生的指标等。

2．施工项目安全控制目标体系

（1）施工项目总安全目标确定后，还要按层次进行安全目标分解到岗、落实到人，形成安全目标体系。即施工项目安全总目标；项目经理部下属各单位、各部门的安全指标；施工作业班组安全目标；个人安全目标等。

（2）在安全目标体系中，总目标值是最基本的安全指标，而下一层的目标值应略高些，以保证上一层安全目标的实现。如项目安全控制总目标是实现重大伤亡事故为零，中层的安全目标就应是除此之外还要求重伤事故为零，施工队一级的安全目标还应进一步要求轻伤事故为零，班组一级要求险肇事故为零。

（3）施工项目安全控制目标体系应形成为全体员工所理解的文件，并实施保持。

31-6-1-3　施工项目安全控制的程序

施工项目安全控制的程序主要有：确定施工安全目标；编制施工项目安全保证计划；施工项目安全保证计划实施；施工项目安全保证计划验证；持续改进；兑现合同承诺等，如图31-67所示。

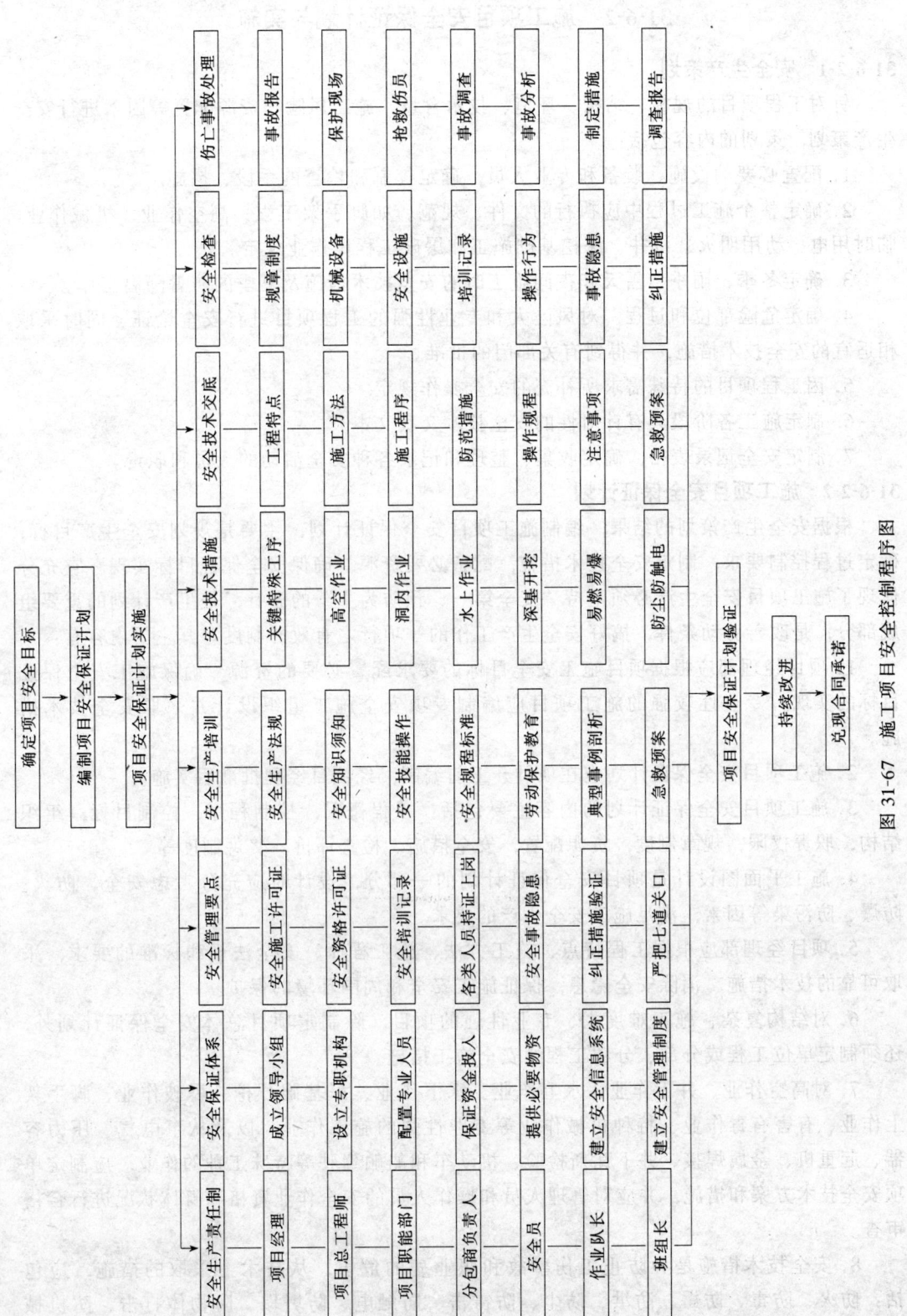

图 31-67 施工项目安全控制程序图

31-6-2 施工项目安全保证计划与实施

31-6-2-1 安全生产策划

针对工程项目的规模、结构、环境、技术含量、施工风险和资源配置等因素进行安全生产策划，策划的内容包括：

1. 配置必要的设施、装备和专业人员，确定控制和检查的手段、措施。
2. 确定整个施工过程中应执行的文件、规范。如脚手架工程、高空作业、机械作业、临时用电、动用明火、沉井、深挖基础施工和爆破工程等作业规定。
3. 确定冬季、雨季、雪天和夜间施工时的安全技术措施及夏季的防暑降温工作。
4. 确定危险部位和过程，对风险大和专业性强的工程项目进行安全论证。同时采取相适宜的安全技术措施，并得到有关部门的批准。
5. 因工程项目的特殊需求所补充的安全操作规定。
6. 制定施工各阶段具有针对性的安全技术交底文本。
7. 制定安全记录表格，确定收集、整理和记录各种安全活动的人员和职责。

31-6-2-2 施工项目安全保证计划

根据安全生产策划的结果，编制施工项目安全保证计划，主要是规划安全生产目标，确定过程控制要求，制定安全技术措施，配备必要资源，确保安全保证目标实现。它充分体现了施工项目安全生产必须坚持"安全第一、预防为主"的方针，是生产计划的重要组成部分，是改善劳动条件，搞好安全生产工作的一项行之有效的制度。其主要内容有：

1. 项目经理部应根据项目施工安全目标的要求配置必要的资源，确保施工安全保证目标的实现。专业性较强的施工项目应编制专项安全施工组织设计并采取安全技术措施。
2. 施工项目安全保证计划应在项目开工前编制，经项目经理批准后实施。
3. 施工项目安全保证计划的内容主要包括：工程概况，控制程序，控制目标，组织结构，职责权限，规章制度，资源配置，安全措施，检查评价，奖惩制度等。
4. 施工平面图设计是项目安全保证计划的一部分，设计时应充分考虑安全、防火、防爆、防污染等因素，满足施工安全生产的要求。
5. 项目经理部应根据工程特点、施工方法、施工程序、安全法规和标准的要求，采取可靠的技术措施，消除安全隐患，保证施工安全和周围环境的保护。
6. 对结构复杂、施工难度大、专业性强的项目，除制定项目总体安全保证计划外，还须制定单位工程或分部、分项工程的安全施工措施。
7. 对高空作业、井下作业、水上作业、水下作业、深基础开挖、爆破作业、脚手架上作业、有害有毒作业、特种机械作业等专业性强的施工作业，以及从事电气、压力容器、起重机、金属焊接、井下瓦斯检验、机动车和船舶驾驶等特殊工种的作业，应制定单项安全技术方案和措施，并应对管理人员和操作人员的安全作业资格和身体状况进行合格审查。
8. 安全技术措施是为防止工伤事故和职业病的危害，从技术上采取的措施，应包括：防火、防毒、防爆、防洪、防尘、防雷击、防触电、防坍塌、防物体打击、防机械伤害、防溜车、放高空坠落、防交通事故、防寒、防暑、防疫、防环境污染等方面的措施。

9. 实行总分包的项目，分包项目安全计划应纳入总包项目安全计划，分包人应服从承包人的管理。

31-6-2-3 施工项目安全保证计划的实施

施工项目安全保证计划实施前，应按要求上报，经项目业主或企业有关负责人确认审批，后报上级主管部门备案。执行安全计划的项目经理部负责人也应参与确认。主要是确认安全计划的完整性和可行性；项目经理部满足安全保证的能力；各级安全生产岗位责任制和与安全计划不一致的事宜是否解决等。

施工项目安全保证计划的实施主要包括项目经理部制定建立安全生产控制措施和组织系统、执行安全生产责任制、对全员有针对性地进行安全教育和培训、加强安全技术交底等工作。

31-6-3 施工项目安全控制措施

31-6-3-1 施工项目安全立法措施

项目经理部必须执行国家、行业、地区安全法规、标准，并以此制定本项目的安全管理制度，主要有如下一些方面：

1. 行政管理方面
（1）安全生产责任制度；
（2）安全生产例会制度；
（3）安全生产教育制度；
（4）安全生产检查制度；
（5）伤亡事故管理制度；
（6）劳保用品发放及使用管理制度；
（7）安全生产奖惩制度；
（8）工程开竣工的安全制度；
（9）施工现场安全管理制度；
（10）安全技术措施计划管理制度；
（11）特殊作业安全管理制度；
（12）环境保护、工业卫生工作管理制度；
（13）锅炉、压力容器安全管理制度；
（14）场区交通安全管理制度；
（15）防火安全管理制度；
（16）意外伤害保险制度；
（17）安全检举和控告制度等。

2. 技术管理方面
（1）关于施工现场安全技术要求的规定；
（2）各专业工种安全技术操作规程；
（3）设备维护检修制度等。

31-6-3-2 施工项目安全管理组织措施

施工项目安全管理组织措施包括建立施工项目安全组织系统——项目安全管理委员会；建立施工项目安全责任系统；建立各项安全生产责任制度等。

1. 建立施工项目安全组织系统——项目安全管理委员会，其主要职责是：

(1) 项目安全管理组织编制安全生产计划，决定资源配置。

(2) 规定从事项目安全管理、操作、检查人员的职责、权限和相互关系。

(3) 对安全生产管理体系实施监督、检查和评价。

(4) 纠正和预防措施的验证。

项目安全管理委员会的构成见图 31-68。

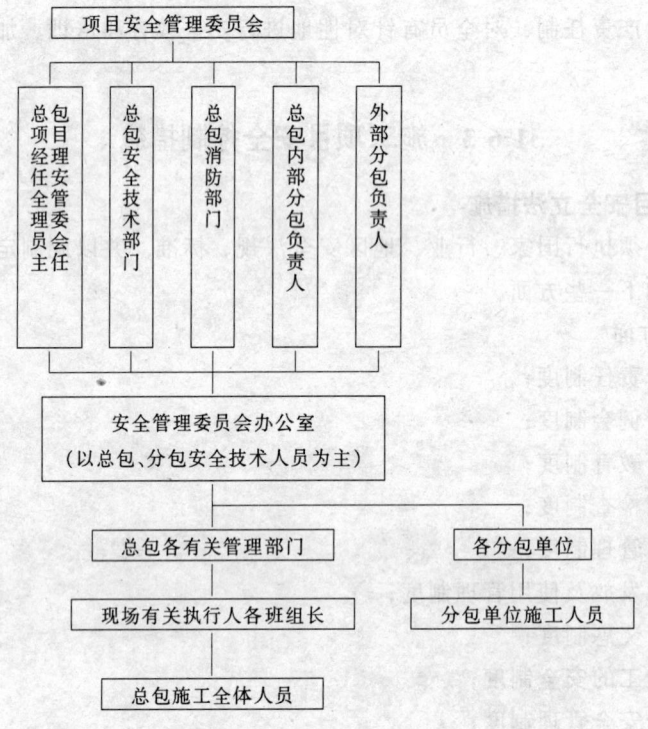

图 31-68 项目安全管理委员会组织系统

2. 建立与项目安全组织系统相配套的各专业、部门、生产岗位的安全责任系统，其构成见图 31-69。

3. 安全生产责任制

安全生产责任制是指企业对项目经理部各级领导、各个部门、各类人员所规定的在他们各自职责范围内对安全生产应负责任的制度。

安全生产责任制应根据"管生产必须管安全"、"安全生产人人有责"的原则，明确各级领导、各职能部门和各类人员在施工生产活动中应负的安全责任，其内容应充分体现责、权、利相统一的原则。各类人员和各职能部门的安全生产责任制内容见表 31-122 和表 31-123。

项目经理部应根据安全生产责任制的要求，把安全责任目标分解到岗，落实到人。安全生产责任制必须经项目经理批准后实施。

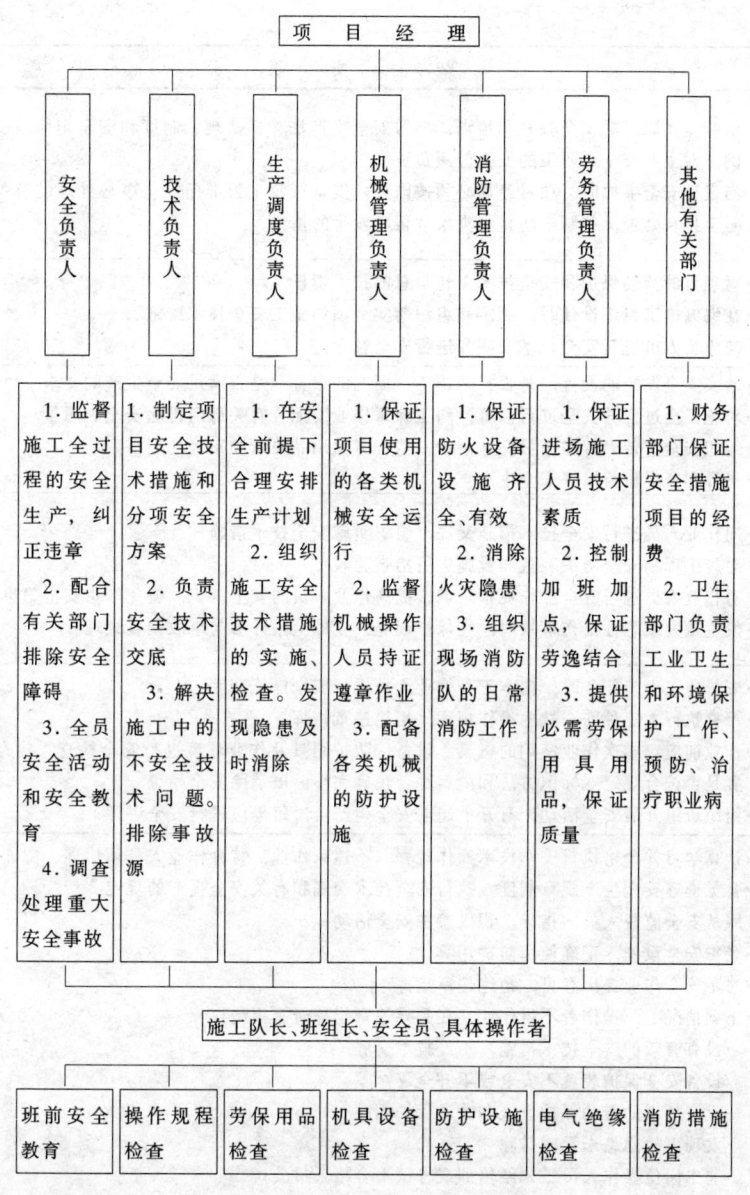

图 31-69 施工项目安全责任体系

施工项目管理人员安全生产责任 表 31-122

管理人员	主要职责
项目经理	·是项目安全管理委员会主任,为施工项目安全生产第一责任人,对项目施工的安全生产负有全面领导责任和经济责任 ·认真贯彻国家、行业、地区的安全生产方针、政策、法规和各项规章制度 ·制定和执行本企业(项目)安全生产管理制度 ·建立项目安全生产管理组织机构并配备干部 ·严格执行安全技术措施审批和施工安全技术措施交底制度 ·严格执行安全考核指标和安全生产奖惩办法,主持安全评比、检查、考核工作 ·定期组织安全生产检查和分析,针对可能产生的安全隐患制定相应的预防措施

续表

管理人员	主要职责
项目经理	·组织全体职工的安全教育和培训，学习安全生产法律、法规、制度和安全纪律，讲解安全事故案例，对生产安全和职工的安全健康负责 ·当发生安全事故时，项目经理必须按国务院安全行政主管部门安全事故处理的有关规定和程序及时上报和处置，并制定防止同类事故再次发生的措施
项目工程师	·对项目的劳动保护和安全技术工作负总的技术责任 ·在编制施工组织设计时，制定和组织落实专项的施工安全技术措施 ·向施工人员进行安全技术交底和进行安全教育
安全员	·落实安全设施的设置，是否符合施工平面图的布置，是否满足安全生产的要求 ·对施工全过程的安全进行监督，纠正纬章作业，配合有关部门排除安全隐患 ·组织安全宣传教育和全员安全活动，监督劳保用品质量和正确使用 ·指导和督促班组搞好安全生产
作业队长	·向作业人员进行安全技术措施交底，组织实施安全技术措施 ·对施工现场安全防护装置和设施进行检查验收 ·对作业人员进行安全操作规程培训，提高作业人员的安全意识，避免产生安全隐患 ·发生重大或恶性工伤事故时，应保护现场，立即上报并参与事故调查处理
班组长	·安排施工生产任务时，向本工种作业人员进行安全措施交底 ·严格执行本工种安全技术操作规程，拒绝违章指挥 ·作业前应对本次作业使用的机具、设备、防护用具及作业环境进行安全检查，检查安全标牌的设置是否符合规定，标识方法和内容是否正确完整，以消除安全隐患 ·组织班组开展安全活动，召开上岗前安全生产会，每周应进行安全讲评
操作人员	·认真学习并严格执行安全技术操作规程，不违章作业，特种作业人员须培训、持证上岗 ·自觉遵守安全生产规章制度，执行安全技术交底和有关安全生产的规定 ·服从安全监督人员的指导，积极参加安全活动 ·爱护安全设施，正确使用防护用具 ·对不安全作业提出意见，拒绝违章指挥 ·下列情况下，操作者不得作业，在领导违章指挥时有拒绝权 　·没有有效的安全技术措施，不经技术交底 　·设备安全保护装置不安全或不齐全 　·没有规定的劳动保护设施和劳动保护用品 　·发现事故隐患未及时排除 　·非本岗位操作人员、未经培训或考试不合格人员 ·对施工作业过程中危及生命安全和人身健康的行为，作业人员有权抵制、检举和控告
承包人对分包人	·承包人对项目安全管理全面负责，分包人向承包人负责 ·承包人应在开工前审查分包人安全施工资格和安全生产保证体系，不得将工程分包给不具备安全生产条件的分包人 ·在分包合同中应明确分包人安全生产责任和义务 ·对分包人提出安全要求，并认真监督、检查 ·对违反安全规定冒险蛮干的分包人，应令其停工整改 ·承包人应负责统计分包人的伤亡事故，按规定上报，并按分包合同约定协助处理分包人的伤亡事故
分包人	·分包人应认真履行分包合同中应规定的安全生产责任和义务 ·分包人对本施工现场的安全负责，并应保护环境 ·遵守承包人的有关安全生产制度，服从承包人对施工现场的安全管理 ·及时向承包人报告伤亡事故并参与调查，处理善后事宜

施工项目职能部门安全生产责任

表 31-123

职能部门	主 要 职 责
项目经理部	·积极贯彻执行安全生产方针、法律法规和各项安全规章制度，并监督执行情况 ·建立项目安全管理体系、安全生产责任制，制定安全工作计划和方针，根据项目特点、安全法规和标准的要求，确定本项目安全生产目标及目标体系，制定安全施工组织设计和安全技术措施 ·应根据施工中人的不安全行为、物的不安全状态、作业环境的不安全因素和管理缺陷进行相应的安全控制，消除安全隐患，保证施工安全和周围环境的保护 ·建立安全生产教育培训制度，做好安全生产的宣传、教育和管理工作，对参加特种作业人员进行培训、考核、签发合格证，杜绝未经施工安全生产教育的人员上岗作业 ·应确定并提供充分的资源，以确保安全生产管理体系的有效运行和安全管理目标的实现 资源包括： ·配备与施工安全相适应并经培训考核合格，持证的管理、操作和检查人员 ·有施工安全技术和防护设施；施工机械安全装置；用电和消防设施；必要的安全监测工具；安全技术措施的经费等 ·对自行（包括分包单位）采购的安全设施所需的材料、设备及防护用品进行控制，对供应商的能力、业绩进行评价、审核，并做记录保存，对采购的产品进行检验，签订合同，须上报项目经理审批，保证符合安全规定要求 ·对分包单位的资质等级、安全许可证和授权委托书，进行验证，对其能力和业绩及务工人员的安全意识和持证状况进行确认，并应安排专人对分包单位施工全过程的安全生产进行监控，并做好记录和资料积累 ·对施工过程中可能影响安全生产的因素进行控制，对施工过程、行为及设施进行检查、检验或验证，并做好记录，确保施工项目按安全生产的规章制度、操作规程和程序要求进行，对特殊关键施工过程，要落实监控人员、监控方式、措施并进行重点监控，必要时实施旁站监控 ·应对存在隐患的安全设施、过程和行为进行控制，并及时做出妥善处理，处理责任人 ·鉴定专控劳动保护用品，并监督其使用 ·由专人负责建立安全记录，按规定进行标识、编目、立卷和保管 ·必须为从事危险作业的人员办理人身意外伤害保险
生产计划部门	·安排生产计划时，须纳入安全计划、安全技术措施内容，合理安排并应有时间保证 ·检查月旬生产计划的同时，要检查安全措施的执行情况，发现隐患，及时处理 ·在排除生产障碍时，应贯彻"安全第一"的思想，同时消除不安全隐患，遇到生产与安全发生矛盾时，生产必须服从安全，不得冒险违章作业 ·对改善劳动条件的工程项目必须纳入生产计划，优先安排 ·加强对现场的场容场貌管理，做到安全生产，文明施工
安全管理部门	·严格按照国家有关安全技术规程、标准，编制审批项目安全施工组织设计等技术文件，将安全措施贯彻于施工组织设计、施工方案中 ·负责制定改善劳动条件、减轻劳动强度、消除噪声、治理尘毒等技术措施 ·对施工生产中的有关安全问题负责，解决其中的疑难问题，从技术措施上保证安全生产 ·负责对新工艺、新技术、新设备、新方法制定相应的安全措施和安全操作规程 ·负责编制安全技术教育计划，对员工进行安全技术教育 ·组织安全检查，对查出的隐患提出技术改进措施，并监督执行 ·组织伤亡事故和重大未遂事故的调查，对事故隐患原因提出技术改进措施
机械动力部门	·负责制定保证机、电、起重设备、锅炉、压力容器安全运行措施 ·经常检查安全防护装置及附件，是否齐全、灵敏、有效，并督促操作人员进行日常维护 ·对严重危及员工安全的机械设备，会同施工技术部门提出技术改进措施，并实施 ·检查新购进机械设备的安全防护装置，要求其必须齐全、有效，出厂合格证和技术资料必须完整，使用前还应制定安全操作规程 ·负责对机、电、起重设备的操作人员，锅炉、压力容器的运行人员定期培训、考核，并签发作业合格证，制止无证上岗 ·认真贯彻执行机、电、起重设备、锅炉、压力容器的安全规程和安全运行制度，对违章作业造成的事故应认真调查分析

续表

职能部门	主要职责
物资供应部门	·施工生产使用的一切机具和附件等，采购时必须附有出厂合格证明，发放时必须符合安全要求，回收后必须检修 ·负责采购、保管、发放、回收劳动保护用品，并了解使用情况 ·采购的劳动保护用品，必须符合规格标准 ·对批准的安全设施所用的材料应纳入计划，及时供应
财务部门	·按国家有关规定要求和实际需要，提取安全技术措施经费和其他劳保用品费用，专款专用 ·负责员工安全教育培训经费的拨付工作
保卫消防部门	·会同有关部门对员工进行安全生产和防火教育 ·主动配合有关部门开展安全检查，消除事故苗头和隐患，重点抓好防火、防爆防毒工作 ·对已发生的重大事故，会同有关部门组织抢救，并参与调查，查明性质，对破坏和破坏嫌疑事故负责追查处理

31-6-3-3 施工安全技术措施

施工安全技术措施是指在施工项目生产活动中，针对工程特点、施工现场环境、施工方法、劳动组织、作业使用的机械、动力设备、变配电设施、架设工具以及各项安全防护设施等制定的确保安全施工，保护环境，防止工伤事故和职业病危害，从技术上采取的预防措施。

施工安全技术措施应具有超前性、针对性、可靠性和可操作性。施工安全技术措施的主要内容见表 31-124 和表 31-125。

施工准备阶段安全技术措施　　　表 31-124

	内　容
技术准备	·了解工程设计对安全施工的要求 ·调查工程的自然环境（水文、地质、气候、洪水、雷击等）和施工环境（粉尘、噪声、地下设施、管道和电缆的分布、走向等）对施工安全及施工对周围环境安全的影响 ·改扩建工程施工与建设单位使用、生产发生交叉，可能造成双方伤害时，双方应签订安全施工协议，搞好施工与生产的协调，明确双方责任，共同遵守安全事项 ·在施工组织设计中，编制切实可行、行之有效的安全技术措施，并严格履行审批手续，送安全部门备案
物资准备	·及时供应质量合格的安全防护用品（安全帽、安全带、安全网等）满足施工需要 ·保证特殊工种（电工、焊工、爆破工、起重工等）使用工具器械质量合格，技术性能良好 ·施工机具、设备（起重机、卷扬机、电锯、平面刨、电气设备等）、车辆等需要经安全技术性能检测，鉴定合格，防护装置齐全，制动装置可靠，方可进厂使用 ·施工周转材料（脚手杆、扣件、跳板等）须经认真挑选，不符合安全要求禁止使用
施工现场准备	·按施工总平面图要求做好现场施工准备 ·现场各种临时设施、库房，特别是炸药库、油库的布置，易燃易爆物品存放都必须符合安全规定和消防要求，须经公安消防部门批准 ·电气线路、配电设备符合安全要求，有安全用电防护措施 ·场内道路通畅，设交通标志，危险地带设危险信号及禁止通行标志，保证行人、车辆通行安全 ·现场周围和陡坡、沟坑处设围栏、防护板，现场入口处设"无关人员禁止入内"的警示标志 ·塔吊等起重设备安装要与输电线路、永久或临设工程间有足够的安全距离，避免碰撞，以保证搭设脚手架、安全网的施工距离 ·现场设消防栓、有足够的有效的灭火器材、设施

续表

	内　容
施工队伍准备	·总包单位及分包单位都应持有《施工企业安全资格审查认可证》方可组织施工 ·新工人、特殊工种工人须经岗位技术培训、安全教育后，持合格证上岗 ·高险难作业工人须经身体检查合格，具有安全生产资格，方可施工作业 ·特殊工种作业人员，必须持有《特种作业操作证》方可上岗

施工阶段安全技术措施　　　　　　　　　　　　　　　表 31-125

	内　容
一般工程	·单项工程、单位工程均有安全技术措施，分部分项工程有安全技术具体措施，施工前由技术负责人向参加施工的有关人员进行安全技术交底，并应逐级签发和保存"安全交底任务单" ·安全技术应与施工生产技术统一，各项安全技术措施必须在相应的工序施工前落实好，如： 　·根据基坑、基槽、地下室开挖深度、土质类别，选择开挖方法，确定边坡的坡度和采取的防止塌方的护坡支撑方案 　·脚手架、吊篮等选用及设计搭设方案和安全防护措施 　·高处作业的上下安全通道 　·安全网（平网、立网）的架设要求，范围（保护区域）、架设层次、段落 　·对施工电梯、井架（龙门架）等垂直运输设备的位置、搭设要求，稳定性、安全装置等要求 　·施工洞口的防护方法和主体交叉施工作业区的隔离措施 　·场内运输道路及人行通道的布置 　·在建工程与周围人行通道及民房的防护隔离措施 ·操作者严格遵守相应的操作规程，实行标准化作业 ·针对采用的新工艺、新技术、新设备、新结构制定专门的施工安全技术措施 ·在明火作业现场（焊接、切割、熬沥青等）有防火、防爆措施 ·考虑不同季节的气候对施工生产带来的不安全因素可能造成的各种突发性事故，从防护上、技术上、管理上有预防自然灾害的专门安全技术措施 　·夏季进行作业，应有防暑降温措施 　·雨季进行作业，应有防触电、防雷、防沉陷坍塌、防台风和防洪排水等措施 　·冬季进行作业，应有防风、防火、防冻、防滑和防煤气中毒等措施
特殊工程	·对于结构复杂、危险性大的特殊工程，应编制单项的安全技术措施，如爆破、大型吊装、沉箱、沉井、烟囱、水塔、特殊架设作业，高层脚手架、井架等必须编制单项的安全技术措施 ·安全技术措施中应注明设计依据，并附有计算、详图和文字说明
拆除工程	·详细调查拆除工程结构特点、结构强度、电线线路、管道设施等现状，制定可靠的安全技术方案 ·拆除建筑物之前，在建筑物周围划定危险警戒区域，设立安全围栏，禁止无关人员进入作业现场 ·拆除工作开始前，先切断被拆除建筑物的电线、供水、供热、供煤气的通道 ·拆除工作应自上而下顺序进行，禁止数层同时拆除，必要时要对底层或下部结构进行加固 ·栏杆、楼梯、平台应与主体拆除程度配合进行，不能先行拆除 ·拆除作业工人应站在脚手架或稳固的结构部分上操作，拆除承重梁、柱之前应拆除其承重的全部结构，并防止其他部分坍塌 ·拆下的材料要及时清理运走，不得在旧楼板上集中堆放，以免超负荷 ·拆除建筑物内需要保留的部分或设备要事先搭好防护棚 ·一般不采用推倒方法拆除建筑物。必须采用推倒方法时，应采取特殊安全措施

31-6-3-4　安全教育

1. 安全教育的内容

安全教育的内容见表 31-126。

安全教育的内容 表31-126

类别	内容
安全思想教育	·安全生产重要意义的认识,增强关心人、保护人的责任感教育 ·党和国家安全生产劳动保护方针、政策教育 ·安全与生产辩证关系教育 ·职业道德教育
安全纪律教育	·企业的规章制度、劳动纪律、职工守则 ·安全生产奖惩条例
安全知识教育	·施工生产一般流程,主要施工方法 ·施工生产危险区域及其安全防护的基本知识和安全生产注意事项 ·工种、岗位安全生产知识和注意事项 ·典型事故案例介绍与分析 ·消防器材使用和个人防护用品使用知识 ·事故、灾害的预防措施及紧急情况下的自救知识和现场保护、抢救知识
安全技能教育	·本岗位、工种的专业安全技能知识 ·安全生产技术、劳动卫生和安全操作规程
安全法制教育	·安全生产法律法规、行政法规 ·生产责任制度及奖罚条例

2. 安全教育制度

安全教育制度见表31-127。

安全教育制度 表31-127

类别	参加人	内容
新工人安全教育	新参加工作的合同工、临时工、学徒工、民工、实习生、代培人员等	·企业要进行安全生产、法律法规教育,主要学习《宪法》、《刑法》、《建筑法》、《消防法》等有关条款;国务院《关于加强安全生产工作的通知》、《建筑安装工程安全技术规程》等有关内容;行政主管部门颁布的有关安全生产的规章制度;本企业的规章制度及安全注意事项 ·事故发生的一般规律及典型事故案例 ·预防事故的基本知识,急救措施 ·项目经理部还要重点教育 　·施工安全生产基本知识 　·本项目工程特点、施工条件、安全生产状况及安全生产制度 　·防护用品发放标准及防用具使用的基本知识 　·施工现场中危险部位及防范措施 　·防火、防毒、防尘、防塌方、防爆知识及紧急情况下安全处置和安全疏散知识 ·班组长应主持班组的安全教育 　·本班组、工种(特殊作业)作业特点和安全技术操作规程 　·班组安全活动制度及纪律和安全基本知识 　·爱护和正确使用安全防护装置(设施)及个人防护用品 　·本岗位易发生事故的不安全因素及防范措施 　·本岗位的作业环境及使用的机械设备、工具安全要求

续表

类别	参加人	内容
特种作业人员安全教育	从事电气、锅炉司炉、压力容器、起重机械、焊接、爆破、车辆驾驶、轮机操作、船舶驾驶、登高架设、瓦斯检验等工种的操作人员以及从事尘毒危害作业人员	·必须经国家规定的有关部门进行安全教育和安全技术培训,并经考核合格取得操作证者,方准独立作业,所持证件资格须按国家有关规定定期复审 ·一般的安全知识、安全技术教育 ·重点进行本工种、本岗位安全知识、安全生产技能的教育 ·重点进行尘毒危害的识别、防治知识、防治技术等方面安全教育
变换工种安全教育	改变工种或调换工作岗位的人员及从事新操作法的人员	·改变工种安全教育时间不少于4小时,考核合格方可上岗 ·新工作岗位的工作性质、职责和安全知识 ·各种机具设备及安全防护设施的性能和作用 ·新工种、新操作法安全技术操作规程 ·新岗位容易发生事故及有毒有害的地方的注意事项和预防措施
各级干部安全教育	组织指挥生产的领导;项目经理、总工程师、技术负责人、施工队长、有关职能部门负责人	·定期轮训,提高安全意识、安全管理水平和政策水平 ·熟悉掌握安全生产知识、安全技术业务知识、安全法规制度等 ·熟悉本岗位的安全生产责任职责 ·处理及调查工伤事故的规定、程序

31-6-3-5 安全检查与验收

1. 安全检查的形式与内容(表31-128)

安全检查形式和内容　　　　　　表31-128

检查形式	检查内容及检查时间	参加部门或人员
定期安全检查	总公司(主管局)每半年一次,普遍检查 工程公司(处)每季一次,普遍检查 工程队(车间)每月一次,普遍检查 元旦、春节、"五一"、"十一"前,普遍检查	由各级主管施工的领导、工长、班组长主持,安全技术部门或安全员组织,施工技术、劳动工资、机械动力、保卫、供应、行政福利等部门参加,工会、共青团配合
季节性安全检查	防传染病检查,一般在春季 防暑降温、防风、防汛、防雷、防触电、防倒塌、防淹溺检查,一般在夏季 防火检查,一般在防火期,全年 防寒、防冰冻检查,一般在冬季	由各级主管施工的领导、工长、班组长主持,安全技术部门或安全员组织,施工技术、劳动工资、机械动力、保卫、供应、行政福利等部门参加,工会、共青团配合
临时性安全检查	施工高峰期、机构和人员重大变动期、职工大批探亲前后、分散施工离开基地之前、工伤事故和险肇事故发生后,上级临时安排的检查	基本同上,或由安全技术部门主持
专业性安全检查	压力容器、焊接工具、起重设备、电气设备、高空作业、吊装、深坑、支模、拆除、爆破、车辆、易燃易爆、尘毒、噪声、辐射、污染等	由安全技术部门主持,安全管理人员及有关人员参加
群众性安全检查	安全技术操作、安全防护装置、安全防护用品、违章作业、违章指挥、安全隐患、安全纪律	由工长、班组长、安全员组成
安全管理检查	规划、制度、措施、责任制、原始记录、台账、图表、资料、表报、总结、分析、档案等以及安全网点和安全管理小组活动	由安全技术部门组织进行

2. 安全检查方法

常用安全问卷检查表法（表 31-129、表 31-130）进行安全检查，即检查人员亲临现场，查看、量测、现场操作、化验、分析，逐项检查，并作检查记录保存。

公司、项目经理部安全检查表　　　　　　　　表 31-129

检查项目	检查内容	检查方法或要求	检查结果
安全生产制度	(1) 安全生产管理制度是否健全并认真执行了？	制度健全，切实可行，进行了层层贯彻，各级主要领导人员和安全技术人员知道其主要条款	
	(2) 安全生产责任制是否落实？	各级安全生产责任制落实到单位和部门，岗位安全生产责任制落实到人	
	(3) 安全生产的"五同时"执行得如何？	在计划、布置、检查、总结、评比生产同时，计划、布置、检查、总结、评比安全生产工作	
	(4) 安全生产计划编制、执行得如何？	计划编制切实、可行、完整、及时，贯彻得认真，执行有力	
	(5) 安全生产管理机构是否健全，人员配备是否得当？	有领导、执行、监督机构，有群众性的安全网点活动，安全生产管理人员不缺员，没被抽出做其他工作	
安全教育	(6) 新工人入厂三级教育是否坚持了？	有教育计划、有内容、有记录、有考试或考核	
	(7) 特殊工种的安全教育坚持得如何？	有安排、有记录、有考试，合格者发操作证，不合格者进行了补课教育或停止操作	
	(8) 改变工种和采用新技术等人员的安全教育情况怎样？	教育得及时、有记录、有考核	
	(9) 对工人日常教育进行得怎样？	有安排、有记录	
	(10) 各级领导干部和业务员是怎样进行安全教育的？	有安排、有记录	
安全技术	(11) 有无完善的安全技术操作规程？	操作规程完善、具体、实用，不漏项、不漏岗、不漏人	
	(12) 安全技术措施计划是否完善、及时？	单项、单位、分部分项工程都有安全技术措施计划，进行了安全技术交底	
	(13) 主要安全设施是否可靠？	道路、管道、电气线路、材料堆放、临时设施等的平面布置符合安全、卫生、防火要求；坑、井、洞、孔、沟等处都有安全设施；脚手架、井字架、龙门架、塔台、梯凳等都符合安全生产要求和文明施工要求	
	(14) 各种机具、机电设备是否安全可靠？	安全防护装置齐全、灵敏、闸阀、开关、插头、插座、手柄等均安全，不漏电；有避雷装置、有接地接零；起重设备有限位装置；保险设施齐全完好等	
	(15) 防尘、防毒、防爆、防暑、防冻等措施妥否？	均达到了安全技术要求	
	(16) 防火措施当否？	有消防组织，有完备的消防工具和设施，水源方便，道路畅通	
	(17) 安全帽、安全带、安全网及其他防护用品和设施当否？	性能可靠，佩戴或搭设均符合要求	

续表

检查项目	检查内容	检查方法或要求	检查结果
安全检查	(18) 安全检查制度是否坚持执行了？	按规定进行安全检查，有活动记录	
	(19) 是否有违纪、违章现象？	发现违纪、违章，及时纠正或进行处理，奖罚分明	
	(20) 隐患处理得如何？	发现隐患，及时采取措施，并有信息反馈	
	(21) 交通安全管理得怎样？	无交通事故，无违章、违纪、受罚现象	
安全业务工作	(22) 记录、台账、资料、报表等管理得怎样？	齐全、完整、可靠	
	(23) 安全事故报告及时否？	按"三不放过"原则处理事故，报告及时，无瞒报、谎报、拖报现象	
	(24) 事故预测和分析工作是否开展了？	进行了事故预测，做事故一般分析和深入分析，运用了先进方法和工具	
	(25) 竞赛、评比、总结等工作进行否？	按工作规划进行	

班 组 安 全 检 查 表　　　　　　　表 31-130

检查项目	检查内容	检查方法或要求	检查结果
作业前检查	(1) 班前安全生产会开了没有？	查安排、看记录、了解未参加人员的主要原因	
	(2) 每周一次的安全活动坚持了没有？	同上，并有安全技术交底卡	
	(3) 安全网点活动开展得怎样？	有安排、有分工、有内容、有检查、有记录、有小结	
	(4) 岗位安全生产责任制是否落实？	知道责任制的主要内容，明确相互之间的配合关系，没有失职现象	
	(5) 本工种安全技术操作规程掌握如何？	人人熟悉本工种安全技术操作规程，理解内容实质	
	(6) 作业环境和作业位置是否清楚，并符合安全要求？	人人知道作业环境和作业地点，知道安全注意事项，环境和地点整洁，符合文明施工要求	
	(7) 机具、设施准备得如何？	机具设备齐全可靠，摆放合理，使用方便，安全装置符合要求	
	(8) 个人防护用品穿戴好了吗？	齐全、可靠、符合要求	
	(9) 主要安全设施是否可靠？	进行了自检，没发现任何隐患，或个别隐患，已经处理了	
	(10) 有无其他特殊问题？	参加作业人员身体、情绪正常，没有发现穿高跟鞋、拖鞋、裙子等现象	
	(11) 有无违反安全纪律现象？	密切配合，不互相出难题；不能只顾自己，不顾他人；不互相打闹；不隐瞒隐患，强行作业；有问题及时报告等	
	(12) 有无违章作业现象？	不乱摸乱动机具、设备；不乱触乱碰电气开关；不乱挪乱拿消防器材；不在易燃易爆物品附近吸烟；不乱丢抛料具和物件；不任意脱去个人防护用品；不私自拆除防护设施；不图省事而省略动作等	

续表

检查项目	检查内容	检查方法或要求	检查结果
作业前检查	(13) 有无违章指挥现象?	违章指挥出自何人,是执行了还是抵制了,抵制后又是怎样解决的等	
	(14) 有无不懂、不会操作的现象?	查清作业人和作业内容	
	(15) 有无故意违反技术操作现象?	查清作业人和作业内容	
	(16) 作业人员的特异反应如何?	对作业内容有无不适应的现象,作业人员身体、精神状态是否失常,是怎样处理的	
作业后检查	(17) 材料、物资整理没有?	清理有用品,清除无用品,堆放整齐	
	(18) 料具和设备整顿没有?	归位还原,保持整洁,如放置在现场,要加强保护	
	(19) 清扫工作做得怎样?	作业场地清扫干净,秩序井然,无零散物件,道路、路口畅通,照明良好,库上锁,门关严	
	(20) 其他问题解决得如何?	如下班后人数清点没有,事故处理情况怎样,本班作业的主要问题是否报告和反映了等	

3. 安全检查评分方法

建设部于1999年4月颁发了《建筑施工安全检查标准》(JGJ 59—99),并于1999年5月1日起实施。该标准共分3章27条,其中一个检查评分汇总表,13个分项检查评分表,检查内容共有168个项目535条。最后以汇总表的总得分及保证项目达标与否,作为对一个施工现场安全生产情况的评价依据,分为优良、合格、不合格三个等级。

4. 施工安全验收制度

坚持"验收合格才能使用"原则进行施工安全验收,所有验收都必须进行记录并办理书面确认手续,否则无效。验收范围程序见表31-131。

施工安全验收程序　　　　　表31-131

验 收 范 围	验 收 程 序
脚手架杆件、扣件、安全网、安全帽、安全带、护目镜、防护面罩、绝缘手套、绝缘鞋等个人防护用品	·应有出厂证明或验收合格的凭据 ·由项目经理、技术负责人、施工队长共同审验
各类脚手架、堆料架、井字架、龙门架、支搭的安全网、立网等	·由项目经理或技术负责人申报支撑方案并牵头,会同工程和安全主管部门进行检查验收
临时电气工程设施	·由安全主管部门牵头,会同电气工程师、项目经理、方案制定人、安全员进行检查验收
起重机械、施工用电梯	·由安装单位和工地的负责人牵头,会同有关部门检查验收
中小型机械设备	·由工地负责人和工长牵头,进行检查验收

5. 隐患处理

(1) 检查中发现的安全隐患应进行登记,作为整改的备查依据并进行安全动态分析。

(2) 发现隐患应立即发出隐患整改通知单,对即发生事故隐患,检查人员应责令被查单位立即停工整改。

(3) 对于违章指挥、违章作业行为，检查人员可以当场指出，立即纠正。

(4) 受检单位领导对查出的安全隐患应立即研究制定整改方案。定人、定期限、定措施完成整改工作。

(5) 整改完成后要及时通知有关部门派员进行复查验证，合格后可销案。

31-6-4 伤亡事故的调查处理

职工在施工劳动过程中从事本岗位劳动，或虽不在本岗位劳动，但由于施工设备和设施不安全、劳动条件和作业环境不良、管理不善，以及领导指派在外从事本企业活动，所发生的人身伤害（即轻伤、重伤、死亡）和急性中毒事故都属于伤亡事故。

31-6-4-1 伤亡事故等级

根据国务院 1991 年 3 月 1 日起实施的《企业职工伤亡事故报告和处理规定》和《企业职工伤亡事故分类》（GB 6441—86）的规定，职工在劳动过程中发生的人身伤害、急性中毒伤亡事故具体分类见表 31-132。

伤亡事故等级分类 表 31-132

事故类别	说　明
轻　伤	·损失工作日 1~105 个工作日的失能伤害
重　伤	·损失工作日等于或超过 105 个工作日的失能伤害
死　亡	·损失工作日 6000 工日
重大死亡事故	·一级重大事故：死亡 30 人以上或直接经济损失 300 万元以上 ·二级重大事故：死亡 10~29 人或直接经济损失 100~300 万元 ·三级重大事故：死亡 3~9 人；重伤 20 人以上或直接经济损失 30~100 万元 ·四级重大事故：死亡 2 人以下；重伤 3~19 人或直接经济损失 10~30 万元

注：损失工作日是指估价事故在劳动力方面造成的直接损失。某种伤害的损失工作日一经确定，即为标准值，与受伤害者的实际休息日无关。

31-6-4-2 伤亡事故种类

国家统计局和劳动部的规定，按产生原因将伤亡事故分为 20 类，见表 31-133。

伤亡事故分类表 表 31-133

序号	事故类别	说　明
1	物体打击	指落物、滚石、锤击、碎裂、崩块、砸伤等伤害，不包括因爆炸而引起的物体打击
2	车辆伤害	包括挤、压、撞、倾覆等
3	机器工具伤害	包括、碾、碰、割、戳等
4	起重伤害	指起重设备或操作过程中所引起的伤害
5	触　电	包括雷击
6	淹　溺	
7	灼　烫	
8	火　灾	
9	刺　割	指机械工具伤害以外的刺割，如钉子扎脚、尖刃物划破等
10	高空坠落	包括从架子上、屋顶上坠落以及从平地上坠入坑内等
11	坍　塌	包括建筑物、堆置物倒塌和土石方塌方等

续表

序号	事故类别	说明
12	冒顶片帮	
13	透水	
14	放炮	
15	火药爆炸	指生产、运输、贮藏过程中发生的爆炸
16	瓦斯爆炸	包括煤尘爆炸
17	锅炉和受压容器爆炸	
18	其他爆炸	包括化学爆炸，炉膛、钢水包爆炸等
19	中毒和窒息	煤气、油气、沥青、化学、一氧化碳等中毒
20	其他伤害	扭伤、跌伤、冻伤、野兽咬伤等

31-6-4-3 事故原因

事故原因有直接原因、间接原因和基础原因，其具体表现见表31-134。

由于基础原因造成了间接原因——管理缺陷；管理缺陷与不安全状态的结合就构成了事故的隐患；当事故隐患形成并偶然被人的不安全行为所触发时就发生了事故，即施工中的危险因素＋触发因素＝事故，这个事故发生规律的过程可用图31-69示意表示。

事　故　原　因　　表 31-134

种类			内　　容
直接原因			最接近发生事故的时刻，并直接导致事故发生的原因
	人的原因		人的不安全行为
		身体缺陷	疾病、职业病、精神失常、智商过低（呆滞、接受能力差、判断能力差等）、紧张、烦躁、疲劳、易冲动、易兴奋、运动精神迟钝、对自然条件和环境过敏、不适应复杂和快速动作、应变能力差等
		错误行为	嗜酒、吸毒、吸烟、打赌、逞强、戏耍、嬉笑、追逐等
			错视、错听、错嗅、误触、误动作、误判断、突然受阻、无意相碰、意外滑倒、误入危险区域等
		违纪违章	粗心大意、漫不经心、注意力不集中、不懂装懂、无知而又不虚心、凭过时的经验办事、不履行安全措施、安全检查不认真、随意乱放物品物件、任意使用规定外的机械装置、不按规定使用防护用品用具、碰运气、图省事、盲目相信自己的技术、企图恢复不正常的机械设备、玩忽职守、有意违章、只顾自己而不顾他人等
	环境和物的原因		环境和物的不安全状态
		设备、装置、物品的缺陷	技术性能降低、强度不够、结构不良、磨损、老化、失灵、霉烂、物理和化学性能达不到要求等
		作业场所的缺陷	狭窄、立体交叉作业、多工种密集作业、通道不宽敞、机械拥挤、多单位同时施工等
		有危险源（物质和环境）	化学方面的氧化、自然、易燃、毒性、腐蚀、致癌、分解、光反应、水反应等
			机械方面的重物、振动、位移、冲撞、落物、尖角、旋转、冲压、轧压、剪切、切削、磨研、钳夹、切割、陷落、抛飞、铆锻、倾覆、翻滚、崩断、往复运动、凸轮运动等；电气方面的漏电、短路、火花、电弧、电辐射、超负荷、过热、爆炸、绝缘不良、无接地接零、反接、高压带电作业等
			环境方面的辐射线、红外线、紫外线、强光、雷电、风暴、骤雨、浓雾、高低温、潮湿、气压、气流、洪水、地震、山崩、海啸、泥石流、强磁场、冲击波、射频、微波、噪声、粉尘、烟雾、高压气体、火源等

续表

种类		内 容
		使直接原因得以产生和存在的原因
		管 理 缺 陷
间接原因	管理原因 目标与规划方面	目标不清、计划不周、标准不明、措施不力、方法不当、安排不细、要求不具体、分工不落实、时间不明确、信息不畅通等
	责任制方面	责权利结合不好、责任不分明、责任制有空档、相互关系不严密、缺少考核办法、考核不严格、奖罚不严等
	管理机构方面	机构设置不当、人浮于事或缺员、管理人员质量不高、岗位责任不具体、业务部门之间缺乏有机联系等
	教育培训方面	无安全教育规划、未建立安全教育制度、只教育而无考核、考核考试不严格、教育方法单调、日常教育抓得不紧、安全技术知识缺乏等
	技术管理方面	建筑物、结构物、机械设备、仪器仪表的设计、选材、布置、安装、维护、检修有缺陷；工艺流程和操作方法不当；安全技术操作规程不健全；安全防护措施不落实；检测、试验、化验有缺陷；防护用品质量欠佳；安全技术措施费用不落实等
	安全检查方面	检查不及时；检查出的问题未及时处理；检查不严、不细；安全自检坚持得不够好；检查的标准不清；检查中发现的隐患没立即消除；有漏查漏检现象等
	其他方面	指令有误、指挥失灵、联络欠佳、手续不清、基础工作不牢、分析研究不够、报告不详、确认有误、处理不当等
基础原因		造成间接原因的因素 包括经济、文化、社会历史、法律、民族习惯等社会因素

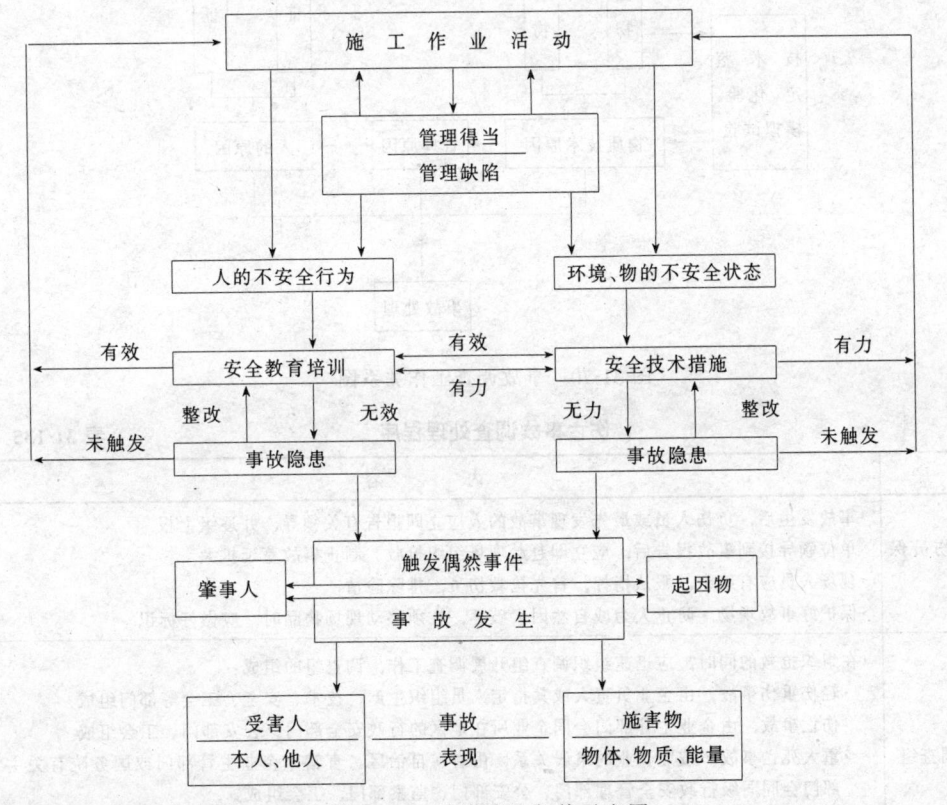

图 31-69 事故发生规律示意图

31-6-4-4 伤亡事故的调查处理程序

发生伤亡事故后，负伤人员或最先发现事故的人应立即报告领导。企业对受伤人员歇工满一个工作日以上的事故，应填写伤亡事故登记表并及时上报。

企业发生重伤和重大伤亡事故，必须立即将事故概况（包括伤亡人数、发生事故的时间、地点、原因）等，用快速方法分别报告企业主管部门、行业安全管理部门和当地公安部门、人民检察院。发生重大伤亡事故，各有关部门接到报告后应立即转报各自的上级主管部门。

对事故的调查处理，必须坚持"事故原因不清不放过，事故责任者和群众没有受到教育不放过，没有防范措施不放过"的"三不放过"原则，事故调查的工作关系见图31-70，事故的调查处理程序见表31-135。

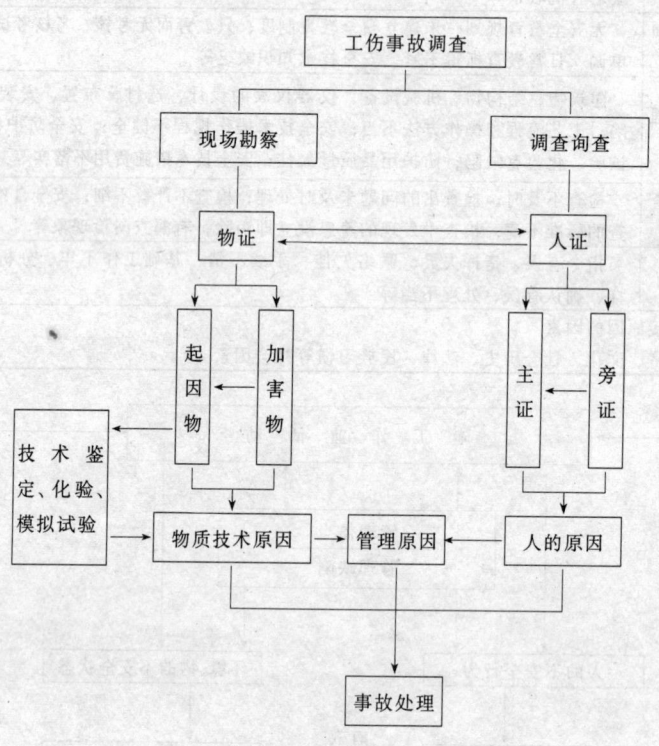

图31-70 事故调查工作关系图

伤亡事故调查处理程序 表31-135

程 序	内　　　容
抢救伤员保护现场	·事故发生后，负伤人员或最先发现事故的人应立即报告有关领导，并逐级上报 ·单位领导接到事故报告后，应立即赶赴现场组织抢救，制止事故蔓延扩大 ·现场人员应有组织，服从指挥，首先抢救伤员，排除险情 ·保护好事故现场，防止人为或自然因素破坏，在须移动现场物品时，应做好标识
组织调查组	·在组织抢救的同时，应迅速组织调查组开展调查工作，调查组的组成： 　·轻伤重伤事故，由企业负责人或其指定人员组织生产、技术、安全、工会等部门组成 　·伤亡事故，由企业主管部门会同企业所在地区的行政安全部门、公安部门、工会组成 　·重大死亡事故，按照企业的隶属关系，由省、自治区、直辖市企业主管部门或国务院有关主管部门会同同级行政安全管理部门、公安部门、监察部门、工会组成 ·死亡和重大死亡事故调查组还应邀请人民检察院参加，还可邀请有关专业技术人员参加 ·与发生事故有关直接利害关系的人员不得参加调查组

续表

程　序	内　　容
现场勘察	·现场勘查必须及时、全面、准确、客观，其主要内容有： 　·现场调查笔录； 　·事故发生的时间（年、月、日、时、分、班次） 　·具体地点（施工所在地、现场工号位置） 　·现场自然环境、气象、污染、噪声、辐射等 　·现场勘察人员姓名、单位、职务和现场勘察的起止时间和勘察过程 　·受伤害人员自然状况（姓名、年龄、工龄、工种、安全教育等）、伤害部位、性质、程度 　·事故发生前劳动组合、现场人员的位置和行动，受伤害人数及事故类别 　·导致伤亡事故发生的起因物（建筑物、构筑物、机械设备、材料、用具等） 　·发生事故作业的工艺条件、操作方法、设备状况及工作参数 　·设备损坏或异常情况及事故前后的位置，能量失散所造成的破坏情况、状态、程度 　·重要物证的特征、位置、散落情况及鉴定、化验、模拟试验等检验情况 　·安全技术措施计划的编制、交底、执行情况，安全管理各项制度执行情况 　·现场拍照：方位拍照，能反映事故现场在周围环境中的位置 　　　　　　　全面拍照，能反映事故现场各部分之间的联系 　　　　　　　中心拍照，能反映事故现场中心情况 　　　　　　　细目拍照，提示事故直接原因的痕迹物、致害物等 　　　　　　　人体拍照，反映伤亡者主要受伤和造成死亡伤害的部位 　·现场绘图：根据事故类别和规模以及调查工作的需要现场绘制示意图； 　　　　　　　平面图、剖面图；事故时现场人员位置及活动图；破坏物立体图或展开图； 　　　　　　　涉及范围图；设备或工、器具构造简图
分析事故原因	·认真、客观、全面、细致、准确的分析造成事故的原因，确定事故的性质 ·按 GB 6441—86 标准附录 A，受伤部位、受伤性质、起因物、致害物、伤害方法、不安全状态和不安全行为等七项内容进行分析，确定事故的直接原因和间接原因 ·根据调查所确认的事实，从直接原因入手，深入查出间接原因，分析确定事故的直接责任者和领导责任者，并根据其在事故发生过程中的作用确定主要责任者 ·事故的性质有： 　·责任事故，由于人的过失造成的事故 　·非责任事故，由于不可预见或不可抗力的自然条件变化所造成的事故或在技术改造、发明创造、科学试验活动中，由于科学技术条件的限制而发生的无法预料的事故 　·破坏性事故，即为达到既定目的而故意制造的事故。对此类事故应由公安机关立案、追查处理
事故责任分析	·根据调查掌握的事实，按有关人员职责、分工、工作态度和在事故中的作用追究其应负责任 ·按照生产技术因素和组织管理因素，追究最初造成事故隐患的责任 ·按照技术规定的性质、技术难度、明确程度，追究属于明显违反技术规定的责任 ·根据其情节轻重和损失大小，分清责任、主要责任、其次责任、重要责任、一般责任、领导责任等； ·因设计上的错误和缺陷而发生的事故，由设计者负责 ·因施工、制造、安装、检修上的错误或缺陷所发生的事故，由施工、制造、安装、检修、检验者负责 ·因工艺条件或技术操作确定上的错误和缺陷而发生的事故，由其确定者负责 ·因官僚主义的错误决定、瞎指挥而造成的事故，由指挥者负责 ·事故发生未及时采取措施，致使类似事故重复发生，由有关领导负责 ·因缺少安全生产规章制度而发生的事故，由生产组织者负责 ·因违反规定或操作错误而造成的事故，由操作者负责 ·未经教育、培训，不懂安全操作规程就上岗作业而发生的事故，由指派者负责 ·因随便拆除安全防护装置而造成的事故，由决定拆除者负责 ·对已发现的重大事故隐患，未及时解决而造成的事故，由主管领导或贻误部门领导负责

续表

程 序	内 容
事故责任分析	・对发生伤亡事故后，有下列行为者要给予从严处理： 　・发生伤亡事故后，隐瞒不报、虚报、拖报的 　・发生伤亡事故后，不积极组织抢救或抢救不力而造成更大伤亡的 　・发生伤亡事故后，不认真采取防范措施，致使同类事故重复发生的 　・发生伤亡事故后，滥用职权，擅自处理事故或袒护、包庇事故责任者的有关人员 　・事故调查中，隐瞒真相，弄虚作假，嫁祸于人的 ・根据事故后果和认识态度，按规定提出对责任者以经济处罚、行政处分或追究刑事责任等处理意见
制定预防措施	・根据事故原因分析，制定防止类似事故再次发生的预防措施 ・分析事故责任，使责任者、领导者、职工群众吸取教训，改进工作，加强安全意识 ・对重大未遂事故也应按上述要求查找原因、严肃处理
撰写调查报告	・调查报告应包括事故发生的经过、原因、责任分析和处理意见以及本事故的教训和改进工作的建议等内容 ・调查报告须经调查组全体成员签字后报批 ・调查组内部存在分歧时，持不同意见者可保留意见，在签字时加以说明
事故审理和结案	・事故处理结论，经有关机关审批后，即可结案 ・伤亡事故处理工作应当在 90d 结案，特殊情况不得超过 180d ・事故案件的审批权限应同企业的隶属关系及人事管理权限一致 ・事故调查处理的文件、图纸、照片、资料等记录应完整并长期保存
员工伤亡事故记录	・员工伤亡事故登记记录主要有： 员工重伤、死亡事故调查报告书，现场勘察记录、图纸、照片等资料；物证、人证调查材料；技术鉴定和试验报告；医疗部门对伤亡者的诊断结论及影印件；事故调查组人员的姓名、职务，并应逐个签字；企业及其主管部门对事故的结案报告；受处理人员的检查材料；有关部门对事故的结案批复等
工伤事故统计说明	・"工人职员在生产区域内所发生的和生产有关的伤亡事故"，是指企业在册职工在企业活动所涉及的区域内（不包括托儿所、食堂、诊疗所、俱乐部、球场等生活区域），由于生产过程中存在的危险因素的影响，突然使人体组织受到损伤或某些器官失去正常机能，以致负伤人员立即中断工作的一切事故 ・员工负伤后一个月内死亡，应作为死亡事故填报或补报，超过者不作死亡事故统计 ・员工在生产工作岗位于私斗或打闹造成伤亡事故，不作工伤统计 ・企业车辆执行生产运输任务（包括本企业职工乘坐企业车辆）行驶在场外公路上发生的伤亡事故，一律由交通部门统计 ・企业发生火灾、爆炸、翻车、沉船、倒塌、中毒等事故造成旅客、居民、行人伤亡，均不作职工伤亡统计 ・停薪留职的职工到外单位工作发生伤亡事故由外单位统计

31-6-5 安全事故原因分析方法

安全事故的分析方法很多，主要有事件树分析法、故障树分析法、因果分析图法、排列图法等。这些方法既可用于事前预防，又可用于事后分析。

31-6-5-1 事件树分析法

事件树分析法（ETA），又称决策树法。它是从起因事件出发，依照事件发展的各种可能情况进行分析，既可运用概率进行定量分析，亦可进行定性分析，如图 31-70 所示为工人搭脚手架时不慎将扳手从 12m 高处坠落，致使行人死亡的事故分析。

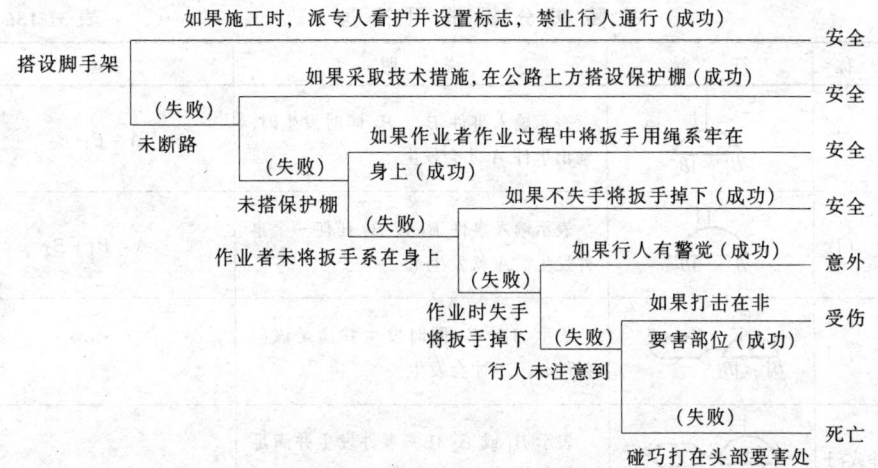

图 31-70 物体打击死亡事故事件树分析

31-6-5-2 故障树分析法

故障树分析法（FTA），又称事故的逻辑框图分析法。它与事件树分析法相反，是从事故开始，按生产工艺流程及因果关系，逆时序地进行分析，最后找出事故的起因。这种方法也可进行定性或定量分析，能揭示事故起因和发生的各种潜在因素，便于对事故发生进行系统预测和控制。图 31-71 为对一位工人不慎从脚手架上坠落死亡事故的故障树分析示例。图中符号意义见表 31-136。

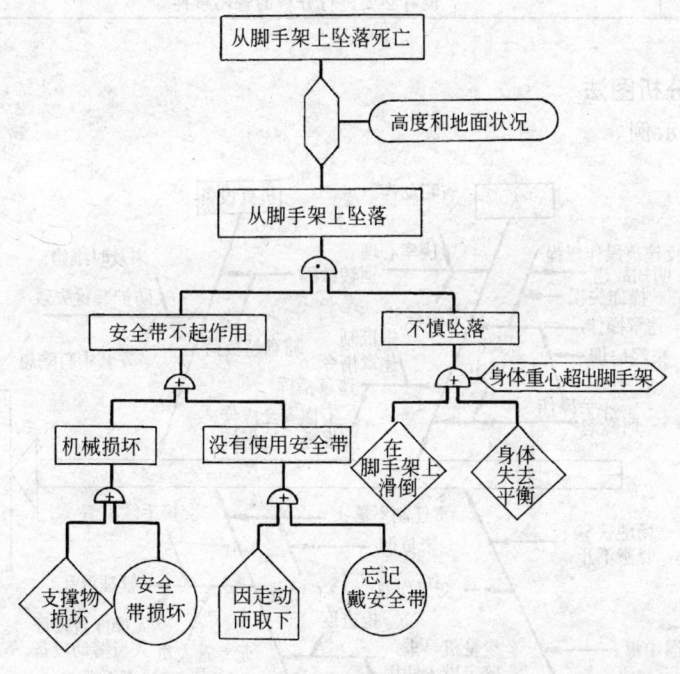

图 31-71 （从脚手架上坠落死亡）故障树

故障树分析常用符号 表 31-136

种类	名称	符号	说 明	表达式
逻辑门	与门	(与门符号)	表示输入事件 B_1、B_2 同时发生时，输出事件 A 才会发生	$A = B_1 \cdot B_2$
	或门	(或门符号)	表示输入事件 B_1 或 B_2 任何一个事件发生，A 就发生	$A = B_1 + B_2$
	条件与门	(条件与门符号)	表示 B_1、B_2 同时发生并满足该门条件时，A 才会发生	
	条件或门	(条件或门符号)	表示 B_1 或 B_2 任一事件发生并满足该门条件时，A 才会发生	
事件	矩形	(矩形符号)	表示顶上事件或中间事件	
	圆形	(圆形符号)	表示基本事件，即发生事故的基本原因	
	屋形	(屋形符号)	表示正常事件，即非缺陷事件，是系统正常状态下存在的正常事件	
	菱形	(菱形符号)	表示信息不充分、不能进行分析或没有必要进行分析的省略事件	

31-6-5-3 因果分析图法

见图 31-72 示例。

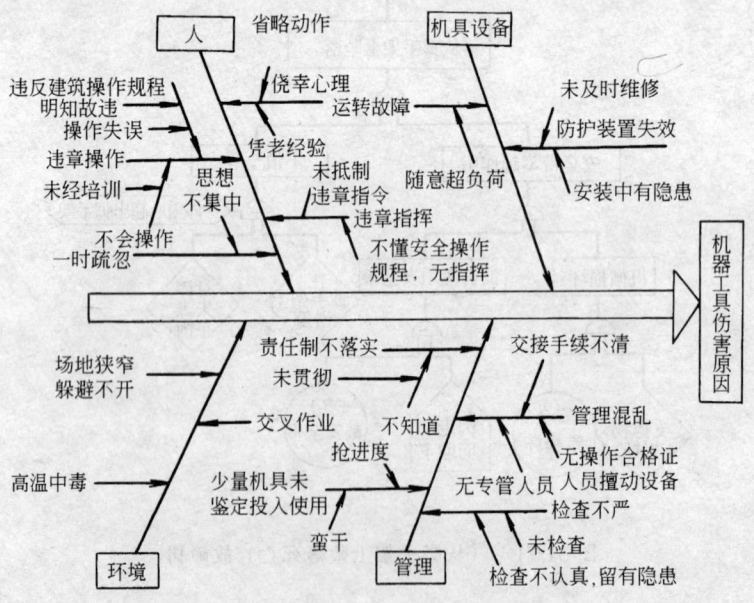

图 31-72 机器工具伤害事故因素分析图

31-7 施工项目生产要素管理

31-7-1 施工项目劳动力管理

31-7-1-1 施工项目劳动力管理的概念

施工项目劳动力管理是项目经理部把参加施工项目生产活动的人员作为生产要素，对其所进行的管理工作。其核心是按着施工项目的特点和目标要求，合理地组织、高效率地使用和管理劳动力，培养提高劳动者素质，激发劳动者的积极型与创造性，提高劳动生产率，全面完成工程合同，获取更大效益。

31-7-1-2 施工项目劳动力组织管理的原则

施工项目劳动力组织管理的原则见表31-137。

施工项目劳动力组织管理的原则　　　　　　表31-137

原则		内容
两层分离	项目管理人员	·以组织原理为指导，科学定员设岗为标准 ·公司领导审批，逐级聘任上岗 ·依据项目承包合同管理
	劳务人员	·以企业为依托，企业适当保留一些与本企业专业密切相关的高级技术工种工人，其余劳动力由企业向社会劳动力市场招募 ·企业以项目劳动力计划为依据，按计划供应给项目经理部 ·建筑劳务分包企业（有木工、砌筑、抹灰、油漆、钢筋、混凝土、脚手架、模板、焊接、水暖电安装、钣金、架线等13个作业类别）是施工项目的劳动力可靠且稳定的来源 ·依据劳务分包合同管理
优化配置	素质优化	·以平等竞争、择优选用的原则，选择觉悟高、技术精、身体好的劳动者上岗 ·以双向选择、优化组合的原则组合生产班组 ·坚持上岗转岗前培训制度，提高劳动者综合素质
	数量优化	·依据项目规模和施工技术特点，按照合理的比例配备管理人员和各工种工人 ·保证施工过程中充分利用劳动力，避免劳务失调、劳务与生产脱节
	组织形式优化	·建立适应项目特点的精干高效的组织形式
动态管理	依据和目的	·以进度计划与劳务合同为依据，以动态平衡和日常调度为手段，允许劳动力合理流动 ·以达到劳动力优化组合以及充分调动作业人员劳动积极性为目的
	管理的方法	·项目经理部向公司劳务管理部门申请派遣劳务人员的数量、工种、技术能力等要求，并签订劳务合同 ·项目经理部向参加施工的劳务人员下达施工任务单或承包任务书，并对其作业质量和效率进行检查考核 ·项目经理部应对参加施工的劳务人员进行教育培训和思想管理 ·根据施工生产任务和施工条件的变化，对劳动力进行跟踪平衡、协调，进行劳动力补充或减员，及时解决劳动力配合中的矛盾 ·在项目施工的劳务平衡协调过程中，按合同与企业劳务部门保持信息沟通，人员使用和管理的协调 ·按合同支付劳务报酬，解除劳务合同后，将人员遣归企业内部劳务市场

31-7-1-3 施工项目劳动力组织管理的内容

施工项目劳动力组织管理的内容见表31-138。

施工项目劳动组织管理的内容　　　　　　　　　　　表 31-138

管理方式	内　　容
对外包、分包劳务的管理	·认真签订和执行合同，并纳入整个施工项目管理控制系统，及时发现并协商解决问题，保证项目总体目标实现 ·对其保留一定的直接管理权，对违纪不适宜工作的工人，项目管理部门拥有辞退权，对贡献突出者有特别奖励权 ·间接影响劳务单位对劳务的组织管理工作，如工资奖励制度、劳务调配等 ·对劳务人员进行上岗前培训并全面进行项目目标和技术交底工作
由项目管理部门直接组织的管理	·严格项目内部经济责任制的执行，按内部合同进行管理 ·实施先进的劳动定额、定员，提高管理水平 ·组织与开展社会主义劳动竞赛，调动职工的积极性和创造性 ·严格职工的培训、考核、奖惩 ·加强劳动保护和安全卫生工作，改善劳动条件，保证职工健康与安全生产 ·抓好班组管理，加强劳动纪律
与企业劳务管理部门共同管理	·企业劳务管理部门与项目经理部通过签订劳务承包合同承包劳务，派遣作业队完成承包任务 ·合同中应明确作业任务及应提供的计划工日数和劳动力人数、施工进度要求及劳务进退场时间、双方的管理责任、劳务费计取及结算方式、奖励与罚款等 ·企业劳务部门的管理责任是：包任务量完成，包进度、质量、安全、节约、文明施工和劳务费用 ·项目经理部的管理责任是：在作业队进场后，保证施工任务饱满和生产的连续性、均衡性；保物资供应、机械配套；保各项质量、安全防护措施落实；保及时供应技术资料；保文明施工所需的一切费用及设施 ·企业劳务管理部门向作业队下达劳务承包责任状 ·承包责任状根据已签订的承包合同建立，其内容主要有： 　·作业队承包的任务及计划安排 　·对作业队施工进度、质量、安全、节约、协作和文明施工的要求 　·对作业队的考核标准、应得的报酬及上缴任务 　·对作业队的奖罚规定

31-7-1-4 劳动定额与定员

1. 劳动定额

劳动定额是指在正常生产条件下，为完成单位产品（或工作）所规定的劳动消耗的数量标准。其表现形式有两种：时间定额和产量定额。时间定额指完成合格产品所必需的时间。产量定额指单位时间内应完成合格产品的数量。二者在数值上互为倒数。

（1）劳动定额的作用

劳动定额是劳动效率的标准，是劳动管理的基础，其主要作用是：

1）劳动定额是编制施工项目劳动计划、作业计划、工资计划等各项计划的依据；

2）劳动定额是项目经理部合理定编、定岗、定员及科学地组织生产劳动推行经济责任制的依据；

3）劳动定额是衡量考评工人劳动效率的标准，是按劳分配的依据；

4）劳动定额是施工项目实施成本控制和经济核算的基础。

（2）劳动定额水平

劳动定额水平必须先进合理。在正常生产条件下，定额应控制在多数工人经过努力能够完成,少数先进工人能够超过的水平上。定额要从实际出发,充分考虑到达到定额的实际可能性,同时还要注意保持不同工种定额水平之间的平衡。

2．劳动定员

劳动定员是指根据施工项目的规模和技术特点,为保证施工的顺利进行,在一定时期内(或施工阶段内)项目必须配备的各类人员的数量和比例。

(1) 劳动定员的作用

1) 劳动定员是建立各种经济责任制的前提。

2) 劳动定员是组织均衡生产,合理用人,实施动态管理的依据。

3) 劳动定员是提高劳动生产率的重要措施之一。

(2) 劳动定员方法

1) 按劳动定额定员,适用于有劳动定额的工作,计算公式是:

$$某工种的定员人数 = \frac{某工种计划工程量}{该工种工人产量定额 \times 计划出勤工日利用率}$$

2) 按施工机械设备定员,适用于如车辆及施工机械的司机、装卸工人、机床工人等的定员。计算公式为:

$$某机械设备定员人数 = \frac{必须的机械设备台数 \times 每台设备工作班次}{工人看管定额 \times 计划出勤工日利用率}$$

3) 按比例定员。按某类人员占工人总数或与其他类人员之间的合理的比例关系确定人数。如:普通工人可按与技术工人比例定员。

4) 按岗位定员。按工作岗位数确定必要的定员人数。如维修工、门卫、消防人员等。

5) 按组织机构职责分工定员,适用于工程技术人员、管理人员的定员。

31-7-2 施工项目材料管理

31-7-2-1 施工项目材料管理概述

1．施工项目材料管理的概念

施工项目材料管理是项目经理部为顺利完成工程项目施工任务,合理使用和节约材料,努力降低材料成本,所进行的材料计划、订货采购、运输、库存保管、供应、加工、使用、回收等一系列的组织和管理工作。

2．施工项目材料采购供应

施工项目材料的采购权主要集中在法人层次上,即一般由企业建立统一的材料机构,对外面向社会建材市场,对内建立企业内部材料市场,对各施工项目所需要的主要材料、大宗材料实行统一计划、统一采购、统一供应、统一调度和统一核算,在企业范围内进行动态配置和平衡协调。因而对于项目经理部来讲,施工项目所需材料主要来自企业内部建材市场。其中:

(1) 施工项目所需主要材料、大宗材料(A类材料),以签订买卖合同的方式,由公司材料机构供应;

(2) 工程所需的周转材料、大型工具等向企业材料机构租赁;

(3) 小型及随手工具采取支付费用方式,由施工班组在企业内部材料市场上自行采购;

(4) 经承包人授权，由项目经理部负责采购企业供应计划以外的材料、特殊材料和零星材料（B类、C类材料）等。这些材料的品种应在《项目管理目标责任书》中有约定。项目经理部应编制采购计划，报企业材料主管部门批准后，按计划采购。

(5) 远离企业本部的项目经理部可在法定代表人的授权下就地采购。

3. 施工项目材料管理的任务

(1) 项目经理部及时向企业材料机构提交各种材料计划，并签订相应的材料合同，实施材料的计划管理。

(2) 加强现场材料的验收、储存保管；建立材料领发、退料登记制度；监督材料的使用，实施材料定额消耗管理。

(3) 大力探索节约材料、研究代用材料、降低材料成本的新技术、新途径和先进科学方法，如采用ABC分类法、库存技术方法、价值分析等。

(4) 建立施工项目材料管理岗位责任制。施工项目经理是材料管理的全面领导责任者；施工项目经理部主管材料人员是施工现场材料管理直接责任者；班组料具员在主管材料员业务指导下，协助班组长组织和监督本班组合理领、用、退料。

31-7-2-2 施工项目材料计划管理

1. 施工项目材料计划的编制依据

项目经理部编制的主要材料计划的编制依据和内容见表31-139。

项目经理部编制的主要的材料计划　　　　表31-139

材料计划	编制依据和内容
施工项目主要材料需要量计划	·项目开工前，向公司材料机构提出一次性材料计划，包括总计划、年计划 ·依据施工图纸、预算，并考虑施工现场材料管理水平和节约措施编制材料需要量 ·以单位工程为对象，编制各种材料需要量计划，而后归集汇总整个项目的各种材料需要量 ·该计划作为企业材料机构采购、供应的依据
主要材料月（季）需要量计划	·在项目施工中，项目经理部应向企业材料机构提出主要材料月（季）需要量计划 ·应依据工程施工进度编制计划，还应随着工程变更情况和调整后的施工预算及时调整计划 ·该计划内容主要包括各种材料的库存量、需要量、储备量等数据，并编制材料平衡表 ·该计划作为企业材料机构动态供应材料的依据
构配件加工订货计划	·在构件制品加工周期允许时间内提出加工订货计划 ·依据施工图纸和施工进度编制 ·作为企业材料机构组织加工和向现场送货的依据 ·报材料供应部门作为及时送料的依据
施工设施用料计划	·按使用期提前向供应部门提出施工设施用料计划 ·依据施工平面图对现场设施的设计编制 ·报材料供应部门作为及时送料的依据
周转材料、工具租赁计划	·按使用期，提前向租赁站提出租赁计划 ·要求按品种、规格、数量、需用时间和进度编制 ·依据施工组织设计编制 ·作为租赁站送货到现场的依据
主要材料节约计划	·根据企业下达的材料节约率指标编制 ·要求落实到各有关的分部分项工程施工的技术组织措施中 ·作为向施工班组领发料限额及考核的依据

2. 施工项目材料计划的编制

(1) 施工项目材料需要量计划编制

以单位工程为对象归集各种材料的需要量。即在编制的单位工程预算的基础上，按分部分项工程计算出各种材料的消耗数量，然后在单位工程范围内，按材料种类、规格分别汇总，得出单位工程各种材料的定额消耗量。在此基础上考虑施工现场材料管理水平及节约措施即可编制出施工项目材料需要量计划。

(2) 施工项目月（季、半年、年）度材料计划编制

主要内容是：计算各种材料的需要量、储备量，经过综合平衡确定材料申请、采购量等。

1) 各种材料需要量确定的依据是：计划期生产任务；技术组织措施和设备维修计划；上期材料计划执行情况分析资料；材料消耗定额等。其计算方法是：直接计算法。其计算公式如下：

$$某种材料需要量 = \Sigma(计划工程量 \times 材料消耗定额)$$

2) 各种材料库存量、储备量的确定

计划期初库存量＝编制计划时实际库存量＋期初前的预计到货量－期初前的预计消耗量

$$计划期末储备量 = (0.5 \sim 0.75)经常储备量 + 保险储备量$$

经常储备量即经济库存量，保险储备量即安全库存量，详见31-7-2-4库存管理方法。当材料生产或运输受季节影响时，需考虑季节性储备。其计算公式如下：

$$季节性储备量 = 季节储备天数 \times 平均日消耗量$$

3) 编制材料综合平衡表（表31-140）提出计划期材料进货量，即申请量和市场采购量。

材 料 平 衡 表　　　　　表31-140

材料名称	计量单位	上期实际消耗量	计划期								备注
			需要量	储备量					进货量		
				期末储备量	期初库存量	期内不合用数量	尚可利用资源	合计	其中		
									申请量	市场采购量	

材料申请采购量＝材料需要量＋计划期末储备量－（计划期初库存量－计划期内不合用数量）－企业内可利用资源

计划期内不合用数量是考虑库存量中，由于材料、规格、型号不符合计划期任务要求扣除的数量。尚可利用资源是指积压呆滞材料的加工改制、废旧材料的利用、工业废渣的综合利用，以及采取技术措施可节约的材料等。

在材料平衡表的基础上，分别编制材料申请计划和市场采购计划。

3. 材料计划的组织实施

(1) 做好材料的申请、订货采购工作，使所需全部材料从品种、规格、数量、质量和供应时间上都能按计划得到落实，不留缺口。

(2) 做好计划执行过程中的检查工作，发现问题，找出薄弱环节，及时采取措施，保证计划的实现。

(3) 加强日常的材料平衡工作。

31-7-2-3 施工项目现场材料管理

施工项目现场材料管理的内容见表 31-141。

施工项目现场材料管理的内容　　　　表 31-141

材料管理环节	内　容
材料消耗定额	·应以材料施工定额为基础，向基层施工队、班组发放材料，进行材料核算 ·要经常考核和分析材料消耗定额的执行情况，着重于定额与实际用料的差异，非工艺损耗的构成等，及时反映定额达到的水平和节约用料的先进经验，不断提高定额管理水平 ·应根据实际执行情况积累和提供修订和补充材料定额的数据
材料进场验收	·根据现场平面布置图，认真做好材料的堆放和临时仓库的搭设，要求做到有利于材料的进出和存放，方便施工、避免和减少场内二次搬运 ·在材料进场时，根据进料计划、送料凭证、质量保证书或材质证明（包括厂名、品种、出厂日期、出厂编号、试验数据等）和产品合格证，进行数据验收和质量确认，做好验收记录，办理验收手续 ·材料的质量验收工作，要按质量验收规范和计量检测规定进行，严格执行验品种、验型号、验质量、验数量、验证件制度 ·要求复检的材料要由取样送检证明报告；新材料未经试验鉴定，不得用于工程中；现场配制的材料应经试配，使用前应经认证 ·材料的计量设备必须经具有资格的机构定期检验，确保计量所需要的精确度，不合格的检验设备不允许使用 ·对不符合计划要求或质量不合格的材料，应更换、退货或让步接收（降级使用），严禁使用不合格的材料
材料储存保管	·进库的材料须验收后入库，按型号、品种分区堆放，并编号、标识，建立台账 ·材料仓库或现场堆放的材料必须有必要的防火、防雨、防潮、防盗、防风、防变质、防损坏等措施 ·易燃易爆、有毒等危险品材料，应专门存放，专人负责保管，并有严格的安全措施 ·有保质期的材料应做好标识，定期检查，防止过期 ·现场材料要按平面布置图定位放置，有保管措施，符合堆放保管制度 ·对材料要做到日清、月结、定期盘点、账物相符
材料领发	·严格限额领发料制度，坚持节约预扣，余料退库。收发具要及时入账上卡，手续齐全 ·施工设施用料，以设施用料计划进行总控制，实行限额发料 ·超限额用料时，须事先办理手续，填限额领料单，注明超耗原因，经批准后，方可领发材料 ·建立领发料台账，记录领发状况和节超状况
材料使用监督	·组织原材料集中加工，扩大成品供应。要求根据现场条件，将混凝土、钢筋、木材、石灰、玻璃、油漆、砂、石等不同程度地集中加工处理 ·坚持按分部工程或按层数分阶段进行材料使用分析和核算。以便及时发现问题，防止材料超用 ·现场材料管理责任者应对现场材料使用进行分工监督、检查 ·是否认真执行领发料手续，记录好材料使用台账 ·是否按施工场地平面图堆料，按要求的防护措施保护材料 ·是否按规定进行用料交底和工序交接 ·是否严格执行材料配合比，合理用料 ·是否做到工完场清，要求"谁做谁清，随做随清，操作环境清，工完场地清" ·每次检查都要做到情况有记录，原因有分析，明确责任，及时处理

续表

材料管理环节	内　容
材料回收	·回收和利用废旧材料，要求实行交旧（废）领新、包装回收、修旧利废 ·施工班组必须回收余料，及时办理退料手续，在领料单中登记扣除 ·余料要造表上报，按供应部门的安排办理调拨和退料 ·设施用料、包装物及容器等，在使用周期结束后组织回收 ·建立回收台账，记录节约或超领记录，处理好经济关系
周转材料现场管理	·按工程量、施工方案编报需用计划 ·各种周转材料均应按规格分别整齐码放，垛间留有通道 ·露天堆放的周转材料应有规定限制高度，并有防水等防护措施 ·零配件要装入容器保管，按合同发放，按退库验收标准回收、作好记录 ·建立保管使用维修制度 ·周转材料需报废时，应按规定进行报废处理

31-7-2-4　库存管理方法

1. ABC 分类法

这是根据库存材料的占用资金大小和品种数量之间的关系，把材料分为 ABC 三类（见表 31-142），找出重点管理材料的一种方法。

材料 ABC 分类表　　　　　　　　　表 31-142

材　料　分　类	品种数占全部品种数（%）	资金额占资金总额（%）
A 类	5～10	70～75
B 类	20～25	20～25
C 类	60～70	5～10
合　　计	100	100

A 类材料占用资金比重大，是重点管理的材料，要按品种计算经济库存量和安全库存量，并对库存量随时进行严格盘点，以便采取相应措施。对 B 类材料，可按大类控制其库存；对 C 类材料，可采用简化的方法管理，如定期检查库存，组织在一起订货运输等。

2. 定量订购法

是指当材料库存量内最高库存（经济库存量＋安全库存量）消耗到最低库存（安全库存量）之前的某一预定的库存量水平即订购点时，就按一定批量（即经济订购批量又称经济库存量）订购补充控制库存的一种方法。如图 31-73 所示。

订购点的计算公式如下：

订购点＝平均日需要量×最大订购时间＋安全库存量

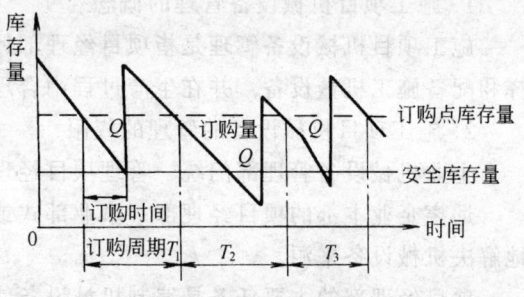

图 31-73　定量订购示意图

式中：订购时间是指从开始订购到验收入库为止的时间。有的材料还包括加工准备时间。安全库存量是为了防止缺货的风险而建立的库存，通常按下式确定：

$$\text{安全库存量} = \text{平均日需要量} \times \text{平均误期天数}$$

平均误期天数一般根据历史统计资料加权计算后,再结合计划期到货误期的可能性确定。

经济订购批量(即经济库存量)是指某种材料订购费用和仓库保管费用之和为最低时的订购批量,其计算公式如下:

$$\text{经济订购批量} = \sqrt{\frac{2 \times \text{年需要量} \times \text{每次订购费用}}{\text{材料单价} \times \text{仓库保管费率}}}$$

式中:订购费用是指每次订购材料运抵仓库之前的一切费用。主要包括采购人员工资、旅差费、采购手续费、检验费等。仓库保管费率是指仓库保管费用占平均库存费的百分率。仓库保管费包括材料在库或在场所需的一切费用。主要指该批材料占用流动资金的利息、占用仓库的费用(折旧、修理费等)、库存期间的损耗以及防护费和保险费等。

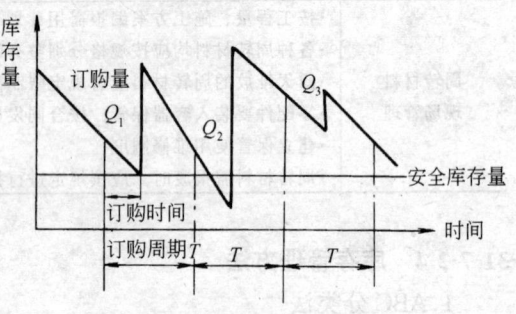

图 31-74 定期订购示意图

3. 定期订购法

是事先确定好订购周期,如每季、每月或每旬订购一次,到达订货日期就组织订货,这种方法订购周期相等,但每次订购数量不一定,见图 31-74。

订购周期的确定,一般先用材料的年需要量除以经济库存量求得订购次数,然后以 365 天除以订购次数可得。每次订购数量是根据在下次到货前所需材料的数量减去订货时的实际库存量而定。其计算公式如下:

$$\text{订购数量} = (\text{订购天数} + \text{供应间隔天数}) \times \text{平均日需要量} + \text{安全库存量} - \text{实际库存量}$$

式中:供应间隔天数是指相邻两次到货之间的间隔天数。

31-7-3 施工项目机械设备管理

31-7-3-1 施工项目机械设备管理概述

1. 施工项目机械设备管理的概念

施工项目机械设备管理是指项目经理部针对所承担的施工项目,运用科学方法优化选择和配备施工机械设备,并在生产过程中合理使用,进行维修保养等各项管理工作。

2. 施工项目机械设备的管理的权限

企业机械设备管理部门统一管理项目经理部使用的机械设备。

远离企业本部的项目经理部(事业部式或工作队式),可由企业法定代表人授权,就地解决机械设备来源。

项目经理部的主要任务是编制机械设备使用计划,报企业审批。负责对进入现场的机械设备(机械施工分包人的机械设备除外)做好使用中的管理、维护和保养。

3. 施工项目机械设备的供应渠道

1) 企业机械设备管理部门从企业自有机械设备中调配;
2) 企业机械设备管理部门从市场上租赁项目所需的机械设备;
3) 企业为施工项目专门购置机械设备,提供给项目经理部使用;

4) 将机械施工任务分包给专业队伍。

31-7-3-2 施工项目机械设备的选择

1. 施工项目机械设备选择的依据和原则

施工项目的组织管理工作以及施工活动都是一次性的，因为项目施工服务的机械设备也主要是在公司内部的机械设备租赁市场上去选择租赁，其选择的依据是：施工项目的施工条件、工程特点、工程量多少及工期要求等。选择的原则主要是：要适用于项目施工的要求、使用安全可靠、技术先进、经济合理。

2. 施工项目机械设备选择的方法

（1）综合评分法

当有多台同类机械设备可供选择时，可以综合考虑它们的技术特性，通过对每种特性分级打分的方法比较其优劣。如表 31-143 中所列甲、乙、丙 3 台机械，在用综合评分法综合考虑了 13 项特性之后，选择得总分最高的甲机用于施工。

综 合 评 分 法 表 31-143

序号	特性	等级	标准分	甲机	乙机	丙机
1	工作效率	A B C	10 8 6	10	10	8
2	工作质量	A B C	10 8 6	8	8	8
3	使用费和维修费	A B C	10 8 6	8	10	6
4	能源耗费量	A B C	8 6 4	6	6	6
5	占用人员	A B C	8 6 4	6	4	4
6	安全性	A B C	8 6 4	8	6	6
7	稳定性	A B C	8 6 4	6	6	8
8	服务项目多少	A B C	8 6 4	6	4	8
9	完好性	A B C	8 6 4	8	6	6
10	维修难易	A B C	8 6 4	6	4	6
11	安、拆、用难易和灵活性	A B C	6 4 2	6	4	2

续表

序 号	特 性	等级	标准分	甲机	乙机	丙机
12	对气候适应性	A B C	6 4 2	4	2	2
13	对环境影响	A B C	6 4 2	4	4	4
总 计 分 数				84	76	74

(2) 单位工程量成本比较法

机械设备使用的成本费用分为可变费用和固定费用两大类。可变费用又称操作费，它随着机械的工作时间变化，如操作人员的工资、燃料动力费、小修理费、直接材料费等。固定费用是按一定施工期限分摊的费用，如折旧费、大修理费、机械管理费、投资应付利息、固定资产占用费等，租入机械的固定费用是要按期交纳的租金。在多台机械可供选用时，可优先选择单位工程量成本费用较低的机械。单位工程量成本的计算公式是：

$$C = \frac{R + Px}{Qx}$$

式中　C——单位工程量成本；
　　　R——一定期间固定费用；
　　　P——单位时间变动费用；
　　　Q——单位作业时间产量；
　　　x——实际作业时间（机械使用时间）。

(3) 界限时间比较法

界限时间（X_0）是指两台机械设备的单位工程量成本相同时的时间。由方法（2）的计算公式可知单位工程量成本 C 是机械作业时间 X 的函数，当 A、B 两台机械的单位工程量成本相同，即 $C_a = C_b$ 时，则有关系式：

$$\frac{R_a + P_a X_0}{Q_a X_0} = \frac{R_b + P_b X_0}{Q_b X_0}$$

解得界限时间 X_0 的计算公式：

$$X_0 = \frac{R_b Q_a - R_a Q_b}{P_a Q_b - P_b Q_a}$$

当 A、B 两机单位作业时间产量相同，即 $Q_a = Q_b$ 时，上式可简化为：

$$X_0 = \frac{R_b - R_a}{P_a - P_b}$$

上面公式可用图 31-75 表示。

由图 33-75（a）可以看出，当 $Q_a = Q_b$ 时，应按总费用多少，选择机械。由于项目已定，两台机械需要的使用时间 X 是相同的，即

$$\text{需要使用时间}(x) = \frac{\text{应完成工程量}}{\text{单位时间产量}} = x_a = x_b$$

当 $x < x_0$ 时，选择 B 机械；$x > x_0$ 时，选择 A 机械。

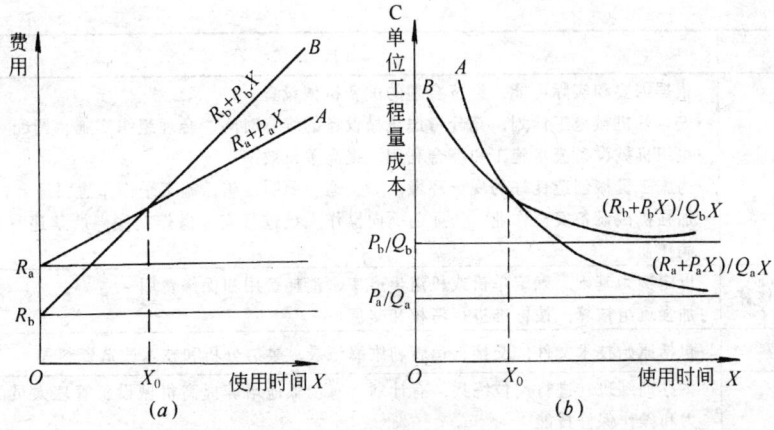

图 31-75 界限时间比较法

(a) 单位作业时间产量相同时，$Q_a = Q_b$；(b) 单位作业时间产量不同时，$Q_a \neq Q_b$

由图 31-75 (b) 可以看出，当 $Q_a \neq Q_b$ 时，这时两台机械的需要使用时间不同，$x_a \neq x_b$。在都能满足项目施工进度要求的条件下，需要使用时间 x，应根据单位工程量成本较低者，选择机械。项目进度要求确定，当 $x < x_0$ 时选择 B 机械；$x > x_0$ 时选择 A 机械。

(4) 折算费用法（等值成本法）

当施工项目的施工期限长，某机械需要长期使用，项目经理部决策购置机械时，可考虑机械的原值、年使用费、残值和复利利息，用折算费用法计算，在预计机械使用的期间，按月或年摊入成本的折算费用，选择较低者购买。计算公式是：

年折算费用 =（原值 - 残值）× 资金回收系数 + 残值 × 利率 + 年度机械使用费

其中　资金回收系数 = $\dfrac{i(1+i)^n}{(1+i)^n - 1}$

式中　i——复利率；

　　　n——计利期。

31-7-3-3 施工项目机械设备的合理使用

施工项目机械设备的合理使用的有关内容见表 31-144。

施工项目机械设备的使用　　　　　表 31-144

	内　　容
机械使用责任制	·实行人机固定，要求操作人员必须遵守安全操作规程，积极为施工服务 ·提高机械施工质量，降低消耗，将机械的使用效益与个人经济利益联系起来 ·爱护机械设备，管好原机零部件、附属设备和随机工具，执行保养规程 ·认真执行交接班制度，填好运转记录
实行操作证制度	·对操作人员，进行培训、考试，确认合格者发给操作证，持证上岗 ·实行岗位责任制
严格执行技术规定	·遵守技术试验规定，凡进入施工现场施工的机械设备，必须测定其技术性能、工作性能和安全性能，确认合格后才能验收、投产使用 ·遵守走合期的使用规定，防止机件早期磨损，延长机械使用寿命和修理周期 ·遵守寒冷地区冬季使用机械设备的规定

续表

项目	内容
合理组织机械施工	·根据需要和实际可能，经济合理的配备机械设备 ·安排好机械施工计划，充分考虑机械设备的维修时间，合理组织实施、调配 ·组织机械设备流水施工和综合利用，提高单机效率 ·为施工机械创造良好的现场环境，如交通、照明设施，施工平面布置要适合机械作业要求 ·加强机械设备安全作业，作业前须向操作人员进行安全操作交底，严禁违章作业和机械带病作业
实行单机或机组核算	·以定额为基础，确定单机或机组生产率、消耗费用和保修费用 ·加强班组核算，按标准进行考核和奖惩
建立机械设备档案	·包括原始技术文件，交接、运转和维修记录，事故分析和技术改造资料等
培养机务队伍	·举办训练班、进行岗位练兵，有计划、有步骤地培养提高机械设备管理人员的技术业务能力和操作保修技能

31-7-3-4 施工项目机械设备的保养与维修

施工项目机械设备的保养与维修的有关内容见表31-145。

施工项目机械设备的保养与修理   表31-145

项目	内容
例行保养	·是由操作人员每日（班）工作前、工作中和工作后进行的保养，又称日常保养 ·主要内容：保持机械清洁，检查运转状态，紧固易松脱的螺栓，调整各部位不正常的行程和间隙，按规定进行润滑，采取措施防止机械腐蚀
定期保养	·当机械设备运转到规定的保养定额工时时，停机进行的保养，又称强制保养，一般分为四级 ·一级保养由操作者负责，二、三、四级保养由专业保养工（修理工）负责
修理	·修理包括零星小修、中修和大修 ·零星小修是临时安排的修理，一般和保养相结合，不列入修理计划，由项目经理部负责 　·其目的是：消除操作人员无力排除的机械设备突然发生故障、个别零件损坏或一般事故性损坏，及时进行维修、更换、修复 ·大修和中修列入修理计划，并由企业负责按机械预检修计划对施工机械进行检修 　·大修是对机械设备进行全面的解体检查修理，保证各零部件质量和配合要求，使其达到良好的技术状态，恢复可靠性和精度等工作性能，以延长机械的使用寿命 　·中修是对不能继续使用的部分总成进行大修，使整机状况达到平衡，以延长机械设备的大修间隔 　·中修是在大修间隔期间对少数总成进行的一次平衡修理，对其他不进行大修的总成只执行检查保养

31-7-4 施工项目技术管理

31-7-4-1 施工项目技术管理概述

1. 施工项目技术管理概念

施工项目技术管理是项目经理部在项目施工的过程中，对各项技术活动过程和技术工作的各种要素进行科学管理的总称。

2. 施工项目技术管理工作内容

施工项目技术管理工作主要包括：技术管理基础工作；施工技术准备工作；施工过程技术工作；技术开发工作；技术经济分析与评价等内容详见图31-76。

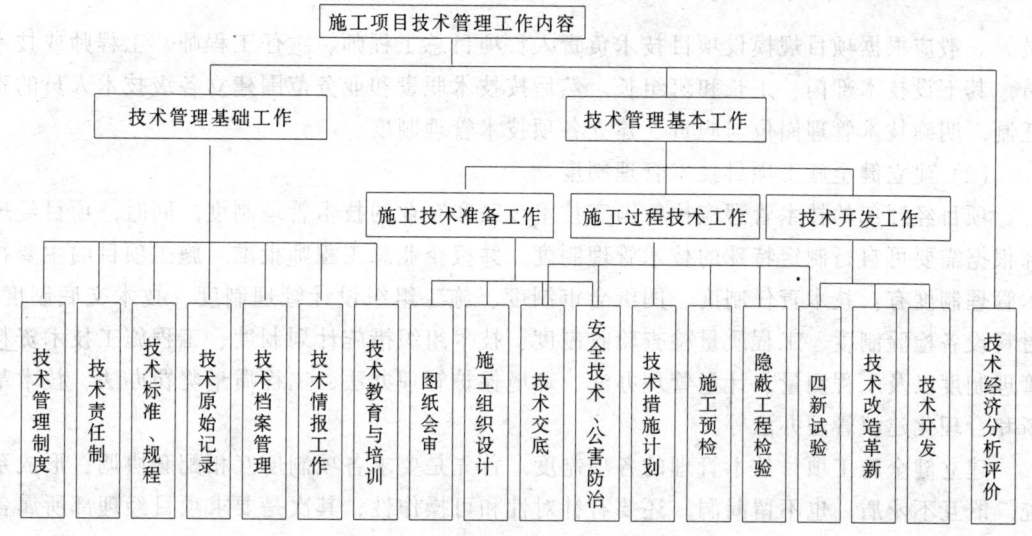

图 31-76 施工项目技术管理工作内容

3. 项目经理部的技术工作要求

(1) 项目经理部在接到工程图纸后，按过程控制程序文件要求进行内部审查，并汇总意见。

(2) 项目技术负责人应参与发包人组织的图纸会审，提出设计变更意见，进行一次性设计变更洽商。

(3) 在施工过程中，如发现设计图纸上中存在问题，或因施工条件变化必须补充设计，或需要材料代用，可向设计人提出工程变更洽商书面资料。工程变更应由项目技术负责人签字。

(4) 编制施工方案。

(5) 技术交底必须贯彻施工验收规范、技术规程、工艺标准、质量验收标准等要求。书面资料应由签发人和审核人签字，使用后归入技术资料档案。

(6) 项目经理部应将分包人的技术管理纳入技术管理体系，并对其施工方案的制定、技术交底、施工试验、材料试验、分项工程检验和隐检、竣工验收等进行系统的过程控制。

(7) 对后续工序质量有决定作用的测量与放线、模板、翻样、预制构件吊装、设备基础、各种基层、预留孔、预埋件、施工缝等应进行施工预检，并做好记录。

(8) 各类隐蔽工程应进行隐检，做好隐检记录，办理隐检手续，参与各方责任人应确认、签字。

(9) 项目经理部应按项目管理实施规划和企业的技术措施纲要实施技术措施计划。

(10) 项目经理部应设技术资料管理人员，做好技术资料的搜集、整理和归档工作，并建立技术资料台账。

31-7-4-2 施工项目技术管理基础工作

(1) 建立技术管理工作体系

首先，项目经理部必须在企业总工程师和技术管理部门的指导参与下，建立以项目技术负责人为首的技术业务统一领导和分级管理的技术管理工作体系，并配备相应的职能人员。一般应根据项目规模设项目技术负责人：项目总工程师、主任工程师、工程师或技术员，其下设技术部门、工长和班组长，然后按技术职责和业务范围建立各级技术人员的责任制，明确技术管理岗位与职责、建立各项技术管理制度。

(2) 建立健全施工项目技术管理制度

项目经理部的技术管理应执行国家技术政策和企业的技术管理制度，同时，项目经理部根据需要可自行制定特殊的技术管理制度，并报企业总工程师批准。施工项目的主要技术管理制度有：技术责任制度、图纸会审制度、施工组织设计管理制度、技术交底制度、材料设备检验制度、工程质量检查验收制度、技术组织措施计划制度、工程施工技术资料管理制度以及工程测量、计量管理办法、环境保护管理办法、工程质量奖罚办法、技术革新和合理化建议管理办法等。

建立健全施工项目技术管理的各项制度，首先是要求各项制度互相配套协调、形成系统，既互不矛盾，也不留漏洞，还要有针对性和可操作性；其次是要求项目经理部所属各单位、各部门和人员，在施工活动中，都必须遵照所制定的有关技术管理制度中的规定和程序安排工作和生产，保证施工生产安全顺利地进行。

(3) 技术责任制

项目经理部的各级技术人员都应根据项目技术管理责任制度完成业务工作，履行职责。其中项目技术负责人的主要职责有：

1) 主持项目的技术管理。
2) 主持制定项目技术管理工作计划。
3) 组织有关人员熟悉与审查图纸，主持编制项目管理实施规划的施工方案并组织落实。
4) 负责技术交底。
5) 组织做好测量及其核定。
6) 指导质量检验和试验。
7) 审定技术措施计划并组织实施。
8) 参加工程验收，处理质量事故。
9) 组织各项技术资料的签证、收集、整理和归档。
10) 领导技术学习，交流技术经验。
11) 组织专家进行技术攻关。

31-7-4-3 施工项目技术管理主要工作（表 31-146）

施工项目技术管理的主要工作　　　　表 31-146

主要技术工作	摘　　要
图纸会审	·会审图纸有建设单位或其委托的监理单位、设计单位和施工单位三方代表参加 ·由监理单位（或建设单位）主持，先由设计单位介绍设计意图和图纸、设计特点、对施工的要求。然后，由施工单位提出图纸中存在的问题和对设计单位的要求，通过三方讨论与协商，解决存在的问题，写出会议纪要，交给设计人员，设计人员将纪要中提出的问题通过书面的形式进行解释或提交设计变更通知书 ·图纸审查的内容包括： 　(1) 是否是无证设计或越级设计，图纸是否经设计单位正式签署 　(2) 地质勘探资料是否齐全

续表

主要技术工作	摘　要
图纸会审	(3) 设计图纸与说明是否齐全 (4) 设计地震烈度是否符合当地要求 (5) 几个单位共同设计的，相互之间有无矛盾；专业之间，平、立、剖面图之间是否有矛盾；标高是否有遗漏 (6) 总平面与施工图的几何尺寸、平面位置、标高等是否一致 (7) 防火要求是否满足 (8) 建筑结构与各专业图纸本身是否有差错与矛盾；结构图与建筑图的平面尺寸与标高是否一致；建筑图与结构图的表示方法是否清楚，是否符合制图标准；预埋件是否表示清楚；是否有钢筋明细表，钢筋锚固长度与抗震要求等 (9) 施工图中所列各种标准图册施工单位是否具备，如无，如何取得 (10) 建筑材料来源是否有保证 (11) 地基处理方法是否合理。建筑与结构构造是否存在不能施工、不便于施工，容易导致质量、安全或经费等方面的问题 (12) 工艺管道、电气线路、运输道路与建筑物之间有无矛盾，管线之间的关系是否合理 (13) 施工安全是否有保证 (14) 图纸是否符合监理规划中提出的设计目标
施工组织设计	见 34 施工组织设计
技术交底	·技术交底必须满足施工规范、规程、工艺标准、质量验收标准和建设单位的合理要求 ·整个工程施工、各分部分项工程、特殊和隐蔽工程、易发生质量事故与工伤事故的工程部位均须认真作技术交底 ·技术交底必须以书面形式进行，经过检查与审核，有签发人、审核人、接受人的签字 ·所有的技术交底资料，都要列入工程技术档案 ·由设计单位的设计人员向施工项目技术负责人交底的内容： 　　(1) 设计文件依据：上级批文、规划准备条件、人防要求、建设单位的具体要求及合同 　　(2) 建设项目所处规划位置、地形、地貌、气象、水文地质、工程地质、地震烈度 　　(3) 施工图设计依据：包括初步设计文件，市政部门要求，规划部门要求，公用部门要求，其他有关部门（如绿化、环卫、环保等）的要求，主要设计规范，甲方供应及市场上供应的建筑材料情况等 　　(4) 设计意图：包括设计思想，设计方案比较情况，建筑、结构和水、暖、电、卫、煤、气等的设计意图 　　(5) 施工时应注意事项：包括建筑材料方面的特殊要求、建筑装饰施工要求、广播音响与声学要求、基础施工要求、主体结构设计采用新结构、新工艺对施工提出的要求 ·施工项目技术负责人向下级技术负责人交底的内容： 　　(1) 工程概况一般性交底 　　(2) 工程特点及设计意图 　　(3) 施工方案 　　(4) 施工准备要求 　　(5) 施工注意事项，包括地基处理、主体施工、装饰工程的注意事项及工期、质量、安全等 ·施工项目技术负责人向工长、班组长进行技术交底 　　应按工程分部、分项进行交底，内容包括：设计图纸具体要求；施工方案实施的具体技术措施及施工方法；土建与其他专业交叉作业的协作关系及注意事项；各工种之间协作与工序交接质量检查；设计要求；规范、规程、工艺标准；施工质量标准及检验方法；隐蔽工程记录、验收时间及标准；成品保护项目、办法与制度、施工安全技术措施 ·工长向班组长交底，主要利用下达施工任务书的时候进行分项工程操作交底
安全技术公害防治	见 31-6 施工项目安全控制

续表

主要技术工作	摘　　要
技术措施计划	·依据施工组织设计和施工方案编制，总公司编制年度技术措施纲要、分公司编制年度和季度技术措施计划，项目经理部编制月度技术措施作业计划，并计算其经济效果 ·技术措施计划与施工计划同时下达至工长及有关班组执行 ·项目技术负责人应汇总当月的技术措施计划执行情况上报 ·技术措施计划的主要内容： 　(1) 加快施工进度方面的技术措施 　(2) 保证和提高工程质量的技术措施 　(3) 节约劳动力、原材料、动力、燃料的措施 　(4) 推广新技术、新工艺、新结构、新材料的措施 　(5) 提高机械化水平、改进机械设备的管理以提高完好率和利用率的措施 　(6) 改进施工工艺和操作技术以提高劳动生产率的措施 　(7) 保证安全施工的措施
施工预检	·预检是该工程项目或分项工程在未施工前所进行的预先检查 ·预检是保证工程质量、防止可能发生差错造成质量事故的重要措施 ·施工单位自身进行预检，并做好记录后，监理单位对预检工作进行监督并予以审核认证 ·建筑工程的预检项目主要有： 　(1) 建筑物位置线，现场标准水准点，坐标点（包括标准轴线桩、平面示意图），重点工程应有测量记录 　(2) 基槽验线，包括：轴线、放坡边线、断面尺寸、标高（槽底标高、垫层标高）、坡度等 　(3) 模板，包括：几何尺寸、轴线、标高、预埋件和预留孔位置、模板牢固性、清扫口留置、施工缝留置、模板清理、脱模剂涂刷、止水要求等 　(4) 楼层放线，包括：各层墙柱轴线、边线和皮数杆 　(5) 翻样检查，包括：几何尺寸、节点做法 　(6) 楼层50线（或1m线）水平检查 　(7) 预制构件吊装，包括：轴线位置、构件型号、构件支点的搭接长度、堵孔、清理、锚固、标高、垂直偏差以及构件裂缝、损坏处理等 　(8) 设备基础，包括：位置、标高、尺寸、预留孔、预埋件等 　(9) 混凝土施工缝留置的方法和位置，接茬的处理（包括接茬处浮动石子清理等） 　(10) 各层间地面基层处理，屋面找坡，保温、找平层质量，各阴阳角处理
隐蔽工程检查与验收	·隐蔽工程是指完工后将被下一道施工作业所掩盖的工程 ·隐蔽工程项目在隐蔽之前应进行严密检查，做好记录，签署意见，办理验收手续，不得后补 ·有问题需复验的，须办理复验手续，并由复验人做出结论，填写复验日期 ·建筑工程隐蔽工程验收项目如下： 　(1) 基验槽，包括土质情况、标高、地基处理 　(2) 基础、主体结构各部位的钢筋均须办理隐检，内容包括：钢筋的品种、规格、数量、位置、锚固或接头位置长度及除锈、代用变更情况，板缝及楼板胡子筋处理情况、保护层情况等 　(3) 现场结构焊接，钢筋焊接包括焊接型式及焊接种类：焊条、焊剂牌号（型号）；焊接规格；焊缝长度、厚度及外观清渣等；外墙板的键槽钢筋焊接；大楼板的连接筋焊接；阳台尾筋焊接 　　钢结构焊接包括：母材及焊条品种、规格；焊条烘焙记录；焊接工艺要求和必要的试验；焊缝质量检查等级要求；焊缝不合格率统计、分析及保证质量措施、返修措施、返修复查记录 　(4) 高强螺栓施工检验记录 　(5) 屋面、厕浴间防水层下的各层细部做法，地下室施工缝、变形缝、止水带、过墙管做法等，外墙板空腔立缝、平缝、十字接头、阳台雨罩接头等
技术开发工作	属于企业工作范畴，按其规定进行

31-7-5 施工项目资金管理

31-7-5-1 施工项目资金管理概述

1. 施工项目资金管理的概念

施工项目资金管理是指施工项目经理部根据工程项目施工过程中资金运动的规律，进行的资金收支预测、编制资金计划、筹集投入资金（施工项目经理部收入），资金使用（支出）、资金核算与分析等一系列资金管理工作。

2. 施工项目资金管理的要点

(1) 项目资金管理应保证收入、节约支出、防范风险和提高经济效益。

1) 保证收入是指项目经理部应及时向发包人收取工程预付备料款，做好分期核算、预算增减账、竣工结算等工作。

2) 节约支出是指用资金支出过程控制方法对人工费、材料费、施工机械使用费、临时设施费、其他直接费和施工管理费等各项支出进行严格监控，坚持节约原则，保证支出的合理性。

3) 防范风险主要是指项目经理部对项目资金的收支和支出做出合理的预测，对各种影响因素进行正确评估，最大限度地避免资金的收入和支出风险。

(2) 企业财务部门统一管理资金。为保证项目资金使用的独立性，承包人应在财务部门设立项目专用账号，所有资金的收支均按财会制度由财务部门统一对外运作。资金进入财务部门后，按承包人的资金使用制度分流到项目，项目经理部负责责任范围内项目资金的直接使用管理。

(3) 项目资金计划的编制、审批。项目经理部应根据施工合同、承包造价、施工进度计划、施工项目成本计划、物资供应计划等编制年、季、月度资金收支计划，上报企业主管部门审批后实施。

(4) 项目资金的计收。项目经理部应按企业授权配合企业财务部门及时进行资金计收。资金计收应符合下列要求：

1) 新开工项目按工程施工合同收取预付款或开办费。

2) 根据月度统计报表编制"工程进度款估算单"，在规定日期内报监理工程师审批、结算。如发包人不能按期支付工程进度款且超过合同支付的最后限期，项目经理部应向发包人出具付款违约通知书，并按银行的同期贷款利率计息。

3) 根据工程变更记录和证明发包人违约的材料，及时计算索赔金额，列入工程进度款结算单。

4) 发包人委托代购的工程设备或材料，必须签订代购合同，收取设备订货预付款或代购款。

5) 工程材料价差应按规定计算，发包人应及时确认，并与进度款一起收取。

6) 工期奖、质量奖、措施奖、不可预见费及索赔款应根据施工合同规定与工程进度款同时收取。

7) 工程尾款应根据发包人认可的工程结算金额及时收回。

(5) 项目资金的控制使用。项目经理部应按企业下达的用款计划控制资金使用，以收定支，节约开支；应按会计制度规定设立财务台账，记录资金支出情况，加强财务核算，及时盘点盈亏。

(6) 项目的资金总结分析。项目经理部应坚持做好项目的资金分析,进行计划收支与实际收支对比,找出差异,分析原因,改进资金管理。项目竣工后,结合成本核算与分析进行资金收支情况和经济效益总结分析,上报企业财务主管部门备案。企业应根据项目的资金管理效果对项目经理部进行奖惩。

31-7-5-2 施工项目资金收支预测

1. 施工项目资金收入预测

项目资金是按合同价款收取的。在实施施工项目合同的过程中,应从收取工程预付款(预付款在施工后以冲抵工程价款方式逐步扣还给业主)开始,每月按进度收取工程进度款,到最终竣工结算,按时间测算出价款数额、做出项目资金按月收入图及项目资金按月累加收入图。

在资金收入预测中,每月的资金收入都是按合同规定的结算办法测算的。实践中工程进度款常常不能及时到位,因而预测时要充分考虑资金收入款滞后时间因素。另外资金的收入——进度款额需要以合同工期完成施工任务做保证,否则会因为延误工期而罚款造成经济损失。

2. 施工项目资金支出预测

施工项目资金支出即项目施工过程中的资金使用。项目经理部应根据施工项目的成本费用控制计划、施工组织设计、材料物资储备计划测算出随着工程实施进展,每月预计的人工费、材料费、施工机械使用费、物资储运费、临时设施费、其他直接费和施工管理费等各项支出。形成对整个施工项目,按时间、进度、数量规划的资金使用计划和项目费用每月支出图及支出累加图。

资金的支出预测,应从实际出发,尽量具体而详细,同时还要注意资金的时间价值,以使测算的结果能满足资金管理的需要。

3. 施工项目资金收支预测程序及对比

(1) 施工项目资金收支预测程序,见图 31-77。

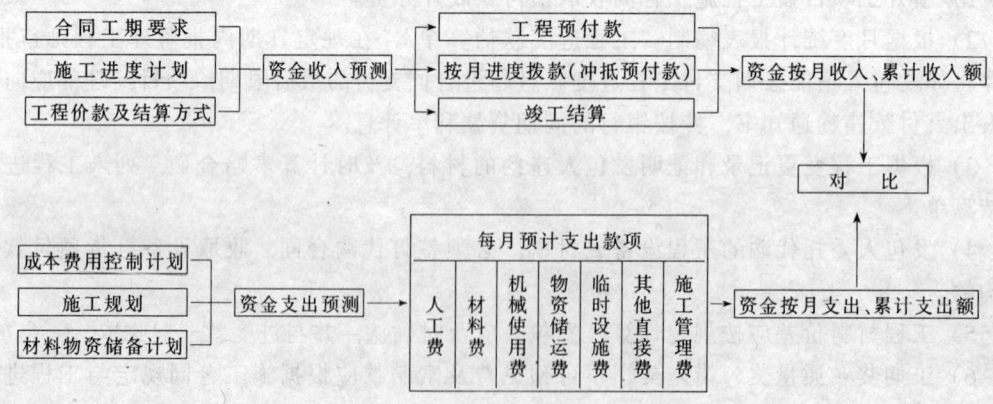

图 31-77 施工项目资金收支预测程序图

(2) 施工项目资金收支预测对比,见图 31-78。

图 31-78 是施工项目资金收支预测的对比图。其横坐标表示以项目合同总工期为

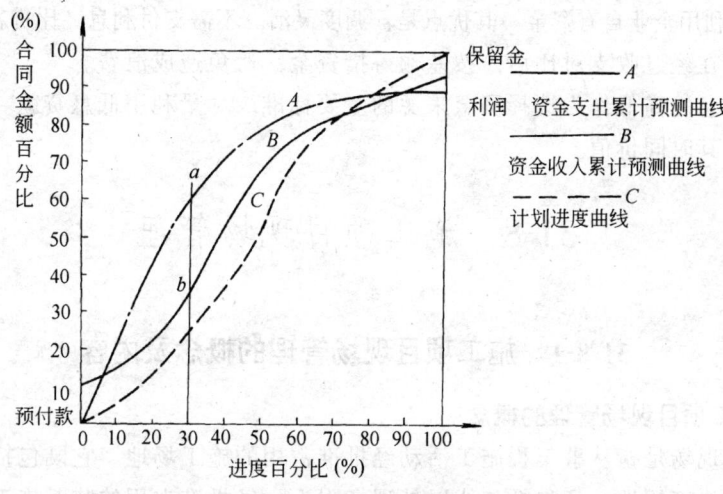

图 31-78 施工项目收支预测对比图

100%的时间进度百分比；也可按月度（旬、周）表示；纵坐标是以项目合同价款为100%的资金百分比，也可用绝对资金数额表示。分别将收支预测的累计数值绘于图中，便得到 A、B 两条曲线。在同一进度时 A、B 线上两点距离即为该进度时收入资金与支出资金的预计差额，也就是应筹措的资金数量。图中 a、b 间距离反映的是该施工项目应筹措的资金最大值。

施工项目资金收支预测对比也可列表进行。

31-7-5-3 施工项目资金的筹措

1. 建设项目的资金来源

(1) 财政资金，包括财政无偿拨款和拨改贷资金。

(2) 银行信贷资金，包括基本建设贷款、技术改造贷款、流动资金贷款和其他贷款等。

(3) 发行国家投资债券、建设债券、专项建设债券以及地方债券等。

(4) 在资金暂时不足的情况下，还可以采用租赁的方式解决。

(5) 企业自有资金和对外筹措资金（发行股票及企业债券，向产品用户集资）。

(6) 利用外资，包括利用外国直接投资，进行合资、合作建设以及利用外国贷款。

2. 施工过程所需要的资金来源

施工过程所需要的资金来源，一般是在承发包合同条件中规定了的，由发包方提供工程备料款和分期结算工程款。为了保证生产过程的正常进行，施工企业也可垫支部分自有资金，但在占用时间和数量方面必须严加控制，以免影响整个企业生产经营活动的正常进行。因此，施工项目资金来源渠道是：

(1) 预收工程备料款。

(2) 已完施工价款结算。

(3) 银行贷款。

(4) 企业自有资金。

(5) 其他项目资金的调剂占用。

3. 筹措资金的原则

(1) 充分利用企业自有资金。其优点是：调度灵活，不需支付利息，比贷款保证性强。

(2) 必须在经过收支对比后，按差额筹措资金，避免造成浪费。

(3) 以利息的高低作为选择资金来源的主要标准，尽量利用低息贷款。用企业自有资金时也应考虑其时间价值。

31-8 施工项目现场管理

31-8-1 施工项目现场管理的概念及内容

31-8-1-1 施工项目现场管理的概念

施工项目现场是指从事工程施工活动经批准占用的施工场地。它既包括红线以内占用的建筑用地和施工用地，又包括红线以外现场附近，经批准占用的临时施工用地。

施工项目现场管理是指项目经理部按照《施工现场管理规定》和城市建设管理的有关法规，科学合理地安排使用施工现场，协调各专业管理和各项施工活动，控制污染，创造文明安全的施工环境和人、材、物、资金流畅通的施工秩序所进行的一系列管理工作。

31-8-1-2 施工项目现场管理的内容

施工项目现场管理的主要内容见表31-147。

施工项目现场管理的主要内容 表31-147

	主要内容
规划及报批施工用地	·根据施工项目及建筑用地的特点科学规划，充分、合理使用施工现场场内占地 ·当场内空间不足时，应会同发包人按规定向城市规划部门、公安交通部门申请，经批准后，方可使用场外施工临时用地
设计施工现场平面图	·根据建筑总平面图、单位工程施工图、拟定的施工方案、现场地理位置和环境及政府部门的管理标准，充分考虑现场布置的科学性、合理性、可行性，设计施工总平面图、单位工程施工平面图 ·单位工程施工平面图应根据施工内容和分包单位的变化，设计出阶段性施工平面图，并在阶段性进度目标开始实施前，通过施工协调会议确认后实施
建立施工现场管理组织	·项目经理全面负责施工过程中的现场管理，并建立施工项目现场管理组织体系 ·施工项目现场管理组织应由主管生产的副经理、主任工程师、分包人、生产、技术、质量、安全、保卫、消防、材料、环保、卫生等管理人员组成 ·建立施工项目现场管理规章制度和管理标准、实施措施、监督办法和奖惩制度 ·根据工程规模、技术复杂程度和施工现场的具体情况，遵循"谁生产、谁负责"的原则，建立按专业、岗位、区片的施工现场管理责任制，并组织实施 ·建立现场管理例会和协调制度，通过调度工作实施的动态管理，做到经常化、制度化
建立文明施工现场	·遵循国务院及地方建设行政主管部门颁布的施工现场管理法规和规章认真管理施工现场 ·按审核批准的施工总平面图布置和管理施工现场，规范场容 ·项目经理部应对施工现场场容、文明形象管理做出总体策划和部署，分包人应在项目经理部指导和协调下，按照分区划块原则做好分包人施工用地容、文明形象管理的规划 ·经常检查施工项目现场管理的落实情况，听取社会公众、近邻单位的意见，发现问题，及时处理，不留隐患，避免再度发生，并实施奖惩 ·接受政府建设行政主管部门的考评机构和企业对建设工程施工现场管理的定期抽查、日常检查、考评和指导 ·加强施工现场文明建设，展示和宣传企业文化，塑造企业及项目经理部的良好形象
及时清场转移	·施工结束后，应及时组织清场，向新工地转移 ·组织剩余物资退场，拆除临时设施，清除建筑垃圾，按市容管理要求恢复临时占用土地

31-8-2 施工项目现场管理的要求

施工项目现场管理的要求见表31-148。

施工项目现场管理的要求　　　　　　　表31-148

	要　　求
现场标志	·在施工现场门头设置企业名称、标志 ·在施工现场主要进出口处醒目位置设置施工现场公示牌和施工总平面图，具体有： 　·工程概况（项目名称）牌 　·施工总平面图 　·安全无重大事故计数牌 　·安全生产、文明施工牌 　·项目主要管理人员名单及项目经理部组织结构图 　·防火须知牌及防火标志（设置在施工现场重点防火区域和场所） 　·安全纪律牌（设置在相应的施工部位、作业点、高空施工区及主要通道口） 工程概况牌内容： 工程名称：　　　建筑面积： 建设单位： 设计单位： 施工单位：　　　工地负责人： 开工日期：　　　竣工日期：
场容管理	·遵守有关规划、市政、供电、供水、交通、市容、安全、消防、绿化、环保、环卫等部门的法规、政策，接收其监督和管理，尽力避免和降低施工作业对环境的污染和对社会生活正常秩序的干扰 ·施工总平面图设计应遵循施工现场管理标准，合理可行，充分利用施工场地和空间，降低各工种、作业活动相互干扰，符合安全防火、环保要求，保证高效有序顺利文明施工 ·施工现场实行封闭式管理，在现场周边应设置临时维护设施（市区内其高度应不低于1.8m），维护材料要符合市容要求；在建工程应采用密闭式安全网全封闭 ·严格按照已批准的施工总平面图或相关的单位工程施工平面图划定的位置，布置施工项目的主要机械设备、脚手架、模具、施工临时道路及进出口，水、气、电管线，材料制品堆场及仓库，土方及建筑垃圾，变配电间、消防设施、警卫室、现场办公室、生产生活临时设施，加工场地、周转使用场地等，井然有序 ·施工物料器具除应按照施工平面图指定位置就位布置外，尚应根据不同特点和性质，规范布置方式和要求，做到位置合理、码放整齐、限宽限高、上架入箱、规格分类、挂牌标识，便于来料验收、清点、保管和出库使用 ·大型机械和设施位置应布局合理，力争一步到位；需按施工内容和阶段调整现场布置时，应选择调整耗费较小，影响面小或已经完成作业活动的设施；大宗材料应根据使用时间，有计划地分批进场，尽量靠近使用地点，减少二次搬运，以免浪费 ·施工现场应设置场通道排水沟渠系统，工地地面宜做硬化处理，场地不积水、泥浆，保持道路干燥坚实 ·施工过程应合理有序，尽量避免前后反复，影响施工；对平面和高度也要进行合理分块分区，尽量避免各分包或各工种交叉作业、互相干扰，维持正常的施工秩序 ·坚持各项作业落手清，即工完料尽场地清。杜绝废料残渣遍地、好坏材料混杂，改善施工现场脏、乱、差、险的状况 ·做好原材料、成品、半成品、临时设施的保护工作 ·明确划分施工区域、办公区、生活区域。生活区内宿舍、食堂、厕所、浴室齐全，符合卫生标准；各区都有专人负责，创造一个整齐、清洁的工作和生活环境
环境保护	·施工现场泥浆、污水未经处理不得直接排入城市排水设施和河流、湖泊、池塘 ·除有符合规定的装置外，不得在施工现场熔化沥青或焚烧油毡、油漆，亦不得焚烧其他可产生有毒有害烟尘和恶臭气味的废弃物，禁止将有毒有害废弃物做土方回填 ·建筑垃圾、渣土应在指定地点堆放，及时运到指定地点清理；高空施工的垃圾和废弃物应采用密闭式串筒或其他措施清理搬运；装载建筑材料、垃圾、渣土等散体物料的车辆应有严密遮挡措施，防止飞扬、洒漏或流溢；进出施工现场的车辆应经常冲洗，保持清洁

续表

	要　　求
环境保护	·在居民和单位密集区域进行爆破、打桩等施工作业前，项目经理部除按规定报告申请批准外，还应将作业计划、影响范围、程度及有关措施等情况，向有关的居民和单位通报说明，取得协作和配合；对施工机械的噪音与振动扰民，应有相应的措施予以控制 ·经过施工现场的地下管线，应由发包人在施工前通知承包人，标出位置，加以保护 ·施工时发现文物、古迹、爆炸物、电缆等，应当停止施工，保护好现场，及时向有关部门报告，按照有关规定处理后方可继续施工 ·施工中需要停水、停电、封路而影响环境时，必须经有关部门批准，事先告示，并设有标志 ·温暖季节宜对施工现场进行绿化布置
防火保安	·应做好施工现场保卫工作，采取必要的防盗措施。现场应设立门卫，根据需要设置警卫。施工现场的主要管理人员应佩带证明其身分的证卡，应采用现场施工人员标识。有条件时可对进出场人员使用磁卡管理 ·承包人必须严格按照《中华人民共和国消防条例》的规定，在施工现场建立和执行防火管理制度，现场必须安排消防车出入口和消防道路，设置符合要求的消防设施，保持良好的备用状态。在容易发生火灾的地区或储存、使用易燃、易爆器材时，承包人应当采取特殊的消防安全措施。施工现场严禁吸烟，必要时可设吸烟室 ·施工现场的通道、消防入口、紧急疏散楼道等，均应有明显标志或指示牌。有高度限制的地点应有限高标志；临街脚手架、高压电缆，起重机杆回转半径伸至街道的，均应设安全隔离棚；在行人、车辆通行的地方施工，应当设置沟、井、坎、穴覆盖物和标志，夜间设置灯光警示标志；危险品库附近应有明显标志及围挡措施，并设专人管理 ·施工中需要进行爆破作业的，必须经上级主管部门审查批准，并持说明爆破器材的地点、品名、数量、用途、四邻距离的文件和安全操作规程，向所在地县、市公安局申领"爆破物品使用许可证"，由具备爆破资质的专业人员按有关规定进行施工 ·关键岗位和有危险作业活动的人员必须按有关规定，经培训、考核、持证上岗 ·承包人应考虑规避施工过程中的一些风险因素，向保险公司投施工保险和第三者责任险
卫生防疫及其他	·现场应准备必要的医疗保健设施。在办公室内显著地点张贴急救车和有关医院电话号码 ·施工现场不宜设置职工宿舍，必须设置时应尽量和施工场地分开 ·现场应设置饮水设施，食堂、厕所要符合卫生要求，根据需要制定防暑降温措施，进行消毒、防毒和注意食品卫生等 ·现场应进行节能、节水管理，必要时下达使用指标 ·现场涉及的保密事项应通知有关人员执行 ·参加施工的各类人员都要保持个人卫生、仪表整洁，同时还应注意精神文明，遵守公民社会道德规范，不打架、赌博、酗酒等

31-8-3　施工项目现场综合考评

31-8-3-1　施工现场综合考评概述

施工项目现场管理考评的目的、依据、对象和负责考评的主管单位等概况见表31-149。

施工项目现场管理考评的概况　　　　　　表31-149

	说　　明
考评目的	·加强施工现场管理，提高管理水平，实现文明施工，确保工程质量和施工安全
考评依据	·《建设工程施工现场综合考评试行办法》　建监〔1995〕407号
考评对象	·每一个建设工程及建设工程施工的全过程

续表

	说　明
考评对象	·对工程建设参与各方（业主、监理、设计、施工、材料及设备供应单位等）在施工现场中各种行为的评价 ·在建设工程施工现场综合考评中，施工项目经理部的施工现场管理活动和行为占有90%的权重，是最主要的考评对象
考评管理机构 考评实施机构	·国务院建设行政主管部门归口负责全国的建设工程施工现场综合考评管理工作 ·国务院各有关部门负责所直接实施的建设工程施工现场综合考评管理工作 ·县级及以上地方人民政府建设行政主管部门负责本行政区域内的建设工程施工现场综合考评管理工作 ·施工现场综合考评实施机构（简称考评机构）可在现有工程质量监督站的基础上加以健全或充实

31-8-3-2　施工现场综合考评的内容

施工现场综合考评的内容详见表31-150。

施工现场综合考评的内容　　　　　　　　表31-150

考评项目 （满分）	考评内容	有下列行为之一 则该考评项目为0分
施工组织管理 （20分）	·合同的签订及履约情况 ·总分包、企业及项目经理资质 ·关键岗位培训及持证上岗情况 ·施工项目管理规划编制实施情况 ·分包管理情况	·企业资质或项目经理资质与所承担工程任务不符 ·总包人对分包人不进行有效管理和定期考评 ·没有施工项目管理规划或施工方案，或未经批准 ·关键岗位人员未持证上岗
工程质量管理 （40分）	·质量管理体系 ·工程质量 ·质量保证资料	·当次检查的主要项目质量不合格 ·当次检查的主要项目无质量保证资料 ·出现结构质量事故或严重质量问题
施工安全管理 （20分）	·安全生产保证体系 ·施工安全技术、规范、标准实施情况 ·消防设施情况	·当次检查不合格 ·无专职安全员 ·无消防设施或消防设施不能使用 ·发生死亡或重伤二人以上（包括二人）事故
文明施工管理 （10分）	·场容场貌 ·料具管理 ·环境保护 ·社会治安 ·文明施工教育	·用电线路架设、用电设施安装不符合施工项目管理规划，安全没有保证 ·临时设施、大宗材料堆放不符合施工总平面图要求，侵占场道，危及安全防护 ·现场成品保护存在严重问题 ·尘埃及噪声严重超标，造成扰民 ·现场人员扰乱社会治安，受到拘留处理
业主、监理单位 的现场管理 （10分）	·有无专人或委托监理管理现场 ·有无隐蔽工程验收签认记录 ·有无现场检查认可记录 ·执行合同情况	·未取得施工许可证而擅自开工 ·现场没有专职管理技术人员 ·没有隐蔽工程验收签认制度 ·无正当理由影响合同履约 ·未办理质量监督手续而进行施工

31-8-3-3　施工现场综合考评办法及奖罚

施工现场综合考评办法及奖罚见表31-151。

施工现场综合考评办法及奖罚　　　　　　　　　　表 31-151

	主　要　条　款
考评办法	·考评机构定期检查，每月至少一次；企业主管部门或总包单位对分包单位日常检查，每周一次 ·一个施工现场有多个单体工程的，应分别按单体工程进行考评；多个单位工程过小，也可按一个施工现场考评 ·全国建设工程质量和施工安全大检查的结果，作为施工现场综合考评的组成部分 ·有关单位和群众对在建工程、竣工工程的管理状况及工程质量、安全生产的投诉和评价，经核实后，可作为综合考评得分的增减因素 ·考评得分 70 分及以上的施工现场为合格现场；当次考评不足 70 分或有单项得 0 分的施工现场为不合格现场 ·建设工程施工现场综合考评的结果应由相应的建设行政主管部门定期上报并在所辖区域内向社会公布
奖励处罚	·建设工程施工现场综合考评的结果应定期向相应的资质管理部门通报，作为对建筑业企业、项目经理和监理单位资质动态管理的依据 ·对于当年无质量伤亡事故、综合考评成绩突出的单位予以表彰和奖励 ·对综合考评不合格的施工现场，由主管考评工作的建设行政主管部门根据责任情况，可给予相应的处罚： 　·对建筑业企业、监理单位有警告、通报批评、降低一级资质等处罚 　·对项目经理和监理工程师有取消资格的处罚 　·有责令施工现场停工整顿的处罚 　·发生工程建设重大事故的，对责任者可给予行政处分，情节严重构成犯罪的，可由司法机关追究刑事责任

31-8-3-4　施工现场综合考评用表

施工现场综合考评用表有：

（1）建筑业企业（监理单位）建设工程施工现场综合考评汇总表，见表 31-152；

（2）建设工程施工现场综合考评汇总表及二级指标表，见表 31-153～表 31-158。

_____年建筑业企业（监理单位）负责的
建设工程施工现场综合考评汇总表

地区（部门）：　　　　　　　　　　　　　　　　　　　　　　　表 31-152

企业名称（监理单位名称）	在施现场个数	检查现场个数	合格现场个数	不合格现场数	被检查现场平均得分					施工现场业绩评价总得分（100分）	备　注
					经营管理考评平均得分（20分）	工程质量管理考评平均得分（40分）	施工安全管理评价得分（20分）	文明施工管理评价得分（10分）	业主（监理单位）现场管理评价得分（10分）		

负责人：　　　　制表人：　　　　填报日期：　　　　　　　　　　　年　　月　　日

注：建筑业企业、监理单位分别列表汇总。

建设工程施工现场综合考评汇总表

工程施工现场名称： 表 31-153

建筑施工企业名称：						资质等级	
建设监理单位名称：						资质等级	
业 主 名 称：							
序号	考评日期	施工管理考评得分权重值(20)	工程质量考评得分权重值(40)	施工安全考评得分权重值(20)	文明施工考评得分权重值(10)	业主或监理单位考评得分权重值(10)	每次考评总分率
1							
2							
3							
…							
	平均						
考评结论						(签名，盖章) 年 月 日	

注：每次考评总分率达70分以上为合格现场；达不到70分或有一项得分为零的为不合格现场。

施工管理考评二级指标表

工程施工现场名称： 表 31-154

序号	考评日期	经营和施工管理考评得分(100)	施工管理考评内容及分值									施工现场负责人签字	考评人签字
			施工组织设计编制情况	合同及履约情况	企业资质符合情况	项目经理质量符合情况	关键岗位持证上岗情况	分包管理情况	质量管理体系	质量责任制落实	质量问题的处理		
			(13)	(15)	(12)	(10)	(10)	(10)	(10)	(10)	(10)		
1													
2													
3													
…													

注：经营和施工管理考评实际得分率＝（考评得分）×（0.2）

工程质量管理考评二级指标表

工程施工现场名称： 表 31-155

序号	考评日期	工程质量管理考评得分(100)	考评内容及分值										
			结构工程(30)					质量保证资料(20分)	装饰工程(30)					安装工程(20分)
			地基基础工程	构件安装工程	砌体工程	模板工程	钢筋工程	混凝土工程		楼地面工程	门窗工程	抹灰工程	油漆喷浆裱糊工程	饰面工程	屋面工程	
1																
2																
3																
…																

注：工程质量管理考评实际得分率＝（考评得分）×（0.4）

施工安全管理考评二级指标表

表 31-156

工程施工现场名称：

考评日期	施工安全管理考评得分 (100)	考评内容及分值								
		安全管理 (10)	三宝、四口防护 (20)	外脚手架 (15)	施工用电 (10)	龙门架与井字架 (10)	塔吊 (10)	施工用具 (10)	明火作业许可证 (5)	消防设施情况 (10)

注：施工安全管理考评实际得分率＝（考评得分）×（0.2）

文明施工管理考评二级指标表

表 31-157

工程施工现场名称：

序号	检查日期	文明施工管理考评得分 (100)	考评内容及分值										
			场容场貌 (30)				料具管理 (20)		保卫、消防、环境保护 (30)			成品保护社会治安综合治理 (20)
			现场围护	现场标志	现场布置	现场场地及道路	操作面	物料存放	机械设备	现场保卫	现场消防设施	现场环境保护	文明施工教育	
1													
2													
3													
…													

注：文明施工管理考评实际得分率＝（考评得分）×（0.10）

业主、监理单位现场管理考评二级指标表

表 31-158

工程施工现场名称：

序号	考评日期	业主、监理单位现场管理考评得分 (100)	考评内容及分值								业主、监理现场负责人签字	考评人签字
			有否专职技术人员或委托监理情况 (20)	质量控制计划及实施 (10)	隐蔽工程验收执行情况 (15)	招标投标情况 (15)	办理质量监督情况 (10)	施工许可证 (10)	设计委托书 (10)	材料设备采购情况 (10)		
1												
2												
3												
…												

注：1. 业主、监理单位现场管理考评实际得分率＝（考评得分）×（0.10）
  2. 业主没委托监理单位负责现场管理的以考评业主为主，委托监理的以考评监理单位为主。

31-9 施工项目合同管理

31-9-1 施工项目合同管理概述

31-9-1-1 施工项目合同管理的概念和内容

1. 施工项目合同管理的概念

施工项目合同管理是对工程项目施工过程中所发生的或所涉及到的一切经济、技术合同的签订、履行、变更、索赔、解除、解决争议、终止与评价的全过程进行的管理工作。

施工项目合同管理的任务是根据法律、政策的要求，运用指导、组织、检查、考核、监督等手段，促使当事人依法签订合同，全面实际地履行合同，及时妥善地处理合同争议和纠纷，不失时机地进行合理索赔，预防发生违约行为，避免造成经济损失，保证合同目标顺利实现，从而提高企业的信誉和竞争能力。

2. 施工项目合同管理的内容

(1) 建立健全施工项目合同管理制度，包括合同归口管理制度；考核制度；合同用章管理制度；合同台账、统计及归档制度等。

(2) 经常对合同管理人员、项目经理及有关人员进行合同法律知识教育，提高合同业务人员法律意识和专业素质。

(3) 在谈判签约阶段，重点是了解对方的信誉，核实其法人资格及其他有关情况和资料；监督双方依照法律程序签订合同，避免出现无效合同、不完善合同，预防合同纠纷发生；组织配合有关部门做好施工项目合同的鉴证、公证工作，并在规定时间内送交合同管理机关等有关部门备案。

(4) 合同履约阶段，主要的日常工作是经常检查合同以及有关法规的执行情况，并进行统计分析，如统计合同份数、合同金额、纠纷次数，分析违约原因、变更和索赔情况、合同履约率等，以便及时发现问题、解决问题；做好有关合同履行中的调解、诉讼、仲裁等工作，协调好企业与各方面、各有关单位的经济协作关系。

(5) 专人整理保管合同、附件、工程洽商资料、补充协议、变更记录及与业主及其委托的监理工程师之间的来往函件等文件，随时备查；合同期满，工程竣工结算后，将全部合同文件整理归档。

31-9-1-2 施工项目合同的两级管理

施工项目合同管理组织一般实行企业、项目经理部两级管理。

1. 企业的合同管理

企业设立专职合同管理部门，在企业经理授权范围内负责制定合同管理的制度、组织全企业所有施工项目的各类合同的管理工作；编写本企业施工项目分包、材料供应统一合同文本，参与重大施工项目的投标、谈判、签约工作；定期汇总合同的执行情况，向经理汇报、提出建议；负责基层上报企业的有关合同的审批、检查、监督工作，并给予必要地指导与帮助。

2. 施工项目经理部的合同管理

(1) 项目经理为项目总合同、分合同的直接执行者和管理者。在谈判签约阶段，预选的项目经理应参加项目合同的谈判工作，经授权的项目经理可以代表企业法人签约；项目经理还应亲自参与或组织本项目有关合同及分包合同的谈判和签署工作。

（2）项目经理部设立专门的合同管理人员，负责本部所有合同的报批、保管和归档工作；参与选择分包商工作，在项目经理授权后负责分包合同起草、洽谈，制订分包的工作程序，以及总合同变更合同的洽谈，资料的收集，定期检查合同的履约工作；负责须经企业经理签字方能生效的重大施工合同的上报审批手续等工作；监督分包商履行合同工作，以及向业主、监理工程师、分包单位发送涉及合同问题的备忘录、索赔单等文件。

31-9-2 施工项目合同的种类和内容

31-9-2-1 涉及施工项目的合同种类

详见 33-1-2-2 承包方式。

31-9-2-2 建设工程施工合同的内容

根据有关工程建设施工的法律、法规，结合我国工程建设施工的实际情况，并借鉴了国际上广泛使用的土木工程施工合同（特别是 FIDIC 土木工程施工合同条件），国家建设部、国家工商行政管理局于 1999 年 12 月 24 日发布了《建设工程施工合同（示范文本）》（以下简称《施工合同文本》。《施工合同文本》是各类公用建筑、民用住宅、工业厂房、交通设施及线路管道施工合同和设备安装合同的样本。

1. 《施工合同文本》的组成

《施工合同文本》由《协议书》、《通用条款》、《专用条款》三部分组成，并附有三个附件：附件一是《承包人承揽工程项目一览表》、附件二是《发包人供应材料设备一览表》、附件三是《工程质量保修书》。

（1）《协议书》，是《施工合同文本》中总纲性的文件，其内容包括工程概况、工程承包范围、合同工期、质量标准、合同价款、组成合同的文件等。它规定了合同当事人双方最主要的权利和义务，规定了组成合同的文件及合同当事人对履行合同义务的承诺。合同当事人在《协议书》上签字盖章后，表明合同已成立、生效，具有法律效力。

（2）《通用条款》，是将建设工程施工合同中共性的一些内容抽象出来编写的一份完整的合同文件，有十一部分 47 条。它是根据《合同法》、《建筑法》、《建设工程施工合同管理办法》等法律、法规对承发包双方的权利义务作出的规定，除双方协商一致对其中的某些条款作了修改、补充或删除外，双方都必须履行。《通用条款》具有很强的通用性，基本适用于各类建设工程。其十一部分的内容是：

1）词语定义及合同文件；
2）双方一般权利和义务；
3）施工组织设计和工期；
4）质量与检验；
5）安全施工；
6）合同价款与支付；
7）材料设备供应；
8）工程变更；
9）竣工验收与结算；

10）违约、索赔和争议；

11）其他。

(3)《专用条款》，是由于建设工程的内容、施工现场的环境和条件各不相同，工期、造价也随之变动，承包人、发包人各自的能力、要求都不会一样，《通用条款》不可能完全适用于每个具体工程，考虑由当事人根据工程的具体情况予以明确或者对《通用条款》进行的必要修改和补充，而形成的合同文件，从而使《通用条款》和《专用条款》体现了双方统一意愿。《专用条款》的条款号与《通用条款》相一致。

(4)《施工合同文本》的附件，是对施工合同当事人的权利义务的进一步明确，并且使得施工合同当事人的有关工作一目了然，便于执行和管理。

2. 施工合同文件的组成及解释顺序

《施工合同文本》第2条规定了施工合同文件的组成及解释顺序。

组成建设工程施工合同的文件包括：

(1) 施工协议合同书；

(2) 中标通知书；

(3) 投标书及其附件；

(4) 施工合同专用条款；

(5) 施工合同通用条款；

(6) 标准、规范及有关技术文件；

(7) 图纸；

(8) 工程量清单；

(9) 工程报价单或预算书。

双方有关工程的洽商、变更等书面协议或文件视为施工合同的组成部分。

上述合同文件应能够互相解释、互相说明。当合同文件中出现不一致时，上面的顺序就是合同的优先解释顺序。当合同文件出现含糊不清或者当事人有不同理解时，按照合同争议的解决方式处理。

31-9-3 施工项目合同的签订及履行

31-9-3-1 施工项目合同的签订

1. 施工合同签订的原则（表31-159）

施工合同签订的原则　　　　　　　　表31-159

原　　则	说　　明
依法签订的原则	·必须依据《中华人民共和国经济合同法》、《建筑安装工程承包合同条例》、《建设工程合同管理办法》等有关法律、法规 ·合同的内容、形式、签订的程序均不得违法 ·当事人应当遵守法律、行政法规和社会公德，不得扰乱社会经济秩序，不得损害社会公共利益 ·根据招标文件的要求，结合合同实施中可能发生的各种情况进行周密、充分的准备，按照"缔约过失责任原则"保护企业的合法权益

续表

原则	说明
平等互利协商一致的原则	·发包方、承包方作为合同的当事人，双方均平等地享有经济权利平等地承担经济义务，其经济法律地位是平等的，没有主从关系 ·合同的主要内容，须经双方经过协商、达成一致，不允许一方将自己的意志强加于对方、一方以行政手段干预对方、压服对方等现象发生
等价有偿原则	·签约双方的经济关系要合理，当事人的权利义务是对等的 ·合同条款中亦应充分体现等价有偿原则，即： 　·一方给付，另一方必须按价值相等原则作相应给付 　·不允许发生无偿占有、使用另一方财产现象 　·对工期提前、质量全优要予以奖励 　　延误工期、质量低劣应罚款 　　提前竣工的收益由双方分享等
严密完备的原则	·充分考虑施工期内各个阶段，施工合同主体间可能发生的各种情况和一切容易引起争端的焦点问题，并预先约定解决问题的原则和方法 ·条款内容力求完备，避免疏漏，措词力求严谨、准确、规范 ·对合同变更、纠纷协调、索赔处理等方面应有严格的合同条款作保证，以减少双方矛盾
履行法律程序的原则	·签约双方都必须具备签约资格，手续健全齐备 ·代理人超越代理人权限签订的工程合同无效 ·签约的程序符合法律规定 ·签订的合同必须经过合同管理的授权机关鉴证、公证和登记等手续，对合同的真实性、可靠性、合法性进行审查，并给予确认，方能生效

2．签订施工合同的程序

作为承包商的建筑施工企业在签订施工合同工作中，主要的工作程序如表31-160。

签订施工合同的程序　　　　　　　　表31-160

程序	内容
市场调查建立联系	·施工企业对建筑市场进行调查研究 ·追踪获取拟建项目的情况和信息，以及业主情况 ·当对某项工程有承包意向时，可进一步详细调查，并与业主取得联系
表明合作意愿投标报价	·接到招标单位邀请或公开招标通告后，企业领导做出投标决策 ·向招标单位提出投标申请书、表明投标意向 ·研究招标文件，着手具体投标报价工作
协商谈判	·接受中标通知书后，组成包括项目经理的谈判小组，依据招标文件和中标书草拟合同专用条款 ·与发包人就工程项目具体问题进行实质性谈判 ·通过协商、达成一致，确立双方具体权利与义务，形成合同条款 ·参照施工合同示范文本和发包人拟定的合同条件与发包人订立施工合同
签署书面合同	·施工合同应采用书面形式的合同文本 ·合同使用的文字要经双方确定，用两种以上语言的合同文本，须注明几种文本是否具有同等法律效力 ·合同内容要详尽具体，责任义务要明确，条款应严密完整，文字表达应准确规范 ·确认甲方，即业主或委托代理人的法人资格或代理权限 ·施工企业经理或委托代理人代表承包方与甲方共同签署施工合同

续表

程　序	内　容
鉴证与公证	·合同签署后，必须在合同规定的时限内完成履约保函、预付款保函、有关保险等保证手续 ·送交工商行政管理部门对合同进行鉴证并缴纳印花税 ·送交公证处对合同进行公证 ·经过鉴证、公证，确认了合同真实性、可靠性、合法性后，合同发生法律效力，并受法律保护

31-9-3-2　施工项目合同的履行

施工项目合同履行的主体是项目经理和项目经理部。项目经理部必须从施工项目的施工准备、施工、竣工至维修期结束的全过程中，认真履行施工合同，实行动态管理，跟踪收集、整理、分析合同履行中的信息，合理、及时地进行调整。还应对合同履行进行预测，及早提出和解决影响合同履行的问题，以避免或减少风险。

1. 项目经理部履行施工合同应遵守下列规定：

（1）必须遵守《合同法》、《建筑法》规定的各项合同履行原则和规则。

（2）在行使权力、履行义务时应当遵循诚实信用原则和坚持全面履行的原则。全面履行包括实际履行（标的的履行）和适当履行（按照合同约定的品种、数量、质量、价款或报酬等的履行）。

（3）项目经理由企业授权负责组织施工合同的履行，并依据《合同法》规定，与业主或监理工程师打交道，进行合同的变更、索赔、转让和终止等工作。

（4）如果发生不可抗力致使合同不能履行或不能完全履行时，应及时向企业报告，并在委托权限内依法及时进行处置。

（5）遵守合同对约定不明条款、价格发生变化的履行规则，以及合同履行担保规则和抗辩权、代位权、撤销权的规则。

（6）承包人按专用条款的约定分包所承担的部分工程，并与分包单位签订分包合同。非经发包人同意，承包人不得将承包工程的任何部分分包。

（7）承包人不得将其承包的全部工程倒手转给他人承包，也不得将全部工程肢解后以分包的名义分别转包给他人，这是违法行为。工程转包是指：承包人不行使承包人的管理职能，不承担技术经济责任，将其承包的全部工程、或将其肢解以后以分包的名义分别转包给他人；或将工程的主要部分、或群体工程的半数以上的单位工程倒手转给其他施工单位；以及分包人将承包的工程再次分包给其他施工单位，从中提取回扣的行为。

2. 项目经理部履行施工合同应做的工作：

（1）应在施工合同履行前，针对工程的承包范围、质量标准和工期要求，承包人的义务和权力，工程款的结算、支付方式与条件，合同变更、不可抗力影响、物价上涨、工程中止、第三方损害等问题产生时的处理原则和责任承担，争议的解决方法等重要问题进行合同分析，对合同内容、风险、重点或关键性问题做出特别说明和提示，向各职能部门人员交底，落实根据施工合同确定的目标，依据施工合同指导工程实施和项目管理工作。

（2）组织施工力量；签订分包合同；研究熟悉设计图纸及有关文件资料；多方筹集足够的流动资金；编制施工组织设计，进度计划，工程结算付款计划等，作好施工准备，按时进入现场，按期开工。

（3）制订科学的周密的材料、设备采购计划，采购符合质量标准的价格低廉的材料、设备，按施工进度计划，及时进入现场，搞好供应和管理工作，保证顺利施工。

（4）按设计图纸、技术规范和规程组织施工；作好施工记录，按时报送各类报表；进行各种有关的现场或实验室抽检测试，保存好原始资料；制订各种有效措施，采取先进的管理方法，全面保证施工质量达到合同要求。

（5）按期竣工，试运行，通过质量检验，交付业主，收回工程价款。

（6）按合同规定，作好责任期内的维修、保修和质量回访工作。对属于承包方责任的工程质量问题，应负责无偿修理。

（7）履行合同中关于接受监理工程师监督的规定，如有关计划、建议须经监理工程师审核批准后方可实施；有些工序须监理工程师监督执行，所做记录或报表要得到其签字确认；根据监理工程师要求报送各类报表、办理各类手续；执行监理工程师的指令，接受一定范围内的工程变更要求等。承包商在履行合同中还要自觉地接受公证机关、银行的监督。

（8）项目经理部在履行合同期间，应注意收集、记录对方当事人违约事实的证据，即对发包方或业主履行合同进行监督，作为索赔的依据。

31-9-3-3 分包合同的签订与履行

承包人经发包人同意或按照合同约定，可将承包项目的部分非主体工程、非关键工作分包给具备相应的资质条件的分包人完成，并与之订立分包合同。

1．分包合同文件组成及优先顺序是：

（1）分包合同协议书。

（2）承包人发出的分包中标书。

（3）分包人的报价书。

（4）分包合同条件。

（5）标准规范、图纸、列有标价的工程量清单。

（6）报价单或施工图预算书。

2．履行分包合同应符合下列要求：

（1）工程分包不能解除承包人任何责任与义务，承包人应在分包现场派驻相应的监督管理人员，保证本合同的履行。履行分包合同时，承包人应就承包项目（其中包括分包项目），向发包人负责，分包人就分包项目向承包人负责。分包人与发包人之间不存在直接的合同关系。

（2）分包人应按照分包合同的规定，实施和完成分包工程，修补其中的缺陷，提供所需的全部工程监督、劳务、材料、工程设备和其他物品，提供履约担保、进度计划，不得将分包工程进行转让或再分包。

（3）承包人应提供总包合同（工程量清单或费率所列承包人的价格细节除外）供分包人查阅。

（4）分包人应当遵守分包合同规定的承包人的工作时间和规定的分包人的设备材料进出场的管理制度。承包人应为分包人提供施工现场及其通道；分包人应允许承包人和监理工程师等在工作时间内合理进入分包工程的现场，并提供方便，做好协助工作。

(5) 分包人延长竣工时间应根据下列条件：承包人根据总包合同延长总包合同竣工时间；承包人指示延长；承包人违约。分包人必须在延长开始 14 天内将延长情况通知承包人，同时提交一份证明或报告，否则分包人无权获得延期。

(6) 分包人仅从承包人处接受指示，并执行其指示。如果上述指示从总包合同来分析是监理工程师失误所致，则分包人有权要求承包人补偿由此而导致的费用。

(7) 分包人应根据下列指示变更、增补或删减分包工程：监理工程师根据总包合同作出的指示，再由承包人作为指示通知分包人；承包人的指示。

(8) 分包工程价款由承包人与分包人结算。发包人未经承包人同意不得以任何名义向分包单位支付各种工程款项。

(9) 由于分包人的任何违约行为、安全事故或疏忽、过失导致工程损害或给发包人造成损失，承包人承担连带责任。

31-9-3-4　施工项目合同履行中的问题及处理

施工项目合同履行过程中经常遇到不可抗力问题、施工合同的变更、违约、索赔、争议、终止与评价等问题。

1. 发生不可抗力

不可抗力是指合同当事人不能预见、不能避免并不能克服的客观情况。建设工程施工中的不可抗力包括因战争、动乱、空中飞行物坠落或其他非发包方责任造成的爆炸、火灾，以及专用条款中约定程度的风、雨、雪、洪水、地震等自然灾害。

在订立合同时，应明确不可抗力的范围，双方应承担的责任。在合同履行中加强管理和防范措施。当事人一方因不可抗力不能履行合同时，有义务及时通知对方，以减轻可能给对方造成的损失，并应当在合理期限内提供证明。

不可抗力发生后，承包人应在力所能及的条件下迅速采取措施，尽量减少损失，并在不可抗力事件发生过程中，每隔 7 天向工程师报告一次受害情况；不可抗力事件结束后 48 小时内向工程师通报受害情况和损失情况，及预计清理和修复的费用；14 天内向工程师提交清理和修复费用的正式报告。

因不可抗力事件导致的费用及延误的工期由合同双方承担责任：

(1) 工程本身的损害、因工程损害导致第三方人员伤亡和财产损失以及运至施工现场用于施工的材料和待安装的设备的损害，由发包人承担；

(2) 发包方承包方人员伤亡由其所在单位负责，并承担相应费用；

(3) 承包人机械设备损坏及停工损失，由承包人承担；

(4) 停工期间，承包人应工程师要求留在施工场地的必要的管理人员及保卫人员的费用由发包人承担；

(5) 工程所需清理、修复费用，由发包人承担；

(6) 延误的工期相应顺延。

因合同一方迟延履行合同后发生不可抗力的，不能免除迟延履行方的相应责任。

2. 合同变更

合同变更是指依法对原来合同进行的修改和补充，即在履行合同项目的过程中，由于实施条件或相关因素的变化，而不得不对原合同的某些条款做出修改、订正、删除或补充。合同变更一经成立，原合同中的相应条款就应解除。合同变更是在条件改变时，对双方利益和义务的调整，适当及时的合同变更可以弥补原合同条款的不足。

合同变更一般由工程师提出变更指令，它不同于《示范文本》的"工程变更"或"工程设计变更"。后者是由发包人提出并报规划管理部门和其他有关部门重新审查批准。

(1) 合同变更的理由

1) 工程量增减。

2) 资料及特性的变更。

3) 工程标高、基线、尺寸等变更。

4) 工程的删减。

5) 永久工程的附加工作、设备、材料和服务的变更等。

(2) 合同变更的原则

1) 合同双方都必须遵守合同变更程序，依法进行，任何一方都不得单方面擅自更改合同条款。

2) 合同变更要经过有关专家（监理工程师、设计工程师、现场工程师等）的科学论证和合同双方的协商。在合同变更具有合理性、可行性，而且由此而引起的进度和费用变化得到确认和落实的情况下方可实行。

3) 合同变更的次数应尽量减少，变更的时间亦应尽量提前，并在事件发生后的一定时限内提出，以避免或减少给工程项目建设带来的影响和损失。

4) 合同变更应以监理工程师、业主和承包商共同签署的合同变更书面指令为准，并以此作为结算工程价款的凭据。紧急情况下，监理工程师的口头通知也可接受，但必须在48小时内，追补合同变更书。承包人对合同变更若有不同意见可在7~10d内书面提出，但业主决定继续执行的指令，承包商应继续执行。

5) 合同变更所造成的损失，除依法可以免除的责任外，如由于设计错误，设计所依据的条件与实际不符，图与说明不一致，施工图有遗漏或错误等，应由责任方负责赔偿。

(3) 合同变更的程序

合同变更的程序应符合合同文件的有关规定，其示意图见图31-79。

3. 合同解除

合同解除是在合同依法成立之后的合同规定的有效期内，合同当事人的一方有充足的理由，提出终止合同的要求，并同时出具包括终止合同理由和具体内容的申请，合同双方经过协商，就提前终止合同达成书面协议，宣布解除双方由合同确定的经济承包关系。

合同解除的理由主要有：

(1) 施工合同当事双方协商，一致同意解除合同关系。

(2) 因为不可抗力或者是非合同当事人的原因，造成工程停建或缓建，致使合同无法履行。

(3) 由于当事人一方违约致使合同无法履行。违约的主要表现有：

①发包人不按合同约定支付工程款（进度款），双方又未达成延期付款协议，导致施工无法进行，承包人停止施工超过56d，发包人仍不支付工程款（进度款），承包人有权解除合同。

②承包人发生将其承包的全部过程、或将其肢解以后以分包的名义分别转包给他人；或将工程的主要部分、或群体工程的半数以上的单位工程倒手转包给其他施工单位等转包

行为时，发包人有权解除合同。

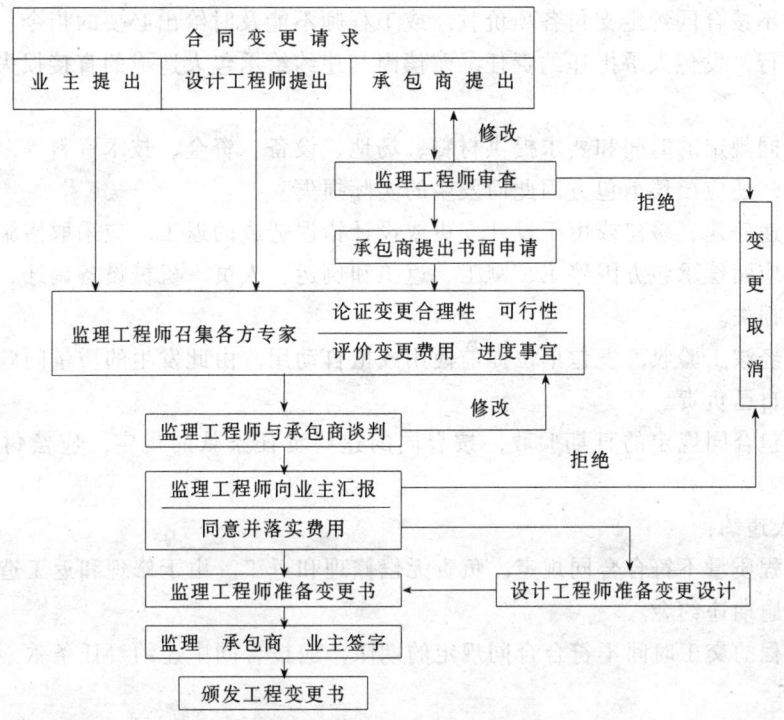

图 31-79 合同变更程序示意图

③合同当事人一方的其他违约行为致使合同无法履行，合同双方可以解除合同。

当合同当事一方主张解除合同时，应向对方发出解除合同的书面通知，并在发出通知前 7 天告知对方。通知到达对方时合同解除。对解除合同有异议时，按照解决合同争议程序处理。

合同解除后的善后处理：

(1) 合同解除后，当事人双方约定的结算和清理条款仍然有效。

(2) 承包人应当按照发包人要求妥善做好已完工程和已购材料、设备的保护和移交工作，按照发包人要求将自有机械设备和人员撤出施工现场。发包人应为承包人撤出提供必要条件，支付以上所发生的费用，并按合同约定支付已完工程款。

(3) 已订货的材料、设备由订货方负责退货或解除订货合同，不能退还的货款和退货、解除订货合同发生的费用，由发包人承担。

4. 违背合同

违背合同又称违约，是指当事人在执行合同的过程中，没有履行合同所规定的义务的行为。项目经理在违约责任的管理方面，首先要管好己方的履约行为，避免承担违约责任。如果发包人违约，应当督促发包人按照约定履行合同，并与之协商违约责任的承担。特别应当注意收集和整理对方违约的证据，以在必要时以此作为依据、证据来维护自己的合法权益。

(1) 违约行为和责任

在履行施工合同过程中，主要的违约行为和责任是：

1) 发包人违约：

①发包人不按合同约定支付各项价款，或工程师不能及时给出必要的指令、确认，致使合同无法履行，发包人承担违约责任，赔偿因其违约给承包人造成的直接损失，延误的工期相应顺延。

②未按合同规定的时间和要求提供材料、场地、设备、资金、技术资料等，除竣工日期得以顺延外，还应赔偿承包方因此而发生的实际损失。

③工程中途停建、缓建或由于设计变更或设计错误造成的返工，应采取措施弥补或减少损失。同时应赔偿承包方因停工、窝工、返工和倒运、人员、机械设备调迁、材料和构件积压等实际损失。

④工程未经竣工验收，发包单位提前使用或擅自动用，由此发生的质量问题或其他问题，由发包方自己负责。

⑤超过承包合同规定的日期验收，按合同的违约责任条款的规定，应偿付逾期违约金。

2) 承包人违约：

①承包工程质量不符合合同规定，负责无偿修理和返工。由于修理和返工造成逾期交付的，应偿付逾期违约金。

②承包工程的交工时间不符合合同规定的期限，应按合同中违约责任条款，偿付逾期违约金。

③由于承包方的责任，造成发包方提供的材料、设备等丢失或损坏，应承担赔偿责任。

(2) 违约责任处理原则

1) 承担违约责任应按"严格责任原则"处理，无论合同当事人主观上是否有过错，只要合同当事人有违约事实，特别是有违约行为并造成损失的，就要承担违约责任。

2) 在订立合同时，双方应当在专用条款内约定发（承）包人赔偿承（发）包人损失的计算方法或者发（承）包人应当支付违约金的数额和计算方法。

3) 当事人一方违约后，另一方可按双方约定的担保条款，要求提供担保的第三方承担相应责任。

4) 当事人一方违约后，另一方要求违约方继续履行合同时，违约方承担继续履行合同、采取补救措施或者赔偿损失等责任。

5) 当事人一方违约后，对方应当采取适当措施防止损失的扩大，否则不得就扩大的损失要求赔偿。

6) 当事人一方因不可抗力不能履行合同时，应对不可抗力的影响部分（或者全部）免除责任，但法律另有规定的除外。当事人延迟履行后发生不可抗力的，不能免除责任。

5. 合同争议的解决

合同争议，是指当事人双方对合同订立和履行情况以及不履行合同的后果所产生的纠纷。

(1) 施工合同争议的解决方式

合同当事人在履行施工合同时，解决所发生争议、纠纷的方式有和解、调解、仲裁和诉讼等。

1）和解，是指争议的合同当事人，依据有关法律规定或合同约定，以合法、自愿、平等为原则，在互谅互让的基础上，经过谈判和磋商，自愿对争议事项达成协议，从而解决分歧和矛盾的一种方法。和解方式无需第三者介入，简便易行，能及时解决争议，避免当事人经济损失扩大，有利于双方的协作和合同的继续履行。

2）调解，是指争议的合同当事人，在第三方的主持下，通过其劝说引导，以合法、自愿、平等为原则，在分清是非的基础上，自愿达成协议，以解决合同争议的一种方法。调解有民间调解、仲裁机构调解和法庭调解三种。调解协议书对当事人具有与合同一样的法律约束力。运用调解方式解决争议，双方不伤和气，有利于今后继续履行合同。

3）仲裁，也称公断，是双方当事人通过协议自愿将争议提交第三者（仲裁机构）做出裁决，并负有履行裁决义务的一种解决争议的方式。仲裁包括国内仲裁和国际仲裁。仲裁须经双方同意并约定具体的仲裁委员会。仲裁可以不公开审理从而保守当事人的商业秘密，节省费用，一般不会影响双方日后的正常交往。

4）诉讼，是指合同当事人相互间发生争议后，只要不存在有效的仲裁协议，任何一方向有管辖权的法院起诉并在其主持下，为维护自己的合法权益的活动。通过诉讼，当事人的权力可得到法律的严格保护。

5）除了上述四种主要的合同争议解决方式外，在国际工程承包中，又出现了一些新的有效地解决方式，正在被广泛应用。比如FIDIC《土木工程施工合同条件》（红皮书）中有关"工程师的决定"的规定。当业主和承包商之间发生任何争端，均应首先提交工程师处理。工程师对争端的处理决定，通知双方后，在规定的期限内，双方均未发出仲裁意向通知，则工程师的决定即被视为最后的决定并对双方产生约束力。又比如在FIDIC《设计—建造与交钥匙工程合同条件》（桔皮书）中规定业主和承包商之间发生任何争端，应首先以书面形式提交由合同双方共同任命的争端审议委员会（DRB）裁定。争端审议委员会对争端做出决定并通知双方后，在规定的期限内，如果任何一方未将其不满事宜通知对方，则该决定即被视为最终的决定并对双方产生约束力。无论工程师的决定，还是争端审议委员会的决定，都与合同具有同等的约束力。任何一方不执行决定，另一方即可将其不执行决定的行为提交仲裁。这种方式不同于调解，因其决定不是争端双方达成的协议；也不同于仲裁，因工程师和争端审议委员会只能以专家的身份做出决定，不能以仲裁人的身份做出裁决，其决定的效力不同于仲裁裁决的效力。

当承包商与业主（或分包商）在合同履行的过程中发生争议和纠纷，应根据平等协商的原则先行和解，尽量取得一致意见。若双方和解不成，则可要求有关主管部门调解。双方属于同一部门或行业，可由行业或部门的主管单位负责调解；不属于上述情况的可由工程所在地的建设主管部门负责调解；若调解无效，根据当事人的申请，在受到侵害之日起一年之内，可送交工程所在地工商行政管理部门的经济合同仲裁委员会进行仲裁，超过一年期限者，一般不予受理。仲裁是解决经济合同的一项行政措施，是维护合同法律效力的必要手段。仲裁是依据法律、法令及有关政策，处理合同纠纷，责令责任方赔偿、罚款，直至追究有关单位或人员的行政责任或法律责任。处理合同纠纷也可不经仲裁，而直接向人民法院起诉。

一旦合同争议进入仲裁或诉讼，项目经理应及时向企业领导汇报和请示。因为仲裁和诉讼必须以企业（具有法人资格）的名义进行，由企业作出决策。

(2) 争议发生后履行合同情况

在一般情况下，发生争议后，双方都应继续履行合同，保持施工连续，保护好已完工程。

只有发生下列情况时，当事人方可停止履行施工合同：

1) 单方违约导致合同确已无法履行，双方协议停止施工；
2) 调解要求停止施工，且为双方接受；
3) 仲裁机关要求停止施工；
4) 法院要求停止施工。

6. 合同履行的评价

合同终止后，承包人应对从投标开始直至合同终止的整个过程或达到规定目标的适宜性、充分性、有效性进行合同管理评价，其评价内容有：

合同订立过程情况评价。

合同条款的评价。

合同履行情况评价。

合同管理工作评价。

31-9-4 施 工 索 赔

31-9-4-1 施工索赔的概念

索赔是在经济活动中，合同当事人一方因对方违约，或其他过错，或无法防止的外因而受到损失时，要求对方给予赔偿或补偿的活动。

在施工项目合同管理中的施工索赔，一般是指承包商（或分包商）向业主（或总承包商）提出的索赔，而把业主（或总承包商）向承包商（或分包商）提出的索赔称为反索赔，广义上统称索赔。

施工索赔是承包商由于非自身原因，发生合同规定之外的额外工作或损失时，向业主提出费用或时间补偿要求的活动。

31-9-4-2 通常可能发生的索赔事件

在施工过程中，通常可能发生的索赔事件主要有：

1. 业主没有按合同规定的时间交付设计图纸数量和资料，未按时交付合格的施工现场等，造成工程拖延和损失。
2. 工程地质条件与合同规定、设计文件不一致。
3. 业主或监理工程师变更原合同规定的施工顺序，扰乱了施工计划及施工方案，使工程数量有较大增加。
4. 业主指令提高设计、施工、材料的质量标准。
5. 由于设计错误或业主、工程师错误指令，造成工程修改、返工、窝工等损失。
6. 业主和监理工程师指令增加额外工程，或指令工程加速。
7. 业主未能及时支付工程款。
8. 物价上涨，汇率浮动，造成材料价格、工人工资上涨，承包商蒙受较大损失。
9. 国家政策、法令修改。
10. 不可抗力因素等。

31-9-4-3 施工索赔的分类

施工索赔的主要分类见表 31-161。

施 工 索 赔 的 分 类　　　　　　　表 31-161

分类标准	索赔类别	说　　明
按索赔的目的分	工期延长索赔	·由于非承包商方面原因造成工程延期时，承包商向业主提出的推迟竣工日期的索赔
	费用损失索赔	·承包商向业主提出的，要求补偿因索赔事件发生而引起的额外开支和费用损失的索赔
按索赔的原因分	延期索赔	·由于业主原因不能按原定计划的时间进行施工所引起的索赔 ·主要有：发包人未按照约定的时间和要求提供材料设备、场地、资金、技术资料，或设计图纸的错误和遗漏等原因引起停工、窝工
	工程变更索赔	·由于对合同中规定施工工作范围的变化而引起的索赔 ·主要是由于发包人或监理工程师提出的工程变更，由承包人提出但经发包人或监理工程师同意的工程变更；设计变更，或设计错误、遗漏，导致工程变更，工作范围改变
	施工加速索赔 （又称赶工索赔劳动生产率损失索赔）	·如果业主要求比合同规定工期提前，或因前段的工程拖期，要求后一阶段弥补已经损失工期，使整个工程按期完工，需加快施工速度而引起的索赔 ·一般是延期或工程变更索赔的结果 ·施工加速应考虑加班工资、提供额外监管人员、雇佣额外劳动力、采用额外设备、改变施工方法造成现场拥挤、疲劳作业等使劳动生产率降低
	不利现场条件索赔	·因合同的图纸和技术规范中所描述的条件与实际情况有实质性不同，或合同中未作描述，但发生的情况是一个有经验的承包商无法预料的时候，所引起的索赔 ·如复杂的现场水文地质条件或隐藏的不可知的地面条件等
按索赔的合同依据分	合同内索赔	·索赔依据可在合同条款中找到明文规定的索赔 ·这类索赔争议少，监理工程师即可全权处理
	合同外索赔	·索赔权利在合同条款内很难找到直接依据，但可来自普通法律，承包商须有丰富的索赔经验方能实现 ·索赔表现多为违约或违反担保造成的损害 ·此项索赔由业主决定是否索赔、监理工程师无权决定
	道义索赔 （又称额外支付）	·承包商对标价估计不足，虽然圆满完成了合同规定的施工任务，但期间由于克服了巨大困难而蒙受了重大损失，为此向业主寻求优惠性质的额外付款 ·这是以道义为基础的索赔，既无合同依据，又无法律依据 ·这类索赔监理工程师无权决定，只是在业主通情达理，出于同情时才会超越合同条款给予承包商一定的经济补偿
按索赔处理方式分	单项索赔	·在一项索赔事件发生时或发生后的有效期内，立即进行的索赔 ·索赔原因单一、责任单一、处理容易
	总索赔 （又称一揽子索赔）	·承包商在竣工之前，就施工中未解决的单项索赔，综合起来提出的总索赔 ·总索赔中的各单项索赔常常是因为较复杂而遗留下来的，加之各单项索赔事件相互影响，使总索赔处理难度大，金额也大

31-9-4-4 施工索赔的程序

1. 意向通知

索赔事件发生时或发生后，承包商应立即通知监理工程师，表明索赔意向，争取支持。

2. 提出索赔申请

索赔事件发生后的有效期内，承包商要向监理工程师提出正式书面索赔申请，并抄送业主。其内容主要是索赔事件发生的时间、实际情况及事件影响程度，同时提出索赔依据的合同条款等。

3. 提交索赔报告

承包商在索赔事件发生后，要立即搜集证据，寻找合同依据，进行责任分析，计算索赔金额，最后形成索赔报告，在规定期限内报送监理工程师，抄送业主。

4. 索赔处理

承包商在索赔报告提交之后，还应每隔一段时间主动向对方了解情况并督促其快速处理，并根据所提出意见随时提供补充资料，为监理工程师处理索赔提供帮助、支持与合作。

监理工程师（业主）接到索赔报告后，应认真阅读和评审，对不合理、证据不足之处提出反驳和质疑，与承包商经常沟通、协商。最后由监理工程师起草索赔处理意见，双方就有关问题协商、谈判，合同内单一索赔，一般协商就可以解决。对于双方争议较大的索赔问题，可由中间人调解解决，或进而由仲裁诉讼解决。

施工索赔的程序见图31-80。

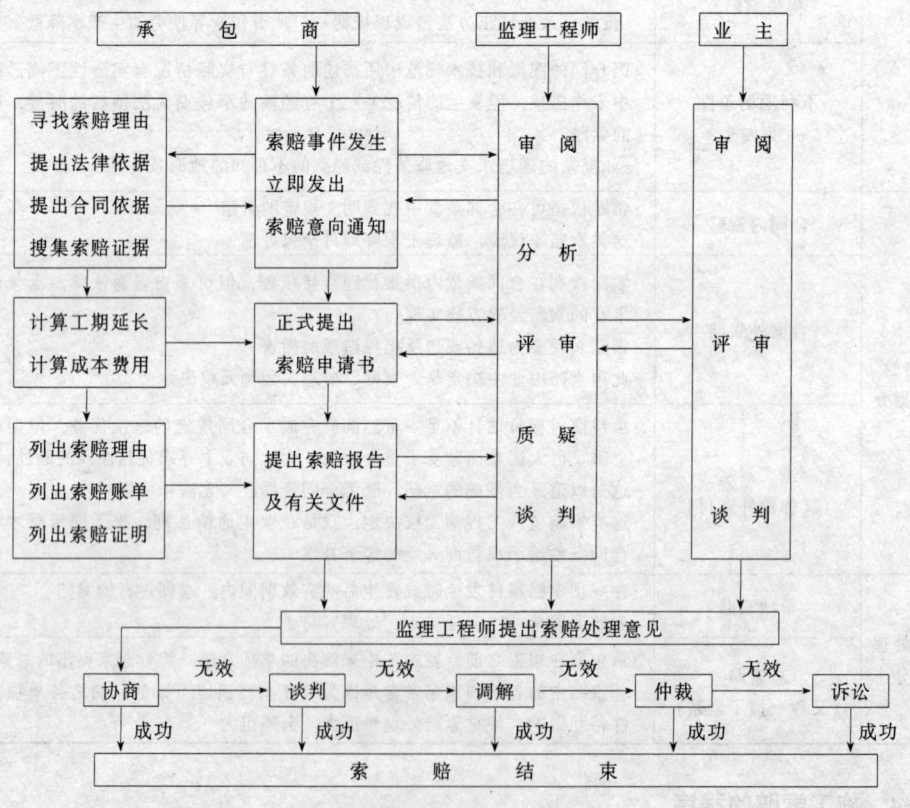

图31-80 施工索赔程序示意图

31-9-4-5 索赔报告

索赔报告由承包商编写，应简明扼要，符合实际，责任清晰，证据可靠，计算方法正确,结果无误。索赔报告编制得好坏,是索赔成败的关键。

1. 索赔报告的报送时间和方式

索赔报告一定要在索赔事件发生后的有效期(一般为28d)内报送,过期索赔无效。

对于新增工程量、附加工作等应一次性提出索赔要求,并在该项工程进行到一定程度,能计算出索赔额时,提交索赔报告;对于已征得监理工程师同意的合同外工作项目的索赔,可以在每月上报完成工程量结算单的同时报送。

2. 索赔报告的基本内容

题目:高度概括索赔的核心内容,如"关于×××事件的索赔"。

事件:陈述事件发生的过程,如工程变更情况,不可抗力发生的过程,以及期间监理工程师的指令,双方往来信函、会谈的经过及纪要,着重指出业主(监理工程师)应承担的责任。

理由:提出作为索赔依据的具体合同条款、法律、法规依据。

结论:指出索赔事件给承包商造成的影响和带来的损失。

计算:列出费用损失或工程延期的计算公式(方法)、数据、表格和计算结果,并依此提出索赔要求。

综合:总索赔应在上述各分项索赔的基础上提出索赔总金额或工程总延期天数的要求。

附录:各种证据材料,即索赔证据。

3. 索赔证据

索赔证据是支持索赔的证明文件和资料。它是附在索赔报告正文之后的附录部分,是索赔文件的重要组成部分。证据不全、不足或者没有证据,索赔是不可能成功的。

索赔的证据主要来源于施工过程中的信息和资料。承包商只有平时经常注意这些信息资料的收集、整理和积累,存档于计算机内,才能在索赔事件发生时,快速地调出真实、准确、全面、有说服力、具有法律效力的索赔证据来。

可以直接或间接作为索赔证据的资料很多,详见表31-162。

索 赔 的 证 据 表 31-162

施 工 记 录 方 面	财 务 记 录 方 面
(1) 施工日志	(1) 施工进度款支付申请单
(2) 施工检查员的报告	(2) 工人劳动计时卡
(3) 逐月分项施工纪要	(3) 工人分布记录
(4) 施工工长的日报	(4) 材料、设备、配件等的采购单
(5) 每日工时记录	(5) 工人工资单
(6) 同业主代表的往来信函及文件	(6) 付款收据
(7) 施工进度及特殊问题的照片或录像带	(7) 收款单据
(8) 会议记录或纪要	(8) 标书中财务部分的章节
(9) 施工图纸	(9) 工地的施工预算
(10) 业主或其代表的电话记录	(10) 工地开支报告
(11) 投标时的施工进度表	(11) 会计日报表
(12) 修正后的施工进度表	(12) 会计总账
(13) 施工质量检查记录	(13) 批准的财务报告
(14) 施工设备使用记录	(14) 会计往来信函及文件
(15) 施工材料使用记录	(15) 通用货币汇率变化表
(16) 气象报告	(16) 官方的物价指数、工资指数
(17) 验收报告和技术鉴定报告	

31-9-4-6 索赔计算

1．工期索赔及计算

工期索赔的目的是取得业主对于合理延长工期的合法性的确认。施工过程中，许多原因都可能导致工期拖延，但只有在某些情况下才能进行工期索赔，详见表31-163。

工期拖延与索赔处理　　　　　　　　　　　表31-163

种类	原因责任者	处理
可原谅不补偿延期	责任不在任何一方 如：不可抗力、恶性自然灾害	工期索赔
可原谅应补偿延期	业主违约 非关键线路上工程延期引起费用损失	费用索赔
	业主违约 导致整个工程延期	工期及费用索赔
不可原谅延期	承包商违约 导致整个工程延期	承包商承担违约罚款并承担违约后业主要求加快施工或终止合同所引起一切经济损失

在工期索赔中，首先要确定索赔事件发生对施工活动的影响及引起的变化，然后再分析施工活动变化对总工期的影响。

常用的计算索赔工期的方法有：

(1) 网络分析法

网络分析法是通过分析索赔事件发生前后网络计划工期的差异计算索赔工期的。这是一种科学合理的计算方法，适用于各类工期索赔。

(2) 对比分析法

对比分析法比较简单，适用于索赔事件仅影响单位工程，或分部分项工程的工期，需由此而计算对总工期的影响。计算公式是：

$$总工期索赔 = 原合同总工期 \times \frac{额外或新增工程量价格}{原合同总价}$$

(3) 劳动生产率降低计算法

在索赔事件干扰正常施工导致劳动生产率降低，而使工期拖延时，可按下式计算索赔工期。

$$索赔工期 = 计划工期 \times \left(\frac{预期劳动生产率 - 实际劳动生产率}{预期劳动生产率} \right)$$

(4) 简单加总法

在施工过程中，由于恶劣气候、停电、停水及意外风险造成全面停工而导致工期拖延时，可以一一列举各种原因引起的停工天数，累加结果，即可作为索赔天数。

应该注意的是由多项索赔事件引起的总工期索赔，不可以用各单项工期索赔天数简单相加，最好用网络分析法计算索赔工期。

2．费用索赔及计算

(1) 费用索赔及其费用项目构成

费用索赔是施工索赔的主要内容。承包商通过费用索赔要求业主对索赔事件引起的直接损失和间接损失给予合理的经济补偿。

计算索赔额时，一般是先计算与事件有关的直接费，然后计算应摊到的管理费。费用项目构成、计算方法与合同报价中基本相同，但具体的费用构成内容却因索赔事件性质不同而有所不同。表31-164中列出了工期延长、业主指令工程加速、工程中断、工程量增加和附加工程等类型索赔事件的可能费用损失项目的构成及其示例。

索赔事件的费用项目构成示例表　　　　　　　　表31-164

索赔事件	可能的费用损失项目	示例
工期延长	(1) 人工费增加 (2) 材料费增加 (3) 现场施工机械设备停置费 (4) 现场管理费增加 (5) 因工期延长和通货膨胀使原工程成本增加 (6) 相应保险费、保函费用增加 (7) 分包商索赔 (8) 总部管理费分摊 (9) 推迟支付引起的兑换率损失 (10) 银行手续费和利息支出	包括工资上涨，现场停工、窝工，生产效率降低，不合理使用劳动力等的损失 因工期延长，材料价格上涨 设备因延期所引起的折旧费、保养费或租赁费等 包括现场管理人员的工资及其附加支出，生活补贴，现场办公设施支出，交通费用等 分包商因延期向承包商提出的费用索赔 因延期造成公司部部管理费增加 工程延期引起支付延迟
业主指令工程加速	(1) 人工费增加 (2) 材料费增加 (3) 机械使用费增加 (4) 因加速增加现场管理人员的费用 (5) 总部管理费增加 (6) 资金成本增加	因业主指令工程加速造成增加劳动力投入，不经济地使用劳动力，生产率降低和损失等 不经济地使用材料，材料提前交货的费用补偿，材料运输费增加 增加机械投入，不经济地使用机械 费用增加和支出提前引起负现金流量所支付的利息
工程中断	(1) 人工费 (2) 机械使用费 (3) 保函、保险费、银行手续费 (4) 贷款利息 (5) 总部管理费 (6) 其他额外费用	如留守人员工资，人员的遣返和重新招雇费，对工人的赔偿金等 如设备停置费，额外的进出场费，租赁机械的费用损失等 如停工、复工所产生的额外费用，工地重新整理费用等
工程量增加或附加工程	(1) 工程量增加所引起的索赔额，其构成与合同报价组成相似 (2) 附加工程的索赔额，其构成与合同报价组成相似	工程量增加小于合同总额的5%，为合同规定的承包商应承担的风险，不予补偿 工程量增加超过合同规定的范围（如合同额的15%~20%），承包商可要求调整单价，否则合同单价不变

(2) 费用索赔额的计算

1) 总索赔额的计算方法

①总费用法

总费用法是以承包商的额外增加成本为基础，加上管理费、利息及利润作为总索赔值的计算方法。这种方法要求原合同总费用计算准确，承包商报价合理，并且在施工过程中没有任何失误，合同总成本超支均为非承包商原因所致等条件，这一般在实践中是不可能的，因而应用较少。

②分项法

分项法是先对每个引起损失的索赔事件和各费用项目单独分析计算，最终求和。这种方法能反映实际情况，清晰合理，虽然计算复杂，但仍被广泛采用。

2) 人工费索赔额的计算方法

计算各项索赔费用的方法与工程报价时计算方法基本相同,不再多叙。但其中人工费索赔额计算有两种情况,分述如下:

①由增加或损失工时计算

额外劳务人员雇用、加班人工费索赔额 = 增加工时 × 投标时人工单价

闲置人员人工费索赔额 = 闲置工时 × 投标时人工单价 × 折扣系数(一般为0.75)

②由劳动生产率降低额外支出人工费的索赔计算

a. 实际成本和预算成本比较法

这种方法是用受干扰后的实际成本与合同中的预算成本比较,计算出由于劳动效率降低造成的损失金额。计算时需要详细的施工记录和合理的估价体系,只要两种成本的计算准确,而且成本增加确系业主原因时,索赔成功的把握性很大。

b. 正常施工期与受影响施工期比较法

这种方法是分别计算出正常施工期内和受干扰时施工期内的平均劳动生产率,求出劳动生产率降低值,而后求出索赔额:

$$人工费索赔额 = \frac{计划工时 \times 劳动生产率降低值}{正常情况下平均劳动生产率} \times 相应人工单价$$

3) 费用索赔中管理费的分摊办法

①公司管理费索赔计算

公司管理费索赔一般用恩特勒(Eichleay)法,它得名于 Eichleay 公司一桩成功的索赔案例。

a. 日费率分摊法

在延期索赔中采用,计算公式如下:

$$延期合同应分摊的管理费(A) = \frac{延期合同额}{同时期公司所有合同额之和} \times 同期公司总计划管理费$$

单位时间(日或周)管理费率(B) = A/计划合同期(日或周)

管理费索赔值(C) = (B) × 延期时间(日或周)

b. 总直接费分摊法

在工作范围变更索赔中采用,计算公式为:

$$被索赔合同应分摊的管理费(A_1) = \frac{被索赔合同原计划直接费}{同期公司所有合同直接费总和} \times 同期公司计划管理费总和$$

每元直接费包含管理费率(B_1) = (A_1)/被索合同原计划直接费

应索赔的公司管理费(C_1) = (B_1) × 工作范围变更索赔的直接费

c. 分摊基础法

这种方法是将管理费支出按用途分成若干分项,并规定了相应的分摊基础,分别计算出各分项的管理费索赔额,加总后即为公司管理费总索赔额,其计算结果精确,但比较繁琐,实践中应用较少,仅用于风险高的大型项目。表31-165列举了管理费各构成项目的分摊基础。

②现场管理费索赔计算

现场管理费又称工地管理费。一般占工程直接成本的8%~15%。其索赔值用下式计算:

管理费的不同分摊基础　　　　表31-165

管　理　费　分　项	分　摊　基　础
管理人员工资及有关费用	直接人工工时
固定资产使用费	总直接费
利息支出	总直接费
机械设备配件及各种供应	机械工作时间
材料的采购	直接材料费

现场管理费索赔值＝索赔的直接成本费×现场管理费率

现场管理费率的确定可选用下面的方法：

　　a．合同百分比法：按合同中规定的现场管理费率。
　　b．行业平均水平法：选用公开认可的行业标准现场管理费率。
　　c．原始估价法：采用承包时，报价时确定的现场管理费率。
　　d．历史数据法：采用以往相似工程的现场管理费率。

31-10　施工项目风险管理

31-10-1　施工项目风险管理概述

31-10-1-1　施工项目的主要风险

风险，是在给定条件下和特定时间内，那些可能发生的结果间的差异。

风险的三个基本要素是：风险因素的客观存在性；风险事件发生的不确定性；风险后果的不确定性。

施工项目风险是影响施工项目目标实现的事先不能确定的内外部的干扰因素及其发生的可能性。施工项目一般都是规模大、工期长、关联单位多、与环境接口复杂，包含着大量的风险，其主要风险如表31-166所示。

施工项目的主要风险　　　　表31-166

分类依据	风险种类	内　　　　容
风险原因	自然风险	·自然力的不确定性变化给施工项目带来的风险，如地震、洪水、沙尘暴等 ·未预测到的施工项目的复杂水文地质条件、不利的现场条件、恶劣的地理环境等，使交通运输受阻，施工无法正常进行，造成人财损失等风险
	社会风险	·社会治安状况、宗教信仰的影响、风俗习惯、人际关系及劳动者素质等形成的障碍或不利条件给项目施工带来的风险
	政治风险	·国家政治方面的各种事件和原因给项目施工带来意外干扰的风险。如战争、政变、动乱、恐怖袭击、国际关系变化、政策多变、权力部门专制和腐败等
	法律风险	·法律不健全、有法不依、执法不严，相关法律内容变化给项目带来的风险 ·未能正确全面的理解有关法规，施工中发生触犯法律行为被起诉和处罚的风险
	经济风险	·项目所在国或地区的经济领域出现的或潜在的各种因素变化，如经济政策的变化、产业结构的调整、市场供求变化带来的风险。如汇率风险、金融风险
	管理风险	·经营者因不能适应客观形势的变化、或主观判断失误、或因对已发生的事件处理不当而带来的风险。包括财务风险、市场风险、投资风险、生产风险等
	技术风险	·由于科技进步、技术结构及相关因素的变动给施工项目技术管理带来的风险 ·由于项目所处施工条件或项目复杂程度带来的风险 ·施工中采用新技术、新工艺、新材料、新设备带来的风险

续表

分类依据	风险种类	内容
风险的行为主体	承包商	·企业经济实力差，财务状况恶化，处于破产境地，无力采购和支付工资 ·对项目环境调查、预测不准确，错误理解业主图和招标文件，投标报价失误 ·项目合同条款遗漏、表达不清，合同索赔管理工作不力 ·施工技术、方案不合理，施工工艺落后，施工安全措施不当 ·工程价款估算错误、结算错误 ·没有适合的项目经理和技术专家，技术、管理能力不足，造成失误，工程中断 ·项目经理部没有认真履行合同和保证进度、质量、安全、成本目标的有效措施 ·项目经理部初次承担施工技术复杂的项目，缺少经验，控制风险能力差 ·项目组织结构不合理、不健全，人员素质差，纪律涣散，责任心差 ·项目经理缺乏权威，指挥不力 ·没有选择好合作伙伴（分包商、供应商），责任不明，产生合同纠纷和索赔
	业主	·经济实力不强，抵御施工项目风险能力差 ·经营状况恶化，支付能力差或撤走资金，改变投资方向或项目目标 ·缺乏诚信，不能履行合同：不能及时交付场地、供应材料、支付工程款 ·管理能力差，不能很好的与项目相关单位协调沟通，影响施工顺利进行 ·业主违约、苛刻刁难，发出错误指令，干扰正常施工活动
	监理工程师	·起草错误的招标文件、合同条件 ·管理组织能力低，不能正确执行合同，下达错误指令，要求苛刻 ·缺乏职业道德和公正性
	其他方面	·设计内容不全，有错误、遗漏，或不能及时交付图纸，造成返工或延误工期 ·分包商、供应商违约，影响工程进度、质量和成本 ·中介人的资信、可靠性差，水平低难以胜任其职，或为获私利不择手段 ·权力部门（主管部门、城市公共部门：水、电）的不合理干预和个人需求 ·施工现场周边居民、单位的干预
风险对目标的影响	工期风险	·造成局部或整个工程的工期延长，项目不能及时投产
	费用风险	·包括报价风险、财务风险、利润降低、成本超支、投资追加、收入减少等
	质量风险	·包括材料、工艺、工程不能通过验收、试生产不合格，工程质量评价为不合格
	信誉风险	·造成对企业形象和信誉的损害
	安全风险	·造成人身伤亡，工程或设备的损坏

31-10-1-2 施工项目风险管理

风险管理，是指在对风险的不确定性及可能性等因素进行考察、预测、分析的基础上，制定出包括识别衡量风险、管理处置风险、控制防范风险等一整套科学系统的管理方法。

在施工项目实施的过程中，由于风险的存在使得建立在正常理想基础上的目标和决策、施工规划和方案、管理和组织等都有可能受到干扰，与实际产生偏离，导致经济效益下降，甚至影响全局，使项目失控，因此在施工项目管理中应包括对风险进行管理，力求在施工项目面临纯粹风险时，将损失减少到最小，在面临投机风险时，争取更大收益。

施工项目风险管理是用系统的动态的方法，对施工项目实施全过程中的每个阶段所包含的全部风险进行识别、衡量、控制，有准备地科学地安排、调整施工活动中合同、经济、组织、技术、管理等各个方面和质量、进度、成本、安全等各个子系统的工作，使之顺利进行，减少风险损失，创造更大效益的综合性管理工作。

31-10-1-3 施工项目风险管理目标

施工项目风险管理目标应该与企业的总目标相一致，随着企业的环境和特有属性的发展变化而不断调整、改变，力求与之相适应。表31-167列举了适应企业不同条件时的施工项目风险管理目标。

施工项目风险管理目标　　　　　　　　　　　　　表31-167

阶段	企业环境及目标	施工项目风险管理目标
初创阶段	·企业初创，规模较小，影响力较小 ·急需获取项目，以微利维持生存 ·急需开拓新的（国内其他地区或国际）市场	·维持生存、避免经营中断 ·稳定收入、安定局面 ·坚持诚信原则
发展阶段	·具有一定规模和竞争能力 ·需要进一步拓宽业务和提升知名度 ·靠实力和品牌获取项目，利润目标高	·降低风险管理成本、提高利润 ·树立信誉、扩大影响 ·拓宽业务渠道、扩大市场占有率
垄断阶段	·有较大的市场占有率和较高的知名度 ·与强手对垒较量，有很强的竞争优势击败对手 ·目标是垄断市场、创造更大的经济和社会效益	·重点控制和管理纯风险 ·完善对投机风险的预防和利用措施，敢于冒一定的风险，以获取更大收益

31-10-1-4 施工项目风险管理流程

施工项目风险管理流程一般分为风险识别、风险衡量、风险处理与风险防范对策四个阶段，各阶段及其内容见图31-81。

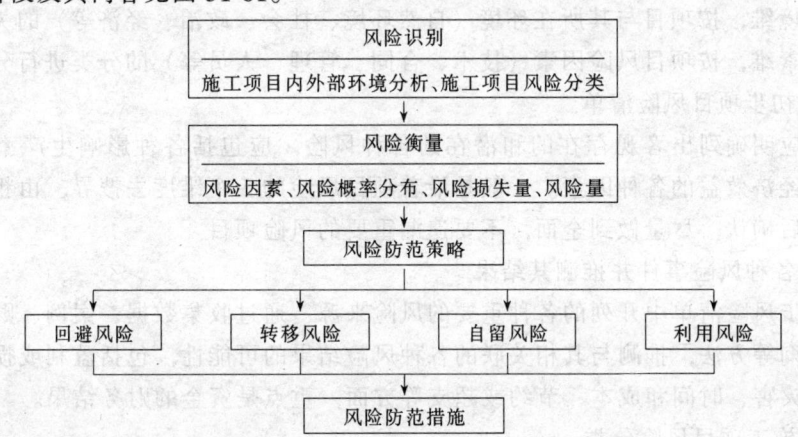

图31-81　施工项目风险管理流程示意图

31-10-2　施工项目风险的识别

31-10-2-1 施工项目风险识别的过程

在项目的大量错综复杂的施工活动中，首先要通过风险识别系统地、连续地对施工项目主要风险事件的存在、发生时间，及其后果做出定性估计，并形成项目风险清单，使人们对整个项目的风险有一个准确、完整和系统的认识和把握，并作为风险管理的基础。

施工项目风险识别过程如图31-82所示。

31-10-2-2 施工项目风险识别的步骤

1. 施工项目风险分解

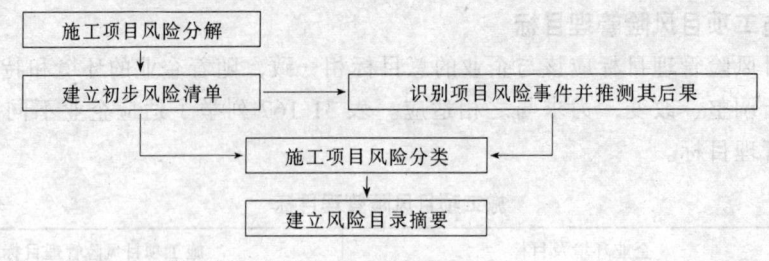

图 31-82　风险识别过程框图

施工项目风险分解是确认施工活动中客观存在的各种风险，从总体到细节，由宏观到微观，层层分解，并根据项目风险的相互关系将其归纳为若干个子系统，使人们能比较容易地识别项目的风险。根据项目的特点一般按目标、时间、结构、环境、因素等 5 个维度相互组合分解。

(1) 目标维，是按项目目标进行分解，即考虑影响项目费用、进度、质量和安全目标实现的风险的可能性。

(2) 时间维，是按项目建设阶段分解，也就是考虑工程项目进展不同阶段（项目计划与设计、项目采购、项目施工、试生产及竣工验收、项目保修期）的不同风险。

(3) 结构维，按项目结构（单位工程、分部工程、分项工程等）组成分解，同时相关技术群也能按其并列或相互支持的关系进行分解。

(4) 环境维，按项目与其所在环境（自然环境、社会、政治、经济等）的关系分解。

(5) 因素维，按项目风险因素（技术、合同、管理、人员等）的分类进行分解。

2．建立初步项目风险清单

清单中应明确列出客观存在的和潜在的各种风险，应包括各种影响生产率、操作运行、质量和经济效益的各种因素。一般是沿着项目风险的 5 个维度去搜寻，由粗到细，先怀疑、排除后确认，尽量做到全面，不要遗漏重要的风险项目。

3．识别各种风险事件并推测其结果

根据初步风险清单中所列的各种重要的风险来源，通过收集数据、案例、财务报表分析、专家咨询等方法，推测与其相关联的各种风险结果的可能性，包括盈利或损失、人身伤害、自然灾害、时间和成本、节约或超支等方面，重点是资金的财务结果。

4．进行施工项目风险分类

通过对风险进行分类可以加深对风险的认识和理解，辨清风险的性质和某些不同风险事件之间的关联，有助于制定风险管理目标。

施工项目风险常见的分类方法是以由 6 个风险目录组成的框架形式，每个目录中都列出不同种类的典型风险，然后针对各个风险进行全面检查，这样既能尽量避免遗漏，又可得到一目了然的效果。详见表 31-168。

施工项目风险分类　　　　表 31-168

风险目录	典 型 的 风 险
不可预见损失	洪水、地震、火灾、狂风、闪电、塌方
有形损失	结构破坏、设备损坏、劳务人员伤亡、材料或设备发生火灾或被盗窃

续表

风险目录	典 型 的 风 险
财务和经济	通货膨胀、能否得到业主资金、汇率浮动、分包商的财务风险
政治和环境	法律法规变化、战争和内乱、注册和审批、污染和安全规则、没收、禁运
设计	设计失误、遗漏、错误；图纸不全、交付不及时
与施工有关事件	气候、劳务争端和罢工、劳动生产率、不同现场条件、工作失误、设计变更、设备缺陷

5. 建设风险目录摘要

风险目录摘要是将施工项目可能面临的风险汇总并排列出轻重缓急的表格。它能使全体项目人员对施工项目的总体风险有一个全局的印象，每个人不仅考虑自己所面临的风险，而且还能自觉地意识到项目其他方面的风险，了解项目中各种风险之间的联系和可能发生的连锁反应。风险目录摘要的格式见表31-169。

风险目录摘要 表31-169

项目名称
评　述
日　期
负责人

风险事件	风险事件摘要	风险条件变量

通过风险识别最后建立了风险目录摘要，其内容可供风险管理人员参考。但是，由于人们认识的局限性，风险目录摘要不可能完全准确、全面，特别是风险自身的不确定性，决定了风险识别的过程应该是一个动态的连续的过程，最后所形成的风险目录摘要也应随着施工的进展，施工项目内外部条件的变化，及风险的演变而在不断地更新、增删，直至项目结束。

31-10-2-3 施工项目风险识别的方法

1. 分析询问

通过向有关经济、施工、技术专家和当事人提出一系列有关财产和经营的问卷调查，了解相关风险因素、风险程度和有关信息。

2. 分析财务报表

通过分析资产负债表、损益表、财务现金流量表、资金来源与运用表及相关资料可以从财务角度发现识别企业当前的所面临的潜在风险和财务损失风险；将这些报表与财务预测、预算结合起来，可以发现未来风险。财务状况分析法得出的风险数据可靠、客观。

3. 绘制流程图

将一项特定的经营活动按步骤或阶段顺序以若干模块形式组成一个施工项目流程图系列，对每个模块都进行深入调查分析，以发现潜在的风险，并标出各种潜在的风险或利弊因素，从而给决策者一个清晰具体的印象。图31-83是一个以工程承包项目为例的风险辨识流程图。

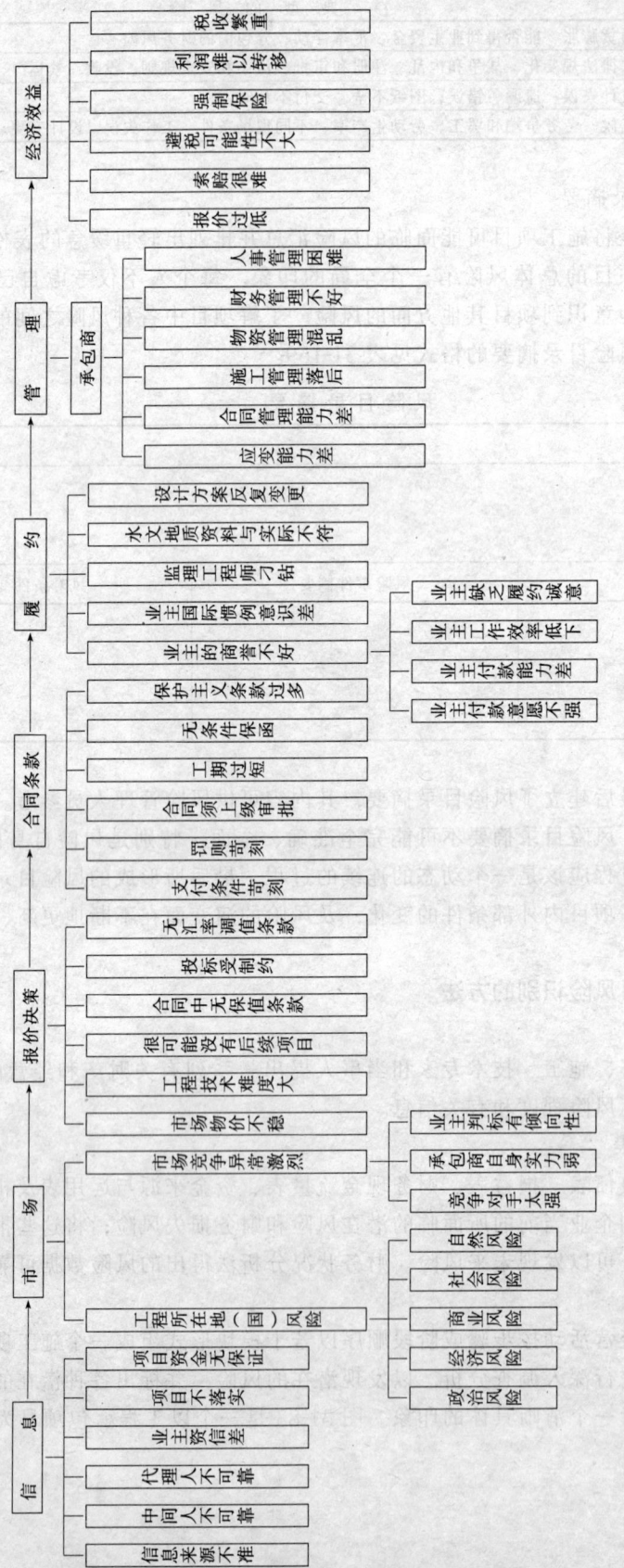

图 31-83 承包工程风险辨识流程图

4. 现场考察

通过现场考察了解有关施工项目的第一手资料，发现许多客观存在的风险因素，做到心中有数，有利于对未来施工活动中的风险因素预测。

5. 各部门相互配合

与施工项目活动相关的各个部门都应参与风险识别工作，提供有关信息、意见和敏感因素资料，共同商讨、分析判断，最后，由决策部门进行取舍、判断，形成结论。

6. 参考统计记录

借鉴以往的历史资料和类似施工项目的风险案例是施工项目风险识别的一个重要手段。

7. 环境分析

详细分析企业或一项特定的经营活动的外部环境与内在风险的联系是风险识别的重要方面。分析外部环境时，应着重分析项目的资金来源、业主的基本情况、可能的竞争对手、政府管理系统和材料的供应情况等5项因素；内部条件主要是项目的组织机构、管理水平、人财物资源等状况。

8. 向外部咨询

在自己已经辨识风险的前提下，还应向有关行业、部门或专家进一步咨询，如可向保险公司咨询有关风险因素概率及损失后果；可向材料设备公司询价等。

31-10-3 施工项目风险衡量

31-10-3-1 风险衡量指标

1. 风险量 R

风险量 R 是衡量风险大小的指标，它是风险事件可能发生的概率 p 和该事件发生对项目的影响程度 q（损失量）的综合结果，可用下面公式表达：

$$R = \Sigma p_i \cdot q_i$$

式中　R——风险量；

p——风险事件可能发生的概率；

q——风险事件发生带给项目的损失量；

i——取 1, 2, …, n 表示项目风险发生后导致的 n 种损失。

2. 风险量的性质

项目风险概率与损失量的乘积就是损失的期望值。

3. 等风险量曲线

根据风险量的性质和影响因素，可以在二维风险坐标中表示风险量与风险事件发生概率及其损失量的关系，即可得到等风险量曲线群，如图 31-84 所示。曲线群中每一条曲线均表示相同的风险；各条曲线的风险量则不同，曲线距原点越远，风险就越大。

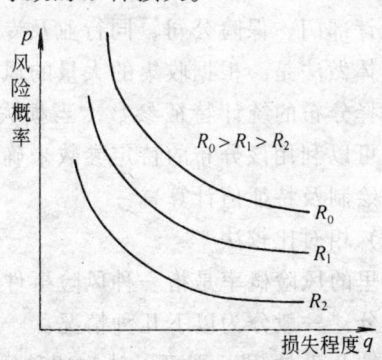

图 31-84　等风险量曲线

31-10-3-2 风险因素的衡量

1. 风险损失的衡量

风险损失可以表现为费用超支、进度延期、质量事故和安全事故等多方面，有些可用货币表示，有些可用时间表示或者更为复杂，为了便于综合和比较，其度量的尺度可统一为用风险引起的经济损失来衡量，即用风险损失值衡量。

风险损失值是指项目风险导致的各种损失发生后，为恢复项目正常进行所需要的最大费用支出，即统一用货币表示。主要有：

(1) 费用超支风险

项目费用各组成部分的超支，如价格、汇率和利率等的变化，或资金使用安排不当等风险事件引起的实际费用超出计划费用的那一部分即为损失值。

(2) 进度延期风险

当项目施工各个阶段的延误或总体进度的延误时，为追赶计划进度所发生的包括加班的人工费、机械使用费和管理费等一切额外的非计划费用；另外，进度风险的发生可能会对现金流动造成影响，考虑货币的时间价值，应根据利率作用计算出损失费用。

(3) 质量风险

工程质量不合格导致的损失包括质量事故引起的直接经济损失，以及修复和补救等措施发生的费用以及第三者责任损失等。如建筑物、构筑物或其他结构倒塌所造成的直接经济损失；复位纠偏、加固补强等补救措施的费用；返工损失；造成工期拖延的损失；永久性缺陷对于项目使用造成的损失；第三者责任损失等。

(4) 安全风险

在施工活动中，由于操作者失误、操作对象的缺陷以及环境因素等导致的人身伤亡、财产损失和第三者责任等损失。如受伤人员的医疗费用和补偿费用；材料、设备等财产的损毁或被盗损失；因引起工期延误带来的损失；为恢复项目正常施工所发生的费用；第三者责任损失等。

2. 风险发生概率的衡量

(1) 统计概率法

实践中，经常用在基本条件不变的情况下，对类似事件进行大量观察得到的风险统计数据发生的频率分布来代替概率分布，收集数据时，应注意参考相同条件下的历史资料和借鉴统计部门、保险公司、同行业及专家的经验和建议。

具体做法是，根据收集的大量的风险统计数据，绘制直方图，选择风险分布类型，计算所选择分布的统计特征参数，当损失值基本符合或者是近似吻合一定的理论概率分布时，就可以利用该分布的特定参数来确定损失值的概率分布（该方法可参见质量管理中直方图的绘制及特征值计算）。

(2) 相对比较法

这里的风险概率是指一种风险事件最可能发生的概率。是由专家根据以往经验作出判断、打分，一般分为以下几种情况：

1) "几乎是0"：即可以认为这种风险事件不会发生；

2) "很小的"：即这种风险事件虽然有可能会发生，但现在没有发生，并且将来发生的可能性也不大；

3)"中等的":即这种风险事件偶尔会发生,并且能够预期将来有时会发生;

4)"一定的":即这种风险事件一直在有规律地发生,并且能够预期未来也是有规律地发生。

相对应地,这时项目风险导致的损失大小也将相对划分为重大损失、中等损失和轻度损伤,于是通过在风险坐标上对项目风险定位,反映出风险量的大小。

31-10-3-3 风险衡量方法

1. 风险量等级法

根据等量风险曲线原理,将风险概率分为很小(L)、中等(M)和大(H)三个档次,将风险损失分为轻度(L)、中度(M)和重大(H)损失三个档次,即风险坐标划分成9个区域,于是就有了描述风险量的五个等级:(1) VL(风险量很小);(2) L(风险量小);(3) M(风险量中等);(4) H(风险量大);(5) VH(风险量很大)。如表31-170所示。

风 险 量 等 级 表   表 31-170

风险概率 p	损失程度 q	风险量 R	等 级
很小 L	轻度损失 L		VL
中等 M	轻度损失 L		L
大 H	轻度损失 L		M
很小 L	中度损失 M		L
中等 M	中度损失 M		M

续表

风险概率 p	损失程度 q	风险量 R	等 级
大 H	中度损失 M		H
很小 L	重大损失 H		M
中等 M	重大损失 H		H
大 H	重大损失 H		VH

2. 风险量计算法

根据风险量计算公式：$R = \Sigma p_i \cdot q_i$，可计算出每种风险的期望损失值及多项风险的累计期望损失总值。

【例】 某工程估算成本为 1.2 亿元，合同工期为 24 个月。经风险识别，认为该项目的主要风险有业主拖欠工程款、材料价格上涨、分包商违约、材料供应不及时而拖延工期等多项风险。试衡量各项风险损失和该项目的总的风险损失。

首先收集有关的信息资料，确定各项风险的概率分布及其损失值，分别计算期望损失值；然后，再将各项风险期望损失汇总，即得该项目的总的风险期望损失金额和总的风险期望损失金额占项目总价的比例。计算过程如表 31-171、表 31-172、表 31-173、表 31-174 和表 31-175。

业主拖欠工程款风险期望损失　　　　　　表 31-171

平均拖期（月）	拖欠损失（万元）	概率分布（%）	期望损失（万元）
按期付款	0	50	0
拖期 1 月	505	20	101
拖期 2 月	1010	20	202
拖期 3 月	1515	10	151.5
合　计	—	100	454.5

注：拖欠损失 =（总价/工期）(1+贷款利率)；本例平均每拖期 1 个月为：(12000/24)×101% = 505 万元。

材料价格上涨风险期望损失　　　　　　　　　　　　　　　表 31-172

材料费上涨%	经济损失（万元）	概率分布（%）	期望损失（万元）
没有上涨	0	20	0
2	156	50	78
5	390	20	78
8	624	10	62.4
合计	—	100	218.4

注：经济损失 = 总价 × 材料费占总价比重 × 上涨程度 = 总价 × 65% × 上涨程度。
本例 12000 × 65% × 2% = 156 万元。

分包商违约风险期望损失　　　　　　　　　　　　　　　表 31-173

经济损失（万元）	概率分布（%）	期望损失（万元）
0（没有违约）	20	0
100	40	40
200	30	60
300	10	30
合计	100	130

注：根据分包工程性质及分包商素质估计分包商违约造成的经济损失。

材料供应不及时风险期望损失　　　　　　　　　　　　　　　表 31-174

平均拖期（天）	拖期损失（万元）	概率分布（%）	期望损失（万元）
及时供货	0	35	0
拖期 1	5	30	1.5
拖期 2	10	20	2.0
拖期 3	15	10	1.5
拖期 4	20	5	1.0
合计	—	100	6.0

注：根据材料对工期的影响估算平均拖期 1d 的损失金额，本例为每拖期供应 1d 损失 5 万元。

项目风险期望损失汇总　　　　　　　　　　　　　　　表 31-175

风险因素	期望损失（万元）	期望损失/总价（%）	期望损失/总期望损失（%）
业主拖欠工程款	454.5	0.379	56.19
材料价格上涨	218.4	0.182	27.00
分包商违约	130.0	0.108	16.07
材料供应不及时	6.0	0.005	0.74
总计	808.9	0.674	100.00

由计算可以看出，该项目的总的风险（假定已包括了项目的全部风险）期望损失约为总价的 0.674%，所造成的总风险期望损失为 808.9 万元；从各风险因素期望损失占总期望损失的比重看，其中业主拖欠工程款的风险损失占项目总风险的比重达到 56.19%，危害最大；材料价格上涨的风险占项目总风险的比重达到 27%；分包商违约占 16.07%，影响也不可忽视，都应该是承包商风险防范的重点。

31-10-4 施工项目风险防范策略与措施

31-10-4-1 施工项目风险防范策略

承包商在对施工项目进行风险识别和衡量之后，应根据施工项目风险的性质、发生概率和损失程度，以及承包商自身的状态和外部环境，针对各种风险采取不同的防范策略。常用的防范风险策略有回避风险、转移风险、自留风险、利用风险。

1. 回避风险

回避风险是指承包商设法远离、躲避可能发生风险的行为和环境，从而达到避免风险发生或遏制其发展的可能性的一种策略。

单纯回避风险是一种消极的风险防范手段，因为对于投机风险来讲，回避了风险虽然避免了损失，但也意味着失去了获利的机会，另外，现代社会经济活动中广泛存在着各种风险，如果处处回避，只能是无所作为，实质上是承受了放弃发展的风险，因而单纯回避风险是有局限性的。积极回避风险策略是承担小风险回避大风险，损失一定小利益避免更大的损失，避重就轻，趋利避害，控制损失。具体作法见表31-176。

回避风险的措施及内容　　　　　　　　　表 31-176

回避风险措施	内　　容
拒绝承担风险	·不参与存在致命风险或风险很大的工程项目投标 ·放弃明显亏损的项目、风险损失超过自己承受能力和把握不大的项目 ·利用合同保护自己，不承担应该由业主或其他方承担的风险 ·不与实力差、信誉不佳的分包商和材料、设备供应商合作 ·不委托道德水平低下或综合素质不高的中介组织或个人
控制损失	·选择风险小或适中的项目，回避风险大的项目，降低风险损失严重性 ·施工活动（方案、技术、材料）有多种选择时，面临不同风险，采用损失最小化方案 ·回避一种风险将面临新的风险时，选择风险损失较小而收益较大的风险防范措施 ·损失一定小利益避免更大的损失，如： 　·投标时加上不可预见费，承担减少竞争力的风险，但可回避成本亏损的风险 　·选择信誉好的分包商、供应商和中介，价格虽高些，但可减小其违约造成的损失 ·对产生项目风险的行为、活动，订立禁止性规章制度，回避和减小风险损失 ·按国际惯例（标准合同文本）公平合理的规定业主和承包商之间的风险分配

2. 转移风险

转移风险是承包商通过财务手段，寻求用外来资金补偿确实会发生或业已发生的风险，从而将自身面临的风险转移给其他主体承担，以保护自己的一种防范风险的策略。因而又称风险的财务转移，一般包括保险转移和非保险的合同转移。

所谓转移风险，不是转嫁风险，因为有些承包商无法控制的风险因素，在转移后并非给其他主体造成损失，或者是由于其他主体具有的优势能够有效地控制风险，因而转移风险是施工项目风险管理中非常重要而且广泛采用的一项策略。具体作法见表31-177。

3. 自留风险

自留风险是指承包商以自身的风险准备金来承担风险的一种策略。与风险控制损失不同的是，风险自留的对策并不能改变风险的性质，即其发生的频率和损失的严重性。

(1) 自留风险一般有以下三种情况：

转移风险的措施及内容　　　　　　　　　　　　　表 31-177

转移风险措施	内　　　容
合同转移	·通过与业主、分包商、材料设备供应商、设计方等非保险方签订合同（承包、分包、租赁）或协商等方式，明确规定双方工作范围和责任，以及工程技术的要求，从而将风险转移给对方 ·将有风险因素的活动、行为本身转移给对方，或由双方合理分担风险 ·减少承包商对对方损失的责任 ·减少承包商对第三方损失的责任 ·通过工程担保可将债权人违约风险损失转移给担保人
保险转移	·承包商通过购买保险，将施工项目的可保风险转移给保险公司承担，使自己免受损失，工程承包领域的主要险别有： ·建筑工程一切险，包括建筑工程第三者责任险（亦称民事责任险） ·安装工程一切险，包括安装工程第三者责任险 ·社会保险（包括人身意外伤害险） ·机动车辆险 ·十年责任险（房屋建筑的主体工程）和两年责任险（细小工程）

1) 被动自留，对风险的程度估计不足，认为该风险不会发生，或没有识别出这种风险的存在，但是在承包商毫无准备时风险发生了；

2) 被迫自留，即这种风险无法回避，而且又没有转移的可能性，承包商别无选择；

3) 主动自留，是经分析和权衡，认为风险损失微不足道，或者自留比转移更有利，而决定由自己承担风险。

其中被迫自留、主动自留又可称为计划自留，因为这时候承包商都已做好了应对风险的准备。

(2) 采用自留风险策略的有利情况有：

1) 自留费用低于保险人的附加保费；

2) 项目的期望损失低于保险公司的估计；

3) 项目有许多风险单位（意味着风险较小，承包商抵御风险能力较大）；

4) 项目的最大潜在损失与最大预期损失较小；

5) 短期内承包商有承受项目最大预期损失的经济能力；

6) 费用和损失支付分布于很长的时间里，因而导致很大的机会成本。

(3) 自留风险策略及其内容见表 31-178。

自留风险的措施及内容　　　　　　　　　　　　　表 31-178

自留风险措施	内　　　容
风险预防	·增强全体人员的风险意识，进行风险防范措施的培训、教育和考核 ·根据项目特点，对重要的风险因素进行随时监控，做到及早发现，有效控制 ·制定完善的安全计划，针对性地预防风险，避免或减小损失发生 ·评估及监控有关系统及安全装置，经常检查预防措施的落实情况 ·制定灾难性计划，为人们提供损失发生时必要的技术组织措施和紧急处理事故的程序 ·制定应急性计划，指导人们在事故发生后，如何以最小的代价使施工活动恢复正常

续表

自留风险措施	内容
风险分离	·将项目的各风险单位分离间隔，避免发生连锁反应或互相牵连波及，而使损失扩大，如： ·向不同地区（国家）供应商采购材料、设备，减小或平衡价格、汇率浮动带来的风险 ·将材料进行分隔存放，分离了风险单位，减少了风险源影响的范围和损失
风险分散	·通过增加风险单位减轻总体风险的压力，达到共同分担集体风险的目的，如： ·承包商承包若干个工程，避免单一工程项目上的过大风险 ·在国际承包工程中，工程付款采用多种货币组合也可分散国际金融风险

4．利用风险

利用风险，是指对于风险与利润并存的投机风险，承包商可以在确认可行性和效益性的前提下，所采取的一种承担风险并排除（减小）风险损失而获取利润的策略。如前所述，投机风险的不确定性结果表现为造成损失、没有损失、获得收益三种。因此利用风险并不一定保证次次利用成功，它本身也是一种风险。

（1）承包商采取利用风险策略的条件：

1）所面临的是投机风险，并具有利用的可行性；

2）承包商有承担风险损失的经济实力，有远见卓识、善抓机遇的风险管理人才；

3）慎重决策，权衡冒风险所付出的代价，确认利用风险的利大于弊；

4）分析形势，事先制定利用风险的策略和实施步骤，并随时监测风险态势及其因素的变化，做好应变的紧急措施。

（2）承包商利用风险的策略

利用风险的策略，因风险性质、施工项目特点及其内外部环境、合同双方的履约情况不同而多种多样，承包商应具体情况具体分析，因势利导，化损失为赢利，如：

1）承包商通过采取各种有效的风险控制措施，降低实际发生的风险费用，使其低于不可预见费，这样原来作为不可预见的费用的一部分将转变为利润。

2）承包商资金实力雄厚时，可冒承担代资承包的风险，获得承包工程而赢取利润。

3）承包商利用合同对方（业主、供应商、保险公司等）工作疏漏、或履约不力、或监理工程师在风险发生期间无法及时审核和确认等弱点，抓住机遇，做好索赔工作。

4）在（国际）工程承包中，对于时间性强的、区域（国别）性风险，特别是政治风险，承包商可通过对形势的准确分析和判断，采取冒短时间的风险，较其他竞争对手提前进入，开辟新的市场，建立根基。这样虽难免蒙受一时的风险损失代价，但是，待形势好转、经济复苏之时，就可获得长远且可观的效益。

5）承包商预测、关注宏观（国际、地区、国内）经济形势及行业的景气循环变动，在扩张时抓住机遇，紧缩时争取生存。

6）在国际工程承包中，面对不同国家法律、经济、文化等方面的差异，或政局变化、权力部门腐败等现象，发现机遇，谋取利益。

7）精通国际金融的承包商，在国际工程承包中，可利用不同国家及其货币的利息差、汇率差、时间差、不同计价方式等谋取获利机会，一旦成功获利巨大，但是若造成损失也将是致命的，须谨慎操作。

8）承包商可采取赠送、优惠等措施，冒一点小风险，做出一点利益牺牲，换取工程承包权，或后续的供应权、维修权等，以获得更大收益。

31-10-4-2 常见的施工项目风险及其防范策略和措施

常见的施工项目风险及其防范策略和措施见表31-179。

常见的施工项目风险及其防范策略和措施　　　　表 31-179

风险目录		风险防范策略	风险防范措施
政治风险	战争、内乱、恐怖袭击	转移风险	保险
		回避风险	放弃投标
	政策 法规的不利变化	自留风险	索赔
	没收	自留风险	援引不可抗力条款索赔
	禁运	损失控制	降低损失
	污染及安全规则约束	自留风险	采取环保措施、制定安全计划
	权力部门专制 腐败	自留风险	适应环境 利用风险
自然风险	对永久结构的损坏	转移风险	保险
	对材料设备的损坏	风险控制	预防措施
	造成人员伤亡	转移风险	保险
	火灾 洪水 地震	转移风险	保险
	塌方	转移风险	保险
		风险控制	预防措施
经济风险	商业周期	利用风险	扩张时抓住机遇，紧缩时争取生存
	通货膨胀 通货紧缩	自留风险	合同中列入价格调整条款
	汇率浮动	自留风险	合同中列入汇率保值条款
		转移风险	投保汇率险 套汇交易
		利用风险	市场调汇
	分包商或供应商违约	转移风险	履约保函
		回避风险	对进行分包商或供应商资格预审
	业主违约	自留风险	索赔
		转移风险	严格合同条款
	项目资金无保证	回避风险	放弃承包
	标价过低	转移风险	分包
		自留风险	加强管理 控制成本 做好索赔
设计施工风险	设计错误、内容不全、图纸不及时	自留风险	索赔
	工程项目水文地质条件复杂	转移风险	合同中分清责任
	恶劣的自然条件	自留风险	索赔 预防措施
	劳务争端 内部罢工	自留风险 损失控制	预防措施
	施工现场条件差	自留风险	加强现场管理 改善现场条件
		转移风险	保险
	工作失误 设备损毁 工伤事故	转移风险	保险
社会风险	宗教节假日影响施工	自留风险	合理安排进度 留出损失费
	相关部门工作效率低	自留风险	留出损失费
	社会风气腐败	自留风险	留出损失费
	现场周边单位或居民干扰	自留风险	遵纪守法，沟通交流，搞好关系

31-11 施工项目组织协调

31-11-1 施工项目组织协调概述

31-11-1-1 施工项目组织协调的概念

施工项目组织协调是指以一定的组织形式、手段和方法，对施工项目中产生的关系不畅进行疏通，对产生的干扰和障碍予以排除的活动。

施工项目组织协调是施工项目管理的一项重要职能。项目经理部应该在项目实施的各个阶段，根据其特点和主要矛盾，动态地、有针对性地通过组织协调，及时沟通，排除障碍，化解矛盾，充分调动有关人员的积极性，发挥各方面的能动作用，协同努力，提高项目组织的运转效率，以保证项目施工活动顺利进行，更好地实现项目总目标。

31-11-1-2 施工项目组织协调的范围

施工项目组织协调的范围可分为内部关系协调和外部关系协调，外部关系协调又分为近外层关系协调和远外层关系协调，详见表 31-180 和图 31-85。

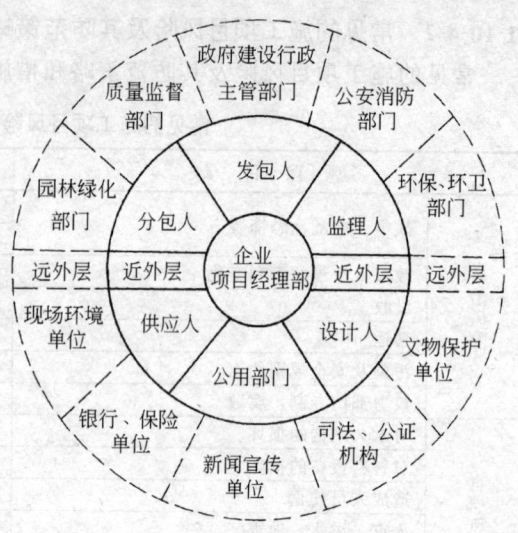

图 31-85 施工项目组织协调范围示意图

施工项目组织协调的范围　　　　　　表 31-180

协调范围		协调关系	协调对象
内部关系		领导与被领导关系 业务工作关系 与专业公司有合同关系	·项目经理部与企业之间 ·项目经理部内部部门之间、人员之间 ·项目经理部与作业层之间 ·作业层之间
外部关系	近外层	直接或间接合同关系或服务关系	·企业、项目经理部与业主、监理单位、设计单位、供应商、分包单位、贷款人、保险人等
	远外层	多数无合同关系但要受法律、法规和社会公德等约束	·企业、项目经理部与政府、环保、交通、环卫、环保、绿化、文物、消防、公安等

31-11-2 施工项目组织协调的内容

施工项目组织协调的内容主要包括人际关系、组织关系、供求关系、协作配合关系和约束关系等方面的协调。这些协调关系广泛存在于施工项目组织的内部、近外层和远外层之中，分别叙述如下。

31-11-2-1 施工项目内部关系协调

1. 施工项目经理部内部关系协调

施工项目经理部内部关系协调的内容与方法见表 31-181。

施工项目经理部内部关系协调　　　　　　表 31-181

协调关系	协调内容与方法
人际关系	·项目经理与下层关系 ·职能人员之间的关系 ·职能人员与作业人员之间 ·作业人员之间	·坚持民主集中制，执行各项规章制度 ·以各种形式开展人际间交流、沟通，增强了解、信任和亲和力 ·运用激励机制，调动人的积极性，用人所长，奖罚分明 ·加强政治思想工作，做好培训教育，提高人员素质 ·发生矛盾，重在调节、疏导，缓和利益冲突

续表

协调关系		协调内容与方法
组织关系	·纵向层次之间、横向部门之间的分工协作和信息沟通关系	·按职能划分，合理设置机构 ·以制度形式明确各机构之间的关系和职责权限 ·制订工作流程图，建立信息沟通制度 ·以协调方法解决问题，缓冲、化解矛盾
供求关系	·劳动力、材料、机械设备、资金等供求关系	·通过计划协调生产要求与供应之间的平衡关系 ·通过调度体系，开展协调工作，排除干扰 ·抓住重点、关键环节，调节供需矛盾
经济制约关系	·管理层与作业层之间	·以合同为依据，严格履行合同 ·管理层为作业层创造条件，保护其利益 ·作业层接受管理层的指导、监督、控制 ·定期召开现场会，及时解决施工中存在的问题

2. 施工项目经理部与企业本部关系协调

施工项目经理部与企业本部关系协调的方法内容见表31-182。

施工项目经理部与企业本部关系的协调　　　　　表31-182

	协调关系及协调对象		协调内容与方法
党政管理	与企业有关的主管领导	上下级领导关系	·执行企业经理、党委决议，接受其领导 ·执行企业有关管理制度
业务管理	与企业相应的职能部、室	接受其业务上的监督指导关系	·执行企业的工作管理制度，接受企业的监督、控制 ·项目经理部的统计、财务、材料、质量、安全等业务纳入企业相应部门的业务系统管理
	水、电、运输、安装等专业公司	总包与分包的合同关系	·专业公司履行分包合同 ·接受项目经理部监督、控制，服从其安排、调配 ·为项目施工活动提供服务
	劳务分公司	劳务合同关系	·履行劳务合同，依据合同解决纠纷、争端 ·接受项目经理部监督、控制，服从其安排、调配

31-11-2-2　施工项目外部关系协调

1. 施工项目经理部与近外层关系协调

施工项目经理部与近外层关系协调的内容与方法见表31-183。

施工项目经理部与近外层关系协调　　　　　表31-183

协调对象与协调关系		协调内容与方法
发包人	甲乙双方合同关系 （项目经理部是工程项目的施工承包人的代理人）	·双方洽谈、签订施工项目承包合同 ·双方履行施工承包合同约定的责任，保证项目总目标实现 ·依据合同及有关法律解决争议纠纷，在经济问题、质量问题、进度问题上达到双方协调一致
监理工程师	监理与被监理关系 （监理工程师是项目施工监理人，与业主有监理合同关系）	·按《建设工程监理规范》的规定，接受监督和相关的管理 ·接受业主授权范围内的监理指令 ·通过监理工程师与发包人、设计人等关联单位经常协调沟通 ·与监理工程师建立融洽的关系

续表

协调对象与协调关系		协调内容与方法
设计人	平等的业务合作配合关系（设计人是工程项目设计承包人，与业主有设计合同关系）	·项目经理部按设计图纸及文件制订项目管理实施规划，按图施工 ·与设计单位搞好协作关系，处理好设计交底、图纸会审、设计洽商变更、修改、隐蔽工程验收、交工验收等工作
供应人	有供应合同者为合同关系	·双方履行合同，利用合同的作用进行调节
	无供应合同者为市场买卖、需求关系	·充分利用市场竞争机制、价格调节和制约机制、供求机制的作用进行调节
分包人	总包与分包的合同关系	·选择具有相应资质等级和施工能力的分包单位 ·分包单位应办理施工许可证，劳务人员有就业证 ·双方履行分包合同，按合同处理经济利益、责任，解决纠纷 ·分包单位接受项目经理部的监督、控制
公用部门	相互配合、协作关系 相应法律、法规约束关系 （业主施工前应去公用部门办理相关手续并取得许可证）	·项目经理部在业主取得有关公用部门批准文件及许可证后，方可进行相应的施工活动 ·遵守各公用部门的有关规定，合理、合法施工 ·项目经理部应根据施工要求向有关公用部门办理各类手续 ·到交通管理部门办理通行路线图和通行证 ·到市政管理部门办理街道临建审批手续 ·到自来水管理部门办理施工用水设计审批手续 ·到供电管理部门办理施工用电设计审批手续等 ·在施工活动中主动与公用部门密切联系，取得配合与支持，加强计划性，以保证施工质量、进度要求 ·充分利用发包人、监理工程师的关系进行协调

2. 施工项目经理部与远外层关系协调

施工项目经理部与远外层关系协调的内容与方法见表31-184。

施工项目经理部与远外层关系协调　　　　表31-184

关系单位或部门	协调关系内容与方法
政府建设行政主管部门	·接受政府建设行政主管部门领导、审查，按规定办理好项目施工的一切手续 ·在施工活动中，应主动向政府建设行政主管部门请示汇报，取得支持与帮助 ·在发生合同纠纷时，政府建设行政主管部门应给予调解或仲裁
质量监督部门	·及时办理建设工程质量监督通知单等手续 ·接受质量监督部门对施工全过程的质量监督、检查，对所提出的质量问题及时改正 ·按规定向质量监督部门提供有关工程质量文件和资料
金融机构	·遵守金融法规，向银行借贷，委托、送审和申请，履行借贷合同 ·以建筑工程为标的向保险公司投保
消防部门	·施工现场有消防平面布置图，符合消防规范，在办理施工现场消防安全资格认可证审批后方可施工 ·随时接受消防部门对施工现场的检查，对存在问题及时改正 ·竣工验收后还须将有关文件报消防部门，进行消防验收，若存在问题，立即返修
公安部门	·进场后应向当地派出所如实汇报工地性质、人员状况，为外来劳务人员办理暂住手续 ·主动与公安部门配合，消除不安定因素和治安隐患
安全监察部门	·按规定办理安全资格认可证、安全施工许可证、项目经理安全生产资格证 ·施工中接受安全监察部门的检查、指导，发现安全隐患及时整改、消除
公证鉴证机构	·委托合同公证、鉴证机构进行合同的真实性、可靠性的法律审查和鉴定

续表

关系单位或部门	协调关系内容与方法
司法机构	·在合同纠纷处理中，在调解无效或对仲裁不服时，可向法院起诉
现场环境单位	·遵守公共关系准则，注意文明施工，减少环境污染、噪声污染，搞好环卫、环保、场容场貌、安全等工作 ·尊重社区居民、环卫环保单位意见，改进工作，取得谅解、配合与支持
园林绿化部门	·因建设需要砍伐树木时，须提出申请，报市园林主管部门批准 ·因建设需要临时占用城市绿地和绿化带，须办理临建审批手续，经城市园林部门、城市规划部门、公安部门同意，并报当地政府批准
文物保护部门	·在文物较密集地区进行施工，项目经理部应事先与省市文物保护部门联系，进行文物调查或勘探工作，若发现文物要共同商定处理办法 ·施工中发现文物，项目经理部有责任和义务，妥善保护文物和现场，并报政府文物管理机关，及时处理

31-12 施工项目信息管理

31-12-1 施工项目信息管理概述

31-12-1-1 施工项目信息管理的概念

施工项目信息管理是指项目经理部以项目管理为目标，以施工项目信息为管理对象，所进行的有计划地收集、处理、储存、传递、应用各类各专业信息等一系列工作的总和。

项目经理部为实现项目管理的需要，提高管理水平，应建立项目信息管理系统，优化信息结构，通过动态的、高速度、高质量地处理大量项目施工及相关信息，和有组织的信息流通，实现项目管理信息化，为做出最优决策，取得良好经济效果和预测未来提供科学依据。

31-12-1-2 施工项目信息的主要分类

施工项目信息主要分类见表31-185。

施工项目管理信息主要分类　　　　　　　　　　表 31-185

依据	信息分类	主要内容
管理目标	成本控制信息	·与成本控制直接有关的信息： 施工项目成本计划、施工任务单、限额领料单、施工定额、成本统计报表、对外分包经济合同、原材料价格、机械设备台班费、人工费、运杂费等
	质量控制信息	·与质量控制直接有关的信息： 国家或地方政府部门颁布的有关质量政策、法令、法规和标准等，质量目标的分解图表、质量控制的工作流程和工作制度、质量管理体系构成、质量抽样检查数据、各种材料和设备的合格证、质量证明书、检测报告等
	进度控制信息	·与进度控制直接有关的信息： 施工项目进度计划、施工定额、进度目标分解图表、进度控制工作流程和工作制度、材料和设备到货计划、各分部分项工程进度计划、进度记录等
	安全控制信息	·与安全控制直接有关的信息： 施工项目安全目标、安全控制体系、安全控制组织和技术措施、安全教育制度、安全检查制度、伤亡事故统计、伤亡事故调查与分析处理等

续表

依据	信息分类	主要内容
生产要素	劳动力管理信息	·劳动力需用量计划、劳动力流动、调配等
	材料管理信息	·材料供应计划、材料库存、储备与消耗、材料定额、材料领发及回收台账等
	机械设备管理信息	·机械设备需求计划、机械设备合理使用情况、保养与维修记录等
	技术管理信息	·各项技术管理组织体系、制度和技术交底、技术复核、已完工程的检查验收记录等
	资金管理信息	·资金收入与支出金额及其对比分析、资金来源渠道和筹措方式等
管理工作流程	计划信息	·各项计划指标、工程施工预测指标等
	执行信息	·项目施工过程中下达的各项计划、指示、命令等
	检查信息	·工程的实际进度、成本、质量的实施状况等
	反馈信息	·各项调整措施、意见、改进的办法和方案等
信息来源	内部信息	·来自施工项目的信息：如工程概况、施工项目的成本目标、质量目标、进度目标、施工方案、施工进度、完成的各项技术经济指标、项目经理部组织、管理制度等
	外部信息	·来自外部环境的信息：如监理通知、设计变更、国家有关的政策及法规、国内外市场的有关价格信息、竞争对手信息等
信息稳定程度	固定信息	·在较长时期内，相对稳定，变化不大，可以查询得到的信息，各种定额、规范、标准、条例、制度等，如施工定额、材料消耗定额、施工质量验收统一标准、施工质量验收规范、生产作业计划标准、施工现场管理制度、政府部门颁布的技术标准、不变价格等
	流动信息	·是指随施工生产和管理活动不断变化的信息，如施工项目的质量、成本、进度的统计信息、计划完成情况、原材料消耗量、库存量、人工工日数、机械台班数等
信息性质	生产信息	·有关施工生产的信息，如施工进度计划、材料消耗等
	技术信息	·技术部门提供的信息，如技术规范、施工方案、技术交底等
	经济信息	·如施工项目成本计划、成本统计报表、资金耗用等
	资源信息	·如资金来源、劳动力供应、材料供应等
信息层次	战略信息	·提供给上级领导的重大决策性信息
	策略信息	·提供给中层领导部门的管理信息
	业务信息	·基层部门例行性工作产生或需用的日常信息

31-12-1-3 施工项目信息的表现形式

施工项目信息的表现形式见表31-186。

施工项目信息表现形式　　　　　表31-186

表现形式	示例
书面形式	·设计图纸、说明书、任务书、施工组织设计、合同文本、概预算书、会计、统计等各类报表、工作条例、规章、制度等 ·会议纪要、谈判记录、技术交底记录、工作研讨记录等 ·个别谈话记录：如监理工程师口头提出、电话提出的工程变更要求，在事后应及时追补的工程变更文件记录、电话记录等
技术形式	·由电报、录像、录音、磁盘、光盘、图片、照片等记载储存的信息
电子形式	·电子邮件、Web网页

31-12-1-4 施工项目信息的流动形式

施工项目信息的流动形式见表31-187。

施工项目信息流动形式　　　　　　　　　　　表 31-187

流动形式	内容
自上而下流动	·信息源在上，接受信息者为其直接下属 ·信息流一般为逐级向下，即： 　　决策层→管理层→作业层 　　项目经理部→项目各管理部门（人员）→施工队、班组 ·信息内容：主要是项目的控制目标、指令、工作条例、办法、规章制度、业务指导意见、通知、奖励和处罚
自下而上流动	·信息源在下，接受信息者在其上一层次 ·信息流一般为逐级向上，即： 　　作业层→管理层→决策层 　　施工队班组→项目各管理部门（人员）→项目经理部 ·信息内容：主要是项目施工过程中，完成的工程量、进度、质量、成本、资金、安全、消耗、效率等原始数据或报表，工作人员工作情况，下级为上级需要提供的资料、情报以及提出的合理化建议等
横向流动	·信息源与接受信息者在同一层次。在项目管理过程中，各管理部门因分工不同形成了各专业信息源，同时彼此之间还根据需要相互接受信息 ·信息流在同一层次横向流动，沟通信息，互相补充 ·信息内容根据需要互通有无，如财会部门成本核算需要其他部门提供：施工进度、人工材料消耗、能源利用、机械使用等信息
内外交流	·信息源：项目经理部与外部环境单位互为信息源和接受信息者，主要的外部环境单位有：公司领导及有关职能部门、建设单位（业主）、该项目监理单位、设计单位、物资供应单位、银行、保险公司、质量监督部门，有关国家管理部门、业务部门、城市规划部门、城市交通、消防、环保部门、供水、供电、通讯部门、公安部门、工地所在街道居民委员会、新闻单位 ·信息流：项目经理部与外部环境部门之间进行内外交流 ·信息内容：·满足本项目管理需要的信息 　　　　　　·满足与环境单位协作要求的信息 　　　　　　·按国家规定的要求相互提供的信息 　　　　　　·项目经理部为宣传自己、提高信誉、竞争力，向外界主动发布的信息
信息中心辐射流动	·基于上述施工项目专业信息多，信息流动路线交错复杂、通过环节多，在项目经理部应设立项目信息管理中心 ·信息中心行使收集、汇总信息，加工、分析信息，提供分发信息的集散中心职能及管理信息职能 ·信息中心既是施工项目内部、外部所有信息源发出信息的接受者，同时又是负责向各信息需求者提供信息的信息源 ·信息中心以辐射状流动路线集散信息沟通信息 ·信息中心可将一种信息向多位需求者提供，使其起多种作用，还可为一项决策提供多渠道来源的各种信息，减少信息传递障碍，提高信息流速，实现信息共享、综合运用

31-12-1-5　施工项目信息管理的基本要求

（1）项目经理部应建立项目信息管理系统，对项目实施全方位、全过程信息化管理。

（2）项目经理部中，可以在各部门中设信息管理员或兼职信息管理人员，也可以单设信息管理人员或信息管理部门。信息管理人员都须经有资质的单位培训后，才能承担项目信息管理工作。

（3）项目经理部应负责收集、整理、管理本项目范围内的信息。实行总分包的项目，项目分包人应负责分包范围的信息收集、整理，承包人负责汇总、整理发包人的全部信息。

（4）项目经理部应及时收集信息，并将信息准确、完整及时地传递给使用单位和人员。

(5) 项目信息收集应随工程的进展进行，保证真实、准确、具有时效性，经有关负责人审核签字，及时存入计算机中，纳入项目管理信息系统内。

31-12-1-6 施工项目信息结构及内容

施工项目信息结构及内容见图 31-86。

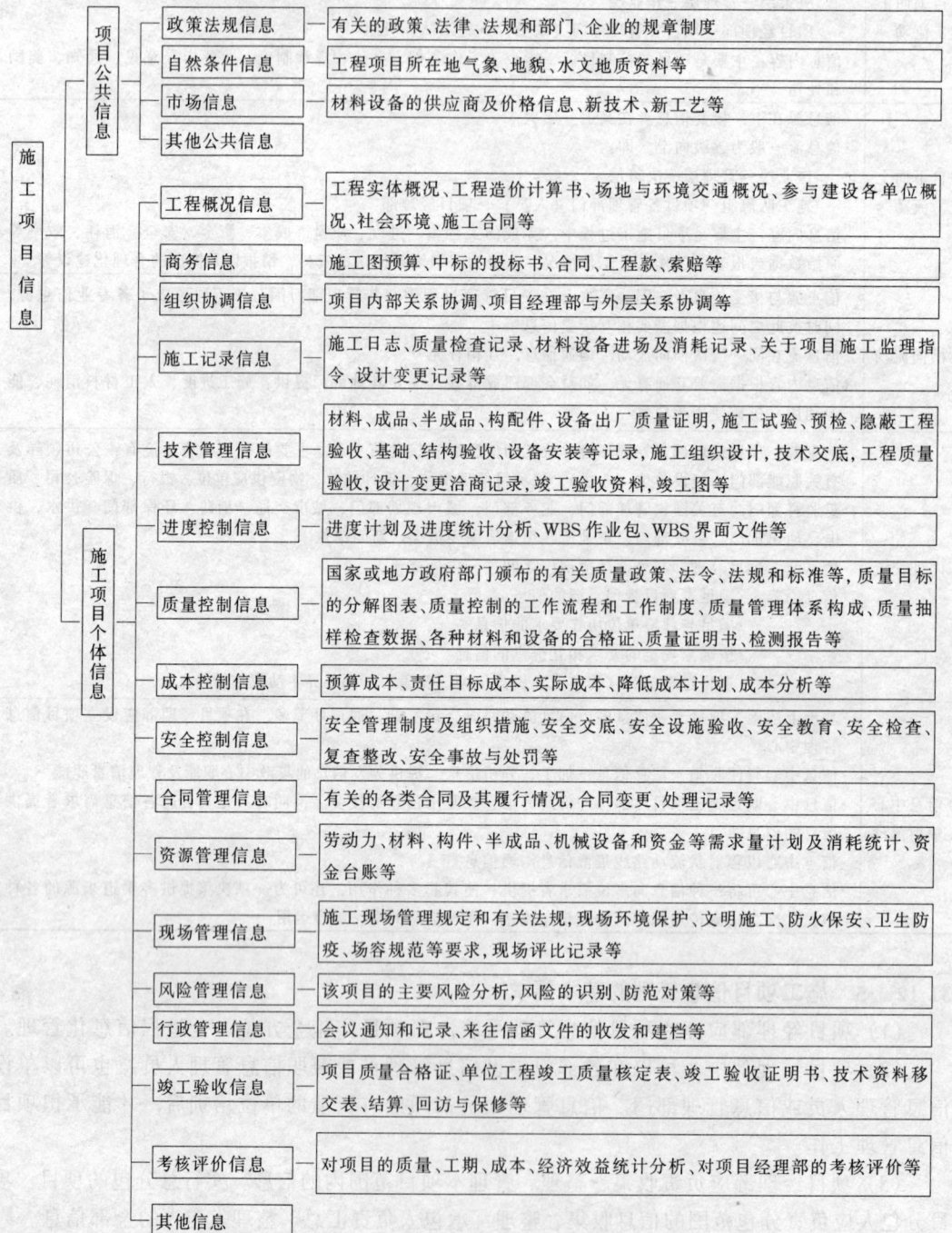

图 31-86　施工项目信息结构及内容

31-12-2 施工项目信息管理系统

31-12-2-1 施工项目信息管理系统结构

施工项目信息管理系统的结构可参照图 31-87。

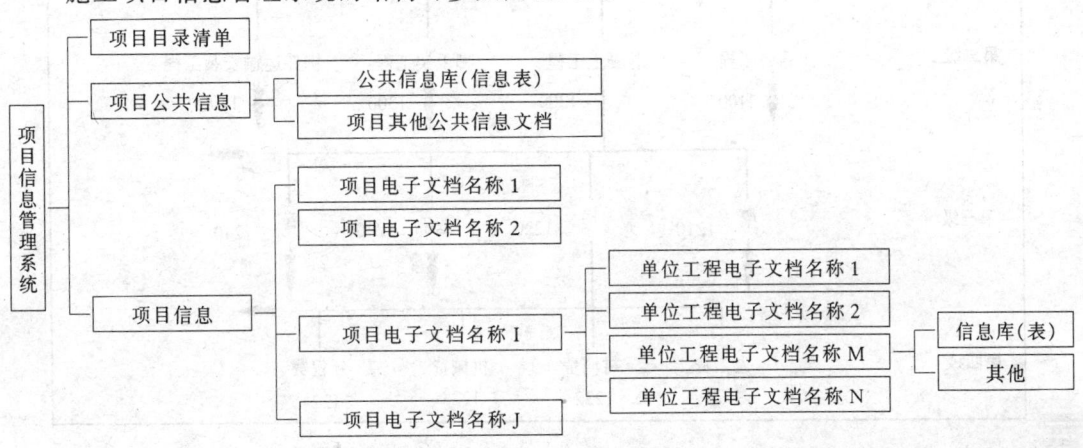

图 31-87 项目信息管理系统结构

图 31-87 中,"公共信息库"中应包括的"信息表"有:法规和部门规章表;材料价格表;材料供应商表;机械设备供应商表;机械设备价格表;新技术表;自然条件表等。

"项目其他公共信息文档"是指除"公共信息库"中文档以外的项目公共文档。

"项目电子文档名称 I"一般以具有指代意义的项目名称作为项目的电子文档名称（目录名称）。

"单位工程电子文档名称 M"一般以具有指代意义的单位工程名称作为单位工程的电子文档名称（目录名称）。

"单位工程电子文档名称 M"的信息库应包括:工程概况信息;施工记录信息;施工技术资料信息;工程协调信息;工程进度及资源计划信息;成本信息;资源需要量计划信息;商务信息;安全文明施工及行政管理信息;竣工验收信息等。这些信息所包含的表即为单位工程电子文档名称"M"的信息库中的表;除以上数据库文档以外的反映单位工程信息的文档归为"其他"。

31-12-2-2 施工项目信息管理系统的内容

1. 建立信息代码系统

将各类信息按信息管理的要求分门别类,并赋予能反映其主要特征的代码,一般有顺序码、数字码、字符码和混合码等,用以表征信息的实体或属性;代码应符合唯一化、规范化、系统化、标准化的要求,以便利用计算机进行管理;代码体系应科学合理、结构清晰、层次分明,具有足够的容量、弹性和可兼容性,能满足施工项目管理需要。

图 31-88 是单位工程成本信息编码示意图。

2. 明确施工项目管理中的信息流程

根据施工项目管理工作的要求和对项目组织结构、业务功能及流程的分析,建立各单位及人员之间,上下级之间,内外之间的信息连接,并要保持纵横内外信息流动的渠道畅通有序,否则施工项目管理人员无法及时得到必要的信息,就会失去控制的基础、决策的依据和协调的媒介,将影响施工项目管理工作顺利进行。

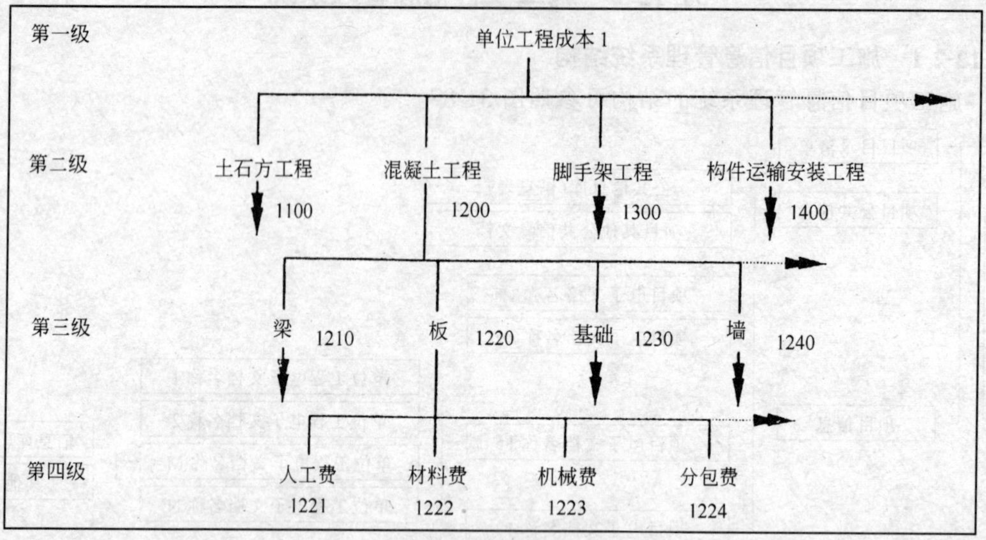

```
第一级                        单位工程成本 1
                    ┌──────┬──────┬──────┬──────┐
第二级             土石方工程  混凝土工程  脚手架工程  构件运输安装工程
                   1100     1200     1300     1400
                         ┌──────┬──────┬──────┐
第三级                   梁 1210  板 1220  基础 1230  墙 1240
                         ┌──────┬──────┬──────┐
第四级                   人工费   材料费   机械费   分包费
                         1221    1222    1223    1224
```

图 31-88　单位工程成本信息编码示意图

3. 建立施工项目管理中的信息收集制度

对施工项目的各种原始信息来源、要收集的信息内容、标准、时间要求、传递途径、反馈的范围、责任人员的工作职责、工作程序等有关问题做出具体规定,形成制度,认真执行,以保证原始资料的全面性、及时性、准确性和可靠性。为了便于信息的查询使用,一般是将收集的信息填写在项目目录清单上,再输入计算机,其格式如表 31-188。

项目目录清单　　　　　　　　　　　　　　　　　表 31-188

序号	项目名称	项目电子文档名称	内存/盘号	单位工程名称	单位工程电子文档名称	负责单位	负责人	日期	附注
1									
2									
3									
:									
N									

4. 建立施工项目管理中的信息处理

信息处理主要包括信息的收集、加工、传输、存储、检索和输出等工作,其内容见表 31-189。

信息处理的工作内容　　　　　　　　　　　　　　表 31-189

工作	内　　　　容
收集	·收集原始资料,要求资料全面、及时、准确和可靠
加工	·对所收集的资料进行筛选、校核、分组、排序、汇总、计算平均数等整理工作,建立索引或目录文件 ·将基础数据综合成决策信息 ·运用网络计划技术模型、线性规划模型、存储模型等,对数据进行统计分析和预测
传输	·借助纸张、图片、胶片、磁带、软盘、光盘、计算机网络等载体传递信息

工作	内　　　　容
存储	·将各类信息存储、建立档案，妥善保管，以备随时查询使用
检索	·建立一套科学、迅速的检索方法，便于查找各类信息
输出	·将处理好的信息按各管理层次的不同要求编制打印成各种报表和文件或以电子邮件、Web网页等形式发布

31-12-2-3　施工项目信息管理系统的基本要求

（1）进行项目信息管理体系的设计时，应同时考虑项目组织和项目启动的需要，包括信息的准备、收集、标识、分类、分发、编目、更新、归档和检索等。信息应包括事件发生时的条件，以便使用前核查其有效性和相关性。所有影响项目执行的协议，包括非正式协议，都应正式形成文件。

（2）项目信息管理系统应目录完整、层次清晰、结构严密、表格自动生成。

（3）项目信息管理系统应方便项目信息输入、整理与存储，并利于用户随时提取信息。

（4）项目信息管理系统应能及时调整数据、表格与文档，能灵活补充、修改与删除数据。

（5）项目信息管理系统内含信息种类与数量应能满足项目管理的全部需要。

（6）项目信息管理系统应能使设计信息、施工准备阶段的管理信息、施工过程项目管理各专业的信息、项目结算信息、项目统计信息等有良好的接口。

（7）项目信息管理系统应能连接项目经理部内部各职能部门之间以及项目经理部与各职能部门、与作业层、与企业各职能部门、与企业法定代表人、与发包人和分包人、与监理机构等，使项目管理层与企业管理层及作业层信息收集渠道畅通、信息资源共享。

31-12-2-4　施工项目管理软件应用简介

微机版的项目管理应用软件种类很多，各有不同的功能和操作特点。项目经理部可根据项目管理的要求进行选择。

1．项目管理软件 Microsoft Project 2000

项目管理软件 Microsoft Project 2000 是 Microsoft 公司最新推出的项目管理软件。可用于项目计划、实施、监督和调整等方面的工作，在输入项目的基本信息之后，进行项目的任务规划，给任务分配资源和成本，完成并公布计划，管理和跟踪项目等。其优点是：

（1）易学易用，功能强大。首先，与 Project 2000 和 Office 2000 完全集成，使用通用的 Office 界面和联机帮助系统，便于用户掌握和使用。

（2）Project 2000 提供了强大的计划安排和跟踪的工具，如任务可以被中断、允许为任务设置工作日历、资源可采用多种分配形式、资源的成本费率可变等，便于更真实地模拟实际项目。

（3）Project 2000 还支持 Internet 和企业内部 Internet 的新技术，有助于保证项目上全面及时的信息传递。

（4）Project 2000 还提供 VBA（Microsoft Visual Basic for Application）扩展、资源工具（Microsoft Project 2000 Resource Kit）、软件开发工具（Microsoft Project 2000 Software Developer's Kit）等，便于对 Project 2000 进行二次开发，以满足特定的项目管理的需要。

2．工程项目计划管理系统 TZ—Project 7.2

TZ—Project 7.2 是大连同洲电脑有限责任公司最新推出的项目管理软件，应用广泛。

其功能和特点是：
（1）项目管理人员利用该软件可以快速完成计划的制定工作。
（2）能对项目的实施实行动态控制。
（3）该软件具有网络计划编制功能。
（4）具有网络计划动态调整功能。
（5）具有资源优化功能。
（6）具有费用管理功能。
（7）具有日历管理及系统安全功能。
（8）具有分类剪裁输出功能和可扩展性等。

3．工程项目管理系统 PKPM

工程项目管理系统 PKPM 是由中国建筑科学研究院与中国建筑业协会工程项目管理委员会共同开发的一体化施工项目管理软件。它以工程数据库为核心，以施工管理为目标，针对施工企业的特点而开发的。其中：

（1）标书制作及管理软件，可提供标书全套文档编辑、管理、打印功能，根据投标所需内容，可从模板素材库、施工资料库、常用图库中，选取相关内容，任意组合，自动生成规范的标书及标书附件或施工组织设计。还可导入其他模块生成的各种资源图表和施工网络计划图以及施工平面图。

（2）施工平面图设计及绘制软件，提供了临时施工的水、电、办公、生活、仓储等计算功能，生成图文并茂的计算书供施工组织设计使用，还包括从已有建筑生成建筑轮廓，建筑物布置，绘制内部运输道路和围墙，绘制临时设施（水电）工程管线、仓库与材料堆场、加工厂与作业棚、起重机与轨道，标注各种图例符号等。该软件还可提供自主版权的通用图形平台，并可利用平台完成各种复杂的施工平面图。

（3）项目管理软件

项目管理软件是施工项目管理的核心模块，它具有很高的集成性，行业上可以和设计系统集成，施工企业内部可以同施工预算、进度、成本等模块数据共享。该软件以《建设工程施工项目管理规范》为依据进行开发，软件自动读取预算数据，生成工序，确定资源、完成项目的进度、成本计划的编制，生成各类资源需求量计划、成本降低计划，施工作业计划以及质量安全责任目标，通过网络计划技术、多种优化、流水作业方案、进度报表、前锋线等手段实施进度的动态跟踪与控制，通过质量测评、预控及通病防治实施质量控制。

其功能和特点是：
1）按照项目管理的主要内容，实现四控制（进度、质量、成本、安全），三管理（合同、现场、信息），一提供（为组织协调提供数据依据）的项目管理软件。
2）提供了多种自动建立施工工序的方法。
3）根据工程量、工作面和资源计划安排及实施情况自动计算各工序的工期、资源消耗、成本状况，换算日历时间，找出关键路径。
4）可同时生成横道图、单代号、双代号网络图和施工日志。
5）具有多级子网功能，可处理各种复杂工程，有利于工程项目的微观和宏观控制。
6）具有自动布图，能处理各种搭接网络关系、中断和强制时限。

7) 自动生成各类资源需求曲线等图表，具有所见即所得的打印输出功能。

8) 系统提供了多种优化、流水作业方案及里程碑功能实现进度控制。

9) 通过前锋线功能动态跟踪与调整实际进度，及时发现偏差并采取调整措施。

10) 利用三算对比、国际上通行的赢得值原理进行成本的跟踪与动态调整。

11) 对于大型、复杂及进度、计划等都难以控制的工程项目，可采用国际上流行的"工作包"管理控制模式。

12) 可对任意复杂的工程项目进行结构分解，在工程项目分解的同时，对工程项目的进度、质量、成本、安全目标等进行了分解，并形成结构树，使得管理控制清晰，责任目标明确。

13) 利用严格的材料检验、监测制度，工艺规范库，技术交底、预检、隐蔽工程验收、质量预控专家知识库进行质量保证；统计分析"质量验评"结果，进行质量控制。

14) 利用安全技术标准和安全知识库进行安全设计和控制。

15) 可编制月度、旬作业计划、技术交底，收集各种现场资料等进行现场管理。

16) 利用合同范本库签订合同和实施合同管理。

(4) 建筑工程概预算计算机辅助管理系统

1) 建筑工程概预算计算机辅助管理系统软件可以充分利用 PKPM 软件系统的建筑和结构设计数据。如直接利用全楼模型统计工程量，读取建筑模型中各层墙体、门窗、阳台、楼梯、挑檐、散水楼道、台阶等数据；根据建筑模型、构件的布置和相应的扣减规则，自动统计出相关的工程量：完成土石方、平整场地、地面、屋面、门窗、装修、脚手架等的工程量；读取施工图设计结果，如通过读取每个构件的钢筋文件，归纳合并后完成钢筋统计。

2) 该软件可将用户手头现成的由其他设计单位较流行的软件产生的数据，或电子图形文件（如 DWG 文件）方式存储的建筑平面图，通过转换形成建筑模型，进行工程量统计。

3) 该软件可提供简单、适合概预算人员的建模（图纸录入）手段，使用户方便的完成建筑模型的输入、修改和补充。

4) 结合设计智能进行钢筋统计，该软件可根据钢筋的基本信息及其关键的设计参数，如根数、直径等就可按照构件的尺寸推算各构件的钢筋；程序还可直接读取钢筋库文件统计出全楼的钢筋；软件还可在找不到梁柱钢筋设计结果时，根据设计图纸资料，利用结构模型为对象自动生成构件模板轮廓图，快速输入梁、柱钢筋的主要参数，引入设计智能和人工选筋的智能做钢筋设计，补充形成钢筋详细信息；如果有楼层面的恒、活荷载数据，在加上楼板布置、厚度、混凝土强度等级等建筑模型方面的数据，引入楼板配筋智能，就可算出该层楼板的钢筋。

5) 程序设计了自动套取定额的方法，对于每个地区的定额系统均设置自动套取定额表、常用定额表、扣减规则表，实现了工程量统计与定额子目自动衔接，可自动套取定额，依据不同地区的计算规则完成工程量计算，实现一模多算；对于楼地面工程、装修工程等在三维建筑模型基础上需要补充大量的做法和装饰信息，程序内置不同地区的工程做法库，做法库表内记录了每一种做法与该地区定额子目的一一对应关系，用户可修改、维护做法库，程序自动套取定额子目并采用了成批统计和定义标准做法间的方法实现一次输入完成多个项目的工程量统计。

6）自动套取定额及生成预算书报表。对已完工程量统计结果可与定额库自动衔接，直接套取定额。用户也可以通过交互方式补充和修改工程量。工程量子目是由程序统计、读取的，定额子目可以是直接录入，从定额列表中选取或直接拖放，从模板导入，从标准做法集中导入，从其他工程导入等。

程序还具有对定额子目调整、换算、组合的功能，资源分类和价格修改功能，开放的取费表生成功能，报表打印功能。使用户方便地对定额资源进行增加、删除、换算等操作；各种子目可根据需要任意组合：计算全楼工程量数据、某一自然层工程量统计、部分楼层子目工程量统计等；对资源费用进行分类、计算统计；建立并随时修改各期材料价格信息库；制作适合当地当时情况的各种取费表，并能自动进行计算和检验；制作和打印出各类报表：工程预算表、资源汇总表、资源差价表、工料分析表、取费表等。

31-12-2-5 应用项目管理软件的基本步骤

各类项目管理软件的使用基本步骤是一致的。

1. 输入项目的基本信息

通常包括输入项目的名称、项目的开始日期（有时需输入项目的必须完成日期）、排定计划的时间单位（小时、天、周、月）、项目采用的工作日历等内容。

2. 输入工作的基本信息和工作之间逻辑关系

工作的基本信息包括工作名称、工作代码、工作的持续时间（即完成工作的工期）、工作上的时间限制（指对工作开工时间或完工时间的限制）、工作的特性（如工作执行过程中是否允许中断等）等。

工作之间的逻辑关系既可以通过数据表进行输入，也可以在图（横道图、网络图）上借助于鼠标的拖放来指定，图上输入直观、方便、不易出错，应作为逻辑关系的主要输入方式。

如果要利用项目管理软件对资源（劳动力、机械设备等）进行管理，还需要建立资源库（包括资源名称、资源最大限量、资源的工作时间等内容），并输入完成工作所需的资源信息。

如果还要利用项目管理软件进行成本控制，则需要在资源库中输入资源费率（人工工日单价或台班费等）、资源的每次使用成本（如大型机械的进出场费等），并在工作上输入确定好的工作固定成本。

3. 计划的调整与保存

通过上一步的工作，已建立了一个初步的工作计划。但在执行的过程中，还要解决计划是否能满足项目管理的要求、是否可行、能否进一步优化等问题。利用项目管理软件所提供的有关图表以及排序、筛选、统计等功能，项目计划人员可查看到自己需要的有关信息，如项目的总工期、总成本、资源的使用状况等，如果发现与自己的期望不一致，例如工期过长、成本超出预算范围、资源使用超出供应、资源使用不均衡等，就可以对初步工作计划进行必要的调整，使之满足要求。

调整后的计划付诸于实施，并应作为同实际发生情况对比的比较基准计划。

4. 公布并实施项目计划

通过打印出来的报告、图表等书面形式，或电子邮件、Web 网页等电子形式将制定好的计划予以公布并执行，应确保所有的项目参加人员都能及时获得他所需要的信息。

5. 管理和跟踪项目

计划实施后，应定期（如每周、每旬、每月等）对计划执行情况进行检查，收集实际的进度/成本数据，并输入到项目管理软件中。一般输入的信息主要有：检查日期、工作的实际开始/完成日期、工作实际完成的工程量、工作已进行的天数、正在进行的工作完成率、工作上实际支出的费用等。

在将实际发生的进度/成本信息输入计算机中后，就可利用项目管理软件对计划进行更新。更新后应检查项目的进度能否满足工期要求，预期成本是否在预算范围内，是否因部分工作的推迟或提前开始（或完成）而导致的资源过度分配（指资源的使用超出资源的供应）。这样，可发现存在的潜在问题，及时调整项目计划来保证项目预期目标的实现。

项目计划调整后，应及时通过书面形式或电子形式通知有关人员，使调整后的计划能够得到贯彻和落实，起到指导施工的作用。

项目计划的跟踪、更新、调整和实施是一个不断进行的动态过程，直至项目结束。

31-13 施工项目竣工验收及回访保修

31-13-1 施工项目竣工验收

31-13-1-1 施工项目竣工验收条件和标准

1. 施工项目竣工验收条件

根据《建设工程质量管理条例》第16条规定，建设工程竣工验收应当具备下列条件：

(1) 完成建设工程设计和合同规定的各项内容；
(2) 有完整的技术档案和施工管理资料；
(3) 有工程使用的主要建筑材料、建筑构配件和设备的进场试验报告；
(4) 有勘察、设计、施工、工程监理等单位分别签署的质量合格文件；
(5) 有施工单位签署的工程质量保修书。

2. 施工项目竣工验收标准

建筑施工项目的竣工验收标准有三种情况：

(1) 生产性或科研性建筑施工项目验收标准：土建工程、水、暖、电气、卫生、通风工程（包括其室外的管线）和属于该建筑物组成部分的控制室、操作室、设备基础、生活间及至烟囱等，均已全部完成，即只有工艺设备尚未安装者，即可视为房屋承包单位的工作达到竣工标准，可进行竣工验收。这种类型建筑工程竣工的基本概念是：一旦工艺设备安装完毕，即可试运转乃至投产使用。

(2) 民用建筑（即非生产科研性建筑）和居住建筑施工项目验收标准：土建工程、水、暖、电气、通风工程（包括其室外的管线），均已全部完成，电梯等设备亦已完成，达到水到灯亮，具备使用条件，即达到竣工标准，可以组织竣工验收。这种类型建筑工程竣工的基本概念是：房屋建筑能交付使用，住宅能够住人。

(3) 具备下列条件的建筑工程施工项目，亦可按达到竣工标准处理

一是房屋室外或小区内管线已经全部完成，但属于市政工程单位承担的干管干线尚未

完成，因而造成房屋尚不能使用的建筑工程，房屋承包单位可办理竣工验收手续。二是房屋工程已经全部完成，只是电梯尚未到货或晚到货而未安装，或虽已安装但不能与房屋同时使用，房屋承包单位亦可办理竣工验收手续。三是生产性或科研性房屋建筑已经全部完成，只是因为主要工艺设计变更或主要设备未到货，因而剩下设备基础未做的，房屋承包单位亦可办理竣工验收手续。

凡是具有以下情况的建筑工程，一般不能算为竣工，亦不能办理竣工验收手续：

1) 房屋建筑工程已经全部完成并完全具备了使用条件，但被施工单位临时占用而未腾出，不能进行竣工验收。

2) 整个建筑工程已经全部完成，只是最后一道浆活未做，不能进行竣工验收。

3) 房屋建筑工程已经完成，但由于房屋建筑承包单位承担的室外管线并未完成，因而房屋建筑仍不能正常使用，不能进行竣工验收。

4) 房屋建筑工程已经完成，但与其直接配套的变电室、锅炉房等尚未完成，因而使房屋建筑仍不能正常使用，不能进行竣工验收。

5) 工业或科研性的建筑工程，有下列情况之一者，亦不能进行竣工验收：①因安装机器设备或工艺管道而使地面或主要装修尚未完成者；②主建筑的附属部分，如生活间、控制室尚未完成者；③烟囱尚未完成。

31-13-1-2 施工项目竣工验收管理程序和准备

1. 竣工验收管理程序

竣工验收准备→编制竣工验收计划→组织现场验收→进行竣工结算→移交竣工资料→办理竣工手续。

2. 竣工验收准备

（1）建立竣工收尾工作小组，做到因事设岗，以岗定责，实现收尾的目标。该小组由项目经理、技术负责人、质量人员、计划人员、安全人员组成。

（2）编制一个切实可行、便于检查考核的施工项目竣工收尾计划，该计划可按表 31-190 编制。

施工项目竣工收尾计划表　　　　表 31-190

序号	收尾工程名称	施工简要内容	收尾完工时间	作业班组	施工负责人	完成验证人

项目经理：　　　技术负责人：　　　　　　　　　　　编制人：

（3）项目经理部要根据施工项目竣工收尾计划，检查其收尾的完成情况，要求管理人员做好验收记录，对重点内容重点检查，不使竣工验收留下隐患和遗憾而造成返工损失。

（4）项目经理部完成各项竣工收尾计划，应向企业报告，提请有关部门进行质量验收，对照标准进行检查。各种记录应齐全、真实、准确。需要监理工程师签署的质量文件，应提交其审核签认。实行总分包的项目，承包人应对工程质量全面负责，分包人应按质量验收标准的规定对承包人负责，并将分包工程验收结果及有关资料交承包人。承包人与分包人对分包工程质量承担连带责任。

(5) 承包人经过验收，确认可以竣工时，应向发包人发出竣工验收函件，报告工程竣工准备情况，具体约定交付竣工验收的方式及有关事宜。

31-13-1-3　施工项目竣工验收的步骤

1. 竣工自验（或竣工预验）

(1) 施工单位自验的标准与正式验收一样，主要是：工程符合国家（或地方政府主管部门）规定的竣工标准和竣工规定；工程完成情况是否符合施工图纸和设计的使用要求；工程质量是否符合国家和地方政府规定的标准和要求；工程是否达到合同规定的要求和标准等。

(2) 参加自验的人员，应由项目经理组织生产、技术、质量、合同、预算以及有关的作业队长（或施工员、工号负责人）等共同参加。

(3) 自验的方式，应分层分段、分房间地由上述人员按照自己主管的内容逐一进行检查。在检查中要做好记录。对不符合要求的部位和项目，确定修补措施和标准，并指定专人负责，定期修理完毕。

(4) 复验。在基层施工单位自我检查的基础上，并查出的问题全部修补完毕后，项目经理应提请上级进行复验（按一般习惯，国家重点工程、省市级重点工程，都应提请总公司级的上级单位复验）。通过复验，要解决全部遗留问题，为正式验收做好充分的准备。

2. 正式验收

在自验的基础上，确认工程全部符合竣工验收的标准，即可由施工单位同建设单位设计单位监理单位共同开始正式验收工作

(1) 发出《工程竣工报告》。施工单位应于正式竣工验收之日前 10 天，向建设单位发送《工程竣工报告》。其表式见表 31-191。

工程竣工报告　　　　　　　　表 31-191

工程名称		建筑面积	
工程地址		结构类型	
建设单位		开、竣工日期	
设计单位		合同工期	
施工单位		造　价	
监理单位		合同编号	
	项目内容	施工单位自查意见	
竣工条件自检情况	工程设计和合同约定的各项内容完成情况		
	工程技术档案和施工管理资料		
	工程所用建筑材料、建筑配件、商品混凝土和设备的进场试验报告		
	涉及工程结构安全的试块、试件及有关材料的试(检)验报告		
	地基与基础、主体结构等重要分部（分项）工程质量验收报告签证情况		
	建设行政主管部门、质量监督机构或其他有关部门责令整改问题的执行情况		
	单位工程质量自检情况		
	工程质量保修书		
	工程款支付情况		

续表

经检验，该工程已完成设计和合同约定的各项内容，工程质量符合有关法律、法规和工程建设强制性标准。
项目经理： 企业技术负责人：　　（施工单位公章） 法定代表人：　　　　年　月　日
监理单位意见：   　　　　　　　　　　　　　　　　　　总监理工程师：　　（公章） 　　　　　　　　　　　　　　　　　　　　　　　　年　月　日

（2）组织验收工作。工程竣工验收工作由建设单位邀请设计单位监理单位及有关方面参加，同施工单位一起进行检查验收。列为国家重点工程的大型建设项目，往往由国家有关部委邀请有关方面参加，组成工程验收委员会，进行验收。

（3）签发《工程竣工验收报告》并办理工程移交。在建设单位验收完毕确认工程竣工标准和合同条款规定要求以后，即应向施工单位签发《工程竣工验收报告》，其格式见表31-192。

工程竣工验收报告　　　　　　　　表 31-192

工程概况	工程名称		建筑面积	m²
	工程地址		结构类型	
	层数	地上　层，地下　层	总高	m
	电梯	台	自动扶梯	台
	开工日期		竣工验收日期	
	建设单位		施工单位	
	勘察单位		监理单位	
	设计单位		质量监督单位	
	工程完成设计与合同所约定内容情况			
验收组织形式				
验收组组成情况	专业 建筑工程 采暖卫生和燃气工程 建筑电气安装工程 通风与空调工程 电梯安装工程 工程竣工资料审查			
竣工验收程序				

续表

工程竣工验收意见	建设单位执行基本建设程序情况：				
	对工程勘察、设计、监理等方面的评价：				
	项目负责人			（公章）	
		建设单位	年	月	日
	勘察负责人			（公章）	
		勘察单位	年	月	日
	设计负责人			（公章）	
		设计单位	年	月	日
	项目经理 企业技术负责人			（公章）	
		施工单位	年	月	日
	总监理工程师			（公章）	
		监理单位	年	月	日

工程质量综合验收附件：
1．勘察单位对工程勘察文件的质量检查报告；
2．设计单位对工程设计文件的质量检查报告；
3．施工单位对工程施工质量的检查报告，包括：单位工程、分部工程质量自检纪录，工程竣工资料目录自查表，建筑材料、建筑构配件、商品混凝土、设备的出厂合格证和进场试验报告的汇总表，涉及工程结构安全的试块、试件及有关材料的试（检）验报告汇总表和强度合格评定表，工程开、竣工报告；
4．监理单位对工程质量的评估报告；
5．地基与基础、主体结构分部工程以及单位工程质量验收记录；
6．工程有关质量检测和功能性试验资料；
7．建设行政主管部门、质量监督机构责令整改问题的整改结果；
8．验收人员签署的竣工验收原始文件；
9．竣工验收遗留问题的处理结果；
10．施工单位签署的工程质量保修书；
11．法律、规章规定必须提供的其他文件

(4) 办理工程档案资料移交。

(5) 办理工程移交手续。

在对工程检查验收完毕后，施工单位要向建设单位逐项办理移交手续和其他固定资产移交手续，并应签认交接验收证书。还要办理工程结算手续。工程结算由施工单位提出，送建设单位审查无误后，由双方共同办理结算签认手续。工程结算手续一旦办理完毕，合同双方除施工单位承担工程保修工作以外，建设单位同施工单位双方的经济关系和法律责任即予解除。

33-13-1-4 施工项目竣工资料（见表31-193）

竣 工 资 料 表　　　　　　　　　表31-193

资料项目	内　　容
工程技术档案资料	(1) 开工报告、竣工报告；(2) 项目经理技术人员聘任文件；(3) 施工组织设计；(4) 图纸会审记录；(5) 技术交底记录；(6) 设计变更通知；(7) 技术核定单；(8) 地质勘察报告；(9) 定位测量记录；(10) 基础处理记录；(11) 沉降观测记录；(12) 防水工程抗渗试验记录；(13) 混凝土浇灌令；(14) 商品混凝土供应记录；(15) 工程复核记录；(16) 质量事故处理记录；(17) 施工日志；(18) 建设工程施工合同，补充协议；(19) 工程质量保修书；(20) 工程预（结）算书；(21) 竣工项目一览表；(22) 施工项目总结算。

续表

资料项目	内 容
工程质量保证资料： ·土建工程主要质量保证资料	（1）钢出厂合格证、试验报告；（2）焊接试（检）验报告、焊条（剂）合格证；（3）水泥出厂合格证或报告；（4）砖出厂合格证或试验报告；（5）防水材料合格证或试验报告；（6）构件合格证；（7）混凝土试块试验报告；（8）砂浆试块试验报告；（9）土壤试验、打（试）桩记录；（10）地基验槽记录；（11）结构吊装、结构试验记录；（12）工程隐蔽验收记录；（13）中间交接验收记录等。
·建筑采暖卫生与煤气主要质量保证资料	（1）材料、设备出厂合格证；（2）管道、设备强度、焊口检查和严密性试验记录；（3）系统清洗记录；（4）排水管灌水、通水、通球试验记录；（5）卫生洁具盛水试验记录；（6）锅炉烘炉、煮炉、设备试运转记录等。
·建筑电气安装主要质量保证资料	（1）主要电气设备、材料合格证；（2）电气设备试验、调整记录；（3）绝缘、接地电阻测试记录；（4）隐蔽工程验收记录等。
·通风与空调工程主要质量保证资料	（1）材料、设备出厂合格证；（2）空调调试报告；（3）制冷系统检验、试验记录；（4）隐蔽工程验收记录等。
·电梯安装工程主要质量保证资料	（1）电梯及附件、材料合格证；（2）绝缘、接地电阻测试记录；（3）空、满、超载运行记录；（4）调整、试验报告等。
工程质量验收资料	（1）质量管理体系检查记录；（2）分项工程质量验收记录；（3）分部工程质量验收记录；（4）单位工程竣工质量验收记录；（5）质量控制资料检查记录；（6）安全与功能检验资料核查及抽查记录；（7）观感质量综合检查记录。
工程竣工图	应逐张加盖"竣工图"章。"竣工图"章的内容应包括：发包人、承包人、监理人等单位名称、图纸编号、编制人、审核人、负责人、编制时间等。编制时间应区别以下情况： （1）没有变更的施工图，由承包人在原施工图上加盖"竣工图"章标志作为竣工图。 （2）在施工中虽有一般性设计变更，但原施工图加以修改补充作为竣工图的，可不重新绘制，由承包人在原施工图上注明修改部分，附以设计变更通知单和施工说明，加盖"竣工图"章标志作为竣工图。 （3）结构形式改变、工艺改变、平面布置改变、项目改变以及其他重大改变，不宜在原施工图上修改、补充的，责任单位应重新绘制改变后的竣工图，承包人负责在新图上加盖"竣工图"章标志作为竣工图。

31-13-3 工程质量保修和回访

工程质量保修和回访属于项目竣工后的管理工作。这时项目经理部已经解体，一般是由承包企业建立施工项目交工后的回访与保修制度，并责成企业的工程管理部门具体负责。

为提高工程质量，听取用户意见，改进服务方式，承包人应建立与发包人及用户的服务联系网络，及时取得信息，依据《建筑法》、《建设工程质量管理条例》及有关部门的相关规定，履行施工合同的约定和《工程质量保修书》中的承诺，并按计划、实施、验证、报告的程序，搞好回访与保修工作。

31-13-3-1 工程质量保修

工程质量保修是指施工单位对房屋建筑工程竣工验收后，在保修期限内出现的质量不符合工程建设强制性标准以及合同的约定等质量缺陷，予以修复。

施工单位应当在保修期内，履行与建设单位约定的，符合国家有关规定的，工程质量保修书中的关于保修期限、保修范围和保修责任等义务。

1. 保修期限

在正常使用条件下，房屋建筑工程的保修期应从工程竣工验收合格之日起计算，其最低保修期限为：

(1) 地基基础工程和主体结构工程，为设计文件规定的该工程的合理使用年限；

(2) 屋面防水工程、有防水要求的卫生间、房间和外墙面的防渗漏，为 5 年；

(3) 供热与供冷系统，为 2 个采暖期、供冷期；

(4) 电气管线、给排水管道、设备安装为 2 年；

(5) 装修工程为 2 年。

(6) 住宅小区内的给排水设施、道路等配套工程及其他项目的保修期由建设单位和施工单位约定。

2．保修范围

对房屋建筑工程及其各个部位，主要有：地基基础工程、主体结构工程、屋面防水工程、有防水要求的卫生间、房间和外墙面的防渗漏、供热与供冷系统、电气管线、给排水管道、设备安装和装修工程以及双方约定的其他项目，由于施工单位施工责任造成的建筑物使用功能不良或无法使用的问题都应实行保修。

凡是由于用户使用不当或第三方造成建筑功能不良或损坏者；或是工业产品项目发生问题；或不可抗力造成的质量缺陷等，均不属保修范围，由建设单位自行组织修理。

3．质量保修责任

(1) 发送工程质量保修书（房屋保修卡）

工程质量保修书由施工合同发包人和承包人双方在竣工验收前共同签署，其有效期限至保修期满。《房屋建筑工程质量保修书》示范文本附本节后。

一般是在工程竣工验收的同时（或之后的 3～7d 内），施工单位向建设单位发送《房屋建筑工程质量保修书》。保修书的主要内容有：工程简况、房屋使用管理要求；保修范围和保修内容、保修期限、保修责任和记录等。还附有保修（施工）单位的名称、地址、电话、联系人等。

若工程竣工验收后，施工企业不能及时向建设单位出具质量保修书的，由建设行政主管部门责令改正，并处 1～3 万元的罚款。

(2) 实施保修

在保修期内，发生了非使用原因的质量问题，使用人应填写《工程质量修理通知书》，通告承包人并注明质量问题及部位、联系维修方式等；施工单位接到建设单位（用户）对保修责任范围内的项目进行修理的要求或通知后，应按《工程质量保修书》中的承诺，7日内派人检查，并会同建设单位共同鉴定，提出修理方案，将保修业务列入施工生产计划，并按约定的内容和时间承担保修责任。

发生涉及结构安全或者严重影响使用功能的质量缺陷，建设单位应当立即向当地建设行政主管部门报告，采取安全防范措施；由原设计单位或具有相应资质等级的设计单位提出保修方案，施工单位实施，工程质量监督机构负责监督；对于紧急抢修事故，施工单位接到保修通知后，应当立即到达现场抢修。

若施工单位未按质量保修书的约定期限和责任派人保修时，发包人可以另行委托他人保修，由原施工单位承担相应责任。

对不履行保修义务或者拖延履行保修义务的施工单位，由建设行政主管部门责令改正,并处 10 万元到 20 万元的罚款。

(3) 验收

施工单位在修理完毕之后,要在保修书上做好保修记录,并由建设单位(用户)验收签认。涉及结构安全的保修应当报当地建设行政主管部门备案。

4. 保修费用

保修费用由造成质量缺陷的责任方承担,具体内容如下:

(1) 由于承包人未按国家标准、规范和设计要求施工造成的质量缺陷,应由承包人修理并承担经济责任。

(2) 因设计人造成的质量问题,可由承包人修理,由设计人承担经济责任,其费用数额按合同约定,不足部分由发包人补偿。

(3) 属于发包人供应的材料、构配件或设备不合格而明示或暗示承包人使用所造成的质量缺陷,由发包人自行承担经济责任。

(4) 因发包人肢解发包或指定分包人,致使施工中接口处理不好,造成工程质量缺陷,或因竣工后自行改建造成工程质量问题的,应由发包人或使用人自行承担经济责任。

(5) 凡因地震、洪水、台风等不可抗力原因造成损坏或非施工原因造成的紧急抢修事故,施工单位不承担经济责任。

(6) 不属于承包人责任,但使用人有意委托修理维护时,承包人应为使用人提供修理维护等服务,并在协议中约定。

(7) 工程超过合理使用年限后,使用人需要继续使用的,承包人根据有关法规和鉴定资料,采取加固、维修措施时,应按设计使用年限,约定质量保修期限。

(8) 发包人与承包人协商,根据工程合同合理使用年限采用保修保险方式,投入并已解决保险费来源的,承包人应按约定的保修承诺,履行保修职责和义务。

(9) 在保修期限内,因房屋建筑工程质量缺陷造成房屋所有人、使用人或者第三方人身、财产损害的,房屋所有人、使用人或者第三方可以向建设单位提出赔偿要求。建设单位向造成房屋建筑工程质量缺陷的责任方追偿。

(10) 因保修不及时造成新的人身、财产损害,由造成拖延的责任方承担赔偿责任。

5. 其他

房地产开发企业售出的商品房保修,还应当执行《城市房地产开发经营管理条例》和其他有关规定。

军事建设工程的管理,按照中央军事委员会的有关规定执行。

31-13-3-2 工程回访

1. 工程回访的要求与内容

工程回访应纳入承包人的工作计划、服务控制程序和质量管理体系文件中。

工程回访工作计划由施工单位编制,其内容有:

(1) 主管回访保修业务的部门。

(2) 工程回访的执行单位。

(3) 回访的对象(发包人或使用人)及其工程名称。

(4) 回访时间安排和主要内容。

(5) 回访工程的保修期限。

工程回访一般由施工单位的领导组织生产、技术、质量、水电等有关部门人员参加。通过实地察看、召开座谈会等形式，听取建设单位、用户的意见、建议，了解建筑物使用情况和设备的运转情况等。每次回访结束后，执行单位都要认真做好回访记录。全部回访结束，要编写"回访服务报告"。施工单位应与建设单位和用户经常联系和沟通，对回访中发现的问题认真对待，及时处理和解决。

主管部门应依据回访记录对回访服务的实施效果进行验证。

2．工程回访的主要类型

（1）例行性回访。一般以电话询问、开座谈会等形式进行，每半年或一年一次，了解日常使用情况和用户意见；保修期满之前回访，对该项目进行保修总结，向用户交代维护和使用事项。

（2）季节性回访。雨季回访屋面及排水工程、制冷工程、通风工程；冬季回访锅炉房及采暖工程，及时解决发生的质量缺陷。

（3）技术性回访。主要了解在施工过程中采用了新材料、新设备、新工艺、新技术的工程，回访其使用效果和技术性能、状态，以便及时解决存在问题，同时还要总结经验，提出改进、完善和推广的依据和措施。

（4）特殊工程专访。

附件：

房屋建筑工程质量保修书

（示范文本）

（建建［2000］185号）

发包人（全称）：＿＿＿＿＿＿＿＿＿＿＿＿＿＿＿＿＿＿＿＿

承包人（全称）：＿＿＿＿＿＿＿＿＿＿＿＿＿＿＿＿＿＿＿＿

发包人、承包人根据《中华人民共和国建筑法》、《建设工程质量管理条例》和《房屋建筑工程质量保修办法》，经协商一致，对＿＿＿＿＿＿（工程全称）签订工程质量保修书。

一、工程质量保修范围和内容

承包人在质量保修期内，按照有关法律、法规、规章的管理规定和双方约定，承担本工程质量保修责任。

质量保修范围包括地基基础工程、主体结构工程，屋面防水工程、有防水要求的卫生间、房间和外墙面的防渗漏，供热与供冷系统，电气管线、给排水管道、设备安装和装修工程以及双方约定的其他项目。具体保修的内容，双方约定如下：

＿＿

＿＿＿。

二、质量保修期

双方根据《建设工程质量管理条例》及有关规定，约定本工程的质量保修期如下：

1．地基基础工程和主体结构工程为设计文件规定的该工程合理使用年限；

2．屋面防水工程、有防水要求的卫生间、房间和外墙面的防渗漏为＿＿＿＿＿＿年；

3．装修工程为＿＿＿＿＿＿年；

4．电气管线、给排水管道、设备安装工程为＿＿＿＿＿＿年；

5．供热与供冷系统为＿＿＿＿＿＿个采暖期、供冷期；

6．住宅小区内的给排水设施、道路等配套工程为＿＿＿＿＿＿年；

7．其他项目保修期限约定如下：

_____

_____

_____。

质量保修期自工程竣工验收合格之日起计算。

三、质量保修责任

1．属于保修范围、内容的项目，承包人应当在接到保修通知之日起7天内派人保修，承包人不在约定期限内派人保修的，发包人可以委托他人修理。

2．发生紧急抢修事故的，承包人在接到事故通知后，应当立即到达事故现场抢修。

3．对于涉及结构安全的质量问题，应当按照《房屋建筑工程质量保修办法》的规定，立即向当地建设行政主管部门报告，采取安全防范措施；由原设计单位或者具有相应资质等级的设计单位提出保修方案，承包人实施保修。

4．质量保修完成后，由发包人组织验收。

四、保修费用

保修费用由造成质量缺陷的责任方承担。

五、其他

双方约定的其他工程质量保修事项：＿＿＿＿＿＿＿＿＿＿＿＿＿＿＿＿＿＿＿

_____。

本工程质量保修书，由施工合同发包人、承包人双方在竣工验收前共同签署，作为施工合同附件，其有效期限至保修期满。

发 包 人（公章）：　　　　　　　　　　承 包 人（公章）：

法定代表人（签字）：　　　　　　　　　法定代表人（签字）：

年　月　日　　　　　　　　　　　　　　年　月　日

主要参考文献

1　全国建筑业企业项目经理培训教材编写委员会编．全国建筑业企业项目经理培训教材（6本），北京：中国建筑工业出版社，2001

2　建设工程项目管理规范（GB/T 50326—2001）．北京：中国建筑工业出版社，2002

3　全国质量管理和质量保证标准化技术委员会秘书处，中国质量体系认证机构国家认可委员会秘书处编著．2000版质量管理体系国家标准理解与实施．北京：中国标准出版社，2001

4　中华人民共和国建筑法．北京：中国建筑工业出版社，1998

5　建筑工程质量管理条例．北京：中国城市出版社，2000

6　建筑工程施工质量验收统一标准（GB 50300—2001）．北京：中国建筑工业出版社，2002

7　建设工程监理规范（GB 50319—2001）．北京：中国建筑工业出版社，2001

8　田金信主编．建设项目管理．北京：高等教育出版社，2002

9　刘光庭编著．质量管理．北京：清华大学出版社，1986

10　田金信，周爱民编．建筑企业全面质量管理，北京：中国建筑工业出版社，1991

11 建设部建筑业管理司.建筑业企业质量管理文件汇编,2001
12 田金信主编.现代管理方法.北京:中国建筑工业出版社,1996
13 建筑施工手册(第三版)编写组.建筑施工手册(第三版).北京:中国建筑工业出版社,1997
14 雷胜强主编.国际工程风险管理与保险.北京:中国建筑工业出版社,1996
15 徐伟,李建伟主编.土木工程项目管理.上海:同济大学出版社,2000
16 王雪青主编.国际工程项目管理.北京:中国建筑工业出版社,2000
17 张海贵主编.现代建筑施工项目管理.北京:金盾出版社,2001
18 林知炎,陈建国主编.工程项目管理.北京:中国建筑工业出版社,1996
19 李君,李果编著.建筑企业质量管理体系的运作与认证.北京:中国建筑工业出版社,2001

32 建筑工程造价

32-1 建筑工程造价构成

32-1-1 建筑工程造价构成的理论要点

建筑工程造价构成理论是马克思主义价格理论在建筑工程中的具体应用，其基本要点如下：

1. 建筑工程造价是以货币为衡量尺度的建筑产品交换价值，即建筑产品价格。它由活劳动价格、物化劳动价格和剩余劳动价值的价格构成，其中前两种价格具体表现为人工费、材料费、机械使用费、其他直接费、施工管理费和间接费用，剩余价值的货币表现就是利润。

2. 建筑工程造价的价格性质应当是合同价格，即在招标投标竞争的基础上签订合同确定价格，也即市场调节价。

3. 建筑工程造价的计价依据应能反映企业的水平，故建筑业企业应当编制自己的企业报价定额（并作为企业机密）以备投标报价使用。该定额实行量价分离，在量上应体现企业的技术水平、装备水平、管理水平和劳动效率，使各分项工程的人工、材料、机械台班等直接消耗水平具有科学性、先进性、竞争性和规范性，其中规范性指企业报价定额与国家规定的《建设工程工程量清单计价规范》（GB50500—2003）中的划项、计量单位、工程量计算方法和口径一致，报价要分配在分项工程上，根据政府或工程造价中介组织提供的市场价格信息和造价指数确定分项工程的全费用综合单价。

4. 工程的利润水平根据竞争的需要由企业在报价时自主确定，不由政府做出任何规定（或定额）。

5. 由于在工程施工中存在着工程变更、索赔、利息等复杂因素，故除固定总价合同外，一般应允许在竣工结算时对合同价格进行调整，以使建筑工程造价能准确反映价值量，使买卖双方的利益均得到保证。

6. 由于建筑工程造价总是在买方市场条件下确定的，且供给的是生产能力，故它没有需求弹性，只有供给弹性，即从供给和需求总体来讲，价格变化不会对需求有多大影响，只对生产能力的供给有影响。反过来说，在买方市场条件下，建筑市场需求数量的变动不会对建筑工程造价造成影响。

7. 中介组织在建筑工程造价的管理中可以大有作为。这是因为建筑工程造价计价难度大、管理难度大、结算难度大、价格数额大、变化影响因素多、价格形成的时间长，故价格管理需要具有专门知识和经验的高智能人员承担，这就给中介组织的服务工作提供了广阔的领域，如造价咨询单位、招标代理单位、仲裁单位、律师服务组织、监督机构等，都可大有作为。

8. 工程发包承包价格需要政府进行总控和监督。理由很明显，无论是工程个体或总体，其价格总量都很大，在国民经济总支出和国民经济发展中有举足轻重的作用，政府作为国民经济的宏观管理主体，必须给予高度重视，加强监督与总控，以保证国民经济的正常运行和发展。

32-1-2　建筑工程造价构成要素

按照马克思主义的价格理论，建筑工程造价的构成要素包括活劳动价值、物化劳动价值和剩余价值三者相对应的价格。用公式表示即 $W = C + V + M$，其中，W 为工程造价，C 为物化劳动价值，V 为活劳动价值，$C + V$ 即为成本。M 是剩余劳动价值。

1. 活劳动价值的价格

活劳动指在物质资料生产过程中，劳动者支出的体力和脑力的总和。它是生产过程中的决定性因素。在生产过程中，只有加进了人的活劳动，才能使过去劳动所创造的使用价值（生产资料）改变成为符合人们需要的、另一种形式的使用价值（产品）。随着生产技术的发展，单位产品中包含的活劳动数量愈来愈少。活劳动不仅创造再生产劳动力的价值，而且创造剩余价值。

需要指出的是，活劳动的价值并不是个别劳动的价值，而是社会必要劳动的价值，或抽象劳动创造的价值。

在建筑工程造价中，这部分价值的价格是由从事施工的工人和施工管理人员创造的。前者表现为直接费中的人工费，后者表现为施工管理人员的基本工资、工资性补贴、职工福利费、劳动保护费等。

2. 物化劳动价值的价格

"物化劳动"亦称"对象化劳动"，体现为劳动产品的人类劳动。作为劳动过程的物质条件，指物化在生产资料上的劳动，有时就是指生产资料。作为劳动过程的结果，是指凝结在产品中的人类劳动。在商品生产条件下，它不仅是形成新的使用价值的劳动，而且是形成价值的劳动。马克思说，"每个商品的价值都是由物化在它的使用价值中的劳动量决定的，是由生产该商品的社会必要劳动时间决定的。"

在建筑工程造价中，物化劳动价值的价格由材料费、机械使用费、临时设施费、管理费中的办公费、固定资产使用费、工具用具使用费等构成。

3. 剩余价值的价格

剩余价值指在生产过程中劳动者创造的总价值中，除了分配给劳动者用以进行生产能力的再生产外，余下的劳动价值。

在建筑工程造价中，剩余价值的价格就是利润。利润进行两方面的分配：一是以税金的形式上缴国家和地方财政，作为社会积累；一部分留在企业，作为企业的发展基金和福利基金。

32-1-3　我国现行建筑工程造价的构成框架

我国现行建筑工程造价构成就是根据上述理论进行构思的，也符合我国改革后的财会制度的指导思想和发展趋势。建筑工程造价的费用项目构成如图 32-1 所示。

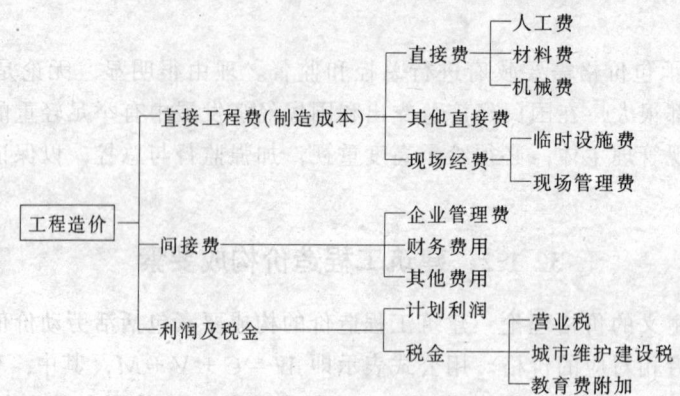

图 32-1 现行工程造价的构成

32-1-4 直接工程费的构成及计算

直接工程费根据建筑产品的生产特点，由直接费、其他直接费和现场经费构成。

直接费是指施工过程中耗费的构成工程实体或有助于工程形成的各项费用，包括人工费、材料费、施工机械使用费。

其他直接费是指直接费以外的施工过程中发生的其他费用。同直接费中的人工费、材料费、施工机械使用费相比，其他直接费具有较大的弹性。就具体单位工程来讲，可能发生，也可能不发生，需要根据现场施工条件加以确定。

现场经费是指为施工准备、组织施工生产和管理所需要的费用，包括临时设施费和现场管理费两方面内容。

1. 人工费

(1) 人工费的构成。人工费是指直接从事建筑安装工程施工的生产工人开支的各项费用，内容包括：

1) 基本工资。是指发放给生产工人的基本工资。

2) 工资性补贴。是指按规定标准发放的物价补贴，煤、燃气补贴，交通费补贴，流动施工津贴，地区津贴等。

3) 生产工人辅助工资。是指生产工人年有效施工天数以外非作业天数的工资，包括职工学习、培训期间的工资，调动工作、探亲、休假期间的工资，因气候影响的停工工资，女工哺乳时间的工资，病假在 3 个月以内的工资及产、婚、丧假期的工资。

4) 职工福利费。是指按规定标准计提的职工福利费。

5) 生产工人劳动保护费。是指按规定标准发放的劳动保护用品的购置费及修理费，徒工服装补贴，防暑降温费，在有碍身体健康环境中施工的保健费用等。

(2) 人工费的计算。其计算公式是：

$$人工费 = \sum（人工概预算定额或企业定额工日消耗量 \times 相应工资单价） \quad (32-1)$$

人工工日用量既可参照地方（企业）工料消耗定额子目的工日消耗量，也可由企业根据实际情况予以确定。工资单价应根据施工招标的要求和竞争的需要由投标时采用的策略来决定。

工资单价,因地区、时间、劳动力市场供求、技术等级不同有所不同。一般以工程所在地的人工费构成中的各项组成内容作为参考标准来确定其单价。如某地区某一时期的平均工资单价组成见表 32-1。

某地区某时期平均工资单价　　　　　　表 32-1

工资构成项目	单价（元/工日）
基本工资	8.50
工资性补贴	6.50
生产工人辅助工资	3.00
职工福利费	1.50
生产工人劳动保护费	1.50
小计	21.00

2. 材料费

(1) 材料费的构成。材料费是指施工过程中耗用的构成工程实体的材料费用和周转使用材料的摊销（或者租赁）费用。材料的构成包括：

1) 主要材料。建筑产品的特点之一是需要耗用大量的材料，包括建筑用钢材、水泥、木材、玻璃、砖、石、砂、瓦、石灰等等，范围很广。它们是建筑产品最常用且用量最大的材料，也是材料费的主要部分。

2) 构配件。是指构成建筑产品的结构件、配件，主要是混凝土结构件、钢结构件、木制品构件和配件等。

3) 半成品。半成品是指预拌混凝土（商品混凝土）、预拌砂浆等。半成品在建筑产品的生产过程中已被越来越多地采用。

4) 辅助材料。是指虽不构成主要工程实体但施工中不可缺少、使用面很广的材料，如润滑油、油漆、胶粘剂、沥青等。

5) 周转材料。除了实体消耗外，在建筑工程施工过程中，有些材料虽不构成实体，但是在建筑产品生产过程中必须消耗，且用量非常大，费用支出多。它包括钢或木模板、支撑、脚手架等。

材料费的构成表明，建筑工程的材料费在建筑产品成本中占有很大的比重，通常约占工程造价的 65% 左右。

(2) 材料费的计算。

1) 材料费的计算公式：

$$\text{材料费} = \Sigma(\text{材料、构配件、半成品定额消费量} \times \text{相应材料单价}) + \Sigma(\text{周转材料定额摊销量} \times \text{相应材料单价}) \tag{32-2}$$

材料消耗量可以参照定额子目的消耗量，也可由企业根据自身的情况确定，但工程量必须按照施工图纸确定的实体工程量经计算确定。周转材料摊销量是保证实现具体目标的施工手段的一种消耗量，在市场的竞争中，可体现出不同企业之间的竞争能力。一般来讲，为了赢得工程，降低投标价格，承包商应当降低周转材料消耗量，从而体现企业施工技术和管理水平的竞争能力。

2) 材料单价的组成:

①材料采购价,是指材料的市场供应价。均已包含了供销商的手续费、产地运至供销商处的损耗、运费及供销商的采保费等。

需包装的材料,还应另外计算包装费用。

②运杂费,包括运输费用,以及与运输相关的装卸费、驳船费和过磅费等各种杂费。

③运输损耗费,是指从供应商处采购的材料运至工地仓库或指定堆放地点途中所发生的损耗。

④采购保管费,是指组织采购供应和保管材料过程中所需发生的各项费用。如采购管理人员的工资、劳动保护、差旅、交通费及材料仓库的保管费。

其计算如下:

$$材料单价 = (材料采购费 + 包装费用 + 运杂费 + 运输损耗费用) \times (1 + 采购保管费率) - 包装材料回收价值 \tag{32-3}$$

材料单价的组成是材料价格组成的一种概括,具体的材料单价应根据不同的交易方式和供货渠道,由承包方与发包方依实际情况用合同形式来约定。

3. 施工机械使用费

(1) 施工机械使用费的构成。施工机械使用费是指在建筑安装工程中使用机械作业时发生的机械使用费以及机械安、拆和进出场费用。施工机械使用费是通过台班单价的形式反映出来的,台班单价的费用构成包括:

1) 折旧费。指机械设备在规定的使用期限(即耐用总台班)内,陆续收回其原值及支付贷款利息的费用。其计算公式如下:

$$台班折旧费 = \frac{机械原值 \times (1 - 残值率) \times 贷款利息系数}{耐用总台班} \tag{32-4}$$

$$贷款利息系数 = 1 + \frac{(n+1)}{2} \cdot i \tag{32-5}$$

式中 n——折旧年限;

i——设备更新贷款年利率。

机械原值。是由机械出厂(或到岸完税)价格和生产厂(销售单位交货地点或口岸)运至使用单位机械管理部门验收入库的全部费用组成。

2) 大修理费。指机械设备按规定的大修间隔,台班进行必要的大修理,以恢复机械的正常功能所需的费用。其计算公式如下:

$$台班大修理费 = \frac{一次大修理费 \times (使用周期 - 1)}{耐用总台班} \tag{32-6}$$

一次大修理费。指机械设备按规定的大修理范围,修理工作内容所需更换配件、消耗材料及机械和工时以及送修运杂费等。

3) 经常修理费。指机械设备除大修理以外的各级保养(包括一、二、三级保养)及临时故障排除所需费用;为保障机械正常运转所需替换设备、随机配备的工具、附具的摊销及维护费用;机械运转及日常保养所需润滑、擦拭材料费用和机械停置期间的维护保养费用等。其计算公式如下:

$$台班经常修理费 = [\Sigma(各级保养一次费用 \times 寿命期各级保养次$$
$$数) + 临时故障排除费 + 替换设备台班摊销费 +$$
$$工具附具台班摊销费 + 例行保养辅料费]/耐用总台班 \quad (32-7)$$

4) 安拆费及场外运输费。安拆费指机械在施工现场进行安装、拆卸所需人工、材料、机械和试运转费用，以及机械辅助设施（包括基础底座、固定锚桩、行走轨道、枕木等）的折旧、搭设、拆除等费用。

场外运输费。指机械整体或分体自停置地点运至施工现场或由一工地运至另一工地的运输、装卸、辅助材料以及架线费用。

安拆费及场外运输费的计算式如下：

$$台班安拆费及场外运费 = 台班辅助设施摊销费 + [机械一次安拆费 \times$$
$$年平均安拆次数 + (一次运输及装卸费 +$$
$$辅助材料一次摊销费 + 一次架线费) \times 年$$
$$平均场外运输次数]/年工作台班 \quad (32-8)$$

5) 燃料动力费。指机械在运转施工作业中所耗用的固体燃料（煤炭、木材）、液体燃料（汽油、柴油）、电力、水和风力等费用。

6) 人工费。指机上司机、司炉和其他操作人员的工作日及上述人员在规定的机械年工作台班以外的人工费。

年工作台班以外机上人员人工费用，以增加机上人员的工日系数形式列入。其增加工日系数按下式计算：

$$机上人工工日 = 机上定员工日 \times (1 + 增加工日系数) \quad (32-9)$$
$$增加工日系数 = (年制度工作日 - 年工作台班 - 施工管理$$
$$费内非生产天数)/年工作台班 \quad (32-10)$$

7) 养路费及车船使用税。指机械按照国家有关规定应交纳的养路费和车船使用税等。其计算式如下：

$$养路费及车船使用税 = 载重量(或核定吨位) \times [养路费(元/t \cdot 月) \times$$
$$12 + 车船税(元/t \cdot 年)]/年工作台班 \quad (32-11)$$

8) 保险费。对施工机械实行保险的，按有关保险条款计算。

(2) 施工机械使用费的计算。其计算公式为：

$$施工机械使用费 = \Sigma(施工机械定额或企业$$
$$定额台班消耗量 \times 台班费用单价) +$$
$$其他机械使用费 + 施工机械进出场费 \quad (32-12)$$

施工机械定额台班消耗量通常是按照常规的做法综合取定的，在建筑工程施工过程中，各个单位工程情况变化较大，概预算定额消耗量只反映了一种平均水平，由于施工方法、施工机械选用上的差异，与实际发生的机械费用常常不能吻合，因此，施工机械概预算定额消耗量可作为参考，承包人可根据企业的实际情况自己来确定适当的消耗量。

台班费用单价通常可采用三种办法：一是按台班费用的组成自行计算确定；二是采用现行施工机械台班单价进行换算，结合自有施工机械设备的购入价格、使用年限、设备大修次数和性能，作出适当的调整；三是采用市场租赁价。相对而言，市场租赁价则可直接反映出机械费用情况。

4. 其他直接费

(1) 其他直接费的构成

1) 冬雨季施工增加费,是指在冬、雨季施工期间,为保证工程质量采用保温防雨措施,而发生的材料费、人工费和其他设施费用,以及降效所引起的增加费用。

2) 夜间施工增加费,是指为确保工期和质量,需要夜间连续施工或在特殊施工条件下(如地下室、烟囱、筒仓等)必需增加的照明设施,以及发放夜班补助等费用。

3) 二次搬迁费,指因场地狭小等特殊情况而发生的材料或构件二次搬运的费用。

4) 仪器仪表使用费,是指通信、电子等设备安装工程所需安装、测试仪器仪表的摊销及维修费用。

5) 生产工具用具使用费,是指施工生产所需不属于固定资产的生产工具及检验用具等的购置、摊销和维修费,以及支付给工人的自备工具补贴费。

6) 检验试验费,是指对建筑材料、构件和建筑安装物进行一般鉴定、检查所发生的费用,包括自设试验室进行试验所耗用的材料和化学药品等费用,以及技术革新和研究试制试验费。

7) 特殊工程培训费。

8) 工程定位复测,工程点交、场地清理等费用。

9) 特殊地区施工增加费,是指铁路、公路、通信、输电、长距离输送管道等工程在原始森林、高原、沙漠等特殊地区施工增加的费用。

(2) 其他直接费的计算

其他直接费的计算,建筑工程以直接费为计费基础,安装工程以直接费中的人工费为计算基础。例如某地区建筑安装工程其他直接费的计算如表32-2。

其他直接费计算　　　　　　　表32-2

专　业	取费基础	取费率
土建工程	直接费	3.50%
预埋管工程	直接费	5.00%
吊装工程	直接费	4.00%
打桩工程	直接费	4.00%
土方工程	直接费	3.50%
凿井工程	直接费	5.00%
道路工程	直接费	4.87%
桥梁工程	直接费	5.66%
公用管线工程	直接费	5.87%
安装工程	人工费	23.00%

5. 现场经费

(1) 现场经费的构成

1) 临时设施费。是指施工企业为进行建筑安装工程施工所必需的生活和生产用的临时建筑物、构筑物和其他临时设施费用等。

临时设施包括:临时宿舍、文化福利及公用事业房屋与构筑物、仓库、办公室、加工厂以及规定范围内道路、水、电、管线等临时设施和小型临时设施。

临时设施费用包括:临时设施的搭设、维修、拆除费或摊销费。

2) 现场管理费。

①现场管理人员的基本工资、工资性补贴、职工福利费、劳动保护费等。

②办公费,是指现场管理办公用的文具、纸张、账表、印刷、邮电、书报、会议、水、电、烧水和集体取暖(包括现场临时宿舍取暖)用煤等费用。

③差旅交通费,是指现场职工因公出差期间的旅费、住勤补助费,市内交通费和误餐补助费,现场职工探亲路费,劳动力招募费,现场职工离退休、退职一次性路费,工伤人员就医路费,工地转移费以及现场管理使用的交通工具的油料、燃料、养路费及牌照费。

④固定资产使用费,是指现场管理及试验部门使用的属于固定资产的设备、仪器等的折旧、大修理、维修费或租赁费等。

⑤工具用具使用费,是指现场管理使用的不属于固定资产的工具、器具、家具、交通工具和检验、试验、测绘、消防用具等的购置、维修和摊销费。

⑥保险费,是指施工管理用财产、车辆保险,高空、井下、海上作业等特殊工种安全保险等费用。

⑦工程保修费,是指工程竣工交付使用后,在规定保修期内的修理费用。

⑧工程排污费,是指施工现场按规定交纳的排污费用。

⑨其他费用,如分包工程管理费等。

(2) 现场经费的计算

现场经费的计算口径与其他直接费的计算口径相同,有时为了计算上的方便,以其他直接费的名称,将现场经费与其他直接费合并在一起计算。随着施工总承包工程的增加,分包工程增多,分包工程管理费的计算受到重视。北京地区分包工包料工程和包工不包料工程,分别以直接费或人工费为基数取一定百分比(参考费率为4.5%和26%)。

随着《建设工程工程量清单计价规范》的发布和施行,其他直接费和现场经费费率计算的历史将告终结,而以综合单价进行计价,但以上系数仍有参考价值。

32-1-5 间接费的构成及计算

建筑安装工程间接费是指虽不直接由施工工艺过程所引起,但却与工程总体条件有关的为组织施工进行经营管理,以及间接为建筑安装生产活动服务的各项费用。

间接费由企业管理费、财务费用和其他费用组成。

1. 企业管理费

(1) 企业管理费的构成

企业管理费是指施工企业为组织施工生产经营活动所发生的管理费用,它包括:

1) 管理人员的基本工资、工资性补贴及按规定标准计提的职工福利费。

2) 差旅交通费,是指企业职工因公出差、工作调动的差旅费,住勤补助费,市内交通及误餐补助费,职工探亲路费,劳动力招募费,离退休职工一次性路费及交通工具油料、燃料、牌照、养路费等。

3) 办公费,是指企业办公用文具、纸张、账表、印刷、邮电、书报、会议、水、电、燃煤(气)等费用。

4) 固定资产折旧、修理费,是指企业属于固定资产的房屋、设备、仪器等折旧及维修等费用。

5) 工具用具使用费,是指企业管理使用不属于固定资产的工具、用具、家具、交通工具、检验、试验、消防等的摊销及维修费用。

6) 工会经费,是指企业按职工工资总额计提的工会经费。

7) 职工教育经费,是指企业为职工学习先进技术和提高文化水平按职工工资总额计提的费用。

8) 劳动和医疗保险费,是指企业支付离退休职工的退休金(包括提取的离退休职工劳保统筹基金)、价格补贴、医药费、易地安家补助费、职工退职金、6个月以上的病假人员工资、职工死亡丧葬补助费、抚恤费,按规定支付给离休干部的各项经费。

9) 职工养老保险费及待业保险费,是指职工退休养老金的积累及按规定标准计提的职工待业保险费。

10) 保险费,是指企业财产保险、管理用车辆等保险费用。

11) 税金,是指企业按规定交纳的房产税、车船使用税、印花税及土地使用税等。

12) 其他,包括技术转让费、技术开发费、业务招待费、排污费、绿化费、广告费、公证费、法律顾问费、审计费、咨询费等。

(2) 企业管理费的计算

企业管理费与财务费用、其他费用一并构成间接费,采用费率形式计算。建筑工程以直接工程费为计费基数,安装工程以人工费为计费基数。

2. 企业财务费用

(1) 财务费用的构成

财务费用是指企业为筹集资金而发生的各项费用,包括企业经营期间发生的短期贷款利息净支出、汇兑净损失、调剂外汇手续费、金融机构手续费以及企业筹集资金发生的其他财务费用。

(2) 财务费用的计算

财务费用是间接费的内容之一,与企业管理费和其他费用构成间接费按费率一并计算,其计算方式与企业管理费相同。

3. 其他费用

(1) 其他费用的构成

其他费用是指按规定支付的定额编制测定费、工程投标管理费以及上级管理费等。

(2) 其他费用的计算

其他费用与企业管理费、财务费用一起组成间接费内容,按一定费率一并计算。

表32-3是某城市的建筑安装工程间接费计算方法,可供参考。

随着《建设工程工程量计价规范》的发布和施行,间接费用费率计算的历史将告终结,而以综合单价进行计价。但以上系数对企业仍有参考价值。

间接费计算方法 表32-3

专业	取费基础	工程类别			
		一类	二类	三类	四类
土建工程	直接工程费	12%	10.5%	9%	6%
安装工程	直接费中的人工费	180%	160%	130%	100%

32-1-6 利润和税金的构成及计算

1. 利润

建筑工程的利润一般以直接工程费与间接费之和为基数按一定百分比计算。安装工程以直接费中的人工费为基数按一定百分比计算。在市场经济中，利润的取费是企业行为，其取费水平应根据企业的经营方针和市场竞争的激烈程度由企业自行决策。

2. 税金

建筑安装工程税金是指国家税法规定的应计入工程造价内的税金，是"转嫁税"。与直接工程费、间接费、利润不同，税金具有法定性和强制性，建筑工程造价包括按税法规定计算的税金，并由承包人按规定及时足额交纳给工程所在地的税务部门。

(1) 税收的范围和构成

建筑安装工程的税收范围包括建筑、安装、修缮、装饰和其他工程作业，其中建筑是指新建、改建、扩建各种建筑物的工程作业，包括与建筑物相连的各种设备或支柱、操作平台的安装，以及各种窑炉和金属结构工程作业在内；安装是指生产设备、动力设备、起重设备、运输设备、传动设备、医疗实验设备及其他各种设备的装配、安置工程作业，包括与设备相连的工作台、扶梯、栏杆的工程和被安装设备的绝缘、防腐、保温、油漆等工程作业在内；修缮是指对建筑物、构筑物进行修补、加固、养护、改善，使之恢复原来的使用价值或延长其使用期限的工程作业；装饰是指对建筑物、构筑物进行修饰，使之美观或具有特定用途的工程作业；其他工程作业是指上列工程作业以外的各种工程作业，如水利工程、道路工程、疏浚工程、仿古园林工程、拆除工程、爆破工程等。

按规定，建筑安装工程税收由营业税、城市维护建设税及教育费附加构成。

(2) 税金的计算

1) 营业税的税额为营业额的3%，其中营业额是指从事建筑、安装、修缮、装饰及其他工程作业收取的全部收入，包括工程所用材料、物资价值。当安装的设备的价值纳入建筑工程造价时，也包括所安装设备的价款。工程总承包人将工程分包或者转包给他人的，以工程的全部承包额减去付给分包人或者转包人的价款后的余额为营业额，但仍以总承包人为代扣缴义务人。营业税的计税公式为：

$$\text{计税价格} = \text{工程成本} \times (1 + \text{成本利润率}) \div (1 - \text{营业税税率}) \quad (32\text{-}13)$$

2) 城市维护建设税额。工程所在地为市区的，按营业税的7%征收；工程所在地为县镇的，按营业税的5%征收；所在地在农村的，按营业税的1%征收。城市维护建设税的计税公式为：

$$\text{应纳税额} = \text{应缴营业税额} \times \text{适用税率} \quad (32\text{-}14)$$

3) 教育费附加额为营业税的3%。其计税公式为：

$$\text{应纳税额} = \text{应缴营业税额} \times 3\%$$

为了计算上的方便，可将营业税、城市维护建设税、教育费附加通过简化计算合并在一起，以直接工程费、间接费和利润之和为基数计算税金。

32-2 建筑工程造价计算依据

32-2-1 工程量计算规则

1. 制定统一工程量计算规则的意义

1995年12月15日，建设部以建标［1995］736号文发布了《全国统一建筑工程预算工程量计算规则》。该规则的发布有以下意义：

(1) 有利于统一全国各地的工程量计算规则，打破了各自为政的局面，为该领域的交流提供了良好条件。

(2) 有利于"量价分离"。固定价格不适用于市场经济，因为市场经济的价格是变动的。必须进行价格的动态计算，把价格的计算依据动态化，变成价格信息。因此，需要把价格从定额中分离出来：使时效性差的工程量、人工量、材料量、机械量的计算与时效性强的价格分离开来。统一的工程量计算规则的产生，既是量价分离的产物，又是促进量价分离的要素，更是建筑工程造价计价改革的关键一步。

(3) 有利于工料消耗定额的编制，为计算工程施工所需的人工、材料、机械台班消耗水平和市场经济中的工程计价提供依据。工料消耗定额的编制是建立在工程量计算规则统一化、科学化的基础之上的。工程量计算规则和工料消耗定额的出台，共同形成了量价分离后完整的"量"的体系。

(4) 有利于工程管理信息化。统一的计量规则，有利于统一计算口径，也有利于统一划项口径；而统一的划项口径又有利于统一信息编码，进而可实现统一的信息管理。

《建设工程工程量清单计价规范》(GB50500—2003) 附录中的工作量计算规划已明确到了每个项目。

2. 制定统一工程量计算规则的作用

(1) 用以进行工程计价前的工程量计算；

(2) 用以进行工程计划的编制和统计计量；

(3) 作为建立WBS（工作分解结构）的依据；

(4) 作为建立工程信息管理大系统的编码、划项和计量依据。

3. 建筑面积计算规则

(1) 建筑面积的概念

建筑面积，也称为建筑展开面积，是指建筑物各层面积的总和。建筑面积包括使用面积、辅助面积和结构面积。使用面积是指建筑物各层平面布置中可直接为生产或生活使用的净面积总和。居室净面积在民用建筑中，也称为居住面积。辅助面积是指建筑物各层平面布置中为辅助生产或生活所占净面积的总和。使用面积与辅助面积的总和称为有效面积。结构面积是指建筑物各层平面布置中的墙体、柱等结构所占面积的总和。

(2) 建筑面积的作用

1) 建筑面积是一项重要的技术经济指标。在国民经济一定时期内，完成建筑面积的多少，也标志着一个国家的工农业生产发展状况、人民生活居住条件的改善和文化生活福利设施发展的程度。

2) 建筑面积是计算结构工程量或用于确定某些费用指标的基础。如计算出建筑面积之后，利用这个基数，就可以计算地面抹灰、室内填土、地面垫层、平整场地、脚手架工程等项目的预算价值。为了简化预算的编制和某些费用的计算，有些取费指标的取定，如中小型机械费、生产工具使用费、检验试验费、成品保护增加费等也是以建筑面积为基数确定的。

3) 建筑面积作为结构工程量的计算基础，不仅重要，而且也是一项需要认真对待和细心计算的工作，任何粗心大意都会造成计算上的错误，不但会造成结构工程量计算上的偏差，也会直接影响概预算造价的准确性，造成人力、物力和国家建设资金的浪费及大量建筑材料的积压。

4) 建筑面积与使用面积、辅助面积、结构面积之间存在着一定的比例关系。设计人员在进行建筑或结构设计时，都应在计算建筑面积的基础上再分别计算出结构面积、有效面积及诸如平面系数、土地利用系数等技术经济指标。有了建筑面积，才有可能计算单位建筑面积的技术经济指标。

5) 建筑面积的计算对于建筑施工企业实行内部经济承包责任制、投标报价、编制施工组织设计、配备施工力量、成本核算及物资供应等，都具有重要的意义。

(3) 建筑面积计算规则

计算工业与民用建筑的建筑面积，总的原则应该本着凡在结构上、使用上形成具有一定功能和空间的建筑物和构筑物，并能单独计算出其水平面积及其相应消耗的人工、材料和机械用量的，可计算建筑面积，反之不应计算建筑面积。计算建筑面积的范围包括：

1) 单层建筑物不论其高度如何，均按一层计算建筑面积。其建筑面积按建筑物外墙勒脚以上结构的外围水平面积计算。具体有三项规定：

①建筑物的勒脚及装饰部分不计算建筑面积；

②单层建筑物内设有部分楼层者，是指厂房、剧场、礼堂等建筑物内的部分楼层。首层建筑面积已包括在单层建筑物内，首层不再计算建筑面积。二层及二层以上应计算建筑面积；

③高低联跨的单层建筑物，需分别计算面积时，应以结构外边线为界分别计算。

2) 多层建筑物建筑面积，按各层建筑面积之和计算，其首层建筑面积按外墙勒脚以上结构的外围水平面积计算，二层及二层以上按外墙结构的外围水平面积计算。

3) 同一建筑物如结构、层数不同时，应分别计算建筑面积。

4) 地下室、半地下室、地下车间、仓库、商店、车站、地下指挥部等及相应的出入口建筑面积，按其上口外墙（不包括采光井、防潮层及其保护墙）外围水平面积计算。

5) 建于坡地的建筑物利用吊脚空间设置架空层和深基础地下架空层设计加以利用时，其层高超过 2.2m，按围护结构外围水平面积计算建筑面积。

6) 穿过建筑物的通道，建筑物内的门厅，大厅，不论其高度如何均按一层建筑面积计算。门厅、大厅内设有回廊时，按其自然层的水平投影面积计算建筑面积。

7) 室内楼梯间、电梯井、提物井、垃圾道、管道井等均按建筑物的自然层计算建筑面积。

8) 书库、立体仓库设有结构层的，按结构层计算建筑面积；没有结构层的，按承重书架或货架层计算建筑面积。

9) 有围护结构的舞台灯光控制室，按其围护结构外围水平面积乘以层数计算建筑面积。

10) 建筑物内设备管道层、贮藏室，其层高超过 2.2m 时，应计算建筑面积。

11) 有柱的雨篷、车棚、站台等，按柱外围水平面积计算建筑面积；独立柱的雨篷、单排柱的车棚、货棚、站台等，按其顶盖水平投影面积的一半计算建筑面积。

12) 屋面上部有围护结构的楼梯间、水箱间、电梯机房等，按围护结构外围水平面积计算建筑面积。

13) 建筑物外有围护结构的门斗、眺望间、观望电梯间、阳台、橱窗、挑廊、走廊等，按其围护结构外围水平面积计算建筑面积。

14) 建筑物外有柱和顶盖的走廊、檐廊，按柱外围水平面积计算建筑面积；有盖无柱的走廊、檐廊挑出墙外宽度在 1.5m 以上时，按其顶盖投影面积一半计算建筑面积。无围护结构的凹阳台、挑阳台，按其水平面积一半计算建筑面积。建筑物间有顶盖的架空走廊，按其顶盖水平投影面积计算建筑面积。

15) 室外楼梯，按自然层投影面积之和计算建筑面积。

16) 建筑物内变形缝、沉降缝等，凡缝宽在 300mm 以内者，均依其缝宽按自然层计算建筑面积，并入建筑物建筑面积之内计算。

不计算建筑面积的范围包括：

1) 突出外墙的构件、配件、附墙柱、垛、勒脚、台阶、悬挑雨篷、墙面抹灰、镶贴块材、装饰面等。

2) 用于检修、消防等的室外爬梯。

3) 层高 2.2m 以内的设备管道层、贮藏室，设计不利用的深基础架空层及吊脚架空层。

4) 建筑物内操作平台、上料平台、安装箱或罐体平台，没有围护结构的屋顶水箱、花架、凉棚等。

5) 独立烟囱、烟道、地沟、油（水）罐、气柜、水塔、贮油（水）池、贮仓、栈桥、地下人防通道等构筑物。

6) 单层建筑物内分隔单层房间，舞台及后台悬挂的幕布、布景天桥、挑台。

7) 建筑物内宽度大于 300mm 的变形缝、沉降缝。

4. 建筑工程预算工程量计算规则

建筑工程预算工程量计算规则包括以下内容：①土石方工程；②桩基础工程；③脚手架工程；④砌筑工程；⑤混凝土及钢筋混凝土工程；⑥构件运输及安装工程；⑦门窗及木结构工程；⑧楼地面工程；⑨屋面及防水工程；⑩防腐、保温、隔热工程；⑪装饰工程；⑫金属结构制作工程；⑬建筑工程垂直运输定额；⑭建筑物超高增加人工、机械定额。

为了简化篇幅、说明问题，仅对土石方工程的规定进行摘录：

5. 土建工程预算工程量计算规则举例

（摘自 1995 年《全国统一建筑工程工程量计算规则》）

第一节 土石方工程

第 3.1.1 条 计算土石方工程量前，应确定下列各项资料：

1. 土壤及岩石类别的确定：

土石方工程土壤及岩石类别的划分，依工程勘测资料与《土壤及岩石分类表》对照后确定（表3.1.1略）；

2．地下水位标高及排（降）水方法；

3．土方、沟槽、基坑挖（填）起止标高、施工方法及运距；

4．岩石开凿、爆破方法、石渣清运方法及运距；

5．其他有关资料。

第3.1.2条 土石方工程量计算一般规则：

1．土方体积，均以挖掘前的天然密实体积为准计算。如遇有必须以天然密实体积折算时，可按表3.1.2所列数值换算。

土方体积折算表　　　　　　　　　　　　　　　　表3.1.2

虚 方 体 积	天然密实度体积	夯实后体积	松 填 体 积
1.00	0.77	0.67	0.83
1.30	1.00	0.87	1.08
1.50	1.15	1.00	1.25
1.20	0.92	0.80	1.00

2．挖土一律以设计室外地坪标高为准计算。

第3.1.3条 平整场地及碾压工程量，按下列规定计算：

1．人工平整场地是指建筑场地挖、填土方厚度在±30cm以内及找平。挖、填土方厚度超过±30cm以外时，按场地土方平衡竖向布置图另行计算。

2．平整场地工程量按建筑物外墙外边线每边各加2m，以平方米计算。

3．建筑场地原土碾压以平方米计算，填土碾压按图示填土厚度以立方米计算。

第3.1.4条 挖掘沟槽、基坑土方工程量，按下列规定计算：

1．沟槽、基坑划分：

凡图示沟槽底宽在3m以内，且沟槽长大于槽宽三倍以上的，为沟槽。

凡图示基坑底面积在20m²以内的为基坑。

凡图示沟槽底宽3m以外，坑底面积20m²以外，平整场地挖土方厚度在30cm以外，均按挖土方计算。

2．计算挖沟槽、基坑、土方工程量需放坡时，放坡系数按表3.1.4-1规定计算。

放 坡 系 数 表　　　　　　　　　　　　　表3.1.4-1

土 壤 类 别	放坡起点（m）	人 工 挖 土	机 械 挖 土	
			在坑内作业	在坑上作业
一、二类土	1.20	1:0.5	1:0.33	1:0.75
三类土	1.50	1:0.33	1:0.25	1:0.67
四类土	2.00	1:0.25	1:0.10	1:0.33

注：1．沟槽、基坑中土壤类别不同时，分别按其放坡起点、放坡系数、依不同土壤厚度加权平均计算。

2．计算放坡时，在交接处的重复工程量不予扣除，原槽、坑作基础垫层时，放坡自垫层上表面开始计算。

3．挖沟槽、基坑需支挡土板时，其宽度按图示沟槽、基坑底宽，单面加10cm，双面加20cm计算。挡土板面积，按槽、坑垂直支撑面积计算，支挡土板后，不得再计算放坡。

4. 基础施工所需工作面，按表3.1.4-2规定计算。

基础施工所需工作面宽度计算表　　　　　表3.1.4-2

基础材料	每边各增加工作面宽度（mm）
砖基础	200
浆砌毛石、条石基础	150
混凝土基础垫层支模板	300
混凝土基础支模板	300
基础垂直面做防水层	800（防水层面）

人工挖土方超深增加工日表　　（单位：100m³）

深2m以内	深4m以内	深6m以内
5.55工日	17.60工日	26.16工日

5. 挖沟槽长度，外墙按图示中心线长度计算；内墙按图示基础底面之间净长线长度计算；内外突出部分（垛、附墙烟囱等）体积并入沟槽土方工程量内计算。

6. 人工挖土方深度超过1.5m时，按上表增加工日。

7. 挖管道沟槽按图示中心线长度计算，沟底宽度，设计有规定的，按设计规定尺寸计算，设计无规定的，可按表3.1.4-3规定宽度计算。

管道地沟沟底宽度计算表　（单位：m）　　　表3.1.4-3

管径（mm）	铸铁管、钢管、石棉水泥管	混凝土、钢筋混凝土、预应力混凝土管	陶土管
50～70	0.60	0.80	0.70
100～200	0.70	0.90	0.80
250～350	0.80	1.00	0.90
400～450	1.00	1.30	1.10
500～600	1.30	1.50	1.40
700～800	1.60	1.80	
900～1000	1.80	2.00	
1100～1200	2.00	2.30	
1300～1400	2.20	2.60	

注：1. 按上表计算管道沟土方工程量时，各种井类及管道（不含铸铁给排水管）接口等处需加宽增加的土方量不另行计算，底面积大于20m²的井类，其增加工程量并入管沟土方内计算。

2. 铺设铸铁给排水管道时其接口等处土方增加量，可按铸铁给排水管道地沟土方总量的2.5%计算。

8. 沟槽、基坑深度，按图示槽、坑底面至室外地坪深度计算；管道地沟按图示沟底至室外地坪深度计算。

第3.1.5条　人工挖孔桩土方量按图示桩断面积乘以设计桩孔中心线深度计算。

第3.1.6条　岩石开凿及爆破工程量，区别石质按下列规定计算：

1. 人工凿岩石，按图示尺寸以立方米计算。

2. 爆破岩石按图示尺寸以立方米计算，其沟槽、基坑深度、宽度允许超挖量：

次坚石：200mm

特坚石：150mm

超挖部分岩石并入岩石挖方量之内计算。

第3.1.7条 回填土区分夯填、松填按图示回填体积并依下列规定,以立方米计算:

1.沟槽、基坑回填土,沟槽、基坑回填体积以挖方体积减去设计室外地坪以下埋设砌筑物(包括:基础垫层、基础等)体积计算。

2.管道沟槽回填,以挖方体积减去管径所占体积计算。管径在500mm以下的不扣除管道所占体积;管径超过500mm以上时按表3.1.7规定扣除管道所占体积计算。

管道扣除土方体积表　　　　　　　表3.1.7

管道名称	管道直径(mm)					
	501～600	601～800	801～1000	1101～1200	1201～1400	1401～1600
钢　管	0.21	0.44	0.71			
铸铁管	0.24	0.49	0.77			
混凝土管	0.33	0.60	0.92	1.15	1.35	1.55

3.房心回填土,按主墙之间的面积乘以回填土厚度计算。

4.余土或取土工程量,可按下式计算:

余土外运体积 = 挖土总体积 - 回填土总体积

式中计算结果为正值时为余土外运体积,负值时为须取土体积。

第3.1.8条 土方运距,按下列规定计算:

1.推土机推土运距:按挖方区重心至回填区重心之间的直线距离计算。

2.铲运机运土运距:按挖方区重心至卸土区重心加转向距离45m计算。

3.自卸汽车运土运距:按挖方区重心至填土区(或堆放地点)重心的最短距离计算。

第3.1.9条 地基强夯按设计图示强夯面积,区分夯击能量,夯击遍数以平方米计算。

第3.1.10条 井点降水区分轻型井点、喷射井点、大口径井点、电渗井点、水平井点,按不同井管深度的井管安装、拆除,以根为单位计算,使用按套、天计算。

井点套组成:

轻型井点:50根为一套;

喷射井点:30根为一套;

大口径井点:45根为一套;

电渗井点阳极:30根为一套;

水平井点:10根为一套。

井管间距应根据地质条件和施工降水要求,依施工组织设计确定,施工组织设计没有规定时,可按轻型井点管距0.8～1.6m,喷射井点管距2～3m确定。

使用天应以每昼夜24h为1d,使用天数应按施工组织设计规定的使用天数计算。

32-2-2 建筑工程定额

1.建筑工程定额的作用

建筑工程定额是指按国家有关产品标准、设计标准、施工质量验收标准(规范)等确定的施工过程中完成规定计量单位产品所消耗的人工、材料、机械等消耗量的标准，其作用如下：

（1）建筑工程定额具有促进节约社会劳动和提高生产效率的作用。企业用定额计算工料消耗、劳动效率、施工工期并与实际水平对比，衡量自身的竞争能力，促使企业加强管理，厉行节约的合理分配和使用资源，以达到节约的目的。

（2）建筑工程定额提供的信息，为建筑市场供需双方的交易活动和竞争创造条件。

（3）建筑工程定额有助于完善建筑市场信息系统。定额本身是大量信息的集合，既是大量信息加工的结果，又向使用者提供信息。建筑工程造价就是依据定额提供的信息进行的。

2．建筑工程定额体系

（1）按照反映的物质消耗的内容，可将定额分为人工消耗定额、材料消耗定额和机械消耗定额。

（2）按照用途，可将定额分为基础定额或预算定额、概算定额（指标）、估算指标。

1）预算定额是完成规定计量单位分项工程的人工、材料、施工机械台班消耗量的标准。是编制施工图预算的依据。

2）概算定额（指标）是在预算定额基础上以主要分项工程综合相关分项的扩大定额，是编制初步设计概算的依据。

3）估算指标是投资估算的依据。

（3）按工程专业分类，可将定额区分为建筑工程定额、安装工程定额、铁路工程定额、公路工程定额、水利工程定额等。

（4）按定额的适用范围分类，可分为国家定额、行业定额、地区定额和企业定额。

3．基础定额

国务院建设行政主管部门于1995年组织编制了规定计量单位分项工程的人工、材料、施工机械台班消耗量标准的土建基础定额。

（1）基础定额的作用。

1）是完成规定计量单位分项工程计价的人工、材料、施工机械台班消耗量的标准；

2）是编制招标工程标底、制定企业定额的指导性定额。

（2）基础定额的构成。基础定额由人工工日、材料、机械台班消耗量组成。

1）人工工日消耗量是指在正常施工生产条件下，完成规定计量单位分项工程必须消耗的综合人工工日数量，内容包括基本用工、超运距用工、人工幅度差、辅助用工。

2）材料消耗量是指在合理和节约使用材料的条件下，完成规定计量单位分项工程必须消耗的一定品种规格的材料、半成品、构配件等的数量标准，包括材料净耗量和材料不可避免的损耗量。

3）机械台班消耗量是指在正常施工条件下，完成规定计量单位分项工程必须消耗的某类某种型号施工机械的台班数量，它由分项工程的机械台班消耗量及施工定额同预算定额的机械台班幅度差组成。

（3）土建基础定额的表现形式。

1）章、节、项的划分。基础定额按章、节、项的顺序划分。

①章按施工程序以分部工程划分；

②节按分项工程划分；

2) 定额表式。包括：工作内容，计量单位，定额编号（对应于项目、子目），项目名称及细分，人工、材料、机械消耗量。

32-2-3 建筑工程价格信息

1. 建筑工程单价信息和费用信息

在计划经济条件下，工程单价信息和费用是以定额形式确定的，定额具有指令性；在市场经济下，它们不具有指令性，只具有参考性。对于发包人和承包人以及工程造价咨询单位来说，都是十分重要的信息来源。单价亦可从市场上调查得到，还可以利用政府或中介组织提供的信息。单价有以下几种：

（1）人工单价。人工单价指一个建筑安装工人一个工作日在预算中应计入的全部人工费用，它反映了建筑安装工人的工资水平和一个工人在一个工作日中可以得到的报酬。

（2）材料单价。材料单价是指材料由供应者仓库或提货地点到达工地仓库后的出库价格。

材料单价包括材料原价、供销部门手续费、包装费、运输费及采购保管费。

（3）机械台班单价。机械台班单价是指一台施工机械，在正常运转条件下每工作一个台班应计入的全部费用。

机械台班单价包括折旧费、大修理费、经常修理费、安拆费及场外运输费、燃料动力费、人工费、运输机械养路费、车船使用税及保险费。

2. 建筑工程价格指数

（1）建筑工程价格指数的概念

建筑工程价格指数是反映一定时期由于价格变化对工程价格影响程度的指标，它是调整建筑工程价格差价的依据。建筑工程价格指数是报告期与基期价格的比值，可以反映价格变动趋势，用来进行估价和结算，估计价格变动对宏观经济的影响。

在社会主义市场经济中，设备、材料和人工费的变化对建筑工程价格的影响日益增大。在建筑市场供求和价格水平发生经常性波动的情况下，建筑工程价格及其各组成部分也处于不断变化之中，使不同时期的工程价格失去可比性，造成了造价控制的困难。编制建筑工程价格指数是解决造价动态控制的最佳途径。

（2）建筑工程价格指数的分类

1) 按工程范围、类别和用途分类，可分为单项价格指数和综合价格指数。单项价格指数分别反映各类工程的人工、材料、施工机械及主要设备等报告期价格对基期价格的变化程度。综合价格指数综合反映各类项目或单项工程人工费、材料费、施工机械使用费和设备费等报告期价格对基期价格变化而影响造价的程度，反映造价总水平的变动趋势。

2) 按工程价格资料期限长短分类，可分为时点价格指数、月指数、季指数和年指数。

3) 按不同基期分类，可分为定基指数和环比指数。前者指各期价格与其固定时期价格的比值；后者指各时期价格与前一期价格的比值。

（3）建筑工程价格指数的编制

1) 人工、机械台班、材料等要素价格指数的编制见公式（32-15）：

$$\text{材料(设备、人工、机械)价格指数} = \frac{\text{报告期预算价格}}{\text{基期预算价格}} \quad (32\text{-}15)$$

2) 建筑安装工程价格指数的编制,见公式(32-16):

建筑安装工程价格指数 = 人工费指数 × 基期人工费占建筑安装工程
价格的比例 + Σ(单项材料价格指数 × 基期该材料费
占建筑安装工程价格比例) + Σ(单项施工机械台班
指数 × 基期该机械费占建筑安装工程价格比例)
+ (其他直接费、间接费综合指数) × (基期其他直接费、
间接费占建安工程价格比例) (32-16)

32-2-4　建筑工程施工发包与承包计价管理办法

2001年11月5日建设部发布了第107号部令《建筑工程施工发包与承包计价管理办法》。它是我国现行建筑工程造价最权威的计价依据,现全文登录如下:

建筑工程施工发包与承包计价管理办法
（中华人民共和国建设部令第107号）

第一条　为了规范建筑工程施工发包与承包计价行为,维护建筑工程发包与承包双方的合法权益,促进建筑市场的健康发展,根据有关法律、法规,制定本办法。

第二条　在中华人民共和国境内的建筑工程施工发包与承包计价(以下简称工程发承包计价)管理,适用本办法。

本办法所称建筑工程是指房屋建筑和市政基础设施工程。

本办法所称房屋建筑工程,是指各类房屋建筑及其附属设施和与其配套的线路、管道、设备安装工程及室内外装饰装修工程。

本办法所称市政基础设施工程,是指城市道路、公共交通、供水、排水、燃气、热力、园林、环卫、污水处理、垃圾处理、防洪、地下公共设施及附属设施的土建、管道、设备安装工程。

工程发承包计价包括编制施工图预算、招标标底、投标报价、工程结算和签订合同价等活动。

第三条　建筑工程施工发包与承包价在政府宏观调控下,由市场竞争形成。

工程发承包计价应当遵循公平、合法和诚实信用的原则。

第四条　国务院建设行政主管部门负责全国工程发承包计价工作的管理。

县级以上地方人民政府建设行政主管部门负责本行政区域内工程发承包计价工作的管理。其具体工作可以委托工程造价管理机构负责。

第五条　施工图预算、招标标底和投标报价由成本(直接费、间接费)、利润和税金构成。其编制可以采用以下计价方法:

（一）工料单价法。分部分项工程量的单价为直接费。直接费以人工、材料、机械的消耗量及其相应价格确定。间接费、利润、税金按照有关规定另行计算。

（二）综合单价法。分部分项工程量的单价为全费用单价。全费用单价综合计算完成

分部分项工程所发生的直接费、间接费、利润、税金。

第六条 招标标底编制的依据为：

（一）国务院和省、自治区、直辖市人民政府建设行政主管部门制定的工程造价计价办法以及其他有关规定；

（二）市场价格信息。

第七条 投标报价应当满足招标文件要求。

投标报价应当依据企业定额和市场价格信息，并按照国务院和省、自治区、直辖市人民政府建设行政主管部门发布的工程造价计价办法进行编制。

第八条 招标投标工程可以采用工程量清单方法编制招标标底和投标报价。

工程量清单应当依据招标文件、施工设计图纸、施工现场条件和国家制定的统一工程量计算规则、分部分项工程项目划分、计量单位等进行编制。

第九条 招标标底和工程量清单由具有编制招标文件能力的招标人或其委托的具有相应资质的工程造价咨询机构、招标代理机构编制。

投标报价由投标人或其委托的具有相应资质的工程造价咨询机构编制。

第十条 对是否低于成本报价的异议，评标委员会可以参照建设行政主管部门发布的计价办法和有关规定进行评审。

第十一条 招标人与中标人应当根据中标价订立合同。

不实行招标投标的工程，在承包方编制的施工图预算的基础上，由发承包双方协商订立合同。

第十二条 合同价可以采用以下方式：

（一）固定价。合同总价或者单价在合同约定的风险范围内不可调整。

（二）可调价。合同总价或者单价在合同实施期内，根据合同约定的办法调整。

（三）成本加酬金。

第十三条 发承包双方在确定合同价时，应当考虑市场环境和生产要素价格变化对合同价的影响。

第十四条 建筑工程的发承包双方应当根据建设行政主管部门的规定，结合工程款、建设工期和包工包料情况在合同中约定预付工程款的具体事宜。

第十五条 建筑工程发承包双方应当按照合同约定定期或者按照工程进度分段进行工程款结算。

第十六条 工程竣工验收合格，应当按照下列规定进行竣工结算：

（一）承包方应当在工程竣工验收合格后的约定期限内提交竣工结算文件。

（二）发包方应当在收到竣工结算文件后的约定期限内予以答复。逾期未答复的，竣工结算文件视为已被认可。

（三）发包方对竣工结算文件有异议的，应当在答复期内向承包方提出，并可以在提出之日起的约定期限内与承包方协商。

（四）发包方在协商期内未与承包方协商或者经协商未能与承包方达成协议的，应当委托工程造价咨询单位进行竣工结算审核。

（五）发包方应当在协商期满后的约定期限内向承包方提出工程造价咨询单位出具的竣工结算审核意见。

发承包双方在合同中对上述事项的期限没有明确约定的，可认为其约定期限均为28日。

发承包双方对工程造价咨询单位出具的竣工结算审核意见仍有异议的，在接到该审核意见后一个月内可以向县级以上地方人民政府建设行政主管部门申请调解，调解不成的，可以依法申请仲裁或者向人民法院提起诉讼。

工程竣工结算文件经发包方与承包方确认即应当作为工程决算的依据。

第十七条 招标标底、投标报价、工程结算审核和工程造价鉴定文件应当由造价工程师签字，并加盖造价工程师执业专用章。

第十八条 县级以上地方人民政府建设行政主管部门应当加强对建筑工程发承包计价活动的监督检查。

第十九条 造价工程师在招标标底或者投标报价编制、工程结算审核和工程造价鉴定中，有意抬高、压低价格，情节严重的，由造价工程师注册管理机构注销其执业资格。

第二十条 工程造价咨询单位在建筑工程计价活动中有意抬高、压低价格或者提供虚假报告的，县级以上地方人民政府建设行政主管部门责令改正，并可处以一万元以上三万元以下的罚款；情节严重的，由发证机关注销工程造价咨询单位资质证书。

第二十一条 国家机关工作人员在建筑工程计价监督管理工作中，玩忽职守、徇私舞弊、滥用职权的，由有关机关给予行政处分；构成犯罪的，依法追究刑事责任。

第二十二条 建筑工程以外的工程施工发包与承包计价管理可以参照本办法执行。

第二十三条 本办法由国务院建设行政主管部门负责解释。

第二十四条 本办法自2001年12月1日起施行。

32-3 建筑工程造价分类

32-3-1 建筑工程造价按用途分类

建筑工程造价按用途分类包括：标底价格、投标价格、中标价格、直接发包价格、合同价格和竣工结算价格。

1. 标底价格

《招标投标法》没有规定招标必须设有标底，但也没有禁止设置标底，相反，对"设有标底的"，还提出了"必须保密"和评标"应当参考标底"的要求。所以标底价格是法律许可的，也是我国工程界习惯使用的。

标底价格是招标人的期望价格，不是交易价格。招标人以此作为衡量投标人投标价格的一个尺度，也是招标人的一种控制投资的手段。

招标人设置标底价可有两个目的：一是在坚持最低价中标时，标底价可作为招标人自己掌握的招标底数，起参考作用，而不作评标的依据；二是为避免因标价太低而损害质量，使靠近标底的报价评为最高分，高于或低于标底的报价均递减评分，则标底价可作为评标的依据，使招标人的期望价成为价格控制的手段之一。根据哪种目的设置标底，要在招标文件中做出交待。

编制标底价可由招标人自行操作，也可由招标人委托招标代理机构操作，由招标人作出决策。《建设工程施工发包承包管理办法》第六条规定：招标标底应当依据"国务院和省、自治区、直辖市人民政府建设行政主管部门制定的工程造价计价办法以及其他有关规定"和"市场价格信息进行编制。"

2. 投标价格

投标人为了得到工程施工承包的资格，按照招标人在招标文件中的要求进行估价，然后根据投标策略确定投标价格，以争取中标并通过工程实施取得经济效益。因此投标报价是卖方的要价，如果中标，这个价格就是合同谈判和签订合同确定工程价格的基础。

如果设有标底，投标报价时要研究招标文件中评标时如何使用标底：①以靠近标底者得分最高，这时报价就勿需追求最低标价；②标底价只作为招标人的期望，但仍要求低价中标，这时，投标人就要努力采取措施，即使标价最具竞争力（最低价），又使报价不低于成本，即能获得理想的利润。由于"既能中标，又能获利"是投标报价的原则，故投标人的报价必须有雄厚的技术和管理实力作后盾，编制出有竞争力、又能盈利的投标报价。

《建筑工程施工发包与承包计价管理办法》第七条规定：投标报价应当在满足招标文件要求的基础上，依据企业定额和市场价格信息，按照国务院和省、自治区、直辖市人民政府建设行政主管部门发布的工程造价计价办法进行编制。

3. 中标价格

《招标投标法》第四十条规定："评标委员会应当按照招标文件确定的评标标准和方法，对投标文件进行评审和比较；设有标底的，应当参考标底"。所以评标的依据一是招标文件，二是标底（如果设有标底时）。

《招标投标法》第四十一条规定，中标人的投标应符合下列两个条件之一：一是"能最大限度地满足招标文件中规定的各项综合评价标准"；二是"能够满足招标文件的实质性要求，并且经评审的投标价格最低；但是投标价低于成本的除外"。这第二项条件主要是说的投标报价。

建设部第 89 号令《房屋建筑和市政基础设施工程施工招标投标管理办法》第四十三条规定："有下列情形之一的，评标委员会可以要求投标人做出书面说明并提供相关材料：（一）设有标底的，投标报价低于标底合理幅度的；（二）不设标底的，投标报价明显低于其他投标报价，有可能低于其企业成本的。经评标委员会论证，认定该投标人的报价低于其企业成本的，不能推荐为中标候选人或中标人。"

4. 直接发包价格

直接发包价格是由发包人与指定的承包人直接接触，通过谈判达成协议签订施工合同，而不需要像招标承包定价方式那样，通过竞争定价。直接发包方式计价只适用于不宜进行招标的工程，如军事工程、保密技术工程、专利技术工程及发包人认为不宜招标而又不违反《招标投标法》第三条（招标范围）的规定的其他工程。

直接发包方式计价首先提出协商价格意见的可能是发包人或其委托的中介机构，也可能是承包人提出价格意见交发包人或其委托的中介组织进行审核。无论由哪一方提出协商价格意见，都要通过谈判协商，签订承包合同，确定为合同价。

直接发包价格是以审定的施工图预算为基础，由发包人与承包人商定增减价的方式定价。

5. 合同价格

《建设工程施工发包与承包计价管理办法》第十二条规定："合同价可采用以下方式：（一）固定价。合同总价或者单价在合同约定的风险范围内不可调整。（二）可调价。合同总价或者单价在合同实施期内，根据合同约定的办法调整。（三）成本加酬金。"《办法》第十三条规定："发承包双方在确定合同价时，应当考虑市场环境和生产要素价格变化对合同价的影响"。现分述如下：

（1）固定价格

所谓固定价格，是指在实施期间不因价格变化而调整的价格。

固定价格的特点是以图纸和工程说明书为依据、明确承包内容、计算出的价格再加上一定的风险因素确定价格、在合同的协议书中明确总价，一次包死。

在合同的专用条款中，要明确总价中所含风险因素的范围和计算方法。如果发生专用条款所限定的风险因素以外的合同价款需要调整，也应该在专用条款中写明其调整方法。

（2）可调价格

可调价格是指工程价格在实施期间可随构成价格因素的变化而调整的价格。可调价格的调整方法应在施工合同的专用条款中列出。

关于可调价格的调整方法，常用的有以下几种：

第一，按主材计算价差。发包人在招标文件中列出需要调整价差的主要材料表及其基期价格（一般采用当时当地工程造价管理机构公布的信息价或结算价），工程竣工结算时按竣工当时当地工程造价管理机构公布的材料信息价或结算价，与招标文件中列出的基期价比较计算材料差价。

第二，主料按抽料法计算价差，其他材料按系数计算价差。主要材料按施工图预算计算的用量和竣工当月当地工程造价管理机构公布的材料结算价或信息价与基价对比计算差价。其他材料按当地工程造价管理机构公布的竣工调价系数计算方法计算差价。

第三，按工程造价管理机构公布的竣工调价系数及调价计算方法计算差价。

此外，还有调值公式法和实际价格结算法。

调值公式一般包括固定部分、材料部分和人工部分三项。当工程规模和复杂性增大时，公式也会变得复杂。调值公式一般如下：

$$P = P_0 \left(a_0 + a_1 \frac{A}{A_0} + a_2 \frac{B}{B_0} + a_3 \frac{C}{C_0} + \cdots \cdots \right) \tag{4-17}$$

式中　　　　　P——调值后的工程价格；

P_0——合同价款中工程预算进度款；

a_0——固定要素的费用在合同总价中所占比重，这部分费用在合同支付中不能调整；

a_1、a_2、a_3……——代表有关各项变动要素的费用（如人工费、钢材费用、水泥费用、运输费用等）在合同总价中所占比重，$a_0 + a_1 + a_2 + a_3 + \cdots\cdots = 1$；

A_0、B_0、C_0……——签订合同时与 a_1、a_2、a_3……对应的各种费用的基期价格指数或价格；

A、B、C……——在工程结算月份与 a_1、a_2、a_3……对应的各种费用的现行价格指数或价格。

各部分费用在合同总价中所占比重在许多标书中要求承包人在投标时即提出，并在价格分析中予以论证。也有的由发包人在招标文件中规定一个允许范围，由投标人在此范围内选定。

实际价格结算法。有些地区规定对钢材、木材、水泥等三大材的价格按实际价格结算的方法，工程承包人可凭发票按实报销。此法操作方便，但也导致承包人忽视降低成本。为避免副作用，地方建设主管部门要定期公布最高结算限价，同时合同文件中应规定发包人有权要求承包人选择更廉价的供应来源。

以上几种方法究竟采用哪一种，应按工程价格管理机构的规定，经双方协商后在合同的专用条款中约定。

（3）成本加酬金价格

工程成本加酬金价格是指工程成本按现行计价依据以合同约定的办法计算，酬金按工程成本乘以通过竞争确定的费率计算，从而确定工程价格。详见第33章。

6．追加合同价格

合同一经确定，工程施工发包承包价格也同样确立。但由于建筑工程的特殊性，合同确定的价格不是一成不变的，随着工程施工的展开，追加合同价格的情况时有发生，这些情况基本上可以概括为工程变更、价格调整、索赔和其他调整四个方面。

（1）工程变更

工程变更包括设计变更、施工条件变更、进度计划变更、新增减工程内容等。《建设工程施工合同（示范文本）》要求，承包人在工程变更确定后14d内，提出工程变更价款报告，经工程师确认后调整工程价款。

（2）价款调整

合同价格反映的是某一时点的静态价格。但由于价格的大幅度上涨，引起工程用建筑材料、工程设备以及人工工资、机械台班费用（或租赁价）大幅涨价时，动态与静态的价差理应得到追加补偿。即使是含有风险系数的合同价格，当上涨指数超过合同约定的对施工期间价格预测指数时，也应得到应有的追加。在价格不稳定，起伏幅度很大的市场环境中，价格调整所带来的追加费用尤其频繁。

（3）索赔

索赔是指由于一方违反合同约定，另一方就此提出索取追加价款的行为。既包括承包人向发包人的索赔，也包括发包人向承包人的索赔。承包人向发包人的索赔，有以下几种情况：

1）发包人违约；

2）发包人代表（监理工程师）的不当行为；

3）不可抗力事件；

4）其他单位影响，如其他单位的业务活动对施工现场造成了不利影响，发包人的付款被银行延误等；

5）合同文件的缺陷。

（4）其他价格调整

其他价格调整主要指工程施工承发包价格以外的，由发包人委托承包人办理某些工作引起的价格调整，内容包括：

1) 代办施工所需各种证件、批件、临时用地、占用道路或铁路的申报批准手续发生的费用变化；

2) 办理土地征用、青苗树木赔偿、房屋拆迁、清除地面、架空和地下障碍等工作发生的费用变化；

3) 将施工所需水、电、电讯、排污管线从施工场地外部接至协议条款约定地点发生的费用变化；

4) 开通施工场地与公共道路的通道以及协议条款约定的施工场地内的主要交通干道的工程费用发生变化；

5) 协调处理施工现场周围地下管线和邻近建筑物、构筑物的保护所产生的费用发生变化；

6) 按政府的要求，增加设置现场文明施工的措施所发生的费用；

7) 因环保要求，工程施工过程中新增的费用等等。

32-3-2 建筑工程造价按计价方法分类

建筑工程造价按计价方法分类可分为估算造价、概算造价和施工图预算造价，现分述如下。

1. 建筑工程估算造价

估算造价是对建筑工程的全部造价进行估算，以满足项目建议书、可行性研究和方案设计的需要。

(1) 估算依据

1) 设计方案。

2) 投资估算指标、概算指标、技术经济指标。

3) 造价指标（包括单项工程和单位工程的）。

4) 类似工程概算。

5) 设计参数（或称设计定额指标），包括各种建筑面积指标、能源消耗指标等。

6) 概算定额。

7) 当地材料、设备预算价格及市场价格（包括材料、设备价格及专业分包报价等）。

8) 有关部门规定的取费标准。

9) 调价系数及材料差价计算办法等。

10) 现场情况，如地理位置、地质条件、交通、供水、供电条件等。

11) 其他经验参考数据，如材料、设备运杂费率、设备安装费率、零星工程及辅材等的比率（%）等。

以上资料越具体、越完备，编制投资估算的准确程度就越高。

(2) 估算方法

投资估算是在建设前期编制的，其编制的主要依据还不可能十分具体，故编制时要从大处着眼，根据不同阶段的条件，做到粗中有细，尽可能达到应有的准确性。

投资估算的常用方法如下：

1) 采用投资估算指标、概算指标、技术经济指标编制。

①工业建筑主要生产项目,目前各专业部,如钢铁、纺织、轻工等以不同规模的年生产能力(如若干吨钢、若干纱锭、若干吨啤酒等)编制了投资估算指标,其中包括工艺设备、建筑安装工程、其他费用等的实物消耗量指标、造价指标、取费标准、价格水平等。编制投资估算时,根据年生产能力套用对口的指标,对某些应调整、换算的内容进行调整后,即为所需的投资估算。

辅助项目及构筑物等则一般以 $100m^2$ 建筑面积或"座"、"m^3"等为单位,包括的内容相同,套用及调整方法也同上。

②民用建筑:目前编制的各种指标大都是以 $100m^2$ 建筑面积为单位,指标内容包括工程特征、主要工程量指标、主要材料及人工实物消耗量指标及造价指标(含直接费、间接费、单方造价等各项造价),其使用方法基本上同工业建筑。各种指标目前大都以单项工程编制,其中包括配套的土建、水、暖、空调、电气等单位工程的内容。

2)采用单项工程造价指标编制。

主要适用于项目建议书或规划阶段较粗的投资估算或用于建设项目中的附属配套项目,目前各地都有每平方米建筑面积的各类建筑的有一定幅度的单项工程造价指标(包括土建、水、暖、电气等),如北京市 1995 年多层砖混一般标准住宅约为 $750\sim850$ 元/m^2 等。采用时只须根据结构类型套用即可,如需调整、换算,也只能根据年份、地区间差异,按当地规定系数调整。

3)采用类似工程概、预算编制。

其前提是要有建设规模与标准相类似的已建工程的概、预算(或标底),其中尤以后者较为可靠,套用时对局部不同用料标准或做法加以必要的换算和对不同年份间在造价水平上的差异加以调整。

4)采用近似(匡算)工程量估算法编制。

这种方法基本与编制概、预算方法相同,即采用匡算主要子目工程量后(不一定太精确),套上概、预算定额单价和取费标准,加上一定的配套子目系数,即为所需投资。这种方法适用于无指标可套的单位工程,如构筑物、室外工程等,也可供换算或调整局部不相同的构配件分项工程和水、暖、电气等工程用。

5)采用市场询价加系数办法编制。

这种方法主要适用于建筑设备安装工程和专业分包工程,如电梯、电话总机等不论进口或国产,在向生产厂商询价后,再加运杂费及安装费后即为所需的估算投资。又如保龄球、桑拿浴等设备,一般由专业厂商分包承包报价后,再另加总包管理费(或称施工交叉作业费,一般按 2%～5%计算)即可。

6)采用民用建筑快速投资估算法编制。

这种方法解决了当前量大、标准差别悬殊、建筑功能齐全的各类民用建筑的单位工程投资估算。其方法是积累和掌握较广泛的各种单位工程造价指标,速估工程量指标和设计参数(如各类民用建筑的单位耗热、耗冷、耗电量指标(W/m^2),锅炉蒸发量指标(t/h)等),根据各单位工程的特点,分别以不同的合理的计量单位(改变采用单一的以建筑面积为计量单位的不合理性),结合工程实际灵活快速地估算出所需投资。

2. 建筑工程概算造价

建筑工程概算造价也叫初步设计概算造价。

初步设计概算文件包括概算编制说明、总概算书、单项工程综合概算书、单位工程概算书、其他工程和费用概算书和钢材、木材、水泥等主要材料表。

(1) 编制依据

1) 批准的建设项目的可行性研究报告和主管部门的有关规定;

2) 能满足编制设计概算的各专业经过校审的设计图纸（或内部作业草图），文字说明和主要设备及材料表，其中包括：

①土建工程：建筑专业提交建筑平、立、剖面图和初步设计文字说明（应说明或注明装修标准、门窗尺寸）；结构专业提交平面布置草图、构件截面尺寸和特殊构件配筋率；

②给排水、电气、弱电、采暖通风、空气调节、动力（锅炉、煤气等）等专业提交各单位工程的平面布置图，系统图（或内部作业草图），文字说明主要设备及材料表，如无材料表则应提交主要材料估算量；

③室外工程：有关各专业提交的平面布置图。总图专业提交的土石方工程量和道路、挡土墙、围墙等构筑物的断面尺寸。如无图纸的应提交工程量；

3) 当地和主管部门的现行建筑工程和专业安装工程概、预算定额、单位估价表、地区材料、构配件预算价格（或市场价格）、间接费用定额和有关费用规定等文件；

4) 现行的有关设备原价（出厂价或市场价）及运杂费率；

5) 现行的有关其他费用定额、指标和价格；

6) 建设场地的自然条件和施工条件；

7) 类似工程的概、预算及技术经济指标。

(2) 编制方法

单位工程概算是指一个独立建筑物中分专业工程计算造价的概算，如土建工程以及给排水工程、电气工程、采暖、通风、空调工程等的建筑设备购置费概算，设备和管线安装工程费的概算。

1) 土建工程概算的编制方法

①主要工程项目按照当地和主管部门规定的概算定额、扩大单位估价表和取费标准等文件，根据初步设计图纸计算主要工程量进行编制。编制程序如下：

a. 熟悉定额的内容及其使用方法。概算定额的项目划分和包括工程内容有较大的扩大和综合。如带型砖基础，砖基础项目中包括了挖运土方、加固钢筋、混凝土圈梁、防潮层、回填土等项目，因此，在计算概算工程量时，必须先熟悉概算定额中每一个项目包括的工程内容，以便计算出正确的概算工程量，避免重复或遗漏。

b. 在计算概算工程量时，对一些次要零星项目可以省略不计，最后以占直接费的百分比计算。特别在初步设计或扩大初步设计时，许多细部做法未表示出来，因此，对这些次要零星工程只能以百分比表示。

c. 套用概算定额计算工程直接费。

d. 以工程直接费为基数乘以综合费率，计算出工程造价。

e. 分析概算书中的人工、主要材料、机械台班数量，为调整差价提供依据。

f. 编制竣工期的定额基价与市场价格的总差价。

概算定额的执行期到某一项工程竣工使用要相隔一段时间，这一期间存在价格变动因素。人工、主要材料、机械可分别测定调整系数，对次要材料测定综合系数。最后相加形成预调工程造价。

②建设项目的辅助、附属或小型建筑工程（包括土建、水、电、暖等）可按各种指标编制，但应结合设计及当地的实际情况进行必要的调整。采用概算指标编制概算的方法是：

a．设计的工程项目只要基本符合概算指标所列各项条件和结构特征，可直接使用概算指标编制概算。

根据初步设计图纸及设计资料编制概算时，须首先按设计的要求和结构特征，如结构类型、檐高、层高、基础、内外墙、楼板、屋架、屋面、地坪、门窗、内外部装饰用料做法等，与概算指标中的"简要说明"和"结构特征"对照，选择相应的指标进行计算。

b．新设计的建筑物在结构特征上与概算指标有部分出入时，须加以换算。

c．从原指标的单位造价中减去与新设计不同的结构构件工程量，乘以相应的扩大结构定额的单价所得的金额，换上所需结构构件的工程量乘以相应的扩大结构定额的单价所得的金额。

d．从原指标的工料数量中减去与新设计不同的结构构件工程量，乘以相应的扩大结构定额所得的人工、材料及机械使用费，换上所需的结构构件工程量乘以相应的扩大结构定额所得的人工、材料和机械使用费。

e．调整差价并计取综合费用，算出工程造价。

2）水、暖、电气等工程概算的编制方法

①设备购置费按设备原价（出厂价）、运杂费（运杂费率）及主要设备表编制；

②设备及管线的安装工程按当地和主管部门规定的概预算定额、单位估价表、概算指标、安装费指标、类似工程概预算、技术经济指标、取费标准及调价规定等资料，根据主要设备表和初步设计图纸计算主要工程量或主要材料表进行编制。

3）室外工程概算编制方法

室外工程（包括土方、道路、管线、构筑物等）概算编制方法同土建和水、暖、电气等工程。

4）综合概算是单项工程建设费用的综合。一个单项建筑工程概算，一般包括土建、给排水、电气、采暖、通风、空调工程等单位工程概算。如作为独立建设项目时，还应列入其他费用和预备费（不可预见费）、主要建筑材料表及编制说明。

单项工程概算的编制方法只是各单位工程概算的汇总。

5）工程建设其他费用是指未纳入建筑安装工程和设备及工器具购置费两项内容，由项目投资支付的为保证工程建设顺利完成和交付使用后能够正常发挥效用而发生的各项费用的总和，包括：土地征用及迁移补偿费，土地使用权出让金、建设单位管理费、勘察设计费、研究试验费，建设单位临时设施费、工程监理费、工程保险费、供电贴费、施工机构迁移费、引进技术和进口设备其他费用、工程总承包费、联合试运转费、生产准备费、办公和生活家具购置费、基本预备费、涨价预备费、建设期贷款利息等。

其概算编制方法按当地和主管部门规定的指标、费率以及由建设单位提供的资料编制。

6）建设项目总概算

工程建设项目总概算，即全部主要工程项目、辅助、附属工程项目、室外工程、工建设其他费用等综合概算的汇总后所确定的整个工程建设项目的总投资。其概算文件应包括全部单位工程、单项工程的概算表以及主要建筑材料、设备表和编制说明。

3．建筑工程施工图预算造价

施工图设计阶段应编制施工图预算，其造价应控制在批准的初步设计概算造价之内，如超过时，应分析原因并采取措施加以调整或上报审批。施工图预算是当前进行工程招标的主要基础，其工程量清单是招标文件的组成部分，其造价是标底的主要依据。是工程直接发包价格的计价依据。

施工图预算一般由设计单位编制，工程标底一般由咨询公司编制，而投标报价则由承包人编制。

（1）编制依据

1）各专业设计施工图和文字说明、工程地质勘察资料；

2）当地和主管部门颁布的现行建筑工程和专业安装工程预算定额（基础定额）、单位估价表、地区资料、构配件预算价格（或市场价格）、间接费用定额和有关费用规定等文件；

3）现行的有关设备原价（出厂价或市场价）及运杂费率；

4）现行的有关其他费用定额、指标和价格；

5）建设场地中的自然条件和施工条件，并据以确定的施工方案或施工组织设计。

编制方法是：根据施工图设计、预算定额（基础定额）规定的项目划分、计量单位及工程量计算规则分部、分项地计算工程量，并按有关价格、取费标准等进行编制。

（2）编制方法

1）工料单价法

工料单价法指分部分项工程量的单价为直接费，直接费以人工、材料、机械的消耗量及其相应价格确定。间接费、利润、税金按照有关规定另行计算。

①传统施工图预算使用工料单价法，其计算步骤如下：

a．准备资料，熟悉施工图。准备的资料包括施工组织设计、预算定额、工程量计算标准、取费标准、地区材料预算价格等。

b．计算工程量。首先要根据工程内容和定额项目，列出分项工程目录；其次根据计算顺序和计算规划列出计算式；第三，根据图纸上的设计尺寸及有关数据，代入计算式进行计算；第四，对计算结果进行整理，使之与定额中要求的计量单位保持一致，并予以核对。

c．查定额单价（基础单价与基价），与相对应的分项工程量相乘，得出各分项工程的人工费、材料费、机械费和合计费用，再将各分项工程的上述费用相加，得出分部工程和单位工程的人工费、材料费、机械费和直接费。

d．编制分项工程、分部工程及单位工程的人工、材料和机械台班量。

e．计算其他直接费、现场经费、间接费、计划利润和税金，将直接费与上述费用相加，即可得出单位工程的价格。

f．复核。由有关人员（如造价工程师）对计算的结果进行复核，对项目填列、单价、计算方法和公式、计算结果、采用的取费标准、数字的精确度等进行全面、认真的复核。

g．编制说明。在说明中，向施工图预算审核者和使用者交待编制依据、预算所包括的工程内容范围、不包括的内容、承包人情况、调价文号和其他需要说明的问题。还要编写封面。

现在编制施工图预算时特别要注意，所用的工程量和人工、材料量是统一的计算方法和基础定额；所用的单价是地区性的（定额、价格信息、价格指数和调价方法）。由于在市场条件下价格是变动的，要特别重视定额价格的调整。

②实物法编制施工图预算的步骤：实物法编制施工图预算是先算工程量、人工、材料量、机械台班（即实物量），然后再计算费用和价格的方法。这种方法适应市场经济条件下编制施工图预算的需要，在改革中应当努力实现这种方法的普遍应用。其编制步骤如下：

a. 准备资料，熟悉施工图纸。

b. 计算工程量。

c. 套基础定额，计算人工、材料、机械数量。

d. 根据当时、当地的人工、材料、机械单价，计算并汇总人工费、材料费、机械使用费及直接费总值，得出单位工程直接费。

e. 计算其他直接费、现场经费、间接费、利润和税金，并进行汇总，得出单位工程造价（价格）。

f. 复核。

g. 编写说明。

从上述步骤可见，实物法与定额单价法不同，实物法的关键在于第三步和第四步，尤其是第四步，使用的单价已不是定额中的单价了，而是在由当地工程价格权威部门（主管部门或专业协会）定期发布价格信息和价格指数的基础上，自行确定人工单价、材料单价、施工机械台班单价。这样便不会使工程价格脱离实际，并为价格的调整减少许多麻烦。

2）综合单价法

综合单价法指分部分项工程量的单价为全费用单价，既包括直接费、间接费、利润（酬金）、税金，也包括合同约定的所有工料价格变化风险等一切费用，是一种国际上通行的计价方式。综合单价法按其所包含项目工作的内容及工程计量方法的不同，又可分为以下三种表达形式：

①参照现行预算定额（或基础定额）对应子目所约定的工作内容、计算规则进行报价。

②按招标文件约定的工程量计算规则，以及按技术规范规定的每一分部分项工程所包括的工作内容进行报价。

③由投标者依据招标图纸、技术规范，按其计价习惯，自主报价，即工程量的计算方法、投标价的确定，均由投标者根据自身情况决定。

按照《建筑工程施工发包承包管理办法》的规定，综合单价是由分项工程的直接费、间接费、利润和税金组成的，而直接费是以人工、材料、机械的消耗量及相应价格确定的。因此计价顺序应当是：

a. 准备资料，熟悉施工图纸。

b. 划分项目，按统一规定计算工程量。

c. 计算人工、材料和机械数量。

d. 套综合单价，计算各分项工程造价。
　　e. 汇总得分部工程造价。
　　f. 各分部工程造价汇总得单位工程造价。
　　g. 复核。
　　h. 编写说明。

"综合单价"的产生是使用该方法的关键。显然编制全国统一的综合单价是不现实或不可能的，而由地区编制较为可行。理想的是由企业编制"企业定额"产生综合单价。由于在每个分项工程上确定利润和税金比较困难，故可以编制含有直接费和间接费的综合单价，待求出单位工程总的直接费和间接费后，再统一计算单位工程的利润和税金，汇总得出单位工程的造价。

《建设工程工程量清单计价规范》（GB50500—2003）中规定的造价计算方法，就是根据实物计算法原理编制的。

32-4 建筑工程价款管理

32-4-1 工程预付款和工程进度款

32-4-1-1 建筑工程预付款

工程预付款是建设工程施工合同订立后由发包人按照合同的约定，在正式开工前预先支付给承包人的工程款。它是施工准备和所需主要材料、结构件等流动资金的主要来源，国内习惯上又称为预付备料款。工程预付款的支付，表明该工程已经实质性启动。

　　1. 预付款的确立

预付备料款（国外通称为"开办费"）是我国工程建设中一项行之有效的制度，早在中国人民建设银行行使基本建设资金管理职能时，就对备料款的拨付作了专门规定，明确备料款作为一种制度必须执行，对全国各地区、各部门贯彻预付款制度的工作在原则和程序上曾起过重要的指导作用。各地区、各部门结合地区和部门的实际情况，制定了相应的实施办法，对不同承包方式、年度内开竣工和跨年度工程等作了具体的规定。例如：上海市规定：凡是实行包工包料的工程项目，备料款由发包人通过经办银行办理，且应在双方签订工程施工合同的一个月内付清；包工不包料的工程，原则上不应得到备料款。施工单位对当年开工、当年竣工的工程，按施工图预算和合同造价规定备料款额度预收备料款；跨年度工程，按当年建安投资额和规定的备料款额度预收备料款，下年初应按下年的建安投资额调整上年已预收的备料款。凡合同规定工程所需"三材"（钢材、木材、水泥），全部由发包人负责供应实物，并根据工程进度或合同规定按期交料的，所交拨材料可按材料预算价格作价并视作预收备料款；对虽在施工合同中规定工程所需"三材"全部由发包人负责供应实物，而未能遵照合同规定按期、按品种、按数量交料的，承包人可按规定补足收取备料款；部分"三材"由发包人采购供应实物的，相应扣减备料款额度，或将这部分材料抵作部分备料款。在对备料款的具体操作作了规定后，同时又规定了违规操作的处理办法：凡是没有签订施工合同或协议和不具备施工条件的工程、发包人不得拨给承包人备料款，更不准以付备料款为名转移资金；承包人收取备料款两个月仍不开工，或发包人不按合同规定付给备料款的，经办银行可根据双方工程承包合同的约定分别从有关账户收回和付出备料款。

建设部为适应社会主义市场经济的发展，在《建设工程施工发包与承包计价管理办法》第 14 条明确规定：预付工程款的具体事宜由发承包双方根据建设行政主管部门的规定，结合工程款、建设工期和包工包料情况在合同中约定。《建设工程施工合同（示范文本）》中，有关工程预付款作了如下约定："实行工程预付款的，双方应当在专用条款内约定发包人向承包人预付工程款的时间和数额，开工后按约定的时间和比例逐次扣回。预付时间应不迟于约定的开工日期前 7d。发包人不按约定预付，承包人在约定预付时间 7d 后向发包人发出要求预付的通知，发包人收到通知后仍不能按要求预付，承包人可在发出通知后 7d 停止施工，发包人应从约定应付之日起向承包人支付应付款的贷款利息，并承担违约责任。"

工程预付款在国际工程承发包活动中亦是一种通行的做法。国际上的工程预付款不仅有材料设备预付款，还有为施工准备和进驻场地的动员预付款。根据 FIDIC 施工合同条件规定，预付款一般为合同总价的 10%～15%。世界银行贷款的工程项目，预付款较高，但也不会超过 20%。近几年来，国际上减少工程预付款额度的做法有扩展的趋势，一些国家都在压低预付款的数额，如科威特政府将承包工程预付款的百分比从原来的 10% 削减到 5%，但是无论如何，工程预付款仍是支付工程价款的前提，未支付预付款由承包人自己带资、垫资进行施工的情况尚未有所闻。因为此种做法对承包人来说是十分危险的，通常的做法是：预付款支付在合同签署后，由承包人从自己的开户银行中出具与预付款额相等的保函，并提交给发包人，以后就可从发包人开户银行里领取该项预付款。

2. 预付款额度

预付款额度主要是保证施工所需材料和构件的正常储备。数额太少，备料不足，可能造成生产停工待料；数额太多，影响投资有效使用。一般是根据施工工期、建安工作量、主要材料和构件费用占建安工作量的比例以及材料储备周期等因素经测算来确定。下面简要介绍几种确定额度的方法。

(1) 百分比法。百分比法是按年度工作量的一定比例确定预付备料款额度的一种方法。各地区和各部门根据各自的条件从实际出发分别制定了地方、部门的预付备料款比例。例如：建筑工程一般不得超过当年建筑（包括水、电、暖、卫等）工程工作量的 25%，大量采用预制构件以及工期在 6 个月以内的工程，可以适当增加；安装工程一般不得超过当年安装工作量的 10%，安装材料用量较大的工程，可以适当增加；小型工程（一般指 30 万元以下）可以不预付备料款，直接分阶段拨付工程进度款等等。

(2) 数学计算法。数学计算法是根据主要材料（含结构件等）占年度承包工程总价的比重，材料储备定额天数和年度施工天数等因素，通过数学公式计算预付备料款额度的一种方法。其计算公式是：

$$工程备料款数额 = \frac{工程总价 \times 材料比重(\%)}{年度施工天数} \times 材料储备定额天数 \quad (32\text{-}18)$$

$$工程备料款额度 = \frac{预收备料款数额}{工程总价} \times 100\% \quad (32\text{-}19)$$

公式中：年度施工天数按 365 天日历天计算；材料储备定额天数由当地材料供应的在

途天数、加工天数、整理天数、供应间隔天数、保险天数等因素决定。

(3) 协商议定。在较多情况下是通过承发包双方自愿协商一致来确定的。在商洽时，施工单位作为承包人，应争取获得较多的备料款，从而保证施工有一个良好的开端得以正常进行。但是，因为备料款实际上是发包人向承包人提供的一笔无息贷款，可使承包人减少自己垫付的周转资金，从而影响到作为投资人的建设单位的资金运用，如不能有效控制，则会加大筹资成本，因此，发包人和承包人必然要根据工程的特点、工期长短、市场行情、供求规律等因素，最终经协商确定备料款，从而保证各自目标的实现，达到共同完成建设任务的目的。由协商议定工程备料款，符合建设工程规律、市场规律和价值规律，必将被建设工程承发包活动越来越多地加以采用。

3. 预付款的回扣

发包人支付给承包人的工程备料款的性质是"预支"。随着工程进度的推进，拨付的工程进度款数额不断增加，工程所需主要材料，构件的用量逐渐减少，原已支付的预付款应以抵扣的方式予以陆续扣回。扣款的方法，是从未施工工程尚需的主要材料及构件的价值相当于预付备料款数额时扣起，从每次中间结算工程价款中，按材料及构件比重扣低工程价款，至竣工之前全部扣清。因此确定起扣点是工程预付款起扣的关键。

确定工程预付款起扣点的依据是：未完施工工程所需主要材料和构件的费用，等于工程预付款的数额。

工程预付款起扣点可按下式计算：

$$T = P - M/N \tag{32-20}$$

式中 T——起扣点，即预付备料款开始扣回的累计完成工作量金额；

M——预付备料款数额；

N——主要材料，构件所占比重；

P——承包工程价款总额（或建安工作量价值）。

例如：某项工程合同价 100 万，预付备料款数额为 24 万，主要材料、构件所占比重 60%，问：起扣点为多少万元？

按起扣点计算公式：$T = P - M/N = 100 - \dfrac{24}{60\%} = 60$ 万元

则 当工程量完成 60 万元时，本项工程预付款开始起扣。

在实际工作中，工程备料款的回扣方法，也可由发包人和承包人通过洽商用合同的形式予以确定，还可针对工程实际情况具体处理。如有些工程工期较短、造价较低，就无需分期扣还；有些工期较长，如跨年度工程，其备料款的占用时间很长，根据需要可以少扣或不扣。在国际工程承包中 FIDIC 施工合同也对工程预付款回扣作了规定，其方法比较简单，一般当工程进度款累计金额超过合同价格的 10%～20% 时开始起扣，每月从支付给承包人的工程款内按预付款占合同总价的同一百分比扣回。

32-4-1-2 建筑工程进度款

1. 工程进度款的计算

为了保证工程施工的正常进行，发包人应根据合同的约定和有关规定按工程的形象进度按时支付工程款。《建设工程施工发包与承包计价管理办法》规定，"建筑工程发承包双方应当按照合同约定定期或者按工程进度分阶段进行工程款结算"。《建设工程施工合同

(示范文本)》关于工程款的支付也作出了相应的约定:"在确认计量结果后 14 天内,发包人应向承包人支付工程款(进度款)"。"发包人超过约定的支付时间不支付工程款(进度款),承包人可向发包人发出要求付款的通知,发包人接到承包人通知后仍不能按要求付款,可与承包人协商签订延期付款协议,经承包人同意后可延期支付。协议应明确延期支付的时间和从计量结果确认后第 15 天起计算应付款的贷款利息"。"发包人不按合同约定支付工程款(进度款),双方又未达成延期付款协议,导致施工无法进行,承包人可停止施工,由发包人承担违约责任"。

工程进度款的计算,主要涉及两个方面,一是工程量的核实确认,二是单价的计算方法。工程量的核实确认,应由承包人按协议条款约定的时间,向发包人代表提交已完工程量清单或报告。《建设工程施工合同(示范文本)》约定:发包人代表接到工程量清单或报告后 7 天内按设计图纸核实已完工程数量,经确认的计量结果,作为工程价款的依据。发包人代表收到已完工程量清单或报告后 7 天内未进行计量,从第 8 天起,承包人报告中开列的工程量即视为确认,可作为工程价款支付的依据。工程进度款单价的计算方法,主要根据由发包人和承包人事先约定的工程价格的计价方法决定。工程价格的计价方法可以分为工料单价法和综合单价法两种方法。在选用时,既可采取可调价格的方式,即工程造价在实施期间可随价格变化而调整,也可采取固定价格的方式,即工程造价在实施期间不因价格变化而调整,在工程造价中已考虑价格风险因素并在合同中明确了固定价格所包括的内容和范围。

2. 工程进度款的支付

工程进度款的支付,是工程施工过程中的经常性工作,其具体的支付时间、方式都应在合同中作出规定。

(1) 时间规定和总额控制。建筑安装工程进度款的支付,一般实行月中按当月施工计划工作量的 50% 支付,月末按当月实际完成工作量扣除上半月支付数进行结算,工程竣工后办理竣工结算的办法。在工程竣工前,施工单位收取的备料款和工程进度款的总额,一般不得超过合同金额(包括工程合同签订后经发包人签证认可的增减工程价值)的 95%,其余 5% 尾款,在工程竣工结算时除保修金外一并清算。承包人向发包人出具履约保函或其他保证的,可以不留尾款。

(2) 操作程序。承包人月中按月度施工计划工作量的 50% 收取工程款时应填列特制的"工程付款结算账单"送发包人或工程师确认后办理收款手续,每月终了时,承包人应根据当月实际完成的工作量以及单价、费用标准,计算已完工程价值,编制特制的"工程价款结算账单"和"已完工程量月报表"送发包人或工程师审查确认后办理结算。一般情况下,审查确认应在 5 天内完成。

(3) 付款实例。

例如:某建筑工程施工合同固定总价 500 万元,合同工期为 140 日历天,从当年 1 月 1 日开工至 5 月 20 日竣工,主要材料和结构件金额占工程合同总价款的 60%,根据规定材料储备为 70d,各月完成的施工产值见表 32-4。

试求:预付备料款、备料款的抵扣、每月的结算工程款。

【解】 (1) 预付备料款 $= \dfrac{500 \times 60\%}{140} \times 70 = 150$ 万元

(2) 备料款的抵扣额：
$$T = P - M/N = 500 - 150/60\% = 250 \text{ 万元}$$
即 当累计结算额为 250 万元时，开始抵扣备料款。

各月施工产值　　　　单位：万元　　　　表 32-4

月　份	一月	二月	三月	四月	五月
完成施工产值	80.00	120.00	160.00	90.00	50.00

(3) 一月份完成施工产值 80 万元，结算 80 万元。

二月份完成施工产值 120 万元，累计结算 200 万元。

三月份完成施工产值 160 万元，因 200 + 160 = 360 万元＞250 万元，已超过起扣点 110 万元，其中 160 - 110 = 50 万元全部结算，110 万元要扣除预付备料款，实际三月份应结算工程款为：

$$50 + 110 \times (1 - 60\%) = 50 + 44 = 94 \text{ 万元，累计结算 294 万元。}$$

四月份完成施工产值 90 万元，结算款为 90×（1 - 60%）= 36 万元，累计 330 万元。

五月份计算款为 50×（1 - 60%）= 20 万元，累计 350 万元。

加上预付备料款 150 万元，共结算 500 万元。

(4) 付款方式。承包人收取工程进度款，可以按规定采用汇兑、委托收款、支票、本票等各种手段，但应按开户银行的有关规定办理；工程进度款也可以使用期票结算，发包人在开户银行存款总额内开出一定期限的商业汇票，交承包人，承包人待汇票到期后持票到开户银行办理收款；还可以因地域情况采用同城结算和异地结算的方式，总之，工程进度款的付款方式可从实际情况出发，由发包人和承包人商定和选择。

(5) 关于总包和分包付款。通常情况下，发包人只办理总包的付款事项。分包人的工程款由分包人根据总分包合同规定向总包提出分包付款数额，由总包人审查后列入"工程价款结算账单"统一向发包人办理收款手续，然后结转给分包人。由发包人直接指定的分包人，可以由发包人指定总包人代理其付款，也可以由发包人单独办理付款，但须在合同中约定清楚，事先征得总包人的同意。

32-4-2　建筑工程变更价款和施工索赔价款的结算

32-4-2-1　工程变更价款

工程变更价款一般是由设计变更、施工条件变更、进度计划变更以及为完善使用功能提出的新增（减）项目而引起的价款变化，其中设计变更占主导地位。所谓工程设计变更，是指施工图设计完以后，由于建筑物功能未能完全满足使用上的要求，或未能达到设计规范要求，或设计中存在其他某种缺陷，经过发包人、设计人同意，对原设计进行的局部修改。由于设计发生了变更，必然会引起建筑物承发包价格的变化，因此，如何处理工程变更价款，是工程承发包价格管理的任务之一。

1. 工程变更的内容和控制

(1) 工程变更的内容一般包括以下几个方面：

1) 建筑物功能未满足使用上的要求引起工程变更。例如，某工厂的生产车间为多层框架结构，因工艺调整，需增加一台进口设备，在对原设计荷载进行验算后，发现现有的设计荷载不能满足要求，需要加固，对设备所处部位如基础、柱、梁、板提供了新的变更施工图。

2) 设计规范修改引起的工程变更。一般来讲，设计规范相对成熟，但在某些特殊情况下，需作某种调整或禁止使用。例如：碎石桩基础作为地基处理的一种措施，在大多数地区是行之有效的，并得到了大量推广应用，但由于个别地区地质不符合设计或采用碎石桩的要求，同时地下水的过量开采，地下暗浜、流沙等发生的情况频繁，不易控制房屋的沉降，因而受到禁止，原设计图不得不进行更改。

3) 采用复用图或标准图的工程变更。某些设计人和发包人（如房地产开发商）为节省时间，复用其他工程的图纸或采用标准图集施工。这些复用图或标准图在过去使用时，已作过某些设计变更，或虽未作变更，也仅适用原来所建设实施的项目，并不完全适用现时的项目。由于不加分析全部套用，在施工时不得不进行设计修改，从而引起变更。

4) 技术交底会上的工程变更。在发包人组织的技术交底会上，经承包人或发包人技术人员审研的施工图，发现的诸如轴线、标高、位置和尺寸、节点处理、建筑图与结构图互相矛盾等，提出的意见而产生的设计变更。

5) 施工中遇到需要处理的问题引起的工程变更。承包人在施工过程中，遇到一些原设计未考虑到的具体情况，需进行处理，因而发生的工程变更。例如挖沟槽时遇到古河道、古墓或文物，经设计人、发包人和承包人研究，认为必须采用换土、局部增加垫层厚度或增设基础梁等办法进行处理造成的设计变更。

6) 发包人提出的工程变更。工程开工后，发包人由于某种需要，提出要求改变某种施工方法，如要求设计人按逆作施工法进行设计调整，或增加、减少工程项目，或缩短施工工期等。

7) 承包人提出的工程变更。这是指施工中由于进度或施工方面的原因，例如某种建筑材料一时供应不上，或无法采购，或施工条件不便，承包人认为需要改用其他材料代替，或者需要改变某些工程项目的具体设计等，因而引起的设计变更。

可引起工程变更的原因很多，如合理化建议，工程施工过程中发包人与承包人的各种洽商都可能是工程变更的内容或会引起工程的变更。

(2) 工程变更的控制。由于工程变更会增加或减少某些工程细目或工程量，引起工程价格的变化，影响工期，甚至影响质量，又会增加无效的重复劳动，造成不必要的各种损失，因而设计人、发包人、承包人都有责任严格控制，尽量减少变更，为此，可从多方面进行控制：

1) 不提高建设标准。主要是指不改变主要设备和建筑结构，不扩大建筑面积，不提高建筑标准，不增加某些不必要的工程内容，更应该防止"钓鱼"工程现象和利用工程建设之便，追求豪华奢侈，满足少数人之需要，避免结算超预算，预算超概算，概算超估算三超现象发生。如确属必要，应严格按照审查程序，经原批准机关同意，方可办理。

2) 不影响建设工期。有些工程变更，由于提出的时间较晚，又缺乏必要的准备，诸如某些必需材料的准备，施工设备的调遣，人员的组织等，可能影响工期，忙中添乱，应该加以避免。承包人在施工过程中所遇到的困难，提出工程变更，一般也不应影响工程的交工日期，增加费用。

3) 不扩大范围。工程设计变更应该有一个控制范围，不属于工程设计变更的内容，不应列入设计变更。例如：设计时在满足设计规范和施工验收规范的条件下，在施工图中说明钢筋搭接的方法、搭接倍数、钢筋定尺长度，这样，可以避免因设计不明确而可能提出采用钢筋锥螺纹、冷压套管、电渣压力焊等方法，引起设计变更，增加费用。即使由于材料供应上的原因，不能满足钢筋的定尺长度规定，也可由承包人在技术交底会上提出建议，由发包人或设计人作为一般性的签证，适当微调，而不必作为设计变更，从而引起大的价格变化。

4) 建立工程变更的相关制度。工程发生变化，除了某些不可预测无法事先考虑到的客观因素之外，其主要原因是规划欠妥，勘察不明，设计不周，工作疏忽等主观原因引起，从而发生扩大面积，或提高标准，或增加不必要的工程内容等不良后果。要避免因客观原因造成的工程变更，就要提高工程的科学预测，保证预测的准确性；要避免因主观原因造成的工程变更，就要建立工程变更的相关制度。首先要建立项目法人制度，由项目法人对工程的投资负责；其次规划要完善，尽可能树立超前意识；还要强化勘察、设计制度，落实勘察、设计责任制，要有专人负责把关，认真进行审核，谁出事，谁负责，建立勘察、设计内部赔偿制度；更要加强工作人员的责任心，增强职业道德观念。在措施方面，既要有经济措施，又要有行政措施，还要有法律措施。只有建立完善的工程变更相关制度，才能有效地把工程变更控制在合理的范围之内。

5) 要有严格的程序。工程设计变更，特别是超过原设计标准和规模时，须经原设计审查部门批准取得相应追加投资和有关材料指标。对于其他工程变更，要有规范的文件形式和流转程序。设计变更的文件形式，可以是设计单位作出的设计变更单，其他工程变更应是根据洽商结果写成的洽商记录。变更后的施工图、设计变更通知单和洽商记录同时应经过三方或双方签证认可方可生效。

6) 明确合同责任。合同责任主要是民事经济事件，责任方应向相对方承担民事经济责任，因工程勘察、设计、监理、施工等原因造成的工程变更从而导致非正常的经济支出和损失时，按其所应承担的责任进行经济赔偿或补偿。

2．工程变更价款的确定

工程变更价款的确定，同工程价格的编制和审核基本相同。所不同的是，由于在施工过程中情况发生了某些新的变化，针对工程变化的特点采取相应的办法来处理工程变更价款。

工程变更价款的确定仍应根据原报价方法和合同的约定以及有关规定来办理，但应强调以下几个方面：

(1) 手续应齐全。凡工程变更，都应该有发包人和承包人的盖章及代表人的签字，涉及到设计上的变更还应该由设计单位盖章和有关人员的签字后才能生效。在确定工程变更价款时，应注意和重视上述手续是否齐全，否则，没有合乎程序的手续，工程变更再大，也不能进行调整。

(2) 内容应清楚。工程变更，资料应该齐全，内容应清楚，要能够满足编制工程变更价款的要求。有的资料过于简单，有的资料不能反映工程变更的全部情况，只是草草地提了一下，认为施工现场都已经知道了变更后的做法，不担心不能计算，有个手续就行了。这样，就给编制和确认工程变更价款增加了困难。遇到这种情况，应与有关人员联系，重新填写有关记录，同时可以防止事后扯皮。

（3）应符合编制工程变更价款的有关规定。不是所有的工程变更通知书都可以计算工程变更价款。应首先考虑工程变更内容是否符合规定，采用预算定额编制价格的应符合相应的规定，如已包含在定额子目工作内容中的，则不可重复计算；如原编预算已有的项目则不可重复列项；采用综合单价报价的，重点应放在原报价所含的工作内容，不然容易混淆，此外更应结合合同的有关规定，因为合同的规定最直接、最有针对性。如存在疑问，先与原签证人员联系，再熟悉合同和定额，使所签的工程变更通知书符合规定后，再编制价格。

（4）办理应及时。工程变更是一个动态的过程，工程变更价款的确认应在工程变更发生时办理，有些工程细目在完工之后或隐蔽在工程内部，或已经不复存在，如道路大石块基层因加固所增加的工程量、脚手架等，不及时办理变更手续便无法计量与计算。《建设工程施工合同（示范文本）》约定："承包人在双方确定变更后14天内不向工程师提出变更工程价款报告时，视为该项变更不涉及合同价款的变更"。

3．工程变更价款的处理

工程变更发生后，应及时做好工程变更对工程造价增减的调整工作，在合同规定的时间里，先由承包人根据设计变更单、洽商记录等有关资料提出变更价格，再报发包人代表批准后调整合同价款。工程变更价款的处理应遵循下列原则：

（1）适用原价格。中标价、审定的施工图预算或合同中已有适用于变更工程的价格，按中标价、审定的施工图预算价或合同已有的价格计算，变更合同价款。通常有很多的工程变更项目能在原价格中找到，编制人员应认真检查原价格，一一对应，避免不必要的争议。

（2）参照原价格。中标价、审定的施工图预算或合同中没有与变更工程相同的价格，只有类似于变更工程情况的价格，应按中标价、定额价或合同中相类似项目，以此作为基础确定变更价格，变更合同价款。此种方法可以从两个方面考虑，其一是寻找相类似的项目，如现浇钢筋混凝土异型构件，可以参照其他异型构件，折合成以立方体为单位，根据难易程度、人工、模板、钢筋含量的变化，增加或减少系数返还成以件、只为单位的价格；其二是按计算规则、定额编制的一般规定，合同商定的人工、材料、机械价格，参照消耗量定额确定合同价款。

（3）协商价格。中标价、审定的施工图预算定额分项、合同价中既没有可采用的，也没有类似的单价时，应由承包人编制一次性适当的变更价格，送发包人代表批准执行。承包人应以客观、公平、公正的态度，实事求是地制定一次性价格，尽可能取得发包人的理解并为之接受。

（4）临时性处理。发包人代表不能同意承包人提出的变更价格，在承包人提出的变更价格后规定的时间内通知承包人，提请工程师暂定，事先可请工程造价管理机构或以其他方式解释处理。

（5）争议的解决方式。对解释等其他方式有异议，可采用以下方式解决：

1）向协议条款约定的单位或人员要求调解；

2）向有管辖权的经济合同仲裁机关申请仲裁；

3）向有管辖权的人民法院起诉。

在争议处理过程中，涉及工程造价确定的，由工程造价管理机构、仲裁委员会或法院指定具有相应资质的咨询代理单位负责。

32-4-2-2 工程施工索赔价款

1. 施工索赔的内容

（1）不利的自然条件和不可预见事件引起的索赔。不利的自然条件是指有经验的承包人在招投标时无法预见的施工条件，如地下暗浜、溶洞、地质断层、沉陷等。不可预见的条件，包括自然灾害、地下文物以及诸如发生战争、暴乱、动乱等特殊风险带来的经济损失或费用增加。

（2）人为障碍引起的索赔。人为障碍来自于诸多方面，有发包人拖延提供施工场地和必要的施工条件、提前占用部分永久性工程、要求赶工和终止合同等造成的损失；也有发包人委托的工程师下达不正确的指令（包括暂停施工令）、延误发放施工图或延时审批图纸、干预承包人的正常施工组织造成的损失；还包括其他承包人的干扰、材料设备供应人的干扰以及设计图纸的错误、勘察资料的失实等造成的损失。

（3）工程款支付方面引起的索赔。工程款支付涉及到价格、币种、支付方式三个方面的问题，由于物价变化、外币汇率变化以及拖延支付等方面的问题，都会导致承包人经济损失，而提出索赔要求。

（4）合同文件引起的索赔。合同文件方面引起的索赔主要有两个方面，一是合同文件本身的缺陷，包括合同文件中的遗漏、错误、用词歧义、条款缺陷等而引起；二是由合同文件组成问题引起，合同文件除了合同本身之外，招标文件、投标标书、中标通知书、技术规范说明、图纸、工程量清单等均是合同文件的组成部分，由于组成部分中解释、说明不一致，优先顺序不清（或混乱），都可能造成索赔的内容。

施工索赔的对象不仅仅是发包人，还包括保险人、其他有合约关系的承包（供应）人等。施工索赔的内容，不仅仅是费用，还包括工期。

2. 索赔费用的组成

索赔费用的计算，主要由索赔的内容决定。其具体内容因工程性质、地质情况、地域位置、发包人管理状况等情况千变万化，但归纳起来，索赔费用的要素与工程造价构成基本类似，一般可归结为人工费、材料费、施工机械使用费、分包费、施工管理费、利息、利润、保险费等。

（1）人工费。人工费的索赔是索赔中出现频率高，数额较多者之一，在工程费用中占相当的比重。人工费包括生产工人基本工资，工资性质的津贴、辅助工资、职工福利费、劳动保护费等，对索赔而言，这部分人工费是指完成合同之外由于非承包人的责任，法定的人工费等所花费的人工费用。

（2）材料费。由于工程变更，引起工程量的增加和工期的延长，使得工程材料、设备数量增加以及材料价格上涨，材料费在索赔费用中，往往占了很大的比例。

（3）施工机械使用费。施工机械使用费的索赔包括：额外工作增加引起的机械使用费；非承包人责任引起的工效降低的机械使用费；由于发包人或工程师错误指令导致机械的停工、窝工费。

（4）分包费。由于发包人的原因而使分包工程费用增加时，分包人可以提出索赔，但分包工程费用的增加，除了发包人的原因之外，往往与总包的协调和配合也有关系，因此分包人在考虑索赔时，应先向总包人提出索赔方案，总包人对分包人的索赔方案有检查和修改的权利，经检查修改后由分包人与总包人共同联合向发包人提出索赔。分包人的索赔费，一般也由人工费、材料费、机械使用费等组成。

(5) 施工管理费。工程量的增加和工期的延长都会引起管理费用的增加，管理费用包括两个方面，即现场管理费和公司管理费，管理费的具体内容由人工费、办公费、法律顾问、咨询费等组成。

(6) 利息。在合同履行过程中，如发生发包人推迟按合同规定时间支付工程款额；发包人推迟退还工程保留金；承包人借款帮助发包人完成工程项目；承包人动用自己的资金参与工程项目的，承包人可向发包人提出利息索赔。

(7) 利润。施工索赔包括费用索赔和工期索赔。通常，由于工程量的增加引起的索赔，承包人可以计取利润，而因工期引起的索赔，一般不予记取。

(8) 保险费。当发包人要求增加工程内容，致使工期延长，承包人必须重新购买或增加工程的人身安全等各项保险，同时办理延期手续，对于这部分增加的费用，承包人提出索赔后，将会得到补偿。

3. 索赔费用的计算方法

索赔费用的计算首先应坚持实事求是的态度，使发包人或其他有关审核部门看后第一印象是觉得合情合理，不会立即予以拒绝；其次是准确无误，基本资料和计算方法应准确，必须反复核对，不能有任何差错，数字计算上的粗枝大叶，往往会导致索赔的失败；再次要做到文字简练，组织严密，资料充足，条理清楚。索赔费用计算应以赔偿实际损失为原则，包括直接损失和间接损失，索赔费用的计算方法通常有两种，即总费用法和分项法。总费用法，就是当发生多次索赔事件后，重新计算工程的实际总费用，实际总费用减去投标报价时的估算总费用，即为索赔金额；分项法即按每个或每类引起损失的索赔事件及其所引起损失的费用项目分别计算索赔值。实际工作中的索赔采用分项法计算，很少采用总费用法，故主要介绍用分项法计算索赔费用的方法。

(1) 分项法计算步骤：

1) 分析每个或每类索赔事件所影响的费用项目，这些项目引起哪些费用损失，如人工费、材料费等；

2) 分类计算各费用项目的损失值，每类费用的计算方式有所不同，应按规定的惯例进行计算；

3) 将各费用的计算值列表汇总，得到总的费用索赔值。

(2) 分项法的计算方法：

1) 人工费的计算。先算出工日数，对有些未直接反映工日的变更、签证的可以参照定额或原报价的组价原则分析测算，然后可按约定的综合工日单价或当地造价管理机构公布的工日单价进行计算。

2) 材料费的计算。计算材料的数量比较容易，只要把原来的材料数量与实际使用的材料进行对比或另行单独计算，再把材料的订货单，发货单或其他有关材料的单据加以比较，摘录，就可求出材料增加的数量和价格，确定材料费。

3) 施工机械使用费。计算施工机械使用费的第一个步骤是计算所增加的设备工作时间。设备工作时间的增加有几种情况，第一种情况为原有设备比预定计划所增加的工作时间；第二种为设备数量增加时所增加的工作时间；第三种为以上两种情况交叉发生时所增加的时间。第二个步骤就是确定施工机械的台班价格，既可以是按照市场租赁价计算，也可以按照定额规定另增加系数，应视合同规定和有关规定而定。关于机械设备停置台班价格，如果是租赁设备，一般按实际价格计算，如果承包人自有设备，一般按台班折旧费、维修费的50%计算，再加上机上人工费和养路费。

4）分包费的计算。分包费一般包括人工费、材料费、机械使用费等。其计算方法与上述介绍的计算方法相同。

5）施工管理费的计算。现场施工管理费的计算方法为：

$$现场管理费索赔额 = 现场管理费比率 \times 直接费用的索赔款 \quad (32-21)$$

其中现场管理费比率可以按原先确定的，也可以参照预算定额费用的标准。

公司施工管理费的计算方法为：

$$公司施工管理费索赔额 = 公司施工管理费比率 \times (直接费用的索赔额 + 现场管理费的索赔额) \quad (32-22)$$

公司施工管理费比率可参照现场管理费比率的方法。

6）利息的计算。利息的索赔额通常是根据利息的本金、种类和利率以及发生利息的时间予以确定。利息的计算不应包括索赔款额本身的利息。

7）利润的计算。索赔利润的款项计算通常是与原报价单中的利润百分比率保持一致，即在直接费的基础上，增加原报价单中的利润率，作为该项索赔款的利润。

8）保险费的计算。保险费的计算是保险人根据不同的保险对象，对建设工程不同项目的危险程度、地理位置、工地环境、工期长短和免赔额的起点等因素来考查确定的。不同的保险对象其费用是不同的，如建筑工程一切险约为总价的1.8‰~5‰，第三者责任险的费率约为2.5%~3.5%，凭所办理的保单即可得出保险费的索赔款。

(3) 施工索赔程序和时效。《建设工程施工合同（示范文本）》通用条款约定：承包人可按下列程序以书面形式向发包人索赔：

1）索赔事件发生后28d内，向工程师发出索赔意向通知；

2）发出索赔意向通知后28d内，向工程师提出延长工期和（或）补偿经济损失的索赔报告及有关资料；

3）工程师在收到承包人送交的索赔报告和有关资料后，于28d内给予答复，或要求承包人进一步补充索赔理由和证据；

4）工程师在收到承包人送交的索赔报告和有关资料后28d内未予答复或未对承包人作进一步要求，视为该项索赔已经认可；

5）当该索赔事件持续进行时，承包人应当阶段性向工程师发出索赔意向，在索赔事件终了后28d内，向工程师送交索赔的有关资料和最终索赔报告。索赔答复程序与上述3）、4）规定相同。

32-4-3 建筑工程竣工结算

所谓竣工结算，是指一个单位工程、单项工程或建设项目的建筑安装工程完工并经建设单位及有关部门验收点交后，按照合同（协议）等有关规定，在原施工图预算、合同价格的基础上编制调整预算和价格，由承包人提出，并经发包人审核签认的，以表达该工程造价为主要内容，并作为结算工程价款依据的经济文件的行为。

32-4-3-1 竣工结算的原则

办理工程竣工结算，要求遵循以下基本原则：

1. 任何工程的竣工结算，必须在工程全部完工、经点交验收并提出竣工验收报告以后方能进行。对于未完工程或质量不合格者，一律不得办理竣工结算。对于竣工验收过程中提出的问题，未经整改达到设计或合同要求，或已整改而未经重新验收认可者，也不得办理竣工结算。当遇到工程项目规模较大且内容较复杂时，为了给竣工结算创造条件，应尽可能提早做好结算准备，在施工进入最后收尾阶段即将全面竣工之前，结算双方取得一致意见，也可以开始逐项核对结算的基础资料，但办理结算手续，仍应到竣工以后，不能违反原则，擅自结算。

2. 工程竣工结算的各方，应共同遵守国家有关法律、法规、政策方针和各项规定，要依法办事，防止抵触、规避法律、法规、政策方针和其他各项规定及弄虚作假的行为发生，要对国家负责，对集体负责，对工程项目负责，对投资主体的利益负责，严禁通过竣工结算，高估冒算，甚至串通一气，套用国家和集体资金，挪作他用或牟取私利。

3. 工程竣工结算，一般都会涉及许多具体复杂的问题，要坚持实事求是，要针对具体情况具体分析，从实际出发，对于具体疑难问题的处理要慎重，要有针对性，做到既合法，又合理，既坚持原则，又灵活对待，不得以任何借口和强调特殊原因，高估冒算和增加费用，也不得无理压价，以致损害相对方的合法利益。

4. 应强调合同的严肃性。合同是工程结算是直接、最主要的依据之一，应全面履行工程合同条款，包括双方根据工程实际情况共同确认的补充条款。同时，应严格执行双方据以确定合同造价的包括综合单价、工料单价及取费标准和材料设备价格等计价方法，不得随意变更，变相违反合同以达到某种不正当目的。

5. 办理竣工结算，必须依据充分，基础资料齐全。包括设计图纸、设计修改手续、现场签证单、价格确认书、会议记录、验收报告和验收单，其他施工资料，原施工图预算和报价单，甲供材料、设备清单等，保证竣工结算建立在事实基础上，防止走过场或虚构事实的情况发生。

32-4-3-2 竣工结算程序

以下是竣工结算的一般程序：

1. 对确定作为结算对象的工程项目内容作全面认真的清点，备齐结算依据和资料。

2. 以单位工程为基础，对施工图预算、报价的内容，包括项目、工程量、单价及计算方面进行检查核对。为了尽可能做到竣工结算不漏项，可在工程即将竣工时，召开单位内部有施工、技术、材料、生产计划、财务和预算人员参加的办理竣工结算预备会议，必要时也可邀请发包人、监理单位等参加会议，做好核对工作。包括：

(1) 核对开工前施工准备与水、电、煤气、路、污水、通讯、供热、场地平整等"七通一平"；

(2) 核对土方工程挖、运数量，堆土处置的方法和数量；

(3) 核对基础处理工作，包括淤泥、流沙、暗浜、河流、塌方等引起的基础加固有无漏算；

(4) 核对钢筋混凝土工程中的含钢量是否按规定进行调整，包括为满足施工需要所增加的钢筋数量；

(5) 核对加工定货的规格、数量与现场实际施工数量是否相符；

(6) 核对特殊工程项目与特殊材料单价有无应调未调的；

(7) 核对室外工程设计要求与施工实际是否相符；

(8) 核对因设计修改引起工程变更记录与增减账是否相符；

(9) 核对分包工程费用支出与预算收入是否有矛盾；

(10) 核对施工图要求与施工实际有无不符的项目；

(11) 核对单位工程结算书与单项工程结算书有关相同项目、单价和费用是否相符；

(12) 核对施工过程中有关索赔的费用是否有遗漏；

(13) 核对其他有关的事实、根据、单价和与工程结算相关联的费用。

经检查核对，如发生多算、漏算或计算错误以及定额分部分项或单价错误，应及时进行调整，如有漏项应予补充，如有重复或多算应删减。

3. 对发包人要求扩大的施工范围和由于设计修改、工程变更、现场签证引起的增减预算进行检查，核对无误后，分别归入相应的单位工程结算书。

4. 将各个专业的单位工程结算分别以单项工程为单位进行汇总，并提出单项工程综合结算书。

5. 将各个单项工程汇总成整个建设项目的竣工结算书。

6. 编写竣工结算编制说明，内容主要为结算书的工程范围，结算内容，存在的问题以及其他必须加以说明的事宜。

7. 复写、打印或复印竣工结算书，经相关部门批准后，送发包人审查签认。

32-4-3-3 竣工结算方法

竣工结算方法，同编制施工图预算或投标报价的方法在很多地方基本一样，可以相通，但也有所不同，有其特点，主要应从以下几个方面着手。

1. 注重检查原报价单和合同价

在编制竣工结算的工作中，一方面，应当注重检查原报价单和合同价，熟悉所必备的基础资料，尤其是对报价的单价内容，即每个分项内容所包括的范围，哪些项目允许按设计和招标要求予以调整或换算，哪些项目不允许调整和换算都应予以充分的了解。另一方面，要特别注意项目所示的计量单位，如 $1m^3$、$10m^3$、$1m^2$、$100m^2$、$1m$、$100m$、t、个、座、只等，计算调整工程量所示的计量单位，一定要与原项目计量单位相符合；对用定额的，就要熟悉定额子目的工作内容、计量单位、附注说明、分项说明、总说明、定额中规定的工、料、机的数量，从中得到启发，发现按定额规定可以调整和换算的内容；对合同价，主要是检查合同条款对合同价格是否可以调整的规定。

2. 熟悉竣工图纸，了解施工现场情况

工作人员在编制竣工结算前，必须充分熟悉竣工图，了解工程全貌，对竣工图中存在的矛盾和问题应及时提出。要克服在做竣工结算时，自认为施工图已经熟悉及怕麻烦的思想，应充分认识到竣工图是反映工程全貌和最终反映工程实际情况的图纸。同时还要了解现场全过程实际情况，如土方是挖运还是填运，土壤的类别，运输距离，是场外运输还是场内运输，钢筋混凝土和钢构件采用什么方法运输、吊装，采用哪种脚手架进行施工等等。如已按批准的施工方案实施的则可按施工方案办理，如没有详细明确的施工方案，或施工方案有调整的,则应向有关人员了解清楚。这样才能正确确定有关分部分项的工程量和工程价格,避免竣工结算与现场脱节,影响结算质量和脱离实际的情况发生。

3. 计算和复核工程量

计算和复核工程量的工作在整个竣工结算过程中乃是重要的一道工序。尽管原作出的施工图预算和报价时已经完成了大量的计算任务,但由于设计修改,工程变更等原因会引起工程量的增减或重叠,有些子目有时会有重大的变化甚至推倒重来,所以不仅要对原计算进行复核,而且有可能需要重新计算,因此,花费的时间有时会很长,会影响结算的及时性,只有充分予以重视,才能保证结算的质量和如期完成。

工程量的计算和复核应与原工程量计算口径相一致,对新增子目的,可以直接按照国家和地方的工程量计算规则的规定办理。

4. 汇总竣工工程量

工程量计算复核完毕经仔细核对无误后,一般应根据预算定额或原报价的要求,按分部分项工程的顺序逐项汇总,整理列项,列项可以分为增加栏目和减少栏目,既为套用单价提供方便,也可以使发包人在审核时方便对照。对于不同的设计修改、签证但内容相同的项目,应先进行同类合并,在备注栏内加以说明以免混淆或漏算。

5. 套用原单价或确定新单价

汇总的工程结算工程量经核对无误就可以套用报价单价。选用的单价应与原报价的单价相同,对于新增的项目必须与竣工结算图纸要求的内容相适应,分项工程的名称、规格、计量单位需与原定的分部分项工程所列的内容相一致,原报价中没有相同的单价时,应按原报价单价相类似项目确定价格,没有相类似项目的价格,应由承包人根据定额编制的基本方法、原则或报价确定或合同确定的基本原则编制一次性补充单价作为结算的依据,以避免重套、漏套或错套单价以及不符合实际的乱定价,影响工程结算。

6. 正确计算有关费用

单价套完经核对无误后,应计算合价,并按分部分项计算分部工程的价值,再把各分部的价值相加得合计。如果是按预算定额、可调工料单价估价法、固定综合单价估价法编制结算的,应根据这些计算方法和当地的规定,分别按价差调整办法计算价差,求出管理费、利润、税金等,然后把这些费用相加就得出该单位工程的结算总造价。

7. 作竣工结算工料分析

竣工结算工料分析是承包人进行经济核算的重要工作和主要指标,也是发包人进行竣工决算总消耗量统计的必要依据,又是提高企业管理水平的重要措施,此外还是造价主管机构统计社会平均物耗水平真实的信息来源。作竣工结算工料分析,应按以下方法进行:

(1) 首先把竣工结算中的分项工程,逐项从结算中查出各种人工、材料和机械的单位用量并乘以该工程项目的工程量,就可以得出该分项工程各种人工、材料和机械的数量。

(2) 然后按分部分项的顺序,将各分部工程所需的人工、材料和机械分别进行汇总,得出该分部工程各人工、材料和机械的数量。

(3) 最后将各分部工程进行再汇总,就得出该单位工程各种人工、材料和机械的总数量,并可进而得知万元和平方米的消耗量。在进行工料分析时,要注意把钢筋混凝土、钢结构等制品、半制品单独进行分析,以便进行成本核算和结算"三材"指标。

8. 写竣工结算编制说明

编写竣工结算说明，应明确结算范围、依据和提供材料的基本内容、数量，对尚不明确的事实做出说明。

(1) 竣工结算范围既是项目的范围，也包括专业工程范围。工程项目范围可以是全部建设工程或单项工程和单位工程，应视具体情况而定；专业工程范围是指土建工程，安装工程，防水、耐酸等特殊工程，在明确专业工程范围时应注意竣工图已有反映，但由发包人直接发包的专业项目，以免引起误解。

(2) 竣工结算依据主要应写明采用的竣工图纸及编号，采用的计价方法和依据，现行的计价规定，合同约定的条件，招标文件及其他有关资料。

(3) 甲供材料的基本内容通常为钢材、木材、水泥、设备和特殊材料，应列明规格数量、供货的方式，以便财务清账，做到一目了然。

(4) 其他有关事宜。

9. 制作竣工结算书

完成以上几方面的工作以后，即可着手制作竣工结算书。竣工结算书是由承包人提出的项目的最终价格，反映了承包人对所完工程项目全部经济收入应收情况的要求。因此，竣工结算书应全面反映工程的基本概况，包括每一单位工程的原合同价格清单，所有的增减账单，并加以汇总制作竣工结算表（表32-5），如是单项工程或全部建设项目工程，先分别制单，然后再将单位工程结算单汇总制作结算汇总表（表32-6），至此，竣工结算的计算工作已经完成，可进入审查和确认阶段。

某新建小学建筑安装工程竣工结算表 表32-5

建设单位名称				项目名称			
项目地点				合同编号			
建筑面积				结构形式			
开工日期				竣工日期			
施工单位				制表日期			
结算项目							说明
	原预算（合同）金额						
	调整项目金额		增（+）	减（-）	增减后		
其中		设计变更(1)					设计变更通知1
		设计变更(2)					设计变更通知2
		二次驳运					甲方现场签证1
		费用签证					甲方费用签证
		调整项目小计					
		结算项目合计					
备注							
制表人签字：				制表单位盖章：			

某新建小学建筑安装工程竣工结算汇总表 表 32-6

建设单位名称		项目名称	
项目地点		合同编号	
建筑面积		交工证书号	
开工日期		竣工日期	
施工单位		制表日期	
序号	结算项目	金额	说明
1	教育楼		
2	教师办公楼		
3	食堂		
4	活动房		
5	门卫		
6	车棚		
7	室外总体		
	总计		
备注			
制表人签字：		制表单位盖章：	

32-5 建筑工程造价信息管理

32-5-1 建筑工程造价信息分类与积累

建筑工程造价信息，就是在建筑工程造价管理全过程中用于确定工程造价或控制工程造价所产生和使用的文字、数据、图表和文件等。建筑工程造价信息可以进行有目的的收集、整理、维护、分析和使用，并能够用过去的造价信息来预测未来造价的变化和发展趋势。

32-5-1-1 建筑工程造价信息的分类

1. 按信息来源分类：

按照信息的来源分类，可以简单分为社会信息和企业内部信息两大类。

（1）社会信息

①政府机构所发布的与建筑工程造价相关的各类法律、法规和文件，各级造价管理机关所发布的定额、价格、调价文件以及定额解释文件等。这些政府机构所发布的造价信息是建筑工程造价管理人员确定工程造价和控制工程造价的基础和依据。

②各类造价中介机构或研究机构所发布的建筑工程造价指标、指数、典型工程案例分析资料等。中介机构或研究机构所发布的这些造价信息，往往经过了比较科学、严谨的细致分析和测算，基本能够代表不同工程类型、不同阶段和不同时期的价格水平。经过适当的调整后，这些资料可以用于前期的投资估算，也可作为进行各阶段造价审核的参考。

③商业公司所提供的各类资源的市场价格信息。随着建筑市场的逐渐开放，资源的价

格信息只能依据市场。这些价格信息的最直接、最准确的来源应该是资源供应厂商。这些资源供应厂商包括劳务分包公司、建材供应厂商、设备供应厂商等等。其中，也包括社会上的商业公司针对市场价格信息而提供的价格信息杂志及价格信息网站等。

(2) 企业内部信息

①企业自有的工程投标、造价控制和工程结算历史资料。这些资料应该经过适当分类、整理和分析，使其能够代表企业自己的消耗水平和管理水平，并且便于查询和调用。如果具备条件，可以由专门的部门进行持续管理形成企业的内部消耗定额。企业自身的消耗标准是企业最重要的造价信息资料，是企业进行投标报价、成本控制的重要依据。

②企业的资源价格数据。资源价格主要包括劳动力、材料、机械设备等的价格。企业的资源价格数据受市场因素影响，有周期短、变化快的特点。因此在激烈的市场竞争环境中，企业除了利用社会上的各类价格信息资料外，更重要的是应该投入力量建立自己的资源价格管理体系和价格数据库。利用此价格数据库和企业自己的消耗标准，再参考各类社会上的造价信息，企业在投标报价和成本控制的过程中便能做到方便快捷、有凭有据。

2．按信息性质分类

按照信息分类，建筑工程造价信息可以分为消耗标准类、价格信息类和法规文件类。

(1) 消耗标准类主要包括：造价管理机关所发布的消耗定额，如国家基础定额、各地和各行业的各类定额等；企业内部消耗标准，如企业的历史资料、企业内部定额等；中介机构或研究机构所发布的消耗性标准，消耗指标等。

(2) 市场价格类，包括劳动力价格，材料价格，机械租赁价格，设备购置价格以及专业分包价格等。其主要来源是政府机构、造价管理机关、中介公司和商业公司所发布的价格信息、价格指标指数信息、厂商的直接报价等，也包括企业自己组织采集的各类价格信息。这些信息所采用的介质可能是书面的杂志刊物、报价单，也可能是电子信息、网站数据库等。

(3) 法规文件类，主要包括政府机构或造价管理机关所发布的各类建设工程造价管理和调价文件等。

3．按造价信息管理系统分类

(1) 定额管理系统；

(2) 价格管理系统；

(3) 造价计算系统；

(4) 造价控制系统。

32-5-1-2 建筑工程造价信息的积累

建筑工程造价信息的积累是一项非常重要的工作，其难度大、工作量大、技术水平要求高，而且要求有较高的组织和管理水平。正因为如此，目前我国的造价信息积累工作整体水平还很有限。这里按照信息来源的不同，分别说明企业积累这些造价信息的一些主要原则和方法。

1．对社会信息的积累

社会信息类型的造价信息，其存在形式主要是有形的定额本、文件或杂志刊物等，也有些电子形式，例如定额数据库、造价信息网站的使用权等。这一类型的造价信息，其得到的方法比较容易，主要靠及时的购买现成刊物或使用权，其管理也相对容易，做好相应的档案管理即可。

2. 对企业内部信息的积累

企业内部信息的积累工作，主要包括企业消耗标准的积累和价格信息的积累。

企业建立消耗标准工作流程大致是：首先建立企业的消耗标准数据库，其中需要对企业的历史资料进行有效的分类、整理，并组织人力进行加工分析；其次要进行必要的测算；最终形成初步的消耗标准库；随着项目管理方法的改进及工法工艺的进步，初步消耗标准库要进行相应的修订。首先公司领导层要有决心和实际行动来推动企业消耗标准库的建立工作。其次，要确定合适的造价信息积累策略。一种可以选择的策略就是，如果建立企业定额有困难，那么可以另辟途径，先只建历史资料数据库。即组织人力确定统一的分类标准和数据标准，然后将新的造价信息全部电子化入库，再逐渐将原有的资料电子化，这样只要保证历史资料库能够不断补充新的信息，这个历史资料数据库就会逐渐发挥它的作用。事实上国外好多企业就是这样做的，他们有历史资料数据库，但没有企业内部定额。第三，要有专门的组织来管理和维护历史资料数据库，对过时的无用数据及时清理，及时补充新的资料，并且可以利用这些历史资料进行适当的分析，得出一些比较常用的、数值比较固定的指标、指数，供快速报价使用。

价格信息的积累是一个比较新的课题。首先，要建立可靠及时的价格渠道，立足自己采集建立数据库并与外部社会资源整合，确保材料价格找得到、买得到、买得好。例如，企业可以将负责合同预算的部门和物资采购部门进行适当的分工，明确各自在价格管理中的职责，统一材料编码，共同来建立和维护一个合格分供商和合格材料价格的数据库，同时也可和社会上提供价格服务的专业公司或专业网站合作，建立一个内外结合的价格采集渠道。其次，要有专门的组织机构来维护和更新价格信息。这一点非常重要，价格信息贵在及时和准确，又要求具有一定的预测性。因此要建立一套有效机制，把过时的价格信息及时更新，同时要结合公司需求适时地补充新的材料价格。更重要的是要结合公司需要，对某些重要材料的价格变动进行基本面、政策面和技术面的分析，做到充分掌握材料价格的发展趋势，指导公司确定合适的投标策略和采购策略。

32-5-2 定额管理系统

32-5-2-1 概预算定额编制系统

本系统的主要用户是定额管理部门。社会定额管理部门编制基础定额和可参考的单位估价表，作为确定工程造价的主要依据。本软件系统的功能主要是定额单价的生成、数据管理和定额排版。定额编制排版系统的系统结构图见图32-2。

1. 定额数据生成

(1) 新建定额向导：新建一本定额，程序向导引导用户输入定额的编制单位、定额类别、编制日期等必须信息。

(2) 导入现有定额：软件可以将存在于其他媒体介质（磁盘、磁带、光盘）上的定额数据库导入为软件的当前定额数据库进行编辑加工。对于不同数据格式的文件，可以分别采用数据转换，扫描，语言转换等方式转换为本软件的数据格式。

(3) 定额子目录入：在定额数据库中录入新的定额子目，逐项录入定额含量。根据劳动定额的基本用工、超运距用工和人工幅度差等因素得出预算定额的人工工日。对材料用量之间的关系，如乙炔气与氧气之间的用量比例，提供一些辅助的计算工具。

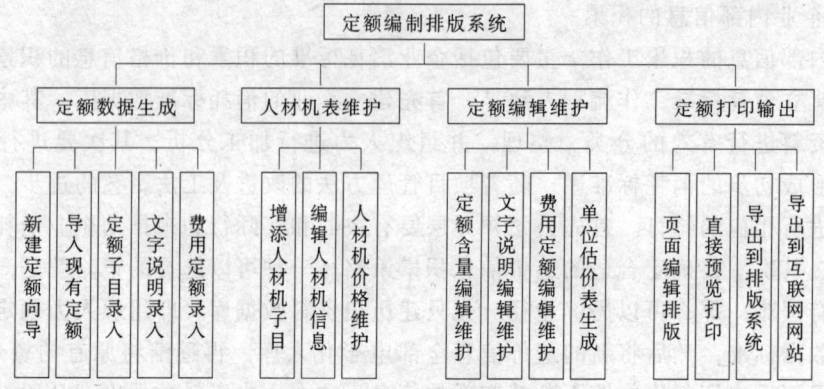

图 32-2 定额编制排版系统

（4）文字说明录入：在定额数据库中录入定额说明，工作内容等文字信息。

（5）费用定额录入：在定额数据库中录入费用定额的名称、费率、计算公式。对于一些间接费用的测算公式，提供辅助的计算工具。

2. 人材机表的维护

（1）增添人材机子目：在人材机代码表中增添新的人材机项目。

（2）编辑人材机信息：在人材机代码表中对现有的项目信息进行编辑修改，调整配合比含量和机械含量。如果变更结果影响到定额含量中的相关数据，例如删除材料子目、修改材料代码及计量单位等，应该给出相应的警告或限制，确认修改后要及时同步更新对应的定额含量数据库中的数据。

（3）人材机价格维护：人材机的预算价格的生成和维护，可以人工录入新的人材机价格，也可以导入某一价格管理系统的价格信息进行加工处理。对于固定的价格采集单位，可以直接处理指定单位传送的价格文件。对于供应商提供的供应价，要增加运杂费、采购保管费等各项费用，对同一地区相同种类不同规格品种的材料价格，以及不同生产厂家供应的相同材料，要分类加权综合，得出与人材机代码表一一对应的材料预算价格。

3. 定额编辑维护

（1）定额含量编辑维护：对现有定额子目的人材机消耗量进行维护、增减和修改；

（2）文字说明编辑维护：对现有的文字说明部分进行编辑维护；

（3）费用定额编辑维护：对现有的费用定额进行编辑维护；

（4）单位估价表生成：根据定额的消耗量及人、材、机预算价格，生成单位估价表，要合理确定小数的位数，配平定额含量中各材料合价和定额基价之间的关系。

4. 定额打印输出

（1）页面编辑排版：对生成的单位估价表进行排版，满足印刷的要求。

（2）直接预览打印：经过排版后的定额和单位估价表可以随时在计算机屏幕上预览并可送计算机打印。

（3）导出到排版系统：由于定额往往需要大批量的印刷，经过排版后的定额和单位估价表可直接生成。

（4）导出到互联网网站：由于造价管理方式的改革，已经放开人、材、机价格，直接根据定额含量和人、材、机市场价生成估价表基价，所以各级定额管理部门不但需要定期在网站上定期发布人、材、机的指导价格，而且可以同时发布根据人、材、机指导价生成的单位估价表，本功能可以将定额生成的单位估价表直接上传到指定的网站。

32-5-2-2 企业内部定额管理系统

本系统的主要用户定位在大中型工程专业承包企业和集团公司。

企业根据自身所在的地区和行业，参考预算定额，编制能够反映内部实际成本，体现企业市场竞争能力的内部定额，供给投标报价和内部核算使用。

该系统软件的特点是面向企业内部数据库的操作，体现和适应市场经济的价值规律的动态化管理。其系统流程图见图32-3。

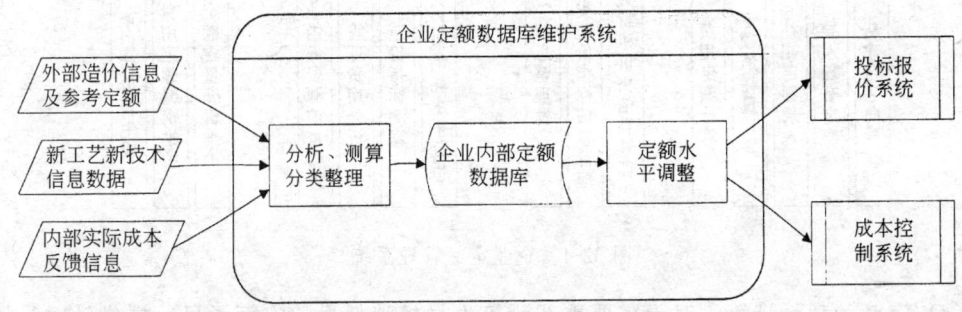

图 32-3 企业内部定额管理系统流程图

企业内部定额数据库的来源有三个主要方面：

(1) 各种造价信息：如政府定额，政府部门和其他相关部门发布的各种造价指标，人材机价格信息；

(2) 由于新工艺、新技术的产生而补充的消耗定额；

(3) 企业内部历史工程反馈的实际发生的成本信息。

企业定额相对社会定额来说，编制力量要弱一些，不可能对所有的定额都重新测算编制，企业定额的主要来源仍然是以参考地区定额和行业定额为主，结合本企业的施工和管理水平，做局部的调整。还根据本企业的特点，对一些专业工序、新工艺、新技术编制部分有针对性的补充定额。企业定额的特点在于不断根据外部信息和企业内部工程成本的反馈信息及时补充和更新、修正企业内部定额数据库，保持企业定额数据库的动态性和针对性。更新前的数据可以按不同的时间段定期保存。

在实际使用企业定额库的时候，需要根据不同的用途（例如对外的投标报价或对内的成本控制），考虑可能发生的风险等不确定因素，采用相应的投标技巧、增减调整等方法，生成相应的单位估价表，提供给投标报价系统或成本控制系统等使用。

企业定额管理系统的结构图见图32-4。

1. 定额数据库生成

(1) 新建定额向导：新建一本定额，定额导向引导用户输入定额的编制单位、定额类别、编制日期等必须信息。

(2) 导入现有定额：导入地区定额和专业定额是生成企业数据库的主要手段。通常企业定额的水平要略高于社会定额，对导入的定额含量可以批量乘以约定的调整系数，也可以对指定的人材机含量进行批量修正。

(3) 补充定额录入:由于新工艺、新技术的产生需要补充新的定额子目,或者是在本企业个别专业工序没有相近的参考定额的情况下,需要编制录入补充定额,其功能与前文所述定额子目录入相同。

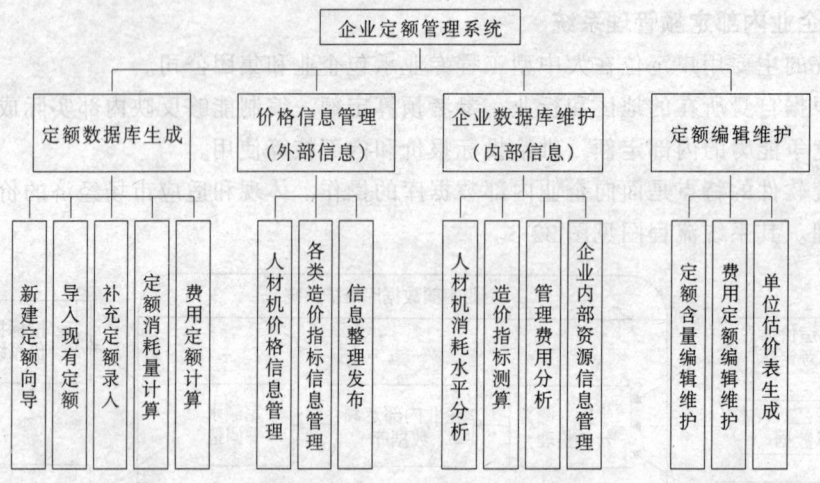

图 32-4 企业定额管理系统

(4) 定额消耗量计算:对于需要重新测算人材机消耗量的定额子目,提供针对具体测算方法的测算消耗量的计算模板,输入原始数据,根据约定的计算公式计算出定额用量。

(5) 费用定额计算:提供计算费用的计算模板,输入原始数据,根据约定的计算公式计算出费用定额的数据。

2. 价格信息管理(外部信息管理)

(1) 人材机价格信息管理:定期采集政府部门和各媒体发布的人材机价格信息、定点人材机供应商的价格信息、其他价格管理系统提供的价格信息、经过加工处理生成可以在投标报价和成本预测时直接使用的价格。广义的价格信息还包括专业分包商提供的分包价格。本功能主要分为两个子功能。其中一个功能是数据采集手段:可以有手工录入、导入数据库、网上下载、协作单位定期传送等;另一个功能是数据加工,每个企业经常承包的工程,在地区和专业上都有相对的稳定性,特殊的材料有相对固定的供应商,特殊工种的施工有相对固定的分包商和协作单位,材料的包装运输费用等也有比较固定的、有针对性的计算方式和计算模板。

(2) 各类造价指标信息管理:定期采集政府部门和各媒体发布的各类造价指标,如单方造价、概算指标等,经过分析处理、归类整理,成为企业定额数据库的重要组成部分,本功能同样包含数据采集和数据加工两部分。

(3) 信息整理发布:经过整理的价格信息和造价指标,与单位估价表具有同等的重要性,可以直接提供给用户。本系统发布的信息与价格管理系统的不同之处,在于数据加工的深度更深,具有较强的针对性,是直接针对指定的施工现场或指定的工程项目的价格。本系统整理发布的价格信息同样属于内部数据库性质,根据用户所在岗位的不同设定相应的控制权限。

3. 企业数据库维护(内部信息管理)

(1) 人材机消耗水平分析:根据企业内部历史工程积累的成本核算数据,经过分析对比，找出与定额不相符合之处。分析得出的结论可分为两部分：产生差异的因素和差异的幅度。根据分析结论可选择相应的功能对定额数据库进行修正。系统提供两种修正方式：一种方式是直接修改定额含量，适用于确认定额含量不准确的情况；另一种方式是由于具体的地区或具体的工程项目引起的差异，针对产生差异的因素和差异幅度做成模板备用（类似于定额本的附注换算信息）。

(2) 造价指标测算：根据企业内部历史工程积累的造价数据，分析生成造价指标，与通过外部信息得到的造价指标有同等的参考价值。由于内部数据比较完整可靠，在成本估算过程中比外部数据具有更高的可操作性和可靠性。

(3) 间接费用分析：根据企业内部实际发生的间接费用成本，修正费用定额的计算模板和分摊比例。修正的方法有直接修改原模板和另外生成新的模板两种。

(4) 企业内部资源信息管理：包括企业自己的劳动力队伍和机械设备的资源使用价格、机械的租赁费用、相对固定的供应商和分包商或协作单位的信息管理、材料价格和分包价格的信息管理。包括信息录入和信息维护两个功能。

4．定额编辑维护

(1) 定额含量编辑维护：直接对定额含量编辑维护；

(2) 费用定额编辑维护：直接对费用定额编辑维护；

(3) 单位估价表生成：根据企业定额的定额含量和人材机价格生成定额子目单价。可以根据具体的用途和工程特性调用不同的修正模板对定额单价进行修正：例如某具体工程项目的投标报价，需要根据其风险程度适当提高某一部分子目的报价，这里可能是乘以一个大于1的系数，也可能是增加某种机械的台班用量，类似于针对定额附注的换算处理。定额单价的修正可以在本系统中完成，也可以在投标报价系统或成本控制系统中完成，但是相应的调整模板和调整系数表在企业定额数据库中是不可缺少的组成部分，相应的维护功能在前述企业数据库维护中实现。

32-5-2-3 定额管理软件系统的特点和发展

定额管理根据我国不同历史时期对造价管理方式的不同而产生相应的变化，上述两个系统分别代表了从计划经济向市场经济转变的定额管理模式。其中社会定额的优点在于政策指导性强、数据采集来源广、专家性强、代表了本地区全社会的施工水平和技术进步状况，有较强的价格导向意义。企业定额适应市场经济的价值规律，体现成本决定造价的原理，它相对于社会定额的特点是针对性强，在行业、时间、地区、施工和管理水平上更贴近于具体的企业和工程项目。

在国家进行造价管理体制改革的过程中，以上两种模式同时都具有存在的价值。企业定额在社会定额的基础上生成，社会定额也在向动态管理的模式发展，定额测算和价格更新的频率都在逐步加快。定额管理软件随着造价管理模式的发展也在向着动态化、网络信息化发展，二者的区别仅在于：社会定额反映本地区行业内平均的水平，企业定额反映企业和工程项目的具体水平。二者互为指导和补充的关系。重视和强调两个系统之间的信息交流是两个系统共同的要求和主要功能。

32-5-3 价格管理系统

建筑工程造价信息管理系统中的价格管理系统，其主要功能是保证企业对人材机价格能够进行快捷方便地采集录入、加工整理、更新维护、比价分析和预测等,为其他造价信息子系统服务,以便动态、合理地确定人工工日单价、人工、材料预算价格、机械台班单价和建筑设备价格等,为企业合理确定造价和有效控制造价服务。其管理的主要内容包括以下五大部分:

(1) 劳动力价格管理;
(2) 专业分包价格管理;
(3) 建筑材料价格管理;
(4) 施工机械价格管理;
1) 自有机械价格管理;
2) 租赁机械价格管理;
(5) 建筑设备价格管理。

每个管理内容中都应该包括对其合格分供商的管理、价格的采集录入、价格的更新维护、价格的分析预测以及和其他系统的接口功能。

价格管理系统的框架模型见图 32-5。

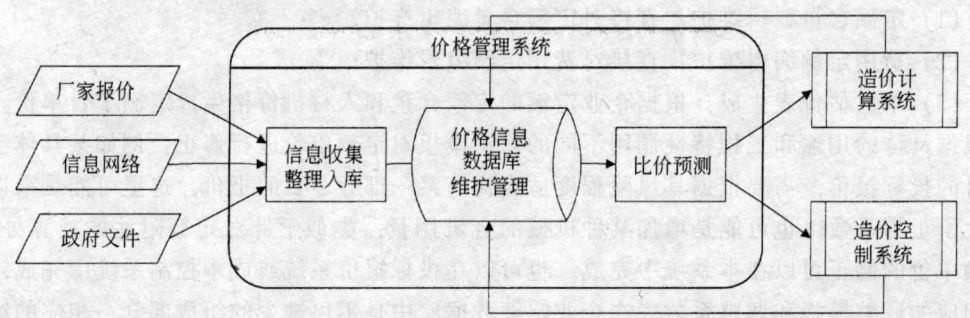

图 32-5 价格管理系统的框架

下面分别介绍以下各分系统的主要功能。

32-5-3-1 合格分供厂商管理分系统

1. 主要功能

合格分供商资源的增加、删除、修改和查询。

2. 主要字段

单位名称,企业经济类型,法人代表,经营范围,注册资金,邮政编码,公司地址,当地地址,联系人,联系电话,email,企业和产品认证情况,生产交付能力,服务能力,履约能力,年审记录等。

3. 主要涉及内容

(1) 劳动力供应商管理;
(2) 专业分包供应商管理;
(3) 材料供应商管理;
(4) 机械提供商管理;
(5) 设备供应商管理。

32-5-3-2 资源编码管理分系统

1. 主要功能

对劳务、材料、机械和设备的编码进行维护管理。
2．主要字段
资源类别，编码，类别，资源名称，规格，性能参数。
3．主要涉及内容
(1) 劳动力编码管理；
(2) 分包专业编码管理；
(3) 材料编码管理；
(4) 机械编码管理；
(5) 设备编码管理。

32-5-3-3　价格信息库管理分系统
1．主要功能
(1) 价格期数管理：分类设定合理的周期，保存为不同期的价格信息。
(2) 资源价格管理：具体资源的增加、删除、修改和查询。
2．主要字段
资源编码，厂商编码，厂商报价，采保费，预算价，报价日期。
3．主要涉及内容
(1) 劳动力价格管理；
(2) 专业分包价格管理；
(3) 材料价格管理；
(4) 机械价格管理；
(5) 设备价格管理。

32-5-3-4　价格趋势预测分系统
1．主要功能
对同一项资源进行纵向比较，查看价格变动曲线图，并采用合理算法进行价格预测。
2．要涉及内容
(1) 动力价格预测；
(2) 专业分包价格预测；
(3) 材料价格预测；
(4) 机械价格预测；
(5) 设备价格预测。

32-5-3-5　其他系统的接口
1．主要功能
(1) 造价计算系统和造价控制系统可以直接读取本系统的资源市场价格和预测价格信息。
(2) 造价计算系统和造价控制系统可以将其最终采用的价格返回本系统备选。
2．实施要点
(1) 必须具备统一的资源编码；
(2) 统一规划、统一设计、统一实施。
在倡导整合与合作的今天，价格采集的渠道应该不限于企业自身的采集，还需要和一些社会单位进行合作,以扩大信息来源。因此,本系统在设计的时候应该考虑和一些专业公司提供的价格信息网站(如北京广联达慧中软件技术有限公司的[数字建筑网 http://www.bitaec.com])进行整合,在一定程度上统一数据结构,以便社会资源的价格信息能够快速进入本系统,减少价格采集的工作量。另外,由于一个公司在价格方面投入的力量总是有限的,因此也可考虑在本系统中内嵌一些重要网站的一键上网功能或远程查询功能,这样当本系统的价格信息还不能满足询价需求时,就可查阅其他商业公司提供的价格信息。

32-5-4 造价计算系统

32-5-4-1 造价计算系统的设计理念和工作原理

1. 造价计算系统中各软件的相互关系

当前,比较完整的工程造价系统一般包括"图形算量软件"、"钢筋用量计算软件"、"造价计算软件"等。三个软件系统的关系见图32-6。

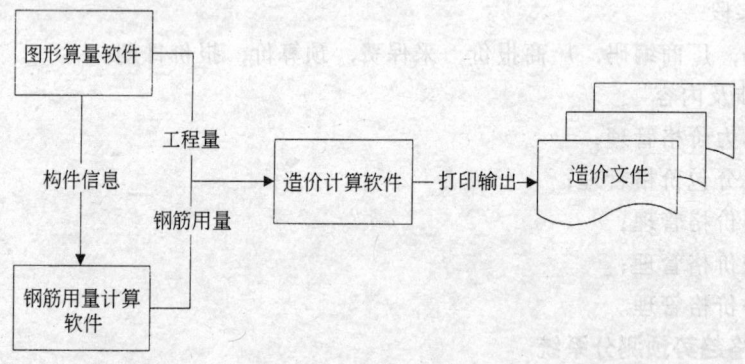

图 32-6 造价计算系统的三个软件系统之间的关系

从上图我们可以清楚地看到图形算量软件和钢筋用量计算软件准确的提供了实物量消耗数据,再通过造价计算软件将及时、有竞争力的市场价格信息与实物量进行匹配,就可以得到完整而准确的造价文件。

32-5-4-2 图形算量软件

图形算量软件是指在造价确定的过程中,依据施工图纸,通过绘制图形、定义实体属性的方法,按照既定的规则计算建筑构件工程量的计算机软件系统。一般图形算量软件系统框架模型见图32-7。其工作原理如下:

工程量的计算是造价人员的主要工作之一,占其总工作量的绝大部分。因此,解决工程量计算问题是目前造价领域的一个热点。无论是手工计算工程量还是采用计算机计算工程量,其本质都是计算构件的体积和表面积。其计算过程见图32-8。

由于对机械重复但过程复杂、数据量浩大的计算工作是计算机软件系统的明显优势,因此如果我们将规定的计算规则整理成计算公式,那么按既定的程式计算并分类汇总,就能大大提高功效。图形算量软件第一个突破就是将"定额"的章节说明整理成规范的数学公式,并固化为软件系统中"计算规则"。系统运行时将严格按照这一规则精确而快速得到构件的工程量。当前比较成熟的软件系统在"计算规则"方面都做出了努力,其形式主要有"预定义模式"和"自定义模式"两种。所谓"预定义模式",是指软件系统按定额的章、节、说明(或其他规范性文件、权威性说明)提供固化的"计算规则",这一模式适用广泛。其优点是用户在使用的过程中无需干预,智能化比较高,也比较公正;缺点是对软件开发人员的要求比较高,需要考虑得很周到。"自定义模式"是在软件系统中开放所有实体的计算方法,可由用户自行确定各实体之间的扣减关系,这一模式比较适合于经验丰富的工程人员。其优点是用户可按照自己的需求自由调整,对于软件开发商的要求较低;缺点是对使用者的要求很高,而且在使用的过程中容易出现不必要的失误和疏忽,造成数据的严重偏差,在某些情况下容易被别有用心的人所利用。

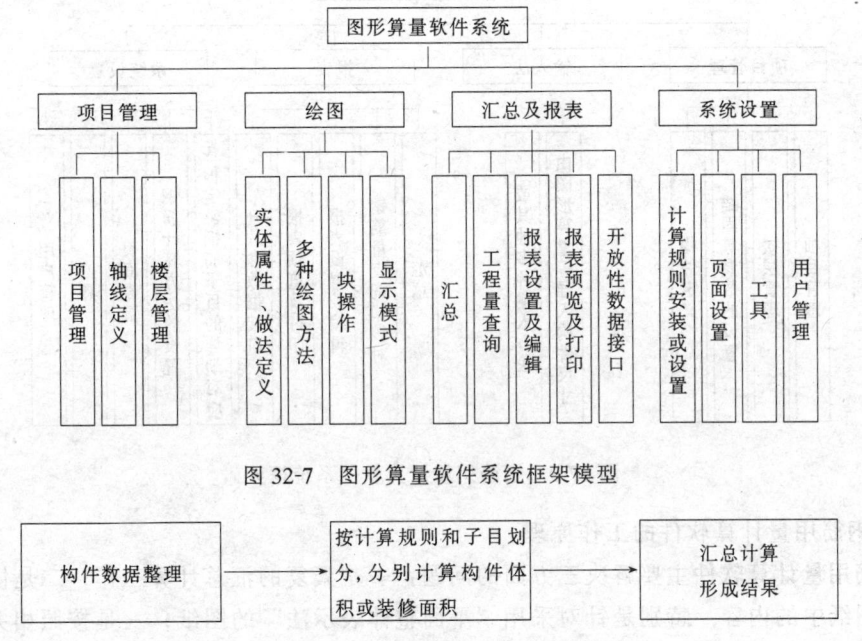

图 32-7 图形算量软件系统框架模型

图 32-8 图形算量软件的计算过程

图形算量软件第二个要解决的问题是构件尺寸的输入。构件尺寸是一切计算的基础,而且由于现代计算机技术的发展,比较优秀的软件的汇总计算时间基本可以忽略不计,因此数据输入速度就成为影响软件效率的主要环节,输入方式的优劣也就成为软件优劣的主要评判标准。目前主要的输入形式为绘图法,即以计算机屏幕为画板,用鼠标和键盘在屏幕上仿照施工图纸绘制出各种建筑实体的位置和尺寸。这一方法的优点是直观,缺点是速度较慢。

图形算量软件第三个要解决的问题是实物量与定额子目的对应。当前主要有"随定义,随对应"和"属性条件控制,自动对应"两种方式。"随定义、随对应"方式是在绘制建筑实体之前,定义建筑实体的有关信息(如对墙而言,墙的材质、厚度等都是建筑实体信息)时,同时确定该实体与某一条或某几条定额子目的对应关系。其优点是输入参数相对较少,针对不同的地区的定额可以采用相同的软件界面,学习和掌握相对简单;另一方面由于要求使用人员建立实体与子目的对应关系,因此要求使用者熟谙预算中子目的选择。"属性条件控制、自动对应"方式是要求在定义建筑实体时,输入详细的定额子目筛选条件,软件计算后自动对应到相应定额子目。其缺点是输入参数多、输入界面复杂,要求软件的界面根据各地区的定额（由于按照我国现行的定额体系，各地的工程量计算规则不统一）针对性的设计。综上所述，如果软件能够综合以上两种方法，在定义实体属性的同时，输入概括性的子目筛选条件，使对应子目的数量限制在一个较小的范围内，同时保障输入参数简单、各地统一，则软件的易学、易用性都得到了保障。

32-5-4-3 钢筋用量计算软件

钢筋用量计算软件是指根据施工图纸计算钢筋消耗量的计算机软件系统。

钢筋用量计算软件系统框架模型见图32-9。

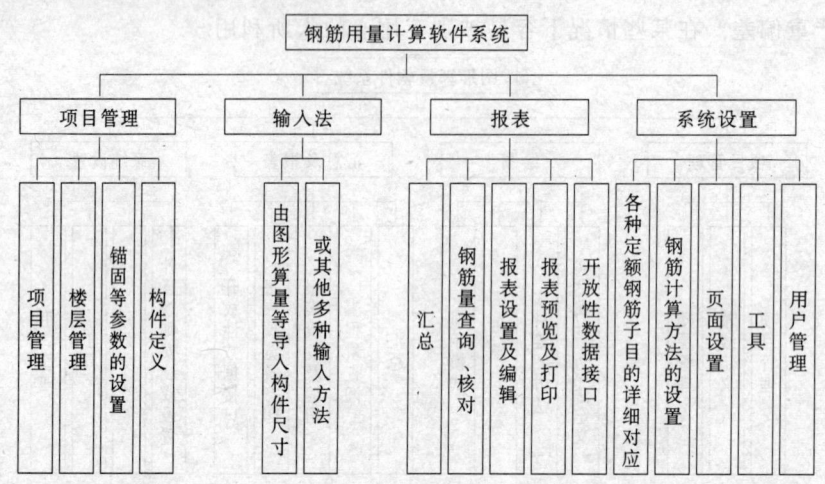

图32-9 钢筋用量计算软件系统框架

1. 钢筋用量计算软件的工作原理

钢筋用量计算软件主要解决三方面的问题：一是繁复的汇总计算工作；二是协助使用者识别图纸中的内容，特别是针对采用"平面整体表示法"的图纸；三是按照相关规范的规定判断并确定锚固、弯钩、搭接等的长度。其主要工作过程见图32-10。

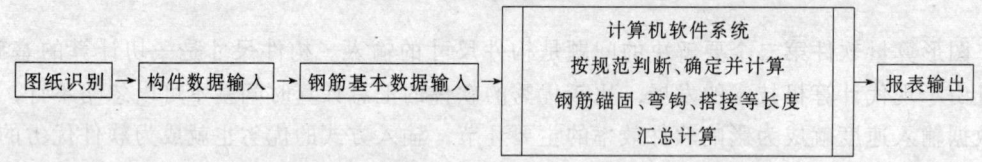

图32-10 钢筋用量计算的过程

当前，施工图纸中钢筋的表达方式一般有三种，即"分离式"、"表格式"和"平面整体表示法（平面表示法）"。图纸表达的多样性要求软件的数据输入模式必须灵活多样、针对性强。

"分离式"图纸的钢筋通过实体构件（梁、柱等）的多个剖面，直观地表达了钢筋的配置情况；软件系统要求能有一系列对应的剖面图示，以标注数据。

"表格法"是近年来发展的一种钢筋表示方法，主要是通过在一系列规范的表格中填写数据来间接地表达构件钢筋的配置，主要应用于我国南方的部分省市，其优点是图纸简洁，但不直观，对于普通造价人员来说，识图还必须经过专门培训；这对软件提出了表格化输入的要求。

"平面表示法"也是近几年出现的钢筋表示方法,由于这种表示方法,关注受力部位的钢筋配置,对于构造钢筋原则上按规范要求,因而设计简单,被设计机构广泛接受,推广速度很快,现已经遍布全国各地,但这一表示方法对于造价人员来说是陌生的,而且需要学习和掌握大量结构设计、施工验收规范的具体规定,已形成了对造价人员的难题,当前各地出现的平法学习班也说明了这一现象。因此通过简单、直观的方法输入"平面表示法"钢筋的基本数据,通过软件的智能判断确定钢筋的构造要求,是对钢筋用量计算软件的基本要求。

2. 理论长度和下料长度的区别

钢筋长度的计算分理论长度和下料长度两种,理论长度及理论重量一般用于造价过程。下料长度一般用于施工过程。

钢筋的理论重量计算是依据施工图纸及有关规范,按图计算钢筋的理论重量。侧重的是整个工程的钢筋总用量。

钢筋下料长度计算是在施工时计算每一个构件中每一根钢筋每一段的长度。侧重的是下料尺寸。

两者的区别是:

(1) 适用范围不同

理论重量在整个工程造价管理过程中使用,确定工程造价;下料长度在施工过程中用于施工单位组织钢筋分部工程的施工。

(2) 计算方法不同

钢筋理论重量计算没有考虑钢筋的弯曲延伸;而钢筋下料计算则要考虑。

(3) 计算粗细程度不同

前者计算要粗略一些,有时采用估算法;而后者计算非常精细。举例说明:如计算梁上部双排钢筋时,如果钢筋相同,按理论重量计算,则在支座内的锚固相同;若按下料长度计算,上下排的实际弯折长度将有所不同,因为下排钢筋在端部会被上排钢筋挡住。

(4) 理论重量的规范性,下料长度的经验性

理论重量的计算是按照各种规范和标准的规定,比较规范;下料长度的计算很大程度上依赖于下料人员本身的经验和习惯,差异较大。

钢筋用量计算软件一般是在造价管理过程中使用的,目的是确定造价,其关注的核心必然是理论重量。

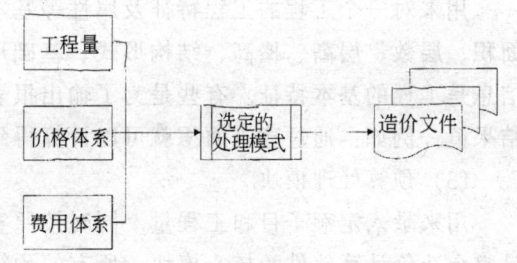

图 32-11 造价计算软件的工作原理

32-5-4-4 造价计算软件

造价计算软件是在工程量已经确定的情况下,通过与价格体系的结合,形成完整的、符合管理部门及建设单位要求、美观的造价文件的计算机软件系统。

1. 造价计算软件的工作原理

造价计算软件主要是依据定额等编制依据,结合具体建筑实体的工程量,按照规定的计算方法汇总计算出直接费,再加上间接费用,或将间接费用分摊给每一实体,最终汇总

出建筑物的总造价，如图32-11所示。

2. 造价计算软件系统框架模型

造价计算软件框架模型见图32-12。

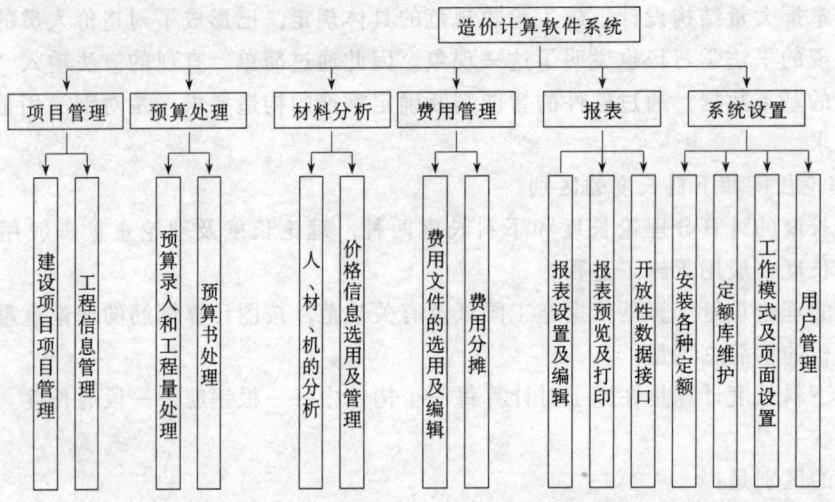

图32-12 造价计算软件系统框架模型

3. 造价计算软件的基本结构

一个造价计算软件应该至少具备以下几个基本的功能处理模块。

(1) 建设项目管理模块

项目管理相当于软件的档案管理，可将已存到磁盘的工程文件有机组织起来，建立逻辑连接关系，进行数据汇总，生成各类报表。用户可做单项工程综合概算与建设项目总概算。形成一个建设项目的总造价，并提供相应表格。

(2) 工程信息模块

用来对一个工程的工程特征及属性等基本信息进行描述，例如工程名称、地点、建筑面积、层数、层高、檐高、结构形式、基础形式、抗震烈度及用户的编制信息等等。这些信息是工程的基本特征，有些是为了输出报表的需要，有些需要通过计算得出另一些具体结果值。例如：通过建筑面积就可以计算得到单方造价。

(3) 预算处理模块

用来录入定额子目和工程量，同时按照实际需求完成对子目的各种处理工作。这部分是整个造价计算软件的核心模块，所有的预算录入和处理，都是在这个模块中完成的，这个模块可以分为3个基本功能：

1) 预算录入：用来完成定额子目的录入工作。为了满足预算编制的要求，应同时提供多种方法供使用者选择。例如：直接输入法；定额查询输入法；补充子目的输入与保存；不同定额之间的子目借调输入等等。

2) 工程量处理：用来完成预算中工程量的录入工作。例如：直接输入法；表达式输入法（用户可以根据工程量的计算情况直接输入表达式，并可以使用各种函数变量）；公共变量借调法（用户可直接借调某些预算中常用的公共变量值，如：建筑面积）；图形计算公式（用户可直接调用一些特殊形状的计算公式，输入具体参数，软件自动给出结果。

例如：4棱台体积、环形面积、多边形面积等)。

3）预算书处理：这部分功能包括对子目进行各种换算、选择子目的表现形式（排序、分部整理、多条相同子目是否合并）等等。

(4) 材料分析模块

用来分析整个预算书中所有子目所包含的人工、材料、机械的具体含量，并能按照具体要求选取材料价格信息计取价差，或者按照市场价重组子目单价。

(5) 取费模块

用来对一份预算书进行费用计取。通过这个模块可以选择不同的费用定额模版，从而得出整个工程的总造价。同时，对不符合要求的费用定额模版进行自行修改，得到符合要求的取费方式。在面对分部取费和子目综合单价的情况下，还需要同时应用多个费用模块。

(6) 报表输出模块

通过计算，完成预算工作所需要的具体报表并进行打印。报表输出模块中的报表模式应该是可设计的，用户可以根据实际情况，对报表的输出样式进行更改并进行保存，以便后续使用。报表输出模块应该提供预算报表，以通过表格形式导出功能，例如：把预算报表按照EXCEL模式导出，以便使用不同品牌软件的用户可以同时参与一个工程的竞标。

当然，一个完整的系统还包括一些其他的功能辅助模块，例如用来对报表、价格信息进行维护和定额勘误的数据维护模块，设置用户、加密、以及其他系统工作模式的系统维护模块，这样就形成了一个完整的造价计算软件。

面对工程量清单报价方式，造价计算软件还需要作相应的变动，我们以现有的广东省工程量清单报价方式（2001）为例介绍工程量清单计价软件的基本功能模块：

1）建设项目管理模块；
2）工程信息模块；
3）实体项目模块；
4）技术措施项目模块；
5）其他措施项目模块；
6）材料分析模块；
7）计价程序模块；
8）报表输出模块。

广东省的工程量清单报价方式的结构是，通过工程量清单规则，把定额子目和清单项目进行对应，用子目来组成清单项目进行报价。同时，把定额子目分为实体消耗和非实体性消耗，非实体性消耗又分为：技术措施费项目、其他措施费项目。非实体性消耗在报标时可根据企业的实际情况和能力进行调整。报价过程中采用市场价组价，完全实现了量价分离，体现了市场竞争的特性。

32-5-5 造价控制系统

造价控制系统是指对整个建筑工程造价进行合理控制的过程。严格地说：造价控制不是狭义地指对某一个工程的造价进行控制。造价控制的工作应该是面对每一个企业所参与的工程进行严格科学的管理，并通过管理，形成分析结果，分析结果体现了企业在具体工程上的实际消耗水平,同时也体现了企业的造价控制能力,企业把这些分析结果进行量化,形成积累数据,再不断循环利用到新的工程中进行控制的过程。它已经脱离了工具软件的范畴。造价控制系统应该是一个真正的管理软件。

这个系统由两个子系统组成:一是平台性、全过程工程造价管理系统;二是施工项目成本管理系统。

32-5-5-1 平台性、全过程工程造价管理系统

1. 全过程工程造价管理的组成

从理论角度上来说:一个工程项目的全过程造价应该由以下各阶段构成
(1) 定义阶段;
(2) 设计阶段;
(3) 发包承包阶段;
(4) 实施阶段;
(5) 移交阶段。

面向施工企业的平台性、全过程造价管理系统的作用就是:通过提供面对不同造价阶段的多个功能模块实现对造价过程中各个关键环节的造价数据的控制与管理,并能够在施工项目成本管理系统的结果数据上进行分析和汇总,形成企业定额。

2. 平台性、全过程工程造价管理系统包含以下几个主要模块
(1) 造价模块(概算、预算);
(2) 洽商变更管理模块;
(3) 统计模块;
(4) 结算模块;
(5) 审核模块(对各个阶段数据进行审核、检查);
(6) 企业定额生成器。

3. 平台性、全过程工程造价管理软件的结构简介

从软件实现角度和实际运作角度,这个庞大复杂的系统包含很多的内容,从项目的估算、设计、招投标、施工过程中的成本管理、到最后移交等等,这其中每一个过程的管理都是大量的工作。从软件设计的角度来看,可以分步骤实施。

(1) 首先从造价软件功能上实现各个基础模块的功能,并形成数据流向,见图32-13。

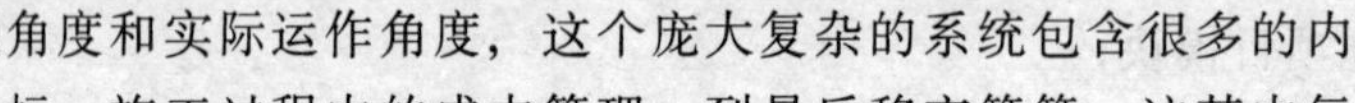

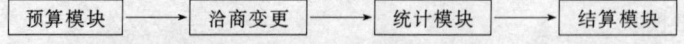

图 32-13 造价软件模块数据流向图

(2) 通过一个企业定额生成软件对施工项目成本管理系统的数据进行积累和分析。这样,企业可以根据自己的需要进行指标的提取和积累,形成指标积累。这是造价控制的关键一步。

但是,企业定额生成软件和我们现在常常接触到的定额排版软件有着本质性区别,定额排版软件解决的是定额本编制、排版打印的问题,而一个企业定额生成软件实现技术则比较复杂,它必须包含一个对历史工程信息进行不断的数据采集、分析功能,这也就是我们常说的"数据挖掘"技术,它应该包含"采集数据源"——"分析"——"再整理"——"企业定额、指标生成"这4个关键环节,而且,这4个环节中的逻辑算法,才

是"数据挖掘技术"中最重要的。这种技术的实施还要根据不同规模、不同需求的用户进行，从大型数据库"SQL Server"到小型数据库"MS Access"都有可能。从实现的角度讲，我们可以由简到繁，逐步实现。从简单的统计分析算法开始，逐步深入，再根据实际需要扩展计算机应用平台，从单机版到网络版，从小型数据库到大型数据库。

(3) 通过造价模块，结合施工技术方案与材料市场行情，把形成的企业定额（指标积累）重新作用于新的工程项目造价控制中。

影响这个阶段的主要关键因素在内部是企业定额，它体现了企业的管理效率、技术能力、生产效率等内部关键因素。在外部是市场经济环境，例如市场材料价格行情、利率的变化等等。

这样，通过不断循环积累，我们就可以形成一个面对工程造价全过程的造价管理软件平台。所以面向造价控制的工程造价管理系统，就不再是一个简单的运算工具软件。它应该是一个网络化、平台化、多模块构成的专业软件。通过计算机的能力实现实时动态的造价数据传递，为施工项目成本管理提供所需的数据支持。同时能够接收成本管理系统形成企业实际成本数据，进入企业定额，形成后续造价控制工作的基础。

32-5-5-2 施工项目成本管理系统

施工项目成本管理系统是整个造价控制系统中最重要的一环，没有这部分的合理管理和积累信息，造价控制系统就无法发挥作用。

1. 施工项目成本管理的目的

(1) 确保项目总体目标的优化实现而进行全过程、全方位的策划、组织、指挥、控制与协调。

(2) 实现规定目标，按限定时间、限定资源和限定质量标准等约束条件完成一系列互相协调和受控的活动。

2. 施工项目成本的划分

一般地可以将施工项目成本区分为：预算成本、计划成本、实际成本，合同价、承包价、结算价等。

3. 施工项目成本控制的意义

成本控制是通过计算机系统实现对经常性的工程建设成本形成过程的监督和对偏差的及时纠正，使项目的各项成本的支出控制在成本计划的支出标准之内，以实现降低项目成本、控制工程造价的目的。

4. 施工项目成本管理的具体内容

(1) 从成本管理角度定义的内容有：成本预测、成本计划、成本控制、成本核算、成本分析和成本考核；

(2) 施工项目管理中与成本有密切关系的管理工作，主要有预算管理、计划管理、变更管理、分包管理、材料管理、用工管理、机械管理、财务管理、质量管理、安全管理、资料管理等。

5. 施工项目成本管理系统的核心功能

(1) 辅助决策的功能，提供真实的统计决策依据信息；

(2) 以技术为龙头的成本预测功能；

(3) 贯彻系统始终的计划职能有：进度计划、资源计划等；

(4) 系统的组织职能基本的使用者、用户组权限管理功能；

(5) 实现项目经理部管理业务的协调职能信息流转、信息共享；

(6) 预警和控制功能，如计划约束、限额领料。

6. 程序功能实现的目标

(1) 实现施工项目成本状况的实时动态监控；

(2) 坚强和优化项目经理部内部和相关的管理工作；

(3) 系统实现基础管理工作。不是传统的事后统计成本，而是将成本统计工作融入了日常管理中，不仅仅完成成本核算，而且各业务部门和各类业务人员共同参与工作，从手段和内容加强了各项管理工作，如"计划管理、预算管理、材料管理、统计管理、机械管理、用工管理等。

施工项目成本管理系统结构见图 32-14。

7. 施工项目成本管理系统的构成

(1) 系统管理。包括用户管理、系统设定、字典维护。系统初始设置的内容有：工程项目的基本信息和用户使用权限的设定，费用科目的设定，报表输出模式的设定以及各类专业和使用人员、预算材料类别，合作单位数据字典的内容。

(2) 预算及变更管理。

1) 系统包括：合同预算管理、洽商及变更管理施工预算管理、预算间的关联拆分、工程形象进度统计、预算数据导入和导出。

2) 预算及变更管理系统主要完成合同预算和施工预算的导入处理、合同预算与施工预算关联、施工 WBS 节点预算数据挂接等功能，还包括变更单、变更施工预算、变更合同预算的管理功能。主要是对项目预算数据进行重组、加工，使之符合最终成本核算的要求，经过合同预算与施工预算的关联，可以方便地进行合同预算与施工预算之间的对比和转换。而以导入项目的施工预算为范围，逐级向施工部位拆分子目及工程量，可以实时参照各级施工部位子目及工程量，在本系统中处理变更数据。不仅可以实时反映各施工部位的变更情况，还可以方便地按照变更单进行汇总。

3) 合同预算管理模块主要实现项目合同预算书维护及合同预算的导入、费用子目设置等功能。可以针对一个项目维护其合同预算书列表，设置每份预算书对应的合同及多个变更单，建立起它们之间的关联。经过设置预算书各导入表的对应字段，从外部导入 EXCEL 数据。该模块提供了工程造价预算软件数据的接口，无须做任何设置即可直接导入，对其他预算软件数据导入系统的预算数据需要进行一些设置和处理，以满足后续使用的要求。这些处理主要包括：预算表中费用子目的处理，人材机表中材料类别设置等。

(3) 成本设计

1) 成本设计包括施工成本措施费用计划和施工成本方案比选的功能。

2) 成本设计是依据价值工程原理，对施工成本和工程对象的建筑整体和分项功能之间的关系进行分析，对由此产生的多种方案从经济和技术诸多方面优化和比选的一个实际的应用。

3) 根据目标管理和施工过程构成的过程控制原理，为项目经理部在预算成本（承包成本）的基础上编制施工成本计划提供的辅助管理手段，其成本设计的基本思路是：首先将预算收入（包括清单报价）划分为实体性消耗（人工、材料、机械）和非实体性消耗

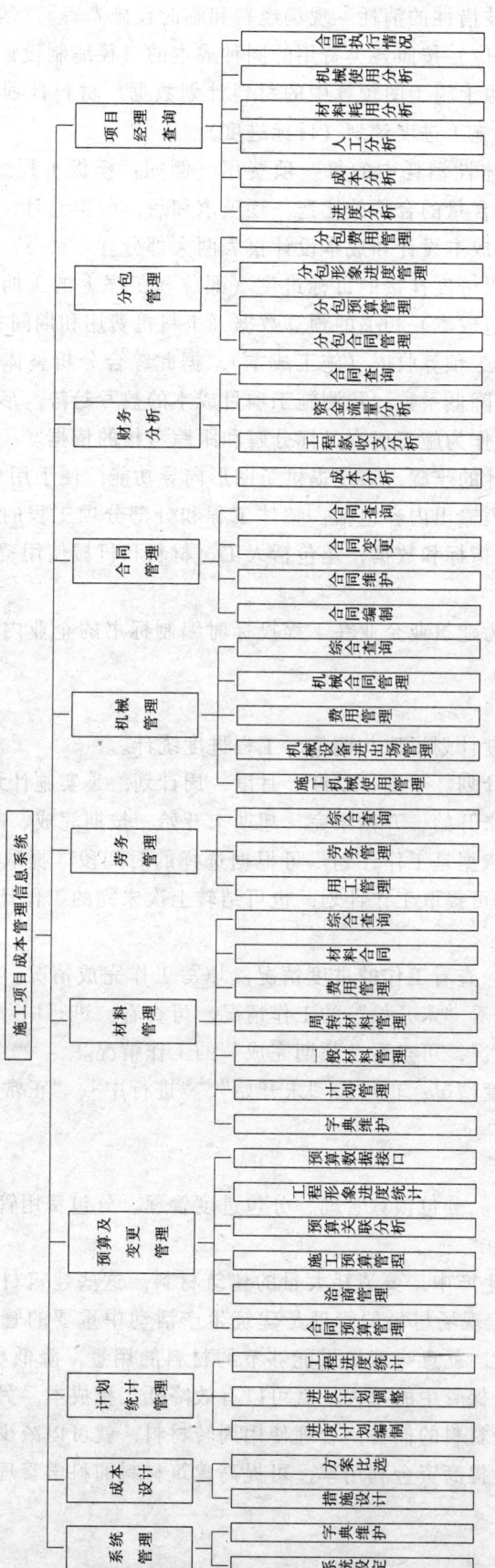

图 32-14 施工项目成本管理系统结构

(模板工程、脚手架和其他技措性的消耗，现场经费和临时设施费等），然后，分别对应计划成本（与成本核算科目对应）按照各类费用的同种成本的口径编制设计方案。

4）成本计划的数据来源于施工图预算中的材料计划数据，材料计划数据依据整体工程的细化、工序级分解后的施工进度计划（目标进度）。

5）成本设计中的非实体性消耗中的每一项费用（例如：模板工程的租赁和自购等）对应多种设计方案，其中包含量的合价的比选，逐项求和后，分类总计，最终完成整体方案。成本设计子系统还包括成本设计和成本设计报表两大部分。

6）成本设计中有与工程进度挂接的目标进度（部位和工序上的工期、开始与结束时间），还有与预算收入（承包成本）相关的预算数据（工料机费用和期间费用），由这些基础数据产生项目经理部的施工预算收入（施工成本），据此综合分析整体工程的目标和责任成本，测算出工程的成本降低系数，预测施工项目成本的盈亏趋势，形成施工过程中的各种费用成本的控制目标，作为施工成本目标分解和跟踪考核的依据。

7）对成本设计方案设计的步骤，系统提供了图形向导功能，便于用户使用。

8）成本设计方案的报表输出内容包括：整体工程和分部分项工程的预算收入、实际成本测算及超降对比分析的指标和数据；还包括人工、材料和机械使用费、期间费用的明细费用的控制报表。

9）成本设计也可以作为建筑业企业在工程投标时编制标书的企业内部成本测算的辅助手段。

(4) 计划统计管理

1）包括进度计划、进度计划提取与调整、工程进度统计。

2）进度计划有周期性计划：年度、季度、月度、周计划，是实施计划的阶段归集。

3）计划执行的状态：未开始、开始未完、超期未开始、按期完成、超期完成。

4）阶段计划的提取的依据是工作计划，可根据选择的时间段，提取阶段工作计划作为短期的工作指导计划。它可提取工作计划，也可结转上次未完的工作计划，还可对提取出的阶段计划进行调整。

5）工作进度计划统计：查看工作的进度情况，填写工作完成情况。可按不同的情况查看工作的进度情况，可查看"未开始"的工作情况，可查看"进行中"的工作情况，可查看"正常完成"的工作情况，可查看"超期完成"的工作情况。

6）阶段计划的工作进度情况：也可按"未开始"、"进行中"、"正常完成"、"超期结束"查看工作进度情况。

(5) 分包管理

包括分包项目合同管理、分包预算管理、分包进度管理、分包费用管理。

(6) 材料管理

1）在建筑业企业施工生产中，要消耗大量的建筑材料，这些建筑材料一般占工程总造价的70%，因此加强施工现场材料的管理是建筑生产活动中重要的管理内容。由于建筑材料费用所占的比重很大，就意味着如果能够节约材料的用量，降低材料的采购费用，如减少材料在采购、运输、保管中的损失，就可以有效降低工程成本。另外工程备料是以流动资金支付的，如果减少材料的储备，合理使用周转材料，就可以减少流动资金的占用额，加速流动资金的周转，提高资金利用率，可提高建筑材料的科学管理水平，利用有限的资金产生最大的经济效益。材料管理系统包括材料字典维护、材料计划管理、一般材料管理、周转材料管理、费用管理、材料合同管理、综合查询。

2) 材料计划管理

①材料计划的编制：项目经理部预算部门在工程（或工程部位）开（复）工后一个月内将该工程施工预算转物资部门。

②项目经理部物质部门在接到预算部门转来的工程施工预算后，在将其中的材料用量提供给材料供应分公司，同时有项目经理部物质部门编制的《月度需用材料计划》、《加工计划》、《材料补充计划》作为材料供应分公司供应材料的执行计划，材料供应分公司对按执行计划所供材料的数量、规格、质量及供货时间要存档。

③施工过程中，遇有工程设计变更或业主有特殊要求时，项目经理部技术部门在接到指令后，要将技术洽谈以文档的方式转经营管理部门和物质部门，经营管理部门提供材料预算变更用量。项目经理部物质部门以此作为调整材料预算用量的依据。

④项目经理部技术部门每月将下月工程施工需用材料计划传送项目经理部物质部门，外委加工材料计划至少提前一个周期填报传输。

⑤项目经理部物质部门按技术部门提供的物资需用计划，编制《月度需用材料计划》、《加工计划》，报公司的材料供应分公司。

3) 库房管理包括：各种单据的录入、统计等。具体为：入库单、出库单、报损单、退库单、退货单、调拨单、盘点单、库存账查询。

4) 费用管理主要包括：各种材料的消耗和材料提供量的结算、材料款实际支付的管理。各种不同的材料的结算方式不同，有分批拨付和按时间摊销等。

(7) 劳动管理包括：用工管理、劳务管理、综合查询功能。

(8) 机械设备管理包括：施工机械设备管理、进出场费管理、费用管理、机械合同管理、综合查询等功能。

(9) 财务成本分析包括：成本分析、资金分析、人工费用分析、材料费用分析、机械使用费用分析、工程价款收支情况分析汇总。

(10) 项目经理查询：

项目经理查询有进度分析结果成本分析、财会分析、人材机分析和合同执行情况分析等的查询。对项目成本控制的依据也通过查询表格结果体现出来。具体查询内容有：

1) 进度分析查询：

①计划完成情况分析；

②进程查询。

2) 成本分析结果查询：

①成本科目时间变化趋势查询；

②工程量清单实物量趋势查询；

③按工程量清单实物量趋势查询；

④多种预算数据按月对比查询；

⑤工程施工部位按费用类型查询；

⑥工程施工部位按月（本期和累计）结果查询；

⑦工程施工部位按不同预算口径计划完成情况查询；

⑧工程成本超降对比综合查询；
⑨工程成本费用按施工单位统计清理查询；
⑩施工单位成本情况按月查询。
3）财会分析结果查询：
①资金流量动态分析查询；
②工程价款收支情况分析汇总查询；
③材料应付款情况分析查询；
④成本情况综合分析情况查询；
⑤商混应付账查询；
⑥劳务费支付情况查询；
⑦机械费用支付情况查询。
4）用工分析结果查询：
①人工费支付情况查询；
②定额人工工日消耗情况查询；
③临时用工统计台账查询。
5）材料分析查询
①材料应付款情况查询；
②材料库存情况查询；
③商混应付账款查询；
④材料耗用汇总查询；
⑤周转材料分析查询；
⑥材料明细账查询；
⑦材料对比分析查询。
6）施工机械设备使用分析：
①机械费用支付情况查询；
②自有机械摊销统计；
③机械进出场费分析；
④临时机械使用统计；
⑤机械维护统计。
7）合同订立和执行情况分析：
①材料合同查询；
②劳务合同查询；
③机械合同查询；
④按合同查询材料款的支付情况查询；
⑤按合同查询商混费用支付情况查询；
⑥按合同查询周转材料分析表；
⑦按合同查询劳务费支付情况；
⑧按合同查询机械费支付情况。
8）成本设计方案查询：

措施费用设计方案查询包括：施工成本设计方案对比查询、施工成本方案措施明细项目查询、施工项目方案目标成本表。

9) 综合数据的生成：

①历史数据的积累；

②基础数据的挖掘（与预算软件接口）。

施工项目成本管理系统的数据来源于全过程造价管理系统，所以，在进行软件系统设计时必须考虑这两者之间的数据传递，最好统一基础数据库的格式。这样在成本管理系统完成对单个建筑项目的分析后，可以方便地将结果数据库回传到造价管理软件中，进行分析和企业定额的构建。

单就软件系统而言，平台性、全过程工程造价管理系统和施工项目成本管理系统都是十分巨大的软件系统，把这两者结合起来实施更不是十分简单的问题。需要企业从组织结构到管理方式方面都做出变革。但是，只有通过这两者的结合，才可以有效、持续地提升企业对建筑造价的控制能力及企业的盈利能力。

造价控制系统能够充分把握造价全过程各个关键环节，通过不断的形成经验性的积累，从而形成一个"工程造价计算——施工项目成本管理——分析——积累——形成指标——运用于新的造价控制工作中"的良好循环。

32-5-6 建筑工程造价的计算机应用

32-5-6-1 定额管理系统的计算机应用现状

最早定额管理和计算机结合是从排版印刷的需求开始的，最早应用方式只是人工向计算机内录入文字和表格、排版，然后印刷。但是，由于定额子目的组成需要依靠大量的数据计算，所以很快在定额管理的计算机应用上就有了新的需求：用户需要一个能完成从定额的基础数据收集整理-录入-计算-校验-排版的管理软件。正是在这种需求下，产生了第一代 DOS 版定额管理软件。

以北京广联达慧中软件技术有限公司的第一代定额管理软件为例，介绍一下该软件的应用特点：该软件以 UCDOS 为平台，采用 Fox pro 语言开发，能够帮助定额管理部门完成数据录入、整理、计算、校验、定制表格、打印排版等功能。虽然第一代定额管理软件也能完成定额编制排版的大量工作，但是由于受 DOS 平台的限制，第一代软件的操作灵活性、易用性及资源的可重复利用性都十分有限，应用第一代软件需要使用人员同时具备造价专业知识和一定的计算机知识才能完成工作。

随着计算机技术的发展，WINDOWS 平台和基于 WINDOWS 平台的开发语言的不断出现，定额管理软件也从 DOS 版升级到 WINDOWS 版。现在我国广泛应用的定额管理软件都是基于 WINDOWS 平台，应用范围也普及到全国各地。

现在我国各省市定额站出版的新定额，基本上都应用了第二代定额管理软件。第二代的定额管理软件的特点是：在功能上着重突出了对数据的整理功能和软件的计算能力，例如，材料代码库的整理、子目单价组成的计算和校验，借助 WINDOWS 平台的优势，软件在易用性和灵活性上远胜于 DOS 版本；操作人员一般只要了解造价专业知识就可以工作。另外在排版工作处理上，一般都是借助专业的第三方软件，例如华光排版系统等。

但是，现阶段的软件面对全国各地需求各异的定额排版形式还是显出扩展性不足的问题。另外，这类软件目前的应用基础都是以我国的传统定额形式为主。工程量清单计价方式的相关应用考虑不足。从市场环境的变化趋势来看，体现企业管理能力和技术能力的企业定额会在将来的市场竞争中发挥巨大作用。所以，第三代定额管理软件应该在原有功能上扩充以下功能：能服务于企业定额管理，能与企业招投标工作和历史积累数据相结合，不断循环修正定额管理软件。

仍以北京广联达慧中软件技术有限公司的第三代定额管理系统为基础，作第三代定额管理软件的功能介绍。这个系统已经具备了第三代定额管理系统的基本功能。它由一个定额管理器和一个表格排版软件组成，特点如下：

1．定额管理器负责完成定额的数据收集、整理、计算、校验，同时可以生成对外数据接口的格式文件。

2．面对企业定额的需求，该系统可以根据企业级用户的需求，参照传统社会定额的特点，快速生成企业定额的结构框架，为企业级用户编制企业定额提供良好的基础和参照样本。

3．自由表格排版软件提供了灵活的单元格拆分、组合功能，可以根据用户的定额排版样式自由组合，同时用户可以给单元格指定数据源内容和计算关系式，负责制作用户需求的表格样式。

4．为了面对不同级别的用户需求和降低用户成本，软件自带排版生成器，可根据用户的需求将排版格式转换成反转片打印，便于用户用激光打印机直接制作反转片进行印刷。

5．该生成的数据接口文件可以直接被广联达造价软件应用（例如造价软件可以直接用企业定额库进行投标报价工作），并且，企业用户可以根据造价软件生成的指标分析表进行企业定额的积累，再通过定额管理器逐步校正企业定额，形成企业的成本依据。

32-5-6-2　造价管理系统的计算机应用现状

造价管理系统的作用主要是为了帮助价格信息发布单位进行市场上纷繁复杂的人工、材料、机械、设备价格的收集、整理和发布工作。传统的价格信息管理工作是由各省市的定额站负责的。这种价格管理工具相对简单，大多数不用工具软件，只用特定的数据库软件或者电子表格工具就可以完成，例如用 VFP；MS Access；MS Excel 等。目前，大多数价格信息的编制方法都是按时通过电话、传真等方式从厂商处收集价格，用计算机整理，排版印刷发行，或者是做成特定的数据库形式，供造价软件使用。

但这种方法正在发生本质上的变化，因为目前我国正在进行的造价改革的主要目的之一是量价分离，就是指把原有定额中指定形式的材料价格变成指导形式的，并且最终由市场形成价格。所以，目前的价格管理方式从发布渠道和应用工具上都发生了巨大的变化。

从已经进行造价改革的地方来看，目前价格管理系统已经从原有的简单工具转变为一个网络化的管理系统。利用网络本身信息传递方便、迅速、覆盖范围广的特性，价格信息的采集、整理、发布以及应用的平台都将转移到网上。另外，价格信息的发布单位也日益多元化，原有的造价管理单位和拥有资源的商业公司都参与进来，形成了一种良好的市场竞争机制，用户可以根据自身需要选择。

北京的"数字建筑"网站（WWW.bitAEC.COM）是比较典型的网站。作为加入WTO新环境下的价格管理系统的体现形式，它有如下特点。

1. 材料种类多，为用户提供了多达数万条市场材料价格信息，并且保持了良好的价格更新频率，为量价分离的报价方式提供了一个广泛、准确的询价平台。

2. 该网站还涵盖了全国各地的主要材料集散地的材料价格信息，供用户比较。

3. "数字建筑"网站还为用户提供近几年来各种材料的价格走势曲线图，供用户在报价时参考。

4. 该网站还可以为有采购需求的用户和材料厂家提供交易平台。

5. 该网站可以与造价软件接口，提供软件专用的材料市场价格信息库。

上海造价管理部门发布的网站，也已经实现网上的价格信息管理和发布。同时，全国各地许多原有造价管理单位也将价格信息管理系统搬到了网上，包括浙江、广东、辽宁等省。许多专业网站提供具体某一个大类的材料价格信息，例如有色金属和钢材等。随着造价管理改革的深入和计算机网络技术的普及，网络化的价格信息管理系统将逐步取代传统的价格管理方式。

32-5-6-3 造价计算系统的计算机应用现状

造价计算系统是整个建筑工程造价信息管理系统中应用最早也最为广泛的一个。早在286计算机时代，我国就已经有人开始设计造价计算软件。发展到今天，造价计算软件已经普及到我国的每一个省区和直辖市。全国的大部分地区的招投标报价工作都已经开始使用软件。

造价计算软件的应用现状与造价计算软件的构成和我国各地区不同的造价特性和造价工作的不同环节都有很大的关系。下面我们就从这几方面对我国造价计算系统的应用概况作一个简单介绍。

造价计算的过程分为两部分：一是计算工程量，二是套价。

相应的造价计算软件也分为两部分，工程量计算软件是负责计算工程量的，套价软件是负责按照计价方式的要求（定额、工程量清单规则）进行造价计算和输出报价书。目前国内的工程量计算软件一般分为两种：一种用来计算建筑物的土建工程量，一种用来计算钢筋的工程量。也有把这两种工程量计算软件合二为一的。

目前国内的土建工程量计算软件大多采用类似CAD制图的"画图法"，把建筑图一五一十地描绘到计算机内去，然后计算机便可以计算出用户需要的大量工程量数据。这种软件还有个名称叫"图形自动计算工程量"软件。这种方法的优点是：计算的速度和准确性较手工计算大为提高，有助于提高效率。但是不足之处是：由于需要用户把建筑图输入到计算机中去，所以需要用户从事比较大的画图工作量，而且要求用户本身的专业知识和计算机操作技能比较好。国内应用最广泛的代表软件公司是：北京广联达公司，上海神机妙算公司。

工程量计算软件还有一种传统方法，即"统筹法"，该方法把相关建筑物的计算公式统计出来，让用户根据建筑图的实际情况去填写公式的各个变量。这种软件的特点非常类似于原来的手工计算工程量的方法，只是把计算过程搬到计算机上，由于应用不很广泛，在此不作详细描述。

国内目前提出的新的工程量计算方法是："利用设计部门完成的图纸或者电子文档直接进行扫描录入或者是电子数据直接传递"。上面的方法中，直接进行设计电子文档到工程量计算软件的数据传递被认为是短期内比较现实的方法。因为，图纸扫描不光给用户带来额外的扫描成本，还涉及一个很大的问题，就是建筑设计行业的规范问题，规范不统一，扫描后的数据识别就成了大问题。所以相比较，还是将设计软件的电子文档数据进行转换传递比较可行。

虽然这种方法从理论上来说比较有发展，但从国内目前相关软件的实际状况看，技术层面的问题还是比较大的。电子数据不能彻底传递，用户在后期需要比较大的人工辅助工作。从实际的应用效果和成熟度来说，还达不到"画图法"的实际应用效果。另外，从现在国内设计部门的工作模式来看，电子图纸还不能直接给施工企业，因为如何保证设计图纸电子图纸的不可更改性，还存在着技术问题。

但是，这种方法在国外应用得比较广泛，从长远角度看，这种方法是替代现有图形自动计算工程量软件的良好方式。并且，当这种方法实现了4D技术后（3维+时间），将会给施工项目管理带来新的工作模式。国内的一些公司已经在以上方面做了有益的尝试，例如北京广联达慧中软件技术有限公司的最新工程量计算软件GCL V6.0。

钢筋计算软件的原理比较简单，国内大多数软件都在采用"构件图形参数输入法"，即由计算机给出构件的图形，用户根据实际的钢筋构件图纸，把图纸参数输入计算机，计算机计算出钢筋的根数、重量，并输出报表。

面对应用越来越广泛的"平面整体表示法（平面表示法）"，国内的钢筋计算软件也提出了一些解决办法，有些软件在平面表示法方面设计得比较智能，用户只要按照平法图纸向软件中输入相关参数，软件就可以自动根据平面表示法的计算规则进行计算。从这个角度讲，软件降低了对平面表示法不熟悉的造价人员的学习难度，很值得推广。目前国内钢筋计算软件较出色的有北京广联达公司的"钢筋统计软件"等。

套价软件目前的技术发展比较成熟。由于，我国各地实施的传统定额的地区特性十分明显，并且制作入门级套价软件对计算机技术要求比较低，所以全国各地有许多只开发造价软件的地区性公司。这也是造价计算系统迅速普及全国的原因。但是，从造价软件的专业性角度和适应性角度来看，目前软件做得比较有实力且覆盖范围能够达到的全国性的公司并不多。大多数公司只提供了解决工程招投标报价功能的预算软件，而且由于技术水平参差不齐和对专业理解的深入程度不同，很多软件的功能十分单一，例如：无法给用户提供可自由设计的报表和工作环境，无法面对多种报价方式（子目综合单价、工程量清单）。更无法向用户提供"估算—设计概算—招投标—洽商变更—施工统计—结算、审核"整个工程造价全过程的支持。这方面，全国性的大型软件开发公司做得比较好，例如：北京广联达公司的工程造价管理系统GBG V8.0就涵盖了从预算—洽商—统计—结算—审核等几个模块，并且可以使企业定额（定额管理器）和施工项目成本管理软件相互组合应用，成为造价控制系统。而且该系统还可以实现多种报价方式（传统定额计价、子目综合单价、工程量清单计价），从造价计算软件的发展角度来看，代表了将来的方向。

目前全国造价计算软件应用普及度十分高，这其中又以套价软件的普及度为最高。提供软件服务的公司分为3类：第一类是制作套价软件的地区性小公司，这种公司的特点是产品单一，销售范围、服务范围、产品的应用范围都在一个较小的地区内（地市级）。这类公司数目较多；第二类公司的特点是产品比较全，有工程量（土建工程量、钢筋）计算软件，软件的销售范围比较大，能够达到（省级、或几个定额特性相近、地理位置接近的省份）；第三类软件公司属于全国性大公司，这类公司的特点是起步较早，产品线宽，覆盖范围全面，有的已经超出了工程造价范围，在全国各地的分支机构和代理众多，软件有较好的通用性和易用性，服务体制和质量体系都比较规范，对造价专业的理解比较透彻，软件有一定的前瞻性。全国性公司的覆盖范围一般有20多个省、市、自治区，并且能够通过各地的分支机构为用户提供良好的服务，北京广联达慧中软件技术有限公司的软件属第三类。

32-5-6-4 造价控制系统的计算机应用现状

造价控制系统是一个非常大的项目，它由全过程造价管理系统和施工项目成本管理系统组合而成，它实际上代表了一种成熟的管理思想。国际上的大型建筑集团公司应用得比较多，也比较成功。随着加入WTO，我国大型施工企业提升自己内部竞争力的需求越来越急迫，有许多施工企业开始了尝试。有些大型施工企业为了提升企业内部管理水平和加强成本控制，陆续应用计算机技术来完成一些管理变革，例如施工现场的材料管理系统等等。但真正对整个工程造价进行全过程管理的企业还不多见。国内只有一些有实力的大型建筑企业集团进行了这方面的尝试。国内能够从造价全过程造价控制提供软件应用和咨询服务的公司更少，因为，造价控制的方法不仅仅是软件应用，它还包含着丰富的管理思想的应用。它的实施，类似于一些生产型企业使用ERP系统，不光硬件要跟上，还需要专业管理咨询公司进行长时间的辅导。不同的企业有不同的管理方式，硬性把软件所包含的先进方法与企业实际操作相结合，是不切实际的，所以有的企业应用这种软件进行变革往往会失败。从软件的特性上来说，企业级的管理软件一般是在一个良好的软件基础平台上进行定制开发的，这样既保证了软件的针对性和适应性，同时又降低了企业实施的转换成本。

就目前的状况而言，国内做造价控制系统的软件公司比较少，因为造价控制系统虽然从程序结构上分为平台性、全过程工程造价管理系统和施工项目成本管理系统两部分，但是真正要实施起来，它会涉及到我们前面所说的建筑工程造价信息管理系统的各个部分，没有一个良好的软、硬件环境和数据流通能力是做不到的。我们先看一下造价控制系统应用的数据流向图（图32-15）。

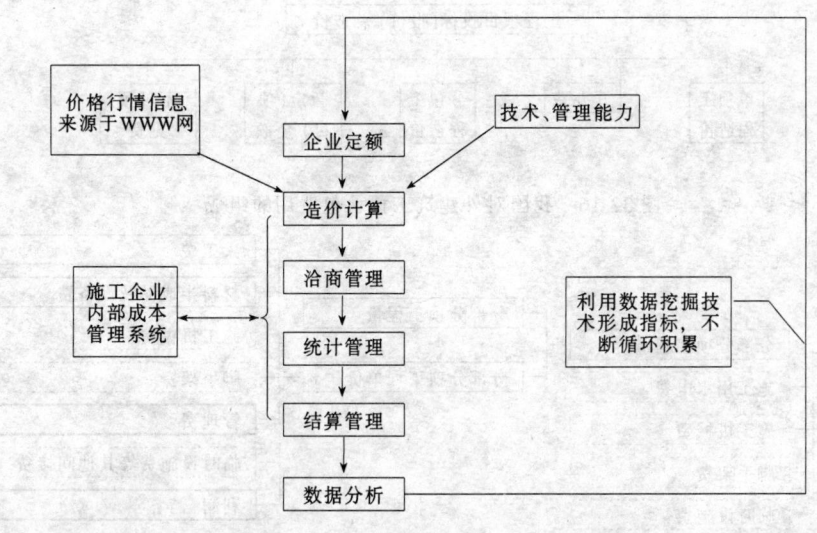

图 32-15 造价控制系统应用数据流向示意图

32-6 国外建筑工程造价管理

32-6-1 国外建筑工程造价的构成

我国对外建筑工程承包中的投标报价工程项目费用构成（简称标价）其名称和分类方法不尽相同，具体组成应随投标的工程项目内容和招标文件要求进行划分。通常是由分部分项工程单价汇总的单项工程造价、开办费、分包工程造价、暂定（项目）金额和不可预见费（包括风险系数）等项组成。

1. 分项工程单价包括直接费、间接费（分摊费）和利润等。直接费为直接用于工程上的人工费、材料费、机械使用费以及周转材料费等。间接费指组织管理施工生产而产生的费用，不能直接计入分部分项工程中，只能间接分摊。利润指承包商的税前利润，亦应分摊到分项工程中去。

2. 开办费是在《建筑工程量计算原则（国际通用）》（SMM）明确规定的项目，应属国际惯例，一般包括施工用水、用电；施工机械费；脚手架费；临时设施费；业主工程师现场办公及生活设施费；现场材料试验室及设备费；工人现场福利及安全费；职工交通费；日常气象报表费；现场道路及进出口通道修筑及维持费；工程保护措施费；现场保安设施费；环境保护措施费等等。该项费用或以独立费用组成，也可作工程项目费用中报价项目计算。

3. 分包工程造价包括分包工程合同价，对其应收取的总包管理费、其他服务费和利润等。

4. 暂定项目金额是指在合同内和承包清单内，标明用于工程施工、或供应货物与材料、或提供相关服务、或应付意外情况的暂定数量的一笔金额、亦称备用金。暂定金额应包括不可预见费用。

我国对外建筑工程投标（报价）工程项目费用构成详见图 32-16～图 32-23。

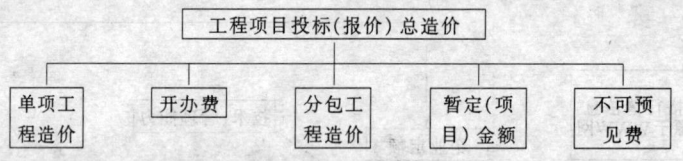

图 32-16　我国对外建筑工程承包费用的组成

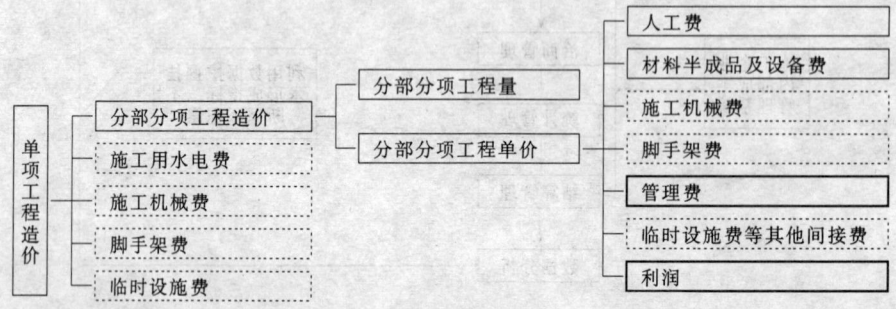

图 32-17　单项工程造价的组成

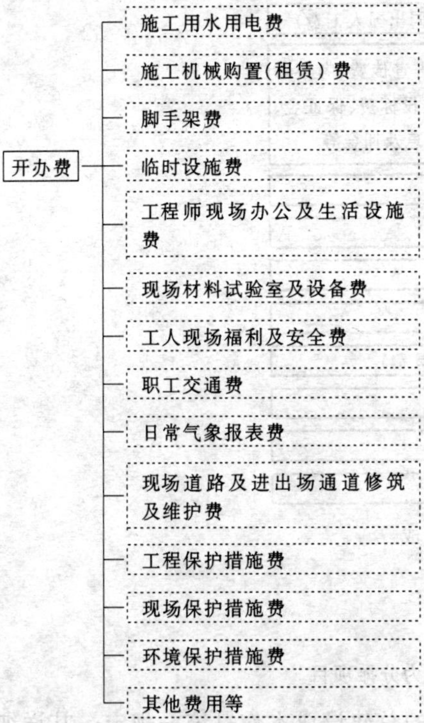

开办费
施工用水用电费
施工机械购置(租赁)费
脚手架费
临时设施费
工程师现场办公及生活设施费
现场材料试验室及设备费
工人现场福利及安全费
职工交通费
日常气象报表费
现场道路及进出场通道修筑及维护费
工程保护措施费
现场保护措施费
环境保护措施费
其他费用等

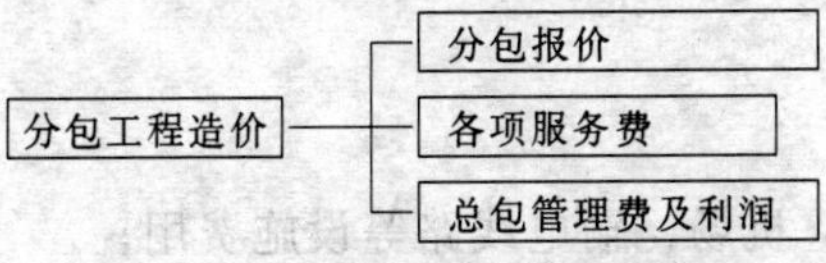

图 32-18　开办费的组成

分包工程造价
分包报价
各项服务费
总包管理费及利润

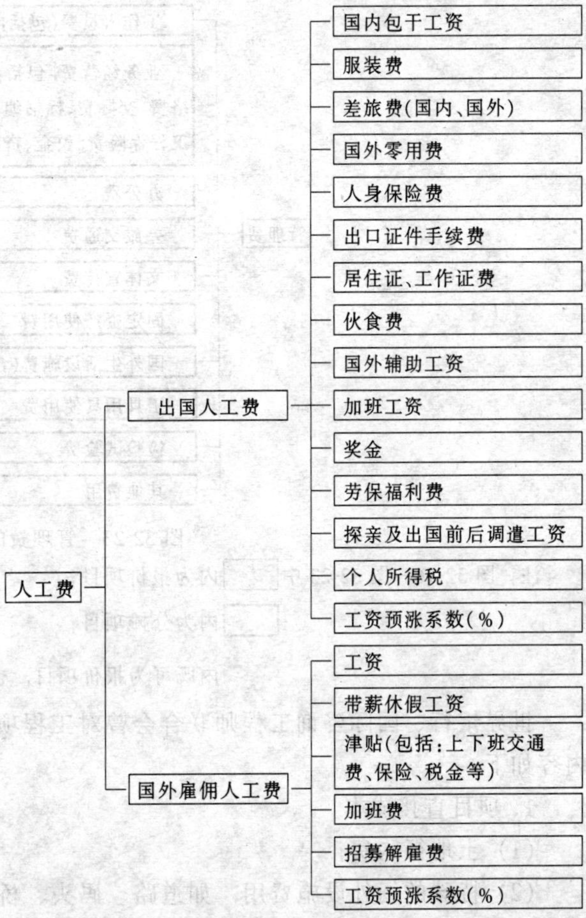

图 32-19　分包工程造价的组成

人工费
出国人工费
国内包干工资
服装费
差旅费(国内、国外)
国外零用费
人身保险费
出口证件手续费
居住证、工作证费
伙食费
国外辅助工资
加班工资
奖金
劳保福利费
探亲及出国前后调遣工资
个人所得税
工资预涨系数(%)
国外雇佣人工费
工资
带薪休假工资
津贴(包括:上下班交通费、保险、税金等)
加班费
招募解雇费
工资预涨系数(%)

图 32-20　人工费的组成

材料、半成品及设备费
原价,分为:当地国采购、国内供应(F.O.B或C.I.F),我国外贸出口及第三国转口等
运杂费,分为:国内物资供应费、国际海(空)运费、港口费、当地国运费及装卸费等
关税
运储损耗及采购保管费
材料、设备预涨系数(%)

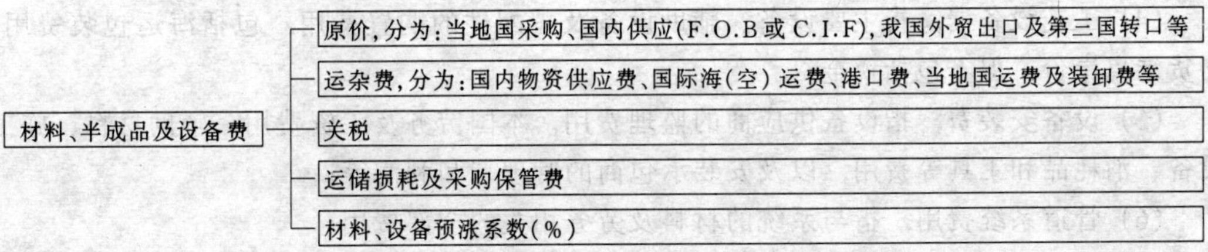

图 32-21　材料、半成品及设备费的组成

施工机械费
自有机械
租赁机械费
基本折旧费
关　　税
运　杂　费
安装拆卸费
燃料动力费
机上人工费
维修保养费
保　险　费

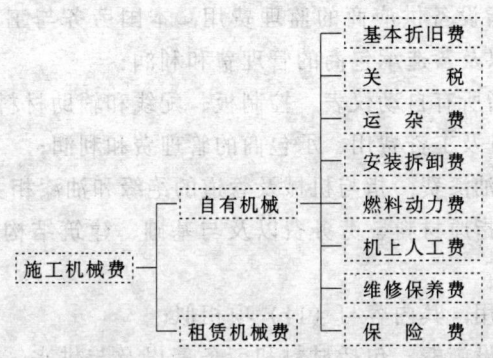

图 32-22　施工机械费的组成

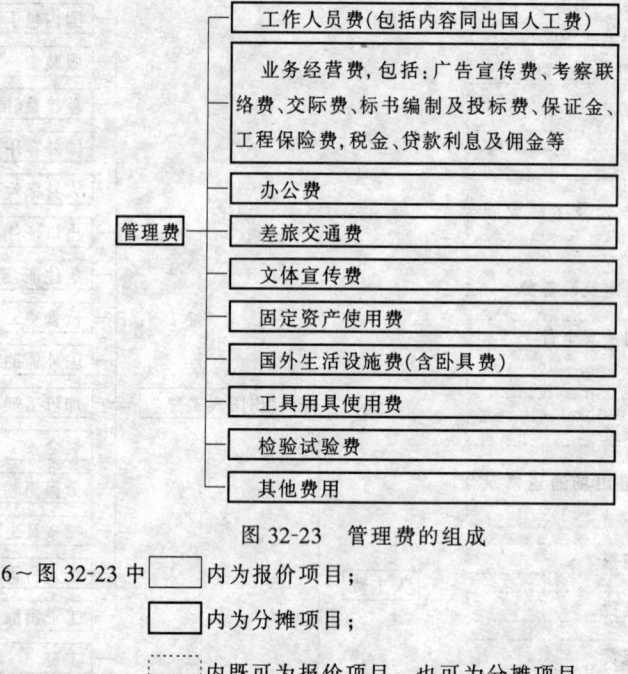

图 32-23 管理费的组成

注：图 32-16～图 32-23 中 □ 内为报价项目；

　　　　　　　　　　　 □ 内为分摊项目；

　　　　　　　　　　　 ┆ ┆ 内既可为报价项目，也可为分摊项目。

世界银行、国际咨询工程师联合会曾对工程项目的总建设成本作过统一规定，其详细内容如下：

1. 项目直接成本

(1) 土地征购费；

(2) 特殊的场外设施费用，如道路、码头、桥梁、机场、输电线路等设施费用；

(3) 场地费用，指用于场地准备、厂区道路、铁路、围栏、场内设施等的费用；

(4) 工艺设备费，指主要设备、辅助设备及零配件的购置费用，包括海运包装费用、交货港离岸价，但不包括税金；

(5) 设备安装费，指设备供应商的监理费用，本国劳务及工资费用，辅助材料、施工设备、消耗品和工具等费用，以及安装承包商的管理费和利润等；

(6) 管道系统费用，指与系统的材料及劳务相关的全部费用；

(7) 电气设备费，其内容与第 4 项相似；

(8) 电气安装费，指设备供应商的监理费用，本国劳务与工资费用，辅助材料、电缆、管道和工具费用，以及营造承包商的管理费和利润；

(9) 仪器仪表费，指所有自动仪表、控制板、配线和辅助材料的费用以及供应商的监理费用、外国或本国劳务及工资费用、承包商的管理费和利润；

(10) 机械的绝缘和油漆费，指与机械及管道的绝缘和油漆相关的全部费用；

(11) 工艺建筑费，指原材料、劳务费以及与基础、建筑结构、屋顶、内外装修、公共设施有关的全部费用；

(12) 服务性建筑费用，其内容与 (11) 项相似；

(13) 工厂普通公共设施费，包括材料和劳务费以及与供水、燃料供应、通风、蒸汽发生及分配、下水道、污物处理等公共设施有关的费用；

(14) 车辆费，指工艺操作必需的机动设备零件费用，包括海运包装费用以及交货港的离岸价，但不包括税金。

(15) 其他当地费用，是指那些不能归类于以上任何一个项目，不能计入项目间接成本，但在建设期间又是必不可少的当地费用。例如：临时设备、临时公共设施及场地的维持费，营地设施及其管理、建筑保险和债券、杂项开支等等费用。

2. 项目间接成本

(1) 项目管理费，包括：

1) 总部人员的薪金和福利费，以及用于初步和详细工程设计，采购，时间和成本控制，行政和其他一般管理的费用；

2) 施工管理现场人员的薪金、福利费和用于施工现场监督、质量保证、现场采购、时间及成本控制、行政及其他施工管理机构的费用；

3) 零星杂项费用，例如返工、旅行、生活津贴、业务支出等；

4) 各种酬金。

(2) 开工试车费，指工厂投料试车必需的劳务和材料费用（项目直接成本包括项目完工后的试车和空运转费用）。

(3) 业主的行政性费用，指业主的项目管理人员费用及支出（其中某些费用必须排除在外，并在"估算基础"中详细说明）。

(4) 生产前费用，指前期研究、勘测、建矿、采矿等费用（其中一些费用必须排除在外，并在"估算基础"中详细说明）。

(5) 运费和保险费，指海运、国内运输、许可证及佣金、海洋保险、综合保险等费用。

(6) 地方税，指地方关税、地方税及对特殊项目征收的税金。

3. 应急费

(1) 未明确项目的准备金。此项准备金用于在估算时不可能明确的潜在项目。在每一个组成部分中均单独以一定的百分比确定，并作为概算的一个项目单独列出。它包括那些在做成本估算时因为缺乏完整、准确和详细的资料而不能完全预见和不能注明的项目，并且这些项目是必须完成的，或它们的费用是必定要发生的，尽管这些项目毫无疑问应包括在估算所确定的工作范围内。应急费的目的不是为了支付工作范围以外可能增加的项目，不是用以应付天灾、非正常经济情况及罢工等情况，也不是用来补偿估算的任何误差，而是用来支付那些几乎可以肯定要发生的费用，因此它是估算不可少的一个组成部分。

(2) 不可预见准备金。这项准备金（在未明确项目准备金之外）反映了物质、社会和经济的变化。这些变化预计会增加已经做好的成本估算，尽管这一估算是达到了一定程度的完整性和符合所考虑的项目种类的技术标准的。它是一个逆向行动或条件，可能发生，也可能不发生。"未明确项目准备金"代表了在项目执行中将要发生的一项不可少的费用，而"不可预见准备金"只是一种储备，可能不动用。

4. 成本上升费

通常，估算中使用的构成工资率、材料和设备价格基础的截止日期就是"估算日期"。必须对该日期或已知成本基础进行调整，以补偿直至工程结束时的未知价格增长。

工程的各个主要组成部分（国内劳务和相关成本、本国材料、外国材料、本国设备、外国设备、项目管理机构）的细目划分决定以后，便可确定每一个主要组成部分的增长率。这个增长率是一项判断因素。它以已发表的国内和国际成本指数、公司记录等为依据，并与实际供应商进行核对，然后根据确定的增长率和从工程进度表中获得的每项活动的中点值，计算出每项主要组成部分的成本上升值。

从所举世行实例可以看出，当世行和国际组织贷款或援助或投资进行工程项目采购招标时，其工程造价构成及计算内容同我国对外工程承包报价构成及计算内容有差异，有时差异较大，对此应慎之又慎，仔细研讨定夺。

32-6-2 我国对外建筑工程造价费用的组成形式及其分摊比例

对外工程承包费用的组成项目以及分类方法和名称较多，基本上均可参见图32-16～图32-23，以下介绍主要费用的计算方法、分摊费用的计算方法和分摊比例。

1. 人工费计算

就目前而言，英、美、德、日等发达国家，人工工资均在1000美元/人·月以上，中国在对外工程承包中，劳动工资较低，一般都控制在400～500美元/人·月之间。

发达国家就建筑安装工程而言，人工费占工程直接费比例见表32-27。

表 32-27

序 号	费用名称	占直接费%	一般取费%	备 注
1	建筑工程	40～60	55	
2	设备安装	20～30	25	包括工艺管道
3	电气工程	40～50	43	

一般情况下，人工费计算程序是：第一步，确定综合工日单价；第二步，工程总用工量计算；第三步，用综合工日单价乘以总用工量得到总人工费。其计算式如下：

$$M = Q \cdot A \tag{32-23}$$

式中 Q——工程总用工量；

A——综合工日单价。

考虑工效后的平均工资单价 L_P 为：

$$L_P = L_C \times 国内工人工日占总工日的百分数 + C_I \times 当地工人工日 \\ 占总工日的百分数 \times 1/工效比 \tag{32-24}$$

式中 L_C——国内派出工人工资单价；

C_I——当地雇佣工人工资单价。

$$A = 每名工人出国期间的全部费用/每名工人参加施工年限 \times 年工作日 \tag{32-25}$$

这里要注意的是：(1) 在计算报价时，一般都直接按工程所在地各类工人的日工资标准的平均值计算；国外雇佣工人工资是根据所在国有关法规计取；(2) 人工工日量大都是采用指标法或定额分析法计算的。

人工费占工程总价的20%～30%左右。

2. 材料费计算

对外工程承包材料费计算按供应渠道分国内采购、当地采购和向第三国转国采购。

$$国内采购材料 = 原价 + 全程运杂费 \tag{32-26}$$

$$\text{全程运杂费} = \text{国内段运杂费} + \text{海运段运保费} + \text{当地段运杂费} \tag{32-27}$$

$$\text{国内段运杂费} = \text{全程运输费} + \text{港口仓储费} \tag{32-28}$$

全程运输费可按材料原价 10%～12%计取；港口仓储费可按材料原价 3%～5%。

$$\text{海运段运保费} = \text{基本运价} + \text{附加费} + \text{保险费} \tag{32-29}$$

其比率详见中国远洋运输集团现行价格。

$$\text{当地运输费} = \text{上岸费} + \text{运距} \times \text{运价} + \text{装卸费} \tag{32-30}$$

其比率应按当地政府及运输部门规定计算。

$$\text{当地采购材料（即材料预算价）} = \text{批发价} + \text{运杂费} \tag{32-31}$$

第三国采购材料可按到岸价（CIF）加至现场的运杂费计。

$$\text{工程材料费} = \text{国内采购材料费} + \text{当地采购材料费} + \text{第三国采购材料费} \tag{32-32}$$

材料费加设备费要占工程项目总价的 60%～70%左右。

3. 设备费计算

对外工程承包设备分国内采购、当地采购和向第三国转口采购。其计价式为：

$$\text{国内采购设备预算价} = \text{原价} + \text{全程运杂费} \tag{32-33}$$

原价尚需考虑出口设备或材料的管理费和手续费等，因此，设备原价应按下式调整：

$$M = M_i \cdot K_1 / P \cdot K_2 \tag{32-34}$$

式中　M——国内设备出口原价；

　　　M_i——国内设备出厂价；

　　　K_1——出口设备质量加成系数，一般情况下 $K_1 = 1.3 \sim 1.35$；

　　　P——中国外汇管理部门公布的汇率；

　　　K_2——国内设备价与国外设备价平衡系数，一般为 2～2.5。

$$\text{设备全程运杂费} = \text{国内段全程运杂费} + \text{海洋段运保费} + \text{当地运杂费} \tag{32-35}$$

$$\text{国内段全程运杂费} = \text{全程运输费} + \text{港口仓储费} \tag{32-36}$$

$$\text{海洋段运保费} = \text{基本运价} + \text{附加费} + \text{保险费} \tag{32-37}$$

全程运输费一般按设备原价的 5%～8%计；

港口仓储费一般为 3%～5%；

保险费可按到岸价 0.3%～0.5%；

$$\text{当地运杂费} = \text{上岸费} + \text{运距} \times \text{运价} + \text{装卸费} \tag{32-38}$$

$$\text{当地采购设备价} = \text{厂家价} + \text{运杂费}（\text{按出厂价 5%} \sim 8\% \text{计}） \tag{32-39}$$

$$\text{第三国采购设备价} = \text{CIF（即到岸价）} + \text{运杂费}（\text{按 CIF 3%} \sim 5\%） \tag{32-40}$$

4. 施工机械使用费计算

该费用通常有两种计算方法：一种是按施工机械台班成本组成计算施工机械使用费；另一种是机械台班定额计价法。

按机械台班成本组成计算时，一般将成本组成分解为基本折旧费、运杂费、安装拆卸费、修理维护、动力消耗费。

$$\text{新设备基本折旧费} = （\text{机械总值} - \text{余值}） \times \text{折旧率} \tag{32-41}$$

$$\text{国内运去的机械折旧费} = \frac{\text{国内原价} + \text{国内外运杂费} + \text{国际运保费}}{60 \text{月}} \times \text{实际使用月数} \tag{32-42}$$

余值约占设备价的 5% 左右；

折旧率国外按 5 年计算；

国内运杂费按设备原价 5%～8%；

国际运保费可采用下式计：

$$运保费 = 设备价 \times 1.062 \times 2.924‰ \tag{32-43}$$

其中 1.062 为运杂费系数，2.924‰ 为保险费定额。

对外工程承包所用机械设备按安装拆卸的次数逐项进行计算，每次安装拆卸费一般为设备原价的 2%～3% 计。

$$运杂费 = 国内运杂费 + 海运费 + 保险费 + 国外运杂费 \tag{32-44}$$

国内运杂费按施工机械原价的 5%～8% 计算；如提不出原价时，可按工程费用的 1%～2% 计；

海运费和保险费均采取中国远洋运输集团规定的费率计；

国外运杂费可按工程所在国法规计算。

$$维护修理费 = 修理费 + 替换设备和工具附件费 + 润滑和擦拭材料费 + 辅助设施费 \tag{32-45}$$

一般情况下，可考虑国内定额一次大修费的 1/3 计或按国外具体情况计算。

$$动力、燃料消耗费 = 动力、燃料消耗量 \times 动力、燃料预算价格 \tag{32-46}$$

消耗量可按国内定额或国外实际消耗数据。

国外租赁施工机械台班费按下式计算：

$$F = \Sigma G_a \cdot E_a \tag{32-47}$$

式中　F——租赁施工机械台班总费用；

　　　G_a——各种机械的台班数量；

　　　E_a——各种机械台班的租赁费用。

按施工机械台班成本组成计算机械使用费的另一种表达式为：

$$施工机械使用费 = 折旧费 + 轮胎磨耗费 + 维修费 + 燃油费 + 司机工资 + 管理费 + 投资费 + 其他费 \tag{32-48}$$

式中　维修费 = $(0.5～1.0) \times$ 折旧费；

　　　管理费 = （折旧 + 轮胎磨耗 + 维修 + 燃油 + 司机工资）$\times 10\%～15\%$；

　　　投资费 = （保险、税金、利息）占设备平均量投资额 2%～3%；

　　　轮胎磨耗费 = $\dfrac{施工机械原值 \times (0.10～0.15)}{轮胎使用寿命}$；

其他费可据实考虑计取。

机械台班定额计价法可用两种方法：

(1) 按国内定额国外价格计算出机械台班使用费，然后再乘以 3～3.6 的系数，即是该工程的机械台班使用费；

(2) 按国外租赁公司机械台班费用定额酌情采用。

目前对外工程承包作价时，根据工程项目周期及施工机械运作情况，有的折旧费按 1000d 计；大修费按折旧费的 25% 计；维修费取折旧费的 70%；燃料动力费取实耗数；操机费按人工费单价计算。

其他小型机械按总价的3%～5%计。

5. 对外工程承包所发生的一切费用，除招标文件允许单列外，一般都包含在折算单价之内，这是国际惯例。为了对各项费用心中有数，有利于成本考核，分清各项应取费用，在编标时应将一切费用逐项列出，作为待摊项目汇总。

各项费用的计算内容应包括：投标费用；保险费；税金；保函手续费；业务费；工程辅助设施费；临时设施工程费；专用施工机械费；贷款利息；意外风险费；勘察设计费；物价上涨调整费；利润等。

(1) 投标费用应包括购买招标文件费、投标期内国内外差旅费、编制标书费、礼品费等均可据票证按发生实情列入。

(2) 保险费的计算是按工程承包中发生的财产保险、人寿保险、责任保险和保证保险四类划分计算的。在财产保险中可保工程保险、施工机械保险、工程和设备缺陷索赔保险；人寿保险中只保人身意外险，必要时可保疾病险；责任保险中可保第三者责任险；关于保证保险将在保函手续中另述。

$$工程保险费 = 工程总标价 \times 保险费率 \times 加成系数 \quad (32-49)$$

式中　建筑工程保险可按工程费总额2‰～4‰计；

安装工程保险可按工程费总额3‰～5‰计；

财产保险加保机械损坏险按财产值的2‰～3‰计；

加成系数考虑灾害情况，取1.1～1.2之间。

专用施工机械保险指精密机械、贵重机械、大型专用机械等，可考虑投保，按设备价格10.5‰～25‰费率计，一般情况下不必投保。

工程和设备缺陷索赔保险指为保护业主权益设置的，防止工程和设备因发生质量事故造成经济损失而要求承包商保险，在标书中一般明确规定期限和金额，年费率为0.15%～2.5%。

$$人身意外保险 = 施工年平均人数 \times 施工年限 \times 投保金额 \times 年费率（1\%左右） \quad (32-50)$$

第三者责任险包括第三者的财产损失和人身意外伤害事故以及环境引发的伤害等，一般情况下招标文件中有规定，如有的标书规定不得低于合同总价的1%等。大都是赔偿限额由双方商定费率，约在2.5‰～3.5‰间。

工程保险、人身意外保险和第三者责任险是必须要投保的。

(3) 税金：对外工程承包中所发生的税金项目和参考税率如下：

①合同税：按合同金额征税，税率为1%～10%不等。

②所得税：一般为利润的30%～35%；个人所得税约为工资的5%。

③销售税（营业税）：对工程承包公司，一般为5%～20%左右。

④产业税：按公司拥有动产或不动产金额征税，一般为5%～10%。

⑤社会福利税：（退休工程师基金税）为个人所得税的10%上下。

⑥社会安全税：按个人月工资所得的5%～8.4%计税。

⑦养路及车辆牌照税：按各国规定缴纳，无统一标准。

⑧地方政府开征的特种税：如市政税为利润的1%～3%；战争义务税按利润的1%～4%；沙特伊斯兰税为营业利润的2.5%等等。

⑨印花税：按凭证费缴纳，约为0.1%～1.0%左右。

⑩其他税：尚有其他几种税，宜列入其他项目内容较好，如关税、转口税、过境税等可列入设备及器材价格内。

(4) 保函手续费：是承包商为业主按招标文件要求开具的银行保函，包括中国银行和业主指定的银行同时缴纳的手续费。当地银行手续费均大于中国银行的，年费率约为2%～5%左右。

各种保函手续费的通用计算公式为：

保函手续费 = 计价金额×保证金费率（%）×手续费年费率（%）×投保期（年）

(32-51)

各种保函的计价金额、常见的保证金费率、手续费年费率和投保期限见表32-8。

表32-8

序	保函名称	计价金额	保证金费率	手续费年费率	投保期限
1	投标保函	投标标价	2%～5%以下	0.1%～0.5%	3～6个月
2	履约保函	合同金额	10%	同上	合同期
3	预付款保函	合同规定值	10%～15%	同上	同上
4	工程维修保函	竣工价格	5%以下	同上	12个月
5	临时进口物资税保函	进口物资价格	当地政府规定	同上	合同期

(5) 经营业务费：包括为业主工程师在现场支付的工作和生活费用；为力争工程项目中标或疏通各种环节、通道等应支付的代理人佣金；承包商聘请的法律顾问费；需支付国内为工程承包花费的人力物力等营业费，一般为合同价的4%左右；还包括为业主人员的培训费（生活费+培训费+招待费+管理费），培训期为3～6个月，培训费大体在500～1000美元/人·月

(6) 工程辅助设施费：指合同规定的工程项目在未验收签发最终证书前，承包商必须负担维修、整理和试运转等所发生的费用。

工程移交前维修费按合同价的1.1%～1.2%计列；

竣工整理费可按合同价的0.2%计列；

试运转费一般为合同价的0.4%～0.8%左右。

(7) 贷款利息：包括国内人民币的贷款利息和外汇贷款的利息，国际上贷款利息往往交达10%～20%上下。

(8) 临时设施工程费用包括生活用房、生产用房和室外工程等临时房屋的建设费（或租房费），水、电、暖、卫及通讯设施费等。

(1) 生活用房：包括宿舍、食堂、厨房、生活物资仓库、办公室、浴室、厕所以及其他生活用房等；

(2) 生产用房：包括材料、工具库、工作棚、附属企业（如预制构件厂）等。

(3) 室外工程：包括临时道路、停车场、围墙、给排水管道（沟）、输电线路等。

临时设施面积参考指标如图32-24所示。

如承包工程过大、过小或属于成片宅区、大型土石方工程、特殊构筑物等，使用图

32-24所示指标不合适时,可按实际需要计算。该项应争取业主同意将该项费用列入开办费,独立报价。

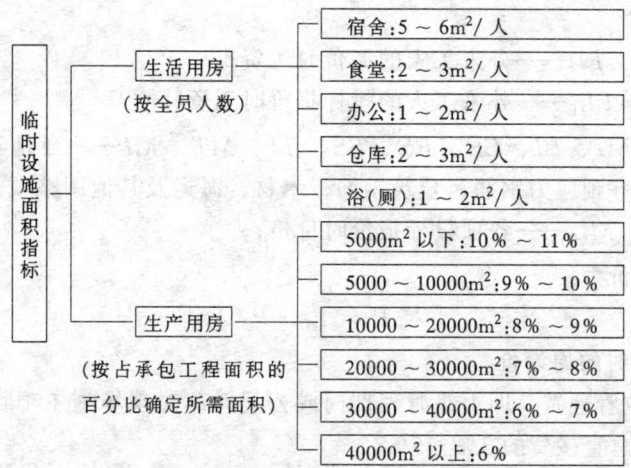

图 32-24 临时设施面积参考指标

(9) 勘察设计费:在交钥匙工程中或 EPC、BOT 等总承包一类工程项目中经常出现规划、设计项目,有时可单独列项报价。根据现行资料,对外承包工程中,国际上最高收费额要占工程总造价的 8%~10% 以上;中国公司的勘察设计费其费率为 4%~6%,包括工资、社会福利、国外国内发生的费用、管理费和利润等。

(10) 意外风险费:指在对外工程承包实施合同中,因业主、工程师、环境以及承包商自身等缘由而引发的意外或风险所发生的费用。根据工程类型、合同类型、技术难易、设计深度、报价深度、材料设备供应等综合因素,一般取 5%~9% 为宜。

(11) 物价调整费:指在合同实施期内,物价上涨所需调价费,根据国际市场价格动态分析与主要工程承包国历年价格指数,一般正常情况下,人工费年增长率为 5%~10%;材料和设备上涨率为 7%~10% 左右,也可以采用公式法来计算或估算该项费用。

其调价公式为:

$$M = \sum_{i=1}^{n} d(1+R)^i - d \tag{32-52}$$

式中 M——为物价上涨费用;
d——为标价中各类费用价格(值);
i——为标价中各类费用使用期的 1/2;
R——为标价中各类费用年平均上涨率。

式中未考虑施工管理费的因素。

世界银行等国际组织贷款采购项目的调价公式为:

$$p = x + a\frac{EL}{EL_0} + b\frac{LL}{LL_0} + c\frac{PL}{PL_0} + d\frac{FU}{FU_0} + e\frac{BI}{BI_0} + f\frac{CE}{CE_0} + g\frac{RS}{RS_0} + h\frac{SS}{SS_0} + i\frac{TI}{TI_0} + j\frac{MT}{MT_0} + k\frac{MI}{MI_0} \tag{32-53}$$

式中 p——调价系数;
x——固定系数,一般取 0.15~0.35;

$a、b、c、\cdots、k$——可变系数，根据土方工程、结构工程、装修工程类别不同而变化，世界银行推荐的有可变系数表，$x+a+b+c+\cdots+k=1$；

EL——外来工人的调价时工资；

EL_0——外来工人的投标报价时工资；

$LL、PL、FU、BI、CE、RS、SS、TI、MT、MI$——当地工人、施工设备、燃料、沥青、水泥、预应力钢筋、建筑钢筋、木材、海运及其他调整项目的调价时价格；

$LL_0,\cdots,MI_0$——各项投标报价时价格；

调整后的合同价为：

$$P = P_0 \cdot P \tag{32-54}$$

式中 P_0——签约时的原始价。

（12）上级单位管理费：即上级管理部门或公司总部对现场施工项目经理部收取的管理费，一般为工程总直接费的3%～5%。

综合管理费：包括管理人员工资、办公费、业务经营费、文体宣教费、固定资产使用费、国外生活设施使用费、劳动保护费、交通差旅费、工具用具使用费、检验试验费、生产工人辅助工资、工资附加费、其他费用等，其费率如下：

（如以综合管理费率总值为100%），则

①管理人员工资　　　　21%～25%；
②办公费　　　　　　　3%～5%；
③业务经营费　　　　　35%～45%；
④文体宣教费　　　　　1%～2%；
⑤固定资产使用费　　　3%～4%；
⑥国外生活设施使用费　2%～4%；
⑦劳动保护费　　　　　2%～3%；
⑧工具用具使用费　　　3%～5%；
⑨交通差旅费　　　　　3%～5%；
⑩检验试验费　　　　　1%～2%；
⑪生产工人辅助工资　　8%～10%；
⑫工资附加费　　　　　6%～8%；
⑬其他费用　　　　　　3%～5%。

综合管理费的费率或按本公司近年内统计的测定值计算或采用直接费的2%～4%计算，或二者综合考虑。

（13）利润。对外工程承包的利润正常情况下约为10%～20%之间，亦有管理费加利润合取直接费的30%左右的，近年来，因国际工程市场竞争异常激烈，利润率普遍下降，根据不同工程类型一般定为8%～15%比较适当。

（14）开办费的估算：

①施工用水、用电费。如工程用水用电可利用原有系统，则可按实际用量和工期另酌加损耗5%～10%和必需的线路设施即可。否则，施工用水、用电费用应把采水、运水、贮水等设施费和买水费统统包括。

②脚手架费。包括砌墙、浇筑混凝土、装饰工程所需内外脚手等（实际用量＋损耗＋周转次数）。也可按工程造价的 0.5%～1% 比率计。

③临时设施费。

④工程师现场办公及生活设施费。按标书中规定的标准计费。

⑤现场材料试验室及设备费。按要求的面积、设备清单和工作人员数量等逐项计算。

⑥工人现场福利及安全费。包括安全设备、劳保用品、防暑、防寒、保健营养、医疗卫生等劳动保护费。

⑦职工交通费。即上下班汽车接送费用。

⑧日常气象报表费。包括仪器设备费、文具纸张费和专职人员工资等。

⑨现场道路及进出场通道修筑及维护费。应包括修筑费、养路费、养护人员工资等。

⑩工程保护措施费。应考虑冬季施工、高温施工、雨季施工等气候条件，估计一笔适当金额即可。

⑪现场保护措施费即现场保卫设施和场地清理费。包括围墙、出入口、警卫室、夜间照明设施等工料费，酌情估算。

场地清理费指施工期间保持场地整洁、处理垃圾及竣工清理场地费用，或按单位面积估算或按直接费的比率估计。

⑫施工机械费。该项可根据工期长短和投标策略等需要，或一次性摊销或按折旧费加经常费的计算方法。国外施工机械费通常情况下占工程总价的 5%～10%。

⑬环境保护措施费。包括防尘、防噪声、防污染等系列保护及赔偿费用。可按工程总价比率计。

在估算开办费时注意避免与分项工程单价、总包管理费所含内容重复。开办费占总价比率与工程规模有关，约占工程总价的 10%～20%，高者可达 25%。

32-6-3 建筑工程量计算原则（国际通用）

目前国际上计算建筑工程量，一般情况下都由工料测量师根据招标文件要求编制工程量清单，使用英国的建筑工程量计算原则（SMM7）（国际通用）

1. 新版 SMM7 背景

国际通用的建筑工程量标准计量规则即通称 SMM 体系，自 1922 年第一版问世，经 1927 年第二版、1935 年第三版、1948 年第四版、1963 年第五版、1979 年第六版直到 1988 年 7 月 1 日修订成第 7 版。几十年的工程实践经验和建筑业在全世界的迅猛发展是成功建立建筑工程量标准计量规则的重要基础，特别是欧美发达国家在国际工程承包中已运作了近百年的时间，SMM7 是在招标投标期内寻求一个减轻工作量的途径和进行财务成本控制，有效地实施工程合同管理的奠基石。为避免 SI（英国皇家特许测量师组织）和 QSA（英国皇家特许工料测量师协会）处理建筑工程量中的计算口径纠纷，确保计算工作的统一性和精确性，早在 1912 年为制订标准规则克服争端，专门成立了（SJC）联合委员会，1922 年 SI 和 QSA 合并成 RICS（英国皇家测量师协会或称英国皇家特许估价师协会）。联合委员会中有 6 人来自 RICS，4 人来自 NFBTE（英国全国建筑业雇主联合会和 CIOB（美国皇家特许营造师协会），1972 年修改订正为第六版、1979 年开始校修增订为第七版。SMM7 以崭新的面貌引进了许多新的工程分类和吸纳了一批新的工程科技进步成果，自1988年7月1日正式颁布后，被英联邦体制下的上百个国家广泛接受和使用，一些WTO成员国家和地区在SMM7基础上编制本地区的规则，以适应国际经济全球化和知识经济时代的浪潮。

从上简述中，可以看出RICS编制的SMM7有以下几个特性：

(1) SMM7体系的市场化

世界上大多数国家几乎都采用这种工程计价模式，该模式的基础是：工程量计算规则统一化；工程量计算方法标准化；工程造价的确定市场化，其量价分离、公平竞争的平台，给市场化和规范化带来便利条件和更大空间，推动各国建筑工程市场化的进程，避免参与国际化竞争的各方陷入市场误区，作为国际上认可通行的技术标准规则，已产生了极大的SMM效应，这是SMM7体系的一个独特之处。

(2) SMM7的国际性

英国RICS体系下的SMM7是建筑工程量标准计算规则和原理，由于它集中了具有丰富经验的国际国内的工程专家、雇主委员会、建造者协会、行业协会等方方面面权威性代表，又经历了几十年工程实践的考验，大大超出了英国人制订时的预料，得到了世界各国同行的认可，世界银行、FIDIC和国际金融组织等均已采用。

(3) SMM7的先进性

其先进性就是科学性，截止到目前为止，在国际工程领域，尚未有一个技术标准占有如此长时间的国际市场，有这么强盛的生命力，该标准能始终保持世界领先地位的根本原因在于其规则的细谨、规定的公平、条款的合理、结构的完美、操作的实用，确实达到了"海纳百川，有容乃大"的高水平，SMM7已成为建筑工程计价方法的先进模式的代表。

(4) SMM7的一体化

SMM7多年来被世界同仁所青睐的一个重要因素即其在适用范围上的宽泛性，事实充分表明发包人在招标时要用它，承建人在投标报价时也用它，咨询公司在合同管理时也要用它，特别在支付合同款时，业主、承建商和咨询商视SMM7中的工程量表为法律准绳。

(5) SMM7的周期性

SMM体系的构想如自1909年算起至今有90多年历史，如1922年出版第一版以来亦有80年了，随着世界经济和国际合作以及工程建设的飞跃发展，SMM不断演绎，检测校修，总结提高，基本上每隔6~9年就精修再版，应该说这是符合并反映了国际工程承包发展的客观规律。

2. SMM7同SMM6比较

SMM7同SMM6比较有重大变动和新意，表现如下：

(1) 根据项目信息联合委员会（CCPI）制订的建筑工程一般分类法，重新对SMM体系进行了分类，更使SMM7和联合委员会的其他标准文件及其标准具有兼容性，为广泛采用建筑工程清单投标报价更具有效和可接受性；

(2) SMM7完全抛弃了原来平铺直叙讲述规则的方法，系统地运用了章、节、类、分项及分项条件的分类表格，划分项目、描述项目、细化项目、规定各分项工程量计算规则并对该项材料性质、技术质量要求进一步补充信息的说明，这使使用者可以多、快、好、省地使用SMM7，同时更适合用于计算机的编程；

（3）在工程项目划分上做了大范围的精细调整，1988年7月1日正式使用的SMM7，将建筑工程量的计算由SMM6的18项划分为23个部分，增加了通信、保安、控制系统；电子设备计算；使用指南及其各章节部分，基本上囊括了建筑工程红线以内的所需建筑工程项目。

（4）SMM7特别在开办费/总则部分，列举了对我国企业改革有较大参考价值的开办费中的费用项目和基本规则，包括：

1）业主方面的要求产生的费用，如①投标/分包/供应的费用；②文件管理；③项目的管理费用；④质量标准/控制的费用；⑤现场安全保护；⑥特殊限制/施工方法限制/施工程序限制/时间要求限制；⑦设备/临时设施/配件的费用；⑧已完工程的操作/维护费用；(9)指定分包商、供应商发生的费用

2）承包商方面的要求产生的费用，如①现场管理和工作人员的费用；②现场住宿；③现场设施；④机械设备；⑤临时工程；⑥环境保护方面……此点，对发展中国家，尤其对我国工程投标报价的改革与发展具有重大现实意义。

（5）增加了暂定金额内容。根据SMM7的规定，工程清单应该完整、精确地描述工程项目的质量和数量。如果设计还未全部完成，不能精确描述某些分项工程，应给出项目名称，以暂定金额编入工程量清单。在SMM7中有两种形式的暂定金额：可限定和不可限定的。可限定的暂定金额是指项目工作的性质和数量都是可以确定的，但现时还不能精确地计算出工程量，承包商报价时必须考虑项目管理费。不可限定的暂定金额是指工作的内容范围不明确，承包商报价时不仅包括成本，还有合理的管理费和利润等。

（6）增加了使用指南部分。新版SMM7增加的使用指南部分给人以新鲜感和启迪性。告诉我们如何学习、掌握、操作这一规则。SMM7规定了对分项工程量合理、准确的计算办法，如在何种情况下对工程量进行分解、单列、合并、增加、参照、忽略不计等等；除标出及其工程清单另有说明外，计算规则中所有项目都应包括：现场人工费；材料和机械设备及其相关费用；开办费、管理费和利润等。这清楚地表明，使用该计量规则投标报价反映的是综合费率。这是SMM7较SMM6增加量最大的部分，它告诉使用者在操作SMM7对工程量计算时的注意事项。

3. 英国工程量计算规则的主要内容

（1）工程量的计算原则

①工程量应以安装就位后的净值为准，且每一笔数字至少应量至最接近于10mm的零数，此原则不应用于项目说明中的尺寸。

②除有其他规定外，以面积计算的项目，小于$1m^2$的空洞不予扣除。

③最小扣除的空洞系指该计量面积内的边缘之内的空洞为限；对位于被计量面积边缘上的这些空洞，不论其尺寸大小，均须扣除。

④对小型建筑物或构筑物可另行单独规定计量规则。

（2）英国工程量计算规则将工程量的计算划分成23个部分：

①开办费及总则（Preliminaries/General conditions）。主要包括一些开办费中的费用项目和一些基本规则。费用项目中划分成业主的要求和承包商的要求。

业主的要求包括：投标/分包/供应的费用；文件管理；项目管理费用；质量标准、控

制的费用；现场保安费用；特殊限制、施工方法的限制、施工程序的限制、时间要求的限制费用；设备、临时设施、配件的费用；已完工程的操作、维护费用。

承包商的要求包括：现场管理及雇员的费用；现场住宿；现场设备、设施；机械设备；临时工程。

同时还对业主指定的分包商、供货商，国家机关如煤气、自来水公司等工作规定，计日工工作规则等做了说明。

②完整的建筑工程（Complete buildings）。

③拆除、改建和翻建工程（Demolition/Alteration/Renovation）。内容包括：拆除结构物，区域改建，支撑，修复、改造混凝土、砖、砌块、石头，对已存在墙的化学处理，对金属工程的修复、更改，对木制工程的修复、更改，真菌、甲虫根除器等。

④地面工作（Groundwork）。主要包括基础工程的计算规则。其分为：地质调查；地基处理；现场排水；土石方开挖和回填土；钻孔灌注桩；预制混凝土桩；钢板桩；地下连续墙；基础加固。

⑤现浇混凝土和大型预制混凝土构件（In situ concrete/Large precast concrete）。内容包括混凝土工程；集中搅拌泵送混凝土；混凝土模板；钢筋工程；混凝土设计接缝；预应力钢筋；大型预制混凝土构件等。

⑥砖石工程（Masonry）。本部分为砖石工程的计算规则。分为砖石墙身；砖石墙身附件；预制混凝土窗台、过梁、压顶等。

⑦结构、主体金属工程及木制工程（Strucutre/Carcassing metal/Timber）。包括金属结构框架，铝合金框架，独立金属结构；预制木制构件等。

⑧幕墙、屋面工程（Cladding/Covering）。内容包括：幕墙玻璃；结构连接件；水泥板幕墙；金属板幕墙；预制混凝土板幕墙；泥瓦、混凝土屋面等。

⑨防水工程（Waterproofing）。内容包括：沥青防水层；沥青屋面、隔热层、防水涂料面层；沥青卷材屋面等。

⑩衬板、护墙板和干筑隔墙板工程（Linings/Sheathing/Drypartitioning）。包括：石膏板干衬板，硬板地面、护墙板、衬砌、挡面板工程，檩下、栏杆板内部衬砌，木地板地面、护墙板、衬砌、挡面板工程，木窄条地面、衬砌，可拆隔墙，石膏板固定型隔墙板、内墙及衬砌，骨架板材小室隔墙板，混凝土、水磨石隔墙，悬挂式顶棚，架高活动地板。

⑪门窗及楼梯工程（Windows/Doors/Stairs）。内容包括：木制窗扇、天窗；木制门、钢制门、卷帘门；木制楼梯、扶手；钢制楼梯、扶手；一般玻璃、铅条玻璃等。

⑫饰面工程（Surface finishes）。内容包括：水泥、混凝土、花岗石面层；大理石面块、地毯、墙纸、油漆、抹灰等。

⑬家具、设备工程（Furniture/Equipment）。包括一般器具、家具和设备；厨房设备；卫生洁具等。

⑭建筑杂项（Building fabric sundries）。包括各种绝缘隔声材料：门窗贴脸、踢脚线、五金零件；设备的沟槽、地坑；设备的预留孔、支撑和盖子等。

⑮人行道、绿化、围墙及现场装置工程（Paving/Planting/Fencing/Site furniture）。内容包括：石块、混凝土、砖砌人行道，三合土、水泥道路基础；围墙；各种道路；机械设

备等。

⑯处理系统（Disposal Systems）。包括：雨水管，天沟，地下排水管道，污水处理系统，泵，中央真空处理，夯具、浸渍机、焚化设备等。

⑰管道工程（Piped supply systems）。包括：冷热水的供应，浇灌水，喷泉，游泳池压缩空气，医疗、实验用气，真空，消防管道，喷淋系统等。

⑱机械供热、冷却及制冷工程（Mechanical eating/Cooling/Refrigeration systems）。包括：油锅炉，煤锅炉，热泵，蒸汽，加热制冷机械等。

⑲通风与空调工程（Ventilation/Air conditioning systems）。内容包括：厕所、厨房、停车场通风系统，烟控，低速空调，通风管道，盘管风机，终端热泵空调，独立式空调机，窗、墙悬挂式空调机气屏等。

⑳电气动力、照明系统（Electrical supply/Power lighting systems）。内容包括：发电设备，高压供电、配电、公共设施供应，低压电供应、公共设施供应，低压配电，一般照明、低压电，附加低压电供应，直流电供应，应急灯，路灯，电气地下供热，一般照明、动力（小规模）等。

㉑通讯、保安及控制系统（Communications/Security/Cntrol systems）。内容包括：电讯，公共地址、扩音系统，无线电、电视、中央通讯电视，幻灯，广告展示，钟表，数据传输，接口控制，安全探测与报警，火灾探测和报警，接地保护避雷系统，电磁屏蔽，中央控制等。

㉒运输系统（Transport systems）。包括电梯、自动扶梯、井架和塔吊，机械传输，风动传输等。

㉓机电服务安装（Mechanical and electrical services measurement）内容包括：管线，泵，水箱，热交换器，存储油罐、加热器，清洁及化学处理，空气管线及附属设施，空气控制机，风扇，空气过滤，消声器，终端绝缘，机械安装调试，减振装置，机械控制，电线管和电缆槽，高低压电缆和电线，母线槽，电缆支撑，高压电开关设备，低压电开关设备和配电箱，接触器与点火装置，灯具，电气附属设施，接地系统，电气调试，杂项等。

4. 工程量清单（工程量表）

工程量清单的主要作用是为竞标提供一个平等的报价基础。它提供了精确的工程量和质量要求，让每一个参与投标的承包商各自报价。工程量清单通常被认为是合同文本的一部分。传统上，合同条款、图纸及技术规范应与工程量清单同时由发包方提供，清单中的任何错误都允许在今后修改。因而在报价时承包商不必对工程量进行复核，这样可以减少投标的准备时间。

(1). 工程量清单的作用

1) 工程量清单为承包商提供估价的依据。工程量清单系统地提供了完成工程的所有工程量，人工、材料、机械以及对工程项目的说明。在工程量清单的开办费部分说明了工程所用的合同形式，以及其他影响报价的因素。在分部工程概要中，描述了所用材料的质量和施工质量要求。工程量部分中按不同部分集中了所有的工程量。在清单的最后有一个汇总，承包商投标后分部工程的总值在这里汇总，得出最后的工程造价。

2) 工程量清单为单价调整和变更的依据。通常根据合同条件，工程量清单中提供的分项工程的工程量都可用作单价计算变更的依据，如施工过程中建筑师（工程师）变更了设计使工程量和质量要求与工程量清单产生了差异，工料测量师可在承包商中标单价的基础上进行调整。

3) 工程量清单是业主期中付款的基础。工程量清单为业主的期中付款提供了便利。已经完工部分的工程造价可以从工程量清单中引用编入期中付款中。

工程量清单也是竣工决算的基础，决算是在中标工程量清单的基础上，根据工程实施过程中的变更、期中付款等计算出的工程总价。

4) 工程量清单为承包商进行项目管理提供依据。对于承包商而言，工程量清单除了具有估价的作用还有以下作用：

①编制材料采购计划；

②安排资源计划；

③在施工过程中进行成本控制；

④数据收集。

(2) 工程量清单的内容构成

工程量清单一般由下述5部分构成：

1) 开办费（Preliminary）。本部分的目的是使参加投标的承包商对工程概况有一个概括的了解，内容包括参加工程的各方、工程地点、工程范围、可能使用的合同形式及其他。在SMM7中列出了开办费包括的项目，工料测量师根据工程特点选择费用项目，组成开办费，开办费中还应包括临时设施费用。

2) 分部工程概要（Preambles）。在每一个分部工程或每一个工种项目开始前，有一个分部工程概要，包括对人工、材料的要求和质量检查的具体内容。

3) 工程量部分（Measured Work）。工程量部分在工程量清单中占的比重最大，它把整个工程的分项工程的工程量都集中在一起。分部工程的分类有以下几种：

①按功能分类。分项工程按功能分类组成不同的分部工程，无论何种形式的建筑，把其具有相同功能的部分组成在一起。这样的分类使工程量清单和图纸可以很快地对照起来，但也可能使某些项目重复计算，其对单价计算不很方便。

②按施工顺序分类。按施工顺序分类的工程量清单是由英国建筑研究委员会开发的，其方法是按实际施工的方式来编制。其缺点是编制时间和费用太多。

③按工种分类。采用按工种分类方法，一个工程可以由不同的人同时计算，每人都有一套图纸和施工计划。其优点为：可以大大地减少核对人员；工程量计算人员集中在一个工种上，对该工种较为熟悉，不必被其他工种内容的打扰；一旦某个分部工程计算完毕，可以立即打印，这样可以节省文件编辑时间。

4) 暂定金额和主要成本（Provisional Sum and Prime Cost）：

①暂定金额。根据SMM7的规定，工程量清单应完整、精确地描述工程项目的质量和数量。如果设计尚未全部完成，不能精确地描述某些分部工程，应给出项目名称，以暂定金额编入工程量清单。在SMM7中有两种形式的暂定金额：可限定的和不可限定的。可限定的暂定金额是指项目工作的性质和数量都是可以确定的，但现实还不能精确地计算工程量，承包商报价时必须考虑项目管理费。不可限定的暂定金额是指工作的内容范围不明确，承包商报价时不仅包括成本，还有合理的管理费和利润。

②不可预见费（Contingency）。有时在一些难以预测的工程中，如地质情况较为复杂

的工程，不可预见费可以作为暂定金额编入工程量清单中，也可以单独列入工程量清单中。在 SMM7 中没有提及这笔费用，但在实际工程运作当中却经常使用。

③主要成本。在工程中如业主指定分包商或指定供货商提供材料时，他们的投标中标价应以主要成本的形式编入工程量清单中。如分包商为政府机构如国家电力局、煤气公司等，该工程款应以暂定金额表示。由于分包工程款内容范围与工程使用的合同形式有关，所以 SMM7 未对其范围做规定。

5) 汇总 (Collections and Summary)。为了便于投标者整理报价的内容，比较简单的方法是在工程量清单的每一页的最后做一个累加，然后在每一分部的最后做一个汇总。在工程量清单的最后把前面各个分部的名称和金额都集中在一起，得到项目投标价。

(3) 工程量清单的编制方法

英国工程量清单的编制方法一般有三种：传统式 (Traditional working up)；改进式，也称为直接清单编制法 (Billing directly)；剪辑和整理，也成为纸条分类法 (Cut and Shuffle or Slip sortation)。

1) 传统式工程量清单编制方法。传统的工程量清单编制方法包括下述几个步骤：

①工程量计算。英国工程量计算按照 SMM7 的计算原理和规则进行。SMM7 将建筑工程划分为地下结构工程、钢结构工程、混凝土工程、门窗工程、楼梯工程、屋面工程、粉刷工程等分部工程，就每个部分分别列明具体的计算方法和程序。工程量清单根据图纸编制，清单的每一项中都对要实施的工程写出简要文字说明，并注上相应的工程量。

②算术计算。此过程是一个把计算纸上的延长米、平方米、立方米工程量计算结果计算出来。实际工程中有专门的工程量计算员来完成，在算术计算前，应先核对所有的初步计算，如有任何错误应及时通知工程量计算员。在算术计算后再另行安排人员核对，以确保计算结果的准确性。

③这部分工作包括把计算纸上的工程量计算结果和项目描述抄录到专门的纸上，各个项目按照一定的顺序以工种操作顺序或其他方式合并整理。在同一分部中，先抄立方米项目，再抄平方米和延长米项目；从下部的工程项目到上部的项目；水平方向在先，斜面和垂直的在后等。抄录完毕后由另外的工作人员核对。一个分部结束应换新的抄录纸重新开始。

④项目工程量的增加或减少。这是计算抄录纸上每个项目最终工程量的过程。由于工程量计算的整体性，一个项目可能在不同的时间和分部中计算，比如墙身工程中计算墙身未扣去门窗洞口，而在计算门窗工程时才扣去该部分工程量。因此，需要把工程量中有增加、减少的所有项目计算出来，得到项目的最终工程量。该工程量应该为该项工程项目精确的工程量。无论计算时采用何种方法，这时的结果应该是相同的或近似的。

⑤编制工程量清单。先起草工程量清单，把计算结果、项目描述按清单的要求抄在清单纸上。在检查了所有的编号、工程量、项目描述并确认无误后，交由资深的工料测量师来编辑，使之成为最后的清单形式。在编辑时应考虑每个标题、句子、分部工程概要、项目描述等等的形式和用词，使清单更为清晰易懂。

⑥打印装订。资深工料测量师修改编辑完毕后，由打字员打印完成并装上封面成册。

2) 改进式。改进的工程量清单编制方法部分拼弃了传统的编制方法，也称为直接编制清单法。本方法一般用于排水工程、细木工程等那些可以自成一体的工程，或可以组成整个分部的工程。项目尽量按实际情况计算净工程量，并集合在一起，如果工程量计算人员和编制人员能够紧密地合作，这种方法可以用于小型和中型的工程。

工程量计算时尽可能地把相似的分项工程集中在一个分部中，这样可以简化类似项目的工程量收集。在每个分部结束时就可以增加、减少工程量的工作。不像传统的编制方法要在所有的工程量都计算完毕后才能得到精确的分项工程工程量。但是采用改进式的编制方法必须做一些准备工作，如准备有关门窗、粉刷工程量的表格，这样计算时可以很快地从表格中找到洞口的尺寸，而不需要不断地查找图纸。

编写项目描述时应留有足够的空间，以便项目收集时可以做工程量增加、减少的调整。起草清单时，项目按照顺序依次编号直接写在计算纸上。

本方法最大的特点是在需要所有的图纸都齐全后，工程量计算才可以开始，而且采用集体计算的方法可能会漏项。但是它很适合于开工后要重新计算工程量的工作，如分包商的工作。

3) 剪辑和整理法。这是一个完全排除传统编制方法的体系，也称纸条分类法。在原理上，它和传统方法很相似，即工程量计算以整体的方式进行；它与清单的顺序不同，所有的项目在计算完毕后再整理分类。传统方式中是通过把项目按正确的顺序摘录在特别规定的纸上。而剪辑和整理的方法中是用手工分类，在工程量计算结束后，把计算纸剪下按清单的顺序分类。描述相同的项目放在一起归于一类装订在一起，加上一定的修改，就可以直接打印成清单。

32-6-4 美国建筑工程造价估算简介

美国没有由政府部门统一发布的工程量计量规则和工程定额，但有许多来自各专业协会（如Morgantown, WV 的 AACE-I 国际组织、MD 的美国职业工程师协会或 Arlington, VA 的成本估价与分析协会）和各大咨询顾问公司的大量的商业出版物，可供进行工程估价时选用，美国各地政府也在对上述资料综合分析的基础上定时发布工程成本材料指南。

根据项目进展的阶段不同，工程估价分5级：第V级，数量级估算，精度为 $-30\%\sim+50\%$；第IV级，概念估算，精度为 $-15\%\sim+30\%$；第III级，初步估算，精度为 $-10\%\sim+20\%$；第II级，详细估算，精度为 $-5\%\sim+15\%$；第I级，完全详细估算，精度为 $-5\%\sim+5\%$。

按照其数学性质，估价方法分为随机的（在推测成本关系和统计分析的基础上）和确定的（在最后的、决定性的成本关系的基础上），或是这两种方法的一些结合。在工程估价条目中，随机的方法时常被叫做参数估价，确定的方法时常被叫做详细单位成本或行式项目估算。

一般来讲，业主与承包商的估价过程有很大不同，这是因为他们不同的观点、概念、交易管理风险、介入深度、估价所需的准确性以及估价方法的使用。

业主在研究和发展阶段进行一个新工艺的可行性研究时，需要考虑工艺技术及应用风险、投资策略、场地选择、对市场的影响、装船、操作、后勤以及合同管理策略，其中每一项都会影响到风险和成本。其采用的估价方法一般为参数法。

相对业主来讲，承包商的考虑范围要小一些。因为承包商一般均在项目的中期和后期开始介入，承包商根据业主给出的初始条件来设计以及/或建设一个设施，此时业主的意图已经清晰，已经对多个方案进行了研究，并对其进行了选择和放弃项目的范围和轮廓以相当清晰。承包商采用的估价方法一般为详细单位成本或行式项目估算。

美国在整个工程估价体系中，有一个非常重要的组成要素，即一套前后连贯统一的工程成本编码。所谓工程成本编码，就是将一般工程按其工艺特点细分为若干分部分项工程，并给每个分部（或分项）工程编个专用的号码，作为该分部（或分项）工程的代码，以便在工程管理和成本核算中，区分建筑工程的各个分部分项工程。

美国建筑标准协会（CSI）发布过两套编码系统，分别叫做标准格式和部位单价格式，这两套系统应用于几乎所有的建筑物工程和一般的承包工程。其中，标准格式用于项目运行期间的项目控制，部位单价格式用于前段的项目分析。其工作细目划分及代码[①]分别如下：

1. 标准格式的工作细目划分

（1）一级代码，见表32-9。

标准格式工作项目划分的一级代码　　表32-9

CSI 代码	说明	CSI 代码	说明
01	总体要求	09	装饰工程
02	场地建设	10	特殊产品
03	混凝土工程	11	设备/设施
04	砌体工程	12	陈设品
05	金属工程	13	特殊建筑结构
06	木材及塑料工程	14	运输系统
07	隔热及防潮工程	15	机械工程
08	门窗工程	16	电气工程

（2）二级代码，见表32-10。

标准格式项目划分的二级代码　　表32-10

01	总体要求	02950	建设场地修复和重建	05050	基础材料和方法
01100	概要			05100	结构金属构架
01200	价格和支付程序	03	混凝土工程	05200	金属勾缝
01300	管理要求	03050	基础混凝土材料和方法	05300	金属铺板
01400	质量要求	03100	混凝土模板及附件	05400	冷成型金属构架
01500	临时设施和控制	03200	钢筋混凝土	05500	金属制作
01590	材料和设备	03300	现场浇筑混凝土	05650	铁路轨道和附属物
01700	执行要求	03400	预制混凝土	05700	装饰用金属
01800	设备操作	03500	水泥胶结屋面板和垫层	05800	膨胀控制
		03600	水泥浆		
02	场地建设	03700	混凝土修复和清理	06	木板及塑料工程
02050	基础场地材料和方法			06050	基础木版和塑料材料和方法
02100	现场清理	04	砌体工程		
02200	现场准备/平整	04050	基础砌体材料和方法	06100	粗木工作业
02300	土石方工程	04200	砌体块	06200	细木工作业
02400	开挖隧道、钻探和支护	04400	石料	06400	建筑施工木建部分
02450	地基和承载构件	04500	耐火材料	06500	结构塑料
02500	公用设施	04600	仿石砌体	06600	塑料制作
02600	下水道及密封	04800	砌体组装		
02700	路基、道碴、路面和附属物	04900	砌体修复和清理	07	隔热及防潮工程
02800	建设场地改善和环境优化			07100	防潮和防水
02900	绿化	05	金属工程	07200	过热保护

07300	屋面板、屋面瓦和屋面覆盖物	10520	防火装置	13030	特殊用途房间
		10530	防护覆盖层	13080	声音、振动和地震控制
07400	屋面和护墙预制板	10550	邮件投递装置	13090	辐射保护
07500	卷材屋面	10600	隔墙	13120	工程施工前预架结构
07600	防雨板和片状金属	10670	储存壁架	13150	游泳池
07700	特殊屋面和附属物	10750	电话装置	13170	浴盆和浴池
07800	防火、防烟	10800	洗漱、盥洗通道	13175	滑冰场
07900	填缝料	10880	阶梯	13200	贮存槽
		10900	壁柜和壁橱	13280	危险材料补救设施
08	门、窗工程			13600	光能和风能设施
08100	金属门和构架	11	设备/设施	13700	安全通道及监视
08200	木门和塑料门	11010	维护设施	13800	建筑自动化和控制
08300	特种门	11020	安全或保险设施	13850	监测和预警
08400	入口和商店铺面	11030	记数器和用户管道设施	13900	阻火结构
08500	窗	11040	宗教设施		
08600	天窗	11050	阅览室设施	14	运输系统
08700	小五金	11060	剧院和舞台设施	14100	轻型运货升降机
08800	窗玻璃	11100	商务设施	14200	电梯
08900	玻璃护墙	11110	商用洗衣房和干洗设备	14300	自动扶梯和活动走道
		11130	视听设备	14400	吊车
09	装饰工程	11140	交通服务设备	14500	材料装卸
09100	金属支撑装配	11150	停车控制设施	14600	起重机
09200	石膏板	11160	装卸台设施		
09300	瓷砖	11170	固体废物处理设施	15	机械工程
09400	水磨石	11190	禁闭设施	15050	基础材料和方法
09500	顶棚	11300	液体废物处理设施	15100	建筑服务设施管道
09600	室内地面	11400	食品提供设施	15200	加工管道
09700	墙装饰	11450	住宅设施	15400	卫生设备
09800	隔声处理	11470	暗室设施	15500	制热设备
08900	油漆和涂料	11480	运动设施和剧院设施	15600	制冷设备
		11500	工业加工设施	15700	供暖、通风和空调设备
10	特殊产品	11600	实验室设施	15800	配气
10100	可视显示板	11700	医用设施	15950	检测/调整/平衡
10150	分隔间和小卧室				
10200	气窗和通风口	12	陈设品	16	电气工程
10260	护墙栏和墙角护条	12300	人工装饰细木工作业	16050	基础电气材料和方法
10270	架高活动地板	12400	陈设品和附属物	16100	配线方法
10300	壁炉和火炉	12500	家具	16200	电力
10340	成品外用专门构件	12600	复层支架	16400	低压配线
10350	旗杆	12800	室内施工设备和施工工人	16500	照明
10400	检验装置			16700	通讯
10450	行人控制装置	13	特殊建筑结构	16800	声音和图像
10500	衣帽柜/橱柜	13010	气承结构		

2. 部位单位格式的工作细目划分
(1) 一级代码

分单元1　—　基础
分单元2　—　地下结构
分单元3　—　主体结构

分单元 4   -   外围墙
分单元 5   -   屋顶
分单元 6   -   内部结构
分单元 7   -   传送装置
分单元 8   -   管道工程
分单元 9   -   电力系统
分单元 10   -   一般条件
分单元 11   -   特殊结构
分单元 12   -   现场工作

(2) 二级代码，见表32-11。

部位单价格式工作项目划分的二级代码　　　　表 32-11

1. 基础		3.5-242	预制梁和厚木板-无覆盖层	4.1-211	混凝土砌块墙
基脚和基础		3.5-244	预制梁和厚木板-带2号覆盖层	4.1-212	带肋的裂面混凝土砌块墙
1.1-120	扩展基础			4.1-213	机切混凝土块墙
1.1-140	带状地基	3.5-254	预制双"T"和2号覆盖层	4.1-231	实心砖墙
1.1-210	现浇基础墙混凝土	3.5-310	宽工字梁和桁梁	4.1-242	石料砌面
1.1-292	防水地基	3.5-360	轻型钢地板系统	4.1-252	砖砌镶面墙/木立筋支撑物
挖方和回填		3.5-420	承重墙上的屋面板和桁条	4.1-252	砖砌镶面墙/金属筋支撑物
1.9-100	建筑挖方和回填	3.5-440	梁和墙上的钢制桁条	4.1-272	砖面复合墙
		3.5-460	柱上的钢制桁条、梁和混凝土板	4.1-273	砖面空心墙
2. 地下结构				4.1-282	玻璃砖
斜坡地板结构		3.5-520	复合梁和混凝土板	4.1-384	金属护墙板
2.1-200	简单结构与加固结构	3.5-530	宽法兰、复合屋面板和混凝土板	4.1-412	木材和其他外墙板
				外墙装修	
3. 主体结构		3.5-540	复合梁、屋面板和混凝土板	4.5-110	毛粉饰墙
柱、梁和桁条		3.5-580	金属屋面板/混凝土填充板	门	
3.1-114	C.I.P. 柱-方拉杆	3.5-710	木制桁条	4.6-100	木材、钢材和铝材
3.1-120	预制混凝土柱	3.5-720	木制梁和桁条屋顶	窗和釉面墙	
3.1-130	钢柱	3.7-410	柱和墙上的钢制桁条、梁和面板	4.7-100	木材钢材和铝材
3.1-140	木柱			4.7-582	框架
3.1-190	防火钢柱	3.7-420	柱上的钢制桁条、梁和面板	4.7-584	幕墙镶板
3.1-224	"T"形预制梁	3.7-430	承重墙上的钢制桁条和面板		
3.1-226	"L"形预制梁	3.7-440	柱和梁上钢制桁条和桁梁	5. 屋顶	
结构墙		3.7-450	柱上的钢制桁条和桁梁	屋面覆盖层	
3.4-300	金属护墙支撑	3.7-510	木材/扁形材或沥青	5.1-103	复合屋面
地面		楼梯		5.1-220	一层隔板
3.5-110	C.I.P. 混凝土板-单向	3.9-100	楼梯	5.1-310	成型前金属
3.5-120	C.I.P. 梁和混凝土板-单向			5.1-330	成型后金属
3.5-130	C.I.P. 梁和混凝土板-双向	4. 外围墙		5.1-410	木瓦和瓷砖
3.5-140	带下垂板座的 C.I.P. 双向板	墙		5.1-520	屋面边楞
3.5-150	C.I.P. 无梁板	4.1-110	现浇混凝土	5.1-620	防雨板
3.5-160	多跨度梁板	4.1-140	预制平浇混凝土	隔热	
3.5-170	C.I.P. 双向密肋板	带凹槽的窗框架或直棱的预制混凝土		5.7-101	屋面板刚性隔热
3.5-210	预制厚木板	预制混凝土特殊构件		孔洞和特制装置	
3.5-230	预制双"T"形梁	带肋的预制混凝土		5.8-100	升降口/出入口天窗
		4.1-160	翻起施工混凝土墙板	5.8-400	雨水槽

5.8-500 落水管	8.1-434 实验室用洗盆系统	8.5-110 车库排气装置
砾石挡条	用户洗盆系统	9.电力系统
	8.1-440 淋浴间系统	设施分布
6.内部结构	8.1-450 小便池系统	9.1-210 电力设施
隔墙	8.1-460 冷水系统	9.1-310 电力线安装
6.1-210 混凝土砌块隔墙	8.1-470 卫生间系统	9.1-410 开关设备
6.1-270 瓷砖隔墙	8.1-510 卫生间分类系统	照明及电源
6.1-510 干砌墙隔墙	8.1-560 分类洗涤喷水系统	9.2-213 荧光性电器设备（以瓦特计）
6.1-580 干砌墙组件	8.2-620 两套装置浴室	
6.1-610 粉饰/石膏隔墙	8.2-621 三套装置浴室	9.2-223 白炽性电气设备（以瓦特计）
6.1-680 粉饰隔墙/组件	8.2-622 四套装置浴室	
6.1-820 折叠隔墙	8.2-623 五套装置浴室	9.2-235 高强度高架放电装置（以瓦特计）
6.1-870 卫生间隔板	消防系统	
门	参考 自动喷水消防系统类型	9.2-239 高强度高架放电装置（以瓦特计）
6.4-100 特种门	参考 自动喷水消防系统分类	
墙体装饰	8.2-110 湿管消防系统	9.2-242 高强度低架放电装置（以瓦特计）
6.5-100 油漆和覆盖物	8.2-120 干管消防系统	
涂料镶边	8.2-130 自动喷水消防系统	9.2-244 高强度低架放电装置（以瓦特计）
地面装饰	8.2-140 集水喷洒消防系统	
6.6-100 瓷砖和覆盖物	8.2-150 循环灭火	9.2-252 灯杆（已装配好）
天花板装饰	8.2-310 湿管冲洗器	9.2-522 电源插座（以瓦特计）
6.7-100 石膏顶棚	8.2-320 干管冲洗器	9.2-524 电源插座
干砌墙顶棚	8.2-390 竖管设备	9.2-542 每平方英尺的墙开关
6.7-810 吸声顶棚	采暖	9.2-582 各种电源
6.7-820 石膏顶棚	8.3-110 小型供热电锅炉	9.2-610 中央空调电源（以瓦特计）
	8.3-120 大型供热电锅炉	9.2-710 电动机安装
7.传送装置	8.3-130 锅炉，热水 & 蒸汽	9.2-720 电动机支线输电
升降机	8.3-141 液体循环加热，矿物油单位管式散热器	专用电力系统
7.1-100 水硬性材料		9.4-100 通讯和警报系统
7.1-200 齿轮传送升降机	8.3-142 液体循环加热，矿物油带翼管式散热器	9.4-310 发电机
7.1-300 无齿轮传送升降机		
	8.3-151 公寓楼加热，矿物油带翼管式散热器	11.特殊结构
8.管道工程		特殊产品
8.1-040 管道-安装-单位成本	8.3-161 商业楼加热，矿物油带翼管式散热器	11.1-100 特殊建筑产品
8.1-120 燃气热水器-民用		11.1-200 建筑设备
8.1-130 燃油水加热器-民用	8.3-162 商业楼加热，终端单位管式散热器	11.1-500 室内陈设品
8.1-160 电热水器-商用		11.1-700 特殊建筑
8.1-170 煤气热水器-商用	制冷	
8.1-180 燃油热水器-商用	8.4-110 冷却水空气冷凝器	12.现场工作
8.1-310 屋顶排水系统	8.4-120 冷却水-冷却塔	公共设施
参考：管道固定装置要求	8.4-210 屋顶单区单元	12.3-110 开槽
8.1-410 浴缸系统	8.4-220 屋顶复合单元	12.3-310 管道垫层
8.1-420 喷泉式饮水器	8.4-230 独立式水冷	12.3-710 检查井和截留井
8.1-431 厨房用洗涤盆系统	8.4-240 独立式气冷	公路和停车场
8.1-432 洗衣水槽系统	8.4-250 分离系统/气冷式冷凝单元	12.5-110 道路
8.1-433 盥洗室系统	特殊系统	12.5-510 停车区

3. 估价所需数据资料类型及来源

（1）资料类型

不管任何一种估价方法，都需要使用一个或多个假定其价值已知的成本因子，各种估价方法使用的成本因子及所需的资料类型如表32-12。

表 32-12

序号	计算规则类型	数据来源 1	数据来源 2	数据来源 3	成本估价数据库所需的基本成本区域
1.1	详细单位成本	X			工时因子，材料单位成本，分包商，其他单位成本，工资标准
1.2	单位成本组合及模型	X	X		与上面相同，但要计入组合中
2.1	设备因子法—级联式		X	X	根据学科和设备类型、工资标准划分的界区材料及人工成本比例因子
2.2	设备因子法—每单位			X	根据设备类型划分的界区成本因子
2.3	设备因子法—工厂总成本			X	根据工厂类型划分的界区成本因子
3.1	能力因子法			X	根据工厂、设备、学科、或所期望的资源类型、历史成本数据库划分的指数
4.1	参数化单位成本模型		X	X	与单位成本模型相同，加对应的已建立的参数计算规则
5.1	复合参数化模型			X	对应的已建立的参数计算规则
6.1	比例因子法	X	X	X	与成本类型对应的比例因子（一些因子需要第三方给定）
6.2	总单位成本			X	与成本类型对应的总单位成本
	各种计算规则使用的调整因子	X		X	人工生产率、区域因子、汇率、价格指数、复合因子

与物体的物理形态—固体、胶体、液体和气体相类似，数据来源也可以有多种方式，"硬"数字有定货单、引用数字等，"胶"数字来自成本历史记录或商业上使用的数据资源；"水"数据来自估价文件中的旧估价或一个团队对于估算价值的最好估价；"气"数字实际上就是猜想。

(2) 资料来源

美国的大型承包商都有自己的一套估价系统，同时把其单价视为为商业秘密，其惯例是不向业主公开其价格信息。但对于估价人员来讲，仍然有许多的有估价数据来源可供使用，如国家电气承包商协会（NECA）出版的关于电气工作"人工单价手册"（以及其他商业出版物），来自劳务中介商的劳动协定，保存在签约人和业主公司的图书馆的估价标准；来自专业学会（如 Morgantown, WV 的 AACE 国际组织、Wheaton, MD 的美国职业工程师协会、或 Arlington, VA 的成本估价与分析协会）的大量的可用出版物等。例如表 32-13 是工程成本估价数据的几种商业出版物。

工程成本估价数据的商业出版物 表 32-13

1	关于施工设备的联合设备供应商的零租费率	联合设备供应商	奥卡布鲁克.IL
2	奥丝汀（Austin）建筑成本明细	奥丝汀（Austin）公司	克利夫兰，OH
3	Boeckh（几种出版物）	美国估价协会	密尔沃基，WI
4	富勒（fuller）建筑物成本索引	乔治.A.富勒公司	纽约，NY
5	公用建筑成本的汉蒂-惠特曼（Handy-Whitman）索引	惠特曼、理查德（Whitman, Requardt）及其同事	巴尔的摩，MD
6	明思（Means）建筑成本数据	R.A.明思（Means）公司	休斯敦，MA
7	理查森（Richardson）加工厂估价标准	理查森（Richardson）工程服务有限公司	美萨，AZ
8	史密斯、哈吉姆、瑞里斯成本索引	史密斯、哈吉姆、瑞里斯有限公司	底特律，MI
9	特恩（Turner）建筑物成本索引	特恩（Turner）建筑公司	纽约，NY
10	美国联邦公路管理局（FHWA）公路建筑价格索引	美国联邦公路管理局	华盛顿，D.C.
11	美国商业部复合材料建筑成本索引	美国商业部	华盛顿，D.C.
12	步行者（Walker's）的建筑物估价人员参考手册	富兰克 R.沃克（Frank R.Walker）公司	莱尔，IL
13	建筑造价指数和房屋造价指数（ENR）	ENR 总部发布（Engineering News-Record）	

32-6-5 英国工料测量师制度

1. 英国特许测量师的种类

世界上大约有 80000 名特许测量师。特许测量（chartered Surveying）是世界上被最广泛承认的专业之一。他站在决策的最前部，在建筑和自然环境方面产生重要影响。特许测量师共有七类。

（1）特许工料测量师（Chartered Quantity Surveyor）

对建筑物的业主和设计师就可能的建筑成本计划和可供选择的设计造价提供咨询。有时也被称为工程造价顾问（Construction Cost Consultant），他们准备项目成本计划，这能帮助设计组达到项目的可操作性设计并将造价控制在预算之内。他们有时被指派为项目经理（Project Managers）。

（2）特许估价师（Chartered Valuation Surveyor）

有时被称作为综合业务测量师（General Practice Surveyor），他们从事各种各样的活动，但主要从事地产房地产代理、估价、开发和物业管理。大多数估价师受雇于私人领域，但也有许多受聘于公共服务机构（Public Service）。

（3）特许规划与开发测量师（The Chartered Planning and Development Surveyor）

专门从事城乡规划的一切领域。主要受雇于从事主要城市和工业开发项目的公司和组织。

（4）特许建筑测量师（The Chartered Building Surveyor）

提供有关建筑施工所有方面专门服务，包括修复老建筑和建设新建筑。提供的其他服务还包括结构测量、损毁修理费清单建筑上的服务，倒塌计划和保险索赔。

（5）特许地形测量师（The chartered Geomatics Surveyor）

为了各种目的而测量和绘制地球表面的特征。如石油开发，建筑工程，口岸开发等，有时活动延伸到绘制大的和世界边远地区或海岸河床的地形图。

（6）特许矿物测量师（The chartered Mineral Surveyor）

作为经济和矿物测量业务的专家，包括为矿物开发而进行的估价和开发准备工作。

（7）特许乡村业务测量师（The chartered Rural Practice Surveyor）

有关经营农业土地管理，包括森林在内。工作包括和农村财产的估价、出售和管理。

2. 工料测量师的服务范围

工料测量师是独立从事建筑造价管理的专业，也称为预算师。其工作领域包括房屋建筑工程、土木及结构工程、电力及机械工程、石油化工工程、矿业建设工程、一般工业生产、环保经济、城市发展规划、风景规划、室内设计等等。工料测量师服务的对象，有房地产发展商、政府行政及公有房屋管理等部门、厂矿企业、银行与保险公司，而大量服务的是建筑企业和施工单位。

（1）工料测量师的服务范围包括：

1）初步费用估算（Preliminary Cost Advice）。在项目规划阶段，为投资者、开发商提供投资估算，就设计、材料设备选用、施工、维护保养提供咨询意见；

2）成本规划（Cost Planning）。成本规划的目的是为委托单位编制一份供建筑师、工程师、装潢设计师合理使用建设投资的比例。工料测量师在协助投资者选定方案时，不只是选最低的造价方案,而是全寿命费用最低,包括维护、修理、更新的费用。在执行中,当遇到投资者改变意图时,工料测量师也可以快速报出费用变化。项目由于种种原因将要超出预算时,工料测量师能及早报告,以便投资者决策;

3) 承包合同方式 (Contracr Form)。招标方式、合同形式是搞好工程的重要环节。由于工程项目千差万别,工程条件、技术复杂程度、进度要求、设计深度、质量控制级别、投资者对待风险的态度都有差别,这就要求工料测量师帮助业主针对工程的具体情况,选择好合同方式;

4) 招标代理。包括起草招标文件,计算工程量并提供工程量清单。工程量清单(Bill of Quantities)是一份将设计图纸及所采用的工料规格说明书的要求化为可以计算造价的一系列施工项目及数量的文件,便于投标者比价竞争。工料测量师在投标人报出价格与费率基础上作比较分析,选择较合理的标书,提供给决策者;

5) 造价控制 (Cost Control)。在施工合同执行过程中,工料测量师根据成本规划,对造价进行动态控制,定期对已发生的费用、将发生的费用、工程进度作比较,报告委托人;

6) 工程结算 (Valuation of Construction works)。工料测量师负责审定工程各种支出,如进度款、中间付款、保留金等。有关调整账、变更账都由工料测量师管理;

7) 项目管理 (Project Management)。由于合同管理、财务安排、法律问题等在工程中越来越重要,而工料测量师的专业水准和力量都在不断增强,业主纷纷聘请工料测量师及其事务所出任项目经理,独立地为其提供项目管理服务;

8) 其他。工料测量师经过仲裁人资格审定,还可以提供建筑合同纠纷仲裁,以及保险损失估价等服务。

(2) 工料测量师参与工程全过程估价活动:

工料测量师参与的工程全过程估价活动见表32-14。

工料测量师参与的工程全过程估价活动 表32-14

阶段		目的与工作内容	工料测量师参与进行工程估价活动
设计任务书	1. 筹建和可行性研究阶段	向业主提供工程项目评价书及可行性报告	关于编制可行性报告的一般性工作。定出附有质量要求的造价范围或就业主的造价限额提出建议
草图	2. 轮廓性方案	确定平面布置、设计和施工的总的做法,并取得业主对其批准	按业主要求,对方案设计做出估算,方法是通过分析过去建筑物的各项费用并比较其要求;或按规范求得的近似工程量
	3. 草图设计	完成设计任务书并确定各项具体方案,包括规划布置、外观、施工方法、规划说明纲要和造价,并取得全部上述事项的批准	根据由建筑师和工程师处得到的草图、质量标准说明和功能要求编制造价规划草案,以后再编制最终造价规划,提交业主批准
施工图	4. 详图设计	对设计、规范说明,施工和造价有关的全部事项做出最后决定,编制施工图纸文件	进行造价研究和造价校核,并从专业分包人处取得报价单。将结果通知建筑师和工程师,并提出有关造价的建议
	5. 工程量清单	编制和完成招标用的全部资料和安排	编制工程量清单,并进行造价校核
	6. 招标活动	通过招标选择承包商	对照标价的工程量清单校核造价规划
现场施工	7. 编制工程项目计划	编制计划	对中标标书编制造价分析
	8. 现场施工	保证有效地贯彻合同,并使合同细节在建筑施工中实现	对合同中的所有财务事项进行严格审核。向设计组提出月报,工程造价的变更和报告
	9. 竣工及反馈	完成合同,结算最终账目,从工程得到信息反馈以利于以后的设计	编制最后结算账目,最终造价分析,并处理有关合同索赔的结账事项

(3) 工料测量师（QS）有时被认为是的商业管理者，与投入建筑业的所有组织打交道。工料测量师（QS）在全方位的建筑程序中负责财务和合同管理。

完整的建设过程中的财务与合同管理包括：

1) 可行性研究准备；
2) 资本和操作成本的估计准备；
3) 施工图预算；
4) 有关最恰当可行战略的建议；
5) 投标、合同文件、评标和建设项目的准备；
6) 在各个建设施工阶段的变更的协商；
7) 分包商和其他专家的任命；
8) 各阶段已完工程的监督和测量；
9) 付款价值的建议和准备；
10) 财务控制和建设工程项目的各个方面的监督和建议；
11) 所有合同和商业事务的处理；
12) 风险分析；
13) 价值工程和价值管理；
14) 索赔管理。

(4) 业主雇用的工料测量师的工作内容

1) 开发评估，主要包括财务评价、现金流量分析、灵敏度分析及其他服务；
2) 合同前成本控制：向建筑师提供有关造价方面的建议，对不同的施工方法进行成本比较，制定成本计划；
3) 税收和财务规划：工料测量师凭借其专业知识，充分利用资金、政府对开发的补贴及税收上的优惠条件，使一个不可行的项目变成一个成功的项目；
4) 合同发包：工料测量师利用其在发包方面的专业知识帮助业主选择合适的发包方式和承包商；
5) 合同文件：其内容包括①工程量清单；②单价表；③技术说明书；④成本补偿合同。
6) 投标分析；
7) 合同管理：内容包括现金流量、财务状况和索赔。准备现金流量表并用来监督对承包商的进度付款；
8) 工程决算：根据原合同和工程施工中的签证，变更期中付款等与承包商的工料测量师计算出工程的最后决算。

(5) 承包商雇用的工料测量师的工作内容

1) 报价：大型承包商通常设有两个相对的部门：工程量计算和报价，小型公司将两部门合二为一，工料测量师根据工程量清单编制报价单；
2) 谈判及签订合同：

承包商的工料测量师要不断地与业主的工料测量师谈判协商，从一个项目的单价到工程项目总造价，从合同形式到某一条合同条款；

3) 现场测量：不论是内部结算，还是与业主工料测量师做期中付款，工程结算都应去现场实地测量；

4）财务管理；

5）期中付款；

6）对分包商的管理：对于分包商，在报价时工料测量师已经向其询过价了，一旦分包商进驻现场，工料测量师应按分包合同条款进行工程量计算、估价，确定变更引起的工程量增加或减少；

7）现场成本分析：将实际成本与原计划成本进行比较；

8）工程决算。

3．工料测量师应具有的知识与经验

(1) 造价咨询与造价规则（计划）

包括：准备与利用数据；准备估算，编制财务可行性，比较设计方案；准备与使用详细预算和造价计划，设计阶段造价审核，编制实施的设计造价；成本与全寿命费用，准备与解释现金流量，预计损益，造价控制的管理与报告。

(2) 合同文件

包括：编制工程量清单（BOQ），工程量计算，工程描述，起草开办费范围，起草合同条件，进行工程结算，准备说明书与单位估价表，数据加工与准备文件。

(3) 投标与订约安排

包括：对总分包商与供应商的招标程序与订约，评标，选标建议，准备标书单价开办费分析。

(4) 合同管理

包括：在工程进行中动态的造价咨询，估算最终造价，编制报告财务结果；选择不同施工方法及计算结果，报告最准确要求，准备不同施工方法的费用效益报告；施工中的造价控制，编制期中付款证书，用实际费用分析合同价，准备最终结算与双方支付清账，报告估算与洽谈增加工程，订约后通信，出席现场会议；费用/价值分析，编制报表，测量，计算与记录现场信息资料。

(5) 其他服务

包括：减避税负的计算与取得批准，计划与工程进度安排，决定资源，供货要求与采购，采购设备材料，生产成本与质量管理，进度要求与操作方法研究，计算劳动生产率的方法与其评价，项目管理，处理保险、法律与仲裁，破产清理，计划维修，拆除计划，技术评审，办公室管理，资源缺口的确定，计费与预算。

32-7 建筑工程造价管理参考资料

32-7-1 建筑工程造价估算资料

32-7-1-1 新建、改建居住区公共服务设施配套建设指标

新建、改建居住区公共服务设施配套建设指标，见表 32-15。

新建、改建居住区公共服务设施配套建设指标　　　　表 32-15

类别	序号	项目名称	千人指标（m²/千人）		一般规模
			建筑面积	用地面积	
（一）教育	1	托儿所	98～126	112～140	4班用地 1200m² 6班用地 1400m² 8班用地 1700m²
	2	幼儿园	225～250	250～300	6班用地 2100m² 9班用地 2900m² 12班用地 3600m²
	3	小学	340～370	592～740	18班用地 7500m² 24班用地 8500m²
	4	中学	310～372	620～744	18班用地 1200m² 24班用地 1400m² 30班用地 1500m²
		小计	973～1118	1574～1924	
（二）医疗卫生	5	卫生站	14		建筑 45m²
	6	居住区门诊部	56～83	60～83	建筑 2500～2800m² 用地 2500～3000m²
	7	医院	256	300～375	200床用地 1800m² 240床用地 2200m² 400床用地 3000m²
		小计	326～353	360～458	
（三）文化体育	8	综合文化活动中心	96～126	70～100	建筑 3800～4800m² 用地 3000～3500m²
	9	门球场		50	用地 300～500m²
	10	体育场		250～300	用地 2500～3000m²
		小计	96～126	370～450	
（四）商业服务	11	综合食品商场	100（120）	70	建筑 3000～5000m² 用地 2000～3500m²
	12	综合百货商场	100（120）	60	建筑 3000～5000m² 用地 1800～3000m²
	13	综合服务楼	100（116）	60	建筑 3500～5000m² 用地 1800～3500m²
	14	集贸市场	100	70～80	建筑 3000～5000m² 用地 2500～3500m²
	15	书店	24～33		建筑 500～800m²
	16	中药店	10		建筑 500～800m²
	17	综合便民店	160	180	建筑 500m²
	18	综合粮油店	30～50		建筑 400～500m²
	19	其他三产	≥100	50	建筑 3000m² 以上
		小计	724～809	490～500	

续表

类别	序号	项目名称	千人指标（m²/千人）		一般规模
			建筑面积	用地面积	
（五）金融邮电	20	储蓄所	14~21		建筑 150~200m²
	21	银行分理处	30~50		建筑 1500m²
	22	邮局	40~50	40~50	建筑 1500~2000m² 用地 1500~2000m²
	23	电话局	80~133	60~100	建筑 4000~8000m² 用地 3000~5000m²
		小计	164~254	100~150	
（六）社区服务	24	社区服务中心	20~27	16~20	建筑 800~1000m² 用地 600~800m²
	25	综合服务部	41	50	建议 130m²
	26	存车处	600~720		建议 600~1000m²
	27	居民汽车场、库	120	432	建筑 400m²
	28	敬老院（托老所）	8	12~13	建筑 600~800m² 用地 1000~1200m²
	29	残疾人托养所	6	10	建筑 500~600m² 用地 800~1000m²
		小计	795~922	520~525	
（七）行政管理	30	街道办事处	30~40	30~50	建筑 1200~1500m² 用地 1500m²
	31	派出所及巡察	30~40	36~50	建筑 1200~1500m² 用地 1500~1800m²
	32	居委会	20~28		建筑 45m²
	33	房管机构	33	60~85	建筑 1000~1500m² 用地 2500~3000m²
	34	市政管理机构	(36)	(40)	建筑 3200m² 用地 4000m²
	35	绿化、环卫管理站	8~13	15~25	绿化建筑150m² 用地200m² 环卫建筑250m² 用地500m²
		小计	157~190	181~250	
（八）市政公用	36	清洁站	10	12	建筑 120m² 用地 150m²
	37	公厕	10	12	建筑 50m² 用地 60m²
	38	公交首末站	30	200	建筑 300m² 用地 2000~3000m²
	39	市政站点	20~(150)	160~(630)	设锅炉房用（ ）内站点 含锅炉房、开闭所、变电室、 煤气调压站、热力网点等
	40	加油站		30	用地 100~1500m²
		小计	70~200	414~884	
		总计	3305~3972	4009~5141	合每套住宅 10~12m² 建筑面积

注：以上指标为目前北京市规划参考指标。

32-7-1-2 北京市民用建筑近期市政能源规划指标

北京市民用建筑近期市政能源规划指标，见表32-16。

北京市区民用建筑近期市政能源规划指标　　表32-16

序号	专业	单位	类型	1 普通住宅	2 高级住宅	3 办公科研用房	4 商业用房	5 饭店宾馆	6 医院	7 大专院校	8 中小学	9 托幼园所	10 道路浇洒	11 绿化	注
一	供水	L/m²·日		6.5	7~10	10~15	7~16	17~20	14~18	15	6~10	6~10	3~4.5	1.5~2	除9、10为地面面积外，其余指建筑面积
二	污水	L/m²·日		6.2	6.7~9.5	9~13.5	6.3~14.4	16.2~19	12.6~16.2	13.5	5.4~9	5.4~9			
三	雨水			居住区雨水排除综合径流系数为0.55~0.65　商业区为0.65~0.80											
四	供电	W/m²		30~40	40~50	50~80	60~200	40~80	50~80	30~50	15~30	15~30			
五	供热	采暖 W/m²													
		热水 W/m²													
六	供煤	m³/m²·日													
七	电信	部/万m²													

注：本资料摘自（97）首规办规字第127号关于印发《北京市区民用建筑近期市政能源规划指标》的通知。

32-7-1-3 城乡住宅建筑设计面积标准

城乡住宅建筑设计面积标准，见表32-17。

城市示范小区住宅设计标准（建设部建议参考指标）　　表32-17

项目		一	二	三
套型面积系列标准 (m²)		使用面积45~55 建筑面积60~72	使用面积55~65 建筑面积73~85	使用面积65~80 建筑面积86~105
功能空间低限面积标准（m²）		起居室14~20		
		主卧室10~14（含衣柜面积）		
		单人卧室6~9		
		厨房5~8		
		卫生间4及4以上		
		门厅2~3		
		贮藏室2~4（吊柜不计入）		
		交通1~2		
		工作室4~8		
设施标准	厨房	灶台、调理台、洗池台、搁置台、上柜、下柜、排油烟机、冰箱立柜		
	卫生间	浴盆、淋浴器、洗面盆、坐便器、镜箱、洗衣机、排风道、机械排风		
	电气设备	用电量60~200kWh/日		
		负荷1560~4000W		
		电表5（10）~10（40A）		
		电源插座（大居室2~3组，小居室2组，厨房3组，卫生间3组）		
		共用天线：起居主卧各一个		
		电话：1~2台		
		空调线：专用线		

续表

项目		一	二	三
设施标准	给排水	热水器、热水管道系统		
	采暖通风	散热器、空调器		
室内环境质量标准	光环境	采光		≥1%
		照明	起居室及一般活动区 30~70lx 卧室、书写阅读 150~300lx 床头阅读 75~150lx 餐厅、厨房 50~100lx 卫生间 20~50lx 楼梯间 15~30lx	
	声环境	空气防声 撞击防声	分户墙、楼板≤40~50dB 楼板≤75~65dB	
	热环境 (按不同气 候区别)	冬季	采暖区	16~21℃
			非采暖区	12~21℃
		夏季		≤28℃
	卫生环境	日照(按不同城乡区别)	大寒日 2h~冬至日 2h	

32-7-1-4 北京市建筑工程造价构成及取费

全国未完全统一，内容基本一致，费率随着市场经济不断完善均为竞争性，高低均可调整。以下以 2001 年北京市建设工程预算定额（土建工程）为例进行介绍。

一、工程直接费（执行定额量、市场价）

二、现场管理费（参考费率、可调整）

1．临时设施费（表 32-18）

临时设施费　　　　　　表 32-18

定额编号	项目			计费基数	费率（%）	
					四环以内	四环以外
1—1	建筑工程	建筑面积	5000m² 以外	直接费	2.7	2.3
1—2			5000m² 以内		2.9	2.5
1—3			2000m² 以内		3.1	2.6
1—4	装饰工程			人工费	15.0	13.0
1—5	构筑物			直接费	2.6	2.2
1—6	钢结构工程				2.0	1.7
1—7	独立土石方、地下降水工程				2.2	1.8
1—8	桩基础				1.9	1.7
1—9	仿古建筑				2.8	2.4
1—10	安装工程			人工费	19.0	16.0
1—11	市政工程	道路、桥梁		直接费	4.0	3.6
1—12		管道			3.6	3.1
1—13	绿化工程			人工费	5.0	4.0
1—14	庭园工程			直接费	2.9	2.4

2．现场经费（表 32-19）

现 场 经 费   表32-19

定额编号	项目				计费基数	费率(%)
1—15	建筑工程	单层建筑	檐高	16m以上	直接费	4.7
1—16				16m以下		4.2
1—17		住宅		25m以上		4.9
1—18				25m以下		4.5
1—19		公共建筑		25m以上		5.4
1—20				25m以下		4.8
1—21	装饰工程				人工费	26.0
1—22	构筑物		高度	10m以上	直接费	4.6
1—23				10m以下		3.9
1—24	钢结构工程					2.0
1—25	独立土石方、地下降水工程					3.6
1—26	桩基础					4.0
1—27	仿古建筑					4.9
1—28	安装工程	住宅	檐高	25m以上	人工费	30.0
1—29				25m以下		24.0
1—30		公共建筑		25m以上		34.0
1—31				25m以下		27.0
1—32		其他				31.0
1—33	市政工程	道路			直接费	5.3
1—34		桥梁				5.1
1—35		给水				3.6
1—36		排水				5.0
1—37		燃气热力				4.2
1—38	绿化工程				人工费	14.0
1—39					直接费	4.1

三、企业管理费(表32-20)。

企 业 管 理 费   表32-20

定额编号	项目				计费基数	费率(%)
2—1	建筑工程				直接费	5.7
2—2		住宅	檐高	25m以下		5.6
2—3				25m以上		6.1
2—4		公共建筑		25m以下		5.7
2—5				45m以下		6.8
2—6				45m以上		7.3
2—7	装饰工程				人工费	45.0
2—8	构筑物	混凝土烟囱、水塔、筒仓及500m³以上水池			直接费	6.3
2—9		其他				5.2
2—10	钢结构					2.4
2—11	独立土石方、地下降水工程					4.0
2—12	桩基础					3.9
2—13	仿古建筑					5.9
2—14	安装工程	住宅	檐高	25m以下	人工费	44.0
2—15				25m以上		50.0
2—16		公共建筑		25m以下		48.0
2—17				45m以下		56.0
2—18				45m以上		62.0
2—19		其他				54.0

续表

定额编号	项目		计费基数	费率（%）
2—20	市政工程	道路	直接费	6.1
2—21		桥梁		5.7
2—22		给水		4.7
2—23		排水		5.8
2—24		燃气热力		5.2
2—25	绿化工程		人工费	19.0
2—26	庭园工程		直接费	5.0

四、其他费用（表32-21）

其他费用　　　　　　　　　　　　表32-21

定额编号	项目	计费基数	费率（%）
3—1	利润	直接费+企业管理费	7.0
3—2	税金	直接费+企业管理费+利润	3.4

32-7-1-5　土建工程的分部分项工程参考造价指标

北京市1996年建设工程概算定额为基价调整的2002年一季度的工程造价（已含各项取费），见表32-22。

土建工程分部分项工程参考造价指标　　　　表32-22

项目	单位	深5m内		深10m内		深10m外		
有地下室挖土方（4000m² 以上）	元/m³	58.00		65.27		72.30		
项目	单位	预制桩12m内	预制桩12m外	预制管桩10m内	预制管桩10m外	现制桩φ1m内	现制桩φ1m外	灰土桩
桩基础	元/m³	2336.01	2323.66	2705.89	2694.26	855.15	814.50	309.72
项目	单位	钢板桩槽深20m内		钢板桩槽深20m外		钢筋混凝土桩20m内		钢筋混凝土桩20m外
护坡桩	元/m³	1076.73		1132.30		690.31		783.18
项目	单位	C30满堂板基	C30满堂筏基	C20带形有梁基础	C20独立柱基	C20杯形基础	砖基	C20设备基础10m³内
基础	元/m³	663.82	938.29	534.89	401.99	500.47	403.20	558.17
项目	单位	370混凝土外墙		270黏土空心砖外墙		CL20陶粒混凝土200	C20混凝土200	370框架间墙
外墙	元/m²	119.31		106.65		262.00	237.54	73.53
项目	单位	240砖		240砖框架间墙	240黏土空心砖	陶粒砌块200	C20混凝土160	加气混凝土砌块200
内墙	元/m²	69.48		67.66	69.64	70.95	150.51	64.35
项目	单位	硬木半玻	铝合金半玻	轻钢龙骨单排石膏板	轻钢龙骨双排石膏板	60预制混凝土板	轻质水泥聚苯板	石膏空心条板（等）	舒乐舍板
内隔墙	元/m²	789.93	589.88	101.21	221.12	79.5	109.97	50.47	110.79

续表

项目	单位	C30矩形柱	C30异形柱	C30劲性骨架柱	砖柱	木柱	预制矩形柱	预制空格柱	预制I形柱
柱	元/m³	1371.21	1426.64	3744.71	263.36	2555.47	1483.65	1538.08	1636.55

项目	单位	木梁	现浇C30矩形梁	现制C30框架梁	预制矩形梁	预制异形梁	预制吊车梁	现制C30圈梁
梁	元/m³	3388.07	1464.38	1427.21	2133.05	2306.52	2322.61	800.82

项目	单位	C30平板100	C30有梁板100	C30无梁板200	C30无粘结预应力板	C30压型钢板混凝土板160	C30筒壳50	C30双曲扁壳50
板	元/m²	88.11	98.11	199.05	373.32	249.49	786.25	1090.44

项目	预制短向圆孔板	预制长向圆孔板	预制槽形板	预制大型铝板	预制大模板	预制加气复合保温板
板	97.75	136.55	178.19	93.03	149.04	154.04

项目	单位	现制C20楼梯	预制楼梯
楼梯	元/m²	194.96	140.83

项目	单位	木夹板门	纤维板门	实腹钢门	空腹钢门	彩板保温门	铝合金平开门	不锈钢无框玻璃门	多功能栓门
门	元/m²	376.25	229.60	418.98	213.31	493.75	662.18	1703	501.78

项目	单位	木-玻-纱	实腹-玻-纱	空腹-玻-纱	实腹中空保温窗	空腹中空保温窗	铝合金平开窗带纱	彩板保温窗	铝合金中空玻璃窗
窗	元/m²	376.52	335.45	291.53	919.72	719.53	794.20	393.88	915.34

项目	单位	细石混凝土地面	混凝土地面	水泥地面	地板等	预制水磨石	现浇混凝土	缸砖	面砖
地面	元/m²	19.44	22.37	27.14	69.33	81.98	67.56	69.47	106.88

项目	单位	细石混凝土	现制磨石	预制磨石	面砖	锦砖	通体砖	大理石	平面木楼面
楼面	元/m²	13.64	44.38	76.45	94.03	56.72	92.70	267.69	450.49

项目	单位	250加气混凝土块	250水泥珍珠岩	150水泥蛭石	50聚苯乙烯板	160水泥聚苯颗粒板
屋面保温	元/m²	70.15	86.35	57.43	61.22	56.67

项目	单位	三毡四油	聚胺酯四涂	三元乙丙卷材	氯化聚乙烯	氯丁橡胶卷材	SBS I+II	JG-2防水涂料三布四涂
屋面防水	元/m²	41.29	49.31	77.24	63.30	78.97	77.66	55.98

项目	单位	抹灰喷白	抹灰耐擦洗	抹灰乳胶漆	轻钢龙骨石膏板	轻钢龙骨矿棉板	轻钢龙骨吸声板	吊顶铝合金方板	吊顶铝合金条板
顶棚	元/m²	9.46	15.96	19.39	70.71	97.45	72.22	262.68	118.86

项目	单位	水刷石	外墙涂料	瓷砖	大理石	干挂花岗石	玻璃幕墙	玻璃幕墙中空玻璃	铝合金条板
外装饰	元/m²	25.60	52.41	111.47	403.03	1093.55	1436.55	1730.51	352.38

项目	单位	抹灰喷白	抹灰耐擦洗	抹灰乳胶漆	抹灰壁纸	贴瓷砖	大理石	木胶合板	木夹板外包锦缎
内装饰	元/m²	8.32	14.44	21.29	47.88	50.95	377.02	98.18	224.11

32-7-1-6 混凝土单价表（表 32-23）

混 凝 土 单 价 表 表 32-23

项目	单位	C10	C15	C20	C25	C30	C35	C40	C45	C50
混凝土（石 0.5~3.2）	元/m³	148.81	166.70	183.00	197.91	214.14	227.72	235.39	247.38	260.58

项目	单位	C10	C15	C20	C25	C30	1:1:1
豆石混凝土（石 0.5~1.2）	元/m³	159.05	174.57	185.38	206.15	224.44	370.67

项目	单位	CL10	CL15	CL20	CL25	CL30
陶粒混凝土	元/m³	225.31	241.88	258.59	281.21	289.34

项目	单位	C25	C30	C35	C40	C45
抗渗混凝土	元/m³	223.81	246.12	263.11	276.91	291.47

32-7-2 建筑工程主要工程量估算指标（参考）

32-7-2-1 单层工业厂房每 100m² 建筑面积主要工程量指标

单层工业厂房每 100m² 建筑面积主要工程量指标，见表 32-24。

单层工业厂房每 100m² 建筑面积主要工程量指标 表 32-24

序号	项目	单位	指标	序号	项目	单位	指标
1	基础（钢筋混凝土）	m³	14~18	5	门	m²	3~6
2	外墙（1½砖为主）	m³	15~36	6	窗	m²	20~30
3	内墙（1砖为主）	m³	5~20	7	屋面	m²	110~135
4	钢筋混凝土（现、预制）其中：柱23%，吊车梁11%，屋面梁18%，过梁及圈梁10%，屋面板36%，其他2%	m³	17~19	8	楼地面	m²	91~98
				9	内粉刷	m²	150~350
				10	外粉刷	m²	40~100
				11	顶棚	m²	94~100

32-7-2-2 一般多层轻工车间（厂房）每 100m² 建筑面积主要工程量指标

一般多层轻工车间（厂房）每 100m² 建筑面积主要工程量指标，见表 32-25。

一般多层轻工车间（厂房）每 100m² 建筑面积主要工程量指标 表 32-25

序号	项目	单位	框架结构（3~5层）	砖混结构（2~4层）
1	基础（钢筋混凝土、砖、毛石等）	m³	14~20	16~25
2	外墙（1~1.5砖）	m³	10~12	15~25
3	内墙（1砖）	m³	7~15	12~20
4	钢筋混凝土（现、预制）	m³	19~31	18~25
5	门（木）	m²	4~8	6~10
6	窗（钢）	m²	20~24	17~25
7	屋面（卷材）	m²	20~30	25~50
8	楼地面	m²	88~94	88~94
9	内粉刷	m²	155~210	200~220
10	外粉刷	m²	60~100	90~110
11	顶棚	m²	88~94	88~94

32-7-2-3 一般民用建筑每100m² 建筑面积主要工程量指标

一般民用建筑每100m² 建筑面积主要工程量指标，见表32-26。

一般民用建筑每100m² 建筑面积主要工程量指标　　　　表32-26

序号	项目	单位	指标
	一、结构部分		
	（一）基础		
1	钢筋混凝土现、预制桩（长10m内）	m³/100m² 基础面积	45~60
2	钢筋混凝土单层地下室（箱基）：		
	（1）底板厚0.5m内（其中底板50%，顶板15%，其余墙柱等35%）	m³/100m² 基础面积	100~110
	（2）底板厚0.8m内（其中顶板10%，其余同上）	m³/100m² 基础面积	150~160
	（3）底板厚1.0m左右（其中顶板8%，其余同上）	m³/100m² 基础面积	200~220
3	条基、柱基或综合基础	土建造价%	8%~12%
	（二）上部结构		
1	全现浇钢筋混凝土结构（框剪、框筒等）	m³/100m² 上部建筑面积	30~45
	其中柱16%，框架梁9%，有梁板23%，内墙21%，电梯井壁7%，其他2%		
2	现浇剪力墙结构（高层住宅为主）	m³/100m² 上部建筑面积	35~40
	其中墙体60%，板30%，电梯井壁4%，楼梯、阳台、挑檐5%，其他1%		
3	砖混结构（多层住宅为主，不含砖墙）	m³/100m² 上部建筑面积	20~25
	其中板40%，梁8%，构造柱18%，圈梁10%，过梁5%，墙体6%，楼梯、阳台、挑檐等13%		
	二、建筑装饰部分		
1	楼、地面	m²/100m² 建筑面积	80~90
2	顶棚	m²/100m² 建筑面积	80~92
3	屋面保温		
	①厚250加气混凝土块	m³/100m² 屋面面积	26.75
	②厚150水泥蛭石	m³/100m² 屋面面积	15.60
	③250水泥珍珠岩	m³/100m² 屋面面积	26.00
	④50聚苯乙烯泡沫塑料板	m³/100m² 屋面面积	5.10
4	屋面防水卷材	m²/100m² 屋面面积	105~120
5	窗	m²/100m² 建筑面积	12~20
6	门	m²/100m² 建筑面积	5~10
7	楼梯投影面积	m²/100m² 建筑面积	4~7
8	外墙（不同厚度）	m²/100m² 建筑面积	40~80
9	内墙（不同厚度）及隔墙	m²/100m² 建筑面积	80~150
10	外墙装饰（不同作法）	m²/100m² 建筑面积	50~90
11	内墙装饰（不同作法）	m²/100m² 建筑面积	160~360

32-7-2-4 全国部分城市民用建筑每100m² 建筑面积主要工程量指标案例

一、综合楼（表32-27）

综合楼 100m² 建筑面积主要工程量指标

表 32-27

序	名称	建筑面积 (m²)	桩基 (m³)	基础 (m³)	梁 (m³)	柱 (m³)	板 (m³)	钢结构 (t)	墙体 (m³)	材料及其他	外墙 (m²)	内墙 (m²)	门 (m²)	窗 (m²)	楼地面 (m²)	顶棚 (m²)	屋面 (m²)	外装饰	内装饰	其他装修	注
1	北京阳光广场	149737		17.5	2.3	2.0	16.0		28.7	1.2		15.0	18	5	95	95	3	50	80		地下3层 地上3层
2	北京中环广场	140684		24.7	5.5	8.1	21.5		23.3	1.5	15.6	53	13.1	17.6	88.2	86	7.6	26.6	271.6		地下3层 地上16-18层
3	北京静安中心	52277		13.2	15.4	5	12.1	6.4	14.3	1.2	7	28	2	4.9	82	88	5.9	13.6	56		地下3层 地上18层
4	天津紫金花园	33228	29	6	2	6	20	0.4	21	2.7		45	15	19	92	82	4	62	225		地下3层 地上26层
5	天津金皇大厦	93616	8.4	11.5	9.1	5.2	11	0.25	26	2.3		50	5.8	8.2	22	24	5	31	50		地下3层 地上47层
6	天津永基花园	79255									14.5	51.6	8	11	83.2	92.1	8.5	22.1	191.1		地下2层 地上32层
7	河北培训中心	38590	4	7	9	7	22(含梁)		14	1.1	31	98	10	10	80	86	8	33	212		地下2层 地上26层
8	河北保定银辰大厦	39610	0.03	7	8	5	15		14.2	0.33	35	93	11	22	87	89	7	38	152		地下2层 地上23层
9	内蒙古投资公司综合楼	22514		6.6	7.4	5.1	11		11	1.9	22	45	5	10	87	42	10	45	128		地下2层 地上19层
10	哈尔滨远东大厦	28571	10	2	8.5	4.6	13		6	0.9	36	47	12.9(含窗)	15.7	81	81	8	41	163		地下1层 地上14层
11	哈尔滨欧亚贸易大厦	37377	3.6	3.6	8.5	6.3	10.2		10	1.8	23	59	8.4		85	50	6	40	74		地下4层 地上28层
12	长春人民银行营业楼	30564		12	2.7	7.5	20	0.1	7.4	2.6	59	60	7.3	26	38	106	16	55	220		地下2层 地上21层
13	上海建银大厦	69378	8.4	17.1	9.2	9.9	12.1		9.1	0.9	17.7	75.3	6.1	11.7	92	89.5	7	33.8	205		地下1层 地上28层
14	上海商办大楼	36071	21.5	13.5	3.2	6.3	11		11	0.6	18.8	50.3	7.8	2	83	81	5.5	54.3	33.6		地下1层 地上28层
15	上海威海大厦		16.6	8.9	6.4	6	12		13.9	4	20.9	47.3	11	13.8	89.2	37.5	5.4	56.8	219.2		地下1层 地上19层
16	南京培训中心	11236	20	4.64	8	9.7	12		4.7	0.36	46	97	7.35	93.7	48.9	24.3	16	42.9			地下1层 地上7层
17	南京长江大厦	35003	14.8	8	12	7	16.2		10	0.31	5	43	8.1	13	87	70	6	42	79		地下2层 地上24层
18	南京港监局综合楼	12533	19	5	7.8	7	14		11	0.35	36	69	9.6	19	96	55	8.8	48	150		地下1层 地上20层
19	威海齐威贸易中心	23561	3.6	13	5.5	2	10	0.1	35	0.30	18	67	10	12.5	90	90	7	68	120.9		地下1层 地上17层

续表

序	名称	建筑面积 (m²)	桩基 (m³)	基础 (m³)	梁 (m³)	柱 (m³)	板 (m³)	钢结构 (t)	墙体 (m³)	材料及其他	外墙 (m²)	内墙 (m²)	门 (m²)	窗 (m²)	楼地面 (m²)	顶棚 (m²)	屋面 (m²)	外装饰	内装饰	其他装修	注
20	福建中银大厦	43157	6.2	11	6.8	5	16.4		14.5	0.51	11.9	20.2	3.8	6.8	95.4	95.8	4.2	34	164		地下2层 地上30层
21	福建信息大厦	20867	4.7	9.1		4.6	19.8(含梁)		8.4	0.81	25.3	57	8	7.6	98	99	10	57.6	299		地下1层 地上18层
22	福建裕华大厦	21824	5.6	11	9.8	3.6	17.3		13.3	0.91	13	25.2	18.7	7.8	107.3	98	7.8	62	154		地下1层 地上20层
23	厦门鹏源大厦	98705	20	12	9	4	17	0.26	18	1.5		47	12	14	87	90	5	4	175		地下3层 地上32层
24	厦门建群花园办公楼	24398	13	13	9.8	3.3	15.6	0.49	2	1.6	56	90	15.5	5	87	90	5.7	57	296		地下1层 地上16层
25	河南云梯大厦	23000	8.39	11.13		7.3	16.3(含梁)		15.2	3.5		12	10.2	10	87.6	99.9	12.26	49.4	175		地下2层 地上24层
26	长沙鸿鸿大厦	39896	4	2	8	8	13		10	0.9	22	40	7	10	89	88	5	27	119		地下3层 地上30层
27	长沙丰泰大厦	22705	9	3		7.2	13.8		8	1.9	23	32	5	8	89	89	3	43	9		地下2层 地上28层
28	湖北科教大厦	28787		12.4		9.2	25.4(含梁)		15.4	1.0	13	51	8	28	87	89	6	54	294		地下1层 地上18层
29	广州天宇广场	47626	18.4	5	7	5.5	11.9		13.7	0.38	9.9	50.5	11.7	11.9	90	92	5	50.2	211.4		地下2层 地上29层
30	成都港鹏国际大厦	69856		12.7	10.3	6.3	12.6		12.2	0.81	21	27	8	16	114	33	11	26	258		地下3层 地上30层
31	贵阳茅台商厦	43085	10	5	12	9	19		11	6.1	34	45	15	21	90	94	6	35	186		地下1层 地上29层
32	贵州智诚大厦	25224	3	2.8	8	8.8	16		17	0.51	41	69	7	6	87	87	14	60	190		地下1层 地上22层
33	贵州安顺人民银行营业楼	8493	12	4	18(含柱)		18			0.8	19	14	16	14	82	26	16	57	普通		地下1层 地上15层
34	昆明南屏大厦	55637	4	20	13	4	11		18	2.0	16	37	10	11	94	73	9.5	24	156		地下2层 地上34层
35	中国人民银行甘肃省分行	31554		4.2	7.2	5	13		17	2.5	28	47	6.3	11	85	72	6.6	43	105		地下1层 地上26层
36	甘肃青年旅行社	15155	1	9.6	11.9	5.4	18.2		10	0.7	35.2	62.1	7.7	4	43.7	34.1	6.13	66	59		地下2层 地上20层
37	新疆交通信息中心	21600		8	4.52	6.99	19.14	0.43	13.04	1.98	35.85	59.30	7.66	8.6	86.67	89.28	6.13	46.3	226.5		地下3层 地上22层

二、住宅工程（表32-28）

住宅工程100m² 建筑面积主要工程量指标

表32-28

序	项目	建筑面积	桩基	基础(m³)	柱(m³)	梁(m³)	板(m²)	墙(m²)	外墙(m²)	内墙(m²)	门	窗	楼地面	屋面	内墙装修	外装修	顶棚装修	注
1	北京某多层住宅	2028		8.32		0.25	1.36	2.01	59.89	73.47	16.03	8.95	77.16	11.48	242.74	89.53	74.48	地下1层 地上6层
2	北京某高层住宅	9499		5.73		0.15	15.19		105.6(含内墙)		17.71	14.83	100.49	7.6	259.01	42.26	94.96	地下2层 地上12层
3	天津永基花园住宅	17284		7.35	1.14	0.95	9.99		121.71(含内墙)		16.46	16.1	91.54	3.12	270.40	58.01	88.57	地下1层 地上32层
4	天津德邻里框轻住宅	9125		9.12	4.03	2.59	8.38		21.81	77.59	23.90	11.86	93.76	13.73	256.48	77.88	89.13	7层
5	河北省计经委住宅	5076		11.77	1.84	4.75	5.9		47.66	75.75	18.91	23.25	89.19			58.08	104	地下1层 地上6层
6	沧州市化工厂高层住宅	17763	7.44	7.97	0.07		10.57	20.84	62.42	35.07	16.43	10.89	87.69	6.47	249.76	78.48	83.49	地下1层 地上18层
7	太原第二师范附小住宅	2918		11.25		0.7	9.54	15.16	40.08	98.38	16.96	24.96	88.5	18.74	294.72	62.6	95.6	地下1层 地上6层
8	内蒙古军区后勤部住宅	1698		27.15		0.24	7.32		54.64	94.84	26.08	24.92	93.51	24.58	242.13	65.57	78.24	5层
9	沈阳祥河七区住宅	5041		4.34			6.95		52.82	110.75	15.65	37.26	74.07	15.57	308.96	40.39	75.39	7层
10	沈阳市某住宅	3749		3.34(含扩桩)	4.34	6.92	8.64		53.35	105.10	20.61	11.08	71.13	13.45	230.61	65.7	75.08	8层
11	长春市物资制品研究所住宅	3102		7.88			6.64		22.49	21.67	21.97	11.27	73.31	18.34	258.03	61.44	73.31	6层
12	吉林省广播电视厅住宅	886		9.98			6.98		27.55	20.88	8.62	13.01	74.92	25.32	232.42	59.06	73.92	4层
13	哈尔滨龙江小区住宅	4068		6.1	1.2	3.8	8.5		58.2	112	26	24	92.1	11.7	270	61.2	83	8层
14	山东省法制局住宅	3184		13.62	1.01	6.04	6.15		16.34	25.6	14.23	9.99	84.87	24.06	499.88	68.1	84.87	4层
15	南京市吉北营小区住宅	16374		3.95			11.02	33.61	16.42	35.03	18.36	13.61	100.13	3.17	83.14	54.83	94	地下1层 地上30层
16	安徽省广播电视厅	1632		8.82		5.47	7.93		70	93.96	27.09	13	81.72	16.3	249.94	94.51	88.11	6层
17	合肥市某房地产开发公司住宅	3267		12.65			9.31	0.74	63.51	115.20	22.99	11.37	102.97	17.45	292.99	75.30	91.12	地下1层 地上6层

续表

序	项目	建筑面积	桩基	基础(m³)	柱(m³)	梁(m³)	板 m²	墙 m²	外墙 m²	内墙 m²	门	窗	楼地面	屋面	内墙装修	外墙装修	顶棚装修	注
18	南昌市高级知识分子住宅	2375		16.73	4.71	2.54	7.98	1.89	43.49	89.68	21.73	15.07	76.81	16.8	281.22	63.20	95.96	6层
19	福建省委统战部住宅	2374	6.47	5.78			14.28	0.74	7.29	15.73	16.8	11.34	87.43	13.56	253.47	77.45	89.52	7层
20	福州市东辉花园住宅	3596	8.52	3.16	4.66		14.11		6.59	15.43	14.04	9.43	92.43	24.08	241.27	64.27	92.47	8层
21	上海水清三村住宅	10078	9.79	6.92		0.02	9.71	22.17	20.93	61.69	20.21	11.60	95.99	5.43	17.78	108.66		地下1层 地上18层
22	武汉市塑料五厂住宅	5345	8.61	7.67	5.20	7.19	9.33	1.31	46.61	86.16	9.14	20.38	78.54	12.63	247.96	52.07		地下1层 地上7层
23	长沙海关住宅	4503	1.01	6.58	0.87	2.11	5.78		49.5	119.72	17.59	17.37	82.25	12.44	27.51	51.25		7层
24	湖南省教育出版社住宅	9976		10.53		0.7	10.55	35.44	0.3	15.68	19.50	15.10	86.38	6.63	304.37	73.48	94.01	15层
25	成都市高升桥住宅	14520		13.81	2.37	4.46	14.66	14.15	3.56	7.28	14.31	14.23	74.79	11.54	165.65	34.84	40.38	地下1层 地上17层
26	成都西南院住宅	3835	1.44	3.03		2.26	8.57	3.26	49.46	85.74	24.14	8.22	100.58	27.52	327.08	66.64	89.77	7层
27	重庆西南科技商城住宅	29281	1.65	9.6		1.13	11.74	29.80	1.0	31.9	14.45	47.43	98	3.03	320.71	54.83	77.65	地下3层 地上30层
28	贵阳安宁医院住宅	1845		15.94	0.74	2.65	7.38		72.47	76.15	20.71	15.61	104.77	17.46	279.95	105.09	107.53	6层
29	昆明荣发公司住宅	1791	28.04	19.09			6.80		65.42	78.04	17	19.15	94.61	16.08	242.67	73.7	68.47	地下1层 地上6层
30	陕西广播电视厅住宅	7190		8.88	8.24		5.99		41.08	92.57	17.71	14.15	84.61	12.08	226.22	41.08	84.61	7层
31	兰州供销社住宅	8978	16.1	0.72	7.83	11.83	11.92	0.43	41.66	78.79	20.9	14.37	87.81	15.81	404.33	64.18	87.81	地下1层 地上7层
32	兰州炼油厂住宅	11279	4.2	13.25		1.46	9.26	26.63	44.89	78.86	21.68	22.56	78.25	7.90	206.57	67.45	75.99	地下2层 地上18层
33	新疆石油野外职工住宅	2407		14.10	3.10	4.30	9.60	0.30	87.84	96.25	25.8	36.6	108.1	20.2	190.66	123.3	98	地下1层 地上5层
34	南宁某住宅	2984		10.0		0.6	9.0		61	86.3	13.8	12	104.2	15.5	227.4	96	93.1	8层

32-7-3 建筑工程主要材料消耗量指标

32-7-3-1 各类结构工业厂房每 100m² 建筑面积主要材料消耗量参考指标

各类结构工业厂房每 100m² 建筑面积主要材料消耗量参考指标，见表 32-29。

各类结构工业厂房每 100m² 建筑面积主要材料消耗参考指标　　　表 32-29

序号	名称	单位	单层工业厂房	多层厂房 框架3~5层	多层厂房 砖混2~4层	钢结构混凝土
1	水泥	t	17~22	22~26	15~20	57~62
2	钢筋	t	2~2.5	3~5	2~3.6	11.5~12.5
3	型钢（含铁件）	t	0.4~1	0.1~0.2	0.1~0.15	19.5~20.5
4	板方材	m³	0.6~1	0.8~1.2	2~2.4	30~32
5	红机砖	千块	20~25	10~20	16~24	2.2~2.4
6	石灰	t	2~2.5	1.5~2	1.6~2.6	
7	砂子	t	40~70	50~80	60~72	170~175
8	石子	t	60~100	70~80	40~50	260~265
9	玻璃	m²	28~30	22~26	24~30	

注：抗震烈度为 7 度。

32-7-3-2 民用建筑每平方米建筑面积三材消耗量指标

"八五"期间北京地区民用建筑预算每平方米建筑面积三材消耗量指标，见表 32-30。

"八五"期间北京地区民用建筑预算每平方米建筑面积三材消耗量指标　　　表 32-30

序号	工程名称	结构类型	钢材（kg）	水泥（kg）	木材（m³）
1	板式多层住宅	砖混	21~23	140~160	0.025~0.03
2	板式多层住宅	内模外砖	23~25	150~170	0.03~0.035
3	板式多层住宅	内模外挂板	70~75	250~270	0.035~0.04
4	塔式多层住宅	砖混	21~23	140~160	0.025~0.03
5	多层小天井住宅	砖混	21~23	140~160	0.025~0.03
6	多层装配壁板住宅	全装配	35~40	200~220	0.035~0.04
7	塔式高层住宅	内模外挂板	70~75	250~270	0.035~0.04
8	塔式高层住宅	内轻质外挂板	75~80	260~280	0.035~0.04
9	塔式高层住宅	滑升	65~70	230~250	0.03~0.035
10	塔式高层装配壁板住宅	全装配	75~80	270~290	0.03~0.035
11	板式高层住宅	内模外挂板	70~75	250~270	0.04~0.045
12	板式高层住宅	框架外挂板	65~70	260~280	0.035~0.04
13	板式高层装配板住宅	全装配	75~80	270~290	0.03~0.035
14	多层单身宿舍	砖混	20~22	130~150	0.03~0.035
15	托儿所、幼儿园	砖混	20~22	140~160	0.025~0.03
16	中、小学	砖混	22~24	150~170	0.025~0.03
17	教学楼	框架	70~75	250~270	0.035~0.04
18	教学楼	砖混	25~28	160~180	0.03~0.035
19	电化教学楼	框架	70~75	250~270	0.035~0.04
20	化学物理楼	框架	70~75	250~270	0.035~0.04
21	图书馆	框架	80~90	270~300	0.04~0.045
22	办公楼	砖混	27~30	160~180	0.03~0.035
23	办公楼	框架	60~65	240~260	0.04~0.045
24	科研楼	砖混	25~28	170~190	0.03~0.035

32-7-3-3 "八五"期间各省（区）市住宅工程平均材料消耗量指标

"八五"期间各省（区）市住宅工程平均材料消耗量指标，见表32-31。

"八五"期间各省、（区）市住宅工程平均材料消耗指标　　　表32-31

地区	每平方米建筑面积平均材料消耗量						
	钢材（t）	木材（m³）	水泥（t）	砖（千块）	砂（m³）	石灰（t）	玻璃（m²）
北京	0.03	0.03	0.15	0.240	0.436	0.024	0.197
河北	0.05	0.03	0.15	0.245	0.528	0.047	0.218
内蒙古	0.02	0.02	0.18	0.237	0.578	0.188	0.376
辽宁	0.02	0.03	0.17	0.169	0.461	0.031	0.211
沈阳	0.02	0.03	0.17	0.205	0.533	0.025	0.212
大连	0.01	0.04	0.14	0.210	0.927	0.025	0.361
吉林	0.02	0.04	0.16	0.237	0.393	0.019	0.393
长春	0.02	0.04	0.15	0.237	0.617	0.020	0.348
黑龙江	0.20	0.03	0.17	0.265	0.450	0.042	0.385
哈尔滨	0.02	0.02	0.16	0.373	0.682	0.030	0.311
江苏	0.02	0.02	0.18	0.295	0.620	0.032	0.177
南京	0.03	0.02	0.20	0.212	0.550	0.020	0.186
浙江	0.04	0.03	0.28	0.164	0.040	0.098	0.136
安徽	0.02	0.03	0.20	0.408	0.373	0.110	1.033
福建	0.03	0.08	0.20	0.215	0.574	0.020	0.118
厦门	0.04	0.05	0.20	0.137	0.366	0.005	0.068
青岛	0.01	0.06	0.18	0.240	0.477	0.025	0.165
湖北	0.01	0.05	0.17	0.217	0.495	0.009	0.116
武汉	0.02	0.04	0.16	0.200	0.610	0.031	0.134
广东	0.04	0.01	0.24	0.112	1.242	0.011	0.156
广西	0.01	0.04	0.14	0.148	0.462	0.007	0.218
重庆	0.04	0.05	0.32				
云南	0.03	0.02	0.22	0.173	0.703	0.010	0.207
西安	0.03	0.04	0.16	0.109	0.353	0.082	0.249
甘肃	0.04	0.02	0.18	0.048	0.390	0.106	0.330
青海	0.02	0.04	0.14	0.330	0.550	0.030	0.520
宁夏	0.03	0.02	0.16	0.224	0.423	0.048	0.165
新疆	0.04	0.01	0.22	0.193	0.933	0.003	0.420
华北	0.03	0.02	0.16	0.241	0.514	0.086	0.264
东北	0.02	0.04	0.16	0.242	0.580	0.027	0.317
华东	0.04	0.04	0.20	0.239	0.429	0.044	0.269
中南	0.02	0.04	0.18	0.169	0.702	0.015	0.156
西南	0.04	0.04	0.27	0.086	0.351	0.005	0.103
西北	0.03	0.03	0.17	0.181	0.530	0.054	0.337

注：本表以多层砖混结构住宅为主。

32-7-3-4 北京地区高级公共建筑每平方米建筑面积工料消耗指标

北京地区高级公共建筑每平方米建筑面积工料消耗指标，见表32-32。

北京地区高级公共建筑每平方米建筑面积工料消耗指标 表32-32

项目名称	用工量(工日)	钢材(kg)	木材(m³)	水泥(kg)	玻璃(m²)	砖(块)	石子(kg)	砂子(kg)	结构形式	建筑面积(m²)
长富宫中心	15.6	196.7	0.06	249	0.165	50	651	404	钢结构	95865
国际大厦	14.2	112	0.029	299	0.143	29	829	477	现浇框筒	48805
汇宾大厦	10.2	225.7	0.056	364	0.34	176	980	887	现浇框架	38136
东方艺术大厦	7.8	120	0.059	368	0.09	75	651	1012	现浇框剪	55657
亮马河大厦	12.1	116.8	0.0152	281	0.26	19	795	469	现浇框剪	30933
国际饭店	15.9	170	0.105	379	0.185	47	732	462	剪力墙	102264
建国饭店	10.3	59	0.022	286	0.22	58	862	581	剪力墙	29615
城市宾馆	30.2	137.8	0.035	256	0.25	86	840	915	现浇框剪	30026
北京图书馆	14	180	0.045	355	0.24	235	1342	754	现浇框架	145462
清华大学图书馆	11	120	0.043	277	0.20	240	658	439	砖混	22558
广播学院图书馆	7.1	59.6	0.038	156	0.21	237	310	410	现浇框架	8311
北京急救中心	14	146.3	0.086	158	0.20	110	456	529	现浇框架	12922
空军总医院病房楼	11.5	87.1	0.045	195	0.36	277	390	450	现浇框剪	12138
北京剧院	8.8	229.5	0.078	460	0.35	140	760	883	现浇框架	11355
北辰康乐宫	9.7	257.2	0.063	475	0.45	125	630	580	现浇框架	23449
英东游泳馆	18	296	0.061	475	0.30	120	1734	1100	钢结构	38259
奥体中心排球馆	15	262	0.059	442	0.25	110	1377	941	钢结构	25338
木樨园体育馆	14.4	176	0.060	401	0.36	105	1583	682	现浇框架	10032

32-7-3-5 每立方米混凝土中模板接触面积参考

一、现浇混凝土（表32-33）

现浇混凝土每立方米混凝土中模板接触面积参考表 表32-33

序号	项目		单位	模板接触面积 m²	序号	项目	单位	模板接触面积 m²
1	带形基础	毛石混凝土	m³	3.072	24	过梁	m³	9.681
2		无筋混凝土	m³	3.666	25	拱梁	m³	7.622
3		有梁有筋	m³	2.197	26	弧形梁	m³	8.374
4		无梁有筋	m³	0.594	27	圈梁	m³	6.579
5	独立基础	毛石混凝土	m³	2.035	28	弧形圈梁	m³	6.301
6		无筋有筋混凝土	m³	2.107	29	直形墙	m³	7.440
7	杯型基础		m³	1.836	30	电梯井壁	m³	13.004
8	满堂基础	无梁式	m³	0.460	31	有梁板	m³	6.901
9		有梁式	m³	1.295	32	无梁板	m³	4.854
10	独立桩承台		m³	1.994	33	平板	m³	7.440
11	混凝土基础垫层		m³	1.383	34	拱板	m³	8.039
12	人工挖孔桩护壁		m³	7.651	35	直形楼梯	m³	2.123
13	设备基础	5m³以内	m³	3.209	36	圆弧形楼梯	m³	2.123
14		20m³以内	m³	1.643	37	悬挑板	m³	95.238
15		100m³以内	m³	1.313	38	栏板	m³	33.898
16		100m³以外	m³	0.446	39	门框	m³	14.144
17	矩形柱		m³	10.526	40	框架柱接头	m³	13.333
18	异形柱		m³	9.320	41	台阶	m³	60.976
19	圆形柱		m³	7.837	42	沟道	m³	11.111
20	构造柱		m³	6.000	43	天沟、挑檐	m³	14.306
21	基础梁		m³	7.899	44	小型构件	m³	30.488
22	单梁、连续梁		m³	9.606	45	扶手	m³	74.627
23	异形梁		m³	8.772	46	池槽	m³	28.570

注：表32-33～表32-36摘自2001年北京市建设工程预算定额。

二、现场预制混凝土（表32-34）

现场预制混凝土每立方米混凝土中模板接触面积参考表　　　表32-34

序号	项目	单位	模板接触面积 m²	序号	项目	单位	模板接触面积 m²
1	矩形柱	m³	3.046	22	天沟板	m³	22.551
2	工字形柱	m³	7.123	23	折板	m³	1.83
3	双肢形柱	m³	4.125	24	挑檐板	m³	4.36
4	空格柱	m³	6.668	25	地沟盖板	m³	6.62
5	围墙柱	m³	11.76	26	窗台板	m³	12.11
6	矩形梁	m³	12.26	27	隔板	m³	7.08
7	异形梁	m³	9.962	28	栏板	m³	7.89
8	过梁	m³	12.45	29	遮阳板	m³	16.51
9	托架梁	m³	11.597	30	檩条	m³	44.04
10	鱼腹式吊车梁	m³	13.628	31	天窗上下档及封檐板	m³	29.36
11	拱形梁	m³	6.16	32	阳台	m³	5.642
12	折线形屋架	m³	13.46	33	雨篷	m³	11.777
13	三角形屋架	m³	16.235	34	垃圾、通风道	m³	0.715
14	组合屋架	m³	13.65	35	漏空花格	m³	105.795
15	薄腹屋架	m³	15.74	36	门窗框	m³	15.13
16	门式刚架	m³	8.398	37	小型构件	m³	21.06
17	天窗架	m³	8.305	38	池槽	m³	12.856
18	天窗端壁板	m³	27.663	39	栏杆	m³	177.71
19	平板	m³	4.83	40	扶手	m³	13.99
20	大型屋面板	m³	32.141	41	井盖板	m³	4.817
21	单肋板	m³	35.149	42	井圈	m³	17.756

三、构筑物（表32-35）

构筑物每立方米混凝土中模板接触面积参考表　　　表32-35

序号	项目			单位	模板接触面积 m²	序号	项目		单位	模板接触面积 m²
1	水塔	塔身	筒式	m³	15.974	11	贮水油池	池壁 圆形	m³	11.641
2			挂式	m³	11.534	12		池盖 无梁盖	m³	3.249
3		水箱	内壁	m³	14.205	13		肋形盖	m³	1.110
4			外壁	m³	11.976	14		无梁盖柱	m³	8.787
5		塔顶		m³	7.407	15		沉淀池水槽	m³	21.097
6		塔底		m³	5.692	16		沉淀池壁基梁	m³	4.299
7		回廊及平台		m³	9.259	17	贮仓	圆形 顶板	m³	7.353
8	贮水池	平底		m³	0.202	18		底板	m³	2.580
9		坡底		m³	0.930	19		立壁	m³	0.917
10		矩形		m³	10.050	20		矩形壁	m³	5.184

32-7-3-6 每立方米钢筋混凝土钢筋含量参考

每立方米钢筋混凝土钢筋含量参考，见表32-36。

每立方米钢筋混凝土钢筋含量参考表　　　　　表32-36

序号	项目		单位	钢筋（kg）		序号	项目		单位	钢筋（kg）	
				$\phi10$以内	$\phi10$以外					$\phi10$以内	$\phi10$以外
1	带形基础	有梁式	m³	12.00	71.00	18	柱	矩形	m³	18.70	103.30
2		板式	m³	9.00	62.30	19		圆形、异形	m³	22.00	116.50
3	独立基础		m³	6.00	45.00	20	直形墙		m³	50.60	36.00
4	杯形基础		m³	2.00	24.30	21	电梯井壁		m³	23.20	78.40
5	满堂基础	有梁式	m³	4.30	98.20	22	弧形墙		m³	46.00	49.00
6		无梁式	m³	44.60	60.40	23	大钢栏墙		m³	51.00	43.00
7	独立桩承台		m³	19.00	52.00	24	板	有梁板	m³	57.50	62.80
8	设备基础	5m³以内	m³	14.00	20.00	25		无梁板	m³	50.90	15.40
9		20m³以内	m³	12.00	18.00	26		拱板	m³	42.00	54.30
10		100m³以内	m³	10.00	16.00	27	楼梯		m³	6.50	12.70
11		100m³以外	m³	10.00	16.00	28	悬挑板		m³	119.00	/
12	梁	基础梁	m³	53.50	65.40	29	栏板		m³	71.00	/
13		单梁、连续梁	m³	24.40	87.60	30	门框		m³	20.50	69.90
14		异形梁	m³	26.80	110.50	31	框架柱接头		m³	34.00	/
15		过梁	m³	34.70	67.20	32	天沟挑檐		m³	57.40	/
16		拱形弧梁	m³	26.80	109.20	33	池槽		m³	52.00	25.00
17		圈梁	m³	26.30	99.00	34	小型构件		m³	92.00	/

32-7-4　工程造价比

32-7-4-1 民用建筑不同类型对工程造价影响参数

一、不同层数对造价的影响参数（表32-37）

不同层数对造价的影响参数表　　　　　表32-37

层数	1	2	3	4	5	6
造价（%）	100	90	84	80	82	85

二、建筑外形对造价的影响参数（表32-38）

建筑外形对造价的影响参数表　　　　　表32-38

外形	U形	长方形	H形	Y形	L形	圈形
造价（%）	105~109	100	102~105	103~107	103~108	107~113

三、不同平面形式的比较（同规模建筑面积）（表32-39）

不同平面形式的比较（同规模建筑面积）　　　　　表32-39

平面形式	内廊	内外廊	梯间	外廊	半内廊
造价（%）	100	101	106	107	110

四、不同进深对造价的影响参数（表32-40）

不同进深对造价的影响参数表　　　　表32-40

进深（m）	4.4	4.8	5.2	5.6	6.0
造价（%）	101	100	99	98	97

五、不同层高对造价的影响参数（表32-41）

不同层高对造价的影响参数表　　　　表32-41

层高（m）	2.8	3.0	3.2	3.4	3.6	3.8	4.2	4.8	5.4	6.2
造价（%）	99	100	103	107	110	113	118.8	128.7	137.5	146.3

注：每±10cm层高约增减造价1.33%~1.5%。

六、不同开间对造价的影响参数（表32-42）

不同开间对造价的影响参数表　　　　表32-42

开间（m）	2.8	3.0	3.2	3.4	3.6	3.8	4.0
造价（%）	107	104	102	100	99	97	96

七、不同户内平均居住面积大小对造价的影响参数（表32-43）

不同户内平均居住面积大小对造价的影响参数表　　　　表32-43

面积（m²）	24	27	31	44	50	55	57
造价（%）	104	102	100	98	97	95	94

八、单元组合不同对造价的影响参数（表32-44）

单元组合不同对造价影响参数表　　　　表32-44

单元数	2	3	4	5	6	7
造价（%）	100	96.8	95.2	94	93.4	92.8

九、不同材质结构层高每增减10cm对造价影响参数（表32-45）

不同材质结构层高每增减10cm对造价影响参数表　　　　表32-45

类型	混合	砖木	土木	砖石木	石木
造价（%）	1.1	1.7	0.6	0.6	1.1

32-7-4-2　单层工业厂房不同类型对工程造价影响参数

一、多跨建筑长度与宽度比例变化对造价的影响参数（表32-46）

多跨建筑长度与宽度比例变化对造价的影响参数表　　　　表32-46

宽:长	1:3	1:4	1:5	1:6	1:7	1:8
造价（%）	100	104	105	106	110	112

二、高度不同对造价的影响参数（表 32-47）

高度不同对造价的影响参数表　　　　　表 32-47

高度（m）	3.6	4.2	4.8	5.4	6.0
造价（%）	100	108.3	116.6	124.9	133.3

三、跨度不同对造价的影响参数（表 32-48）

跨度不同对造价的影响参数表　　　　　表 32-48

跨度（m）	9	12	18	24	30	36
造价（%）	125	115	100	88	82	79

四、面积大小对造价的影响参数（表 32-49）

面积大小对造价的影响参数表　　　　　表 32-49

跨数 \ 面积（m²）	1000	2000	5000	10000	15000
1 跨	1.00	0.95 1.00	0.94 0.98		
2 跨	1.00	0.90 1.00	0.86 0.95 1.00	0.81 0.90 0.95	
3 跨		1.00	0.91 1.00	0.87 0.96	0.83 0.91 0.94
4 跨			1.00	0.96 1.00	0.94 0.98

五、平面不同对造价影响参数（表 32-50）

平面不同对造价影响参数表　　　　　表 32-50

分项名称	平面形状		
	方形（1:1） 24×3 / 72	矩形（1:2） 24×2 / 104	条形（1:9） 24 / 208
外围结构	100	128	189
柱子	100	106	125
基础	100	110	140
总造价	100	106	120

六、砖木结构厂房柱距不同的造价比（表 32-51）

砖木结构厂房柱距不同的造价比　　　　　表 32-51

柱距（m）	4	3.5	3
造价比（%）	100	101	102

七、跨度、跨数不同的厂房造价比（表32-52）

跨度、跨数不同的厂房造价比　　　　表32-52

建筑面积（m²）			1000	2000	5000	10000	15000
跨度（m）	15	单跨	118	130	145		
		双跨	103	110	120		
		三跨		108	114	113	
		四跨			109	110	112
	18	单跨	113	121	132		
		双跨		109	111	114	
		三跨		102	106	106	
		四跨			103	103	105
	24	单跨	104	111	120		
		双跨		102	106	106	
		三跨			100	101	102
		四跨			104	100	100
	30	单跨	100	105	116		
		双跨		100	104	105	
		三跨			107	103	103
		四跨			105	104	100

八、单跨、边跨、中跨厂房的造价比（表32-53）

单跨、边跨、中跨厂房的造价比（%）　　　　表32-53

结构类型	单跨	边跨	中跨
砖木	100	80～85	60～70
混合	100	81～86	66～71
钢筋混凝土	100	82～87	65～75

九、跨数不同对造价的影响参数（表32-54）

跨数不同对造价的影响参数表　　　　表32-54

跨数	2	3	4	5
造价（%）	100	98	97	98.5

十、吊车类型不同对造价的影响参数（表32-55）

吊车类型不同对造价的影响参数表　　　　表32-55

类别	无吊车	2t悬挂	10t桥吊
造价（%）	100	109	127

十一、柱距不同对造价的影响参数（表32-56）

柱距不同对造价的影响参数表　　　　表32-56

柱距（m）	6	12
无吊车及2t悬挂	100	108
10t桥吊	100	113

十二、跨度不同对柱的造价影响（表32-57）

跨度不同对柱的造价影响表 表32-57

跨度（m）	12	15	18	24	30
造价（%）	100	80	72	56	52

十三、大型厂房各分部所占造价比

大型厂房各分部所占造价比（%），见表32-58。

大型厂房各分部所占造价比（%） 表32-58

车间类型	分部名称									
	基础	柱	吊车梁	屋架	屋面板	砖外墙	门窗	地面	其他	合计
铸 钢	9.0	25.5	24.4	17.9	8.7	5.9	8.4	0.1	0.1	100
铸钢清理	15.1	20.3	6.9	11.1	16.6	13.1	11.6	0.8	4.6	100
铸 铁	9.7	17.7	9.6	22.0	19.6	10.3	10.1	0.4	0.7	100
铸铁清理	14.8	15.5	6.7	10.2	18.9	17.5	13.7	0.9	1.8	100
有色铸造	7.8	11.3	7.6	23.8	16.1	14.8	16.5	2.0	0.1	100
6000t 水压机	5.8	24.2	23.8	15.6	11.4	8.8	8.1	0.0	2.3	100
粗加工热处理	12.1	12.6	7.9	17.7	17.0	10.5	10.9	11.1	0.1	100
金工装配	4.3	29.4	7.6	13.1	16.0	12.0	13.2	4.4	0.1	100
铆 焊	8.3	10.0	11.3	13.7	24.9	9.5	13.9	6.7	1.8	100
木 模	5.1	4.3	4.4	15.8	28.2	17.6	15.6	7.3	1.8	100

注：造价按北京地区价格计算。除水压机车间有部分钢结构外，各车间均为钢筋混凝土结构。

十四、中小型厂房各分部所占造价比（表32-59）

中小型厂房各分部所占造价比（%） 表32-59

结构类型	分部名称						
	基础	地面	外墙	柱梁	门窗	屋盖	其他
砖 木	8～10	8～10	15～25	2～6	6～10	35～45	3～5
钢筋混凝土	5～10	4～7	10～18	10～20	5～11	30～50	3～5

十五、天窗、气楼不同的厂房造价比（表32-60）

天窗、气楼不同的厂房造价比（%） 表32-60

天窗气楼类型	无天窗无气楼	有天窗	有带挡风板的气楼
造价比	100	105～108	110～116

23-7-4-3 地震烈度对土建工程造价的影响

地震烈度对土建工程造价的影响，见表32-61。

地震烈度对土建工程造价的影响　　　　表 32-61

序号	建、构筑物类别		5度	6度	7度	8度	9度	备注
1	民用建筑	砖混	1.00	略低于7度	1.05	1.10		住宅、宿舍、办公楼等
2		框架	1.00		1.06	1.10	1.15	
3	厂房	砖混	1.00		1.02	1.05	1.08	
4		排架	1.00		1.04	1.07	1.12	
5	构筑物	设备基础	1.00		1.03	1.10	1.20	多跨重型厂房
6		水塔	1.00		1.10	1.20	1.40	
7		砖烟囱	1.00		1.02	1.08		
8		钢烟囱	1.00		1.06	1.11	1.22	
9		管道支架	1.00		1.02	1.08	1.10	

32-7-4-4　不同地耐力对基础工程造价的影响

一、独立杯形基础影响系数

独立杯形基础影响系数，见表 32-62。

独立杯形基础影响系数　　　　表 32-62

地耐力 (10N/cm²)	基础埋置深度 (m)				
	1.3	1.5	1.7	1.8	2.2
1.5	1.11	1.22	1.31	1.35	1.58
2.0	0.76	0.86	0.94	1.00	1.30
2.5	0.66	0.76	0.84	0.89	1.90

二、条形基础影响系数

条形基础影响系数，见表 32-63。

条形基础影响系数　　　　表 32-63

埋置深度 (m)	地耐力 (10N/cm²)	建筑物高度 (m)				
		4 以内	8 以内	11 以内	15 以内	19 以内
1.3	1	1.04	2.02			
	1.5	0.81	0.96	1.37	1.37	1.66
	2	0.79	0.82	0.87	0.87	0.97
1.5	1	1.21	1.74	2.41		
	1.5	0.97	1.02	1.19	1.36	1.47
	2	0.88	0.90	0.91	0.94	0.98
1.7	1	1.12	1.61	2.35	3.01	
	1.5	0.99	1.10	1.20	1.39	1.40
	2	0.96	0.99	0.99	0.99	0.99
1.8	1	1.38	1.64	2.18	2.93	3.18
	1.5	1.03	1.13	1.24	1.40	1.54
	2	1	1	1	1	1
2.2	1	1.35	1.35	2.01	2.48	2.91
	1.5	1.21	1.29	1.38	1.50	1.56
	2	1.13	1.25	1.15	1.14	1.11

32-7-4-5　不同类型工程造价构成参数

一、各种类型工程造价构成参数（表 32-64）

各种类型工程造价构成参数表 表32-64

工程类别	各种费用占总造价（%）						施工管理费	其他间接费	其他
	直接费								
	人工费	材料费	机械费	商品构件费	其他	小计			
办公楼	8.49	64.19	4.35	3.13	0.41	80.57	10.80	4.00	4.63
厂房	5.10	65.35	3.97	4.38	1.92	80.72	10.38	4.53	4.37
住宅	6.44	58.16	2.94	5.43	2.93	75.90	11.49	5.31	7.30
图书馆	5.95	60.82	3.45	7.69	0.48	78.39	10.90	3.94	6.77
实验楼	6.68	65.94	2.91	6.31	0.02	81.86	9.72	4.00	4.42
俱乐部、电影院	6.67	63.35	2.96	8.33	0.06	81.37	9.56	4.37	4.70
教学楼	8.00	62.93	5.41	4.96		81.30	10.18	4.68	3.84
医院	7.07	67.12	2.78	3.88		80.85	9.45	5.71	3.99

注：此表以北京市工程2001年二季度价格测算。

二、不同类型工程各分部工程直接费占造价比例（表32-65）

不同类型工程各分部工程直接费占造价比例 表32-65

工程类型	各分部工程占总造价（%）								
	基础	结构	屋面	门窗	楼地面	室内装饰	外檐装修	脚手架	其他
办公楼	11.30	30.50	2.55	12.58	5.48	8.49	6.16	2.15	1.36
厂房	14.60	35.23	6.61	7.89	7.10	4.58	2.37	2.61	0.77
住宅	8.22	35.87	3.41	10.73	4.76	6.05	2.44	1.82	2.17
图书馆	9.66	30.65	2.44	11.87	4.66	11.72	3.76	1.06	2.58
实验楼	11.31	35.54	2.23	10.61	5.18	10.20	3.83	2.42	0.56
俱乐部、电影院	14.61	30.03	2.72	10.09	5.05	11.25	4.66	2.10	0.87
教学楼	11.47	37.10	2.80	11.06	5.15	6.30	4.18	1.59	1.63
医院	11.14	30.64	2.59	11.06	8.21	10.51	2.83	2.64	1.21

三、民用建筑土建工程中建筑与结构造价比（表32-66）

民用建筑土建工程中建筑与结构造价比 表32-66

序号	结构类型	建筑造价:结构造价	备注
1	一般砖混结构	6.5:3.5	
2	框架结构（一般标准）	4:6	
3	框架结构（略高标准）	5～6:5～4	系指建筑标准
4	砖混结构别墅	7.5～8:2.5～2	
5	框架结构体育馆	4.5:5.5	

四、住宅建筑中各单位工程造价比（表32-67）

住宅建筑中各单位工程造价比 表32-67

序号	单位工程名称	造价比率（%）		附注
		多层	高层	
1	土建工程	81.2～82.4	80.0～81.6	
2	水卫工程	4.8～5.4	3.2～5.2	
3	暖通工程	3.6～4.4	2.0～3.6	通风系指有人防者
4	电气工程	5.2～5.6	2.0～3.0	
5	弱电工程	1.5～1.7	0.3～0.5	系指共用天线
6	煤气工程	1.7～1.9	0.7～0.8	
7	电梯工程	—	8.0～9.0	
	合 计	100	100	

注：本表系根据北京地区当前的造价标准测算的。其中多层住宅为砖混结构；高层住宅为内浇外砌大模板、全现浇钢筋混凝土结构等。

五、公用建筑中各单位工程造价比（表32-68）

公用建筑中各单位工程造价比　　　表32-68

序号	单位工程	造价比（%）	附注
1	土建工程	65~66	
	其中：建筑装修	34~35	
	结构	31	
2	给排水工程	7~8	含消防喷淋
3	采暖及空调	11~12	
4	强电工程	8~9	
5	弱电工程	4~5	
6	电梯	2~3	
	合计	100	

六、高级旅馆建筑造价构成比（表32-69）

高级旅馆建筑造价构成比　　　表32-69

项目	造价比率（%）
±00以下基础或地下室	5~15
主体结构	20~30
建筑装修	20~30
机电设备	30~50
建筑安装工程合计	50~80
其他投资	20~50
总计	100

注：其他投资用于征地、拆迁、市政及公用设施、园林绿化、家具陈设、炊事用具、职工培训等。

七、高级宾馆、饭店、公寓建筑工程造价比（表32-70）

高级宾馆、饭店、公寓建筑工程造价比　　　表32-70

序号	项目	造价比（%）	备注
1	土建：水、暖、电等	50~60:40~50	
2	结构：装修（饰）	45~50:50~55	
3	水、暖、电等间的比率	100	该部分工程为100%
(1)	水暖	14~18	
(2)	空调	40~45	
(3)	消防	5~7	
(4)	电气	25~30	含强、弱电
(5)	电梯	6~8	
(6)	煤气	0.6~1	

32-7-5　民用建筑工程造价及三材消耗量参考指标

32-7-5-1 全国部分城市建筑工程造价参考资料（2000年12月）（表32-71）

32-7-5-2 民用建筑工程造价及三材消耗量参考指标

民用建筑工程造价及三材消耗量参考指标，见表32-72。

表 32-71 全国部分城市建筑工程造价参考资料（2000 年 12 月）

造价(元/m²) 工程类别	北京	天津	广州	石家庄	呼和浩特	沈阳	长春	哈尔滨	福州	长沙	成都	南宁	贵州	西安	宁夏	青岛	郑州
1.住宅																	
低层一般标准	1000-1200	620	650-850		600-750	750-900	650-700		700-800	700-800	700			650-800	550		552
低层高标准	1100-1400	650	800-1000	600-750	700-750	600-700	590-660	650-750	750-900	680-780	800	650-750	550-600	750-900	650	700	
多层一般标准	1600-2150	720	1100-1300	750-1400	900-1100	850-950	650-1100	750-850		1100-1200	1000-1200		700-800	1300-1500	1200		932
多层高标准	1500-2000	1380	1050-1300	1350-1500	800-1000	1400-1500	1100-1700	1100-1300	1600-1800	1350-1500	1300	1400-1500	1200-1400	1500-1800	1500		
高层一般标准	2800-3700	1520	1300-1600	1600-2000	1000-1200	1800-2000	1850	1300-1750		1700-2100	1700				1800		
高层高标准																	
2.宿舍																	
多层一般标准	1000	630	800-1000	550-700		650-750	650-850		750-850 (底层)	600-650	700-800		600-700	1000-1200	600		
高层一般标准	1200-1400	750	900-1100	1300-1500	700-750	1300-1400	1200-1750			1000-1300	1200-1400			1600-1800	1000		1070
3.办公楼出租写字楼																	
多层一般标准	2000-4500		950-1200	650-870	850-1200	800-900	950-1120	650-750	1000-1200	950-1250	800-1000		800-1000	1600-1800	1000		
多层高标准	3000-6500		1200-1500	850-1100	1800-2000	1500-1400	1200-1400	750-850		1300-1600	1300-1500	2300-2500	1400-1600	2100-2300	3000		1010
高层一般标准	4000-6000	1560	1100-1300		1600-1800	1500-1600	1200-1600	1100-1300	1800-2000	1600-2100	1800		1800-2000		1300	2960	
高层高标准	5000-7000	1839	1300-1600		2500-3000	1900-2100	1600-2200	1800-3130		2300-2800	2300				3000		
4.旅游酒店																	
多层一般标准	2700-4600		1000-1200	1300-1500			1000-1200	1900	2100-2300	1800-2000	1500				1500		
高层一般标准	2900-5000		1200-1400	1800-2000		1600-1700	1200-1800	(多层高标准)	3500-2800	2200-2500	1900		2800-3000		1800		
三星级	4200-6000		1300-1600	3500-4000					3000-3500	2800-3000	2600				2500		
五星级	5600-8000		1600-2000	4500-5000						3500-3800					3500		
5.商店																	
多层一般标准	1400-1800			800-1000	1200-1500	600-700	800-1100	700-850	1200-1500	1200-1300	700-850				1200		
多层高标准	2000-4200	1250		1200-1500	1500-1800	1500-1600		850-1100	1500-1800	1800-2500	1400-1600				2500		
高层高标准	2500-5000			2500-3500						3000-3500	2400				3000		
6.中小学校																	
多层一般标准	1200-1800	870	900-1100	650-750	1200-1500		780-980		800-900	850-900	800	850-950	700-900		800	665	
多层高标准	1900-2600	1222	1050-1250	800-1000	1500-1800		1200-1240		1100-1200	1300-1400	1300				2500		
7.医院																	
多层一般标准门诊部	2000-3300	985	850-1050	1200-1500			1200-1500		1200-1500		1160	900-1000	1200-1400	1100-1300	1500		
多层高标准医技楼	3000-3500	1182	950-1150	1500-1800			1200-1450		2100-2300		1100	950-1100	1200-1400	2100-2600	1500		
多层一般标准医院部	1600-2000	1250	950-1150	1800-2000			1600-2200		1500-1800		1000-1200				1500		
多层高标准医院部	2000-4500		1100-1300	2000-2500							1800	2700-2850			1800		
8.厂房																	
钢混凝土轻负荷厂房(7.5ka)	1500		600-750	700-900					900-1000								
单层钢混凝土普通厂房	1700 2000	718	620-750	800-1000			1100-1300 1150-1350 (装配式彩钢压型板)	1100-1300	700-800 700-800		1200-1500				1300		
单层钢结构普通厂房				900-1100			1200-1400										
多层钢混厂房	1700		250-900	750-850					600-700		1000				1000		
多层钢结构厂房	3000			1300-1500					600-700								

民用建筑工程造价及三材消耗量参考指标（2001年度北京地区价格） 表32-72

序号	工程名称	结构类型	单方造价（元/m²）	每平方米三材消耗量			备注
				钢材（kg）	水泥（kg）	圆木（m³）	
1	板式多层住宅	砖混结构	1030～1080	20～25	140～160	0.04～0.05	一般标准
2	板式多层住宅	内大模外小砖	1040～1090	25～30	160～180	0.04～0.05	一般标准
3	板式多层住宅	内大模外挂板	1320～1350	27～32	165～185	0.04～0.05	一般标准
4	塔式多层住宅	砖混结构	1040～1090	20～25	140～160	0.04～0.05	一般标准
5	多层小天井住宅	砖混结构	1150～1200	20～25	140～160	0.04～0.05	一般标准
6	多层装配壁板住宅	全装配	1400～1450	33～36	210～230	0.04～0.05	一般标准
7	塔式高层住宅	内大模外挂板	1840～1900	60～65	230～250	0.04～0.05	一般标准
8	塔式高层住宅	内轻质墙外挂板	2190～2240	55～60	210～230	0.04～0.05	一般标准
9	塔式高层住宅	滑升	2300～2340	50～55	220～240	0.04～0.05	一般标准
10	塔式高层装配壁板住宅	全装配	2050～2090	58～62	220～240	0.04～0.05	一般标准
11	板式高层住宅	框架外挂板	2100～2150	56～60	230～260	0.04～0.05	一般标准
12	板式高层住宅	内大模外挂板	1740～1780	58～63	220～240	0.04～0.05	一般标准
13	塔式高层装配壁板住宅	全装配	2000～2050	56～60	220～240	0.04～0.05	一般标准
14	住宅底层商店	砖混结构	1160～1200	23～28	150～170	0.03～0.04	一般标准
15	住宅底层商店	框架结构	1420～1470	38～42	185～210	0.04～0.05	一般标准
16	多层单身宿舍	砖混结构	990～1020	20～50	130～150	0.04～0.05	一般标准
17	多层单身宿舍	砖混结构	1000～1040	20～25	130～150	0.04～0.05	室内装饰标准较高
18	托儿所、幼儿园	砖混结构	1520～1560	22～25	140～150	0.03～0.04	一般标准
19	托儿所、幼儿园	砖混结构	1730～1780	22～25	140～150	0.03～0.04	室内装饰标准较高
20	中、小学	砖混结构	1230～1280	25～27	160～170	0.03～0.04	一般标准
21	教学楼	砖混结构	1340～1370	25～28	165～175	0.03～0.04	一般标准
22	教学楼	框架结构	2220～2260	48～52	210～240	0.03～0.04	室内装饰标准略高
23	教学楼	框架结构	1990～2030	48～52	210～240	0.03～0.04	一般标准
24	电化教学楼	框架结构	2460～2500	50～55	210～240	0.03～0.04	一般标准
25	物理化学楼	框架结构	2370～2410	52～58	220～240	0.03～0.04	一般标准
26	图书馆	框架结构	2700～2750	55～60	220～250	0.03～0.04	一般标准
27	图书馆	框架结构	3870～3920	55～60	220～240	0.03～0.04	室内装饰标准较高
28	办公楼	砖混结构	1130～1170	25～28	160～170	0.03～0.04	一般标准
29	办公楼	框架结构	1730～1780	55～65	210～270	0.04～0.05	一般标准
30	办公楼	框架结构	1810～1850	55～60	210～270	0.04～0.05	室内装饰标准较高
31	高层办公楼	框架结构	2310～2350	80～100	260～310	0.04～0.05	一般标准

续表

序号	工程名称	结构类型	单方造价 (元/m²)	每平方米三材消耗量			备注
				钢材 (kg)	水泥 (kg)	圆木 (m³)	
32	实验楼	砖混结构	1350~1400	25~30	150~170	0.03~0.04	一般标准
33	实验楼	框架结构	1730~1780	50~55	190~210	0.03~0.04	一般标准
34	计算机房	砖混结构	2640~2690	23~28	150~170	0.02~0.03	一般标准
35	计算机房	框架结构	2820~2860	48~53	190~220	0.02~0.03	
36	门诊楼	砖混结构	1380~1420	22~25	160~180	0.02~0.03	一般标准
37	门诊楼	框架结构	1440~1490	45~50	185~220	0.03~0.04	一般标准
38	病房楼	砖混结构	1090~1130	23~26	170~200	0.02~0.03	一般标准
39	病房楼	框架结构	1340~1390	45~50	180~230	0.02~0.03	一般标准
40	病房楼	框架结构	1750~1800	55~60	180~230	0.02~0.03	室内装饰标准较高
41	医技楼	砖混结构	1480~1530	22~26	170~200	0.02~0.03	一般标准
42	手术楼	框架结构	3220~3260	48~56	180~230	0.02~0.03	一般标准
43	动物饲养房	砖混结构	1940~1990	22~26	160~200	0.04~0.05	一般标准
44	输血站血库	砖混结构	3600~3650	30~50	160~180	0.04~0.05	一般标准
45	同位素房	砖混结构	1410~1450	28~32	155~160	0.04~0.05	一般标准
46	医院一级污水处理站		35000~4000000				每座
47	医院二级污水处理站		880000~900000				每座
48	社会旅馆	砖混结构	1410~1450	24~28	150~160	0.04~0.05	一般标准
49	社会旅馆	框架结构	1800~1850	60~65	230~250	0.04~0.05	一般标准
50	社会旅馆	砖混结构	1810~1850	28~35	160~170	0.04~0.05	室内装饰标准较高
51	社会旅馆	框架结构	2250~2300	65~70	240~260	0.04~0.05	室内装饰标准较高
52	高层招待所	框架结构	1990~2040	85~105	270~320	0.05~0.06	一般标准
53	高层招待所	框架结构	2620~2650	85~110	270~330	0.05~0.06	室内装饰标准较高
54	旅游饭店（高层）	框架结构	4100~4150	85~110	270~330	0.06~0.07	中等标准
55	旅游饭店（高层）	框架结构	5000~5050	90~120	200~340	0.06~0.07	较高标准
56	剧场	网架	2160~2200	70~80	230~250	0.02~0.03	一般标准
57	剧场	网架	2870~2920	80~90	240~260	0.02~0.03	标准较高
58	电影院	网架	1670~1710	75~85	210~230	0.02~0.03	一般标准
59	电影院	网架	2250~2300	80~90	240~260	0.02~0.03	标准较高
60	排演场	网架	1730~1780	70~80	180~200	0.02~0.03	一般标准
61	排演场	网架	2620~2650	75~85	190~210	0.02~0.03	标准较高
62	游艺厅	框架结构	1670~1710	55~60	220~240	0.02~0.03	一般标准
63	摄影棚	网架	2450~2500	70~80	180~200	0.02~0.03	一般标准
64	消音室	框架结构	3100~3150	60~65	220~240	0.02~0.03	一般标准

续表

序号	工程名称	结构类型	单方造价（元/m²）	每平方米三材消耗量			备注
				钢材（kg）	水泥（kg）	圆木（m³）	
65	俱乐部	框架结构	1920~1960	65~70	230~250	0.05~0.06	一般标准
66	俱乐部	框架结构	2690~2730	70~75	240~260	0.05~0.06	标准较高
67	商业楼	砖混结构	1540~1590	26~28	160~180	0.03~0.04	一般标准
68	综合商业楼	框架结构	2080~2120	58~65	270~290	0.03~0.04	一般标准
69	商业中心	框架结构	7100~7150	150~170	370~400	0.06~0.07	标准较高
70	市级邮电楼	框架结构	2100~2150	60~70	230~260	0.07~0.08	一般标准
71	小区邮电局	砖混结构	1220~1250	24~28	180~190	0.07~0.08	一般标准
72	小区邮电局	框架结构	1410~1450	56~60	220~240	0.07~0.08	一般标准
73	冷库	框架结构	3980~4030	80~90	260~280	0.04~0.05	一般标准
74	粮店	砖混结构	1220~1250	24~28	180~190	0.03~0.04	一般标准
75	菜市场	框架结构	1470~1520	70~80	250~270	0.03~0.04	一般标准
76	副食商店	砖混结构	1100~1150	24~28	180~200	0.04~0.05	一般标准
77	图书馆	框架结构	1860~1900	140~160	320~360	0.04~0.05	一般标准
78	图书馆	框架结构	3210~3250	150~170	320~360	0.04~0.05	一般标准
79	长途汽车站	框架结构	1700~1750	65~70	240~260	0.02~0.03	一般标准
80	长途汽车站	网架	2750~2800	80~90	180~200	0.02~0.03	标准较高
81	汽车库	混合结构	1000~1040	22~26	160~180	0.02~0.03	一般标准
82	多层车库	框架结构	1410~1450	75~80	230~250	0.02~0.03	一般标准
83	传达室	砖混结构	930~970	18~22	140~160	0.03~0.04	一般标准
84	科研楼	砖混结构	1050~1100	27~30	170~180	0.03~0.04	一般标准
85	科研楼	框架结构	1600~1640	52~37	220~240	0.03~0.04	一般标准
86	科研楼	框架结构	2010~2050	58~65	230~250	0.03~0.04	标准较高
87	外交公寓	砖混结构	1580~1630	25~33	170~180	0.04~0.05	标准较高
88	高层外交公寓	内大模外挂板	2310~2350	45~50	220~230	0.04~0.05	标准较高
89	自行车棚	砖混结构	440~480	15~18	120~140	0.01~0.02	一般标准
90	一般仓库	砖混结构	840~880	18~20	130~150	0.02~0.03	一般标准
91	多层仓库	框架结构	1190~1230	45~50	210~240	0.02~0.03	一般标准
92	煤气站	砖混结构	990~1030	22~25	140~160	0.02~0.03	一般标准
93	加油站	框架结构	2440~2480	55~60	300~320	0.04~0.05	一般标准
94	锅炉房	框架结构	1990~2040	58~62	170~190	0.02~0.03	土建
95	变电室	砖混结构	1410~1450	22~24	180~190	0.02~0.03	土建
96	冷冻机房	排架结构	1660~1700	56~60	210~230	0.02~0.03	土建
97	加压泵房	砖混结构	1610~1650	24~26	180~200	0.02~0.03	土建
98	深井泵房	砖混结构	1650~1700	24~26	180~200	0.02~0.03	土建
99	体育馆		2270~2320	65~70	230~240	0.02~0.03	一般标准
100	体育馆		3080~3130	80~95	190~210	0.02~0.03	标准较高

32-7-6 建筑工程材料、成品、半成品场内运输及操作损耗资料

32-7-6-1 土建工程材料、成品、半成品场内运输及操作损耗包括的内容和范围

材料、成品、半成品损耗的内容和范围，即包括从施工工地仓库、现场堆放地点或施工现场场内加工地点，经领料后运至施工操作地点的场内运输损耗以及施工操作地点的堆放损耗与施工操作损耗。但不包括场外运输损耗、仓库保管损耗、场内二次搬运损耗及由于材料供应规格和质量标准不符合规定要求而发生的加工损耗。

材料、成品、半成品的损耗一般按损耗率计算。材料、成品、半成品的损耗量与总用量之比称之为损耗率，它们之间的关系可表达为：

$$损耗率（\%）= \frac{损耗量}{总用量} \times 100\% \tag{32-53}$$

$$总用量 = 净用量 + 损耗量 = \frac{净用量}{1-损耗率} \tag{32-54}$$

$$损耗量 = 总用量 - 净用量 \tag{32-55}$$

$$净用量 = 总用量 - 损耗量 \tag{32-56}$$

常用损耗率及损耗率系数，见表 32-73。

常用损耗率及损耗率系数参考表　　　　表 32-73

损耗率（%）	损耗率系数	损耗率（%）	损耗率系数
1	1.01	7	1.075
2	1.02	8	1.087
2.5	1.026	10	1.111
3	1.031	11	1.124
3.5	1.036	12	1.136
4	1.042	13	1.160
5	1.053	16	1.191
6	1.064	17	1.205

32-7-6-2 土建工程材料、成品、半成品场内运输及操作损耗率

土建工程材料、成品、半成品场内运输及操作损耗率，见表 32-74。

土建工程材料、成品、半成品场内运输及操作损耗率参考表　　　　表 32-74

序号	名称	损耗率 工程项目	%	序号	名称	损耗率 工程项目	%
	(一) 砖瓦灰砂石类			7	红（青）砖	烟囱	4
1	红（青）砖	地面、屋面、空花墙、空斗墙	1	8	红（青）砖	水塔	2.5
				9	黏土空心砖	墙	1
2	红（青）砖	基础	0.4	10	泡沫混凝土块	包括改锯	10
3	红（青）砖	实心砖墙	1	11	轻质混凝土块	包括改锯	2
4	红（青）砖	方砖柱	3	12	硅酸盐砌块	包括改锯	2
5	红（青）砖	圆砖柱	7	13	加气混凝土块	包括改锯	2
6	红（青）砖	圆弧形砖墙	3.8	14	加气混凝土	各部位安装	2

续表

序号	名 称	损耗率 工程项目	%	序号	名 称	损耗率 工程项目	%
15	加气混凝土板		2	59	菱苦土		2
16	水泥蛭石板		4	60	炉（矿）渣		1.5
17	沥青珍珠岩块		4	61	碎砖		1.5
18	白瓷砖		1.5	62	珍珠岩粉		4
19	陶瓷锦砖（马赛克）		1	63	蛭石粉		4
20	水泥花砖		1.5	64	铸石粉		1.5
21	铺地砖（缸砖）		0.8	65	滑石粉		1
21	耐酸砖	用于平面	2	66	滑石粉	（用于油漆工程）	5
23	耐酸砖	用于立面	3	67	石英粉		1.5
24	耐酸陶瓷板		4	68	防水粉		1
25	耐酸陶瓷板	用于池槽	6	69	水泥		1
26	沥青浸渍砖		5		（三）砂浆、混凝土、胶泥类		
27	瓷砖、面砖、缸砖		1.5				
28	水磨石板		1	70	砌筑砂浆	砖砌体	1
29	花岗石板		1	71	砌筑砂浆	空斗墙	5
30	大理石板		1	72	砌筑砂浆	粘土空心砖墙	10
31	人造大理石板		1	73	砌筑砂浆	泡沫混凝土块墙	2
32	混凝土板		1	74	砌筑砂浆	毛石、方石砌体	1
33	沥青板		1	75	砌筑砂浆	加气混凝土、硅酸盐砌块	2
34	铸石板	平面	5	76	水泥石灰砂浆	抹顶棚	3
35	铸石板	立面	7	77	水泥石灰砂浆	抹墙面及墙裙	2
36	天然饰面板		1	78	石灰砂浆	抹顶棚	1.5
37	小青瓦、粘土瓦、水泥瓦（包括脊瓦）		2.5	79	石灰砂浆	抹墙面及墙裙	1
38	石棉垄瓦		3.85	80	纸筋麻刀灰浆	不分部位	1
39	水泥石棉管		2	81	水泥砂浆	抹顶棚、梁、柱、腰线、挑檐	2.5
40	天然砂		2				
41	砂	混凝土工程	1.5	82	水泥砂浆	抹墙面及墙裙	2
42	石灰石砂		2	83	水泥砂浆	地面、屋面、构筑物	1
43	石英砂		2				
44	砾（碎）石		2	84	水泥白石子浆		2
45	细砾石		2	85	水泥石屑浆		2
46	白石子		4	86	炉灰砂浆		2
47	重晶石		1	87	素水泥浆		1
48	碎大理石		1	88	水磨石浆	地面	1.5
49	石膏		2	89	菱苦土浆		1
50	石灰膏		1	90	耐酸砂浆		1
51	生石灰（不包括淋灰损耗）		1	91	沥青砂浆	熬制	5
52	生石灰	（用于油漆工程）	2.5	92	沥青砂浆	操作	1
53	乱毛石		1	93	沥青胶泥		1
54	乱毛石	砌墙	2	94	耐酸胶泥		5
55	方整石		1	95	树脂胶泥	酚醛、环氧、呋喃	5
56	方整石	砌体	3.5	96	石油沥青玛琋脂	熬制	5
	（二）渣土粉类			97	石油沥青玛琋脂	操作	1
57	素（粘）土		2.5	98	硫磺砂浆		2
58	硅藻土		3	99	钢屑砂浆		1

续表

序号	名称	损耗率 工程项目	%	序号	名称	损耗率 工程项目	%
100	混凝土（现浇）	洞库	2		（五）竹木类		
101	混凝土（现浇）	二次灌浆	3	145	毛竹		5
102	混凝土（现浇）	地面	1	146	木材	企口地板制作7.5cm	25
103	混凝土（现浇）	其余部分	1.5	147	木材	企口地板制作10cm	17
104	混凝土（预制）	桩、基础，梁、柱	1	148	木材	企口地板制作15cm	11
105	混凝土（预制）	空心板	1.5	149	木材	席纹地板制作	53
106	混凝土（预制）	其余部分	1.5	150	木材	席纹地板安装	2
107	细石混凝土		1	151	木材	（平板）毛板、企口板安装	4
108	轻质混凝土		2				
109	炉（矿）渣混凝土		2	152	木材	踢脚板	2
110	沥青混凝土		1	153	木材	间壁墙墙筋制作安装	3
111	耐酸混凝土		2				
112	硫磺混凝土		2	154	木材	地面、顶棚楞木	2
113	重晶石混凝土		1.5	155	木材	间壁镶板、屋面错口板厚1.5cm	11.1
114	水泥石灰炉渣混凝土		1				
115	灰土		1	156	木材	间壁、顶棚错口板安装	4
116	石灰炉渣		1				
117	碎砾石三合土		1	157	木材	间壁镶板、屋面错口板厚1.8cm	12.1
118	碎砖三合土		1				
	（四）金属材料类			158	木材	间壁镶板、屋面错口板厚2.0cm	13.1
119	钢筋	捣制混凝土	3				
120	钢筋	预制混凝土	2	159	木材	平口板制作	3.4
121	钢筋（预应力）	后张吊车梁	13	160	木材	鱼鳞板制作安装	5
122	钢筋（预应力）	先张高强钢丝	9	161	木材	门窗框（包括配料）	5
123	钢筋（预应力）	其他钢筋	6	162	木材	门窗扇（包括配料）	5
124	铁件		1	163	木材	圆窗料（包括配料）	37.5
125	铁件	洞库	2	164	木材	圆木屋架、檩、椽木	5
126	镀锌铁皮	屋面	2				
127	镀锌铁皮	水落管	6	165	木材	屋面板平口制作	3.4
128	镀锌铁皮	檐沟、天沟排水	5.4	166	木材	屋面板平口安装	2.3
129	钢管		4	167	木材	瓦条（代望板）	0.5
130	铸铁管		1	168	木材	瓦条（不带望板）	3
131	铅板		6	169	木材	木栏杆及扶手	3.7
132	铅块		1	170	木材	楼梯弯头	36
133	钻杆		2	171	木材	封条、披水、门窗贴脸	3
134	合金钻头		0.1				
135	铁钉		2	172	木材	窗帘盒、挂镜钱	3
136	扒钉		6	173	木材	封檐板	1.5
137	镀锌螺钉带垫		2	174	木材	装饰用板条	4
138	铁钉带垫		2	175	木材	洞库用坑木	1
139	铁丝		1	176	木材	软木（屋面）	5
140	铁丝网		5	177	模板制作	各种混凝土结构	5
141	电焊条		12	178	模板制作	烟囱、水塔基础	3.5
142	小五金	成品	1	179	模板制作	烟囱筒壁	2
143	金属屑		2	180	模板制作	烟囱圈梁	3.88
144	钢材	其他部分	6	181	模板制作	水塔塔顶、槽底	6

续表

序号	名称	损耗率 工程项目	%	序号	名称	损耗率 工程项目	%
182	模板制作	水塔内外壁、塔身、筒身	2~3	224	油漆溶剂油		4
183	模板制作	贮水（油）池	1.5~3	225	大白粉		8
184	模板制作	地沟	2~2.5	226	石膏粉		5
185	模板制作	圆形贮仓	3	227	色粉	包括颜料	3
186	模板安装	烟囱、水塔基础	2.5	228	铅粉		2
187	模板安装	烟囱筒壁	2.5	229	银粉		2
188	模板安装	烟囱圈梁	3.88	230	樟丹粉		2
189	模板安装	水塔塔顶、槽底	6	231	石性颜料		4
190	模板安装	水塔内外壁、筒壁、塔身	2.5~4	232	血料		10
				233	水（骨）胶		2
				234	107胶		3
191	模板安装	贮水（油）池	1.5~4	235	可赛银	装饰用	3
192	模板安装	地沟	3	236	可赛银	油漆用	5
193	模板平口对缝	圆形贮仓	3	237	砂蜡		2
194	模板平口对缝	烟囱、水塔	5	238	光蜡		1
195	模板平口对缝	水池、地沟	5	239	硬白蜡		2.5
196	胶合板、纤维板	顶棚、间壁	5	240	软黄蜡		1
197	胶合板、纤维板	门窗扇（包括配料）	15	241	硬黄蜡		2.5
198	刨花板、木丝板		3.5	242	地板蜡		1
199	锯木屑		2	243	羧甲基纤维素		3
200	木炭		10	244	聚醋酸乙烯乳液		3
201	木炭	（用于油漆工程）	8	245	醇酸漆稀释剂		8
202	隔声纸、板		4	246	硝基稀释剂		10
203	石棉板、瓦		4	247	过氯乙烯稀释剂	喷涂	30
	（六）沥青及其制品类			248	无光调合漆		3
204	石油沥青		1	249	调合漆		3
205	沥青、煤焦油、臭油		3	250	磁漆		3
206	油毡、油纸		1	251	漆片		1
207	沥青玻璃棉		3	252	有机硅耐热漆	喷涂	30
208	沥青矿渣棉		4	253	地板漆		2
209	刷沥青	屋面、地面	1	254	乳胶漆		3
	（七）玻璃油漆类			255	红丹防锈漆		3
210	玻璃	配制	15	256	防锈漆		3
211	玻璃	安装	3	257	磷化底漆		5
212	油灰	成品	2	258	醇酸锌黄底漆		3
213	汽油	用于机械	1	259	酚醛耐酸漆		3
214	汽油	用于其他工程	10	260	过氯乙烯防腐漆	喷涂	30
215	煤油		3	261	环氧防腐漆		5
216	柴油	用于机械	2	262	烟囱漆		3
217	光油		4	263	过氯乙烯腻子		3
218	清油		2	264	防火漆		3
219	清油	用于油漆工程	3	265	黑板漆		2
220	铅油		2.5	266	清漆		3
221	香水油		2	267	酒精		7
222	松节油		3	268	草酸		2
223	熟桐油		4		（八）化工类		

续表

序号	名称	损耗率		序号	名称	损耗率	
		工程项目	%			工程项目	%
269	火碱		9	287	麻刀		1
270	水玻璃		1	288	麻布		1
271	氟硅酸钠		1	289	石棉		3
272	乙二胺		2.5	290	毛毡		8
273	丙酮		2.5	291	炸药、雷管		2
274	乙醇		2.5	292	电管		2
275	苯黄酰氯		2.5	293	导火线		6
276	硫酸		2.5	294	橡皮		1
277	盐酸		5	295	纸筋		1
278	卤水		2	296	稻壳		2
279	氯化镁		2	297	麦草		2
280	聚硫橡胶		2.5	298	草袋		10
281	甲苯		2.5	299	苇箔		5
282	硫磺		2.5	300	食盐		2
283	环氧树脂		2.5	301	煤		8
284	酚醛树脂		2.5	302	电力	机械	5
285	呋喃树脂		2.5	303	焊锡		5
	(九) 棉麻及其他			304	矿渣棉		5
286	麻丝		1				

主要参考文献

1 丛培经主编．建设工程施工发包承包价格．北京：中国计划出版社，2002
2 陈新民主编．造价工程师常用数据手册．北京：中国建筑工业出版社，1999
3 杜训主编．国际工程估价．北京：中国建筑工业出版社，1996
4 杨俊杰主编．国际工程报价实务．北京：中国标准出版社，1991

33 工程施工招标投标

33-1 工程施工招标投标基本知识

33-1-1 招标投标释义

招标投标是市场经济中的一种竞争方式,通常适用于大宗交易,其特点是,由惟一的买主(或卖主)设定标的,招请若干个卖主(或买主),通过秘密报价进行竞争,从诸多报价者中选择满意的,与之达成交易协议,随后按协议实现标的。

工程招标投标是国际上广泛采用的达成工程建设交易的主要方式。我国建立社会主义市场经济体制,实行建筑业和基本建设管理体制改革,就规定要大力推行招标承包制,以改变计划经济体制下实行多年的单纯用行政手段分配建设任务的老办法。

实行招标投标的目的,在招标(发包)方,是为计划兴建的工程项目选择适当的承包单位,将全部工程或其中某一部分委托这个(些)单位负责完成,并且取得工程质量、工期、造价以及环境保护都令人满意的效果。在投标(承包)方,则是通过投标竞争,确定自己的生产任务和销售对象,使其本身的生产活动得到社会的承认,并从中获得利润。

招标投标的原则是鼓励竞争,防止垄断。《中华人民共和国建筑法》规定:

建筑工程发包与承包的招标投标活动,应当遵循公开、公正、平等竞争的原则,择优选择承包单位。

《中华人民共和国招标投标法》也规定:

招标投标活动应当遵循公开、公平、公正和诚实信用的原则。

依法必须进行招标的项目,其招标投标活动不受地区或者部门的限制。任何单位和个人不得违法限制或者排斥本地区、本系统以外的法人或者其他组织参加投标,不得以任何方式非法干涉招标投标活动。

33-1-2 工程施工招标范围及承包方式

33-1-2-1 招标范围

《中华人民共和国招标投标法》对工程建设项目招标总的范围有如下规定:

在中华人民共和国境内进行下列工程建设项目包括项目的勘察、设计、施工、监理以及与工程建设有关的重要设备、材料等的采购,必须进行招标:

(一)大型基础设施、公用事业等关系社会公共利益、公众安全的项目;

(二)全部或者部分使用国有资金投资或者国家融资的项目;

(三)使用国际组织或者外国政府贷款、援助资金的项目。

前款所列项目的具体范围和规模标准，由国务院发展计划部门会同国务院有关部门制订，报国务院批准。

法律或者国务院对必须招标的其他项目的范围有规定的，依照其规定。

据此，中华人民共和国建设部于 2001 年 6 月 1 日以第 89 号令发布施行的《房屋建筑和市政基础设施工程施工招标投标管理办法》规定：

本办法所称房屋建筑工程，是指各类房屋建筑及其附属设施和与其配套的线路、管道、设备安装工程及室内外装修工程。

本办法所称市政基础设施工程，是指城市道路、公共交通、供水、排水、燃气、热力、园林、环卫、污水处理、垃圾处理、防洪、地下公共设施及附属设施的土建、管道、设备安装工程。

房屋建筑和市政基础设施工程（以下简称工程）的施工单项合同估算价在 200 万元人民币以上，或者项目总投资在 3000 万元人民币以上的，必须进行招标。

省、自治区、直辖市人民政府建设行政主管部门报经同级人民政府批准，可以根据实际情况，规定本地区必须进行工程施工招标的具体范围和规模标准，但不得缩小本办法确定的必须进行施工招标的范围。

33-1-2-2 承包方式

承包方式指工程发包方（一般即招标方）与承包方（一般即投标中标方）二者之间经济关系的形式。承包方式有多种多样，受承包内容和具体环境条件的制约。主要分类见图 33-1。

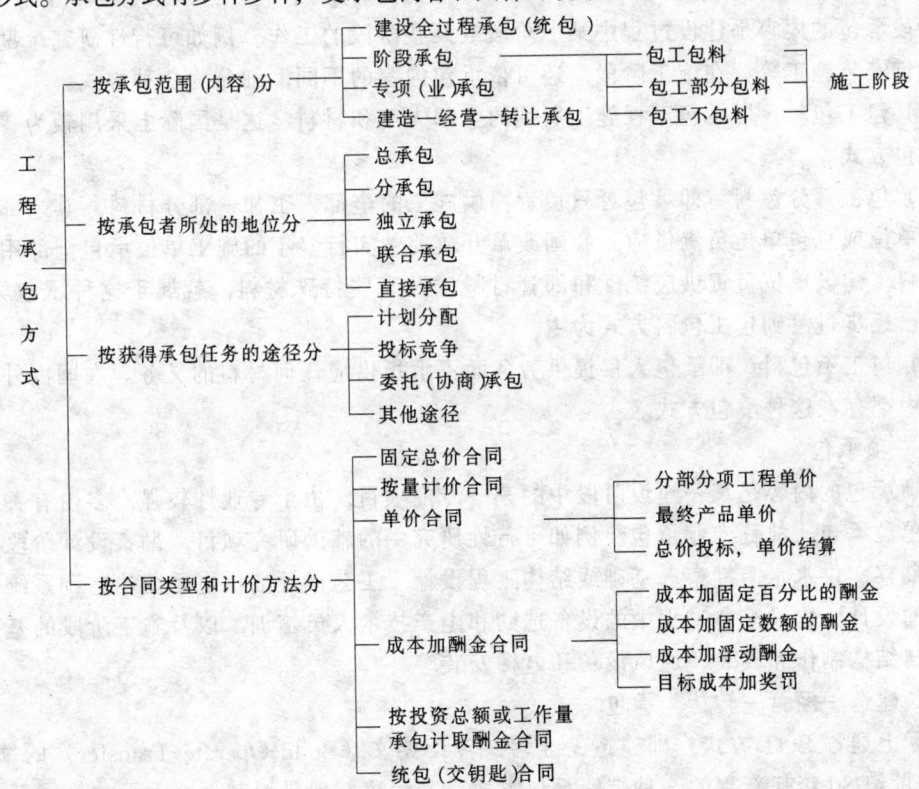

图 33-1 工程承包方式分类

（一）按承包范围（内容）划分承包方式

按工程承包范围即承包内容划分的承包方式，有建设全过程承包、阶段承包、专项承包和"建造——经营——转让"承包4种。

1. 建设全过程承包

建设全过程承包也叫"统包"，或"一揽子承包"，即通常所说的"交钥匙"。采用这种承包方式，建设单位一般只要提出使用要求和竣工期限，承包单位即可对项目建议书、可行性研究、勘察设计、设备询价与选购、材料订货、工程施工、生产职工培训、直至竣工投产，实行全过程、全面的总承包，并负责对各项分包任务进行综合管理、协调和监督工作。为了有利于建设和生产的衔接，必要时也可以吸收建设单位的部分力量，在承包单位的统一组织下，参加工程建设的有关工作。这种承包方式要求承发包双方密切配合；涉及决策性质的重大问题仍应由建设单位或其上级主管部门作最后的决定。这种承包方式主要适用于各种大中型建设项目。它的好处是可以积累建设经验和充分利用已有的经验，节约投资，缩短建设周期并保证建设的质量，提高经济效益。当然，也要求承包单位必须具有雄厚的技术经济实力和丰富的组织管理经验。适应这种要求，国外某些大承包商往往和勘察设计单位组成一体化的承包公司，或者更进一步扩大到若干专业承包商和器材生产供应厂商，形成横向的经济联合体。这是近几十年来建筑业一种新的发展趋势。改革开放以来，我国各部门和地方建立的建设工程总承包公司即属于这种性质的承包单位。

2. 阶段承包

阶段承包的内容是建设过程中某一阶段或某些阶段的工作。例如可行性研究，勘察设计，建筑安装施工等。在施工阶段，还可依承包内容的不同，细分为3种方式：

（1）包工包料。即承包工程施工所用的全部人工和材料。这是国际上采用较为普遍的施工承包方式。

（2）包工部分包料。即承包者只负责提供施工的全部人工和一部分材料，其余部分则由建设单位或总包单位负责供应。我国改革开放前曾实行多年的施工单位承包全部用工和地方材料，建设单位负责供应统配和部管材料以及某些特殊材料，就属于这种承包方式。改革后已逐步过渡到包工包料方式为主。

（3）包工不包料。即承包人仅提供劳务而不承担供应任何材料的义务。在国内外的建筑工程中都存在这种承包方式。

3. 专项承包

专项承包的内容是某一建设阶段中的某一专门项目，由于专业性较强，多由有关的专业承包单位承包，故称专业承包。例如可行性研究中的辅助研究项目，勘察设计阶段的工程地质勘察、供水水源勘察、基础或结构工程设计、工艺设计、供电系统、空调系统及防灾系统的设计，建设准备过程中的设备选购和生产技术人员培训，以及施工阶段的基础施工、金属结构制作和安装、通风设备和电梯安装等。

4. "建造—经营—转让"承包

国际上通称BOT方式，即建造—经营—转让英文（Build-Operate-Transfer）的缩写。这是20世纪80年代新兴的一种带资承包方式。其程序一般是由某一个大承包商或开发商牵头，联合金融界组成财团，就某一工程项目向政府提出建议和申请，取得建设和经营该项目的许可。这些项目一般是大型公共工程和基础设施，如隧道、港口、高速公路、电厂等。政府若同意建议和申请，则将建设和经营该项目的特许权授予财团。财团即负责资金筹集、工程设计和施工的全部工作；竣工后，在特许期内经营该项目，通过向用户收取费用，回收投资，偿还贷款并获取利润；特许期满即将该项目无偿地移交给政府经营管理。对项目所在国来说，采取这种方式可解决政府建设资金短缺问题，且不形成债务，又可解决本地缺少建设、经营管理能力等困难；而且不用承担建设、经营中的风险。因此，在许多发展中国家得到欢迎和推广，并有向某些发达国家和地区扩展的趋势。对承包商来说，则跳出了设计、施工的小圈子，实现工程项目由前期至后期的全过程总承包，竣工后并参与经营管理，利润来源也就不限于施工阶段，而是向前后延伸到可行性研究、规划设计、器材供应及项目建成后的经营管理，从坐等招标的经营方式转向主动为政府、业主和财团提供超前服务，从而扩大了经营范围。当然，这也不免会增加风险，所以要求承包商有高超的融资能力和技术经济管理水平，包括风险防范能力。

（二）按承包者所处地位划分承包方式

在工程承包中，一个建设项目上往往有不止一个承包单位。承包单位与建设单位之间，以及不同承包单位之间的关系不同，地位不同，也就形成不同的承包方式。常见的有5种。

1. 总承包

一个建设项目建设全过程或其中某个阶段（例如施工阶段）的全部工作，由一个承包单位负责组织实施。这个承包单位可以将若干专业性工作交给不同的专业承包单位去完成，并统一协调和监督它们的工作。在一般情况下，建设单位仅同这个承包单位发生直接关系，而不同各专业承包单位发生直接关系。这样的承包方式叫做总承包。承担这种任务的单位叫做总承包单位，或简称总包，通常有咨询设计机构，一般土建公司以及设计施工一体化的大建筑公司等。我国的工程总承包公司就是总包单位的一种组织形式。

2. 分承包

分承包简称分包，是相对总承包而言的，即承包者不与建设单位发生直接关系，而是从总承包单位分包某一分项工程（例如土方、模板、钢筋等）或某种专业工程（例如钢结构制作和安装、卫生设备安装、电梯安装等），在现场上由总包统筹安排其活动，并对总包负责。分包单位通常为专业工程公司，例如工业炉窑公司、设备安装公司、装饰工程公司等。国际上通行的分包方式主要有两种：一种是由建设单位指定分包单位，与总包单位签订分包合同；一种是由总包单位自行选择分包单位签订分包合同。

3. 独立承包

独立承包是指承包单位依靠自身的力量完成承包任务，而不实行分包的承包方式。通常仅适用于规模较小、技术要求比较简单的工程以及修缮工程。

4. 联合承包

联合承包是相对于独立承包而言的承包方式，即由两个以上承包单位组成联合体承包一项工程任务，由参加联合的各单位推定代表统一与建设单位签订合同，共同对建设单位负责，并协调它们之间的关系。但参加联合的各单位仍是各自独立经营的企业，只是在共同承包的工程项目上，根据预先达成的协议，承担各自的义务和分享共同的收益，包括投入资金数额、工人和管理人员的派遣、机械设备和临时设施的费用分摊、利润的分享以及风险的分担等。

这种承包方式由于多家联合，资金雄厚，技术和管理上可以取长补短，发挥各自的优势，有能力承包大规模的工程任务。同时由于多家共同协作，在报价及投标策略上互相交流经验，也有助于提高竞争力，较易得标。在国际工程承包中，外国承包企业与工程所在国承包企业联合经营，也有利于对当地国情民俗、法规条例的了解和适应，便于工作的开展。

5. 直接承包

直接承包就是在同一工程项目上，不同的承包单位分别与建设单位签订承包合同，各自直接对建设单位负责。各承包商之间不存在总分包关系，现场上的协调工作可由建设单位自己去做，或委托一个承包商牵头去做，也可聘请专门的项目经理来管理。

(三) 按获得承包任务的途径划分承包方式

根据承包单位获得任务的不同途径，承包方式可划分为4种。

1. 计划分配

在计划经济体制下，由中央和地方政府的计划部门分配建设工程任务，由设计、施工单位与建设单位签订承包合同。在我国，曾是多年来采用的主要方式，随着改革的深化已为数不多见。

2. 投标竞争

通过投标竞争，优胜者获得工程任务，与建设单位签订承包合同。这是国际上通行的获得承包任务的主要方式。我国实行社会主义市场经济体制，建筑业和基本建设管理体制改革的主要内容之一，就是从以计划分配工程任务为主逐步过渡到以在政府宏观调控下实行投标竞争为主的承包方式。

3. 委托承包

委托承包也称协商承包，即不需经过投标竞争，而由建设单位与承包单位协商，签订委托其承包某项工程任务的合同。

4. 获得承包任务的其他途径

《中华人民共和国招标投标法》第六十六条规定："涉及国家安全、国家机密、抢险救灾或者属于利用扶贫资金实行以工代赈、需要使用农民工等特殊情况，不适宜进行招标的项目，按照国家规定可以不进行招标。"此外，依国际惯例，由于涉及专利权、专卖权等原因，只能从一家厂商获得供应的项目，也属于不适宜进行招标的项目。对于此类项目的实施，可以视不同情况，由政府主管部门以行政命令指派适当的单位执行承包任务；或由主管部门授权项目主办单位（业主）或听其自主，与适当的承包单位协商，将项目委托其承包。

(四) 按合同类型和计价方法划分承包方式

工程项目的条件和承包内容的不同，往往要求不同类型的合同和包价计算方法。因此，在实践中，合同类型和计价方法就成为划分承包方式的重要依据。

1. 固定总价合同

固定总价合同就是按商定的总价承包工程。它的特点是以图纸和工程说明书为依据，明确承包内容和计算包价，并一笔包死。在合同执行过程中，除非建设单位要求变更原定的承包内容，承包单位一般不得要求变更包价。这种方式对建设单位比较简便，因此为一般建设单位所欢迎。对承包商来说，如果设计图纸和说明书相当详细，能据以比较精确地估算造价，签订合同时考虑得也比较周全，不致有太大的风险，也是一种比较简便的承包方式。如果图纸和说明书不够详细，未知数比较多，或者遇到材料突然涨价以及恶劣的气候等意外情况，承包单位须承担应变的风险；为此，往往加大不可预见费用，因而不利于降低造价，最终是对承包单位不利。这种承包方式通常仅适用于规模较小、技术不太复杂的工程。

2．按量计价合同

按量计价合同以工程量清单和单价表为计算包价的依据。通常由建设单位委托设计单位或专业估算师（造价工程师或测量师）提出工程量清单，列出分部分项工程量，例如挖土若干立方米，填土夯实若干立方米，混凝土若干立方米，墙面抹灰若干平方米等等，由承包商填报单价，再算出总造价。因为工程量是统一计算出来的，承包商只要经过复核并填上适当的单价就能得出总造价，承担风险较小；发包单位也只要审核单价是否合理即可，对双方都方便。目前国际上采用这种承包方式的较多。在我国，作为工程造价计算方法的改革方向，已开始推行。

3．单价合同

在没有施工详图就需开工，或虽有施工图而对工程的某些条件尚不完全清楚的情况下，既不能比较精确地计算工程量，又要避免凭运气而使建设单位和承包单位任何一方承担过大的风险，采用单价合同是比较适宜的。在实践中，这种承包方式可细分为3种：

（1）按分部分项工程单价承包

即由建设单位开列分部分项工程名称和计量单位，例如挖土方每立方米、混凝土每立方米、钢结构每吨等等，多由承包单位逐项填报单价；也可以由建设单位先提出单价，再由承包单位认可或提出修订的意见后作为正式报价，经双方磋商确定承包单价，然后签订合同，并根据实际完成的工程数量，按此单价结算工程价款。这种承包方式主要适用于没有施工图、工程量不明即须开工的紧急工程。

（2）按最终产品单价承包

就是按每一平方米住宅、每一平方米道路等最终产品的单价承包。其报价方式与按分部分项工程单价承包相同。这种承包方式通常适用于采用标准设计的住宅，中、小学校舍和通用厂房等工程。但考虑到基础工程因条件不同而造价变化较大，我国按每一平方米单价承包某些房屋建筑工程时，一般仅指±0标高以上部分，基础工程则以按量计价承包或分部分项工程单价承包。单价可按预算定额或加调价系数一次包死，也可商定允许随工资和材料价格指数的变化而调整。具体的调整办法在合同中明确规定。

（3）按总价投标和决标，按单价结算工程价款

这种承包方式适用于设计已达到一定的深度，能据以估算出分部分项工程数量的近似值，但由于某些情况不完全清楚，在实际工作中可能出现较大变化的工程。例如在铁路或水电建设中的隧洞开挖，就可能因反常的地质条件而使土石方数量产生较大的变化。为了使承发包双方都能避免由此而来的风险，承包单位可以按估算的工程量和一定的单价提出总报价，建设单位也以总价和单价为评标、决标的主要依据，并签订单价承包合同。随后，双方即按实际完成的工程数量与合同单价结算工程价款。

4．成本加酬金合同

这种承包方式的基本特点是按工程实际发生的成本（包括人工费、材料费、施工机械

使用费、其他直接费和施工管理费以及各项独立费,但不包括承包企业的总管理费和应缴税金),加上商定的总管理费和利润,来确定工程总造价。这种承包方式主要适用于开工前对工程内容尚不十分清楚的情况,例如边设计边施工的紧急工程,或遭受地震、战火等灾害破坏后需修复的工程。在实践中主要有 4 种不同的具体做法:

(1) 成本加固定百分数酬金

计算方法可用下式说明。

$$C = C_a (1 + P) \tag{33-1}$$

式中　C——总造价;

　　　C_a——实际发生的工程成本;

　　　P——固定的百分数。

从算式中可以看出,总造价 C 将随工程成本 C_a 而水涨船高,显然不能鼓励承包商关心缩短工期和降低成本,因而对建设单位是不利的。现在这种承包方式已很少被采用。

(2) 成本加固定酬金

工程成本实报实销,但酬金是事先商定的一个固定数目。计算式为:

$$C = C_a + F \tag{33-2}$$

式中 F 代表酬金,通常按估算的工程成本的一定百分比确定,数额是固定不变的。这种承包方式虽然不能鼓励承包商关心降低成本;但从尽快取得酬金出发,承包商将会关心缩短工期,这是其可取之处。为了鼓励承包单位更好地工作,也有在固定酬金之外,再根据工程质量、工期和降低成本情况另加奖金的。在这种情况下,奖金所占比例的上限可大于固定酬金,以充分发挥奖励的积极作用。

(3) 成本加浮动酬金

这种承包方式要事先商定工程成本和酬金的预期水平。如果实际成本恰好等于预期水平,工程造价就是成本加固定酬金;如果实际成本低于预期水平,则增加酬金;如果实际成本高于预期水平,则减少酬金。这三种情况可用算式表示如下:

如果 　　　　　　　$C_a = C_0$, 则 $C = C_a + F$ 　　　　　(33-3)

　　　　　　　　　$C_a < C_0$, 　　$C = C_a + F + \Delta F$ 　　(33-4)

　　　　　　　　　$C_a > C_0$, 　　$C = C_a + F - \Delta F$ 　　(33-5)

式中　C_0——预期成本;

　　　ΔF——酬金增减部分,可以是一个百分数,也可以是一个固定的绝对数。

采用这种承包方式,通常规定,当实际成本超支而减少酬金时,以原定的固定酬金数额为减少的最高限度。也就是在最坏的情况下,承包人将得不到任何酬金,但不必承担赔偿超支的责任。

从理论上讲,这种承包方式既对承发包双方都没有太多风险,又能促使承包商关心降低成本和缩短工期;但在实践中准确地估算预期成本比较困难,所以要求当事双方具有丰富的经验并掌握充分的信息。

(4) 目标成本加奖罚

在仅有初步设计和工程说明书即迫切要求开工的情况下,可根据粗略估算的工程量和适当的单价表编制概算,作为目标成本;随着详细设计逐步具体化,工程量和目标成本可加以调整，另外规定一个百分数作为酬金；最后结算时，如果实际成本高于目标成本并超过事先商定的界限（例如 5%），则减少酬金，如果实际成本低于目标成本（也有一个幅度界限），则加给酬金。用算式表示如下：

$$C = C_a + P_1 C_0 + P_2 (C_0 - C_a) \tag{33-6}$$

式中 　C_0——目标成本；
　　　　P_1——基本酬金百分数；
　　　　P_2——奖罚百分数。

此外，还可另加工期奖罚。

这种承包方式可以促使承包商关心降低成本和缩短工期，而且目标成本是随设计的进展而加以调整才确定下来的，故建设单位和承包商双方都不会承担多大风险，这是其可取之处。当然也要求承包商和建设单位的代表都须具有比较丰富的经验和充分的信息。

5. 按投资总额或承包工作量计取酬金的合同

这种承包方式主要适用于可行性研究、勘察设计和材料设备采购供应等项承包业务。即按概算投资额的一定百分比计算设计费，按完成勘察工作量的一定百分比计算勘察费，按材料设备价款的一定百分比计算采购承包业务费等，这些都要在合同中作出明确规定。

6. 统包合同

统包合同即"交钥匙"合同，其内容见上文"建设全过程承包"一节。下面说明达成统包合同与确定包价的一般步骤。

第一步，建设单位委托承包商作拟建项目的可行性研究；承包商在提出可行性研究报告的同时，提出初步设计和工程概算所需的时间和费用。

第二步，建设单位委托承包商作初步设计并着手施工现场的准备工作。

第三步，建设单位委托承包商作施工图设计并着手组织施工。

每一步都要签订合同，规定支付给承包商的报酬数额。由于设计是逐步深入，概预算是逐步完善的，而且建设单位要根据前一步工作的结果决定是否进行下一步工作，所以不大可能采用固定总价合同、按量计价合同或单价合同等承包方式；在实践中以采用成本加酬金合同者为多，至于采用哪一种成本加酬金合同，则根据实际情况由建设单位和承包商双方协商确定。

33-1-3　工程建设招标投标市场

33-1-3-1　建设工程交易中心——有形建筑市场

在市场经济中，招标投标是建筑市场竞争的主要形式。但是，传统的建筑市场没有固定的活动场所，习惯于由需求方（招标方）临时确定交易时间和地点，往往给交易双方带来许多不便，却给"桌面下交易"等违规行为提供了便利，以致妨碍公平竞争。我国实行改革开放，建设规模日益扩大，招标投标活动频繁，适应这种形势，经政府主管部门批准，在全国地级以上城市建立"建设工程交易中心"，亦称"有形建筑市场"，作为服务于建设工程交易活动的固定场所。这项措施对于增进建设工程交易的透明度，加强建设工程交易活动的监督管理，从源头上预防腐败行为，具有重要作用，是我国建设工程领域的一项有益的尝试。按国务院办公厅 2002 年 3 月 8 日转发建设部、国家计委、监察部《关于健全和规范有形建筑市场的若干意见》，地级以上城市建立有形建筑市场，必须符合以下条件：

1．有固定的建设工程交易场所和满足有形建筑市场基本功能要求的服务设施。

2．成立不与任何政府部门及其所属机构有隶属关系的独立管理机构。

3．有健全的有形建筑市场工作规则、办事程序和内部管理制度。

4．工作人员应熟悉相关法律法规、工程建设和招标投标管理等方面知识。

5．经当地政府有关部门及其管理机构同意，在有形建筑市场设立服务"窗口"，并依法实施监督。

有形建筑市场和当地政府有关部门在市场内设立的服务窗口，按各自的职责范围分别为进入市场交易的各方提供报建、核发开工证、办理招标登记、核定标底、确定招标方式、发布招标信息、审核招标单位资格、准备招标、议标、开标、评标活动场所、办理中标登记、协调招标和中标单位在投标过程中的经济纠纷以及承包合同备案管理等服务，并按规定核收各种费用，监督市场行为，维护市场秩序，保护公开、公正、公平竞争，保证有形建筑市场正常运转。

33-1-3-2 招标单位

招标（工程发包）单位通常就是建设单位，我国《招标投标法》中称之为"招标人"，也就是建筑市场上的买方。该法规定：

招标人是依照本法规定提出招标项目、进行招标的法人或者其他组织。

建设部2001年6月1日以第89号部令发布的《房屋建筑和市政基础设施工程施工招标投标管理办法》规定：

工程施工招标应当具备下列条件：

（一）按照国家有关规定需要履行项目审批手续的，已经履行审批手续；

（二）工程资金或者资金来源已经落实；

（三）有满足施工需要的设计文件及其他技术资料；

（四）法律、法规、规章规定的其他文件。

还规定：

依法必须进行施工招标的工程，招标人自行办理施工招标事宜的，应当具有编制招标文件和组织评标的能力：

（一）有专门的施工招标组织机构；

（二）有与工程规模、复杂程度相适应并具有同类工程施工招标经验、熟悉有关工程施工招标法律法规的工程技术、概预算及工程管理的专业人员。

不具备上述条件的，招标人应当委托具有相应资格的工程招标代理机构代理施工招标。

33-1-3-3 投标单位

投标（工程承包）单位，《中华人民共和国招标投标法》中称之为"投标人"，即建筑市场上的卖方。从事这种经营活动的机构，国际上通称承包商，在中国，正式名称为"建筑业企业"。按中华人民共和国建设部2001年4月18日以第87号部令发布的《建筑业企业资质管理规定》，建筑业企业，是指从事土木工程、建筑工程、线路管道设备安装工程、装修工程的新建、扩建、改建活动的企业。这些企业，应当按照其拥有的注册资本、净资产、专业技术人员、技术装备和已完成的建筑工程业绩等资质条件申请资质，经审查合格，取得相应等级的资质证书后，方可在其资质等级许可的范围内从事建筑活动。

（一）资质分类和分级

建筑业企业资质就是承包商的资格和素质，是作为工程承包经营者必须具备的基本条件。现行《建筑业企业资质管理规定》第五条规定：

建筑业企业资质分为施工总承包、专业承包和劳务分包三个序列。

获得施工总承包资质的企业，可以对工程实行施工总承包或者对主体工程实行施工承包。承担施工总承包的企业可以对所承接的工程全部自行施工，也可以将非主体工程或者劳务作业分包给具有相应专业承包资质或者劳务分包资质的其他建筑业企业。

获得专业承包资质的企业，可以承接施工总承包企业分包的专业工程或者建设单位按照规定发包的专业工程。专业承包企业可以对所承接的工程全部自行施工，也可以将劳务作业分包给具有相应劳务分包资质的劳务分包企业。

获得劳务分包资质的企业，可以承接施工总承包企业或者专业承包企业分包的劳务作业。

（二）资质等级标准

根据《建筑业企业资质管理规定》，建设部会同铁道部、交通部、水利部、信息产业部、民航总局等有关部门组织制定了《建筑业企业资质等级标准》，于2001年4月20日印发，自同年7月1日起施行。该标准包括施工总承包企业资质等级标准12项，专业承包企业资质等级标准60项，劳务分包企业资质等级标准13项，总共85项。本手册选择适用范围较广的8项，列表说明如下：

1. 房屋建筑工程施工总承包企业资质等级标准（表33-1）；
2. 市政公用工程施工总承包企业资质等级标准（表33-2）；
3. 机电安装工程施工总承包企业资质等级标准（表33-3）；
4. 地基与基础工程专业承包企业资质等级标准（表33-4）；
5. 土石方工程专业承包企业资质等级标准（表33-5）；
6. 建筑装修装饰工程专业承包企业资质等级标准（表33-6）；
7. 园林古建筑工程专业承包企业资质等级标准（表33-7）；
8. 机电设备安装工程专业承包企业资质等级标准（表33-8）。

33-1-3-4 中介机构——招标代理及其他咨询服务组织

建筑市场上的中介机构是为发包和承包双方提供专业知识服务的组织和人员，主要有招标代理机构，建设监理机构，造价审核，项目管理及其他咨询机构等。建设监理、造价审核及项目管理，本手册皆有专章详细说明，下文仅着重讲述招标代理机构及其工作。

《中华人民共和国招标投标法》规定：

招标人有权自行选择招标代理机构，委托其办理招标事宜。任何单位和个人不得以任何方式为招标人指定招标代理机构。

招标代理机构是依法设立、从事招标代理业务并提供相关服务的社会中介组织。

招标代理机构应当具备下列条件：

（一）有从事招标代理业务的营业场所和相应资金；

房屋建筑工程施工总承包企业资质等级标准　　　　　　　　　　　　　　　　　　表 33-1

资质等级	建设业绩标准	人员素质	资本金和净资产	设备条件	年工程结算收入	可承接工程范围
特级	达到一级资质标准	达到一级资质标准	1. 注册资本金 3 亿元以上；2. 净资产 3.6 亿元以上	达到一级资质标准	近 3 年年平均 15 亿元以上	各类房屋建筑工程的施工
一级	近 5 年承担过下列 6 项中的 4 项以上工程的施工总承包，工程承包，工程质量合格。1. 25 层以上或高度 100m 以上的房屋建筑物；2. 高度 50m 以上的构筑物或建筑物；3. 单体建筑面积 3 万 m² 以上的房屋建筑工程；4. 单跨跨度 30m 以上的建筑工程；5. 建筑面积 10 万 m² 或建筑小区或住宅小区建筑工程；6. 单项建安合同额 1 亿元以上的房屋建筑工程	1. 企业经理具有 10 年以上从事工程管理工作经历或具有中级以上职称；2. 总工程师具有 10 年以上从事建筑施工技术管理工作经历并具有本专业高级职称；3. 总会计师具有高级会计职称；4. 总经济师具有高级职称；5. 有职称的工程技术和经济管理人员不少于 300 人，其中工程技术人员不少于 200 人，具有高级职称的不少于 60 人；6. 具有一级资质的项目经理不少于 12 人	1. 注册资本金 5000 万元以上；2. 净资产 6000 万元以上	具有与承包工程范围相适应的施工机械和质量检测设备	近 3 年最高年工程结算收入 2 亿元以上	单项建安合同额不超过注册资本金 5 倍的下列房屋建筑工程的施工：1. 40 层及以下、各类跨度的房屋建筑工程；2. 高度 240m 及以下的构筑物；3. 建筑面积 20 万 m² 及以下的住宅小区或建筑群体
二级	近 5 年承担过下列 6 项中的 4 项以上工程的施工总承包，工程承包，工程质量合格。1. 12 层以上或高度 21m 以上的房屋建筑物；2. 高度 21m 以上的构筑物或建筑物；3. 单体建筑面积 1 万 m² 以上的房屋建筑工程；4. 单跨跨度 21m 以上的建筑工程；5. 建筑面积 5 万 m² 或建筑小区或住宅小区或建筑群体；6. 单项建安合同额 3000 万元以上的房屋建筑工程	1. 企业经理具有 8 年以上从事工程管理工作经历或具有中级以上职称；2. 技术负责人具有 8 年以上从事建筑施工技术管理工作经历并具有本专业高级职称；3. 财务负责人具有中级以上会计职称；4. 有职称的工程技术和经济管理人员不少于 150 人，其中工程技术人员不少于 100 人，具有高级职称的不少于 20 人；5. 具有二级资质以上的项目经理不少于 12 人	1. 注册资本金 2000 万元以上；2. 净资产 2500 万元以上	具有与承包工程范围相适应的施工机械和质量检测设备	近 3 年最高年工程结算收入 8000 万元以上	单项建安合同额不超过注册资本金 5 倍的下列房屋建筑工程的施工：1. 28 层及以下、单跨跨度 36m 及以下的房屋建筑工程；2. 高度 120m 及以下的构筑物；3. 建筑面积 12 万 m² 及以下的住宅小区或建筑群体

续表

资质等级	建设业绩	人员素质	资本金和净资产	设备条件	年工程结算收入	可承接工程范围
三级	近5年内承担下列5项中的3项以上工程的施工总承包或主体工程承包,工程质量合格。1. 6层以上的房屋建筑工程;2. 高度25m以上的构筑物或建筑物;3. 单体建筑面积5000m²以上的房屋建筑工程;4. 单项建筑跨度15m以上的构筑物或建筑工程;5. 单项建安合同额500万元以上的房屋建筑工程	1. 企业经理具有5年以上从事工程管理工作经历。2. 技术负责人具有5年以上从事本专业建筑施工技术管理工作经历并具有中级以上职称;3. 财务负责人具有初级以上会计职称;4. 有职称的工程技术和经济管理人员不少于30人,其中工程技术人员中具有中级以上职称的不少于10人;5. 具有三级以上资质的项目经理不少于10人	1. 注册资本金600万元以上;2. 净资产700万元以上	具有与承包工程范围相适应的施工机械和质量检测设备	近3年最高年工程结算收入2400万元以上	单项建安合同额不超过注册资本金5倍的下列房屋建筑工程施工:1. 14层及以下、单跨跨度24m及以下的房屋建筑工程;2. 高度70m及以下的构筑物;3. 建筑面积6万m²及以下的住宅小区或建筑群体外部的装修装饰工程

注:房屋建筑工程是指工业、民用与公共建筑(建筑物、构筑物)工程。工程内容包括地基与基础工程、土石方工程、结构工程、层面工程、内、外部的装修装饰工程,上下水、供暖、电器、卫生洁具、通风、照明、消防、防雷等安装工程。

市政公用工程施工总承包企业资质等级标准 表33-2

资质等级	建设业绩	人员素质	资本金和净资产	设备条件	年工程结算收入	可承接工程范围
特级	达到一级资质标准	达到一级资质标准	1. 注册资本金3亿元以上;2. 净资产3.6亿元以上	达到一级资质标准	近3年平均年15亿元以上	各类市政公用工程的施工
一级	近5年承担过下列4项中的2项以上单项合同额3000万元以上的市政公用工程施工总承包,工程质量合格:1. 城市道路、公共广场工程,桥梁、隧道、公共广场;2. 城市供水、排水工程;3. 城市供热气工程或热力工程;4. 城市生活垃圾处理工程	1. 企业经理具有10年以上从事工程管理工作经历或具有高级职称;2. 总工程师具有10年以上从事本专业高级职称;3. 总会计师具有高级会计职称;4. 总经济师具有高级职称;5. 有职称的工程技术和经济管理人员不少于240人,其中工程技术人员不少于150人,具有高级职称的不少于40人,具有中级职称不少于12人;6. 具有一级资质的项目经理不少于12人	1. 注册资本4000万元以上;2. 净资产5000万元以上	具有与承包工程范围相适应的施工机械和质量检测设备	近3年最高年工程结算收入1.6亿元以上	单项合同额不超过注册资本金5倍的各类市政公用工程的施工

续表

资质等级	建 设 业 绩	人 员 素 质	资本金和净资产	设 备 条 件	年工程结算收入	可承接工程范围
二级	近5年承担过下列4项中的2项以上单项合同额1000万元以上的市政公用工程施工总承包或主体工承包，工程质量合格。 1. 城市道路、桥梁、隧道、公共广场工程； 2. 城市供水工程、排水工程或污水处理工程； 3. 城市燃气工程或热力工程； 4. 城市生活垃圾处理工程	1. 企业经理具有8年以上从事工程管理工作经历或具有中级以上职称； 2. 技术负责人具有8年以上从事施工技术管理工作并具有本专业高级职称，财务负责人具有中级以上经济或会计职称； 3. 财务负责人具有中级以上会计职称； 4. 有职称的工程技术和经济管理人员不少于100人，其中工程技术人员不少于60人，具有高级职称的不少于4人，具有中级职称的不少于20人； 5. 具有二级以上资质的项目经理不少于10人	1. 注册资本金2000万元以上； 2. 净资产2500万元以上	具有与承包工程范围相适应的施工机械和质量检测设备	近3年最高年工程结算收入6000万元以上	单项合同额不超过注册资本金5倍的下列市政公用工程的施工： 1. 城市道路工程；单跨跨度40m以内的桥梁工程；断面20m²以内的隧道工程；公共广场工程； 2. 10万t/日及以下的给水厂，5万t/日及以下的污水处理工程；3m³/秒及15m³/秒及以下的雨水泵站；各类给排水管道工程； 3. 总贮存容积1000m³及以下的液化气贮罐场（站），供气规模15万m³/日的燃气工程，调压站，供热面积150万m²以下的热力工程； 4. 各类城市生活垃圾处理工程
三级	近5年承担过下列4项中的2项以上单项合同额300万元以上的市政公用工程施工总承包或主体工承包，工程质量合格。 1. 城市道路、桥梁、隧道、公共广场工程； 2. 城市供水工程、排水工程或污水处理工程； 3. 城市燃气工程或热力工程； 4. 城市生活垃圾处理工程	1. 企业经理具有5年以上从事工程管理工作经历； 2. 技术负责人具有5年以上从事施工技术管理工作并具有本专业中级以上职称； 3. 财务负责人具有初级以上会计职称； 4. 有职称的工程技术和经济管理人员不少于50人，其中工程技术人员不少于30人，具有中级职称的不少于8人； 5. 具有三级资质以上的项目经理不少于8人	1. 注册资本金500万元以上； 2. 净资产600万元以上	具有与承包工程范围相适应的施工机械和质量检测设备	近3年最高年工程结算收入1000万元以上	单项合同额不超过注册资本金5倍的下列市政公用工程（不含快速路、公共广场工程（不含快速路、公共广场工程）的施工： 1. 城市道路工程；单跨跨度20m以内的桥梁工程；公共广场工程； 2. 2万t/日及以下污水处理工程，1m³/秒及以下给水厂，污水泵站；5m³/秒及以下雨水泵站；直径1.5m以内的供水管道，直径1m以内的污水管道； 3. 总贮存容积5万m³/日的燃气工程，2kg/cm²及以下的中压、低压燃气管道，调压站，供热面积50万m²及以下的热力工程，直径0.2m以内的热力管道； 4. 生活垃圾转运站

机电安装工程施工总承包企业资质等级标准

表 33-3

资质等级	建设业绩	人员素质	资本金和净资产	设备条件	年工程结算收入	可承接工程范围
一级	近5年承担过2项以上单项合同额3000万元以上的机电安装工程施工总承包或主体工程承包,工程质量合格	1. 企业经理具有10年以上从事工程管理工作经历或具有高级职称; 2. 总工程师具有10年以上从事施工技术管理工作经历并具有本专业高级职称; 3. 总会计师具有高级会计职称; 4. 总经济师具有高级职称; 5. 有职称的工程技术和经济管理人员不少于200人,其中工程技术人员不少于120人,具有高级职称的不少于60人,具有中级职称的不少于20人; 6. 具有一级资质的项目经理不少于15人	1. 注册资本金5000万元以上; 2. 净资产6000万元以上	具有与承包工程范围相适应的施工机械和质量检测设备	近3年最高年工程结算收入2亿元以上	各类一般工业、公用工程及公共建筑的机电安装工程的施工
二级	近5年承担过2项以上单项合同额1500万元以上的机电安装工程施工总承包或主体工程承包,工程质量合格	1. 企业经理具有8年以上从事工程管理工作经历或具有中级以上职称; 2. 技术负责人具有8年以上从事施工技术管理工作经历并具有本专业中级以上职称; 3. 财务负责人具有中级以上会计职称; 4. 有职称的工程技术和经济管理人员不少于120人,其中工程技术人员不少于80人,具有高级职称的不少于30人,具有中级职称的不少于10人; 5. 具有二级资质以上的项目经理不少于15人	1. 注册资本金2000万元以上; 2. 净资产2500万元以上	具有与承包工程范围相适应的施工机械和质量检测设备	近3年最高年工程结算收入6000万元以上	投资额3000万元及以下的一般工业、公用工程和公共建筑的机电安装工程的施工 (注:一般工业机电安装工程指未列入港口与航道、水利水电、矿山、冶炼、化工石油、通信电子、机械、电力、轻工、纺织及其他工业机电安装工程。)

地基与基础工程专业承包企业资质等级标准

表 33-4

资质等级	建 设 业 绩	人 员 素 质	资本金和净资产	设 备 条 件	年工程结算收入	可承接工程范围
一级	近5年承担过下列5项中的3项以上所列工程的施工，工程质量合格。 1. 25层以上房屋建筑或高度超过100m构筑物的地基与基础工程； 2. 深度超过15m的软弱地基处理； 3. 单桩承受荷载在6000kN以上的地基与基础工程； 4. 深度超过11m的深大基坑围护及土石方工程； 5. 单项工程造价500万元以上的地基与基础工程4个。	1. 企业经理具有10年以上从事工程管理工作经历或具有高级职称； 2. 总工程师具有10年以上从事地基与基础施工技术管理工作经历并具有相关高级职称； 3. 总会计师具有中级以上会计职称； 4. 有职称的工程技术和经济管理人员不少于60人，其中工程技术人员中，地下、岩土、机械等专业人员不少于25人，具有中级以上职称的人员不少于20人； 5. 具有一级资质的项目经理不少于6人。	1. 注册资本金1500万元以上； 2. 净资产1800万元以上。	具有专业施工设备20台以上和相应的运输、检测设备	近3年最高年工程结算收入5000万元以上。	各类地基与基础工程的施工
二级	近5年承担过下列4项中的2项以上所列工程的施工，工程质量合格。 1. 12层以上房屋建筑或高度超过60m构筑物的地基与基础工程； 2. 深度超过13m的软弱地基处理； 3. 深度超过8m的深大基坑围护及土石方工程； 4. 单项工程造价500万元以上的地基与基础工程2个。	1. 企业经理具有8年以上从事工程管理工作经历或具有中级以上职称； 2. 技术负责人具有8年以上从事地基与基础施工技术管理工作经历并具有相关高级职称； 3. 财务负责人具有中级以上会计职称； 4. 有职称的工程技术和经济管理人员不少于40人，其中工程技术人员中，地下、岩土、机械等专业人员不少于15人，具有中级以上职称的人员不少于10人； 5. 具有二级资质以上资质的项目经理不少于6人。	1. 注册资本金800万元以上； 2. 净资产1000万元以上。	具有专用施工设备10台以上和相应的运输、检测设备	近3年最高年工程结算收入2000万元以上。	工程造价1000万元及以下的各类地基与基础工程的施工

续表

资质等级	建设业绩	人员素质	资本金和净资产	设备条件	年工程结算收入	可承接工程范围
三级	近5年承担过下列4项中的2项以上所列工程的施工,工程质量合格: 1. 6层以上房屋建筑或高度超过25m构筑物的地基与基础工程; 2. 软弱地基处理; 3. 地基与基础混凝土浇筑量累计1万m³以上; 4. 单项工程造价100万元以上的地基与基础工程	1. 企业经理具有3年以上从事工程管理工作经历; 2. 技术负责人具有3年以上从事地基基础施工技术管理工作经历并具有相关专业中级以上职称; 3. 财务负责人具有初级以上会计职称; 4. 有职称的工程技术和经济管理人员不少于20人,其中工程技术人员不少于15人,工程技术人员中,地下、岩土、机械等专业人员不少于10人,具有中级以上职称的人员不少于5人; 5. 具有三级以上资质的项目经理不少于3人	1. 注册资本金300万元以上; 2. 净资产350万元以上	具有专用施工设备6台以上和相应的运输、检测设备	近3年最高年工程结算收入500万元以上	工程造价300万元及以下的各类地基与基础工程的施工

表33-5 土石方工程专业承包企业资质等级标准

资质等级	建设业绩	人员素质	资本金和净资产	设备条件	年工程结算收入	可承接工程范围
一级	近5年承担过2项以上100万m³或5项以上50万m³土石方工程施工,工程质量合格	1. 企业经理具有10年以上从事工程管理工作经历或具有高级职称; 2. 总工程师具有10年以上从事土石方施工技术管理工作经历并具有相关专业高级职称; 3. 总会计师具有中级以上会计职称; 4. 有职称的工程技术和经济管理人员不少于60人,其中工程技术人员不少于50人,工程技术人员中,具有中级以上职称的不少于20人; 5. 具有一级资质的项目经理不少于5人	1. 注册资本金1500万元以上; 2. 净资产1800万元以上	具有挖、铲、推、运等机械设备总机械装备功率1万kW以上	近3年最高年工程结算收入3000万元以上	各类土石方工程的施工

续表

资质等级	建设业绩	人员素质	资本金和净资产	设备条件	年工程结算收入	可承接工程范围
二级	近5年承担过2项以上40万m³或5项以上10万m³土石方工程施工,工程质量合格	1.企业经理具有中级以上职称并具有8年以上从事工程管理工作经历；2.技术负责人具有8年以上从事土石方施工技术管理工作经历并具有相关专业高级职称；3.财务负责人具有中级以上会计职称；4.有职称的工程技术和经济管理人员不少于40人,其中工程技术人员不少于30人,具有中级以上职称的不少于10人；5.具有二级以上资质的项目经理不少于5人	1.注册资本金800万元以上；2.净资产1000万元以上	具有挖、铲、推、运等机械设备,总机械装备功率5000kW以上	近3年最高年工程结算收入2000万元以上	单项合同额不超过企业注册资本金5倍且60万m³及以下的土石方工程的施工
三级	近5年承担过3项以上单位工程造价10万m³土石方工程施工,工程质量合格	1.企业经理具有5年以上从事工程管理工作经历；2.技术负责人具有5年以上从事土石方施工技术管理工作经历并具有中级以上职称；3.财务负责人具有初级以上会计职称；4.有职称的工程技术和经济管理人员不少于20人,其中工程技术人员不少于15人,具有中级以上职称的不少于5人；5.具有三级以上资质的项目经理不少于5人	1.注册资本金300万元以上；2.净资产400万元以上	具有挖、铲、推、运等机械设备,总机械装备功率2000kW以上	近3年最高年工程结算收入1000万元以上	单项合同额不超过企业注册资本金5倍且15万m³及以下的土石方工程的施工

建筑装修装饰工程专业承包企业资质等级标准　　　　表33-6

资质等级	建设业绩	人员素质	资本金和净资产	设备条件	年工程结算收入	可承接工程范围
一级		1.企业经理具有8年以上从事工程管理工作经历或具有高级职称；2.总装饰施工管理师具有8年以上从事建筑装修装饰专业相关工作经历并具有高级职称；3.总会计师具有中级以上会计职称；4.有职称的工程技术和经济管理人员不少于40人,其中工程技术人员不少于30人；且建筑学或环境艺术、结构、给排水、暖通、电气等专业人员齐全；工程技术人员中级以上职称的不少于10人；5.具有一级以上资质的项目经理不少于5人	1.注册资本金1000万元以上；2.净资产1200万元以上		近3年最高年工程结算收入3000万元以上	各类建筑室内、室外装修装饰工程(建筑幕墙工程除外)的施工

续表

资质等级	建设业绩	人员素质	资本金和净资产	设备条件	年工程结算收入	可承接工程范围
二级	近5年承担过2项以上单位工程造价500万元以上或10项以上单位工程造价50万元以上的装修装饰工程施工，工程质量合格	1. 企业经理具有5年以上从事工程管理工作经历或具有中级以上职称； 2. 技术负责人具有5年以上从事装修装饰施工技术管理工作经历并具有相关专业中级职称； 3. 财务负责人具有中级以上会计职称； 4. 有职称的工程技术和经济管理人员不少于25人，其中工程技术人员不少于20人，且建筑学或环境艺术、结构、给排水、暖通、电气等专业人员齐全；工程技术人员中，具有中级以上职称的不少于5人； 5. 具有二级以上资质的项目经理不少于5人	1. 注册资本金500万元以上； 2. 净资产600万元以上		近3年最高年工程结算收入1000万元以上	单位工程造价1200万元及以下的建筑室内、室外装修装饰工程（建筑幕墙工程除外）的施工
三级	近3年承担过3项以上单位工程造价20万元以上的装修装饰工程施工，工程质量合格	1. 企业经理具有3年以上从事工程管理工作经历； 2. 技术负责人具有5年以上从事装修装饰施工技术管理工作经历并具有相关专业初级以上职称； 3. 财务负责人具有初级以上会计职称； 4. 有职称的工程技术和经济管理人员不少于15人，其中工程技术人员不少于10人，且建筑学或环境艺术、暖通、给排水、电气等专业人员齐全；工程技术人员中，具有中级以上职称的不少于2人； 5. 具有三级以上资质的项目经理不少于2人	1. 注册资本金50万元以上； 2. 净资产60万元以上		近3年最高年工程结算收入100万元以上	单位工程造价60万元及以下的建筑室内、室外装修装饰工程（建筑幕墙工程除外）施工

园林古建筑工程专业承包企业资质等级标准

表 33-7

资质等级	建 设 业 绩	人 员 素 质	资本金和净资产	设 备 条 件	年工程结算收入	可承接工程范围
一级	近5年承担过2项以上单位仿古建筑面积600m²以上或国家重点文物保护单位的主要古建筑施工，工程或园林建筑修缮工程质量合格	1. 企业经理具有10年以上从事工程管理工作经历并具有高级职称；2. 总工程师具有10年以上从事施工技术管理工作经历或5年以上从事古建筑施工技术管理工作经历并具有高级专业职称；3. 总会计师具有高级经济职称；4. 有职称的工程技术和经济管理人员不少于60人，其中工程技术人员不少于40人，包括建筑、化学与文物保护在内的具有中级以上职称的人员不少于15人；5. 具有一级资质的项目经理不少于5人；6. 具有砖细工、木雕工、石雕工、砖刻工、泥塑工、彩绘工、推光漆工、匾额工、砌花街工等专业技术工人	1. 注册资本金1000万元以上；2. 净资产1200万元以上	具有与承包工程范围相适应的施工机械和质量检测设备	近3年最高年工程结算收入1500万元以上	各种规模及类型的仿古建筑工程、园林建筑及古建筑修缮工程的施工
二级	近5年承担过2项以上单位仿古建筑面积300m²以上或省级以上重点文物保护单位园林建筑建筑修缮工程施工，工程质量合格	1. 企业经理或项目经理具有5年以上从事工作经历或具有中级以上职称；2. 技术负责人具有8年以上从事古建筑施工技术管理工作经历或3年以上从事古建筑施工技术管理工作经历并具有高级专业职称；3. 财务负责人具有中级以上会计职称；4. 有职称的工程技术和经济管理人员不少于40人，其中工程技术人员不少于25人，包括建筑、化学与文物保护在内的具有中级以上职称的人员不少于8人；5. 具有二级资质以上资质的项目经理不少于5人；6. 具有砖细工、木雕、石雕、砖刻、泥塑、彩绘、推光漆、匾额、砌花街等专业技术工人	1. 注册资本金500万元以上；2. 净资产600万元以上	具有与承包工程范围相适应的施工机械和质量检测设备	近3年最高年工程结算收入600万元以上	单项合同额不超过注册资本金5倍且建筑面积800m²及以下的单体仿古建筑工程、园林建筑、国家级200m²及以下重点文物保护单位的古建筑修缮工程的施工

续表

资质等级	建设业绩	人员素质	资本金和净资产	设备条件	年工程结算收入	可承接工程范围
三级	近5年承担过2项以上单项工程建筑面积100m²以上或县级以上重点文物保护单位的主要古建筑或园林建筑修缮或重点文物保护单位仿古建筑、园林工程施工，工程质量合格	1. 企业经理具有3年以上从事工程管理工作经历； 2. 技术负责人具有5年以上从事古建筑技术管理工作经历或2年以上从事古建筑工程施工技术管理工作经历并具有相关专业中级以上职称； 3. 财务负责人具有初级以上会计职称； 4. 有职称的工程技术和经济管理人员不少于20人，其中工程技术人员不少于10人； 5. 具有三级以上资质的项目经理不少于3人； 6. 具有有细工、木雕、石雕、砖雕、泥塑、彩绘、推光漆、砌花街等专业技术工人	1. 注册资本金250万元以上； 2. 净资产300万元以上	具有与承包工程范围相适应的施工机械和质量检测设备	近3年最高年工程结算收入200万元以上	单项合同额不超过注册资本金5倍且建筑面积400m²及以下单体仿古建筑工程、园林建筑，省级100m²及以下重点文物保护单位的古建筑修缮工程的施工

机电设备安装工程专业承包企业资质等级标准

表33-8

资质等级	建设业绩	人员素质	资本金和净资产	设备条件	年工程结算收入	可承接工程范围
一级	近5年承担过2项以上单项工程合同额1000万元以上机电设备安装工程，工程质量合格	1. 企业经理具有10年以上从事工程管理工作经历或具有高级职称； 2. 总工程师具有10年以上从事本专业安装技术管理工作经历并具有本专业高级职称； 3. 总会计师具有高级会计职称； 4. 有职称的工程技术和经济管理人员不少于100人，其中工程技术人员不少于60人，具有高级职称的人员不少于10人，具有中级职称的不少于30人； 5. 具有一级以上资质的项目经理不少于10人	1. 注册资本金1500万元以上； 2. 净资产1800万元以上	具有与承包工程范围相适应的施工机械和质量检测设备	近3年最高年工程结算收入4000万元以上	各种一般工业和公共、民用建设项目的设备、管道的安装，35kV及以下变配电站工程，非标准钢构件的制作、安装

续表

资质等级	建设业绩	人员素质	资本金和净资产	设备条件	年工程结算收入	可承接工程范围
二级	近5年承担过2项以上单项工程合同额500万元以上机电设备安装工程，工程质量合格	1. 企业经理具有8年以上从事工程管理工作经历或具有中级职称； 2. 技术负责人具有8年以上从事本专业安装技术管理工作经历并具有高级职称； 3. 财务负责人具有中级以上会计职称； 4. 有职称的工程技术和经济管理人员不少于60人，其中工程技术人员中，具有中级以上职称的不少于30人； 5. 具有二级以上资质的项目经理不少于20人	1. 注册资本金800万元以上； 2. 净资产1000万元以上	具有与承包工程范围相适应的施工机械和质量检测设备	近3年最高年工程结算收入2000万元以上	投资额1500万元及以下的一般工业和公共、民用建设项目的设备、线路、管道的安装，10kV及以下变配电站工程，非标准钢构件的制作、安装
三级	近5年承担过2项以上单项工程合同额250万元以上机电设备安装工程，工程质量合格	1. 企业经理具有5年以上从事工程管理工作经历； 2. 技术负责人具有5年以上从事本专业安装技术管理工作经历并具有中级以上职称； 3. 财务负责人具有中级以上会计职称； 4. 有职称的工程技术和经济管理人员不少于30人，其中工程技术人员中，具有中级以上职称的不少于15人； 5. 具有三级以上资质的项目经理不少于5人	1. 注册资本金300万元以上； 2. 净资产360万元以上	具有与承包工程范围相适应的施工机械和质量检测设备	近3年最高年工程结算收入500万元以上	投资额800万元及以下的一般工业和公共、民用建设项目的设备、线路、管道的安装，非标准钢构件的制作、安装

注：工程内容包括锅炉、通风空调、制冷、电气、仪表、电机、压缩机组和广播电影、电视播控等设备。

（二）有能够编制招标文件和组织评标的相应专业力量；

（三）有符合本法第三十七条第三款规定条件、可以作为评标委员会人选的技术经济等方面的专家库❶。

从事工程建设项目招标代理业务的招标代理机构，其资格由国务院或者省、自治区、直辖市人民政府的建设行政主管部门认定。具体办法由国务院建设行政主管部门会同国务院有关部门制定。从事其他招标代理业务的招标代理机构，其资格认定的主管部门由国务院规定。

招标代理机构与行政机关和其他国家机关不得存在隶属关系或者其他利益关系。

为此，建设部于 2000 年 6 月 30 日以第 79 号部令发布了《工程建设项目招标代理机构资格认定办法》，自发布之日起施行。办法要点如下：

从事工程招标代理业务的机构，必须依法取得国务院建设行政主管部门或者省、自治区、直辖市人民政府建设行政主管部门认定的工程招标代理机构资格。

申请工程招标代理机构资格的单位应当具备的共同条件如下：

（一）是依法设立的中介组织；

（二）与行政机关和其他国家机关没有行政隶属关系或者其他利益关系；

（三）有固定的营业场所和开展工程招标代理业务所需设施及办公条件；

（四）有健全的组织机构和内部管理的规章制度；

（五）具备编制招标文件和组织评标的相应专业力量；

（六）具有可以作为评标委员会成员人选的技术、经济等方面的专家库。

工程招标代理机构资格分为甲、乙两级。除具备上列共同条件外，还应当分别具备下列条件（表 33-9）：

新成立的工程招标代理机构，其工程招标代理业绩未满足本办法规定条件的，国务院建设行政主管部门可以根据市场需要设定暂定资格，颁发《工程招标代理机构资格暂定证书》，具体办法另行规定。

工程招标代理机构可以接受招标人委托编制工程招标方案、招标文件、工程标底和草拟工程合同等。

工程招标代理机构应当与招标人签订书面委托代理合同。未经招标人书面同意，工程招标代理机构不得向他人转让代理业务。

工程招标代理机构不得与被代理招标工程的投标人有隶属关系或者有其他利益关系。

关于申请工程招标代理机构资格应提交的资料、审批权限和程序、资格证书的颁发、年检以及违规处罚等，本办法都有明文规定。为了贯彻执行本办法，建设部又于 2000 年 8 月 15 日印发《关于贯彻实施〈工程建设项目招标代理机构资格认定办法〉有关事项的通知》（建建 [2000] 173 号），并附有申请表格及证书式样等，供各省、自治区、直辖市建设行政主管部门及国务院有关部门办理工程招标代理机构资格认定统一使用。

---

❶ 第三十七条第三款规定：前款专家应当从事相关领域工作满八年并具有高级职称或具有同等专业水平，由招标人从国务院有关部门或者省、自治区、直辖市人民政府有关部门提供的专家名册或招标代理机构的专家库内的相关专业的专家名单中确定；一般招标项目可以采取随机抽取方式，特殊招标项目可以由招标人直接确定。

表33-9 工程建设项目招标代理机构资格条件

资格等级	代理招标业绩	人员素质	注册资金	可代理业务范围
甲级	1. 近3年内代理中标金额3000万元以上的工程不少于10个；或者 2. 代理招标的工程累计金额在8亿元以上（以中标通知书为依据，下同）	1. 具有工程建设类执业注册资格或者中级以上专业技术职称的专职人员不少于20人，其中具有造价工程师执业资格人员不少于2人； 2. 法定代理人、技术经济负责人、财会人员为本单位专职人员，其中技术经济负责人具有高级职称或者相应执业注册资格并有10年以上从事工程管理的经验	不少于100万元	各种规模的工程招标代理业务
乙级	1. 近3年内代理中标金额1000万元以上的工程不少于10个；或者 2. 代理招标的工程累计金额在3亿元以上	1. 具有工程建设类执业注册资格或者中级以上专业技术职称的专职人员不少于10人，其中具有造价工程师执业资格人员不少于2人； 2. 法定代表人、技术经济负责人、财会人员为本单位专职人员，其中技术经济负责人具有高级职称或者相应执业注册资格并有7年以上从事工程管理的经验	不少于50万元	工程投资额（不含征地费、大市政配套费与拆迁补偿费，下同）3000万元以下的工程招标代理业务
暂定	新成立的工程招标代理机构，未满足规定的招标代理业绩条件	同甲级或乙级	同甲级或乙级	同乙级

33-1-4　政府对建筑市场的管理

在我国社会主义市场经济体制下，开放建筑市场，实行公开、公正、公平合理的竞争。保护市场参与者的合法权益，维护市场正常秩序，政府主管部门要对以工程发包承包为主要活动内容的建筑市场进行必要的管理。为此，建设部和国家工商行政管理总局曾于1991年11月21日颁发了《建筑市场管理规定》，自同年12月1日起施行。此后，国务院每年都把建筑市场的整顿作为整顿市场秩序的重点之一来抓。

33-1-4-1　管理机构及其职责分工

一、国务院有关部门对招标投标活动实施行政监督的职责分工

中央机构编制委员会办公室于2000年3月4日提出《关于国务院有关部门实施招标投标活动行政监督的职责分工的意见》，经国务院办公厅印发，于2000年5月3日以国发办[2000] 34号文通知各省、自治区、直辖市人民政府，国务院各部委、各直属机构遵照执行。其主要内容如下：

（一）国家发展计划委员会指导和协调全国招投标工作，会同有关行政主管部门拟定《招标投标法》配套法规、综合性政策和必须进行招标的项目的具体范围、规模标准以及不适宜进行招标的项目，报国务院批准；指定发布招标公告的报刊、信息网络或其他媒介。有关行政主管部门根据《招标投标法》和国家有关法规、政策，可联合或分别制定具体实施办法。

（二）项目审批部门在审批必须进行招标的项目可行性研究报告时，核准项目的招标方式（委托招标或自行招标）以及国家出资项目的招标范围（发包初步方案）。项目审批后，及时向有关行政主管部门通报所确定的招标方式和范围等情况。

（三）对于招标过程（包括招标、投标、开标、评标、中标）中泄露保密资料、泄露标底、串通招标、串通投标、歧视排斥投标等违法活动的监督执法，按现行的职责分工，分别由有关行政主管部门负责并受理投标人和与其他利害关系人的投诉。按照这一原则，工业（含内贸）、水利、交通、铁道、民航、信息产业等行业和产业项目的招投标活动的监督执法，分别由经贸、水利、交通、铁道、民航、信息产业等行政主管部门负责；各类房屋建筑及其附属设施的建造和与其配套的线路、管道、设备的安装项目和市政工程项目的招投标活动的监督执法，由建设行政主管部门负责；进口机电设备采购项目的招投标活动的监督执法，由外经贸行政主管部门负责。有关行政主管部门须将监督过程中发现的问题，及时通知项目审批部门，项目审批部门根据情况依法暂停项目执行或者暂停资金拨付。

（四）从事各类工程建设项目招标代理业务的招标代理机构的资格，由建设行政主管部门认定；从事与工程建设有关的进口机电设备采购招标代理业务的招标代理机构的资格，由外经贸行政主管部门认定；从事其他招标代理业务的招标代理机构的资格，按现行职责分工，分别由有关行政主管部门认定。

（五）国家发展计划委员会负责组织国家重大建设项目稽查特派员，对国家重大建设项目建设过程中的工程招投标进行监督检查。

二、建筑市场的日常行政管理

建筑市场的日常行政管理主要由各级人民政府的建设行政主管部门和工商行政管理部

门负责实施。

(一) 建设行政主管部门的职责

1. 贯彻国家有关工程建设的方针政策和法规，会同有关部门草拟或制定建筑市场管理法规。

2. 总结交流建筑市场管理经验，指导建筑市场的管理工作。

3. 根据需求和供给形势，建立平等竞争的市场环境。

4. 审核工程发包条件和承包方的资质等级，监督检查建筑市场管理法规和工程建设标准、规范、规程的执行情况。

5. 根据《合同法》的有关规定，会同工商行政管理部门制定工程施工合同范本，并组织推行和指导使用；对合同的签订进行审查，监督检查合同履行，依法处理存在的问题，调解合同纠纷。

6. 依法查处违法行为，维护建筑市场秩序。

(二) 工商行政管理部门的职责

1. 会同建设行政主管部门草拟或制定建筑市场管理法规，宣传并监督执行有关建筑市场管理的工商行政管理法规。

2. 依据建设行政主管部门颁发的资质证书，依法核发勘察设计单位和建筑业企业的营业执照。

3. 依法审查建筑经营活动当事人的经营资格，确认经营行为的合法性。

4. 根据工程承包合同当事人的申请，对合同纠纷进行仲裁。

5. 依法查处违法行为，维护建筑市场秩序。

33-1-4-2 建筑市场行为管理

建筑市场行为管理是市场日常行政管理的主要内容之一，其作用在于为建筑市场参加各方制定在交易过程中应当共同或各自遵守的行为规范，并监督检查其执行，防止违规行为的发生，保证建筑市场健康有序地正常运行。

一、工程发包（招标）单位的行为规范

符合规定条件的工程发包（招标）单位，就是建筑市场上的合法买方，可以通过招标或其他合法方式自主发包工程。建筑施工及有关的其他任务，不得发包给不符合规定的资质等级和承包范围的承包单位承担，更不得利用发包权索取或收受贿赂及回扣，有此行为者将被没收非法所得，并处以罚款。

二、工程承包（投标）单位的行为规范

工程承包单位即建筑业企业，在建筑市场上必须按政府建设行政主管部门核定的资质等级规定的承包工程范围承包工程，才能成为合法的卖方，不得无证、无照或者越级承揽任务，非法转包工程，出卖、出借、出租、转让、涂改、伪造资质证书、营业执照、银行账号等，以及利用行贿、回扣、给"好处费"等手段招揽任务，或者以介绍工程任务为手段收取费用。有此等行为之一者，将视情节轻重，给以警告、通报批评、没收非法所得、停业整顿、降低资质等级、吊销营业执照等处罚，并处以罚款。在工程中指定使用无出厂合格证或质量不合格的建筑材料、构配件及设备，或因设计、施工不遵守有关标准、规范，造成工程质量事故或人身伤亡事故的，应按有关的法规处理。

三、中介机构和人员的行为规范

中介机构和人员是在建筑市场上为工程发包承包双方提供专业知识服务的，主要有建设监理、招标代理等咨询服务单位。这些单位必须持有政府主管部门颁发的资质证书和营业执照，才能在建筑市场上从事中介服务活动，而且不得超越核定的资质等级和业务范围开展活动。提供中介服务，必须与委托单位签订书面合同，按政府主管部门的规定收取服务费用，没有规定的，经双方协商，在合同中约定费用数额及支付方式，按合同执行。中介服务单位不得同时接受发包单位和承包单位对同一工程项目的委托。中介机构的从业人员，必须正直、公平、尽心竭力地为客户和雇主服务，不得收取客户和雇主以外的他人支付的酬金，不得泄露或盗用由于业务关系得知的客户的秘密，不得使用施加不正当压力、行贿受贿或自吹自擂、抬高自己、贬低他人等不正当手段，在同行中进行承揽任务的竞争。

四、建筑市场管理人员的行为规范

建筑市场管理人员要恪尽职守，依法秉公办事，维护市场秩序。不得以权谋私、索贿受贿、徇私舞弊，为他人谋取不正当利益。有此等行为者，由其所在单位或上级主管部门处理。

五、建筑市场违规行为的处罚

建筑市场参加者的违规行为，由建设行政主管部门和工商行政主管部门依照各自的职责进行查处。有构成犯罪的行为者，由司法部门依法追究法律责任。

33-1-5　行业协会和学术团体在建筑市场中的作用

行业协会和学术团体是专业性的社会团体，在市场经济中，它们是各自会员利益的代表者和自律组织，又发挥为相关行业提供专业知识服务以及作为本行业和相关行业与政府主管部门之间的桥梁的作用。

一、中国土木工程学会建筑市场与招标投标分会

中国土木工程学会建筑市场与招标投标分会是中国土木工程学会所属二级分会之一，是取得资质等级从事建设工程项目招标代理业务的招标代理机构和建设工程交易中心（有形建筑市场）等单位为团体会员自愿组成的全国性的建筑市场与招标投标理论研究和行业自律性的组织，组织上受中国土木工程学会领导，业务上受建设部业务主管部门的指导。其业务范围主要是：

1. 组织研究建筑市场、建设工程招标投标以及有关合同的理论、方针、政策；
2. 维护会员的合法权益，提高会员单位的综合素质；
3. 组织制定建设工程交易中心和招标投标代理单位的工作标准、规范和操作规程；
4. 制定建设工程交易中心和招标代理单位从业人员的职业行为准则和职业道德标准；
5. 以多种方式加强建设工程招标代理单位的业务宣传工作，协助会员开拓招标代理业务；
6. 受建设部委托制定有关施工、招标代理的合同示范文本，并协助推广；
7. 举办建筑市场、招标代理、合同等相关的培训班、研讨班，提高有关工作人员的业务水平和管理水平；
8. 组织编制、发行有关建筑市场、招标投标、招标代理和合同的教材、书刊、音像资料以及软件开发；
9. 协助会员单位做好质量体系贯标认证工作；

10. 组织国内行业之间的联系，开展业务交流；组织会员单位赴国外考察；

11. 开展建筑市场、招标投标、招标代理和合同的业务调查研究工作，听取会员单位意见，向政府有关部门提供业务建设的建议；

12. 完成建设部业务主管部门委托交办的有关建筑市场、招标投标、招标代理以及合同方面的工作。

中华人民共和国建设部组织中国土木工程学会建筑市场与招标投标分会及有关单位制订了《建设工程施工合同示范文本》及《房屋建筑和市政基础设施工程施工招标文件范本》等示范文本在国内推广，并举办多次业务学习班，还编辑发行《建筑市场与招标投标简报》(内部资料)，及时向会员传播建筑市场信息、政府主管部门的方针政策和有关法规以及各地的先进经验等，对建筑市场的健康发展发挥了积极作用。

二、国际咨询工程师联合会（FIDIC）

国际咨询工程师联合会现有来自世界 60 多个国家和地区的团体会员，而且一个国家只允许有一个会员单位代表该国参加联合会。中国参加联合会的代表单位是中国国际工程咨询协会。联合会的目的是促进会员协会的共同专业利益，传播对各全国性协会的会员有益的信息。联合会安排研讨会、会议及促进其目标的其他事项，保持高度的职业道德和专业标准，交流观点和信息，讨论协会会员和国际金融（财务）社团代表之间共同关心的问题，以及发展中国家工程咨询产业的开发。联合会的出版物包括各种会议和研讨会的会刊，咨询工程师、项目业主及国际开发机构的信息，资格预审标准格式，招标文件、合同文件及委托人与咨询人之间的协议等。国际工程承包活动中颇具权威性而被广泛应用的"FIDIC"合同条件就是国际咨询工程师联合会的重要出版物之一。

三、英国土木工程师协会（ICE）及相关团体

英国土木工程师协会是在英国本土和英联邦成员国土木建筑界具有重要影响的专业团体。1975 年，该会与英国咨询工程师协会及土木工程承包商联合会共同组成"合同条件常设联合委员会"监督原由土木工程师协会制定的《ICE 合同条件》（第 5 版）的施行，同时，制定了《土木工程承包招标投标指南》，推荐在英国施行。1991 年发行《ICE 合同条件》第 6 版，1993 年出版勘误表，对第 6 版进行某些必要的修订。在土木工程承包合同发生纠纷时，土木工程师协会还接受当事人的申请，执行仲裁职能。

四、美国建筑师协会（AIA）

美国建筑师协会也有系列合同文件，在美国施行。主要有 A201《工程承包合同通用条款》和 A401《总承包商与分包商标准合约文本》。前者经美国总承包商协会核准；后者经美国分包商协会和联合专业承包商协会认可。

33-2 工程施工招标投标实务

33-2-1 招标程序和招标方式

33-2-1-1 招标程序

在中国，依法必须进行施工招标的工程，一般应遵循下列程序：

1. 招标单位自行办理招标事宜的，应当建立专门的招标工作机构。该机构应当具有

编制招标文件和组织评标的能力，有与工程规模、复杂程度相适应并具有同类工程施工招标经验、熟悉有关工程施工招标法律法规的工程技术、概预算及工程管理的专业人员。不具备这些条件的，应当委托具有相当资格的工程招标代理机构代理招标。

2．招标单位在发布招标公告或发出投标邀请书的 5 日前，向工程所在地县级以上地方人民政府建设行政主管部门备案，并报送下列材料：

（1）按照国家有关规定办理审批手续的各项批准文件；

（2）前条所列包括专业技术人员名单、职称证书或者执业资格证书及其工作经历等的证明材料；

（3）法律、法规、规章规定的其他材料。

3．准备招标文件和标底，报建设行政主管部门审核或备案。

4．发布招标公告或发出投标邀请书。

5．投标单位申请投标。

6．招标单位审查申请投标单位的资格，并将审查结果通知申请投标单位。

7．向合格的投标单位分发招标文件。

8．组织投标单位踏勘现场，召开答疑会，解答投标单位就招标文件提出的问题。

9．建立评标组织，制定评标、定标办法。

10．召开开标会，当场开标。

11．组织评标，决定中标单位。

12．发出中标和未中标通知书，收回发给未中标单位的图纸和技术资料，退还投标保证金或保函。

13．招标单位与中标单位签订施工承包合同。

33-2-1-2　招标方式

1．我国《招标投标法》规定，招标分为公开招标和邀请招标。

（1）公开招标，是指招标人以招标公告的方式邀请不特定的法人或者其他组织投标。

在实践中，可采用"两步法"招标，即通过两个步骤完成招标工作；第一步，招标单位公开招请对招标工程感兴趣且具备规定资质条件的承包商报名参加资格预审；第二步，由资格预审合格的承包商按招标文件的要求编制并递交投标书，主要内容是报价和商务条件建议以及技术建议书和辅助资料等。开标后，经评标择优选定中标单位。

（2）邀请招标，是指招标人以投标邀请书的方式邀请特定的法人或者其他组织投标。

2．世界贸易组织（WTO）《政府采购协议》将招标分为公开招标、选择性招标和限制性招标三种方式。

（1）公开招标是指所有有兴趣的供应商皆可参加投标。

（2）选择性招标是指由采购实体（招标单位）邀请的供应商参加投标。其实质是对潜在供应商的预先选择。因此，采购实体应拥有合格供应商的名单，至少每年公布一次，并说明其有效性和条件。

（3）限制性招标又称单一招标，是指采购实体在无人回应招标，情况紧急而又无法通过公开招标进行采购，或需要原供应商增加供应等条件下，与供应商进行个别联系。

三种招标方式中，公开招标和选择性招标应是优先采用的采购方式。

（此处的"采购"是广义的，工程服务也包括在内——编者注。）

3. 达成工程承包交易的其他方式：

（1）邀请协商。我国俗称"议标"，即由招标单位或其委托的招标代理机构直接邀请特定的承包商进行协商，就招标工程达成承包协议。采用议标方式，限于涉及专利权保护、仅有少数潜在投标人可供选择、经公开或邀请招标没有回应以及其他有特殊要求的少数工程项目，而且须经工程所在地县级以上人民政府建设行政主管部门或其授权的招标投标管理机构批准。被邀请参加议标的承包商不得少于两家。

（2）比价。通常由业主单位备函，连同图纸和说明书，送交选定的几家承包商，请他们在约定的时间（例如一周）内提出报价单，业主经分析比较，选择报价合理的承包商，就工期、造价、付款条件等细节进行磋商，达成协议后签订承包合同。这种方式一般适用于规模不大、内容简单的小工程。

33-2-2　招标工作机构

33-2-2-1　招标工作机构的职能

招标工作机构的职能，一是决策，二是处理日常事务工作。

1. 属于决策性的有下列事项：

（1）确定工程项目的发包范围，即决定建设项目全过程统包，还是分阶段发包，或者单项工程发包、分部工程发包、专业工程发包等。

（2）确定承包方式和承包内容，即决定采用总价合同、单价合同或成本加酬金合同以及全部包工包料、部分包工包料或包工不包料等。

（3）选择发包方式，即根据有关规定和发包项目的具体情况，决定采用公开招标、邀请招标、两步招标、议标或比价等不同发包方式。

（4）确定标底（或无标底）。

（5）决标并签订合同或协议。

2. 招标的日常事务工作主要有下列各项：

（1）发布招标及资格预审通告或邀请投标函。

（2）编制和发送招标文件。

（3）编制标底。

（4）审查投标者资格。

（5）组织勘察现场和解答投标单位提出的问题。

（6）接受并妥善保管投标单位的投标文件。

（7）开标、审核标书并组织评标。

（8）谈判签订合同或协议。

33-2-2-2　招标工作机构的组织

招标工作机构的组织原则应体现经济责任制和讲求效率。即：第一，招标单位要有同它应负的责任相适应的决策权；第二，工作效率高，既要保证招标质量，又能节省招标开支。

1. 招标工作机构通常由三类人员组成：

（1）决策人，即主管部门任命的建设单位负责人或其授权的代表。

（2）专业技术人员，包括建筑师，结构、设备、工艺等专业工程师和造价工程师等。

他们的职能是向决策人提供咨询意见和进行招标的具体事务工作。

（3）助理人员，即决策和专业技术人员的助手，包括秘书、资料、档案、计算、绘图、信息管理等工作人员。

2．我国招标工作机构主要有3种形式：

（1）由建设单位的基本建设部门（处、科、室、组等）或实行建设项目法人责任制的业主单位负责有关招标的全部工作。除了房地产开发企业以外，这些机构的工作人员一般是从有关部门临时抽调的，项目建成后往往转入生产或其他部门工作，故不利于培养专业化的干部和提高招标工作水平。

（2）由政府主管部门设立"招标领导小组"或"招标办公室"之类的机构，统一处理招标工作。在推行招标承包制的开始阶段，这种做法有助于较快地打开局面，但政府主管部门过多地介入招标单位的具体事务，代替招标单位决策，是不符合经济体制改革要求实行政企分开和经济责任制的原则的。因此，随着改革的深入发展，采取这种形式的已越来越少。

（3）专业化的招标代理机构受建设（业主）单位委托，承办招标的技术性和事务性工作，决策仍由业主单位负责。这是国际通行的做法，可以使建设单位节省人员和设备，而招标代理机构要在市场上和同行开展竞争，求得生存和发展，就必须不断地提高服务质量，精益求精，从总体上看，也符合讲求效率，降低招标成本的原则。因此，这种形式已成为招标工作机构的主要发展方向。

33-2-3　发布招标公告或投标邀请书

33-2-3-1　发布招标公告

我国规定，依法应当公开招标的工程，必须在主管部门指定的媒介上发布招标公告。招标公告的发布应当充分公开，任何单位和个人不得非法限制招标公告的发布地点和发布范围。指定媒介发布依法必须发布的招标公告，不得收取费用，但发布国际招标公告的除外。招标公告应当载明招标人的名称和地址、招标工程项目的性质、数量、实施地点和时间、投标截止日期以及获取招标文件的办法等事项。招标人或其委托的招标代理机构应当保证招标公告内容的真实、准确和完整。拟发布的招标公告文本应当由招标人或其委托的招标代理机构的主要负责人签名并加盖公章。招标人或其委托的招标代理机构发布招标公告，应当向指定的媒体提供营业执照（或法人证书）、项目批准文件的复印件等证明文件。

我国国家计委指定发布招标公告的媒介为：《中国日报》，《中国经济导报》，《中国建设报》和《中国采购与招标网》（http：//www.Chinabidding.com.cn）。国际招标项目的招标公告应在《中国日报》发布。地方的有形建筑市场也可以在自己的网络发布招标公告。在两个以上媒介发布的同一招标项目的招标公告，其内容应当相同。

建设部推荐采用的招标公告范本见P442页。

33-2-3-2　发送投标邀请书

依法实行邀请招标的工程项目，应由招标人或其委托的招标代理机构向拟邀请的投标人发送投标邀请书。邀请书的内容与招标公告大同小异。

建设部推荐采用的投标邀请书范本见P443页。

招 标 公 告
(采用资格预审方式)

招标工程项目编号：_____

1. __(招标人名称)__ 的 __(招标工程项目名称)__，已由 __(项目批准机关名称)__ 批准建设。现决定对该项目的工程施工进行公开招标，选定承包人。

2．本次招标工程项目的概况如下：

2.1 __(说明招标工程项目的性质、规模、结构类型、招标范围、标段及资金来源和落实情况等)__；

2.2 工程建设地点为_____；

2.3 计划开工日期为___年___月___日，计划竣工日期为___年___月___日，工期___日历天；

2.4 工程质量要求符合__(《工程施工质量验收规范》)__标准。

3．凡具备承担招标工程项目的能力并具备规定的资格条件的施工企业，均可对上述 __(一个或多个)__ 招标工程项目（标段）向招标人提出资格预审申请，只有资格预审合格的投标申请人才能参加投标。

4．投标申请人须是具备建设行政主管部门核发的 __(建筑业企业资质类别、资质等级)__ 级及以上资质的法人或其他组织。自愿组成联合体的各方均应具备承担招标工程项目的相应资质条件；相同专业的施工企业组成的联合体，按照资质等级低的施工企业的业务许可范围承揽工程。

5．投标申请人可从 __(地点和单位名称)__ 处获取资格预审文件，时间为___年___月___日至___年___月___日，每天上午___时___分至___时___分，下午___时___分至___时___分（公休日、节假日除外）。

6．资格预审文件每套售价为 __(币种、金额、单位)__，售后不退。如需邮购，可以书面形式通知招标人，并另加邮费每套 __(币种、金额、单位)__。招标人在收到邮购款后___日内，以快递方式向投标申请人寄送资格预审文件。

7．资格预审申请书封面上应清楚地注明" __(招标工程项目名称和标段名称)__ 投标申请人资格预审申请书"字样。

8．资格预审申请书须密封后，于___年___月___日___时___分以前送至_____处，逾期送达的或不符合规定的资格预审申请书将被拒绝。

9．资格预审结果将及时告知投标申请人，并预计于___年___月___日发出资格预审合格通知书。

10．凡资格预审合格的投标申请人，请按照资格预审合格通知书中确定的时间、地点和方式获取招标文件及有关资料。

招 标 人：_____
办公地址：_____
邮政编码：_____ 联系电话：_____
传　　真：_____ 联系人：_____

招标代理机构：_____
办公地址：_____
邮政编码：_____ 联系电话：_____
传　　真：_____ 联系人：_____

日　期：____年____月____日

投标邀请书

（采用资格预审方式）

招标工程项目编号：_____

致：（投标人名称）

1. ＿（招标人名称）＿ 的 ＿（招标工程项目名称）＿，已由 ＿（项目批准机关名称）＿ 批准建设。现决定对该项目的工程施工进行邀请招标，选定承包人。

2．本次招标工程项目的概况如下：

2.1 （说明招标工程项目的性质、规模、结构类型、招标范围、标段及资金来源和落实情况等）；

2.2 工程建设地点为＿＿＿＿＿＿＿＿＿＿＿＿＿＿＿＿＿＿＿＿＿＿＿＿＿；

2.3 计划开工日期为＿＿年＿＿月＿＿日，计划竣工日期为＿＿年＿＿月＿＿日，工期＿＿日历天；

2.4 工程质量要求符合 ＿（《工程施工质量验收规范》）＿ 标准。

3．如你方对本工程上述 ＿（一个或多个）＿ 招标工程项目（标段）感兴趣，可向招标人提出资格预审申请，只有资格预审合格的投标申请人才有可能被邀请参加投标。

4．请你方从 ＿＿（地点和单位名称）＿＿ 处获取资格预审文件，时间为＿＿年＿＿月＿＿日至＿＿年＿＿月＿＿日，每天上午＿＿时＿＿分至＿＿时＿＿分，下午＿＿时＿＿分至＿＿时＿＿分（公休日、节假日除外）。

5．资格预审文件每套售价为 ＿＿（币种，金额，单位）＿＿，售后不退。如需邮购，可以书面形式通知招标人，并另加邮费每套 ＿＿（币种，金额，单位）＿＿。招标人在收到邮购款后＿＿日内，以快递方式向投标申请人寄送资格预审文件。

6．资格预审申请书封面上应清楚地注明" ＿（招标工程项目名称和标段名称）＿ 投标申请人资格预审申请书"字样。

7．资格预审申请书须密封后，于＿＿年＿＿月＿＿日＿＿时＿＿分以前送至 ＿＿（地点和单位名称）＿＿，逾期送达的或不符合规定的资格预审申请书将被拒绝。

8．资格预审结果将及时告知投标申请人，并预计于＿＿年＿＿月＿＿日发出资格预审合格通知书。

9．凡资格预审合格并被邀请参加投标的投标申请人，请按照资格预审合格通知书中确定的时间、地点和方式获取招标文件及有关资料。

招 标 人：_____（盖章）

办公地址：_____

邮政编码：_____ 联系电话：_____

传　　真：_____ 联系人：_____

招标代理机构：_____（盖章）

办公地址：_____

邮政编码：_____ 联系电话：_____

传　　真：_____ 联系人：_____

日期：＿＿＿＿年＿＿＿＿月＿＿＿＿日

33-2-4 投标人的资格审查

投标人的资格审查有预审和后审两种方式。

33-2-4-1 投标人资格预审

投标人资格预审是在投标前对有兴趣投标的单位进行资格审查，审查合格方允许其参加投标。我国的预审程序与国际通行的基本相同，即先由招标单位或其委托的招标代理机构发布投标人资格预审公告，有兴趣投标的单位提出资格预审申请，按招标单位要求填报资格预审文件，经审查合格者即可获取招标文件，参加投标。

我国建设部批准的《招标申请人资格预审文件》包括"投标申请人资格预审须知"、"投标申请人资格预审申请书"和"投标申请人资格预审合格通知书"三部分。其格式如下：

（一）投标申请人资格预审须知

_____ 工程施工招标

投标申请人资格预审须知

项目编号：_____

项目名称：_____
招 标 人：_____（盖章）
法定代表人或其委托代理人：_____（签字或盖章）
招标代理机构：_____（盖章）
法定代表人或其委托代理人：_____（签字或盖章）
日期：_____年_____月_____日

一、总则

1. 鉴于___（招标人名称）___作为拟建___（工程项目名称）___的招标人，已按照有关法律、法规、规章等规定完成了工程施工招标前的所有批准、登记、备案等手续，已具备工程施工招标的条件，且已有用于该招标项目的相应资金或资金来源已经落实。

2. 招标人将对本工程投标申请人进行资格预审。投标申请人可对本次招标的工程项目中的 ___（一个或多个）___ 标段提出资格预审申请。

3. 关于本工程项目的基本情况以及招标人提供的设施和服务等将在附件3中说明。

4. 投标申请人如需分包，应详细提供分包理由和分包内容以及分包商的相关资料，如分包理由不充分或分包内容不适当，将可能导致其不能通过资格预审。

二、资格预审申请

5. 资格预审将面向具备建设行政主管部门核发的 ___（建筑业企业资质类别）（资质等级）___ 级及以上资质和具备承担招标工程项目能力的施工企业或联合体。

6. 投标申请人应向招标人提供充分和有效的证明材料，证明其具备第1条规定的资质条件。所有证明材料须如实填写、提供。

7. 投标申请人须回答资格预审申请书及附表中提出的全部问题，任何缺项将可能导致其申请被拒绝。

8. 投标申请人须提交与资格预审有关的资料，并及时提供对所提交资料的澄清或补充材料，否则将可能导致其不能通过资格预审。

9. 按资格预审要求所提供的所有资料均应使用＿＿＿（语言文字）＿＿。

10. 如果投标申请人申请一个以上的标段，投标申请人应在资格预审申请书中指明申请的标段，并单独为申请的每个标段分别提供关键人员和主要设备的相关资料（按附表9和附表10的要求）。

11. 申请书应由投标申请人的法定代表人或其授权委托代理人签字。没有签字的申请书将可能被拒绝。由委托代理人签字的，资格预审申请书中应附有法定代表人的授权书。

三、资格预审评审标准

12. 对投标申请人资格的预审，将依据投标申请人提交的资格预审申请书和附表，以及本须知附件1约定的必要合格条件标准和附件2约定的附加合格条件标准。

13. 招标人将依据投标申请人的合同工程营业额（收入、净资产）和在建工程的未完部分合同金额，对投标申请人作出财务能力评价，以保证投标申请人有足够的财务能力完成该投标项目的施工任务。

14. 招标人将确定每个投标申请人参与本招标工程项目投标的合格性，只有在各方面均达到本须知中要求申请人须满足的全部必要合格条件标准（附件1）和至少＿＿＿＿％的附加合格条件标准（附件2）时，才能通过资格预审。

四、联合体

15. 由两个或两个以上的施工企业组成的联合体，按下列要求提交投标申请人资格预审申请书：

15.1 联合体的每一成员均须提交符合要求的全套资格预审文件；

15.2 资格预审申请书中应保证资格预审合格后，投标申请人将按招标文件的要求提交投标文件，投标文件和中标后与招标人签订的合同，须有联合体各方的法定代表人或其授权委托代理人签字和加盖法人印章；除非在资格预审申请书中已附有相应的文件，在提交投标文件时应附联合体共同投标协议，该协议应约定联合体的共同责任和联合体各方各自的责任；

15.3 资格预审申请书中均须包括联合体各方计划承担的份额和责任的说明。联合体各方须具备足够的经验和能力来承担各自的工程；

15.4 资格预审申请书中应约定一方作为联合体的主办人，投标申请人与招标人之间的往来信函将通过主办人传递。

16. 联合体各方均应具备承担本招标工程项目的相应资质条件。相同专业的施工企业组成的联合体，按照资质等级低的施工企业的业务许可范围承揽工程。

17. 如果达不到本须知对联合体的要求，其提交的资格预审申请书将被拒绝。

18. 联合体各方可以单独参加资格预审，也可以联合体的名义统一参加资格预审，但不允许任何一个联合体成员就本工程独立投标，任何违反这一规定的投标文件将被拒绝。

19. 如果施工企业能够独立通过资格预审，鼓励施工企业独立参加资格预审；由两个或两个以上的资格预审合格的企业组成的联合体，将被视为资格预审当然合格的投标申请人。

20. 资格预审合格后，联合体在组成等方面的任何变化，须在投标截止时间前征得招标人的书面同意。如果招标人认为联合体的任何变化将出现下列情况之一的，其变化将不被允许：

20.1 严重影响联合体的整体竞争实力的；

20.2 有未通过或未参加资格预审的新成员的；

20.3 联合体的资格条件已达不到资格预审的合格标准的；

20.4 招标人认为将影响招标工程项目利益的其他情况。

21. 以联合体名义通过资格预审的成员，不得另行加入其他联合体就本工程进行投标。在资格预审申请书提交截止时间前重新组成的联合体，如提出资格预审申请，招标人应视具体情况决定其是否被接受。

22. 以合格的分包人身份分包本工程某一具体项目为基础参加资格预审并获通过的施工企业，在改变其所列明的分包人身份或分包工程范围前，须获得招标人的书面批准，否则，其资格预审结果将自动失效。

23. 投标申请人须以书面形式对上述招标人的要求作出相应的保证和理解。

五、利益冲突

24. 近三年内直至目前，投标申请人应：

24.1 未曾与本项目的招标代理机构有任何的隶属关系；

24.2 未曾参与过本项目的技术规范、资格预审或招标文件的编制工作；

24.3 与将承担本招标工程项目监理业务的单位没有任何隶属关系。

六、申请书的提交

25. 投标申请人的资格预审申请书及有关资料须经密封后于＿＿＿年＿＿＿月＿＿＿日＿＿＿时＿＿＿分前送达＿＿＿（地点和单位名称）＿＿＿处，迟到的申请书将被拒绝。

26. 投标申请人应提交资格预审申请书正本一份，副本＿＿＿份。

27. 资格预审申请书封面上应清楚地注明投标申请人的名称及通讯地址。

28. 投标申请人在提交资格预审申请书的同时，应交验下列证书、资料的原件或经公证的复印件＿＿＿份：

28.1 投标申请人的法人营业执照；

28.2 投标申请人的＿＿＿＿＿＿＿资质证书。

29. 资格预审申请书不予退还（证书原件除外）。招标人对投标申请人所提交的资格预审申请书给予保密。

七、资格预审申请书材料的更新

30. 在提交投标文件时，投标申请人须对资格预审申请书中的主要内容进行更新，以证明其仍满足资格预审评审标准，如果已经不能达到资格标准，其投标将被拒绝。

八、通知与确认

31. 只有资格预审合格的投标申请人才能参加本招标工程项目的投标。每个合格的投标申请人只能参与一个或多个标段的一次性投标。如果该投标申请人同时以独立投标申请人身份和联合体成员的身份参与同一项目的投标，则包括该投标申请人的所有投标均将被拒绝。本规定不适用于多个投标申请人共同选定同一专业分包人的情况。

32. 招标人保留下列权利：

32.1 修改招标工程项目的规模及总金额。前述情况发生时，投标申请人只有达到修改后的资格预审条件要求且资格预审合格，才能参与该工程的投标；

32.2 接受符合资格预审合格条件的申请；

32.3 拒绝不符合资格预审合格条件的申请。

33. 在资格预审文件提交截止时间后____天内，招标人将以书面形式通知投标申请人其资格预审结果，并向资格预审合格的投标申请人发出资格预审合格通知书。

34. 投标申请人接到资格预审合格通知书后即获得参加本招标工程项目投标的资格。如果资格预审合格的投标申请人数量过多时，招标人将按有关规定从中选出_____个投标申请人参与投标。

35. 投标申请人应在收到资格预审合格通知书后以书面形式予以确认。

九、附件

36.《资格预审必要合格条件标准》。由招标人确定具体的标准，随投标申请人资格预审须知同时发布，以便每个投标申请人都能了解资格预审的必要合格条件标准。

37.《资格预审附加合格条件标准》。由招标人根据工程的实际情况确定具体附加合格条件的项目和合格条件的内容，随投标申请人资格预审须知同时发布，以便每个投标申请人都能了解资格预审附加合格条件标准。招标人可就下列方面设立附加合格条件：

37.1 对本招标工程项目所需的特别措施或工艺的专长；

37.2 专业工程施工资质；

37.3 环境保护要求；

37.4 同类工程施工经历；

37.5 项目经理资格要求；

37.6 安全文明施工要求等。

38.《招标工程项目概况》。由招标人进行逐项详细描述，随投标申请人资格预审须知同时发布。

附件1

资格预审必要合格条件标准

表 33-10

序号	项目内容	合 格 条 件	投标申请人具备的条件或说明
1	有效营业执照		
2	资质等级证书	_____工程施工____承包____级以上或同等资质等级	
3	财务状况	开户银行资信证明和符合要求的财务报表，____级资信评估证书	
4	流动资金	有合同总价____%以上的流动资金可投入本工程	
5	固定资产	不少于____（币种，金额，单位）	
6	净资产总值	不小于在建工程未完合同额与本工程合同总价之和的____%	
7	履约情况	有无因投标申请人违约或不恰当履约引起的合同中止、纠纷、争议、仲裁和诉讼记录	
8	分包情况	符合《中华人民共和国建筑法》和《中华人民共和国招标投标法》的规定	
9			
10			
11			
12			

附件 2

资格预审附加合格条件标准

表 33-11

序号	附加合格条件项目	附加合格条件内容	投标申请人具备的条件或说明

附件 3

招标工程项目概况

一、项目概况
  1. 项目位置
  2. 地质与地貌
  3. 气候与水文
  4. 交通、电力供应与其他服务

二、工程描述
  1. 综述
  2. 土建工程
  3. 安装工程
  4. 标段划分
  5. 建设工期
  6. 设计标准、规范简介（附主要技术指标表）
  7. 各标段主要工程数量（列出初步工程量清单）

（二）投标申请人资格预审申请书

_____工程施工招标

投标申请人资格预审申请书

项目编号：_____

项目名称：_____
投标申请人：_____（盖章）
法定代表人或其委托代理人：_____（签字或盖章）
地址：_____
日期：_____年_____月_____日

致：(招标人名称)

1. 经授权作为代表，并以(投标申请人名称)（以下简称"投标申请人"）的名义，在充分理解《投标申请人资格预审须知》的基础上，本申请书签字人在此以___(招标工程项目名称)___下列标段投标申请人的身份，向你方提出资格预审申请：

项 目 名 称	标 段 号

2. 本申请书附有下列内容的正本文件的复印件：
2.1 投标人申请人的法人营业执照；
2.2 投标申请人的___(施工资质等级)___证书。

3. 按资格预审文件的要求，你方授权代表可调查、审核我方提交的与本申请书相关的声明、文件和资料，并通过我方的开户银行和客户，澄清本申请书中有关财务和技术方面的问题。本申请书还将授权给有关的任何个人或机构及其授权代表，按你方的要求，提供必要的相关资料，以核实本申请书中提交的或与本申请人的资金来源、经验和能力有关的声明和资料。

4. 你方授权代表可通过下列人员得到进一步的资料：

一般质询和管理方面的质询
联系人1：	电话：
联系人2：	电话：

有关人员方面的质询
联系人1：	电话：
联系人2：	电话：

有关技术方面的质询
联系人1：	电话：
联系人2：	电话：

有关财务方面的质询
联系人1：	电话：
联系人2：	电话：

5. 本申请充分理解下列情况：
5.1 资格预审合格的申请人的投标，须以投标时提供的资格预审申请书主要内容的更新为准；
5.2 你方保留更改本招标项目的规模和金额的权利。前述情况发生时，投标仅面向资格预审合格且能满足变更后要求的投标申请人。

6. 如为联合体投标，随本申请，我们提供联合体各方的详细情况，包括资金投入（及其他资源投入）和盈利（亏损）协议。我们还将说明各方在每个合同价中以百分比形式表示的财务方面以及合同履行方面的责任。

7. 我们确认如果我方投标,则我方的投标文件和与之相应的合同将:

7.1 得到签署,从而使联合体各方共同地和分别地受到法律约束;

7.2 随同提交一份联合体协议,该协议将规定,如果我方被授予合同,联合体各方共同的和分别的责任。

8. 下述签字人在此声明,本申请书中所提交的声明和资料在各方面都是完整、真实和准确的:

签名:	签名:
姓名:	姓名:
兹代表(申请人或联合体主办人)	兹代表(联合体成员1)
申请人或联合体主办人盖章	联合体成员1盖章
签字日期:	签字日期:

签名:	签名:
姓名:	姓名:
兹代表(联合体成员2)	兹代表(联合体成员3)
联合体成员2盖章	联合体成员3盖章
签字日期:	签字日期:

签名:	签名:
姓名:	姓名:
兹代表(联合体成员4)	兹代表(联合体成员5)
联合体成员4盖章	联合体成员5盖章
签字日期:	签字日期:

注:1. 联合体的资格预审申请,联合体各方应分别提交本申请书第2条要求的文件。

2. 联合体各方应按本申请书第4条的规定分别单独据表提供相关资料。

3. 非联合体的申请人无须填写本申请书第6、7条以及第8条有关部分。

4. 联合体的主办人必须明确,联合体各方均应在资格预审申请书上签字并加盖公章。

附表1

投标申请人一般情况　　　　　　　　表33-12

1	企业名称	
2	总部地址	
3	当地代表处地址	
4	电话	联系人
5	传真	电子邮箱
6	注册地	注册年份(请附营业执照复印件)
7	公司资质等级证书号　　(请附有关证书的复印件)	
8	公司____(是否通过,何种)____质量保证体系认证(如通过请附相关证书复印件,并提供认证机构年审监督报告)	

续表

9	主营范围 1.＿＿＿＿＿＿＿＿＿＿＿＿＿ 2.＿＿＿＿＿＿＿＿＿＿＿＿＿ 3.＿＿＿＿＿＿＿＿＿＿＿＿＿ 4.＿＿＿＿＿＿＿＿＿＿＿＿＿ …… ……	
10	作为总承包人经历年数	
11	作为分包商经历年数	
12	其他需要说明的情况	

注：1. 独立投标申请人或联合体各方均须填写此表。
2. 投标申请人拟分包部分工程，专业分包人或劳务分包人也须填写此表。

附表 2

近三年工程营业额数据表　　　　　　　　　　表 33-13

投标申请人或联合体成员名称：＿＿＿＿＿＿＿＿＿＿＿＿＿

近三年工程营业额		
财务年度	营业额（单位）	备注
第一年（应明确公元纪年）		
第二年（应明确公元纪年）		
第三年（应明确公元纪年）		

注：1. 本表内容将通过投标申请人提供的财务报表进行审核。
2. 所填的年营业额为投标申请人（或联合体各方）每年从各招标人那里得到的已完工程施工收入总额。
3. 所有独立投标申请人或联合体各成员均须填写此表。

附表 3

近三年已完工程及目前在建工程一览表　　　　表 33-14

投标申请人或联合体成员名称：＿＿＿＿＿＿＿＿＿＿＿＿＿

序号	工程名称	监理（咨询）单位	合同金额（万元）	竣工质量标准	竣工日期
1					
2					
3					
4					
5					
…					

注：1. 对于已完工程，投标申请人或每个联合体成员都应提供收到的中标通知书或双方签订的承包合同或已签发的最终竣工证书。
2. 申请人应列出近三年所有已完工程情况（包括总包工程和分包工程），如有隐瞒，一经查实将导致其投标申请被拒绝。
3. 在建工程投标申请人必须附上工程的合同协议书复印件，不填"竣工质量标准"和"竣工日期"两栏。

附表 4

财 务 状 况 表　　　　　　　表 33-15

一、开户银行情况

开户银行	名称:	
	地址:	
	电话:	联系人及职务:
	传真:	电传:

二、近三年每年的资产负债情况

财务状况 (单位)	近三年（应分别明确公元纪年）		
	第一年	第二年	第三年
1. 总资产			
2. 流动资产			
3. 总负债			
4. 流动负债			
5. 税前利润			
6. 税后利润			

注：投标申请人请附最近三年经过审计的财务报表，包括资产负债表、损益表和现金流量表。

三、为达到本项目现金流量需要提出的信贷计划（投标申请人在其他合同上投入的资金不在此范围内）

信 贷 来 源	信 贷 金 额（单位）
1	
2	
3	
4	

注：投标申请人或每个联合体成员都应提供财务资料，以证明其已达到资格预审的要求。每个投标申请人或联合体成员都要填写此表。

附表 5

联 合 体 情 况　　　　　　　表 33-16

成员身份	各 方 名 称
1. 主办人	
2. 成员	
3. 成员	
4. 成员	
5. 成员	
6. 成员	
…	

注：附表 5 后须附联合体共同投标协议，如果投标申请人认为该协议不能被接受，则该投标申请人将不能通过资格预审。

附表 6

类似工程经验　　　　　　　　　　　　　　　　　表 33-17

投标申请人或联合体成员名称：＿＿＿＿＿＿＿＿＿＿＿＿

1	合同号	
	合同名称	
	工程地址	
2	发包人名称	
3	发包人地址（请详细说明发包人联系电话及联系人）	
4	与投标申请人所申请的合同相类似的工程性质和特点 （请详细说明所承担的工程合同内容，如长度、高度、桩基工程、基层/底基层工程、土方、石方、地下挖方、混凝土浇筑的年完成量等）	
5	合同身份（注明其中之一） □独立承包人　　□分包人　　□联合体成员	
6	合同总价	
7	合同授予时间	
8	完工时间	
9	合同工期：	
10	其他要求：（如施工经验、技术措施、安全措施等）	

注：1. 类似现场条件下的施工经验要求申请人填写已完或在建类似工程施工经验。

2. 每个类似工程合同须单独具表，并附中标通知书或合同协议书或工程竣工验收证明，无相关证明的工程在评审时将不予确认。

附表 7

公司人员及拟派往本招标工程项目的人员情况　　　　表 33-18

投标申请人或联合体成员名称：＿＿＿＿＿＿＿＿＿＿＿＿

1. 公司人员				
数量＼人员类别	管理人员	工人		其他
		总数	其中技术工人	
总数				
拟为本工程提供的人员总数				

2. 拟派往本招标工程项目的管理人员和技术人员			
数量＼经历＼人员类别	从事本专业工作时间		
	10 年以上	5 年至 10 年	5 年以下
管理人员（如下所列）			
项目经理			
……			

续表

技术人员（如下所列）			
质检人员			
道路人员			
桥涵人员			
试验人员			
机械人员			
……			

注：表内列举的管理人员、技术人员可随项目类型的不同而变化。

附表 8

拟派往本招标工程项目负责人与主要技术人员　　　表 33-19

投标申请人或联合体成员名称：_____

1	职位名称	
	主要候选人姓名	
	替补候选人姓名	
2	职位名称	
	主要候选人姓名	
	替补候选人姓名	
3	职位名称	
	主要候选人姓名	
	替补候选人姓名	
4	职位名称	
	主要候选人姓名	
	替补候选人姓名	

注：1. 拟派往本工程的主要技术人员应包括项目技术负责人，相关专业工程师，预算、合同管理人员，质量、安全管理人员，计划统计人员等。
　　2. 对拟派往本工程的项目负责人与主要技术人员，投标申请人应提供至少____个能满足规定要求的候选人。

附表 9

拟派往本招标工程项目负责人与项目技术负责人简历　　　表 33-20

投标申请人或联合体成员名称：_____

职位		候选人 □主要　□替补	
候选人资料	候选人姓名	出生年月　　年　　月	
	执业或职业资格		
	学历	职称	
	职务	工作年限	
自	至	公司/项目/职务/有关技术及管理经验	
年　月	年　月		
年　月	年　月		
年　月	年　月		
年　月	年　月		
年　月	年　月		

注：1. 提供主要候选人的专业经验，特别须注明其在技术及管理方面与本工程相类似的特殊经验。
　　2. 投标申请人须提供拟派往本招标工程的项目负责人与项目技术负责人的候选人的技术职称或等级证书复印件。

附表 10

拟用于本招标工程项目的主要施工设备情况　　　　　表 33-21

投标申请人或联合体成员名称：_____

设备名称				
设备资料	1. 制造商名称		2. 型号及额定功率	
	3. 生产能力		4. 制造年代	
目前状况	5. 目前位置			
	6. 目前及未来工程拟参与情况详述			
来源	7. 注明设备来源　□自有　　□购买　　□租赁　　□专门生产			
所有者	8. 所有者名称			
	9. 所有者地址			
	电话		联系人及职务	
	传真		电传	
协议	特为本项目所签的购买/租赁/制造协议详述			

注：1. 投标申请人应就其提供的每一项设备分别单独具表，且应就关键设备出具有所有权证明或租赁协议或购买协议，没有上述证明材料的设备在评审时将不予考虑。
　　2. 若设备为投标申请人或联合体成员自有，则无需填写所有者、协议二栏。

附表 11

现场组织机构情况

A. 现场组织机构框图

B. 现场组织机构框图文字详述

C. 总部与现场管理部门之间的关系详述

（注：明确赋予现场管理部门以何种权限与职责）

附表 12

拟分包企业情况　　　　　表 33-22

___（工程项目名称）___ 工程

名　　称	
地　　址	
拟分包工程	
分包理由	

近三年已完成的类似工程				
工程名称	地点	总包单位	分包范围	履约情况

注：每个拟分包企业应分别填写本表。

附表 13

其 他 资 料

1. 近三年的已完和目前在建工程合同履行过程中，投标申请人所介入的诉讼或仲裁情况。请分别说明事件年限、发包人名称、诉讼原因、纠纷事件、纠纷所涉及金额，以及最终裁判是否有利于投标申请人。
2. 近三年中所有发包人对投标申请人所施工的类似工程的评价意见。
3. 与资格预审申请书评审有关的其他资料。

投标申请人不应在其资格预审申请书中附有宣传性材料，这些材料在资格评审时将不予考虑。

注：
1. 如有必要，以上各表可另加附页，如果表的内容超出了一页的范围，在每个表的每一页的右上角要清楚注明：表1，第1页；表1，第2页等等。
2. 附表的附件应清楚注明：表1，附件1；表1，附件2等等。
3. 投标申请人应使用不褪色的蓝、黑墨水填写或按同样的要求打印表格，并按表格要求内容提供资料。
4. 凡表格中涉及金额处，均以_____为单位。

（三）投标申请人资格预审合格通知书

投标申请人资格预审合格通知书

致：___(预审合格的投标申请人名称)___：

鉴于你方参加了我方组织的招标工程项目编号为____的__(招标工程项目名称)__工程施工投标资格预审，经我方审定，资格预审合格。现通告你方作为资格预审合格的投标人就上述工程施工进行密封投标，并将其他有关事宜告知如下：

1. 凭本通知书于____年____月____日至____年____月____日，每天上午____时____分至____时____分，下午____时____分至____时____分（公休日、节假日除外）到____(地址和单位名称)____购买招标文件，招标文件每套售价为____(币种、金额、单位)____，无论是否中标，该费用不予退还。另需交纳图纸押金____(币种、金额、单位)____，当投标人退回图纸时，该押金同时退还给投标人（不计利息）。上述资料如需邮寄，可以书面形式通知招标人，并另加邮费每套____(币种、金额、单位)____。招标人在收到邮购款____日内，以快递方式向投标人寄送上述资料。
2. 收到本通知书后____日内，请以书面形式予以确认。如果你方不准备参加本次投标，请于____年____月____日前通知我方。

招标人：_____(盖章)
办公地址：_____
邮政编码：_____ 联系电话：_____
传　真：_____ 联系人：_____

招标代理机构：_____(盖章)
办公地址：_____
邮政编码：_____ 联系电话：_____
传　真：_____ 联系人：_____
日期_____年_____月_____日

33-2-4-2 资格后审

资格后审是投标人不需经过预审即可参加投标，待开标后再对其资格进行审查，审查合格者方可参加评标。资格后审的内容与预审基本相同。这种资格审查方式通常在工程规模不大、预计投标人不会很多或者实行邀请招标的情况下采用，可以节省资格审查的时间和人力，有助于提高效率和降低招标费用。

33-2-5 编制标底

招标的工程项目是否须编制标底，我国现行法规没有统一的规定；有的地方则要求招标工程必须编制标底，且须经建设行政主管部门或其授权单位审查批准。标底的实质是业主单位对招标工程的预期价格，其作用，一是使建设单位（业主）预先明确自己在招标工程上应承担的财务义务；二是作为衡量投标报价的准绳，也就是评标的主要尺度之一；同时，也可作为上级主管部门核实投资规模的依据。标底可由招标单位自行编制，也可委托招标代理机构或造价咨询机构编制。标底价格的组成，除现行概/预算应包括的内容外，还应考虑现场的实际情况和工程的具体要求而发生的措施费、不可预见费以及价格变动等因素。经主管部门审核批准的标底由主管部门封存，在开标前要严格保密，待开标后才能公开。标底的具体编制方法如下：

33-2-5-1 标底的编制原则

1. 根据国家规定的工程项目划分、统一计量单位、统一计算规则以及施工图纸、招标文件、并参照国家编制的基础定额和国家、行业、地方规定的技术标准、规范，以及生产要素市场的价格，确定工程量和计算标底价格。
2. 标底的计价内容、计算依据应与招标文件的规定完全一致。
3. 标底价格应充分考虑各种措施费用，应力求与市场的实际变化吻合，要有利于竞争和保证工程质量。
4. 招标人不得因投资原因故意压低标底价格。
5. 一个工程只能编制一个标底，并在开标前保密。

33-2-5-2 标底的编制依据

1. 国家的有关法律、法规和部门规章

标底价格的编制要依据的国家法律，包括《价格法》、《合同法》、《招标投标法》、《建筑法》等；依据的法规包括《建设工程质量管理条例》，有关价格、财政、税收的条例、通知；有关部门规章主要是原国家计委、财政部、建设部等国务院主管部门颁发的规章；规范性文件如建设部颁发的《建设工程施工合同（示范文本）》等。有关的法律、法规、部门规章和规范性文件既是编制标底价格的指导思想，又是计费依据和约束条件，标底价格编制者应当全面掌握和执行而不得违反。

2. 统一工程量计算规则、基础定额和国家、建设部门及其他有关部门提供的各种相关定额、取费内容、标准和市场价格信息。

在计算标底价格时，统一工程量计算规则提供了建筑面积计算规则、项目划分规则、计量单位和工程量计算规则，它们是计算价格的量的约束性规定或标准，为了建立全国统一的建筑大市场，实行公开、公平、公正和有序的竞争，应当执行全国统一的工程量计算规则和基础定额，逐渐弱化乃至取消一些地方性的、部门性的规定或定额。

各种定额取费内容、标准和信息，是标底价格计算的依据。由于我国的实际情况是由计划经济体制向市场经济体制转变，故标底价格的计价依据仍然主要是取费定额，包括预算定额和概算定额；但随着市场经济的发展和量、价分离的全面实现，计价依据应改变为市场价格信息，其中包括市场价格、价格指数和自定各种取费，取费定额被淡化、乃至取消。

3. 招标文件的有关条文的规定

招标文件中的投标须知、协议书、合同通用条款和专用条款、投标书、技术规范等，都对投标报价、合同取费内容及取费计算，以及工程量清单等，作出了详细规定。在计算口径和取费内容上，招标标底价格必须与招标文件中有关取费的要求一致，绝对不能产生矛盾而影响标底价格的作用。其中，尤其要重视"投标须知"中的"投标报价说明"。

4．施工现场地质、水文、勘察资料及现场环境等资料

由于工程的单件性，不同的工程处于不同的地点，有不同的地质、水文条件，地上有不同的已有设施或作物、树木等，有不同的地形、环境、交通、公用设施，乃至人文、社会、气候、资源供应条件等，在建设实施中，这些情况均会对工程造价产生实际的影响，是投标价格和结算价格必须予以考虑的影响因素，所以标底价格中必须实事求是地进行预计并计入。不但如此，标底价格决策时，还必须对由上述条件要求的施工组织问题进行设定，否则便难以编制合理的标底价，更难以与承包人的报价相对比而决标。

5．国家、行业、地方的技术标准（规范、规程）

工程施工必须执行一定的技术标准。由于工程的地方性和专业性特点，要求在工程施工时除按照国家的技术标准执行外，还必须执行行业标准和地方标准。执行不同的标准，产生不同的消耗，自然地会影响工程价格。所以发包人除在招标文件中明确所使用的标准外，还必须在标底价格中把它们的影响效果打足。

6．设计文件及其他依据

设计文件确定工程的规格、做法、构造，对工程量、质量和价格等均有决定作用，自然地须成为编制标底价格的依据。

除以上依据以外，编制标底时还必须依据下列情况或资料：工程量清单，工程的复杂程度，工程的特点，需要的新技术、新材料、新设备、新工艺情况，科研要求，特殊施工要求；市场的供应情况，价格情况及其变动趋势，利率水平，竞争态势等；工期定额；建设期内投资的大环境及其预测施工组织设计（或施工方案）等。

总之，凡在施工中可能影响工程价格的各种因素，在编制标底价格中都必须予以考虑。

33-2-5-3　标底价格的类型

标底可按价格的类型区分，应根据招标图纸的深度、工程复杂程度、招标文件对投标报价的要求等进行选择。

1．如果招标图是施工图，标底应按施工图以及施工图预算为基础进行编制。

2．如果招标图是技术设计或扩大初步设计，标底应以概算为基础或以扩大综合定额为基础来编制。

3．如果招标时只有方案图或初步设计，标底可用平方米造价指标或单元指标进行编制。

4．招标文件规定采用定额计价的，招标标底价根据拟建工程所在地的建设工程单位估价表或定额、工程项目计算类别、取费标准、人工、材料、机械台班的预算价格、政府的市场指导价等进行编制。

5．招标文件规定采用综合单价的（即单价中包括了所有费用），标底应采用综合单价计算。

6．国内项目，如果招标文件没有对工程量计算规则作出具体规定或部分未作具体规定的，可根据建设行政主管部门规定的工程量计算规则进行计算。定额中没有包含的项目，可根据建设工程有造价管理部门定期颁布的市场指导价进行计算。

7. 国际工程编制标底，一般是根据 FIDIC 合同条件，在招标截止日期前的规定时间内，由咨询工程师根据施工图纸及工程量清单，按照当地、当时的市场单价或综合单价，编制概算。该概算包含了整个工程项目的各个施工阶段或进行分项招标的标底价格，即包括了土建、安装、电梯、幕墙、弱电等专业分包或独立分包工程的标底价格。直接费按当时的市场单价计算；间接费按其费用的性质分为两种：第一，重复发生的费用，在考虑价格上涨因素的基础上，按小时或按月计算；第二，一次发生的费用，一般按设计建安工程费比例计算。物质方面的预备费在合同价的 10% 的范围内计算；价格方面的预备费则按年度和预计的价格上涨指数计算。利润一般按合同价的 5%～15% 计算，税费的计算则根据规定，按发包人可享受的优惠税率进行计算。国外按市场价格和工程量清单编制标底的做法是我国造价改革的目标。

33-2-5-4 标底价格编制程序与内容

1. 编制标底须具备的条件。

（1）招标文件的商务条款和相关的其他条款。

（2）工程施工图纸、编制工程量清单的基础资料、编制标底所依据的施工方案、工程建设地点的现场地质、水文以及地上情况的有关资料。

（3）编制标底价格前的施工图纸设计交底。

（4）基础定额、地方定额和有关技术标准规范。

（5）人工、材料、设备、机械台班等要素价格，以及市场间接费、利润、价格一般水平。

2. 标底价格的编制。

（1）特殊施工方法、编制工程量清单、临时设施布置及临时用地表、材料设备清单、补充消耗量定额等。

（2）确定人工、材料、设备、机械台班的市场价格。

（3）确定间接费、利润和计算税金。

（4）采用固定价格的工程，测算的施工周期内人工、材料、设备、机械台班等价格变动风险系数。

33-2-5-5 标底价格的编制说明

1. 标底价格的计算说明。

2. 工程量清单应与投标须知、合同条件、合同协议条款、技术规范和图纸一起使用。

3. 工程量清单所列的工程量系招标人估算的和临时的，作为编制标底价格及投标报价的共同基础。付款以实际完成的工程量为依据，即由承包单位计量、监理工程师核准的实际完成的工程量。

4. 根据工程量清单所填入的单价与合价，应按照约定的定额工、料、机消耗标准及市场价格确定，作为直接费的基础。间接费、利润、税金、现场因素费用、施工技术措施费、赶工措施费以及采用固定价格的工程测算的风险金等的费用，计入其他相应标底价格计算表中。

5. 采用综合单价的工程量清单中所填入的单价和合价，应包括人工费、材料费、机械费、间接费、利润、税金以及采用固定价格的工程所测算的风险金等的全部费用。

6. 工程量清单不再重复或概括工程及材料的一般说明。在编制和填写每一项的单价和合价时，应参考投标须知和合同文件的有关条款。

7. 标底价格除非特别注明,所有标价应以人民币表示。

33-2-5-6 特殊施工方法及现场条件

1. 特殊施工方法。根据工程特点和要求,如需采取特殊施工方法的,应说明施工方法和采取的措施等影响工程造价的因素。

2. 工程建设地点现场条件。

(1) 现场自然条件。包括环境、地形、地貌、地质、水文、地震烈度及气温、雨雪量、风向、风力等。

(2) 现场施工条件。包括建设用地面积、建筑物占用面积、场地拆迁及平整情况、施工用水、电、排污及有关勘测资料等。

3. 临时设施布置及临时用地表。

(1) 临时设施布置。招标人应提交一份施工现场允许的临时设施布置范围和允许的项目。

(2) 临时用地表。给出可供承包人使用的临时用地情况表,见表33-23。

临 时 用 地 表　　　　　　　　表 33-23

用途	面积（m²）	布置	需要时间（自_____至_____止）
合计			

近年,有些地方实行"无标底招标"。所谓"无标底",其实并非业主单位对自己在招标工程上的财务义务不必预先胸中有数,只不过不需有标底要求的那样详细的数据而已,常规的工程概/预算还是要有的。"无标底招标"的好处是打破标底的神秘感,避免某些投标单位为了中标而千方百计去挖标底不惜扰乱市场秩序的行为。在"无标底"的情况下,往往以开标后有效报价的平均值作为评标的尺度之一;但如在招标时即公布采用"无标底招标"方式,有可能导致不法投标人暗中联合起来抬高报价,以达到提高有效报价平均值的目的。为了避免这种情况的出现,事先最好不宣布是否有标底。

33-2-6 招标文件的编制和发售

招标文件是作为建筑产品需求者的建设单位（招标人）向潜在的生产——供给者（承包商）详细阐明其购买意图的一系列文件,也是投标人对招标人的意图作出响应、编制投标书的客观依据。

33-2-6-1 招标文件的组成

招标文件由招标人或其委托的招标代理机构编制。依国际惯例,结合中国实际,建设部制订的《房屋建筑和市政基础设施工程施工招标文件范本》规定包括下列内容:

第一章　投标须知及投标须知前附表;
第二章　合同条款;
第三章　合同文件格式;
第四章　工程建设标准;
第五章　图纸;

第六章　工程量清单（如有时）；
第七章　投标文件投标函部分格式；
第八章　投标文件商务部分格式；
第九章　投标文件技术部分格式；
第十章　资格审查申请书格式。
具体内容详见下文。

一、投标须知。由投标须知前附表和正文两部分组成。

1. 投标须知前附表是以表格形式表现的投标须知内容的简要概览，用以帮助投标人对招标人要求他在投标过程中必须履行的手续和应遵守的规则一目了然，同时，也是了解投标须知详细内容的索引，见表33-24。

投标须知前附表　　　　　　　　　　　表33-24

项号	条款号	内　容	说明与要求
1	1.1	工程名称	
2	1.1	建设地点	
3	1.1	建设规模	
4	1.1	承包方式	
5	1.1	质量标准	
6	2.1	招标范围	
7	2.2	工期要求	__年__月__日计划开工， __年__月__日计划竣工， 施工总工期：_____日历天
8	3.1	资金来源	
9	4.1	投标人资质等级要求	
10	4.2	资格审查方式	
11	13.1	工程报价方式	
12	15.1	投标有效期	为____日历天（从投标截止之日算起）
13	16.1	投标担保金额	不少于投标总价的　　%或　　（币种，金额，单位）
14	5.1	踏勘现场	集合时间：__年__月__日__时__分　集合地点：_____
15	17.1	投标人的替代方案	
16	18.1	投标文件份数	一份正本，__份副本
17	21.1	投标文件提交地点及截止时间	收件人：_____　地点：_____ 时间：__年__月__日__时__分
18	25.1	开标	地点：_____ 开始时间：__年__月__日__时__分
19	33.4	评标方法及标准	
20	38.3	履约担保金额	投标人提供的履约担保金额为 （合同价款的　　%或　　币种，金额，单位） 招标人提供的支付担保金额为 （合同价款的　　%或　　币种，金额，单位）

注：招标人根据需要填写"说明与要求"的具体内容，对相应的竖向可根据需要扩展。

2. 投标须知正文，包括下列详细内容：

（一）总则

1．工程说明

1.1 本招标工程项目说明详见本须知前附表第1项—第5项；

1.2 本招标工程项目按照《中华人民共和国招标投标法》等有关法律、行政法规和部门规章，通过招标方式选定承包人。

2．招标范围及工期

2.1 本招标工程项目的范围详见本须知前附表第6项。

2.2 本招标工程项目的工期要求详见本须知前附表第7项。

3．资金来源

3.1 本招标工程项目资金来源详见投标须知前附表第8项，其中部分资金用于本工程项目施工合同项下的合格支付。

4．合格的投标人

4.1 投标人资质等级要求详见本须知前附表第9项。

4.2 投标人合格条件详见本招标工程施工招标公告或投标邀请书。

4.3 本招标工程项目采用本须知前附表第10项所述的资格审查方式确定合格投标人。

4.4 当采用资格后审方式时，投标人在提交的投标文件中须包括资格后审资料。

4.5 由两个以上的施工企业组成一个联合体以一个投标人身份共同投标时，除符合第4.1，4.2款的要求外，还应符合下列要求：

4.5.1 投标人的投标文件及中标后签署的合同协议书对联合体各方均具法律约束力；

4.5.2 联合体各方应签订共同投标协议，明确约定各方拟承担的工作和责任，并将该共同投标协议随投标文件一并提交招标人；

4.5.3 联合体各方不得再以自己的名义单独投标，也不得同时参加两个或两个以上的联合体投标，出现上述情况者，其投标和与此有关的联合体的投标将被拒绝；

4.5.4 联合体中标后，联合体各方应当共同与招标人签订合同，为履行合同向招标人承担连带责任；

4.5.5 联合体的各方应共同推荐一名联合体主办人，由联合体各方提交一份授权书，证明其主办人资格，该授权书作为投标文件的组成部分一并提交招标人；

4.5.6 联合体的主办人应被授权作为联合体各方的代表，承担责任和接受指令，并负责整个合同的全面履行和接受本工程款的支付；

4.5.7 除非另有规定或说明，本须知中"投标人"一词亦指联合体各方。

5．踏勘现场

5.1 招标人将按本须知前附表第14项所述时间，组织投标人对工程现场及周围环境进行踏勘，以便投标人获取有关编制投标文件和签署合同所涉及现场的资料。投标人承担踏勘现场所发生的自身费用。

5.2 招标人向投标人提供的有关现场的数据和资料，是招标人现有的能被投标人利用的资料，招标人对投标人做出的任何推论、理解和结论均不负责任。

5.3 经招标人允许，投标人可为踏勘目的进入招标人的项目现场，但投标人不得因此使招标人承担有关的责任和蒙受损失。投标人应承担踏勘现场的责任和风险。

6. 投标费用

6.1 投标人应承担其参加本招标活动自身所发生的费用。

（二）招标文件

7. 招标文件的组成

7.1 招标文件包括下列内容：

第一章　投标须知及投标须知前附表
第二章　合同条款
第三章　合同文件格式
第四章　工程建设标准
第五章　图纸
第六章　工程量清单（如有时）
第七章　投标文件投标函部分格式
第八章　投标文件商务部分格式
第九章　投标文件技术部分格式
第十章　资格审查申请书格式（用于资格后审）

7.2 除7.1内容外，招标人在提交投标文件截止时间——天前，以书面形式发出的对招标文件的澄清或修改内容，均为招标文件的组成部分，对招标人和投标人起约束作用。

7.3 投标人获取招标文件后，应仔细检查招标文件的所有内容，如有残缺等问题应在获得招标文件3日内向招标人提出，否则，由此引起的损失由投标人自己承担。投标人同时应认真审阅招标文件中所有的事项、格式、条款和规范要求等，若投标人的投标文件没有按招标文件要求提交全部资料，或投标文件没有对招标文件做出实质性响应，其风险由投标人自行承担，并根据有关条款规定，该投标有可能被拒绝。

7.4 当投标人退回图纸时，图纸押金将同时退还给投标人（不计利息）。

8. 招标文件的澄清

8.2 投标人若对招标文件有任何疑问，应于投标截止日期前——日以书面形式向招标人提出澄清要求，送至____（地点和单位各称）____无论是招标人根据需要主动对招标文件进行必要的澄清，或是根据投标人的要求对招标文件做出澄清，招标人都将于投标截止时间____日前以书面形式予以澄清，同时将书面澄清文件向所有投标人发送。投标人在收到该澄清文件后应于____日内，以书面形式给予确认，该答复作为招标文件的组成部分，具有约束作用。

9. 招标文件的修改

9.1 招标文件发出后，在提交投标文件截止时间____日前，招标人可对招标文件进行必要的澄清或修改。

9.2 招标文件的修改将以书面形式发送给所有投标人，投标人应于收到该修改文件后____日内以书面形式给予确认。招标文件的修改内容作为招标文件的组成部分，具有约束作用。

9.3 招标文件的澄清、修改、补充等内容均以书面形式明确的内容为准。当招标文件、招标文件的澄清、修改、补充等在同一内容的表述上不一致时,以最后发出的书面文件为准。

9.4 为使投标人在编制投标文件时有充分的时间对招标文件的澄清、修改、补充等内容进行研究,招标人将酌情延长提交投标文件的截止时间,具体时间将在招标文件的修改、补充通知中予以明确。

(三) 投标文件的编制

10. 投标文件的语言及度量衡单位

10.1 投标文件和与投标有关的所有文件均应使用＿＿(语言文字)＿＿。

10.2 除工程规范另有规定外,投标文件使用的度量衡单位,均采用中华人民共和国法定计量单位。

11. 投标文件的组成

11.1 投标文件由投标函部分、商务部分和技术部分三部分组成,采用资格后审的还应包括资格审查文件。

11.2 投标函部分主要包括下列内容:

11.2.1 法定代表人身份证明书;

11.2.2 投标文件签署授权委托书;

11.2.3 投标函;

11.2.4 投标函附录;

11.2.5 投标担保银行保函;

11.2.6 投标担保书;

11.2.7 招标文件要求投标人提交的其他投标资料。

11.3 商务部分主要包括下列内容:

11.3.1 采用综合单价形式的:

(1) 投标报价说明;

(2) 投标报价汇总表;

(3) 主要材料清单报价表;

(4) 设备清单报价表;

(5) 工程量清单报价表;

(6) 措施项目报价表;

(7) 其他项目报价表;

(8) 工程量清单项目价格计算表;

(9) 投标报价需要的其他资料。

11.3.2 采用工料单价形式的:

(1) 投标报价的要求;

(2) 投标报价汇总表;

(3) 主要材料清单报价表;

(4) 设备清单报价表;
(5) 分部工程工料价格计算表;
(6) 分部工程费用计算表;
(7) 投标报价需要的其他资料。

11.4 技术部分主要包括下列内容:

11.4.1 施工组织设计或施工方案
(1) 各分部分项工程的主要施工方法;
(2) 工程投入的主要施工机械设备情况、主要施工机械进场计划;
(3) 劳动力安排计划;
(4) 确保工程质量的技术组织措施;
(5) 确保安全生产的技术组织措施;
(6) 确保文明施工的技术组织措施;
(7) 确保工期的技术组织措施;
(8) 施工总平面图;
(9) 有必要说明的其他内容。

11.4.2 项目管理机构配备
(1) 项目管理机构配备情况表;
(2) 项目经理简历表;
(3) 项目技术负责人简历表;
(4) 其他辅助说明资料;
(5) 拟分包项目名称和分包人情况。

11.5 资格预审更新资料或资格审查申请书(如系资格后审)

11.5.1 资格审查申请书包括:
(1) 投标人一般情况;
(2) 年营业额数据表;
(3) 近三年竣工的工程一览表;
(4) 目前在建工程一览表;
(5) 近三年财务状况表;
(6) 联合体状况表;
(7) 类似工程经验;
(8) 现场条件类似的施工经验;
(9) 招标人要求提交的其他资料。

12. 投标文件格式

12.1 投标文件包括本须知第 11 条中规定的内容,投标人提交的投标文件应当使用招标文件所提供的投标文件全部格式(表格可以按同样格式扩展)。

13. 投标报价

13.1 本工程的投标报价采用本须知投标须知前附表第 11 项所规定的方式。

13.2 投标报价为投标人在投标文件中提出的各项支付金额的总和。

13.3 投标人的投标报价,应是完成本须知第 2 条和合同条款上所列招标工程范围及工期的全部，不得以任何理由予以重复，作为投标人计算单价或总价的依据。

13.4 采用综合单价报价的，除非招标人对招标文件予以修改，投标人应按招标人提供的工程量清单中列出的工程项目和工程量填报单价和合价。每一项目只允许有一个报价。任何有选择的报价将不予接受。投标人未填单价或合价的工程项目，在实施后，招标人将不予以支付，并视为该项费用已包括在其他有价款的单价或合价内。

13.5 采用工料单价报价的，应按招标文件的要求，依据相应的工程量计算规则和定额等计价依据计算报价。

13.6 本招标工程的施工地点为本须知前附表第2项所述，除非合同中另有规定，投标人在报价中所报的单价和合价，以及投标报价汇总表中的价格均包括完成该工程项目的成本、利润、税金、开办费、技术措施费、大型机械进出场费、风险费、政策性文件规定费用等所有费用。

13.7 投标人可先到工地踏勘以充分了解工地位置、情况、道路、储存空间、装卸限制及任何其他足以影响承包价的情况，任何因忽视或误解工地情况而导致的索赔或工期延长申请将不被批准。

14. 投标货币

14.1 本工程投标报价采用的币种为_____。

15. 投标有效期

15.1 投标有效期见本须知前附表第12项所规定的期限，在此期限内，凡符合本招标文件要求的投标文件均保持有效。

15.2 在特殊情况下，招标人在原定投标有效期内，可以根据需要以书面形式向投标人提出延长投标有效期的要求，对此要求投标人须以书面形式予以答复。投标人可以拒绝招标人这种要求，而不被没收投标保证金。同意延长投标有效期的投标人既不能要求也不允许修改其投标文件，但需要相应的延长投标担保的有效期，在延长的投标有效期内，本须知第16条关于投标担保的退还与没收的规定仍然适用。

16. 投标担保

16.1 投标人应在提交投标文件的同时，按有关规定提交本须知前附表第13项所规定数额的投标担保，并作为其投标文件的一部分。

16.2 投标人应按要求提交投标担保，并采用下列任何一种形式：

16.2.1 投标保函应为在中国境内注册并经招标人认可的银行出具的银行保函，或具有担保资格和能力的担保机构出具的担保书。银行保函的格式，应按照担保银行提供的格式提供；担保书的格式，应按照招标文件中所附格式提供。银行保函或担保书的有效期应在投标有效期满后28天内继续有效；

16.2.2 投标保证金

(1) 银行汇票；

(2) 支票；

(3) 现金。

16.3 对于未能按要求提交投标担保的投标，招标人将视为不响应招标文件而予以拒绝。

16.4 未中标的投标人的投标担保将按照本须知第15条招标人规定的投标有效期或

经投标人同意延长的投标有效期期满后____日内予以退还（不计利息）。

16.5 中标人的投标担保，在中标人按本须知第 36 条规定签订合同并按本须知第 37 条规定提交履约担保后 3 日内予以退还（不计利息）。

16.6 如投标人发生下列情况之一时，投标担保将被没收：

16.6.1 投标人拒绝按本须知第 32 条规定修正标价；

16.6.2 中标人未能在规定期限内提交履约担保或签订合同协议。

17. 投标人的替代方案

17.1 投标人所提交的投标文件应满足招标文件的要求，除非本须知前附表第 15 项中允许投标人提交替代方案，否则替代方案将不予考虑。如果允许投标人提交替代方案，则执行本须知第 17.2 款的规定。

17.2 如果本投标须知前附表第 15 项中允许投标人提交替代方案，则投标人除提交正式投标文件外，还应按照招标文件要求提交替代方案。替代方案应包括设计计算书、技术规范、单价分析表、替代方案报价书、所建议的施工方案等满足评审需要的全部资料。

18. 投标文件的份数和签署

18.1 投标人应按本须知前附表第 16 项规定的份数提交投标文件。

18.2 投标文件的正本和副本均需打印或使用不褪色的蓝、黑墨水笔书写，字迹应清晰易于辨认，并应在投标文件封面的右上角清楚地注明"正本"或"副本"。正本和副本如有不一致之处，以正本为准。

18.3 投标文件封面、投标函均应加盖投标人印章并经法定代表人或其委托代理人签字或盖章。由委托代理人签字或盖章的投标文件中须同时提交投标文件签署授权委托书。投标文件签署授权委托书格式、签字、盖章及内容均应符合要求，否则投标文件签署授权委托书无效。

18.4 除投标人对错误处须修改外，全套投标文件应无涂改或行间插字和增删。如有修改，修改处应由投标人加盖投标人的印章或由投标文件签字人签字或盖章。

（四）投标文件的提交

19. 投标文件的装订、密封和标记

19.1 投标文件的装订要求_____。

19.2 投标人应将所有投标文件的正本和所有副本分别密封，并在密封袋上清楚地标明"正本"或"副本"。

19.3 在内层和外层投标文件密封袋上均应：

19.3.1 写明招标人名称和地址；

19.3.2 注明下列识别标志：

(1) 招标工程项目编号；

(2) 工程名称；

(3) ____年____月____日____时____分开标，此时间以前不得开封。

19.4 除了按本须知第 19.2 款和第 19.3 款所要求的识别字样外，在内层投标文件密封袋上还应写明投标人的名称与地址、邮政编码，以便本须知第 22 条规定情况发生时，招标人可按内层密封袋上标明的投标人地址将投标文件原封退回。

19.5 如果投标文件没有按本投标须知第19.1款、第19.2款和第19.3款规定装订和加写标记及密封，招标人将不承担投标文件提前开封的责任。对由此造成的提前开封的投标文件将予以拒绝，并退还给投标人。

19.6 所有投标文件的内层密封袋的封口处应加盖投标人印章，所有投标文件的外层密封袋的封口处应加盖密封章。

20．投标文件的提交

20.1 投标人应按本须知前附表第17项所规定的地点，于截止时间前提交投标文件。

21．投标文件提交的截止时间

21.1 投标文件的截止时间见本须知前附表第17项规定。

21.2 招标人可按本须知第9条规定以修改补充通知的方式，酌情延长提交投标文件的截止时间。在此情况下，投标人的所有权利和义务以及投标人受制约的截止时间，均以延长后新的投标截止时间为准。

21.3 到投标截止时间止，招标人收到的投标文件少于3个的，招标人将依法重新组织招标。

22．迟交的投标文件

22.1 招标人在本须知第21条规定的投标截止时间以后收到的投标文件，将被拒绝并退回给投标人。

23．投标文件的补充、修改与撤回

23.1 投标人在提交投标文件以后，在规定的投标截止时间之前，可以以书面形式补充修改或撤回已提交的投标文件，并以书面形式通知招标人。补充、修改的内容为投标文件的组成部分。

23.2 投标人对投标文件的补充、修改，应按本须知第19条有关规定密封、标记和提交，并在内外层投标文件密封袋上清楚标明"补充、修改"或"撤回"字样。

23.3 在投标截止时间之后，投标人不得补充、修改投标文件。

24．资格预审申请书材料的更新

24.1 投标人在提交投标文件时，如资格预审申请书中的内容发生重大变化，投标人须对其更新，以证明其仍能满足资格预审评审标准，并且所提供的材料是经过确认的。如果在评标时投标人已经不能达到资格评审标准，其投标将被拒绝。

（五）开标

25．开标

25.1 招标人按本须知前附表第18项所规定的时间和地点公开开标，并邀请所有投标人参加。

25.2 按规定提交合格的撤回通知的投标文件不予开封，并退回给投标人；按本须知第26条规定确定为无效的投标文件，不予送交评审。

25.3 开标程序：

25.3.1 开标由招标人主持；

25.3.2 由投标人或其推选的代表检查投标文件的密封情况，也可以由招标人委托的公证机构检查并公证；

25.3.3 经确认无误后，由有关工作人员当众拆封，宣读投标人名称、投标价格和投标文件的其他主要内容。

25.4 招标人在招标文件要求提交投标文件的截止时间前收到的投标文件，开标时都应当众予以拆封、宣读。

25.5 招标人对开标过程进行记录，并存档备查。

26．投标文件的有效性

26.1 开标时，投标文件出现下列情形之一的，应当作为无效投标文件，不得进入评标：

26.1.1 投标文件未按照本须知第19条的要求装订、密封和标记的；

26.1.2 本须知第11条规定的投标文件有关内容未按本须知第18.3款规定加盖投标人印章或未经法定代表人或其委托代理人签字或盖章的，由委托代理人签字或盖章的，但未随投标文件一起提交有效的"授权委托书"原件的；

26.1.3 投标文件的关键内容字迹模糊、无法辨认的；

26.1.4 投标人未按照招标文件的要求提供投标保证金或者投标保函的；

26.1.5 组成联合体投标的，投标文件未附联合体各方共同投标协议的。

26.2 招标人将有效投标文件，送评标委员会进行评审、比较。

（六）评标

27．评标委员会与评标

27.1 评标委员会由招标人依法组建，负责评标活动。

27.2 开标结束后，开始评标，评标采用保密方式进行。

28．评标过程的保密

28.1 开标后，直至授予中标人合同为止，凡属于对投标文件的审查、澄清、评价和比较有关的资料以及中标候选人的推荐情况，与评标有关的其他任何情况均严格保密。

28.2 在投标文件的评审和比较、中标候选人推荐以及授予合同的过程中，投标人向招标人和评标委员会施加影响的任何行为，都将会导致其投标被拒绝。

28.3 中标人确定后，招标人不对未中标人就评标过程以及未能中标原因作出任何解释。未中标人不得向评标委员会组成人员或其他有关人员索问评标过程的情况和材料。

29．资格后审（如采用时）

29.1 根据招标公告或投标邀请书的要求采取资格后审的，在评标前对投标人进行资格审查，审查其是否有能力和条件有效地履行合同义务。如投标人未达到招标文件规定的能力和条件，其投标将被拒绝，不进行评审。

30．投标文件的澄清

30.1 为有助于投标文件的审查、评价和比较，评标委员会可以以书面形式要求投标人对投标文件含义不明确的内容作必要的澄清或说明，投标人应采用书面形式进行澄清或说明，但不得超出投标文件的范围或改变投标文件的实质性内容。根据本须知第32条规定，凡属于评标委员会在评标中发现的计算错误并进行核实的修改不在此列。

31. 投标文件的初步评审

31.1 开标后,经招标人审查符合本须知第 26 条有关规定的投标文件,才能提交评标委员会进行评审。

31.2 评标时,评标委员会将首先评定每份投标文件是否在实质上响应了招标文件的要求。所谓实质上响应,是指投标文件应与招标文件的所有实质性条款、条件和要求相符,无显著差异或保留,或者对合同中约定的招标人的权利和投标人的义务方面造成重大的限制,纠正这些显著差异或保留将会对其他实质上响应招标文件要求的投标文件的投标人的竞争地位产生不公正的影响。

31.3 如果投标文件实质上不响应招标文件的各项要求,评标委员会将予以拒绝,并且不允许投标人通过修改或撤销其不符合要求的差异或保留,使之成为具有响应性的投标。

32. 投标文件计算错误的修正

32.1 评标委员会将对确定为实质上响应招标文件要求的投标文件进行校核,看其是否有计算或表达上的错误,修正错误的原则如下:

32.1.1 如果数字表示的金额和用文字表示的金额不一致时,应以文字表示的金额为准;

32.1.2 当单价与数量的乘积与合价不一致时,以单价为准,除非评标委员会认为单价有明显的小数点错误,此时应以标出的合价为准,并修改单价。

32.2 按上述修正错误的原则及方法调整或修正投标文件的投标报价,投标人同意后,调整后的投标报价对投标人起约束作用。如果投标人不接受修正后的报价,则其投标将被拒绝并且其投标担保也将被没收,并不影响评标工作。

33. 投标文件的评审、比较和否决

33.1 评标委员会将按照本须知第 31 条规定,仅对在实质上响应招标文件要求的投标文件进行评估和比较。

33.2 在评审过程中,评标委员会可以以书面形式要求投标人就投标文件中含义不明确的内容进行书面说明并提供相关材料。

33.3 评标委员会依据本须知前附表第 19 项规定的评标标准和方法,对投标文件进行评审和比较,向招标人提出书面评标报告,并推荐合格的中标候选人。招标人根据评标委员会提出的书面评标报告和推荐的中标候选人确定中标人,也可以授权评标委员会直接确定中标人。

33.4 评标方法和标准

33.4.1 综合评估法:即最大限度地满足招标文件中规定的各项综合评价标准,将报价、施工组织设计、质量保证、工期保证、业绩与信誉等赋予不同的权重,用打分或折算货币的方法,评出中标人;

33.4.2 经评审的最低投标价法:即能满足招标文件的实质性要求,选择经评审的最低投标价格(投标价格低于成本的除外)的投标人为中标人;

33.4.3 其他方法。

33.5 评标委员会经评审,认为所有投标都不符合招标文件要求的,可以否决所有投标。所有投标被否决后,招标人应当依法重新招标。

（七）合同的授予

34．合同授予标准

34.1 本招标工程的施工合同将授予按本须知第 33.3 款所确定的中标人。

35．招标人拒绝投标的权力

35.1 招标人不承诺将合同授予报价最低的投标人。招标人在发出中标通知书前，有权依据评标委员会的评标报告拒绝不合格的投标。

36．中标通知书

36.1 中标人确定后，招标人将于 15 日内向工程所在地的县级以上地方人民政府建设行政主管部门提交施工招标情况的书面报告。

36.2 建设行政主管部门自收到书面报告之日起 5 日内，未通知招标人在招标投标活动中有违法行为的，招标人将向中标人发出中标通知书。

36.3 招标人将在发出中标通知书的同时，将中标结果以书面形式通知所有未中标的投标人。

37．合同协议书的签订

37.1 招标人与中标人将于中标通知书发出之日起 30 日内，按照招标文件和中标人的投标文件订立书面工程施工合同，招标人和中标人不得再行订立背离合同实质性内容的其他协议。

37.2 招标人如不按本投标须知第 37.1 款的规定与中标人订立合同，或者招标人、中标人订立背离合同实质性内容的协议，应改正并处以合同金额的＿＿＿的罚款。

37.3 中标人如不按本投标须知第 37.1 款的规定与招标人订立合同，则招标人将废除授标，投标担保不予退还，给招标人造成的损失超过投标担保数额的，还应当对超过部分予以赔偿，同时依法承担相应法律责任。

37.4 中标人应当按照合同约定履行义务，完成中标项目施工，不得将中标项目施工转让（转包）给他人。

38．履约担保

38.1 合同协议书签署后＿＿＿天内，中标人应按本须知前附表第 20 项规定的金额向招标人提交履约担保，履约担保可使用本招标文件第三章中提供的格式。

38.2 若中标人不能按本须知第 38.1 款的规定执行，招标人将有充分的理由解除合同，并没收其投标保证金，给招标人造成的损失超过投标担保数额的，还应当对超过部分予以赔偿。

38.3 招标人要求中标人提交履约担保时，招标人也将在中标人提交履约担保的同时，按本须知前附表第 20 项规定的金额向中标人提供同等数额的工程款支付担保。支付担保须使用本招标文件第三章中提供的格式。

二、招标文件的其他组成部分，将在下文有关章节介绍。

33-2-6-2　招标文件的发售

资格预审合格的投标单位（采用资格后审方式时所有申请投标的单位）可按招标公告规定的时间和地址从招标人处获取招标文件。招标人对发出的招标文件依法可酌收工本费。对设计文件，可收取押金；开标后退还设计文件，再将押金退还。投标人要求邮寄招标文件的，应交纳邮寄费用；招标单位应以最快捷和安全的方式将招标文件寄送给投标人。

33-2-7 投　　标

33-2-7-1 投标工作机构

为了在投标竞争中获胜，建筑施工企业应设置投标工作机构，平时掌握市场动态信息，积累有关资料；遇有招标工程项目，则办理参加投标手续，研究投标报价策略，编制和递送投标文件，以及参加定标前后的谈判等。直至定标后签订合同协议。这种工作机构通常由下列人员组成：

1. 企业经理或业务副经理为主要负责人（决策人）；
2. 总工程师或技术负责人负责施工方案、技术措施等技术方面的问题；
3. 总经济师或合同预算部门主管负责投标报价和合同工作；
4. 材料部门负责提供器材市场信息；会计部门提供本企业的工资、管理费等有关成本资料；生产计划部门负责安排施工进度计划等。这些成员是必不可少的参谋人员。

为了保守本企业对外投标报价的秘密，投标工作机构人员不宜过多，尤其是最后决策的核心人员，以控制在企业经理、总工程师和总经济师（合同预算负责人）范围之内为宜。

33-2-7-2 投标程序

工程施工投标的一般程序如图 33-2 所示。

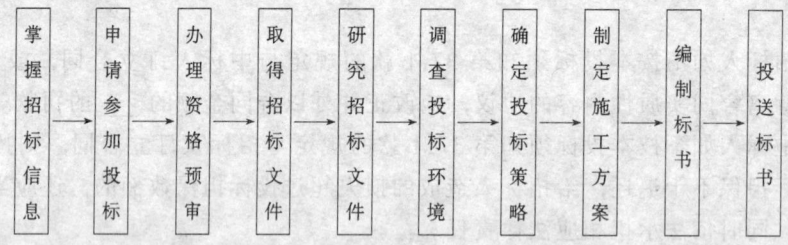

图 33-2　施工投标的一般程序

建筑施工承包企业通过招标单位发布的招标公告掌握招标信息，对感兴趣的工程项目可申请参加投标，办理资格预审（预审程序见 33-2-4-1 节），通过资格预审后，即可领取招标文件，进行投标文件的编制工作。

33-2-7-3 投标准备工作

一、研究招标文件

资格预审合格，取得了招标文件，即进入投标实战的准备阶段。首要的准备工作是仔细认真地研究招标文件，充分了解其内容和要求，以便安排投标工作的部署，并发现应提请招标单位予以澄清的疑点。研究招标文件的着重点，通常放在以下几方面：

1. 研究工程综合说明，借以获得对工程全貌的轮廓性了解。
2. 熟悉并详细研究设计图纸和规范（技术说明），目的在于弄清工程的技术细节和具体要求，使制定施工方案和报价有确切的依据。为此，要详细了解设计规定的各部位做法和对材料品种规格的要求；对整个建筑物及其各部件的尺寸，各种图纸之间的关系（建筑图与结构图、平面、立面与剖面图，设备图与建筑图、结构图的关系等）都要吃透，发现不清楚或互相矛盾之处，要提请招标单位解释或订正。
3. 研究合同主要条款，明确中标后应承担的义务和责任及应享有的权利，重点是承包方式，开竣工时间及工期奖罚，材料供应及价款结算办法，预付款的支付和工程款结算办法，工程变更及停工、窝工损失处理办法等。对于国际招标的工程项目，还应研究支付工程款所用的货币种类、不同货币所占比例及汇率。因这些因素或者关系到施工方案的安排，或者关系到资金的周转，最终都会反映在标价上，所以都须认真研究，以利于减少或避免风险。

4. 熟悉投标须知，明确了解在投标过程中，投标单位应在什么时间做什么事和不允许做什么事，目的在于提高效率，避免造成废标，徒劳无功。

全面研究了招标文件，对工程本身和招标单位的要求有了基本的了解之后，投标单位才便于制定自己的投标工作计划，以争取中标为目标，有秩序地开展工作。

二、调查投标环境

投标环境是指招标工程项目施工的自然、经济和社会条件。这些条件都是工程施工的制约因素，必然影响工程成本和工期，投标报价时必须考虑，所以应在报价之前尽可能地了解清楚。

1. 国内投标环境调查要点

（1）施工现场条件，可通过踏勘现场和研究招标单位提供的地基勘探报告资料来了解。主要项目有：场地的地理位置，地上、地下有无障碍物，地基土质及其承载力，地下水位，进入现场的通道（铁路、公路、水路），给排水、供电和通讯设施，材料堆放场地的最大可能容量，是否需要二次搬运，现场混凝土搅拌站及构件预制场场地，临时设施（木工、钢筋加工、管道工的工作棚、机修车间、办公室和生活设施等）设置场地，土方临时堆放场地及弃土运距等。

（2）自然条件，主要是影响施工的风、雨、气温等因素。例如台风季节或雨季的起止期，风速，降雨量，洪水期最高水位，常年最高、最低和平均气温以及地震烈度等。这些资料应请招标单位提供，或从当地气象、防汛、地震等部门取得。

（3）器材供应条件，包括砂石等大宗地方材料的采购和运输，须在市场采购的钢材、水泥、木材和玻璃等材料的可能供应来源和价格，当地供应构配件的能力和价格，当地租赁建筑机械的可能性和价格，以及调剂统配材料品种、规格的可能性等。

（4）专业分包的能力和分包条件。

（5）生活必需品的供应情况，主要是粮食和肉类、蔬菜等的供应条件和价格。

2. 国际投标环境调查要点

（1）政治情况

1）工程项目所在国的社会制度和政治制度；

2）政局是否稳定，有无发生政变、暴动或内战的因素；

3）与邻国关系如何，有无发生边境冲突或封锁边界的可能；

4）与我国的双边关系如何。

（2）经济条件

1）工程项目所在国的经济发展情况和自然资源状况；

2）外汇储备情况及国际支付能力；

3）港口、铁路和公路运输以及航空交通与电信联络情况；

4）当地的科学技术水平。

（3）法律方面

1) 工程项目所在国的宪法；
2) 与承包活动有关的经济法、工商企业法、建筑法、劳动法、税法、金融法、外汇管理法、合同法以及经济纠纷的仲裁程序等；
3) 民法和民事诉讼法；
4) 移民法和外国人管理法。

(4) 社会情况

1) 当地的风俗习惯；
2) 居民的宗教信仰；
3) 民族或部族间的关系；
4) 工会的活动情况；
5) 治安状况。

(5) 自然条件

1) 工程所在国的地理位置和地形、地貌；
2) 气象情况，包括气温、湿度、主导风向和风力、年降水量等；
3) 地震、洪水、台风及其他自然灾害情况。

(6) 市场情况

1) 建筑材料、施工机械设备、燃料、动力、水和生活用品的供应情况，价格水平，过去几年的批发物价和零售物价指数以及今后的变化趋势预测；
2) 劳务市场状况，包括工人的技术水平、工资水平，有关劳动保险和福利待遇的规定，以及外籍工人是否被允许入境等；
3) 外汇汇率；
4) 银行信贷利率；
5) 工程所在国本国承包企业和注册的外国承包企业的经营情况。

有关投标环境的调查资料，可通过多种途径获得，包括查阅官方出版的统计资料、学术机构发表的研究报告和专业团体出版的刊物以及当地的主要报纸等。有些资料可请我国驻外代表机构帮助搜集，或请工程所在国驻我国的代表机构提供，也可从互联网上获得有关信息，必要时可派专人进行实地考察，并通过代理人了解各种情况。

三、选择代理人或合作伙伴

选择代理人或合作伙伴是国际工程投标必要的准备工作之一。因为国际工程承包活动中通行代理制度，外国承包商进入工程项目所在国，须通过合法的代理人开展业务活动；有些国家还规定，外国承包商进入该国，必须与当地企业或个人合作，才允许开展业务活动。国内工程投标一般不需此项准备工作。

1. 代理人服务的内容

代理人实际上是工程项目所在国为外国承包商提供综合服务的咨询机构或个人开业的咨询工程师。其服务内容主要有：

(1) 协助外国承包商争取参加本地招标工程项目投标资格预审和取得招标文件；
(2) 协助办理外国人出入境签证、居留证、工作证以及汽车驾驶执照等；
(3) 为外国公司介绍本地合作对象和办理注册手续；
(4) 提供当地有关法律和规章制度方面的咨询；

(5) 提供当地市场信息和有关商业活动的知识;

(6) 协助办理建筑器材和施工机械设备以及生活资料的进出口手续,诸如申请许可证,申报关税,申请免税,办理运输等;

(7) 促进与当地官方及工商界、金融界的友好关系。

2. 代理人的条件

代理人的活动往往对一个工程项目的投标成功与否,起着相当重要的作用。因此,对代理人应给以足够的重视。一个优秀的代理人应该具备下列条件:

(1) 有丰富的业务知识和工作经验;

(2) 资信可靠,能忠实地为委托人服务,尽力维护委托人的合法利益;

(3) 交际广,活动能力强,信息灵通,甚至有强大的政治、经济界的后台。

3. 代理合同和代理费用

找到适当的代理人以后,应及时签订代理合同,并颁发委托书。

(1) 代理合同应包括下列内容:

1) 代理的业务范围和活动地区;

2) 代理活动的有效期限;

3) 代理费用和支付办法;

4) 有关特别酬金的条款。

(2) 代理人委托书实际上就是委托人的授权证书。其参考格式如下:

中华人民共和国
××××公司委托书

本公司委托×××先生(住址:××××)为本公司在××国的注册代理人,授权他代表本公司在××国有关部门为本公司驻××国××市办事处注册办理一切必要手续,并为此目的同官方和非官方各有关部门进行必要的联系。本委托书的有效期至取得上述注册证书之日为止。

××××公司(印)
总经理(签字)
年　月　日

(3) 代理费用,一般为工程标价的2%~3%,视工程项目大小和代理业务繁简而定。通常工程项目较小或代理业务繁杂的代理费率较高;反之则较低。在特殊情况下,代理费也有低到1%或高达5%的。代理费的支付以工程中标为前提条件。不中标者不付给代理费。代理费应分期支付或在合同期满后一次支付。不论中标与否,合同期满或由于不可抗力的原因而中止合同,都应付给代理人一笔特别酬金。只有在代理人失职或无正当理由而不履行合同的条件下,才可以不付给特别酬金。

4. 合作伙伴

有些国家规定,外国承包商进入该国,必须与当地企业或个人合作,才能开展经营活动。实际上,这些当地的合作者往往并不参加股份,也不对经营的盈亏负责,而只是做些代理人的工作,由外国承包商按协议付给一定的酬金。对于此类合作者的选择,可参照代理人的条件去处理。

另有一类合作者,通常是当地有权势、地位的人物,在合作企业中担任董事甚至董事长,支取一定的报酬,但既不参加股份,也不过问日常的经营活动,只是在某些特殊情况下运用他的影响,帮助承包商解决困难问题,维护企业的利益。此类合作者实质上是承包商的政治顾问。其选择,主要应着眼于政治地位、社会关系和活动能力。

至于有些国家规定,本国的合作者必须参加一定的股份(例如51%),并担任一定的职位参加经营管理的,则须详细研究该国有关法规,了解外国承包商的权利义务和各种限制条件,再去选择资信可靠、能真诚合作的当地合作者,签订合作协议。

四、办理注册手续

1．我国异地投标的登记注册

我国建筑业企业跨越省、自治区、直辖市范围,去其他地区投标,须持企业所在地县级以上人民政府建设行政主管部门出具的证明及企业营业执照、资质等级证书和开户银行资信证明等证件,到工程所在地建设行政主管部门登记,领取投标许可证。中标后办理注册手续。注册期限按承建工程的合同工期确定;注册期满,工程未能按期完工的,须办理注册延期手续。

2．国际工程投标注册

外国承包商进入招标工程项目所在国开展业务活动,必须按各该国的规定办理注册手续,取得合法地位。有的国家要求外国承包商在投标之前注册,才准许进行业务活动;有的国家则允许先进行投标活动,待中标后再办理注册手续。

外国承包商向招标工程项目所在国政府主管部门申请注册,必须提交规定的文件。各国对这些文件的规定大同小异,主要为下列各项:

(1) 企业章程。包括企业性质(独资,合伙,股份公司或合资公司)、宗旨、资本、业务范围、组织机构、总管理机构所在地等。

(2) 营业证书。我国对外承包工程公司的营业证书由国家或省、自治区、直辖市的工商行政管理局签发。

(3) 承包商在世界各地的分支机构清单。

(4) 企业主要成员(公司董事会)名单。

(5) 申请注册的分支机构名称和地址。

(6) 企业总管理处负责人(总经理或董事长)签署的分支机构负责人的委任状。

(7) 招标工程项目业主与申请注册企业签订的承包工程合同、协议或有关证明文件。

33-2-7-4 投标决策与投标策略

一、投标决策分析

资格预审合格,取得了招标文件,调查了投标环境,承包商面临着是否投标的问题,也就是要作出投标或不投标的决策。

对某一招标工程是否投标,首先要考虑的是业主的资信,也就是经济背景和支付能力及信誉;对国际工程,还应考虑工程所在国的政治经济局面、外汇政策、劳工政策、国际贸易政策和税收政策等因素。其次要考虑工程规模、技术复杂程度、工期要求、场地交通运输和水电通信以及当地自然气候等条件。如果这些外部条件是基本上可取的,则应针对工程的具体情况考虑企业自身在资金、管理和技术力量、机械设备、同类工程施工经验等方面基本上都能适应,一般即可作出可以投标的初步判断。

二、确定投标策略

建筑企业参加投标竞争，目的在于得到对自己最有利的施工合同，从而获得尽可能多的盈利。为此，作出投标决策以后，必须研究投标策略，以指导其投标全过程的活动。

正确的策略，来自实践经验的积累和对客观规律的认识以及对具体情况的了解；同时，决策者的能力和魄力也是不可缺少的。常见的投标策略有以下几种：

1. 靠经营管理水平高取胜。这主要靠做好施工组织设计，采取合理的施工技术和施工机械，精心采购材料、设备、选择可靠的分包单位，安排紧凑的施工进度，力求节省管理费用等，从而有效地降低工程成本而获得较高的利润。

2. 靠改进设计取胜。即仔细研究原设计图纸，发现有不够合理之处，提出能降低造价的措施。

3. 靠缩短建设工期取胜。即采取有效措施，在招标文件要求的工期基础上，再提前若干个月或若干天完工，从而使工程早投产，早收益。这也是能吸引业主的一种策略。

4. 低利政策。主要适用于承包商任务不足时，与其坐吃山空，不如以低利承包到一些工程，还是有利的。此外，承包商初到一个新的地区，为了打入这个地区的承包市场，建立信誉，也往往采用这种策略。

5. 虽报低价，却着眼于施工索赔，从而得到高额利润。即利用图纸、技术说明书与合同条款中不明确之处寻找索赔机会。一般索赔金额可达标价的 10%~20%。不过这种策略并不是到处可用的。

6. 着眼于发展，为争取将来的优势，而宁愿目前少赚钱。承包商为了掌握某种有发展前途的工程施工技术（如建造核电站的反应堆或海洋工程等），就可能采用这种有远见的策略。

以上各种策略不是互相排斥的，须根据具体情况，综合、灵活运用。

33-2-7-5 制定施工方案

施工方案不仅关系到工期，而且对工程成本和报价也有密切关系。一个优良的施工方案，既要采用先进的施工方法，安排合理的工期，又要充分有效地利用机械设备，均衡地安排劳动力和器材进场，以尽可能减少临时设施和资金占用。施工方案应由投标单位的技术负责人主持制定，主要包括下列基本内容：

1. 施工的总体部署和场地总平面布置；
2. 施工总进度和单项（单位）工程进度；
3. 主要施工方法；
4. 主要施工机械设备数量及其配置；
5. 劳动力数量、来源及其配置；
6. 主要材料需用量、来源及分批进场的时间安排；
7. 自采砂石和自制构配件的生产工艺及机械设备；
8. 大宗材料和大型机械设备的运输方式；
9. 现场水、电需用量，来源及供水、供电设施；
10. 临时设施数量和标准。

关于施工进度的表示方式，有的招标文件专门规定必须用网络图，如无此规定也可用传统的条形图。

由于投标的时间要求往往相当紧迫，所以施工方案一般不可能也不必要编得很详细，只须抓住要点，简明扼要地表述即可。

建设部要求，自 2002 年 5 月 1 日起施行《建设工程项目管理规范》(GB/T 50326—2001)，规定施工单位须编制项目管理规划（分为项目管理大纲及项目管理实施规划）规划大纲即包括施工方案所要求的内容。承包人以施工组织设计代替项目管理规划时，应满足项目管理规划的要求，详见 31 施工项目管理及 34 施工组织设计有关章节。

33-2-7-6 报价

报价是投标全过程的核心工作，不仅是能否中标的关键，而且对中标后履行合同能否盈利和盈利多少，也在很大程度上起着决定性的作用。

一、投标报价的范围

我国建设部规定以工程量清单计价方式进行投标报价，制订了《建设工程工程量清单计价规范》，批准为国家标准（编号 GB 50500—2003），于 2003 年 2 月 17 日发布，自同年 7 月 1 日起实施。报价范围为投标人在投标文件中提出要求支付的各项金额的总和。这个总金额应包括按投标须知所列在规定工期内完成的全部，招标工程不得以任何理由重复计算。除非招标人通过修改招标文件予以更正，投标人应按工程量清单中列出有工程项目和数量填报单价和合价。每一项目只允许有一个报价；招标人不接受有选择的报价，未填报单价或合价的工程项目，实施后，招标人将不予支付，并视为该项费用已包括在其他有价款的单价或合价之内。工程实施地点为投标须知前附表所列的建设地点。投标人应踏勘现场，充分了解工地位置，道路条件，储存空间，运输装卸限制以及可能影响包价的其他任何情况，而在报价中予以适当考虑。任何因忽视或误解工地情况而导致的索赔或延长工期的申请都将得不到批准。据此，投标人的报价，包括划价的工程量清单所列的单价和合价以及投标报价汇总表中的价格，均包括完成该工程项目的直接成本，间接成本，利润，税金，政策性文件规定的费用，技术措施费，大型机械进出场费，风险费等所有费用。但合同另有规定者除外。

二、国内工程投标报价

1. 报价的内容

投标报价，须先明确报价的内容。国内工程投标报价的内容就是建筑安装工程费的全部内容。财务会计制度改革后，规定建筑安装工程费包括下列项目：

(1) 直接工程费。

1) 直接费——人工费，材料费，施工机械使用费。

2) 其他直接费。

3) 现场经费——临时设施费，现场管理费。

(2) 间接费——企业管理费，财务费用，其他费用。

(3) 利润。

(4) 税金。

凡是报价范围内的各项目的报价都应包括组成上述建筑安装工程费的各个项目，不可重复或遗漏。

2. 报价的基础工作

明确了报价范围和报价的内容要求，应进一步进行下列工作，为报价奠定坚实的基础。

(1) 熟悉施工方案，了解本单位在投标项目上的工期和进度安排，准备采用的施工方法和主要机械设备，以及现场临时设施等。

(2) 核算工程量，通常可对招标文件中的工程量清单进行重点抽查。抽查的方法，可选工程数量多、对总造价影响大的项目，按设计图纸和工程量计算规则计算，将计算结果与工程量清单所列数值核对；也可运用"经验指标"来校核，即根据日常积累的统计资料，编制不同类型建筑产品的工程量"经验指标"，诸如每平方米建筑面积中，住宅工程的外墙约 $0.5\sim0.6m^2$，内墙约 $1.0m^2$，旅馆、办公楼、工业厂房工程每平方米建筑面积中，外墙约 $0.4\sim0.5m^2$，办公楼内墙约为 $0.5m^2$，旅馆工程内墙约为 $1.5m^2$；各类建筑每平方米建筑面积中楼板混凝土约为 $0.3\sim0.4m^3$；钢筋混凝土结构每立方米含钢量约为 $160\sim250kg$，等等。将投标工程的建筑面积乘以"经验指标"，与工程量清单中相应项目的数值进行比较，如发现较大差异再进一步核算。这是一种比较快捷实用的方法。

(3) 选用工、料、机械消耗定额，国内工程投标报价，原规定以造价管理部门统一制定的概/预算定额为依据。工程数量核算基本无误之后，即可根据分部分项工程的内容选用相应的工、料、机械消耗定额，作为确定直接费的依据。不过，在社会主义市场经济体制下，从理论上讲，建筑业企业投标可以自主报价，不一定受统一定额的制约，才有利于技术进行和促进竞争。随着改革的深入和现代企业制度的建立，某些历史悠久的建筑业大型企业，利用自己的信息资源和人力资源优势，编制反映自身技术和经营管理水平的消耗定额（企业内部定额），作为提高竞争能力的重要手段之一，在投标报价中取代统一定额，是难以避免的发展趋势。无论是在现行统一定额中选用适当的定额，还是编制企业内部定额，都是十分繁重细致的工作，定额编制或使用不当，都会影响报价的正确性和企业的竞争力。所以，这项工作应当由熟悉业务、经验丰富、责任心强的专业人员来主持。

(4) 确定分部分项工程单价，这是和选用或制定消耗定额紧密相连的工作。改革开放以来，我国投标报价的指导原则从所谓"定额量，指导价"取代计划经济体制下的统一定额与单价，逐步发展到试行"定额量，市场价，竞争费"，即按统一的计算方法计算工程量，按统一的定额确定工、料、机械消耗水平；造价管理部门根据市场变化情况发布价格信息，作为确定工、料、机械单价的依据；造价管理部门发布的费率则作为投标单位报价的参考，具体的费率水平可由投标单位根据自身的情况自主确定，以提高竞争力。这就向国际通行的按统一方法计算工程量，投标单位自主确定消耗定额、单价和费率的报价方法接近了一步。适应市场开放、价格千变万化的新形势，作为投标报价基础的分部分项单价，必然要求反映人工、材料、机械费用的市场价格动态，因此，单价的确定就成为投标报价的重要课题。做好这项工作，应由企业的劳动工资、器材供应和机械设备管理等部门与定额、预算部门密切配合，随时掌握市场价格动态，编制并及时修订人工、材料、构配件和机械台班单价表，供投标报价时选用。

(5) 确定现场经费、间接费率和预期利润率。通常前两项以直接费或人工费为基础，利润率则以直接费与间接费之和为基础，分别确定一个适当的百分数。根据企业自身的技术和经营管理水平，并考虑投标竞争的形势，可以有适当的伸缩余地。

完成这些基础工作之后，经过报价决策分析，做出报价决策，即可编制报价单。为了满足报价决策的要求，熟练的报价人员可运用某些报价技巧。

三、国际工程投标报价

1. 国际工程造价的构成。国际工程造价的构成比国内工程复杂，计算方法也有所不同。工程总造价和各项费用的构成如图33-3～图33-7所示。

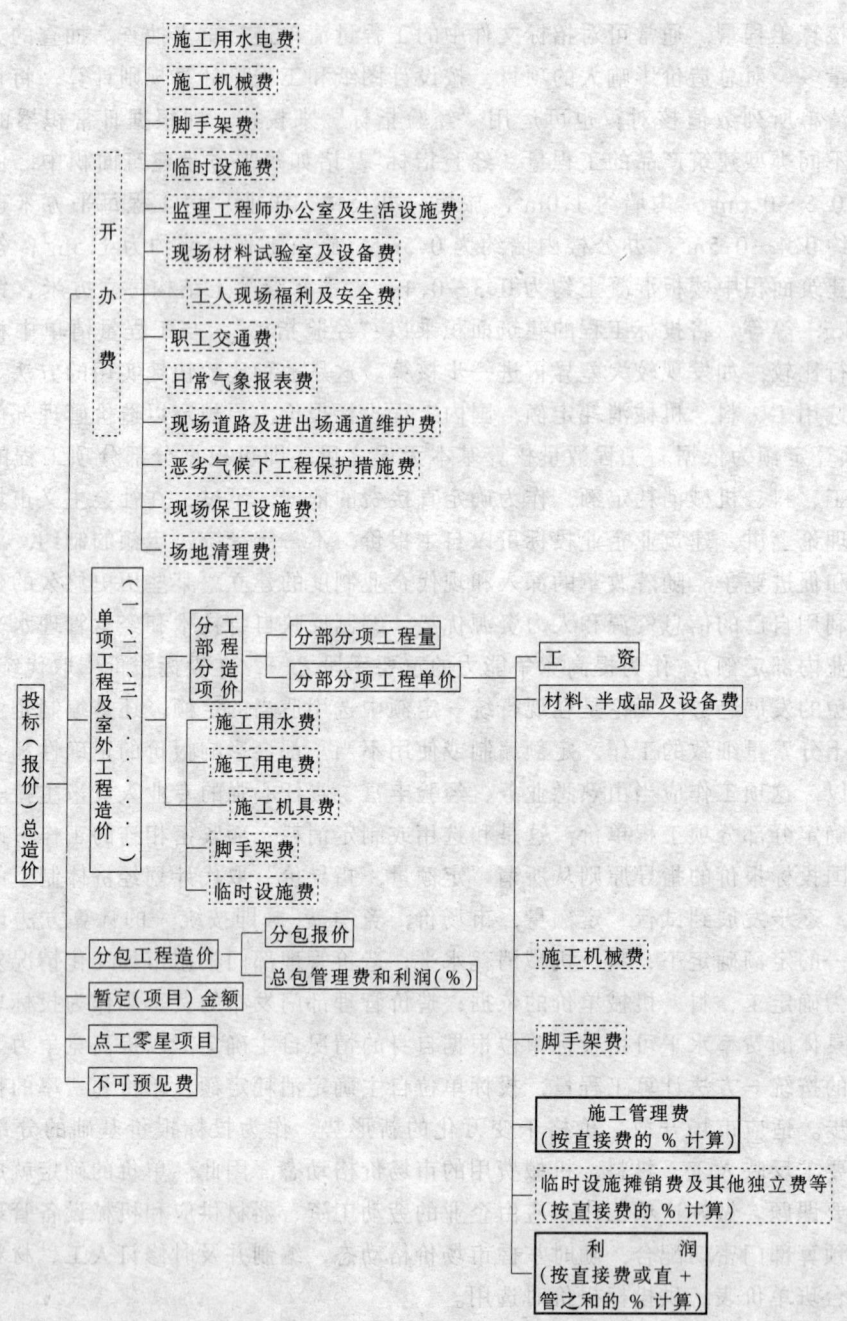

图 33-3 国际投标工程造价的构成

附注：▭ 内为报价项目；
▭ 内为分摊项目；
▭ 内既可作为报价项目，也可作为分摊项目。

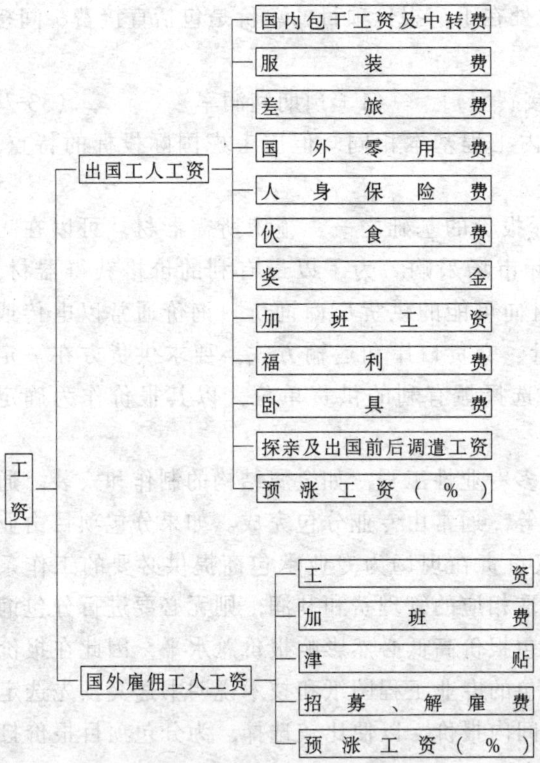

工资
出国工人工资
国内包干工资及中转费
服装费
差旅费
国外零用费
人身保险费
伙食费
奖金
加班工资
福利费
卧具费
探亲及出国前后调遣工资
预涨工资（%）
国外雇佣工人工资
工资
加班费
津贴
招募、解雇费
预涨工资（%）

图 33-4　工资费用的组成

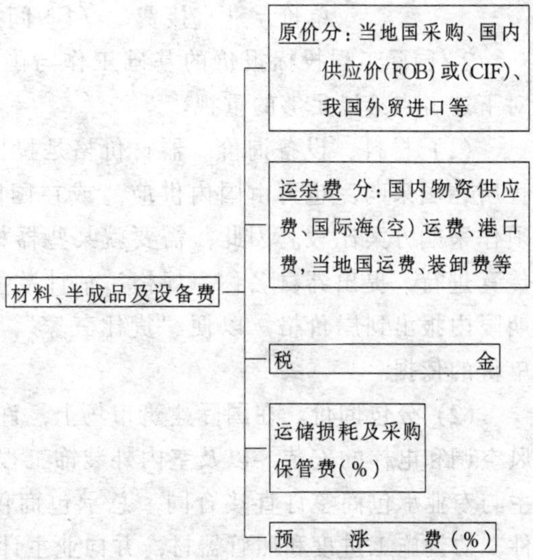

材料、半成品及设备费
原价分：当地国采购、国内供应价(FOB)或(CIF)、我国外贸进口等
运杂费 分：国内物资供应费、国际海(空)运费、港口费，当地国运费、装卸费等
税金
运储损耗及采购保管费(%)
预涨费(%)

图 33-5　材料、半成品及设备费的组成

注：FOB 为离岸价格；CIF 为到岸价格。

施工机械费
自有机械
基本折旧费
运杂费
安装拆卸费
燃料动力费
机上工人工资
维修保养费
保险费
租用机械
进出场费
租费

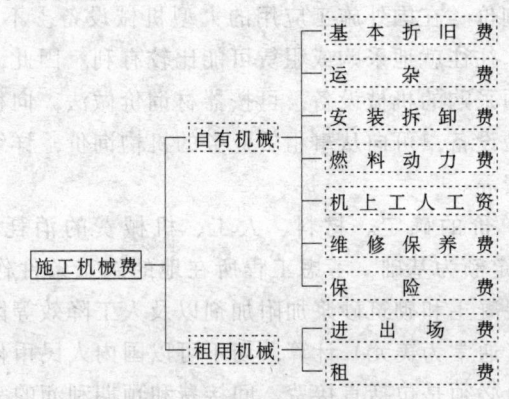

图 33-6　施工机械费的组成

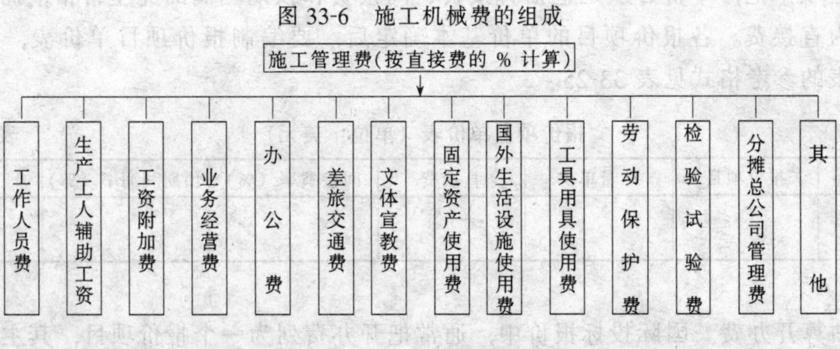

施工管理费(按直接费的 % 计算)
工作人员费
生产工人辅助工资
工资附加费
业务经营费
办公费
差旅交通费
文体宣教费
固定资产使用费
国外生活设施使用费
工具用具使用费
劳动保护费
检验试验费
分摊总公司管理费
其他

图 33-7　施工管理费的组成

报价计算方法与国内工程的主要不同之处在于，报价项目的单价是包括直接费、间接费和预期利润的完全价格。即：

$$单价 = [直接费 \times (1+间接费率)] \times (1+预期利润率) \quad (33-7)$$

2. 国际工程投标报价的基础工作与国内工程基本相同，但应考虑国际投标的特点，对下述各点给以足够的重视。

(1) 材料、设备询价。器材价格是投标报价的基础之一。施工所需器材，可以在工程所在国采购，也可由国内供应，或在国际市场采购。为了以最有利的价格获得器材，须作采购方案比较。因此，需要就某些器材向可能的供货厂商询价。询价通常以电传或传真进行，提出器材名称、规格、估计数量、交货口岸和运输方式。要求供货方在一定期限内报出到岸价格，以便"货比三家"，选择最有利的供货单位，以其报价作为确定单价的依据。

(2) 分包询价。在国际建筑市场上，许多专业性工程，如金属结构的制作和安装，通风空调和电梯的安装，以及室内外装饰工程等，通常由专业分包完成。如果分包项目由业主与专业承包商签订直接合同，总承包商仅负责在现场为专业承包商提供必要的工作条件，协调施工进度和照管器材，并向业主计取相应的管理费和利润，则无必要进行分包询价。如果分包项目要求总包统一报价，则分包报价高低必然影响报价总水平，因此在报价之前应进行分包询价。通常是将准备发交分包的专业工程图纸和技术说明书送交预先选定的几个可能的分包单位，请他们在约定的时间内报价，以便比较选择，为分包项目报价打下基础。

(3) 施工机械设备询价。在国外施工应用的大型机械设备，不一定从国内运往工地，视工期长短和供应条件，往往就地采购或租赁可能比较有利。因此，在报价之前有必要进行机械设备询价。对必须采购的机械设备，可按器材询价做法，向机械设备供应商或制造厂询价。对于租赁的机械设备，可向从事租赁业务的机构询价，详细了解其租价内容和计价方法，以及进出场运费等。

(4) 分部分项工程单价的确定。材料、人工、机械费的消耗定额可以国内统一预(概)算定额或企业内部定额为基础，考虑工程所在地的施工条件作适当的调整，例如在寒冷或炎热地区要考虑混凝土和砌筑砂浆加附加剂以及人工降效等因素。价格应根据市场调研和询价结果以外币（通常为美元）计算，切不可以国内人民币价格按汇率简单地折算为外币。还须牢记，单价必须是包括直接费、间接费和预期利润的完全价格，而不能按国内惯例仅为直接费。各报价项目的单价基本确定后，要编制报价项目单价表，供报价使用。单价表的参考格式见表33-25。

报价项目单价表（单位：美元） 表33-25

编 号	报价项目	计量单位	直接费	间接费率（%）	预期利润率（%）	单 价

(5) 估算开办费。国际投标报价中，通常把开办费列为一个报价项目，其主要内容参见图33-3所示。在实践中，工程量清单的第一项一般就是开办费，并对其内容有详细的说明。报价前，应认真研究这些说明，对可能明显影响报价水平的某些项目，尤须考虑周

到，做出恰当的估计。例如施工机械设备，应分析比较由国内或国外其他工地调运、在国外采购和在当地租赁等不同方案，选择其中成本最低又能确保及时使用的方案。又如监理工程师办公及生活设施，一般要求标准比较高，报价时如果估计过高，不仅会影响报价总水平，而且将来实际支出低于报价时，节约额也不会归承包商，而要退还业主，显然对竞争是不利的，与其如此，就不如按"过得去"的标准估价，中标后在实践中与监理工程师坦诚合作，在工作和生活上尽可能提供方便和实惠，更有利于竞争。对开办费的其他各项目，也都应从实际出发，做出既精打细算，又留有余地的估算。

四、盈亏分析

决策分析可有助于决策者考虑竞争形势对投标工程的适当报价做出初步判断。但要作出决策，还须进一步作盈亏分析。也就是对报价中标后实施该工程的财务结果（盈亏）进行预测。虽然这种预测未必百分之百的准确，但毕竟要比凭主观愿望而随意压价或加码有一定的科学根据。盈亏分析应从盈余和亏损两方面进行。

1. 盈余分析着重下列几个方面：

(1) 定额和效率，即分析工、料、机械台班（时）消耗定额与人工、机械的效率。

1) 用工量，从若干项数量大的主要分部工程（如结构钢筋混凝土，砌体，地面，内外饰面等）进行分析，比较计时、计件、或小包加奖励等不同分配办法下的成本与工效。

2) 材料用量，对用量较大损耗率又高的材料，如轻质砌块、玻璃、面砖等，是否可采用限额领料包干、节约奖励等办法，促进降低损耗；又如模板、脚手架等周转性材料，通过周密的施工组织设计，达到提高周转次数、减少配料量，再加强管理，如拆模由专人整理堆放，减少失散等。

3) 机械台班（时），主要在于检查原定施工方案中有关机械的作业计划，看机械的使用是否集中、紧凑，能否加强一次性连续施工和工序间的衔接，以进一步合理降低机械台班使用量和停滞时间，从而节约机械台班（时）或缩短机械在该工程中的占用时间。

(2) 价格分析，着眼于以下三方面：

1) 劳动力的雇佣，用国内工人经济还是用工程所在国当地工人经济？应比较国内工人工资、调遣费、往返旅费、奖金、各项补贴及保险费之和与当地工人工资、奖金、福利及保险费之和，并与二者的工效综合考虑，取工效提高优于人工成本降低者。

2) 材料、设备价格，对报价影响较大者，可重新核实原来取定的价格是否还有潜力可挖。如通过招标采购，可能会降低价格。此外，也可对某些材料、设备的进货来源重新进行方案比较。

3) 机械台班（时）价格，可比较自己选定价格与租赁价格，有时可发现某些机械租赁比较合适。另外，也可考虑节约燃料、动力消耗的有效措施。

(3) 费用分析，主要是核算各项管理费率有无偏高及其降低的可能，临时设施的数量、定价可否降低，回收率可否提高，开办费中的施工用水、电，以及监理工程师办公室和生活设施等有无节约的可能。

(4) 其他方面，诸如保证金、保险费、贷款利息、维修费、外汇汇率及外汇资金运用等皆应一一找出尽可能挖潜之处。

经过这样详细分析，最后得出估计盈余总额。但要考虑到，在实践中几乎没有可能百分之百地达到预期目标，所以仍须乘以一个修正系数（通常取 0.5~0.7），据以测出可能的低标价,即:低标价=基础标价-(估计盈利×修正系数)。

2. 亏损分析,亦称风险分析,即对作价时可能因考虑不周而低估或漏估,以及施工中可能出现质量问题或拖延工期等因素带来的损失的预测。主要有下述几方面:

(1) 工资,如作价时考虑主要使用本国工人,而工程所在国对外国工人入境有限制,必须以较高的工资多雇佣工效不高的当地工人,以及当地工会不合作,要求提高工资、增加津贴等,都会导致工资亏损。

(2) 材料、设备价格,遇有定货不能如期交货,不得已而从别处采购以应急需,或者材料规格不全,以大代小,以优代次,以及国际市场油价上涨或外汇汇率发生剧烈变化,引发其他材料、设备涨价等。

(3) 工期延误罚款或在保修期内出现质量问题因而增加维修费用。

(4) 作价失误,如进(转)口材料、设备漏计关税,低估开办费等。

(5) 业主或监理工程师不友好,故意刁难而增加返工损失,或不按时付款而增加贷款利息等。

(6) 因不熟悉工程所在地的法规或惯例而导致的罚款、赔偿等。

(7) 因地质、气候特殊而可能发生的损失。

(8) 因管理不善而丢失材料、零配件及发生的其他损失。

(9) 管理费控制不严造成超支等等。

上述亏损估计总额也要乘以适当的修正系数,并据此求出可能的高标价。即,高标价=基础标价+(估计亏损×修正系数)。

五、报价决策分析

报价决策就是确定投标报价的总水平。这是投标胜负的关键环节,通常由投标工作班子的决策人在主要参谋人员的协助下作出决策。

1. 报价决策的工作内容,首先是计算基础标价,即根据工程量清单和报价项目单价表,进行初步测算,其间可能对某些项目的单价作必要的调整,形成基础标价。其次作风险预测和盈亏分析,即充分估计施工过程中的各种有关因素和可能出现的风险,预测对工程造价的影响程度。第三步测算可能的最高标价和最低标价,也就是测定基础标价可以上下浮动的界限,使决策人心中有数,避免凭主观愿望盲目压价或加大保险系数。完成这些工作以后,决策人就可以靠自己的经验和智慧,做出报价决策。然后,方可编制正式报价单。

基础标价、可能的最低标价和最高标价可分别按下式计算:

$$基础标价 = \Sigma 报价项目 \times 单价 \tag{33-8}$$

$$最低标价 = 基础标价 - (预期盈利 \times 修正系数) \tag{33-9}$$

$$最高标价 = 基础标价 + (风险损失 \times 修正系数) \tag{33-10}$$

考虑到在一般情况下,无论各种盈利因素或者风险损失,很少有可能在一个工程上百分之百地出现,所以应加一修正系数,这个系数凭经验一般取 0.5~0.7。

2. 决策分析方法。报价决策过程中,可以针对不同的竞争情况,运用适当的决策分析方法,帮助提高决策水平。

(1) 决策树分析法,是适用于风险型决策分析的一种简便易行的实用方法,其特点是用一种树状图表示决策过程,通过事件出现的概率和损益期望值的计算与比较,可帮助决策者对行动方案作出抉择。当投标单位不考虑竞争对手的情况，仅根据自己的实力决定对某些招标项目是否投标及如何报价时，则是典型的风险型决策问题，适用决策树法进行分析。举例说明如下：

设有 A、B 两项工程同时招标，某建筑公司根据自己的力量和在施工的工程，只能对一项招标工程投标，或者对两项工程都不投标；如果投标，对两项工程各有高低两种报价方案；报高价的中标概率为 0.3，报低价的中标概率为 0.5；中标后可能获利或亏损的数额和概率如表 33-26 所列；如投标不中，将损失投标准备费，对工程 A 为 5 万元，对工程 B 为 10 万元。是否投标？如投标，对哪个工程投标较为有利？

表 33-26

方案	可能损益程度（万元）及其概率					
	高利	概率	低利	概率	亏损	概率
A 高价	500	0.3	100	0.5	-300	0.2
A 低价	400	0.2	50	0.6	-400	0.2
不投标	0	1	0	1	0	1
B 高价	700	0.3	200	0.5	-300	0.2
B 低价	600	0.3	100	0.6	-100	0.1

用决策树法分析，先根据已知情况绘决策树如图 33-8 所示。

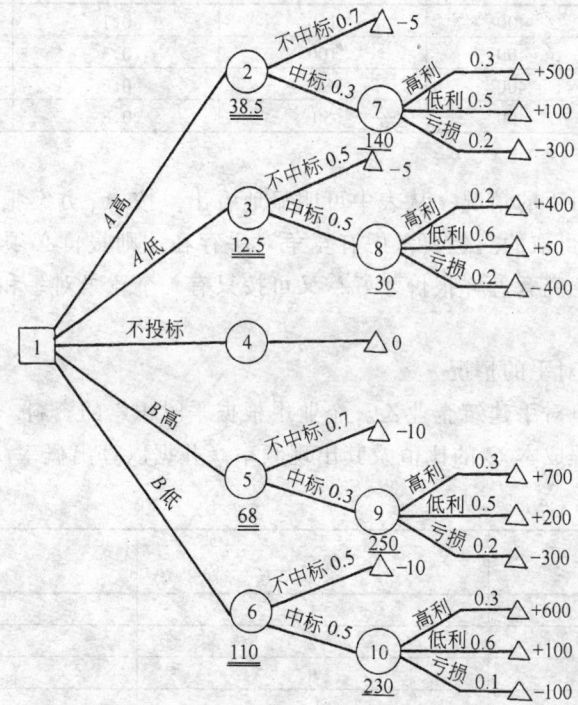

图 33-8 决策树示意图

说明：图中左方的 ①叫做"决策点"；由此向右伸出的 5 条斜线叫做"方案分枝"；②、③、④、……⑩叫做"自然状态点"；由此向右伸出的斜线叫做"概率分枝"；最右方的 △叫做"损益值点"。

再按下列顺序计算损益期望值：
⑦ $500 \times 0.3 + 100 \times 0.5 - 300 \times 0.2 = 150 + 50 - 60 = \underline{140}$
② $140 \times 0.3 - 5 \times 0.7 = 42 - 3.5 = \underline{38.5}$
⑧ $400 \times 0.2 + 50 \times 0.6 - 400 \times 0.2 = 80 + 30 - 80 = \underline{30}$
③ $30 \times 0.5 - 5 \times 0.5 = 15 - 2.5 = \underline{12.5}$
⑨ $700 \times 0.3 + 200 \times 0.5 - 300 \times 0.2 = 210 + 100 - 60 = \underline{250}$
⑤ $250 \times 0.3 - 10 \times 0.7 = 75 - 7 = \underline{68}$
⑩ $600 \times 0.3 + 100 \times 0.6 - 100 \times 0.1 = 180 + 60 - 10 = \underline{230}$
⑥ $230 \times 0.5 - 10 \times 0.5 = 115 - 5 = \underline{110}$

最后将计算结果分别在图中相应的自然状态点下标明，可以看出，在投标的4个方案中，以对工程 B 报低价的损益期望值110万为最高，表明该方案可取。

(2) 概率分析法，适用于考虑竞争对手的存在，而且研究了某些主要对手的报价行为和中标概率情况下的报价决策分析。举例说明如下：

某工程招标，建筑企业甲打算投标，估计工程成本为400万元，考虑了4个报价方案，可能的利润、中标概率和利润期望值列于表33-27。

表33-27

报价方案 （万元）	估计成本 （万元）	可能利润（万元） $I = A - C$	中标概率 P	利润期望值 PI
A_1 550	C 400	150	0.1	15
A_2 500	C 400	100	0.3	30
A_3 480	C 400	80	0.6	48
A_4 450	C 400	50	0.8	40

如果不考虑竞争对手的情况，从表中可明显地看出，按 A_3 方案报价480万元，利润期望值48万元，是最可取的。但要考虑有竞争对手存在，则报价必须低于竞争对手的报价，才有中标的希望。究竟怎样报价才好？又可按只有一个竞争对手和多个竞争对手两种情况来分析。

1) 只有一个竞争对手的情况

假设只有一个竞争对手建筑企业乙。企业甲根据平时积累的资料，知道企业乙的不同水平的报价对估计工程成本 C 的比值及其出现频率，并据以算出概率，如表33-28所列。

表33-28

报价/估计成本 B/C	频率 f	概 率 $P_b = f/\Sigma f$
0.8	1	0.01
0.9	2	0.03
1.0	8	0.10
1.1	14	0.19
1.2	22	0.30
1.3	19	0.26
1.4	6	0.08
1.5	2	0.03
合　　计	74	1.00

据此，可计算企业甲的不同报价 A_i 低于企业乙的不同报价 B_i 的概率，列于表 33-29。

表 33-29

A/C	$A_i < B_i$ 的概率 P
0.75	1.00
0.85	0.99
0.95	0.96
1.05	0.86
1.15	0.67
1.25	0.37
1.35	0.11
1.45	0.03
1.55	0.00

表中左栏为企业甲的不同报价与估计成本的比值（A/C）；右栏为 A/C 方案能战胜对手（即 $A_i < B_i$）的概率。这个概率为大于 A/C 值的各 B/C 值的概率之和。设企业甲打算采取 $A/C=1.25$ 的报价方案，从表 33-28 得知，大于 1.25 的 B/C 值有 1.3、1.4 和 1.5，相应的概率为 0.26、0.08 和 0.03，三者之和为 0.37，也就是说企业甲按估计成本的 1.25 倍报价（在本例中为 500 万元），中标概率将为 0.37。如果采用 $A/C=1.15$ 的报价方案（在本例中为 460 万元），又多了一个 $B/C=1.2$ 也是大于 1.15 的，其概率为 0.3，则中标概率将提高到 0.67。表 33-29 右栏的 P 值就是这样求得的。

有了不同报价方案成为最低标的概率，对工程成本和可能获得的利润也有所估计，即可通过计算和比较利润期望值，来选择最可取的报价方案。表 33-29 中，A/C 值为 0.75、0.85、0.95 的方案都是要赔本的，在一般情况下当然不会采取。在 A/C 值为 1.05～1.55 诸方案中，究竟哪一个最可取？则可借助于表 33-30 来研究。

表 33-30

报价方案 A/C	可能利润 I	中标概率 P	利润期望值 PI
1.05C	0.05C	0.86	0.04C
1.15C	0.15C	0.67	0.10C
1.25C	0.25C	0.37	0.09C
1.35C	0.35C	0.11	0.04C
1.45C	0.45C	0.03	0.01C
1.55C	0.55C	0.00	0.00C

从表中可以看出，报价为估计成本 1.15 倍的方案利润期望值最高，为估计成本的 1/10，应该是建筑企业甲在与企业乙竞争中最可取的报价方案。本例中估计工程成本为 400 万元，投标可报价 460 万元，中标概率为 0.67，利润期望值为 40 万元。

2）有多（n）个竞争对手的情况

多个竞争对手的存在，又有两种情况：

①知道具体的竞争对手，并掌握其活动规律。例如，建筑企业甲对某项工程投标，同时还有乙、丙、丁三家企业参加竞争，可看做 3 个单独存在的对手，根据已掌握的资料，可用上述只有一个竞争对手情况下的分析方法，分别求出企业甲报价低于企业乙、丙、丁报价的概率，假设如表 33-31 所列。

表 33-31

A/C	企业甲的报价低于对手的概率		
	P_1（乙）	P_2（丙）	P_3（丁）
0.75	1.00	1.00	1.00
0.85	0.99	0.99	1.00
0.95	0.96	0.96	0.98
1.05	0.86	0.86	0.80
1.15	0.67	0.69	0.70
1.25	0.37	0.36	0.60
1.35	0.11	0.16	0.27
1.45	0.03	0.03	0.09
1.55	0.00	0.00	0.00

对于这些竞争对手的报价可看做互不相关的独立事件。按概率论，他们同时发生的概率等于各自概率的乘积，用公式来表示，即

$$P = P_1 \cdot P_2 \cdot P_3 \cdots\cdots P_n = \prod_{i=1}^{n} P_i \tag{33-11}$$

为了便于理解，可借两个常见的事例来说明这个问题：一个是扔硬币。硬币一面是字，一面是花；扔一枚硬币，字面朝上和花面朝上的概率各为 1/2；同时扔两枚硬币，字面都朝上或花面都朝上的概率就是 $1/2 \times 1/2 = 1/4$。再一个是掷骰子。一颗骰子出 6 的概率是 1/6；三颗骰子同时出 6 的概率是 $1/6 \times 1/6 \times 1/6 = 1/216$。

同理，企业甲的报价同时低于企业乙、丙、丁的报价（只有这样才能战胜三个对手）的概率也应是分别低于他们的报价概率的乘积。于是，可根据表 33-31 求出这个概率，然后按只有 1 个竞争对手的情况来分析比较就行了。本例的计算结果列于表 33-32。

表 33-32

报价方案	I	$P = P_1 \cdot P_2 \cdot P_3$	PI
1.05C	0.05C	0.59	0.03C
1.15C	0.15C	0.32	0.05C
1.25C	0.25C	0.08	0.02C
1.35C	0.35C	0.01	0.004C
1.45C	0.45C	0.00	0.00C
1.55C	0.55C	0.00	0.00C

结果表明，建筑企业甲的最佳报价方案仍然是 1.15 倍估计成本。不过，由于竞争对手从一个增加到三个，竞争激烈程度提高，中标概率随之降低到 0.32，利润期望值也降至 $0.05C$，即报价 460 万，预期利润只有 20 万了。

② 仅知竞争对手数目，但不知具体竞争者是谁，当然也无从掌握其活动规律。在这种情况下，可借助于"平均对手法"来分析。仍以建筑企业甲对某工程项目投标为例，可选一家在建筑市场上有一定代表性的建筑企业，并掌握其以往投标报价的资料，不论它是否参加这次投标，就把它当作具有代表性的"平均对手"并以一个具体的竞争对手来看待，求出不同报价方案能战胜这个对手的概率 P_0，再按存在 n 个对手的情况，求得同时战胜他们的概率 P。由于原来 n 个具体对手变成了 n 个平均对手，企业甲报价同时低于 n 个对手报价的概率 $P = \prod_{i=1}^{n} P_i$ 可改写成 $P = P_0^n$。求出了 P，有了报价方案 A/C，算出可能获得的利润 I，即可算出利润期望值 PI 并进行比较，方法步骤和上面讲的相同。

如果以企业乙为平均对手，表 33-29 中 $A_i < B_i$ 的概率即为 P_0。当 $n = 1, 2, 3, 4$ 时的 P 值如表 33-33 所列。再据以计算不同报价方案的利润期望值 $P_0^n I$ 列于表 33-34。

表 33-33

| 报价方案 | P_0^n | | | |
A/C	$n = 1$	$n = 2$	$n = 3$	$n = 4$
1.05C	0.86	0.740	0.636	0.547
1.15C	0.67	0.449	0.301	0.202
1.25C	0.37	0.137	0.051	0.019
1.35C	0.11	0.012	0.001	0.000
1.45C	0.03	0.001	0.000	0.000
1.55C	0.00	0.000	0.000	0.000

表 33-34

| 报价方案 | 可能利润 | 利润期望值 $P_0^n I$ | | | |
A/C	I	$n = 1$	$n = 2$	$n = 3$	$n = 4$
1.05C	0.05C	0.043C	0.037C	0.032C	0.027C
<u>1.15C</u>	<u>0.15C</u>	<u>0.100C</u>	<u>0.067C</u>	<u>0.045C</u>	<u>0.030C</u>
1.25C	0.25C	0.092C	0.034C	0.013C	0.005C
1.35C	0.35C	0.038C	0.004C	0.0004C	0.000
1.45C	0.45C	0.014C	0.0004C	0.000	0.000
1.55C	0.55C	0.000	0.000	0.000	0.000

计算结果表明，建筑企业甲的报价方案仍以估计工程成本的 1.15 倍可望得到最高的预期利润；但随着竞争对手数目的增多，竞争程度加剧，$P_0^n I$ 值逐步下降，盈利将更加困难。

六、作价技巧及其运用

作价技巧 报价决策确定以后，为了贯彻决策意图，在具体编制报价单时，还应灵活运用适当的作价技巧，作为争取中标的辅助手段。

（一）不平衡单价法的运用

不平衡单价法是指一个工程项目的投标报价，在总价基本确定后，适当调整其中某些项目的单价，以期既不提高总价，不影响中标，又能在结算时得到更为理想的经济效益的一种技巧。常见的不平衡单价法见表 33-35。

常见的不平衡单价法　　　　　　　　表33-35

序号	信息类型	变动趋势	不平衡处理
1	资金收入的时间	早	单价高
		晚	单价低
2	工程量估算不准确	增加	单价高
		减少	单价低
3	报价图纸不明确	增加工程量	单价高
		减少工程量	单价低
4	暂定工程	自己承包的可能性高	单价高
		自己承包的可能性低	单价低
5	单价和包干混合制的项目	固定包干价格项目	价格高
		单价项目	单价低
6	单价组成分析表	人工费和机械费	单价高
		材料费	单价低
7	议标时业主要求压低单价	工程量大的项目	单价小幅度降低
		工程量小的项目	单价较大幅度降低
8	报单价的项目	没有工程量	单价高
		有假定的工程量	单价适中

注：表中

序号1：能够早日结账的项目（如开办费、基础工程、土方开挖、桩基等）单价可以报得较高，以利资金周转，后期工程项目（如机电设备安装、装饰等）的单价可适当降低。

序号2：经过工程量核算，预计今后工程量会增加的项目，单价适当提高，这样在最终结算时可多赚钱，而将工程量完不成的项目单价降低，工程结算时损失不大。

但是上述两种情况要统筹考虑，即对于工程量有错误的早期工程，如果不可能完成工程表中的数量，则不能盲目抬高单价，要具体分析后再定。

序号3：设计图纸不明确，估计修改后工程量要增加的，可以提高单价，而工程内容说不清楚的，则可以降低一些单价。

序号4：暂定项目又叫任意项目或选择项目，对这类项目要作具体分析，因这一类项目要开工后由发包人研究决定是否实施，由哪一家承包人实施。如果工程不分标，只由一家承包人施工，则其肯定要做的单价可高些，不一定要做的则应低些。如果工程分标，该暂定项目也可能由其他承包人施工时，则不宜报高价，以免抬高总报价。

序号5：单价包干混合制合同中，发包人要求有些项目采用包干报价时，宜报高价。一则这类项目多半有风险，二则这类项目在完成后可全部按报价结账，即可以全部结算回来。而其余单价项目则可适当降低。

序号6：有的招标文件要求投标者对工程量大的项目报"单价分析表"，投标时可将单价分析表中的人工费及机械设备费报得较高，而材料费算得较低。这主要是为了在今后补充项目报价时可以参考选用"单价分析表"中的较高的人工费和机构设备费，而材料则往往采用市场价，因而可获得较高的收益。

序号7：在议标时，承包人一般都要压低标价。这时应该首先压低那些工程量小的单价，这样即使压低了很多个单价，总的标价也不会降低很多，而给发包人的感觉却是工程量清单上的单价大幅度下降，承包人很有让利的诚意。

序号8：如果是单纯报计日工或台班机械单价，可以高些，以便在日后发包人用工或使用机械时可多盈利。但如果计日工表中有一个假定的"名义工程量"时，则需要具体分析是否报高价，以免抬高总报价。总之，要分析发包人在开工后可能使用的计日工数量，然后确定报价技巧。

但不平衡报价一定要建立在对工程量表中工程量风险仔细核对的基础上，特别是对于报低单价的项目，如工程量一旦增多，将造成承包人的重大损失，同时一定要控制在合理幅度内（一般可在10%左右），以免引起发包人反对，甚至导致废标。如果不注意这一点，有时发包人会挑选出报价过高的项目，要求投标者进行单价分析，而围绕单价分析中过高的内容压价，以致承包人得不偿失。

（二）多方案报价法

有时招标文件中规定，可以提一个建议方案；或对于一些招标文件，如果发现工程范围不很明确，条款不清楚或很不公正，或技术规范要求过于苛刻时，则要在充分估计风险的基础上，按多方案报价法处理。即是按原招标文件报一个价，然后再提出如果某条款作某些变动，报价可降低的额度。这样可以降低总价，吸引发包人。

投标者这时应组织一批有经验的设计和施工工程师，对原招标文件的设计和施工方案仔细研究，提出更理想的方案以吸引发包人，促成自己的方案中标。这种新的建议可以降低总造价或提前竣工或使工程运用更合理。但要注意的是对原招标方案一定也要报价，以供发包人比较。

增加建议方案时，不要将方案写得太具体，保留方案的技术关键，防止发包人将此方案交给其他承包人，同时要强调的是，建议方案一定要比较成熟，或过去有这方面的实践经验。因为投标时间往往较短，如果仅为中标而匆忙提出一些没有把握的建议方案，可能引起很多后患。

（三）突然降价法

报价是一件保密的工作，但是对手往往会通过各种渠道、手段来刺探情报，因之在报价时可以采用迷惑对手的手法。即先按一般情况报价或表现出自己对该工程兴趣不大，到快要投标截止时，才突然降价。

采用这种方法时，一定要在准备投标报价的过程中考虑好降低的幅度，在临近投标截止日期前，根据情报信息与分析判断，再做最后决策。

采用突然降价法而中标，因为开标只降总价，在签订合同后可采用不平衡报价的思想调整工程量表内的各项单价或价格，以期取得更高的效益。

（四）先亏后盈法

对大型分期建设工程。在第一期工程投标时，可以将部分间接费分摊到第二期工程中去，少计算利润以争取中标。这样在第二期工程投标时，凭借第一期工程的经验、临时设施以及创立的信誉，比较容易拿到第二期工程。但第二期工程遥遥无期时，则不宜这样考虑，以免承担过高的风险。

（五）开口升级法

把报价视为协商过程，把工程中某项造价高的特殊工作内容从报价中减掉，使报价成为竞争对手无法相比的"低价"。利用这种"低价"来吸引发包人，从而取得了与发包人进一步商谈的机会，在商谈过程中逐步提高价格。当发包人明白过来当初的"低价"实际上是个钓饵时，往往已经在时间上处于谈判弱势，丧失了与其他承包人谈判的机会。利用这种方法时，要特别注意在最初的报价中说明某项工作的缺项，否则可能会弄巧成拙，真的以"低价"中标。

（六）许诺优惠条件

报价附带优惠条件是行之有效的一种手段。招标者评标时，除了主要考虑报价和技术方案外，还要分析别的条件，如工期、支付条件等。所以在投标时主动提出提前竣工、低息贷款、赠给施工设备、免费转让新技术或某种技术专利、免费技术协作、代为培训人员等，均是吸引发包人、利于中标的辅助手段。

（七）争取评标奖励

有时招标文件规定，对某些技术规格指标的评标，投标人提供优于规定指标值时，给予适当的评标奖励，如评标加分或减去一定百分比的评标价格。投标人应该使招标人比较注重的指标适当地优于规定标准，可以获得适当的评标奖励，有利于在竞争中取胜。但要注意技术性能优于招标规定，将导致报价相应上涨，如果投标报价过高，即使获得评标奖励，也难以与报价上涨的部分相抵，这样评标奖励也就失去了意义。

33-2-7-7 投标文件的汇编和投送

投标文件亦称"标书"，即按投标须知要求，投标单位必须按规定格式提交给招标单位的全部文件。

一、国内工程投标文件的汇编

1.投标文件的组成。国内工程投标文件由投标函、商务部分和技术部分组成。采用资格后审的，还应包括资格审查文件。

（1）投标函的主要内容有：①法定代表人的身份证明；②投标文件签署授权委托书；③投标函正文；④投标函附录；⑤投标担保银行保函或投标担保书；⑥招标文件要求投标人提交的其他投标资料。除第⑤项的担保银行保函具体格式由担保银行提供，第⑥项在需要时由招标人以书面提出外，其余各项的标准格式如下：

_____工程施工招标投标文件

项目编号：_____

项目名称：_____

投标文件内容：投标文件投标函部分

投标人：_____（盖章）

法定代表人

或其委托代理人：_____（签字或盖章）

日期：_____年____月____日

法定代表人身份证明书

单位名称：_____

成立时间：____年____月____日

单位性质：_____

地　　址：_____

经营期限：_____

姓名：_____ 性别：_____ 年龄：_____ 职务：_____

系____（投标人单位名称）____的法定代表人。

特此证明。

投标人：_____（盖章）

日期：_____年____月____日

投标文件签署授权委托书

　　本授权委托书声明：我_____（姓名）系_____（投标人名称）的法定代表人，现授权委托_____（单位名称）的_____（姓名）为我公司签署本工程的投标文件的法定代表人的授权委托代理人，我承认代理人全权代表我所签署的本工程的投标文件的内容。

　　代理人无转委托权，特此委托。
　　代理人：____（签字）____性别：_____年龄：_____
　　身份证号码：_____职务：_____
　　投标人：_____（盖章）
　　法定代表人：_____（签字或盖章）
　　授权委托日期：____年____月____日

投 标 函

致：____（招标人名称）

　　1．根据你方招标工程项目编号为_____的_____工程招标文件，遵照《中华人民共和国招标投标法》等有关规定，经踏勘项目现场和研究上述招标文件的投标须知、合同条款、规范、图纸、工程建设标准和工程量清单及其他有关文件后，我方愿以____（币种，金额，单位）____（ 小写 ）的投标报价并按上述图纸、合同条款、工程建设标准和工程量清单的条件要求承包上述工程的施工、竣工，并承担任何质量缺陷保修责任。

　　2．我方已详细审核全部招标文件，包括修改文件（有时），及有关附件。

　　3．我方承认投标函附录是我方投标函的组成部分。

　　4．一旦我方中标，我方保证按合同协议书中规定的工期_____日历天内完成并移交全部工程。

　　5．如果我方中标，我方将按照规定提交上述总价_____%的银行保函或上述总价_____%的由具有担保资格和能力的担保机构出具的履约担保书作为履约担保。

　　6．我方同意所提交的投标文件在"投标申请人投标须知"第15条规定的投标有效期内有效，在此期间如果中标，我方将受此约束。

　　7．除非另外达成协议并生效，你方的中标通知书和本投标文件将成为约束双方的合同文件的组成部分。

　　8．我方与本投标函一起，提交____（币种，金额，单位）____作为投标担保。

投标人：____（盖章）
单位地址：_____
法定代表人或其委托代理人：_____（签字或盖章）
邮政编码：_____电话：_____传真：_____

开户银行名称：_____
开户银行账号：_____
开户银行地址：_____
开户银行电话：_____

日期：____年____月____日

投 标 函 附 录　　　　　　　　　　　表33-36

序号	项目内容	合同条款号	约定内容	备注
1	履约保证金： 银行保函金额： 履约担保书金额：		合同价款的（　）% 合同价款的（　）%	
2	施工准备时间：		签订合同协议书后（　）天	
3	误期违约金额：		（　）元/天	
4	误期赔偿费限额：		合同价款（　）%	
5	提前工期奖：		（　）元/天	
6	施工总工期：		（　）日历天	
7	质量标准：			
8	工程质量违约金最高限额		（　）元	
9	预付款金额：		合同价款的（　）%	
10	预付款保函金额：		合同价款的（　）%	
11	进度款付款时间：		月付款凭证后（　）天	
12	竣工结算款付款时间：		签发竣工结算付款凭证后（　）天	
13	保修期：		依据保修书约定的期限	

投 标 担 保 书

致：＿＿（招标人名称）＿＿

根据本担保书，＿＿（投标人名称）＿＿作为委托人（以下简称"委托人"）和＿＿（担保机构名称）＿＿作为担保人（以下简称"担保人"）共同向＿＿（招标人名称）＿＿（以下简称"招标人"）承担支付＿＿（币种，金额，单位）＿＿（小写）＿＿的责任，投标人和担保人均受本担保书的约束。

鉴于投标人于＿＿年＿＿月＿＿日参加招标人的＿＿（招标工程项目名称）＿＿的投标，本担保人愿为投标人提供投标担保。

本担保书的条件是：如果投标人在投标有效期内收到你方的中标通知书后：

1．不能或拒绝按投标须知的要求签署合同协议书；

2．不能或拒绝按投标须知的规定提交履约保证金。

只要你方指明产生上述任何一种情况的条件时，则本担保人在接到你方以书面形式的要求后，即向你方支付上述全部款额，无需你方提出充分证据证明其要求。

本担保人不承担支付下述金额的责任：

1. 大于本担保书规定的金额；
2. 大于投标人投标价与招标人中标价之间的差额的金额。

担保人在此确认，本担保书责任在投标有效期或延长的投标有效期满后28天内有效，若延长投标有效期无须通知本担保人，但任何索款要求应在上述投标有效期内送达本担保人。

担保人：_____（盖章）

法定代表人或委托代理人：_____（签字或盖章）

地　址：_____

邮政编码：_____

日　期：____年____月____日

（2）商务部分包括的主要内容，采用综合单价形式的为：①投标报价说明；②投标报价汇总表；③主要材料清单报价表；④设备清单报价表；⑤工程量清单报价表；⑥措施项目报价表；⑦其他项目报价表；⑧工程量清单项目价格计算表；⑨投标报价需要的其他资料（需要时由招标人用文字或表格提出，或投标人在投标报价时提出）。其格式如下（表33-37～表33-43）。

_____工程施工招标投标文件

项 目 编 号：_____

项 目 名 称：_____

投标文件内容：<u>投标文件商务部分</u>

投　标　人：_____（盖章）

法定代表人或其

委 托 代 理 人：_____（签字或盖章）

日　　　期：____年____月____日

投标报价说明

1. 本报价依据本工程投标须知和合同文件的有关条款进行编制。
2. 工程量清单报价表中所填入的综合单价和合价均包括人工费、材料费、机械费、管理费、利润、税金以及采用固定价格的工程所测算的风险金等全部费用。
3. 措施项目报价表中所填入的措施项目报价，包括为完成本工程项目施工必须采取的措施所发生的费用。
4. 其他项目报价表中所填入的其他项目报价，包括工程量清单报价表和措施项目报价表以外的，为完成本工程项目施工必须发生的其他费用。
5. 本工程量清单报价表中的每一单项均应填写单价和合价，对没有填写单价和合价的项目费用，视为已包括在工程量清单的其他单价或合价之中。

6．本报价的币种为_____。

7．投标人应将投标报价需要说明的事项，用文字书写与投标报价表一并报送。

投标报价汇总表　　　　　　　　　　　　　　　　　　　　　　　表33-37

（工程项目名称）：_____工程

序号	表号	工程项目名称	合计（单位）	备注
一		土建工程分部工程量清单项目		
1				
2				
3				
4				
二		安装工程分部工程量清单项目		
1				
2				
3				
4				
三		措施项目		
四		其他项目		
五		设备费用		
六		总计		

投标总报价___（币种，金额，单位）

投标人：　　（盖章）

法定代表人或委托代理人：　　（签字或盖章）

日期：　年　月　日

主要材料清单报价表　　　　　　　　　　　　　　　　　　　　　　表33-38

（工程项目名称）_____工程　　　　　　　　　　　　共___页第___页

序号	材料名称及规格	计量单位	数量	报价（单位）		备注
				单价	合价	
1	2	3	4	5	6	7

投标人：　　（盖章）

法定代表人或委托代理人：　　（签字或盖章）

日期：　年　月　日

设备清单报价表

表 33-39

（工程项目名称）_____工程　　　　　　　　　　　　　共____页第____页

序号	设备名称	规格型号	单位	数量	单价（单位）				合价（单位）				备注
					出厂价	运杂费	税金	单价	出厂价	运杂费	税金	合价	
1	2	3	4	5	6	7	8	9	10	11	12	13	14

小计：____（币种，金额，单位）　（其中设备出厂价_____；运杂费_____；税金_____）

设备报价（含运杂费、税金）合计____（币种，金额，单位）

投标人：　　（盖章）

法定代表人或委托代理人：　　（签字或盖章）

日期：　年　月　日

工程量清单报价表

表 33-40

____（分部）____工程　　　　　　　　　　　　　共____页____第____页

序号	编号	项目名称	计量单位	工程量	综合单价（单位）	合价（单位）	备注
1	2	3	4	5	6	7	8

合计：币种，金额，单位

投标人：　　（盖章）

法定代表人或委托代理人：　　（签字或盖章）

日期：　年　月　日

措施项目报价表

表 33-41

_____工程　　　　　　　　　　　　　　　共___页 第___页

序号	项目名称	金额
1		
2		
3		
4		
…		

合计：____（币种，金额，单位）（结转至投标报价汇总表）

投标人：　　　　（盖章）
法定代表人或委托代理人：　　　（签字或盖章）

日期：　　年　　月　　日

其他项目报价表

表 33-42

_____工程　　　　　　　　　　　　　　　共___页 第___页

序号	项目名称	金额
1		
2		
3		
4		
…		

合计：____（币种，金额，单位）（结转至投标报价汇总表）

投标人：　　　　（盖章）
法定代表人或委托代理人：　　　（签字或盖章）

日期：　　年　　月　　日

工程量清单项目价格计算表

_____工程（分部）工程

表 33-43

共___页 第___页

序号	编号	项目名称	计量单位	工程量	单价	工料单价				工料合价				费用			合价	单价	备注
						其中			合价		其中			管理费	利润	税金			
						人工费	材料费	机械费		人工费	材料费	机械费							
1	2	3	4	5	6	7	8	9	10	11	12	13		14	15	16	17	18	19
1	（清单项目编号）																		
2	（清单项目编号）																		

合价合计：_____

投标人：（盖章）

法定代表人或委托代理人：（签字或盖章）

日期：　　年　　月　　日

采用工料单价形式的,其主要内容为:①投标报价说明;②投标报价汇总表;③主要材料清单报价表;④设备清单报价表;⑤分部工程工料价格计算表;⑥分部工程费用计算表;⑦投标报价需要的其他资料。除②、③、④项与采用综合单价形式的相同、第⑦项无固定格式外,其余各项格式如下(表33-44~表33-45):

投标报价说明

1. 本报价依据了本工程投标须知和合同文件的有关条款进行编制。
2. 分部工程工料价格计算表中所填入的工料单价和合价,为分部工程所涉及的全部项目的价格,是按照有关定额的人工、材料、机械消耗量标准及市场价格计算、确定的直接费。其他直接费、间接费、利润、税金和有关文件规定的调价、材料差价、设备价格、现场因素费用、施工条件措施费以及采用固定价格的工程所测算的风险金等按现行的计算方法计取,计入分部工程费用计算表中。
3. 本报价中没有填写的项目的费用,视为已包括在其他项目之中。
4. 本报价的币种为_____。
5. 投标人应将投标价需要说明的事项,用文字书写与投标报价表一并报送。

分部工程工料价格计算表　　　　　表33-44

____(分部)____工程　　　　　　　　　共____页　第____页

序号	编号	项目名称	计量单位	工程量	工料单价(单位)				工料合价(单位)				备注
					单价	其中			合价	其中			
						人工费	材料费	机械费		人工费	材料费	机械费	
1	2	3	4	5	6	7	8	9	10	11	12	13	14

工料合价合计:____(币种,金额,单位)____,人工费合计:____(币种,金额,单位)____

投标人:　　　　(盖章)

法定代表人或委托代理人:　　　　(签字或盖章)

日期:　　年　　月　　日

分部工程费用计算表　　　　　表33-45

____(分部)____工程　　　　　　　　　共____页　第____页

代码	序号	费用名称	单位	费率标准	金额	计算公式
A	一	直接工程费				
A1	1	直接费				
A11						
A12						
A13						
A2	2	其他直接费合计				
A21						
A22						
A3	3	现场经费				
A31						

续表

代码	序号	费用名称	单位	费率标准	金额	计算公式
B	二	间接费				
B1						
B2						
B3						
C	三	利润				
D	四	其他				
D1						
D2						
D3						
E	五	税金				
F	六	总计				A+B+C+…+E

工程量清单报价总额合计人民币_____（币种，金额，单位）

投标人：_____（盖章）

法定代表人或委托代理人：_____（签字或盖章）

　　　　　　　　　　　　　　　　　　　　　日期：　年　月　日

注：表内代码根据费用内容增删。

（3）投标文件技术部分主要包括：1 施工组织设计；2 项目管理机构配备情况；3 拟分包项目情况表。具体要求如下：

_____工程施工招标投标文件

项　目　编　号：_____

项　目　名　称：_____

投标文件内容：　投标文件技术部分

投　　标　　人：_____（盖章）

法定代表人或其

委 托 代 理 人：_____（签字或盖章）

投　　标　　人：_____（盖章）

日　　　　　期：____年____月____日

施工组织设计

1. 投标人应编制施工组织设计，包括投标须知规定的施工组织设计基本内容。编制的具体要求是：编制时应采用文字并结合图表形式说明各分部分项工程的施工方法；拟投入的主要施工机械设备情况、劳动力计划等；结合招标工程特点提出切实可行的工程质量、安全生产、文明施工、工程进度、技术组织措施，同时应对关键工序、复杂环节重点提出相应技术措施，如冬雨季施工技术措施、减少扰民噪音、降低环境污染技术措施、底下管线及其他地上地下设施的保护加固措施等。

2. 施工组织设计除采用文字表述外应附下列图表：
2.1 拟投入的主要施工机械设备表；
2.2 劳动力计划表；
2.3 计划开、竣工日期和施工进度网络图；
2.4 施工总平面图；
2.5 施工用地表。
图表格式要求如下（表33-46～表33-52）

拟投入的主要施工机械设备表　　　　　　　　　　　　　　表33-46

（工程项目名称）　工程

序号	机械或设备名称	型号规格	数量	国别产地	制造年份	额定功率（kW）	生产能力	用于施工部位	备注

劳 动 力 计 划 表　　　　　　　　　　　　　　表33-47

（工程项目名称）　工程　　　　　　　　　单位：人

工种	按工程施工阶段投入劳动力情况					

注：投标人应按所列格式提交包括分包人在内的估计的劳动力计划表。
　　本计划表是以每班八小时工作制为基础编制的。

施工总平面图及临时用地表

1．施工总平面布置图

投标人应提交一份施工总平面图，绘出现场临时设施布置图表并附文字说明，说明临时设施、加工车间、现场办公、设备及仓储、供电、供水、卫生、生活等设施的情况和布置。

2．临时用地表

临时用地表　　　　　　　　　　　　　　表33-48

（工程项目名称）　工程

用途	面积（m²）	位置	需用时间
合计			

注：（1）投标人应逐项填写本表，指出全部临时设施用地面积以及详细用途。
　　（2）若本表不够，可加附页。

项目管理机构配备情况表

表33-49

(工程项目名称) ___工程___

职务	姓名	职称	执业或职业资格证明				原服务单位	已承担在建工程情况	
			证书名称	级别	证号	专业		项目数	主要项目名称

一旦我单位中标,将实行项目经理负责制,并配备上述项目管理机构。我方保证上述填报内容真实,若不真实,愿按有关规定接受处理。项目管理班子机构设置、职责分工等情况另附资料说明。

项目经理简历表

表33-50

(工程项目名称) ___工程___

姓名		性别		年龄	
职务		职称		学历	
参加工作时间			担任项目经理年限		
项目经理资格证书编号					
在建和已完工程项目情况					
建设单位	项目名称	建设规模	开、竣工日期	在建或已完	工程质量

项目技术负责人简历表

表33-51

(工程项目名称) ___工程___

姓名		性别		年龄	
职务		职称		学历	
参加工作时间			担任技术负责人年限		
在建和已完工程项目情况					
建设单位	项目名称	建设规模	开、竣工日期	在建或已完	工程质量

三、项目拟分包情况

拟分包项目情况表

表33-52

(工程项目名称) ___工程___

分包人名称		地址			
法定代表人		营业执照号码		资质等级证书号码	
拟分包的工程项目	主要内容		预计造价(万元)		已经做过的类似工程

编制投标文件,必须严格遵守国家的有关标准和规范,符合投标须知规定各项要求,特

别是采用工程量清单计价,分部分项工程量清单中的项目名称、计量单位和计算规则,必须依照《建设工程工程量清单计价规范》(GB 50500—2003)及其附录:A 建筑工程工程量清单项目及计算规则,B 装饰装修工程工程量清单项目及计算规则,C 安装工程工程量清单项目及计算规则,D 市政工程工程量清单项目及计算规则,E 园林绿化工程工程量清单项目及计算规则的有关规定编制,无论招标单位及其代理机构或者投标单位都不得擅自变动。

二、国际工程投标文件的汇编

国际工程投标文件的组成与我国推荐采用的国内工程投标文件基本相同。一般包括投标函及其附件;投标人详细情况;当前在建主要工程合同一览表;可动用的或建议为本工程使用的施工机械设备一览表;本工程项目拟采用的施工方法,实施规划和建议的进度计划;投标担保书;投标报价分析表;报价项目汇总表;工程量清单和摘要汇总表以及工资和主要材料基础单价表等。参考格式如下(表 33-53~表 33-60):

投 标 函

招标工程名称:

致(招标人名称、地址)＿＿＿＿＿＿

  1. 先生们:经研究上列工程的施工合同条件、规范、图纸、工程量清单及附件,我们,文末签署人,现报价愿以|货币名称,大写数字(阿拉伯数字)|或根据上述条件可能确定的其他金额,按合同条件、规范、图纸、工程量清单及附件要求,实施并完成上述工程及修补其任何缺陷。

  2. 我们承认该附件为我们投标书的组成部分。

  3. 如果我们中标,我们保证在接到工程师开工通知后尽可能快地开工,并在招标文件规定的时间内完成合同中规定的全部工程。

  4. 我们同意,从确定的接收投标书之日起＿＿＿＿天内遵守本投标书,在此期限期满之前的任何时间,本投标书一直对我们有约束力,并可随时被接受中标。

  5. 在制定和执行一份正式的协议书之前,本投标书连同贵方的书面中标通知,应构成贵我双方之间有约束力的合同。

  6. 我们理解,贵方不受接受最低标或贵方可能收到的任何投标书的约束。

  于＿＿＿＿年＿＿＿＿月＿＿＿＿日

签署人姓名＿＿＿(楷体大写及签字)＿＿＿ 职务＿＿＿＿＿＿＿

授权代表人＿＿＿＿(楷体大写及签字)＿＿＿

地址:＿＿＿＿＿＿＿＿

证明人姓名＿＿＿(楷体大写及签字)＿＿＿

职业/职务＿＿＿＿＿＿＿

地址:＿＿＿＿＿＿＿＿

附 件

合同条款

担保金额	10.1	颁发开工通知的时间	41.1
第三方保险的最低金额…………	23.2	竣工时间	43.1

误期损害赔偿金额	47.1	....
误期损害赔偿限额	47.1	....
缺陷责任期	49.1	每天................................
暂定金额调整的百分比	59.4	....
表列材料发票价额的百分比	60.1	................................天
保留金百分比	60.2	................................%
保留金限额	60.2	................................%
临时付款证书最低金额	60.2	................................%
应付未付款的利率	60.10	
合同价格的.....................%		
不限发生次数平均每次............		................................%
投标书签署人（姓名，签字）....................................		

投标人详细情况

(要求所有投标人填报，本表不够用可自行添加篇幅)

1. 公司名称 _____
2. 主要负责人/董事会成员姓名 _____
3. 公司类型（合伙，有限责任等）_____
4. 从事承包商业务年数 _____
5. 开户银行（能为你公司提供财务资信证明者）_____
6. 资金来源 _____
7. 最近 3 年完成的主要工程项目
    工程项目名称及所在地   业主   价值   竣工日期

签名 .... 日期 ....

当前（投标时）在建主要工程合同一览表　　　　　表 33-53

合同详情及建设地点	业主	合同总价	已完成百分比	建筑类型及施工方法简述

签名 .... 日期 ....

可动用的或建议为本工程使用的施工机械设备一览表　　　　　表 33-54

设备名称及型号	制造厂商	制造年份	能力或功率	在工程所在国获得或输入详情	现场启用准备时间（天）	附注

签名 .... 日期 ....

本工程项目拟采用的施工办法，实施规划和建议的进度计划：

投 标 担 保 书

担保号＿＿＿＿＿＿＿＿　　签署日期＿＿＿＿＿＿＿＿

　　凭本文件，我方＿＿＿＿＿＿＿＿＿＿（投标人名称，下文称委托人）作为委托人，同授权在＿＿＿＿＿＿＿＿＿＿（国名，地名）办理业务的＿＿＿＿＿＿＿＿＿＿（担保公司名称，下文称担保人）担保，如实支付总额为＿＿＿＿＿＿＿＿＿＿（金额，大写数字）的担保金。

　　委托人和担保人，其继承人和受让人，均共同地和各自地受本担保书的严格约束。

　　签字盖章：

　　委托人＿＿＿＿＿＿＿

　　担保人＿＿＿＿＿＿＿　　　　　　＿＿年＿＿月＿＿日

　　鉴于委托人于＿＿＿＿年＿＿月＿＿日提交建设＿＿＿＿（招标工程名称）的投标书（下文称标书），本担保义务的条件为：

1. 如果投标人在规定的标书有效期内撤回标书；或
2. 如果委托人在标书有效期内接到业主的中标通知后，

1）未能或拒绝根据投标须知的规定，按要求签署协议书；或

2）未能或拒绝按投标须知的规定，提交履约保证金，

则本义务有完全的约束力；否则无效。

但是，担保人不应该对：

1. 大于本担保书规定的罚款额负责；也不应该对
2. 当业主所接受的投标（担保）额大于委托人投标（担保）额时的差额负责。

担保人在执行本文件时确认该义务在投标须知规定的标书有效期或业主在该日期前推迟的标书有效期后 30 天内有效，推迟标书有效期无须通知担保人。

　　委托人（姓名）签字＿＿＿＿＿＿＿　　　担保人（姓名）签字＿＿＿＿＿＿＿

　　委托人（公司名称）盖章＿＿＿＿＿＿　　（担保人公司名称）盖章＿＿＿＿＿＿

招标工程名称：＿＿＿＿＿＿＿　投标报价分析表　　　　　　　　表 33-55

序号	项目	净值	总值	利润	利润/总值（%）
1	开办费				
2	承包工程项目				
2.1	＿＿＿工程				
2.2	＿＿＿工程				
2.3	＿＿＿工程				
3	直接合同及暂定金额				
3.1	直接合同				
3.2	……暂定金额				
3.3	……直接合同				
3.4	……暂定金额				
4	计日工（暂定）： 　材料 　人工 　机械				
5	不可预见费				
	合计				

加：保险，供水，照明　　　加杂费和税金后净周转额的利润率

报价项目汇总表　　　　　　　　　表 33-56

序号	报价项目	金额	总计
1	开办费		
2	承包工程项目		
2.1	＿＿＿＿＿工程		
2.2	＿＿＿＿＿工程		
2.3	＿＿＿＿＿工程		
3	直接合同及暂定金额		
3.1	＿＿＿＿＿直接合同		
3.2	＿＿＿＿＿暂定金额		
3.3	＿＿＿＿＿直接合同		
3.4	＿＿＿＿＿暂定金额		
4	计日工		
5	不可预见费		
6	保险，履约保证金，供水，临时照明和动力		
	投标报价概算总额		

工程名称＿＿＿＿＿＿＿＿＿＿＿＿＿＿＿

工程量清单

第 1 号

开　办　费

（封　面）

工程名称＿＿＿＿＿＿＿＿＿＿　　工程量清单　　第 1 号

开　办　费　　　　　　　　　表 33-57

序号	费用项目	投标须知条款	金额
合　计			

工程名称..................................

工程量清单

(第2号)

单位工程(建筑栋号)名称

(封　面)

工程名称..................... 工程量清单　　第2号

单位工程(建筑栋号)名称　　　　　　　表 33-58

序号	分部分项工程	工程内容和技术要求	单位	数量	单价	合价
合　计						

摘　　要　　　　　　　　　　表 33-59

序号	项目	工程量清单页码	金　额
第2号工程量清单合计			

工程名称..................

工程量清单摘要总表　　　　　表 33-60

序号	工程量清单编号	项目	工程量清单页码	金　额
投标报价概算总额				

投标人代表......................(签名)
地址......................
日期......年......月......日

附 件

工资和主要材料基础单价表

(投标当日现行价格,投标书报价以此为计算基础。)

工 资 率

工　种　　　　　　　　　　　　　　　　　日/小时工资率

主要材料单价

材料名称　　　　　　　　计量单位　　　　　　运抵现场基础单价

编制投标文件时,应该特别注意以下各点:

1. 核算工程量,先要明了招标文件所用的工程量计算方法。国际上通常用的有《建筑工程标准工程量计算方法》(SMM7)和《土木工程标准工程量计算方法》(CESMM)等。这些计算方法与我国国内所用者有时有所不同,我们必须按国际通行方法进行核算。

2. 器材询价及社会调查,是报价必要的辅助工作。询价项目主要有工程所需的主要材料、施工机械设备和摊销的工具,分包项目,当地工人工资水平等。调查项目主要有当地银行贷款利率,外汇管理法规,税收项目、税率、减免及相关法规,当地生活费水平,水、电、燃料价格,保险项目和费率,通货膨胀和市场价格预测以及与施工有关的风俗习惯、宗教信仰等。

3. 施工现场临时设施与报价有关的问题,主要有监理工程师的办公用房和设备,既要符合招标文件规定的要求,使工程师满意,又要尽可能节约开支;现场生活设施以及试验室的建设和装备等,也要适应当地生产、生活条件,又有助于节约开支。

4. 防止不当做法,避免报价失误。可能出现的不当做法主要有:1)未对工程现场和当地市场情况进行充分调查,仅凭一知半解的了解关门报价;2)按国内预/概算定额和取费标准计算标价,然后按外汇牌价折算成外币报价;3)不熟悉国际金融和市场采购惯例及有关法规,盲目报价;4)将报价看作纯技术性工作,决策层平时不闻不问,放手让业务人员去做,只在报价方案出来后"拍板定案",心中无底,非高则低,高者不能中标,低者中标后造成亏损。

三、投标文件的附加文件

招标文件规定必须提交的投标文件以外,有的招标单位还允许投标人提交某些附加文件。主要有:

1. 备选方案和报价及有关文件,如修改设计以降低造价的具体建议。

2. 再降价声明,如开标后并非最低标,声明尚可降低的百分率。

3. 中标后可提供的优惠条件,如保证竣工后赠送施工所用的机械设备,无偿转让施工中所需的专利和专有技术以及尚可缩短合同工期月(天)数等。

4. 关于报价条件的声明，主要是投标人对招标文件中涵义模糊的条文的理解和据以计算的报价金额。

5. 向招标人提出的要求，如中标后要求招标人代办工人入境手续等。

四、投标文件的投送

全部投标文件编好之后，经校核无误，由负责人签署，按投标须知的规定分装，然后密封，派专人在投标截止期之前送到招标单位指定地点，并取得收据。如必须邮寄，则应充分考虑邮件在途时间，务必使标书在投标截止期之前到达招标单位，避免迟到作废。

在编制标书的同时，投标单位应注意将有关报价的全部计算、分析资料汇编归档，妥为保存。

五、编制及投送投标文件注意事项

1. 要防止发生无效标书的工作漏洞，如未密封、未加盖单位和负责人的印章、寄达日期已超过规定的开标时间、字迹涂改或辨认不清等。还应防止未附投标保证书（金）或保证书的保证时间与规定不符等。

2. 不得改变标书的格式，如原有格式不能表达投标意图时（如有一种以上标价及其条件、工期可较规定缩短或增加附加条件等），可另附补充说明。

3. 对标书中所列工程量，经过核对确有错误时，不得自行修改，也不能按自己核对的工程量计算标价，应将核实情况另附说明或补充和更正写在投标文件中另附的专用纸上。

4. 计算数字要正确无误，无论单价、合计、分部合计、总标价及其大写数字（外文尤应注意不要弄错）均应仔细核对。尤其是按单价合同承包的单价更应正确无误，否则中标签订合同后，在整个施工期间均按错误合同单价结算，以至蒙受不应有的损失。

5. 投送标书时一般须将招标文件包括图纸、技术规范、合同条件等全部交还建设（招标）单位，因此这些文件必须保持完整无缺，切勿丢失。

6. 投送标书应严格执行各项规定，不得行贿、营私舞弊；不得泄露自己的标价或串通其他投标者哄抬标价；不得有损害国家和他人利益的行为。否则将被取消投标资格，以及受到经济的甚至法律的制裁。

7. 在竞争激烈的国际市场上，投送投标文件的时间和行经路线应注意保密，预防不道德的竞争对手有意制造交通事故，延误投标文件送达时间，造成废标。

33-2-8 开标评标和中标

33-2-8-1 开标

一、国内工程的开标

按我国现行规定：开标应当在招标文件确定的提交投标文件截止时间的同一时间进行；开标地点应当为招标文件中预先确定的地点。开标由招标人主持，邀请所有投标人参加。

开标应按下列程序进行：由招标人或其推选的代表检查投标文件的密封情况，也可由招标人委托的公证机构进行检查并公证。经确认无误后，由有关工作人员当众拆封，宣读投标人名称、投标价格和投标文件的其他主要内容。招标人在招标文件要求提交投标文件的截止时间前收到的所有投标文件，开标时都应当当众予以拆封、宣读。

在开标时，投标文件出现下列情形之一的，应当作为无效投标文件，不得进入评标：1）投标文件未按照招标文件的要求予以密封的；2）投标文件中的投标函未加盖投标人的企业及企业法定代表人印章的，或者企业法定代表人委托代理人没有合法、有效的委托书（原件）及委托代理人印章的；3）投标文件的关键内容字迹模糊、无法辨认的；4）投标人未按照招标文件的要求提供投标保函或者投标保证金的；5）组成联合体投标的，投标文件未附联合体各方共同投标协议的。

开标过程应当记录，并存档备查。

二、国际工程的开标

国际承包工程的开标通常有公开开标和秘密开标两种方式。

1. 公开开标

公开开标是向所有投标者和公众保证其招标程序公平合理的最佳方式。世界银行为此而特别制订了开标程序，而且这一程序已得到普遍承认。

在没有特殊原因的情况下，开标应于投标截止日的当天或次日举行。开标的地点及具体时间都在招标文件中明文规定。投标人或其代表应按时赴约定地点参加开标。开标一般由招标人组织的开标委员会负责。开标时应当众打开在规定的时间内收到的所有标书。凡在规定的时间以后收到的投标书应予原封退回。开标委员会主席当众高声宣读并记录投标人姓名以及每项投标方案的总金额和经要求或许可提出的任何可供选择的投标方案的总金额。各投标人的报价可写在黑板或放映在屏幕上，参加人都可以记录，但不得查阅标书。

一旦开标，任何投标人均不得修改其投标，只能进行不改变投标实质的澄清。招标人可以要求投标人对其投标进行澄清，但不得要求投标人改变其投标的实质内容或报价。

按世界银行模式进行的公开开标大会上只宣读各家投标内容，按标价排出顺序，不宣布中标人。

2. 秘密开标

秘密开标的做法常见于有限招标和法语地区的询价式招标。

采用秘密开标程序的招标人通常组织一个标书开拆委员会，该委员会的任务仅仅限于集中所收到的投标报价材料，选出在投标截止日之前收到的投标材料，确认已收到的投标材料是否符合条件，登记报价数额并编制标书开拆工作会议纪要，原封退回迟于规定期限到达的投标文件。

秘密开标不公开各投标人的报价材料及建议方案，投标人亦不得出席秘密开标会议。

实际上，秘密开标是为业主下一步进行多角议标做准备。因为，经过秘密开标后，业主可以选择几家有可能中标的承包商分头进行谈判，以此压彼，引起承包商的再度竞争，以达到压价成交之目的。

33-2-8-2 评标

开标后进入评标阶段。即采用统一的标准和方法，对符合要求的投标进行评比，来确定每项投标对招标人的价值，最后达到选定最佳中标人的目的。

一、国内工程的评标

我国规定，评标由招标人依法组建的评标委员会负责。评标委员会由招标人的代表和有关技术、经济等方面的专家组成，成员人数为五人以上单数，其中招标人、招标代理机构以外的技术、经济等专家不得少于成员总数的2/3。评标委员会的专家成员，应当由招标人从建设行政主管部门及其他有关政府部门确定的专家名册或者工程招标代理机构的专家库内相关专业的专家名单中确定。确定专家成员一般应当采取随机抽取的方式。与投标人有利害关系的人不得进入相关工程的评标委员会。评标委员会成员的名单在中标结果确定前应当保密。

评标委员会应当按照招标文件确定的标准和方法，对投标文件进行评审和比较，并对评标结果签字确认。设有标底的，应当参考标底。评标委员会可以用书面形式要求投标人对投标文件中含义不明确的内容作必要的澄清或者说明。投标人应当以书面形式进行澄清或者说明，其澄清或者说明不得超出投标文件的范围或者改变投标文件的实质性内容。评标委员会经评审，认为所有投标文件都不符合招标文件要求的，可以否决所有投标。依法必须进行施工招标的工程所有投标被否决的，招标人应当依法重新招标。

评标可以采用综合评估法、经评审的最低投标价法或者法律法规允许的其他评标方法。采用综合评估法的，应当对投标文件提出的工程质量、施工工期、投标价格、施工组织设计或者施工方案、投标人及项目经理业绩等，能否最大限度地满足招标文件中规定的各项要求和评价标准进行评审和比较。以评分方式进行评估的，对于各种评比奖项不得额外计分。采用经评审的最低投标价法的，应当在投标文件能够满足招标文件实质性要求的投标人中，评审出投标价格最低的投标人。但投标价格低于其企业成本的除外。采用最低投标价法，有标底时，通常以标底为衡量标准；近年也有以标底和有效标价的加权平均值为衡量标准的，即先求出有效标价的平均值，再分别赋与此平均值和标底一定的权重（例如各为 0.5 或分别为 0.6 和 0.4），得出加权平均值。

评标委员会完成评标后，应当向招标人提出书面评标报告，阐明评标委员会对各投标文件的评审和比较意见，并按照招标文件中规定的评标方法，推荐不超过三名有排序的合格的中标候选人。招标人根据评标委员会提出的书面评标报告和推荐的中标候选人确定中标人。使用国有资金投资或者国家融资的工程项目，招标人应当按照中标候选人的排序确定中标人。当确定中标的中标候选人放弃中标或者因不可抗力提出不能履行合同的，招标人可以依排序确定其他中标候选人为中标人。招标人也可以授权评标委员会直接确定中标人。

有下列情形之一的，评标委员会可以要求投标人作出书面说明并提供相关资料：①设有标底的，投标报价低于标底合理幅度的；②不设标底的，投标报价明显低于其他报价，有可能低于其企业成本的。经评标委员会论证，认定该投标人的报价低于其企业成本的，不能推荐为中标候选人或者中标人。

招标人应当在招标文件中载明的投标有效期截止时限 30d 前确定中标人，并向中标人发出中标通知书。同时，将中标结果以书面形式通知所有未中标的投标人。建设部推荐的中标通知书格式如下页所示。

依法必须进行施工招标的工程，招标人应当自确定中标人之日起 15 日内，向工程所在地的县级以上地方人民政府建设行政主管部门提交施工招标投标情况的书面报告。报告内容为：①施工招标投标的基本情况，包括招标范围，招标方式，资格审查，开标、评标过程和确定中标人的方式及理由等；②相关的文件资料，包括招标公告或者投标邀请书，投标报名表，资格预审文件，招标文件，评标委员会的评标报告（设有标底的，应当附标底），中标人的投标文件。委托工程招标代理的，还应当附工程施工招标代理委托合同。

中标通知书

　　___(中标人名称)___：
　　___(招标人名称)___ 的 ___(工程项目名称)___，于___年___月___日公开开标后，已完成评标工作和向建设行政主管部门提交该施工招标投标情况的书面报告工作，现确定你单位为中标人，中标标价为_____(币种，金额，单位)_____，中标工期自___年___月___日开工，___年___月___日竣工，总工期为___日历天，工程质量要求符合___(《工程施工质量验收规范》)___标准。项目经理_____。

　　你单位收到中标通知书后，须在___年___月___日___时___分前到__(地点)__与招标人签订合同。

　　　　　　　　招标人：_____(盖章)
　　　　　　　　法定代表人或其委托代理人：_____(签字或盖章)

　　　　　　　　招标代理机构：_____(盖章)
　　　　　　　　法定代表人或其委托代理人：_____(签字或盖章)

　　　　　　　　　　　日期_____年_____月_____日

二、国际工程的评标

　　评标必须与招标文件中规定的条件相一致。除了业经改正运算错误的标价外，还应考虑其他一些因素，诸如竣工时间或设备的效率和互换性，有无维修服务和零配件供应，以及提出的施工方法是否可行。只要切实可行，这些因素均应按照招标文件规定的标准货币来表示。投标书中如果包含有任何因未来物价波动对标价作相应调整的要求，则不属于应加以考虑的因素。

　　评标工作通常需要十天或半月甚至更长。评标是秘密进行的。评标委员必须遵守评标纪律，坚持准确、公平原则。有些国家还规定凡收买、贿赂评标委员或通过其他途径威胁评标人员泄露情况者都要受法律制裁。

　　1. 评标的步骤
　　(1) 文件审查：即审查投标文件填写得是否符合要求，有无重大错误，是否提供了保证书。如不合规定，可予以拒绝。
　　(2) 技术审查：即对工程项目的规模和技术要点的实施建议进行审查，看其是否与招标文件要求相符；审查所建议的设备质量、效率、消耗等经济指标是否达到要求。若设计由投标人完成，则还要审查投标人在设计文件上提出的要求能否适应招标工程的使用需要、投标人建议的施工方案及竣工日期是否可行等。
　　(3) 商务审查：即评定报价是否合理，是否具有竞争性，提出的条件尤其是外汇比例要求是否可接受，技术服务条件和费用要求及延期付款条件是否优惠等。
　　(4) 投标评价与比较：投标评价的目的就是从技术、商务、法律、施工管理等各方面对每份投标书提出的费用予以分析评定,以便招标单位能在这个"评定费用"的基础上对全部投标加以比较。应当看到,经过评标后,招标单位认为最有利的投标应该是"评定费用"即评定价最低的投标,而不一定是"报价"最低的投标。因为"评定价"最低的投标是经过从技术和财务诸方面进行全面鉴别、比较以后得出的最经济合理又最有成效的投标。而有时候,那些在报价书上列出的费用是最低的投标,在经过经济技术上及财务商务上的比较以后,却并不一定是经济效益最高的投标。

评标的根本目的是要评定出一个技术上合理、先进适用,综合费用最低的投标书。这两方面要求往往是相互对立的。评标就是要从这种矛盾的对立中找出一个最佳的平衡点。因此,这是一件十分复杂和细致的工作。

2. 评标方法及其组织机构

国际上通用的评标方法有两种:

(1) 开标后,将合格的投标文件分发给招标单位各职能部门征求意见,定期收回、比较评定;

(2) 组织一个评标小组,联合办公,会审投标书并进行比较评定。

无论采用哪一种评标方法,总经济师都应自始至终地负责组织工作。

如果采用第一种方法,投标文件应分送下列各职能部门:

工程技术部门——负责工程技术评价;

施工管理部门——负责施工组织措施评价;

计划调度部门——负责施工进度评价;

财务会计部门——负责价格及支付条款评价;

法律顾问部门——负责合同中的商务及法律条款评价;

总经济师本人——负责报价及投标书的全部内容及例外条款,进行综合评价。

评标工作的完成期限由总经济师规定,届时上述各部门代表汇总分析评价结果并准备评标报告。

如果采用第二种方法,则从上述各个部门挑选一批经验丰富的专家组成一个评标小组。这些专家通常是:

评价技术的工程专家;

评价施工管理和施工方法的施工专家;

评价计划安排及施工进度的计划专家;

评价价格、定额、支付条款及其他财务资料的会计、财务、造价及成本管理专家;

评价商务和法律条款的经济管理及法律专家;

评价投标文件内容条款的合同专家。

评标小组由总经济师领导,并由他指定两名专家助手进行协调,一名为技术评价助手,另一名为商务、法律评价助手。

3. 评标的基本内容

评标的基本内容一般规定如下:

商务法律方面

(1) 合同方面的评价内容:

1) 条款的例外情况;

2) 保险方面的安排;
3) 对协调程序的合作程度;
4) 法律方面的有关问题。
(2) 成本方面:
1) 对全部数据的复核;
2) 劳动定额;
3) 二(分)包工程价格;
4) 调值公式;
5) 额外费用;
6) 可比工程的工时估算。
(3) 财务方面:
1) 投标人的财务实力;
2) 投标人的借款能力;
3) 支付条款;
4) 可指望的审计文件;
5) 外汇兑换率及外汇比例。

技术方面
(1) 工程方面:
1) 执行设计要求的能力;
2) 数量控制;
3) 质量控制。
(2) 施工方面:
1) 施工管理方案——预定的建造方法;
2) 物资设备;
3) 运输计划;
4) 类似工程的施工经验;
5) 拟定分包商的资格审查。
(3) 计划方面:
1) 工程进度;
2) 人力及目前承担任务情况;
3) 关于分包商的人力提供计划。

上述评价内容中有一些应列入资格预审表。但在评标时对其重新审核可以进一步证实是否有所变动,以及核对其设备及人力能否与合同要求及计划进度相适应。

4. 比标

对投标人的投标报价进行评价之后,评标小组即进行比标工作。比标是对各家的报价在统一的基础上进行比较。比标不仅仅是比较各家标价的高低,同时还要考虑下列四个方面的比标依据:

(1) 工程竣工期限;
(2) 外汇支付比例;

(3) 施工方法；

(4) 是否与本国公司联合投标。

比标时要绘制单项表格和综合表格逐项进行评定，登记。为了确保找到理想的承包商，评标时应选定几个中标候选人，分为第一候选人，第二候选人等。中标人一般为评定费用报价即评定价最低者。

5. 联合国工业发展组织推荐的评标模式

世界银行及国际多边援助机构要求评标方法系统化，评标时既要保证一致性，又要减少可能出现的任何有利或不利于任何投标人的偏向，从而使评标工作尽可能客观。为此，联合国工业发展组织特向世界各国推荐了评标步骤及建议一览表，供各国招标人在进行评标工作时参考。

33-2-8-3 中标和谈判

中标，亦称决标或定标，即经过评标过程，最后择优选定授予合同投标人，将工程项目交给他承包。

国内外的大型招标项目，开标后一般并不马上决标，而是经过评标筛选出两三家候选中标单位，作为进一步谈判的对象，从中选定中标单位，再经过谈判才最后签订合同。对被选作候选中标单位的承包商来说，这是争取中标并以有利条件签订合同的最后时机，所以必须慎重从事。

一、决标前的谈判

决标前谈判要达到的目的，在业主方面，一是进一步了解和审查候选中标单位的施工方案和技术措施是否合理、先进、可靠，以及准备投入的施工力量是否足够雄厚，能否保证工程质量和进度；二是进一步审核报价，并在付款条件、付款期限及其他优惠条件等方面取得候选中标单位的承诺。在候选中标单位方面，则是力求使自己成为中标者，并以尽可能有利的条件签订合同。为此，须进行两方面的谈判：

1. 技术性谈判，也叫技术答辩，通常由招标方的评标委员会主持，主要是了解候选中标单位中标后将如何组织施工，对保证工期、工程质量和技术复杂的部位将采取什么关键措施等。候选中标单位应认真细致地准备，对投标书的有关部分作必要的补充说明，必要时可提交图解、照片或录像等资料；还可以提出与竞争对手对比的有关资料，以引起评标委员会的重视，增强自己的竞争优势。

2. 经济性谈判，主要是价格问题。在国际招标活动中，有时在决标前的谈判中允许招标方提出压价的要求；在利用世界银行贷款项目和我国国内项目的招标活动中，开标后不许压低标价，但在付款条件、付款期限、贷款和利率，以及外汇比率等方面是可以谈判的。候选中标单位要对招标方的要求逐条分析，采取适当的对策，既要准备应付压价，又要针对招标方增加项目、修改设计、提高标准等要求，不失时机地适当增加报价，以补回压价的损失。除了价格谈判以外，候选中标单位还可以探询招标方的意图，投其所好，以许诺使用当地劳务或分包、免费培训施工和生产技术工人以及竣工后无偿赠送施工机械设备等优惠条件，增强自己的竞争力，争取最后中标。

二、决标后的谈判

经过决标前的谈判，招标方从候选中标单位中最终选定中标单位，并发出中标通知书，随后双方还要进行决标后的谈判，将在此以前达成的协议具体化和条理化，并最后签订合同协议书，对全部合同条款予以法律认证。这时，中标单位已处于无竞争者的地位，可以为落实不使己方受损的条款而与招标方进行最后的谈判，坚持有理、有利、有节的方针，既要不作大的让步，又要不失礼貌。如果对方提出一旦接受就可能带来重大损失的苛刻条款，则可以权衡利弊得失，甘冒损失投标保证金的风险，而拒绝不合理的要求或退出谈判，以迫使对方让步，最后在达成完成一致的基础上签订合同协议书。至此，投标工作才算完满结束。

三、谈判注意事项

谈判应注意下述要点：

1. 组织精干的谈判班子，由工程经验丰富、知识面广、机敏干练、应变能力强的人员牵头，有工程、经济、合同、法律等专业人员配合，如参加国际工程谈判，还要配备既熟悉业务、外语表达能力又强的翻译人员。

2. 做好思想准备和谈判方案准备，分析己方和对方的有利条件和不利条件，列出谈判要解决的问题和谈判大纲，将问题按轻重缓急排队，分别拟定要达到的目标，制定谈判策略，确定主谈人员和授权范围及组内成员分工与工作纪律等。

3. 准备资料。谈判前应尽可能向对方索取有关文件资料，以便分析准备。己方在谈判中使用的资料要有充分准备，不可用而不备。准备提交对方的资料要经谈判组长审阅，以防与谈判时口径不一致，造成被动。

4. 机动灵活地掌握谈判进程。要注意礼貌，态度诚恳友好，创造相互信任的气氛。谈判出现僵局时，要善于审时度势，提出暂时休会、私下个别接触以缓和气氛，或建立专门小组，研究解决复杂问题，促使谈判圆满完成。

5. 对于降价问题应特别慎重，一定要逐项讨论，对预计可能完不成或工程量可能减少的项目可降低单价，以降低总价，切不可同意笼统地将合同总价降低若干个百分点，以防造成不应有的损失。

6. 谈判双方都要做记录，达成原则协议后起草正式文本。投标方应争取执笔起草协议或补充条款，以掌握主动权。

33-3 工程施工承包合同

确定中标人后，中标人应在规定的时限内和招标人签订工程施工承包合同，明确当事双方的权利、义务和责任。合同一经生效，即具有法律约束力。

按国际惯例，施工承包合同文件应包括中标单位的投标书及其附件、合同协议书和合同条件，招标单位接受投标函（即中标通知书），设计图纸、工程说明书、技术规范和有关标准，工程量清单和单价表，合同履行过程中一切往来函电、传真，以及设计变更记录等全部书面材料。

33-3-1 国内工程施工合同

我国国内工程施工合同使用建设部于1999年12月印发的《建设工程施工合同（示范文本）》（GF—1999—0201），即1991年3月印发的《建设工程施工合同》（GF—91—0201）的修订版本。修订本由协议书、通用条款、专用条款三部分和承包人承揽工程项目一览表、发包人供应材料设备一览表及房屋建筑工程质量保修书3个附件组成，摘要如下：

第一部分 协 议 书

发包人（全称）：_____

承包人（全称）：_____

依照《中华人民共和国合同法》、《中华人民共和国建筑法》及其他有关法律、行政法规，遵循平等、自愿、公平和诚实信用的原则，双方就本建设工程施工事项协商一致，订立本合同。

一、工程概况

工程名称：_____

工程地点：_____

工程内容：_____

群体工程应附承包人承览工程项目一览表（附件1）

工程立项批准文号：_____

资金来源：_____

二、工程承包范围

承包范围：_____

三、合同工期

开工日期：_____

竣工日期：_____

合同工期总日历天数_____天

四、质量标准

工程质量标准：_____

五、合同价款

金额（大写）：_____元（人民币）

¥：_____元

六、组成合同的文件

组成本合同的文件包括：

1. 本合同协议书
2. 中标通知书
3. 投标书及其附件
4. 本合同专用条款
5. 本合同通用条款
6. 标准、规范及有关技术文件
7. 图纸
8. 工程量清单
9. 工程报价单或预算书

双方有关工程的洽商、变更等书面协议或文件视为本合同的组成部分。

七、本协议书中有关词语含义与本合同第二部分《通用条款》中分别赋予它们的定义相同。

八、承包人向发包人承诺按照合同约定进行施工、竣工并在质量保修期内承担工程质量保修责任。

九、发包人向承包人承诺按照合同约定的期限和方式支付合同价款及其他应当支付的款项。

十、合同生效

合同订立时间：_____年_____月_____日

合同订立地点：_____

本合同双方约定_____后生效。

承　包　人：（公章）	承　包　人：（公章）
住　　　所：	住　　　所：
法定代表人：	法定代表人：
委托代理人：	委托代理人：
电　　　话：	电　　　话：
传　　　真：	传　　　真：
开户银行：	开户银行：
账　　　号：	账　　　号：
邮政编码：	邮政编码：

第二部分　通　用　条　款

一、词语定义及合同文件

1. 词语定义　对通用条款、专用条款、发包人、承包人、项目经理、设计单位、监理单位、工程师、工程造价管理部门、工程、合同价款、追加合同价款、费用、工期、开工日期、竣工日期、图纸、施工场地、书面形式、违约责任、索赔、不可抗力、小时或天等在合同中使用的 23 条词语赋予本条规定的定义（专用条款另有规定者除外）。

2. 合同文件及解释顺序

合同文件应能互相解释，互为说明。除专用条款另有规定外，组成本合同的文件及优先解释顺序如下：1）本合同协议书；2）中标通知书；3）投标书及其附件；4）本合同专用条款；5）本合同通用条款；6）标准、规范及有关技术文件；7）图纸；8）工程量清单；9）工程报价单或预算书。

3. 语言文字和使用法律、标准及规范

4. 图纸

二、双方一般权利和义务

5. 工程师

6. 工程师的委派和指令

7. 项目经理

8. 发包人工作

9. 承包人工作

三、施工组织设计和工期
10. 进度计划
11. 开工及延期开工
12. 暂停施工
13. 工期延误
14. 工程竣工
四、质量与检验
15. 工程质量
16. 检查和返工
17. 隐蔽工程和中间验收
18. 重新检验
19. 工程试车
五、安全施工
20. 安全施工与检查
21. 安全防护
22. 事故处理
六、合同价款与支付
23. 合同价款及调整
24. 工程预付款
25. 工程量的确认
26. 工程款（进度款）支付
七、材料设备供应
27. 发包人供应材料设备
28. 承包人采购材料设备
八、工程变更
29. 工程设计变更
30. 其他变更
31. 确定变更价款
九、竣工验收与结算
32. 竣工验收
33. 竣工结算
34. 质量保证
十、违约、索赔和争议
35. 违约
36. 索赔
37. 争议
十一、其他
38. 工程分包
39. 不可抗力

40．保险

41．担保

42．专利技术及特殊工艺

43．文物和地下障碍物

44．合同解除

45．合同生效与终止

46．合同份数

47．补充条款　双方根据有关法律、行政法规规定，结合工程实际，经协商一致后，可对本通用条款的内容具体化、补充或修改，在专用条款内约定。

第三部分　专　用　条　款

专用条款是根据每一工程的具体情况，将通用条款予以具体化，使用时，针对工程实际，一个工程一议，一个条款一议，一个事项一议，按通用条款的顺序一一列明。履行合同，实际就是履行专用条款的规定。

附件1：

承包人承揽工程项目一览表　　　　　　　　　　　　　　表33-61

单位工程名　　称	建设规模	建筑面积（m²）	结构	层数	跨度（m）	设备安装内容	工程造价（元）	开工日期	竣工日期

附件2：

发包人供应材料设备一览表　　　　　　　　　　　　　　表33-62

序号	材料设备品　种	规格型号	单位	数量	单价	质量等级	供应时间	送达地点	备注

附件3：

房屋建筑工程质量保修书
（示范文本）

发包人（全称）：_____

承包人（全称）：_____

发包人、承包人根据《中华人民共和国建筑法》、《建设工程质量管理条例》和《房屋建筑工程质量保修办法》，经协商一致，对_____（工程全称）签订工程质量保修书。

一、工程质量保修范围和内容

承包人在质量保修期内，按照有关法律、法规、规章的管理规定和双方约定，承担本工程质量保修责任。

质量保修范围包括地基基础工程、主体结构工程，屋面防水工程、有防水要求的卫生间、房间和外墙面的防渗漏，供热与供冷系统，电气管线、给排水管道、设备安装和装修工程，以及双方约定的其他项目。具体保修的内容，双方约定如下：

_____

_____

_____。

二、质量保修期

双方根据《建设工程质量管理条例》及有关规定，约定本工程的质量保修期如下：

1. 地基基础工程和主体结构工程为设计文件规定的该工程合理使用年限；
2. 屋面防水工程、有防水要求的卫生间、房间和外墙面的防渗漏为_____年；
3. 装修工程为_____年；
4. 电气管线、给排水管道、设备安装工程为_____年；
5. 供热与供冷系统为_____个采暖期、供冷期；
6. 住宅小区内的给排水设施、道路等配套工程为_____年；
7. 其他项目保修期限约定如下：

_____

_____

_____。

质量保修期自工程竣工验收合格之日起计算。

三、质量保修责任

1. 属于保修范围、内容的项目，承包人应当在接到保修通知之日起7天内派人保修。承包人不在约定期限内派人保修的，发包人可以委托他人修理。
2. 发生紧急抢修事故的，承包人在接到事故通知后，应当立即到达事故现场抢修。
3. 对于涉及结构安全的质量问题，应当按照《房屋建筑工程质量保修办法》的规定，立即向当地建设行政主管部门报告，采取安全防范措施；由原设计单位或者具有相应资质等级的设计单位提出保修方案，承包人实施保修。
4. 质量保修完成后，由发包人组织验收。

四、保修费用

保修费用由造成质量缺陷的责任方承担。

五、其他
双方约定的其他工程质量保修事项：_____
_____
_____。
　　本工程质量保修书，由施工合同发包人、承包人双方在竣工验收前共同签署，作为施工合同附件，其有效期限至保修期满。
　　发　包　人（公章）：　　　　　　　承　包　人（公章）：
　　法定代表人（签字）：　　　　　　　法定代表人（签字）：
　　____年____月____日　　　　　　　____年____月____日

　　此外，签订合同的同时，承包人应向发包人提交履约保函或履约担保书，有预付款的，还应提交预付款保函；发包人则应向承包人提交支付保函或支付担保书。
　　除由银行出具的保函具体格式由担保银行提供外，其他担保书的格式如下：

承包人履约担保书

致：___(发包人名称)___

　　鉴于<u>(承包人名称)</u>（以下简称"承包人"）已与___(发包人名称)___（以下简称"发包人"）就___(工程名称)___签订了合同（下称"合同"）；
　　鉴于你方在合同中要求承包人向你方提交下述金额的履约担保，作为承包人履行本合同责任的保证，本担保人同意为承包人出具本担保书。
　　根据本担保书，本担保人向你方承担支付___(币种，金额，单位)___(小写)___的责任，并无条件受本担保书的约束。
　　承包人在合同履行过程中，由于资金、技术、质量或其他非不可抗力等原因给你方造成经济损失时，当你方以书面形式提出要求得到上述金额内的任何付款时，本担保人将无条件地于____日内予以支付。
　　本担保人不承担超过本担保书金额的责任。
　　除你方以外，任何人都无权对本担保的责任提出履行要求。
　　本担保书直至竣工验收合格后28天内一直有效。

　　　　　　　　　　　　　　担保人：_____(盖章)
　　　　　　　　　　　　　　法定代表人或委托代理人：___(签字或盖章)
　　　　　　　　　　　　　　日期：____年____月____日

发包人支付担保书

致：<u>承包人名称</u>

　　根据本担保书，<u>(发包人名称)</u>作为委托人（以下简称"发包人"）和<u>(担保人名称)</u>

作为担保人（以下简称"担保人"）共同向债权人＿＿（承包人名称）＿＿（以下简称"承包人"）承担支付＿＿（币种，金额，单位）＿＿（小写）＿＿的责任，发包人和担保人均受本支付担保书的约束。

鉴于发包人已于＿＿年＿＿月＿＿日与承包人为(工程合同名称)的履行签订了工程承发包合同（下称合同），我方愿为发包人和你方签署的工程承发包合同提供支付担保（下文中的合同包括合同中规定的合同协议书、合同文件等）。

本担保书的条件是：如果发包人在履行上述合同过程中，由于资金不足或非不可抗力等原因给承包人造成经济损失或不按合同约定付款时，当承包人以书面提出要求得到上述金额内的任何付款时，担保人将于＿＿日之内予以支付。

本担保人不承担大于本担保书限额的责任。

除了你方以外，任何人都无权对本担保书的责任提出履行要求。

本担保书直至合同终止，发包人付清应付给你方按合同约定的一切款项后 28 天内有效。

担保人：＿＿＿＿＿＿＿＿＿＿＿＿＿＿（盖章）＿
法定代表人或委托代理人：＿＿＿＿（签字或盖章）＿
地址：＿＿＿＿＿＿＿＿＿＿＿＿＿＿＿＿＿＿＿＿
邮政编码：＿＿＿＿＿＿＿＿＿＿＿＿＿＿＿＿＿
日期：＿＿＿＿＿＿年＿＿＿＿＿＿月＿＿＿＿＿日

33-3-2 境内涉外工程施工合同

我国《招标投标法》与《房屋建筑和市政基础设施工程施工招标投标管理办法》都规定：使用国际组织或者外国政府贷款、援助资金的项目进行招标，贷款方、资金提供方对招标的具体条件和程序有不同规定的，可以适用其规定，但违背中华人民共和国的社会公共利益的除外。

我国使用国际组织资金的工程，资金提供方主要是世界银行，因此要受世界银行的监督，招标投标程序必须遵循世界银行的要求，合同条件也必须采用世界银行推荐的文本，即国际通用的 FIDIC 合同条件。我国用于世界银行贷款项目的合同文本是财政部世界银行司 1996 年 12 月编制并获世界银行认可的《土木工程国际竞争性招标文件》中国范本，其中合同条件第一部分"通用条件"采用 FIDIC《土木工程施工合同条件》1987 年第四版的 1992 年修订版本。

通用条件共 72 条，目录如下：

目　　录

1. 定义和解释
2. 工程师及工程师代表
3. 转让
4. 分包
5. 合同文件的语言和法律及优先次序
6. 图纸

7. 补充图纸
8. 一般义务
9. 合同协议书
10. 履约保证金
11. 现场考察
12. 标书的完备性
13. 按合同规定施工
14. 进度计划
15. 承包人的自监
16. 承包人的雇员
17. 放样
18. 钻孔和勘探性开挖
19. 现场环境
20. 工程照管
21. 工程和承包人设备的保险
22. 对人身和财产的损害和赔偿
23. 第三方保险
24. 对工人的事故处理和事故保险
25. 保险的完备性
26. 遵守法律、法规
27. 化石
28. 专利
29. 干扰
30. 材料与设备的运输
31. 为其他承包人提供服务机会
32. 保持现场的整洁
33. 竣工时的现场清理
34. 雇用劳务
35. 劳务和承包人设备的报告
36. 材料、工程设备和操作工艺的质量及有关费用
37. 检查和检验
38. 覆盖的工程检查
39. 承包人的违约
40. 工程的暂时停工
41. 开工
42. 延误
43. 竣工时间
44. 竣工时间的延长
45. 工作时限

46. 施工进度
47. 误期赔偿费
48. 工程接收
49. 缺陷责任
50. 承包人的调查
51. 变更、增加和取消
52. 变更工程的估价
53. 索赔及其程序
54. 承包人的设备、临时工程及材料
55. 工程量
56. 工程的计量
57. 计量方法
58. 暂定金额
59. 指定分包人
60. 支付证书
61. 工程的批准凭证
62. 缺陷责任证书
63. 补救措施
64. 紧急补救措施
65. 特殊风险
66. 解除履约时的支付
67. 争端的解决
68. 通知
69. 业主的违约
70. 费用与法规的变更
71. 货币限制
72. 兑换率

"专用条件"系业主根据中国的具体情况对相应的通用条款作明确的具体规定或解释，有些条款则是对通用条款作出修改或补充。在合同条款的法律优先顺序上，专用条款优先于通用条款。我国财政部于1997年7月编发了标准专用条款共83条及关于争端审议委员会规则和程序的附件两份。

上述合同条件中国范本可查阅本章主要参考文献 [2]。

33-3-3 建筑装饰工程施工合同

我国建设部1995年8月7日发布的《建筑装饰装修管理规定》称：建筑装饰装修是指为使建筑物，构筑物内、外空间达到一定的环境质量要求，使用装饰装修材料，对建筑物、构筑物外表和内部进行装饰处理的工程建筑活动。从事建筑装饰装修工程的发包、承包双方，应当按照统一的建筑装饰装修工程施工合同示范文本签订合同。

现行的建筑装饰工程施工合同有甲、乙两种示范文本。

一、甲种本,包括合同条件、协议条款和示范文本使用说明三部分。

第一部分 合同条件

目录如下:
(一) 词语含义及合同文件
第一条 词语含义;
第二条 合同文件及解释顺序;
第三条 合同文件使用的语言文字、标准和适用法律;
第四条 图纸;
(二) 双方一般责任
第五条 甲方代表;
第六条 委托监理;
第七条 乙方驻工地代表;
第八条 甲方工作;
第九条 乙方工作;
(三) 施工组织设计和工期
第十条 施工组织设计及进度计划;
第十一条 延期开工;
第十二条 暂停施工;
第十三条 工期延误;
第十四条 工期提前;
(四) 质量与检验
第十五条 工程样板;
第十六条 检查和返工;
第十七条 工程质量等级;
第十八条 隐蔽工程和中间验收;
第十九条 重新验收;
(五) 合同价款及支付方式
第二十条 合同价款与调整;
第二十一条 工程款预付;
第二十二条 工程量的核实确认;
第二十三条 工程款支付;
(六) 材料供应
第二十四条 材料样品或样本;
第二十五条 甲方提供材料;
第二十六条 乙方供应材料;
第二十七条 材料试验;
(七) 设计变更
第二十八条 甲方变更设计;

第二十九条　乙方变更设计；
第三十条　设计变更对工程影响；
第三十一条　确定变更合同价款及工期；
(八) 竣工与结算
第三十二条　竣工验收；
第三十三条　竣工结算；
第三十四条　保修；
(九) 争议，违约和索赔
第三十五条　争议；
第三十六条　违约；
第三十七条　索赔；
(十) 其他
第三十八条　安全施工；
第三十九条　专利技术和特殊工艺的使用；
第四十条　不可抗力；
第四十一条　保险；
第四十二条　工程停建或缓建；
第四十三条　合同的生效与终止；
第四十四条　合同份数。

第二部分　协　议　条　款

《协议条款》是按《合同条件》的顺序拟定的，主要是为《合同条件》的修改、补充提供一个协议的格式。承发包双方针对工程的实际情况，把对《合同条件》的修改、补充和对某些条款不予采用的一致意见按《协议条款》的格式形成协议。《合同条件》和《协议条款》是双方统一意愿的体现，成为合同条件的组成部分。

第三部分　示范文本使用说明（摘录）

采用招标发包的工程，《合同条件》应是招标文件的组成部分，发包方对其修改、补充或对某些条款不予采用的意见，要在招标文件中说明。承包方是否同意发包方的意见及自己对《合同条件》的修改、补充和对某些条款不予采用的意见，也要在标书中一一列出。中标后，双方将协商一致的意见写入《协议条款》。不采用招标发包的工程，在要约和承诺时都要把对《合同条件》的修改、补充和对某些条款不予采用的意见一一提出，将达成的一致意见写入《协议条款》。

下面对《协议条款》的使用加以说明：

发包方（以下简称甲方）：可以是具备法人资格的国家机关、事业单位、国有企业、集体企业、私营企业、经济联合体和社会团体，也可以是依法登记的个人合伙、个体工商户或个人。上列单位的名称和个人的姓名，应准确地写在《协议条款》甲方位置内，不得简称。

承包方（以下简称乙方）：应是具备与工程相应资质和法人资格的国有企业、集体企业或私营企业。上述单位的名称应准确地写入《协议条款》乙方位置内，不得简称。

第1条

1.1 本款内应准确写出工程的名称、详细地址、承包范围和承包方式。承包范围主要指单位工程的装饰装修内容及等级。

1.2 本款内开工日期应写明双方商定的开工日期，也可以将此规定为甲方代表发布开工令的日期；竣工日期指双方商定的乙方提交竣工报告的日期；总日历工期天数是包括法定节、假日在内的总日历工期天数。

1.3 写明双方商定的工程应达到的质量等级（即合格还是优良）。

1.4 应写明工程价款的金额和承包方式。

工程为群体或小区工程时，以上各项应将单位工程或分部工程按附表一说明，作为协议条款的附件。

第2条 本条应写明组成合同文件的名称和顺序。

第3条

3.1 如合同文件使用少数民族语言，本款应约定语言的名称及翻译文本由谁提供和提供时间。

3.2 国家有统一的标准、规范时，施工中必须使用，并写明使用标准、规范的编号和名称。国家没有统一标准、规范时，有行业标准、规范的，使用行业标准、规范；没有国家和行业标准、规范的，使用地方标准、规范。此条应写明使用的标准、规范的名称。并按照工程的主要部位或项目分别填写适用标准、规范的条款。

如乙方要求甲方提供标准、规范，应在编号和名称后写明，并注明提供的时间、份数和费用由谁承担。

甲方提出超过标准、规范的要求，征得乙方同意后，可以作为验收和施工的要求写入本款，并明确约定产生的费用由甲方承担。

由乙方提出施工工艺的，应在本款写明施工工艺的名称，使用的工程部位，制定的时间、要求和费用的承担。

3.3 法律、法规和规章都适用合同文件，但对同一问题要求不一致时，应在本款内写明适用的法规或规章名称。如由甲方提供，还应写明提供时间。如由乙方自备，应写明费用及由谁承担。

第4条 不同的工程对图纸的需要情况各不相同。本条应写明甲方提供的份数（必须包括竣工图和现场存放的份数）、图纸的深度、比例尺及提供的时间。

乙方要求增加图纸份数的，应写明图纸的名称、份数、提供的时间和费用。

甲方不能在开工前提供全套图纸，应将不能按时提供的图纸名称和提供的时间在本条写明。

第5条 本条写明甲方代表姓名和职称（职务）。甲方代表委派具体管理人员的姓名和职责。如前期工作中施工组织设计和进度计划审批、图纸的提供、质量的检查验收、工程量的核实等工作的具体责任、权限。

第6条 本条写明甲方委托的监理单位名称、总监理工程师的姓名、职称和甲方授权范围。

第 8 条 本条按具体工程和实际情况，逐款列出各项工作的名称、内容、完成时间和要求，实际存在而《合同条件》未列入的，要对条款或内容予以补充。还应写明甲方不能按《协议条款》的要求完成有关工作时，应支付的费用金额和赔偿乙方损失的范围及计算方法。

8.1 本款应写明使场地具备施工条件的各项工作的名称、内容、要求和完成的时间。

8.2 本款应写明水、电、电讯等管线应接至的地点、接通的时间和要求。如上、下水管应在何时接至何处，每天应保证供应的数量，水质标准，不能全天供应的要写明供应的时间。

8.3 本款应写明需要甲方协调的涉及本工程的市政等部门的工作内容及完成时间。

8.4 本款应写明甲方应协调哪些施工单位之间的关系及协调内容和完成时间。

8.5 本款应写明由甲方办理的各种证件、批件和其他需要批准的事项及完成的时间，其时间可以是绝对的年、月、日，也可以是相对的时间，如在某项工作开始几天之前完成。

8.6 本款应写明甲方组织图纸会审的时间，如不能约定准确时间，应写明相对时间，如甲方发布开工令前多少天。

第 9 条 本条按具体工程和实际情况，逐款列出各项工作的名称、内容、完成时间和要求，实际需要而《合同条件》未列的，要对条款和内容予以补充。

9.1 甲方如委托乙方完成工程施工图及配套设计，应在本款写明设计的名称、内容、要求、完成时间和设计费用计算方法。

9.2 本款应写明乙方提供的计划、报告、报表的名称、格式、要求和提供的时间。

9.3 甲方要求乙方提供的合同价款之外的照明、警卫、看守等工作，应在此款写明。

9.4 本款应写明地方政府、有关部门和甲方对本款的具体要求。如在什么时间、什么地段、哪种型号的车辆不能行驶或行驶的规定，在什么时间不能进行哪些施工，施工噪音不得超过多少分贝。

9.5 本款应写明应符合政府对施工现场的哪些要求和规定。

9.6 本款应写明施工场地周围需要保护的建筑物和管线的名称，保护的具体要求。

9.7 本款应写明工程完成后应由乙方采取特殊措施保护的单位工程或部位的要求、所需费用及由谁承担。

第 10 条 本条应写明乙方提交施工组织设计（或施工方案）和进度计划的要求及时间，写明甲方批准以上文件的时间，写明乙方违约应负的违约责任和违约金金额。

第 13 条 本条应对以下内容予以说明：

1. 对延误的定义，如哪些工作延误多长时间才算延误；
2. 对可调整因素的限制，如工程量增减多少才可调整工期；
3. 需补充的其他造成工期调整的因素；
4. 双方议定乙方延期竣工应支付的违约金额，应在本条写明违约金数额和计算方法，如每延迟一天，乙方应支付甲方多少金额。

第 14 条 甲方可在签订《协议条款》时提出提前竣工的要求，应在本条写明以下事项：

1. 要求提前的时间；
2. 乙方应采取的措施；
3. 甲方应提供的便利条件；

4. 赶工措施费用的计算和分担；

5. 收益的分享比例和计算方法，此项也可按传统方法写成每提前竣工一天，甲方应向乙方支付多少金额。

第 15 条 本条应写明乙方应制作哪些样板间及标准和费用；

第 17 条 甲方对工程质量提出合格以上要求的，应在本条写明相应的追加合同价款及计算方法。

第 18 条 本条应写明需进行中间验收的单项工程和部位的名称，验收的时间和要求，以及甲方应提供的便利条件。

第 20 条 目前我国合同价款调整的形式很多，应按照具体情况予以说明，如：

1. 一般工期较短的工程采用固定价格，但因甲方原因致使工期延长时，合同价款是否作出调整应在本条说明。

2. 甲方对施工期间可能出现的价格变动采取一次性付给乙方一笔风险补偿费用办法的，应写明补偿的金额或比例，写明补偿后是全部不予调整还是部分不予调整，及可以调整项目的名称。

3. 采用可调价格的应写明调整的范围，除材料费外是否包括机械费、人工费、管理费；写明调整的条件，对《合同条件》中所列出的项目是否还有补充，如对工程量增减和工程量变更的数量有限制的，还应写明限制的数量；要写明调整的依据，是哪一级工程造价管理部门公布的价格调整文件；写明调整的方法、程序及乙方提出调价通知的时间、甲方代表批准和支付的时间等。

第 21 条 工程款的预付，双方协商约定后把预付的时间、金额、方法和扣回的时间、金额、方法在本条写明。例如"在合同签订后，甲方应将合同价款的 %，计人民币（ ）元，于（ ）月（ ）日和（ ）月（ ）日……分（ ）次支付给乙方，作为预付工程款。在完成合同总造价 %（以甲方代表签字确认的工程量报告为准）后的（ ）个月里，每月扣回预付工程款的 %，在完成合同总造价的 %时扣完。"

甲方不预付工程款，在合同价款中应考虑乙方垫付工程费用的补偿。

第 22 条 本条应写明乙方提交已完工程量报告的时间和要求。

第 23 条 工程款的支付，双方根据工程的实际情况协商确定，把支付的时间、金额和支付方法在本条写明。例如按月支付的，应写明"乙方应在每月的第　天前，根据甲方核实确认的工程量、工程单价和取费标准，计算已完工程价值，编制'工程价款结算单'送甲方代表，甲方代表收到后，应在第　天之前审核完毕，并通知经办银行付款。"

第 24 条 本条双方约定提供的材料样品或样本的名称。

第 25 条 甲方提供材料设备的种类、规格、数量、单价、质量等级和提供时间、地点应按附表二的格式填写，作为《协议条款》的附件。

甲方提供有关说明由乙方采购材料的，应写明产品价格若高于乙方预算价格而产生的价差由谁承担，以及由于供应商的原因造成产品的质量等级、规格型号和交货时间达不到要求，造成损失的责任和产生的费用由谁承担。

第 26 条 本条应写明变更发生后，乙方提交变更价款的时间及金额。

第 27 条 本条应写明乙方提交竣工图的时间、份数和要求；写明甲方收到竣工报告后应在多长时间内组织验收及参加验收的部门和人员。

第 28 条 如双方不再签订保修合同,本条应写明保修的项目、内容、范围、期限、保修金额和保修金预留或支付方法,以及保修金的利率。另签订保修合同的应将以上内容写入保修合同。

第 29 条 双方协商后,对争议的解决方法和程序可作出以下说明:

如:双方发生争议,首先请工程所在地建设行政主管部门调解,一方提出调解要求后,双方应保证合同的继续执行。建设行政主管部门调解不成时,任何一方可依据合同中的仲裁条款或事后达成的书面仲裁协议向约定的仲裁机构申请仲裁。没有约定仲裁机构,事后又没有达成书面仲裁协议的,可以向人民法院起诉。

双方接受调解结果,应在调解作出后 7 日内执行。

在实际工程中双方可以协议对争议进行一次或几次调解,这些调解都要按上述例子一一写明;也可以协议由仲裁机构仲裁或人民法院判决。

第 30 条 甲方违约应负的违约责任应按以下各项分别作出说明:

1. 承担因违约发生的费用,应写明费用的种类。如工程的损坏及因此发生的拆除、修复等费用支出,乙方因此发生的人工、材料、机械和管理费用支出;

2. 支付违约金,要写明违约金的数额和计算方法、支付的时间;

3. 赔偿损失,违约金的数额不足以赔偿乙方的损失时,应将不足部分支付给乙方,作为赔偿,并写明损失的范围和计算方法,如损失的性质是直接损失还是间接损失,损失的内容是否包括乙方窝工的人工费、机械费和管理费,是否包括窝工期间乙方本应获得的利润等。

第 31 条 本条应根据当地的地理气候情况和工程的要求,对造成工期延误和工程破坏的不可抗力作出规定。如规定以下情况均属不可抗力:

1. 地震烈度×度以上的地震;
2. ×级以上持续×天的大风;
3. ×毫米以上持续×天的大雨;
4. 日气温超过×度,持续×天;
5. 日气温低于×度,持续×天。

第 32 条 在办理保险时,应写明甲方人员和第三方人员在施工现场生命财产安全的保险内容、保险金额及由谁办理和承担费用。

地方政府规定,或当事人双方协议要求鉴证、公证的,由鉴证、公证部门将意见写在协议条款的鉴证、公证意见一栏,并加盖印鉴。

附表一:

×××工程项目一览表　　　　　　　表 33-63

单位或分部工程名称	建筑面积	装饰内容	工程造价	开工日期	竣工日期

附表二：

×××工程甲方供应材料设备一览表　　　　　　　　表 33-64

序号	材料或设备名称	规格型号	单位	数量	单价	供应时间	送达地点	备注

二、乙种本，是简化的建筑装饰工程施工合同示范文本，适用于比较简单的建筑装饰工程施工。全文仅 12 条：1）工程概况；2）甲方工作；3）乙方工作；4）关于工期的约定；5）关于工程质量及验收的约定；6）关于工程价款及结算的约定；7）关于材料供应的约定；8）有关安全生产和防火的约定；9）奖励和违约责任；10）争议或纠纷处理；11）其他约定；12）附则。合同附件包括 1）施工图纸或作法说明；2）工程项目一览表；3）工程量清单；4）甲方提供材料设备一览表；5）会议纪要；6）设计变更文件；7）其他。

33-3-4　国际工程施工合同

33-3-4-1　国际通用施工合同——FIDIC《土木工程施工合同条件》

国际工程承包市场上采用比较广泛的是国际咨询工程师联合会（FIDIC）制定的《土木工程施工合同条件》。

一、FIDIC《土木工程施工合同条件》的特点

FIDIC《土木工程施工合同条件》与我国国内工程施工合同明显不同的特点是，合同涉及业主、承包商和工程师三方。业主与承包商之间签订施工合同；工程师（在我国称监理工程师）受业主委托，根据合同条件监督承包商在承包项目上的活动，对工程质量、进度和拨款实行控制。三方之间的关系如下：

1．业主对重要事项做出决定，如决定中标单位，履约担保和保险，合同分包与转让，支付预付款，移交工地，终止合同等。

2．施工过程中的具体事务，由工程师决定和处理；涉及合同调价、工程变更、延期、索赔等重要事项，则应在决定之前与业主协商。工程师有权决定根据合同发生的额外付款，业主授予工程师影响工程范围、费用、工期等事项的权限，可通过 FIDIC 合同条件专用条款来确定。工程师应承担的管理责任和相关责任，由业主与工程师之间签订的委托监理服务合同规定。

3．承包商必须接受和服从工程师的指示；如对工程师的决定或指示不满意，可以提出索赔、仲裁或诉讼。

4．工程移交给业主接收之前，由承包商负责保护和保管。

5．如果业主违约，承包商可以降低施工速度或中止施工，或提出索赔。

二、FIDIC《土木工程施工合同条件》的内容

FIDIC《土木工程施工合同条件》适用于工业与民用建筑、水利水电、铁路、公路交

通等各类工程施工承包活动。当前国际上通用1987年第4版的1988年修订重印本。指导合同条件的正确使用，FIDIC编印该合同条件的应用指南。其内容包括通用条件和专用条件两部分。

1. 通用条件共28节，分别为：

定义及解释；

工程师及工程师代表；

转让与分包；

合同文件；

一般义务；

责任的分担和保险的义务；

业主办理的保险；

承包商的其他义务；

劳务；

材料、工程设备和工艺；

暂时停工；

开工和误期；

缺陷责任；

变更、增添和省略；

索赔程序；

承包商的设备，临时工程和材料；

计量；

暂定金额；

指定的分包商；

证书与支付；

补救措施；

特殊风险；

解除履约；

争端的解决；

通知；

业主的违约；

费用和法规的变更；

货币及汇率。

共72条206款，并附有可供采用的补充条款及投标书和协议书格式。对条文加以解释，并对各条款之间的关系作了说明。

2. 专用条件，是根据具体工程的特点和工程所在国的法律，针对通用条件中的相应条款进行修订、补充、删节或替代的内容，包括条文示例，调价计算公式以及作为合同文件组成部分的某些附件的标准格式，供签订合同时选用，使合同能准确地反映工程的具体情况。

国际通用的FIDIC《土木工程施工合同条件》标准文本为英文版本。我国尚没有公认的标准汉文译本,本章主要参考文献 [1]、[2] 中的译文可供参考。

33-3-4-2 FIDIC 其他标准合同

FIDIC 于 1999 年制定了 4 种新的标准合同格式(第一版),简要介绍如下。

一、《施工合同条件》,确切地说,是业主提供设计的建筑安装工程施工合同条件,推荐适用于由业主或其代表人,工程师提供设计的建筑或设备安装工程。通常在这种类型合同的安排下,承包商按照业主提供的设计建造工程。但该工程也可以包括由承包商设计的某些土木、机电工程组成部分及/或其施工工作。标准格式包括通用条件、专用条件指南和投标函、合同协议书及争端裁决协议书格式等内容。

通用条件共 20 条,目录如下(二级条款从略):

1. 一般规定;
2. 雇(业)主;
3. 工程师;
4. 承包商;
5. 指定分包商;
6. 职员和工人;
7. 设备,材料和操作工艺;
8. 开工,误期和延期;
9. 竣工检验;
10. 业主接收;
11. 缺陷责任;
12. 计量和评估;
13. 变更和调整;
14. 合同价格与支付;
15. 雇(业)主终止合同;
16. 承包商暂停施工与终止合同;
17. 风险与责任;
18. 保险;
19. 不可抗力;
20. 索赔,争议与仲裁。

附件 争议裁决协议一般条款。

专用条件指南是准备具体工程的施工合同时,针对工程及所在国的具体情况,正确应用通用条件的指导性逐条说明,并有举例。

二、《成套设备和设计-建造合同条件》,推荐适用于机电成套设备及建筑安装工程的设计与施工工作的合同条款。通常在此类型合同安排下,承包商按照雇(业)主要求,设计并提供设备及/或其他工作,其中可以包括任何与之相联的土木、机电和/或施工工作。包括通用条件、专用条件指南和附件三部分。

通用条件 20 条,除第五条为"设计",没有"指定分包商"条外,其他条目与《建筑安装施工合同》相同,二级条款则针对成套设备的设计与施工而与前者有较大差别。专用条件指南的作用与前者相同。附件有:

各种保证（担保）书格式，包括：

母公司为子公司担保书的格式举例；

投标保证书格式举例；

履约保证书格式举例；

预付款保证书格式举例；

保留金保证书格式举例；

业主支付保证书格式举例；

投标函及附件；

合同协议书；

争议裁决协议书；

争议裁决委员会协议书。

三、《EPC/交钥匙项目合同条件》，EPC 为英文 Engineering, Procurement, Construction 的缩写，意为工程技术，采购和施工。实际就是交钥匙。这种类型的合同可适用于以交钥匙为基础的工厂生产线，电站或同类设施或基础设施项目，或其他开发类型项目的实施：1) 其最终价格和时间要求高度确定；2) 承包商对项目的设计和实施负完全责任，与业主少有关联。通常在交钥匙项目合同安排下，承包商进行所有的工程技术、采购和施工，在交钥匙时提供一套装备完全的准备运营的设施。合同通用条件 20 条；专用条件指南用法及附件与《成套设备和设计-建造合同条件》相同。

四、《短合同格式》，是一种简明的合同格式，推荐适用于投资规模较小的建筑安装工程。根据工程类型和环境，这种合同格式也适用于价值较大的合同，特别是比较简单或者重复建设的或工期短的工程。通常在这种类型合同的安排下，承包商按照业主或其代表（如有）提供的设计施工；不过，这种合同格式也可适用于包括或完全由承包商设计的土木、机电及/或其施工的工程。这种合同格式的目的在于提供一种适用于各种类型工程的浅显易懂、有弹性的、包括全部基本商务条款、适应多样化管理安排的合同文件。其内容包括：

（一）通用条件 15 条，目录如下（二级条款从略）：

1. 一般规定；

2. 雇（业）主；

3. 雇（业）主代表；

4. 承包商；

5. 承包商的设计；

6. 雇（业）主的责任；

7. 竣工时间；

8. 接收；

9. 补救缺陷；

10. 变更与索赔；

11. 合同价格与支付；

12. 违约；

13. 风险与责任；

14. 保险;
15. 争议的解决。

(二) 协议书,报价函和接受报价函格式。

(三) 关于必要时增加专用条款的做法说明;争议裁决规则及争议裁决协议书格式。

33-3-4-3 英国土木工程师协会(ICE)合同条件

由英国土木工程师协会、咨询工程师协会、土木工程承包商联合会共同设立的合同条件常设联合委员会制定,适用于英国本土的土木工程施工。现行者为1991年第6版的1993年8月校订本,全文包括合同条件1991年第6版原文,1993年8月发行的勘误表,合同条件索引,招/投标书格式及附件,协议书格式和保证书格式。

合同条件共23章,71条,目录如下(二级条款从略):

定义与解释
1. 定义

工程师和工程师代表
2. 工程师的义务和权力

转让与分包
3. 转让
4. 分包

合同文件
5. 文件相互解释
6. 文件的供给
7. 后续图纸、技术说明和指示

一般义务
8. 承包商的一般责任
9. 合同协议
10. 履约担保
11. 信息资料的提供与解释
12. 不利的外界条件和人为障碍
13. 工程应使工程师满意
14. 制定计划
15. 承包商的监督
16. 承包商雇员的免职
17. 放线
18. 钻孔与勘探挖掘
19. 安全保卫
20. 照管工程
21. 工程等的保险
22. 人身与财产的损害
23. 第三方保险
24. 人员的事故或受伤

25. 保险证明和保险期限
26. 发送通知与支付费用
27. 1950 公共设施街道工程法—定义
28. 专利权
29. 对交通和毗邻财产的干扰
30. 避免损坏公路等
31. 为其他承包商提供设施
32. 化石等
33. 竣工时的现场清理
34. （不采用）
35. 劳务人员和承包商设备报告

操作工艺和材料
36. 材料和工艺质量及检测
37. 进入现场
38. 工程覆盖前的检查
39. 不合格工程与材料的排除
40. 暂时停工

开工时间与延误
41. 工程开始日期
42. 现场占用与出入
43. 竣工时间
44. 延长竣工时间
45. 夜间和星期日工作
46. 施工进度

误期损害赔偿
47. 整个工程实际竣工的误期损害赔偿

实际竣工证书
48. 实际竣工通知

未完工程与缺陷责任
49. 工程未完
50. 承包商进行调查

变更，增加与省略
51. 指令变更
52. 指令变更的估价

材料和承包商设备的所有权
53. 承包商设备的归属
54. 不在现场的货物和材料的归属

计量
55. 工程量

56. 测量与估价
57. 计量方法

暂定与原始成本金额和指定分包合同
58. 暂定金额的使用
59. 指定分包商—对指定的反对

证书与付款
60. 月报表
61. 缺陷改正证书

补救措施和权力
62. 紧急修理
63. 承包商雇用的终止

挫折
64. 发生挫折时的付款

战争条款
65. 战争爆发时工程继续28天

争议的解决
66. 争议的解决

用于苏格兰
67. 用于苏格兰

通知
68. 给承包商的通知

税务
69. 劳务-税的变动
70. 增值税

专用条件
71. 专用条件

专用条件没有具体的条文，仅说明任何专用条件都应合并于相应的合同条件之中，并予以编号，构成合同条件的一部分。

招/投标书及附件、协议书、保证书等格式有简单的说明，以指导正确使用。

33-3-4-4 美国建筑师协会（AIA）工程承包合同

中国建筑总公司得到美国建筑师协会的授权，翻译该协会的系列文件，供研究学习之用。其中比较重要的是 A201《工程承包合同通用条款》和 A401《总承包商与分与商标准合约文本》。二者都是1997年版本，简要介绍如下。

一、AIA-A201工程承包合同通用条款，共14章，83条，目录如下：

第一章 一般条款—1.1基本定义；1.2合同文件的相互关系及其目的；1.3大写字母的使用；1.4解释；1.5合同文件的执行；1.6图纸、规范与其他文件的所有权及其使用。

第二章 业主—2.1定义；2.2业主须提供的情况报告及相关服务；2.3业主行使停工的权利；2.4业主要求开工的权利。

第三章　承包商——3.1 定义；3.2 承包商检查合同文件及工地状况；3.3 监察与施工程序；3.4 人工与材料；3.5 保单；3.6 纳税；3.7 许可证、收费及通告；3.8 限额；3.9 现场监工；3.10 承包商的施工进度表；3.11 工地现场的文件与样品；3.12 施工图、产品资料及样品；3.13 工地现场的使用；3.14 切割与修补；3.15 清理；3.16 工地通道；3.17 版税、专利与版权；3.18 保护。

第四章　合同的管理——4.1 建筑师；4.2 建筑师的合同管理；4.3 索赔与争议；4.4 索赔与争议的解决；4.5 调解；4.6 仲裁。

第五章　分包商——5.1 定义；5.2 分包合同的授予及其他部分工程的合约；5.3 分包的关系；5.4 意外情况下分包合同的转让。

第六章　业主与独立承包商负责的施工——6.1 业主负责施工的权利及单独另外发标；6.2 相互的责任；6.3 业主要求保持清洁的权利。

第七章　工程变更——7.1 总括；7.2 变更单；7.3 工程变更指令；7.4 工程微小变更。

第八章　期限——8.1 定义；8.2 工程进度与完工；8.3 误期与工期的延长。

第九章　付款与完工——9.1 合同总价；9.2 价格清单；9.3 付款申请；9.4 付款证明；9.5 拒绝证明的决定；9.6 工程进度款；9.7 付款违约；9.8 工程基本竣工；9.9 工程的部分占用或使用；9.10 最后完工与最终付款。

第十章　人员与财产的保护——10.1 安全预防与措施；10.2 人员与财产的安全；10.3 危险材料；10.4 承包商按合同要求带到现场的材料；10.5 承包商按合同要求处理有害材料的费用；10.6 紧急情况。

第十一章　保险与保函——11.1 承包商职责内的保险；11.2 业主的责任险；11.3 项目管理防护责任险；11.4 财产保险；11.5 履约保函与付款保函。

第十二章　工程的剥露及其修正——12.1 工程的剥露；12.2 工程的返修；12.3 不合格工程的接受。

第十三章　混合条款——13.1 主管的法律；13.2 继任人与受让人；13.3 书面通知；13.4 权利与补偿；13.5 测试与检验；13.6 利息；13.7 法定时限的开始。

第十四章　合同的终止或停工——14.1 承包商终止合同；14.2 业主终止合同；14.3 业主认为适宜的停工；14.4 业主出于自身利益的考虑而终止合同。

二、AIA-A401 总承包商与分包商标准合约文本，包括合同格式（从略）与合同条款 16 章，61 条，目录如下：

第一章　分包合同文件——1.1 分包合同文件包括的内容；1.2 制约本分包合同的一般条款；1.3 分包合同的修改和变更；1.4 分包合同文件副本。

第二章　双方权利和责任——2.1 总承包商和分包商应共同受本合约条款的制约；2.2 分包商与其小包商签署合约。

第三章　总承包商——3.1 总承包商提供的服务；3.2 告知；3.3 总承包商提出的索赔；3.4 总承包商的补救措施。

第四章　分包商——4.1 工程的实施和进度控制；4.2 法律、许可、费用和注意事项；4.3 安全预防措施及步骤；4.4 现场清理；4.5 担保条款；4.6 保护条款；4.7 未付款的补救措施。

第五章　工程变更——5.1 业主可修改合同，对工程进行变更；5.2 总承包商在分包工程范围内要求分包商对工程进行变更；5.3 分包商提出索赔。

第六章 调解和仲裁——6.1 调解；6.2 仲裁。

第七章 分包合同的终止、暂停和转让——7.1 分包商提出的终止；7.2 总承包商提出的终止；7.3 总承包商自行暂停合约；7.4 分包合同的转让。

第八章 分包工程项目内容。

第九章 开工和基本竣工时间。

第十章 分包合同总价——10.1 总承包商应付给分包商的合同款总额；10.2 可选工程项目；10.3 单价。

第十一章 进度付款——11.1 付款确认书；11.2 进度款应按月计算；11.3 总承包商向分包商付款；11.4 规定的付款申请日期之后收到的进度付款申请书。11.5 每期进度付款都应在分包商提交总承包商的最新价格清单基础上计算；11.6 分包商的进度付款申请书应表明完工百分比；11.7 分包合同进度付款数额计算方式；11.8 总承包商未批准分包商的付款申请书；11.9 基本竣工。

第十二章 最终付款——12.1 分包商按合同完成全部工程总承包商应支付全部分包合同未付款的最终付款；12.2 分包商应向总承包商提供已付清有关分包工程项目的工资、材料、设备及其他欠款的证据。

第十三章 保险和保函——13.1 分包商应购买并保持责任范围的保险；13.2 分包商投保的保险期限；13.3 分包商的保险单应向总承包商备案；13.4 总承包商应向分包商提供资料证明其已满足总包合同中的保险条款；13.5 总承包商应提供保证分包合同付款的付款保函；13.6 履约保函和付款保函；13.7 财产保险；13.8 放弃追索权。

第十四章 临时设施和工作条件——14.1 总承包商应免费向分包商提供临时设施、设备和服务；14.2 特定工作条件。

第十五章 混合条款——15.1 参考其他分包合同条款所进行的修改和补充；15.2 应付未付款的利率；15.3 保留金和有关减少额的规定；15.4 放弃追索。

第十六章 分包合同文件名录。

以上两种合同文件分别获得美国总承包商协会和美国分包商协会及联合专业承包商协会的认可。美国建筑师协会提醒，鉴于合同文件具有重大的法律后果，建议签约或修改之前与有关律师商讨。

33-3-5 合同的履行、违约责任、索赔和争议的解决

33-3-5-1 合同的履行

施工合同一般一经签订即行生效，有的须经发包单位上级主管部门批准方能生效。合同一旦生效，对发包方、承包方和监理工程师（如有）都具有法律的约束力，在合同有效期内，每一方都必须全面履行合同规定的义务和责任，并享有相应的权利。对承包商来说，施工合同的履行过程，就是从施工准备，施工，竣工，试运转，移交验收，直至保修期结束的全过程。这个过程可持续一二年，三五年，甚至十年或者更长时间。合同履行得好坏，不仅会影响一个承包项目的成败盈亏，也会影响企业的社会信誉和发展前途。所以必须给以足够的重视，详见 31-9 施工项目合同管理。

33-3-5-2 违约责任

违约,是指在合同履行过程中,发包或承包任何一方发生使合同不能履行下去的任何行为。违约责任,是指违约行为发生后,违约方应承担的责任。这在合同中都应有明确的规定,承包商详细了解这些规定,一是为了使自己不发生违约行为,避免违约责任造成的损失;二是业主发生违约行为时,明确知道违约方应承担的责任,以保护自己的合法权益,详见31-9施工项目合同管理。

33-3-5-3 工程索赔

索赔的一般概念,是指在经济合同实施过程中,合同一方当事人因对方不履行或未能正确履行合同所规定的义务而遭受损失,向对方提出赔偿要求。

在工程承包活动中,承包商索赔的范围,指凡不是由于承包商自身的原因,而是由外界因素造成的工期延长和/或工程成本增加,一般都可以提出索赔要求。详见31-9施工项目合同管理。

33-3-5-4 争议的解决

合同争议也叫合同纠纷,指在合同履行过程中,合同当事人对各自的权利、义务和责任有不同的主张和要求而引起的争执。解决争议依法有不同的途径,详见31-9施工项目合同管理。

33-4 工程施工承包的风险管理

风险的一般含义是指遭受损害或损失的机会,其特点是不确定性。工程施工投标的风险是指中标后,在履行合同过程中发生使承包商遭受经济损失的某些事件及其所造成的损失程度。在市场经济中,不确定因素,也就是风险,是经常存在的,而工程承包的风险往往比其他行业更大。但风险与利润是并存的,在实践中,既没有零风险和百分之百获利的机会,也少有百分之百风险和零利润的可能,关键在于经营者在作出投标决策前和中标后的履约过程中,要善于识别风险因素及其发生的几率和影响,经常加强风险监测,有针对性地采取防范措施,将风险损失控制在尽可能小的范围之内,也就是提高了盈利的可能性。风险管理的意义即在此。详见31-10施工项目风险管理。

33-5 工程发包承包活动的信息管理

33-5-1 信息管理概述

信息,可以通俗地理解为能够用语言、文字、符号、数据、图像及其他信号表示的,为人类社会有目的的活动服务,可以传递和处理的资源。工程发包承包活动,不论就一个项目来说,还是就一个建筑业企业来说,或者就一个地区以至整个建筑市场来说,情况每日每时都在不断地变化,建筑市场各方主体和政府主管部门需要随时得到反映各种变化情况的信息,并据以作出相应的决策,及时传达给各有关部门去贯彻执行,这个过程叫做"反馈";连续不断反馈的信息叫做"信息流"。工程建设管理者通过掌握信息流控制人流、物流、资金流的流向和流速,以保证工程目标的实现。

信息管理，就是通过收集、传播和运用信息，实现信息的价值。也就是通过制定完善的信息管理制度，采用现代化信息技术，保证信息周转过程高效运转，使信息系统成为紧密联系、高度协调、互相配合的有机整体的活动，其目的是为用户提供为实现一定目标所需的信息服务。因此，信息管理的内容应包括：(1) 明确信息管理工作的指导原则，即必须具有实事求是的科学态度，遵循信息运动的规律进行科学管理。(2) 确定信息管理的目标要求。最优化的信息管理目标是及时、准确、适用、完整和经济。(3) 完善的信息管理制度，包括原始信息收集、信息网络系统分工负责、信息处理业务的标准化、专业化以及信息反馈的灵敏度要求等。(4) 高效运转的信息周转流程，使信息收集、传输、处理、存贮各个环节紧密衔接，沟通无阻。

现代信息管理的基本特点是以计算机为信息处理手段。建立电子计算机信息管理系统，必须根据管理的具体要求，遵循上述原则，设计一套适用的管理系统和相应的软件，配备功能适合软件运行要求的计算机和配套硬件系统，以及相应的专业管理人员。

33-5-2　建筑业企业的信息管理系统

随着信息技术的普及，许多建筑业企业在应用计算机编制工程概预算和投标报价之类单项管理的基础上，开始探索建立涵盖整个企业范围的计算机信息管理系统。其一般做法见 31-12 施工项目信息管理。

33-5-3　有形建筑市场和建设行政主管部门的信息管理系统

我国各级建设行政主管部门历来十分重视对建筑市场的监督管理。近几年来，建设部及各省、市在建筑市场监管信息化方面做了大量的工作，针对建筑市场的各个环节，开发了勘察设计管理系统、招标投标管理系统、工程质量和安全管理系统、工程监理管理系统、造价管理信息系统、建筑业企业及中介机构管理系统以及执业人员资格管理系统等建筑市场管理信息系统。由建设部信息中心组建的中国工程建设信息网已完成了对施工企业、监理单位、招标代理机构、勘察设计单位和造价咨询机构数据库以及注册监理工程师、注册造价工程师、项目经理等执业人员数据库的建设；施工企业、监理单位和招标代理机构的资质管理已实现网络化管理；初步完成了施工图纸设计审查、工程发包承包、分包情况、合同备案、建筑工程施工许可、工程监理、工程质量监督、安全检查、工程竣工验收备案等监管信息系统框架方案的设计；全国已有 24 个省、自治区、直辖市和 112 个地级以上城市实现了联网，并协助 30 个省、市有形建筑市场实现了计算机化管理。

不过，现有的建筑市场管理信息系统采取各主管部门独立开发，多头采集信息，垂直上报数据的方式，虽然在一定程度上能满足各管理职能部门的需要，但从地方、省建设行政主管部门到建设部，尚未形成完整、统一、具有宏观监管调控功能的信息共享的数据交换平台。为了进一步健全和规范有形建筑市场，增强建设工程交易活动的透明度，依法加强对工程招标投标等活动的监管，促进公开、公正、公平竞争机制的建立，建设部已着手通过试点建立"全国建筑市场监督管理信息系统"。

要求建立的监管信息系统主要内容为企业状况（包括勘察、设计、施工、监理、招标代理企业）；专业技术人员（包括注册建筑师、结构工程师、监理工程师、造价工程师和建筑业企业项目经理）；工程项目动态管理。将企业和专业技术人员的基本情况以及工程项目执行法定建设程序、开展招标投标、质量安全状况等在相关信息网络上予以公布，并借助各地有形建筑市场，建设建筑市场监管信息系统，逐步实现全国联网。

试点省市应具备下列条件：

1. 各级领导高度重视，能够为项目实施创造良好的条件。

2. 在工程项目管理中已经或正在建立相关的计算机网络管理系统，有管理信息系统应用基础，计算机网络及相关设施符合项目实施条件。

3. 工程建设管理业务人员、计算机系统管理人员、技术人员的计算机应用水平比较高，对本项目实施有较高的积极性，能够密切配合推进本项目实施。

4、5. 关于经费落实和完成期限的要求（略）。

试点工作包括三方面的内容：

1. 完成三项数据库的建设：（1）工程项目管理数据库（规划许可，施工图设计文件审查，招标投标，工程监理，质量安全监督，合同管理，施工许可，竣工验收备案）；（2）建筑业企业监管及信用档案数据库（勘察设计企业，建筑业企业，监理企业，造价咨询机构，招标代理机构）；（3）执业人员监管及信用档案数据库（注册建筑师，注册结构工程师，注册监理工程师，注册造价工程师，项目经理）。

2. 建立统一的信息管理系统应用平台。充分利用已建立的招标投标、工程质量安全监督、工程建设监理、施工许可管理等系统，按照统一的软件技术标准和开发要求，进行规范性改造和功能升级。

3. 做好数据接入建设部数据中心的准备工作，确保数据库与建设部数据中心连接。

按照建设部科学技术司2002年4月制定的《全国建筑市场监督管理信息系统实施方案》，试点工作于2002年选择在浙江省、上海市和北京市及其所辖部分区县开始进行，整个系统计划于2004年建成投入运行。

北京市有形建筑市场监管系统招标投标部分的数据要求如下，可供参考。

监管系统数据要求

招标投标

1. 工程基本情况表（工程报建）：

工程编号

项目名称，报建日期，工程建设地点，工程类别，结构类型，

投资总额，政府投资，自筹投资，贷款投资，外商投资，其他投资，

用地面积，建筑面积，栋数，地上层数，地下层数，最大高度，最大跨度，

计划开工日期，计划竣工日期，发包方式（招标发包、直接发包），

工程规模技术指标（一），数量（一），单位（一），工程规模技术指标（二），数量（二），单位（二），

建设性质（新建，改建，扩建，翻新），项目建设内容，

建设工程用地许可证编号，建设工程规划许可证号，

建设单位名称，建设单位地址，建设单位性质，建设单位银行资信证明，建设单位法定代表人，建设单位联系人，建设单位联系电话，建设单位上级主管部门，

立项文件名称，立项批准时间，立项批准文号，立项批准面积，立项批准规模，
立项批准投资，立项批准机关，备注，

2．工程登记表（施工）：

[施工招标 ID]，工程编号

工程名称，

投资性质，建安投资，经办人，资金情况（落实，未落实），

工程筹建情况（具备开工条件，不具备开工条件），施工现场条件（水、电、路、场地），

勘察设计情况（地址勘察、施工图纸），定额工期，工期要求，质量要求，

承包方式（包工包料、承包方式），

勘察单位名称，勘察单位负责人，

设计单位名称，设计单位负责人，

监理单位名称，监理单位负责人，

招标方式（公开招标、邀请招标），招标内容，计划招标时间，

[（勘察单位）企业编码]，[（设计单位）企业编码]，[（监理单位）企业编码]

3．招标公告（施工）：

[施工招标 ID]，工程编号，

工程名称，

批准机关，资金来源，招标代理单位，

计划开工时间，计划竣工时间，

标段数目，标段划分情况，

申请投标资格条件，资格预审文件领取时间，报送资格预审文件截止时间，资格预审文件送达地点，投标报名开始时间，投标报名截止时间，

招标人地址，招标人联系人，招标人传真，招标人电话，招标人邮政编码，招标人电子信箱，招标代理单位地址，招标代理单位联系人，招标代理单位传真，招标代理单位电话，招标代理单位邮政编码，招标代理单位电子信箱，

公告发布时间，公告截止时间，联系人，（招标人或招标代理单位）盖章日期，

[（招标代理机构）企业编码]

4．中标通知书（施工）：

[施工招标 ID]，工程编号，

中标通知书编号，工程名称，

中标单位，中标企业资质证书号，中标企业资质等级，

中标范围和内容，中标价，中标工期，质量标准，

项目经理姓名，项目经理证书号码，项目经理资质等级，

合同签订截止时间，合同签订地点，

招标单位名称，招标单位法定代表人，发放日期，

[（施工企业）企业编码]，[（项目经理）人员编码]

5．工程登记表（监理）：

[监理招标 ID]，工程编号

工程名称，投资性质，建安投资，经办人，投资额，
资金情况（落实，未落实），工程筹建情况（具备开工条件，不具备开工条件），
施工现场条件（水、电、路、场地），勘察设计情况（地址勘察、施工图纸），
定额工期，工期要求，质量要求，
勘察单位名称，勘察单位负责人，
设计单位名称，设计单位负责人，
招标方式（公开招标、邀请招标），发包内容，发包方式，计划发包时间，
[（勘察单位）企业编码]，[（设计单位）企业编码]

6. 中标通知书（监理）：

[监理招标 ID]，工程编号，
中标通知书编号，工程名称，
中标单位，中标企业资质证书号，中标企业资质等级，
中标价，中标工期，质量标准，
总监理工程师姓名，总监理工程师证书号码，
合同签订截止时间，合同签订地点，中标范围和内容，招标人，招标人法定代表人，
发放日期，
[（监理企业）企业编码]，[（注册监理工程师）人员编码]

合同监管

1. 合同管理：

工程编号，[（勘察招标、设计招标、监理招标、施工招标、材料设备招标）招标编码]（某一种招标），
工程名称，建设单位，施工单位，
合同签订日期，合同审查日期，合同开工日期，合同竣工日期，
备料款，进度款，尾款，
工程结算时间，有无分包，双方供应的材料设备，结算方式，
违约处理方式，争议解决方式，
甲方驻工地代表，乙方驻工地代表，社会监理工程师，甲方经办人，乙方经办人，
合同类别（分：勘察、设计、施工、材料设备、监理）
[（施工企业）企业编码]

2. 履行合同情况：

工程编号，[（勘察招标、设计招标、监理招标、施工招标、材料设备招标）招标编码]（某一种招标），
质量等级，建筑面积，开工日期，竣工日期，安全生产情况，文明施工情况，实际造价，

3. 合同备案表：

工程编号，[（勘察招标、设计招标、监理招标、施工招标、材料设备招标）招标编码]（某一种招标），
合同编号，公证书编号，
招标人，中标人，

招标规模，总投资，投标报价，合同金额，
质量标准，合同工期，承包方式，材料供应，
项目经理姓名，项目经理资质等级，项目经理编号，
工程款拨方式，备注说明，备案意见，
[（施工企业）企业编码]（中标人），[（项目经理）人员编码]

建筑业企业

1．企业基本情况：

[企业编码]，
企业名称，建立时间，资质证书编号，
省份，市州，县区，所属中央直属企业，
注册地址，邮政编码（注册地址），
详细地址，邮政编码（详细地址），
营业执照注册号，企业类型，
联系电话，传真，企业网址，电子邮箱，
法定代表人，法定代表人职务，法定代表人职称，法定代表人学历，法定代表人电话，
法定代表人管理资历，
企业经理，企业经理职务，企业经理职称，企业经理学历，企业经理电话，企业经理管理资历，
技术负责人，技术负责人职务，技术负责人职称，技术负责人学历，技术负责人电话，技术负责人管理资历，
从业人员年末人数，年末离退休人员，
从业人员年平均人数，管理人员，
工程技术人员总数，工程技术人员中高级职称人数，工程技术人员中中级职称人数，
聘用退休技术人员，
有中专以上学历的从业人员总数，有中专以上学历的从业人员有职称人数，有中专以上学历的从业人员高级职称人数，有中专以上学历的从业人员中级职称人数，
项目经理总数，一级项目经理，二级项目经理，三级项目经理，
预算员，预算员持证，安全员，安全员持证，
质检员，质检员持证，施工员，施工员持证，
注册资本（万元），资产总额，固定资产，流动资产，
净资产，负债总额，实收资本，国有资本，法人资本，个人资本，港澳台商资本，
外商资本，企业总收入，建筑业总产值，工程结算成本，管理费用，
利润总额，所得税，净利润，建筑业增加值，固定资产年折旧额，劳动者报酬，
生产税净额，营业利润，净值产收益率（%），建筑业劳动生产率（万元/人），
生产经营用固定资产原值，生产经营用固定资产净值，资本保值增值率（%），
资产负债率（%），
机械设备总台数，机械设备原值，机械设备净值，机械设备总功率，
动力装备率（千瓦/人），技术装备率（万元/人），

近三年（第1年），近三年工程结算收入（第1年收入），
近三年（第2年），近三年工程结算收入（第2年收入），
近三年（第3年），近三年工程结算收入（第3年收入），
质量安全发生事故次数，经济损失，死亡人数，重伤人数，

2．资质情况：
[企业编码]，资质类别，
资质序列，资质等级，发证机关，资质就位日期，证书编号，
是否是主项资质，承包范围

3．机构主要人员：
[企业编码]，人员类别（法定代表人、企业经理、财务负责人、技术负责人、经营负责人），
姓名，性别，出生年月，身份证号码，职务，职称，学历，照片，施工管理资历，毕业时间，毕业学校，毕业专业，工作简历（内容包括起止日期，工作单位，担当职务，工作内容），电话

4．项目经理：
[企业编码]，序号，[人员编码]（项目经理）
姓名，性别，学历，身份证号码，专业，职称，资质等级，项目经理证书号码，

5．代表工程业绩：
[企业编码]，序号，
项目名称，工程地址，[施工招标编码]
施工许可证号，合同编号，
项目经理，项目经理编号，
工程简介，
工程造价，建筑面积，层数，建设性质（新建、改建、扩建、迁建），
合同价，结算价，工程类别，
工程规模技术指标（一），数量（一），单位（一），
工程规模技术指标（二），数量（二），单位（二），
工程承包方式（施工总承包、专业承包、劳务分包和其他），
施工组织方式（自行施工、专业分包、劳务分包），
开工时间，竣工时间，计划工期（工作日），实际工期（工作日），延误原因，
是否部分承担，承担部分内容（主体、框架、装修），
质量评价（优良、合格、不合格），安全评价（优良、合格、不合格），获奖情况，
建设单位，建设单位联系人，建设单位联系电话，
验收单位，验收单位联系人，验收单位联系电话，备注，

监理企业

1．企业基本情况：
[企业编码]，企业名称，
省份，市州，县区，所属中央直属企业，
通讯地址，邮政编码，电话，传真，电子邮件，

企业设立时的批准文号，企业设立时的审批部门，
营业执照字号，资质证书编号，资质等级，
经济类型，注册资金（万元），成立时间，股东，营业范围（营业执照），
近一年内所监理的工程有无发生重大质量责任事故，
开户银行及账号，
资质证书扫描件，营业证书扫描件，

2. 资质情况：
[企业编码]，序号
资质证书编号，资质类别，资质等级，是否是主项资质

3. 代表工程业绩：
[企业编码]，序号，[监理招标编码]
工程名称，工程地址，开工时间，竣工时间，
工程造价，建筑面积，层数，建设性质（新建、改建、扩建、迁建），
工程规模技术指标（一），数量（一），单位（一），
工程规模技术指标（二），数量（二），单位（二），投资总额，
工程监理费，
工程类别，工程等级，
建设单位，设计单位，施工单位，
总监姓名，总监等级，进度情况，提前（延长）天数，工程质量，节约投资，
竣工验收情况，监理工作情况，
建设单位意见，建设单位填写意见日期，质量监督站意见，质量监督站意见填写日期，

注册监理工程师
1. 人员基本情况
[人员编码]，
姓名，性别，出生日期，民族，身份证号，健康状况，照片。
省份，市州，县区，所属中央直属企业，所在单位，
专业，职称，注册证书编号，注册性质，注册日期，岗位证书编写，发证日期，
继续教育档案，文化程度，
处罚处分，违法违规行为，
总监资格，监理培训班，总监培训号，总监证书，国家级岗位证书扫描件，省级岗位证书扫描件，资质证书扫描件，所在单位名称，跨资格等级执业情况，持证上岗情况，
[（监理企业）企业编码]

2. 代表工程业绩：
[人员编号]，序号，[监理招标编码]
工程名称，工程地址，开工时间，竣工时间，
工程规模技术指标（一），数量（一），单位（一），
工程规模技术指标（二），数量（二），单位（二），
投资总额，工程监理费，工程类别，工程等级，

建设单位，设计单位，施工单位，
总监姓名，总监等级，进度情况，提前（延长）天数，工程质量，节约投资，
竣工验收情况，监理工作情况，
建设单位意见，建设单位填写意见日期，质量监督站意见，质量监督站意见填写日期，

项目经理

1．人员基本情况：

[人员编码]，
姓名，性别，出生年月，身份证号码，政治面貌，照片，
学历，毕业院校，所学专业，职称，民族，所在单位名称，
省份，市州，县区，所属中央直属企业，
参加工作时间，施工管理年限，现从事专业，施工管理工作简历，
项目经理证书编号，资质等级，发证机关，发证时间，
学历证书扫描件，职称证书扫描件，身份证扫描件，资质证书扫描件，
工程履约情况，质量安全情况，文明施工情况，违法违规情况，
[（施工企业）企业编码]

2．代表工程业绩：

[人员编码]，序号，
工程名称，建设单位，
工程类别，工程规模技术指标（一），数量（一），单位（一），
工程规模技术指标（二），数量（二），单位（二），
工程造价，结算价格，合同价格，开工时间，竣工时间，
安全评定结果，质量评定结果，竣工验收意见，质量监督部门，组织竣工验收的单位，
文明安全达标情况，质量监督报告结果，质量评定意见，安全评定意见，

注：黑体字段为监管系统核心数据；
　　斜体字段为待完善和补充数据；
　　其他字段为征求意见数据和一般数据。

主 要 参 考 文 献

1　张琰，雷胜强主编．建设工程招标投标工作手册（第二版）．北京：中国建筑工业出版社，1995
2　雷胜强主编．建设工程招标投标实务与法规惯例全书．北京：中国建筑工业出版社，2001
3　许溶烈主编．中国土木工程指南（第二版）．北京：科学出版社，2000
4　中华人民共和国建设部．建筑业企业资质管理规定．北京：中国建筑工业出版社，2001
5　北京市建设委员会编．工程建设管理法规文件汇集．北京：中国计量出版社，2001
6　中华人民共和国全国人民代表大会常务委员会办公厅．中华人民共和国全国人民代表大会常务委员会公报，2002　报刊．中国加入世界贸易组织法律文件．2002
7　中华人民共和国建设部．房屋建筑和市政基础设施工程施工招标文件范本·北京：中国建筑工业出版社，2003
8　中华人民共和国建设部．建设工程工程量清单计价规范（GB 50500—2003）．北京：中国计划出版社，2003

34 施工组织设计

34-1 施工组织设计概述

34-1-1 施工准备工作

34-1-1-1 施工准备工作分类

1. 按准备工作范围分

(1) 全场性施工准备

它是以一个建设项目为对象而进行的各项施工准备,其目的和内容都是为全场性施工服务的,它不仅要为全场性的施工活动创造有利条件,而且要兼顾单项工程施工条件的准备。

(2) 单项(位)工程施工条件准备

它是以一个建筑物或构筑物为对象而进行的施工准备,其目的和内容都是为该单项(位)工程服务的,它既要为单项(位)工程做好开工前的一切准备,又要为其分部(项)工程施工进行作业条件的准备。

(3) 分部(项)工程作业条件准备

它是以一个分部(项)工程或冬、雨季施工工程为对象而进行的作业条件准备。

2. 按工程所处施工阶段分

(1) 开工前的施工准备工作

它是在拟建工程正式开工前所进行的一切施工准备,其目的是为工程正式开工创造必要的施工条件。它既包括全场性的施工准备,又包括单项工程施工条件的准备。

(2) 开工后的施工准备工作

它是在拟建工程开工后,每个施工阶段正式开始之前所进行的施工准备。如混合结构住宅的施工,通常分为地下工程、主体结构工程和装饰工程等施工阶段,每个阶段的施工内容不同,其所需物资技术条件、组织要求和现场布置等方面也不同。因此,必须做好相应的施工准备。

34-1-1-2 施工准备工作内容

1. 技术准备

(1) 认真作好扩大初步设计方案的审查工作

任务确定以后,应提前与设计单位结合,掌握扩大初步设计方案编制情况,使方案的设计，在质量、功能、工艺技术等方面均能适应建材、建工的发展水平，为施工扫除障碍。

(2) 熟悉和审查施工图纸

1) 施工图纸是否完整和齐全；施工图纸是否符合国家有关工程设计和施工的方针及政策。

2) 施工图纸与其说明书在内容上是否一致；施工图纸及其各组成部分间有无矛盾和错误。

3) 建筑图与其相关的结构图，在尺寸、坐标、标高和说明方面是否一致，技术要求是否明确。

4) 熟悉工业项目的生产工艺流程和技术要求，掌握配套投产的先后次序和相互关系；审查设备安装图纸与其相配合的土建图纸，在坐标和标高尺寸上是否一致，土建施工的质量标准能否满足设备安装的工艺要求。

5) 基础设计或地基处理方案同建造地点的工程地质和水文地质条件是否一致；弄清建筑物与地下构筑物、管线间的相互关系。

6) 掌握拟建工程的建筑和结构的形式和特点，需要采取哪些新技术；复核主要承重结构或构件的强度、刚度和稳定性能否满足施工要求；对于工程复杂、施工难度大和技术要求高的分部（项）工程，要审查现有施工技术和管理水平能否满足工程质量和工期要求；建筑设备及加工定货有何特殊要求等。

熟悉和审查施工图纸主要是为编制施工（组织设计）提供各项依据，通常按图纸自审、会审和现场签证等三个阶段进行。图纸自审由施工单位主持，并写出图纸自审记录；图纸会审由建设单位主持，设计和施工单位共同参加，形成"图纸会审纪要"，由建设单位正式行文，三方共同会签并盖公章，作为指导施工和工程结算的依据；图纸现场签证是在工程施工中，遵循技术核定和设计变更签证制度，对所发现的问题进行现场签证，作为指导施工、竣工验收和结算的依据。

(3) 原始资料调查分析

1) 自然条件调查分析

它包括建设地区的气象、建设场地的地形、工程地质和水文地质、施工现场地上和地下障碍物状况、周围民宅的坚固程度及其居民的健康状况等项调查；为编制施工现场的"四通一平"计划提供依据，如地上建筑物的拆除、高压输电线路的搬迁、地下构筑物的拆除和各种管线的搬迁等项工作；为减少施工公害，如打桩工程应在打桩前，对居民的危房和居民中的心脏病患者，采取保护性措施。自然条件调查用表，如表34-1所示。

2) 技术经济条件调查分析

它包括地方建筑生产企业、地方资源、交通运输、水电及其他能源、主要设备、国拨材料和特种物资，以及它们的生产能力等项调查。技术经济条件调查用表，如表34-2～表34-7所示。

气象、地形、地质和水文调查内容表　　　　表 34-1

项目	调查内容	调查目的	项目	调查内容	调查目的
气温	1. 年平均温度，最高、最低、最冷、最热月的逐月平均温度。结冰期，解冻期 2. 冬、夏室外计算温度 3. 小于或等于 −3℃、0℃、+5℃ 的天数、起止时间	1. 防暑降温 2. 冬季施工 3. 混凝土、灰浆强度增长	地质	1. 钻孔布置图 2. 地质剖面图（土层特征及厚度） 3. 地质的稳定性、滑坡、流沙、冲沟 4. 物理力学指标：天然含水率，天然孔隙比，塑性指数，压缩试验 5. 最大冻结深度 6. 地基土强度结论 7. 地基土破坏情况，土坑、枯井、古墓、地下构筑物	1. 土方施工方法的选择 2. 地基处理方法 3. 基础施工 4. 障碍物拆除计划 5. 复核地基基础设计
降雨	1. 雨季起止时间 2. 全年降水量，昼夜最大降水量 3. 年雷暴日数	1. 雨季施工 2. 工地排水、防洪 3. 防雷			
风	1. 主导风向及频率 2. 大于或等于 8 级风全年天数，时间	1. 布置临时设施 2. 高空作业及吊装措施	地下水	1. 最高、最低水位及时间 2. 流向、流速及流量 3. 水质分析 4. 抽水试验	1. 土方施工 2. 基础施工方案的选择 3. 降低地下水位 4. 侵蚀性质及施工注意事项
地形	1. 区域地形图 2. 厂址地形图 3. 该区的城市规划 4. 控制桩、水准点的位置	1. 选择施工用地 2. 布置施工总平面图 3. 现场平整土方量计算 4. 障碍物及数量	地面水	1. 临近的江河湖泊及距离 2. 洪水、平水及枯水时期 3. 流量、水位及航道深 4. 水质分析	1. 临时给水 2. 航运组织 3. 水工工程
地震	1. 烈度大小	1. 对地基影响 2. 施工措施			

注：资料来源：当地的气象台（站），设计的原始资料如地质勘察报告、地形测量图等。

地方建筑生产企业情况调查内容表　　　　表 34-2

企业和产品名称	规格	单位	生产能力	供应能力	生产方式	出厂价格	运距	运输方式	单位价格	备注

注：1. 企业名称按：构件厂、木工厂、商品混凝土厂、门窗厂、设备、脚手、模板租赁厂、金属结构厂、采料厂、砖、瓦、灰厂等填列。
　　2. 这一调查可向当地计划、经济或主管建筑企业机关进行。

地方资源情况调查内容表 表34-3

材料（或资源）名称	产地	埋藏量	质量	开采量	开采费	出厂价	运距	运费	备注

注：材料名称按块石、碎石、砾石、砂、工业废料（包括冶金矿渣、炉渣、电站粉煤灰等）填列。

交通运输条件调查内容表 表34-4

项目	内容
铁路	1. 邻近铁路专用线、车站至工地距离，运输条件 2. 车站起重能力，卸货线长度，现场存贮能力 3. 装载货物的最大尺寸 4. 运费、装卸费和装卸力量
公路	1. 各种材料至工地的公路等级、路面构造、路宽及完好情况，允许最大载重量 2. 途经桥涵等级，允许最大载重量 3. 当地专业运输机构及附近农村能提供的运输能力（t·km数）。汽车、人、畜力车数量，效率 4. 运费、装卸费和装卸力量 5. 有无汽车修配厂，至工地距离，道路情况，能提供的修配能力
航运	1. 货源与工地至邻近河流、码头、渡口的距离，道路情况 2. 洪水、平水、枯水期，通航最大船只及吨位，取得船只情况 3. 码头装卸能力，最大起重量，增设码头的可能性 4. 渡口、渡船能力，同时可载汽车、马车数，每日次数，能为施工提供的能力 5. 每吨货物运价，装卸费和渡口费

水、电源和其他动力条件调查内容表 表34-5

项目	内容
给排水	1. 与当地现有水源连接的可能性，可供水量，接管地点，管径、材料、埋深、水压、水质、水费至工地距离，地形地物情况 2. 自选临时江河水源，至工地距离，地形地物情况，水量，取水方式，水质及处理 3. 自选临时水井水源的位置、深度、管径和出水量 4. 利用永久排水设施的可能，施工排水去向、距离和坡度，洪水影响，现有防洪设施
供电与电讯	1. 电源位置，供电的可能性，方向，接线地点至工地的距离，地形地物情况。允许供电容量，电压、导线截面、电费 2. 建设和施工单位自有发电设备的规格型号、台数、能力 3. 利用邻近电讯设备的可能性，电话、电报局至工地距离，可能增设电话、计算机等自动化办公设备和线路情况
蒸汽等	1. 有无蒸汽来源，可供蒸汽量，管径、埋深、至工地距离，地形地物情况，蒸汽价格 2. 建设和施工单位自有锅炉设备规格型号、台数和能力，所需燃料，用水水质 3. 当地和建设单位的压缩空气、氧气的提供能力，至工地距离

主要设备、材料和特殊物资调查内容表　　　　　　　　　　　　　　　表 34-6

项目	内容
设备	1. 主要工艺设备名称及来源，含进口设备 2. 分批和全部到货时间
三大材料	1. 钢材分配的规格、钢号、数量和到货时间 2. 木材分配的品种、等级、数量和到货时间 3. 水泥分配的品种、强度等级、数量和到货时间
特殊材料	1. 需要的品种、规格和数量 2. 进口材料和新材料

参加施工的各单位（含分包）生产能力情况调查内容表　　　　　　　表 34-7

项目	内容	项目	内容
工人	1. 总数，分工种人数 2. 定额完成情况 3. 一专多能情况	施工经验	1. 在历史上曾施工过的主要工程项目 2. 习惯采用的施工方法 3. 采用过的先进施工方法 4. 科研成果
管理人员	1. 管理人员数，所占比例 2. 其中干部、技术人员、服务人员和其他人员数	主要指标	1. 劳动生产率 2. 质量、安全 3. 降低成本 4. 机械化、工厂化程度 5. 机械设备的完好率、利用率
施工机械	1. 名称、型号、能力、数量、新旧程度（列表） 2. 总装备程度（马力/全员） 3. 拟、订购的新增加情况		

(4) 编制施工图预算和施工预算

施工图预算应按照施工图纸所确定的工程量、施工组织设计拟定的施工方法、建筑工程预算定额和有关费用定额，由施工单位编制。

(5) 编制施工组织设计

拟建工程应根据工程规模、结构特点和建设单位要求，编制指导该工程施工全过程的施工组织设计，其编制程序详见本章 34-4-2、34-5-2 和 34-6-2 有关内容。

2．物资准备

(1) 物资准备工作内容

1) 建筑材料准备

根据施工预算的材料分析和施工进度计划的要求，编制建筑材料需要量计划，为施工备料、确定仓库和堆场面积以及组织运输提供依据。

2) 构（配）件和制品加工准备

根据施工预算所提供的构（配）件和制品加工要求，编制相应计划，为组织运输和确定堆场面积提供依据。

3) 建筑施工机具准备

根据施工方案和进度计划的要求，编制施工机具需要量计划，为组织运输和确定机具停放场地提供依据。

4) 生产工艺设备准备

按照生产工艺流程及其工艺布置图的要求，编制工艺设备需要量计划，为组织运输和确定堆场面积提供依据。

(2) 物资准备工作程序

1) 编制各种物资需要量计划；

2) 签订物资供应合同；

3) 确定物资运输方案和计划；

4) 组织物资按计划进场和保管。

3．劳动组织准备

(1) 建立施工项目领导机构

根据工程规模、结构特点和复杂程度，确定施工项目领导机构的人选和名额；遵循合理分工与密切协作、因事设职与因职选人的原则，建立有施工经验、有开拓精神和工作效率高的施工项目领导机构。

(2) 建立精干的工作队组

根据采用的施工组织方式，确定合理的劳动组织，建立相应的专业或混合工作队组。

(3) 集结施工力量，组织劳动力进场

按照开工日期和劳动力需要量计划，组织工人进场，安排好职工生活，并进行安全、防火和文明施工等教育。

(4) 做好职工入场教育工作

为落实施工计划和技术责任制，应按管理系统逐级进行交底。交底内容，通常包括：工程施工进度计划和月、旬作业计划；各项安全技术措施、降低成本措施和质量保证措施；质量标准和验收规范要求；以及设计变更和技术核定事项等，都应详细交底，必要时进行现场示范；同时健全各项规章制度，加强遵纪守法教育。

4．施工现场准备

(1) 施工现场控制网测量

根据给定永久性坐标和高程，按照建筑总平面图要求，进行施工场地控制网测量，设置场区永久性控制测量标桩。

(2) 做好"四通一平"，认真设置消火栓

确保施工现场水通、电通、道路畅通、通讯畅通和场地平整；按消防要求，设置足够数量的消火栓。

(3) 建造施工设施

按照施工平面图和施工设施需要量计划，建造各项施工设施，为正式开工准备好用房。

(4) 组织施工机具进场

根据施工机具需要量计划，按施工平面图要求，组织施工机械、设备和工具进场，按规定地点和方式存放，并应进行相应的保养和试运转等项工作。

(5) 组织建筑材料进场

根据建筑材料、构（配）件和制品需要量计划，组织其进场，按规定地点和方式储存或堆放。

(6) 拟定有关试验、试制项目计划

建筑材料进场后，应进行各项材料的试验、检验。对于新技术项目，应拟定相应试制

和试验计划,并均应在开工前实施。

(7) 做好季节性施工准备

按照施工组织设计要求,认真落实冬施、雨施和高温季节施工项目的施工设施和技术组织措施。

5. 施工场外协调

(1) 材料加工和订货

根据各项资源需要量计划,同建材加工和设备制造部门或单位取得联系,签订供货合同,保证按时供应。

(2) 施工机具租赁或订购

对于本单位缺少且需用的施工机具,应根据需要量计划,同有关单位签订租赁合同或订购合同。

(3) 做好分包或劳务安排,签订分包或劳务合同

通过经济效益分析,适合分包或委托劳务而本单位难以承担的专业工程,如大型土石方、结构安装和设备安装工程,应尽早做好分包或劳务安排;采用招标或委托方式,同相应承担单位签订分包或劳务合同,保证合同实施。

为落实以上各项施工准备工作,建立、健全施工准备工作责任和检查等制度,使其有领导、有组织和有计划地进行,必须编制相应施工准备工作计划,详见本章34-6-3-5"施工准备计划"部分。

34-1-2 施工组织设计工作

34-1-2-1 施工组织设计类型

施工组织设计是以施工项目为对象编制的,用以指导其施工全过程各项施工活动的技术、经济、组织、协调和控制的综合性文件。根据施工项目类型不同,它可分为:施工组织设计大纲、施工组织总设计、单项(位)施工组织设计和分部(项)工程施工设计。

(1) 施工组织设计大纲

施工组织设计大纲是以一个投标工程项目为对象进行编制,用以指导其投标全过程各项实施活动的技术、经济、组织、协调和控制的综合性文件。它是编制工程项目投标书的依据,其目的是为了中标。主要内容包括:项目概况、施工目标、施工组织和施工方案,以及施工进度、施工质量、施工成本、施工安全、施工环保和施工平面等计划,及其施工风险防范。它是编制施工组织总设计的依据。

(2) 施工组织总设计

施工组织总设计是以一个建设项目为对象进行编制,用以指导其建设全过程各项全局性施工活动的技术、经济、组织、协调和控制的综合性文件。它是经过招投标确定了总承包单位之后,在总承包单位的总工程师主持下,会同建设单位、设计单位和分包单位的相应工程师共同编制。主要内容包括:建设项目概况、施工总目标、施工组织、施工部署和施工方案,以及施工准备工作、施工总进度、施工总质量、施工总成本、施工总安全、施工总资源、施工总环保和施工总设施等计划,以及施工总风险防范、施工总平面和主要技术经济指标。它是编制单项(位)工程施工组织设计的依据。

(3) 单项(位)工程施工组织设计

单项（位）工程施工组织设计是以一个单项或其一个单位工程为对象进行编制，用以指导其施工全过程各项施工活动的技术、经济、组织、协调和控制的综合性文件。它是在签订相应工程施工合同之后，在项目经理组织下，由项目工程师负责编制。主要内容包括：工程概况、施工组织和施工方案，以及施工准备工作、施工进度、施工质量、施工成本、施工安全、施工资源、施工环保和施工设施等计划，以及施工风险防范施工平面布置和主要技术经济指标。它是编制分部（项）工程施工设计的依据。

(4) 分部（项）工程施工设计

分部（项）工程施工设计是以一个分部工程或其一个分项工程为对象进行编制，用以指导其各项作业活动的技术、经济、组织、协调和控制的综合文件。它是在编制单项（位）工程施工组织设计的同时，由项目主管技术人员负责编制，作为该项目专业工程具体实施的依据。

34-1-2-2　施工组织设计编制原则

1．认真贯彻国家工程建设的法律、法规、规程、方针和政策。

2．严格执行工程建设程序，坚持合理的施工程序、施工顺序和施工工艺。

3．采用现代建筑管理原理、流水施工方法和网络计划技术，组织有节奏、均衡和连续地施工。

4．优先选用先进施工技术，科学确定施工方案；认真编制各项实施计划，严格控制工程质量、工程进度、工程成本和安全施工。

5．充分利用施工机械和设备，提高施工机械化、自动化程度，改善劳动条件，提高生产率。

6．扩大预制装配范围，提高建筑工业化程度；科学安排冬期和雨期施工，保证全年施工均衡性和连续性。

7．坚持"安全第一，预防为主"原则，确保安全生产和文明施工；认真做好生态环境和历史文物保护，严防建筑振动、噪声、粉尘和垃圾污染。

8．尽可能利用永久性设施和组装式施工设施，努力减少施工设施建造量；科学地规划施工平面，减少施工用地。

9．优化现场物资储存量，合理确定物资储存方式，尽量减少库存量和物资损耗。

34-2　施工组织计划技术

34-2-1　流水施工基本方法

34-2-1-1　流水施工表达方式

1．横道图

(1) 水平指示图表

流水施工水平指示图表的表达方式，如图 34-1 所示。其横坐标表示持续时间，纵坐标表示施工过程或专业工作队编号，带有编号的圆圈表示施工项目或施工段的编号。

图中　T——流水施工的计算总工期；

　　　m——施工段的数目；

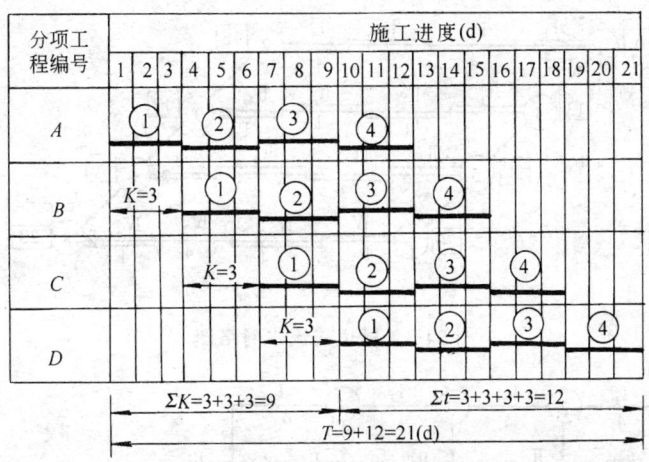

图 34-1 流水施工水平指示图表

n——施工过程或专业工作队的数目；
t——流水节拍；
K——流水步距，此图 $K=t$。

（2）垂直指示图表

流水施工垂直指示图表的表达方式，如图 34-2 所示。其横坐标表示持续时间，纵坐标表示施工项目或施工段的编号，斜向指示线段的代号表示施工过程或专业工作队编号，图中符号同前。

2．流水网络图

（1）横道式流水网络图

横道式流水网络图如图 34-3 所示。图中粗黑错阶箭线表示施工过程进展状态，在箭线上面标有该过程编号和施工段编号，在箭线下面标有流水节拍，细黑箭线分别表示开始步距（$K_{j,j+1}$）和结束步距（$J_{j,j+1}$），带有编号的圆圈表示事件或结点。

（2）流水步距式流水网络图❶

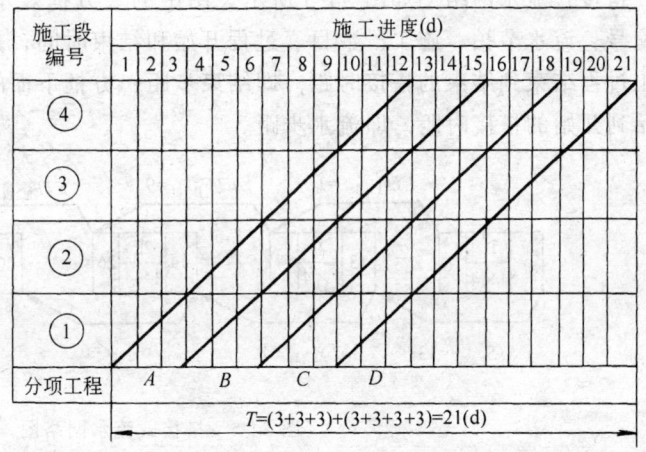

图 34-2 流水施工垂直指示图表

流水步距式流水网络图如图 34-4 所示。图中实箭线表示实工作，其上标有施工过程和施工段编号，其下标有流水节拍；虚箭线表示虚工作，即工作之间的制约关系，其持续时间为零，流水步距也由实箭线表示，并在其下面标出流水步距编号和数值。

---

❶ 该类流水网络图的各项时间参数计算方法，可参照本章 34-2-2-2 普通双代号网络图。

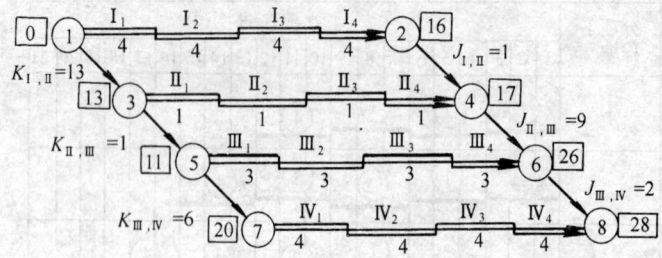

图 34-3 横道式流水网络图

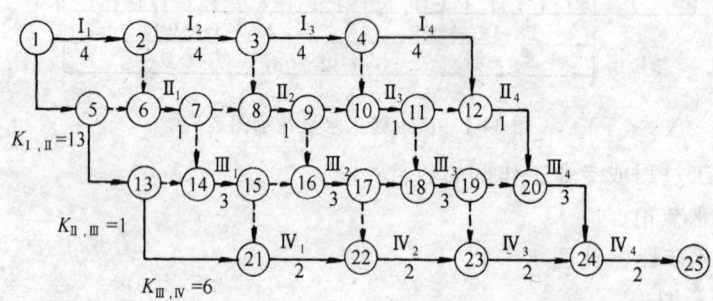

图 34-4 流水步距式流水网络图

(3) 搭接式流水网络图

搭接式流水网络图如图 34-5 所示。图中的大方框表示施工过程，其内标有：施工过程编号、流水节拍、施工段数目、过程开始和结束时间；方框上面的实箭线表示相邻两个施工过程结束到结束的搭接时距，即结束步距；方框下面的实箭线表示相邻两个施工过程开始到开始的搭接时距，即流水步距。

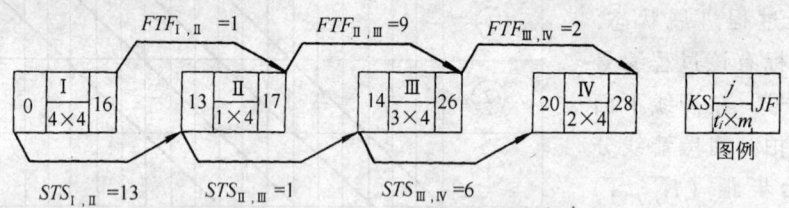

图 34-5 搭接式流水网络图

(4) 三维流水网络图

详见本章 34-2-3-4 三维双代号流水网络图和 34-2-3-5 三维单代号流水网络图，此处从略。

34-2-1-2 流水参数确定方法

1. 工艺参数

(1) 施工过程

在组织流水施工时，用以表达流水施工在工艺上开展层次的有关过程，统称为施工过程。施工过程数目以 n 表示，根据过程工艺性质不同，它可分为：制备类、运输类和砌筑安装类三种施工过程。

(2) 流水强度

在组织流水施工时，某施工过程在单位时间内所完成的工程数量，称为该过程的流水强度。它可按公式（34-1）计算。

$$V_j = R_j S_j \tag{34-1}$$

式中　V_j——某施工过程（j）流水强度；
　　　R_j——某施工过程的工人数或机械台数；
　　　S_j——某施工过程的计划产量定额。

2. 空间参数

(1) 工作面

在组织流水施工时，某专业工种所必须具备的活动空间，称为该工种的工作面。它可根据该工种的计划产量定额和安全施工技术规程要求确定。

(2) 施工段

为了有效地组织流水施工，通常将施工项目在平面上划分为若干个劳动量大致相等的施工段落，这些施工段落称为施工段，其数目以 m 表示。在划分施工段时，应遵循以下原则：

1) 主要专业工种在各个施工段所消耗的劳动量要大致相等，其相差幅度不宜超过 10%～15%；

2) 在保证专业工作队劳动组合优化的前提下，施工段大小要满足专业工种对工作面的要求；

3) 施工段数目要满足合理流水施工组织要求，即 $m \geq n$；

4) 施工段分界线应尽可能与结构自然界线相吻合，如温度缝、沉降缝或单元界线等处；如果必须将其设在墙体中间时，可将其设在门窗洞口处，以减少施工留槎；

5) 多层施工项目既要在平面上划分施工段，又要在竖向上划分施工层，以组织有节奏、均衡、连续地流水施工。

(3) 施工层

在组织流水施工时，为满足专业工种对操作高度要求，通常将施工项目在竖向上划分为若干个作业层，这些作业层均称为施工层。如砌砖墙施工层高为 1.2m，装饰工程施工层多以楼层为准。

3. 时间参数

(1) 流水节拍

在组织流水施工时，每个专业工作队在各个施工段上所必须的持续时间，均称为流水节拍，并以 t_i^j 表示。它通常可由公式（34-2）计算。

$$t_i^j = \frac{Q_i^j}{S_j R_j N_j} = \frac{P_i^j}{R_j N_j} \tag{34-2}$$

式中　t_i^j——专业工作队（j）在某施工段（i）上的流水节拍；
　　　Q_i^j——专业工作队（j）在某施工段（i）上的工程量；
　　　S_j——专业工作队（j）的计划产量定额；

R_j——专业工作队 (j) 的工人数或机械台数；

N_j——专业工作队 (j) 的工作班次；

P_i^j——专业工作队 (j) 在某施工段 (i) 上的劳动量。

(2) 流水步距

在组织流水施工时，通常将相邻两个专业工作队先后开始施工的合理时间间隔，称为它们之间的流水步距，并以 $K_{j,j+1}$ 表示。在确定流水步距时，通常要满足以下原则：

1) 要满足相邻两个专业工作队在施工顺序上的制约关系；
2) 要保证相邻两个专业工作队在各个施工段上都能够连续作业；
3) 要使相邻两个专业工作队，在开工时间上实现最大限度、合理地搭接。

(3) 技术间歇

在组织流水施工时，通常将施工对象的工艺性质决定的间歇时间，统称为技术间歇，并以 $Z_{j,j+1}$ 表示。如现浇构件养护时间，以及抹灰层和油漆层硬化时间。

(4) 组织间歇

在组织流水施工时，通常将施工组织原因造成的间歇时间，统称为组织间歇，并以 $G_{j,j+1}$ 表示。如施工机械转移时间，以及其他需要很多时间的作业前准备工作。

(5) 平行搭接时间

在组织流水施工时，为了缩短工期，有时在工作面允许的前提下，某施工过程可与其紧前施工过程平行搭接施工，其平行搭接时间以 $C_{j,j+1}$ 表示。

34-2-1-3 流水施工基本方式

1. 全等节拍流水

在组织流水施工时，如果每个施工过程在各个施工段上的流水节拍都彼此相等，其流水步距也等于流水节拍；这种流水施工方式，称为全等节拍流水。其建立步骤如下：

(1) 确定施工起点流向，划分施工段；

(2) 分解施工过程，确定施工顺序；

(3) 确定流水节拍，此时 $t_i^j = t$；

(4) 确定流水步距，此时 $K_{j,j+1} = K = t$；

(5) 按公式 (34-3) 确定计算总工期；

$$T = (m + n - 1)K + \Sigma Z_{j,j+1} + \Sigma G_{j,j+1} - \Sigma C_{j,j+1} \qquad (34-3)$$

式中　T——流水施工方案的计算总工期；

$\Sigma Z_{j,j+1}$——所有技术间歇时间总和；

$\Sigma G_{j,j+1}$——所有组织间歇时间总和；

$\Sigma C_{j,j+1}$——所有平行搭接时间总和；其他符号同前。

(6) 绘制流水施工指示图表。

【例】　某工程由 A、B、C、D 四个分项工程组成；它在平面上划分为四个施工段；各分项工程在各个施工段上的流水节拍均为 3d。试编制流水施工方案。

【解】　根据题设条件和要求，该题只能组织全等节拍流水。

(1) 确定流水步距

$$K = t = 3(\mathrm{d})$$

(2) 确定计算总工期
$$T = (4 + 4 - 1) \times 3 = 21(\text{d})$$
(3) 绘制流水施工指示图表

分别如图 34-1 和图 34-2 所示。

2. 成倍节拍流水

在组织流水施工时，如果同一施工过程在各个施工段上的流水节拍彼此相等，而不同施工过程在同一施工段上的流水节拍之间存在一个最大公约数，为加快流水施工速度，可按最大公约数的倍数确定每个施工过程的专业工作队，这样便构成了一个工期最短的成倍节拍流水施工方案。成倍节拍流水的建立步骤如下：

(1) 确定施工起点流向，划分施工段；
(2) 分解施工过程，确定施工顺序；
(3) 按以上要求确定每个施工过程的流水节拍；
(4) 按公式 (34-4) 确定流水步距；
$$K_b = 最大公约数\{各过程流水节拍\} \tag{34-4}$$
式中 K_b——成倍节拍流水的流水步距。

(5) 按公式 (34-5) 确定专业工作队数目；
$$\left. \begin{array}{l} b_j = t_i^j / K_b \\ n_1 = \sum_{j=1}^{n} b_j \end{array} \right\} \tag{34-5}$$
式中 b_j——施工过程 (j) 的专业工作队数目，$n \geqslant j \geqslant 1$；

n_1——成倍节拍流水的专业工作队总和；

其他符号同前。

(6) 按公式 (34-6) 确定计算总工期；
$$T = (m + n_1 - 1)K_b + \Sigma Z_{j,j+1} + \Sigma G_{j,j+1} - \Sigma C_{j,j+1} \tag{34-6}$$
式中 符号同前。

(7) 绘制流水施工指示图表。

【例】 某工程由支模板、绑钢筋和浇混凝土 3 个分项工程组成；它在平面上划分为 6 个施工段；上述 3 个分项工程在各个施工段上的流水节拍依次为 6d、4d 和 2d。试编制工期最短的流水施工方案。

【解】 根据题设条件和要求，该题只能组织成倍节拍流水；假定题设 3 个分项工程依次由专业工作队Ⅰ、Ⅱ、Ⅲ来完成；其施工段编号依次为①、②、…、⑥。

(1) 确定流水步距，由公式 (34-4) 得

K_b = 最大公约数 $\{6；4；2\}$ = 2d

(2) 确定专业工作队数目，由公式 (34-5) 得

$b_\text{I} = t_i^\text{I}/K_b = 6/2 = 3$ 个

$b_\text{II} = t_i^\text{II}/K_b = 4/2 = 2$ 个

$b_\text{III} = t_i^\text{III}/K_b = 2/2 = 1$ 个

$\therefore n_1 = \sum_{j=1}^{3} b_j = 3 + 2 + 1 = 6$ 个

(3) 确定计算总工期, 由公式 (34-6) 得
   $T = (6+6-1) \times 2 = 22d$

(4) 绘制流水施工指示图表。

该工程流水施工水平指示图表, 如图 34-6 所示。

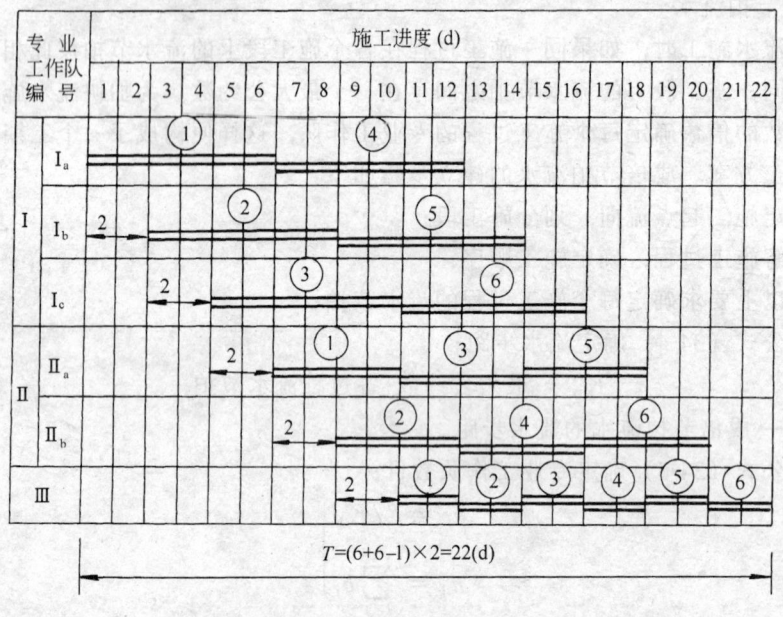

图 34-6 成倍节拍流水指示图表

3. 分别流水

在组织流水施工时, 如果每个施工过程在各个施工段上的工程量彼此不相等, 或者各个专业工作队生产效率相差悬殊, 造成多数流水节拍不相等, 这时只能按照施工顺序要求, 使相邻两个专业工作队最大限度地搭接起来, 组织成都能够连续作业的非节奏流水施工。这种流水施工方式, 称为分别流水。其建立步骤如下:

(1) 确定施工起点流向, 划分施工段;
(2) 分解施工过程, 确定施工顺序;
(3) 按公式 (34-2) 确定流水节拍;
(4) 按公式 (34-7) 确定流水步距;

$$K_{j,j+1} = \max\left\{ k_i^{j,j+1} = \sum_{i=1}^{i} \Delta t_i^{j,j+1} + t_i^{j+1} \right\} \tag{34-7}$$

$$(1 \leqslant j \leqslant n_1 - 1; 1 \leqslant i \leqslant m)$$

式中 $K_{j,j+1}$——专业工作队 (j) 与 $(j+1)$ 之间的流水步距;

max——取最大值;

$k_i^{j,j+1}$—— (j) 与 $(j+1)$ 在各个施工段上的"假定段步距";

$\sum_{i=1}^{i}$——由施工段 (1) 至 (i) 依次累加, 逢段求和;

$\Delta t_i^{j,j+1}$—— (j) 与 $(j+1)$ 在各个施工段上的"段时差", 即 $\Delta t_i^{j,j+1} = t_i^j - t_i^{j+1}$;

t_i^j——专业工作队（j）在施工段（i）流水节拍；

t_i^{j+1}——专业工作队（$j+1$）在施工段（i）流水节拍；

i——施工段编号，$1 \leqslant i \leqslant m$；

j——专业工作队编号，$1 \leqslant j \leqslant n_1 - 1$；

n_1——专业工作队数目，此时 $n_1 = n$。

其他符号同前。

(5) 按公式（34-8）确定计算总工期；

$$T = \sum_{j=1}^{n_1} K_{j,j+1} + \sum_{i=1}^{m} t_i^{n_1} + \Sigma Z_{j,j+1} + \Sigma G_{j,j+1} - \Sigma C_{j,j+1} \quad (34-8)$$

式中 T——流水施工方案的计算总工期；

$t_i^{n_1}$——最后一个专业工作队（n_1）在各个施工段上的流水节拍。其他符号同前。

(6) 绘制流水施工指示图表。

【例】 某工程由Ⅰ、Ⅱ、Ⅲ、Ⅳ 4个施工过程组成；它在平面上划分为6个施工段；每个施工过程在各个施工段上的流水节拍，如表34-8所示。为缩短计划总工期，允许施工过程Ⅰ与Ⅱ有平行搭接时间1d；在施工过程Ⅱ完成后，其相应施工段至少应有技术间歇时间2d；在施工过程Ⅲ完成后，其相应施工段至少应有作业准备时间1d。试编制流水施工方案。

【解】 根据题设条件和要求，该工程只能组织分别流水。

(1) 确定流水步距。由公式（34-7）得

1) $K_{\text{Ⅰ,Ⅱ}}$

施工持续时间表　　表34-8

施工过程编号	流水节拍（d）					
	①	②	③	④	⑤	⑥
Ⅰ	4	5	4	4	5	4
Ⅱ	3	2	2	3	2	3
Ⅲ	2	4	3	2	4	2
Ⅳ	3	3	2	3	2	3

```
   4,  5,  4,  4,  5,  4……     t_i^Ⅰ
 -)3,  2,  2,  3,  2,  3……     t_i^Ⅱ
   1,  3,  2,  1,  3,  1……     Δt_i^{Ⅰ,Ⅱ}
       (+) (+) (+) (+) (+)
   1,  4,  6,  7, 10, 11……     Σ_{i=1}^{i} Δt_i^{Ⅰ,Ⅱ}
 +)3,  2,  2,  3,  2,  3……     t_i^Ⅱ
   4,  6,  8, 10, 12, 14……     k_i^{Ⅰ,Ⅱ}
```

$\therefore K_{\text{Ⅰ,Ⅱ}} = \max\{k_i^{\text{Ⅰ,Ⅱ}}\} = \max\{4, 6, 8, 10, 12, 14\} = 14d$

2) $K_{\text{Ⅱ,Ⅲ}}$

```
    3,  2,  2,  3,  2,  3
  -)2,  4,  3,  2,  4,  2
    1, -2, -1,  1, -2,  1
    1, -1, -2, -1, -3, -2
  +)2,  4,  3,  2,  4,  2
    3,  3,  1,  1,  1,  0
```

$\therefore K_{\text{Ⅱ,Ⅲ}} = \max\{3, 3, 1, 1, 1, 0\} = 3d$

3) $K_{Ⅲ,Ⅳ}$

$$\begin{array}{r} 2,\ 4,\ 3,\ 2,\ 4,\ 2 \\ -)\ 3,\ 3,\ 2,\ 2,\ 3,\ 3 \\ \hline -1,\ 1,\ 1,\ 0,\ 1,\ -1 \\ -1,\ 0,\ 1,\ 1,\ 2,\ 1 \\ +)\ 3,\ 3,\ 2,\ 2,\ 3,\ 3 \\ \hline 2,\ 3,\ 3,\ 3,\ 5,\ 4 \end{array}$$

$\therefore K_{Ⅲ,Ⅳ} = \max\{2,\ 3,\ 3,\ 3,\ 5,\ 4\} = 5d$

(2) 确定计算总工期。由题设条件可知：$C_{Ⅰ,Ⅱ}=1d$, $Z_{Ⅱ,Ⅲ}=2d$, $G_{Ⅲ,Ⅳ}=1d$。代入公式 (34-8) 可得

$$T = (14+3+5) + (3+3+2+2+3+3) + 2 + 1 - 1$$
$$= 22 + 16 + 2 = 40d$$

(3) 绘制流水施工指示图表。

该工程流水施工水平指示图表，如图 34-7 所示。

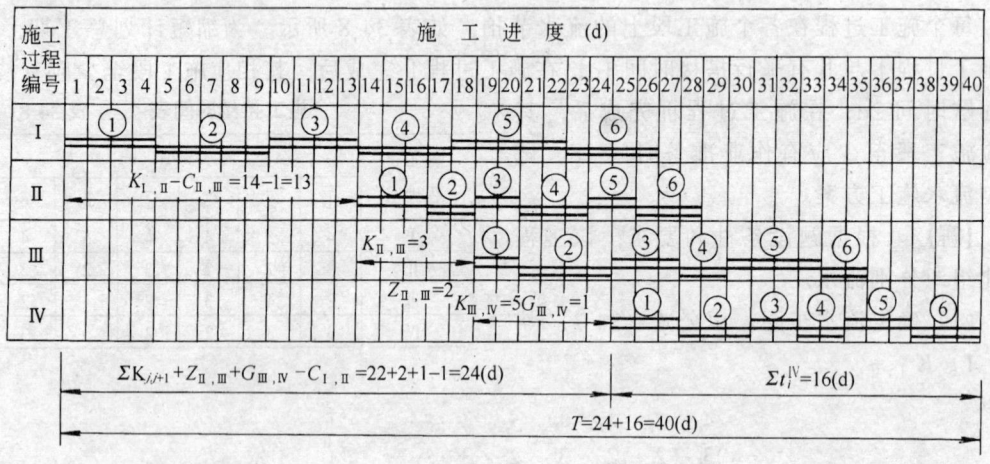

图 34-7 分别流水指示图表

34-2-1-4 流水施工排序优化

工程排序优化就是加工过程和加工对象及其排列顺序的优化，也称为流程优化。它可分为单向工程排序优化和双向工程排序优化两种；施工项目的工程排序优化属于单向工程排序优化。

这里介绍一种新而简捷的工程排序优化方法——矩阵法。该法是在保证流水施工条件下，寻求施工项目（或施工段）最优排列顺序的优化方法，其优化目标是计算总工期最短。故该法实质是流水施工排序优化。

1. 基本概念

(1) 基本排序

任何两个施工项目或施工段的排列顺序，均称为基本排序。如 A 和 B 两个施工项目的基本排序有 $A \to B$ 和 $B \to A$ 两种；前者 $A \to B$ 称为正基本排序，后者 $B \to A$ 称为逆基本排序。

(2) 基本排序间歇

任何两个施工项目，由于排列顺序不同而造成的施工过程间歇时间的总和，均称为基本排序间歇，并以 $Z_{i,i+1}$ 表示。如：$A \rightarrow B$ 基本排序间歇记为 $Z_{A,B}$，$B \rightarrow A$ 基本排序间歇记为 $Z_{B,A}$。

(3) 基本排序流水步距

任何两个施工项目 (i) 与 $(i+1)$，先后投入到第 (j) 个施工过程开始施工的时间间隔，均称为基本排序流水步距；即施工项目 (i) 与 $(i+1)$ 之间的流水步距，并以 $K_{i,i+1}$ 表示。如：$A \rightarrow B$ 基本排序流水步距记为 $K_{A,B}$，$B \rightarrow A$ 基本排序流水步距记为 $K_{B,A}$。

(4) 施工项目排序模式

在进行流水施工排序优化时，通常将若干个施工项目（或施工段）排列顺序的全部可能模式，称为施工项目排序模式。如 A、B、C、D 4 个施工项目就有 $A \rightarrow B \rightarrow C \rightarrow D$；$A \rightarrow B \rightarrow D \rightarrow C$；……；$B \rightarrow D \rightarrow A \rightarrow C$ 等 24 种施工项目排序模式。

2. 基本原理

矩阵法是从流水施工基本原理出发，通过对工程排序优化问题深入研究之后，发现并证实影响计算总工期长短的关键是基本排序间歇（$Z_{i,i+1}$）的数值大小。这样该法首先根据分析计算法确定出施工项目基本排序流水步距，同时计算出基本排序间歇，并建立起基本排序间歇矩阵表；然后按照最优工程排序模式确定规则，由矩阵表上寻求其最优排序方案。

根据分析计算法原理，任意相邻两个施工项目基本排序流水步距，均可由公式 (34-9) 确定；而其基本排序间歇，可由公式 (34-10) 计算。

$$K_{i,i+1} = \max\{k_j^{i,i+1} = \sum_{j=1}^{j} \Delta t_j^{i,i+1} + t_j^{i+1}\} \tag{34-9}$$

$$Z_{i,i+1} = \sum_{j=1}^{n} Z_j^{i,i+1} = nK_{i,i+1} - \sum_{j=1}^{n} k_j^{i,i+1} \tag{34-10}$$

式中 $K_{i,i+1}$——施工项目 (i) 与 $(i+1)$ 基本排序流水步距；$1 \leqslant i \leqslant m-1$，$m$ 为施工项目总数；

max——取最大值；

$k_j^{i,i+1}$——施工项目 (i) 与 $(i+1)$ 在施工过程 (j) 上的"假定项目步距"；$1 \leqslant j \leqslant n$，$n$ 为施工过程总数；

$\sum_{j=1}^{j}$——从施工过程 (1) 至 (j) 依次累加，逢过程求和；

$\Delta t_j^{i,i+1}$——施工项目 (i) 与 $(i+1)$ 在施工过程 (j) 上的流水节拍之差，即 $\Delta t_j^{i,i+1} = t_j^i - t_j^{i+1}$；

t_j^i——施工项目 (i) 在施工过程 (j) 上的流水节拍；

t_j^{i+1}——施工项目 $(i+1)$ 在施工过程 (j) 上的流水节拍；

$Z_{i,i+1}$——施工项目 (i) 与 $(i+1)$ 基本排序间歇；

$Z_j^{i,i+1}$——施工项目 (i) 与 $(i+1)$ 在施工过程 (j) 上的排序间歇。

3. 基本步骤

（1）根据公式（34-9）和（34-10），分别计算出全部施工项目各种可能的基本排序流水步距和基本排序间歇数值。

（2）列出基本排序间歇矩阵表。

（3）确定最优工程排序模式规则；

1）从矩阵表中选出基本排序间歇数值相对最小的有关基本排序；

2）从选出的基本排序中，找出两个施工总持续时间相对最短的施工项目；先将两者中第一个流水节拍数值相对最小的施工项目排在最前面，再将另一个施工项目排在最后面；

3）在满足矩阵表上排序要求的前提下，尽可能将施工总持续时间相对最长的施工项目排在中间；

4）根据施工项目之间的矩阵关系，找出其余施工项目的最佳排列位置；

5）在选出的几个工程排序模式中，将工程排序总间歇数值最小者，作为最优工程排序模式，其中工程排序总间歇数值，可由公式（34-11）确定。

$$Z = \sum_{i=1}^{m-1} Z_{i,i+1} \quad (34\text{-}11)$$

式中 Z——工程排序总间歇时间；其他符号同前。

（4）做出优化前后两种方案对比。

【例】 某群体工程由 A、B、C、D、E 五个施工项目组成；它们都要依次经过 Ⅰ、Ⅱ、Ⅲ、Ⅳ 4个施工过程；每个施工项目在各个施工过程上的流水节拍如表34-9所示。如果上述5个施工项目排列顺序是可变的，那么如何安排它们的排列顺序，才能使计算总工期最短？

施工持续时间　　　　表34-9

施工项目名称	流水节拍（周）				T_i（周）
	Ⅰ	Ⅱ	Ⅲ	Ⅳ	
A	5	4	5	3	17
B	4	5	3	2	14
C	3	4	5	4	16
D	2	3	4	5	14
E	4	5	4	5	18

【解】 该例属于单向工程排序优化问题。

（1）计算基本排序流水步距和排序间歇。

1）$A \rightarrow B$ 和 $B \rightarrow A$

$A \rightarrow B$

$$
\begin{array}{r}
5,\quad 4,\quad 5,\quad 3 \cdots\cdots t_j^A \\
-)\;4,\quad 5,\quad 3,\quad 2 \cdots\cdots t_j^B \\
\hline
1,\; -1,\quad 2,\quad 1 \cdots\cdots \Delta t_j^{A,B} \\
\end{array}
$$

$$
\begin{array}{r}
1,\quad 0,\quad 2,\quad 3 \cdots\cdots \sum_{j=1}^{j} \Delta t_j^{A,B} \\
+)\;4,\quad 5,\quad 3,\quad 2 \cdots\cdots t_j^B \\
\hline
5,\quad 5,\quad 5,\quad 5 \cdots\cdots k_j^{A,B} \\
\end{array}
$$

$\therefore K_{A,B} = \max\{k_j^{A,B}\} = \max\{5,\;5,\;5,\;5\} = 5$（周）

$$Z_{A,B} = nK_{A,B} - \sum_{j=1}^{n} k_j^{A,B}$$
$$= 4 \times 5 - (5+5+5+5) = 0 \text{（周）}$$

$B \rightarrow A$

$$\begin{array}{r} 4, \ 5, \ 3, \ 2 \\ -) \ 5, \ 4, \ 5, \ 3 \\ \hline -1, \ 1, -2, -1 \\ \end{array}$$

$$\begin{array}{r} -1, \ 0, -2, -3 \\ +) \ 5, \ 4, \ 5, \ 3 \\ \hline 4, \ 4, \ 3, \ 0 \\ \end{array}$$

$\therefore K_{B,A} = \max\{4, 4, 3, 0\} = 4$（周）

$Z_{B,A} = 4 \times 4 - (4+4+3+0) = 5$（周）

同理可得：

2) $A \rightarrow C$ 和 $C \rightarrow A$

$K_{A,C} = 7$，$Z_{A,C} = 5$；$K_{C,A} = 3$，$Z_{C,A} = 2$

3) $A \rightarrow D$ 和 $D \rightarrow A$

$K_{A,D} = 9$，$Z_{A,D} = 7$；$K_{D,A} = 2$，$Z_{D,A} = 6$

4) $A \rightarrow E$ 和 $E \rightarrow A$

$K_{A,E} = 5$，$Z_{A,E} = 1$；$K_{E,A} = 4$，$Z_{E,A} = 0$

5) $B \rightarrow C$ 和 $C \rightarrow B$

$K_{B,C} = 6$，$Z_{B,C} = 7$；$K_{C,B} = 4$，$Z_{C,B} = 3$

6) $B \rightarrow D$ 和 $D \rightarrow B$

$K_{B,D} = 7$，$Z_{B,D} = 5$；$K_{D,B} = 3$，$Z_{D,B} = 3$

7) $B \rightarrow E$ 和 $E \rightarrow B$

$K_{B,E} = 5$，$Z_{B,E} = 4$；$K_{E,B} = 5$，$Z_{E,B} = 2$

8) $C \rightarrow D$ 和 $D \rightarrow C$

$K_{C,D} = 7$，$Z_{C,D} = 6$；$K_{D,C} = 2$，$Z_{D,C} = 0$

9) $C \rightarrow E$ 和 $E \rightarrow C$

$K_{C,E} = 3$，$Z_{C,E} = 0$；$K_{E,C} = 6$，$Z_{E,C} = 1$

10) $D \rightarrow E$ 和 $E \rightarrow D$

$K_{D,E} = 2$，$Z_{D,E} = 4$；$K_{E,D} = 9$，$Z_{E,D} = 8$

(2) 列出基本排序间歇矩阵表，如表34-10所示。

基本排序间歇矩阵表　　　　表34-10

j \ i	A	B	C	D	E
A	☐	0	5	7	1
B	5	☐	7	5	4
C	2	3	☐	6	0
D	6	3	0	☐	4
E	0	2	1	8	☐

(3) 确定最优工程排序模式。

由表 34-10 看出，基本排序间歇数值相对最小的基本排序有：$A \rightarrow B$、$C \rightarrow E$、$D \rightarrow C$ 和 $E \rightarrow A$ 4 个，其数值均为零。其中施工项目 B 和 D 施工总持续时间（T_i）相对最短，而施工项目 D 的流水节拍依次为 2、3、4、5（周），施工项目 B 的流水节拍依次为 4、5、3、2（周）；故施工项目 D 应排在最前面，而施工项目 B 应排在最后面。再分析一下上述 4 个基本排序的矩阵关系，便可以找到最优工程排序模式：

$D \rightarrow C \rightarrow E \rightarrow A \rightarrow B$

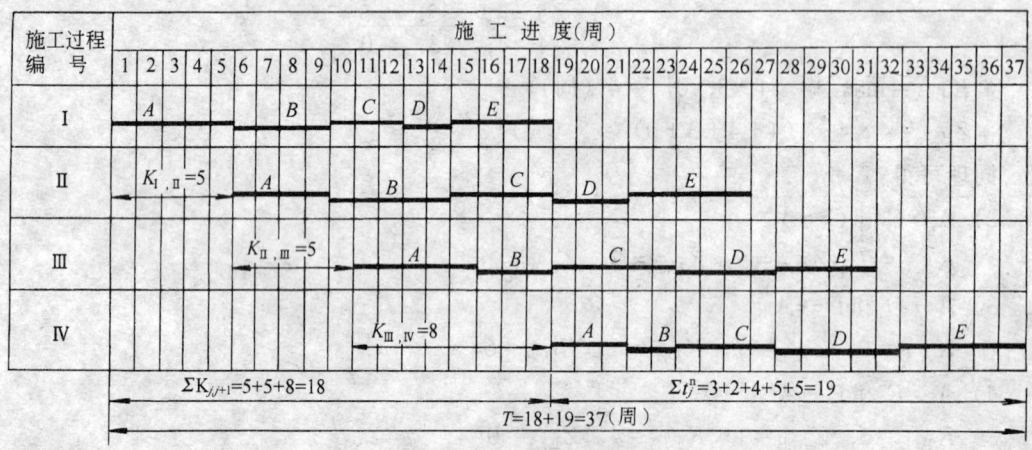

图 34-8 优化前水平指示图表

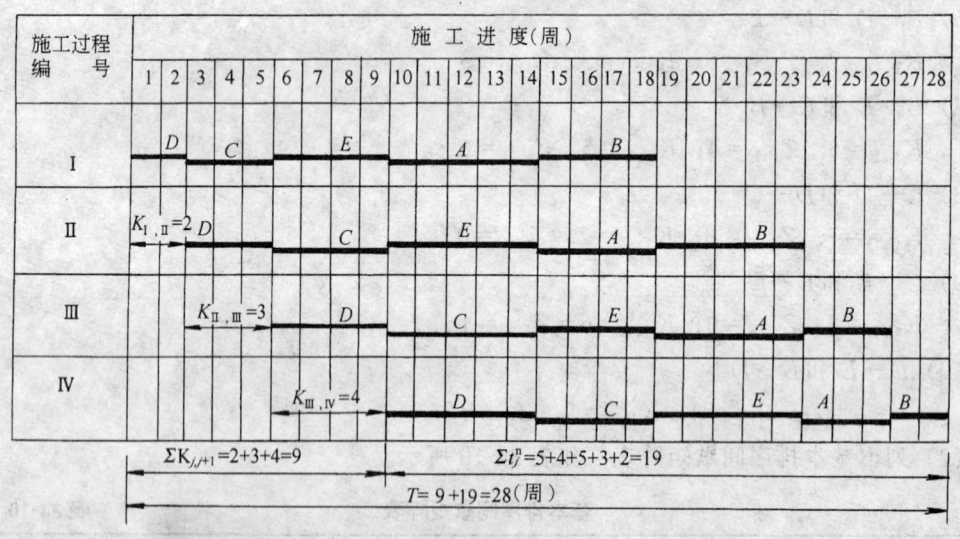

图 34-9 优化后水平指示图表

(4) 优化前后对比

优化前工程排序模式为：$A \rightarrow B \rightarrow C \rightarrow D \rightarrow E$；其水平指示图表，如图 34-8 所示；计算总工期为 37 周。

优化后工程排序模式为：$D \rightarrow C \rightarrow E \rightarrow A \rightarrow B$；其水平指示图表，如图 34-9 所示；计

算总工期为 28 周；比优化前缩短 9 周。

34-2-2 普通工程网络图

34-2-2-1 概述

1．基本概念

(1) 工程网络计划技术

它是在 20 世纪 50 年代后期发展起来的一种科学计划管理方法；并广泛应用于工业、农业、建筑业、国防和科学研究等项目的计划管理；目前它已形成关键线路法（CPM）、计划评审技术（PERT）和图示评审技术（GERT）等分支系统。

工程网络计划技术是以规定的网络符号及其图形表达计划中工作之间的相互制约和依赖关系，并分析其内在规律，从而寻求其最优方案的计划管理新方法。

(2) 普通网络图

工程网络图主要用于工程项目计划管理，它首先将施工项目整个建造过程分解成若干项工作，以规定的网络符号表达各项工作之间的相互制约和相互依赖关系，并根据它们的开展顺序和相互关系，从左至右排列起来，最后形成一个网状图形。这种网状图形就是普通网络图。其表示方法主要有：双代号表示法详见本章 34-2-2-2 普通双代号网络图，单代号表示法详见本章 34-2-2-3 普通单代号网络图。

2．基本原理

(1) 把一项工程全部建造过程分解成若干项工作，并按各项工作开展顺序和相互制约关系，绘制成网络图。

(2) 通过网络图各项时间参数计算，找出关键工作和关键线路。

(3) 利用最优化原理，不断改进网络计划初始方案，并寻求其最优方案。

(4) 在网络计划执行过程中，对其进行有效地监督和控制，以最少的资源消耗，获得最大的经济效益。

3．基本类型

(1) 普通双代号网络图

它是以双代号表示法绘制的网络图。它是采用两个带有编号的圆圈和一个中间箭线表示一项工作，其持续时间多为肯定型。这种网络图分为：有时间坐标和无时间坐标两种。

(2) 普通单代号网络图

它是以单代号表示法绘制的网络图。它是采用一个大方框或圆圈表示一项工作，工作之间相互关系以箭线表达，工作持续时间多为肯定型。

34-2-2-2 普通双代号网络图

1．普通双代号网络图组成

普通双代号网络图是由工作、事件和线路三个基本要素组成，如图 34-10 所示。

(1) 工作

工作是指能够独立存在的实施性活动。如工序、施工过程或施工项目等实施性活动。

工作可分为：需要消耗时间和资源的工作、只消耗时间而不消耗资源的工作和不消耗时间及资源的工作三种。前两种为实工作，最后一种为虚工作；工作表示方法，如图 34-11 所示。

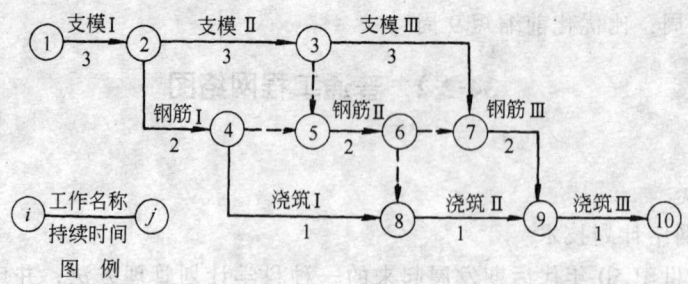

图 34-10 某现浇工程双代号网络图

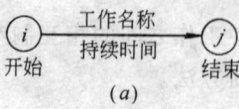

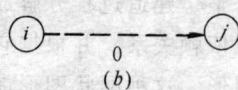

图 34-11 工作示意图
(a) 实工作；(b) 虚工作

(2) 事件

事件是指网络图中箭线两端带有编号的圆圈，也称作结点。事件表示工作开始或结束的时刻；它既不消耗时间，也不消耗资源。

在双代号网络图中，第一个事件称为原始事件，最后一个事件称为结束事件，其余事件均称为中间事件。事件编号方法有：沿水平方向或沿垂直方向编号；按自然数连续编号；按奇数或偶数编号。不管采用什么编号方法，都必须保证：箭尾事件编号小于箭头事件编号。

(3) 线路

线路是指从网络图原始事件出发，顺着箭线方向到达网络图结束事件，中间经由一系列事件和箭线所组成的通道。完成某条线路所需的总持续时间，称为该条线路的线路时间。根据每条线路的线路时间长短，可将网络图的线路区分为关键线路和非关键线路两种。

关键线路是指网络图中线路时间最长的线路，其线路时间代表整个网络图的计算总工期。关键线路至少有一条，并以粗箭线或双箭线表示。关键线路上的工作，都是关键工作，关键工作都没有时间储备。

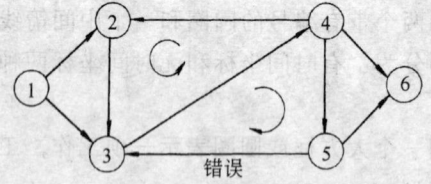

图 34-12 闭合回路示意图

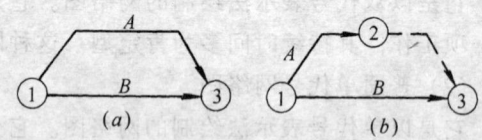

图 34-13 重复编号工作示意图
(a) 错误；(b) 正确

在网络图中，除了关键线路之外，其余线路都是非关键线路。在非关键线路上，除了关键工作之外，其余工作均为非关键工作，非关键工作都有时间储备。

在一定条件下，关键工作与非关键工作、关键线路与非关键线路都可以相互转化。

2. 普通双代号网络图绘制

(1) 绘图基本规则

1) 必须正确地表达各项工作之间的网络逻辑关系，如表 34-11 所示。

2) 在同一网络图中，只允许有1个原始事件，不允许再出现没有前导工作的"尾部事件"。

3) 在同一单目标网络图中，只允许有1个结束事件，不允许再出现没有后续工作的"尽头事件"。

4) 在双代号网络图中，不允许出现闭合回路，如图34-12所示。

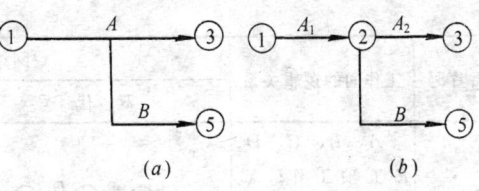

图 34-14 无起点事件工作示意图
(a) 错误；(b) 正确

5) 在双代号网络图中，不允许出现重复编号的工作，如图34-13所示。

6) 在双代号网络图中，不允许出现没有起点事件的工作，如图34-14所示。

双代号与单代号网络逻辑关系表达示例   表 34-11

序号	工作间的逻辑关系	网络图上的表示方法		说　明
		双　代　号	单　代　号	
1	A、B 二项工作，依次进行施工	○—A→○—B→○	Ⓐ→Ⓑ	B 依赖 A，A 约束 B
2	A、B、C 三项工作；同时开始施工			A、B、C 三项工作为平行施工方式
3	A、B、C 三项工作；同时结束施工			A、B、C 三项工作为平行施工方式
4	A、B、C 三项工作；只有 A 完成之后，B、C 才能开始			A 工作制约 B、C 工作的开始；B、C 工作为平行施工方式
5	A、B、C 三项工作，C 工作只能在 A、B 完成之后开始			C 工作依赖于 A、B 工作结束；A、B 工作为平行施工方式
6	A、B、C、D 四项工作；当 A、B 完成之后，C、D 才能开始			双代号表示法是以中间事件①把四项工作间的逻辑关系表达出来
7	A、B、C、D 四项工作；A 完成之后，C 才能开始；A、B 完成之后，D 才能开始			A 制约 C、D 的开始，B 只制约 D 的开始；A、D 之间引入了虚工作

序号	工作间的逻辑关系	网络图上的表示方法		说　明
		双代号	单代号	
8	A、B、C、D、E 五项工作；A、B 完成之后，D 才能开始；B、C 完成之后，E 才能开始			D 依赖 A、B 的完成；E 依赖 B、C 的结束；双代号表示法以虚工作表达 A、C 之间的上述逻辑关系
9	A、B、C、D、E 五项工作；A、B、C 完成之后，D 才能开始；B、C 完成之后，E 才能开始			A、B、C 制约 D 的开始；B、C 制约 E 的开始；双代号表示法以虚工作表达上述逻辑关系
10	A、B 两项工作；按三个施工段进行流水施工			按工种建立两个专业工作队；分别在 3 个施工段上进行流水作业；双代号表示法以虚工作表达工种间的关系

(2) 绘图基本方法

1) 在保证网络逻辑关系正确的前提下，图面布局要合理、层次要清晰、重点要突出。

2) 密切相关的工作尽可能相邻布置，以减少箭线交叉；如无法避免箭线交叉时，可采用暗桥法表示。

3) 尽量采用水平箭线或折线箭线；关键工作及关键线路，要以粗箭线或双箭线表示。

4) 正确使用网络图断路方法，将没有逻辑关系的有关工作用虚工作加以隔断。如图 34-15 所示。

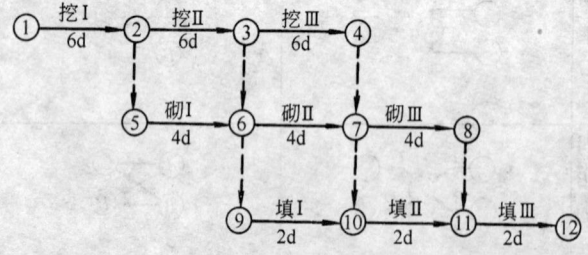

图 34-15　某工程双代号网络图

由图 34-15 看出，该图符合工艺逻辑关系和施工组织程序要求，但不满足空间逻辑关系要求。因为回填土 I 不应该受挖地槽 II 控制，回填土 II 也不应该受挖地槽 III 控制。这是空间逻辑关系上的表达错误，可以采用横向断路法或纵向断路法将其加以改正，前者用于无时间坐标网络图，后者用于有时间坐标网络图，如图 34-16 和图 34-17 所示。

5）为使图面清晰，要尽可能地减少不必要的虚工作，这可从图 34-16 与图 34-18 或图 34-19 比较中看出。

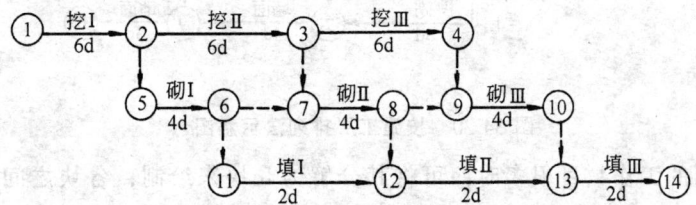

图 34-16　横向断路法示意图

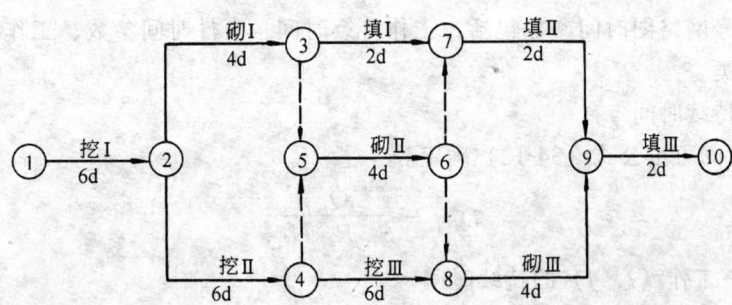

图 34-17　纵向断路法示意图

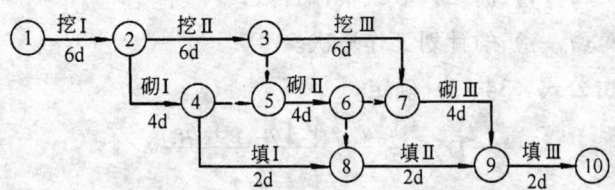

图 34-18　按工种排列法示意图

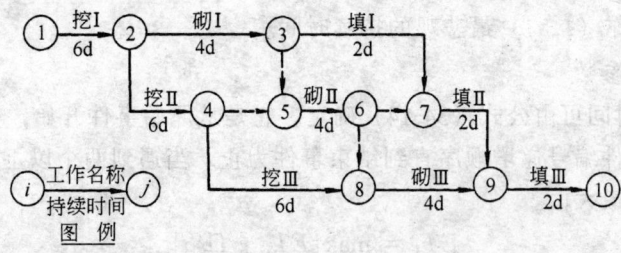

图 34-19　按施工段排列法示意图

6）网络图排列方法主要有：按工种、按施工段、按施工层排列 3 种。它们依次如图 34-18、图 34-19 和图 34-20 所示。

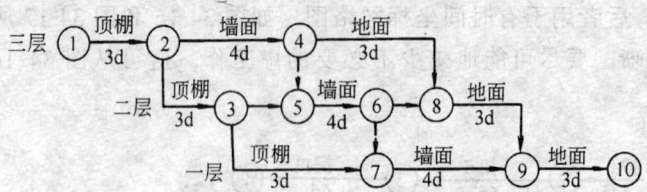

图 34-20 按施工层排列法示意图

7) 当网络图的工作数目很多时，可将其分解为几块来绘制；各块之间的分界点要设在箭线和事件最少的部位，分界点事件的编号要相同，并且画成双层圆圈。单位工程施工网络图的分界点，通常设在分部工程分界处。详见本章 30-2-2-4 普通工程网络图实例。

3. 普通双代号网络图时间参数

普通双代号网络图时间参数包括：工作持续时间、事件时间参数、工作时间参数和线路时间参数 4 类。

(1) 工作持续时间

1) 单一时间可由公式（34-12）确定。

$$D_{i,j} = \frac{Q_{i,j}}{S_{i,j}R_{i,j}N_{i,j}} \tag{34-12}$$

式中　$D_{i,j}$——工作 (i, j) 的持续时间；

　　　$Q_{i,j}$——工作 (i, j) 的工程量；

　　　$S_{i,j}$——工作 (i, j) 的计划产量定额；

　　　$R_{i,j}$——工作 (i, j) 的工人数或机械台数；

　　　$N_{i,j}$——工作 (i, j) 的计划工作班次。

2) 3 种时间可由公式（34-13）确定。

$$D_{i,j}^{e} = \frac{a_{i,j} + 4m_{i,j} + b_{i,j}}{6} \tag{34-13}$$

式中　$D_{i,j}^{e}$——工作 (i, j) 的概率期望持续时间；

　　　$a_{i,j}$——工作 (i, j) 最乐观的持续时间；

　　　$m_{i,j}$——工作 (i, j) 最可能的持续时间；

　　　$b_{i,j}$——工作 (i, j) 最悲观的持续时间。

(2) 事件时间参数

1) 事件最早时间可由公式（34-14）确定。它是从原始事件开始，并假定其开始时间为零，然后按照事件编号递增顺序直到结束事件为止，当遇到两个以上前导工作时，应取其相应计算结果的最大值。

$$ET_j = \max\{ET_i + D_{i,j}\} \tag{34-14}$$
$$(i < j; 2 \leqslant j \leqslant n)$$

式中　ET_j——事件 (j) 的最早时间；

　　　ET_i——前导工作 (i, j) 起点事件 (i) 最早时间；

　　　$D_{i,j}$——前导工作 (i, j) 的持续时间；

max——取各自计算结果的最大值。

2）事件最迟时间可由公式（34-15）确定。它是从结束事件开始，通常假定结束事件最迟时间等于其最早时间，然后按照事件编号递减顺序直到原始事件为止；当遇到两个以上后续工作时，应取其相应计算结果的最小值。

$$LT_i = \min\{LT_j - D_{i,j}\} \tag{34-15}$$
$$(i < j; 2 \leqslant j \leqslant n-1)$$

式中　LT_i——事件（i）的最迟时间；

　　　LT_j——后续工作（i，j）终点事件（j）最迟时间；

　　　$D_{i,j}$——后续工作（i，j）的持续时间；

　　　min——取各自计算结果的最小值。

(3) 工作时间参数

1）工作最早可能开始和结束时间可由公式（34-16）计算。

$$\left. \begin{array}{l} ES_{i,j} = ET_i \\ EF_{i,j} = ES_{i,j} + D_{i,j} \end{array} \right\} \tag{34-16}$$

式中　$ES_{i,j}$——工作（i，j）最早可能开始时间；

　　　$EF_{i,j}$——工作（i，j）最早可能结束时间；

　　　其他符号同前。

2）工作最迟必须开始和结束时间可由公式（34-17）计算。

$$\left. \begin{array}{l} LF_{i,j} = LT_j \\ LS_{i,j} = LF_{i,j} - D_{i,j} \end{array} \right\} \tag{34-17}$$

式中　$LF_{i,j}$——工作（i，j）最迟必须结束时间；

　　　$LS_{i,j}$——工作（i，j）最迟必须开始时间；

　　　其他符号同前。

3）工作总时差和自由时差可由公式（34-18）计算。

$$\left. \begin{array}{l} TF_{i,j} = LT_j - ET_i - D_{i,j} \\ \phantom{TF_{i,j}} = LF_{i,j} - EF_{i,j} = LS_{i,j} - ES_{i,j} \\ FF_{i,j} = ET_j - ET_i - D_{i,j} \\ \phantom{FF_{i,j}} = ET_j - EF_{i,j} \end{array} \right\} \tag{34-18}$$

式中　$TF_{i,j}$——工作（i，j）的总时差，即总机动时间；

　　　$FF_{i,j}$——工作（i，j）的自由时差；

　　　其他符号同前。

(4) 线路时间参数

1）线路时间可由公式（34-19）确定。

$$T_s = \sum_{(i,j) \in s} D_{i,j} \tag{34-19}$$

式中　T_s——网络图中某线路（s）的线路时间等于所含工作（i，j）持续时间的总和。

2）线路时差可由公式（34-20）确定。

$$PL_s = T_n - T_s \tag{34-20}$$

式中 PL_s——某线路（s）的线路时差；
　　　T_n——该网络图的计算总工期，即正常总工期；
其他符号同前。

(5) 判断关键工作和关键线路

在双代号网络图中，$TF_{i,j}=0$ 工作就是关键工作，由关键工作组成的线路就是关键线路。关键线路的线路时间，就是该网络图的计算总工期，即 $T_n = ET_n$ [结束事件（n）最早时间]。

4. 网络图时间参数计算方法

(1) 分析计算法

它是通过各项时间参数的相应计算公式，列式进行时间参数计算的方法，如公式(34-14)至(34-18)。

(2) 图上计算法

它是根据分析计算法的相应计算公式，直接在网络图上进行各项时间参数计算的方法。

【例】 某工程由挖基槽、砌基础和回填土 3 个分项工程组成；它在平面上划分为Ⅰ、Ⅱ、Ⅲ三个施工段；各分项工程在各个施工段的持续时间，如图 34-21 所示。试计算该网络图的各项时间参数。

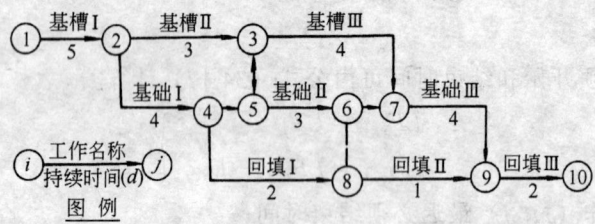

图 34-21　某工程双代号网络图

【解】

1. 分析计算法

(1) 事件时间参数计算

1) 事件最早时间（ET_j），假定 $ET_1 = 0$，由公式（34-14）依次进行计算。

$$ET_1 = 0$$
$$ET_2 = ET_1 + D_{1,2} = 0 + 5 = 5$$
$$ET_3 = ET_2 + D_{2,3} = 5 + 3 = 8$$
$$ET_4 = ET_2 + D_{2,4} = 5 + 4 = 9$$
$$ET_5 = \max \begin{Bmatrix} ET_3 + D_{3,5} = 8 + 0 = 8 \\ ET_4 + D_{4,5} = 9 + 0 = 9 \end{Bmatrix} = 9$$
$$\vdots \qquad \vdots \qquad \vdots$$
$$ET_9 = \max \begin{Bmatrix} ET_7 + D_{7,9} = 12 + 4 = 16 \\ ET_8 + D_{8,9} = 12 + 1 = 13 \end{Bmatrix} = 16$$
$$ET_{10} = ET_9 + D_{9,10} = 16 + 2 = 18$$

以上计算结果如图 34-22 所示。

2）事件最迟时间（LT_i），假定 $LT_{10} = ET_{10} = 18$，由公式（34-15）依次进行计算。

$$LT_{10} = 18$$
$$LT_9 = LT_{10} - D_{9,10} = 18 - 2 = 16$$
$$LT_8 = LT_9 - D_{8,9} = 16 - 1 = 15$$
$$LT_7 = LT_9 - D_{7,9} = 16 - 4 = 12$$
$$LT_6 = \min \begin{Bmatrix} LT_7 - D_{6,7} = 12 - 0 = 12 \\ LT_8 - D_{6,8} = 15 - 0 = 15 \end{Bmatrix} = 12$$
$$\vdots \qquad \vdots \qquad \vdots$$
$$LT_2 = \min \begin{Bmatrix} LT_3 - D_{2,3} = 8 - 3 = 5 \\ LT_4 - D_{2,4} = 9 - 4 = 5 \end{Bmatrix} = 5$$
$$LT_1 = LT_2 - D_{1,2} = 5 - 5 = 0$$

以上计算结果，如图 34-22 所示。

(2) 工作时间参数计算

工作最早可能开始（$ES_{i,j}$）和结束（$EF_{i,j}$）时间，可由公式（34-16）计算；工作最迟必须结束（$LF_{i,j}$）和开始（$LS_{i,j}$）时间，可由公式（34-17）计算。

$$ES_{1,2} = ET_1 = 0$$
$$EF_{1,2} = ES_{1,2} + D_{1,2} = 0 + 5 = 5$$
$$LF_{1,2} = LT_2 = 5$$
$$LS_{1,2} = LF_{1,2} - D_{1,2} = 5 - 5 = 0$$
$$\vdots \qquad \vdots \qquad \vdots$$
$$ES_{9,10} = ET_9 = 16,$$
$$EF_{9,10} = ES_{9,10} + D_{9,10} = 16 + 2 = 18$$
$$LF_{9,10} = LT_{10} = 18,$$
$$LS_{9,10} = LF_{9,10} - D_{9,10} = 18 - 2 = 16$$

以上计算结果如图 34-22 所示。

(3) 工作时差计算

工作总时差（$TF_{i,j}$）和自由时差（$FF_{i,j}$），可由公式（34-18）计算。

$$TF_{1,2} = LF_{1,2} - EF_{1,2} = 5 - 5 = 0$$
$$FF_{1,2} = ET_2 - EF_{1,2} = 5 - 5 = 0$$
$$\vdots \qquad \vdots \qquad \vdots$$
$$TF_{4,8} = LS_{4,8} - ES_{4,8} = 13 - 9 = 4$$
$$FF_{4,8} = ET_8 - EF_{4,8} = 12 - 11 = 1$$
$$\vdots \qquad \vdots \qquad \vdots$$
$$TF_{9,10} = LF_{9,10} - EF_{9,10} = 18 - 18 = 0$$
$$FF_{9,10} = ET_{10} - EF_{9,10} = 18 - 18 = 0$$

以上计算结果，如图 34-22 所示。

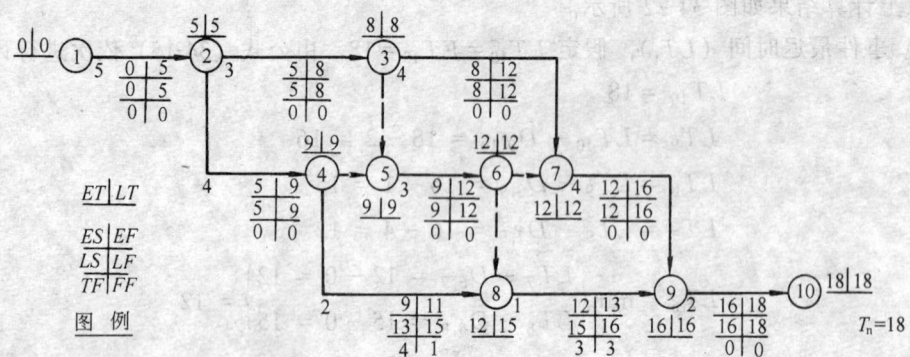

图 34-22 某工程双代号网络图时间参数

(4) 判断关键工作和关键线路

总时差为零的工作就是关键工作，本例关键工作有：1-2、2-3、2-4、3-5、3-7、4-5、5-6、6-7、7-9 和 9-10 等 9 项工作。

由关键工作组成的线路就是关键线路，在本例 6 条线路中有两条关键线路，如图 34-22 中粗箭线所示；该网络图的计算总工期为 18d。

2. 图上计算法

(1) 事件时间参数计算

假定 $ET_1=0$，按公式 (34-14) 依次计算事件最早时间 (ET_j)；假定 $LT_{10}=ET_{10}=18$，按公式 (34-15) 依次计算事件最迟时间 (LT_i)，如图 34-22 所示。

(2) 工作时间参数计算

工作最早可能开始 ($ES_{i,j}$) 和结束 ($EF_{i,j}$) 时间，按公式 (34-16) 计算。工作最迟必须结束 ($LF_{i,j}$) 和开始 ($LS_{i,j}$) 时间按公式 (34-17) 计算。如图 34-22 所示。

(3) 工作时差计算

工作总时差 ($TF_{i,j}$) 和自由时差 ($FF_{i,j}$) 按公式 (34-18) 计算，如图 34-22 所示。

(4) 判断关键工作和关键线路

关键工作和关键线路，如图 34-22 中粗箭线所示。

34-2-2-3 普通单代号网络图

1. 普通单代号网络图组成

普通单代号网络图是由工作和线路两个基本要素组成。

(1) 工作

在单代号网络图中，工作由结点及其关联箭线组成。通常将结点画成一个大圆圈或方框形式，其内标注工作编号、名称和持续时间。关联箭线表示该工作开始前和结束后的环境关系，如图 34-23 所示。

(2) 线路

在单代号网络图中，线路概念、种类和性质与双代号网络图基本类似，此处从略。

2. 普通单代号网络图绘制

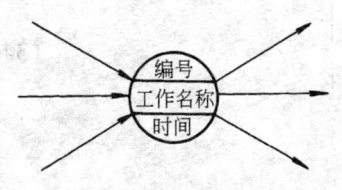

图 34-23 单代号工作示意图

(1) 绘图基本规则

1) 必须正确地表达各项工作之间相互制约和相互依赖关系，如表 34-11 所示。

2) 在单代号网络图中，只允许有 1 个原始结点；当有两个以上首先开始的工作时，要设置一个虚拟的原始结点，并在其内标注"开始"二字。

3) 在单代号单目标网络图中，只允许有 1 个结束结点；当有两个以上最后结束的工作时，要设置一个虚拟的结束结点，并在其内标注"结束"二字。

4) 在单代号网络图中，既不允许出现闭合回路，也不允许出现重复编号的工作。

5) 在单代号网络图中，不允许出现双向箭线，也不允许出现没有箭头的箭线。

(2) 绘图基本方法

1) 在保证网络逻辑关系正确的前提下，图面布局要合理，层次要清晰，重点要突出。

2) 密切相关的工作尽可能相邻布置，以便减少箭线交叉；在无法避免箭线交叉时，可采用暗桥法表示。

3) 单代号网络图的分解方法和排列方法，与双代号网络图相应部分类似，此处从略。

3. 普通单代号网络图时间参数

(1) 工作持续时间

1) 单一时间可由公式 (34-21) 确定。

$$D_i = \frac{Q_i}{S_i R_i N_i} \tag{34-21}$$

式中 D_i ——工作 (i) 的持续时间；

Q_i ——工作 (i) 的工程量；

S_i ——工作 (i) 的计划产量定额；

R_i ——工作 (i) 的工人数或机械台数；

N_i ——工作 (i) 的计划工作班次。

2) 三种时间可由公式 (34-22) 确定。

$$D_i^e = \frac{a_i + 4m_i + b_i}{6} \tag{34-22}$$

式中 D_i^e ——工作 (i) 的概率期望持续时间；

a_i ——完成工作 (i) 最乐观的持续时间；

m_i ——完成工作 (i) 最可能的持续时间；

b_i ——完成工作 (i) 最悲观的持续时间。

(2) 工作时间参数

1) 工作最早可能开始和结束时间可由公式 (34-23) 计算。它是从原始结点开始，假定 $ES_1 = 0$，按照结点编号递增顺序直到结束结点为止。当遇到两个以上前导工作时，要取它们各自计算结果的最大值。

$$\left.\begin{aligned}ES_j &= \max\{ES_i + D_i\} \\ &= \max\{EF_i\} \\ EF_j &= ES_j + D_j\end{aligned}\right\} \quad (34\text{-}23)$$

式中 ES_j——工作（j）最早可能开始时间；
EF_j——工作（j）最早可能结束时间；
D_j——工作（j）的持续时间；
ES_i——前导工作（i）最早可能开始时间；
EF_i——前导工作（i）最早可能结束时间；
D_i——前导工作（i）的持续时间。

2) 工作最迟必须结束和开始时间可由公式（34-24）计算。它是从结束结点开始，假定 $LF_n = EF_n$，按照结点编号递减顺序直到原始结点为止；当遇到两个以上后续工作时，要取它们各自计算结果的最小值。

$$\left.\begin{aligned}LF_i &= \min\{LS_j\} \\ LS_i &= LF_i - D_i\end{aligned}\right\} \quad (34\text{-}24)$$

式中 LF_i——工作（i）最迟必须结束时间；
LS_i——工作（i）最迟必须开始时间；
D_i——工作（i）的持续时间；
LS_j——后续工作（j）最迟必须开始时间。

3) 工作总时差和自由时差可由公式（34-25）计算。

$$\left.\begin{aligned}TF_i &= LF_i - EF_i = LS_i - ES_i \\ FF_i &= \min\{ES_j\} - EF_i\end{aligned}\right\} \quad (34\text{-}25)$$

式中 TF_i——工作（i）的总时差；
FF_i——工作（i）的自由时差；
ES_j——后续工作（j）最早可能开始时间；
其他符号同前。

(3) 线路时间参数
1) 线路时间可由公式（34-26）计算。

$$T_s = \sum_{(i)\in s} D_i \quad (34\text{-}26)$$

式中 T_s——某线路（s）的线路时间；
D_i——线路（s）上某工作（i）持续时间。

2) 线路时差可由公式（34-27）计算。

$$PL_s = T_n - T_s \quad (34\text{-}27)$$

式中 PL_s——某线路（s）的线路时差；
T_n——该网络图的计算总工期；
T_s同前。

(4) 判断关键工作和关键线路
工作总时差 $TF_i = 0$ 的工作为关键工作，由关键工作组成的线路就是关键线路，关键线路所确定的工期就是该网络图的计算总工期。

【例】 某工程由 A、B、C 三个分项工程组成；它在平面上划分为 Ⅰ、Ⅱ、Ⅲ 3 个施工段；各分项工程在各个施工段上的持续时间（d），如图 34-24 所示。试以分析计算法和图上计算法，分别计算该网络图各项时间参数。

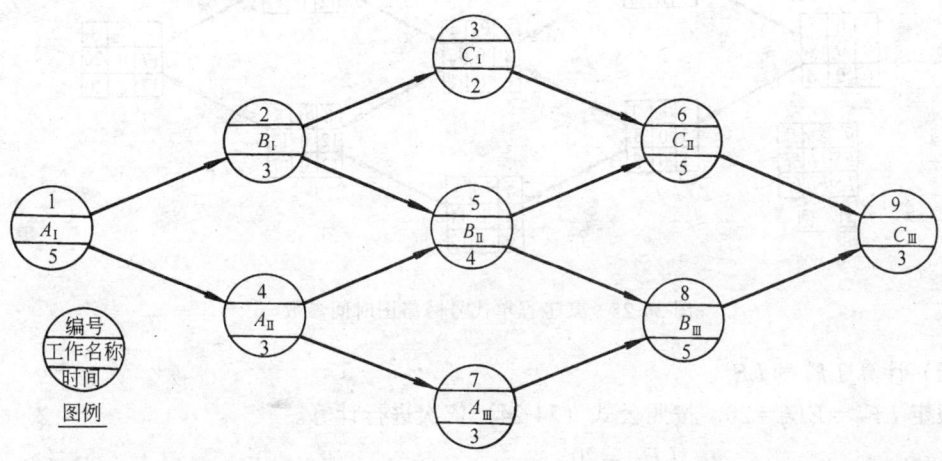

图 34-24 某工程单代号网络图

【解】

1. 分析计算法

(1) 计算 ES_j 和 EF_j

假定 $ES_1 = 0$，按照公式（34-23）依次进行计算。

$$ES_1 = 0$$
$$EF_1 = ES_1 + D_1 = 0 + 5 = 5$$
$$ES_2 = EF_1 = 5$$
$$EF_2 = ES_2 + D_2 = 5 + 3 = 8$$
$$ES_3 = EF_2 = 8$$
$$EF_3 = ES_3 + D_3 = 8 + 2 = 10$$
$$ES_4 = EF_1 = 5$$
$$EF_4 = ES_4 + D_4 = 5 + 3 = 8$$
$$ES_5 = \max \begin{Bmatrix} EF_2 = 8 \\ EF_4 = 8 \end{Bmatrix} = 8$$
$$EF_5 = ES_5 + D_5 = 8 + 4 = 12$$
$$\vdots \quad \vdots \quad \vdots$$
$$ES_9 = \max \begin{Bmatrix} EF_6 = 17 \\ EF_8 = 17 \end{Bmatrix} = 17$$
$$EF_9 = ES_9 + D_9 = 17 + 3 = 20$$

以上计算结果如图 34-25 所示。

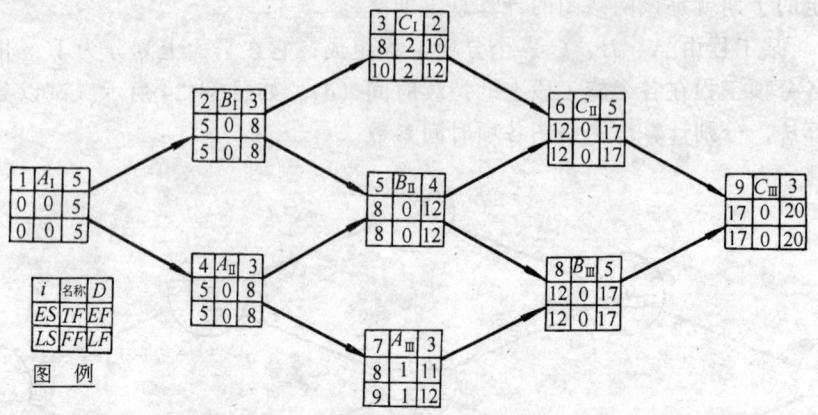

图 34-25 某工程单代号网络图时间参数

(2) 计算 LF_i 和 LS_i

假定 $LF_9 = EF_9 = 20$，按照公式（34-24）依次进行计算。

$$LF_9 = 20$$

$$LS_9 = LF_9 - D_9 = 20 - 3 = 17$$

$$LF_8 = LS_9 = 17$$

$$LS_8 = LF_8 - D_8 = 17 - 5 = 12$$

$$LF_7 = LS_8 = 12$$

$$LS_7 = LF_7 - D_7 = 12 - 3 = 9$$

$$LF_6 = LS_9 = 17$$

$$LS_6 = LF_6 - D_6 = 17 - 5 = 12$$

$$LF_5 = \min \begin{Bmatrix} LS_6 = 12 \\ LS_8 = 12 \end{Bmatrix} = 12$$

$$LS_5 = LF_5 - D_5 = 12 - 4 = 8$$

$$\vdots \qquad \vdots \qquad \vdots$$

$$LF_1 = \min \begin{Bmatrix} LS_2 = 5 \\ LS_4 = 5 \end{Bmatrix} = 5$$

$$LS_1 = LF_1 - D_1 = 5 - 5 = 0$$

以上计算结果如图 34-25 所示。

(3) 计算 TF_i 和 FF_i

根据公式（34-25）进行计算。

$$TF_1 = LF_1 - EF_1 = 5 - 5 = 0$$

$$FF_1 = \min \begin{Bmatrix} ES_2 = 5 \\ ES_4 = 5 \end{Bmatrix} - EF_1 = 5 - 5 = 0$$

$$TF_2 = LS_2 - ES_2 = 5 - 5 = 0$$

$$FF_2 = \min\begin{Bmatrix} ES_3 = 8 \\ ES_5 = 8 \end{Bmatrix} - EF_2 = 8 - 8 = 0$$

$$TF_3 = LF_3 - EF_3 = 12 - 10 = 2$$

$$FF_3 = ES_6 - EF_3 = 12 - 10 = 2$$

$$\vdots \qquad \vdots \qquad \vdots$$

$$TF_9 = LS_9 - ES_9 = 17 - 17 = 0$$

$$FF_9 = \min\{ES_{10}\} - EF_9 = 20 - 20 = 0$$

以上计算结果如图 34-25 所示。

(4) 判断关键工作和关键线路

总时差等于零的工作为关键工作,本例关键工作有:$A_Ⅰ$、$A_Ⅱ$、$B_Ⅰ$、$B_Ⅱ$、$B_Ⅲ$、$C_Ⅱ$ 和 $C_Ⅲ$ 七项;由关键工作组成的线路就是关键线路,本例关键线路为 4 条;该网络图的计算总工期为 20d。如图 34-25 所示。

2. 图上计算法

(1) 计算 ES_j 和 EF_j

由原始结点开始,假定 $ES_1 = 0$;根据公式 (34-23) 按工作编号递增顺序进行计算,并将计算结果填入相应栏内,如图 34-25 所示。

(2) 计算 LF_i 和 LS_i

由结束结点开始,假定 $LF_9 = EF_9 = 20$;根据公式 (34-24) 按工作编号递减顺序进行计算,并将计算结果填入相应栏内,如图 34-25 所示。

(3) 计算 TF_i 和 FF_i

本例由原始结点开始,按照公式 (34-25) 逐项工作进行计算,并将计算结果填入相应栏内,如图 34-25 所示。

(4) 判断关键工作和关键线路

本例关键工作为 7 项,关键线路为 4 条,如图 34-25 粗箭线所示。该网络图计算总工期为 20d。

34-2-2-4 普通工程网络图实例

某机械厂铆焊车间的实施性网络图如图 34-26 所示,该车间为单层高低两跨厂房,建筑面积为 3015m²。高跨总高为 15.40m,其轨顶标高为 9.0m,柱顶标高 11.75m;低跨总

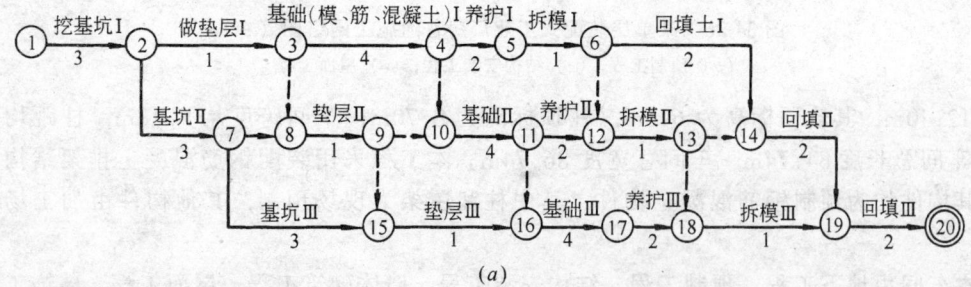

图 34-26 某单层装配式工业厂房普通施工网络图 (一)
(a) 地下工程

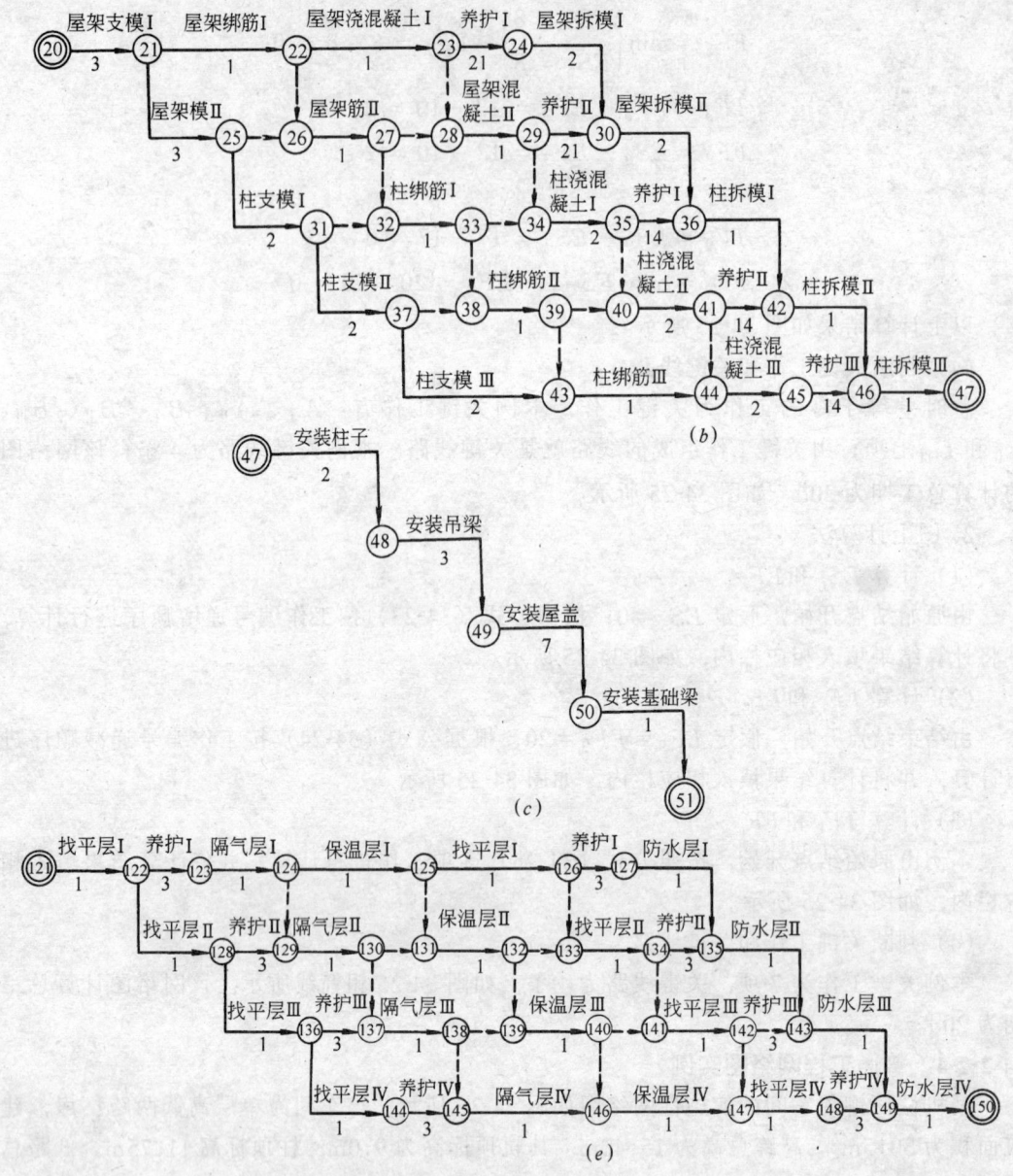

图 34-26 某单层装配式工业厂房普通施工网络图（二）
(b) 预制工程；(c) 结构安装工程；(e) 屋面工程

高为 12.40m，其轨顶标高为 6.6m，柱顶标高为 8.70m；车间跨度均为 18m，柱距均为 6m；车间总长度 84.74m，车间总宽度 36.74m。本工程采用装配钢筋混凝土排架结构形式，其构件均为预制钢筋混凝土构件，其中柱和屋架为现场预制，其他构件由加工场预制。

本车间由地下工程、预制工程、结构安装工程、墙体砌筑工程、屋面工程、装饰工程和其他工程 7 个分部工程组成。

地下工程由挖基坑、做垫层、浇筑基础、基础拆模、养护和回填土等分项工程组成。

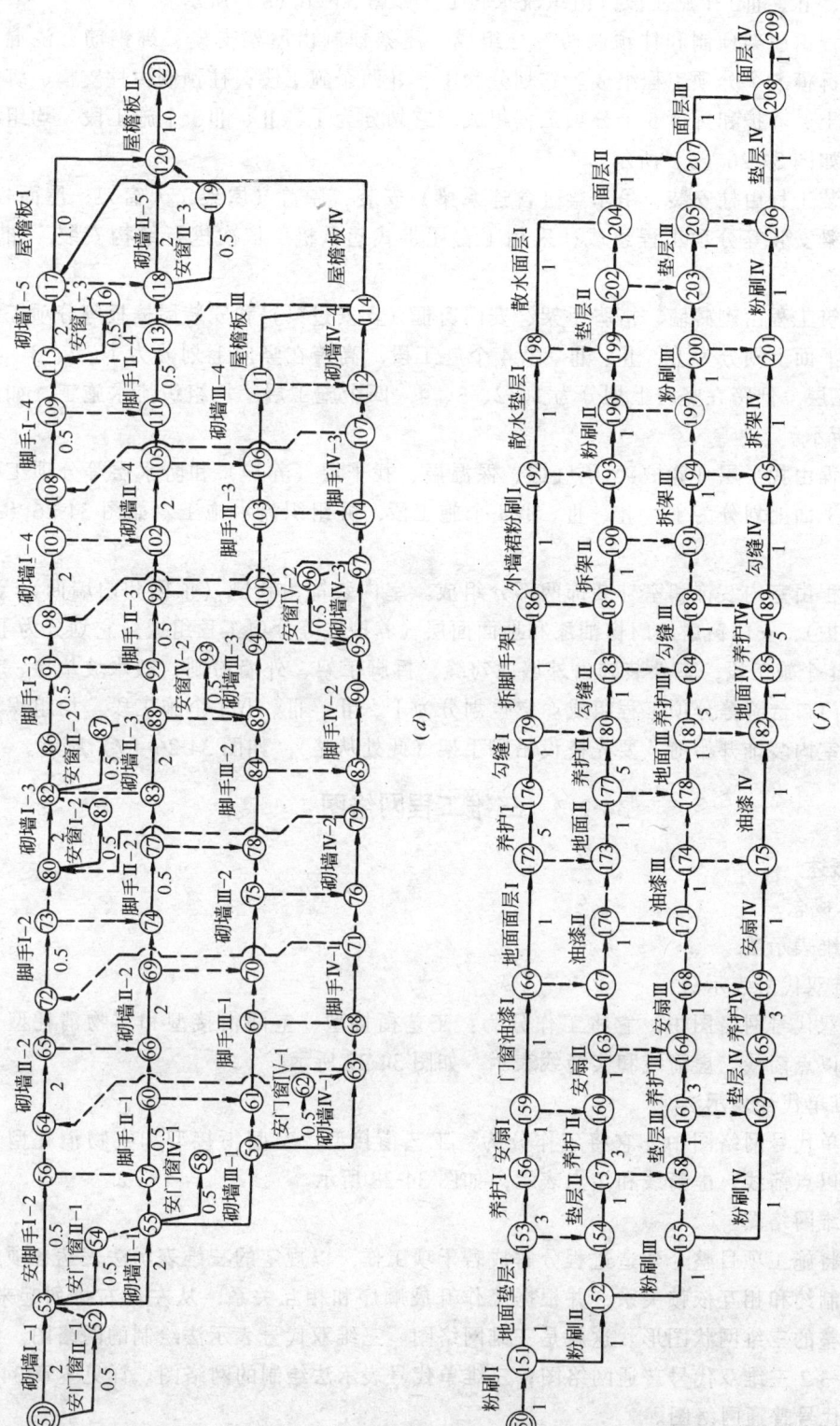

图 34-26 某单层装配式工业厂房普通施工网络图（三）
(d) 墙体砌筑工程；(f) 装饰工程

它划分为Ⅰ、Ⅱ、Ⅲ3个施工段,组织流水施工。如图34-26(a)所示。

预制工程由屋架预制和柱预制两部分组成。屋架预制由屋架支模、绑钢筋、浇混凝土、养护和拆模5个分项工程组成。它划分为Ⅰ、Ⅱ两个施工段;柱预制由柱支模、绑钢筋、浇混凝土、养护和拆模5个分项工程组成,它划分为Ⅰ、Ⅱ、Ⅲ3个施工段,均组织流水施工,如图34-26(b)所示。

结构安装工程由柱安装、吊车梁(含连系梁)安装、屋盖(屋架、天窗架、屋面板)系统和基础梁安装等分项工程组成;采用1台履带式起重机,依次进行结构安装,如图34-26(c)所示。

墙体砌筑工程由砌砖墙、搭脚手架、安门窗框(含安过梁)和安装屋檐板等分项工程组成。它在平面上划分为Ⅰ、Ⅱ、Ⅲ、Ⅳ4个施工段,高跨在竖向上划分为1、2、3、4、5,五个施工层,低跨在竖向上划分为1、2、3、4,四个施工层,均组织流水施工,如图34-26(d)所示。

屋面工程由找平层(养护)、隔气层、保温层、找平层(养护)和防水层等分项工程组成。它在平面上划分为Ⅰ、Ⅱ、Ⅲ、Ⅳ4个施工段,并组织流水施工,如图34-26(e)所示。

装饰工程由室内装饰和室外装饰两部分组成。室内装饰由粉刷(顶棚和内墙面)、地面垫层(养护)、安门窗扇、门窗油漆和地面面层(养护)等分项工程组成。它划分为Ⅰ、Ⅱ、Ⅲ、Ⅳ4个施工段,室外装饰由外墙面勾缝、拆脚手架、外墙粉刷、散水坡垫层、散水坡面层和门口台阶等分项工程组成。它也划分为Ⅰ、Ⅱ、Ⅲ、Ⅳ4个施工段,均组织流水施工。在室内装饰开始前,要先搭设吊脚手架(此处从略),如图34-26(f)所示。

34-2-3 三维工程网络图

34-2-3-1 概述

1. 基本概念

(1) 三维表示法

1) 三维双代号表示法

在三维双代号网络图中,它将工作分为:工艺衔接型、空间衔接型和实物消耗型三种,并分别以点箭线、虚箭线和实箭线表示,如图34-27所示。

2) 三维单代号表示法

在三维单代号网络图中,它将工作分为:工艺衔接型、空间衔接型和实物消耗型三种,并分别以点箭线、虚箭线和结点表示,如图34-28所示。

(2) 三维网络图

它首先将施工项目整个建造过程分解成若干项工作,以规定的三维表示法表达各项工作之间相互制约和相互依赖关系,并根据工作开展顺序和相互关系,从左至右排列起来,形成一个完整的三维网状图形。这就是三维网络图。三维双代号表示法绘制的网络图,详见本章34-2-3-2 三维双代号普通网络图;三维单代号表示法绘制的网络图,详见本章34-2-3-3 三维单代号普通网络图。

(3) 三维网络图基本模式

1) 三维双代号网络图基本模式

它的基本模式有：模式Ⅰ（施工段连续型）和模式Ⅱ（施工过程连续型）两种，如图 34-29 所示。这时模式Ⅰ $D_{i,j}^S \equiv 0$；模式Ⅱ $D_{i,j}^P \equiv 0$。

2) 三维单代号网络图基本模式

它的基本模式也有：模式Ⅰ（施工段连续型）和模式Ⅱ（施工过程连续型）两种，如图 34-30 所示。这时模式Ⅰ $D_{i,j}^S \equiv 0$，模式Ⅱ $D_{i,j}^P \equiv 0$。

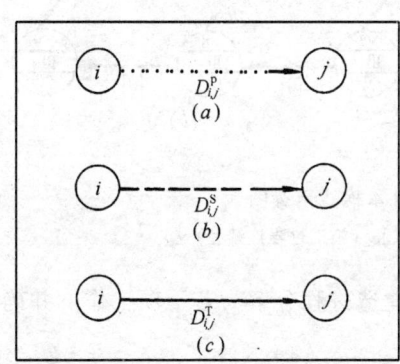

图 34-27 三维双代号表示法示意图
(a) 工艺衔接型工作；(b) 空间衔接型工作；
(c) 实物消耗型工作

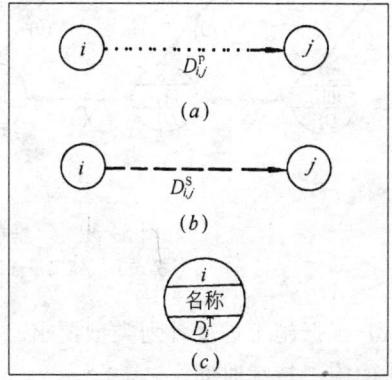

图 34-28 三维单代号表示法示意图
(a) 工艺衔接型工作；(b) 空间衔接型工作；
(c) 实物消耗型工作

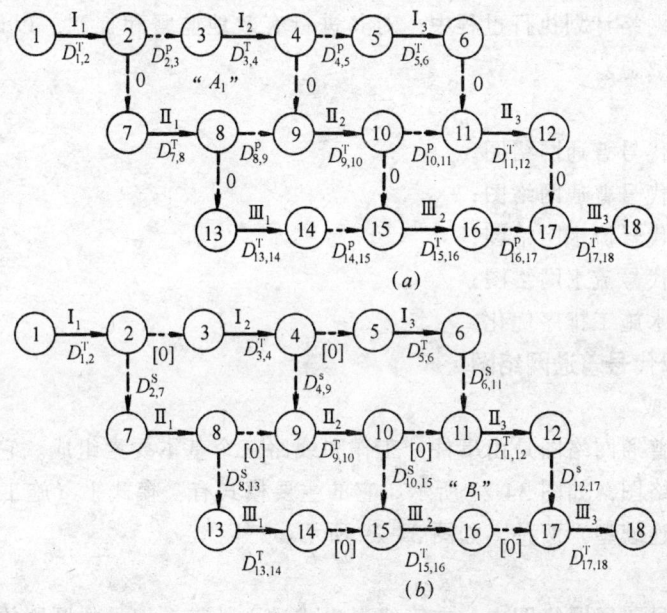

图 34-29 三维双代号网络图基本模式示意图
(a) 模式Ⅰ（施工段连续型）；(b) 模式Ⅱ（施工过程连续型）

在上述两种模式中，最有实用价值者应当首推模式Ⅱ（施工过程连续型），因为它不仅符合组织施工基本原则，而且可以提高施工效率，并能满足工程施工的客观需要。

2．基本原理

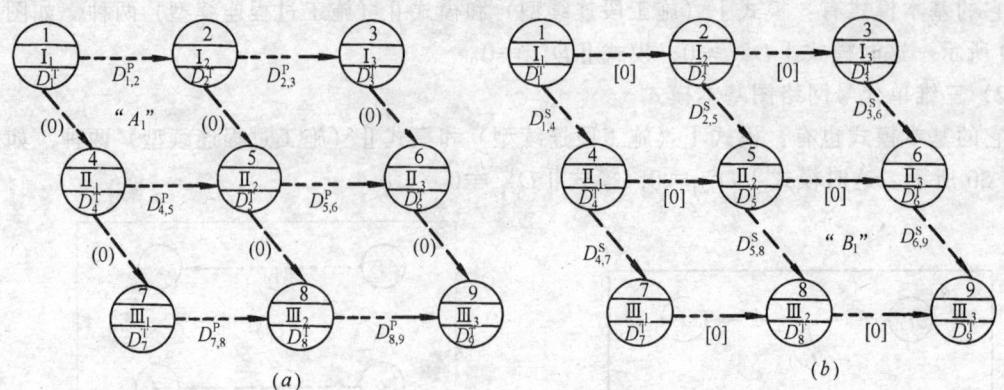

图 34-30　三维单代号网络图基本模式示意图
(a) 模式Ⅰ（施工段连续型）；(b) 模式Ⅱ（施工过程连续型）

(1) 根据施工进度计划类型要求，将施工项目建造过程分解为若干项工作，并确定每项工作的施工持续时间。

(2) 按照各项工作先后开展顺序和相互制约关系，采用三维网络图表示方法，将其绘制成三维施工网络图。

(3) 通过三维网络图各项时间参数计算，找出关键线路和关键工作。

(4) 利用最优化原理，不断改进三维网络计划初始方案，并寻求其最优方案。

(5) 在三维网络计划执行过程中，对其进行有效地监督和控制，以最少的资源消耗，获得最大的经济效益。

3．基本类型

(1) 三维双代号普通网络图；

(2) 三维单代号普通网络图；

(3) 三维双代号流水网络图；

(4) 三维单代号流水网络图；

(5) 三维流水施工排序优化。

34-2-3-2　三维双代号普通网络图

1．网络图组成

三维双代号普通网络图是由事件、工作和线路三个基本要素组成。它以三维双代号表示法绘制的网络图，如图 34-27 所示。它的主要模式有：模式Ⅰ（施工段连续型）和模式Ⅱ（施工过程连续型）两种，如图 34-29 所示。

(1) 事件

在三维双代号普通网络图中，在箭线引出或进入处带有编号的圆圈均称为事件；事件作用、种类和编号方法基本与普通双代号网络图相同，此处从略。

(2) 工作

在三维双代号普通网络图中，工作可分为：工艺衔接型、空间衔接型和实物消耗型三种工作；它们分别以点箭线、虚箭线和实箭线表示，如图 34-27 所示。

1) 工艺衔接型工作

在三维双代号普通网络图中，用以表达施工过程在其相邻两个施工段之间的前后工艺衔接状态的工作，均称为工艺衔接型工作。它只体现工艺衔接特征，并形成相应工艺效应，即工艺间歇时间。它的持续时间以 $D_{i,j}^P$ 表示，其数值可以 $\{>0;\ =0;\ <0\}$。

2) 空间衔接型工作

在三维双代号普通网络图中，用以表达相邻两个施工过程在同一施工段上的先后空间衔接状态的工作，均称为空间衔接型工作。它只体现空间衔接特征，并形成相应空间效应，即空间间歇时间。它的持续时间以 $D_{i,j}^S$ 表示，其数值可以 $\{>0;\ =0;\ <0\}$。

3) 实物消耗型工作

在三维双代号普通网络图中，用以表达某施工过程在其相应施工段上的时间进展状态的工作，均称为实物消耗型工作。它同时体现工艺安排、空间布置、时间排列和资源消耗特征，并形成相应时间效应，即施工持续时间。它的持续时间以 $D_{i,j}^T$ 表示，其数值通常 $\{>0\}$。

上述三种工作的持续时间，均应参加所在网络图时间参数计算过程。

(3) 线路

在三维双代号普通网络图中，线路概念与普通双代号网络图基本相同，此处从略。但其线路种类可分为：关键线路和准关键线路两种。

1) 关键线路

在三维双代号普通网络图中，如果某（些）条线路上的工艺衔接型工作和空间衔接型工作的持续时间均为零，则这（些）条线路就是关键线路，关键线路以粗箭线表示。关键线路上的工作均为关键工作；关键线路的线路时间代表该网络图的计算总工期。

2) 准关键线路

在三维双代号普通网络图中，除了关键线路之外，其余线路均为准关键线路。在准关键线路上，除了关键工作之外，其余工作均为准关键工作；准关键工作都不存时差。在普通双代号网络图中，对应 j 非关键工作的总时差；在三维双代号普通网络图中，它已转化为与实物消耗型工作相关联的工艺衔接型或空间衔接型工作的持续时间。这些持续时间有时也可以作为相关联准关键实物型工作的局部机动时间。

2. 网络图时间参数计算

三维双代号普通网络图的时间参数包括：工作持续时间、事件时间参数、工作时间参数和线路时间参数四类。

(1) 工作持续时间

通过研究已经证实：在三维网络图中，任何一个闭合线路单元两个支路的线路时间必然相等（以下简称为"闭合线路单元"准则）。如图 34-29 (a) 所示 "A_1" 和 (图 34-29) (b) 所示 "B_1" 两个闭合线路单元，则有：

A_1 单元 $\because D_{2,3}^P + D_{3,4}^T + D_{4,9}^S = D_{2,7}^S + D_{7,8}^T + D_{8,9}^P$

$\therefore D_{8,9}^P = D_{2,3}^P + D_{3,4}^T + D_{4,9}^S - D_{2,7}^S - D_{7,8}^T$

B_1 单元 $\because D_{10,11}^P + D_{11,12}^T + D_{12,17}^S = D_{10,15}^S + D_{15,16}^T + D_{16,17}^P$

$\therefore D_{10,13}^S = D_{10,11}^P + D_{11,12}^T + D_{12,17}^S - D_{15,16}^T - D_{16,17}^P$

在类似上面两个等式中，只要知道五个数据，便可求出第六个数据。具体演示过程，详见 [例] 题。

1) 工艺衔接型工作

在三维双代号普通网络图中,通常模式Ⅰ工艺衔接型工作的持续时间为未知数。为此应根据"闭合线路单元"准则,按照由前向后和自上而下计算顺序,逐个确定出相应工艺衔接型工作的持续时间,即 $D_{i,j}^P$ 数值。

2) 空间衔接型工作

在三维双代号普通网络图中,通常模式Ⅱ空间衔接型工作的持续时间为未知数。为此要根据"闭合线路单元"准则,按照由后向前和自下而上计算顺序,逐个确定出相应空间衔接型工作的持续时间,即 $D_{i,j}^S$ 数值。

3) 实物消耗型工作

在三维双代号普通网络图中,实物消耗型工作的持续时间,在种类、概念和计算方法上,基本与普通双代号网络图的实工作相应持续时间相同,此处从略。

(2) 事件时间参数

在三维双代号普通网络图中,所有事件都位于准关键线路或关键线路上,故每个事件的最早和最迟时间都彼此相等,现统称为事件时间,并以 TN_i 或 TN_j 表示。

事件时间计算是从原始事件开始,并假定 $TN_1 = 0$,按照事件编号递增顺序直到结束事件为止,按照公式 (34-28) 进行计算。

$$TN_j = TN_i + \{D_{i,j}^P - D_{i,j}^S \text{ 或 } D_{i,j}^T\} \tag{34-28}$$

式中 TN_i——工作 (i, j) 起点事件时间;

    TN_j——工作 (i, j) 终点事件时间;

    $D_{i,j}^P$——工艺衔接型工作持续时间;

    $D_{i,j}^S$——空间衔接型工作持续时间;

    $D_{i,j}^T$——实物消耗型工作持续时间。

(3) 工作时间参数

在三维双代号普通网络图中,工作时间参数只包括:工作开始时间和工作结束时间两种;它们根本不用重新计算,如需要可按公式 (34-29) 直接确定;由此可见,该类网络图工作时间参数种类和计算程序都极大地简化了。

$$\left. \begin{array}{l} WS_{i,j} = TN_i \\ WF_{i,j} = TN_j \end{array} \right\} \tag{34-29}$$

式中 $WS_{i,j}$——工作 (i, j) 开始时间;

    $WF_{i,j}$——工作 (i, j) 结束时间;

    TN_i——工作 (i, j) 起点事件时间;

    TN_j——工作 (i, j) 终点事件时间。

(4) 线路时间参数

在三维双代号普通网络图中,线路时间参数包括:线路时间和线路时差两种,它们可分别由公式 (34-30) 和公式 (34-31) 计算。

$$T_s = \sum_{(i,j) \in s} D_{i,j}^T \tag{34-30}$$

式中 T_s——线路 (s) 的线路时间;

$D_{i,j}^{\mathrm{T}}$——线路 (s) 上实物消耗型工作 (i, j) 的持续时间。

$$FL_{\mathrm{s}} = T_{\mathrm{n}} - T_{\mathrm{s}} \tag{34-31}$$

式中 FL_{s}——线路 (s) 的线路时差;

T_{n}——该网络图的计算总工期;

其他符号同前。

3. 确定关键线路和计算总工期

在三维双代号普通网络图中,如果将所有持续时间大于和小于零的工艺衔接型及空间衔接型工作,假定都从其网络图中暂时去掉,这时所剩下的完整线路便都是关键线路,其余线路都是准关键线路。

关键线路的线路时间代表该网络图的计算总工期,即 $T_{\mathrm{n}} = TN_{\mathrm{n}}$,$TN_{\mathrm{n}}$ 为其网络图结束事件时间。

【例】 某工程由Ⅰ、Ⅱ、Ⅲ、Ⅳ四个施工过程组成;它在平面上划分为四个施工段;各个施工过程在各个施工段上的持续时间,如表 34-12 所示。试绘制三维双代号普通网络图,计算各项时间参数 ($D_{i,j}^{\mathrm{P}}$、$D_{i,j}^{\mathrm{S}}$、TN_j、$WS_{i,j}$、$WF_{i,j}$),确定关键线路和计算总工期。

【解】 根据题设条件和要求,所绘制三维双代号普通网络图的两种模式,分别如图 34-31 (a) 和图 34-31 (b) 所示。

施工过程明细表　表 34-12

施工过程 名　称	持续时间 (d)			
	①	②	③	④
Ⅰ	3	4	3	4
Ⅱ	1	2	1	2
Ⅲ	2	3	2	3
Ⅳ	2	1	1	2

1. 确定工作持续时间

(1) 实物消耗型工作

该例实物消耗型工作的持续时间已给定,如表 34-12 所示。

(2) 工艺衔接型工作

模式Ⅰ属于施工段连续型网络图,其工作持续时间计算程序,应按照由前向后和自上而下的计算顺序。这时该图所有空间衔接型工作持续时间,原则上均应等零;施工过程Ⅰ的工艺衔接型工作的持续时间均为零,故将其从网络图中略去。模式Ⅰ的其他工艺衔接型工作的持续时间,根据"闭合线路单元"准则,对于图 34-31 (a) 所示 "A_1" 单元便有:

$$\because D_{2,3}^{\mathrm{T}} + D_{3,8}^{\mathrm{S}} = D_{3,6}^{\mathrm{S}} + D_{6,7}^{\mathrm{T}} + D_{20}^{\mathrm{P}}$$
$$\therefore D_{7,8}^{\mathrm{P}} = D_{2,3}^{\mathrm{T}} + D_{3,8}^{\mathrm{S}} - D_{2,6}^{\mathrm{S}} - D_{6,7}^{\mathrm{T}}$$
$$= 4 + 0 - 0 - 1 = 3$$

同理可得:

$$D_{9,10}^{\mathrm{P}} = 1; D_{11,12}^{\mathrm{P}} = 3$$
$$D_{15,16}^{\mathrm{P}} = 3; D_{17,18}^{\mathrm{P}} = -1; D_{19,20}^{\mathrm{P}} = 3$$
$$D_{23,24}^{\mathrm{P}} = 4; D_{25,26}^{\mathrm{P}} = 0; D_{27,28}^{\mathrm{P}} = 5$$

上述计算结果,已标记在相应工作箭线下方的方括号中,如图 34-31 (a) 所示。

(3) 空间衔接型工作

模式Ⅱ基本属于施工过程连续型网络图,它应按照由后向前和自下而上的计算程序,这时相邻两个施工过程终点之间的空间衔接型工作的持续时间,通常都等于零;工艺衔接

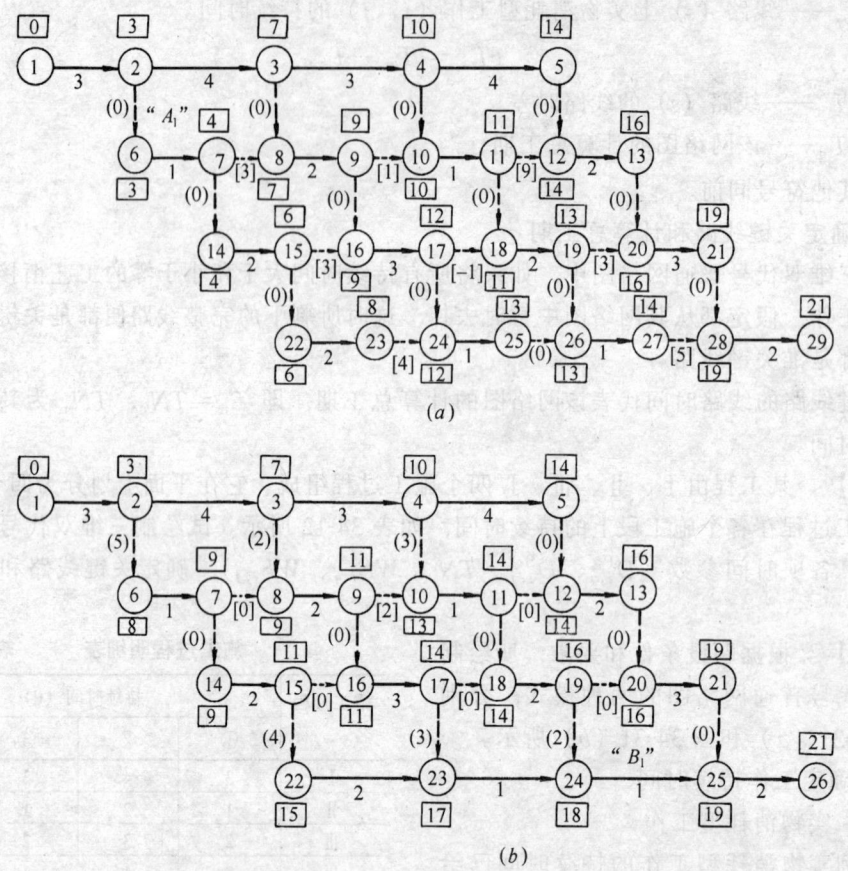

图 34-31 某工程三维双代号普通网络图
(a) 模式Ⅰ；(b) 模式Ⅱ

型工作的持续时间，原则上都应等于零。根据"闭合线路单元"准则，对于图 34-31 (b) 所示"B_1"单元便有：

$$\because D^S_{19,24} + D^T_{24,25} = D^P_{19,20} + D^T_{20,21} + D^S_{21,25}$$

$$\therefore D^S_{19,24} = D^P_{19,20} + D^T_{20,21} + D^S_{21,25} - D^T_{24,25}$$

$$= 0 + 3 + 0 - 1 = 2$$

同理可得：

$$D^S_{17,23} = 3; D^S_{15,22} = 4$$

$$D^S_{11,18} = 0; D^S_{9,16} = 0; D^S_{7,14} = 0$$

$$D^S_{4,10} = 3; D^S_{3,8} = 2; D^S_{2,6} = 5$$

上述计算结果，已标记在相应工作箭线左方圆括号中，如图 34-31 (b) 所示。

2. 计算事件时间参数

事件时间参数从原始事件开始计算，假定 $TN_1 = 0$，按照事件编号递增顺序直到结束事件为止，根据公式 (34-28) 进行计算。

(1) 模式Ⅰ

$TN_1 = 0$

$TN_2 = TN_1 + D_{1,2}^T = 0 + 3 = 3$

$\vdots \quad \vdots \quad \vdots$

$TN_{29} = TN_{28} + D_{28,29}^T = 19 + 2 = 21$

(2) 模式 Ⅱ

$TN_1 = 0$

$TN_2 = TN_1 + D_{1,2}^T = 0 + 3 = 3$

$\vdots \quad \vdots \quad \vdots$

$TN_{26} = TN_{25} + D_{25,26}^T = 19 + 2 = 21$

上述计算结果，已标记在相应事件近处的方框之内，如图 34-31（a）、（b）所示。

3．确定关键线路和计算总工期

根据关键线路确定方法可知：本例只有一条关键线路，并以粗箭线表示；其余线路均为准关键线路，如图 34-31 所示。该网络图的计算总工期为 21d，即 $T_n = TN_{29} = TN_{26} = 21\text{d}$。

34-2-3-3 三维单代号普通网络图

1．网络图组成

三维单代号普通网络图是由工作和线路两个基本要素组成。它是以三维单代号表示法绘制的网络图，如图 34-28 所示。主要模式有：模式 Ⅰ 和模式 Ⅱ 两种，如图 34-30（a）、（b）所示。

(1) 工作

1) 工艺衔接型工作

在三维单代号普通网络图中，用以表达施工过程在相邻两个施工段之间的前后工艺衔接状态的工作，均称为工艺衔接型工作。它只体现工艺衔接特征，并形成相应工艺效应，即工艺间歇时间。它的持续时间以 $D_{i,j}^P$ 表示，其数值可以 $\{>0; =0; <0\}$。

2) 空间衔接型工作

在三维单代号普通网络图中，用以表达相邻两个施工过程在同一施工段上的先后空间衔接状态的工作，均称为空间衔接型工作。它只体现空间衔接特征，并形成相应空间效应，即空间间歇时间。它的持续时间以 $D_{i,j}^S$ 表示，其数值可以 $\{>0; =0; <0\}$。

3) 实物消耗型工作

在三维单代号普通网络图中，用以表达某施工过程在其相应施工段上的时间进展状态的工作，均称为实物消耗型工作。它同时体现工艺安排、空间布置、时间排列和资源消耗特征，并形成相应时间效应，即施工持续时间。它的持续时间以 D_i^T 表示，其数值通常 $\{>0\}$。

上述三种工作的持续时间，均应参加所在网络图时间参数计算过程。

(2) 线路

在三维单代号普通网络图中，线路仍然分为：关键线路和准关键线路两种。

1) 关键线路

在三维单代号普通网络图中，如果某（些）条线路上的工艺衔接型工作和空间衔接型工作的持续时间均为零，则这（些）条线路就是关键线路，它以粗箭线表示。关键线路上的工作均为关键工作；关键线路的线路时间代表该网络图的计算总工期。

2）准关键线路

在三维单代号普通网络图中，除了关键线路之外，其余线路均为准关键线路。在准关键线路上，除了关键工作之外，其余工作均为准关键工作；准关键的实物消耗型工作，可以利用与其相关联的工艺衔接型工作或空间衔接型工作的持续时间，但不许因此而波及任何关键工作。

2．网络图时间参数计算

三维单代号普通网络图的时间参数包括：工作持续时间、工作时间参数和线路时间参数三类。

(1) 工作持续时间

在三维单代号普通网络图中，"闭合线路单元"准则仍然成立。如图 34-30 所示 "A_1" 和 "B_1" 两个闭合线路单元，则分别有：

A_1 单元 $\because D_{1,2}^P + D_2^T + D_{2,5}^S = D_{1,4}^P + D_4^T + D_{4,5}^P$

    $\therefore D_{4,5}^P = D_{1,2}^P + D_2^T + D_{2,5}^S - D_{1,4}^P - D_4^T$

B_1 单元 $\because D_{5,6}^P + D_6^T + D_{6,9}^S = D_{5,8}^S + D_8^T + D_{8,9}^P$

    $\therefore D_{5,8}^S = D_{5,6}^P + D_6^T + D_{6,9}^S - D_8^T - D_{8,9}^P$

在上述等式中，只要知道五个数据，就可以求出第六个数据。利用该原理可分别求出模式 Ⅰ 的 $D_{i,j}^P$ 数值和模式 Ⅱ 的 $D_{i,j}^S$ 数值；具体演示过程，详见【例】题。

1）工艺衔接型工作

在三维单代号普通网络图中，通常模式 Ⅰ 工艺衔接型工作的持续时间为未知数。为此可以根据"闭合线路单元"准则，按照由前向后和自上而下计算顺序，逐个确定出相应工艺衔接型工作的持续时间，即 $D_{i,j}^P$ 数值。

2）空间衔接型工作

在三维单代号普通网络图中，通常模式 Ⅱ 空间衔接型工作的持续时间为未知数。同样可以根据"闭合线路单元"准则，按照由后向前和自下而上计算顺序，逐个确定出相应空间衔接型工作的持续时间，即 $D_{i,j}^S$ 数值。

3）实物消耗型工作

在三维单代号普通网络图中，实物消耗型工作的持续时间，在种类、概念和确定方法上，均与普通网络图的实工作相应持续时间相同，此处从略。

(2) 工作时间参数

在三维单代号普通网络图中，工作时间参数只包括：工作开始时间和工作结束时间两种，它们可由公式 (34-32) 加以确定。它们的计算程序为：从原始结点开始，假定 $WS_1 = 0$；按照结点编号递增顺序进行，直到结束结点为止。

$$\left. \begin{array}{l} WS_j = WF_i + \{D_{i,j}^P \text{ 或 } D_{i,j}^S\} \\ WF_j = WS_j + D_j^T \end{array} \right\} \quad (34\text{-}32)$$

式中 WF_i——前导工作 (i) 结束时间；

    WS_j——后续工作 (j) 开始时间；

WF_j——后续工作 (j) 结束时间；

其他符号同前。

(3) 线路时间参数

在三维单代号普通网络图中，线路时间参数也包括：线路时间和线路时差两种；它们可分别由公式 (34-33) 和公式 (34-34) 计算。

$$T_s = \sum_{(i)S} D_i^T \tag{34-33}$$

$$FL_s = T_n - T_s \tag{34-34}$$

式中 T_s——某线路 (s) 的线路时间；

D_i^T——线路 (s) 所包含的实物消耗型工作 (i) 的持续时间；

FL_s——线路 (s) 的线路时差；

T_n——该网络图的计算总工期。

3. 确定关键线路和计算总工期

在三维单代号普通网络图中，如果将持续时间大于或小于零的工艺衔接型和空间衔接型两种工作，假定都从其所在网络图中暂时去掉，这时所剩下的完整线路便都是关键线路，其余线路则为准关键线路。

关键线路的线路时间代表该网络图的计算总工期，即 $T_n = WF_n$，WF_n 为该网络图结束结点 (n) 的结束时间。

【例】 某工程由Ⅰ、Ⅱ、Ⅲ三个施工过程组成，它在平面上划分为四个施工段；每个施工过程在各个施工段上的持续时间，如表 34-13 所示。试绘制三维单代号普通网络图，计算各项时间参数 ($D_{i,j}^P$、$D_{i,j}^S$、WS_i 和 WF_i)，确定关键线路和计算总工期。

【解】

1. 绘制三维单代号普通网络图

根据题设条件和要求，所绘制的三维单代号网络图，如图 34-32 所示。

施工过程明细表 表 34-13

施工过程名称	持续时间 (d)			
	①	②	③	④
Ⅰ	4	3	5	4
Ⅱ	3	2	4	2
Ⅲ	2	1	2	1

2. 确定工作持续时间

1) 实物消耗型工作

该种工作的持续时间已经给定，如表 34-13 所示。

2) 工艺衔接型工作

在模式Ⅰ中，全部 $D_{i,j}^S = 0$，$D_{1,2}^P = D_{2,3}^P = D_{3,4}^P = 0$；根据"闭合线路单元"准则，对于图 34-32 (a) 所示 A_1 单元便有：

$$\because D_{1,2}^P + D_2^T + D_{2,6}^S = D_{1,5}^S + D_5^T + D_{5,6}^P$$

$$\therefore D_{5,6}^P = D_{1,2}^P + D_2^T + D_{2,6}^S - D_{1,5}^S - D_5^T$$

$$= 0 + 3 + 0 - 0 - 3 = 0$$

同理可得：

$$D_{6,7}^P = 3; D_{7,8}^P = 0$$

$$D_{9,10}^P = 0; D_{10,11}^P = 6; D_{11,12}^P = 0$$

上述计算结果，已标记在相应工作箭线下方的方括号内，如图 34-32 (a) 所示。

3) 空间衔接型工作

在模式Ⅱ中，全部 $D_{i,j}^P = 0$；而且 $D_{4,8}^S = D_{8,12}^S = 0$；根据"闭合线路单元"准则，对于图 34-32（b）所示 B_1 单元便有：

$$\because D_{7,8}^P + D_8^T + D_{8,12}^S = D_{7,11}^S + D_{11}^T + D_{11,12}^P$$

$$\therefore D_{7,11}^S = D_{7,8}^P + D_8^T + D_{8,12}^S - D_{11}^T - D_{11,12}^P$$

$$= 0 + 2 + 0 - 2 - 0 = 0$$

同理可得：

$$D_{6,10}^S = 3; D_{5,9}^S = 3$$

$$D_{3,7}^S = 0; D_{2,6}^S = 3; D_{1,5}^S = 3$$

上述计算结果，已标记在相应工作箭线左方圆括号内，如图 34-32（b）所示。

3. 计算工作时间参数

(1) 模式Ⅰ

假定 $WS_i = 0$，按照公式（34-32）进行计算。

$$WS_1 = 0, WF_1 = WS_1 + D_1^T = 0 + 4 = 4$$

$$WS_2 = WF_1 + D_{1,2}^P = 4 + 0 = 4, WF_2 = WS_2 + D_2^T = 4 + 3 = 7$$

同理可得：

$$WS_3 = 7, WF_3 = 12; WS_4 = 12, WF_4 = 16$$

$$WS_5 = 4, WF_5 = 7; WS_6 = 7, WF_6 = 9$$

$$\vdots \qquad \vdots \qquad \vdots \qquad \vdots$$

$$WS_{11} = 16, WF_{11} = 18; WS_{12} = 18, WF_{12} = 19$$

以上计算结果，已标记在相应工作结点的方框内，如图 34-32（a）所示。

(2) 模式Ⅱ

假定 $WS_1 = 0$，按照公式（34-32）进行计算。

$$WS_1 = 0, WF_1 = WS_1 + D_1^T = 0 + 4 = 4$$

$$WS_2 = WF_1 + D_{1,2}^P = 4 + 0 = 4, WF_2 = WS_2 + D_2^T = 4 + 3 = 7$$

同理可得：

$$WS_3 = 7, WF_3 = 12; WS_4 = 12, WF_4 = 16$$

$$WS_5 = 7, WF_5 = 10; WS_6 = 10, WF_6 = 12$$

$$\vdots \qquad \vdots \qquad \vdots \qquad \vdots$$

$$WS_{11} = 16, WF_{11} = 18; WS_{12} = 18, WF_{12} = 19$$

以上计算结果，已标记在相应工作结点的方框内，如图 34-32（b）所示。

4. 确定关键工作和计算总工期

由关键线路确定方法可知，在该例两个模式中，各有 3 条关键线路，并以粗箭线表示；其余均为准关键线路，如图 34-32 所示。该网络图的计算总工期为 $T_n = WF_{12} = 19d$。

34-2-3-4 三维双代号流水网络图

1. 网络图组成

三维双代号流水网络图也是由事件、工作和线路三个基本要素组成，它也是以三维双

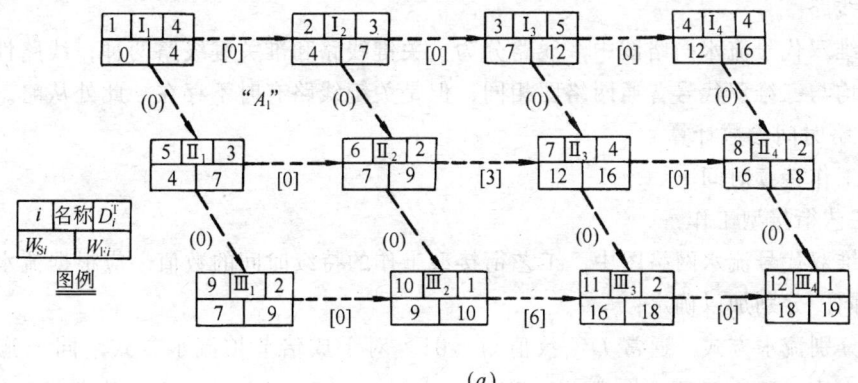

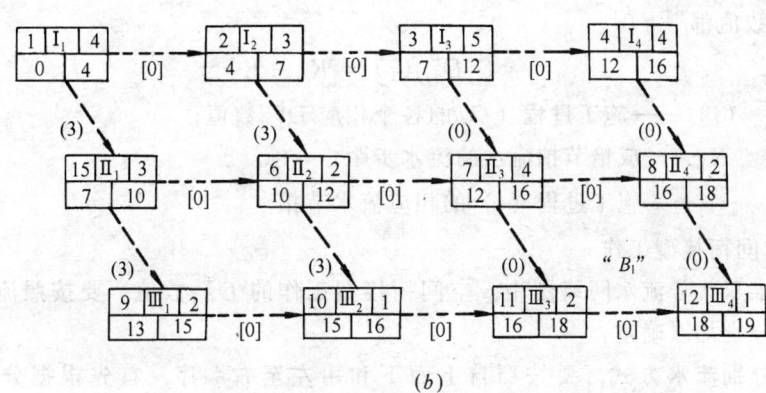

图 34-32 某工程三维单代号普通网络图
(a) 模式Ⅰ; (b) 模式Ⅱ

代号表示法绘制的网络图,如图 34-33、图 34-34 和图 34-35 所示。

(1) 事件

在三维双代号流水网络图中,事件概念、作用、种类和编号方法,均与三维双代号普通网络图相同,此处从略。

(2) 工作

在三维双代号流水网络图中,工作也分为:工艺衔接型工作、空间衔接型工作和实物消耗工作三种;它们分别以点箭线、虚箭线和实箭线表示,此处从略。

1) 工艺衔接型工作

在三维双代号流水网络图中,工艺衔接型工作概念,也与三维双代号普通网络图相同;它仍以 $D_{i,j}^P$ 表示,其数值可为 $\{>0; =0; <0\}$。

2) 空间衔接型工作

在三维双代号流水网络图中,空间衔接型工作概念,也与三维双代号普通网络图相同,它仍以 $D_{i,j}^S$ 表示,其数值可为 $\{>0; =0; <0\}$。

3) 实物消耗型工作

在三维双代号流水网络图中,实物消耗型工作概念,也与三维双代号普通网络图相同;它仍以 $D_{i,j}^T$ 表示,其数值通常 $\{>0\}$。

(3) 线路

在三维双代号流水网络图中,线路分为:关键线路和准关键线路两种;线路性质和确定方法,均与三维双代号普通网络图相同;但是关键线路有时不存在,此处从略。

2. 网络时间参数计算

(1) 工作持续时间

1) 工艺衔接型工作

在三维双代号流水网络图中,工艺衔接型工作的持续时间的数值,应根据流水施工基本方式不同,分别加以确定:

对于分别流水方式,通常 $D_{i,j}^P$ 数值 $\{=0\}$。对于成倍节拍流水方式,同一施工过程的相邻两个施工段之间的 $D_{i,j}^P$ 数值,可按公式(34-35)确定。对于全等节拍流水方式,通常 $D_{i,j}^P$ 数值都 $\{=0\}$。

$$D_{i,j}^P(j) = K_b - t_i^j \tag{34-35}$$

式中 $D_{i,j}^P(j)$——施工过程 (j) 的各个相应 $D_{i,j}^P$ 数值;

K_b——成倍节拍流水的流水步距;

t_i^j——施工过程 (j) 的相应流水节拍。

2) 空间衔接型工作

在三维双代号流水网络图中,空间衔接型工作的 $D_{i,j}^S$ 数值,要按照流水施工基本方式不同,分别加以确定:

对于分别流水方式,要按照自上而下和由左至右顺序,首先根据分析计算法公式(34-7)确定相邻两个施工过程之间的流水步距,再根据公式(34-36)确定出与其相邻的空间衔接型工作的 $D_{i,j}^S$ 数值;然后按照"闭合线路单元"准则,逐个确定出其他 $D_{i,j}^S$ 数值;该数值通常都 $\{\geqslant 0\}$。

$$D_{l,m+1}^S = K_{j,j+1} - D_{1,2}^T \tag{34-36}$$

式中 $D_{l,m+1}^S$——相邻两个施工过程间第一个 $D_{i,j}^S$ 数值;

$K_{j,j+1}$——相邻两个施工过程间的流水步距;

$D_{1,2}^T$——工作(1,2)的持续时间。

对于成倍节拍流水方式,通常 $D_{i,j}^S$ 数值 $\{=0\}$;而对于全等节拍流水方式,其 $D_{i,j}^S$ 数值也都 $\{=0\}$。

当有技术间歇或组织间歇时间时,后两者的 $D_{i,j}^S$ 数值都 $\{>0\}$;当有平行搭接时间时,上述三种流水方式的 $D_{i,j}^S$ 数值还可能 $\{<0\}$。

3) 实物消耗型工作

在三维双代号流水网络图中,实物消耗型工作的持续时间,在类型、概念和计算方法上,均与三维双代号普通网络图相同,此处从略。

(2) 事件时间参数

在三维双代号流水网络图中,事件时间参数种类、概念和计算程序,均与三维双代号普通网络图相同,它们可按公式(34-28)计算,此处从略。

(3) 工作时间参数

在三维双代号流水网络图中,工作时间参数种类、概念和计算程序,均与三维双代号普通网络图相同，它们可由公式（34-29）计算，此处从略。

(3) 线路时间参数

在三维双代号流水网络图中，线路时间参数种类、概念和计算方法，均与三维双代号普通网络图相同，此处从略。

3. 确定关键线路和计算总工期

在三维双代号流水网络图中，确定关键线路和计算总工期的方法，均与三维双代号普通网络图相同，此处从略。

【例】 分别流水

某工程 A 由挖地槽、做垫层、砌基础和回填土四个分项工程组成，它们分别由专业工作队Ⅰ、Ⅱ、Ⅲ、Ⅳ来完成；该工程在平面上划分为四个施工段；各分项工程在各个施工段上的持续时间依次为：4d、1d、5d 和 2d。试编制三维双代号流水网络图，计算各项时间参数（$D_{i,j}^P$、$D_{i,j}^S$、TN_i 和 TN_j），确定关键线路和计算总工期。

【解】

1. 绘制三维双代号流水网络图

根据题设条件和要求，该题只能组织分别流水，其三维双代号流水网络图，如图 34-33 所示。

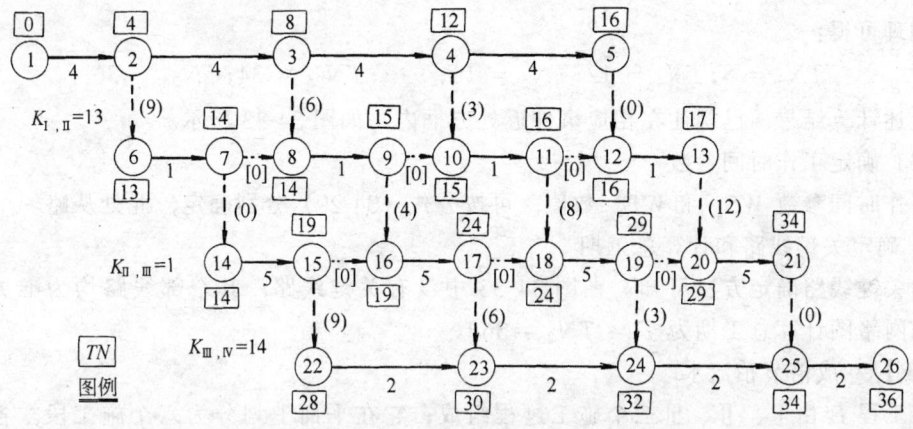

图 34-33 某工程 A 三维双代号流水网络图

2. 计算网络图时间参数

(1) 确定工作持续时间

1) 实物消耗型工作

根据题设给定条件，实物消耗型工作的 $D_{i,j}^T$ 数值已标注在相应工作箭线下方，如图 34-33 所示。

2) 工艺衔接型工作

为了保证每个专业工作队都能够连续作业，该例全部 $D_{i,j}^P$ 数值均应等于零，已标注在相应工作箭线下方的方括号内，如图 34-33 所示。

3) 空间衔接型工作

为确定每个 $D_{i,j}^S$ 数值，首先要计算出相邻两个专业工作队之间的流水步距；根据分析计算法公式（34-7）依次可得：
$$K_{Ⅰ,Ⅱ} = 13d; K_{Ⅱ,Ⅲ} = 1d; K_{Ⅲ,Ⅳ} = 14d$$

在专业工作队Ⅰ和Ⅱ之间，因为 $D_{1,2}^T + D_{2,6}^S = K_{Ⅰ,Ⅱ}$，故 $D_{2,6}^S = K_{Ⅰ,Ⅱ} - D_{1,2}^T = 13 - 4 = 9$；根据"闭合线路单元"准则便有：
$$\because D_{2,3}^T + D_{3,8}^S = D_{2,6}^S + D_{6,7}^T + D_{7,8}^P$$
$$\therefore D_{3,8}^S = D_{2,6}^S + D_{6,7}^T + D_{7,8}^P - D_{2,3}^T = 9 + 1 + 0 - 4 = 6$$

同理可得：$D_{4,10}^S = 3; D_{5,12}^S = 0;$

在专业工作队Ⅱ和Ⅲ之间，因为 $D_{6,7}^T + D_{7,14}^S = K_{Ⅱ,Ⅲ}$，故 $D_{7,14}^S = K_{Ⅱ,Ⅲ} - D_{6,7}^T = 1 - 1 = 0$；根据"闭合线路单元"准则便依次可得：
$$D_{9,16}^S = 4; D_{11,18}^S = 8; D_{13,20}^S = 12$$

在专业工作队Ⅲ和Ⅳ之间，同理可得：
$$D_{15,22}^S = 9; D_{17,23}^S = 6; D_{19,24}^S = 3; D_{21,25}^S = 0$$

以上 $D_{i,j}^S$ 数值，已标注在相应工作箭线右方的圆括号内，如图34-33所示。

(2) 确定事件时间参数

假定 $TN_1 = 0$，根据公式（34-28）便有：
$$TN_2 = TN_1 + D_{1,2}^T = 0 + 4 = 4$$

同理可得：
$$TN_3 = 8; TN_4 = 12; TN_5 = 16; \cdots\cdots; TN_{25} = 34; TN_{26} = 36$$

上述计算结果，已标注在相应事件近处方框内，如图34-33所示。

(3) 确定工作时间参数

工作时间参数 $WS_{i,j}$ 和 $WF_{i,j}$ 数值，可按公式（34-29）分别确定，此处从略。

3. 确定关键线路和计算总工期

由关键线路确定方法可知：在图34-33中没有关键线路，其全部线路均为准关键线路。该网络图计算总工期为 $T_n = TN_{26} = 36d$。

【例】 成倍节拍流水

某工程B由Ⅰ、Ⅱ、Ⅲ三个施工过程组成；它在平面上划分为六个施工段，各个施工过程在各个施工段上的流水节拍依次为：$t_i^Ⅰ = 6d$、$t_i^Ⅱ = 4d$、$t_i^Ⅲ = 2d$。为加快流水施工速度，试编制工期最短的三维双代号流水网络图；计算各项时间参数（$D_{i,j}^P$、$D_{i,j}^S$ 和 TN_j）；确定关键线路和计算总工期。

【解】

1. 绘制三维双代号流水网络图

根据题设条件和要求，该题只能组织成倍节拍流水，其三维双代号流水网络图，如图34-34所示。

2. 计算网络图时间参数

(1) 确定工作持续时间

1) 实物消耗型工作

该类工作持续时间 $D_{i,j}^T$ 数值，已标注在相应工作箭线下方，如图34-34所示。

2) 空间衔接型工作

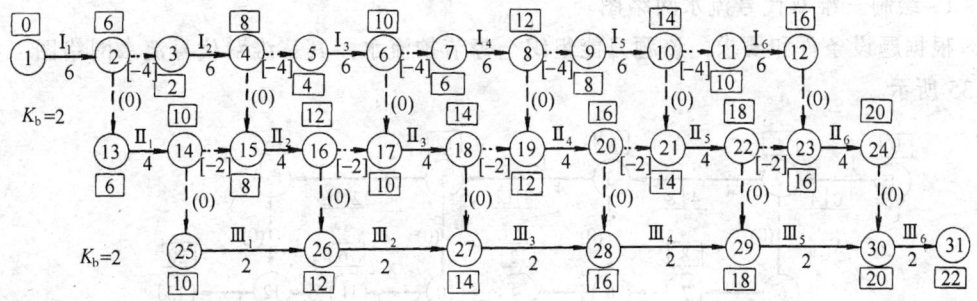

图 34-34 某工程 B 三维双代号流水网络图

通过成倍节拍流水的横道图分析可知：成倍节拍流水属于施工段连续型，故其全部 $D_{i,j}^S = 0$；但是多数施工过程不能依次按施工段连续施工；$D_{i,j}^S$ 数值已标注在相应工作箭线的右方图括号内。如图 34-34 所示。

3）工艺衔接型工作

在成倍节拍流水三维双代号网络图中，同一施工过程的相邻两个施工段之间的 $D_{i,j}^P$ 数值，可按公式（34-35）确定。

$$\because 流水步距\ K_b = 最大公约数\{6;4;2\} = 2d$$
$$\therefore D_{i,j}^P(\text{I}) = K_b - t_i^\text{I} = 2 - 6 = -4d$$
$$D_{i,j}^P(\text{II}) = K_b - t_i^\text{II} = 2 - 4 = -2d$$
$$D_{i,j}^P(\text{III}) = K_b - t_i^\text{III} = 2 - 2 = 0$$

以上 $D_{i,j}^P$ 数值，已标注在相应点箭线下方的方括号内，如图 34-34 所示。

（2）确定事件时间参数

假定 $TN_1 = 0$，根据公式（34-28）便有：

$$TN_2 = TN_1 + D_{1,2}^T = 0 + 6 = 6;\ TN_3 = TN_2 + D_{2,3}^P = 6 - 4 = 2$$

同理可得：

$$TN_4 = 8;\ TN_5 = 4;\ TN_6 = 10;\ \cdots\cdots,\ TN_{31} = 22$$

以上计算结果，已标注在事件近处方框内，如图 34-34 所示。

（3）工作时间参数

工作时间参数（$WS_{i,j}$ 和 $WF_{i,j}$），可按公式（34-29）计算，此处从略。

3．确定关键线路和计算总工期

根据关键线路确定方法可知，该网络图只有一条关键线路，以粗箭线表示；其余均为准关键线路。如图 34-34 所示。该网络图计算总工期为 $T_n = TN_{31} = 22d$。

【例】 全等节拍流水

某工程 C 由 I、II、III 三个施工过程组成；它在平面上划分为四个施工段；各施工过程的流水节拍都等于 4d；施工过程 II 完成后，其相应施工段至少应有技术间歇（$Z_{\text{II},\text{III}}$）2d。试编制三维双代号流水网络图；计算各项时间参数（$D_{i,j}^P$、$D_{i,j}^S$、TN_j、$WS_{i,j}$ 和 $WF_{i,j}$）；确定关键线路和计算总工期。

【解】

1. 绘制三维双代号流水网络图

根据题设条件和要求，该题只能组织全等节拍流水，其三维双代号流水网络图，如图 34-35 所示。

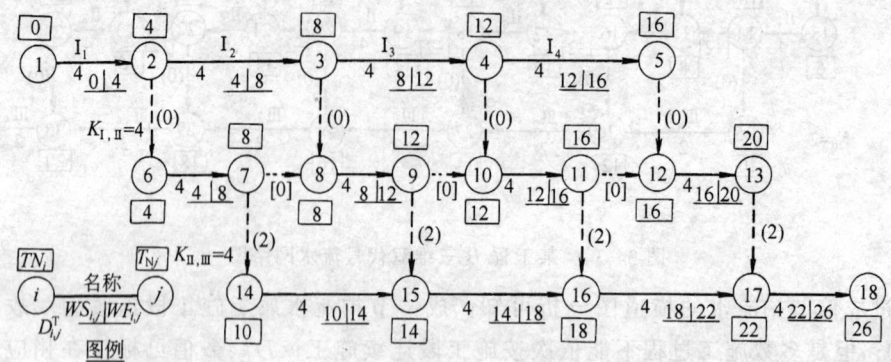

图 34-35 某工程 C 三维双代号流水网络图

2. 计算网络图时间参数

（1）确定工作持续时间

1）实物消耗型工作

根据题设条件，已将该类工作的 $D_{i,j}^T$ 数值标注在相应工作箭线下方，如图 34-35 所示。

2）工艺衔接型工作

为了保证每个专业工作队都能连续作业，故其全部 $D_{i,j}^P = 0$，已标注在相应工作箭线下方的方括内，如图 34-35 所示。

3）空间衔接型工作

在施工过程 Ⅰ 和 Ⅱ 之间，根据公式（34-36）有：

$$\because K_{Ⅰ,Ⅱ} = 4，而 D_{1,2}^T + D_{2,6}^S = K_{Ⅰ,Ⅱ},$$

$$\therefore D_{2,6}^S = K_{Ⅰ,Ⅱ} - D_{1,2}^T = 4 - 4 = 0$$

同理可得：$D_{3,8}^S = 0$；$D_{4,10}^S = 0$；$D_{5,12}^S = 0$

在施工过程 Ⅱ 和 Ⅲ 之间，根据公式（34-36）有：

$$\because K_{Ⅱ,Ⅲ} = 4，而 D_{6,7}^T + D_{7,14}^S = K_{Ⅱ,Ⅲ} + Z_{Ⅱ,Ⅲ}$$

$$\therefore D_{7,14}^S = K_{Ⅱ,Ⅲ} + Z_{Ⅱ,Ⅲ} - D_{6,7}^T = 4 + 2 - 4 = 2$$

同理可得：$D_{4,15}^S = 2$；$D_{11,16}^S = 2$；$D_{13,17}^S = 2$

以上计算结果，已标注在相应工作箭线右方的圆括号内，如图 34-35 所示。

（2）确定事件时间参数

假定 $TN_1 = 0$，根据公式（34-28）便有：

$$TN_2 = TN_1 + D_{1,2}^T = 0 + 4 = 4；TN_3 = TN_2 + D_{2,3}^T = 4 + 4 = 8$$

同理可得：

$$TN_4 = 12；TN_5 = 16；TN_6 = 4；\cdots\cdots；TN_{18} = 26$$

上述计算结果，已标注在相应事件近处的方框内，如图 34-35 所示。

(3) 确定工作时间参数

工作时间参数按公式（34-29）计算：
$$WS_{1,2} = TN_1 = 0, WF_{1,2} = WS_{1,2} + D_{1,2}^T = 0 + 4 = 4$$

同理可得：
$$WS_{2,3} = 4, WF_{2,3} = 8; WS_{3,4} = 8, WF_{3,4} = 12; \cdots\cdots;$$
$$WS_{17,18} = 22, WF_{17,18} = 26$$

上述计算结果，已标注在相应工作箭线下方，如图34-35所示。

3．确定关键线路和计算总工期

根据关键线路确定方法可知，该网络图没有关键线路，其全部线路均为准关键线路；计算总工期为 $T_n = TN_{18} = 26d$，如图34-35所示。

34-2-3-5 三维单代号流水网络图

1．网络图组成

三维单代号流水网络图是由工作和线路两个基本要素构成，并以三维单代号表示法绘制的网络图，如图34-36、图34-37和图34-38所示。

(1) 工作

在三维单代号流水网络图中，工作仍然分：工艺衔接型、空间衔接型和实物消耗型三种工作；它们分别以点箭线、虚箭线和结点表示，如图34-28所示。

1) 工艺衔接型工作

在三维单代号流水网络图中，工艺衔接型工作的概念、特征和效应，均与三维单代号普通网络图相同；它仍以 $D_{i,j}^P$ 表示，其数值可以 $\{>0; =0; <0\}$。

2) 空间衔接型工作

在三维单代号流水网络图中，空间衔接型工作的概念、特征和效应，均与三维单代号普通网络图相同；它仍以 $D_{i,j}^S$ 表示，其数值可以 $\{>0; =0; <0\}$。

3) 实物消耗型工作

在三维单代号流水网络图中，实物消耗型工作的概念、特征和效应，均与三维单代号普通网络图相同；它仍以 D_i^T 表示，其数值通常 $\{>0\}$。

(2) 线路

在三维单代号流水网络图中，线路仍分为：关键线路和准关键线路两种；它们的概念、性质和确定方法，均与三维单代号普通网络图相同；但并不是所有三维流水网络图都存在关键线路。

2．网络图时间参数计算

(1) 工作持续时间

1) 工艺衔接型工作

在三维单代号流水网络图中，工艺衔接型工作的 $D_{i,j}^P$ 数值，要按照流水施工基本方式不同，分别加以确定：

对于分别流水方式，通常 $D_{i,j}^P$ 数值都 $\{=0\}$。对于成倍节拍流水方式，同一施工过程的相邻两个施工段之间的 $D_{i,j}^P$ 数值，可按公式（34-35）确定。对于全等节拍流水方式，通常 $D_{i,j}^P$ 都 $\{=0\}$。

2) 空间衔接型工作

在三维单代号流水网络图中，空间衔接型工作的 $D_{i,j}^S$ 数值，要根据流水施工基本方式不同，分别加以确定：

对于分别流水方式，要按照自上而下和由左至右顺序，首先根据分析计算法公式（34-7）确定出相邻两个施工过程之间的流水步距，再根据公式（34-37）确定出与流水步距相邻的空间衔接工作的 $D_{i,j}^S$ 数值；然后按照"闭合线路单元"准则，逐个确定以其他 $D_{i,j}^S$ 数值，以至全部 $D_{i,j}^S$ 数值；该 $D_{i,j}^S$ 数值都 $\{\geq 0\}$。

$$D_{1,m+1}^S = K_{j,j+1} - D_1^T \tag{34-37}$$

式中　$D_{1,m+1}^S$——相邻两个施工过程间第一个 $D_{i,j}^S$ 数值；

$K_{j,j+1}$——相邻两个施工过程间的流水步距；

D_1^T——工作（1）的持续时间。

对于成倍节拍流水方式，通常 $D_{i,j}^S$ 都 $\{=0\}$；而对于全等节拍流水方式，其 $D_{i,j}^S$ 数值也都 $\{=0\}$。

当有技术间歇或组织间歇时间时，后两种方式的 $D_{i,j}^S$ 数值都 $\{>0\}$；当有平行搭接时间时，上述三种方式的 $D_{i,j}^S$ 数值还可能 $\{<0\}$。

3) 实物消耗型工作

在三维单代号流水网络图中，实物消耗型工作的 D_i^T 数值，在类型、概念和计算方法上，均与三维单代号普通网络图相同，此处从略。

(2) 工作时间参数

在三维单代号流水网络图中，工作时间参数分为：工作开始时间和工作结束时间；它们的概念和计算程序，均与三维单代号普通网络图相同，可由公式（34-32）计算，此处从略。

(3) 线路时间参数

在三维单代号流水网络图中，线路时间参数种类、概念和确定方法，均与三维单代号普通网络图相同；它们可分别由公式（34-33）和公式（34-34）计算，此处从略。

3. 确定关键线路和计算总工期

在三维单代号流水网络图中，关键线路和计算总工期确定方法，均与三维单代号普通网络图相同，此处从略。

【例】　分别流水

某工程 M 由 A、B、C、D 四个分项工程组成；它在平面上划分为四个施工段；各分项工程在各个施工段上的流水节拍，如表 34-14 所示。试编制三维单代号流水网络图；计算各项时间参数（$D_{i,j}^P$、$D_{i,j}^S$、WS_i 和 WF_i）；确定关键线路和计算总工期。

【解】

1. 绘制三维单代号流水网络图

根据题设条件和要求，它只能组织分别流水，其三维单代号流水网络图，如图 34-36 所示。

2. 计算网络图时间参数

流水施工明细表　　表 34-14

分项工程名称	流水节拍 (d)			
	①	②	③	④
A	3	4	3	2
B	2	1	2	3
C	4	3	4	2
D	2	3	3	2

(1) 确定工作持续时间

1) 实物消耗型工作

根据题设条件，该类工作的 D_i^T 数值已标注在相应工作的方框内，如图 34-36 所示。

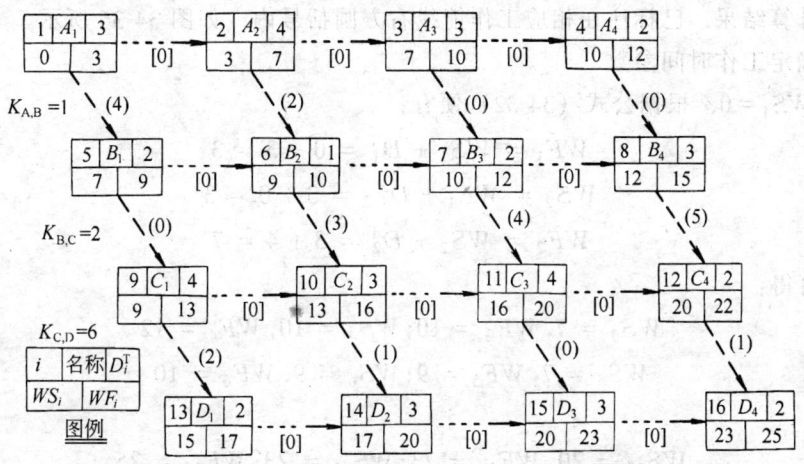

图 34-36 某工程 M 三维单代号流水网络图

2) 工艺衔接型工作

为了保证每个分项工程都能够连续作业，故其全部 $D_{i,j}^P = 0$，其数值已标注在相应工作箭线下方的方括号内，如图 34-36 所示。

3) 空间衔接型工作

为确定每个 $D_{i,j}^S$ 数值，应根据分析计算法公式（34-7），确定相邻两个分项工程之间的流水步距，依次可得：

$$K_{A,B} = 7d; K_{B,C} = 2d; K_{C,D} = 6d$$

在分项工程 A 和 B 之间，因为 $D_1^T + D_{1,5}^S = K_{A,B}$，故 $D_{1,5}^S = K_{A,B} - D_1^T = 7 - 3 = 4$；根据"闭合线路单元"准则便有：

$$\because D_{1,2}^P + D_2^T + D_{2,6}^S = D_{1,5}^S + D_5^T + D_{5,6}^P$$
$$\therefore D_{2,6}^S = D_{1,5}^S + D_5^T + D_{5,6}^P - D_{1,2}^P - D_2^T$$
$$= 4 + 2 + 0 - 0 - 4 = 2$$

同理可得：$D_{3,7}^S = 0$；$D_{4,8}^S = 0$

在分项工程 B 和 C 之间，因为 $D_5^T + D_{5,9}^S = K_{B,C}$，故 $D_{5,9}^S = K_{B,C} - D_5^T = 2 - 2 = 0$；根据"闭合线路单元"准则便有：

$$\because D_{5,6}^P + D_6^T + D_{6,10}^S = D_{5,9}^S + D_9^T + D_{9,10}^P$$
$$\therefore D_{6,10}^S = D_{5,9}^S + D_9^T + D_{9,10}^P - D_{5,6}^P - D_6^T$$
$$= 0 + 4 + 0 - 0 - 1 = 3$$

同理可得：$D_{7,11}^S = 4$；$D_{8,12}^S = 5$

在分项工程 C 和 D 之间，因为 $D_9^T + D_{9,13}^S = K_{C,D}$，故 $D_{9,13}^S = K_{C,D} - D_9^T = 6 - 4 = 2$；根据"闭合线路单元"准则便有：

$$\because D_{9,10}^P + D_{10}^T + D_{10,14}^S = D_{9,13}^S + D_{13}^T + D_{13,14}^P$$

$$\therefore D_{10,14}^S = D_{9,13}^S + D_{13}^T + D_{13,14}^P - D_{9,10}^P - D_{10}^T$$
$$= 2 + 2 + 0 - 0 - 3 = 1$$

同理可得：$D_{11,15}^S = 0$；$D_{12,16}^S = 1$

以上计算结果，已标注在相应工作箭线右方圆括号内，如图 34-36 所示。

(2) 确定工作时间参数

假定 $WS_1 = 0$，根据公式 (34-32) 便有：

$$WF_1 = WS_1 + D_1^T = 0 + 3 = 3$$
$$WS_2 = WF_1 + D_{1,2}^P = 3 + 0 = 3$$
$$WF_2 = WS_2 + D_2^T = 3 + 4 = 7$$

同理可得：

$$WS_3 = 7, WF_3 = 10; WS_4 = 10, WF_4 = 12$$
$$WS_5 = 7, WF_5 = 9; WS_6 = 9, WF_6 = 10$$
$$\vdots \qquad \vdots \qquad \vdots$$
$$WS_{15} = 20. WF_{15} = 23; WS_{16} = 23; WF_{16} = 25$$

以上计算结果，已标注在相应工作结点的方框内，如图 34-36 所示。

3. 确定关键线路和计算总工期

根据关键线路确定方法可知，该网络图没有关键线路，全部线路都是准关键线路。它的计算总工期为 $T_n = WF_{16} = 25\mathrm{d}$。

【例】 成倍节拍流水

某工程 N 由 Ⅰ、Ⅱ、Ⅲ 三个分项工程组成；它在平面上划分为六个施工段；各分项工程在各个施工段上的流水节拍依次为：$t_i^I = 4\mathrm{d}$、$t_i^{II} = 6\mathrm{d}$ 和 $t_i^{III} = 2\mathrm{d}$。为加快流水施工速度，试编制工期最短的三维单代号流水网络图；计算各项时间参数（$D_{i,j}^P$、$D_{i,j}^S$、WS_i 和 WF_i）；确定关键线路和计算总工期。

【解】

1. 绘制三维单代号流水网络图

根据题设条件和要求，该题只能组织成倍节拍流水，其三维单代号流水网络图，如图 34-37 所示。

2. 计算网络图时间参数

(1) 确定工作持续时间

1) 实物消耗型工作

根据题设条件，该类工作的 D_i^T 数值，已标注在相应工作结点的方框内，如图 34-37 所示。

2) 工艺衔接型工作

根据公式 (34-35) 便有：

$$\therefore K_b = 最大公约数\{4;6;2\} = 2\mathrm{d}$$
$$\therefore D_{i,j}^P(\mathrm{I}) = K_b - t_i^I = 2 - 4 = -2\mathrm{d}$$
$$D_{i,j}^P(\mathrm{II}) = K_b - t_i^{II} = 2 - 6 = -4\mathrm{d}$$
$$D_{i,j}^P(\mathrm{III}) = K_b - t_i^{III} = 2 - 2 = 0\mathrm{d}$$

以上 $D_{i,j}^P$ 数值，已标注在相应工作箭线下方的方括号内，如图34-37所示。

3）空间衔接型工作

成倍节拍流水属于施工段连续型，故其全部 $D_{i,j}^S$ 数值均 $\{=0\}$；但是多数分项工程都不能依次按施工段顺序连续施工。$D_{i,j}^S$ 数值已标注在相应工作箭线右方的圆括号内，如图34-37所示。

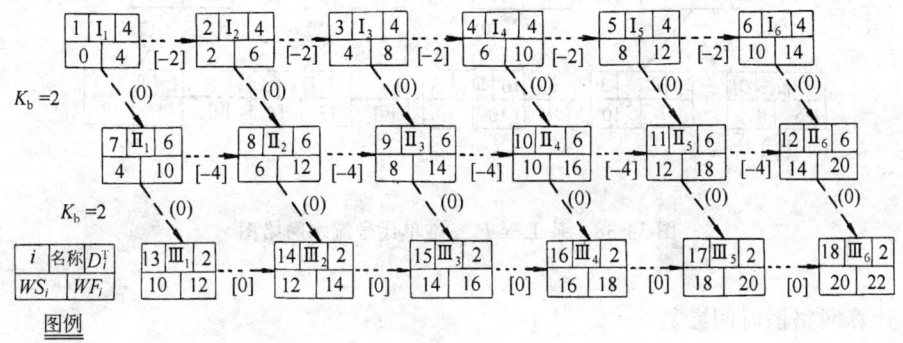

图34-37　某工程 N 三维单代号流水网络图

(2) 确定工作时间参数

假定 $WS_1 = 0$，故 $WF_1 = WS_1 + D_1^T = 0 + 4 = 4$；根据公式（34-32）便有：

$$WS_1 = WF_1 + D_{1,2}^P = 4 - 2 = 2$$
$$WF_2 = WS_2 + D_2^T = 2 + 4 = 6$$

同理可得：

$$WS_3 = 4, WF_3 = 8; WS_4 = 6, WF_4 = 10$$
$$WS_5 = 6, WF_5 = 10; WS_6 = 10, WF_6 = 14$$
$$WS_7 = 4, WF_7 = 10; WS_8 = 6; WF_8 = 12$$
$$\vdots \qquad \vdots \qquad \vdots \qquad \vdots$$
$$WS_{17} = 18, WF_{17} = 20; WS_{18} = 20; WF_{18} = 22$$

以上计算结果，已标注在相应工作结点的方框内，如图34-37所示。

3. 确定关键线路和计算总工期

根据关键线路确定方法可知，该网络图只有一条关键线路，以粗箭线表示；其余线路均为准关键线路。该网络图计算总工期为 $T_n = WF_{18} = 22d$，如图34-37所示。

【例】　全等节拍流水

某工程 P 由 Ⅰ、Ⅱ、Ⅲ 三个施工过程组成；它在平面上划分为四个施工段；各施工过程在各个施工段上的流水节拍均为3天；施工过程 Ⅰ 完成后，其相应施工段至少应有技术间歇时间1d。试编制三维单代号流水网络图；计算各项时间参数（$D_{i,j}^P$、$D_{i,j}^S$、WS_i 和 WF_i）；确定关键线路和计算总工期。

【解】

1. 绘制三维单代号流水网络图

根据题设条件和要求，该题只能组织全等节拍流水，其三维单代号流水网络图，如图

34-38 所示。

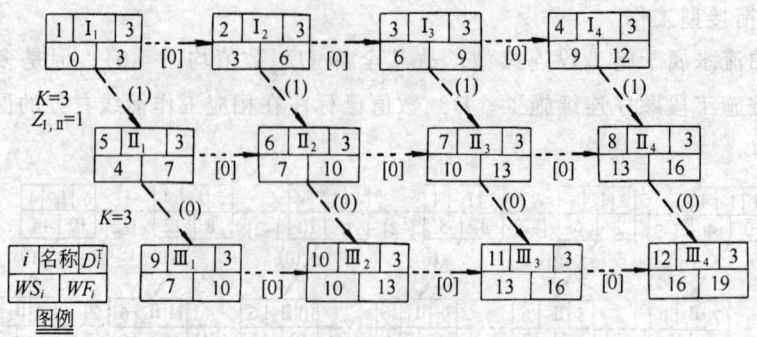

图 34-38 某工程 P 三维单代号流水网络图

2. 计算网络图时间参数

（1）确定工作持续时间

1）实物消耗型工作

根据题设条件，其 D_i^T 数值已标注在相应工作方框内，如图 34-38 所示。

2）工艺衔接型工作

为了保证每个施工过程都能够连续作业，其全部 $D_{i,j}^P$ 数值均应 $\{=0\}$，已标注在相应工作箭线下方的方括号内，如图 34-38 所示。

3）空间衔接型工作

已知全等节拍流水的流水步距 $K=3d$，而由公式（34-37）便得：

在施工过程Ⅰ和Ⅱ之间

$$\because D_{1,5}^S = K + Z_{\text{Ⅰ,Ⅱ}} - D_1^T$$
$$= 3 + 1 - 3 = 1$$

根据"闭合线路单元"准则有：

$$\because D_{1,2}^P + D_2^T + D_{2,6}^S = D_{1,5}^S + D_5^T + D_{5,6}^P$$
$$\therefore D_{2,6}^S = D_{1,5}^S + D_5^T + D_{5,6}^P - D_{1,2}^P - D_2^T$$
$$= 1 + 3 + 0 - 0 - 3 = 1$$

同理可得：$D_{3,7}^S = 1$；$D_{4,8}^S = 1$

在施工过程Ⅱ和Ⅲ之间

$$\because D_{5,9}^S = K - D_5^T = 3 - 3 = 0$$
$$D_{5,6}^P + D_6^T + D_{6,10}^S = D_{5,9}^S + D_9^T + D_{9,10}^P$$
$$\therefore D_{6,10}^S = D_{5,9}^S + D_9^T + D_{9,10}^P - D_{5,6}^P - D_6^T$$
$$= 0 + 3 + 0 - 0 - 3 = 0$$

同理可得：$D_{7,11}^S = 0$；$D_{8,12}^S = 0$

以上计算结果，已标注在相应工作箭线右方的圆括号内，如图 34-38 所示。

（2）确定工作时间参数

假定 $WS_1 = 0$，故 $WF_1 = WS_1 + D_1^T = 0 + 3 = 3$；根据公式（34-32）便有：

$$\therefore WS_2 = WF_1 + D_{1,2}^P = 3 + 0 = 3$$
$$\therefore WF_2 = WS_2 + D_2^T = 3 + 3 = 6$$

同理可得：
$$WS_3 = 6, WF_3 = 9; WS_4 = 9, WF_4 = 12$$
$$WS_5 = 4, WF_5 = 7; WS_6 = 7; WF_6 = 10$$
$$\vdots \qquad \vdots \qquad \vdots \qquad \vdots$$
$$WS_{11} = 13, WF_{11} = 16; WS_{12} = 16; WF_{12} = 19$$

以上计算结果，已标注在相应工作结点的方框内，如图 34-38 所示。

3．确定关键线路和计算总工期

由关键线路确定方法可知，该网络图不存在关键线路，其全部线路都是准关键线路；其计算总工期为 $T_n = WF_{12} = 19d$。

34-2-3-6 三维流水施工排序优化

1．基本概念

（1）基本排序

任何两个施工项目的排列顺序，均称为基本排序。如 A 和 B 两个施工项目的基本排序有 $A \rightarrow B$ 和 $B \rightarrow A$ 两种；前者 $A \rightarrow B$ 称为正基本排序，后者 $B \rightarrow A$ 称为逆基本排序。

（2）工艺衔接时间

任何两个施工项目 (i) 与 $(i+1)$ 在施工过程 (j) 上的工艺衔接型工作的持续时间，以下简称为"工艺衔接时间"，并以 $D_{i,i+1}^{P(j)}$ 表示。

（3）基本排序工艺衔接时间

任何两个施工项目 (i) 与 $(i+1)$，由于排列顺序不同而造成的全部施工过程工艺衔接时间的总和，均称为基本排序工艺衔接时间，并以 $D_{i,i+1}^P$ 表示。如：$A \rightarrow B$ 基本排序工艺衔接时间记为 $D_{A,B}^P$；$B \rightarrow A$ 基本排序工艺衔接时间记为 $D_{B,A}^P$。

（4）基本排序流水步距

任何两个施工项目 (i) 与 $(i+1)$，先后投入到第 (j) 个施工过程开始施工的时间间隔，均称为基本排序流水步距，并以 $K_{i,i+1}$ 表示。如：$A \rightarrow B$ 基本排序流水步距记为 $K_{A,B}$；$B \rightarrow A$ 基本排序流水步距记为 $K_{B,A}$。

（5）施工项目排序模式

在进行三维流水施工排序优化时，通常将若干个施工项目排列顺序的全部可能模式，称为施工项目排序模式。如 A、B、C、D 四个施工项目就有：$A \rightarrow B \rightarrow C \rightarrow D$；$A \rightarrow B \rightarrow D \rightarrow C$；……；$B \rightarrow D \rightarrow A \rightarrow C$ 等 24 种施工项目排序模式。

2．基本原理

矩阵法是从流水施工基本原理出发，通过对工程排序优化问题深入研究之后，发现并证实：影响计算总工期长短的关键是基本排序工艺衔接时间 $(D_{i,i+1}^P)$ 的数值大小。为此该法首先根据公式 (34-38)，计算出基本排序流水步距 $(K_{i,i+1})$；同时根据公式 (34-39)，计算出基本排序工艺衔接时间 $(D_{i,i+1}^P)$；并建立起基本排序工艺衔接时间矩阵表；按照最优施工项目排序模式确定规则，由矩阵表上寻求最优排序方案。

$$K_{i,i+1} = \max\{k_{i,i+1}^{(j)}\} = \max\left\{\sum_{j=1}^{i} \Delta D_{i,i+1}^{T(j)} + D_{i,i+1}^{T(j)}\right\} \qquad (34-38)$$

$$D_{i,i+1}^{P} = \sum_{j=1}^{n} D_{i,i+1}^{P(j)} = \sum_{j=1}^{n} \{K_{i,i+1}^{(j)} - k_{i,i+1}^{(j)}\} \tag{34-39}$$

式中 $K_{i,i+1}$ ——施工项目 (i) 与 $(i+1)$ 基本排序流水步距；$1 \leqslant i \leqslant m$，$m$ 为施工项目总数；

$\max\{\}$ ——取最大值；

$k_{i,i+1}^{(j)}$ ——施工项目 (i) 与 $(i+1)$ 在施工过程 (j) 上"假定段步距"；$1 \leqslant i \leqslant m$；

$\sum\limits_{j=1}^{j}$ ——从施工过程 (1) 至施工过程 (j) 依次累加，逢段求和；

$\Delta D_{i,i+1}^{T(j)}$ ——施工项目 (i) 与 $(i+1)$ 在施工过程 (j) 上的实物消耗型工作持续时间之差，即 $\Delta D_{i,i+1}^{T(j)} = D_{i}^{T(j)} - D_{i+1}^{T(j)}$；

$D_{i}^{T(j)}$ ——施工项目 (i) 在施工过程 (j) 上的实物消耗型工作的持续时间，即流水节拍；

$D_{i+1}^{T(j)}$ ——施工项目 $(i+1)$ 在施工过程 (j) 上的实物消耗型工作的持续时间，即流水节拍；

$D_{i,i+1}^{P(j)}$ ——施工项目 (i) 与 $(i+1)$ 在施工过程 (j) 上的工艺衔接时间；

$D_{i,i+1}^{P}$ ——施工项目 (i) 与 $(i+1)$ 在所有施工过程 (j) 上的工艺衔接时间之和；$1 \leqslant j \leqslant n$，$n$ 为施工过程总数；

$\sum\limits_{j=1}^{n}$ ——从施工过程 (1) 至施工过程 (n) 累加之和。

3. 基本步骤

(1) 根据公式 (34-38) 和公式 (34-39) 分别计算出全部施工项目各种可能基本排序的 $K_{i,i+1}$ 和 $D_{i,i+1}^{P}$ 数值。

(2) 列出基本排序工艺衔接时间矩阵表。

(3) 确定最优施工排序模式：

1) 从矩阵表中找出 $D_{i,i+1}^{P}$ 数值最小基本排序；

2) 从选出的基本排序中，找出两个施工总持续时间相对最短的施工项目；先将两者中第一个流水节拍数值相对最小的施工项目排在最前面，而将另一个施工项目排在最后面；

3) 在满足矩阵表排序要求下，尽可能将施工总持续时间相对最长的施工项目排在中间；

4) 根据施工项目之间的矩阵关系，找出其余施工项目的最佳排列位置；

5) 在选出的几个施工排序方案中，根据公式 (34-40) 确定出施工排序工艺衔接总时间数值最小者，作为最优施工排序方案。

$$D^{P} = \sum_{i=1}^{m} D_{i,i+1}^{P} \tag{34-40}$$

式中 D^{P} ——全部施工项目排序的工艺衔接时间总和；

其他符号同前。

(4) 做出优化前后两种方案对比。

【例】 三维流水施工排序优化

某群体工程由 A、B、C、D 四个施工项目组成；它们都要依次经过 Ⅰ→Ⅱ→Ⅲ→Ⅳ 四个施工过程；每个施工项目在各个施工过程上的流水节拍，如表 34-15 所示。如果上述五个施工项目之间的排列顺序是可变的，那么如何安排它们的排列顺序，才能使计算总工期最短？

施工持续时间表　　表 34-15

施工项目名称	流水节拍（周）				T_i（周）
	Ⅰ	Ⅱ	Ⅲ	Ⅳ	
A	5	4	4	2	15
B	2	3	4	5	14
C	3	4	6	4	17
D	4	6	4	4	18

【解】 该题属于单向工程排序优化问题，以下按三维流水施工排序优化步骤解题。

1. 计算基本排序流水步距和工序衔接时间

(1) $A \to B$ 和 $B \to A$

$A \to B$

$$
\begin{array}{rrrrl}
5, & 4, & 4, & 2 & \cdots\cdots D_A^{T(j)} \\
-)\ 2, & 3, & 4, & 5 & \cdots\cdots D_B^{T(j)} \\
\hline
3, & 1, & 0, & -3 & \cdots\cdots \Delta D_{A,B}^{T(j)} \\
\\
3, & 4, & 4, & 1 & \cdots\cdots \sum_{j=1}^{i}\Delta D_{A,B}^{T(j)} \\
+)\ 2, & 3, & 4, & 5 & \cdots\cdots D_B^{T(j)} \\
\hline
5, & 7, & 8, & 6 & \cdots\cdots k_{A,B}^{(j)}
\end{array}
$$

$\therefore K_{A,B} = \max\{k_{A,B}^{(j)}\} = \max\{5, 7, 8, 6\} = 8$ 周

$$
\begin{array}{rrrrl}
8, & 8, & 8, & 8 & \cdots\cdots K_{A,B}^{(j)} \\
-)\ 5, & 7, & 8, & 6 & \cdots\cdots k_{A,B}^{(j)} \\
\hline
3, & 1, & 0, & 2 & \cdots\cdots D_{A,B}^{P(j)}
\end{array}
$$

$\therefore D_{A,B}^{P} = \sum_{j=1}^{Ⅳ} D_{A,B}^{P(j)} = 3+1+0+2 = 6$ 周

$B \to A$

$$
\begin{array}{rrrrl}
2, & 3, & 4, & 5 & \cdots\cdots D_B^{T(j)} \\
-)\ 5, & 4, & 4, & 2 & \cdots\cdots D_A^{T(j)} \\
\hline
-3, & -1, & 0, & 3 & \cdots\cdots \Delta D_{B,A}^{T(j)} \\
\\
-3, & -4, & -4, & -1 & \cdots\cdots \sum_{j=1}^{i}\Delta D_{B,A}^{T(j)} \\
+)\ 5, & 4, & 4, & 2 & \cdots\cdots D_A^{T(j)} \\
\hline
2, & 0, & 0, & 1 & \cdots\cdots \Delta D_{B,A}^{T(j)}
\end{array}
$$

$\therefore K_{B,A} = \max\{2, 0, 0, 1\} = 2$ 周

$$
\begin{array}{rrrrl}
2, & 2, & 2, & 2 & \cdots\cdots K_{B,A}^{(j)} \\
-)\ 2, & 0, & 0, & 1 & \cdots\cdots k_{B,A}^{(j)} \\
\hline
0, & 2, & 2, & 1 & \cdots\cdots D_{B,A}^{P(j)}
\end{array}
$$

$\therefore D_{B,A}^{P} = 0+2+2+1 = 5$ 周

同理可得：

(2) $A \to C$ 和 $C \to A$

$K_{A,C}=6$, $D^P_{A,C}=5$; $K_{C,A}=4$, $D^P_{C,A}=3$

(3) $A \to D$ 和 $D \to A$

$K_{A,D}=5$, $D^P_{A,D}=6$; $K_{D,A}=5$, $D^P_{D,A}=1$

(4) $B \to C$ 和 $C \to B$

$K_{B,C}=2$, $D^P_{B,C}=1$; $K_{C,B}=8$, $D^P_{C,B}=8$

(5) $B \to D$ 和 $D \to B$

$K_{B,D}=2$, $D^P_{B,D}=6$; $K_{D,B}=9$, $D^P_{D,B}=6$

(6) $C \to D$ 和 $D \to C$

$K_{C,D}=3$, $D^P_{C,D}=0$; $K_{D,C}=7$, $D^P_{D,C}=5$

2. 列出基本排序矩阵表（表34-16）

3. 确定最优施工排序模式

由表34-16看出，基本排序工艺衔接时间数值相对最小的基本排序有：$B \to C$、$C \to D$ 和 $D \to A$ 三个；由表34-15看出，施工项目 B 和 A 施工总持续时间（T_i）相对最短，根据各自流水节拍特点，显然施工项目 B 应排在最前面、A 应排在最后面；这也正符合上述三种基本排序，此时 $D^P = 1+0+1 = 2$，获最小值。故有以下最优施工排序方案：$B \to C \to D \to A$

基本排序矩阵表　　表34-16

j \ i	A	B	C	D
A	□	6	5	6
B	5	□	1	6
C	3	8	□	0
D	1	6	5	□

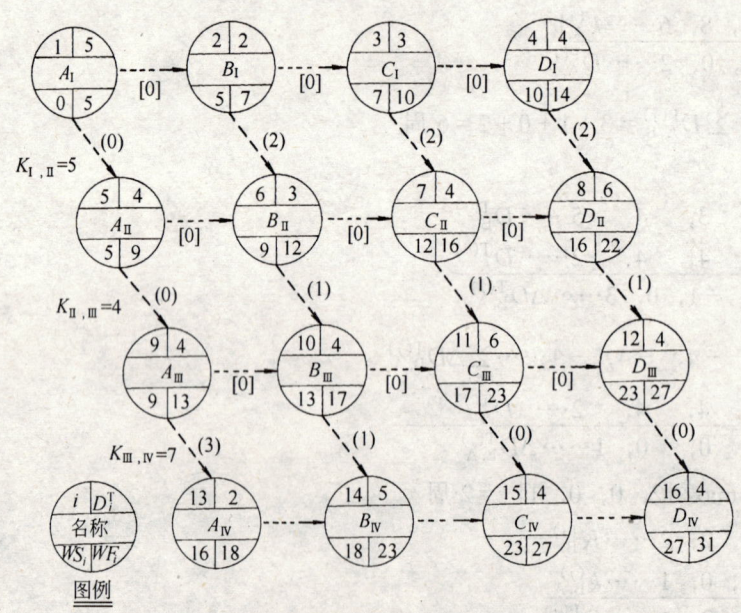

图34-39　施工排序优化前三维单代号流水网络图

4. 优化前后方案对比

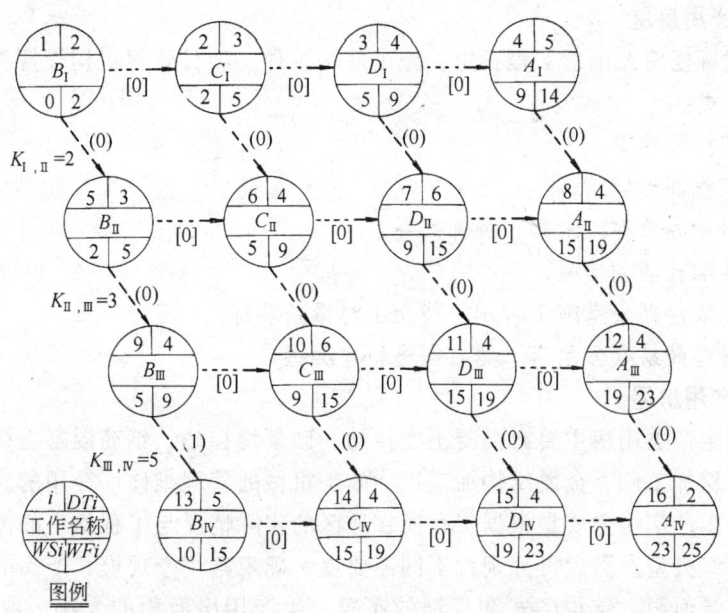

图 34-40 施工排序优化后三维单代号流水网络图

优化前施工排序模式为：$A \rightarrow B \rightarrow C \rightarrow D$；其三维单代号流水网络图，如图 34-39 所示；计算总工期为 $T_n = 31$ 周。

优化后施工排序模式为：$B \rightarrow C \rightarrow D \rightarrow A$；其三维单代号流水网络图，如图 34-40 所示；计算总工期为 $T_n = 25$ 周，比优化前缩短 6 周。

34-3 施 工 设 施

34-3-1 施工用房屋

34-3-1-1 一般要求

1. 结合施工现场具体情况，统筹安排，合理布置。
（1）布点要适应生产需要，方便职工上下班。
（2）不许占据正式工程位置，避开取土、弃土场地。
（3）尽量靠近已有交通，或即将修建的正式或临时交通线路。
2. 贯彻执行国务院有关在基本建设中节约用地的指示，布置要紧凑，充分利用山地、荒地、空地或劣地，尽量少占或不占农田并保护农田，在可能条件下结合施工采取造田、改造土壤的措施。
3. 尽量利用施工现场或附近已有的建筑物，包括拟拆除可暂时利用的建筑物。在新开辟地区，应尽可能提前修建能够利用的永久性工程。
4. 必须修建的临时建筑，应以经济适用为原则，合理地选择形式。
5. 符合安全防火要求。

34-3-1-2 办公用房屋

视工程项目规模大小、工程长短、施工现场条件、项目管理机构设置类型,办公用房可采取下列方式:

1. 利用拟拆除建筑;
2. 租用工程邻近建筑;
3. 新建暂用办公室,结构、装饰简易;
4. 采用装配式活动房屋;
5. 先建永久性办公室施工时用,待交工时重新装饰;
6. 初期搭建简易办公用房,然后搬进新建房屋。

34-3-1-3 生产用房屋

施工现场生产类用房主要有混凝土搅拌站、砂浆搅拌站、钢筋混凝土构件预制厂、钢筋加工厂、木材加工厂、金属结构加工厂、施工机械的管理维修厂等用房。

施工现场生产用房主要是根据工程所在地区的实际情况与工程施工的需要,首先确定需要设置的生产类型,然后再分别就不同需要逐一确定其生产规模、产品的品种、生产工艺、厂房的建筑面积、结构型式和厂址的布置,生产用房面积的大小,取决于设备的尺寸、工艺过程、建筑设计及保安与防火等的要求。

现场加工厂用房面积参考指标,见表34-17;现场作业棚所需面积参考指标,见表34-18;现场机运、机修和机械停放所需面积参考指标,见表34-19。

现场加工厂所需面积参考指标　　　　表34-17

序号	加工厂名称	年产量		单位产量所需建筑面积	占地总面积(m^2)	备注
		单位	数量			
1	混凝土搅拌站	m^3	3200	$0.022(m^2/m^3)$	按砂石堆场考虑	400L搅拌机2台
		m^3	4800	$0.021(m^2/m^3)$		400L搅拌机3台
		m^3	6400	$0.020(m^2/m^3)$		400L搅拌机4台
2	临时性混凝土预制厂	m^3	1000	$0.25(m^2/m^3)$	2000	生产屋面板和中小型梁柱板等,配有蒸养设施
		m^3	2000	$0.20(m^2/m^3)$	3000	
		m^3	3000	$0.15(m^2/m^3)$	4000	
		m^3	5000	$0.125(m^2/m^3)$	小于6000	
3	半永久性混凝土预制厂	m^3	3000	$0.6(m^2/m^3)$	9000~12000	
		m^3	5000	$0.4(m^2/m^3)$	12000~15000	
		m^3	10000	$0.3(m^2/m^3)$	15000~20000	
	木材加工厂	m^3	15000	$0.0244(m^2/m^3)$	1800~3600	进行原木、方木加工
		m^3	24000	$0.0199(m^2/m^3)$	2200~4800	
		m^3	30000	$0.0181(m^2/m^3)$	3000~5500	
4	综合木工加工厂	m^3	200	$0.30(m^2/m^3)$	100	加工门窗、模板、地板、屋架等
		m^3	500	$0.25(m^2/m^3)$	200	
		m^3	1000	$0.20(m^2/m^3)$	300	
		m^3	2000	$0.15(m^2/m^3)$	420	
	粗木加工厂	m^3	5000	$0.12(m^2/m^3)$	1350	加工屋架、模板
		m^3	10000	$0.10(m^2/m^3)$	2500	
		m^3	15000	$0.09(m^2/m^3)$	3750	
		m^3	20000	$0.08(m^2/m^3)$	4800	

续表

序号	加工厂名称	年产量 单位	年产量 数量	单位产量所需建筑面积	占地总面积 (m²)	备注
4	细木加工厂	万 m²	5	0.0140(m²/m²)	7000	加工门窗、地板
		万 m²	10	0.0114(m²/m²)	10000	
		万 m²	15	0.0106(m²/m²)	14300	
5	钢筋加工厂	t	200	0.35(m²/t)	280~560	加工、成型、焊接
		t	500	0.25(m²/t)	380~750	
		t	1000	0.20(m²/t)	400~800	
		t	2000	0.15(m²/t)	450~900	
5	现场钢筋调直或冷拉 拉直场 卷扬机棚 冷拉场 时效场			所需场地(长×宽) 70~80×3~4(m) 15~20(m²) 40~60×3~4(m) 30~40×6~8(m)		包括材料及成品堆放 3~5t 电动卷扬机一台 包括材料及成品堆放 包括材料及成品堆放
	钢筋对焊 对焊场地 对焊棚			所需场地(长×宽) 30~40×4~5(m) 15~24(m²)		包括材料及成品堆放 寒冷地区应适当增加
	钢筋冷加工 冷拔、冷轧机 剪断机 弯曲机 φ12 以下 弯曲机 φ40 以下			所需场地(m²/台) 40~50 30~50 50~60 60~70		
6	金属结构加工(包括一般铁件)			所需场地(m²/t) 年产 500t 为 10 年产 1000t 为 8 年产 2000t 为 6 年产 3000t 为 5		按一批加工数量计算
7	石灰消化 贮灰池 淋灰池 淋灰槽			5×3=15(m²) 4×3=12(m²) 3×2=6(m²)		每两个贮灰池配一套淋灰池和淋灰槽,每 600kg 石灰可消化 1m³ 石灰膏
8	沥青锅场地			20~24(m²)		台班产量 1~1.5t/台

注:资料来源为:中国建筑科学研究院调查报告、原华东工业建筑设计院资料及其他调查资料。

现场作业棚所需面积参考指标　　表 34-18

序号	名称	单位	面积(m²)	备注
1	木工作业棚	m²/人	2	占地为建筑面积的 2~3 倍
2	电锯房	m²	80	34~36in 圆锯 1 台
	电锯房	m²	40	小圆锯 1 台
3	钢筋作业棚	m²/人	3	占地为建筑面积的 3~4 倍
4	搅拌棚	m²/台	10~18	
5	卷扬机棚	m²/台	6~12	
6	烘炉房	m²	30~40	
7	焊工房	m²	20~40	
8	电工房	m²	15	
9	白铁工房	m²	20	
10	油漆工房	m²	20	
11	机、钳工修理房	m²	20	

续表

序号	名称	单位	面积(m²)	备注
12	立式锅炉房	m²/台	5~10	
13	发电机房	m²/kW	0.2~0.3	
14	水泵房	m²/台	3~8	
15	空压机房(移动式)	m²/台	18~30	
	空压机房(固定式)	m²/台	9~15	

注：资料来源为：铁道部编临时工程手册、原华东工业建筑设计院资料及其他调查资料。

现场机运站、机修间、停放场所需面积参考指标　　　　　　　　表34-19

序号	施工机械名称	所需场地 (m²/台)	存放方式	检修间所需建筑面积 内容	数量(m²)
	一、起重、土方机械类：				
1	塔式起重机	200~300	露天		
2	履带式起重机	100~125	露天		
3	履带式正铲或反铲，拖式铲运机，轮胎式起重机	75~100	露天	10~20台设1个检修台位(每增加20台增设1个检修台位)	200 (增150)
4	推土机，拖拉机，压路机	25~35	露天		
5	汽车式起重机	20~30	露天或室内		
	二、运输机械类：				
6	汽车(室内)	20~30	一般情况下室内不小于10%	每20台设1个检修台位(每增加1个检修台位)	170 (增160)
	(室外)	40~60			
7	平板拖车	100~150			
	三、其他机械类：				
8	搅拌机，卷扬机，电焊机，电动机，水泵，空压机，油泵，少先吊等	4~6	一般情况下室内占30% 露天占70%	每50台设1个检修台位 (每增加1个检修台位)	50 (增50)

注：1. 露天或室内视气候条件而定，寒冷地区应适当增加室内存放。
　　2. 所需场地包括道路、通道和回转场地。

34-3-1-4 仓储用房屋

1. 仓库的类型

（1）转运仓库是设置在货物转载地点（如火车站、码头和专用线卸货场）的仓库。

（2）中心仓库（或称总仓库）是专供贮存整个建筑工地（或区域型建筑企业）所需材料、贵重材料以及需要整理配套的材料的仓库。中心仓库通常设在现场附近或区域中心。

（3）现场仓库为某一在建工程服务的仓库，一般均就近设置。

（4）加工厂仓库专供本加工厂贮存原材料和加工半成品、构件的仓库。

各类仓库按其贮存材料的性质和贵重程度可采用露天堆场、半封闭式（棚）和封闭式

（库房）3 种存放方式。大宗建筑材料一般应直接运往使用地点堆放，以减少施工现场的二次搬运。

2. 仓库材料储备量

确定仓库内的材料储备量，要做到一方面能保证施工的正常需要，另一方面又不宜贮存过多，以免加大仓库面积，积压资金。通常的储备量应根据现场条件、供应条件和运输条件来确定。如场地狭小的可少些；生产受季节性影响的材料，必须考虑中断因素，水运材料则须考虑枯水期及严寒影响航运问题，储备量可大些；加工生产周期较长的材料，亦应考虑大些等。另外还须考虑供料制度中有的材料要求一次储备的情况。

(1) 建筑群（全现场）的材料储备，一般按年、季组织储备，按下式计算：

$$q_1 = K_1 Q_1 \tag{34-41}$$

式中　q_1——总储备量；

　　　K_1——储备系数。一般情况下对型钢、木材、砂石和用量小、不经常使用的材料取 0.3~0.4，对水泥、砖、瓦、块石、石灰、管材、暖气片、玻璃、油漆、卷材、沥青取 0.2~0.3，特殊条件下宜根据具体情况确定；

　　　Q_1——该项材料最高年、季需用量。

总储备量（q_1）包括能为本工程使用已经落实的材料，如已进入转运仓库和中心仓库的材料，以及有了货源又订了货的地方材料（砖、石、砂、灰）。

(2) 单位工程的材料储备量应保证工程连续施工的需要，同时应与全现场的材料储备综合考虑，做到减少仓库面积，节省资金。其储备量按下式计算：

$$q_2 = \frac{n \cdot Q_2}{T} \tag{34-42}$$

式中　q_2——单位工程材料储备量；

　　　n——储备天数，见表 34-20；

　　　Q_2——计划期间内需用的材料数量；

　　　T——需用该项材料的施工天数，并大于 n。

3. 仓库面积的计算

(1) 按材料储备期计算

$$F = \frac{q}{P} \tag{34-43}$$

式中　F——仓库面积（m^2），包括通道面积；

　　　P——每平方米仓库面积上存放材料数量，见表 34-20；

　　　q——材料储备量。用于建筑群时为 q_1，用于单位工程时为 q_2。

(2) 按系数计算，适用于规划估算

$$F = \varphi \cdot m \tag{34-44}$$

式中　F——所需仓库面积（m^2）；

　　　φ——系数，见表 34-21；

　　　m——计算基数，见表 34-21。

仓库面积计算所需数据参考指标　　表34-20

序号	材料名称	单位	储备天数 (n)	每 m^2 储存量 (P)	堆置高度 (m)	仓库类型
1	钢材	t	40～50	1.5	1.0	
	工槽钢	t	40～50	0.8～0.9	0.5	露天
	角钢	t	40～50	1.2～1.8	1.2	露天
	钢筋（直筋）	t	40～50	1.8～2.4	1.2	露天
	钢筋（盘筋）	t	40～50	0.8～1.2	1.0	棚或库约占20%
	钢板	t	40～50	2.4～2.7	1.2	露天
	钢管 ϕ200 以上	t	40～50	0.5～0.6	1.2	露天
	钢管 ϕ200 以下	t	40～50	0.7～1.0	2.0	露天
	钢轨	t	20～30	2.3	1.0	露天
	铁皮	t	40～50	2.4	1.0	库或棚
2	生铁	t	40～50	5	1.4	露天
3	铸铁管	t	20～30	0.6～0.8	1.2	露天
4	暖气片	t	40～50	0.5	1.5	露天或棚
5	水暖零件	t	20～30	0.7	1.4	库或棚
6	五金	t	20～30	1.0	2.2	库
7	钢丝绳	t	20～30	0.7	1.0	库
8	电线电缆	t	40～50	0.3	2.0	库或棚
9	木材	m^3	40～50	0.8	2.0	露天
	原木	m^3	40～50	0.8	2.0	露天
	成材	m^3	30～40	0.7	3.0	露天
	枕木	m^3	20～30	1.0	2.0	露天
	灰板条	千根	20～30	5	3.0	棚
10	水泥	t	30～40	1.4	1.5	库
11	生石灰（块）	t	20～30	1～1.5	1.5	棚
	生石灰（袋装）	t	10～20	1～1.3	1.5	棚
	石膏	t	10～20	1.2～1.7	2.0	棚
12	砂、石子（人工堆置）	m^3	10～30	1.2	1.5	露天
	砂、石子（机械堆置）	m^3	10～30	2.4	3.0	露天
13	块石	m^3	10～20	1.0	1.2	露天
14	红砖	千块	10～30	0.5	1.5	露天
15	耐火砖	t	20～30	2.5	1.8	棚
16	粘土瓦、水泥瓦	千块	10～30	0.25	1.5	露天
17	石棉瓦	张	10～30	25	1.0	露天
18	水泥管、陶土管	t	20～30	0.5	1.5	露天
19	玻璃	箱	20～30	6～10	0.8	棚或库
20	卷材	卷	20～30	15～24	2.0	库
21	沥青	t	20～30	0.8	1.2	露天
22	液体燃料润滑油	t	20～30	0.3	0.9	库
23	电石	t	20～30	0.3	1.2	库
24	炸药	t	10～30	0.7	1.0	库

续表

序号	材料名称	单位	储备天数(n)	每 m² 储存量(P)	堆置高度(m)	仓库类型
25	雷管	t	10～30	0.7	1.0	库
26	煤	t	10～30	1.4	1.5	露天
27	炉渣	m³	10～30	1.2	1.5	露天
28	钢筋混凝土构件	m³				
	板	m³	3～7	0.14～0.24	2.0	露天
	梁、柱	m	3～7	0.12～0.18	1.2	露天
29	钢筋骨架	t	3～7	0.12～0.18	—	露天
30	金属结构	t	3～7	0.16～0.24	—	露天
31	钢件	t	10～20	0.9～1.5	1.5	露天或棚
32	钢门窗	t	10～20	0.65	2	棚
33	木门窗	m²	3～7	30	2	棚
34	木屋架	m³		0.3	—	露天
35	模板	m³		0.7	—	露天
36	大型砌块	m³	3～7	0.9	1.5	露天
37	轻质混凝土制品	m³	3～7	1.1	2	露天
38	水、电及卫生设备	t	20～30	0.35	1	棚、库各约占1/4
39	工艺设备	t	30～40	0.6～0.8	—	露天约占1/2
40	多种劳保用品	件		250	2	库

注：1. 当采用散装水泥时设水泥罐，其容积按水泥周转量计算，不再设集中水泥库；

2. 块石、砖、水泥管等以在建筑物附近堆放为原则，一般不设集中堆场。

按系数计算仓库面积参考资料　　　　　　表 34-21

序号	名称	计算基数(m)	单位	系数(φ)	备注
1	仓库（综合）	按年平均全员人数（工地）	m²/人	0.7～0.8	陕西省一局统计手册
2	水泥库	按当年水泥用量的40%～50%	m²/t	0.7	黑龙江、安徽省用
3	其他仓库	按当年工作量	m²/万元	1～1.5	
4	五金杂品库	按年建安工作量计算时	m²/万元	0.1～0.2	
5	五金杂品库	按年平均在建建筑面积计算时	m²/百 m²	0.5～1	原华东院施工组织设计手册
	土建工具库	按高峰年（季）平均全员人数	m²/人	0.1～0.2	建研院、一机部一院资料
6	水暖器材库	按年平均在建建筑面积	m²/百 m²	0.2～0.4	建研院、一机部一院资料
7	电器材库	按年平均在建建筑面积	m²/百 m²	0.3～0.5	建研院、一机部一院资料
8	化工油漆危险品仓库	按年建安工作量	m²/万元	0.05～0.1	
9	三大工具堆场（脚手、跳板、模板）	按年平均在建建筑面积	m²/百 m²	1～2	
		按年建安工作量	m²/万元	0.3～0.5	

34-3-1-5　生活用房屋

1. 计算内容

在工程建设期间，必须为施工人员修建一定数量供生活用的建筑房屋。

生活用房屋包括：职工宿舍、招待所、浴室、理发室、食堂等。

生活用房的种类，大小视工程所在位置、工期长短、规模大小等确定。

生活用房的组织，一般有以下内容：

(1) 计算施工期间使用生活用房的人数；
(2) 确定生活用房项目及其建筑面积；
(3) 选择生活用房的结构形式；
(4) 布置生活用房位置。

2．确定使用人数

(1) 生产人员。生产人员中有：直接生产人员和其他生产人员。
(2) 非生产人员。

3．所需面积

参见表 34-22。

生活用房屋设施参考指标　　　　表 34-22

临时房屋名称	指标使用方法	参考指标 (m^2/人)	备 注
一、办公室	按干部人数	3～4	1. 本表根据全国收集到的有代表性的企业、地区的资料综合
二、宿 舍	按高峰年（季）平均职工人数	2.5～3.5	2. 工区以上设置的会议室已包括在办公室指标内
单层通铺	(扣除不在工地住宿人数)	2.5～3	
双层床		2.0～2.5	3. 家属宿舍应以施工期长短和离基情况而定，一般按高峰年职工平均人数的10%～30%考虑
单层床		3.5～4	
三、食 堂	按高峰年平均职工人数	0.5～0.8	
四、食堂兼礼堂	按高峰年平均职工人数	0.6～0.9	4. 食堂包括厨房、库房，应考虑在工地就餐人数和几次进餐
五、其他合计	按高峰年平均职工人数	0.5～0.6	
医务室	按高峰年平均职工人数	0.05～0.07	
浴 室	按高峰年平均职工人数	0.07～0.1	
理 发	按高峰年平均职工人数	0.01～0.03	
浴室兼理发	按高峰年平均职工人数	0.08～0.1	
其他公用	按高峰年平均职工人数	0.05～0.10	
七、现场小型设施			
开水房		10～40	
厕 所	按高峰年平均职工人数	0.02～0.07	
工人休息室	按高峰年平均职工人数	0.15	

34-3-2 施 工 运 输 设 施

34-3-2-1 施工运输组织

施工运输可分为场外运输和场内运输两种。场外运输亦分两种：一是将货物由外地利用公路、水路或铁路运到工地；另一种是在本地区范围内的运输。

施工运输组织主要包括：货运量的确定；运输方式的选择；运输工具需要量的计算；运输线路的规划等。

1．确定货运量

货运总量应按工程实际需要测算。

施工工地所需运输的主要货物有建筑材料、半成品、构件和建筑企业的机械设备，还有工艺设备、燃料、废料以及职工生活福利用的物资。每日货运量计算如式（34-45）。

$$q_i = \frac{\Sigma Q_i \cdot L_i}{T} \cdot K \tag{34-45}$$

式中　q_i——日货运量（t·km/日）；

　　　Q_i——整个单位工程的各类材料用量（t）；

　　　L_i——各类材料由发货地点到用货地点的距离（km）；

　　　T——货物所需的运输天数（日）；

　　　K——运输工作不均衡系数，铁路运输采用 1.5；汽车运输采用 1.2；水路运输采用 1.3。

2．运输方式的选择及运输工具需要量的计算

在施工中，运输方式主要有水路运输、铁路运输、公路汽车运输等。

水路运输是最经济的一种运输方式，在可能条件下，应尽量用水路运输。采用水路运输时应注意与工地内部运输配合，码头上是否有转运仓库和卸货设备，同时还需考虑到洪水、枯水和每年正常通航期。

宽轨铁路运输的优点是运输量大，运距长、不受气候条件的限制，但投资大，筑路技术要求严格，当拟建工程需要铺设永久性专用线时或工地必须从国家铁路线上运来大量物料时适用。

窄轨铁路投资少，技术要求低，运输量少，运费高，多用于两固定点之间的运输，运距 400m 左右为宜。

汽车运输机动性大，行驶速度快，可直达使用地点，但运输量小，运输成本高。

（1）汽车台班产量计算公式

$$q = \frac{T_1}{t + \frac{2L}{v}} \cdot P \cdot K_1 \cdot K_2 \tag{34-46}$$

式中　q——汽车台班产量（t/台班）；

　　　T_1——台班工作时间（h）；

　　　t——货物装卸时间（h）；

　　　L——运输距离（km）；

　　　v——汽车的计算运行速度（km/h）

　　　P——汽车载重量（t）（表 34-23）；

　　　K_1——时间利用系数，一般采用 0.9；

　　　K_2——汽车吨位利用系数。

（2）汽车台数计算公式

$$m = \frac{Q \cdot K_3}{q \cdot T \cdot n \cdot K_4} \tag{34-47}$$

式中　m——汽车台数；

　　　Q——全年（或全季）度最大运输量（t）；

K_3——货物运输不均衡系数,场外运输一般采用1.2,场内运输1.1;
q——汽车台班产量(t/台班);
T——全年(或全季)的工作天数(d);
n——日工作班数(班);
K_4——汽车供应系数,一般采用0.9。

各种货物装载量参考表 表34-23

货物名称	单位重		计算单位	载重汽车			翻斗汽车				
	单位	数量		汽车吨位(t)							
				3.0	4.0	7.5	3.5	5.0	6.5	8.0	10.0
砂	kg/m³	1650	m³	1.8	2.4	4.5	2.1	3.6	3.9	4.4	5.9
河流石	kg/m³	1650	m³	1.8	2.4	4.5	2.1	3.6	3.9	4.4	5.9
红砖	kg/块	2.6	块	1150	1500	2800	1300	1900	2500	3050	3800
泥土	kg/m³	1650	m³	1.8	2.4	4.5	2.1	3.6	3.9	4.4	5.9
水泥	kg/袋	50	袋	60	80	150	70	100	130	160	200
块状生石灰	kg/m³	1000	m³	3.0	4.0	5.9		3.6	4.6	4.4	5.9
粉煤	kg/m³	1350	m³	2.2	2.9	5.5	2.5	3.6	4.6	4.4	5.9
块煤	kg/m³	1650	m³	1.8	2.4	4.5	2.1	3.6	3.9	4.4	5.9
煤渣	kg/m³	800	m³	3.7	4.7	5.9	2.5	3.6	4.6	4.4	5.9
耐火砖	kg/m块	3.7	块	800	1050	2000	900	1300	1750	2150	2700

注:水泥密度为1000~1600kg/m³,常采用1300kg/m³左右。

34-3-2-2 施工运输道路组织

可为施工服务的场外铁路专用线、场外公路或码头等永久性工程应先期建成投入使用,以解决场外运输问题,一般不再设场外临时施工铁路,公路。

1. 铁路运输组织

当材料主要由铁路运输时,场内铁路运输线路的布置可根据建筑总平面中永久性铁路专用线布置主要运输干线,再按施工需要布置铁路支线。

施工铁路直线段的中心线与建筑物的距离在无路堤路堑时应满足下列要求:

(1) 距办公室及加工厂等房屋的凸出部分,在面向铁路侧有出入口时应不小于6m,无出入口时不小于3m;

(2) 距卸货站台、仓库、设备材料堆置场的距离可尽量接近铁路建筑限界;

(3) 卸货站台边缘距铁路中心线的最小尺寸在高于轨面1.1~4.8m部分为1.85m;

(4) 距公路最近边缘距离不小于3.75m;

(5) 与地下平行管线边缘之间的距离不小于3.5m。

厂内的货物装卸线一般应设在平直道上,在困难条件下也可设在不大于2.50‰的坡道上及半径不小于500m的曲线上。条件特殊困难时非主要卸货线可设在半径不小于200m的曲线上。

场内道路与铁路尽量减少交叉。必须交叉时应采用正交。

2. 公路运输组织

当材料主要用汽车运输时,应首先布置仓库和加工厂的位置,并将场内道路与场外公路接通。场内施工公路的位置宜尽量与正式工程永久性道路布置一致。主要施工区及货运量密集区场应放置环形道路。各加工区、堆场与施工区之间应有直通道路连接，消防车应能直达主要施工场所及易燃物堆场。

3．水路运输组织

现场采用水路运输时，应了解江、河、湖、海的季节性水位变化情况与通航期限，采取相应的水路运输措施。

34-3-2-3 对施工道路要求

1．简易公路技术要求（表34-24）

简易公路技术要求表　　　　　表34-24

指标名称	单位	技术标准
设计车速	km/h	≤20
路基宽度	m	双车道6～6.5；单车道4.4～5；困难地段3.5
路面宽度	m	双车道5～5.5；单车道3～3.5
平面曲线最小半径	m	平原、丘陵地区20；山区15；回头弯道12
最大纵坡	%	平原地区6；丘陵地区8；山区9
纵坡最短长度	m	平原地区100；山区50
桥面宽度	m	木桥4～4.5
桥涵载重等级	t	木桥涵7.8～10.4（汽-6～汽-8）

2．各类车辆要求路面最小允许曲线半径（表34-25）

各类车辆要求路面最小允许曲线半径　　　表34-25

车辆类型	路面内侧最小曲线半径（m）		
	无拖车	有1辆拖车	有2辆拖车
小客车、三轮汽车	6	—	—
一般二轴载重汽车：单车道	9	12	15
双车道	7	—	—
三轴载重汽车、重型载重汽车、公共汽车	12	15	18
超重型载重汽车	15	18	21

3．施工道路路面种类和厚度（表34-26）

施工道路路面种类和厚度　　　　　表34-26

路面种类	特点及其使用条件	路基土	路面厚度(cm)	材料配合比
级配砾石路面	雨天照常通车，可通行较多车辆，但材料级配要求严格	砂质土	10～15	体积比： 粘土:砂:石子=1:0.7:3.5 重量比： 1．面层：粘土13%～15%，砂石料85%～87% 2．底层：粘土10%，砂石混合料90%
		粘质土或黄土	14～18	
碎（砾）石路面	雨天照常通车，碎（砾）石本身含土较多，不加砂	砂质土	10～18	碎（砾）石>65%，当地土壤含量≤35%
		砂质土或黄土	15～20	
碎砖路面	可维持雨天通车，通行车辆较少	砂质土	13～15	垫层：砂或炉渣4～5cm 底层：7～10cm碎砖 面层：2～5cm碎砖
		粘质土或黄土	15～18	

路面种类	特点及其使用条件	路基土	路面厚度（cm）	材料配合比
炉渣或矿渣路面	可维持雨天通车，通行车辆较少，当附近有此项材料可利用时	一般土	10～15	炉渣或矿渣75%，当地土25%
		较松软时	15～30	
砂土路面	雨天停车，通行车辆较少，附近不产石料而只有砂时	砂质土	15～20	粗砂50%，细砂、粉砂和粘质土50%
		粘质土	15～30	
风化石屑路面	雨天不通车，通行车辆较少，附近有石屑可利用	一般土壤	10～15	石屑90%，粘土10%
石灰土路面	雨天停车，通行车辆少，附近产石灰时	一般土壤	10～13	石灰10%，当地土壤90%

34-3-3 施工供水设施

34-3-3-1 确定供水数量

1. 现场施工用水量可按下式计算：

$$q_1 = K_1 \Sigma \frac{Q_1 \cdot N_1}{T_1 \cdot t} \cdot \frac{K_2}{8 \times 3600}, \tag{34-48}$$

式中　q_1——施工用水量（L/s）；

　　　K_1——未预计的施工用水系数（1.05～1.15）；

　　　Q_1——年（季）度工程量（以实物计量单位表示）；

　　　N_1——施工用水定额（表34-27）；

　　　T_1——年（季）度有效作业日（d）；

　　　t——每天工作班数（班）；

　　　K_2——用水不均衡系数（表34-28）。

施工用水参考定额　　　　表34-27

序号	用水对象	单位	耗水量（N_1）	备注
1	浇注混凝土全部用水	L/m³	1700～2400	
2	搅拌普通混凝土	L/m³	250	
3	搅拌轻质混凝土	L/m³	300～350	
4	搅拌泡沫混凝土	L/m³	300～400	
5	搅拌热混凝土	L/m³	300～350	
6	混凝土养护（自然养护）	L/m³	200～400	
7	混凝土养护（蒸汽养护）	L/m³	500～700	
8	冲洗模板	L/m²	5	
9	搅拌机清洗	L/台班	600	
10	人工冲洗石子	L/m³	1000	当含泥量大于2%小于3%时
11	机械冲洗石子	L/m³	600	
12	洗砂	L/m³	1000	

续表

序号	用水对象	单位	耗水量(N_1)	备注
13	砌砖工程全部用水	L/m³	150～250	
14	砌石工程全部用水	L/m³	50～80	
15	抹灰工程全部用水	L/m²	30	
16	耐火砖砌体工程	L/m³	100～150	包括砂浆搅拌
17	浇砖	L/千块	200～250	
18	浇硅酸盐砌块	L/m³	300～350	
19	抹面	L/m²	4～6	不包括调制用水
20	楼地面	L/m²	190	主要是找平层
21	搅拌砂浆	L/m³	300	
22	石灰消化	L/t	3000	
23	上水管道工程	L/m	98	
24	下水管道工程	L/m	1130	
25	工业管道工程	L/m	35	

2. 施工机械用水量可按下式计算：

$$q_2 = K_1 \Sigma Q_2 N_2 \frac{K_3}{8 \times 3600} \tag{34-49}$$

式中 q_2——机械用水量（L/s）；

K_1——未预计施工用水系数（1.05～1.15）；

Q_2——同一种机械台数（台）；

N_2——施工机械台班用水定额，参考表34-29中的数据换算求得；

K_3——施工机械用水不均衡系数（表34-28）。

3. 施工现场生活用水量可按下式计算：

$$q_3 = \frac{P_1 \cdot N_3 \cdot K_4}{t \times 8 \times 3600} \tag{34-50}$$

式中 q_3——施工现场生活用水量（L/s）；

P_1——施工现场高峰昼夜人数（人）；

N_3——施工现场生活用水定额（一般为20～60L/人·班，主要需视当地气候而定）；

K_4——施工现场用水不均衡系数（表34-28）；

t——每天工作班数（班）。

施工用水不均衡系数　　表34-28

编号	用水名称	系数
K_2	现场施工用水	1.5
	附属生产企业用水	1.25
K_3	施工机械、运输机械	2.00
	动力设备	1.05～1.10
K_4	施工现场生活用水	1.30～1.50
K_5	生活区生活用水	2.00～2.50

机械用水量参考定额　　表34-29

序号	用水机械名称	单位	耗水量（L）	备注
1	内燃挖土机	m³·台班	200～300	以斗容量m³计
2	内燃起重机	t·台班	15～18	以起重量吨数计
3	蒸汽起重机	t·台班	300～400	以起重机吨数计
4	蒸汽打桩机	t·台班	1000～1200	以锤重吨数计

续表

序号	用水机械名称	单位	耗水量（L）	备注
5	内燃压路机	t·台班	15～18	以压路机吨数计
6	蒸汽压路机	t·台班	100～150	以压路机吨数计
7	拖拉机	台·昼夜	200～300	
8	汽车	台·昼夜	400～700	
9	标准轨蒸汽机车	台·昼夜	10000～20000	
10	空压机	(m³/min)·台班	40～80	以空压机单位容量计
11	内燃机动力装置（直流水）	马力·台班	120～300	
12	内燃机动力装置（循环水）	马力·台班	25～40	
13	锅炉	t·h	1050	以小时蒸发量计
14	点焊机 25 型	台·h	100	
	50 型	台·h	150～200	
	75 型	台·h	250～300	
15	对焊机	台·h	300	
16	冷拔机	台·h	300	
17	凿岩机 01-30型 / 01-38	台·min	3～8	
	YQ-100 型	台·min	8～12	
18	木工场	台班	20～25	
19	锻工房	炉·台班	40～50	以烘炉数计

4. 生活区生活用水量可按下式计算：

$$q_4 = \frac{P_2 \cdot N_4 \cdot K_5}{24 \times 3600} \tag{34-51}$$

式中 q_4——生活区生活用水（L/s）；

P_2——生活区居民人数（人）；

N_4——生活区昼夜全部生活用水定额，每一居民每昼夜为 100～120L，随地区和有无室内卫生设备而变化；各分项用水参考定额见表 34-30；

K_5——生活区用水不均衡系数见表 34-28。

5. 消防用水量（q_5），见表 34-31。

6. 总用水量（Q）计算：

(1) 当 $(q_1+q_2+q_3+q_4) \leq q_5$ 时，则 $Q = q_5 + \frac{1}{2}(q_1+q_2+q_3+q_4)$

(2) 当 $(q_1+q_2+q_3+q_4) > q_5$ 时，则 $Q = q_1+q_2+q_3+q_4$

(3) 当工地面积小于 5ha 而且 $(q_1+q_2+q_3+q_4) < q_5$ 时，则 $Q = q_5$，最后计算出的总用量，还应增加 10%，以补偿不可避免的水管漏水损失。

分项生活用水量参考定额　表 34-30

序号	用水对象	单位	耗水量
1	生活用水（盥洗、饮用）	L/人·日	20~40
2	食堂	L/人·次	10~20
3	浴室（淋浴）	L/人·次	40~60
4	淋浴带大池	L/人·次	50~60
5	洗衣房	L/kg 干衣	40~60
6	理发室	L/人·次	10~25
7	学校	L/学生·日	10~30
8	幼儿园托儿所	L/儿童·日	75~100
9	病院	L/病床·日	100~150

消防用水量　表 34-31

序号	用水名称	火灾同时发生次数	单位	用水量
1	居民区消防用水			
	5000 人以内	一次	L/s	10
	10000 人以内	二次	L/s	10~15
	25000 人以内	二次	L/s	15~20
2	施工现场消防用水			
	施工现场在 25ha 内	一次	L/s	10~15
	每增加 25ha	一次	L/s	5

34-3-3-2　选择水源

1. 水源选择

建筑工地供水水源，最好利用附近居民区或企业职工居住区的现有供水管道，只有在建筑工地附近没有现成的给水管道，或现有管道无法利用时，才宜另选天然水源。

（1）天然水源的种类有：地面水，如江水、湖水、水库蓄水等；地下水，如泉水、井水等。

（2）选择水源必须考虑下列因素：

1）水量充沛可靠；

2）生活饮用水、生产用水的水质要求，应符合表 34-32、表 34-33、表 34-34 的规定；

生活饮用水水质标准　表 34-32

	项目	标准
感观性状和一般化学指标	色	色度不超过 15 度，并不得呈现其他异色
	浑污度	不超过 3 度，特殊情况不超过 5 度
	臭和味	不得有异臭、异味
	肉眼可见物	不得含有
	pH	6.5~8.5
	总硬度（以碳酸钙计）	450（mg/L）
	铁	0.3（mg/L）
	锰	0.1（mg/L）
	铜	1.01（mg/L）
	锌	1.0（mg/L）
	挥发酚类（以苯酚计）	0.002（mg/L）
	阴离子合成洗涤剂	0.3（mg/L）
	硫酸盐	250（mg/L）
	氯化物	250（mg/L）
	溶解性总固体	1000（mg/L）
毒理学指标	氟化物	1.0（mg/L）
	氰化物	0.05（mg/L）
	砷	0.05（mg/L）
	硒	0.01（mg/L）
	汞	0.001（mg/L）
	镉	0.01（mg/L）

续表

项　　目		标　　准
毒理学指标	铬（六价）	0.05（mg/L）
	铅	0.05（mg/L）
	银	0.05（mg/L）
	硝酸盐（以氮计）	20（mg/L）
	氯　仿*	60（μg/L）
	四氧化碳*	3（μg/L）
	苯并（a）芘*	0.01（μg/L）
	滴滴涕*	1（μg/L）
	六六六*	5（μg/L）
细菌学指标	细菌总数	100（个/mL）
	总大肠菌群	3（个/L）
	游离余氧	在与水接触30min后应不低于0.3mg/L。集中式给水除出厂水应符合上述要求外，管网末梢水不应低于0.05mg/L
放射性指标	总α放射性	0.1（Bq/L）
	总β放射性	1（Bq/L）

注：1. 摘自《生活饮用水标准》GB 5749。
　　2. 表中带"*"者为允许根据地方水域背景特征适当调整的项目。

拌制混凝土的用水标准　　表34-33

序号	项　　目	标　　准
1	硫酸盐含量（按SO_4计）	不超过1%
2	pH值	大于4

注：1. 不允许使用污水、含油脂或糖类等杂质的水。
　　2. 在钢筋混凝土和预应力混凝土结构中，不得用海水拌制混凝土。
　　3. 一般能饮用的自来水或清洁的天然水，均能满足上述标准。

空气压缩机冷却水的一般要求　　表34-34

序号	项　　目	标　　准
1	pH值	6.5～9.5
2	混浊度	<100mg/L
3	暂时硬度	<12度（德国度）
4	含油量	<5mg/L
5	有机物含量	<25mg/L

注：当进水温度较低时，硬度可适当提高。

3）与农业、水利综合利用；

4）取水、输水、净水设施要安全经济；

5）施工、运转、管理、维护方便。

34-3-3-3　确定供水系统

给水系统可由取水设施、净水设施、贮水构筑物（水塔及蓄水池）、输水管和配水管综合而成。

1. 地面水源取水设施

一般由取水口、进水管及水泵组成。取水口距河底（或井底）不得小于0.25～0.9m，在冰层下部边缘的距离也不得小于0.25m。给水工程所用的水泵有离心泵和活塞泵两种，所用的水泵要有足够的抽水能力和扬程。

水泵应具有的扬程按下列公式计算：

（1）将水送至水塔时的扬程为：

$$H_{泵} = (Z_{塔} - Z_{泵}) + H_{塔} + a + \Sigma h' + h_{吸} \tag{34-52}$$

式中 $H_{泵}$——水泵所需的扬程（m）；

　　$Z_{塔}$——水塔处的地面标高（m）；

　　$Z_{泵}$——水泵轴中线的标高（m）；

　　a——水塔的水箱高度（m）；

　　$\Sigma h'$——从泵站到水塔间的水头损失（m）；

　　$h_{吸}$——水泵的吸水高度（m）；

　　$H_{塔}$——水塔高度（m）。

(2) 将水直接送到用户时其扬程为：

$$H_{泵} = (Z_{户} - Z_{泵}) + H_{户} + \Sigma h + h_{吸} \tag{34-53}$$

式中 $Z_{户}$——供水对象（即用户）最不利处的标高；

　　$H_{户}$——供水对象最不利处必须的自由水头，一般为 8~10m；

　　Σh——供水网路中的水头损失（m）。

2. 贮水构筑物

有水池、水塔和水箱。在临时给水中，只有在水泵非昼夜工作时才设置水塔。水箱的容量，以每小时消防用水量决定，但也不得小于 10~20m³。

水塔高度与供水范围、供水对象的位置及水塔本身的位置有关，可用下式确定：

$$H_{塔} = (Z_{户} - Z_{塔}) + H_{户} + \Sigma h' \tag{34-54}$$

3. 配水管网的布置

配水管网布置的原则是在保证不间断供水的情况下，管道铺设越短越好，同时还应考虑在施工期间各段管网具有移动的可能性。一般可分环形管网、树枝状管网和混合式管网。

临时水管铺设，可用明管或暗管。在严寒地区，暗管应埋设在冰冻线以下，明管应加保温。通过道路部分，应考虑地面上重型机械荷载对埋设管的影响。

4. 管径的选择

(1) 计算法

$$d = \sqrt{\frac{4Q}{\pi \cdot v \cdot 1000}} \tag{34-55}$$

式中 d——配水管直径（m）；

　　Q——耗水量（L/s）；

　　v——管网中水流速度（m/s）。

临时水管经济流速参见表 34-35。

临时水管经济流速参考表　　表 34-35

管　径	流　速　(m/s)	
	正　常　时　间	消　防　时　间
1. $D < 0.1$m	0.5~1.2	—
2. $D = 0.1$~0.3m	1.0~1.6	2.5~3.0
3. $D > 0.3$m	1.5~2.5	2.5~3.0

(2) 查表法

为了减少计算工作,只要确定管段流量 q 和流速范围,可直接查表 34-36、表 34-37,选择管径 d。

【例】 按图 34-41 选择厂区内给水铸铁管局部管段的计算流量 q 和管径 d。

(1) 求从水源至工地及加工厂主干管的流量 (q_1) 和管径 (d_1)。

$$q_1 = \frac{40 + 30 + 20}{3600} = 0.025 \text{m}^3/\text{s} = 25 \text{L/s}$$

给水铸铁管计算表　　　　表 34-36

流量 (L/s)	管径 (mm)									
	75		100		150		200		250	
	i	v	i	v	i	v	i	v	i	v
2	7.98	0.46	1.94	0.26						
4	28.4	0.93	6.69	0.52						
6	61.5	1.39	14	0.78	1.87	0.34				
8	109	1.86	23.9	1.04	3.14	0.46	0.765	0.26		
10	171	2.33	36.5	1.30	4.69	0.57	1.13	0.32		
12	246	2.76	52.6	1.56	6.55	0.69	1.58	0.39	0.529	0.25
14			71.6	1.82	8.71	0.80	2.08	0.45	0.695	0.29
16			93.5	2.08	11.1	0.92	2.64	0.51	0.886	0.33
18			118	2.34	13.9	1.03	3.28	0.58	1.09	0.37
20			146	2.60	16.9	1.15	3.97	0.64	1.32	0.41
22			177	2.86	20.2	1.26	4.73	0.71	1.57	0.45
24					24.1	1.38	5.56	0.77	1.83	0.49
26					28.3	1.49	6.64	0.84	2.12	0.53
28					32.8	1.61	7.38	0.90	2.42	0.57
30					37.7	1.72	8.4	0.96	2.75	0.62
32					42.8	1.84	9.46	1.03	3.09	0.66
34					84.4	1.95	10.6	1.09	3.45	0.70
36					54.2	2.06	11.8	1.16	3.83	0.74
38					60.4	2.18	13.0	1.22	4.23	0.78

注:v——流速 (m/s);i——压力损失 (m/km 或 mm/m)。

给水钢管计算表　　　　表 34-37

流量 (L/s)	管径 (mm)									
	25		40		50		70		80	
	i	v	i	v	i	v	i	v	i	v
0.1										
0.2	21.3	0.38								
0.4	74.8	0.75	8.98	0.32						
0.6	159	1.13	18.4	0.48						
0.8	279	1.51	31.4	0.64						
1.0	437	1.88	47.3	0.8	12.9	0.47	3.76	0.28	1.61	0.2
1.2	629	2.26	66.3	0.95	18	0.56	5.18	0.34	2.27	0.24
1.4	856	2.64	88.4	1.11	23.7	0.66	6.83	0.4	2.97	0.28
1.6	1118	3.01	114	1.27	30.4	0.75	8.7	0.45	3.76	0.32
1.8			144	1.43	37.8	0.85	10.7	0.51	4.66	0.36
2.0			178	1.59	46	0.94	13	0.57	5.62	0.40
2.6			301	2.07	74.9	1.22	21	0.74	9.03	0.52
3.0			400	2.39	99.8	1.41	27.4	0.85	11.7	0.60
3.6			577	2.86	144	1.69	38.4	1.02	16.3	0.72
4.0					177	1.88	46.8	1.13	19.8	0.81
4.6					235	2.17	61.2	1.3	25.7	0.93
5.0					277	2.35	72.3	1.42	30	1.01
5.6					348	2.64	90.7	1.59	37	1.13
6.0					399	2.82	104	1.7	42.1	1.21

查表 34-36，得管径 $d_1 = 150$mm（流速 $v = 1.43$m/s，满足流速范围所规定的要求）。

(2) 求 q_2 和 d_2

$$q_2 = \frac{20}{3600} = 0.0055 \text{m}^3/\text{s} = 5.5\text{L/s}$$

查表 34-36，得管径 $d_2 = 100$mm（流速 $v = 0.72$m/s，满足流速范围规定的要求）。

(3) 求 q_3 和 d_3

$$q_3 = \frac{40+30}{3600} = 0.0195 \text{m}^3/\text{s} = 19.5\text{L/s}$$

查表 34-36，得管径 $d_3 = 150$mm（流速 $v = 1.12$m/s，满足流速范围规定的要求）。

(4) 求 q_4 和 d_4

$$q_4 = \frac{30}{3600} = 0.00833 \text{m}^3/\text{s} = 8.33\text{L/s}$$

查表 34-36，得管径 $d_4 = 100$mm（流速 $v = 1.08$m/s，满足流速范围所规定的要求）。

5. 水头损失计算

计算水头损失的目的在于确定水泵所需的扬程，并根据流量选择水泵和校核高位水池标高能否满足厂区内用水点最大用水时所需要的压力。水头损失计算见公式（34-56）。

$$h = h_1 + h_2 = iL + \xi \frac{v^2}{2g} \quad (34\text{-}56)$$

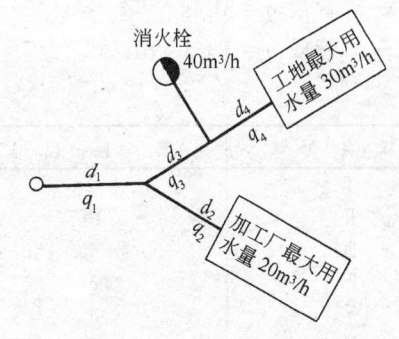

图 34-41 供水管线示意图

式中 h——水头损失（m）；
  h_1——沿程水头损失（m）；
  h_2——局部水头损失（m）；
  i——单位管长水头损失，根据流量和管径 d 从表 34-36、表 34-37 直接查得；
  L——计算管段的长度（m）；
  ξ——局部阻力系数；
  v——管段中的平均流速（m/s）；
  g——重力加速度（m/s²）。

在实际工程中，局部水头损失 h_2 不作详细计算，按沿程水头损失的 15%～20% 估计即可，故 $h = (1.15 \sim 1.2) h_1 = (1.15 \sim 1.2) iL$。

【例】 某边远工程给水方案已定，管道平面见图 34-42，距厂区 2000m 处打一口深井作水源，厂区内设一个 200t 高位水池来调节生产、生活和消防用水，根据地形条件初步确定水池池底标高为 140m 左右，各用水点最大用水时的流量、地面标高和所需要的自由水头见表 34-38，管径 d 根据计算方法确定（图 34-42），管材为给水铸铁管。校核高位水池的池底标高能否满足各用水点在最大用水时的压力要求。

(1) 先求出各管段在最大用水时的流量 q，从图 34-42 中可知：

水池—Ⅰ—Ⅱ管段 $q = 10 + 6 + 3 + 3 + 3 = 25$L/s

Ⅱ—Ⅲ管段 $q = 6 + 3 = 9$L/s

Ⅲ—Ⅳ管段 $q = 3$L/s

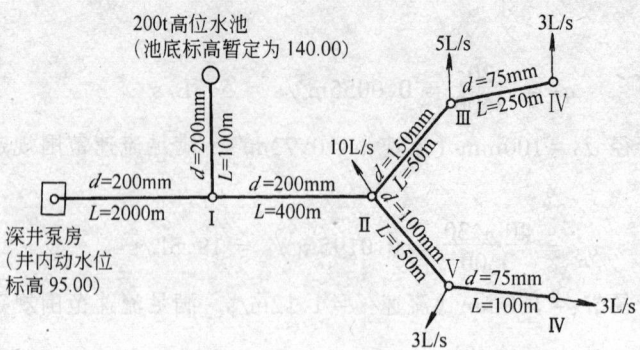

图 34-42 某工程管道平面图

V—Ⅵ 管段 $q = 3$L/s

Ⅱ—V 管段 $q = 3 + 3 = 6$L/s

表 34-38

节 点 号	流 量 （L/s）	地面标高 （m）	所需要的自由水头 $H_自$ （m）
Ⅰ	—	110.00	—
Ⅱ	10	110.00	20
Ⅲ	6	115.00	20
Ⅳ	3	120.00	10
V	3	115.00	10
Ⅵ	3	120.00	10

(2) 根据各管段的 q 值与管径 d（图 34-42），查表 34-36 可得单位管长的水头损失 i，然后计算水头损失：

水池—Ⅰ—Ⅱ（$L = 0.5$km，$i = 6.1$m/km）
$$h = 1.2 \times iL = 1.2 \times 6.1 \times 0.5 = 3.7\text{m}$$

Ⅱ—Ⅲ（$L = 0.5$km，$i = 3.9$m/km）
$$h = 1.2 \times iL = 1.2 \times 3.9 \times 0.5 = 2.34\text{m}$$

Ⅲ—Ⅳ（$L = 0.25$km，$i = 18.2$m/km）
$$h = 1.2 \times iL = 1.2 \times 18.2 \times 0.25 = 5.46\text{m}$$

Ⅱ—V（$L = 0.15$km，$i = 14$m/km）
$$h = 1.2 \times iL = 1.2 \times 14 \times 0.15 = 2.5\text{m}$$

V—Ⅵ（$L = 0.1$km，$i = 18.2$m/km）
$$h = 1.2 \times iL = 1.2 \times 18.2 \times 0.1 = 2.2\text{m}$$

(3) 根据用水点所需要水头 $H_自$ 和各管段的水头损失 h，就可校核高位水池的标高。

已知节点Ⅳ，$H_自 = 10$m，从水池至节点Ⅳ管段的水头损失 $\Sigma h = 3.7 + 2.34 + 5.46 = 11.5$m，节点Ⅳ的地面标高为120m，所以高位水池的池底标高应为：

$$120 + 11.5 + 10 = 141.5\text{m}$$

已知节点Ⅲ，$H_自 = 20m$，地面标高为115m，从水池至节点Ⅲ管段的水头损失 $\Sigma h = 3.7 + 2.34 = 6.04m$，所以高位水池的池底标高应为：

$$115 + 6.04 + 20 = 141m$$

已知节点Ⅵ，$H_自 = 10m$，从水池至节点Ⅵ管段的水头损失 $\Sigma h = 3.7 + 2.5 + 2.2 = 8.4m$，节点Ⅵ地面高为120m，所以高位水池的池底标高应为：

$$120 + 8.4 + 10 = 138.4m$$

与Ⅳ、Ⅲ、Ⅵ各点相比，节点Ⅱ、Ⅴ条件较有利，可以不进行计算。只要池底标高满足节点Ⅳ的要求，即可同时满足其他节点要求，故高位水池池底标高应定为141.5m。

34-3-4 施工供电设施

34-3-4-1 确定供电数量

建筑工地临时供电，包括动力用电与照明用电两种，在计算用电量时，从下列各点考虑：

1. 全工地所使用的机械动力设备，其他电气工具及照明用电的数量；
2. 施工总进度计划中施工高峰阶段同时用电的机械设备最高数量；
3. 各种机械设备在工作中需用的情况。

总用电量可按以下公式计算：

$$P = 1.05 \sim 1.10 \left(K_1 \frac{\Sigma P_1}{\cos\varphi} + K_2 \Sigma P_2 + K_3 \Sigma P_3 + K_4 \Sigma P_4 \right) \tag{34-57}$$

式中　　P——供电设备总需要容量（kVA）；

　　　　P_1——电动机额定功率（kW）；

　　　　P_2——电焊机额定容量（kVA）；

　　　　P_3——室内照明容量（kW）；

　　　　P_4——室外照明容量（kW）；

　　　$\cos\varphi$——电动机的平均功率因数（在施工现场最高为0.75～0.78，一般为0.65～0.75）；

K_1、K_2、K_3、K_4——需要系数，参见表34-39。

需要系数（K值） 表34-39

用电名称	数量	需要系数 K	数值	备注
电动机	3～10台	K_1	0.7	如施工中需要电热时，应将其用电量计算进去。为使计算结果接近实际，式中各项动力和照明用电，应根据不同工作性质分类计算
	11～30台		0.6	
	30台以上		0.5	
加工厂动力设备			0.5	
电焊机	3～10台	K_2	0.6	
	10台以上		0.5	
室内照明		K_3	0.8	
室外照明		K_4	1.0	

单班施工时，用电量计算可不考虑照明用电。

各种机械设备以及室内外照明用电定额见表34-40～表34-42。

由于照明用电量所占的比重较动力用电量要少得多，所以在估算总用电量时可以简化，只要在动力用电量（即公式（34-57）括号中的第一、二两项）之外再加10%作为照明用电量即可。

34-3-4-2 选择电源

1. 选择建筑工地临时供电电源时须考虑的因素

施工机械用电定额参考资料　　　　　　表34-40

机械名称	型号	功率(kW)	机械名称	型号	功率(kW)
蛙式夯土机	HW-32	1.5	塔式起重机	德国PEINE厂产SK280-055（307.314t·m）	150
	HW-60	3			
振动夯土机	HZD250	4			
振动打拔桩机	DZ45	45		德国PEINE厂产SK560-05（675t·m）	170
	DZ45Y	45			
	DZ30Y	30			
	DZ55Y	55		德国PEINER-crane厂产TN112（155t·m）	90
	DZ90A	90			
	DZ90B	90			
螺旋钻孔机	ZKL400	40	卷扬机	JJK0.5	3
	ZKL600	55		JJK-0.5B	2.8
	ZKL800	90		JJK-1A	7
螺旋式钻扩孔机	BQZ-400	22		JJK-5	40
冲击式钻机	YKC-20C	20		JJZ-1	7.5
	YKC-22M	20		JJ1K-1	7
	YKC-30M	40		JJ1K-3	28
塔式起重机	红旗Ⅱ-16（整体托运）	19.5		JJ1K-5	40
	QT40（TQ2-6）	48		JJM-0.5	3
	TQ60/80	55.5		JJM-3	7.5
	TQ90（自升式）	58		JJM-5	11
	QT100（自升式）	63		JJM-10	22
	法国POTAIN厂产H5-56B5P（225t·m）	150	自落式混凝土搅拌机	JD150	5.5
				JD200	7.5
	法国POTAIN厂产H5-56B（235t·m）	137		JD250	11
				JD350	15
	法国POTAIN厂产TOPKIT-FO/25（132t·m）	160		JD500	18.5
	法国B.P.R厂产GTA91-83（450t·m）	160	强制式混凝土搅拌机	JW250	11
				JW500	30

续表

机械名称	型号	功率(kW)	机械名称	型号	功率(kW)
混凝土搅拌楼（站）	HL80	41	钢筋弯曲机	GW40	3
混凝土输送泵	HB-15	32.2		WJ40	3
混凝土喷射机（回转式）	HPH6	7.5		GW32	2.2
混凝土喷射机（罐式）	HPG4	3	交流电焊机	BX3-120-1	9①
插入式振动器	ZX25	0.8		BX3-300-2	23.4①
	ZX35	0.8		BX3-500-2	38.6①
	ZX50	1.1	交流电焊机	BX2-100-（BC-1000）	76①
	ZX50C	1.1		AX1-165（AB-165）	6
	ZX70	1.5		AX4-300-1（AG-300）	10
平板式振动器	ZB5	0.5	直流电焊机	AX-320（AT-320）	14
	ZB11	1.1		AX5-500	26
附着式振动器	ZW4	0.8		AX3-500（AG-500）	26
	ZW5	1.1	纸筋麻刀搅拌机	ZMB-10	3
	ZW7	1.5	灰浆泵	UB3	4
	ZW10	1.1	挤压式灰浆泵	UBJ2	2.2
	ZW30-5	0.5	灰气联合泵	UB-76-1	5.5
混凝土振动台	ZT-1×2	7.5	粉碎淋灰机	FL-16	4
	ZT-1.5×6	30	单盘水磨石机	SF-D	2.2
	ZT-2.4×6.2	55	双盘水磨石机	SF-S	4
真空吸水机	HZX-40	4	侧式磨光机	CM2-1	1
	HZX-60A	4	立面水磨石机	MQ-1	1.65
	改型泵Ⅰ号	5.5	墙围水磨石机	YM200-1	0.55
	改型泵Ⅱ号	5.5	地面磨光机	DM-60	0.4
预应力拉伸机油泵	ZB1/630	1.1	套丝切管机	TQ-3	1
	ZB2×2/500	3	电动液压弯管机	WYQ	1.1
	ZB4/49	3	电动弹涂机	DT120A	8
	ZB10/49	11	液压升降台	YSF25-50	3
钢筋调直切断机	GT4/14	4	泥浆泵	红星30	30
	GT6/14	11	泥浆泵	红星75	60
	GT6/8	5.5	液压控制台	YKT-36	7.5
	GT3/9	7.5	自动控制自动调平液压控制台	YZKT-56	11
钢筋切断机	QJ40	7	静电触探车	ZJYY-20A	10
	QJ40-1	5.5	混凝土沥青地割机	BC-D1	5.5
	QJ32-1	3			

续表

机械名称	型号	功率(kW)	机械名称	型号	功率(kW)
小型砌块成型机	GC-1	6.7	单面木工压刨床	MB103A	4
载货电梯	JT1	7.5	单面木工压刨床	MB106	7.5
建筑施工外用电梯	SCD100/100A	11	单面木工压刨床	MB104A	4
木工电刨	MIB2-80/1	0.7	双面木工刨床	MB106A	4
木压刨板机	MB1043	3	木工平刨床	MB503A	3
木工圆锯	MJ104	3	木工平刨床	MB504A	3
木工圆锯	MJ106	5.5	普通木工车床	MCD616B	3
木工圆锯	MJ114	3	单头直榫开榫机	MX2112	9.8
脚踏截锯机	MJ217	7	灰浆搅拌机	UJ325	3
单面木工压刨床	MB103	3	灰浆搅拌机	UJ100	2.2

① 为各持续率时功率其额定持续率（kVA）。

室内照明用电定额参考资料　　表 34-41

序号	用电定额	容量(W/m²)	序号	用电定额	容量(W/m²)
1	混凝土及灰浆搅拌站	5	13	锅炉房	3
2	钢筋室外加工	10	14	仓库及棚仓库	2
3	钢筋室内加工	8	15	办公楼、试验室	6
4	木材加工锯木及细木作	5～7	16	浴室、盥洗室、厕所	3
5	木材加工模板	8	17	理发室	10
6	混凝土预制构件厂	6	18	宿舍	3
7	金属结构及机电修配	12	19	食堂或俱乐部	5
8	空气压缩机及泵房	7	20	诊疗所	6
9	卫生技术管道加工厂	8	21	托儿所	9
10	设备安装加工厂	8	22	招待所	5
11	发电站及变电所	10	23	学校	6
12	汽车库或机车库	5	24	其他文化福利	3

室外照明用电参考资料　　表 34-42

序号	用电名称	容量(W/m²)	序号	用电名称	容量(W/m²)
1	人工挖土工程	0.8	7	卸车场	1.0
2	机械挖土工程	1.0	8	设备堆放、砂石、木材、钢筋、半成品堆放	0.8
3	混凝土浇灌工程	1.0	9	车辆行人主要干道	2000W/km
4	砖石工程	1.2	10	车辆行人非主要干道	1000W/km
5	打桩工程	0.6	11	夜间运料（夜间不运料）	0.8 (0.5)
6	安装及铆焊工程	2.0	12	警卫照明	1000W/km

(1) 建筑工程及设备安装工程的工程量和施工进度；

(2) 各个施工阶段的电力需要量；

(3) 施工现场的大小；

(4) 用电设备在建筑工地上的分布情况和距离电源的远近情况；

(5) 现有电气设备的容量情况。

2．临时供电电源的几种方案

(1) 完全由工地附近的电力系统供电，包括在全面开工前把永久性供电外线工程做好，设置变电站；

(2) 工地附近的电力系统只能供给一部分，尚需自行扩大原有电源或增设临时供电系统以补充其不足；

(3) 利用附近高压电力网，申请临时配电变压器；

(4) 工地位于边远地区，没有电力系统时，电力完全由临时电站供给。

3．临时电站

一般有内燃机发电站，火力发电站，列车发电站，水力发电站。

34-3-4-3 确定供电系统

当工地由附近高压电力网输电时，则在工地上设降压变电所把电能从 110kV 或 35kV 降到 10kV 或 6kV，再由工地若干分变电所把电能从 10kV 或 6kV 降到 380/220V。变电所的有效供电半径为 400～500m。

1．常用变压器

工地变电所的网路电压应尽量与永久企业的电压相同，主要为 380/220V。对于 3kV、6kV、10000kV 的高压线路，可用架空裸线，其电杆距离为 40～60m，或用地下电缆。户外 380/220V 的低压线路亦采用裸线，只有与建筑物或脚手架等不能保持必要安全距离的地方才宜采用绝缘导线，其电杆间距为 25～40m。分支线及引入线均应由电杆处接出，不得由两杆之间接出。

配电线路应尽量设在道路一侧，不得妨碍交通和施工机械的装、拆及运转，并要避开堆料、挖槽、修建临时工棚用地。

室内低压动力线路及照明线路，皆用绝缘导线。

2．配电导线的选择

导线截面的选择要满足以下基本要求：

(1) 按机械强度选择：导线必须保证不致因一般机械损伤折断。在各种不同敷设方式下，导线按机械强度所允许的最小截面见表 34-43。

导线按机械强度所允许的最小截面 表 34-43

导 线 用 途	导 线 最 小 截 面 （mm²）	
	铜 线	铝 线
照明装置用导线：户内用	0.5	2.5
户外用	1.0	2.5
双芯软电线：用于吊灯	0.35	—
用于移动式生产用电设备	0.5	—
多芯软电线及软电缆：用于移动式生产用电设备	1.0	—
绝缘导线：固定架设在户内绝缘支持件上，其间距为		
2m 及以下	1.0	2.5
6m 及以下	2.5	4
25m 及以下	4	10
裸导线：户内用	2.5	4
户外用	6	16

续表

导线用途	导线最小截面（mm²）	
	铜线	铝线
绝缘导线：穿在管内	1.0	2.5
设在木槽板内	1.0	2.5
绝缘导线：户外沿墙敷设	2.5	4
户外其他方式敷设	4	10

注：目前已能生产小于 2.5mm² 的 BBLX，BLV 型铝芯绝缘电线，因此可以根据具体情况，采用小于 2.5mm² 的铝芯截面。

（2）按允许电流选择：导线必须能承受负载电流长时间通过所引起的温升。

三相四线制线路上的电流可按下式计算：

$$I_{线} = \frac{K \cdot P}{\sqrt{3} \cdot U_{线} \cdot \cos\varphi} \tag{34-58}$$

二相制线路上的电流可按下式计算：

$$I_{线} = \frac{P}{U_{线} \cdot \cos\varphi} \tag{34-59}$$

式中　$I_{线}$——电流值（A）；

　　　K、P——同公式（34-57）；

　　　$U_{线}$——电压（V）；

　　　$\cos\varphi$——功率因数，临时网路取 0.7~0.75。

制造厂根据导线的容许温升，制定了各类导线在不同敷设条件下的持续容许电流表（表 34-44、表 34-45），在选择导线时，导线中通过的电流不允许超过此表规定。

橡皮或塑料绝缘电线明设在绝缘支柱上时的持续容许电流表

（空气温度为 +25℃，单芯 500V）　　　表 34-44

导线标称截面（mm²）	导线的持续容许电流（A）			
	BX 型铜芯橡皮线	BLX 型铝芯橡皮线	BV、BVR 型铜芯塑料线	BLV 型铝芯塑料线
0.5	—	—	—	—
0.75	18	—	16	—
1	21	—	19	—
1.5	27	19	24	18
2.5	35	27	32	25
4	45	35	42	32
6	58	45	55	42
10	85	65	75	59
16	110	85	105	80
25	145	110	138	105
35	180	138	170	130
50	230	175	215	165
70	285	220	265	205
95	345	265	325	250
120	400	310	375	285
150	470	360	430	325
185	540	420	490	380
240	660	510		

裸铜线（TJ）型、裸铝线（LJ 型）露天敷设在 +25℃
空气中的持续容许电流表　　　　　　　表 34-45

标称截面 (mm²)	导线的持续容许电流 (A)		
	铜线	钢芯铝绞线	铝线
16	130	105	105
25	180	135	135
35	220	170	170
50	270	220	215
70	340	275	265
95	415	335	325
120	485	380	375
150	570	445	440
185	645	515	500
240	770	610	610

（3）按允许电压降选择：导线上引起的电压降必须在一定限度之内。配电导线的截面可用下式计算：

$$S = \frac{\Sigma P \cdot L}{C \cdot \varepsilon}\% = \frac{\Sigma M}{C \cdot \varepsilon}\% \tag{34-60}$$

式中　S——导线截面（mm²）；

　　　M——负荷矩（kW·m）；

　　　P——负载的电功率或线路输送的电功率（kW）；

　　　L——送电线路的距离（m）；

　　　ε——允许的相对电压降（即线路电压损失）(%)；照明允许电压降为 2.5%～5%，电动机电压不超过 ±5%；

　　　C——系数，视导线材料、线路电压及配电方式而定。

所选用的导线截面应同时满足以上三项要求，即以求得的三个截面中的最大者为准，从电线产品目录中选用线芯截面。亦可根据具体情况抓住主要矛盾。一般在道路工地和给排水工地作业线比较长，导线截面由电压降选定；在建筑工地配电线路比较短，导线截面可由容许电流选定；在小负荷的架空线路中往往以机械强度选定。

3. 计算例题

【例】　为某中学建筑工程的施工做出供电设计。

该工程施工的已知条件如下：

(1) 施工平面布置图（图 34-43）；

(2) 施工动力用电情况：

1) QT_1-6 型塔式起重机一台，其行走电动机为 7.5×2kW，起重电动机为 22kW，回转电动机为 3.5kW；

2) 单筒式卷扬机 1 台，电动机功率为 14kW；

3) 400L 混凝土搅拌机 1 台，电动机为 10kW；

4) 滤灰机 1 台，电动机为 4.5kW；

5) 电动打夯机 3 台，每台电动机为 1kW；

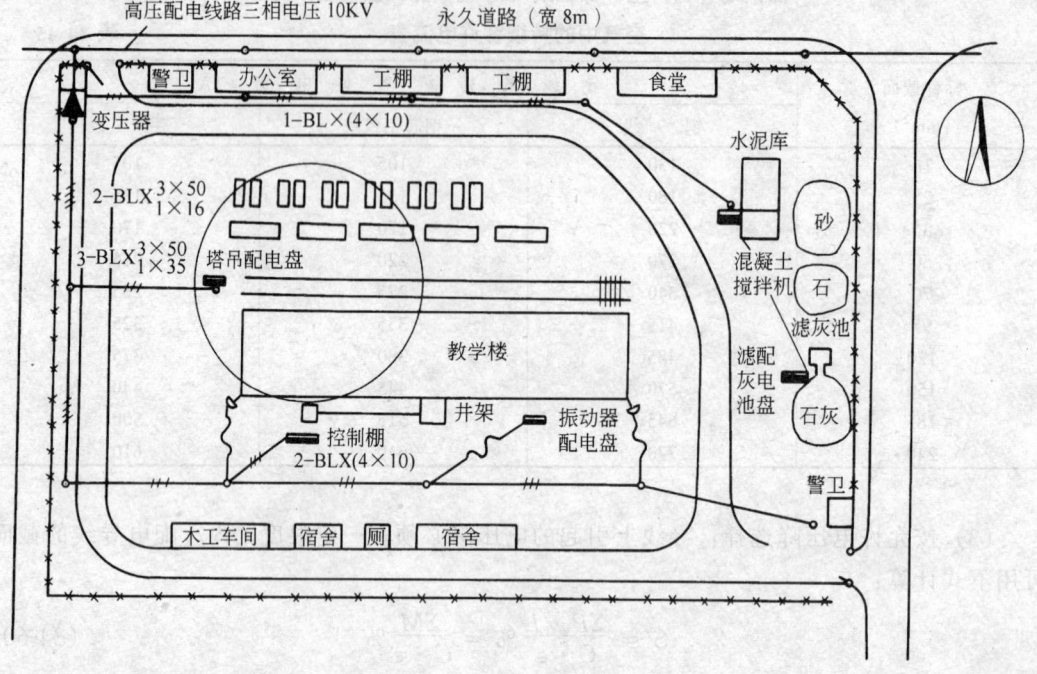

图 34-43 某中学施工平面图

6) 振动器 5 台，每台电动机为 2.8kW。

设计步骤：

(1) 估算施工用电总容量，选择配电变压器

施工现场所用全部动力设备的总功率为：

$$\Sigma P = 7.5 \times 2 + 22 + 3.5 + 14 + 10 + 4.5 + 1 \times 3 + 2.8 \times 5 = 86.0 \text{kW}$$

此工地所用电动机虽然已在 10 台以上，但其主要负荷是塔式起重机，而塔式起重机的各台电机往往要同时工作，甚至满载运行。所以需要系数 K 应该选得大一些。这里，选用 $K = 0.7$，$\cos\varphi = 0.75$。这样，动力用电容量即为：

$$P_{动} = K \frac{\Sigma P_1}{\cos\varphi} = 0.7 \times \frac{86.0}{0.75} = 80.3 \text{kVA}$$

再加 10% 的照明用电，算出施工用电总容量为：

$$P = 1.10 \times P_{动} = 1.10 \times 80.3 = 88.3 \text{kVA}$$

当地高压电为三相 10000V，施工动力用电需三相 380V 电源，照明需单相 220V 电源，按上述要求可选得 SL7-100/10 型三相降压变压器，其主要技术数据为：额定容量 100kVA，高压额定线电压 10kV，低压额定线电压为 0.4kV，作 Y 接使用。

(2) 确定变压器的位置和配电线路的布局

根据现场高压电源线路情况，以及变压器装置地点应注意的一些原则，变压器的位置以西北角为宜（图 34-43）。

塔式起重机配电盘设在轨道西端。卷扬机配电盘的位置（即井架控制棚的位置）与井架间的距离，应等于或稍大于井架的总高度，并以能看清被吊物为准。混凝土搅拌机设置

在水泥库附近，且在塔式起重机一侧。

根据现场临时设施和路灯照明等的需要，配电线路分两路，在总配电盘上（位置在变压器旁）分别由总刀闸进行控制。

(3) 配电导线截面的选择

为了安全和节约起见，选用 BLX 型橡皮绝缘铝导线，按两路分别进行计算。

1 路（北路）导线截面的选择：

1) 按导线的允许电流选择　该路的工作电流为：

$$I_{线} = \frac{K \cdot \Sigma P_{(1)}}{\sqrt{3} \cdot U_{线} \cdot \cos\varphi} = \frac{1 \times (10 + 4.5) \times 1000}{\sqrt{3} \times 380 \times 0.75} = \frac{14500}{495} = 30\text{A}$$

由表 34-44，选用 4mm^2 的橡皮绝缘铝线。

2) 按允许电压降选择　为了简化计算，把全部负荷集中在 1 路的末端来考虑。已知由变压器总配电盘到滤灰池的线路长度约为 $L = 140\text{m}$；允许相对电压损失 $\varepsilon = 8\%$。当采用铝线作 380/220V 三相四线供电时，$C = 46.3$，导线的截面为：

$$S = \frac{\Sigma P_{(1)} \cdot L}{C \cdot \varepsilon}\% = \frac{(10 + 4.5) \times 140}{46.3 \times 8\%}\% = \frac{2030}{370} = 5.5\text{mm}^2$$

3) 按机械强度选择　由表 34-43 中得知，橡皮绝缘铝线架空敷设时，其截面不得小于 10mm^2。

最后，为了同时满足上述三者要求，1 路导线的截面应选用 10mm^2。

2 路（西段与南段）导线截面的选择：

这一路由于主要负荷是塔式起重机，而塔式起重机距变压器较近，南段线路上负荷量并不大，需要系数也较低，故 2 路导线可分两段来考虑，即自变压器总配电盘至塔式起重机分支的电杆为一段（简称西段），此段需考虑到 2 路的全部负荷量；自塔式起重机分支的电杆至最后一根电杆为另一段（简称南段），此段只要考虑卷扬机、振捣器以及打夯机等的用电量即可。

1) 西段导线截面的选择　由于这段线路较短，而负荷量较大，显然其主要矛盾将表现在导线的容许电流方面。因此只要计算出线路上的工作电流，按表 34-44 中导线的持续容许电流来选即可。

2 路所带用电设备的总功率为：

$$\Sigma P_{(2)} = 7.5 \times 2 + 22 + 3.5 + 14 + 1 \times 3 + 2.8 \times 5 = 71.5\text{kW}$$

若 K_0 按 0.9 考虑，且仍取 $\cos\varphi = 0.75$，那么其总工作电流为

$$I_{线} = \frac{K\Sigma P_{(2)}}{\sqrt{3} \cdot U_{线} \cos\varphi} = \frac{0.9 \times 71.5 \times 1000}{\sqrt{3} \times 380 \times 0.75} = \frac{64350}{495} = 130\text{A}$$

由表 34-45 中查得，选截面为 50mm^2 的橡皮绝缘铝线即可满足要求，中线则选用小 1 号 35mm^2 的即可。

2) 南段导线截面的选择　由于这段线路所带负荷的设备功率仅为 $\Sigma P_{(3)} = 14 + 1 \times 3 + 2.8 \times 5 = 31\text{kW}$，再加上这些机具的需要系数并不很高，线路电流就不会很大，且线路并不太长，线路的电压降也不是主要矛盾，因此按照导线的机械强度选择 10mm^2 的橡皮绝缘铝线。

自 2 路分支杆到塔式起重机配电盘这段支线的导线是专门供给塔式起重机用电的，所

以它的截面即可按塔式起重机的需要进行选择。由产品说明书中得知，国产QT1-6型塔式起重机所采用的电源馈电电缆的型号为YHC（移动式铜芯软电缆）3×16+1×6（即三芯16mm^2，第四芯供接地接零保护用，截面为6mm^2），与此电缆相对应，橡皮绝缘铝线架空敷设时，选用BLX$\begin{pmatrix}3\times35\\1\times16\end{pmatrix}$。

(4) 绘制施工现场电力供应平面图

在施工平面布置图上，画出变压器的安装位置，低压配电线路的走向以及电杆位置，并标出所用导线的型号与规格（图34-43）。其标注方法如下：$a-b$ $(c\times d)$，其中a表示支路编号，b为导线型号，c为导线根数，d为导线截面积。如图34-43中的1-BLX（4×10）即表示第一路采用BLX型导线，10mm^{2}的4根。

34-3-5 施工通讯设施

34-3-5-1 有线通讯设施

有线通讯设施有：有线电话、闭路电视、计算机网络、有线广播等，其优缺点及适用范围见表34-46。

表 34-46

序号	通讯名称	优点	缺点	适用范围
1	有线电话	方便、快捷、经济	受线路限制	线路方便
2	闭路电视	清晰	设备复杂费用高	工期长、大型工程
3	计算机网络	有信息留存功能	复杂费用高	工期长、大型工程
4	有线广播	简单、轻便经济	扰乱	独立工地

34-3-5-2 无线通讯设施

无线通讯有手机、传呼机、对讲机等，其优缺点及适用范围见表34-47。

有条件的、工期较长的大型工地，应配备电信、电视、计算机，成为三网并设的信息化工地。

表 34-47

序号	无线通讯名称	优点	缺点	适用范围
1	手机	快捷	受网络影响	城市型工程
2	传呼机	经济	受网络影响	有网络地区工程
3	对讲机	方便、经济	受干扰	一般工程大工程

34-3-6 施工供热设施

建筑工地施工供热的对象主要有：冬季临时建筑物内部采暖，如办公室、宿舍、食堂等；冬期施工供热，如施工用水、砂、石加热和暖棚法施工等；附属企业供热，如钢筋混凝土构件的蒸汽养护等。

34-3-6-1 确定供热数量

建筑物内部采暖耗热量的计算

$$Q = \Sigma FK(t_n - t_v)\alpha \qquad (34-61)$$

式中　F——围护结构的表面积（m^2）；
　　　K——围护结构的传热系数（$W/(m^2 \cdot K)$）；
　　　t_n——室内计算温度（℃），见表34-48；
　　　t_v——室外计算温度（℃），见表34-49；
　　　α——考虑到缝隙和门窗等透风处而采用的系数，见表34-50；
　　　Q——建筑物内部采暖所需热量（J/h）。

注：本式中"K"和"℃"可换用。按本式计算结果 Q 的单位为"W"，再按 $1W = 3600J/h$ 换算即可。

室内计算温度（t_n）　　　　　　表34-48

房屋名称	计算温度（℃）	房屋名称	计算温度（℃）
宿　舍	+18	办公室	+18
走　廊	+18	食堂、俱乐部	+16
厨　房	+15	会议室	+16
浴　室	+25	手术室	+25
楼梯间	+16	儿童病室	+22
厕　所	+16	成人病室	+20

主要代表性城市冬季采暖室外计算温度（t_v）　　　　表34-49

地　名	室外计算温度（℃）	地　名	室外计算温度（℃）	地　名	室外计算温度（℃）
北　京	-9	呼和浩特	-20	济　南	-7
上　海	-2	沈　阳	-20	合　肥	-3
天　津	-9	长　春	-23	南　京	-3
石家庄	-8	哈尔滨	-26	银　川	-15
太　原	-12	郑　州	-5	兰　州	-11
西　宁	-13	贵　阳	-1	杭　州	-1
乌鲁木齐	-23	成　都	2	福　州	5
西　安	-5	武　汉	-2	广　州	7
拉　萨	-6	长　沙	-1	南　宁	7
昆　明	3	南　昌	-1		

注：资料来源：《民用建筑热工设计规范》GB 50176—93。

一般情况及急风吹袭下的 α 值　　　　表34-50

外围结构的种类	一般情况的 α 值	急风吹袭下的 α 值
由易渗透的保温材料组成	2.6	3.0
易渗透的保温材料内加一层不易渗透的保温材料	2.0	2.3
易渗透的保温材料外侧表面加一层不易渗透的保温材料	1.6	1.9
易渗透的保温材料内外表面都加一层不易渗透的保温材料	1.3	1.5
由不易渗透的保温材料组成	1.3	1.5

围护结构的传热系数可按下式计算：

$$K = \frac{1}{R_n + \Sigma R + R_v} \tag{34-62}$$

式中　R_n、R_v——分别为围护结构的内、外表面的热阻（$m^2 \cdot K/W$），其经验数字参见表34-51、表34-52；

ΣR——多层围护结构各层材料的热阻 ($m^2 \cdot K/W$) 之和。

$$R = \frac{\delta}{\lambda}$$

式中 R——围护结构各层材料的热阻 ($m^2 \cdot K/W$);
　　　δ——围护结构各层材料的厚度 (m);
　　　λ——围护结构各层材料的导热系数 (W/(m·k)),见表 34-53。

围护结构内外表面的热阻　　　　　　表 34-51

围护结构表面的类别	热阻 $m^2 \cdot K/W$ ($m^2 \cdot h \cdot ℃/kcal$)
外墙和屋顶的外表面	0.043 (0.05)
屋顶、顶棚或外墙的内表面	0.114 (0.133)
地板的内表面	0.172 (0.20)

空 气 层 热 阻 表　　　　　　表 34-52

空气层厚度 (mm)	热阻 $m^2 \cdot K/W$ ($m^2 \cdot h \cdot ℃/kcal$)		
	垂直空气层	水平空气层	
		热流自下而上	热流自上而下
10	0.146 (0.17)	0.129 (0.15)	0.155 (0.18)
20	0.163 (0.19)	0.146 (0.17)	0.181 (0.21)
30	0.172 (0.20)	0.155 (0.18)	0.198 (0.53)
50	0.172 (0.20)	0.155 (0.18)	0.215 (0.25)
100	0.172 (0.20)	0.155 (0.18)	0.224 (0.26)
150~300	0.163 (0.19)	0.163 (0.19)	0.224 (0.26)

常 用 保 温 材 料 导 热 系 数　　　　　　表 34-53

材料名称	导热系数 W/(m·K) (kcal/m·h·℃)	材料名称	导热系数 W/(m·K) (kcal/m·h·℃)
干 砂	0.582 (0.50)	稻草、麦秸板	0.105 (0.09)
煤 渣	0.209~0.291 (0.18~0.25)	麻袋片	0.047 (0.04)
普通混凝土	1.28~1.55 (1.1~1.33)	软木板	0.07 (0.06)
钢筋混凝土	1.55 (1.33)	刨花板	0.116~0.233 (0.1~0.20)
泡沫混凝土	0.116~0.209 (0.1~0.18)	胶合板	0.175 (0.15)
普通粘土砖	0.814 (0.7)	木丝板	0.076 (0.065)
土坯墙	0.698 (0.6)	干草泥	0.291~0.582 (0.25~0.5)
稻草席子	0.076 (0.065)	锯木屑	0.093 (0.08)
麦秸苞	0.07~0.105 (0.06~0.09)	普通玻璃	0.76 (0.65)
芦苇苞	0.07~0.105 (0.06~0.09)	密闭空气	0.023 (0.02)
油毡	0.175 (0.15)	膨胀珍珠岩	0.047 左右 (0.04 左右)

34-3-6-2 选择热源

1. 供热热源选择须考虑的因素

(1) 设备使用期限;

(2) 设备费用;

(3) 管理费用(燃料费、设备管理人员的数目及工资、管道长度及敷设方案等);

(4) 已有设备情况。

2. 临时供热热源的几种方案

(1) 利用现有的热电站、热力管网；

(2) 利用新设计的锅炉房；

(3) 设立临时性的锅炉房或个别分散设备（如锅炉、火炉、供热机组、旧蒸汽机车、锅轮机等）。

3. 蒸汽用量计算和锅炉的选择

(1) 蒸汽用量计算公式：

$$W = \frac{Q}{I \cdot H} \tag{34-63}$$

式中 W——蒸汽用量（kg/h）；

Q——计算所需总热量（kJ/h）；

I——在一定压力下蒸汽的含热量（kJ/kg），见表34-54；

H——有效利用系数，一般为0.4～0.5。

饱和蒸汽的参数表　　　　表34-54

压力（N/mm²）	饱和温度（℃）	比容（m³/kg）	密度（kg/m³）	含热量（kJ/kg）
0.05	80.86	3.299	0.3031	2644.38
0.07	89.45	2.408	0.4153	2659.04
0.09	96.18	1.903	0.5255	2669.50
0.10	99.09	1.725	0.5797	2674.53
0.12	104.25	1.455	0.6873	2682.48
0.14	108.74	1.259	0.7943	2689.18
0.16	112.73	1.1110	0.9001	2695.46
0.18	116.33	0.9954	1.0046	2700.90
0.20	119.62	0.9088	1.109	2705.93
0.24	125.46	0.6703	1.315	2714.23
0.30	132.88	0.6169	1.621	2724.35
0.34	137.18	0.5486	1.823	2730.21
0.40	142.92	0.4709	2.124	2737.75
0.44	146.38	0.4305	2.323	2741.86
0.50	151.11	0.3817	2.620	2747.80
0.54	154.02	0.3550	2.817	2751.15
0.60	158.08	0.3214	3.111	2756.17
0.64	160.61	0.3024	3.307	2759.1
0.70	164.17	0.2778	3.600	2762.87
0.74	166.42	0.2636	3.794	2764.96
0.80	169.61	0.2448	4.085	2768.31
0.90	174.53	0.2189	4.568	2772.92
1.00	179.04	0.1980	5.051	2771.10
1.20	187.08	0.1663	6.013	2783.80
1.40	194.13	0.1434	6.974	2789.25
1.60	200.43	0.1261	7.930	2793.01
2.00	211.38	0.1015	9.852	2798.88

(2) 蒸汽压力的选定，见表34-55。

蒸汽压力选定表   表34-55

供热距离（m）	小于300	300～1000	1000～2000	2000以上
蒸汽压力（计算大气压）	0.3～0.5	2.0	3.0	4.0和以上

(3) 锅炉的选用，见表34-56。

锅炉性能表   表34-56

名　称	蒸发量（t/h）	工作压力（N/mm²）	供水温度（℃）	效率（%）
LSG0.2-$\frac{7}{4}$-A	0.2	0.7或0.4	169.6或151	62
LSG0.5-7-AⅢ	0.5	0.7	169.6	70
KZG0.5-7	0.5	0.7	169.6	70～75
SZL2-13-AⅡ	2	1.3	194	80
WNL4-13-AⅢ6	4	1.3	194	76
KZL1-7	1	0.7	169.6	70
KZL2-7	2	0.7	169.6	78
KZL4-10	4	1.0	183.2	74
DZL0.5-7-AⅢ	0.5	0.7	169.6	72.1
DZL240-7/95/70-AⅡ	2.8	0.7	95	78
DZL360-7/95/70-A-P-W	4.2	0.7	95	75.8
SHL360-10/30/70-AⅡ	4.2	1.0	130	74.49
DZL-2-13AⅡ	2	1.3	194	77.5
KZW60-7/95/70-AⅡ	0.7	0.7	95	72
KZW120-7/95/70-AⅡ	1.4	0.7	95	72
SZW4-13-AⅡ	4	1.3	194	76.6
SHW360-10/130/70-H	4.2	1	130	74.78
SHW360-13/80/90-AⅡ	4.2	1.25	130	74.9
SZW240-10/115/70-AⅡ	2.8	1	115	74.4
KQL360-7/95/70-AⅢ	4.2	0.7	95	75

34-3-6-3 确定供热系统

蒸汽管道管径计算公式

$$d = \sqrt{\frac{4Q\mu}{3600\pi \cdot c}} \quad (34-64)$$

式中 d——蒸汽管内径（m）；
    Q——蒸汽流量（kg/h）；
    μ——蒸汽的比容（m³/kg）
    c——蒸汽的速度（m/s），见表34-57。

根据计算的管径选用管材。

蒸汽允许速度表   表34-57

蒸汽的种类	管道种类	允许速度（m/s）
过热蒸汽	主　管	40～60
过热蒸汽	支　管	35～40
饱和蒸汽	主　管	30～40
饱和蒸汽	支　管	20～30
废　汽	—	80～100

34-3-7 施工供压缩空气设施

建筑工程施工中常用的风动工具有铆钉机、凿岩机、振捣器、混凝土泵、灰浆泵、喷漆器等。

34-3-7-1 确定供气数量

压缩空气需要量按下列公式计算：

$$Q = \Sigma mKq \tag{34-65}$$

式中 Q——压缩空气需要量（m^3/min）；

m——某型号风动工具的数量；

K——同时开动系数，见表 34-58；

q——某型号风动工具的空气消耗量（m^3/min），见表 34-59。

风动机具同时开动系数（K）　　　表 34-58

机具数量 m	1	2～3	4～6	7～10	11～12	20 以上
同时开动系数 K	1	0.9	0.8	0.7	0.6	0.5

常用风动机具耗气量表　　　表 34-59

机具名称	耗风量（m^3/min）	需要风压（N/mm^2）	机具名称	耗风量（m^3/min）	需要风压（N/mm^2）
潜孔凿岩机 YQ150A	11～13	0.5～0.6	导轨式凿岩机 YG80	8.5	0.5～0.7
潜孔凿岩机 YQ150B	10～12	0.5～0.6	导轨式凿岩机 YZ100	12	0.5
潜孔凿岩机 YQ100	9	0.5～0.6	导轨式凿岩机 YZ220	13	0.5
潜孔凿岩机 YQ100A	6.5～7.5	0.5～0.6	气腿式凿岩机 YT30	2.9	0.5
导轨式凿岩机 YG40	5.0	0.5～0.6	气腿式凿岩机 YT25	2.6	0.5

34-3-7-2 选择空气压缩机站

1. 空气压缩机站生产率

$$P = (1.3 \sim 1.5)Q \tag{34-66}$$

式中 P——空气压缩机站生产率（m^3/min）；

Q——同公式（34-65）；

1.3～1.5——损失系数，包括漏气损失、空压机内的风量损失。

2. 压缩空气供应方式

建筑工地的压缩空气供应，一般采用移动式空压机分散供应，当规模较大、工程集中等特殊情况下，才考虑采用固定式临时空压机站。

3. 空压机站位置

主要考虑如何缩短管网干线的长度，一般干线的长度宜控制在 1.5～2.0km，空压机站的服务半径最好是 0.5km 左右。

4. 空压机站设备

由空压机组、吸气管及空气滤清器、冷却器、油水分离器组成。

34-3-8 施工安全设施

34-3-8-1 一般要求

要求建筑施工做到安全生产、文明施工。施工现场和临时占地范围内秩序井然，文明卫生，环境得到保护，绿地树木不被破坏，交通畅通，防火设施完备，居民不受干扰，场容和环境卫生均符合要求。

34-3-8-2 防火设施

1．工地设置满足消防要求的水源；
2．工地设置足够的灭火器材；
3．大型、工期长的施工项目设置专业消防队和消防车；
4．临时建筑之间留置防火间距；
5．工地内要设置消防栓，消防栓距离建筑物不应小于5m，也不应大于25m，距离路边不大于2m。条件允许时，可利用城市或建设单位的永久消防设施。为了防止水的意外中断，可在建筑物附近设置临时蓄水池，储有一定数量的生产和消防用水。高层建筑施工，每层应设消防主管。

易燃设施，如木工棚，易燃品仓库应布置在下风，离生活区远一些。

6．临时房屋的防火间距及其他规定：
(1) 各种临时房屋防火最小间距，见表34-60。

各种临时设施防火最小间距（m） 表34-60

序号	项目	临时宿舍及生活用房			临时生产设施		正式建筑物			铁路（中心线）		公路（路边）		电力线
		单栋砖木	单栋钢木	成组内的单栋	砖木	钢木	一二级	三级	四级	厂外	厂内	厂外	厂内主要	厂内次要	
1	临时宿舍及生活用房： 单栋：砖木 全钢木 成组内的单栋	8 10 10	10 12 12	10 12 3.5	14 16 16	16 18 18	12 14 14	14 16 16	16 18 18						
2	临时生产设施： 砖木 全钢木	14 16	16 18	16 18	14 16	16 18	12 14	14 16	16 18						
3	易燃品： 仓库 贮罐 材料堆场	30 20 25	30 25 25		20 20 20	25 25 25	15 15 15	20 20 20	25 25 25	40 35 30	30 30 20	20 20 15	10 15 10	5 10 5	电杆高度的1.5倍
4	锅炉房、变电所、发电机房、铁工房、厨房、家属区	10～15													

注：1．本表摘自《建筑设计防火规范》和国务院《关于工棚临时宿舍防火和卫生设施的暂行规定》。
2．易燃品储存量均按200m³以内，木材堆场为1000m³以内。
3．贮罐间的防火距离，地上为D，半地下为0.75D，地下为0.5D（D为贮罐直径）。
4．当地形限制达不到防火距离时，可设防火墙直至屋顶。

(2) 道路与建筑物的最小间距，见表34-61。

道路与建筑物等的最小间距 表34-61

序号	道路与建、构筑物等的关系	最小间距(m)	序号	道路与建、构筑物等的关系	最小间距(m)
1	距建、构筑物外墙 (1) 靠路无出入口 (2) 靠路有人力车、电瓶车出入口 (3) 靠路有汽车出入口	1.5 3 8	4	距围墙 (1) 在有汽车出入口附近 (2) 在无汽车出入口附近有电线杆时 　　无电线杆时	6 2 1.5
2	距标准轨铁路中心线	3.75	5	距树木 (1) 乔木	0.75~1.0
3	距窄轨铁路中心线	3.00		(2) 灌木	0.5

(3) 各种管道平面布置的最小净距，见表34-62、表34-63。

给水管道布置的水平净距 表34-62

构筑物名称	与给水管道的水平净距（m）
铁路远期路堤坡脚	5
铁路远期路堑坡顶	10
建筑红线	5
低、中压煤气管（<15N/cm^2）	1.0
次高压煤气管（15~30N/cm^2）	1.5
高压煤气管（30~80N/cm^2）	2.0
热力管	1.5
街树中心	1.5
通讯及照明杆	1.0
高压电杆支座	3.0
电力电缆	1.0

注：1. 如旧城镇的设计布置有困难时，在采取有效措施后，上述规定可适当降低。
　　2. 本表取自《室外给水设计规范》GBJ 13—86。

排水管道与其他地下管线（构筑物）的最小净距 表34-63

名称		水平净距（m）	垂直净距（m）
建筑物		见注③	
给水管		见注④	见注④
排水管		1.5	0.15
煤气管	低压	1.0	0.15
	中压	1.5	
	高压	2.0	
	特高压	5.0	
热力管沟		1.5	0.15
电力电缆		1.0	0.5
通讯电缆		1.0	直埋0.5 穿管0.15
乔木		见注⑤	
地上柱杆（中心）		1.5	

续表

名　　称	水平净距（m）	垂直净距（m）
道路侧石边缘	1.5	
铁　路	见注⑥	轨底 1.2
电车路轨	2.0	1.0
架空管架基础	2.0	
油　管	1.5	0.25
压缩空气管	1.5	0.15
氧　气　管	1.5	0.25
乙　炔　管	1.5	0.25
电车电缆		0.5
明渠渠底		0.5
涵洞基础底		0.15

注：1. 表列数字除注明者外，水平净距均指外壁净距，垂直净距系指下面管道的外顶与上面管道基础底间净距。
　　2. 采取充分措施（如结构措施）后，表列数字可以减小。
　　3. 与建筑物水平净距，管道埋深浅于建筑物基础时，一般不小于 2.5m（压力管不小于 5.0m）；管道埋深于建筑物基础时，按计算确定，但不小于 3.0m。
　　4. 与给水管水平净距：给水管管径小于或等于 200mm 时，不小于 1.5m；给水管管径大于 200mm 时，不小于 3.0m。
　　与生活给水管道交叉时，污水管道、合流管道在生活给水管道下面的垂直净距不应小于 0.4m，当不能避免在生活给水管道上面穿越时，必须予以加固，加固长度不应小于生活给水管道的外径加 4m。
　　5. 与乔木中心距离不小于 1.5m；如遇现状高大乔木，则不小于 2.0m。
　　6. 穿越铁路时应尽量垂直通过。沿单行铁路敷设时应距路堤坡脚或路堑坡顶不小于 5m。

34-3-8-3　防污染设施

1. 市区主要路段的工地周围，设置高于 2.5m 的围挡。一般路段的工地周围设置高于 1.8m 的围挡。围挡材料要坚固、稳定、整洁、美观。围挡沿工地四周连续设置。
2. 工地地面应做硬化处理，道路要畅通。
3. 工地设排水沟或排水管，排水要畅通，无积水。
4. 工地应设污水处理坑、槽。防止泥浆、污水、废水、废液外流或堵塞下水道和排水河道。
5. 生产区应有防粉尘设施，现场有毒、有害物质单独处理；产生噪声、振动应采取措施消除。
6. 生活区的宿舍、厨、厕周围要搞好环境卫生。

34-3-8-4　防爆设施

建筑工地化学易燃及易爆物品、仓库，必须是耐火建筑，要有避雷设施，通风好，门应向外开。

防爆安全距离，见表 34-64、表 34-65 和表 34-66。

施工用房屋和爆破点的安全距离　　　　　表34-64

序号	爆破方法	安全距离（m）
1	裸露药包法	不小于400
2	炮眼法	不小于200
3	药壶法	不小于200
4	深眼法（包括深眼药壶法）	按设计定，但任何情况下不小于200
5	峒室药包法	按设计定，但任何情况下不小于200

炸药库对邻近建筑物的安全距离　　　　　表34-65

序号	邻近对象	单位	如下炸药量（kg）时的安全距离（m）					
			250	500	2000	8000	16000	32000
1	有爆炸危险的工厂	m	200	250	300	400	500	600
2	一般生产、生活用房	m	200	250	300	400	450	500
3	铁路	m	50	100	150	200	250	300
4	公路	m	40	60	80	100	120	150

炸药库和雷管库间的安全距离　　　　　表34-66

库房内雷管数（个）	到炸药库安全距离（m）	库房内雷管数（个）	到炸药库安全距离（m）	库房内雷管数（个）	到炸药库安全距离（m）
1000	2	30000	10	200000	27
5000	4.5	50000	13.5	300000	33
10000	6	75000	16.5	400000	38
15000	7.5	100000	19	500000	43
20000	8.5	150000	24		

注：1. 每米传爆线按5个雷管折算。
　　2. 若1个库房有土围时，安全距离可缩短1/3，2个库房均有土围时，可缩短1/2。
　　3. 上述三个表均摘自《爆破安全规则》。

34-4　施工组织设计大纲

34-4-1　编制依据

1. 项目招标文件及其解释资料；
2. 发包人提供的工程信息和资料；
3. 招标工程现场及其空间状况；
4. 有关该项目投标竞争信息；
5. 对该项投标文件及信息的分析；
6. 投标企业决策层的投标决策意见。

34-4-2 编制程序

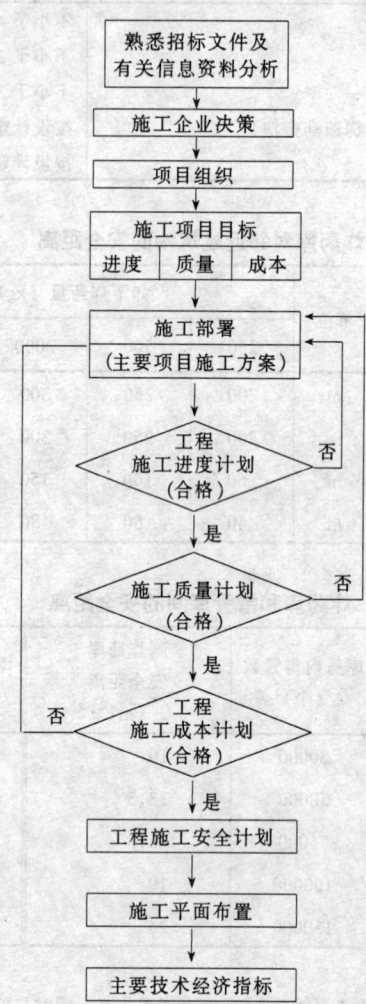

图 34-44 施工组织设计大纲编制程序

34-4-3 编制内容

34-4-3-1 项目概况

1. 项目构成状况

它包括：项目名称、性质和建造地点；占地面积和建设规模；生产工艺流程及其特点；建安工作量和设备安装吨数；以及每个单项工程建筑面积、建筑层数、建筑体积和结构类型。

2. 项目建设、设计和监理单位

它包括：建设、勘察和设计单位名称和概况，以及建设单位委托的建设监理单位名称和项目监理班子组织状况。

3. 建设地区自然条件状况

它包括：工程地形、工程地质、工程水文地质和气象等及其变化状况，以及地震级别及其危害程度。

　　4. 建设地区技术经济状况

　　它包括：地方建材生产企业及其产品供应状况；主要建筑材料及其产品质量状况；地方供水、供电、供热和电讯服务能力状况；地方交通运输及其服务能力状况；以及社会劳动力和生活服务设施状况。

　　5. 项目施工条件

　　它包括：主要材料、特殊材料和设备供应条件；施工图纸供应阶段划分和时间安排；以及提供施工现场的标准和时间安排。

34-4-3-2　项目施工目标

　　根据发包单位要求的目标，经过综合工程信息和条件研究，确定施工目标；该目标必须满足或高于要求的目标，并作为编制施工进度、质量和成本计划的相应控制目标。它包括：施工控制总工期、总成本和总质量等级，以及每个单项工程的控制工期、控制成本和控制质量等级；并以表格形式列出。

34-4-3-3　项目管理组织

　　1. 确定管理目标

　　根据施工目标要求，确定管理目标，设立项目管理机构。

　　2. 确定管理工作内容

　　管理工作内容可按进度控制、质量控制、成本控制、合同管理、信息管理和组织协调六部分划分，作为确定项目组织机构的依据。

　　3. 确定管理组织机构

　　(1) 确定组织机构形式

　　根据工程规模、性质和复杂程度，确定工程管理组织机构形式，如直线式、职能式、直线职能式或矩阵式组织形式。

　　(2) 确定合理管理层次

　　根据工程规模和组织机构形式，合理确定管理层次；一般它包括：决策层、管理层和作业层。

　　(3) 制定岗位职责

　　组织内部岗位职务、职责和权利必须明确，责权必须一致。

　　(4) 选派管理人员

　　按照岗位职责需要，选派管理人员，组成精炼高效的项目管理班子。

　　4. 制定管理工作流程和考核标准

　　为了提高组织效率，要按照工程管理客观性规律，制定管理工作程序、制度及其相应考核标准。

34-4-3-4　项目施工部署

　　1. 科学地划分开竣工系统

　　通常施工项目都是由若干个相对独立的投产或交付使用的子系统组成，为明确施工项目分期分批投产或交付使用的施工阶段界线，必须科学地划分独立的施工开竣工系统。

　　2. 合理地确定单项工程开竣工时间

按照每个独立的施工开竣工系统和与其相关辅助工程完成期限要求，必须合理地确定每个单项工程的开竣工时间，保证先后投产或交付使用的独立的施工系统都能够正常运行。

3．安排好全场性施工设施

为全场性服务的施工设施直接影响项目施工经济效果，必须优先安排好。它包括：现场供水、供电、通讯、供热等以及各项生产性和生活性施工设施。

4．主要施工方案

根据施工图纸、合同和施工部署要求，分别选择主要的施工方案；它包括：确定施工起点流向、施工程序、施工顺序和施工方法。

34-4-3-5 项目施工进度计划

根据大纲编制对象的工程类型不同，可分别参考：34-5-3-6 施工总进度计划或 34-6-3-6 施工进度计划有关内容，扼要编制。

34-4-3-6 项目施工质量计划

根据大纲编制对象的工程类型不同，可分别参考：34-5-3-7 项目施工总质量计划或 34-6-3-7 施工质量计划有关内容，扼要编制。

34-4-3-7 项目施工成本计划

根据大纲编制对象的工程类型不同，可分别参考：34-5-3-8 施工总成本计划或 34-6-3-8 施工成本计划有关内容，扼要编制。

34-4-3-8 项目施工安全计划

根据大纲编制对象的工程类型不同，可分别参考：34-5-3-9 施工总安全计划或 34-6-3-9 施工安全计划有关内容，扼要编制。

34-4-3-9 项目施工环保计划

根据大纲编制对象的工程类型不同，可分别参考：34-5-3-10 施工总环保计划或 34-6-3-10 施工环保计划有关内容，扼要编制。

34-4-3-10 项目施工风险防范

根据大纲编制对象的工程类型不同，可分别参考：34-5-3-13 施工风险总防范或 34-6-3-13 施工风险防范有关内容，扼要编制。

34-4-3-11 项目施工平面布置

根据大纲编制对象的工程类型不同，可分别参考：34-5-3-12 施工总平面布置或 34-6-3-12 施工平面布置有关内容，扼要编制。

34-5 施工组织总设计

34-5-1 编制依据

1．建设项目基础文件

(1) 建设项目可行性研究报告及其批准文件；

(2) 建设项目规划红线范围和用地批准文件；

(3) 建设项目勘察设计任务书、图纸和说明书；

(4) 建设项目初步设计或技术设计批准文件，以及设计图纸和说明书；

(5) 建设项目总概算、修正总概算或设计总概算；

(6) 建设项目施工招标文件和工程承包合同文件。

2．工程建设政策、法规和规范资料

(1) 关于工程建设报建程序有关规定；

(2) 关于动迁工作有关规定；

(3) 关于工程项目实行建设监理有关规定；

(4) 关于工程建设管理机构资质管理有关规定；

(5) 关于工程造价管理有关规定；

(6) 关于工程设计、施工和验收有关规定。

3．建设地区原始调查资料

(1) 地区气象资料；

(2) 工程地形、工程地质和水文地质资料；

(3) 地区交通运输能力和价格资料；

(4) 地区建筑材料、构配件和半成品供应状况资料；

(5) 地区进口设备和材料到货口岸及其转运方式资料；

(6) 地区供水、供电、电讯和供热能力和价格资料；

(7) 地区土建和安装施工企业状况资料。

4．类似施工项目经验资料

(1) 类似施工项目成本控制资料；

(2) 类似施工项目工期控制资料；

(3) 类似施工项目质量控制资料；

(4) 类似施工项目安全、环保控制资料；

(5) 类似施工项目技术新成果资料；

(6) 类似施工项目管理新经验资料。

34-5-2 编制程序

施工组织总设计编制程序，如图34-45所示。

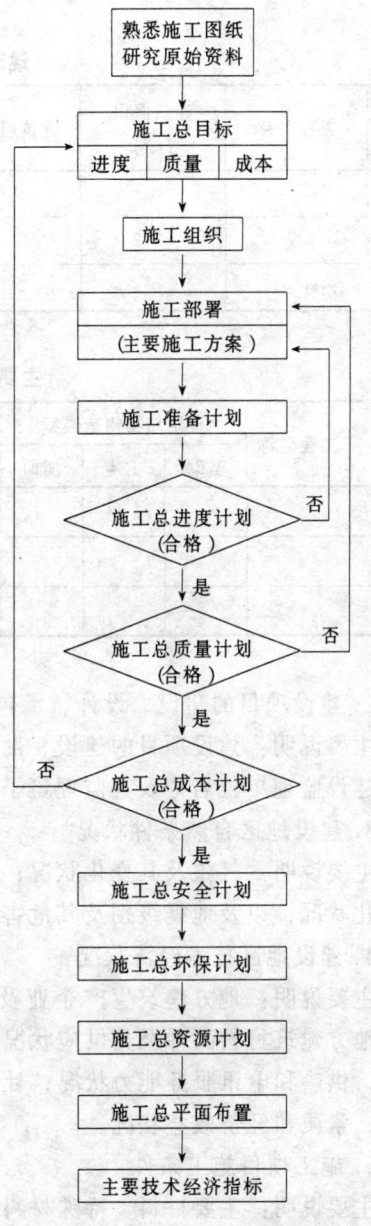

图34-45 施工组织总设计编制程序

34-5-3 编制内容

34-5-3-1 建设项目概况

1．项目构成状况

主要说明：建设项目名称、性质和建设地点；占地总面积和建设总规模；建安工作量和设备安装总吨数；生产工艺流程及其特点；以及每个单项工程占地面积、建筑面积、建筑层数、建筑体积、结构类型和复杂程度。通常以表格形式表达，如表34-67和表34-68所示。

建筑安装工程项目一览表　　　　　　　　　　　　　　　表34-67

序号	工程名称	建筑面积(m^2)	建筑层数	结构类型	建安工作量（万元）		设备安装工程量(t)
					土建	安装	
1	……	…	…	…	…	…	…
⋮							
	合计						

主要建筑物和构筑物一览表　　　　　　　　　　　　　　　表34-68

序号	工程名称	建筑结构构造类型			占地面积(m^2)	建筑面积(m^2)	建筑层数	建筑体积(m^3)
		基础	主体	屋面				

2．建设项目的建设、设计、承包单位和建设监理单位

主要说明：建设项目的建设、勘察、设计、总承包和分包单位名称，以及建设单位委托的建设监理单位名称及其监理班子组织状况。

3．建设地区自然条件状况

主要说明：气象及其变化状况；工程地形和工程地质及其变化状况；工程水文地质及其变化状况；以及地震级别及其危害程度。

4．建设地区技术经济状况

主要说明：地方建筑生产企业及其产品供应状况；主要材料和生产工艺设备供应状况；地方建筑材料品种及其供应状况；地方交通运输方式及其服务能力状况；地方供水、供电、供热和电讯服务能力状况；社会劳动力和生活服务设施状况；以及承包单位信誉、能力、素质和经济效益状况。

5．施工项目施工条件

主要说明：主要材料、特殊材料和生产工艺设备供应条件；项目施工图纸供应的阶段划分和时间安排；以及提供施工现场的标准和时间安排。

34-5-3-2 施工总目标

根据建设项目施工合同要求的目标，确定出项目施工总目标；该目标必须满足或高于合同要求目标，并作为编制施工进度、质量和成本计划的依据。它可分为：施工控制总工期、总质量等级和总成本，以及每个单项工程的控制工期、控制质量等级和控制成本。如表34-69所示。

施工控制目标表　　　　　　　　　表 34-69

序号	工程名称	建筑面积 (m²)	控制工期 (月)	控制成本 (万元)	控制质量等级 (合格)
合　计					

34-5-3-3　施工管理组织

1．确定施工管理目标

根据施工总目标，确定施工管理组织的目标，建立健全项目管理组织机构。

2．确定施工管理工作内容

根据施工管理目标，确定施工管理工作内容，作为确定项目组织机构和依据。通常管理工作内容可按：进度控制、质量控制、成本控制、合同管理、信息管理和组织协调六方面划分。

3．确定施工管理组织机构

（1）确定组织结构形式

根据项目规模、性质和复杂程度，合理确定组织结构形式；通常有：直线制、职能制或直线职能制组织结构形式。

（2）确定合理管理层次

按照组织结构形式不同，合理确定管理层次；一般设有：决策层、控制层和作业层。

（3）制定岗位职责

管理组织内部的岗位职务和职责必须明确，责权必须一致，并形成规章制度。

（4）选派管理人员

按照岗位职责需要，选派称职的管理人员，组成精炼高效的项目管理班子，并以表格列出，如表 34-70 所示。

管理人员明细表　　　　　　　　　表 34-70

序号	姓名	职务	职称	工作职责

4．制定施工管理工作程序、制度和考核标准

为了提高施工管理工作效率，要按照管理客观性规律，制定出管理工作程序、制度和相应考核标准。

34-5-3-4　施工部署

1．调集施工力量

根据施工总目标和施工组织要求，调集施工力量，组建专业或综合工作队组，合理划

分每个承包单位的施工区域,明确主导施工项目和穿插施工项目及其建设期限。

2. 安排好为全场性服务的施工设施

为全场性服务的施工设施直接影响项目施工的经济效果,必须优先安排好。如现场供水、供电、通讯、供热、道路和场地平整,以及各项生产性和生活性施工设施。

3. 科学划分独立交工系统

通常建设项目都是由若干个相对独立的投产或交付使用的子系统组成。如大型工业项目则有主体生产系统、辅助生产系统和附属生产系统之分;住宅小区则有居住建筑、服务性建筑和附属性建筑之分。为了确定建设项目分期分批投产或交付使用的项目施工阶段界线,必须科学地划分独立交工系统。

4. 合理确定单项工程开竣工时间

根据每个独立交工系统和与其相关的辅助工程、附属工程完成期限,合理地确定每个单项工程的开竣工时间,保证先后投产或交付使用的交工系统都能够正常运行。

5. 主要项目施工方案

根据项目施工图纸、项目承包合同和施工部署要求,分别选择主要建筑物和构筑物的施工方案,施工方案内容包括:确定施工起点流向、确定施工程序、确定施工顺序和确定施工方法。在确定施工方法时,要尽量扩大工厂化施工范围,努力提高机械化施工程度,减轻劳动强度,提高劳动生产率,保证工程质量,降低工程成本。

34-5-3-5 施工准备计划

根据施工项目的施工部署、施工总进度计划、施工资源计划和施工总平面布置的要求,编制施工准备工作计划。其表格形式,如表34-71所示。具体内容包括:

1. 按照建筑总平面图要求,做好现场控制网测量;
2. 认真做好土地征用、居民迁移和现场障碍物拆除工作;
3. 组织项目采用的新结构、新材料、新技术试制和实验工作;
4. 按照施工项目施工设施计划要求,优先落实大型施工设施工程,同时做好现场"四通一平"工作,以及铁路货场和水运码头等工作;
5. 根据施工资源计划要求,落实建筑材料、构配件、加工品、施工机具和工艺设备加工或订货工作;
6. 认真做好工人上岗前的技术培训工作。

施工准备工作计划表 表34-71

序号	准备工作名称	准备工作内容	主办单位	协办单位	完成日期	负责人

34-5-3-6 施工总进度计划

根据施工部署要求,合理确定每个独立交工系统及其单项工程控制工期,并使它们相互之间最大限度地搭接起来,编制出施工总进度计划。

1. 确定施工总进度表达形式

施工总进度计划属于控制性计划,其表达形式有:横道图和网络图;前者详见本章

34-2-1 流水施工方法；后者详见本章 34-2-2 普通工程网络图和 34-2-3 三维工程网络图。

2．编制施工总进度步骤

(1) 根据独立交工系统的先后次序，明确划分施工项目施工阶段；按照施工部署要求，合理确定各阶段及其单项工程开竣工时间；

(2) 按照施工阶段顺序，列出每个施工阶段内部的所有单项工程，并将它们分别分解至单位工程和分部工程；

(3) 计算每个单项工程、单位工程和分部工程的工程量；

(4) 根据施工部署和施工方案，合理确定每个单项工程、单位工程和分部工程的施工持续时间；

(5) 科学地安排分部工程之间搭接关系，并绘制成控制性的施工网络计划或横道计划；

(6) 在安排施工进度计划时，要认真遵循编制施工组织设计的基本原则，详见本章 34-1-2-2 有关内容。

(7) 为了有效地缩短建设总工期，可对施工总进度计划初始方案进行优化，如网络计划的流程优化、工期优化和横道计划的工程排序优化，后者详见本章 34-2-1-4 流水施工排序优化。横道计划的表格形式如表 34-72 和表 34-73 所示。

3．制订施工总进度保证措施

(1) 组织保证措施。从组织上落实进度控制责任，建立进度控制协调制度。

(2) 技术保证措施。编制施工进度计划实施细则；建立多级网络计划和施工作业周计划体系；强化事前、事中和事后进度控制。

(3) 经济保证措施。确保按时供应资金；奖励工期提前有功者；经批准紧急工程可采用较高的计件单价；保证施工资源正常供应。

(4) 合同保证措施。全面履行工程承包合同；及时协调分包单位施工进度；按时提取工程款；尽量减少业主提出工程进度索赔的机会。

施工总进度计划表 表 34-72

序号	单项工程名称	建安指标		设备安装指标(t)	造价（千元）			施 工 进 度						
		单位	数量		合计	建筑工程	设备安装	第一年				第二年	第三年
								Ⅰ	Ⅱ	Ⅲ	Ⅳ		

主要分部工程施工进度计划表 表 34-73

序号	单项工程单位工程分部工程名称	工程量		机 械			劳动力			施工天数	施工进度（月）							
		单位	数量	机械名称	台班数量	机械台数	工种名称	总工日数	工人数		20××年							
											1	2	3	4	5	6	7	…

34-5-3-7 施工总质量计划

施工总质量计划是以一个建设项目或建筑群为对象进行编制,用以控制其施工全过程各项施工活动质量标准的综合性技术文件。

1. 施工总质量计划内容

(1) 工程设计质量要求和特点;
(2) 工程施工质量总目标及其分解;
(3) 确定施工质量控制点;
(4) 制订施工质量保证措施;
(5) 建立施工质量体系。

2. 施工总质量计划的制订步骤

(1) 明确工程设计质量要求和特点

通过熟悉施工图纸和工程承包合同,明确设计单位和建设单位对建设项目及其单项工程的施工质量要求;再经过项目质量影响因素分析,明确建设项目质量特点及其质量计划重点。

(2) 确定施工质量总目标

根据建设项目施工图纸和工程承包合同要求,以及国家建筑安装工程质量评定和验收标准,确定建设项目施工质量总目标:优良或合格。

(3) 确定并分解单项工程施工质量目标

根据建设项目施工质量总目标要求,确定每个单项工程施工质量目标,然后将该质量目标分解至单位工程质量目标和分部工程质量目标,即确定出每个分部工程施工质量等级:优良或合格。

(4) 确定施工质量控制点

根据单位工程和分部工程施工质量等级要求,以及国家建筑安装工程质量评定与验收标准、施工规范和规程有关要求,确定各个分部(项)工程质量标准和作业标准;对于影响分部(项)工程质量的关键部位或环节,要设置施工质量控制点,以便加强对其进行质量控制。表 34-74 所示为某现浇钢筋混凝土工程质量控制点表。

某现浇钢筋混凝土工程质量控制点表　　　　　表 34-74

工程名称	序号	分项工程名称	质量控制点	质量问题	保证措施	职责分工:责任者√关联者△				
						施工员	技术员	质检员	材料员	试验员
现浇混凝土	1	模板	模板、支架	支撑不牢	保证有足够刚度、强度和稳定性		√	√	△	
			模板接缝	缝隙过大	防止变形、胀模,操作要认真	△		√	△	
			中心线标高	出现偏差	按图施工,控制中心线和标高		√	√		

续表

工程名称	序号	分项工程名称	质量控制点	质量问题	保证措施	职责分工：责任者√ 关联者△					
						施工员	技术员	质检员	材料员	试验员
现浇混凝土	2	钢筋	钢材材料	材料不合格钢筋型号易错	验收合格证，加强保管和复验工作，按图下料和制作		△△	√√	√	
			绑扎和焊接	缺扣、漏焊、钢筋错位	态度认真，端头对齐、先排后绑，控制搭接和弯钩长度	△	△	√		
			预埋件	识图错误，偏位过大	严格按图施工，控制偏差		△	√		
	3	浇混凝土	拌合料	水泥强度等级低，骨料含泥多	检查合格证，用前复检，冲洗骨料		△	△	√	√	√
			搅拌	配合比不合要求	严格配合比，搅拌要均匀	△	△	√		
			养护	养护条件差，养护时间不够	保证养护条件，充分养护		△	√		
			表面观感	露筋，不平整	控制保护层，模板刷隔离剂	√	√			

(5) 制订施工质量保证措施

1) 组织保证措施。建立施工项目施工质量体系，明确分工职责和质量监督制度，落实施工质量控制责任。

2) 技术保证措施。编制施工项目施工质量计划实施细则，完善施工质量控制点和控制标准，强化施工质量事前、事中和事后的全过程控制。

3) 经济保证措施。保证资金正常供应；奖励施工质量优秀的有功者，惩罚施工质量低劣的操作者，确保施工安全和施工资源正常供应。

4) 合同保证措施。全面履行工程承包合同，及时协调分包单位施工质量，严格控制施工质量，热情接受建设监理，尽量减少业主提出工程质量索赔的机会。

(6) 建立施工质量体系。参见本手册31章。

34-5-3-8 施工总成本计划

施工总成本计划是以一个建设项目或建筑群为对象进行编制，用以控制其施工全过程各项施工活动成本额度的综合性技术文件。

1. 施工成本分类

(1) 施工预算成本

施工预算成本是根据项目施工图纸、工程预算定额和相应取费标准所确定的工程费用总和，也称建设预算成本。

(2) 施工计划成本

施工计划成本是在预算成本基础上，经过充分挖掘潜力、采取有效技术组织措施和加强经济核算努力下，按企业内部定额，预先确定的工程项目计划施工费用总和，也称项目成本。

施工预算成本与施工计划成本差额，称为项目施工计划成本降低额。

（3）施工实际成本

施工实际成本是在项目施工过程中实际发生的，并按一定成本核算对象和成本项目归集的施工费用支出总和。施工预算成本与施工实际成本的差额，称为工程成本降低额；成本降低额与预算成本比率，称为成本降低率。该指标可以考核建设项目施工总成本降低水平或单项工程施工成本降低水平。

2．施工成本构成

（1）直接费

它包括：人工费、材料费、施工机械使用费、其他直接费和现场经费五项。

（2）间接费

它包括：企业管理费和财务费用两项。

3．编制施工总成本计划步骤

（1）确定单项工程施工成本计划

1）收集和审查有关编制依据

它包括：上级主管部门要求的降低成本计划和其他有关指标；企业各项经营管理计划和技术组织措施方案；人工、材料和机械等消耗定额和各项费用开支标准；以及企业历年有关工程成本的计划、实际和分析资料。

2）做好单项工程施工成本预测

通常先按量、本、利分析法，预测工程成本降低趋势，并确定出预期工程成本目标，然后采用因素分析法，逐项测算经营管理计划和技术组织措施方案的降低成本经济效果和总效果。当措施的经济总效果大于或等于预期工程成本目标时，就可开始编制单项工程施工成本计划。

3）编制单项工程施工成本计划

首先由工程技术部门编制项目技术组织措施计划，然后由财务部门编制项目施工管理计划，最后由计划部门会同财务部门进行汇总，编制出单项工程施工成本计划，即项目成本计划表。该表内工程预算成本减去计划（降低）成本的差额，就是该项目工程计划成本指标。

（2）编制建设项目施工总成本计划

根据建设项目施工部署要求，其总成本计划编制也要划分施工阶段，首先要确定每个施工阶段的各个单项工程施工成本计划，并编制每个施工阶段组成的项目施工成本计划，再将各个施工阶段的施工成本计划汇总在一起，就成为建设项目施工总成本计划，同时也求得建设项目工程计划成本总指标。

（3）制订建设项目施工总成本保证措施

1）技术保证措施。精心优选材料、设备的质量和价格，合理确定其供货单位；优化施工部署和施工方案，合理开发技术措施费；按合理工期组织施工，尽量减少赶工费用。

2）经济保证措施。经常对比计划费用与实际费用差额，分析其产生原因，并采取改善措施,及时奖励降低成本有功人员。

3) 组织保证措施。建立健全项目施工成本控制组织,完善其职责分工和有关控制制度,落实项目成本控制者的责任。

4) 合同保证措施。按项目承包合同条款支付工程款;全面履行合同,减少业主索赔条件和机会;正确处理施工中已发生的工程索赔事项,尽量减少或避免工程合同纠纷。

34-5-3-9 施工总安全计划

1. 施工总安全计划内容

(1) 项目概况;

(2) 安全控制程序;

(3) 安全控制目标;

(4) 安全组织结构;

(5) 安全资源配置;

(6) 安全技术措施;

(7) 安全检查评价和奖励。

2. 编制施工总安全计划步骤

(1) 项目概况

它包括:建设项目组成状况及其建设阶段划分;每个建设阶段内独立交工系统的项目组成状况;每个独立承包项目的单项工程组织状况。

(2) 明确安全控制程序

它包括:确定施工安全目标;编制安全计划;安全计划实施;安全计划验证;安全持续改进和兑现合同承诺。

(3) 确定安全控制目标

它包括:建设项目施工总安全目标;独立交工系统施工安全目标;独立承包项目施工安全目标;以及每个单项工程、单位工程和分部工程施工安全目标。

(4) 确定安全组织机构

它包括:安全组织机构形式;安全组织管理层次;安全职责和权限;确定安全管理人员;以及建立健全安全管理规章制度。

(5) 确保安全资源配置

它包括:安全资源名称、规格、数量和使用部位,并列入资源总需要量计划。

(6) 制订安全技术措施

它包括:防火、防毒、防爆、防洪、防尘、防雷击、防坍塌、防物体打击、防溜车、防机械伤害、防高空坠落和防交通事故,以及防寒、防暑、防疫和防环境污染等项措施。

(7) 落实安全检查评价和奖励

它包括:确定安全检查日期;安全检查人员组成;安全检查内容;安全检查方法;安全检查记录要求;安全检查结果的评价;编写安全检查报告;以及兑现表彰安全施工优胜者的奖励制度。

34-5-3-10 施工总环保计划

1. 施工总环保计划内容

(1) 环保目标;

(2) 环保组织结构；

(3) 环保事项内容和措施。

2．编制施工总环保计划步骤

(1) 确定环保目标

它包括：建设项目施工总环保目标；独立交工系统施工环保目标；独立承包项目施工环保目标；以及每个单项工程和单位工程施工环保目标。

(2) 确定环保组织机构

它包括：施工环保组织结构形式；环保组织管理层次；环保职责和权限；确定环保管理人员；以及建立健全环保管理规章制度。

(3) 明确施工环保事项内容和措施

它包括：现场泥浆、污水和排水；现场爆破危害防止；现场打桩震害防止；现场防尘和防噪声；现场地下旧有管线或文物保护；现场熔化沥青及其防护；现场及周边交通环境保护；以及现场卫生防疫和绿化工作。

34-5-3-11 施工总资源计划

1．劳动力需要量计划

施工劳动力需要量计划是编制施工设施和组织工人进场的主要依据。它是根据施工总进度计划、概（预）算定额和有关经验资料，分别确定出每个单项工程专业工种、工人数和进场时间，然后逐项汇总直至确定出整个建设项目劳动力需要量计划，如表34-75所示。

劳动力需要量计划　　　　　　　表34-75

施工阶段（期）	工程类别	单项工程		劳动量（工日）	专业工种		需要量计划								
							20××年					20××年			
		编码	名称		编码	名称	1	2	3	4	…	Ⅰ	Ⅱ	Ⅲ	Ⅳ
Ⅰ		……	……	…	…	……	…	…	…						
		……	…	……	…	……	…	…	…						
Ⅱ	⋮														
⋮	⋮														

2．主要材料和预制品需要量计划

主要材料和预制品需要量计划，它是组织材料和制品加工、订货、运输，确定堆场和仓库的依据。它是根据施工图纸、施工部署和施工总进度计划而编制的，如表34-76所示。

主要材料和预制品需要量计划　　　　　　　　　表 34-76

施工阶段（期）	工程类别	单项工程		工程材料/预制品				需要量计划							
								20××年（月）				20××年（季）			
		编码	名称	编码	名称	种类	规格	1	2	3	…	Ⅰ	Ⅱ	Ⅲ	Ⅳ
Ⅰ	……	…	……	…	……	…	…								
		…	……	…	……	…	…								
	⋮														
⋮	⋮														

3. 施工机具和设备需要量计划

施工机具和设备需要量计划是确定施工机具和设备进场、施工用电量和选择变压器的依据。它是根据施工部署、施工方案、工程量和机械台班产量定额而确定。如表 34-77 所示。

施工机具和设备需要量计划　　　　　　　　　表 34-77

施工阶段（期）	工程类别	单项工程		施工机具和设备				需要量计划							
								20××年（月）				20××年（季）			
		编码	名称	编码	名称	型号	电功率	1	2	3	…	Ⅰ	Ⅱ	Ⅲ	Ⅳ
Ⅰ	……	…	……	…	……	…	…								
		…	……	…	……	…	…								
	⋮														
⋮	⋮														

4. 编制施工设施需要量计划

根据建设项目、独立交工系统、独立承包项目和单项工程施工需要，确定其相应施工设施，通常包括：施工用房屋、施工运输设施、施工供水设施、施工供电设施、施工通讯设施、施工安全设施和其他设施。详见本章 34-3 施工设施。

34-5-3-12　施工风险总防范

1. 施工风险类型

（1）承包方式风险

通常承包方式有：建设项目总承包、独立交工系统承包、独立项目承包和单项工程承包；承包范围越大，其风险也大；反之风险越小。

(2) 承包合同风险

承包合同类型不同，其风险大小也不同；在签订施工合同时，必须认真考虑合同类型风险大小。特别是关于合同价格和工程款支付的合同约定。

(3) 工期风险

在项目施工过程中影响工期的因素主要有：人为因素、技术因素、材料因素、机械因素和环境因素，以及不可预见事件发生。它们都可能造成工期风险。

(4) 质量安全风险

通常影响工程质量安全的因素主要有：人、材料、机具、方法和环境；必须加强对它们的控制和管理，预防并回避质量事故以及安全事故的发生。

(5) 成本风险

通常造成施工成本风险的因素有：投标报价过低、材料市场价格变动、不可抗拒自然灾害造成经济损失，以及施工合同或设计图纸改变造成经济损失。因此在项目施工全过程加强成本风险控制十分必要。

2．施工风险因素识别

(1) 施工风险识别目的

它包括：确定施工过程中存在哪些风险；引起风险的主要原因；以及哪些风险必须认真对待。

(2) 施工风险识别过程

它包括：风险筛选、风险监测和风险诊断三个环节，即风险识别三元素。

(3) 施工风险识别方法

它包括：专家调查法、故障树法、流程图分析法、财务报表分析法和现场观察法。通过这些方法可以对风险及其产生原因作出判断，为风险估计、评价和决策提供依据。

3．施工风险出现概率和损失值估计

(1) 风险预测目的

它包括：整理风险损失历史资料；选择合理的风险估计方法；估计风险发生概率；以及确定风险后果和损失严重程度。

(2) 风险估计方法

它包括：概率分析法、趋势分析法、专家会议法、德尔菲法和专家系统分析法。

(3) 风险损失值估计

通常风险损失包括：风险直接损失和间接损失两部分；直接损失一般较容易估计，间接损失估计比较复杂。因此必须细致地分析和估计风险间接损失。

4．施工风险管理重点

风险管理就是在风险潜在阶段，正确预见和及时发现风险苗头，制定实施各种风险控制手段和措施，以阻止风险损失发生，削弱损失影响程度，消除风险隐患；在风险实际出现阶段，积极实施抢救和补救措施，将风险损失减少到最低程度；当风险损失发生后，运用风险管理手段和措施，迅速对项目损失进行有效地经济补偿，在尽可能短的时间内，排除直接损失对项目正常运营的干扰，减少风险间接损失。

风险管理主要手段和措施有：风险回避、风险转移、风险预防、风险分散、风险自留和保险。

5. 施工风险防范对策

(1) 风险控制对策

风险管理人员采取具体措施，控制并减少风险损失频率和幅度，使其风险损失发生具有可预见性；其主要手段和措施包括：风险回避、风险转移、风险预防、风险分散和保险。

(2) 风险财务对策

风险管理人员用筹集资金支付风险损失的方法；其主要手段和措施包括：风险自留、风险转移和保险。

6. 施工风险管理责任

为了落实风险管理责任，应将风险名称、管理目标、防范对策和管理责任人列入表内，如表34-78所示。

风险管理责任表　　　　　　　　　　　　　　表34-78

序　号	风险名称	管理目标	防范对策	管理责任人	备　注

34-5-3-13　施工总平面布置

1. 施工总平面布置的原则

(1) 在满足施工需要前提下，尽量减少施工用地，不占或少占农田，施工现场布置要紧凑合理。

(2) 合理布置起重机械和各项施工设施，科学规划施工道路，尽量降低运输费用。

(3) 科学确定施工区域和场地面积，尽量减少专业工种之间交叉作业。

(4) 尽量利用永久性建筑物、构筑物或现有设施为施工服务，降低施工设施建造费用，尽量采用装配式施工设施，提高其安装速度。

(5) 各项施工设施布置都要满足：有利生产、方便生活、安全防火和环境保护要求。

2. 施工总平面布置的依据

(1) 建设项目建筑总平面图、竖向布置图和地下设施布置图。

(2) 建设项目施工部署和主要建筑物施工方案。

(3) 建设项目施工总进度计划、施工总质量计划和施工总成本计划。

(4) 建设项目施工总资源计划和施工设施计划。

(5) 建设项目施工用地范围和水电源位置，以及项目安全施工和防火标准。

3. 施工总平面布置内容

(1) 建设项目施工用地范围内地形和等高线；全部地上、地下已有和拟建的建筑物、构筑物及其他设施位置和尺寸。

(2) 全部拟建的建筑物、构筑物和其他基础设施的坐标网。

(3) 为整个建设项目施工服务的施工设施布置，它包括生产性施工设施和生活性施工设施两类。

(4) 建设项目施工必备的安全、防火和环境保护设施布置。

4. 施工总平面图设计步骤

(1) 把场外交通引入现场

在设计施工总平面图时，必须从确定大宗材料、预制品和生产工艺设备运入施工现场的运输方式开始。当大宗施工物资由铁路运来时，必须解决如何引入铁路专用线问题；当大宗施工物资由公路运来时，必须解决好现场大型仓库、加工场与公路之间相互关系；当大宗施工物资由水路运来时，必须解决如何利用原有码头和要否增设新码头，以及大型仓库和加工场同码头关系问题。

(2) 确定仓库和堆场位置

当采用铁路运输大宗施工物资时，中心仓库尽可能沿铁路专用线布置，并且在仓库前留有足够的装卸前线，否则要在铁路线附近设置转运仓库，而且该仓库要设置在工地同侧。当采用公路运输大宗施工物资时，中心仓库可布置在工地中心区或靠近使用地方，如不可能这样做时，也可将其布置在工地入口处。大宗地方材料的堆场或仓库，可布置在相应的搅拌站、预制场或加工场附近。当采用水路运输大宗施工物资时，要在码头附近设置转运仓库。

工业项目的重型工艺设备，尽可运至车间附近的设备组装场停放，普通工艺设备可放在车间外围或其他空地上。

(3) 确定搅拌站和加工场位置

当有混凝土专用运输设备时，可集中设置大型搅拌站，其位置可采用线性规划方法确定，否则就要分散设置小型搅拌站，它们的位置均应靠近使用地点或垂直运输设备。

各种加工场的布置均应以方便生产、安全防火、环境保护和运输费用少为原则。通常加工场宜集中布置在工地边缘处，并且将其与相应仓库或堆场布置在同一地区。

(4) 确定场内运输道路位置

根据施工项目及其与堆场、仓库或加工场相应位置，认真研究它们之间物资转运路径和转运量，区分场内运输道路主次关系，优化确定场内运输道路主次和相互位置；要尽可能利用原有或拟建的永久道路；合理安排施工道路与场内地下管网间的施工顺序，保证场内运输道路时刻畅通；要科学确定场内运输道路宽度，合理选择运输道路的路面结构。

(5) 确定生活性施工设施位置

全工地性的行政管理用房屋宜设在工地入口处，以便加强对外联系，当然也可以布置在比较中心地带，这样便于加强工地管理。工人居住用房屋宜布置在工地外围或其边缘处。文化福利用房屋最好设置在工人集中地方，或者工人必经之路附近的地方。生活性施工设施尽可能利用建设单位生活基地或其他永久性建筑物，其不足部分再按计划建造。

(6) 确定水电管网和动力设施位置

根据施工现场具体条件，首先要确定水源和电源类型和供应量，然后确定引入现场后的主干管（线）和支干管（线）供应量和平面布置形式。它们的具体设计步骤和要求，详见本章 34-3-3 "施工供水设施"和 34-3-4 "施工供电设施"。根据建设项目规模大小，还要设置消防站、消防通道和消火栓。

(7) 评价施工总平面图指标

为了从几个可行的施工总平面图方案中，选择出一个最优方案，通常采用的评价指标有：施工占地总面积、土地利用率、施工设施建造费用、施工道路总长度和施工管网总长度。并在分析计算基础上，对每个可行方案进行综合评价。

5. 施工平面图设计参考图例（表34-79）

施工平面图图例　　　　　　表 34-79

序号	名称	图例	序号	名称	图例
一、地形及控制点					
1	三角点		16	树林	
2	水准点		17	竹林	
3	原有房屋		18	耕地：稻田、旱地	
4	窑洞：地上、地下		二、建筑、构筑物		
5	蒙古包		1	拟建正式房屋	
6	坟地、有树坟地		2	施工期间利用的拟建正式房屋	
7	石油、盐、天然气井		3	将来拟建正式房屋	
8	竖井：矩形、圆形		4	临时房屋：密闭式　敞棚式	
9	钻孔		5	拟建的各种材料围墙	
10	浅探井、试坑		6	临时围墙	
11	等高线：基本的、补助的		7	建筑工地界线	
12	土堤、土堆		8	工地内的分区线	
13	坑穴		9	烟囱	
14	断崖（2.2为断崖高度）				
15	滑坡		10	水塔	

续表

序号	名 称	图 例	序号	名 称	图 例
	二、建筑、构筑物			三、交通运输	
11	房角座标	$x=1530$ $y=2156$	16	水系流向	
12	室内地面水平标高	105.10	17	人行桥	
			18	车行桥	
	三、交通运输		19	渡 口	
			20	码 头 顺岸式 趸船式 堤坝式	(10吨)
1	现有永久公路				
2	拟建永久道路				
3	施工用临时道路				
4	现有大车道		21	船只停泊场	
5	现有标准轨铁路		22	临时岸边码头	
6	拟建标准轨铁路				
7	施工期间利用的拟建标准轨铁路		23	桩式码头	
8	现有的窄轨铁路		24	趸船码头	
9	施工用临时窄轨铁路			四、材料、构件堆场	
10	转车盘		1	临时露天堆场	
11	道 口		2	施工期间利用的永久堆场	
12	涵 洞		3	土 堆	
13	桥 梁		4	砂 堆	
14	铁路车站		5	砾石、碎石堆	
15	索道（走线滑子）		6	块石堆	

续表

序号	名称	图例	序号	名称	图例
四、材料、构件堆场			五、动力设施		
7	砖堆		1	临时水塔	
8	钢筋堆场		2	临时水池	
9	型钢堆场		3	贮水池	
10	铁管堆场		4	永久井	
11	钢筋成品场		5	临时井	
12	钢结构场		6	加压站	
13	屋面板存放场		7	原有的上水管线	
14	砌块存放场		8	临时给水管线	—S—S—
15	墙板存放场		9	给水阀门（水嘴）	
16	一般构件存放场		10	支管接管位置	
17	原木堆场		11	消防栓（原有）	
18	锯材堆场		12	消防栓（临时）	
19	细木成品场		13	消防栓	
20	粗木成品场		14	原有上下水井	
21	矿渣、灰渣堆		15	拟建上下水井	
22	废料堆场		16	临时上下水井	
23	脚手、模板堆场		17	原有的排水管线	
			18	临时排水管线	—P—

续表

序号	名 称	图 例	序号	名 称	图 例
五、动力设施			五、动力设施		
19	临时排水沟		39	空压机站	
20	原有化粪池		40	临时压缩空气管道	—VS—
21	拟建化粪池		六、施工机械		
22	水 源		1	塔 轨	
23	电 源		2	塔 吊	
24	总降压变电站	M	3	井 架	
25	发电站		4	门 架	
26	变电站		5	卷扬机	
27	变压器		6	履带式起重机	
28	投光灯		7	汽车式起重机	
29	电 杆		8	缆式起重机	
30	现有高压 6kV 线路	—WW_6— —WW_6—	9	铁路式起重机	
31	施工期间利用的永久高压 6kV 线路	—LWW_6— —LWW_6—	10	皮带运输机	
32	临时高压 3~5kV 线路	—$W_{3.5}$— —$W_{3.5}$—	11	外用电梯	
33	现有低压线路	—VV— VV—	12	少先吊	
34	施工期间利用的永久低压线路	—LVV— LVV—	13	挖土机：正铲	
35	临时低压线路	—V— V—		反铲	
36	电话线	—·O—·O—		抓铲	
37	现有暖气管道	—T— T—		拉铲	
38	临时暖气管道	—Z—			

续表

序号	名称	图例	序号	名称	图例
六、施工机械			六、施工机械		
14	多斗挖土机		22	圆锯	
15	推土机		七、其他		
16	铲运机		1	脚手架	
17	混凝土搅拌机		2	壁板插放架	
18	灰浆搅拌机		3	淋灰池	
19	洗石机		4	沥青锅	
20	打桩机		5	避雷针	
21	水泵				

34-5-3-14 主要技术经济指标

1. 项目施工工期

它包括：建设项目总工期；独立交工系统工期；以及独立承包项目和单项工程工期。

2. 项目施工质量

它包括：分部工程质量标准；单位工程质量标准；以及单项工程和建设项目质量水平。

3. 项目施工成本

它包括：建设项目总造价总成本和利润；每个独立交工系统总造价、总成本和利润；独立承包项目造价成本和利润；以及每个单项工程、单位工程造价、成本和利润；及其产值（总造价）利润率和成本降低率。

4. 项目施工消耗

它包括：建设项目总用工量；独立交工系统用工量；每个单项工程用工；以及它们各自平均人数、高峰人数和劳动力不均衡系数，劳动生产率；主要材料消耗量和节约量；主要大型机械使用数量、台班量和利用率。

5. 项目施工安全

它包括：施工人员伤亡率、重伤率、轻伤率和经济损失四项。

6. 项目施工其他指标

它包括：施工设施建造费比例、综合机械化程度、工厂化程度和装配化程度；以及流水施工系数和施工现场利用系数。

34-6 施工组织设计

34-6-1 编制依据

1. 单项（位）工程全部施工图纸及其标准图；
2. 单项（位）工程工程地质勘察报告、地形图和工程测量控制网；
3. 单项（位）工程预算文件和资料；
4. 建设项目施工组织总设计对本工程的工期、质量和成本控制的目标要求；
5. 承包单位年度施工计划对本工程开竣工的时间要求；

34-6-2 编制程序

施工组织编制程序如图34-46所示。

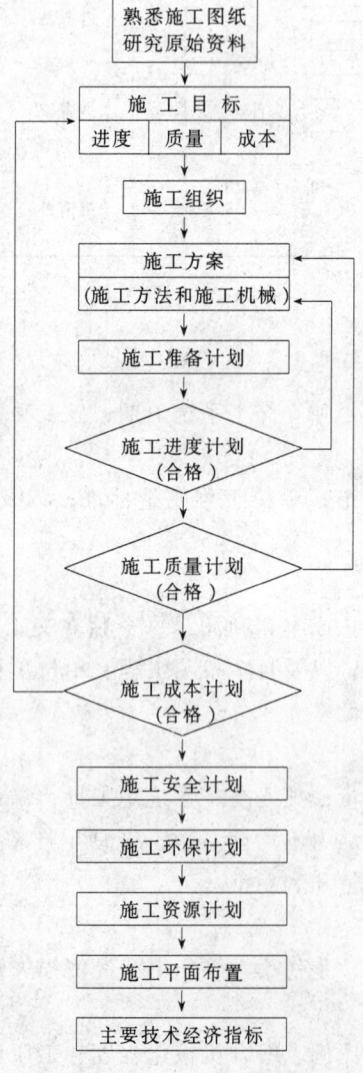

图 34-46 施工组织设计编制程序

34-6-3 编 制 内 容

34-6-3-1 工程概况

1. 工程性质和作用

主要说明：工程类型、使用功能、建设目的、建设工期、质量要求和投资额，以及工程建成后地位和作用。

2. 建筑和结构特征

主要说明：工程平面组成、层数、层高和建筑面积，并附以平面、立面和剖面图；结构特点、复杂程度和抗震要求，并附以主要工种工程量一览表。

3. 建造地点特征

主要说明：建造地点及其空间状况；气象条件及其变化状况；工程地形和工程地质条件及其变化状况；水文地质条件及其变化状况；以及冬期施工起止时间和土壤冻结深度。

4. 工程施工特征

结合工程具体施工条件，找出其施工全过程的关键工程，并从施工方法和措施方面给以合理地解决。在单层装配式工业厂房施工中，要重点解决地下工程、预制工程和结构安装工程。在多层民用房屋施工中，要重点解决地下工程、主体结构工程和装饰工程。

34-6-3-2 施工目标

根据单项（位）工程施工合同要求的目标，确定其施工目标；该目标必须满足或高于合同要求目标，并作为控制施工进度、质量和成本计划的依据。它可分为：控制工期、控制成本和控制质量等级。如表 34-80 所示。

施工控制目标明细表   表 34-80

序 号	工程名称	建筑面积 (m^2)	控制工期 （月）	控制成本 （万元）	控制质量等级 （合格）

34-6-3-3 施工（管理）组织

1. 确定施工管理组织目标

根据施工目标，确定施工管理组织目标，建立项目管理组织机构。

2. 确定施工管理工作内容

通常施工管理工作内容可分为：施工进度控制、质量控制、成本控制、合同管理、信息管理和组织协调。

3. 确定施工管理组织机构

（1）确定组织机构形式

组织机构形式通常有：直线式、直线职能式和矩阵式三种形式。

（2）确定组织管理层次

施工管理层次可分为：决策层、控制层和作业层三层。

（3）制定岗位职责

组织内部的每个岗位职务和职责必须明确，责任和权力必须一致，并形成相应规章和制度。

(4) 选派管理人员

按照岗位职责需要，选派称职管理人员，组成精干高效的项目经理部，签订相应项目管理协议，并以表格列出，如表34-81所示。

项目经理部人员明细表　　　　　　　　　　表34-81

序　号	姓　名	职　务	职　称	工　作　职　责

4．制定施工管理工作流程和考核标准

为了提高施工管理工作效率，应按照施工管理客观规律，制定出相应管理工作流程和考核标准，以备定期检查其落实状况。

34-6-3-4　施工方案

1．确定施工起点流向

施工起点流向是指单项工程在平面上和竖向上施工开始部位和进展方向，它主要解决施工项目在空间上施工顺序合理的问题，其决定因素包括：

(1) 单项（位）工程生产工艺要求；

(2) 建设单位对单项（位）工程投产或交付使用的工期要求；

(3) 当单项（位）工程各部分复杂程度不同时，应从复杂部位开始；

(4) 当单项（位）工程有高低层并列时，应从并列处开始；

(5) 当单项（位）工程基础深度不同时，应从深基础部分开始，并且考虑施工现场周边环境状况。

2．确定施工程序

施工程序是指单项工程不同施工阶段之间所固有的、密切不可分割的先后施工次序。它既不可颠倒，也不能超越。

单项（位）工程施工总程序包括：签订工程施工合同、施工准备、全面施工和竣工验收。此外，其施工程序还有：先场外后场内、先地下后地上、先主体后装修和先土建后设备安装。在编制施工方案时，必须认真研究单项工程施工程序。

3．确定施工顺序

施工顺序是指单项（位）工程内部各个分部（项）工程之间的先后施工次序。施工顺序合理与否，将直接影响工种间配合、工程质量、施工安全、工程成本和施工速度，必须科学合理地确定单项工程施工顺序。

(1) 单层装配式钢筋混凝土结构工业厂房施工顺序

该类工业厂房分部工程包括：地下工程、预制工程、结构安装工程、围护结构工程、建筑设备安装工程和工艺设备安装工程。例如地下工程又包括：挖基坑、做垫层、绑基础钢筋、支基础模板、浇基础混凝土、养护、拆基础模板和基坑回填土等分项工程。其中挖基坑、绑基础钢筋、支基础模板和浇基础混凝土为主导分项工程，其余为穿插分项工程。依此类推，其他分部工程也包括若干个分项工程，其中有主导的，也有穿插的分项工程，照例可以确定它们之间的施工顺序。

(2) 多层混合结构民用房屋施工顺序

该类房屋包括：地下工程、主体结构工程、屋面工程、装饰工程和建筑设备安装工程5个分部工程。例如装饰工程又包括室内装饰工程和室外装饰工程两个部分，其中室内墙面抹灰包括顶棚、墙面和地面3个分项工程，其施工顺序有两种：顶棚→墙面→地面；地面→顶棚→墙面。两者各有利弊，要结合具体情况加以确定。其他分部工程也一样，都必须合理地确定其施工顺序。

4．确定施工方法

(1) 选择施工方法

在选择施工方法时，要重点解决影响整个单项（位）工程施工的主要分部（项）工程。对于人们熟悉的、工艺简单的分项工程，只要加以概括说明即可。对于下述工程，则要编制具体的施工过程设计：

1) 工程量大而且地位重要的工程项目；

2) 施工技术复杂或采用新结构、新技术、新工艺的工程项目；

3) 特种结构工程或应由专业施工单位施工的特殊专业工程。

(2) 选择施工机械

1) 在选择主导施工机械时，要充分考虑工程特点、机械供应条件和施工现场空间状况，合理地确定主导施工机械类型、型号和台数；

2) 在选择辅助施工机械时，必须充分发挥主导施工机械的生产效率，要使两者的台班生产能力协调一致，并确定出辅助施工机械的类型、型号和台数；

3) 为便于施工机械管理，同一施工现场的机械型号尽可能少，当工程量大而且集中时，应选用专业化施工机械；当工程量小而且分散时，要选择多用途施工机械。

5．确定安全施工措施

(1) 预防自然灾害措施

它包括：防台风、防雷击、防洪水、防山洪暴发和防地震灾害等措施。

(2) 防火防爆措施

它包括：大风天气严禁施工现场明火作业、明火作业要有安全保护、氧气瓶防震防晒和乙炔罐严防回火等措施。

(3) 劳动保护措施

它包括：安全用电、高空作业、交叉施工、施工人员上下、防暑降温、防冻防寒和防滑防坠落，以及防有害气体毒害等措施。

(4) 特殊工程安全措施

如采用新结构、新材料或新工艺的单项工程，要编制详细的安全施工措施。

(5) 环境保护措施

它包括：有害气体排放、现场雨水排放、现场生产污水和生活污水排放，以及现场树木和绿地保护等措施。

6．常用施工方案选择要点

在工程施工中，经常会遇到：土石方、砌筑、脚手架、垂直运输、模板、混凝土浇注等工程的施工方案选择，以及塔吊和安全施工方案选择；在方案论证时，要认真参考本手册相关章节，其目录如表34-82所示。

常用施工方案选择表   表34-82

序号	施工方案名称	参考本手册目录	备注
1	土石方工程	第6章 土方与基坑工程	
2	砌筑工程	第13章 砌体工程	
3	脚手架工程	第5章 脚手架工程和垂直运输设施	
4	垂直运输设施		
5	模板工程	第8章 模板工程	
6	混凝土浇注工程	第10章 混凝土工程	
7	塔式起重机	第14章 起重设备与混凝土结构吊装工程	
8	安全施工	第35章 建筑施工安全技术与管理	

7．评价施工方案的主要指标

（1）定性评价指标

1）施工操作难易程度和安全可靠性；

2）为后续工程创造有利条件的可能性；

3）利用现有或取得施工机械的可能性；

4）施工方案对冬雨期施工的适应性；

5）为现场文明施工创造有利条件的可能性。

（2）定量评价指标

1）单项（位）工程施工工期；

2）单项（位）工程施工成本；

3）单项（位）工程施工质量；

4）单项（位）工程劳动消耗量；

5）单项（位）工程主要材料消耗量。

34-6-3-5 施工准备计划

1．施工准备工作的内容

（1）建立工程管理组织

它包括：组建管理机构、确定各部门职能、确定岗位职责分工和选聘岗位人员，以及部门之间和岗位之间相互关系。

（2）施工技术准备

1）编制施工进度控制实施细则

它包括：分解工程进度控制目标，编制施工作业计划；认真落实施工资源供应计划，严格控制工程进度目标；协调各施工部门之间关系，做好组织协调工作；收集工程进度控制信息，做好工程进度跟踪监控工作；以及采取有效控制措施，保证工程进度控制目标。

2）编制施工质量控制实施细则

它包括：分解施工质量控制目标，建立健全施工质量体系；认真确定分项工程质量控制点，落实其质量控制措施；跟踪监控施工质量，分析施工质量变化状况；采取有效质量控制措施，保证工程质量控制目标。

3）编制施工成本控制实施细则

它包括：分解施工成本控制目标，确定分项工程施工成本控制标准；采取有效成本控制措施，跟踪监控施工成本；全面履行承包合同，减少业主索赔机会；按时结算工程价款，加快工程资金周转；收集工程施工成本控制信息，保证施工成本控制目标。

4）做好工程技术交底工作

它包括：单项（位）工程施工组织设计、工程施工实施细则和施工技术标准交底。技术交底方式有：书面交底、口头交底和现场示范操作交底3种，通常采用自上而下逐级进行交底。

(3) 劳动组织准备

1) 建立工作队组

根据施工方案、施工进度和劳动力需要量计划要求，确定工作队形式，并建立队组领导体系，在队组内部工人技术等级比例要合理，并满足劳动组合优化要求。

2) 做好劳动力培训工作

根据劳动力需要量计划，组织劳动力进场，组建好工作队组，并安排好工人进场后生活，然后按工作队组编制组织上岗前培训，培训内容包括：规章制度、安全施工、操作技术和精神文明教育4个方面。

(4) 施工物资准备

1) 建筑材料准备；

2) 预制加工品准备；

3) 施工机具准备；

4) 生产工艺设备准备。

(5) 施工现场准备

1) 清除现场障碍物，实现"四通一平"；

2) 现场控制网测量；

3) 建造各项施工设施；

4) 做好冬雨期施工准备；

5) 组织施工物资和施工机具进场。

2．编制施工准备工作计划

为落实各项施工准备工作，加强对施工准备工作监督和检查，通常施工准备工作计划采用表格形式，如表34-83所示。

施工准备工作计划 表34-83

序号	准备工作名称	准备工作内容	主办单位	协办单位	完成时间	负责人

34-6-3-6 施工进度计划

1. 编制施工进度计划依据

(1) 单项（位）工程承包合同和全部施工图纸；
(2) 建设地区原始资料；
(3) 施工总进度计划对本工程有关要求；
(4) 单项（位）工程设计概算和预算资料；
(5) 主要施工资源供应条件。

2. 施工进度计划编制步骤

(1) 施工网络进度计划编制步骤

1) 熟悉审查施工图纸，研究原始资料；
2) 确定施工起点流向，划分施工段和施工层；
3) 分解施工过程，确定施工顺序和工作名称；
4) 选择施工方法和施工机械，确定施工方案；
5) 计算工程量，确定劳动量或机械台班数量；
6) 计算各项工作持续时间；
7) 绘制施工网络图；
8) 计算网络图各项时间参数；
9) 按照项目进度控制目标要求，调整和优化施工网络计划。

(2) 施工横道进度计划编制步骤

1) 熟悉审查施工图纸，研究原始资料；
2) 确定施工起点流向，划分施工段和施工层；
3) 分解施工过程，确定工程项目名称和施工顺序；
4) 选择施工方法和施工机械，确定施工方案；
5) 计算工程量，确定劳动量或机械台班数量；
6) 计算工程项目持续时间，确定各项流水参数；
7) 绘制施工横道图；
8) 按项目进度控制目标要求，调整和优化施工横道计划。

3. 施工进度计划编制要点

(1) 确定施工起点流向和划分施工段

确定施工起点流向方法，详见本章 34-6-3-4 施工方案。划分施工段和施工层方法，详见本章 34-2-1-2 流水参数确定方法。

(2) 计算工程量

如果工程项目划分与施工图预算一致，可以采用施工图预算的工程量数据，工程量计算要与所采用施工方法一致，其计算单位要与所采用定额单位一致。

(3) 确定分项工程劳动量或机械台班数量

$$P_i = \frac{Q_i}{S_i} = Q_i \cdot H_i \tag{34-67}$$

式中 P_i ——某分项工程劳动量或机械台班数量；
     Q_i ——某分项工程的工程量；

S_i——某分项工程计划产量定额；

H_i——某分项工程计划时间定额。

(4) 确定分项工程持续时间

$$t_i = \frac{P_i}{R_i N_i} \tag{34-68}$$

式中 t_i——某分项工程持续时间；

R_i——某分项工程工人数或机械台数；

N_i——某分项工程工作班次；

其他符号同前。

(5) 安排施工进度

同一性质主导分项工程尽可能连续施工；非同一性质穿插分项工程，要最大限度搭接起来；计划工期要满足合同工期要求；要满足均衡施工要求；要充分发挥主导机械和辅助机械生产效率。

(6) 调整施工进度

如果工期不符合要求，应改变某些分项工程施工方法，调整和优化工期，使其满足进度控制目标要求。

如果资源消耗不均衡，应对进度计划初始方案进行资源调整。如网络计划的资源优化和施工横道计划的资源动态曲线调整。

4．制订施工进度控制实施细则

(1) 编制月、旬和周施工作业计划；

(2) 落实劳动力、原材料和施工机具供应计划；

(3) 协调同设计单位和分包单位关系，以便取得其配合和支持；

(4) 协调同业主的关系，保证其供应材料、设备和图纸及时到位；

(5) 跟踪监控施工进度，保证施工进度控制目标实现。

34-6-3-7 施工质量计划

1．编制施工质量计划的依据

(1) 工程承包合同对工程造价、工期和质量有关规定；

(2) 施工图纸和有关设计文件；

(3) 设计概算和施工图预算文件；

(4) 国家现行施工验收规范和有关规定；

(5) 劳动力素质、材料和施工机械质量以及现场施工作业环境状况。

2．施工质量计划内容

(1) 设计图纸对施工质量要求和特点；

(2) 施工质量控制目标及其分解；

(3) 确定施工质量控制点；

(4) 制订施工质量控制实施细则；

(5) 建立施工质量体系。

3．编制施工质量计划步骤

(1) 施工质量要求和特点

根据工程建筑结构特点、工程承包合同和工程设计要求，认真分析影响施工质量的各项因素，明确施工质量特点及其质量控制重点。

(2) 施工质量控制目标及其分解

根据施工质量要求和特点分析，确定单项（位）工程施工质量控制目标"优良"或"合格"，然后将该目标逐级分解为：分部工程、分项工程和工序质量控制子目标"优良"或"合格"，作为确定施工质量控制点的依据。

(3) 确定施工质量控制点

根据单项（位）工程、分部（项）工程施工质量目标要求，对影响施工质量的关键环节、部位和工序设置质量控制点，如表 34-74 所示。

(4) 制订施工质量控制实施细则

它包括：建筑材料、预制加工品和工艺设备质量检查验收措施；分部工程、分项工程质量控制措施；以及施工质量控制点的跟踪监控办法。

(5) 建立工程施工质量体系

详见本手册第 31 章。

34-6-3-8 施工成本计划

1. 施工成本分类和构成

单项（位）工程施工成本也分为：施工预算成本、施工计划成本和施工实际成本 3 种，其中施工预算成本也是由直接费和间接费两部分费用构成。

2. 编制施工成本计划步骤

(1) 收集和审查有关编制依据；

(2) 做好工程施工成本预测；

(3) 编制单项（位）工程施工成本计划；

(4) 制订施工成本控制实施细则：

它包括优选材料、设备质量和价格；优化工期和成本；减少赶工费；跟踪监控计划成本与实际成本差额，分析产生原因，采取纠正措施；全面履行合同，减少业主索赔机会；健全工程施工成本控制组织，落实控制者责任；保证工程施工成本控制目标实现。

34-6-3-9 施工安全计划

1. 施工安全计划内容

(1) 工程概况；

(2) 安全控制程序；

(3) 安全控制目标；

(4) 安全组织结构；

(5) 安全资源配置；

(6) 安全技术措施；

(7) 安全检查评价和奖励。

2. 施工安全计划编制步骤

(1) 工程概况

它包括：工程性质和作用；建筑结构特征；建造地点特征；以及施工特征。

(2) 确定安全控制程序

它包括：确定施工安全目标；编制施工安全计划；安全计划实施；安全计划验证；以及安全持续改进和兑现合同承诺。

(3) 确定安全控制目标

它包括：单项工程、单位工程和分部工程施工安全目标。

(4) 确定安全组织机构

它包括：安全组织机构形式；安全组织管理层次；安全职责和权限；安全管理人员组成；以及建立安全管理规章制度。

(5) 确保安全资源配置

它包括：安全资源名称、规格、数量和使用地点和部位，并列入资源需要量计划。

(6) 制订安全技术措施

它包括：防火、防毒、防爆、防洪、防尘、防雷击、防坍塌、防物体打击、防溜车、防机械伤害、防高空坠落和防交通事故，以及防寒、防暑、防疫和防环境污染等项措施。

(7) 落实安全检查评价和奖励

它包括：确定安全检查时间；安全检查人员组成；安全检查事项和方法；安全检查记录要求和结果评价；编写安全检查报告；以及兑现安全施工优胜者的奖励制度。

34-6-3-10 施工环保计划

1. 施工环保计划内容

(1) 施工环保目标；

(2) 施工环保组织机构；

(3) 施工环保事项内容和措施。

2. 施工环保计划编制步骤

(1) 确定施工环保目标

它包括：单项工程、单位工程和分部工程施工环保目标。

(2) 确定环保组织机构

它包括：施工环保组织机构形式；环保组织管理层次；环保职责和权限；环保管理人员组成；以及建立环保管理规章制度。

(3) 明确施工环保事项内容和措施

它包括：现场泥浆、污水和排水；现场爆破危害防止；现场打桩震害防止；现场防尘和防噪声；现场地下旧有管线或文物保护；现场熔化沥青及其防护；现场及周边交通环境保护；以及现场卫生防疫和绿化工作。

34-6-3-11 施工资源计划

单项（位）工程施工资源计划内容包括：编制劳动力需要量计划、建筑材料需要量计划、预制加工品需要量计划、施工机具需要量计划和生产工艺设备需要量计划。

(1) 劳动力需要量计划

劳动力需要量计划是根据施工方案、施工进度和施工预算，依次确定的专业工种、进场时间、劳动量和工人数，然后汇集成表格形式。它可作为现场劳动力调配的依据，如表34-84 所示。

劳动力需要量计划表 表 34-84

序号	专业工种		劳动量(工日)	需要人数和时间									备注
				×月			×月			×月			
	名称	级别		Ⅰ	Ⅱ	Ⅲ	Ⅰ	Ⅱ	Ⅲ	Ⅰ	Ⅱ	Ⅲ	

(2) 建筑材料需要量计划

建筑材料需要量计划是根据施工预算工料分析和施工进度，依次确定的材料名称、规格、数量和进场时间，并汇集成表格形式。它可作为备料、确定堆场和仓库面积，以及组织运输的依据，如表 34-85 所示。

建筑材料需要量计划表 表 34-85

序号	材料名称	规格	需要量		需要时间								备注
			单位	数量	×月			×月			×月			
					Ⅰ	Ⅱ	Ⅲ	Ⅰ	Ⅱ	Ⅲ	Ⅰ	Ⅱ	Ⅲ	

(3) 预制加工品需要量计划

预制加工品需要量计划是根据施工预算和施工进度计划而编制，它可作为加工订货、确定堆场面积和组织运输依据，如表 34-86 所示。

预制加工品需要量计划表 表 34-86

序号	预制加工品名称	型号/图号	规格尺寸(mm)	需要量		要求供应起止日期	备注
				单位	数量		

(4) 施工机具需要量计划

施工机具需要量计划是根据施工方案和施工进度计划而编制，它可作为落实施工机具来源和组织施工机具进场的依据，如表 34-87 所示。

施工机具需要量计划表　　　　　　　　　　　　　　　　　　　　　　表 34-87

序号	施工机具名称	型号	规格	电功率(kVA)	需要量(台)	使用时间	备注

(5) 生产工艺设备需要量计划

生产工艺设备需要量计划是根据生产工艺布置图和设备安装进度而编制，它可作为生产设备订货、组织运输和进场后存放依据，如表 34-88 所示。

生产工艺设备需要量计划表　　　　　　　　　　　　　　　　　　　　　　表 34-88

序号	生产设备名称	型号	规格	电功率(kVA)	需要量(台)	进场时间	备注

(6) 施工设施需要量计划

根据项目施工需要，确定相应施工设施，通常包括：施工安全设施、施工环保设施、施工用房屋、施工运输设施、施工通讯设施、施工供水设施、施工供电设施和其他设施，详见本章 34-3 施工设施，编制施工设施需要量计划。

34-6-3-12　施工风险防范

1. 施工风险类型

通常单项工程施工风险有：工期风险、质量风险和成本风险三种。

2. 施工风险因素识别

识别施工风险因素的方法主要有：专家调查法、故障树法、流程图分析法、财务报表分析法和现场观察法。通过风险识别，为风险估计、评价和决策提供依据。

3. 施工风险出现概率和损失值估计

(1) 风险估计方法

它包括：概率分析法、趋势分析法、专家会议法、德尔菲法和专家系统分析法。

(2) 风险损失值估计

风险损失包括：风险直接损失和间接损失两部分；前者比较容易估计，后者比较复杂。因此必须认真分析估计其损失值。

4. 施工风险管理重点

(1) 风险管理阶段

在风险潜在阶段，正确预见和发现风险苗头，制定控制风险手段和措施，阻止风险损失发生，消除风险隐患，削弱损失影响程度。在风险出现阶段，积极采取抢救或补救措施，将风险损失减少到最低程度。在风险损失发生后，运用风险管理手段和措施，迅速对风险损失进行有效地经济补偿；尽快排除直接损失对项目正常运营的干扰，减少风险间接损失。

(2) 风险管理手段和措施

它包括：风险回避、风险转移、风险预防、风险分散、风险自留和保险六种。

5．施工风险防范对策

(1) 风险控制对策

风险管理者采取相应风险管理手段和措施，控制并减少风险损失频率和幅度。如风险回避、风险转移、风险预防、风险分散和保险等手段和措施。

(2) 风险财务对策

风险管理者采用筹集资金支付风险损失的办法，保证项目正常施工，减少间接损失。如风险自留、风险转移和保险等手段和措施。

6．施工风险管理责任

为落实施工风险管理责任，必须列出风险管理责任表，如表34-89所示。

风 险 管 理 责 任 表　　　　　表34-89

序　号	风险名称	管理目标	防范对策	管理责任人	备　注

34-6-3-13　施工平面布置

1．施工平面布置依据

(1) 建设地区原始资料；

(2) 一切原有和拟建工程位置及尺寸；

(3) 全部施工设施建造方案；

(4) 施工方案、施工进度和资源需要量计划；

(5) 建设单位可提供的房屋和其他生活设施。

2．施工平面布置原则

(1) 施工平面布置要紧凑合理，尽量减少施工用地；

(2) 尽量利用原有建筑物或构筑物，降低施工设施建造费用；

(3) 合理地组织运输，保证现场运输道路畅通，尽量减少场内运输费；

(4) 尽量采用装配式施工设施，减少搬迁损失，提高施工设施安装速度；

(5) 各项施工设施布置都要满足方便生产、有利于生活、安全防火、环境保护和劳动保护要求。

3．施工平面布置内容

(1) 设计施工平面图

它包括：建筑总平面图上的全部地上、地下建筑物、构筑物和管线；地形等高线，测量放线标桩位置；各类起重机械停放场地和开行路线位置；以及生产性、生活性施工设施和安全防火设施位置。

(2) 编制施工设施计划

它包括：生产性和生活性施工设施的种类、规模和数量，以及占地面积和建造费用。

4．设计施工平面图步骤

(1) 确定起重机械数量和位置

1) 确定起重机械数量

$$N = \Sigma Q / S \tag{34-69}$$

式中　N——起重机台数；

　　ΣQ——垂直运输高峰期每班要求运输总次数；

　　S——每台起重机每班运输次数。

2) 确定起重机械位置

固定式起重机械位置，如龙门架和井架等要根据机械性能、建筑物平面尺寸、施工段划分状况和材料运输去向具体确定。自行有轨式起重机械位置，如塔式起重机要根据建筑物平面尺寸、吊物重量和起重机能力具体确定。自行无轨式起重机械位置，如轮胎式和履带式起重机要根据建筑物平面尺寸、构件重量、安装高度和吊装方法具体确定。

(2) 确定搅拌站、材料堆场、仓库和加工场位置

当采用固定式起重机械时，搅拌站及其材料堆场要靠近起重机械；当采用自行有轨式起重机械时，搅拌站及其材料堆场应在其起重半径范围内；当采用自行无轨式起重机械时，应将其沿起重机械开行路线和起重半径范围内布置。

施工现场仓库位置，应根据其材料使用地点优化确定。各种加工场位置，要根据加工品使用地点和不影响主要工种工程施工为原则，通过不同方案优选来确定。详见本章7-6-5"施工总平面图参考资料。"

(3) 确定运输道路位置

施工现场应优先利用永久性道路，或者先建永久性道路路基，作为施工道路使用，在工程竣工前再铺路面。运输道路要沿生产性和生活性施工设施布置，使其畅通无阻，并尽可能形成环形路线。道路宽度不小于 3.5m，转弯半径不大于 10m，道路两侧要设排水沟，保持路面排水畅通，道路每隔一定距离要设置一个回车场，每个施工现场至少要有两个道路出口。详见本章 34-3-2 施工运输设施。

(4) 行政管理和文化福利设施布置

它包括：办公室、工人休息室、食堂、烧水房、收发室和门卫等设施。要根据方便生产、有利于生活、安全防火和劳动保护要求，具体确定它们各自位置。

(5) 确定水电管网位置

1) 施工供水和排水

在布置施工供水管网时，应力求供水管网总长度最短，供水管径大小要根据计算确定，并按建设地区特点，确定管网埋设方式。详见本章 34-3-3 施工供水设施。在确定施工项目生产和生活用水同时，还要确定现场消防用水及其设施。

为排除现场地面水和地下水，要接通永久性地下排水管道；同时做好地面排水，在雨季到来之前修筑好排水明沟。

2) 施工供电设施

通常单项(位)工程施工用电，要与建设项目施工用电综合考虑，如属于独立的单项(位)工程，要先计算出施工用电总量，并选择相应变压器，然后计算支路导线截面积，

并确定供电网形式。施工现场供电线路,通常要架空铺设,并尽量使其线路最短。详见本章 34-3-4 施工供电设施。施工平面图形式,详见本章案例施工平面图。

34·6·3·14 主要技术经济指标

施工组织设计的主要技术经济指标包括:施工工期、施工质量、施工成本、施工安全、施工环保和施工效率,以及其他技术经济指标。可参考本章 34-5-3-14 主要技术经济指标。

附录 I 超高层建筑施工组织设计大纲实例 —— 某科技大厦施工组织设计大纲

一、项目概况

本工程位于某市开发区内黄河路与华山路交口处。该工程占地面积 12500m², 总建筑面积 65090m²。其中,地上建筑面积 53090m², 为科技市场及科技研发产业用房;地下建筑面积 12000m², 为车库及设备用房。建筑物地上 30 层,总高度 110m, 如图 34-47 所示。

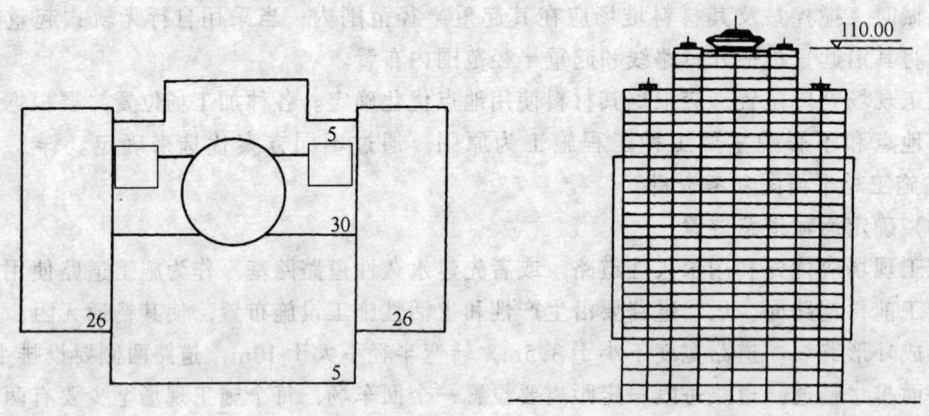

图 34-47 某科技大厦平面图和剖面图

基础为由 80cm 厚抗压板,30cm 厚混凝土板墙和 40cm 厚人防叠合板组成的箱形基础。基础以下为 1m 厚混凝土垫层,基础埋深 9.6m, 外做 JIA 防水层。

主体为现浇柱、预制梁板框架-剪力墙结构,按地震烈度 8 级设防。外墙为条形挂板。柱采用标准节点。现浇柱混凝土强度等级为 C30, 达到 5MPa 时方能安装预制梁板;预制梁下须加临时支撑,待叠合梁混凝土强度达到设计要求 100% 后方可拆除。现浇柱四角主筋除应满足搭接倍数外,还必须单面焊 $10d$。

外饰面采用白色和灰色仿古全瓷砖,一~五层干挂花岗岩。室内柱、大厅墙面贴大理石。室内地面采用高档地面砖(地砖规格:走廊 800mm×800mm; 房间内 500mm×500mm)。内隔墙大部分采用轻钢龙骨石膏板墙贴塑料壁纸,砖墙或混凝土墙抹灰后贴塑料壁纸或刷乳胶漆。顶棚大部分为轻钢龙骨石膏板吊顶,厕所、开水间等房间为白瓷砖墙裙。

二、施工目标

(一)工期目标

计划2002年9月1日开工，2004年11月30日结束，工期为两年零三个月。

（二）质量目标

确保省优质工程；为争国家优质工程"鲁班奖"。

（三）成本目标

保证工程的成本比预期成本降低3.8%。

（四）安全生产目标

坚持"安全第一，预防为主"的方针，保证一般事故频率小于1.5‰，工亡率为零，在施工期间杜绝一切重大安全质量事故。

（五）文明施工和环保目标

强化施工现场科学管理，满足现场环保要求，创一流水平，建成市级文明样板工地。

（六）科技进步目标

将本工程列为本企业科技示范工程。科技进步效益率达1.5‰。

（七）服务目标

建造业主满意工程。

三、管理组织

本工程根据其特点，在现场成立了项目经理部，实施总承包管理模式。由项目经理、项目主任工程师、项目经济师组成。负责对工程的领导、决策、指挥、协调、控制等事宜，对工程的进度、成本、质量、安全和现场文明等负全部责任。

管理组织机构，如图34-48所示。

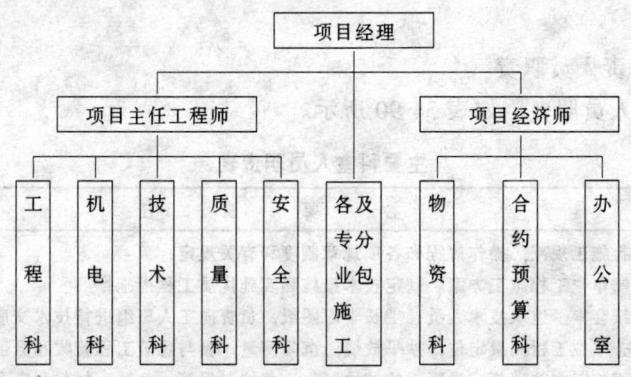

图34-48 组织机构图

（一）各科室职责

1. 工程科，负责施工的全面过程控制，严格控制分项工程施工工序，落实技术交底，严把质量进度关，保证工程目标实现。

2. 机电科，负责施工机械的选购和采用，施工用电线路的铺设以及机电安装工程等的施工。

3. 技术科，编制施工组织设计，制定并监督实施技术措施和质量改进措施，负责并解决施工工程中发生的技术问题，负责办理设计变更和洽商，以及技术资料的整理归档。

4. 质量科，负责制定质量保证体系，对施工中的工程质量进行严格控制，严格进行质量检查和质量状况分析。

5. 安全科，负责工程安全保卫、消防工作，保证工程的顺利进行。

6．物资科，负责采购供应合格产品、半成品等材料，负责进场物资的验收保护和发放。

7．合约、预算科，负责施工项目的合同管理以及该预算、索赔和核算等工作。

8．办公室，协调经理部各职能科室，质量体系综合管理和成本核算和管理。

(二) 人员职责如下：

1．项目经理职责

(1) 是工程项目总负责人，向上级主管负责。

(2) 贯彻公司经营方针，制定项目目标，全面履行工程承包合同规范的责任。

(3) 组织机构的建立和人员安排及确定职责范围。

(4) 对公司质量保证手册和有关程序文件的贯彻执行。

(5) 负责经理部内部责任状的签订。

(6) 负责分包工程合同的签订。

(7) 负责工程施工款项的审批，工程款的回收。

(8) 负责工程的安全生产。

2．主任工程师职责。负责质量体系的运行和管理，审批"项目质量计划"，参与编制总进度计划，审定分部、分项计划，与业主或其代表协调解决工作中的问题，负责材料质量检验和试验，对施工工艺和工程质量进行检查和监督，对不合格处更正，主持有关工程技术、质量问题会议，负责对工程的最终检验和试验的组织工作。

3．经济师职责，负责项目经济事务，确定工程量，核定工程款项，对各分包单位和供货方签订经济合同，核定价格和数量，监督审查财务、材料部门的工作，并负责项目施工中的成本控制。

4．主要部门负责人员职责

主要部门负责人员职责，如表34-90所示。

主要科室人员职责表　　　　　　　　　　　表34-90

人员	主　要　责　任
技术科主管	1．认真执行施工规范，操作规程和各项规章制度和有关规定； 2．负责编制单位工程施工方案。制定技术措施和实施优质工程措施； 3．负责图纸会审，组织技术人员、工长学习图纸，负责向工人班组进行技术交底； 4．负责检查单位工程测量定位，抄平放线，沉降测量，参与隐蔽工程验收和分部分项工程评定； 5．负责组织施工中的砂浆，混凝土的试块制作、养护、保管、送试、材料测定及二次化验； 6．负责技术资料的积累，整理齐全完备； 7．负责质量安全有关技术事宜，及时处理不合格工程； 8．负责检查材料是否合格
工程科主管	1．在项目经理指导下，对单位工程所划分的工程的区段的管理工作负责； 2．对单位的质量检查、安全、进度负责至班组； 3．负责编制本单位施工组织设计，以及贯彻和监督； 4．负责劳动力的管理工作，并提出每月的劳动力需要量计划，并负责分包管理工作
办公室主管	1．协调各科室，进行综合管理； 2．根据项目特点，以预算成本为项目基础，确定项目目标成本。并对目标成本进行有效的分解，编制工程成本降低计划，制定有效的工程成本预测控制方案； 3．对降低成本措施的实施效果进行动态考评，负责组织分阶段工程成本的经济活动进行分析，提出各阶段成本报告期的工程成本； 4．在工程竣工后及时提供项目考核的全套资料与数据并接受有关部门的审定

四、施工方案

（一）基础工程

1. 土方工程

槽底标高 -9.60m，室外自然地坪 -1.0m，实际挖土深度 8.60m，分二层开挖，第一层挖深 3.6，第二层挖深 5.0m。第一层土挖完后，在槽四周打钻孔护坡桩，养护至设计强度的 80% 后挖第二层土方。挖土坡度 1:0.75。室外管网中距建筑物较近的管沟须与基槽同时开挖。

2. 防水层

防水层施工顺序为先做立墙后做底板，立墙的砌砖、找平层和 JIA 防水层须一次做完，防水层为防水布外涂 2cm 厚 JIA 防水砂浆。

3. 箱形基础

水平方向划分四个施工段组织流水施工，如图 34-49 所示。

垂直方向划分四个施工层组织流水施工：第一施工层混凝土浇筑至底板斜面以下 3cm；第二施工层浇至架空层预制板下皮；第三施工层浇至人防叠合板下皮；第四施工层浇至技术层现浇框架。

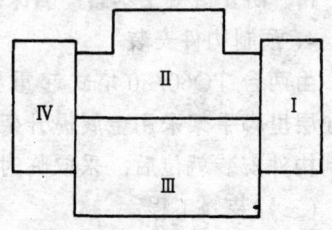

图 34-49 分区平面示意图

混凝土为 C20，在一个施工段内要求连续浇筑，具体浇筑顺序由施工队编制混凝土分项工程施工工艺卡。

（二）结构工程

1. 模板工程

主要采用钢木组合式模板，板材采用 18mm 厚九层胶合板；龙骨背枋采用 500cm×500cm 方木，紧固件采用 $\phi 12$ 或 $\phi 14$ 螺栓，配套用 $\phi 20$ PVC 塑料管；支撑系统及包箍采用 $\phi 48$ 钢管脚手架及活动钢管顶撑。

模板边沿要求顺直方正，拼缝严密，板缝不大于 1.5mm。立模前，板面应清理干净，并刷一道隔离剂。所有柱和剪力墙模板，在跟部开 200cm×200cm 的检查口，以便在混凝土浇筑过程前检查模内，确保无杂物，无积水，方可封闭检查口。

2. 钢筋工程

钢筋的做法在翻样图纸中注明，施工人员须遵照执行。钢筋采用现场预制，整体吊装就位绑扎。剪力墙钢筋就位绑扎，梁板钢筋现场预制，整体就位绑扎。

3. 混凝土工程

本工程结构混凝土采用现捣，五层以下混凝土强度等级为 C40，属于高强混凝土。

混凝土需要现场进行试块制作和试验。根据所选用的水泥品种、砂石级配、粒径、含泥量和外加剂等进行混凝土预配，最后得出优化配合比，试配结果通过项目经理部审核后，提前报送到工程管理方和监理工程师审查合格后，方准许进行混凝土生产和浇筑。

本工程顶板混凝土采用混凝土输送泵（现场常备 2 台混凝土泵）集中浇筑；墙体和柱混凝土主要利用混凝土泵浇筑，同时利用塔吊进行辅助浇筑。在进行墙柱混凝土浇筑时，严格控制浇筑厚度（每层浇筑厚度不得超过 50cm）及混凝土捣制时间，杜绝蜂窝、孔洞。留置在梁部位的水平施工缝、标高要严格准确控制，不得过低和超高并形成一个水平面，以利于下一步梁板施工，同时保证质量。梁板混凝土浇筑方向平行于次梁方向推进，随打随抹。梁由一端开始，用赶浆法浇筑。标高控制用水准仪抄平，把楼面 +0.5m 标高线用红色油漆标注在柱、墙体钢筋上，用拉线、刮杆找平。为了避免发生离析现象，混凝土自上而下浇筑时，其自由落差不宜超过 2m，如高度超过 2m，应设串桶、溜槽。为了保证混凝土结构良好的整体性，应连续进行浇筑，如遇到意外，浇筑间隙时间应控制在上一次混凝土初凝前将混凝土灌注完毕。灌注每层墙柱结构混凝土时，为避免脚部产生蜂窝现象，混凝土浇筑前在底部应先铺一层 5~10cm 厚同强度等级混凝土的水泥砂浆。

混凝土浇筑后，应及时进行养护。混凝土表面压平后，先在混凝土表面洒少量水，然后覆盖一层塑料薄膜，在塑料薄膜上覆盖两层阻燃草帘（根据需要增减）进行养护，草帘要覆盖严密，防止混凝土暴露，确保混凝土与环境温差不大于 25℃，养护过程设专人负责。

4．预制构件安装

由两台 TQ60/80 塔式起重机承担预制构件的安装。预制梁的焊接用 1.8m 高架子，标准层里脚手架采用金属提升架，非标准层里采用钢管脚手架。外脚手架采用插口架子。预制构件安装就位后，采取临时加固措施，主要是对构造柱和条形挂板的加固。

（三）装修工程

室内抹灰非标准层采用双排钢管里脚手架，标准层采用金属提升架。吊顶搭满堂红脚手架。室外装修，采用双排钢管架子与双层吊篮架子结合使用。垂直运输用高层龙门架和两台外用电梯。

柱子、剪力墙和预制梁板等混凝土表面抹灰前，应检查混凝土的表面。施工时先将混凝土表面凿平，清除油污。大面积抹灰前，应先进行试验，确认能保证质量后再施工，抹灰后注意浇水养护。

地面基层要清理干净履行验收手续后方可施工，有地漏的地面施工时须找好泛水。不同做法的地面在门扇下面接缝，接缝处要平整。

五、施工进度计划

（一）网络计划

工期采用四级网络进行控制。一级网络为总进度计划，二级网络为三个月滚动计划，二级网络最终要达到一级网络的目标，三级网络为月施工计划，按照二级网络的要求进行细化，四级网络为周计划，按照三级网络进行编制。对于总承包单位编制的三级网络计划，各主要分包单位还要编制进一步细化的网络施工计划，报总承包单位审批。根据扩大初步设计图纸及有关的资料，编制总控制性网络计划，如图 34-50 所示。其电算打印的总控制计划图表，如图 34-51 所示。

34-6 施工组织设计

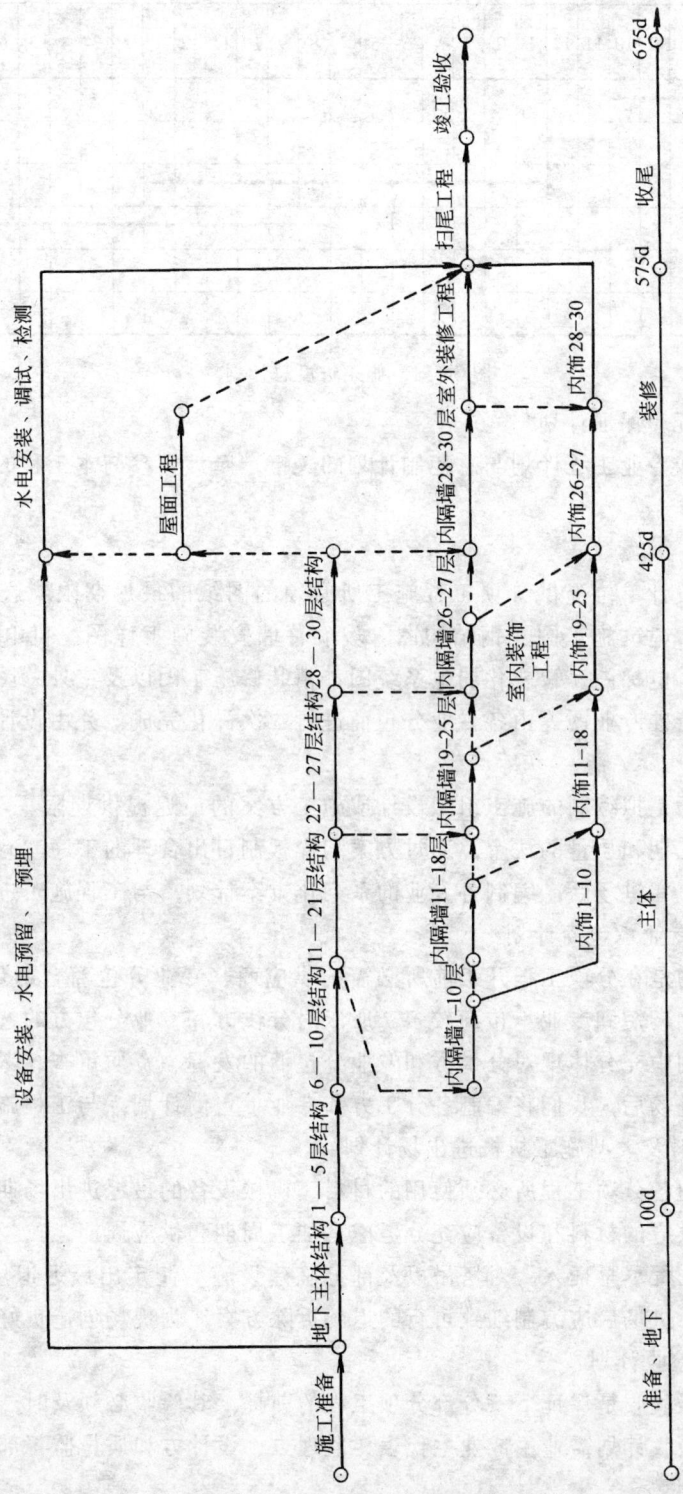

图 34-50 控制性网络计划

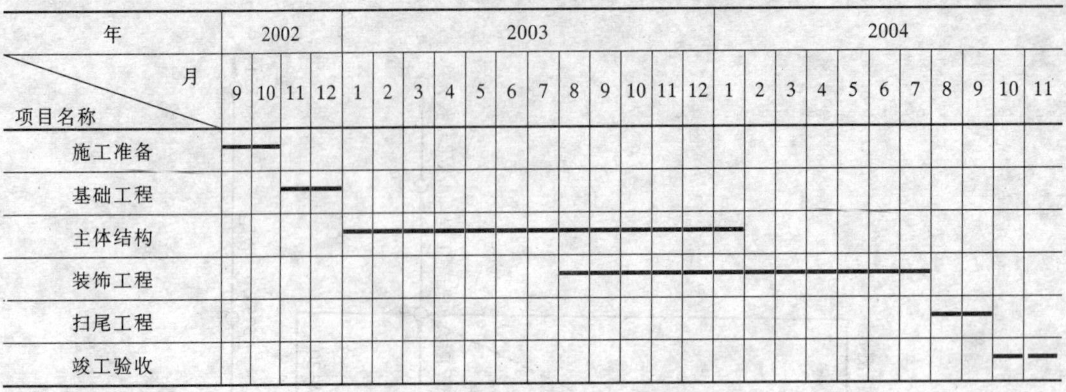

年 项目名称	2002				2003												2004											
月	9	10	11	12	1	2	3	4	5	6	7	8	9	10	11	12	1	2	3	4	5	6	7	8	9	10	11	
施工准备	▬	▬																										
基础工程			▬	▬																								
主体结构					▬	▬	▬	▬	▬	▬	▬	▬	▬	▬	▬	▬												
装饰工程												▬	▬	▬	▬	▬	▬	▬	▬	▬	▬	▬	▬					
扫尾工程																								▬	▬			
竣工验收																										▬	▬	

图 34-51　施工进度总计划

（二）施工配套保证计划

此计划是完成专业工程计划与总控制计划的关键，牵涉到参与本工程的各个方面，其主要内容包括：

1．图纸计划

此计划要求设计单位提供分项工程施工所必须的图纸的最迟期限，这些图纸主要包括：结构施工图、建筑施工图、钢结构图、玻璃幕墙安装施工详图、机电预留预埋件详图、机电系统图、电梯图、智能化弱电系统图、精装修施工图以及室外总图等。其中施工详图、综合图和特殊专业图等由各专业分包商进行二次深化完成，并由设计方审批认可。

2．方案计划

此计划要求的是拟编制的施工组织设计或施工方案的最迟提供期限。"方案先行，样板引路"是保证工期和质量的法宝，通过方案和样板制订出合理的工序，有效的施工方法和质量控制标准。在进场后，编制各专业的系列化方案计划，与工程施工进度配套。

3．分供方和专业承包商计划

此计划要求的是在分项工程开工前所必需的供应商、专业分包商合约最迟签订期限。由于本工程的工期较短和专业承包商较多，所以对分供方和专业分包方的选择是极其重要的工作。在此计划中充分体现对分供方和专业分包商的发标、资质审查、考察、报审和合同签订期限。在进场后，我们将编制各分工方和专业承包商计划，与工程施工进度配套。

4．设备、材料及大型施工机械进出场计划

此计划要求的各分项工程所必须使用的材料、机械设备的最迟进出场期限。对于特殊加工制作和国外供应的材料和设备应充分考虑其加工周期和供应周期。

为保证室外工程尽早插入，对塔吊以及部分临建设施等制定出最迟退场或拆除期限。为保证此项计划，进场后应编制细致可行的退场拆除方案，为现场创造良好的场地条件。

5．质量检验验收计划

分部分项工程验收是保证下一分部分项工程的前提，其验收必须及时，结构验收必须分段进行。此项验收计划需业主或业主代表、监理方、设计方和质量监督部门密切配合。

六、施工质量计划

本工程围绕质量体系，强化工序质量，以确保实现工程达到预期质量目标。

（一）质量方针

本工程的质量方针是质量就是生命，质量重于一切。

（二）质量目标

本工程的质量目标是确保省优质工程，并力争获得国家优质工程"鲁班奖"。

（三）质量控制的指导原则

1. 首先建立完善的质量保证体系，配备高素质的项目管理和质量管理人员，强化"项目管理，以人为本"。

2. 严格过程控制和程序控制，开展全面质量管理，实现ISO9000要求，树立创"过程精品"，"业主满意"的质量意识，使该工程成为具有代表性的优质工程。

3. 制定质量目标，将目标层层分解，质量责任、权力彻底落实到位，严格奖罚制度。

4. 建立严格而实用的质量管理和控制办法、实施细则，在工程项目上坚决贯彻执行。

5. 严格样板制、三检制、工序交接制度、质量检查和审批等制度。

6. 广泛深入开展质量职能分析、质量讲评，大力推行"一案三工序"的管理措施，即"质量设计方案、监督上工序、保证本工序、服务下工序"。

7. 大力加强图纸会审、图纸深化设计、详图设计和综合配套图的设计和审核工作，用过确保设计图纸的质量来保证工程施工质量。

（四）质量管理组织机构设置

建立由项目经理领导，由主任工程师策划、组织实施，现场经理和安装经理中间控制，区域和专业责任工程师检查监督的管理系统，形成项目经理部、各专业承包商、专业化公司和施工作业队组的质量管理网络。

项目质量管理组织机构，如图34-52所示。

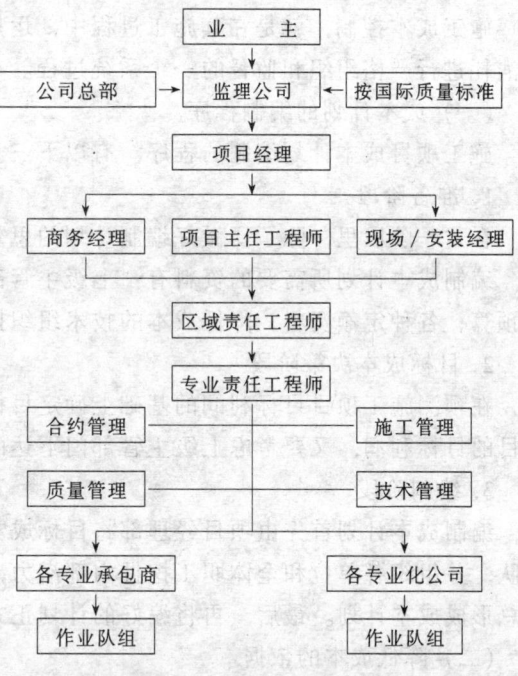

图34-52 项目质量管理组织机构

（五）质量管理组织机构职责

1. 项目经理。是项目质量的第一负责人，组织工程质量规划，指导和监督项目质量工作的实施。

2. 项目主任工程师。参与工程质量策划，制定阶段质量实施目标，并组织和指导责任部门的质量工作的实施，并对阶段目标的实施情况定期监督、检查和总结。

3. 工程科

（1）对施工进行安排部署，保证按工程总控计划实现工期目标。

（2）实施工程过程质量监控，严格执行项目质量计划，按照规范、标准对施工工程进行严格检验与控制，确保工程实体质量优良。

（3）本部门质量记录的收集整理，做到准确、及时、完整。

（4）工程成品保护管理，做到职责到人，保护措施到位。

(5) 组织分部工程质量评定。

4．技术科

(1) 对图纸、施工方案、工艺标准的确定并及时下发，以指导工程的施工生产。

(2) 编制专项计划，包括质量检验计划、过程控制计划、质量预控措施等，对工程质量进行指导与控制。

(3) 对工程技术资料进行收集管理，确保施工资料与工程进度的同步。

5．物资科

(1) 严格按物资采购程序进行采购，确保物资采购质量。

(2) 组织对工程物资的验证，确保使用合格产品。

(3) 采购资料及验证记录的收集、整理。

七、施工成本计划

施工成本控制，就是在其施工过程中，运用必要的技术与管理手段对物化劳动和活劳动消耗进行严格组织和监督的一个系统过程。

(一) 成本计划的编制程序

施工项目成本计划编制的程序，有以下三个阶段：

1．准备阶段

在这一阶段里，除了要做好编制计划的思想上和组织上的准备外，还要收集和整理资料。编制成本计划所需要的资料有：上级主管部门下达的降低成本、利润指标；工程施工图预算；各种定额资料；降低成本的技术组织措施及其经济效果。

2．目标成本决策阶段

在预测施工项目目标利润的基础上确定目标成本。在确定目标成本的过程中既要确保项目的目标利润，又要考虑上级主管部门下达的降低成本指标和要求。

3．编制阶段

编制成本计划首先由项目经理部将目标成本和降低成本指标层层分解落实到科室和施工队，并组织各单位和全体职工挖掘内部潜力，落实降低成本的技术组织措施。然后进行汇总形成成本计划。最后，再将编好的计划正式下达。

(二) 降低成本的依据

1．选择正确的施工方案合理优化施工方案。

2．劳动生产率可望进一步提高。

3．材料供应使用有待进一步改善，此处潜力很大，机械使用率可进一步提高。

(三) 降低成本措施

采取以下措施，在保证工程的工期和质量的前提下，达到降低成本的目的：

1．挖土时，在场地内预留下要回填的土方量。

2．制定科学、合理的施工方案，采取小流水均衡施工法，科学划分施工区段，实现快节拍均衡流水施工，加快施工速度，最大限度地减少模板及支撑的投入量。

3．通过缩短工期，减少大型机械和架模工具的租赁费，降低成本。

4．加强现场管理，按照项目法严密组织施工，制定严格的材料加工、购买、进场计划、限额领料制度，既保证材料保质保量及时进场到位，又不造成积压和材料浪费，减少材料损耗，减少材料来回运输和二次搬运，降低成本。

5. 从质量控制上，做到一次成优，避免返工，降低成本。

6. 采用清水混凝土的措施：为使工程减少粗抹灰的工作量，节约材料、节约人工，并且混凝土平整度好，采用竹胶板整拼模板施工，达到清水模板效果，顶板不允许抹灰，避免抹灰造成空鼓、灰层脱落，使材料费、人工费、管理费相应得到降低。

7. 钢筋连接采用锥螺纹连接。

8. 混凝土内掺加掺和料（粉煤灰）以减少水泥用量。

八、施工安全计划

严格执行各项安全管理制度和安全操作规程，学习并实施 ISO18000 有关要求，并采取以下措施。

1. 建筑物首层四周必须支固定 5m 宽的双层水平安全网，网底距下方物体表面不得小于 5 米。

2. 建筑物的出入口须搭设长 6m，宽于出入通道两侧各 1m 的防护栅，栅顶应满铺不小于 5 厘米厚的脚手板，非出入口和通道两侧必须封严。

3. 高处作业，严禁投掷物料。

4. 塔式起重机的安装必须符合国家标准及生产厂使用规定，并办理验收手续，经检验合格后，方可使用。使用中，定期进行检测。

5. 塔式起重机的安全装置（四限位，两保险）必须齐全、灵敏、可靠。

6. 吊索具必须使用合格产品。钢丝绳应根据用途保证足够的安全系数。

7. 成立施工现场消防保卫领导小组，制定保卫、巡逻、门卫制度。

8. 由专人与气象台联系，及时作出大雨和大风预报，采取相应技术措施，防止发生事故。

九、施工环保计划　学习并实施 ISO 14000 有关要求。

1. 防止大气污染。水泥和其他易飞扬的细颗粒散体材料，要在库房内存放或严密遮盖，运输时车辆要封闭，以防止遗撒、飞扬。施工现场垃圾应集中及时清运，适量洒水，在易产生扬尘的季节经常洒水降尘，减少扬尘。

2. 防止水污染。施工现场设置沉淀池，使废水经沉淀后再排入市政污水管线，食堂要设置简易有效的隔油池场配备洒水设备并指定专人负责，并加强管理，定期掏油，以免造成水污染。现场油库必须进行防渗漏处理，储存和使用都要采取措施，防止油料跑、冒、滴、漏、污染环境。

3. 防止噪声污染。对于木工车间等产生较大噪声的地方可能的情况下采取全封闭，以降低噪音。另外，在施工现场我们将严格遵照《中华人民共和国建筑施工场界噪声限制》来控制噪声，最大限度地降低噪声扰民。

十、施工风险防范

项目施工过程周期长，进展中干扰因素多。因素的变化性、时间性、不定性要求我们进行动态管理，预先尽量预测风险并做出措施，以保证项目的顺利进行。本工程的风险事件预测与措施，如表 34-91 所示。

风险事件预测与措施表　　　　　　　　　　　　　　表 34-91

风险因素		典型风险事件	防范措施
技术风险	设计	设计错误和遗漏、规范不恰当，未考虑施工可能性等	加强技术会审，仔细审查图纸
	施工	施工工艺落后，不合理的施工技术和方案，应用新技术失败等	注意信息收集，合理采用新技术，结合实际情况设计工艺
	其他	工艺流程不合理，违反操作安全等	加强以人为本的观念，注重工艺的研究和应用
非技术风险	自然和环境	洪水、地震、台风，不明的水文气象等	加强合同的制定和管理，在合同的制定中应考虑各种因素，以减少各种外在因素对工程的影响
	政治法律	法律及规章制度的变化、战争和骚乱、罢工等	
	经济	通货膨胀、汇率的变动、市场的动荡，各种费率的变化等	
	合同	合同条款遗漏、表达有误、索赔管理不利	
	人员	管理人员、施工人员的素质不符合要求	根据工程具体的实际情况，严格资质、资格审查，安排项目管理机构人员，制定合理的材料供应计划及检验计划，充分结合实际情况，合理设计施工机具
	材料	原材料的供应不足，数量差错，质量不合格等	
	设备	施工设备供应不足，类型不配套，选型不当	
	资金	资金筹措方式不合理，资金不到位	搞好与金融机构的关系，充分利用各种融资方式
	组织协调	与业主和上级管理部门及监理方的不协调、内部的不合理	研究各方特点，制定相应措施协调好关系

十一、施工平面布置

施工平面图布置，如图 34-53 所示。

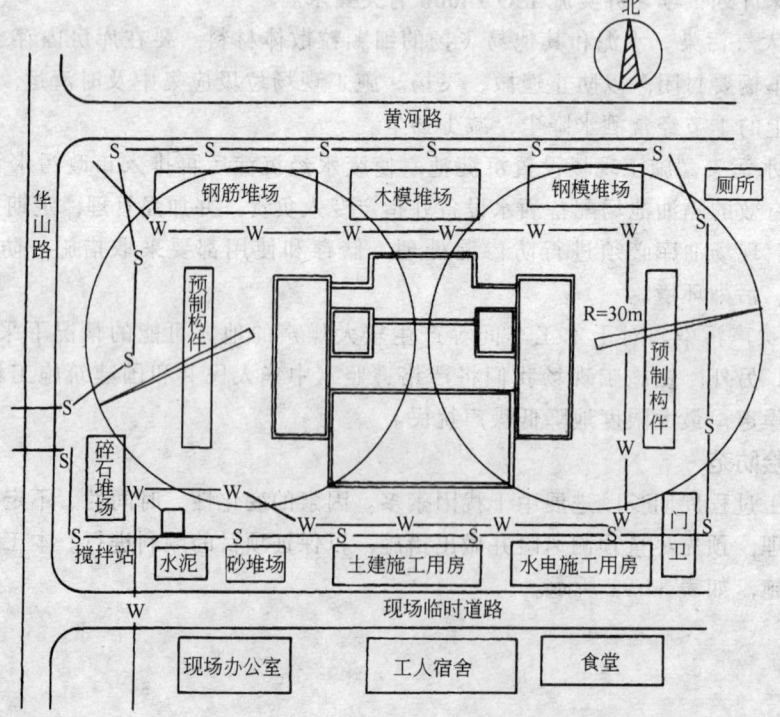

图 34-53　施工总平面布置图

附录Ⅱ 超高层建筑施工组织设计实例
——某饭店工程施工组织设计

一、项目概况

（一）建筑概况

该饭店建于我国南方某市，它由塔楼、裙楼和附属建筑物组成，占地总面积近30000m²，建筑物占地面积为4850m²，建筑面积48640m²，其中主楼为45140m²。塔楼为37层，总高为108m，设客房804套，电梯10部。裙楼分别为2~3层，裙楼和塔楼的非标准层为公共活动场所。

该饭店装饰工程量大，技术要求高，绝大部分集中在下面两层。室内装饰工程有乳胶漆、壁纸、大理石、马赛克、塑料石棉砖、瓷砖和缸砖等；室外装饰工程均为玻璃马赛克。主楼平面和剖面，分别如图34-54和图34-55所示。

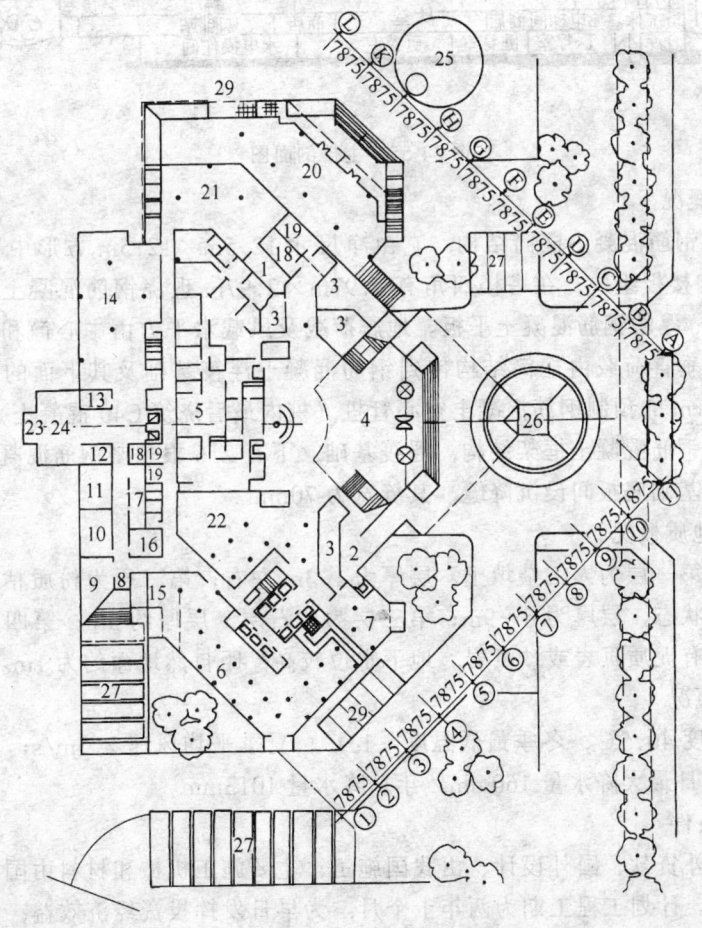

图34-54 主楼平面图

1—机房；2—行李间；3—商店；4—大堂；5—接待及行政室；6—职员食堂；7—美容院；8—职员入口；9—管理处；10—电话机房；11—垃圾房；12—洗涤间；13—食堂管理处；14—食堂贮藏库；15—守卫室；16—电话房；17—购物部；18—收货处；19—洗手间；20—咖啡室；21—厨房间；22—酒吧；23—货物收集处；24—卸货处；25—游泳池；26—喷水池；27—公共汽车；28—停车场；29—苏州花园

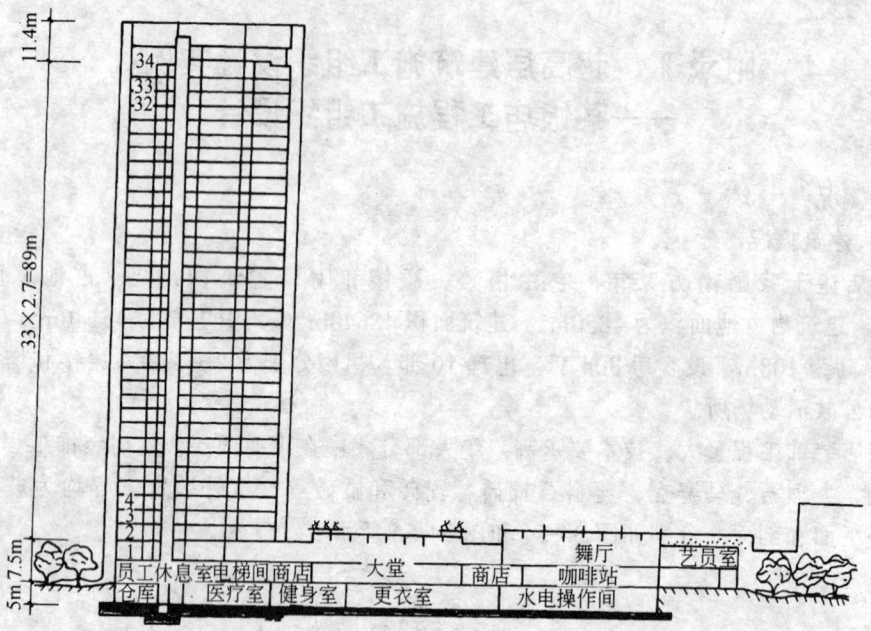

图 34-55 主楼剖面图

（二）结构概况

塔楼为现浇钢筋混凝土框筒结构，它由净尺寸 12.5m×12.5m 方形中心筒、24 根内柱、20 根外柱和楼板组成；在塔楼四角有 2.97m×2.97m 现浇钢筋混凝土角筒；塔楼标准层楼板为 13cm 厚的钢筋混凝土平板。地震荷载及风载水平力由中心筒和四个角筒及柱板框架来承受，垂直荷载由框筒结构传到钢筋混凝土浮筏基础及其下面的 270 根外径为 55cm、壁厚为 8cm 的预制钢筋混凝土空心管桩（桩内最后浇筑 C40 混凝土）上。

裙楼为现浇钢筋混凝土框架结构，浮筏基础，下有 216 根预制钢筋混凝土空心管桩。

塔楼与裙楼基础底板间设沉降缝，其缝宽为 70mm。

（三）工程地质概况

该工程地下第一层为人工杂填土，层厚为 1.3m 左右；第二层为粉质粘土，分别呈流塑、可塑和硬塑状态，层厚为 6～9m；第三层为卵石层，层厚约 5m；第四层为强、中和弱风化基岩，间有泥质页岩或沙页岩。地下水位较高，距自然地面约为 1m。

（四）气象概况

夏季最高温度 40.5℃，冬季最低温度 −13℃；夏季平均风速 2.3m/s；月平均相对湿度 70%～80%；日最大降水量 160mm，年总降水量 1013mm。

（五）施工条件

该工程由国外贷款、国外设计、由我国施工；主要施工机械和材料由国外进口，地方材料由国内供应。计划工程工期为两年十个月，为早日发挥投资经济效益，应按边施工边营业要求编制网络计划；并要求在施工中采用电子计算机，对网络计划实行有效监督和控制。

二、施工目标（略，参考本章附录Ⅰ）

三、施工管理组织（略，参考章附录Ⅰ）

四、施工方案

（一）地下工程施工方法

1. 降低地下水位

塔楼基础最大挖土深度为8.95m，裙楼为2.8m。地下水位在-1.0m处，开挖前必须将其降至基坑底标高50cm以下。根据工程地质报告，人工杂填土层为含水层，以下三层均为不透水层。因此只要把含水层封闭并将其含水抽出，就可达到降低地下水的目的。

可供采用的降低地下水方案有：深井降水和井点降水两种。其技术经济指标，如表34-92所示。深井降水方案费用偏高，但其施工可与打桩平行进行；而井点降水方案，在埋设井管时不能打桩，将使总工期拖延60d；此外，深井抽出的地下水，可用于冲洗骨料和养护混凝土，可降低夏季混凝土的施工温度，决定采用深井降水方案。在基坑开挖前要做好排除地下水的相应设施，在基坑四周挖好排水沟和集水井，保证基坑干燥。

两种降水方案比较表　　　　　　　　　　　表34-92

降水方法	劳动量（工日）	费用（万元）	影响工期	说明
深井降水	3900	9.59	不影响	与打桩平行施工
井点降水	8400	8.98	拖延60天	须打桩后设井点

2. 打桩和挖土

打桩和挖土可有两种施工方案，如表34-93所示。经分析对比，决定采用先打桩后挖土的施工方案。

打桩与挖土顺序比较表　　　　　　　　　　表34-93

施工顺序	打桩质量	挖土方式	安全性
先打桩后挖土	容易保证	人工挖土	好
先挖土后打桩	不易保证	机械挖土	差

3. 塔楼浮筏基础施工

塔楼浮筏基础呈正方形，边长为32.1m，厚2.5m，混凝土总量为2733m³，钢筋总量为300t。其中电梯间基坑尺寸为12.5m×7.80m，坑底标高为-8.45m。根据类似工程施工经验，将筏基在竖向上分为Ⅰ和Ⅱ两个施工层，每层连续浇筑，不留施工缝，如图34-56所示。

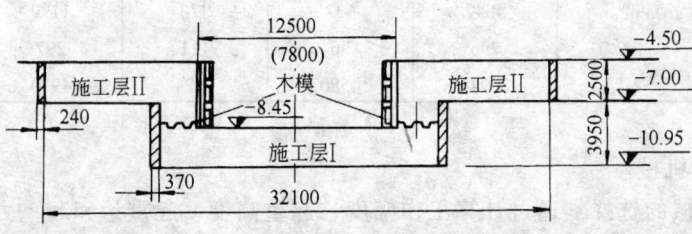

图34-56 塔楼筏基施工示意图

(1) 筏基模板

外模采用 MU7.5 红砖、M5 砂浆砌筑的砖模，厚度分别为 240mm 和 370mm，内表面抹 20mm 水泥砂浆。内模采用普通木模板。

(2) 筏基钢筋

按照施工图和施工验收规范要求施工，为保证筏基上层钢筋的正确位置，采用角钢支架固定。钢筋垂直和水平运输由两台轮胎式起重机完成。

(3) 筏基混凝土

由于混凝土浇筑量大，选用搅拌站集中搅拌和泵送混凝土；在施工层Ⅰ与Ⅱ间的施工缝，采用留齿槽和钢板止水带，其外壁采用进口合成橡胶止水带。筏基混凝土温度测点布置，如图 34-57 所示。

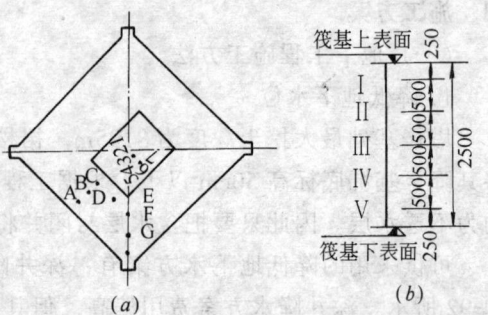

图 34-57 测点布置图

(a) 平面布置图；(b) 剖面布置图

4. 地下室柱和墙板施工

采用木模板经计算和实测，按 4.75m 浇筑高度，取混凝土侧压力为 $50kN/m^2$。其模板构造和各部尺寸，如图 34-58 所示。地下室顶板采用定型模板。模板和钢筋运输，由设在基坑边的塔式和轮胎式起重机完成。混凝土由泵输送，采用插入式和平板振捣器捣实，并要及时养护。

(二) 裙楼和塔楼非标准层施工方法

1. 主要工程量

非标准层的主要工程量，如表 34-94 所示。

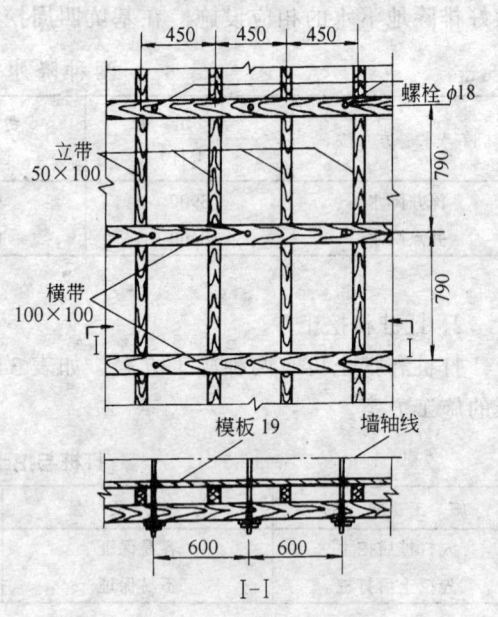

图 34-58 墙模板构造图

裙楼和塔楼非标准层主要工程量 表 34-94

序号	项目	单位	数量	其中分项工程			
				墙	柱	梁	板
1	钢筋混凝土	m³	4847	637	370	1190	2650
2	成型钢筋	t	796	96	111	297	292
3	模板	m²	20944	4580	1684	4970	9710

2. 垂直运输机械

垂直运输机械的选择，通过计算工作幅度、起重高度、起重量和起重力矩等主要参数及塔机的生产率等，进行综合考虑，择优选用。本工程的垂直运输机械的布置方案如下：

(1) 在塔楼南侧设一台 S2348-2 C 型定点塔式起重机，机高 110m，起重能力为 100t·m。负责塔楼模板和钢筋的水平和垂直运输。

(2) 在塔楼西部设双笼施工电梯 1 台,负责人员、小型工具和零星材料的垂直运输。

(3) 在中心筒内设 4 台 1.6m×1.6m 附墙金属井架,并以角钢做斜撑联成整体,不另设缆风绳,井架总保持高于施工楼层 12m。负责模板、材料及工具运输,并作为混凝土泵故障时的应急运输设备,如图 34-59 所示。

(4) 在塔楼外侧设 BP550·HDD-15 型混凝土输送泵 1 台,负责混凝土垂直和水平运输。

(5) 裙楼设 3 台起重能力为 45t·m 的塔式起重机,负责该楼的水平和垂直运输。

裙楼及塔楼主要机械平面布置,如图 34-65 所示;塔楼机械立面示意图,如图 34-59 所示。

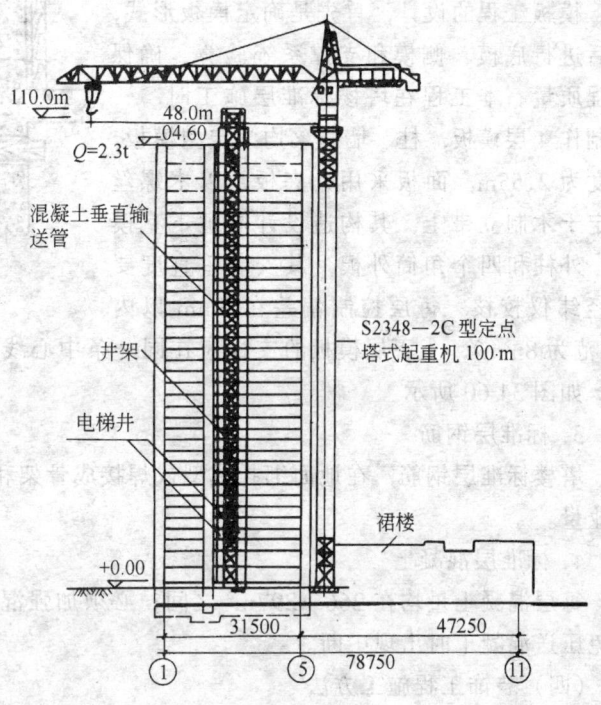

图 34-59 塔楼机械立面示意图

3. 脚手架

为便于裙楼和塔楼安装模板、绑扎钢筋和外装饰,均采用双排钢管外脚手架。裙楼外脚手架高约 11m;塔楼每七层从窗口挑出槽钢进行搭设,并与塔楼临时固定。

(三) 塔楼标准层施工方法

塔楼标准层结构构件断面尺寸,根据层数划分为四种类型,如表 34-95 所示。

标准层类型及构件断面尺寸(单位:mm)　　　表 34-95

序号	层数	内柱断面	角筒墙厚	中心筒墙厚	边梁($b×h$)
1	3~7	650×650	300	400	600×600
2	8~17	600×650	250	350	600×550
3	18~27	550×650	200	300	600×500
4	28~37	500×650	200	250	600×450

1. 标准层工程量

塔楼标准层的工程量,如表 34-96 所示。

塔楼标准层工程量表　　　表 34-96

层数类型	混凝土 (m^3)				钢筋 (t)				模板 (m^2)			
	柱	墙	梁	板	柱	墙	梁	板	柱	墙	梁	板
3~7	42.78	101.26	28.10	124.82	12.83	15.19	7.03	13.73	285	678	188	960
8~17	41.08	90.66	27.72	124.82	12.32	13.60	6.93	13.73	280	660	188	960
18~27	38.73	83.85	27.36	124.82	11.62	12.58	6.84	13.73	274	637	187	960
28~37	37.07	77.03	26.97	124.82	11.12	11.55	6.74	13.73	269	636	186	960

2. 标准层模板

模板工程的设计,首先是确定模板形式,然后进行底模、侧模和支撑系统验算,确保工程质量。本工程在塔楼标准层施工时,一次制作 4 层模板,柱、墙和梁均为定型模板,高度为 2.55m,面板采用九夹板,以木螺丝固定于木制立带上,其构造设计同地下室模板。外柱和四个角筒外模,其安装垂直度要用经纬仪校核,每层控制偏差在 5mm 以内(规范为 8mm),上下层模板的支柱应在同一条中心线上。电梯井模板构造和安装就位方法,如图 34-60 所示。

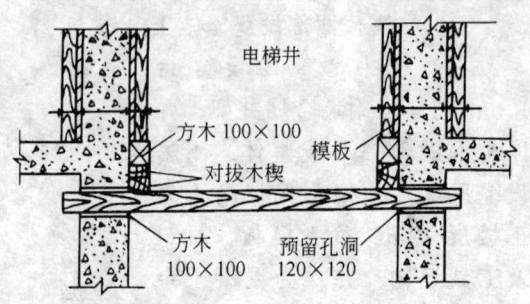

图 34-60 电梯井支模示意图

3. 标准层钢筋

塔楼标准层钢筋,在地面绑扎成型或焊接成骨架和网片,然后成组安装,以减少高空作业量。

4. 标准层混凝土

每层混凝土量均在 266~297m^3 之间;必须加强混凝土搅拌站和输送泵的管理;尽量避免压送混凝土时出现中断。

(四) 装饰工程施工方法

该工程的装饰特点:特种高级装饰多,工程量大;进口材料数量大,种类多;工期紧,技术要求高。

1. 装饰工程量

该工程的装饰工程量,如表 34-97 所示。

装 饰 工 程 一 览 表　　　　表 34-97

序号	分项工程	单位	工程量				
			外墙	内墙	地面	顶棚	合计
1	抹白灰砂浆	m²		71630		25810	97440
2	抹水泥砂浆	m²			26930		26930
3	瓷砖	m²		17050	4800		21850
4	玻璃马赛克	m²	20600				20600
5	彩色马赛克	m²		3070	1920		4990
6	缸砖	m²		2450	2690		5140
7	大理石板	m²		1880	1860		3740
8	乙烯树脂石棉砖	m²			1290		1290
9	浮胶漆	m²		12740		35260	48000
10	壁纸	m²		57690			57690
11	地毯	m²			25830		25830
12	胶合板平顶	m²				9450	9450
13	吸音板平顶	m²				2100	2100
14	装潢板平顶	m²				4058	4058
15	细屑水泥砂浆	m²			1680		1680
16	木装修	工日		17972			17972

2. 装饰工程工艺

全部内外高级装饰,均须先做出一个样板,经过质量和色彩验收合格后,方可全面施工。在装饰工程阶段,组建抹灰、木装修和油漆等3个专业工作队,组建钢窗、壁纸、贴瓷砖和铺地毯等专业班组,全部专业队组,均实行定任务、标准、时间和材料,包产到组,超产给奖。

裙楼主体完成后,自上而下逐层、逐间进行内装饰,同层内按天棚、墙面和地面顺序施工。而塔楼主体完成5层以后,开始内装饰。主体全部完成后,以每10层为一个施工段,自上而下进行流水施工,在同层内按照卫生间、卧室和走廊的顺序施工。

外装饰也采取自上而下、以每10层为一个施工段,逐段逐层进行施工。

3. 脚手架和垂直运输

地下室、裙楼和塔楼非标准层的内装饰,均采用钢管满堂红脚手架;塔楼标准层,采用轻便式工具脚手架;外装饰全部采用进口吊篮。

裙楼用3台金属井架,塔楼用电梯井内的4台井架和外墙施工的电梯,分别作为垂直运输工具,电梯安装后也可作垂直运输之用。

五、施工准备计划

(一) 供水和供电

施工用水平均为800t/d;工程建成后,平均用水1992t/d。为保证供水,设两个供水点,现场干管采用50mm钢管环形供水网,支管采用25mm钢管,并设置相应的消火栓;在塔楼附近设临时储水池和水泵站,用2台120m高扬程水泵为塔楼施工供水。

施工用电总量为1000kW,建一座42m²砖平房变电所,安装2台560kVA变压器和相应配电柜;并将电源通过环形线路引入施工现场。

(二) 场内道路

根据建筑总平面图确定的永久性道路位置,按设计要求做好碎石路基,作为现场施工道路。做好现场排水管沟,及时排除地表水,保证雨季道路畅通;交付使用前,分批铺好其永久性路面。

(三) 房屋设施

该工程地处市中心,施工现场狭窄,除了利用原有房屋(200m²)作为办公室外,本着节约用地原则安排各项房屋设施,如附表34-98所示。

房屋设施需要量一览表 表34-98

序 号	施工建筑名称	面 积 (m²)	说 明
1	宿 舍	1108	1. 均为砖木简易房
2	饭厅和厨房	540	2. 宿舍为二层
3	钢 筋 车 间	576	
4	木 工 车 间	360	
5	仓 库	110	
6	搅 拌 站	186	
	合 计	2880	

(四) 现场劳动组织

以某工程处为主,组建1个综合性施工队伍。在主体结构施工阶段,组成木模、钢筋和混凝土等3个专业施工队,并设木工工长4名、钢筋工长2名和混凝土工长4名。各职能科室均在现场办公,实行面对面的领导与协调。在装饰工程施工阶段,成立抹灰、木装修和油漆等3个专业施工队。其他工作由后勤队负责。各施工阶段的劳动组织,如表34-99所示。

现场劳动组织需要量一览表　　　　　　　　　表34-99

序号	工种	基础工程		裙、塔楼非标准层		塔楼标准层		装饰工程	
		人数	班组	人数	班组	人数	班组	人数	班组
1	木工	140	6	200	10	50	2	60	3
2	钢筋工	80	4	100	6	30	2		
3	混凝土工	120	5	120	5	60	2		
4	瓦工							80	4
5	抹灰工							180	9
6	油漆工							60	3
7	架子工	10	1	20	2	20	2		
8	运输工	30	1	30	1	30	1	30	1
9	机械工	18	1	36	2				
10	土建电工	6	1	6	1	6	1	6	1
11	其他工种	10	1	10	1	10	1	10	1
12	小计	414	20	522	28	206	11	426	22

（五）试桩工作

为确定单桩承载能力，按设计要求在指定位置进行6个单桩静载试压，其结果如附表34-100所示。可以看出，试桩荷载为440t时，单桩均未达到破坏状态，经设计单位核定，单桩容许承载力采用220t。

单桩静载试压结果　　　　　　　　　表34-100

序号	试桩编号	入土深度（m）	平均每锤贯入度（mm）	试压荷载（t）	沉降量（mm）	卸荷残留变形（mm）	打桩机型号	说明
1	A	13.37	0.25	137 360	4.9 14.4	0 1	柴油打桩机冲击重量3.5t	桩尖端为卵石层，未到岩基
2	B	17.36	0.80	137 360	5.9 25.8	0 5		已穿过卵石层，到达岩基
3	C	23.10	最后贯入度1.00				7t单打蒸汽锤	打入岩石0.3m
			最后贯入度0.37	360 440	29.235 50.735	3.145 23.395	M40型柴油锤	复打
4	D	14.85	最后贯入度0.45	440	16.465	2.360	先用7135锤打贯入度1mm	7135型柴油锤复打
5	E	15.10	最后贯入度1.00	440	24.895	11.715	M40型柴油锤	即77号桩，桩上泥未沉
6	126	14.50	最后贯入度0.90	440	44.775	30.140	M40型柴油锤	桩上泥61mm

六、施工进度计划

在保证施工质量前提下，实行快速流水作业，争取早日分期分阶段营业，这是做好本工程施工进度计划的指导思想。

（一）编制控制性网络计划

根据扩大初步设计图纸及有关资料，编制控制性网络计划，如图34-61所示，其电算打印的水平进度图表，如图34-62所示。

34-6 施工组织设计

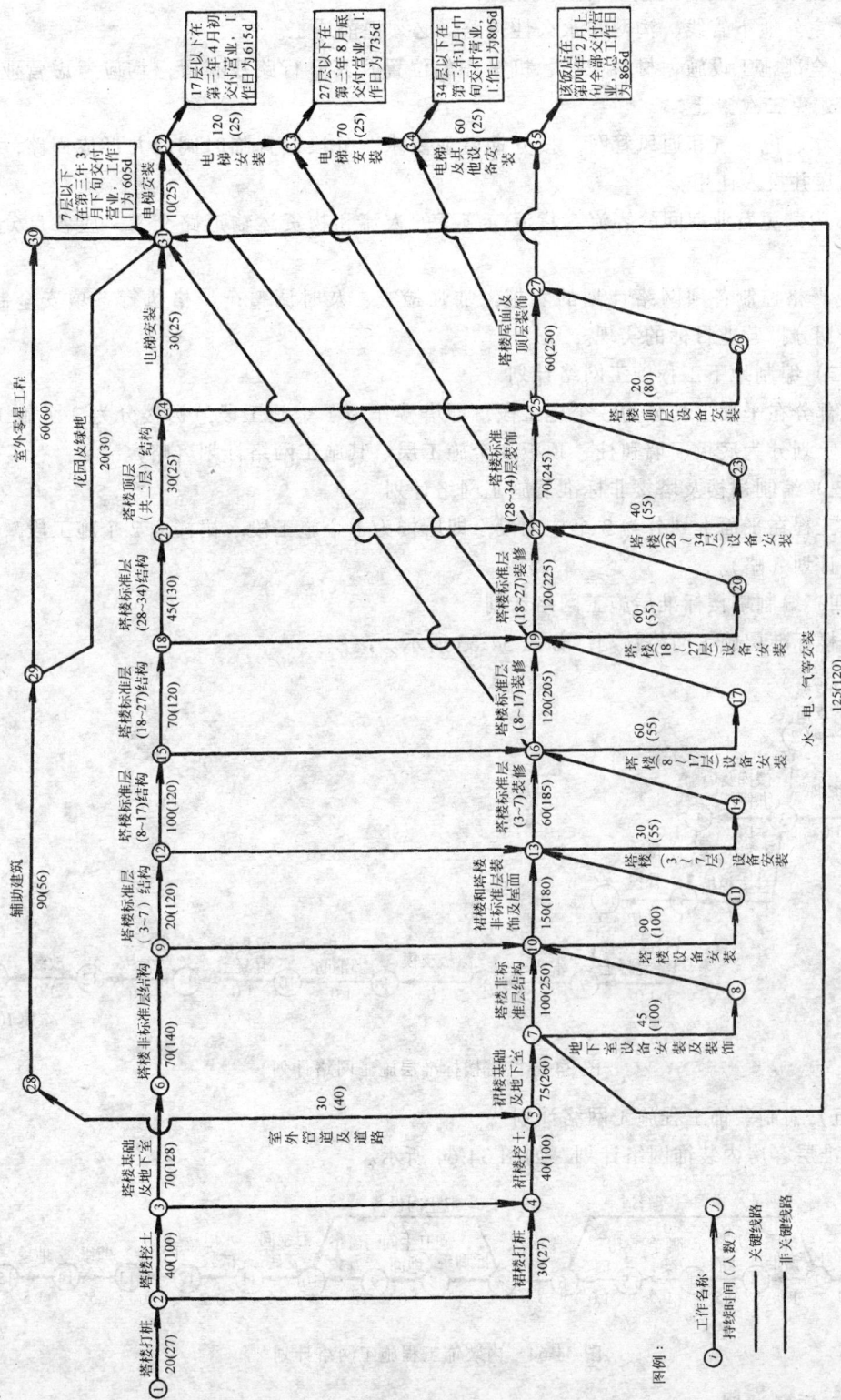

图 34-61 控制性网络计划

为达到分期分批营业,采取措施如下:

1. 室外地下管线、沟网和永久性道路,必须提前施工。
2. 全部施工设施、材料堆场、机械停放位置及其开行路线布置,均应考虑营业时的需要,避免二次搬迁。
3. 水、电、气和通风管网,按分期营业要求,分段设置临时阀门并形成回路,分期分段试压并投入使用。
4. 为避免营业期间的客流、货流与施工的人流和物资运输道路交叉,应各自分设出入口。
5. 严格控制各项网络计划的实施,加强检查、及时调整;严格执行各项安全制度,确保分期分批营业目标的实现。

(二)编制地下工程施工网络计划

该部分在平面上划分为3个施工段,即塔楼作为1个施工段,裙楼分为2个施工段;在竖向上划分为底板、墙和柱、顶板3个施工层。其施工网络计划(略)。

(三)编制裙楼及塔楼非标准层施工网络计划

该工程在平面上划分为3个施工段,即塔楼为1个施工段,裙楼为2个施工段,其施工网络计划(略)。

(四)编制塔楼标准层施工网络计划

塔楼标准层施工网络计划,如图34-63所示。

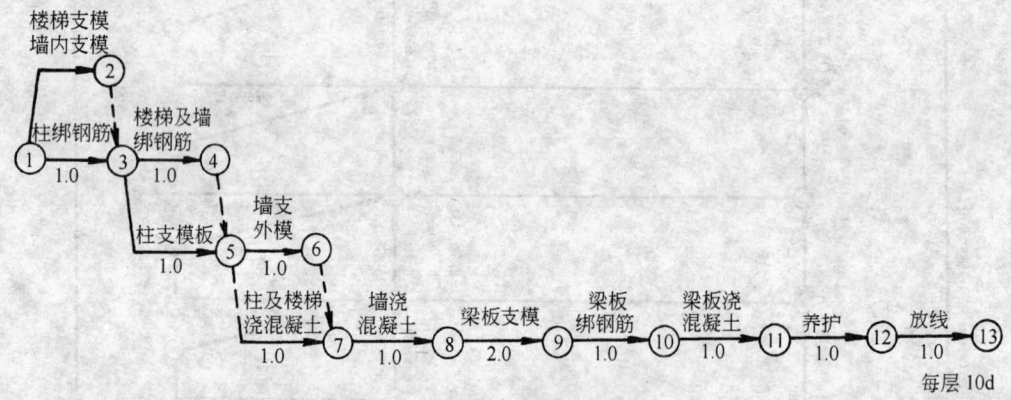

图34-63 塔楼标准层施工网络计划

(五)编制装饰工程施工网络计划

标准层客房内装饰网络计划,如图34-64所示。

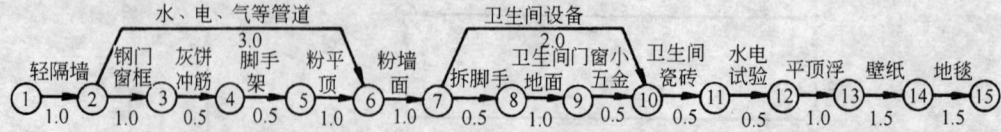

图34-64 内装饰工程施工网络计划

七、施工质量计划

由本工程建筑结构特点看出,其竣工质量主要取决于地下工程、主体结构工程和装饰工程的施工质量；地下工程施工质量取决于地下降水、打桩和挖土，以及浮筏基础施工；主体结构工程施工质量取决于塔楼和裙楼框架施工，以及施工测量和沉降观测；装饰工程施工质量主要取决于施工顺序、操作水平和成品保护。为此必须采取有效地保证施工质量措施。

（一）保证筏基质量措施

1. 保证钢筋质量措施

底层和面层钢筋，翻出实样，编号挂牌，对号绑扎；为保证钢筋位置正确性，用经纬仪将上部柱子和墙的轴线引到面层钢筋上，并在相应的插筋点焊L 30×3角钢定位架，做好隐蔽工程验收记录。

2. 保证混凝土质量措施

为防止混凝土开裂，一般规定其内外温差应控制在30℃以内。该筏基混凝土浇筑时间约在7月份，其月平均温度为28~31℃，决定将筏基内外温差控制在25℃以内，并采取以下措施：

(1) 对混凝土原料要求。骨料的含泥量应符合施工规范要求；采用强度42.5级散装矿渣水泥，存放7d以上，严禁热货热用，其物理、化学指标应满足要求；采用木质素磺酸钙型减水剂，其缓凝效果必须在4h以上；地下水经化验合格后，可作为混凝土的拌合水。

(2) 搭设35m×35m防护棚，棚上满铺油布或芦席夹油纸，檐口高度应在6m以上。

(3) 采用经化验合格的深井水冲洗碎石，降低骨料温度，将混凝土的出罐温度控制在25℃以内。

(4) 加强保温保湿工作。据计算，普通C30防水混凝土的绝热温升为43℃，而泵送混凝土的水泥用量约在380kg/m³，其绝热温升可达47℃。因此该筏基混凝土最高温度为：47×65%+25＝56（℃）。这样混凝土表面温度必须控制在31℃以上，为此在混凝土强度达到1.2N/mm²时，要在其外露表面覆盖两层草席和一层塑料薄膜，利用水泥的水化热使其表面温度提高，减少表里温差。

(5) 加强测温工作。采用铜热电阻仪测温，测温时间分别为浇筑后8h、16h和24h，每天循环测三次；该筏基共设70个测点，见图34-56。通常，混凝土内部水化热是在浇筑后第三天达到高峰，如果此时混凝土表面温度低于31℃，则应采用太阳灯加热，使其满足要求。

（二）保证塔楼施工测量和沉降观测措施

1. 施工测量

(1) 塔楼平面轴线控制。根据现场建筑方格网，采用J6光学经纬仪测设，其建筑轴线采用垂线分层投测方法。考虑到风的湍流和太阳辐射对高层建筑物产生摆动、倾斜和弹性弯曲等影响，决定每隔五层用经纬仪进行一次投测校对，并用钢尺实量经投测传到楼板或柱顶上各轴线间距离的方法进行校对。

(2) 塔楼垂直度控制。为保证精度和提高工作效率，建议采用激光经纬仪。高层框架的柱受日照影响，其垂直度偏差可由下式计算。

$$\Delta = \frac{\alpha \Delta t H^2}{2b}$$

式中 α——柱材料的线膨胀系数；

Δt——柱相对两个侧面的温度差；

H——柱的高度；

b——柱侧面的宽度；

Δ——柱高 H 处的竖向偏差值。

经实测，当柱高 $H\leqslant 15m$ 时，该竖向偏差值变化不大，可满足规范要求，其日照影响可不考虑，因此规定每隔 5 层进行 1 次垂直测设。为避免气候的影响，宜选择无风阴天的早晨或晚上进行测设。对于精度要求高的标高传递，可用钢尺沿某墙角自 ±0 标高直接向上丈量，把标高传递上去；如有必要，每隔 5 层，采用吊钢尺法，用 S3 型水准仪的三丝读数进行校核。

2．沉降观测

在距建筑物 100～300m 处，分别设置间距为 20～40m 的 3 个水准基点，其埋设深度大于 2m，其高程在埋设 10d 后测定。在塔楼四周每隔 10～15m 设 1 个观测点，还应在建筑物拐角、沉降缝两侧、层高不同的连接处两侧、纵横墙交接处和柱子等处设观测点。通常，观测点采用角钢制作，并埋设在便于观测的基础、墙和柱子上。施工中，每升高 1 层就要观测 1 次；工程竣工后，也应定期观测。此外，还应做倾斜和裂缝观测。上述各项观测均应及时做好记录。

（三）保证工程质量措施

1．加强技术管理，认真贯彻各项技术管理制度。开工前要落实各级人员岗位责任制，做好技术交底；施工中要认真检查执行情况，开展全面质量管理活动，做好隐蔽工程记录；施工结束后，认真进行工程质量检验和评定，做好技术档案管理工作。

2．认真进行原材料检验。进口钢材和水泥等材料，必须提供质量保证书，并按规定做好抽验；各种强度等级的混凝土，要认真确定设计配合比，规定减水剂掺量，配合比试验合格后，方准施工；每层楼的墙、柱和梁板，均应按规定制作混凝土试块。

3．加强材料管理。建立工、料消耗台账，实行"当日记载，月底结账"制度；对高级装饰材料，实行"专人保管，限额领料，按时结算"制度；钢筋工程采用现场集中配料、冷拉和对焊措施，降低钢材损耗。

4．严格控制塔楼标高和垂直度。在楼梯间设水准点，作为梯层标高传递依据，并经常校核该点的准确性；用经纬仪把底层轴线垂直线引到施工楼层，作为楼层放、验线的依据；外模安装必须用线锤和经纬仪双重检查，严格控制其标高和垂直度；模板安装完毕后，须经质量检验人员验收签字，方准进行下道工序。塔楼垂直度要控制在 1‰，其最大值不许超过 50mm。

5．加强工种间配合与衔接。在结构施工中，水电等工种应与其密切配合，设专人检查预留孔洞、埋件等位置，逐层跟上，不得遗漏。供水、供电和排水等工程，应遵循先室外、后室内施工顺序，认真做好工种与工种及其内部的衔接。

6．进口装饰材料，应按施工进度提前两个月进场，以便进行材质检验、分类和挑选。

（四）保证安全施工措施

严格执行各项安全管理制度和安全操作规程，并采取以下措施。

1．在塔楼的 5 层及其上面的每隔 10 层处，对双排钢管外脚手架要做安全隔离带，其做法是：在该层脚手上满铺竹芭脚手板，上铺两层芦席夹油纸，并用铁线将其与脚手板绑牢；人行通道部分要设钢管扶手，并用一层芦席封围；在塔楼5层处，支挑出5m宽的安全网。

2．定位高塔吊、施工电梯和金属井架，都须安装避雷设施，其接地电阻不大于4Ω。所有机电设备，均应实行专机专人负责，非专业人员不得动用电器设备。

3．严禁由高处向下投放垃圾或物品。电梯井首层顶板处，必须设一道安全网；各层电梯口要封死；底层和施工电梯出入口处，要搭设安全防护棚。

4．加强防火工作。每层均要设灭火装置，每隔2层设1处临时消火栓。在施工期间，严禁非施工人员进入塔楼，外单位参观人员要有专人陪同。

5．外装饰用的施工吊篮，每次使用前均应检查其安全装置可靠性，在屋面施工时必须有2个专人开动机器，并不得随意离开岗位。

6．塔式起重机轨道地基必须坚实，回填土应掺碎石分层夯实整平；雨季施工时，要做好排水，防止因回填土下沉造成塔吊倾斜事故。支承外脚手架的挑出槽钢，必须按受力焊缝与预埋件焊牢。

7．由专人与气象台联系，及时作出大雨和大风预报，采取相应技术措施，防止发生事故。

八、施工成本计划（略，参考本章附录Ⅰ）
九、施工安全计划（略，参考本章附录Ⅰ）
十、施工环保计划（略，参考本章附录Ⅰ）
十一、施工资源计划

（一）劳动力需要量计划（略）

（二）主要材料和预制品需要量计划（略）

（三）物资运输计划（略）

（四）主要施工机具需要量计划

1．进口施工机具需要量计划，如表34-101所示。

进口施工机具需要量一览表 表34-101

序号	机具名称	型号及规格	单位	数量
1	混凝土搅拌站	德国产，PB35Z，产量27m³/h	套	1
2	混凝土输送泵	德国产，PB550-HDD-15，产量26～60m³/h	台	1
3	载人电梯	法国产，双笼，载重1t	台	1
4	塔式起重机	意大利产，S2348-2C，$H=110m$，$R=48m$，$Q=2.3t$	台	1
5	水泥桶仓	意大利产，$Q=30t$	个	1
6	施工吊篮	日本产，8SR-4800	台	1
7	振动棒	V-30、V-38、V-48、V-60 各1台	台	4
8	手提式冲击器	BCSZ、SB4502	台	3
9	空气压力凿子	FCZ20	台	4
10	铆钉枪	PAMSEJ30	个	2
11	振动刮板	瑞典产，3.0m、4m和2m	台	6
12	弯管机	瑞典产，3/8″～2″、3/8″～3″、3/8″～4″	台	3
13	载重大汽车	CWL150，载重14.5t，尼桑汽车	台	3
14	钢筋对焊机	对焊直径40mm	台	1

2. 国产施工机械需要量计划,如表 34-102 所示。

国产施工机具需要量一览表　　　表 34-102

序号	机具名称	型号及规格	单位	数量
1	塔式起重机	$Q=45t\cdot m$, $R=25m$	台	3
2	井字架	自制,$H=110m$(4台),$H=100m$(3台)	台	7
3	小翻斗车	$Q=400L$	台	5
4	混凝土搅拌机	$Q=400L$	台	2
5	振动棒	插入式,$\phi 50$	台	20
6	双轮小车	自制	台	20
7	钢筋切断机	切断直径 40mm	台	3
8	钢筋弯曲机	弯曲直径 40mm	台	2
9	对焊机	PV-75 型	台	1
10	调直机	调直能力 1t	台	1
11	卷扬机		台	7
12	自动压刨机		台	1
13	断料机	本工圆盘锯	台	3
14	平刨机		台	2
15	砂浆搅拌机		台	5
16	推土机	东方红 50	台	1
17	蛙式打夯机		台	2
18	水泵	扬程 120m,流量 20t/h	台	2
19	污水泵		台	25
20	潜水泵	扬程 20m,流量 $15m^3/h$	台	25

十二、施工风险防范(略,参考本章附录Ⅰ)

十三、施工总平面布置

(一)设计施工总平面图

本工程地处闹市区,施工现场非常狭窄;在布置施工平面时,要认真遵循施工平面设计原则,通过几个可行方案论证,最后确定 1 个最优方案,如图 34-65 所示。

(二)编制施工设施计划

由于施工现场狭窄,只安排了少量的生产性施工设施,如木工房和钢筋栅;以及必需的生活性施工设施,如食堂和宿舍,如图 34-65 所示。施工设施计划从略。

(三)现场文明施工措施

1. 以施工总承包单位为主,组成施工总平面图管理小组。加强材料、半成品、机械设备堆放、管线布置和场内运输等工作的协调与控制、发现问题及时处理。

2. 从塔楼 5 层开始,隔层设置临时厕所,并用 $\phi 150$ 铸铁管将其污水排至地面化粪池内。

(四)现场施工机具维护措施

为保证各种施工机械设备正常运行,组建专门设备检修班组,加强对其维修和管理;对混凝土输送泵和高塔吊等关键设备,应每天检查和保养,防止使用时发生事故。

(五)现场冬、雨季施工措施

34-6 施工组织设计

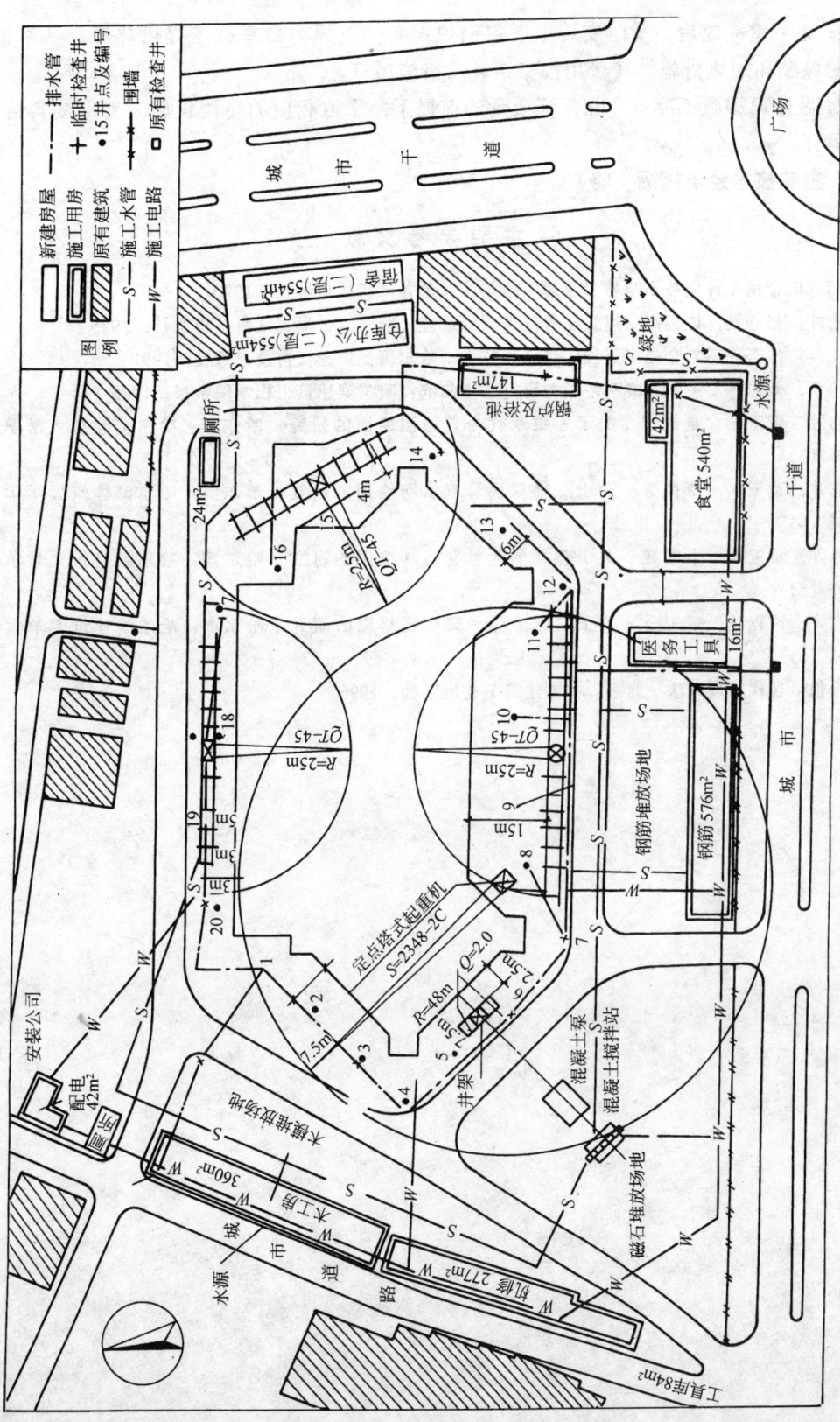

图 34-65 施工总平面图

1. 地下室完成后，及时安装地下室锅炉设备，以便为冬季施工提供热源；冬季施工采用的保温和加热措施，其费用按实结算，措施另订。

2. 做好雨季施工准备，在保证质量的前提下，采取相应的防雨设施，费用按实结算，措施另订。

十四、主要技术经济指标（略）

主 要 参 考 文 献

1　关柯，田金信．计划技术与质量管理。哈尔滨：黑龙江科技出版社，1990
2　刘志才，张守健，许程杰．建筑工程施工项目管理．哈尔滨：黑龙江科技出版社，1995
3　董玉学，任玉峰，刘金昌．工程网络计划技术．哈尔滨：黑龙江科技出版社，1991
4　董玉学，刘志才．关于三维网络图的研究．哈尔滨：哈尔滨建筑工程学院学报，1995（1）
5　刘志才，董玉学，董佩智．关于三维双代号普通网络图的研究．哈尔滨：哈尔滨建筑大学学报，1995（3）
6　刘志才，董玉学，董佩智．关于三维双代号流水网络图的研究．哈尔滨：哈尔滨建筑大学学报，1995（4）
7　刘志才，董玉学，卜繁成．关于三维单代号普通网络图的研究．哈尔滨：哈尔滨建筑大学学报，1995（5）
8　刘志才，许程洁，董玉学．关于三维单代号流水网络图的研究．哈尔滨：哈尔滨建筑大学学报，1995（6）
9　田金信．现代管理方法．北京：中国建筑工业出版社，1996

35 建筑施工安全

生产和安全共处于一体，哪里有生产，哪里就有安全问题存在，而建筑施工过程是各类安全隐患和事故的多发场所之一。保护职工在生产过程中的安全和健康，是我国的一项重要国策，是建筑施工企业不可缺少和忽视的重要工作，是各级领导的不可推卸的神圣职责，同时也是广大职工的切身需要和要求。认真贯彻"安全第一、预防为主"的安全生产方针，及时消除安全隐患和避免安全意外事故发生，有赖于不断地健全与完善安全管理工作，进一步发展安全技术和提高广大职管人员安全工作素质。

35-1 建筑施工安全概述

35-1-1 安全生产和建筑施工安全

35-1-1-1 安全生产、生产安全与劳动保护

安全生产，是在安全的场所和环境条件下，使用安全的生产设备和手段，采用安全的工艺和技术，遵守安全的作业和操作要求所进行的、必须确保涉及人员和财产安全的生产活动。这一定义不仅是一个具有科学性、全面性和控制性的理论概念和理想要求；也是一个依据安全进行一切生产活动的内在规律，必须从场所、设备、工艺和操作等全部环节上做好安全预防与保障工作的实践概念和实施要求。

生产安全，则是在其相应的生产条件下，对生产过程中涉及人员和财产的安全保障要求，包括作业（劳动）安全、设备（财产）安全、交通（通行、停留）安全、消防安全以及其他意外情况出现时的安全。生产安全是实现安全生产目标的实施要求，具有明确的针对性和可操作性。由于安全生产的要求常常受到场所、环境、设备、技术、人员、管理等实际条件和状况的限制，可能存在这样或那样的问题和不足，需要在安全生产保障措施上加以弥补和解决；当安全生产保障措施还不足以弥补和解决相应安全生产条件的不足时，则必须解决或改善欠缺与不足的安全生产条件。

劳动保护，是在生产过程中，为避免、减少或降低劳动条件对劳动者健康的损害和安全意外事件对劳动者人身的伤害所采取的保护措施，包括加强安全保护设施、使用劳动保护用品、改善劳动条件和做好卫生保健工作等。劳动保护是安全生产的重要组成部分，是实现生产安全中的不可或缺、且必须到位的保障措施。

安全生产的实现，既有赖于安全管理工作的不断改进与完善，也有赖于安全技术的不断进步与发展。安全生产不仅是一门科学，而且还是一门包括管理科学和技术科学的综合性科学，它现在至少已形成了4个分支：安全管理、安全技术、劳动保护和工业卫生。

安全管理着重于研究实现安全生产科学管理的方法和要求；安全技术着重于研究实现安全生产的技术保证；劳动保护着重研究对劳动者的安全保护；而工业卫生则着重研究对劳动者的健康保护。与其他科学一样，它们都是发展中的科学。安全生产科学既有适合于一切生产领域的共性，也有特定生产领域的个性，建筑施工的安全就有其自身的特点和规律性。

35-1-1-2　建筑施工安全、安全施工和文明施工

建筑施工也是生产，其产品就是房屋及其附属建筑项目。

建筑施工安全，就是在建筑工程相应的施工要求与施工条件下，对施工过程中涉及人员和财产的安全保障要求，包括施工作业安全，施工设施（备）安全、施工现场（通行、停留）安全、消防安全以及其他意外情况出现时的安全。

安全施工，就是依据工程情况、设计要求和现场条件，创建安全的施工现场，采用安全的施工安排和技术措施，实行严格的安全管理，遵守安全的作业和操作要求所进行的、必须确保涉及人员和财产安全的施工活动。

但由于建筑工程的类别、设计情况、建设条件和施工要求各异，因此对安全施工的要求和措施，除具有一定的共性外，更多地表现为个性，即针对工程情况的特定要求。共性的措施可以不断地予以改进和完善，而个性的措施则多为"一次性"的，极易出现因对其研究不够使措施不完善和因施工经济性的要求而降低对安全保证设施的投入的问题，使某些环节的安全保障不到位，呈现出安全设施的"先天性"不足，从而加大了施工过程中安全管理工作的难度。因此，不完善的，甚至不可能真正做到完善的安全生产条件，是建筑施工中具有相当普遍性的现象。

文明施工，就是体现出现代施工文明，也即符合合理施工程序、不扰民、环保、安全和卫生要求以及体现企业文化的施工。安全施工是文明施工的重要组成部分，而文明施工则是实现施工安全的重要保证。

35-1-1-3　按建筑施工安全的内在规律实施安全管理

安全是一门科学，生产安全和建筑施工安全都有其内在的规律性，而事故则是暴露其存在问题和揭示其内在规律的反面教材。

建设部主管部门领导同志指出：安全工作最终还是要看结果，你制度建得再多，管理看起来再好，出了事故，还是说明你的管理没有到位，或是其中内在的规律还没有摸透，只是做了些表面文章。因此，我们必须认真地研究安全问题，把它当作一门科学，把安全科技当成一个主要对象来认真加以研究。

不按安全的内在规律进行管理，就难以避免盲目性和流于形式，就做不到使安全管理工作真正到位，因为真正的管理到位，就是依其内在规律进行的科学管理到位。这就需要深入地研究施工安全的内在规律，科学地制订监控管理要求。

值得注意的是，我国长期以来所形成的安全生产（包括建筑施工）管理体制和习惯作法，虽然较为适合我国国情，也较为有效并取得了相当的成就，但存在的不足之处和问题也不少：一是对"安全是一门科学"的认识不足；二是对施工安全内在规律的研究不够；三是注重形式、流于表面；四是一些规定与依据内在规律进行的科学管理的要求有距离；五是安全监管和工作人员的知识基础和业务能力不够；六是管理只重执行条文，忽视对具体情况和实际问题的研究；七是对已发事故缺少认真、深入和科学的分析研究；八是缺少

安全信息、特别是近发事故和安全科技发展信息的及时传播；九是对确保安全的物质和人力投入不足；十是不少企业还未建立起全面和有效的安全保障（证）体系。由于这些问题的存在，就使得多发事故频繁发生，偶发事故也未间断，而新发事故又有涌出，并不时地出现较为严峻的事故多发的局面。

鉴于必须将安全视为一门科学，大力发展安全科技和推进科学管理的需要，在建筑施工安全这门科学还没有完全成熟并为大家所掌握的情况下，作者在编写和修订本章时，采取将阐述建筑施工安全科学的内在规律性与提供实用资料相结合的方法。读者只重视实用资料是不够的，还必须懂得为什么要那样作？即研究本章所阐述的内在规律性，它会给读者研究解决各种实际问题以有益的启示和帮助。

35-1-2 建筑施工中的安全意外事故和安全隐患

35-1-2-1 研究事故对安全工作的重要性及其加强要求

1．为了避免发生事故，必须认真研究事故

搞好安全工作的目的，就是要避免发生事故。

在建筑施工中出现的各种安全意外事件和伤亡事故，既有多发性的，也有偶发性的；既有常见的，也有罕见的；既有后果严重和较重的，也有后果较轻的。事故的出现，既有技术、设备、设计和措施方面的原因，也有管理、人员和突发情况的原因。而各种各样的事故并不都出现在自己（单位）身边，亲眼所见则更少。如何避免自己已经出过的事故不再重复出现，避免别人出过的事故不在自己身边重演，并进而避免过去没有出现的事故在今后发生，就必须认真研究已经出现过的各种事故，接受其中的教训，并采取相应的安全措施。

2．事故分析是开启安全科学之门的钥匙

事故的发生，不仅可以使人直观地感受和观察事故的发生过程和危害后果，看到由事故所暴露出的在安全工作中存在的问题和不足，而且也可从事故的分析中研究和掌握事故发生的内在规律，完善安全保证设计和安全监控管理要求，以便将建筑施工安全工作建立在科学的指导之上。当我们必须如实地将安全视为一门科学时，事故分析就是开启安全科学之门的钥匙。

3．需要加强进行事故分析的基础工作

长期以来，我国对建筑施工中出现的安全意外事故的分析，大多做得都相当粗糙。在已见到的事故报告及其分析材料中，对事故发生前的原始状态和征兆，事故的发展过程和破坏情况等的描述大多不够清楚，甚至缺少最基本的尺寸和技术数据，难以据此准确分析事故发生的原因及其有关诱发和影响因素，就更难达到揭示其内在规律性并举一反三，推进安全技术和管理不断发展与完善的要求。

之所以出现这一情况，是由于相应的基础工作薄弱。即安全管理部门缺少细致的对各类工程和作业项目安全状态与安全隐患分析的规范性和细则性的规定，施工企业缺少在出现事故时可据其进行分析的施工记录和检测数据。此外，也缺少高水平的事故分析专家和缺少对进行事故分析工作的人员与人才的培养。

4．需要解决认真进行事故分析工作的障碍

在事故出现以后，由于在涉事单位和人员中不同程度存在的怕追究责任、怕影响单位和个人声誉的情况,就形成了对深入进行事故分析的工作障碍。一些地方行政主管部门也因同样原因,而不同程度地采取了控制事故影响扩散的作法,致使事故的详细情况很少向外公布,这是安全工作的一个误区。由于怕追究责任和怕影响扩大的思想作怪,干扰和阻挠了对事故分析工作的深入进行,使问题不能全面地揭露出来,接受教训并采取有效措施加以解决。

5. 只有认真进行事故研究,才能更好地把握安全工作的要求

安全是一门科学。为了达到安全施工的要求,需要在安全工作方面有到位的物质和人力投入。但这种投入并不能直接产生经济效益,它只能确保施工顺利进行与避免或减少出现事故时的人员伤亡和经济损失。尽管确保施工顺利进行和避免或减少损失的本身就是对获取施工收益的有力保证,但在未出现事故时,就显示不出它的经济效果。且事故的发生,并非都因安全投入不够所造成,还有其他许多因素。而投入的实际作用,随管理情况的不同而有很大的差异:有该投入的没有投入的;有不该投入的(所谓"无效投入")则投了的;有投、管结合很好的,也有只投不管、多投少管或少投多管、不投只管的;有没投或少投却未发生事故的;也有投了,甚至多投也未避免事故发生的。从而造成了对作好安全工作心中没底,把握不住的较为普遍的心理状况,不仅在施工企业和施管人员中存在,在行政主管部门中也存在。在面对市场竞争和不能不考虑企业的效益和生存要求之下,"为了确保安全,多大的投入也在所不惜"的提法,虽其态度是积极的,但在实际上是不可能这样作的。可行的作法,是以确保施工顺利进行,避免发生事故或最大限度地降低发生事故的损失为目标,采用有效的安全投入、到位的安全管理工作和将投入与管理完美结合的作法。而要达到对"有效"、"到位"和"完美"要求的把握,就需要通过深入地研究事故,认识和把握安全的内在规律性,实现对施工安全的科学管理。

35-1-2-2 安全意外事故的分类

1. 安全意外事故和伤亡事故

安全意外事故一般分为生产安全事故(在生产活动中发生的事故)、交通安全事故(在交通运输过程中发生的事故)和消防安全事故(由火灾、爆炸引起的事故)。

安全意外事故一般都会造成人身伤害和财产损失。造成人员伤亡的事故称为伤亡事故。

2. 伤亡事故的类别

(1) 按伤害程度的级别划分

职工在劳动过程中发生的人身伤害和急性中毒伤亡事故,按其伤害程度分为三级:

1) 轻伤事故——只有轻伤(指损失工作日低于 105 日的失能伤害)的事故;

2) 重伤事故——有重伤(损失工作日等于和超过 105 日的失能伤害)而无死亡的事故;

3) 死亡事故——有人员死亡的事故,又分为重大死亡事故(一次事故死亡 1~2 人的事故)和特大死亡事故(一次事故死亡 3 人以上的事故)。

(2) 工程建设重大事故的级别划分

在工程建设过程中,由于责任过失造成工程倒塌或报废、机械设备毁坏和安全设施失灵造成人身伤亡或者重大经济损失的事故,称为工程建设重大事故,分为以下 4 个等级

（表35-1）。

(3) 按致害起因类别划分

《企业职工伤亡事故分类标准》（GB 6411—86）按致害起因将伤亡事故分为20种（表35-2）。

工程建设重大事故分级　　表35-1

级别	具备下列条件之一者
一级	1. 死亡30人以上 2. 直接损失300万元以上
二级	1. 死亡10人以上，29人以下 2. 直接经济损失100万元以上，不满300万元
三级	1. 死亡3人以上，9人以下 2. 重伤20人以上 3. 直接经济损失30万元以上，不满100万元
四级	1. 死亡2人以下 2. 重伤3人以上、19人以下 3. 直接经济损失10万元以上，不满30万元

伤亡事故类别　　表35-2

事故类别	事故类别
物体打击	冒顶片帮
车辆伤害	透　水
机械伤害	放　炮
起重伤害	火药爆炸
触　电	瓦斯爆炸
淹　溺	锅炉爆炸
灼　烫	容器爆炸
火　灾	其他爆炸
高空坠落	中毒和窒息
坍　塌	其他伤害

(4) 建筑施工安全意外事故类别

在建筑施工中发生的安全意外事故的类型很多，其中常见的事故类别和伤害形式汇于表35-3中。

常见建筑施工安全意外事故类别及其伤害形式　　表35-3

序次	类别	常见伤害形式
1	物体打击	空中落物、崩块和滚动物体的砸伤
2		触及固定或运动中的硬物、反弹物的碰伤、撞伤
3		器具、硬物的击伤
4		碎屑、破片的飞溅伤害
5	高处坠落	从脚手架或垂直运输设施上坠落的伤害
6		从洞口、楼梯口、电梯口、天井口和坑口坠落的伤害
7		从楼面、屋顶、高台边缘坠落的伤害
8		从施工安装中的工程结构上坠落的伤害
9		从机械设备上坠落的伤害
10		其他因滑跌、踩空、拖带、碰撞、翘翻、失衡等引起的坠落伤害
11	机械伤害	机械转动部分的绞入、碾压和拖带伤害
12		机械工作部分的钻、刨、削、锯、击、撞、挤、砸、轧等的伤害
13		滑入、误入机械容器和运转部分的伤害
14		机械部件的飞出伤害
15		机械失稳和倾翻事故的伤害
16		其他因机械安全保护设施欠缺、失灵和违章操作所引起的伤害

续表

序次	类别	常见伤害形式
17	起重伤害	起重机械设备的折臂、断绳、失稳、倾翻事故的伤害
18		吊物失衡、脱钩、倾翻、变形和折断事故的伤害
19		操作失控、违章操作和载人事故的伤害
20		加固、翻身、支承、临时固定等措施不当事故的伤害
21		其他起重作业中出现的砸、碰、撞、挤、压、拖作用伤害
22	触电	起重机械臂杆或其他导电物体搭碰高压线事故伤害
23		带电电线（缆）断头、破口的触电伤害
24		挖掘作业损坏埋地电缆的触电伤害
25		电动设备漏电伤害
26		雷击伤害
27		拖带电线机具电线绞断、破皮伤害
28		电闸箱、控制箱漏电和误触伤害
29		强力自然因素致断电线伤害
30	坍塌	沟壁、坑壁、边坡、洞室等的土石方坍塌伤害
31		因基础掏空、沉降、滑移或地基不牢等引起的其上墙体和建（构）筑物的坍塌伤害
32		施工中的建（构）筑物的坍塌伤害
33		施工临时设施的坍塌伤害
34		堆置物的坍塌伤害
35		脚手架、井架、支撑架的倾倒和坍塌伤害
36		强力自然因素引起的坍塌伤害
37		支承物不牢引起其上物体的坍塌伤害
38	火灾	电器和电线着火引起的火灾
39		违章用火和乱扔烟头引起的火灾
40		电、气焊作业时引燃易燃物的火灾
41		爆炸引起的火灾伤害
42		雷击引起的火灾伤害
43		自燃和其他因素引起的火灾伤害
44	爆炸	工程爆破措施不当引起的爆破伤害
45		雷管、火药和其他易燃爆炸物资保管不当引起的爆炸事故伤害
46		施工中电火花和其他明火引燃易爆物事故伤害
47		瞎炮处理中的事故伤害
48		在生产中的工厂进行施工中出现的爆炸事故伤害
49		高压作业中的爆炸事故伤害
50		乙炔罐回火爆炸伤害

续表

序次	类别	常见伤害形式
51	中毒和窒息	一氧化碳中毒、窒息伤害
52		亚硝酸钠中毒伤害
53		沥青中毒伤害
54		在有毒气体存在和空气不流通场所施工的中毒窒息伤害
55		炎夏和高温场所作业中暑伤害
56		其他化学品中毒伤害
57	其他伤害	钉子扎脚和其他扎伤、刺伤
58		拉伤、扭伤、跌伤、碰伤
59		烫伤、灼伤、冻伤、干裂伤害
60		溺水和涉水作业伤害
61		高压（水、气）作业伤害
62		从事身体机能不适宜作业的伤害
63		在恶劣环境下从事不适宜作业的伤害
64		疲劳作业和其他自持力变弱情况下进行作业的伤害
65		其他意外事故伤害

35-1-2-3 安全意外事故的性质和基本要素

1. 安全意外事故的性质

安全意外事故的性质通常分为3类：

（1）非责任事故 非人为过失造成的事故，包括：①人们不能预见或不可抗拒的自然条件变化引起的事故；②在技术改造、发明创造和科学试验活动中，由于科学技术发展水平和客观条件的限制而无法预见的事故。

（2）责任事故 由人为过失造成的事故，即在可以预见、可以采取安全保护措施和可以抗拒的情况下，由于人为的过失而发生的事故。

（3）破坏事故 为达到某种目的蓄谋、故意制造的事故。

对于已发生的安全意外事故，通过对受伤部位、受伤性质、起因物、致害物、伤害方式、不安全状态和不安全行为等7项内容进行分析，确定事故的直接原因、间接原因、性质和责任者（主要责任、重要责任、一般责任、领导责任），依法给予行政的、经济的或刑事的处理。

2. 安全意外事故的基本要素

不安全状态、不安全行为、起因物、致害物和伤害方式是孕育和形成安全意外事故的主要因素。在对安全意外事故的分析中，这5种因素可能同时存在，或者部分存在。因为某些由人为作用引起的安全意外事故，其不安全行为同时也是起因物和致害物，而有时起因物和致害物是同一个。因此，引发安全意外事故的基本要素有表35-4所列7种（类型编号B、C、D、E分别含有2、3、4、5个基本要素）。存在不安全状态或不安全行为（或二者同时存在）是"起因"，伤害方式是"后果"，起因物和伤害物则是"事故的载体"，把起因和后果连接起来。因此，当没有不安全状态或不安全行为存在时，起因物和致害物就不能起作用而导致伤害事故发生；而控制了起因物和致害物使其不能起作用时，即使有不安全状态或不安全行为存在时，也不会导致伤害事故发生（当然有不安全行为存在且其本身又是起因物和致害物的情况除外）。这就是安全预防工作的基本课题和任务。了解上述安全意外事故基本要素的含义及其在各种情况下的表现形式，是搞好生产安全的重要基础工作之一。

安全意外事故基本要素的组成类型 表35-4

类别	基 本 要 素 的 组 成
E 型	不安全状态，不安全行为，起因物，致害物和伤害方式
D-1 型	不安全状态，起因物，致害物，伤害方式
D-2 型	不安全行为，起因物，致害物，伤害方式
D-3 型	不安全状态，不安全行为，起因（致害）物，伤害方式
C-1 型	不安全状态，起因（致害）物，伤害方式
C-2 型	不安全行为，起因（致害）物，伤害方式
B 型	不安全行为（起因、致害物），伤害方式

3．不安全状态

（1）不安全状态的含义和表现形式

存在有起因物和致害物，或者能使起因物和致害物起作用的状态，称为不安全状态。因为有起因物和致害物存在时，一旦有不安全行为发生，就会使其引发安全意外事故。在某些情况下，起因物和致害物虽不存在于该状态之中，例如毗邻在施工程建筑的无防护通道，就可以使高空落物（起因物、致害物）起作用，因此也是不安全状态。在各种施工场所和项目情况下，不安全状态的常见表现形式列于表35-5中。实际上，施工中出现的不安全状态的表现形式是大量的，远远超出表35-5所列。

不安全状态的部分常见表现形式 表35-5

序次	施工场所和项目	不安全状态的常见表现形式
1	施工现场	场地严重不平，有较多施工障碍物
2		场地低洼，无有效排水措施
3		场内有仍在使用中的市政管线（电缆、上下水道、煤气管线等）
4		场内有仍在使用中的架空高压电线和其他线路
5		场内无符合要求的运输道路、机械作业场地和材料设备存放场地
6		场内存放有易燃、爆炸材料而无符合规定的保管条件（专用库房、危险品库房、灭火器材等）
7		场内无符合要求的消防设施、水源、道路和场地
8		场内供电电源和临电线路的设置不符合安全规定
9		施工吊运作业和高空落物影响范围内有居民住宅、施工生产场地和通道
10		施工工程临街、临路
11		施工现场四周无可靠的封闭围护，非施工人员可自由进出
12		施工现场各区功能安排混乱、交叉混用频繁、无序，材料设备乱堆、乱放，施工垃圾堆积

续表

序次	施工场所和项目	不安全状态的常见表现形式
13	土方和爆破工程施工	放坡开挖基坑的坑壁小于安全坡度
14		基坑上口边与建筑物、堆置物或停机处的距离小于安全距离
15		基坑开挖危及毗邻建筑基础的安全
16		在地下有流砂层、无有效降低地下水的情况下进行基坑开挖
17		在雨季进行基坑开挖、且无有效排水和防塌方措施
18		在地质情况复杂且无可靠防塌方措施的情况下进行隧洞、坑道开挖作业
19		堆方的高度和边坡坡度超过安全规定
20		深基坑降水、支护方案设计的安全可靠度不够，或实施中遇到意外情况出现
21		土方石爆破碎块溅落区内有建筑物和人员
22		土石方爆破中出现的"瞎炮"未完全排除
23		运输爆破材料的车辆之间未保持规定的最小安全距离
24		爆炸材料仓库距邻近建（构）筑物小于规定的安全距离，爆炸材料的贮存不符合规定
25	模板、钢筋、混凝土工程施工	模板支撑架的整体刚度、承载能力、整体稳定性不够或支承物的承受能力不够
26		混凝土浇筑不均衡，对模板和支撑架造成过大的集中荷载、偏心荷载、冲击荷载或侧压力
27		在混凝土未达到规定的强度前，过早地拆除支撑和模板
28		模板、背楞、支撑杆件和连接件的材质和安装质量不合格
29		长钢筋、弯折钢筋在水平、垂直运输和装卸过程中存在拖地、扯拉、摆动、反弹、交织或散捆等情况
30		竖立起的未予拉结或支撑的大块模板
31		大片整体翘动拆除楼板底模板
32		模板立式存放的稳固和支撑措施不符合要求
33	脚手架和垂直运输的设置与使用	脚手架的构造尺寸过大、连墙点设置过少、未按要求设置剪刀撑与其他整体拉结杆件、连墙点以上自由高度过大、基地不实和承载力不够
34		脚手架立杆垂直度、平杆水平度、节点构造和连接安装不符合规定
35		脚手架的作业层数、使用荷载超过规定或使用脚手架进行超重构件的人工安装作业
36		脚手架在使用中拆除部分构架基本杆件和连墙件而未采取弥补措施或作业过后未及时恢复
37		脚手架挑支件、撑拉件和挑支构造的制作或安装不符合设计要求
38		附着升降脚手架（爬架）和整体提升脚手架的提升构造和设备不符合设计要求
39		在脚手架上设置模板支撑或缆风绳
40		井架的多层转运平台或栈架构架结构未予加强，超载以及与脚手架连成一体
41		井架、龙门架的料盘（或料笼）未作安全封闭，未设安全门（进出口）、限位、停层等安全保险装置；施工升降机的安全保险装置失灵
42		垂直运输设施超载使用或超过其结构承受能力、加设拔杆等多功能设施
43		材料容器（料斗、砖笼等）的结构和启闭装置不合格、吊绳不均衡、索具不牢靠
44		脚手板、斜道板上无防滑措施，作业架面上只铺一块脚手板或散铺脚手板以及有探头板
45		搭设脚手架未及时设置连墙件或临时拉结；拆除时过早拆掉连墙件，已松开连接的杆件未及时取下
46		脚手架的外侧面未按规定设置栏杆、安全网、半封闭或全封闭围护
47		地下工程材料的垂直运输采用高陡坡道、溜槽、倾倒或抛掷方式

续表

序次	施工场所和项目	不安全状态的常见表现形式
48	起重吊装作业	履带式和汽车式起重机在停置不稳、支垫不好或停于斜坡上的情况下进行作业
49		附着式塔式起重机未按规定设置附着连接；轨道式塔机的轨道不符合要求，在大风来临前未作可靠固定
50		超载、超限速和超爬杆（倾斜度）吊装
51		用吊索斜拉方式竖立长、重吊件
52		吊件的临时加固、支撑和固定措施不当
53		吊具、索具不符合规定，绳控脱钩装置动作受阻
54		使用不合格的手动起重工具、手扳葫芦的自锁夹钳装置不可靠
55		采用双机或多机抬吊时，选用的起重机的性能不相近、动作不谐调
56		起重机作业范围内有架空高压电线
57		非作业人员进入起重吊装作业现场
58		在不符合安全规定要求的天气和照明条件下进行作业
59		桅杆起重机移动时，缆绳的收、放动作不协调
60		起重机作业完毕后，未按规定要求缩臂落放、制动和加锁
61		安装作业架、台的设置不符合要求，高处作业人员未按规定使用安全防护用品
62		升板施工时各提升机动作不协调，提升停歇后未及时插钢销固定
63		大型结构整体吊装提升的同步性控制不好，缆锚设施松紧不一致
64		整体顶升时各液压千斤顶的动作不一致
65		钢结构高空拼装时，因螺栓锚孔对中不好而强力对孔作业
66		在未达到规定的强度下进行混凝土构件的运输和吊装作业
67	预应力作业	锚具的材质和加工不合格，用前的逐套查验不认真
68		张拉设备（拉伸机、高压泵和高压管）不符合施工要求
69		张拉时未设保护措施和禁入区
70		在已张拉完毕的裸露预应力筋邻近处进行电焊或其他可能伤及预应力筋的作业
71		张拉完毕未及时浇筑混凝土、灌浆或封固锚头

续表

序次	施工场所和项目	不安全状态的常见表现形式
72	电焊、气焊作业	在电、气焊火星飞溅范围内有易燃物未予清走或加以防火保护
73		焊机的外露带电部分的绝缘和安全防护不符合要求,焊接把线(电缆)绝缘不好或有破皮
74		氧气瓶阀和减压器泄漏,与高温、明火、其他热源和乙炔罐的距离小于安全距离
75		乙炔罐(瓶)与用火点的距离小于安全规定
76		乙炔罐无回火防止器或回火防止器的使用不当
77		电、气焊未按规定使用安全防护用品
78		在狭小空间、船舱、容器和管道内单人进行电、气焊作业,无人轮换和进行安全监护
79	高压作业、特种作业和特种工程施工	在有害和可燃气体、缺氧的器内和封闭空间作业,施工前无检测,作业时无防毒、防爆、供氧、通风和救护措施
80		进行高压容器和管道的压力试验时,无可靠的控压和防爆措施
81		锅炉和压力容器未按规定的期限和情况进行定期检查或及时检查,进入内部检查时未按规定使用低压防爆灯
82		锅炉的气压迅速上升;水位升至高限以上或低限以下;给水机械、水位表、安全阀失效;锅炉元件损坏;燃烧设备损坏
83		沉箱工作室气压控制不好,升降过急
84		顶进施工时,顶铁两侧有人逗留
85		气压顶进施工时带气压打开封板
86		盾构顶进施工时,在掘削土坠落处站人或出土皮带运输机无防护罩
87		在气压作业段违反规定使用明火,闸门管理不严和作业人员的身体不合格
88	机加工和机械作业	木工机械不按规定设置防护罩和安全装置
89		钢筋冷拉场地未设警戒区和防(围)护
90		工人进入搅拌机清理时未切断电源、加锁和设专人监护
91		采用桩机行走或回转来纠正桩的位置
92		桩机上坡时,桩机重心未移至坡道上方
93		拔桩力超过桩架的负荷能力
94		机动翻斗车斗内载人,向基坑卸料时未与坑边保持安全距离
95		运输车辆在坡道停车时,未将轮胎楔牢
96		使用夯土机械时,未设专人配合移动拖地电缆
97		2台以上压路机作业时,未保持安全距离或在坡道上纵队行驶
98		挖掘机装卸土时,汽车司机未离开驾驶室,或铲斗碰撞汽车
99		推土机下坡时脱档滑行或未用低档行驶
100		电动施工机具的金属外壳未保护接零(地)和加设漏电保护装置

续表

序次	施工场所和项目	不安全状态的常见表现形式
101	工地用电和防火	配电箱、开关箱的设置不符合规定，漏水，无门、无锁、箱内有杂物，开关箱未设置分路开关，在潮湿和有腐蚀介质场所未采用防溅型漏电保护器
102		过载保护熔体使用代用品
103		配电屏（盘）、配电箱、开关箱周围堆放杂物或有易燃易爆物，附近有强烈振动、热源烘烤
104		工地配电线路未采用绝缘线；架空线路的架设高度、电线截面和排序不符合规定；埋地敷设深度不够，未加保护覆盖，穿越处未加防护套管；线路敷设采用地面明设
105		用电设备的保护接零、保护外壳、绝缘电阻等不符合规定
106		照明采用自耦变压器
107		工地配电禁入区、夜间施工危险区域未设红灯警示
108		工地的防雷电设施不符合要求
109		工地消火栓和消防器材未定期检查和保持完好
110		存放气瓶和危险品的仓库不符合防火防爆要求
111	季节施工	在大雨、大风、大雪之前未采取安全防范措施，之后未全面检查和消除其危害和影响
112		冬季采用火炉加热的作业暖棚，没有可靠的防火、防煤气中毒措施
113		冬季采用火烤解冻气瓶阀门、胶管等，夏季气瓶在烈日下曝晒
114		在雷雨和大风天气下进行爆破作业、露天电焊作业、起重作业和输电线路架设作业
115		电热法融化冻土施工区域未作安全围护，施管人员未穿绝缘靴进入检查
116		电热法加热混凝土施工中，导线与电极连接的接触不好，出现虚接（电流过大）或短路
117		冬季违反规定用电炉或自装电热丝取暖
118	拆除工程施工	拆除工程施工时，场内电线和市政管线未予切断或迁移，未设安全警戒区和派人监护
119		拆除工作中，在作业面上人员过度集中
120		采用掏挖根部推倒方式拆除工程时，掏挖过深，人员未退出至安全距离以外
121		在人口稠密和交通要道等地区采用火花起爆拆除建筑物

(2) 不安全状态的判断原则

认识不安全状态——制订安全措施——实施安全管理是工程施工项目安全工作的三项相互联系的基本内容，而认识不安全状态则是前提。对不安全状态分析得越是深入细微、确定得越是全面具体，则制订的措施和管理目标就越接近实际和可提高其可靠性。在对不安全状态进行分析时，可参考表35-5所列例项和表35-6提供的判断原则进行。

不安全状态的判断原则 表35-6

序次	不安全状态的判断原则	分 析 提 示
1	违反现行法规和标准规定的状态	包括国家、行业、地方和企业各个级别的法规、标准和规定，将对有"严禁"、"禁止"、"不准"、"不应"等规定的状态提出，归纳为不安全状态
2	违反现行安全生产制度规定的状态	包括上级和企业制订的有关安全生产制度，按上栏作法从中提取和归纳

续表

序次	不安全状态的判断原则	分 析 提 示
3	安全事故实例中出现的状态	从本单位已出的和尽可能收集到的安全事故实例中提取和归纳
4	安全限控措施涉及的状态	在安全机构设置中限制速度、高度、行程、角度、荷载、变形、配重、冲击等所涉及的状态
5	安全保护措施涉及的状态	需要使用安全保护用品，采取安全保护和监护措施所涉及的状态
6	安全保险措施涉及的状态	凡已采取或需要采取保险措施的状态，如断绳保护、停层保护、过载保护、漏电保护、感烟、喷淋保护等难以绝对避免出现的危险状态
7	安全抢险措施涉及的状态	包括人为的和自然的因素造成的险情和事故所呈现的状态，如结构的不均匀沉降、倾倒坍塌前的孕育过程、机械的严重故障等
8	新材料、新结构、新技术、新工艺的措施中未作出明确安全规定的状态	由于是"四新"，在不少方面的认识和研究不够。凡措施中未提及或未细致说明的方面，都有可能存在着不安全的状态，需要根据安全和技术工作经验细致研究确定
9	职工安全生产意识和自我保护素质不够所引起的状态	体现于上岗状态，执行安全规定和措施的状态，使确保安全要求有了问题或疑问的各种情况

4．不安全行为

（1）不安全行为的含义和表现形式

违章指挥、违章作业以及其他可能引发和招致安全意外事件和伤害事故出现的行为，称为不安全行为。

不安全行为的类别有：①违章指挥——违反安全生产法规、标准、制度和其他规定的指挥；②违章作业——违反安全生产法规、标准、制度和其他规定的作业；③其他主动性不安全行为——由当事人发出的不安全行为；④其他被动性不安全行为——当事人处于被动情况下、包括缺乏自我保护意识和素质的不安全行为。部分常见不安全行为的表现形式列于表35-7中。表35-7所列的大部分系不安全行为表现的方面，例如"违反程序规定"、"违反操作规定"等，对于具体的施工操作项目，均有其诸多表现，可从表中所列的方面着手去进行具体的分析和归纳。

部分常见不安全行为的表现形式 表35-7

序次	类别	常 见 表 现 形 式
1	违反上岗人员身体条件的规定	患有不适合从事高空、井下和其他施工作业相应的疾病，如精神病、高血压、心脏病、癫痫病等
2		未经过严格的身体检查，不具备从事高空、井下、高温、高压、水下等相应施工作业规定的身体条件
3		妇女在经期、孕期、哺乳期间从事禁止和不适合的作业
4		未成年工从事禁止和不适合的作业
5		疲劳作业和带病作业

续表

序次	类别	常见表现形式
6	不按规定使用安全防护用品	进入施工现场不戴安全帽、不穿安全鞋
7		高空作业不佩挂安全带或挂置不可靠
8		雨天、潮湿环境进行高压电气作业不使用绝缘防护用品
9		进入有毒气环境作业不使用防毒用品
10		电气焊作业不使用电焊帽、电焊手套、防护镜
11		进入有易燃气体环境作业不使用防爆灯
12		其他不使用相应作业安全防护用品的情况
13	违反上岗规定	非定机、定岗人员擅自操作
14		无证人员进行取证岗位作业
15		单人在无人辅助、轮换和监护的情况下,进行高、深、重、险等不安全作业
16		在无人监管电闸情况下,从事检修、调试高压电气设备作业
17		单人操作带线电动工具设备,无人辅助拖线
18	违章指挥	在有关进行作业的条件还没有达到规范、设计与施工措施要求的情况下,组织和指挥施工
19		在出现不能保证安全的天气变化和其他情况时,坚持继续进行施工作业
20		当已发现安全隐患或已出现不安全征兆,在未消除隐患和排除险情的情况下,指挥冒险施工
21		在安全设施不合格、工人未使用安全保护用品或其他安全措施不落实的情况下,强行组织和指挥施工
22		违反有关规范规定的指挥,包括修改、降低和取消某些规定,而没有得到上级主管部门的批准
23		违反施工技术措施的规定的指挥,包括修改、降低和取消某些规定、改变作业程序、插入其他作业,而没有取得措施编制人员和主管部门的同意、批准
24		在施工中出现意外情况时,作出了导致出现安全事故或扩大事故伤害程度的错误决定
25		在技术人员、工人和其他人员提出施工中的不安全问题的意见和建议时,未予重视、研究并作出相应的处置,以不负责任的态度继续指挥施工
26	违章作业	违反程序规定的作业
27		违反操作规定的作业
28		违反安全防护规定的作业
29		使用带病机械、工具和设备进行作业
30		违反爆炸、防毒、防触电和防火规定的作业
31		在不具备安全作业条件(无架子或架子不合格、无可靠防护设施等)下进行作业
32		在已发现有安全隐患或安全事故征兆的情况下,未经处理解决,继续进行作业
33	放松安全警惕性,不注意保护自己和保护别人的行为	在缺乏警惕性的情况下,发生的误扶不可靠物、误踏入"四口"、误碰致伤、误触带电物、误食毒物、误闻有毒气体以及其他造成滑、跌、闪失和坠落的行为
34		在作业中出现的工具脱手,物品飞溅掉落、碰撞和拖拉别人等行为
35		在出现险情时,不及时通知别人(以便共同脱险)的行为
36		在前道工序中为后续工序留下安全隐患而未解决或转告下道工序作业者注意的行为

(2) 不安全行为存在和滋长的环境

不同程度地存在着施管人员的不安全行为，虽是施工过程中难以完全避免的、带有普遍性的现象，但却与其安全工作的环境氛围直接有关。当安全工作的环境氛围淡薄时，不安全行为就会大量的存在并不断滋长。适于不安全行为存在和滋长的环境为：

1）不正规的工程施工土地、施工队伍和施工人员；
2）多次转包、直接施工费用缺口很大的工程；
3）领导不重视、安全无要求、安全工作无人管的工地；
4）无安全工作制度，不进行安全教育，不实行安全岗位责任制的工地；
5）有一段时间未出安全意外事故，思想麻痹，对安全工作放松管理的工地。

上述的环境氛围，也是产生不安全状态的温床。

5. 事故的起因物、致害物和伤害方式

(1) 起因物和致害物的含义与类别

直接引发安全意外事故的物体（品）称为"起因物"；在安全意外事故中直接招致伤害发生的物体（品）称为"致害物"。

在某一特定的安全意外事故中，起因物可能是惟一的，也可能是多个。当有多个起因物存在时，按其作用情况会有主次之分、前后（序次）之分以及组合和单独作用之分。

在某一特定的伤亡事故中，致害物通常是1个，但也有多个同时致害的情况。

在同一安全意外事故中，起因物和致害物可以是不同的物体（品），也可能是同一物体（品）。

在每一施工作业项目中，细致认真地分析、确定可能存在的引发安全意外事故的起因物和致害物，并采取相应措施予以消除或者使其不能起作用，是搞好安全预防工作的核心内容和基本的保证。目前，在建筑施工单位安全工作中存在的一个较为普遍的问题，就是工作的一般化，没有细致认真地去作这项分析，因而就不能最大限度地消灭可能存在的安全隐患。当一旦发生安全意外和伤亡事故时，对起因物和致害物的分析确定，又是判定事故性质和确定事故责任的重要依据。

一般常见伤害事故中的起因物和致害物列于表 35-8 中（表中所列均指对作业人员造成伤害而言）。实际发生的情况远较表 35-8 所列复杂，需要做具体的分析。

部分常见伤害事故的起因物和致害物 表 35-8

序次	事故类型	起 因 物	致 害 物
1	物体打击	由各种原因引起的同一落物、崩块、冲击物、滚动体，上下或左右摆动的物体以及其他足以引发打击伤害的运动状态硬物	在受突发力作用时发生弹出、倾倒、掉落、滚动、扭转等态势变化的物体，如模板、支撑杆件、钢筋、块体材料、器具等，以及作业人员（自身受害并可能同时伤害别人）
2		引发其他物体状态突变的物体，如撬棍（杠）、绳索、拉曳物和障碍物等	
3	高处坠落	脚手架或作业区的外立面无栏护物和架面未满铺脚手板	坠落的施工人员受自身的重力运动伤害
4		高空作业未佩挂安全带	
5		"四口"未加设盖板或其他覆盖物	
6		失控坠落的梯笼和其他载人设备	
7		由于不当操作或其他原因造成失稳、倾倒、掉落并拖带施工人员发生高空坠落的手推车和其他器物	

续表

序次	事故类型	起因物	致害物
8	机械和起重伤害	没有、拆去或质量与装设不符合要求的安全罩	机械的转动和工作部件
9		机械进行车、刨、钻、铣、锻、磨、镗加工的工作部件	
10		加工件的不牢靠的夹持件	脱出的加工件
11		起重的吊物	失稳、倾翻的起重机
		软弱和受力不均衡的地基、支垫	
12		破断、松脱、失控的索具	倾翻、掉落、折断、前冲的吊物、重物
		变形或破坏的吊架	
13		失控或失效的限控（控速、控重、控角度、控行程、控停、控开闭等）、保险（断绳、超速、停靠、冒顶等）和操作装置	失控的臂杆、起重小车、索具吊钩、吊笼（盘）或机械的其他部件
14		滑脱、折断的撬棍（杠）	失控、倾翻、掉落的重物和安装物
		失稳、破坏的支架	
15		启闭失控的料笼、容器	散落的材料、物品
16		拴挂不平衡的吊索	严重摆动、不稳定回转和下落的吊物
		失控的回转和控速机构	
17	触电伤害	未加可靠保护、破皮损伤的电线、电缆	
18		架空高压裸线	误触高压线的起重机臂杆和运行中的其他导电物体
19		未予设置或不合格的接零（地）、漏电保护设施	电动工具和漏（带）电设备
20		未设门或未上锁的电闸箱	易误触的电器开关（特别是闸刀开关）
21	坍塌伤害	流沙、涌水、水冲、滑坡引起的塌方	
22		停靠在坑、槽边的机械、车辆和过重的堆物	坑、槽的坍落物（土、石、机械、器物）
23		没有或不符合要求的降水和支护措施	
24		受坑槽开挖伤害的建筑物的基础和地基	整体或局部倒塌的建（构）筑物
25		设计不安全或施工有问题的工程建筑物和临时设施	整体或局部坍塌、破坏的工程建筑、临时设施及其杆部件和载存物品
26		不均匀沉降的地基	
27		附近有强烈的震动、冲击源	
28		强劲自然力（风、雨、雪、地震）	
29		拆除的部分结构杆件或首先出现破坏的局部件与结构	
30		受载后发生变形、失稳或破坏的支撑杆件或支承架	发生倾倒、坍塌的设于支撑架上的结构、设备和材料物品
31		堆置过高、过陡或基地不牢的堆置物	

续表

序次	事故类型	起因物	致害物
32	火灾伤害	火源与靠近火源的易燃物	
33		雷击、导电物体和易燃物	
34	爆炸、中毒和窒息伤害	爆炸引起的飞石（块）和冲击波	
35		保管不当的雷管、火源和其他起爆源	爆炸的雷管和炸药
36		"瞎炮"与引起其爆炸的引爆物	飞溅物体（块、屑）、气浪
37		溢（跑）漏的易燃物（气体、液体）和施工中的火源	
38		一氧化碳、瓦斯和其他有毒气体	
39		亚硝酸钠和其他有毒化学品	
40		密闭容器、洞室和其他高温、不通风施工作业场所	
41	其他	朝天的钉子，伸于面上的铁件、钢筋头、管头和其他硬物，伸于作业空间的硬物和障碍物等	

在一些安全事故中，未造成人员的伤亡，受伤害的是结构、设备和其他财产物品，则其起因物和致害物应以受伤害物来进行分析。

(2) 伤害方式

伤害方式包括作用的方式、作用的部位和作用的后果这三项互为联系的基本内容，可根据事故的具体情况进行分析和确定。

对伤害方式的研究，有助于改进和完善劳动保护用品。就目前在我国建筑施工中采用的劳动保护用品的情况来看，还有许多保护不到或不能完全达到可靠要求的问题存在，需要研究解决。

35-1-2-4 安全隐患和事故征兆

1. 安全隐患

在施工中能够引发安全意外事件和伤亡事故的现存问题称为"安全隐患"。

(1) 安全隐患的构成

在安全意外事故的 5 个基本要素中，"致害物"和"伤害方式"只有在事故发生时才能表现出来。因此，有不安全状态、不安全行为和起因物的存在时，就构成了安全的隐患，其构成方式有 3 种情况，见表 35-9。

安全隐患的构成方式　　表 35-9

类　别	安全隐患的构成方式
第一种	不安全状态 + 起因物
第二种	不安全行为 + 起因物
第三种	不安全状态 + 不安全行为 + 起因物

(2) 安全隐患的分类

国家有关安全主管部门还未对安全隐患的分类做出明确的规定和解释，但在一些相关文件中提到了"重大安全隐患"。因此，可以把安全隐患大致分为以下三级：重大安全隐患、严重安全隐患和一般安全隐患，其初步解释列于表 35-10 中（注：以后有标准解释的规定时，应按规定执行）。

安全隐患的分类　　　　　　　　表 35-10

分　类	解　释
重大安全隐患	可能导致重大伤亡事故发生的隐患，包括在工程建设中可能导致发生二级以上工程建设重大事故的安全隐患
严重安全隐患	可能导致死亡事故发生的安全隐患，包括在工程建设中可能导致发生四级至二级工程建设重大事故的安全隐患
一般安全隐患	可能导致发生重伤以下事故的安全隐患，包括未列入工程建设重大事故的各类安全意外事故

有关火灾和消防工作中的隐患见 35-2-6 节所述。

(3) 安全隐患的检查

安全预防、安全隐患的检查与解决措施和安全意外事故的处理是安全生产工作的三步曲。其中，安全预防工作应摆在第一位，安全隐患的检查摆在第二位，安全意外事故的处理则摆在第三位（也即最后）。因此，检查、发现和消除安全隐患是安全工作的中间环节，是防止安全事故发生的第二道可以控制的关口。第三道关口是发生事故征兆并采取的相应措施，但往往发现事故的征兆时，则不一定都能有时间和条件来阻止事故的发生。因此，对安全隐患的检查应作为杜绝事故发生的必保关口来对待。

安全隐患的检查一般应先以安全隐患的组成方式（见表 35-9），参考表 35-6～表 35-8 所提供的不安全状态、不安全行为和起因物进行分析；然后按表 35-10 对其进行分类；最后根据隐患具体情况采取相应消除和防护的整改措施。

2．事故的征兆

在安全意外事故发生之前所显示出的可能要出事的迹象谓之事故的征兆。如能及早地发现并及时采取排险措施，则有可能阻止事故的发生；即使不能阻止时，也可以及时撤出人员和采取保护措施，以减轻事故的伤害和损失。

事故的征兆应出现在事故的起因物开始启动到事故发生的这段孕育和发展的时段内。但有相当多的安全意外事故是突发性的，例如物体打击、高空坠落、直接机械伤害和触电伤害等类事故，从起因物启动到伤害发生，几乎没有孕育过程，因而即使有征兆，也很难及时做出排险反应。也有一些事故，特别是涉及面较大、造成重大伤亡和财产损失的重大事故，例如土方坍塌、建筑物倒塌、脚手架和支撑架的破坏、起重机和大型施工机械的倾翻与损坏等，都或长或短地存在着一个事故的孕育和发展时段，并显示出某种事故的征兆，研究、认识和掌握这些征兆具有重大作用，同时也是一项细致而且困难的工作。

事故的征兆按其出现的顺序可大致分为早期（初现）征兆、中期（发展）征兆和晚期（临发）征兆：

早期征兆——在事故起因物开始启动后初现的迹象，如结构杆件的初始变形、土方的初始开裂、滑动等。

中期征兆——早期征兆的发展与扩大迹象，如变形迅速发展、裂缝显著扩张、局部土体开始移动、坍塌等。

晚期征兆——在事故发生前，原有状态面临突变的迹象，如即将发生裂断、折断脱离等险情，预示事故即至。

发现各期征兆后的处理方法列入表 35-11 中。如果难以准确地判断征兆的类别时，则应按后一级的办法进行处置，即大致判断为"早期征兆"者，按"中期征兆"处理；大致判断为"中期征兆"者，按"后期征兆"处理。以免因判断失准，延误发出指令的时间，造成难以挽回的伤害和损失。

安全事故征兆发现后的处理方法 表 35-11

征兆类别	发现后的处理方法
早期征兆	1) 设专人并采用可靠检测手段对发现的征兆进行日夜监视，尽快确定其是否在继续发展？发展的速度如何？ 2) 认真研究征兆的发展情况，确定需要采取的处置措施，并立即安排实施
中期征兆	1) 确定排险措施和保护措施，并立即实施 2) 在确定不能有效制止征兆继续发展时，应安排和撤离危险区域的人员以及设备和物品
晚期征兆	1) 发出紧急警令、信号 2) 停止一切排险工作，迅速撤离人员

表 35-12 列出了部分一般会有征兆的安全意外事故的常见征兆。由于事故发生前的状态和起因物千变万化，使其征象及其程度也不尽相同，因此，该表所列仅供参考。

部分安全意外事故发生前的常见征兆 表 35-12

事故名称	事故发生前的常见征兆		
	早期征兆	中期征兆	晚期征兆
基坑(槽)塌方	坑槽下部轻度渗水、涌沙；出现剥层裂纹和小块剥离	渗水、涌沙情况加剧，剥层裂纹扩展，底部土层开始大块剥离，深度裂纹向上扩展	坑槽底部土块大量剥离，上部土体失去下部土体支撑，塌方裂纹已明显地扩展到地面上
脚手架、多层转运平台架倾倒	一侧立杆基础开始出现较为明显的沉降，立杆上部明显向一侧倾斜，连墙件有初期的拉、压或剪切变形	早期出现的变形迅速扩大，架子上部出现晃动，立杆根部明显脱离其支垫物或位置	上部急剧向外倾倒，并伴发异常的响声（多为杆件、连接件破坏时的伴发声）
脚手架局部垮架	脚手架局部的平杆、脚手板出现显著弯曲变形和损伤	早期出现的变形和损伤继续发展，连接点开始变形	脚手板、平杆出现折断或滑脱，构件结构出现严重变形，可能会有异常响声
脚手架垂直坍塌	下部立杆和长度大的立杆段开始出现拱曲变形	成片立杆自下至上出现明显的多波曲变形，节点和连接件出现破坏迹象	开始出现节点和连墙件破坏的异常声响
支撑架垮架和倒塌	直接承载的受弯和受压杆件开始出现明显变形	变形迅速扩大、立杆根部位移、节点出现破坏迹象	部分杆件开始掉落、折断，支撑结构严重变形和失稳
独立墙体倒塌	墙体开始出现不均匀沉降裂缝，墙体开始出现倾斜	裂缝和倾斜继续发展、墙体内外出现贯通裂缝	墙体下部开始出现滑移，伴有拉裂、错动作用发生的异常声响
建筑物倒塌	基础或主要承重结构件开始开裂或出现显著变形	变形和裂纹迅速扩展，基础错动，部分结构杆件出现破坏	建筑物出现倒塌前的晃动、严重倾斜和急剧发生的异常声响
机械设备倾翻	一侧开始出现明显沉降，缆风、锚固设施出现松动迹象	机械设备明显倾斜，缆锚点出现拉出或破坏迹象	机械设备严重倾斜，伴有锚拉点破坏的早期声响

对于有一定的孕育发展过程的事故，总会有一些征象表现出来，这些征象归纳于表35-13中，当发现有其中的征象出现时，必须引起施工管理人员的高度重视。

有孕育过程事故的一般可能出现的征象　　　　　　　表35-13

序次	事故的征象	序次	事故的征象
1	水平杆件、构件出现不断发展的弯曲变形	6	结构、机械和设备的状态急剧的显著改变
2	水平杆件、构件出现45°斜裂纹并向扩大和贯通发展	7	出现晃动、倾斜、下坐以及其他改变稳定状态的变化
3	基础（地）出现不断发展的沉降、滑（位）移变形	8	出现异常的声响
4	连接点和连接件出现开裂、松脱、拔出等情况	9	部分杆配件、零部件发生破坏
5	连墙和锚拉构造及其支承结构发现破坏迹象	10	坑槽边坡、地面出现不断发展的裂缝

35-1-3　建筑施工安全技术

35-1-3-1　施工技术与施工安全技术

1. 安全技术的由来

虽然安全可靠是对各种技术的基本要求之一，但将安全技术作为一个崭新的技术领域单独地提出来，还只是近二三十年的事情。在此之前，它只是劳动保护科学的一个组成部分。

劳动保护从处理好人与人的社会组织关系和人与自然界的关系出发，来实现保护劳动者的安全和健康的要求。在生产活动中，由于组织管理不善或政策措施不当可能导致出现工伤事故和职业病；由于各种自然的和技术方面的因素（如火、光、电、尘、毒以及机械作业、高空作业和其他作业过程中的影响安全的因素）也会导致出现危害劳动者安全与健康的后果。因此，劳动保护科学必须研究人与人的社会组织关系，即研究相应的立法、监察、组织和管理等，这属于社会科学的范畴；同时，劳动保护科学还必须研究处理人与自然的关系，即研究加强安全技术保障、改善劳动条件和提高应变能力的措施，这又属于自然科学范畴，或应用科学技术范畴。因此，劳动保护是一门保护劳动者安全与健康的、具有严格要求的政策性和技术性的综合科学。

安全技术本是劳动保护科学中的重要组成部分，原意为"技术的安全可靠"，演变为确保安全所需要的技术。即研究生产技术各个环节中的不安全因素与警示、限控、保险、防护、救助等措施，以预防和控制安全意外事故的发生及减少其危害。由于安全技术的重要性和实用性，已越来越多地引起企业和施管人员的重视，并已开始形成重要的应用科学分支。

安全技术之所以能从劳动保护科学中脱颖而出，向形成新的综合性技术领域发展，这是由于：

（1）随着科技、生产和社会的进步，越来越需要对生产和建筑施工中的人员和财产安全提供更为可靠的技术保障，而不仅只是对劳动者的保护提供技术保障；

（2）尽管各种生产技术领域研究的对象不同，但却具有确保安全可靠的共同要求；

（3）各种生产技术领域的安全保证性，在其内在规律方面具有共性，且在其共性之中也明显地含有不同生产技术领域的个性。

2. 施工技术的定义及其构成

虽然"施工技术"已是通行已久的技术语汇，但至今对其尚无明确的界定。就大家的习惯认识而言，可将其分为广义的施工技术和狭义的施工技术。

(1) 广义施工技术的定义及其构成

我们可将"广义施工技术"定义为：规划、组织、实施工程施工并确保施工安全、质量、进度和成本（收益）要求的技术。

它包括了施工组织设计（施工规划）中与技术有关的内容：施工的程序和流程安排；各期建设和各施工阶段的总平面布置；根据工程设计和施工要求采用的主要施工技术；确保安全、质量、进度和降低成本要求的技术措施以及结合施工进行的试验研究工作。

(2) 狭义的施工技术的定义及其构成

我们可将"狭义施工技术"定义为：针对并满足特定工程施工要求的综合性或专项技术。

如属于全厂性和统筹性综合施工技术的火电厂施工技术、水泥厂施工技术、飞机场（含航站楼）施工技术与冬期施工技术、雨季施工技术等；属于专业工程综合施工技术的拆除工程技术、降水技术、地基处理技术、爆破工程技术、土石方工程技术、深基坑支护技术、模板工程技术、钢筋工程技术、混凝土工程技术、预应力工程技术、脚手架工程技术、垂直运输技术、吊装工程技术、设备安装工程技术和装饰工程技术等；属于专项施工技术的粗钢筋连接技术、定向爆破拆除技术、逆作法技术和附着升降脚手架技术等。施工技术本来就是包含了技术、工艺、设备、材料和管理的综合性应用技术，只是在综合的范围和程度上有所不同。

狭义的施工技术一般由其对相应的材料、设备、工艺、技术、构造、设计计算、设置和使用以及施工质量、监控管理等方面的规定与要求所构成。

(3) 施工技术的标准规定和建筑（施工）工法

由于施工技术都是为完成特定的工程施工要求服务的，因此，并无单列的施工技术标准，只有各类工程的施工验收标准和单项材料、设备的技术标准，其规定都是以保证工程质量的要求为核心。

近十几年来，我国推行了建筑工法（也称"施工工法"）制度。所谓建筑（施工）工法，即系以工程为对象、以工艺为核心、运用系统工程方法，将先进技术和科学管理结合起来，经过工程实践所形成的、综合配套的施工方法。工法分为三个等级：一级工法为国家级工法，由建设部会同国务院有关部组织专家进行评定；二级工法为地区、部门级，由地方、部门的建设行政主管部门审定；三级工法为企业级，由企业自行评定并报上级主管部门备案。

建筑（施工）工法已有以下 7 类：1) 新结构工程工法（如"整体预应力板柱结构工法"）；2) 专项工程工法（如"自行车场跑道面层工程工法"）；3) 专项技术工法（如"深孔预裂爆破工法"）；4) 新设备使用工法（如"地下连续墙液压抓斗工法"）；5) 新材料施工工法（如"高层钢结构超厚钢板焊接工法"）；6) 施工管理技术工法（如"小流水段施工工法"）；7) 其他工法（如"炼厂催化两器三管改造工法"）。

建筑（施工）工法的主要内容包括：特点；适用范围；工艺原理；工艺流程及操作要点；材料；机械设备；劳动组织及安全；质量要求；效益分析和应用实例。"工艺原理"则包括了工艺核心部分的原理和设计计算规定。

建筑（施工）工法已成为企业标准的重要组成部分，是企业开发应用新技术工作的一项重要内容，也是企业技术水平的施工能力的重要标志。虽都是针对施工新技术进行编制,但其形式和内容则与狭义的施工技术更为接近。

3. 施工安全技术

(1) 施工安全技术的定义

施工安全技术,就是研究建筑施工中各种特定工程项目的不安全因素和安全保证要求,相应采取消除隐患以及警示、限控、保险、保护、排险和救助措施,以预防和控制安全意外事故的发生及减少其危害的技术。

(2) 施工安全技术与施工技术的关系和不同点

施工安全技术既是施工技术的重要组成部分,也是可以自成体系的技术领域。

施工安全技术在于以研究安全保证要求为核心,探索施工安全的内在规律性,并采取相应的安全保证措施,以确保施工中涉及人员和财产的安全。而施工技术则是以确保工程质量为核心,综合考虑安全、进度和成本要求,全面实现工程设计和建设要求。二者的涉及范围和侧重点均有显著的不同。

(3) 现行建筑施工安全技术标准的内容框架

我国自1986年起开始组织编制建筑施工安全技术规范的系列标准,其内容框架基本上沿用了建筑施工验收规范的内容框架。例如已颁布实施的《建筑施工扣件式钢管脚手架安全技术规范》,就由总则、术语符号、构配件、荷载、设计计算、构造要求、施工、检查与验收和安全管理等9章组成。其内容框架为安全管理要求与涉及的工程结构设计规范和建筑施工验收规范项目的组合体。由于它大体上概括了安全技术与管理的设计、施工和管理要求,适应施管人员长期以来形成的工作习惯,容易被接受,虽不能很好地显示出施工安全技术的特点和内在规律性,但仍将是继续编制其他建筑施工技术规范时所采用的内容框架的基本模式。

但这一内容框架却有以下明显的不足:1) 没有充分地揭示出建筑施工安全技术的内在规律性;2) 没有明确地提出技术、设计与施工安全管理工作中的安全保证要求;3) 与建筑施工安全监控和管理工作的要求未能有机地结合起来;4) 不适应建筑施工安全技术作为新的技术领域的发展要求。因此,它还不能成为建筑施工安全技术的科学框架。鉴于这一问题,本章就没有按照这一框架来编写。

35-1-3-2 施工安全技术的基本内容

1. 施工安全技术的母体技术

施工安全技术的母体技术,就是特定工程项目的施工技术,即前述的"狭义的施工技术"。施工安全技术产生于相应的母体技术,将依其安全施工的内在规律所形成的技术与管理的安全保证要求提出,形成新的技术体系,但不能脱离其母体技术而单独存在。例如建筑施工"扣件式钢管脚手架安全技术"的母体技术就是"扣件式钢管脚手架工程技术",在阐述扣件式钢管脚手架安全技术的各项安全保证要求时,就不能离开构成母体技术"扣件式钢管脚手架工程技术"的杆配件要求、设计计算、构造要求和施工管理要求等项基本内容。

2. 施工安全技术内容的4个组成部分

施工安全技术由母体技术、安全影响因素、安全保证技术和安全保证管理等4个基本部分组成,其各自的构成如下:

(1) 母体技术的构成

由技术要点和适用范围（常列入"总则"、"一般规定"、"工艺原理和流程"等章（节）目中）、材料（构配件）和设备、结构和构造、设置要求、设计和计算、检查（试验、试运行）和验收、劳动组织和施工（运行）管理以及常用数据（附件）等构成。

(2) 安全影响因素的构成

安全影响因素，即可能影响技术使用安全的因素。包括：1) 技术在现阶段中尚存在的不够成熟和完善的因素；2) 反映技术适应范围局限性的因素；3) 现实施工和工作条件不能完全满足技术应用要求的因素；4) 引起技术在某些情况下可能出现事故要素（不安全状态、不安全行为、起因物和致害物）的因素。

搞清楚上述4类影响技术应用安全的因素，是建立起可靠的安全保证技术和安全保证管理工作的前提与基础。

(3) 安全保证技术的构成

由设计可靠性技术、安全限控技术、安全保险技术、安全保护技术和排险、救助技术所构成，为应用安全提供5个关隘的技术保证。

(4) 安全保证管理的构成

安全保证管理，就是有效地实施全面的施工安全保证体系的管理。全面的施工安全保证体系包括组织保证体系、制度保证体系、技术保证体系、投入保证体系和信息保证体系。

全面的施工安全保证体系，对于不同的工程项目和工程技术，虽然具有不少的共性要求，但也有各不相同的个性要求，且多数成为重点的保证要求。

以上施工安全技术的内容构成示于图35-1中。此图按上下4层排列，显示出下项为上项的前提和基础，上项为下项的后延和保证的关系。

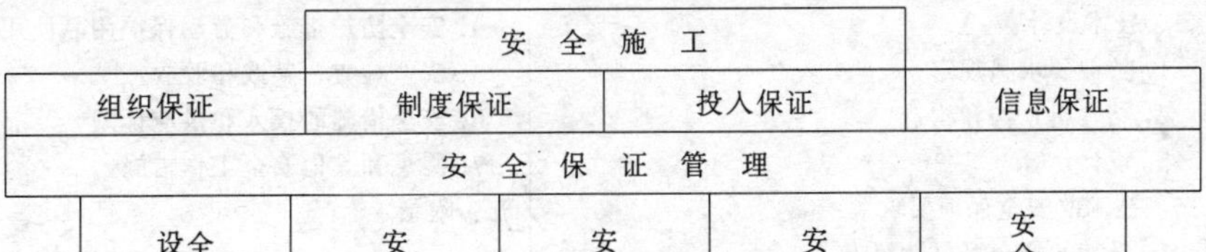

安 全 施 工			
组织保证	制度保证	投入保证	信息保证
安 全 保 证 管 理			
设计可靠的安全性	安全限控	安全保险	安全保护	安全排险救助
安 全 保 证 技 术				
技术不成熟不完善之处	适应范围的局限性之处	现实条件达不到之处	可能出现的事故要素之处
安 全 影 响 因 素			
适用范围	工艺原理流程	技术要点	材构配料件和设备	设置要求	结构构造系统要求	设计计算规方定法	检试查验和验收	劳动组织	施工管理
母 体 技 术									

图 35-1 施工安全技术内容构成的关系图

35-1-3-3 施工安全技术文件的基本构架（编写纲目）

施工安全技术文件包括阐述施工安全技术内容的论文、措施和标准。由于其母体技术、服务对象和应用要求的不同，在内容阐述的层次、重点和深度方面也将有所不同。

表 35-14 根据施工安全技术的定义、内容、要求及其内在联系，并考虑大家较为习惯和易于接受的层次结构，汇入了两种施工安全技术措施和施工安全技术标准的编写纲目。

建筑施工安全技术文件的基本构架（编写纲目）　　　　　表 35-14

文件名称	编　写　纲　目	
工程项目施工安全技术措施	一、工程概况和安全施工要求 　1. 工程概况 　2. 安全施工的要求和安全工作的特点 二、工程技术的安全保证要求 　1. 重点技术项目的安全保证要求 　2. 其他技术项目的安全保证要求 　3. 技术安全限控要求一览表 　4. 技术安全保险要求一览表 　5. 可能出现的安全隐患一览表	三、施工管理的安全保证要求 　1. 施工安全管理工作的目标和要求 　2. 施工安全的组织保证体系 　3. 施工安全的制度保证体系 　4. 安全防护措施和劳动保护用品使用 　5. 安全检查、整改和验收工作要求一览表 　6. 安全措施的投入和供应计划 　7. 奖惩和其他安全工作措施 四、附录
专项技术工程施工安全技术措施	一、技术概况和安全施工要求 　1. 技术概况 　　（1）工艺原理和工艺流程 　　（2）技术特点和设置要求 　　（3）材料和杆配件 　　（4）设备和控制系统 　2. 安全施工、应用要求和安全工作的特点 二、技术设计 　1. 一般要求和规定 　2. 结（机）构和构造 　3. 设计计算 三、技术的安全保证要求 　1. 设计的安全可靠性要求	2. 技术的安全限控要求 3. 技术的安全排险要求 4. 技术性安全隐患的检查与消除 四、施工（应用）管理的安全保证要求 　1. 安全管理工作的目标和要求 　2. 施工（应用）安全的组织保证体系 　3. 施工（应用）安全的制度保证体系 　4. 安全防护措施和劳动保护用品使用 　5. 安全检查、整改和验收 　6. 安全措施的投入和供应计划 　7. 奖惩和其他安全工作措施 五、附录
建筑施工安全技术标准	一、总则 二、术语、符号 三、一般规定 　1. 技术、工艺的一般规定 　2. 施工、应用的一般规定 四、材料、杆配件和设备 　1. 材料和杆配件 　2. 设备和控制系统 五、结（机）构和构造 　1. 结（机）构要求 　2. 构造要求 六、设计计算 　1. 设计计算的一般规定 　2.～n. 单项计算方法	七、技术安全的保证要求 　1. 设计的可靠性要求 　2. 安全限控要求 　3. 安全保险要求 　4. 技术性安全隐患的检查与消除 八、施工（应用）安全的保证要求 　1. 安全管理的一般规定 　2. 组织保证体系 　3. 制度保证体系 　4. 安全防护措施 　5. 劳动保护措施 　6. 检查、试验和验收 　7. 施工（应用）记录 九、附录

表列纲目由于突出了施工安全技术的特点和安全保证要求，使其比此前相应的文件有较多的变化和调整，更适应对施工安全工作进行科学管理和施工安全技术的发展要求。

35-1-3-4 施工安全技术的分类及其涉及领域

尽管在各项建筑工程施工项目及其所采用的施工技术中，都无一例外地具有安全要求，但并非都能形成以重要的安全保证设计和监控要求为其核心的施工安全技术。例如砌筑工程和砌筑技术，其安全问题一般出在脚手架上或高处作业上。混凝土工程和混凝土施工技术也是这样，安全问题多出在模板支撑架、作业脚手架和机械与电气设备的使用上。它们的本身都不能形成单独的施工安全技术。

施工安全技术尚处在形成一个新的技术领域的发展初期，还未清晰地显示出其类型及其涉及的领域。理出其类型和项目，对于适应加强建筑施工安全工作的需要和促进施工安全技术的发展，将具有前提和基础的作用。

1. 我国建筑施工安全技术标准已涉及的项目

目前我国已经颁布实施、正在编制和考虑编制的《建筑施工安全技术标准》系列也仅有高处作业、扣件式钢管脚手架、门式钢管脚手架、碗扣式钢管脚手架、工具式（桥式、插口式架等）脚手架附着升降脚手架、模板工程、结构吊装工程、拆除工程以及木脚手架、竹脚手架（这两种传统架子在我国一些地区已经禁用，有可能不再出其标准）和安全网等10余种；在已进行编制工作的国家标准《建筑工程施工安全技术规范》中，除总则、术语、一般要求、施工现场外，列入了土石方和基础工程、模板及其支撑、高处作业、脚手架、垂直运输、起重吊装、特种工程施工、季节施工、临时用电、工地防火、一般施工机械、锅炉和压力容器、电焊和气焊、拆除工程等14项以及职业卫生、劳动卫生和急救。虽然大致上勾划出了施工安全技术的主要范围，但线条较粗，覆盖面也不够。

2. 施工安全技术的分类

施工安全技术可按其研究对象分为专项工程、专项技术、专项作业和专项保护等4类：

（1）专项工程的施工安全技术。为综合考虑具有重要安全保证设计和监控要求的建筑分项工程的施工安全技术，如拆除工程技术、土石方工程技术等。

（2）专项技术的施工安全技术。如以特定工程技术为对象（亦可称其为"工程"，如脚手架工程）、深入考虑应用于项目施工中时的安全保证设计和监控要求的施工安全技术。包括特定技术领域的综合性技术及其划分更细的专项技术。例如脚手架工程施工安全技术就包括了扣件式钢管脚手架、附着升降脚手架等各种类型的脚手架，而在附着升降脚手架中，则又有吊拉式、导轨式、导座式等多种形式。

（3）专项作业的施工安全技术。为以特定施工作业为对象，深入考虑其安全保证设计和监控要求的施工安全技术。如高处作业施工安全技术、起重吊装作业施工安全技术等。

（4）专项防护的施工安全技术。为以特定的施工安全防护为对象，深入考虑其安全保证设计和监控要求的施工安全技术。如用电安全技术、工地防火安全技术等。

以上4类对施工安全技术的划分，依其（1）～（4）的排序，综合性越来越窄，而专门性越来越强：（1）中含有（2）～（4）项，（2）中含有（3）～（4）项，（3）中也会含有（4）项，且在（2）与（3）和（3）与（4）之间也难以绝对区分开来。但有此划分，则可以了解其重点研究的方面。

3. 各类建筑施工安全技术的涉及项目

各类建筑施工安全技术的涉及项目初汇于表35-15中。表中共列出22个大项、76个支项以及其中15个支项中的46个支项，大体上概括了建筑施工安全技术的涉及领域，其中的顶进和掘进施工、水上和水下作业以及气压作业等,虽已超出了一般建筑工程的范围,但由于其相关内容已列入《建筑工程建筑施工安全技术规范》(征求意见稿)中,因此也暂时纳入了该表中。按新的标准体系的安排,该规范取消,其有关内容将纳入新编《建筑施工安全技术通用规范》之中。

各类建筑施工安全技术项目初汇表 表35-15

类别	大项	支项	分项
(1)专项工程的施工安全技术	拆除工程		砖石工程
		混凝土工程	现浇混凝土工程
			装配式混凝土工程
			预应力混凝土工程
		钢结构工程	超高层钢结构工程
			大型和特种钢结构工程
	移位和加固工程	建筑整体移位工程	短距离整体移位工程
			长距离整体移位工程
		纠偏和加固工程	纠偏加固工程
			地基和基础加固工程
			整体加固工程
	土石方工程		石方工程
		土方工程	深基坑开挖工程
			深沟槽开挖工程
			塌方清理、防治工程
			暗挖工程
	特种工程	整体吊装、提升工程	大型钢结构整体吊装工程
			特种构件和设备整体吊装工程
		高耸构筑物工程	电视塔和发射塔
			冷却塔
			烟囱和水塔
			沉井和沉箱工程
	超高层建筑工程	超高层钢结构建筑工程	
		超高层钢筋混凝土结构建筑工程	
	超深地下工程	超高层建筑的地下工程	
		地下军事工程	
(2)专项技术的施工安全技术	建筑施工脚手架	扣件式钢管脚手架	
		碗扣式钢管脚手架	
		门式和框组式钢管脚手架	
		附着升降脚手架	吊拉式附着升降脚手架
			套框式附着升降脚手架
			导轨式附着升降脚手架
			导座式附着升降脚手架
			挑轨式附着升降脚手架
			套轨式附着升降脚手架
			吊套式附着升降脚手架
			吊轨式附着升降脚手架
			液压式附着升降脚手架
			互爬式附着升降脚手架
		木、竹脚手架	

续表

类别	大项	支项	分项
(2)专项技术的施工安全技术	模板和模板支架	特种和大型模板工程	滑模工程
			隧道模、飞模、倒（升）模工程
			大模板和组合大模板工程
		模板支架	型钢模板支架
			使用钢脚手架杆件（含扣件式、碗扣式、门式、框组式和塔式脚手架等）组装的模板支架
			木、竹模板支架
	杆件组装式模板支架	扣件式钢管模板支架	
		碗扣式钢管模板支架	
		门式、框组式和塔式（脚手架）模板支架	
		木、竹杆件模板支架	
	爆破工程	土石方爆破工程	
		爆破拆除工程（含定向、垂直坍塌与松动爆破）	
	垂直运输设施	垂直运输设施的安装、接高（含顶升）与拆卸	
		垂直运输设施的使用	
	深基坑支护工程	单设围护结构工程	板桩墙和钻孔灌注桩墙
			地下连续墙
		护坡结构工程	内支撑结构体系
			土层锚杆支撑系统
		基坑围护和利用主体结构作内支撑相结合的逆作法	
	顶进和掘进施工	管道顶进施工	
		大型钢筋混凝土箱涵的顶进施工	
		盾构法掘进施工	
(3)专项作业的施工安全技术	高处作业	临边、临口作业	
		攀登、悬空和高空作业	
	机械作业	土方机械作业	
		桩工机械作业	
		运输机械作业	
		混凝土和砂浆机械作业	
		钢筋加工机械作业	
		木工和装修机械作业	
		手动、电动机具提升和牵引作业	
		液压机具顶升作业	
	起重吊装作业	塔式起重机吊装作业	
		履带、汽车（轮胎）式起重机吊装作业	
		桅杆式起重机吊装作业	
		多机抬吊吊装作业	
		液压千斤顶顶升、爬升作业	
	构件连接作业	电焊和气焊连接作业	
		铆钉和高强螺栓连接作业	
		粗钢筋连接作业	
		大型构件和结构的拼装连接作业	

续表

类别	大项	支项	分项
（3）专项作业的施工安全技术	特种作业	预应力作业	预制构件预应力作业
			结构预应力作业（含折线预应力）
		水上作业	
		水下作业	
		锅炉和压力容器作业	锅炉作业
			压力容器作业
		器内和封闭空间作业	
		气压作业	
（4）专项防护的施工安全技术	工地用电、防雷和防火、防爆	工地用电设施和防触电保护	
		工地防火和防爆	
		工地防雷电	
		电热法施工	电张预应力施工
			电热融化冻土施工
			电热法养护混凝土施工
		暖棚法和工地火炉取暖	
	恶劣条件作业和交叉施工	在噪声超标条件下施工	
		在粉尘超标条件下施工	
		在有有害气体或空气不流通条件下施工	
		在狭窄、超深条件下施工	
		在抢工、交叉作业条件下施工	
	季节施工	冬期施工	
		雨季、风季施工	
	职业和劳动卫生	职业性接触毒物和射线源	
		有毒废弃物的妥善处理	
		不适宜承担相应工作的身体条件	
		劳动保护和保健用品的使用	

35-1-4 建筑施工安全保证体系

确保建筑施工安全的工作目标，就是杜绝重大安全意外事故和伤亡事故，避免或减少一般安全意外事故和轻伤事故，最大限度地确保建筑施工中人员和财产的安全，这就需要加强建筑施工安全管理工作。

由于引起安全意外事件或事故的"意外"情况很多，无论是传统的、成熟的技术，或是高新的、发展中的技术，都无可避免地、不同程度地存在着可能引发事故的不安全状态、不安全行为、起因物和致害物，因而需要由管理工作来保证，需要做到"三分技术、七分管理"，建立起严格而有效的安全生产管理体制。这并不是说安全技术不重要，而是说再好的安全技术，如果管理工作跟不上，也是难保不出问题的；而严格细致的管理工作,却可以弥补技术上可能存在的缺陷和疏漏,并能很好地应对意外情况的出现。

安全生产管理体制包括组织、制度、措施(技术)、投入和信息等5个方面,即由组织保证体制(系)、制度保证体制(系)、技术保证体制(系)、投入保证体制(系)和信息保证体制(系)所组成,现在统称为"安全生产保证体系",它是对施工生产安全所涉及的各个方面的全面保证,缺了哪一方面的保证,都会影响安全工作的质量和效力。目前国内不少施工企业所推行的安全生产保证体系,只是建立了组织保证体系和制度保证体系,且远非健全、有效,而对措施(技术)保证体系、投入保证体系和信息保证体系则多未予考虑或较为忽视,这是不全面的。之所以出现这一较为普遍的情况,是因为对措施(技术)、投入和信息这三方面安全保证的研究、归纳和总结不够,一直没有形成一套较为完整的内容和要求,这也是今后需要不断努力完善的工作方面。

35-1-4-1 组织保证体系

安全生产的组织保证体系一般包括最高权力机构、专职管理机构(安全职能部门)和专、兼职安全管理人员。

企业或施工项目安全生产工作的权力机构为安全生产委员会或安全生产领导小组,其一般的设置要求和职责见表35-16。大的工程项目在设置安全生产委员会的同时,也可根据施工队伍的组成情况,分队、分片或按单位(分项)工程设置安全生产领导小组,并在安全生产委员会的领导之下开展工作。安全生产小组的组长应为安全生产委员会的成员。

施工企业项目安全生产的最高权力机构 表35-16

机构名称	设置要求	人员组成	职责范围
安全生产委员会	1. 分公司(工区、大队)及其以上的施工企业机构 2. 建筑面积≥1万 m^2 或工程总造价≥1000万元的工程项目经理部(组)	由企业(或工程项目)经理、主管生产和技术的副经理、安全部门负责人以及人事、财务、机械、工会等有关部门负责人组成,以7~15人为宜	1) 认真贯彻执行国家有关安全生产和劳动保护的方针、政策、法令以及上级有关规章制度、指示和决议,并组织检查执行情况 2) 就企业和工程项目安全生产的重大事项作出决策 3) 负责制订企业或工程项目的安全生产规划和各项管理制度,并及时研究和解决实施中出现的困难和问题 4) 定期进行(企业至少1个季度1次,工程项目至少1个月1次)全面的安全生产大检查,召开专门会议,分析安全生产形势,制订包括消除重大安全隐患的预防措施 5) 协助上级主管部门进行对安全、伤亡事故的调查、分析和处理
安全生产领导小组	1. 在分公司(工区、大队)以下的施工企业机构 2. 建筑面积<1万 m^2 或工程总造价<1000万元的工程项目经理部(组)	由企业机构或工程项目的经理、主管生产和技术的副经理、分包单位负责人、安全管理部门负责人或人员以及其他相关的管理部门(组)、工会的负责人组成,以5~9人为宜	

企业和工程项目的安全生产专职管理机构为安全部(处、科、室、组),它是安全生产管理委员会(或安全生产领导小组)的常设办事机构,其一般的人员配备和职责列于表35-17中。

安全生产专职管理机构　　　　　表 35-17

序次	单位（项目）类别	人员配备	职责范围
1	分公司以上企业，特大型工程项目（建筑面积≥10万 m^2 或总造价≥1亿元）	5~7人。其中负责人1名（中级以上职称，8年以上专业管理经验），电气安全工程师1名，一般安全生产管理人员3~5名，大公司和集团性企业可视需要增加	1）协助企业或工程项目经理开展各项安全生产工作； 2）定时向经理、安全生产委员会或安全生产领导小组汇报安全生产情况； 3）严格管理有关安全生产的持证上岗 4）及时向经理汇报施工中出现的安全问题和处理情况； 5）组织和指导下属安全部门和专兼职安全人员的工作； 6）负责组织或参加对新工人进行三级安全生产教育； 7）行使安全生产监督检查职权，及时处置或向上级报告施工中的安全隐患； 8）在应急事态发生时，及时与工程项目负责人采取应急处理和保护现场措施； 9）参加安全事故处理并负责办理由安全专职部门办理的工作； 10）做好安全生产文件资料的管理以及其他安全档案工作； 11）对安全生产工作提出奖惩意见
2	大型工程项目（建筑面积≥5万 m^2、<10万 m^2 或总造价≥5千万元、<1亿元）	3~5名。其中负责人1名（中级以上职称，6年以上专业管理经验），电气安全工程师1名，一般安全管理人员1~3名	
3	中型工程项目（建筑面积≥2万 m^2、<5万 m^2 或总造价≥2千万元、<5千万元）	2~3名。其中负责人1名（初级以上职称，4年以上专业管理经验），一般安全管理人员1~2人	
4	小型工程项目（建筑面积<2万 m^2 或总造价<2千万元）	1~2人。负责人应具有技术员以上职称和三年以上专业管理经验	
5	50人以上劳动分包队伍	设专职安全员1人	按安全专职机构确定的任务和要求进行安全管理工作
6	不足50人的劳动分包队伍	设兼职安全员1人	

一些企业和工程项目现在开始设置安全生产总监理工程师，是企业或工程项目经理在安全生产方面的参谋，对安全生产工作进行监督。安全生产总监理工程师应具有建筑工程相关专业或安全工程专业大专以上学历、8年以上施工管理经验、中级以上技术职称，担任过安全部门负责人以上职务，且应无因指挥或管理失误造成伤亡事故的记录和具有较强的责任心和一定的组织能力。安全生产总监理工程师可由具有上述条件的副经理兼任或另外选聘。安全生产总监理工程师应被赋予行使其职责的权利，除履行参谋和监督的职责并及时提出有关安全生产的意见和建议外，还有权要求有关部门报告工作，并有权对某些不称职和不负责任的部门和人员提出处理建议。

设置安全生产总监理工程师，是安全生产工作与国际接轨的重要要求，也是安全生产管理工作的重要发展，其专职性和权威性，使其可在实现安全生产要求中发挥出重大的保证作用。

35-1-4-2 制度保证体系

安全生产的制度保证体系由岗位管理、措施管理、投入和物资管理以及日常管理等4个方面的制度组成，见表35-18。在制度的基础上形成相应的标准，成为安全生产实施标准化管理的基础。需要说明以下几点：

（1）表中第8~10项为安全生产技术管理制度的3个主要组成部分，分别建立制度有利于加强管理和促进安全技术的发展。

(2) 在安全生产工作中，应有相适应的资金投入，这是确保生产安全的必要条件。在安全生产的资金投入问题上，不是所有企业都有能力做到"为了确保安全，该花多少钱就花多少"，且有不少单位出于各种考虑和情况，在确保安全方面不肯或压低投入，以致使生产处于不能有效确保安全的状态之下，而建立安全费用的编制和审批制度，则可有效地解决这方面存在的矛盾和问题。

(3) 查出安全隐患时必须处理（消除），查出安全问题时必须整改。但处理和整改的情况如何？需要建立备案制度，以便进行监督检查，同时也可减少同样的问题多次反复出现的情况。

制度保证体系的制度项目组成 表 35-18

序次	类别	制度名称
1	岗位管理	安全生产组织制度（即组织保证体系的人员设置构成）
2		安全生产责任制度
3		安全生产教育培训制度
4		安全生产岗位认证制度
5		安全生产值班制度
6		特种作业人员和外协力量管理制度
7		安全生产奖惩制度
8	措施管理	安全技术措施的编制和审批制度
9		安全技术措施实施的管理制度
10		安全技术措施的总结和评价制度
11	投入和物资管理	安全设备、设施和措施费用的编制和审批制度
12		劳动保护用品的购入（添置）、发放与管理制度
13		特种劳动防护用品定点使用管理制度
14	日常管理	安全生产检查制度
15		安全生产验收制度
16		安全生产交接班制度
17		安全隐患处理和安全整改工作的备案制度
18		安全和伤亡事故的报告、统计制度
19		安全生产资料归档和管理制度

35-1-4-3 技术保证体系

建筑施工生产中的安全技术涉及面广，需要解决的问题各式各样，因此，建立起一个可以全面适应安全生产管理要求的、科学的技术保证体系非常重要。

1. 建立安全技术系列的途径

安全生产技术保证体系的核心是安全技术系列，如何建立建筑施工的安全技术系列？可有4个途径：

(1) 按工程技术的领域建立——如土石方工程安全技术、爆破工程安全技术、模板工程安全技术、脚手架工程安全技术、结构吊装工程安全技术、预应力工程安全技术、地下工程安全技术、拆除工程安全技术、焊接工程安全技术、设备安装工程安全技术和特种工程安全技术等；

(2) 按管理的对象建立——如机械安全技术、用电安全技术、防火安全技术、施工现场安全技术、高处作业安全技术等；

(3) 按防止伤害的要求建立——如防物体打击安全技术、防高空坠落安全技术、防爆炸伤害安全技术、防坍塌安全技术、防中毒安全技术、防机械伤害安全技术、防触电安全技术等；

(4) 按安全保障的环节建立——即从"预防为主"出发，按安全保证的环节建立各项安全技术并形成技术保证体系：安全可靠性技术——安全限控技术——安全保险和排险技术——安全保护技术。其中，"安全可靠性技术"从安全保证的要求出发研究施工技术和措施设计的可靠性；"安全限控技术"从保证安全的要求出发，对各种可能引起安全问题的起因物、致害物和因素进行限制和控制；"安全保险和排险技术"为一旦限控不住或意外情况发生时进行保险和排险，避免伤害或减小伤害的程度。

在上述可能建立的4种安全技术系列中，第(1)种适应于专项工程或技术的安全管理要求；第(2)种适应于职能部门和专业的安全管理要求，比较适应我国现行的安全生产管理体制和习惯方式。因此，我国现行的安全技术规范和标准多是属于这两种系列；第(3)种是针对各类安全和伤亡事故的，适用于专项治理；第(4)种则是从安全保障规律出发建立的技术系列，基本上可以覆盖安全生产技术的各个方面，体现了安全保障技术的内在规律，具有综合性和科学性。

因此，安全生产的技术保证体系应按前3种的类别和第(4)种的技术体系建立起来，如图35-2所示。即分成4个类别（专项工程、专项技术、专业管理和事故防治），每个类别中又有若干项目（数量取决于需要），每1个项目都要建立起包括5项技术（安全可靠性技术、安全限控技术、安全保险技术和安全保护技术）的安全技术保证体系。且这4项技术之间存在着如箭线所示的内在联系和"步步为营、层层把关"的要求，前一"关"把不好时还有后一"关"，但前一"关"的"失守"，同时也增加了后一"关"把关的难度。因此，这一保证体系图是明确的和实用的。

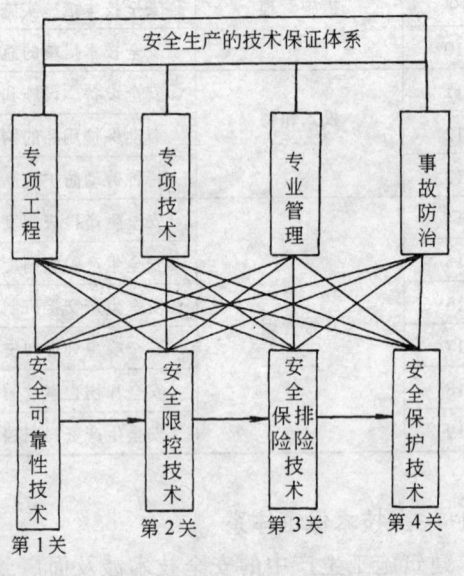

图35-2 建筑施工安全生产的技术保证体系

本书第三版曾将安全排险技术单列，但只有事故发生之前的险情排除属于预防性的安全技术保证范围，而安全保险本身就含有排险要求，因此，将保险技术和排险技术合并。在事故出现之后的抢险救助则包括阻止事故扩大的排险措施、保护现场、伤员救助和抢险人员保护，已属于事故处理工作的范围。

2. 四环节安全技术保证体系的基本任务

包括可靠性技术、限控技术、保险和排险技术、保护技术的"四环节安全技术保证体

系",亦可称为"把四关安全技术保证体系",其各项组成技术的定义和基本任务如下:

(1) 安全可靠性技术

在"四环节安全技术保证体系"中位居第一环节,也是该体系基础的安全可靠性技术,可定义如下:判断并确保综合或专项建筑工程施工技术及其管理措施,在工程施工全过程及其可能出现的情况下,对满足施工的安全保证要求均具有良好可靠性的技术。

安全可靠性技术的任务是研究施工技术和管理措施设计对确保安全的可靠性的保证,即根据事故发生的内在规律,从研究如何发现和消除各种可能导致"不安全状态"、"不安全行为"存在的涉及因素,扼制"起因物"、"致害物"孕育、启动和预防各种形式伤害与破坏事件的发生着手,通过对安全设计的考虑因素、编制依据、设计计算、实施规定和监控手段的全面性、有效性的判断,来建立起对施工安全设计的可靠性的保证。

(2) 安全限控技术

在"四环节安全技术保证体系"中位居第二环节、继安全可靠性技术之后,对重要安全事项予以进一步确保的限控技术,可定义如下:在安全可靠性设计的基础上,对施工技术及其管理措施中的重要环节、关键事项以及其他需要严格控制之处,进一步提出明确的限制、控制规定和要求,以确保施工安全的技术。

"安全限控技术"的任务是研究施工技术和管理措施设计中所确定的安全控制点,即在执行中必须严格确保的安全要求,以具体、明确、硬性的规定加以限控,并同时补充考虑安全可靠性设计中未予涉及或考虑不足的安全控制事项,通过提出设计的安全控制指标、安全文明施工的控制规定、机械作业和安全操作的规定和监察、检验的控制要求的实施,以便继可靠性设计之后,形成对实现施工安全要求的第二道保障。

(3) 安全保险和排险技术

在"四环节安全技术保证体系"中位居第三环节,继安全的可靠性技术和限控技术之后,作为实现施工安全要求第三道保障的安全保险和排险技术,可定义如下:在可靠性设计和限控规定的基础上,对有可能出现的突破设计条件、限控规定、其他意外情况以及异常事态,相应及时自行启动保险装置和采取应急措施,以阻止异常情况发展、事故发动和伤害发生的技术。

"安全保险和排险技术"的任务是研究施工技术和管理措施中有可能出现的危险事态,即事故开始启动的起因物、致害物和危险工况,通过预先设置、安排的保险制动装置的启动、备用设备和措施的启用、附加保险措施的保障和应急处理措施的施行,最大限度地避免伤害的发生和降低其损害的程度。

(4) 安全保护技术

在"四环节安全技术保证体系"中位居第四环节,主要保护现场人员安全,并尽量保护工程和施工设施的保护技术,可定义如下:在工程施工的全过程中,针对可能出现的各种职业的和意外的伤害,对现场人员的人身安全和工程与施工设施的安全进行预防性保护的技术。

"安全保护技术"的任务是研究如何对现场人员和工程与施工设施的安全进行有效的预防性保护,即通过建立保护制度、设置保护措施、使用劳保用品和提高职工安全素质、作好自我保护等预防性措施,以保护现场人员的人身安全和财产安全。

3. 四环节安全技术保证体系实施的模型

为了推进四环节安全技术保证体系的研究和实施，可以建立起以下 3 个实施模型：

(1) 安全技术综合保证控制的模型——反映体系全貌

"四环节安全技术保证体系"，就是在对施工的要求与安排、技术设计和监控管理的要求以及相关事故研究的基础上，针对可能存在的事故要素（不安全状态、不安全行为、起因物、致害物和伤害方式），建立起 4 道（环节）控制：第一道为实现安全保证设计的可靠性技术，是第 1 关；第二道为控制主要安全点的限控技术，是第 2 关；第三道为控制和化解危险点的保险和排险技术，是第 3 关；第四道为解决难以建立起有效的安全保障控制或前 3 道控制失效情况下的人员和财产安全的保护技术，是第 4 关，也是最后的一道关。用四道关层层围住引发事故的要素，使其难以通过 4 层安全设防而引发事故，从而形成如图 35-3 所示的施工安全技术综合保证控制的模型。

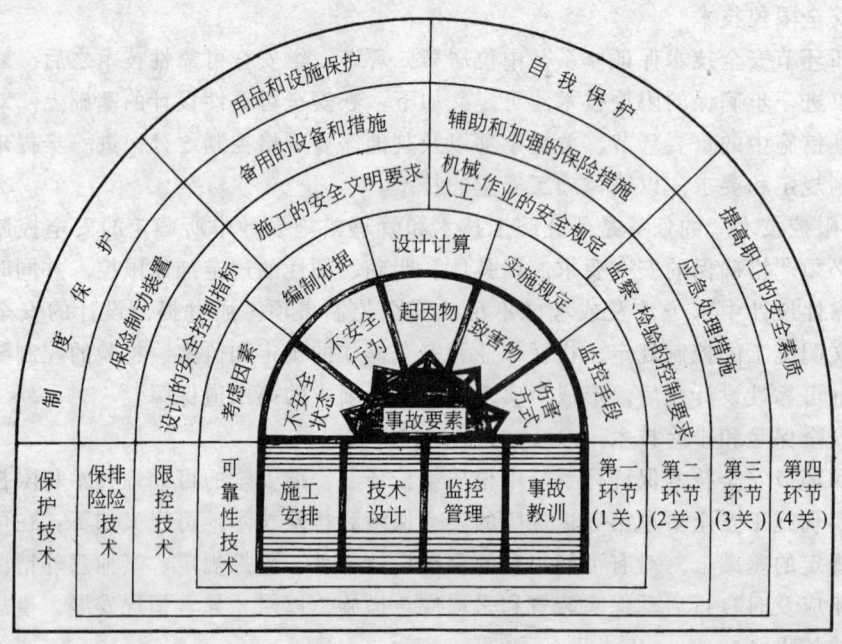

图 35-3 建筑施工安全技术综合保证控制的模型

该模型清晰地显示出"四环节安全技术保证体系"的基础依据、核心控制要求（控制事故要素）和 4 层安全保障的内容构成，较好地反映了体系的全貌，对于读者掌握和运用将会有很大的帮助。

(2) 安全技术保证与事故要素内在联系的模型——反映着重（针对）点

在事故的五要素中，不安全状态引发起因物、起因物引发致害物、致害物产生伤害方式、最后导致事故发生，而不安全行为常与不安全状态共存，并成为起因、致害物和伤害方式的诱因、共同体甚至主体。"四环节安全技术保证体系"中的可靠性技术主要针对不安全状态，限控技术主要针对起因物，保险和排险技术主要针对致害物，而保护技术则主要针对伤害后果。安全技术保证与事故要素的这种内在联系示于图 35-4 的模型中，它表明了安全技术工作要求的着重点。

(3) 安全保证设计模型——展示提供设计安全保证的工作要求

安全保证设计，就是确保施工技术及其管理措施达到"四环节安全技术保证体系"的各项控制要求的设计。即在设计中先从工程项目的施工安排、技术措施和监控管理要求以及相关的事故教训中找出可能存在的不安全因素，确定实现安全目标的关键环节和保证点，进而理出、判断和确定安全保证设计要求，制定相应的安全保证措施和规定，形成如图35-5所示的安全保证设计模型。

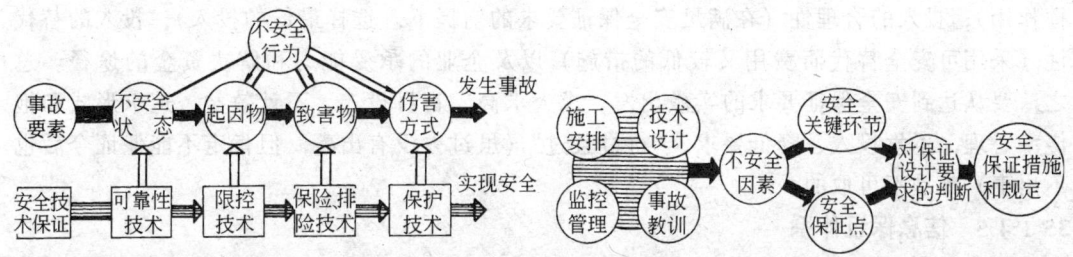

图 35-4　安全技术保证与事故要素内在联系的模型　　　图 35-5　安全保证设计模型

35-1-4-4　投入保证体系

它是确保施工（生产）安全有与其要求相适应的人力、物力和财力投入并发挥其投入效果的保证体系。其中，人力投入的安排在前述的组织保证体系中解决，物力和财力的投入则是要解决所需资金问题。其资金来源为工程费用中的临时设施费、劳保支出、机械装备费、管理费和措施费（一般的措施费含于计费单价之中，特殊的措施费可以另行商谈）等项。安全生产费用又分为政策性的和措施性的两部分：国家规定的劳动保护用品和劳动保健费用是政策性的，不能取消和降低标准；而措施性的安全费用则需根据工程情况和施工要求确定，由企业自行掌握。在当前建设方普遍压低工程造价以及非正常支出项目增加的情况下，极易对安全生产费用的投入带来影响，从而影响对保证施工安全的投入。因此，建立安全施工的投入保证体系非常必要。

安全施工的投入保证体系由投入项目和费用分析、投入决策、资金来源、投入实施监督和投入效果分析等5个方面的工作及其制度组成（图35-6），实际上是建立起一套能够保证投入要求和效果的工作程序、制度以及其他相应的规定，解决不投入、少投入和盲目投入的问题，确保施工安全工作能够得到在资金投入方面的支持。

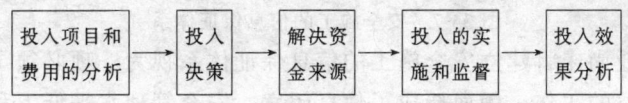

图 35-6　安全施工的投入保证体系

就实现施工安全的要求而言，人力方面的投入应满足建立并可有效实施的组织保证体系和制度保证体系的需要，即满足两个体系所需安全工作岗位所需的人员配备，并均应能够承担起相应的工作任务和负起相应的责任；物力（机具、设备、技术措施、防护设施和劳保用品）方面的投入应满足"四环节安全技术保证体系"中的相应要求；财力的投入则应满足人力和物力投入的要求，并据此计划投入项目和进行费用分析。

投入决策，是在深入分析投入项目的必要性、有效性、经济性和可行性的基础上所进行的决策工作，关键在于解决好既为安全提供可靠保证，又要经济可行（企业可以承受）的综合考虑和"投管结合"问题。所谓"投管结合"，就是投入必须与管理相结合。只投不管和多投少管，都不能发挥出投入应有的作用；只管不投或多管少投，由于达不到必要的由物质（设备、器具、设施、用品）提供的支持和保证，因此，也难以确保安全不出问题。只有做到投管结合，即确保必要的投入与严格的管理相结合，才能有效地发挥出投入的作用。所谓必要的投入，就是符合上述要求的投入。而经济可行性需要研究的问题有：投入可发挥的效力的范围（覆盖面）和作用期（一次性使用、周转使用或在较长时间内发挥作用）；投入的合理性（在满足安全保证要求的前提下，选择最低的投入）；投入的替代性（采用可安全替代而费用又较低的措施）以及企业的承受能力和解决资金的途径。总之，要从达到安全保证要求的实效出发。求大求高、盲目投入、不计效益、追求形式和抱侥幸心理，不肯投入、降低要求、"得过且过"（虽过去没有出事，但肯定不能保证今后也不出事）都是不可取的。

35-1-4-5 信息保证体系

安全施工工作中的信息很多，包括文件信息、标准信息、管理信息、技术信息、安全施工状况信息和事故信息等。这些信息中所提供的上级指示和要求，新的政策、法令、规范和标准的实施，先进的管理经验、新的安全技术发展、本单位的安全施工状况以及近期发生的安全意外事故情况等，对于搞好安全施工工作具有重要的指导、依据和参考作用，因而它是基础性工作，需要建立起这一工作的保证体系。

安全施工的信息保证体系由信息纲目的编制，信息网的建立，信息的收集，安全施工状况与事故的报告和统计，信息的分析、处置和应用以及信息档案管理等6项内容的工作及其制度所组成（图35-7）。这实际上是建立起一套能够保证及时掌握有关安全施工管理和安全技术工作信息的工作程序、制度和规定，以保证信息畅通和满足安全施工工作的需要。

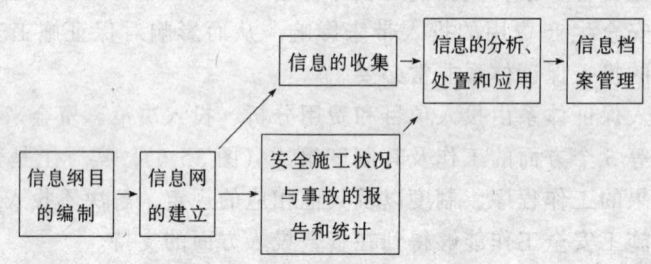

图 35-7 安全施工的信息保证体系

现在，不少企业尚未将建立安全施工的信息保证体系视为一项必须予以高度重视的必不可少和早做早收益的工作，因而造成了信息闭塞，安全管理水平低下和重复发生别人已经出现的事故。之所以出现这一带有一定程度普遍性的状况，一是缺乏认识或认识不足；二是对信息的分析、处置和应用要求不甚了解；三是可以收集到的信息、特别是阐述具体、分析深入的信息还不够多，多数信息可参考和利用的价值不高；四是用于信息工作的投入不够，缺少对施工安全技术信息人才的培养。因而需要有关各个方面和广大的施工技术与安全工作者共同作出努力。

35-1-5 建筑施工安全的监控与管理工作

建筑施工安全的监督、控制与管理工作包括：1）政府建设行政主管部门对建筑施工企业和在施建筑工程项目安全工作的监督管理；2）建筑施工企业对在施建筑工程项目安全工作的控制管理；3）建筑工程项目（项目经理部）对施工安全工作的责任管理。所谓确保建筑施工安全，必须"一靠认识、二靠技术、三靠管理"和"三分技术、七分管理"，管理就是指的这三级管理工作。建筑施工企业和在施工程项目必须服从政府建设行政主管部门的监督管理，工程项目必须服从施工企业的管理，这是由行政处罚权和隶属控制权所形成并起保证作用的行政管理。

此外，还有两类管理：一类是行业组织以规则、协调和信用的基础的管理，按规则进行协调和处罚，可称其为"规则管理"；另一类是保险与被保险者之间的利益约定管理，是双方之间以合同方式建立的利益约定，可称其为"约定管理"。当然，规则管理也是一种在行业规则内的约定管理。这两种管理都是由经济利益所形成并起保证作用的管理。规则管理、约定管理和行政管理已成为当今世界上的基本管理形式，构成了管理科学的三个重要分支。

目前我国在建筑施工安全方面的作业规则管理和保险业务及其约定管理，尚都处在起步或探索阶段，基本上实行的仍是前述的三级行政管理，不可避免地将不少本应属于行业规则管理和保险合同约定管理的工作和要求也纳入了行政管理之中。这种服务于计划经济的管理体制与作法，已不能适应我国入世以后经济和社会发展（其中也包括建筑施工安全工作）的需要，需要及早和尽快地进行改革，而改革的重点就是促进行业规则管理和合同约定管理的培育、发展和完善，使其尽快地能从行政管理、特别是从政府建设行政主管部门的监控管理中剥离出来。即转变政府职能，从承担包揽一切的行政责任体制向监控和服务管理体制转变，同时加强企业的责任管理、行业的规则管理和保险约定管理。为此，需要进一步理清各类、各级管理工作的范围、职责和要求；需要进一步加强有关建筑施工安全方面的行政法规、行业规则、技术标准、通用约定条款的编制和安全技术与科学管理研究等基础性工作；建立科学、有效的监控与管理工作体制和监控管理模型，以不断地提高建筑施工安全监控与管理工作的水平和实效。

35-1-5-1 建筑施工安全的监控管理模型

对施工安全的监控管理，就是依据有关的现行的行政法规、技术标准、管理规定和工程项目施工技术与管理措施的安全保证设计，制定包括组织措施、设备设施、关键环节和设计要求的监控管理的工作目标与包括执行要求、检查要求、整改要求和总结要求的监控管理措施，按审查施工安全保证设计，确定监控的目标、规定、措施和手段，检查落实情况、对查出的安全隐患和问题进行整改和处置，最后加以总结的工作程序进行施工安全的监控管理工作。

建筑施工安全的监控管理模型如图35-8所示，它不仅可用于各级行政管理，包括监督、控制和施工责任管理，也适合于行业的规则管理和保险约定管理，其规则或约定均可按此模型的框架进行制定。只是依其管理范围和要求的不同，而在侧重点和粗细程度上有所不同。

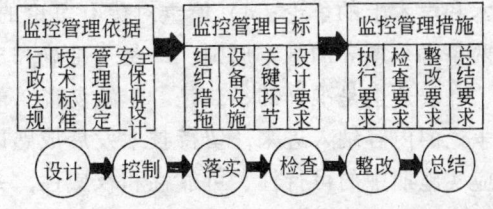

图35-8 建筑施工安全监控管理模型

随着改革的深入和社会的发展，我国的建筑施工安全监控管理工作，必将逐步由单一行政管理的计划体制向行政管理、规则管理和约定管理共存、互补的市场体制过渡，而采用同一的监控管理模型，就不会在三者之间出现脱节和不协调。

35-1-5-2 建筑施工安全监控管理工作的任务和要求

1. 监控管理工作的任务

建筑施工安全监控管理的工作任务为"一确保、五促进"，即：

确保在建筑施工过程中所有涉及人员和财产的安全，避免出现重大伤亡事故、减少一般事故和最大限度地降低事故的伤害和损失；

促进施工安全技术及其管理科学的发展；

促进施工安全法规、技术标准和行业规则的健全与完善；

促进创建安全文明工地活动的普及与提高；

促进安全工作人员和施管人员安全工作素质与能力的提高；

促进施工安全管理机制的改革和行政管理、规则管理、约定管理的有机协调与发展。

在"确保"之中的涉及人员和财产，不只仅有施工现场，还有其周围毗邻地区和有影响的区域；不仅要避免创伤性伤害和职业性伤害，还要减少环境污染性伤害。尽管它们分属于不同的政府部门管理，但都需纳入安全文明施工的要求之中。且随着社会的进步和人民对生活环境质量要求的提高，其涉及范围还会进一步扩大。

而五个"促进"正是为了达到一个"确保"的要求，是实现"确保"的基础。"确保"要求实施严格的管理，"促进"要求坚持扎实的工作。必要的处罚是促进工作的手段，而不是目的，"一确保、五促进"才是监控管理工作的中心任务。

2. 监控管理工作的要求

建筑施工监控管理的工作要求为"一加五个四"，即：

一个预防：以预防为主、惩处为辅；

四个健全：健全法规；健全标准；健全组织；健全制度；

四个确定：确定岗位；确定工作；确定要求；确定责任；

四个控制：控制指标（含工作指标和安全保证设计的控制指标）；控制手段（含设备、设施和管理手段）；控制措施；控制要点（关键环节和关键点）；

四个认真：认真贯彻；认真检查；认真整改；认真总结；

四个避免：避免以包（或以罚）代管；避免追求形式、不重实效；避免工作漂浮、敷衍塞责；避免限制和影响技术发展。

在"四个避免"之中的"避免限制和影响技术发展"的要求，包括了四层意思：1）积极支持新技术的应用；2）积极支持发展技术的试验研究和工程试点工作；3）慎重对待技术和学术上的争论；4）慎重对待有争论的规定。大家知道，在编制技术标准和规范中有两条必须遵守的基本原则：一是"准确和成熟"的原则，即规定的内容在技术上是成熟的、在表达上是准确的；二是"宁缺勿滥"的原则，即宁肯缺项，也不要把不成熟和有较大争论的内容纳入进来，留待技术发展成熟以后再考虑。这两项原则就保证了技术标准在相应实施期中的可行性、可靠性和权威性，并在使用一段时间以后，根据技术的发展予以修订。但我国长期以来，在施工安全监控管理工作方面实行的是计划经济体制下的行政管理，各级政府建设行政主管部门担负着严格的管理要求和责任，通过行政法规即政府下达的通知、文件、规定和规程以及领导和负责同志的讲话和指示进行上传下达、上提下贯的管理。为了确保安全和遏制事故的发生，及时作出有关要求和规定，其中也涉及到本属于技术标准范畴的规定（因出于实施全面、严格管理的要求而纳入到政府主管部门的行政法规之中），由于不需要按技术标准的工作程序进行审定，难免出现一些问题。例如1999年修订颁布的《建筑施工安全检查标准》的附着式升降脚手架（整体提升架或爬架）检查评分表中，对其架体构造就有一项"主框架间脚手架的立杆不能将荷载直接传递到支撑框架上的扣10分"的规定，就存在以下问题：1) 小跨度、低架高的套管（框）式附着升降脚手架在构造上就没有支撑框架（水平桁式框架），其主框架（两侧与附着支撑构造连接的竖向框架）间脚手架荷载直接通过水平杆（梁）传给主框架；2) 在主框架间用脚手架杆件搭设的脚手架两端上角部的荷载将通过水平杆件部分地传给主框架。只有其水平杆件不与主框架连接时，才会有立杆"将荷载直接传到支撑框架上"的结果，而这在构造上既是不合理的，也是不允许的。试验表明，主框架间脚手架与主框架和架底框架形成一体性构造的构造方式，可以提高其承载能力30%左右。因此，此项规定是有毛病的，应当避免出现这种既有问题，又可能限制和影响技术发展的规定。

35-2 建筑施工安全的行政管理

建筑施工安全的行政管理，是在行政管辖或隶属关系之下的，按行政权限、职责、程序和手段实施的管理，包括政府建设行政主管部门的监督管理、施工企业对施工项目的控制管理和施工项目在施工全过程中的责任管理。它既是我国现行对建筑施工安全工作进行管理的基本形式和通行作法（在短期内不会有根本性的改变），也是市场经济体制下共存协调的三类（行政、规则、约定）管理之一，且规则和约定管理的要求最终还要通过企业和项目的行政管理来实现。因此，行政管理在实现建筑施工安全监控管理的目标和要求方面，始终将占据着主导的地位。不是应当减弱，而是应当改革和加强。改革的重点在于政府的监督管理这一环节上，应当逐步摆脱过去那种类似"家长制"的大包大揽做法，走向以法律、标准为基础的监督和服务管理，同时强化施工企业和工程项目行政管理的基础和主导地位。

35-2-1 建筑施工安全行政管理的依据

建筑施工安全的行政管理，依据国家的安全生产方针、政策、法律、法规、标准和企业的制度、施工措施与安全工作要求进行。

解放以来，我国高度重视安全生产工作。为了确保人民群众和广大劳动者的安全和健康，国务院和有关部委相继发出或颁布了一系列安全生产工作方面的通知、规定、规程、法令以及其他中央一级重要的文件；各地政府主管部门和行业系统的总公司也有大量的施工生产安全文件出台，它们结合当地的具体情况和存在问题，对实施中央的指令和规定作了必要的细化和补充，从而形成第二级文件；第三级是各建筑施工企业根据贯彻落实政府、上级主管部门的指示、要求和规定，并结合本企业的施工生产安全工作的情况，陆续制订的、并不断予以补充完善的本企业施工生产安全工作制度、措施和规定。以上中央、地方和企业三级有关安全生产工作的文件，体现了我国"安全第一、预防为主"的安全生产方针，并已形成我国建筑施工生产安全工作方面的较为全面的政策、要求、规定和制度（其中一些业已形成法律或法规），成为进行建筑施工安全管理工作的基础和依据。

今后，根据建筑施工安全工作形势的需要、管理体制改革和入世以后与国际通行作法（规则）接轨的要求，政府还将适时发出有关文件，同时管理规定向法律转变的进程也会加快。

35-2-1-1 安全生产方针——"安全第一、预防为主"

1985年，经国务院批准成立了全国安全生产委员会，正式确定"安全第一、预防为主"为我国的安全生产方针，要求各级政府、各级行政管理部门以及各工业生产、基本建设、交通运输、财贸金融等企业领导和职工，在组织、指挥、从事生产劳动的过程中，都必须坚持"安全第一、预防为主"的安全生产方针。它既是经济建设持续、稳定、协调发展的基本保证，又是社会安定团结的必要条件，同时也体现了党和国家对广大人民群众和劳动者的关心和爱护。

"安全第一"的含义为：安全生产是全国一切经济部门和生产企业的头等大事，要求一切生产活动的组织者、指挥者、管理者和广大的劳动者必须牢固树立"安全第一"的思想，把安全工作放到首位，当生产与安全发生矛盾时，必须首先解决安全问题，保证劳动者在安全的条件下进行生产劳动。

"预防为主"的含义为：尽管安全工作千头万绪，但必须始终将"预防"作为主要任务予以统筹考虑。除了突发性的自然灾害事故外，任何事故都是可以预防的，可以事先分析危险点、危险源、危险场地，预测其危害程度，发现和掌握危险呈现的时间、过程的演变规律，以便采取措施把危险消灭在转化成事故之前，以达到最佳安全程度，做到"防患于未然"。

"安全第一"解决的是认识和重视问题，没有足够的认识和高度的重视，就谈不上搞好安全工作，因此，它是前提；"预防为主"解决的是工作方向和措施问题，要以预防为主，在预防措施上下功夫、出成效。这就要求作深入细致的工作（包括管理和技术工作），并有相应的人力、物力的投入。否则，就不可能取得真正的预防效果。因此，"预防为主"是安全生产方针中的核心和基础。

35-2-1-2 安全生产的政策

我国的安全生产政策过去多以国务院文件的形式提出，其中不少政策已纳入国家的法律之中，它充分地体现出了社会主义制度下对生产和劳动者安全的高度重视，且随着国家法制工作的进展，政策仍将不断地向法律形式转变。

我国的安全生产政策可大体归纳如下（其中不少政策已经以法律的形式固定下来，且国家在走向法制的过程中，政策仍将不断地向法律形式转变）：

(1) 改善劳动条件，保护劳动者在生产中的安全和健康（见1956年国务院关于发布《工厂安全卫生规程》、《建筑安装工程安全技术规程》和《工人职员伤亡事故报告规程》）。

(2) 劳动者应当执行劳动安全卫生规程，并享有获得劳动安全卫生保护的权利（见《劳动法》第三条）。

(3) 禁止用人单位招用未满十六周岁的未成年人（即童工，见《劳动法》第十五条）。

(4) 国家对女职工和未成年工（年满16周岁、未满18周岁的劳动者）实行特殊劳动保护，包括：

1) 禁止安排女职工从事矿山井下、国家规定的第四级体力劳动强度（见表35-19）的劳动和其他禁忌从事的劳动；

2) 不得安排女职工在经期从事高处、低温、冷水作业和国家规定的第三级体力劳动强度的劳动;

3) 不得安排女职工在怀孕期间从事国家规定的第三级体力劳动强度的劳动和孕期禁忌从事的其他劳动。对怀孕七个月以上的女职工,不得安排其延长工作时间和夜班劳动;

4) 女职工生育享受不少于 90 天的产假;

5) 不得安排女职工在哺乳未满一周岁的婴儿期间从事国家规定的第三级体力劳动强度的劳动和哺乳期禁忌从事的其他劳动,不得安排其延长工作时间和夜班劳动;

6) 不得安排未成年工从事矿山井下、有毒有害、国家规定的第四级体力劳动强度的劳动和其他禁忌从事的劳动;

7) 用人单位应当对未成年工定期进行健康检查。

(以上见《劳动法》第五十八条到第六十五条)

体力劳动强度分级表 表 35-19

体力劳动强度级别	劳动强度指数
Ⅰ级(轻劳动)	<15
Ⅱ级(中等强度劳动)	~20
Ⅲ级(重强度劳动)	~25
Ⅳ级(很重强度劳动)	>25

注:1. 劳动强度指数为由该工种的平均劳动时间率(工作日内的净劳动时间与总时间之比的百分率)乘以系数 3,加上平均能量代谢率(劳动日内各类活动与休息的能量消耗值与其相应时间的乘积除以工作总时间)乘以系数 7 求得。
2. 四个级别体力劳动的相应指标见表 35-20。

体力劳动强度核定指标 表 35-20

级别	8h 工作日的平均能量消耗 kcal (J) /人	劳动时间率 (%)	净劳动时间 (min)
Ⅰ	850 (3559)	61	293
Ⅱ	1328 (5560)	67	322
Ⅲ	1746 (7310)	73	350
Ⅳ	2700 (11304)	77	370

(5) 国家实行劳动者每日工作时间不超过 8h,平均每周工作时间不超过 44h 的工作制度。因特殊原因需要延长工作时间的,在保证劳动者身体健康的条件下延长工作时间每日不得超过 3h,且每月不得超过 36h。用人单位应当保证劳动者每周至少休息一日(见《劳动法》第三十六条、第三十八条和第四十一条)。

(6) 用人单位必须执行以下劳动安全卫生工作规定:

1) 建立健全劳动安全卫生制度;

2) 严格执行国家劳动安全卫生规程和标准;

3) 为劳动者提供符合国家规定的劳动安全卫生条件和必要的劳动防护用品;劳动安全卫生设施必须符合国家规定的标准,并与主体工程同时设计、同时施工、同时投入生产和使用；

4) 对劳动者进行劳动安全卫生教育，从事特种作业的劳动者必须经过专门培训并取得特种作业资格，对从事有职业危害作业的劳动者应当定期进行健康检查，防止劳动过程中的事故，减少职业危害；

5) 劳动者在劳动过程中必须严格遵守安全操作规程；对用人单位管理人员违章指挥、强令冒险作业，有权拒绝执行；对危害生命安全和身体健康的行为，有权提出批评、检举和控告。

（以上见《劳动法》第五十二条～第五十六条）

(7) 国家建立伤亡事故和职业病的统计报告和处理制度（见《劳动法》第五十七条）。

(8) 劳动者在患病、负伤、因工伤残或患职业病、生育、退休的情况下，依法享受社会保险待遇，使劳动者在年老、患病、工伤、失业、生育等情况下获得帮助和补偿（见《劳动法》第七十条、第七十三条）。

(9) 用人单位有以下情形者，由劳动行政部门依规定分别给予警告、责令改正，经济补偿、承担赔偿、处以罚款、吊销营业执照、行政处分或对责任者依法追究刑事责任：

1) 违反规定延长劳动者的工作时间；

2) 劳动安全设施和劳动卫生条件不符合国家规定，或者未向劳动者提供必要的劳动保护用品和劳动保护设施；

3) 对事故隐患不采取措施，致使发生重大事故，造成劳动者生命和财产损失；

4) 强令劳动者违章冒险作业，发生重大事故，造成严重后果；

5) 非法招用未满16周岁的未成年工；

6) 违反对女职工和未成年工的保护规定，侵害其合法权益；

7) 以暴力、威胁或非法限制人身自由的手段强迫劳动，侮辱、体罚、殴打、非法搜查和拘禁劳动者。

（以上见《劳动法》第八十九条～第九十六条）

(10) 建立健全安全监察制度，加强安全监察机构，监督检查生产部门和企业对各项安全法规的执行情况（见国发〔1983〕85号文）。

(11) 加强工会群众性的监督检查工作。工会组织在监督行政执行党和政府的劳动保护政策、安全法规方面行使应有的权力（见国发〔1983〕85号文），当生产中出现影响工人生命安全的情况时，工会可支持工人拒绝操作，工资照发（见国发〔1984〕97号文）。

(12) 基本建设项目和全厂性的技术改造项目，其尘毒治理必须与主体工程同时设计、审批、施工、验收和投产使用。各地区、各部门要加强对防尘、防毒工作的领导和监督检查；严禁未采取有防治措施的转嫁尘毒危害，不准生产和出厂不符合国家有关防尘毒规定的设备；从国外引进会在生产中产生尘毒危害的成套技术设备，必须同时引进或由国内制造相应配套的防尘防毒技术装备，不得削减（见国发〔1984〕87号文）。

(13) 各级卫生部门对企业、事业单位职工的职业病的预防、诊断和治疗，进行卫生监督和卫生学评价（见国发〔1984〕87号文）。

(14) 各级领导必须认真贯彻落实"安全第一、预防为主"的方针，把安全生产问题纳入领导的重要议事日程，坚持管生产必须管安全的原则，当生产和安全发生矛盾、危及职工生命和国家财产的时候，要停产治理、消除隐患（见国发［1986］20号文）。

（15）不断改善劳动条件，保护职工的安全健康，做到安全生产、文明生产（见国发［1979］100号文，对建筑施工企业则要求实现文明施工和文明工地）。

（16）一切单位和个人都有保护环境的义务，并有权对污染和破坏环境的单位和个人进行检举和控告（《中华人民共和国环境保护法》第六条）。造成环境污染危害的，有责任排除危害，并对直接受到损害的单位和个人赔偿损失（《中华人民共和国环境保护法》第四十一条）。

（17）建设单位不得以任何理由，要求设计、施工单位违反法律、行政法规和工程质量、安全标准的规定（建设部、监察部1999年第68号文《工程建设若干违法违纪行为处罚办法》第十条）。

（18）建设行政主管部门或者有关行政主管部门在处理重大工程事故时，应当有工程建设标准方面的专家参加；工程报告应当包括是否符合工程建设强制性标准的意见（《实施工程建设强制性标准监督规定》，2000.8.25建设部发布施行）。

（19）建筑活动应当确保建筑工程质量和安全，符合国家的建筑工程安全标准（《建筑法》第三条）。

（20）建筑工程安全生产管理，必须坚持安全第一、预防为主的方针，建立健全安全生产的责任制度和群防群治制度（《建筑法》第三十六条）。

（21）建筑施工企业应当遵守有关环境保护和安全生产的法律、法规的规定，采取控制和处理施工现场的各种粉尘、废气、废水、固体废物以及噪声、振动对环境的污染和危害的措施（《建筑法》第四十一条）。

（22）未经安全生产教育培训的人员，不得上岗作业（《建筑法》第四十六条）。

（23）作业人员有权对影响人身健康的作业程序和作业条件提出改进意见，有权获得安全生产所需的防护用品。作业人员对危及生命安全和人身健康的行为有权提出批评、检举和控告（《建筑法》第四十七条）。

（24）建筑施工企业必须为从事危险作业的职工办理意外伤害保险，支付保险费用（《建筑法》第四十八条）。

以上所列，只是我国在安全生产方面政策的主要部分，而不是全部，在各个安全生产领域还有许多相应的、具体的政策，而且随着经济建设的发展和新的情况与问题的出现，今后还会有新的政策出台，已形成的政策也会有所补充与完善。

35-2-1-3 建筑施工安全生产的标准

实行标准管理（也称规范管理）是生产安全管理的发展方向，也是生产方面法制建设的重要组成部分，而建立完善的安全生产标准体系是实施标准管理的前提和基础。

1980年以来，已有一批涉及建筑施工安全的国家和行业标准问世（表35-21）；1986年以来，建设部施工安全和标准主管部门开始组织编写我国的建筑施工安全技术标准系列（行业标准），现已有16种颁布实施或在编制中（表35-22）。此外，建设部2000年颁布的《建筑施工附着升降脚手架管理暂行规定》属于行政法规列入表35-23中，而上海市出台的《建筑施工附着升降脚手架安全技术规程》为地方标准，也未列入表35-22中。

已颁布实施的部分建筑施工生产安全方面的标准　　表 35-21

序	标 准 名 称	编 号	实施时间
1	安全帽	GB 2811—81	1981.7
2	安全帽试验方法	GB 2812—81	1981.7
3	安全带	GB 6095—85	
4	安全带检验方法	GB 6096—85	
5	皮安全鞋	GB 4014—83	
6	焊接护目镜和面罩	GB 3609.1—83	
7	安全网	GB 5725—85	
8	安全网力学性能试验方法	GB 5726—85	
9	安全色	GB 2893—82	1982.8
10	安全标志	GB 2894—82	1982.8
11	体力劳动强度分级	GB 3869—83	
12	高处作业分级	GB 3608—83	1983.1
13	高温作业分级	GB 4200—84	
14	安全电压	GB 3805—84	1984.5
15	手持式电动工具的管理、使用、检查和维修安全技术规程	GB 3787—83	1984.3
16	起重吊运指挥信号	GB 5082—85	
17	建筑塔式起重机安全规程	GB 5144—94	1994.10
18	起重机司机安全技术考核标准	GB 6720—86	1987.5
19	建筑卷扬机	GB 1955—80	1980.2
20	钢管脚手架扣件	JGJ 22—85	
21	建筑机械使用安全技术规程	JGJ 33—2001	
22	工厂企业厂内运输安全规程	GB 4387—84	
23	磨削机械安全规程	GB 4674—84	
24	机械设备防护罩安全要求	GB 8196—87	
25	排水管道维护安全技术规程	JGJ 6—85	
26	生产设备安全卫生设计总则	GB 5083—85	
27	中华人民共和国消防条例		
28	特种作业人员安全技术考核管理规则	GB 5306—85	1986.3
29	职业性接触毒物危害程度分级	GB 5044—85	
30	作业现场空气中粉尘测定方法	GB 5748—85	
31	企业职工伤亡事故分类标准	GB 6411—86	1987.2
32	企业职工伤亡事故调查分析规则	GB 6442—86	1987.2
33	企业职工伤亡事故经济损失统计标准	GB 6721—86	1987.7

建筑施工安全技术标准系列　　表 35-22

序	建筑施工安全技术标准名称	编制阶段	编号和实施日期
1	建筑施工安全检查标准	颁布实施	JGJ 59—99, 1989.4
2	施工现场临时用电安全技术规范	颁布实施	JGJ 46—88, 1999.5
3	建筑施工工具式脚手架安全技术规范	报批	
4	建筑机械使用安全技术规程	颁布实施	JGJ 33—2001, 2001
5	建筑施工扣件式钢管脚手架安全技术规范	颁布实施	JGJ 130—2001, 2001.6 J 84—2001

续表

序	建筑施工安全技术标准名称	编制阶段	编号和实施日期
6	建筑施工高处作业安全技术规范	颁布实施	
7	建筑施工木脚手架安全技术规范	报批	
8	建筑施工模板工程安全技术规范	报批	
9	建筑施工起重吊装安全技术规范	送审	
10	建筑施工门式钢管脚手架安全技术规范	颁布实施	JGJ 128—2000, 2000.12 J 43—2000
11	建筑施工碗扣式钢管脚手架安全技术规范	编制	
12	建筑施工竹脚手架安全技术规范	编制	
13	建筑施工安全网搭设规范	编制	
14	建筑工程安全技术规范	编制	
15	建筑安装工程安全技术规程	编制	
16	龙门架（井字架）物料提升机安全技术规范	实施	

35-2-1-4 建筑施工安全行政管理的三级文件

1. 中央级文件

我国国务院和部委颁布的有关建筑施工生产安全工作的部分文件和规定列入表 35-23 中。表 35-24 和表 35-25 则分别列出了北京市和中建一局的部分管理文件，基本上代表了省级和企业级有关文件的情况。

我国颁布的有关建筑施工生产安全工作的部分文件和规定　　　表 35-23

序	文件名称	发布部门	文 号	发布时间
1	工厂安全卫生规程	国务院	[56] 国议周字第 40 号	1956.5
2	建筑安装工程安全技术规程	国务院	[56] 国议周字第 40 号	1956.5
3	工人职员伤亡事故报告规程	国务院	[56] 国议周字第 40 号	1956.5
4	国务院关于加强企业生产中安全工作的几项规定	国务院	国经薄字 244 号	1963.3
5	女职工劳动保护规定	国务院	国务院令第 9 号	1988.7
6	禁止使用童工规定	国务院	国务院令第 81 号	1991.4
7	劳动保护用品使用规则	劳动部	GB11651—89	1989
8	劳动部关于防止沥青中毒的办法	劳动部		1956.1
9	国务院批转国家劳动总局、卫生部关于加强厂矿企业防尘防毒工作的报告	国务院	国发 [1979] 100 号	1979.4
10	国务院关于加强防尘防毒工作的决定	国务院	国发 [1984] 97 号	1984.7
11	国务院关于发布《锅炉压力容器安全监察暂行条例》的通知	国务院	国发 [1982] 22 号	1982.2
12	关于防暑降温措施暂行办法	卫生部、劳动部、全国总工会	联合公布	1960.7
13	关于加强防寒防冻工作的通知	国务院		1970

续表

序	文件名称	发布部门	文号	发布时间
14	关于认真做好劳动保护工作的通知	中共中央		1970
15	关于安排落实劳动保护技术措施经费的通知	国家计委、经委、建委		1979
16	关于进一步做好放射性同位素卫生管理的通知	卫生部、公安部、国家科委		1980
17	企业职工奖惩条例	国务院	国发〔1982〕59号	1982.4
18	关于加强领导、防止企业继续发生重大伤亡事故的紧急通知	国务院		1982
19	国务院批准劳动人事部、国家经委、全国总工会关于加强安全生产和劳动安全监察工作的报告的通知	国务院	国发〔1983〕85号	1983
20	关于加强安全生产管理的紧急通知	国务院		1987
21	中华人民共和国尘肺病防治条例	国务院		1987
22	关于修订《职业病和职业病患者处理办法的规定》的通知	卫生部、劳动部、财政部、全国总工会		1987
23	建筑安装工人安全技术操作规程	国家建工总局	〔80〕建工劳字第24号	1980
24	关于在工业交通企业加强法制教育严格依法职工伤亡事故的报告	国务院	国发〔1980〕84号	1980.2
25	国务院办公厅关于转发全国安全生产委员会关于重视安全生产控制伤亡事故恶化的意见的通知	国务院	国办发〔1986〕20号	1986.3
26	国务院关于特别重大事故调查程序暂行规定	国务院	国发〔1989〕34号	1989.3
27	关于加强劳动保护工作的决定	国家建工总局	〔81〕建工劳字第208号	1981
28	国营（有）建筑企业安全生产工作条例	建设部	〔83〕城劳字第333号	1983
29	关于加强集体所有制建筑企业安全生产的暂行规定	建设部		1982.8
30	关于印发《关于查处重大责任事故的几项暂行规定》的通知	高检院、劳动部	〔86〕高检会（二）字第6号	1986.3
31	关于严防建筑工地发生亚硝酸钠中毒事故的通知	建设部	〔89〕建建字第230号	1989
32	关于加强塔式起重机安全使用管理的若干规定（试行）	建设部		
33	关于认真贯彻执行《安全技术措施计划的项目总名称表》的通知	国家劳动总局、全国总工会	（79）劳总护字45号,工发总字（1979）69号	1979.7
34	企业职工伤亡事故报告和处理规定	国务院	国务院令第75号	1991.5
35	中华人民共和国劳动法	全国人大	主席令28号	1994.7
36	关于颁发《未成年工特殊保护规定》的通知	劳动部	劳部发〔1994〕498号	1994.12
37	关于发布《违反〈中华人民共和国劳动法〉行政处罚办法》的通知	劳动部	劳部发〔1994〕532号	1995.1
38	关于印发《企业职工伤亡事故报告统计问题解答》的通知	劳动部	劳办发〔1993〕140号	1993.9

续表

序	文件名称	发布部门	文号	发布时间
39	关于印发《燃气用具安装使用管理规定》的通知	建设部	城建［1994］795号	1994.12
40	中华人民共和国刑法	全国人大		1979.1
41	国务院关于加强安全生产工作的通知	国务院	国发（1993）50号	1993
42	关于颁发《重大事故隐患管理规定》的通知	劳动部	劳部发［1995］322号	1995.8
43	工程建设若干违法违纪行为处罚办法	建设部、监察部	68号文	1999.3
44	关于防止施工坍塌事故的紧急通知	建设部	建建［1999］173号	1999.7
45	实施工程建设强制性标准监督规定	建设部	第81号令	2000.8
46	关于进一步加强塔式起重机管理预防重大事故的通知	建设部	建建［2000］237号	2000.10
47	关于防止发生施工火灾事故的紧急通知	建设部	建监安［1998］12号	
48	关于吸取洛阳"12.25"特大火灾事故教训，立即在全国建设系统组织开展消防安全大检查的紧急通知	建设部	建建电［2000］10号	2000.12
49	关于防止塔式起重机重大安全事故发生和做好元旦春节期间安全工作的紧急通知	建设部		2001.12
50	关于印发〈施工现场安全防护用具及机械设施使用监督管理规定〉的通知	建设部	建建［1998］164号	

北京市有关建筑施工生产安全工作的文件和规定（部分） 表35-24

序	文件名称	发布部门和时间	文号，备注
1	北京市劳动保护监察条例	市人大，1987	市常字（1987）25号
2	北京市企业建设项目劳动保护设施与主体工程同时设计、同时施工、同时投产使用管理办法	市劳动局	为《北京市劳动保护监察条例》的实施办法，自1988年5月1日起施行
3	北京市劳动保护监察组织管理办法		
4	北京市职工因工伤亡事故处理实施办法		
5	北京市违反劳动保护法规处罚实施办法		
6	北京市人民政府关于加强建设工程施工现场管理的暂行规定	市政府，1985.7	京政发［1985］109号
7	关于印发《北京市建筑施工现场安全防护基本标准》的通知	市建委、市劳动局，1988.6	
8	北京市插挂不安全处罚牌试行办法	市劳动局，1988.6	
9	印发《北京市建筑安装施工工程中预防高处坠落和物体打击事故的规定》的通知	市建委、市劳动局，1981.12	
10	关于印发北京市建筑安装施工工程《插口架子》《吊篮架子》《桥式架子》安全技术操作规程（试行）的通知	市建委，1983.8	（83）京建企字第260号
11	北京市关于印发《建筑组装式井字架安全管理规定》等三个安全管理规定的通知	市劳动局，1988.2	另外两个为：建筑塔式起重机路基轨道安全管理规定；蛙式打夯机安全规定
12	印发《建筑市政施工暂设电气工程安全用电管理规定》（试行）的通知	市建委，1984.4	（84）京建企字第114号

续表

序	文件名称	发布部门和时间	文号,备注
13	关于在用电设备上安装漏电开关的通知	市劳动局、供电局,1986.8	(86)市劳保字第406号 (86)市供用字第29号
14	关于加强建筑企业新工人入场教育工作的通知 建筑企业新工人入场安全教育提纲	市建委,1987.10	(87)京建工字第218号
15	危险预知训练初级教材	市建委施工管理处	含进入现场和各有关工种
16	关于对企业职工重伤、死亡事故实行调查统计快报表制度的通知	市劳动局	京劳保发字[1993]527号
17	关于签订《北京市建筑施工现场综合整治责任书》的通知	市建委,1995.7	京建施[1995]377号

中建一局的安全生产制度和规定 表35-25

序次	规定和制度名称	制订时间
1	中建一局关于劳动保护安全技术措施计划、使用及管理的制度	1988
2	中建一局安全生产检查制度	1988
3	中建一局安全生产验收制度	1988
4	中建一局安全生产教育培训制度	1988
5	中建一局工人职员因工伤亡事故报告、调查和处理的制度	1988
6	中建一局施工生产安全技术管理制度	1988
7	中建一局关于强化施工现场安全纪律的若干规定	1988
8	中建一局安全生产责任制	1989
9	中建一局关于安全奖罚的规定	1989
10	中建一局关于使用民工队和外地建筑施工队安全生产管理的规定	1989
11	中建一局安全生产值班制度	1989
12	中国建筑一局集团工程项目安全生产标准,含工程项目的安全生产组织管理;劳动保护管理;安全生产责任;安全生产教育;特种作业管理;伤亡事故报告、统计、调查及处理;安全技术管理;临时用电安全技术;机械安全技术;安全资料管理和施工安全性评价等13项标准	1996

35-2-2 建筑施工安全行政管理的要求

35-2-2-1 建筑施工安全行政管理的工作特点

建筑施工安全行政管理工作具有很强的政策性、技术性、程序性、综合性和以预防为主、严格细致的特点。

1. 政策性强

"安全生产是全国一切经济部门和生产企业的头等大事",以安全生产方针为前提和指导,以安全生产政策为依据和基础的建筑施工安全行政管理工作具有很强的政策性。

在涉及安全生产工作的各个方面和各个环节上,针对安全生产的现状和问题,我国政府各级主管部门都有政策性、指令性、法规性或要求性的文件,其中不少已形成强制性法规，并在不断地健全与完善之中。要求各级安全部门和管理人员必须认真学习、领会并严格认真地贯彻落实于安全管理工作中去。不懂政策就不能做好安全工作，因此，安全管理部门必须具有很好的政策水平，安全工作人员必须具有较好的政策素质。

在安全问题上没有小事。因为任何安全意外事件和事故的出现，都会造成对劳动者生命与健康和国家财产的严重危害后果，必须严肃地按照政策和法律进行处理和对肇事者进行行政处罚乃至承担刑事责任。对此，决不可有丝毫的掉以轻心。

2．技术性强

安全管理工作也是技术性很强的工作。在安全管理工作所涉及到的各个方面及其各个环节上，都有大量的技术性很强的工作内容，包括对施工安全技术设计及其限控、保险和保护措施的安全保证性进行审查，以及解决与处理在施工中遇到的问题和及时消除安全隐患，确保不出现任何将危及安全的技术失误。

3．程序性强

安全管理工作又是程序性很强的工作，必须严格地按照程序进行，因为前面的程序往往是后面程序的前提和基础，前一程序的工作没做或做得不好，就会影响下一程序工作的进行及其质量。

安全管理工作的一般程序：

建立、健全安全管理机制——学习国家、行业和上级有关安全生产工作的方针、政策、法规、标准和其他有关文件——制订安全生产技术和管理措施——建立安全保证体系——主管部门审定批准——安全工作交底、教育和培训——检查安全措施落实情况——生产过程中的监督检查——发现和处理安全隐患——发生事故时的处理与善后工作——安全工作总结。

对于安全管理中某一环节的工作也有其严格的程序，例如安全防护用品的使用与管理程序、工程建设重大事故的报告和调查程序等。

严格按程序工作，确保每一程序的工作都到位（达到要求、确保质量）是安全管理工作的又一特点。

4．综合性强

安全管理工作包括执行政策、落实安全保护规定、加强安全技术措施、严格监督检查、作好教育培训以及提高生产者的安全意识和自我保护素质等各个方面，因此是一项涉及政策、技术、管理、监控、教育等的综合性很强的工作。

5．预防为主

安全管理工作以"预防为主"。这既是安全生产工作的方针，也是安全管理工作的重心。

"预防"就是要对可能出现的施工安全问题进行事先的预定考虑和防护安排，即事先分析危险点、危险源、危险场所，预评危害程度，探讨危险出现的征兆、发展过程和演变规律，制定科学的防护措施和管理手段，把危险消灭在转化成事故之前或者控制和减轻事故发生时的危害程度。

因此，要达到"预防为主"的要求，必须高度重视并全力作好以下方面的工作：

(1) 不断健全与完善安全生产方面的法规、标准、规定和制度；

(2) 不断健全与完善安全施工的保证体系（包括监督检查体系）；

(3) 重视和促进施工安全技术的发展，提高安全技术的水平，为确保施工安全提供可靠的技术保证；

(4) 确保与安全生产相适应的投入，提高安全防护用品和设施的装备程度；

(5) 认真查找和解决安全隐患，把事故消灭在孕育之中；

(6) 常抓不懈，防患于未然。

6. 严格细致

安全管理工作是严而又严、细而又细的工作，在严细方面只有高要求、没有低标准。因为在安全管理方面，哪怕是一点点微小的疏忽，也都有可能酿成严重的后果。

在安全生产方面因小的疏忽而出大事的情况屡见不鲜，惨重和沉痛的教训极多。例如某地在调换约200m高火炬的燃烧头时，采用了直升飞机安装方案。该直升机可以在空中定位17min，在事先所作的安装试吊时，摘钩甚为顺利，因而未有进一步考虑，万一在塔顶上摘钩不顺利时，应该如何脱钩并对塔顶作摘钩和固定工作的工人采取安全保护措施。结果在吊装就位后，因一阵风刮过，使吊绳扭转绷紧而摘不下钩来。驾驶员此时可以把吊绳从飞机内摘掉，但又怕甩出的钢丝绳伤害塔顶的工人，于是只好将飞机降低高度，以便使吊绳放松。在下降时，机尾螺旋桨不幸碰到塔架上，飞机当即坠地燃烧，塔顶上的工人也为甩脱的钢丝绳所伤害，造成了机毁人亡的惨重事故。因此，安全工作一定要细，而且要考虑各种危险出现的可能，宁肯事情不发生时安全措施用不上，也不要事情发生时而无安全措施。

35-2-2-2 建筑施工安全行政管理工作的基本要求

建筑施工安全行政管理的基本要求可归纳为四个方面：提高认识、健全机制、落实措施和严格管理。

1. 提高认识——牢固树立"安全第一、预防为主"思想

要牢固树立"安全第一，预防为主"思想，需要不断解决在安全生产工作中存在的认识不足、重视不够和推行不力的问题，即需要包括企业领导者、安全职能部门、项目和施工管理人员、技术人员、安全人员和工人一起高度重视并认真做好的工作。对安全生产工作的认识上不去，安全工作就难以真正地落实和做好。

总的说来，各施工企业对安全生产工作的重视程度和投入力度在逐年提高，施工的安全状况也有显著改善。但安全意外事故、甚至重大的伤亡事故仍屡有发生，对于安全工作，"讲起来重要、做起来次要、忙起来不要"的现象，在一些企业和施管人员中仍有不同程度的存在，一些施工单位出于省钱而采用不安全可靠的设备和措施，以致酿成惨重的事故。表35-26列举了常见的对安全工作认识不足、重视不够和推行不力的表现，尽管其中也包含了一些技术、财力和人员素质方面的具体困难，但认识不足仍是主要的。因此，提高认识、深刻领会和认真贯彻"安全第一、预防为主"的方针是搞好安全生产工作的前提和基础。

2. 健全体制——建立完善的建筑施工安全保证体系

见35-1-4节。

3. 落实措施——做到编制、实施、监督和处置四落实

确保施工安全的组织措施和技术措施落实，即落实实现组织保证体系和技术保证体系的措施要求，并做到在编制、实施、监督和处置等4个环节上的落实：

施工安全生产工作中认识不足、重视不够和推行不力的常见表现 表 35-26

序次	人员类别	认识不足、重视不够、推行不力的常见表现
1	企业领导	没有把施工安全工作摆到重要的工作日程上去
2		只口头上讲重要,但对企业的安全生产状况、存在和需要解决的问题不认真地进行研究、制订措施和作出安排,或者只有布置而无检查
3		对安全工作缺少必要的人力和资金投入;安全设备(施)陈旧、缺少,不能确保生产安全;过于强调困难,缺少克服困难的决心和办法
4		得过且过,不认真对待、解决施工生产中存在的安全隐患,甚至掩盖,寄希望于侥幸(不出事)
5	安全职能部门	缺少较为齐全的安全工作文件、标准和资料,对制订和不断健全完善本企业的安全生产标准和工作制度的工作推行乏力
6		未能建立起本企业安全生产的组织和工作保证体系
7		不认真研究和总结生产安全工作经验和问题,安全教育不经常、不深入,安全工作缺少提高和发展
8		工作表面化,不深入,对查隐患、抓预防的工作不认真,工作检查走形式,不能及时准确地向企业领导汇报安全工作状况、问题以及应当采取的措施
9	项目管理组(经理部)	没有把确保施工安全摆在"第一"的位置上,不认真执行有关安全工作的法规、标准和制度,任意削减在安全防护和保障措施上的投入
10		没有建立健全有效的安全保证体系和项目安全工作管理制度(系列)
11		不能经常地、认真地检查施工中存在安全隐患并及时采取措施予以消除,放任不安全状态和不安全行为长期存在,对查出的安全工作问题整改不力
12	技术人员	不大重视对安全工作和安全技术的学习与研究,在制订施工技术措施时,对有关安全的技术规定不全、不细和缺少预测、预防性
13		与安全职能部门和安全管理人员的联系较少、配合不够
14	安全管理人员	不认真钻研施工安全管理与安全技术,工作流于一般化和经验化管理,检查安全隐患不认真,执行安全规定不坚决
15	施工人员	对安全工作重视不够,对执行安全规定不认真,或持勉强态度
16		缺乏较高的安全意识和自我安全保护素质

(1) 编制落实

编制落实的要求为:

1) 内容全面——一般应有安全文明施工,安全可靠性设计,限控、保险和保护措施及相应的组织、制度、检查措施。

2) 重点突出——突出对关键技术和安全措施及其要求的阐述。

3) 技术可靠——即符合现行有关标准和规定。关键的部分有设计、计算或其他可靠依据,同时应有足够的安全储备。

4) 认真审批——安全主管部门必须对安全技术措施进行认真审查。

由于措施编制的质量直接影响到是否能全面执行及其效果。因此,在编制时应充分收集有关资料和了解施工的条件与可能影响措施执行的情况,以保证措施具有很好的可行性。

(2) 实施落实

即确保认真地、不折不扣地实施。当在执行中发现需要对措施作某些修改变动时，必须取得措施编制人和主管部门的同意。有一些单位，编制措施只是为了履行审批手续，并不准备去认真实施，出现"编的一套、做的一套"和随意改变措施的情况，这是非常错误的，极易在施工中出安全问题。

(3) 监督落实

落实安全主管部门和安全人员对措施执行的全过程监督，应检查到每一个关键的细节，以确保措施的全面实施。

(4) 处置落实

对于在施工过程中出现的、将对安全造成影响的问题和新的情况，必须及时研究和作出处置决定。当问题重大或情况复杂时，应及时报告上级组织主管部门和负责人以及聘请专家参与研究。作出处置决定后，在安全部门主管人员的监督下付诸实施并考察实施效果。

此外，在落实措施的工作中，还应注意以下事项：

1) 认真做好技术交底，使施工人员掌握措施的各项技术要求；
2) 认真实施在措施执行途中的交接检查制度，及时消除可能产生的任何隐患；
3) 认真执行检查验收制度，确保实施措施的质量；
4) 在实施过程及时收集有关情况和测定有关数据，以为总结实施效果积累资料。一旦有问题时，也可及早发现。

4．严格管理——做到"二严、三及时、四不放过"

没有严格的管理，任何安全生产保证体系都将变成一纸空谈。"严格"是安全生产管理的灵魂，需要创造实施严格管理的条件和建立确保严格管理的制度与行为准则。

(1) 实施严格管理的条件

1) 各级人员必须树立对严格管理的正确认识和目标要求。从领导做起，一级带一级。没有各级领导者和负责人的严格作风，就不可能有全体施管人员对确保安全要求的严肃态度和认真的行为。
2) 建立全面的安全管理保证体系，在实施中不断予以修订完善，使其能够有力地运作。
3) 各项管理、技术规定和要求应细致、明确和适度，易于贯彻执行。
4) 有对实施严格管理起支持和保证作用的制度，例如汇报制度、奖惩制度和总结制度等。
5) 有良好的、经常性的安全生产教育。

(2) 确保严格管理的行为准则

1) 二严：严肃认真、一丝不苟；严格按程序、规定、措施和制度办事。
3) 三及时：及时检查、及时汇报、及时研究和处理；
4) 四不放过：不放过任何情况下的违章，不放过任何理由下的改变措施，不放过任何形式的不安全状态和行为，不放过任何程度的异常情况。

35-2-2-3 安全施工的管理用语——管理要求的提炼

我国在建筑施工安全管理工作的各个方面，总结出一系列的概括提法，它们是安全生产方针、政策、规定、要求和工作经验的集中提炼，具有突出、明确、好记、易用的特点,成为实施安全施工管理的重要用语,对于规范、组织和实施安全的各项要求具有重大的指导作用,安全生产管理部门和安全人员以及其他施工管理人员、技术人员和工人都应当熟悉、掌握和认真地遵照执行。其中主要有:

(1) 安全生产是全国一切经济部门和生产企业的头等大事。

(2) 安全第一、预防为主。

(3) 生产和安全是统一的整体,哪里有生产,哪里就存在安全问题。

(4) 管生产的同时必须管安全。既要管好生产,又要管好安全。

(5) 凡属重大的经济技术决策,都必须有安全的内容和要求。

(6) "五同时":在计划、布置、检查、总结、评比生产的时候,同时计划、布置、检查、总结、评比安全工作。

(7) "三同时":新建、扩建和技术改造企业的劳动安全卫生设施,与主体工程同时设计、同时施工、同时投产使用。

(8) "三不放过":对于发生的伤亡事故和职业病,找不出原因不放过;本人和群众受不到教育不放过;没有制定出防范措施不放过。

(9) "三定四不推":搞好群众性安全卫生大检查,抓好整改,防止走过场。做到定人员、定措施、定期限。凡自己能够解决的,班组不推给车间,车间不推给厂部,厂部不推给主管局,主管局不推给省、市、区。

(10) "一管、二定、三检查、四不放过":在施工现场,要做到,一管:设专职安全委员会管安全;二定:制定安全生产制度,制定安全技术措施;三检查:定期检查安全措施执行情况,检查违章作业,检查冬雨季施工安全生产设施;

四不放过:麻痹思想不放过;事故苗头不放过;违章作业不放过;安全漏洞不放过。

(11) 按规定使用安全"三宝一器":安全帽、安全带、安全网和漏电保护器。

(12) "四口"防护:楼梯口、电梯井口、预留洞口和通道口的防护。

(13) 六个安全生产管理的保证体系:以企业经理(厂长)为首的各级生产指挥、安全管理保证体系;以党委书记为首的各级党委部门贯穿于施工过程中的思想政治工作保证体系;以工会主席为首的各级工会组织,宣传"教育、协调、督促"的群众监督保证体系;以团委书记为首的各级共青团组织的青年职工安全生产保证体系;以总工程师、总经济师、总会计师为首的安全技术、安全技术措施计划、安全技术经费计划保证体系和以安全部门为主的专业安全管理、检查保证体系。

(14) 新工人进厂的三级教育:厂(公司)级、车间(工程队、工程项目)级、和班组级。

(15) 安全教育的五项内容:安全生产思想教育、安全知识教育、安全技能教育、事故教育和法制教育。

(16) 产生事故的"三因素":人的不安全行为、设备的不安全状态和作业环境的不良与恶劣,即人、机、环境。

(17) 防止事故的"三要素":采取有效的技术措施、加强安全教育与训练和不断地加强与改善安全管理,即技术、教育、管理。

(18) 事故隐患的"四定":对查出的事故隐患做到定整改责任人、定整改措施、定整改完成时间和定整改验收人。

(19) 把好安全生产"七关"：教育关、措施关、交底关、防护关、文明关、验收关和检查关。

(20) 建筑安全行业管理机构的"五权"：监督检查权、安全生产否决权、考核发证权、表彰奖励权和处罚权。

35-2-3 建筑施工的安全生产责任制

建筑施工安全的行政管理，就是认真履行监督、控制和在施工中实施安全要求的不同的管理责任。为此，施工企业必须有效地建立起各级人员的安全生产责任制度。

35-2-3-1 建立企业各级人员安全生产责任制的基本要求

建立和健全以安全生产责任制为中心的各项安全管理制度，是保障安全生产的重要组织手段。由于安全问题贯穿于生产的全过程，凡是与生产全过程有关的部门和人员，都对保证生产安全负有与其参与情况和工作要求相应的责任。因此，安全生产责任制是企业岗位责任制的重要组成部分，它把"管生产、必须管安全"的原则以制度的形式固定了下来。

建立各级人员安全生产责任制的基本要求为：

1. 覆盖面要全

即安全责任制必须覆盖与生产有关的全部人员，见表 35-27。

应当建立安全生产责任制的机构和人员　　　　表 35-27

层别	领导或负责人	机构和其他人员
分公司以上企业的管理机构	经理，主管生产的副经理，总工程师，总经济师，总会计师，工会主席以及其他有关的负责人	安保部、工程部、科技部、物资部、财务部、人事部、动力（设备）部、信息部、教育部、或相应的处、科、站、中心
项目经理部、厂、站、施工队等施工生产单位	经理、主管生产的副经理、总工程师或主任工程师、安全工程师以及其他有关的负责人	各有关的（参考上栏）部、科、室、组、站；安全生产总监理工程师，总工长，工（栋号）长、专业队长、班组长和专兼职安全员

2. 负责的工作范围要清楚，责任要明确

实际工作中的交叉很多，常有"都管、都不管"、责任分不清的情况出现。例如，在负责的工作范围上，有企业总管（全面领导管理）、生产主管（主管生产，包括安全）、安全工作分管（分管安全方面的工作，另有其他分管工作）、专管（专管安全工作的）和岗位管理（对本岗位工作中的安全负责）等；在责任方面，则有领导责任、制定（措施、规定）责任、执行责任、监督责任、协助责任，以及直接责任与间接责任、主要责任与次要责任之分。因此，在制定各级人员和部门的安全责任制度时，必须将负责的工作范围（即责任范围）划分清楚、将责任项列述明确。制定时可参考 35-2-6 节中对安全意外事故责任分析的有关规定和说明，使其与安全意外事故的处理挂钩。这样做，一方面可以使安全责任制度具有"要动真格"的内涵（而不是走形式），并给予"必须认真实施"的定位；另一方面，在一旦发生事故时，也可以较易确定责任和进行处理。

35-2-3-2 施工企业各级人员的安全生产职责

表 35-28～表 35-32 分别列出了企业或工程项目经理和主管生产副经理、企业或工程

项目的总（主任）工程师、企业或工程项目的有关职能部门、工长、栋号长和专业工长（队长）、班组长和工人的安全生产职责（粗线条），以供参考。在制定安全生产责任制时，尚应根据企业和工程的实际情况和要求，加以细化，使其更明确和便于严格的执行。

企业、工程项目经理和主管生产副经理的安全生产职责　　　　　　　　　　表 35-28

序次	职别	安 全 生 产 职 责
总括	经理	对企业或工程项目的劳动保护和安全生产负全面领导责任
1		主持贯彻落实国家、地方、行业的安全生产方针、政策、法规、标准和各项规章制度；主持贯彻执行上级有关安全生产文件、通知的工作
2		主持建立企业或工程项目的安全生产保证体系和主持制订相应的各项安全生产管理标准、制度、办法和实施细则，并主持监督其实施
3		主持制定年、月安全生产计划，组织各有关部门解决实施安全生产计划的有关问题，并主持监督其实施
4		主持研究解决重大工程项目、重大科技发展和技改项目以及其他重大任务的安全施工生产方案和技术措施
5		主持定期的安全生产检查和研究解决存在的问题
6		主持安全生产委员会或安全生产领导小组的工作
7		定期向企业职工代表会议报告企业安全生产情况和措施
8		主持对重大安全、伤亡事故的及时上报、调查、处理、善后、制定和落实整改措施的工作，不得有任何的隐瞒、虚报和拖延不报情况发生
总括	管生产的副经理	对企业或工程项目的安全生产负直接领导责任
9~15		协助经理组织领导和实施 1~7 项工作
16		组织领导本企业或工程项目的安全生产教育和培训、考核工作（包括外协施工队伍）
17		负责对企业或工程项目安全生产管理机构的领导工作，支持安全生产管理人员的业务工作，认真听取、采纳有关安全生产工作的合理化建议，抓好并确保安全生产保证体系的正常运转，确保安全保护和安全生产管理按规定要求到位
18		组织解决生产施工中发现的重要安全隐患；在发生安全和伤亡事故时，负责事故现场保护、职工教育和防范措施落实

企业、工程项目总工程师（或主任工程师）的安全生产职责　　　　　　　　　　表 35-29

序次	安 全 生 产 职 责
总括	对企业或工程项目劳保保护和安全生产的技术工作负总的（全面领导）责任
1	主持贯彻国家、地方和行业有关的安全技术法规和标准，主持企业安全技术标准的编制和审定工作
2	主持企业和重大项目的安全技术和改善劳动条件问题的研究并审定安全生产决策（定）中的技术可靠性
3	在主持组织编制和审定施工方案、技术措施的同时，主持组织(有时应参与)编制和审定安全生产技术措施
4	主持对职工进行安全技术教育和培训的工作，主持重要项目的安全技术交底工作
5	主持对安全技术措施实施情况的检查，组织定期检查并及时解决安全生产工作中所存在的技术问题
6	主持安全防护设备和设施的验收和使用情况的跟踪检查，发现问题及时解决
7	参加重大安全隐患、安全和伤亡事故的调查分析，主持提出技术鉴定意见和改进措施
8	主持和组织领导有关生产安全的信息工作和技术总结与发展工作

企业、工程项目有关职能部门和工会的安全生产职责   表35-30

序次	职能部门	安 全 生 产 职 责
1	工程和生产管理部门	严格按照安全生产的规定、要求和施工组织设计组织施工生产
2		加强现场管理,建立安全施工生产、文明施工生产秩序,并经常进行督促检查
3		认真贯彻国家、行业、地方、企业有关安全技术规程和标准,负责编制本企业的安全技术标准
4		编制安全生产技术措施,跟踪检查实施情况,及时解决实施中发现的问题
5	技术部门	负责企业安全生产决策中技术方案的制定和安全技术科研工作
6		负责安全设备、仪表等的技术鉴定
7		负责对安全隐患、安全事故、伤亡事故进行技术分析和鉴定,并提出技术方面的改进措施
8	安全管理机构	参见表35-36
9		负责解决、配齐一切机电设备的安全防护和保险装置,与技术部门一起研究解决存在的问题,并逐步予以完善
10	机械动力部门	负责编制本企业的机械安全操作规程(定)并监督实施
11		培训机械操作人员,贯彻机械"三定"要求
12		负责机电设备、锅炉和压力容器的经常检查、维修和保养工作,确保设备安全运行
13		建立和管理机电设备安全档案
14		负责按要求供应安全技术措施材料
15	物资供应部门	严格控制施工物资的质量,确保"三证"齐全和管好进场抽验工作,以确保使用安全
16		认真贯彻执行危险品的管理规定,确保危险品的运输和保管安全
17		严格执行安全防护用品、周转工具材料的经常性检验和报废更新规定
18		配合安全部门作好新工人、换岗工人和特殊工种工人的安全生产教育、培训、考核和发证工作
19	劳动人事部门	认真贯彻执行"劳动法",贯彻劳逸结合、严格控制加班加点,严格贯彻上岗条件的规定
20		按规定认真做好因工致残和患职业病职工的安置工作
21	财务部门	按照规定和企业安全生产权力机构的决定,解决劳动保护和安全生产技术措施的经费,并监督其合理使用
22	教育部门	负责将安全教育纳入全员培训计划,组织职工的安全技术训练
23		负责对职工的定期健康检查
24	卫生部门	负责现场劳动卫生工作,检测有害、有毒作业场所的尘毒浓度
25		负责提出对职业病预防和改善卫生条件的措施
26	工 会	按"劳动法"的规定,认真维护职工在安全健康方面的合法权益,积极反映职工对安全生产的意见、建议和要求,参加伤亡事故的处理和善后工作

工长、栋号长和专业工长(队长)的安全生产职责   表35-31

序次	安 全 生 产 职 责
总括	对所管工程项目的安全生产负直接责任
1	认真执行上级有关安全生产的规定
2	组织实施安全生产技术措施,施工前向班组进行有书面材料的安全技术交底并履行签字手续

序次	安 全 生 产 职 责
3	认真学习、贯彻执行安全技术措施和安全操作规程，不违章指挥，并对执行安全规程、措施和交底要求的情况进行经常检查，随时纠正违章作业
4	负责组织对现场使用的脚手架和机电设备等的安全防护设施的检查验收，不合格者不能使用，并经常检查其安全使用、运行状况，随时解决存在的问题
5	负责组织落实所管辖施工队伍的安全教育、培训和持证上岗的管理工作
6	认真组织班组开展安全活动，接受安全管理部门和人员的安全监督检查，及时和认真地组织整改
7	发生安全、伤亡和未遂事故时，立即停止施工、保护现场和向上级报告，接受检查和配合查清事故原因和责任，提出整改措施，经上级主管部门验收合格后方准恢复施工，不得擅自撤除现场保护、强行复工

班（组）长和工人的安全生产职责　　　　　表 35-32

序次	职别	安 全 生 产 职 责
总括		对本班组人员在施工生产中的安全和健康负责
1	班组长	认真组织本班组人员学习安全技术操作规程，执行安全生产规章制度，正确使用安全防护设施和劳动保护用品，开展安全活动，不断提高班组成员的安全意识和自我保护能力
2		认真落实安全技术交底要求，做好班前讲话，提出安全要求和注意事项，并对使用的机具、设备、防护用品和作业环境进行认真检查，发现问题时立即解决或向上级主管报告
3		不违章指挥和冒险作业，对上级的违章指挥应提出意见，并有权拒绝执行，严格制止班组成员的违章作业，认真接受安全人员的检查监督
4		遇到有不安全的异常情况出现时，应及时检查（或暂停作业进行检查）并报告上级主管人员，查明情况、确定无安全问题后才能继续作业
5		严格控制班组人员带病上岗、疲劳作业和单人承担重、险与需要轮换、监护的作业
6		当遇有施工需要，必须临时拆除某些拉、撑杆件以及需对技术措施作某些变动时，必须报告主管人员批准并采取安全弥补措施，不得擅自决定
7		发生安全、伤亡和未遂事故时，必须保护好事故现场，并立即报告上级领导，不准隐瞒不报或擅自处置
1	工人	认真学习、掌握安全作业的有关规定和技能，提高安全意识和自我保护能力
2		严格按安全操作规程和技术措施的规定进行作业，不擅自改变，有问题时应报告班组长
3		自己不违章作业，并劝阻别人也不进行违章作业，有权拒绝来自任何一级的违章指挥
4		出现异常情况或发生事故时，应立即报告和通知别人采取应急措施，并注意保护现场

35-2-4　工程项目施工的安全性评价

工程项目是实施建筑施工安全生产管理的主要场所，就工程项目施工的安全程度进行综合性评价，对于全面了解项目施工的安全生产状况、及时进行整改、推动安全生产工作的发展、确保生产安全和避免重大安全生产事故的发生具有重大作用。

但生产安全工作的涉及面广，各种情况交织复杂，且安全事故的形态各异，既有多发性事故，又有偶发性事故，既有必然性原因，又有偶然性原因，而偶然性是人们对其缺乏认识和警觉的必然性的一种表现。因此，要对工程项目施工的安全性作出全面的、符合实际的和科学的评价，是很困难的，即按目前实行的评价标准和办法取得优秀（A级）和优良（B级）级别的工程项目，还不能完全排除发生较大、甚至重大安全事故的可能性，其原因为：(1) 目前实行的评价标准和办法，还存在着覆盖面不够全，对影响安全和引发事故的一些深层次因素的检评不到，以及其他有待继续补充完善的问题；(2) 目前各施工企业和工程项目的管理手段和水平还不够高，基础工作薄弱，缺乏科学系统性，还不能适应进行更全面、科学和细致的检评工作的要求；(3) 受检评工作的时间限制，不可能检查得很细，难免有一些安全问题未被检查出来，使得评价与实际情况之间有一定的距离。基于上述原因，我们一方面需要对安全性评价工作继续进行研究，不断地加以改进、提高和完善，另一方面则应保持清醒的认识，不能只满足于取得安全性评价的高分，而应继续在消除或减少不安全状态和不安全行为、在发展和提高安全文明施工、安全限控、安全保护、安全保险和安全排险等安全技术以及提高全体职工的安全生产素质上狠下功夫，努力发现和及时解决施工中存在的安全隐患和问题，以确保职工的安全和健康。

35-2-4-1 工程项目施工安全性的评价体系

工程项目施工安全性的评价，就是对工程项目施工的安全保证性（或称为"安全保证程度"）进行评价。

施工生产的安全性保证由三方面组成：安全管理保证、安全技术保证和职工的安全素质保证，即施工生产的安全性取决于企业和工程项目的安全管理的到位情况、安全技术的可靠程度和职工安全素质的现实水平。

安全管理保证包括组织管理、技术管理、施工和特种作业管理、劳动保护管理、工伤事故管理，以及安全管理资料等项的组织和制度的保证；安全技术保证包括设计的安全可靠性、安全限控措施、安全保险措施和安全保护措施等项，包括工程综合技术、专项和特种技术、机械设备作业技术以及用电、防火、防尘、防毒和环保技术等；职工的安全素质保证包括职工的教育程度、安全意识、安全作业行为和自我保护能力。对这3个方面及其所属子项进行评价，就构成了工程项目施工的安全性评价体系（图35-9）。图中所列为主要分项，细项可参看本章相关部分所述加以补充。

35-2-4-2 工程项目施工安全性的检评项目和评分规定

由天津建工集团总公司主编的《建筑施工安全检查标准》，经建设部审查，批准为强制性行业标准，编号JGJ 59—99，自1999年5月1日开始施行，同时废止原部标准《建筑施工安全检查评分标准》JGJ 59—88。与JGJ 59—88相比，JGJ 59—99不仅增加了文明施工、基坑支护与模板工程和起重吊装等三个类项，使类型由原来的7个变为10个，分项由原来的69个增为168个；而且在计分的办法上也有改进，加强了对保证项目的控制性要求，使其更为全面，对工程项目施工安全性检评的科学性和实用性进一步提高。

1. 《建筑施工安全检查标准》（JGJ 59—99）的检评项目

见表35-33。其中，在脚手架检查中共列入了6种脚手架形式，基坑支护和模板工程检查、物料提升机与外用电梯检查均分别列表，使评分表达到了17个，总共有168个检

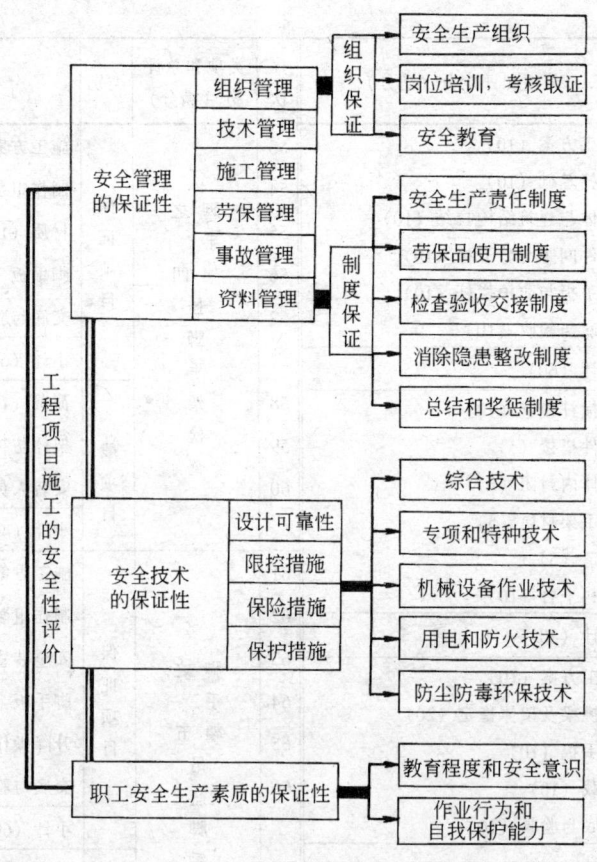

图 35-9 工程项目施工的安全性评价体系

评项目和 575 个控制细项（即扣分项），它们基本上反映出了现行建筑施工管理点的全貌。其中脚手架列入 6 种形式，检评项目和控制项目为 61 个和 179 个，分别占总数的 36.31% 和 31.13%。表中带有普遍性要求的控制细项列入表 35-34 中。

《建筑施工安全检查标准》JGJ 59—99 规定的检评项目   表 35-33

序次	类项和总评分（满分）	类别	分项和评定分（满分）	序次	类项和总评分（满分）	类别	分项和评定分（满分）
1	安全管理检查(10)	保证项目	安全生产责任制(10)	11	文明施工检查(20)	保证项目	现场围挡(10)
2			目标管理(10)	12			封闭管理(10)
3			施工组织设计(10)	13			施工场地(10)
4			分部（分项）工程安全技术交底(10)	14			材料堆放(10)
5			安全检查(10)	15			现场住宿(10)
6			安全教育(10)	16			现场防火(10)
			小计(60)				小计(60)
7		一般项目	班前安全活动(10)	17		一般项目	治安综合治理(8)
8			特种作业持证上岗(10)	18			施工现场标牌(8)
9			工伤事故处理(10)	19			生活设施(8)
10			安全标志(10)	20			保健急救(8)
				21			社区服务(8)
			小计(40)				小计(40)

续表

序次	类项和总评分（满分）	类别	分项和评定分（满分）	序次	类项和总评分（满分）	类别	分项和评定分（满分）
22	脚手架一落地式外脚手架检查	保证项目	施工方案（10）	53	脚手架四挂脚手架检查	保证项目	施工方案（10）
23			立杆基础（10）	54			制作组装（20）
24			架体与建筑结构拉结（10）	55			材质（10）
25			杆件间距与剪刀撑（10）	56			脚手板（10）
26			脚手板与防护栏杆（10）	57			交底与验收（10）
27			交底与验收（10）				小计（60）
			小计（60）	58		一般项目	荷载（15）
28		一般项目	小横杆设置（10）	59			架体防护（15）
29			杆件搭接（5）	60			安装人员（10）
30			架体内封闭（5）				小计（40）
31			脚手架材质（5）	61	脚手架五吊篮脚手架检查	保证项目	施工方案（10）
32			通道（5）	62			制作组装（10）
33			卸料平台（10）	63			安全装置（20）
			小计（40）	64			脚手板（5）
34	脚手架二悬挑式脚手架检查	保证项目	施工方案（10）	65			升降操作（10）
35			悬挑梁及架体稳定（20）	66			交底与验收（5）
36			脚手板（10）				小计（60）
37			荷载（10）	67		一般项目	防护（10）
38			交底与验收（10）	68			防护顶板（10）
			小计（60）	69			架体稳定（10）
39		一般项目	杆件间距（10）	70			荷载（10）
40			架体防护（10）				小计（40）
41			层间防护（10）	71	脚手架六附着升降脚手架检查	保证项目	使用条件（10）
42			脚手架材质（10）	72			设计计算（10）
			小计（40）	73			架体构造（10）
43	脚手架三门式脚手架检查	保证项目	施工方案（10）	74			附着支撑（10）
44			架体基础（10）	75			升降装置（10）
45			架体稳定（10）	76			防坠落、导向防倾斜装置（10）
46			杆件、锁件（10）				小计（60）
47			脚手板（10）	77		一般项目	分段验收（10）
48			交底与验收（10）	78			脚手板（10）
			小计（60）	79			防护（10）
49		一般项目	架体防护（10）	80			操作（10）
50			材质（10）				小计（40）
51			荷载（10）				
52			通道（10）				
			小计（40）				

续表

序次	类项和总评分（满分）	类别	分项和评定分（满分）	序次	类项和总评分（满分）	类别	分项和评定分（满分）
81	基坑支护检查	保证项目	施工方案（20）	115	物料提升机（龙门架、井字架）检查	保证项目	架体制作（9）
82			临边防护（10）	116			限位保险装置（9）
83			坑壁支护（10）	117			架体稳定（9）
84			排水措施（10）	118			钢丝绳（8）
85			坑边荷载（10）	119			楼层卸料平台防护（8）
			小计（60）	120			吊篮（8）
86		一般项目	上下通道（10）	121			安装验收（9）
87			土方开挖（10）				小计（60）
88			基坑支护变形监测（10）	122		一般项目	架体（10）
89			作业环境（10）	123			传动系统（9）
			小计（40）	124			联络信号（7）
90	模板工程检查	保证项目	施工方案（10）	125			卷扬机操作棚（7）
91			支撑系统（10）	126			避雷（7）
92			立柱稳定（10）				小计（40）
93			施工荷载（10）	127	外用电梯（人货两用电梯）检查	保证项目	安全装置（10）
94			模板存放（10）	128			安全防护（10）
95			支拆模板（10）	129			司机（10）
			小计（60）	130			荷载（10）
96		一般项目	模板验收（10）	131			安装与装卸（10）
97			混凝土强度（10）	132			安装验收（10）
98			运输道路（10）				小计（60）
99			作业环境（10）	133		一般项目	架体稳定（10）
			小计（40）	134			联络信号（10）
100	三宝、四口防护检查（10）		安全帽（20）	135			避雷（10）
101			安全网（20）	136			电气安全（10）
102			安全带（10）				小计（40）
103			楼梯口、电梯井口防护（12）	137	塔吊检查（10）	保证项目	力矩限制器（13）
104			预留洞口、坑井防护（13）	138			限位器（13）
105			通道口防护（10）	139			保险装置（7）
106			阳台、楼板、屋面等临边防护（10）	140			附墙装置与夹轨钳（10）
107	施工用电检查（10）	保证项目	外电防护（20）	141			安装与拆卸（10）
108			接地与接零保护系统（10）	142			塔吊指挥（7）
109			配电箱、开关箱（20）				小计（60）
110			现场照明（10）	143		一般项目	路基与轨道（10）
			小计（60）	144			电气安全（10）
111		一般项目	配电线路（15）	145			多塔作业（10）
112			电器装置（10）	146			安装验收（10）
113			变配电装置（5）				小计（40）
114			用电档案（10）				
			小计（40）				

续表

序次	类项和总评分（满分）	类别	分项和评定分（满分）	序次	类项和总评分（满分）	类别	分项和评定分（满分）
159	施工机具检查(5)		平刨（10）	147	起重吊装检查(5)	保证项目	施工方案（10）
160			圆盘锯（10）	148			起重机械（20）
161			手持电动工具（10）	149			钢丝绳与地锚（10）
162			钢筋机械（10）	150			吊点（10）
163			电焊机（10）	151			司机、指挥（10）
							小计（60）
164			搅拌机（10）	152		一般项目	地耐力（5）
165			气瓶（10）	153			起重作业（6）
				154			高处作业（9）
				155			作业平台（5）
166			翻斗车（10）	156			构件堆放（5）
167			潜水泵（10）	157			警戒（5）
				158			操作工（5）
168			打桩机械				小计（40）

注：汇总表共有10个类项，除表中已注明的类项总评分（满分）外，脚手架为10分，基坑支护和模板工程为10分，物料提升机和外用电梯为10分。10项合计的满分为100分。

JGJ 59—99中具有普遍性要求的控制细项（扣分项） 表35-34

类 别	控 制 细 项 （扣分项）
安全管理	1．未制定安全管理目标，无安全责任目标分解和考核规定； 2．未建立安全责任制度、安全技术交底制度、安全教育培训考核制度、安全检查制度和班前安全活动制度； 3．施工组织设计中无安全措施，专业性较强项目未编制专项安全施工组织设计，安全措施不全面或无针对性； 4．无书面安全技术交底，或交底不全面、未履行签字手续； 5．未制订各种安全技术操作规程和工人未掌握安全技术操作规程； 6．未按规定配置专（兼）职安全员； 7．安全检查无记录，事故隐患整改未做到定人、定时间、定措施和如期完成； 8．特种作业未经培训和未持操作证上岗； 9．未进行入厂工人三级教育、变换工种教育和施管人员、专职安全员的年度培训考核； 10．无现场安全标志布置总平面图或未按图设置安全标志 11．未按规定上报工伤事故，进行事故调查分析和建立事故档案
文明施工	1．未沿工地四周设置连续围挡和设置不符合规定； 2．未设进出口大门，无门卫和无企业标志，达不到封闭管理要求； 3．施工场地地面未做硬化处理，道路不畅、无排水或不畅、无防止污水外流和未设置吸烟处； 4．材料未按平面布置和规定堆放，易燃易爆物未分类存放； 5．现场作业区与办公生活区未明显划分，宿舍无保健措施和周围环境不卫生； 6．现场无消防措施、水源和灭火器材； 7．未建立治安保卫制度，现场未设置学习和娱乐场所； 8．大门处未挂五牌一图，无安全标语和宣传栏； 9．未按规定建立现场生活设施、保健急救和社区服务设施

续表

类　别	控　制　细　项（扣分项）
"三宝"、"四口"防护	1. 未按规定戴安全帽、设安全网和佩挂安全带； 2. 未按规定进行楼电梯口、预留洞口、坑井口和通道口防护和防护设施未形成定型化、工具化； 3. 未按规定设置阳台、楼层、屋面的临边防护
施工用电	1. 外电线路小于安全距离又无防护措施； 2. 接地和接零保护系统不符合要求； 3. 配电箱和开关箱的设置、配线和保护等不符合规定； 4. 现场照明未按规定布线、设置保护和使用 36V 安全电压
脚手架	1. 无施工方案和未按规定进行设计计算，方案不可行和设计未经审批； 2. 使用荷载超过规定或荷载不均匀； 3. 结构、构造、杆件的质量和连接、脚手板铺设等不符合规定和设计要求； 4. 地基、基础、支承结构和附着连接不符合规定和设计要求； 5. 未按规定设置防护和保险装置； 6. 未按规定进行技术交底和办理交底、验收手续； 7. 升降设备和装置不符合规定
施工机具	1. 安装后无验收合格手续； 2. 无安全防护装置，无保护接地和漏电保护； 3. 无人操作时未切断电源
基坑支护	1. 基坑施工无支护方案和设置有效排水措施； 2. 深基坑施工无专项支护设计和临边防护措施，无防止临近建筑物沉降措施； 3. 积土、堆料和机械施工距离槽边不符合规定； 4. 机械进场未经验收合格； 5. 作业环境光线不足或未设足够照明
模板工程	1. 无施工方案或方案未经审批； 2. 支撑系统无设计计算或不符合设计要求； 3. 支拆模板未进行安全技术交底，模板拆除区域未设警戒线； 4. 混凝土未达到规定强度时提前拆模

2. 《建筑施工安全检查标准》JGJ 59—99 的评分方法和评定规定

(1) 评分方法

汇总表共有 10 个类项，10 个类项的满分之和为 100 分。各类项有 1 个或 2~6 个评分表，各评分表的满分亦为 100 分。汇总分、类项分和分项分的计算如下：

1) 汇总分的计算

① 当 10 个类项全有（不缺项）时：

$$汇总分 = 各类项实得检评分数之和$$

② 当有缺项（即实查的类项数小于 10）时：

$$汇总分 = \frac{实查的各类项实得检评分数之和}{实查的各类项检评满分数值之和} \times 100$$

2) 各类项实得检评分数的计算

① 当该类项仅有 1 个评分表时：

$$\text{类项实得检评分} = \text{该类项的各分项评定分之和}$$

② 当该类项有 2 个以上评分表（例如实查的脚手架形式有 2 种以上，以及同时有基坑支护与模板工程或同时有物料提升机与外用电梯的情况）时：

$$\text{类项实得检评分} = \frac{\text{实查各评分表的各分项评分之总和}}{\text{实查涉及的评分表数}}$$

3) 各分项评定分的计算

$$\text{分项评定分} = \text{该分项检评满分数值} - \text{各检查项扣分数值之和} \geq 0$$

即扣分数之和大于该项的检评满分数值时，分项的评定取 0 分，不得采用负值。

(2) 评定规定

1) 评定表不给分的规定

在检查评分中，当表中的保证项目中有一项不得分（即分项评定分 = 0）或保证项目的小计得分不足 40 分时，则该检查评分表不应给分。

2) 多个同类项目的计分规定

在检查评分中，遇有多个脚手架、塔吊、龙门架与井字架等时，则该项得分应为各单项实得分数的算术平均值。

3) 多人对同一项目检评时的计分方法

多人对同一项目检查评分时，应按加权平均方法确定分值。其中，专职安全人员的权数为 0.6，其他人员的权数为 0.4，即：

$$\text{分项评定分} = \frac{0.6 \times \text{各专职安全人员的评分之和} + 0.4 \times \text{各其他人员的评分之和}}{\text{参加该项评分的检评人员数}}$$

4) 检查评定等级规定

根据汇总分（汇总表的总得分）和保证项目达标与否，按表 35-35 的规定确定优良、合格和不合格三个等级。

建筑施工安全检查评定等级标准　　　　　表 35-35

等级	评定标准
优良	汇总分 ≥ 80 分，且没有不得分的检查评分表（即保证项目有一项不得分或小计得分不足 40 分时）
合格	汇总分 ≥ 70 分，且没有不得分的检查评分表
合格	有一分表未得分，但汇总分 ≥ 75 分
合格	起重吊装或施工机具检查评分表未得分，但汇总分 ≥ 80
不合格	汇总分 < 70 分
不合格	有一表未得分，汇总分 < 75 分
不合格	起重吊装或施工机具检查评分表未得分，汇总分 < 80 分

3. 中建一局集团的《工程项目施工安全性评价标准》

中建一局集团依据《建筑施工安全检查标准》JGJ 59—99、北京市《建筑业（安全生产红旗工地）检查评定标准》并结合本企业的情况，制订了中建一局集团的《工程项目施工安全性评价标准》，评价由安全管理评价、安全防护评价、安全用电评价和机械安全评价等 4 个部分（类项）、31 个分项和 150 个子项所组成，见表 35-36。

工程项目施工安全性评价项目（中建一局集团） 表 35-36

序次	类项名称	分项名称	标准分值	子项总数（否决项数）	子 项 名 称
1	安全管理（400分）	安全生产组织管理	30	3(2)	①安全生产保证体系;①;②安全生产目标;③《安全施工许可证》与《施工企业资格审查认可证》
2		安全生产责任制	50	5(5)	①各级人员安全责任;②各部门（系统）安全责任;③交叉作业安全责任;④租赁关系安全责任;⑤安全责任落实情况
3		安全技术管理	50	4(2)	①安全技术措施与方案;②安全技术交底;③设施、设备与重要护品检验;④新技术、新工艺的总结与推广
4		安全教育	60	9(3)	①新工人入场三级教育;2）转场教育;3）交换工种教育;④特殊工种教育;5）班前安全活动;6）周一安全活动;⑦特殊情况教育;8）管理人员教育;9）外协（分包）管理人员教育
5		特种作业管理	30	4(1)	①特种作业持证上岗情况;2）特种作业证件管理情况;3）各部门协作情况;4）年审复验、换证与体验情况
6		奖罚措施	30	2	1）安全生产奖励情况;2）违章违纪处罚情况
7		劳动保护管理	30	4(1)	①重要护品的定点使用;2）个人护品的发放与管理;3）劳动保健执行情况;4）女工与未成年人的劳动保护
8		工伤事故管理	20	3(2)	①工伤事故的调查统计与报告;②工伤事故的处理;3）未遂事故的处理
9		安全生产检查	40	3(1)	1）安全生产检查制度执行情况;2）领导安全值班情况;③隐患整改情况
10		资格认证	30	2(2)	①各级、各类人员安全认证情况;②各专业施工与分包队伍安全资格认证情况
11		安全管理资料	30	3	1）各部门协作关系;2）安全资料;3）专职安全资料员的配置
12	安全防护（300分）	基础施工安全防护	30	2(1)	1）土石方工程的安全防护;②挡土墙、护坡桩、大孔径桩及扩底桩施工的安全防护
13		脚手架作业安全防护	70	14(6)	①脚手架材质;②立杆基础;③架体与建筑物拉结;4）防护栏杆及踢脚板或立网（2m以上）;5）施工层脚手板铺设;6）剪刀撑设置;⑦脚手架分段验收;8）脚手架宽度;⑨立杆、大横杆及小横杆间距;⑩荷载;11）杆件搭接;12）斜道;13）满堂红架子的搭设;14）独立柱架子的搭设
14		工具式脚手架作业安全防护	20	2	1）插口架子的搭设;2）吊篮架子的搭设
15		井字架与龙门架	60	12(6)	①限位保险装置;②缆风绳;③钢丝绳;4）楼板卸料平台防护;⑤吊盘及其自动联锁装置;⑥井字架与龙门架安装验收;⑦架体;8）传动系统;9）进料口防护;10）上下联络信号;11）卷扬机操作棚;12）避雷
16		三宝	20	3	1）安全帽;2）安全网;3）安全带
17		临边与洞口防护	35	4(3)	①临边作业安全防护;②楼梯口、电梯口防护;③预留洞口、坑井口防护;4）通道口防护
18		高处作业防护	30	3(2)	①攀登作业防护;②悬空作业防护;③高处作业防护
19		料具存放安全要求	20	3(1)	1）料具存放;②化学危险品储存;3）压力容器存放
20		施工现场与安全标志	15	3	1）施工现场道路;2）对外防护;3）安全标志

续表

序次	类项名称	分项名称	标准分值	子项总数（否决项数）	子项名称
21	临时用电安全（200分）	临电管理	25	4 (2)	1）临电管理制度及责任；②临电施工组织设计；③临电工程验收；4）临电技术资料
22		施工现场与周围环境	10	2	1）在建工程与外电线路的安全距离；2）对外电线路的安全保护
23		配电室与自备电源	10	2	1）配电室设置及安全要求；2）自备电源
24		接地与防雷	25	3 (2)	①TN-S系统设置；②②保护接零与接地；3）防雷
25		配电线路	30	3	1）架空线路；2）电缆线路；3）室内配电线路
26		配电箱与开关箱	30	3 (1)	①三级配电、两级保护；2）配电箱与开关箱的设置；3）电器装置的选择与使用
27		用电设备	40	5 (1)	1）起重机械；2）夯土机械；3）焊接机械；4）手持电动工具；5）其他电动工具
28		照明	30	3 (1)	1）照明灯具的选择；2）照明灯具的安装；③危险、潮湿场所的照明
29	机械安全（100分）	机械安全管理	16	4	1）施工组织设计中机械安全管理；2）机械租赁合同；3）机械验收；4）机械安全检查
30		塔吊	50	10	1）力矩限制器；2）限位器；3）保险装置；4）塔吊指挥；5）路基与轨道；6）供电系统同输电线路距离；7）夹轨钳及道挡；8）塔吊安装验收；9）附墙装置；10）接地与防雷
31		施工机具	34	13	1）木工机械；2）钢筋机械；3）混凝土与砂浆机械；4）蛙式打夯机；5）空气压缩机；6）气焊氧气瓶、乙炔瓶；7）砂轮切割机；8）垂直运输机械；9）外用电梯；10）机动翻斗车；11）吊车；12）机械加工设备；13）潜水泵
	总计		1000	150	

注：① 这里的"安全生产保证体系"应为"安全生产组织保证体系"；
② TN-S接零保护系统即"三相五线制接零保护系统"；
③否决项为贡献度为0的子项，在表中采用编号①（i为1～n）。以i）编号的子项的贡献度为1。

该企业标准的给分标准为（以该项标准分的百分比计）：
全面达到标准要求：100%；
基本达到标准要求：90%；
基本达到标准要求，但有1～2项缺陷者：80%；
基本达到标准要求，但有3～4项缺陷者：70%；
基本达到标准要求，但存在一定缺陷，必须整改后才能合格者：50%；
存在严重缺陷者：分值为0。

在检评中，引入了"贡献度"的概念：贡献度为"1"的子项，按评定分数值计入。贡献度为"0"的子项为否决项目，当其分值不等于"0"时，按评定分计入；当其分值等于"0"时，评定分为0。各类项的子项检评分中有2项为0时，则该类项的评分为0。总评分为各类项评分之和。

这一方法的要点是子项分由检评者根据检评情况给出，并实行2个"0"贡献度子项的分值为0时对类项评分的否决。它考虑了安全生产的特点：即使在全面的安全工作都做得很好的情况下，如果在一些关键的控制项（点）上有一项出问题，也会引发出安全事故。这可以称其为"关键点否决论"。在安全生产工作中，一处出问题，也会使全盘毁于一旦。因此，这一方法中采用"否决项"的作法，符合于安全生产工作的特点和要求，是实施安全生产保障工作的有力手段。问题在于如何确定"否决项"，使其能更好地结合施工生产的实际情况，全面细致而不漏地找出来并加以严格的控制。即使在JGJ 59—99已取代JGJ 59—88的今天，这一方法仍有其重要的价值。

4．提高安全性检评工作的实效

工程项目施工安全性检评工作的目的，在于通过检评，不断促进、加强与完善施工安全管理工作，将可能引发事故的因素解决于萌芽之中。优良、合格和不合格三个等级的评定，虽然可以基本上反映出当时工程项目安全工作的优劣状况，但并不能完全保证已达到优良者就不会发生事故，而安全工作作的较好的单位却出了大事故的情况也时有发生。这说明检评工作还存在着漏项、漏查以及并非具有可靠的保证性的问题，需要以短时的检评工作，促进长远的安全工作的提高与发展。即不要仅只满足于一时的效果（达到了优良或者合格），更应注意能促进安全工作向全面、务实、深入和提高的长远发展要求，努力扩大与提高安全工作的实效。为此，应当注意以下几点：

（1）将安全性检评工作与不断完善企业和工程项目施工安全性评价体系的工作结合起来，从中发现评价体系的缺项，扩大检评细目，使其成为各级和有关人员安全生产责任制的组成部分，形成经常性的和长远的工作要求；

（2）不断提高安全性检评工作对建立技术保证与管理保证的要求，不仅要知其然，还要知其所以然和检评工作中存在的不足。检评项目和检评要求是从已知的技术和管理要求中提炼出来的，一是需要为广大施管人员所掌握，二是要接受实践的检验，并在检验中得到发展，即需要做好普及与提高工作；

（3）逐步形成"上粗下细"检评工作体系。安全工作的发展要求需要不断地细化检评项目，需要将检评的细项发展到数百项，政府行政主管部门组织的检查组就很难进行这样细致入微的检查，必须逐步形成"上粗下细"的四级（政府主管部门、企业、项目和班组）检评体系。

35-2-5　安全生产教育和职工安全素质培养

35-2-5-1　安全生产教育的要求、类别和基本内容

1．安全生产教育的目的和要求

（1）安全生产教育的目的

1）提高全员的安全生产素质

提高企业各级生产管理人员和广大职工搞好安全工作的责任感和自觉性，增强安全意识，掌握安全生产的科学知识，不断提高安全管理水平和安全操作技术水平，增强自我防护的能力。

2）提高安全生产管理和技术措施的编制质量和实施效果

加强与提高施工生产各个环节中的安全保证性，发展安全生产技术，加强安全技术和

技能的教育，推动安全生产技术与科学管理的发展，以适应施工生产发展对安全工作提出的更高要求。

3) 培养和造就大批安全管理人才和懂得安全技术的科技人才

这是加强安全管理、确保安全生产、发展安全技术的前提性和基础性工作之一。

(2) 安全生产教育工作的要求

开展安全生产教育工作的基本要求体现在以下"六性"：

1) 全员性：安全教育应覆盖包括领导干部在内的全体管理人员和职工，不能有安全教育的"空白点"。

2) 全面性（普及性）：对各级人员的安全教育应达到包括思想教育、知识教育、技术（能）教育、事故教育和法制教育等全面性的要求。

3) 针对性：针对不同人员的安全教育要求和企业（或工程项目）当时的安全工作重点进行有针对性的安全教育。

4) 成效性：避免走形式，确保教材内容和教育方式等方面都能达到安全教育所要求的成效。

5) 经常性（连续性）：即应把集中性的教育和经常性的教育相结合，巩固和发展安全教育的成效。

6) 发展性：不能只满足于总结过去，还应面对未来的需要，学习、研究和发展安全生产的新技术和科学管理。

2. 安全生产教育的类别和基本内容

(1) 按安全教育的内容划分

这是安全生产教育的一般要求，包括安全生产的思想、知识、技术（能）、事故和法制等方面的教育，其基本内容见表 35-37 所列。

安全生产教育按其内容的分类 表 35-37

序次	类别	基本内容
1	思想教育	1) 对安全生产工作的认识教育（重要性、全员性、经常性、发展性）； 2) 安全生产工作的方针政策教育（包括职工的权利和义务）； 3) 安全生产形势教育（包括全国、地区和企业）； 4) 劳动纪律教育
2	知识教育	1) 安全文明施工要求教育； 2) 在施工生产中确保安全和健康要求的教育； 3) 建立安全生产保证体系的教育； 4) 认识生产中的不安全因素和危险区域（部位、点）的教育； 5) 安全与预防的基本知识教育
3	安全技术和技能教育	1) 施工安全技术措施教育； 2) 安全操作和自我保护技能教育； 3) 安全检查和交接要求教育； 4) 查找和消除安全隐患教育
4	事故教育	1) 典型事故案例教育； 2) 事故责任教育； 3) 事故的保护现场和接受调查要求教育
5	法制教育	1) 遵守安全生产法规和制度教育； 2) 消除违章作业和违章指挥教育； 3) 安全生产奖罚规定教育

(2) 按安全教育的对象划分

这是安全生产教育对特定对象的要求,包括新工人入场后进行的三级(公司、项目、班组)教育,对持有"考核证"的人员转入另一工程项目时必须进行的转场教育,对改变工种和变换工作岗位的工人必须进行的变换工种教育,特种作业人员教育,对经理和生产管理人员、安全人员、技术人员、外协队伍管理人员以及其他人员进行的岗位安全工作教育等。其基本内容列于表35-38中,表中的一些有关问题和事项说明如下:

安全生产教育按其对象的分类　　　　　　表35-38

序次	类别		基本内容
1	新工人入场三级教育	公司(厂、院)级教育	1) 一般教育(建筑施工的特点、安全要求和企业或项目当前的安全生产形势教育); 2) 安全生产法规和制度教育; 3) 安全知识教育; 4) 事故典型案例教育
2		工程项目(施工队)级教育	1) 施工项目情况和现场安全文明管理要求教育; 2) 本项目的安全生产保证体系教育; 3) 持证上岗和特种作业人员管理要求教育; 4) 安全生产标准和管理制度教育; 5) 防火、防触电、防中毒、防事故教育; 6) 项目施工安全要求和注意事项教育
3		班组级教育	1) 本班组的施工情况和安全要求教育; 2) 安全操作规程(定)和安全责任制教育; 3) 易发生事故点和有毒有害地方教育; 4) 安全防护用品的使用和保管要求教育; 5) 应急、排险、自我保护要求和技能教育
4	转场教育		1) 施工项目情况和现场安全文明管理要求教育; 2) 本项目的安全生产保证体系教育; 3) 安全生产标准和管理制度教育; 4) 项目施工安全要求和注意事项教育
5	变换工种(岗位)教育		同班组级教育
6	特种作业人员教育		1) 持证上岗要求和定期复审教育; 2) 特种作业的操作和防护要求教育; 3) 危机情况下的处置要求教育
7	岗位教育	经理和全面工作负责人员教育	1) 国家有关安全生产的方针、政策、法规和标准的教育; 2) 上级有关安全生产的标准、规定、制度和要求的教育; 3) 安全生产工作决策、建立安全生产保证体系和安全生产责任制教育; 4) 处理好安全与进度、质量、效益的关系的教育; 5) 事故发生机理、预防工作和安全技术教育; 6) 典型事故案例分析和事故处理教育; 7) 现代安全管理知识和理论教育
8		施工生产管理负责人员教育	1)~6) 同经理教育的1)~6)项; 7) 安全检查要求和安全性评价知识教育; 8) 遵章指挥和其他安全管理注意事项教育

续表

序次	类别	基 本 内 容
9	岗位教育	施工技术管理负责人员教育	1)、2) 同经理教育的 1)～2) 项； 3) 技术工作安全生产责任制教育； 4) 安全技术理论和措施编制要求教育； 5) 典型事故案例及其技术问题分析教育； 6) 安全技术研究和总结工作教育
10		安全管理负责人员	1)～3) 同经理教育的 1)～3) 项； 4)～6) 同经理教育的 5)～7) 项； 7) 组织和做好安全检查和安全性评价工作教育； 8) 安全管理报告、研究和总结工作教育； 9) 指导各级安全人员作好安全生产监督工作的教育
11		安全员教育	1) 安全员岗位工作内容和职责教育； 2) 安全检查监督工作的知识和技能教育； 3) 发现问题时及时报告的教育
12		外协队伍管理人员	1)～5) 同经理教育的 1)～4) 项和 6) 项； 6)～7) 同生产管理负责人员教育的 7)～8) 项； 8) 生产防护技术、"三宝一器"等安全用品使用要求教育； 9) 中小型机械、临时用电的安全使用与管理教育； 8) 民工安全生产的要求教育
13		其他人员	1) 岗位安全工作规定和安全责任制教育； 2) 岗位安全操作和防护技能教育

1) 新工人包括新入场的合同工、外协队伍施工人员和实习代培人员，其中外协队伍施工人员的季节性和日常性变化较大，几乎每次回家返回后都有变化，平时人员的变化也较频繁，极易出现三级教育的"空白点"。因此，必须把好"进场关"，凡新进场的工人，一个也不能漏掉。为此，企业和工程项目应作出相应的安排和规定，包括未接受入场教育者不准上岗，各级教育都有书面材料。当人员较少时，可由下一级代为进行以及适当提高零散人员教育的收费标准等。

2) 特种作业的定义为："对操作者本人、对他人和对周围设施有重大危害因素的作业"，包括电工作业、锅炉司炉作业、压力容器操作作业、起重机械操作作业、爆破作业、电焊和气焊作业、坑道、井下瓦斯检验作业、机动车辆、船舶驾驶和轮机操作作业、建筑登高架设作业以及其他符合特种作业定义的作业。从事特种作业的工人称为"特种作业工人"。

3) 施工生产管理负责人员为经理（或全面工作负责人）以外的其他施工生产管理的负责人员，包括主管生产的副经理、工长、栋号长、专业工长（队长）等。其他一般的生产管理人员的安全教育内容由生产管理部门负责人按岗位要求确定。

4) 技术管理负责人员包括总工程师、主任工程师、技术负责人和安全技术措施编制人员。其他技术管理人员的安全教育内容由技术管理部门负责人按岗位要求确定。

5) 安全管理负责人员为安全生产管理部门的负责人员。

6) 其他人员包括：仓库和保管人员、机械管理人员、临电管理（值班）人员、保卫和警卫人员、炊事人员以及非作业工人的其他现场人员。

7) 由于各级施管人员的职责要求不同,在选择安全教育文件和编制安全教育的教材时应有所不同和侧重。

8) 企业或工程项目的安全形势教育分为定期教育和应急教育两种。定期教育以总结前一时期1个季度、半年或一年的安全生产情况和分析今后形势与提出要求为主;应急教育则应针对当时出现的事故、安全隐患和安全生产形势滑坡或恶化的情况进行。

9) 施工项目情况和现场安全文明管理要求教育应围绕创安全文明施工现场的要求进行。

10) 施工安全要求和注意事项教育应针对工程项目施工中安全工作的重点部位和事项进行。

11) 应急是指出现安全事故征兆情况下的处置。排险是指在确保人员安全的情况下如何排除险情的处置。

12) 其他教育内容可参考本章有关节段的阐述或提示加以确定。

13) 为确保上述各级岗位安全教育的要求,应对进行教育的时数加以规定,可参考表35-39确定。

岗位教育的参考时数　　　　　　　　　　　　　　表35-39

序次	岗位教育类别		参　考　时　数
1	新工人入场的三级教育	公司（厂、院）级	不少于16h
2		工程项目（施工队）级	不少于16h
3		班组级	不少于8h
4	转场教育		不少于8h
5	变换工种教育		不少于4h
6	特种作业人员教育		每月进行1次,每次不少于4h
7	经理和全面工作负责人员		培训时间不少于40h,每年接受教育时间不少于24h
8	施工生产管理负责人员		培训时间不少于40h,每年接受教育时间不少于24h
9	施工技术管理人员		每年接受教育时间不少于24h
10	施工安全管理人员		培训时间不少于40h,每年接受教育不少于24h
11	安全员		每月进行1次,每次不少于4h
12	外协队伍管理人员		每年的培训和教育时间不少于64h,其中公司级不少于40h,项目级不少于24h
13	其他人员		每季进行1次,每次不少于2h

(3) 按安全教育的进行时间划分

包括进场教育、经常性的安全教育和事故教育。

新工人入场教育是进场教育的一种,其他人员进入企业或施工项目时也应当进行这一教育。进场教育的主要内容为:1) 介绍企业、工程项目或施工现场的情况及对安全生产的要求和规定;2) 介绍安全生产保证体系、安全责任制和主要的规章制度;3) 危险工作区域、危险点以及其他人员进场后必须了解的情况。以免在还未对进场人员进行系统的安全教育之前,由于不了解有关情况而出问题。因此进场教育是一项有重点的、初步进行的教育。不可能靠两、三天的教育就可以使进场人员达到对安全生产的全面认识和了解。

经常性教育是安全生产教育的主体。只有短期的培训和教育、而忽视经常性的教育是不行的。必须经常进行安全教育,天天讲、事事讲,使安全的警钟长鸣。经常性教育的项目和内容列于表35-40中。其中,对工人进行的"五抓紧"教育相当重要,因为:在赶任务时容易忽视安全要求;在收尾时容易放松警惕;在条件好时容易思想麻痹;在气候变化时的外界不安全因素较多;而假日前后容易出现思想不集中情况。因此,在这几种情况下,都要抓紧进行安全教育。此外,在工程遇到困难而处于半停顿或不正常的状态时,容易造成思想上的波动,也应抓紧进行教育。

经常性的安全教育及其内容 表35-40

序次	类 别	基 本 内 容
1	学习(重温)和贯彻文件、规定教育	1)及时组织学习和贯彻上级下达的有关安全生产的指示、通知和文件; 2)定期组织学习、检查遵章守纪和安全责任制执行情况
2	新任务、新要求和新岗位教育	1)采用新材料、新工艺、新技术、新结构、新设备以及有其他新的工作情况和要求时的教育; 2)转换工作岗位时的教育
3	班组日常安全教育	1)周一安全活动日教育(利用班前、班后的时间进行); 2)每日上班(岗)教育
4	适时教育	1)"五抓紧"教育:在工程突击赶任务时、工程接近收尾时、施工条件好时、季节和气候变化时以及节假日前后要抓紧进行教育; 2)纠正违章教育,发现有违章行为时,及时进行

事故教育包括:1)在本单位发生事故以后,进行事故的分析认识、定性、确定责任、进行处理和整改工作的教育;2)本地区发生重大伤亡事故时,按上级要求进行或主动进行的教育。

以上经常性教育可以采用多样化的形式进行,除讲课、开座谈会、听报告外,还可通过举办展览,办黑板报,出墙报、出简报、知识竞赛、看录像以及一些适合的文艺形式来进行宣传教育。

35-2-5-2 事故典型案例教育

事故典型案例教育,就是以各种典型的事故案例,包括本单位的和外单位的、国内的和国外的、重大的和一般的、常见的和罕见的事故,对职工进行了解事故、认识事故和防止事故发生的教育。通过了解事故出现的起因、过程和后果,提高对事故危害性、频发性、多发性、突然性、内在必然性和可预防性的认识,克服轻视思想、麻痹思想、侥幸思想和无能为力思想,在营造出警钟长鸣的安全工作氛围下,认真做好各项安全工作,提高安全工作的保证水平,杜绝重大事故和减小一般事故的发生。

1. 事故典型案例教育的要求和基本内容

(1) 事故典型案例教育的要求

1)必须将事故典型案例教育列为安全生产教育的基本的和重要的内容。

2)在事故典型案例教育中,必须注意做到经常性与及时性相结合和全面性与针对性相结合。所谓全面性，就是对包括企业领导、管理人员和工人的全员进行全面和系统的教育（最好能编写出相应的教材）。所谓及时性，就是及时进行事故发生情况的施工安全生产形势教育，及时进行相应施工作业的事故教育。所谓针对性，就是针对企业、工程项目安全工作的历史情况和现阶段的状况与施工安全工作要求，针对企业领导、管理人员和工人的不同要求进行事故教育。

3）必须将事故典型案例教育落实到进一步研究事故发生的内在规律，对照本企业和工程项目的现状情况，采取提高与完善施工安全措施的保证性，查找和消除事故隐患的具体要求上。

(2) 事故典型案例教育的基本内容

1）各类事故常见的表现形式与危害后果；

2）重大事故的起因、过程、抢救与处理情况；

3）事故发生的内在规律性；

4）事故责任的各种表现和造成原因；

5）事故的可防止性和预防事故发生的措施。

如果事先的各种情况都考虑到了，并相应采取了可靠的安全保证措施，则事故就不会发生，这就是事故的可防止性。例如在 35-2-2-1 节中所举的直升飞机安装火炬燃烧头的机毁人亡事故，如果事先考虑到高空中会有风、钢丝绳有可能被压紧而出现人工摘不脱钩时，就会采取钢丝绳与吊钩采取可顺利脱离的设计，就不会出现摘不脱吊钩的问题；如果事先考虑到在紧急情况下，飞机驾驶员可以将吊绳从机上甩出的措施，就会考虑在塔顶上装上保护工人安全的围板，承受甩出钢丝绳的撞击，就不会发生伤人之事；如果事先考虑到飞机需要降低高度时螺旋桨板可能触及塔架的问题，就会事先换用有足够安全长度的钢丝绳，也就不会出现机毁的问题。有人说这是"出事以后说别人的不是"，是"事后的诸葛亮"。而事故典型案例教育，就恰恰特别需要达到这种"事后诸葛亮"的要求，即从事故中找到可以防止再次出现同样事故的措施，才能真正成为能预防事故发生的"事前诸葛亮"。应当说，这是进行事故典型案例教育的主要要求和内容。

2．近年来出现的事故的一些案例

近年来在《建筑安全》杂志披露以及由其他渠道得知的部分事故的简况粗汇于表35-41中。其中，各类事故的一些重要案例和有关统计情况如下：

部分近年出现的各类事故简况粗汇　　　　　表 35-41

序次	时间	地点	事　故　简　况	伤亡人数		
				死亡	重伤	轻伤
1	1998.6.17	吉林松源市	地下排污管道施工中管沟边坡土方坍塌	3	3	
2	1998.9.11	山西阳泉市	供水管道施工中边坡土方坍塌	9		
3	1998.8.14	四川攀枝花	住宅楼挡墙施工中挡墙边坡坍塌	5		
4	1998.10.5	郑州	拆除地下防空洞护壁支撑时土方坍塌	4		
5	1999.1.17	郑州	降水管振动引起坑壁冻土坍塌	2		
6	1999.3.11	成都	道路改造施工中过街污水沟槽坍塌	4	1	
7	1999.4.17	哈尔滨	排水管维修中管沟挡墙坍塌	3		

续表

序次	时间	地点	事故简况	伤亡人数		
				死亡	重伤	轻伤
8	1999.5.29	河北邯郸	住宅楼施工中基础挡土墙坍塌	4	1	
9	1999.6.16	鞍山	排水沟挡墙坍塌	3		
10	1998.11.27	山东胶州市	住宅楼改造工程中3块楼板断裂	1		
11	1999.8.11	云南保山	采石场坍塌1.76万方土方	12	4	5
12	1998.2.20	湖北巴东	48m石拱桥即将合龙时整体坍塌	11	6	7
13	1999.10.27	湖北孝感	人工挖土桩挖至12m深时井壁泥砂坍塌	2		
14	1999.7.16	浙江苍南县	娱乐中心舞厅的木结构屋顶整体坍塌	6	8	
15	2000.1.14	西安	8m深基坑未放坡支护，土方坍塌	5	2	
16	2000.1.31	深圳	供水干线隧道围堰水浸塌方	5		
17	2000.4.2	乌鲁木齐	高压水泥车间库房卸水泥时库房围墙坍塌	3	3	
18	2000.5.11	郑州	未对围墙加固，挖基础时围墙倒塌	3	1	
19	2000.11.20	济南	供水管线沟槽开挖时土方坍塌	4	1	
20	2001.4.24	广东南海市	暴雨使山体坡台坍塌、冲倒挡土墙和民工宿舍	8	3	
21	2001.5.12	乌鲁木齐	基坑土方开挖堆土挤倒围墙	19	25	
22	2001.6.18	四川绵阳	围墙内堆1.1m高砂石挤倒围墙	2	19	
23	2001.6.20	湖南株洲	小学围墙外土坝浸泡坍塌、压倒围墙	4	3	
24	2001.6.26	浙江诸暨	山洪冲倒围墙、砸塌宿舍	22	7	
25	2001.5.11	山西长治市	靠围墙堆卸黄砂，围墙倒塌	3	1	
26	1997.1.15	苏州	浇筑屋盖井字大梁时模板支撑系统整体倒塌	6	7	7
27	2000.10.25	南京	浇筑演播大厅井式屋盖时，36m高模板支架坍塌	6	11	24
28	2000.11.16	上海闵行	21m高锅炉房屋盖模板支架倒塌	11	2	1
29	2000.11.27	深圳	长约30～50m高架桥半幅桥面模板支架塌陷	10多		
30	2000.8.11	湖南郴州	雨篷模板支架失稳坍塌	4	2	
31	2000.9.10	江西景德镇	雨篷模板支架失稳倒塌	3	2	
32	1998.11.4	沈阳	45t·m塔吊倒塌、砸在住宅楼上	4	1	2
33	1999.7.14	河北唐山	塔吊大臂将物料提升架碰倒	4	2	
34	1996.4.29	山东临沂	基槽遇雨坍塌，使底座离基槽边仅20～30cm的塔吊倾覆，砸塌相邻工棚	1	2	
35	1997.7.14	山东临沂	拆卸塔吊时，塔身向平衡臂方向倾倒	3		
36	1997.7.29	山东沂南县	塔吊回转中起重臂折下	1		
37	1999.7.11	上海	拆塔中传力系统失衡，大臂拉杆断裂	4	3	
38	2000.6.10	沈阳	私自招用不具备拆装塔吊资质施工队伍拆塔，塔吊局部折断	3	1	
39	2000.5.4	吉林白城市	吊车吊运毛石时，变幅制动器失灵，吊臂落下	3		
40	2000.7.26	大连	拆除塔吊时，起重臂和配重臂突然掉下	3	1	1
41	2000.9.23	山东莱阳市	安装塔吊时，钢丝绳断裂，起重臂坠落砸在塔身上，使塔身倒塌	3		

续表

序次	时间	地点	事故简况	伤亡人数		
				死亡	重伤	轻伤
42	2000.2.28	重庆涪陵	堆料平台超载垮塌，施工人员坠落	3	1	
43	2000.3.24	哈尔滨	吊篮一侧钢丝绳断裂，施工人员坠落	3	1	
44	2000.3.7	山东淄博	聚氯乙烯装置改造，拆装管道违章作业，引起爆炸	3	1	
45	2000.7.1	河南新乡	施工人员在雨水井内用风镐开凿雨水堵头时，被井内渗出的毒气熏倒	3		
46	2000.8.3	江西赣州	基桩钢筋笼放入时，触到上方5m高10kV高压线上	3		
47	1999.9.28	天津	检修污水处理厂溢流井阀门时，发生硫化氢中毒	5		
48	1995.7.6	广州	井架物料提升机吊盘坠落	5	1	
49	1998.9.10	淄博张店	清洗楼房外墙时，吊篮提系开焊，钢丝绳滑脱，导致高处坠落	3		
50	1998.7	北京	工人擅自将相线与碘钨灯管连接	1		
51	1998.7		搅拌工在没有停机情况下清理叶片，被拉进搅拌机中	1		
52	1997.1.29	河北	电焊作业时防护不当引起火灾	7		
53	1999.1	天津	电焊作业引起火灾	15	9	
54	1997.6.28	北京	在卫生间防水施工中，因操作中散发出的混合气体聚集引起火灾	1	3	
55	1998.4.9	无锡	油漆工程施工中发生火灾	1	2	
56	2000.12.25	河南洛阳	东都商厦违法电焊施工，引起特大火灾	309	数十人	
57	1998.3.10	北京	维修电梯时、打开厅门上桥，被运行电梯卡死	1		
58	2001.2.22	山东章丘市	使用不具资质队伍安装塔吊，起重臂突然折下	4	1	
59	2000.12.10	重庆	进行山体边坡挡土墙基础开挖时，边坡垮塌	4		
60	2001.12.24	甘肃天水	塔吊在施工时整体倒向小学教学楼，学生伤亡	5	19	
61	2001.8.19	河北衡水	拆除塔吊时，上部倾斜并整体坠落	3		
62	2001.4.30	哈尔滨	省直机关住房B区R栋工地发生龙门架吊篮坠落	4	1	
63	2001.10.31	沈阳	远大公司电梯厂办公楼梁板屋盖浇筑中发生整体坍塌	5	1	
64	2002.4.4	甘肃白银市	1992年建成的平川区装饰材料厂一车间屋面突然坍塌	6	10	
65	2002.5.6	湖南江永县	城南一加油站雨篷在浇筑混凝土中坍塌	7	2	
66	2002.5.9	西安	公安局第二看守所护坡工程发生边坡坍塌	4		
67	2002.5.11	西安	省核工业地质局住宅楼基坑边坡坍塌	2		
68	2002.5.21	广州	广州四建拆除塔吊时，大臂折断下坠	3		

(1) 基坑（槽）、围墙和建筑坍塌事故

1998年9月11日，在山西省阳泉市污水处理厂供水管道施工中发生管沟边坡土方坍塌，死亡9人。1998年2月20日，三峡移民复建工程——湖北巴东209国道焦家湾大桥（48m跨石拱桥）在即将合龙时发生整体坍塌，25人被压入废墟，导致11人死亡、6人重伤、7人轻伤。1999年1月4日，重庆綦江县一座跨越綦江、刚使用两年的"彩虹桥"整体垮塌，亡40人、伤14人，直接经济损失600万元。2000年4月2日，新疆乌鲁木齐市氯碱厂13#住宅楼工程，在使用高压散装水泥车向工地水泥库房压卸水泥时，库房围墙坍塌，死亡3人、重伤3人。此外，近几年还发生了浙江常山县新建的住宅楼在使用中垮塌，死亡36人和四川德阳市旌湖开发区一栋住宅楼在施工中垮塌、死亡17人等重大事故。

据不完全统计，在1992年至1995年上半年，我国共发生各类坍塌事故83起、死亡176人。其中，基坑、基槽和人工挖土桩开挖为54起、占65.1%；拆除坍塌13起，占15.7%；楼板坍塌16起，占19.3%。而在2000年1至9月，在全国建筑施工中共发生三级以上死亡事故20起，其中基坑事故4起、死亡15人、重伤7人，分别占总数的20%、19%和25%。

(2) 模板支撑架坍塌事故

2000年10月25日，南京市电视台新演播大厅工程在浇筑井式屋盖混凝土中，36m高梁板模板支撑架整体坍塌，过程仅延续4秒，在屋面进行浇筑作业和在下面进行支架加固作业的工人根本来不及逃生，造成亡6人、重伤11人和轻伤24人。2000年11月16日，在上海闵行的题桥纺织染纱有限公司扩建工程施工中，发生了21m高锅炉房屋盖模板平台排架支撑倒塌，亡11人、重伤2人和轻伤1人，成为当年建筑施工中最大的伤亡事故。2000年11月27日，在深圳盐坝高速公路起点高架桥的混凝土浇筑中，发生了长约30~50m的半幅桥面模板支架坍陷事故，有69人随桥面从30m高处坠下，所幸坍塌过程延续了两三分钟，使桥上人员得以逃生，虽没有人员死亡，但重伤也有10多人。此外，1993年8月，在福建武夷山加油站工程中发生了模板支撑失稳坍塌，亡7人、重伤1人。1998年4月，在云南永善的35m跨石拱桥施工中，发生了拱桥支撑失稳坍塌，亡10人、重伤22人。

另据统计，在1992年全国建筑施工发生的亡3人以上的重大伤亡事故中，由模板倒塌就造成亡59人和重伤20人，分别占总数的38%和59%，是伤亡人数较高的一类事故。

(3) 塔吊事故

1998年11月4日，在沈阳市中兴街23号住宅楼工地上，45t·m塔吊在轨道上作仅为10m的短距离转移行走时，发生倾斜并倒塌，塔身砸在27号住宅楼上，造成亡4人、重伤1人和轻伤2人。1999年7月11日，上海虹口区逸仙路辛耕大厦工地拆除1台QTZ60塔吊，当拆至第12个标准节时，在顶升梁左侧挂板并未和塔身承重踏步搁置好时，两名工人就去拉爬爪，使塔机上部重量转为右侧挂板单独承受，造成传力系统失衡，导致右侧挂板和顶升油缸接头断裂，随即大臂拉杆断裂和平衡臂折断，死亡4人、伤3人、直接经济损失80余万元。2000年7月26日，在大连市由家村软件园动迁小区住宅楼工程中进行塔吊拆除作业时，塔吊的起重臂和配重臂突然掉下，亡3人和重伤、轻伤各1人。

另据山东临沂市统计，该市 1995~1999 期间共发生起重机械事故 13 起，占事故总数的 35%，共死亡 14 人、伤 5 人。黑龙江省的塔机在 1995 年到 2000 年期间由 832 台发展到 4362 台，增加了 523%，而塔吊事故也由占 2% 上升到占 19.2%。重庆建筑大学收集了在重庆发生的塔吊事故 34 例、外地 7 例，其中，在安装和拆卸中发生的事故 12 例，占总数的 29%；而在工作状态下发生的事故为 29 例，占 71%。按事故原因分析：由于基础、撑杆和塔机位置安装不当造成的事故有 6 例，占 14.63%；由设计、制造问题造成的事故 4 例，占 9.76%；操作、使用不当的有 24 例，占 58.54%。

(4) 高空坠落、火灾和触电事故

高空坠落属多发事故，每年都有不少此类事故发生，据哈尔滨市建设安全监察站自 1988 年起的 10 年统计，在该市总共发生的 181 起死亡事故中，高空坠落事故有 81 起、占 45%。在高坠事故的类型中，自架上坠落者占 27.5%；悬空坠落占 21.3%；临边坠落占 19.6%；"四口"坠落占 17.3%；其他坠落为 14.3%。在引起高坠事故的原因分析中：无防护或防护不严者占 36%；违章拆安塔吊 13%；设备工具缺陷或使用伪劣防护用品占 15%；严重违章操作占 21%；设计和施工质量有问题者占 15%。

施工火灾事故也频频发生，违章进行电焊作业，所占比重很大。2000 年 12 月 25 日在河南洛阳老城区东都大厦发生的死亡 309 人、伤数十人的特大火灾事故，就是与商厦合资的丹尼斯公司违章电焊施工引起的。

触电事故也是常发的事故，触碰高压线、电线破断、违章连接和设备漏电是常见原因。如 1998 年 7 月 18 日，北京某工地两名工人在地下二层作业，因光线太暗，一工人擅自从仓库中取出一个三级电源箱和碘钨灯，用塑铜线将相线与灯管搭接，并私自将三级电源箱电源插至二级箱后，当将碘钨灯电源插至三级电源箱时，即触电、抢救无效身亡。

35-2-5-3 职工安全生产素质的培养与提高

1. 职工安全生产素质的含义和组成要素

(1) 职工安全生产素质的含义

职工在生产活动中所拥有的内在的安全意识，掌握、执行安全生产的规定和要求以及自我保护的能力，称为职工的安全生产素质。是职工自身内在素质在安全生产方面的体现，表现为自身内涵对安全生产要求的保证性。

(2) 职工安全生产素质的组成要素

职工安全生产素质的组成要素包括教育程度、安全意识、安全作业行为和自我保护能力。

1) 教育程度

教育程度包括学校教育和安全生产教育两个方面，是建立和提高职工安全生产素质的基础。目前，已成为施工队伍的工人主体的民工，大多文化程度较低，甚至文盲，在相当程度上造成了他们在接受安全生产教育、提高安全生产素质方面的困难和缓慢性。

2) 安全意识

安全意识是人们对安全的认识和经验在生产活动中的自觉表露，即在生产中能随时随地注意安全的意识而不需要别人加以提醒。人们的安全意识是在对确保安全的认识、安全方面的知识、安全方面的经验、特别是伤亡事故经验教训的基础上形成的。

不少的安全事故，往往都是在人们意想不到的情况下发生的，表 35-42 列出了一些在当事人意识不到的情况下发生的伤亡事故的简略情况,尽管这只是众多事故中的点滴,但从中我们可以看到,缺乏安全意识时,就会出现不安全行为,从而导致惨痛事故的发生。

一些意想不到情况下发生的伤亡事故摘汇　　　　　　　　　　　表 35-42

序次	事故类型	事 故 简 况
1	2m 高摔死	1 工人在 2m 高的架子上摔下,头部碰地死亡
2	滑跌碰死	1 工人从窗口进入楼梯间时发生滑跌。头部撞到楼梯踏步上露出的钢筋头上死亡
3	漏斗口活埋	1 工人清理搅拌站后台进砂口堵塞,被坍下的砂子活埋致死
4	小车把刮落摔死	1 工人在小车灰槽沿上磕除灰桶底灰时,小车翻倒,车把刮带工人一起从架子上落下摔死
5	倒拉车坠井摔死	2 工人拉手推车上进料平台,因遇一小台上不去,就 1 人推 1 人倒拉车,用力之下,倒拉车者和小车一起从井字架落下摔死
6	走墙头摔死	1 工人下班时,从外墙上走过去取衣服,从墙上滑下摔死
7	洞口掉落	1 工人下班时,听人招呼,匆忙之中从未加盖的洞口掉落致伤
8	站单杆上作业摔死	1 工人站于外架单杆上(未铺脚手板)进行阳台拦板装修作业时,掉下摔死
9	闪失摔死	1 工人接装脚手架立杆,因上部自由段过长,把握不住,身体失衡闪下摔死
		1 工人装设井架天轮梁,因脚下所蹬脚手板向一侧滑出,身体失稳,掉下摔死
10	误扶松杆摔死	1 工人蹲在正在拆除的架子上清理工具,站起时身体摇晃,误扶已松扣的横杆,掉下摔死
11	站"探头板"摔死	1 工人站于未予固定的探头板上,脚手板翘起摔下致死
12	拆模板闪出摔死	1 工人在架上撬拆墙体模板时,因用力过猛,掉落架下摔死
13	拆顶板模板砸死	1 工人拆除房间的顶板模板时,被连成一片的模板砸死
14	碰掉立板支撑被砸死	1 工人在预制场碰掉立板一侧的支撑,被倾倒的立板砸死
15	绞住辫子、撕掉头皮	1 卷扬女工未盘起辫子戴帽,辫子被卷筒绞着,连大片头皮被撕下
16	刨掉手指	1 木工打开平刨的安全罩刨料,被削去手指
17	滑入搅拌罐致伤	1 工人站在砂浆搅拌机搅拌罐上倒水泥,滑入罐中伤脚
18	误躺皮带机致死	1 工人在皮带机上午睡,被开动的皮带机摔入罐中死亡
19	扯拉钢筋致伤	塔吊在预制场吊运长钢筋时,因其一端被其他钢筋捆压着,扯起时,钢筋急剧弹出后伤人
20	锚具弹出伤人	1 工程师站于锚具前面查看情况时,被飞出的锚具撞击致死
21	钉进腿中致伤	1 工人钉模板,一侧用自己的腿顶住,长钉穿过模板钉入腿中
22	臂杆搭上电线致死	1 吊车的臂杆旋转时碰到高压线上,司机被电死
23	轧破电线电死	几名工人在搬移铁箱时,轧破拖地电缆使 1 人被电死
24	蛙夯机扯断电缆致死	1 工人操作蛙式打夯机时,扯断拖地电缆被电死
25	电焊火星引起火灾	1 工人烧断后凿的楼板洞内的钢筋时,引燃室内存放的聚苯板,酿成火灾
26	挖倒围墙伤人	1 民工队靠围墙边挖沟,围墙倒塌,死 2 人、伤多人
27	卸车伤人	运粗钢管车卸管时,钢垛坍塌,滚管压伤 2 人
28	钉子扎脚	模板未起钉,朝天钉扎伤工人的脚

3) 安全作业行为

按安全生产要求进行作业的自觉行为,包括:

a. 严格遵守有关的安全生产规范、规定、要求和制度;

b. 严格执行岗位安全生产责任制;

c. 严格执行安全操作规程;

d. 认真执行安全施工技术措施;

e. 在执行上述规定中遇到问题时不自作主张,应及时报告;

f. 拒绝违章指挥,并劝阻别人进行的违章作业。

4) 自我保护能力

在生产中随时随地注意保护自己,并同时也注意保护别人的能力,体现在以下4个方面:

a. 按照规定正确地使用安全防护用品,同时提醒别人使用;

b. 进入施工现场后,始终保持高度的安全警惕性,避免自伤(受自己的不安全行为所伤害)、他伤(受别人的不安全行为所伤害),同时也避免因自己的行为使别人受到伤害;

c. 随时随地注意发现那些表明已出现不安全状态和安全事故征兆的异常情况,并及时检查、报告和采取措施解决;

d. 在出现危险时,迅速避开危险和用正确的方法保护自己,并及时通知别人避开危险和进行自我保护。

2. 提高工人安全生产的素质

(1) 提高工人安全生产素质的基本途径

1) 加强安全生产方面的系列教育和经常性教育。目前有相当一部分民工的文化程度低下,不能阅读安全教育教材与有关安全规定或阅读能力很差,对安全教育的实际收效有显著影响,这一问题值得重视。在有条件的企业,可以采用以下方法解决:a. 控制入场工人的文化程度;b. 在雨休日、工休日开设文化补习课。

2) 经常开展各种形式的安全生产活动,包括班前安全活动、日常安全生产总结活动、伤亡事故分析活动、安全生产的"取经送宝"活动等。通过这些活动不断提高认识,扩大安全生产知识和学习先进的安全生产经验。

3) 对职工安全生产素质的状况定期进行调查分析活动,并针对调查结果采取可行有效的提高措施并分步地进行。

(2) 对工人安全生产素质的调查分析

调查分析的基本要点如下:

1) 调查对象:为工人班组的班组长、安全员和工人。工人应分为入场时间在1年以内的新工人、1~2年的工人、2~3年的工人和3年以上的工人等4个档次,以便能从中了解工人在施工实践积累过程中安全生产素质的提高情况。

2) 调查手段:a. 出题答卷;b. 出题面试;c. 开展群众性的对施工现场安全生产情况查找问题和提出建议的竞赛活动。

3) 试题内容:可分为两个部分,各4个方面,即:

第一部分为本工种施工作业所涉及的安全生产工作范围;第二部分为施工现场范围内

的生产安全。

在每一个部分中各有4个方面的内容：a. 对安全工作的认识；b. 对有关安全规定和措施的了解情况；c. 对不安全行为情况和安全生产责任制的了解；d. 对自我保护知识和能力的考察。

4）检评办法：可参考前述施工项目安全性评定办法拟出。

5）调查分析要求：a. 要有全面性，即满员调查和调查项目的覆盖面要尽可能全一些；b. 要有针对性，即针对施工企业的安全状况和存在问题，针对上一次调查的重点解决问题和针对当时安全工作的重点要求。

对职工生产安全素质的调查分析工作是一项新的有重大基础作用的工作。

3. 提高管理人员的安全生产管理素质

担任施工生产领导、管理和技术工作的干部和负责人员，一般都具有中等以上的文化程度、专业知识水平以及较为丰富的施工管理和技术工作经验。他们应当具有较高的安全生产管理素质，这与对工人的安全生产素质的要求有显著的不同。

（1）他们应当对施工生产安全管理工作具有经常的责任感和危机感。

因为管理人员在施工生产安全工作上的任何忽视、疏忽、失职和渎职行为，都极易招致出现安全事故，造成人员伤亡和财产损失，这是对国家和人民的犯罪行为。因此，管理人员在对待安全工作方面应当具有"三怕"的经常意识：怕考虑不到、出现决策和工作失误；怕措施不到、不能完全确保生产安全；怕检查不到，在无防范的情况下，突然发生事故。同时以积极的态度认真抓好"三怕"中所涉及的有关工作，树立"三个继续和不放过"的经常意识，即：作出决策和工作安排之后继续深入考虑研究其中是否仍然存在问题，不放过需要予以完善或者重新考虑的问题；措施交付执行以后，继续跟踪了解和研究措施的执行落实情况，不放过任何执行不落实和执行中发现的问题；检查工作进行以后，继续督促检查整改要求的执行情况，不放过任何草率应付、不认真进行整改的问题。

（2）他们应当对管理和技术措施的安全保证性具有较好的判断能力。

管理人员在对待管理和技术措施的工作上，不能只满足于解决"有没有？"的问题，而且应当具有判断其所提供的安全保证性"行不行？"（或"可靠不可靠？"）的判断能力，这就是对管理能力水平方面所要求具有的素质。

这一素质的培养、形成和提高取决于以下主客观条件：1）管理人员应具有"四善于"，即善于学习、善于思考、善于归纳和善于进取的素质。广泛地学习有关安全生产工作的各方面知识，深入思考安全生产工作中各方面的问题，努力归纳出安全管理和安全技术方面的规律性的东西和不断地研究、解决过去没有解决或没有解决好以及新出现的问题（本章书的编写正是出于这一现实的需要，为各级安全生产管理人员理出了有关思路和条理的基础）；2）各级管理人员应进行经常性的有关安全生产知识和技术的学习。在这一工作中，各级管理人员既是组织者，又是参与者；既是学习条件的创造者，又是学习条件的受益者。因此，应处理好生产工作与学习的关系和矛盾，确保经常进行学习的需要；3）营造不满足于现状水平、努力探索和提高安全生产管理水平的环境。不但管理者自己应积极进行探索，而且还应支持和组织更多的人参加进来。

（3）他们应当对安全生产工作中存在的问题具有较敏锐的观察力，能及时发现、抓住并解决安全生产中存在的问题，避免出现任何程度上的熟视无睹和麻木不仁的问题。对生产安全问题的熟视无睹和麻木不仁是管理者缺乏安全生产管理素质的典型表现。

因此，在提高职工的安全生产素质工作中，千万不能忽视管理人员的安全生产管理素质的提高。

35-2-6 施工安全的监控管理工作

实现建筑施工的安全生产要求，需要相应作好政府建设行政主管部门、建筑施工企业和工程项目这三级对施工安全的监督、控制和管理工作。不仅需要有严格的强制性管理，而且也需要有科学的指导和切实的帮助。只有实现了管理、指导与帮助的有机结合，才能为施工安全提供最强有力的监控管理保证。

对施工安全的监控管理工作的中心任务，是将"安全第一、预防为主"的安全工作方针的要求，落实到每个工程项目、施工环节和作业点上，落实到工程项目的施工技术和安全管理措施上，落实到全体施管人员的施工作业和管理工作中去，最大限度地避免或减少事故的发生，特别是要杜绝重大伤亡事故的发生。监控管理工作需要有与其要求相适应的规定和要求，但不要过于着重形式而忽视实效，实效就是不出事故，监控管理工作就要在避免发生事故的要求上起到保证的作用。而其保证作用，主要是通过"两检查、一消除"的工作来实现，即：检查工程项目施工安全管理工作的现状情况与水平；检查施工技术和安全措施的落实情况与问题；消除实现施工安全要求的一切隐患。

35-2-6-1 监控管理工作必须实现的保证作用

监控管理工作，必须实现以下几个方面对施工安全的保证作用：

1. 保证建筑施工安全生产的方针、政策、法律、法规和工作要求得到认真的贯彻执行

要达到这一保证要求，需要做好以下4项工作：

(1) 认真学习、深入理解和全面掌握有关方针、政策、法律、法规的精神、规定和工作要求；

(2) 研究制订贯彻的细则和工作措施，将各项贯彻要求细化、具体化，达到可以操作和检查的要求；

(3) 研究在贯彻执行中可能遇到的问题（包括主观和客观、认识和条件、阻力和困难）并制订相应解决办法；

(4) 及时收集和反馈在执行中遇到的问题，并向有关主管部门提出建议。

2. 保证建筑施工安全技术标准和其他相关安全的标准的认真执行要达到这一保证要求，需要做好以下3项工作：

(1) 认真组织好标准的学习，且不应满足于一般的学习，更要组织深入研究性的学习。即组织负责和主管同志以及有相应技术水平的工程技术和安全工作人员深入学习、掌握标准规定，并研究标准中未予涉及的、规定不明确的乃至规定中有毛病的问题，及时向主管和编制单位反馈意见和建议；

(2) 认真检查在编制工程项目施工安全组织设计或安全技术措施中应用、执行和遵守施工安全技术标准的情况，坚决制止不认真执行甚至违反标准规定的问题。对于确有可靠依据的、但又突破某些现行规定的设计，应组织专家进行审定；

(3) 认真作好执行标准的研究和总结工作。作好施工记录，尽量安排一些必要的实测（检测），积累真实的数据，编写总结和论文，推动企业和施管人员在标准工作方面水平的提高。

3. 保证施工安全组织设计或安全技术措施的可靠性和认真执行

要达到这一要求，需要做好以下3项工作：

(1) 按安全保证要求，认真审查和核定施工安全组织设计或安全技术措施的全面性、可靠性和可行性，避免施工安全组织设计或安全技术措施的编制工作走形式，不可行和难以执行的问题出现；

(2) 认真监督施工安全组织设计或安全技术措施的交底、学习和贯彻工作，作好相应的检查、整改和验收工作；

(3) 认真督促和检查施工安全的总结工作，要求在总结中详细阐述施工安全组织设计或安全技术措施的执行情况、存在问题和应予研究改进的事项。

4. 保证施工企业和工程项目有关施工安全的基础性工作不断地得到加强与完善

有关施工安全的基础性工作包括：1) 提高对安全工作的认识，形成企业和工程项目的浓厚的安全工作氛围；2) 建立和健全企业全面的施工安全保证体系（详见35-1-4）；3) 确保对施工安全工作的投入，改善与完善施工安全装备（安全用品和设施）；4) 安全生产教育，提高管理人员的安全技术与安全管理水平和工人的安全生产素质；5) 创建安全文明工地活动。而要保证这些基础性工作不断地得到加强与完善，需要做好以下3项工作：

(1) 确保企业认真制订和执行一项有关建筑施工安全的基础性工作的建设计划，例如可制定五年期的计划；

(2) 每年认真检查基础性工作建设计划的执行情况，解决执行中存在的问题，根据执行情况对计划作必要的调整，并作为年度工作总结和考核工作的重要内容；

(3) 与其他几项保证要求的各项工作有机的结合起来，从中发现基础性工作建设存在的问题，及时采取相应的加强安排。

5. 保证"两检一消除"工作取得实实在在的效果，实现安全施工的工作目标和要求

要达到这一要求，需要做好以下3项工作：

(1) 确保"两检查一消除"工作的真实性和全面性。即：检查的结果应真实或基本上真实，不能含有明显的"水分"，应对检查结果是否存在"水分"作出判断；检查涉及的项目应能较为全面地反映出工程项目和企业的安全工作状况，避免据不全面的检查项所作出的评价掩盖了未检查方面存在的问题、并不能真正实现安全保证要求的情况出现，必须对其全面性作出判断；

(2) 确保三级检查中，下一级的检查比上一级检查要深细一级的要求，使检查工作越往下就越厚实。没有上一级的严格检查，就很难带起来下一级的严格检查，而只有达到了下一级的检查比上一级还要严格时，建筑施工安全工作的厚实基础才能真正建立起来，上一级才能彻底摆脱"一点管不到，就会出现问题"的无奈和尴尬的局面。

(3) 认真抓好对检查结果、消除隐患的整改工作的落实问题。不仅要全面实现检查提出的整改要求，更应努力做到举一反三，扩大检查和整改成果。

35-2-6-2 监督和促进安全管理工作的改进与提高

1. 通过"两检查、一消除"推动安全管理工作的改进与完善

检查施工企业及其受检工程项目施工安全管理工作的现实情况与达到的水平，检查工程项目施工技术和安全管理措施的落实情况及其存在问题和消除实现施工安全要求的一切隐患，不仅是避免出现事故、也是推动安全管理工作改进与完善的主要手段。

在《建筑施工安全检查标准》所规定的7类检查项目中，安全管理、文明施工和"三宝"、"四口"防护等三类反映的是施工安全管理工作的现实情况，而其他7类检查项目则反映的是常用施工技术和安全措施的落实情况，对检查结果的整改要求则集中到消除事故隐患和加强安全管理这两类相互关联的工作事项上。在解决与消除隐患的工作中，更多涉及的是改进与完善企业和工程项目安全管理工作的问题。

通过"两检一消除"工作，发现和深入分析企业和工程项目在施工安全管理工作中所存在的问题和不足，采取针对性的措施和工作步骤进行认真的整改，就能取得不断地加以改进与完善的效果。

根据"两检一消除"的检查结果与要求进行的整改工作，在有明确的针对性的情况下，也必然地会存在一定程度的局限性和短期性，即多数局限于当时在检查中发现的并限时解决的问题。没有发现的和需要长时间建设的问题，则需要企业和工程项目按"举一反三"的要求作出较为长远一些的改进与完善安排，加强基础性工作的建设，从根本上加以治理。否则，就会出现"头痛医头、脚痛医脚"、治标未治本，一时改进了，过了一段时间又会反复的情况。为此，企业和工程项目可以参考图35-10所示的改进建筑施工安全管理工作的思路图制订整改和建设计

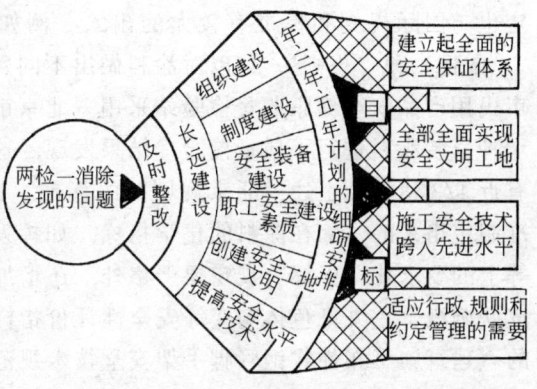

图35-10 改进建筑施工安全管理的思路图

划，即在整改时结合组织建设、制度建设、安全装备建设、职工安全素质建设、创建安全文明工地和提高安全技术水平的长远建设要求，制订一年、三年或五年计划的各个细项安排，以认真的努力和扎实的工作实现企业和工程项目施工安全管理工作的四大发展目标：

(1) 建立起强有力的全面的安全保证体系；

(2) 全部工地全面实现创建安全文明工地要求；

(3) 施工安全技术跨入先进水平；

(4) 施工安全管理工作能够适应发展的要求，即适应未来行政管理、规则管理和约定管理并存与有机协调的需要。

2. 发展建筑施工安全管理工作的长期而又紧迫的任务

上述四大发展目标就是提高与发展我国建筑施工安全管理工作的长期任务。目前，我国建筑施工领域安全管理工作的现状还远不能适应上述的发展要求，急需加以改进和研究解决的问题很多，其中主要有：

(1) 有关建筑施工安全管理工作所依据的法律、法规、标准、行业规则和约定条件有待尽快修订、建立、健全与完善

目前我国现行的有关建筑施工安全生产的法律和法规还带有我国行政管理"一统天下"的许多特色，安全技术标准的制订尚处在初期阶段，而行业规则和约定条件（前者为

行业的准入行为、协调惩处规则；后者为有关协议双方或多方之间的通用、专用约定条件）则还处在刚刚起步阶段。不仅极不完备、大量缺项（无法可依和有法难依——涉及不到），标准偏低、规定含糊和不够科学、合理与严密，而且由于没有明确行政管理、行业规则管理和缔约人约定管理之间的界限和建立起三者之间协调机制，因而在一定程度上，也影响和制约了我国有关建筑施工安全的法律、法规、标准、行业规则和约定条件的修订、制定与完善的进程。因此，需要首先论证和解决行政管理、规则管理和约定管理的涉管界限的划定问题，即将应属于行业规则管理和约定管理的内容从行政管理的法规中剥离出来，同时也需要依据国际通行规则修订乃至废弃某些已不适应入世后经济运行要求的规定，在此基础上加速建立、健全与完善施工安全管理依据工作的进程。

我国的"入世"谈判之所以经过了15年的漫长过程，也反应了我国与先进国家在社会行政与经济运行管理方面的差距。而在建筑施工安全管理方面则更为封闭一些，至今施工安全保险（是该领域约定管理的主要形式）业务尚处在研究和试点阶段，我国的管理规定也与国际规则和标准有较大的出入。例如，《北京青年报》2002年3月5日的一则"'国标'和'规则'，何以对涂料做出不同判定，专家细解个中缘由"的文章报导：北京市民用产品安全健康监督检验站采用《北京市室内装饰装修涂料安全质量评定规则》对数十种家装涂料进行了质量检验，结果发现，这些用国家标准检验几乎全部合格的产品，却有近1/3达不到上述"北京规则"的标准。这是因为"北京标准"是按照欧盟和ISO标准制定出来的，除在涂料的化学指标，如挥发性有机化合物（VOC）、游离甲醛、重金属等上的要求比"国标"规定要严格外，还增加了苯系物（甲苯、二甲苯）检测项目和涉及皮肤刺激、睾丸染色体畸变等安全性评价指标，因而比"国标"要严格得多。再如，我国的《建筑施工扣件式钢管脚手架安全技术规范》对用扣件式钢管杆件搭设的模板支撑架的构造要求，没有对斜杆的设置数量作出规定，而英国标准《脚手架实施规范》则规定要达到占1/2的构架框格。

(2) 建筑施工企业的施工安全管理工作还没有完全形成能够适应"入世"后要求和市场机制发展需要的管理机制

建筑施工企业的施工安全管理工作还处在建筑业向市场机制的改革之中，虽已受到了市场竞争的猛烈冲击（例如在利润降低、危及生存的情况下，影响了对安全工作的投入），但还没有完全形成能够适应"入世"后要求和市场机制发展需要的管理机制。仍然沿用的单一的行政管理模式，已与企业的改革发展要求不相适应，出现了一些难以排解的矛盾，并开始面对与国际接轨的经营和管理体制的改革与调整。即一方面，我们的企业既要适应仍在推行和加强中的行政管理模式的要求，另一方面又要考虑向行政、规则和约定协调管理转变的要求，此间需要解决的问题较多。

(3) 专业施工队伍的发展对建筑施工安全管理工作的调整要求

为了适应建筑市场的激烈竞争，施工企业已开始向两个方面发展：一是向集团化的总承包企业发展；另一是向小型化的专业分包企业发展。现在已出现了土方、基础、隧道、桥梁、模板、装饰、脚手架等专业公司，甚至还会更专更细。由于总承包企业和各专业项分包企业之间是合同关系，而不是行政隶属关系，这就使得现行的行政管理的体制和办法必须作相应的调整。分包承担什么责任？总包承担什么责任？各项安全管理要求如何划分？都需要加以解决。

(4) 施工企业安全管理工作发展不平衡的问题仍有扩大的趋势

我国建筑施工企业是一支既庞大而又参差不齐的队伍,由农民转入的民工队伍,每年甚至每季都在发生着变化。中小企业管理混乱和民工安全生产素质低下的问题始终是实现施工安全要求的两大难题,也是造成我国施工企业安全管理工作发展极不平衡且仍有扩大趋势的主要原因。现行的管理机制还不能有效地解决这个问题,需要根据中小企业的特点,采取适合的解决办法。

以上改进的任务既是长期的,又是紧迫的,需要采取积极的步骤认真加以解决。

35-2-6-3 认真监督、做好消除安全隐患的整改工作

由于施工生产中存在的安全隐患如不及时地加以消除,就有可能引发事故,而造成难以挽回的伤害和损失,因此,无论是在集中性、指令性、紧急性安全检查或是例行的、经常性的安全检查中所发现的一切大小隐患,都必须及时地、认真地和彻底地予以消除和解决。毫无疑问,就紧迫性而言,必须把消除已发现的各种安全隐患摆在企业和工程项目安全整改工作的第一位。

1. 常见施工安全隐患的主要表现形式

施工安全隐患即可能引发事故的存在问题,它是由事故的起因物与不安全状态、不安全因素所构成的事故的潜伏或萌发状态。在35-1-2节已阐明它有不安全状态+起因物、不安全行为+起因物和不安全状态+不安全行为+起因物等三种构成形式,并在表35-5～表35-8中分别列出了不安全状态、不安全行为和起因物的常见表现形式。下面分别归纳出重大和一般安全隐患的主要表现形式,以供读者在进行消除施工安全隐患的工作中参考:

(1) 常见重大施工安全隐患的主要表现形式

所谓重大施工安全隐患,就是有可能引发造成重大伤亡和财产损失的施工安全隐患,可以大体上将其归纳为以下12类:1) 已建成和在建的建(构)筑物倒塌;2) 围墙、挡土墙和施工临时设施倒塌;3) 基坑、沟槽边坡塌方和山体滑坡;4) 深基坑内支护结构破坏;5) 梁板楼(屋)盖模板支撑架整体坍(倒)塌;6) 脚手架、转运栈桥架和受料架坍(倒)塌;7) 塔吊、物料提升机倒塌和大型设备倾覆;8) 载人施工设备(吊篮、附着升降脚手架、悬挂脚手架、梯笼和吊盘等)坠落;9) 设备、整体结构和大型构件在吊装中发生倾覆或坠落;10) 电气和火灾事故;11) 爆炸、爆破和拆除工程事故;12) 中毒和窒息事故。以上常见重大施工安全隐患的表现形式列入表35-43中。表中隐患的显露表现系指较为明显、易于发现或查出的隐患事项,潜伏表现是不甚明显、但也可以通过深入查找发现的隐患,二者并无严格的界限。

常见重大施工安全隐患的主要表现形式 表35-43

序次	隐患类别	隐患表现	隐患的主要表现形式
1	建(构)筑物倒塌	显露	①地基、基础下沉;②建筑结构开裂;③饰面层剥落;④整体或局部变形、倾斜;⑤出现异常声响
		潜伏	⑥无正规设计;⑦非正规施工队伍承建;⑧工程多次转包;⑨偷工减料;⑩材料不合格;⑪无工程质量检验验收资料或资料不合格;⑫抢工或不按正常程序施工;⑬无正规监督

续表

序次	隐患类别	隐患表现	隐患的主要表现形式
2	围墙、挡土墙和施工临时设施倒塌	显露	①～⑤；⑭靠墙堆置砂、石、斜靠构件或承受其他推拉作用；⑮墙体加高、墙顶加载重物；⑯靠近基础开挖土石方；⑰受水浸泡
		潜伏	⑥～⑬；⑱背靠滑坡山体；⑲无抗风构造；⑳处于塔吊吊臂回转的覆盖范围之下
3	基坑、沟槽边坡坍方和山体滑坡	显露	㉑没有按规定放坡或设置可靠支撑；㉒土体出现渗水、开裂、剥落；㉓在底部进行掏挖；㉔沟槽内作业人员过多；㉕地面之上无人巡视监护；㉖堆土过高、离坑（槽）边过近；㉗邻近坑槽有影响土体稳定的施工作业；㉘离现有建筑过近，其间土体不稳定
		潜伏	⑥～⑧；⑫、⑬；㉙工程地质和地下水情况不明；㉚施工车辆和机械通行的影响；㉛雨季来临的影响；㉜地下管线和设施情况不明；㉝附近有高的水压（临海、靠江、近水库）；㉞山体含水饱和
4	深基坑内支护结构破坏	显露	①②④⑤；㉟施工要求和施工程序改变
		潜伏	㉙～㉝；㊱设计的考虑因素和安全可靠性不够；㊲实际承受的荷载显著加大；㊳结构未达到强度要求时过早承载
5	梁板楼（屋）盖模板支撑架整体坍（倒）塌	显露	①，④，⑤；㊴杆件的间距或步距过大；㊵未按规定要求设置斜杆、剪刀撑和扫地杆；㊶构架的节点（杆件交汇）构造和连接的紧固程度不符合要求；㊷主梁和荷载显著加大部位的构架未加密、加强；㊸高支撑架未设置1至数道加强的水平结构层；㊹大荷载部位的扣件指标数值不够（其抗滑力小于所受的集中力）；㊹混凝土浇筑方案使支撑架受力不均衡，产生显著超过设计的集中、偏心和冲击荷载
		潜伏	㊻设计计算缺陷，达不到足够的安全保证度；㊼设计因素考虑不够；㊽实际施工荷载超过设计值，且无控制规定；㊾施工作法相对设计有较大改变，而未相应调整设计
6	脚手架、转运栈桥架和受料架坍（倒）塌	显露	①，④，⑤，㊵，㊶；㊿脚手架未按规定要求设置连墙件；(51)栈桥架、受料架与脚手架未在构造上断开（注1）；(52)作业层数和上架人员超过设计规定，作业人员过量集中；(53)搭设或拆除架子时违反规定程序，未及时设置连墙件、剪刀撑、抛撑或过早拆除连墙件，使架体不稳；(54)在架上超量堆置材料；(55)利用脚手架支撑模板或栓结缆绳；(56)在脚手架上进行超重安装作业（如人工安装起重构件）；(57)立杆基地不均匀沉降（注2）；(58)立杆底部未按规定设置底座和垫板（木）；(59)脚手架上部的悬臂高度超过规定；(60)在使用中任意拆去结构杆件和拉结固定；(61)使用不合格的杆配件；(62)过阳台处使用单排架构造，削弱构架的整体性能；(63)未经严格设计，任意混用普通碳钢和低合金钢管杆件
		潜伏	⑥，⑦，㊻，㊼，㊽，㊾
7	塔吊、物料提升架和大型设备倾覆	显露	(64)地基和基础施工不符合设计要求；(65)塔吊轨道施工不符合要求；(66)基础和轨道距基坑（槽）边沿过近（这一边的地基土在受载后易失去稳定）；(67)塔吊和物料提升架的安装质量存在问题；(68)塔吊和物料提升架存在产品质量问题或使用前未作严格的检修保养；(69)超载吊运等违章作业和违章操作；(70)塔吊在收工后或大风来临前，未按规定进行固定和采取其他安全保护措施；(71)未对塔吊起重臂、平衡臂回转范围内的建筑物和临时设施作可靠保护；(72)塔吊在带病情况下进行安装、作业或拆除（如钢丝绳破损、连接松动、变幅制动器失灵等）工作；(73)大型设备违反稳定状态作业
		潜伏	(74)使用无相应资质队伍承包安装和拆卸作业；(75)在单项工程设置两个以上、起重臂回转范围有交叉的塔吊时，缺少可靠的安全配合措施；(76)作业指挥、联络信号与手段存在缺陷；(77)对有特定要求的非常规作业无相应安全管理措施

续表

序次	隐患类别	隐患表现	隐患的主要表现形式
8	载人施工设备坠落	显露	⑦缺少必要的限控装置和保险装置；⑦限控和保险装置装设不当或失灵；⑧梯笼、吊盘、钢丝绳、升降和制动设备带病作业；⑧机外卷扬机操作人员的视线不到（卷扬机离得太近）或受遮挡；⑧自动停层设备失准；⑧严重超载；⑧轨道不直（顺）、受阻或脱轨；⑧拖线（动力电缆）绞结；⑧装运超长、散捆材料；⑧附墙装置构造和安装缺陷
		潜伏	⑧附着结构的强度不到；⑧指挥和操作不当
9	设备、整体结构和大型构件在吊装中倾覆或坠落	显露	⑨吊装设备的技术性能不能可靠满足吊装的要求，其负载能力没有足够的安全备量；⑨吊装设备与吊点布置不能完全确保稳定吊装的要求；⑨缆绳和地锚的设置不完全可靠；⑨牵拉就位和吊装整理措施不完全有效；⑨共同作业的各种设备在性能和动作配合上存在不够协调的问题；⑨施工组织、指挥和信息系统不完备，存在薄弱环节；⑨吊装的加固措施有缺陷；⑨吊装作业架子和设施不完备，不能为工人提供安全作业的良好条件；⑨吊装现场狭窄，或有影响吊装作业安全进行的障碍物；⑨结构拼装质量存在缺陷
		潜伏	⑩吊装方案考虑得不细；⑩对可能出现的异常情况考虑不够，无可靠的应急处置措施
10	电气和火灾事故隐患	显露	⑩工地消防设施不符合要求；⑩工地违章动火；⑩施管人员在吸烟室以外地方吸烟、乱丢烟蒂；⑩电、气焊作业无防护火花飞溅措施；⑩易燃品（物）未妥善存放和管理；⑩工地内乱架电线和使用破旧电箱；⑩电源箱、电闸箱敞露、无人管理；⑩非电工进行电工作业；⑩对处于现场的高压线未采取可靠防护；⑪电力机械设备无严格的接地、接零和漏电保护；⑪违章进行电气作业和操作；⑪对电线和电气设备的安全状况疏于检查
		潜伏	⑪对工地临时用电无全面和严格的设计，供电线路设置不合理；无负载限量控制（铭示）；⑪无安全应急的供电设施；⑪使用中任意接入负载，使个别线路出现严重的超负荷；⑪缺少合格的电气管理和维修人员，出现管理空档（无人值班、维修）
11	爆炸、爆破和拆除工程事故隐患	显露	⑪⑪具有引燃爆炸危险的检修工程存在引燃火源；⑪易燃爆炸品的申请、存放、使用和退回未严格履行规定手续；⑫无危险品库房，易燃、易爆物品与其他物品混存，库房无严格的安全管理；⑫爆破（土石方和拆除）工程没有严格的安全防范措施，安全距离和防护设施不可靠；⑫非专业人员从事爆破作业、处理瞎炮或排除故障；⑫爆破工程施工无严格的监控、观测和记录规定；⑫乙炔罐无回火保险装置、氧气瓶处于暴晒状态；⑫拆除工程采用人口掏挖、拽拉、站在被拆除物上猛砸等危险作业；⑫被拆除物在未完全分离的情况下，采用机械强行吊拉
		潜伏	⑫爆破和拆除工程施工方案和设计计算缺陷；⑫施工方案中无对意外情况（包括不成功作业效果）的安全处置措施；⑫实无必要宣传招致的参观和围观
12	中毒和窒息事故隐患	显露	⑬无严格的饮食卫生管理，食品在采购、加工和储存中出现变质；⑬亚硝酸钠等可能误用的化学品管理不善；⑬未对可能存在有毒气体和空气不流通的作业面进行检测后制订相应的通风、使用防毒用品和监护措施；⑬冬施期间施工无防煤气中毒措施

注：1. 栈桥架、受料架由于荷载大，应加强构造，并与脚手架断开，以免它们出问题时拉倒脚手架；
　　2. 常见靠墙一侧的立杆处于沉降量较大的回填土上，以及其他立杆地基不同，易出现不均匀沉降，甚至使部分立杆底部悬空的情况。

(2) 常见一般施工安全隐患的主要表现形式。

常见一般施工安全隐患可大致归纳为现场和施工条件、施工组织和安排、职工健康和安全保护、施工措施、机械使用、施工作业和操作、安全意识和自我保护、季节施工和应急处置等8个方面，其主要表现形式列入表35-44中。

常见一般施工安全隐患的主要表现形式　　　　　　表35-44

序次	类别	隐患的主要表现形式
1	现场和施工条件	1）工地未按规定设置周边围挡和实行封闭管理；2）工地无安全工作宣传和警示标牌设置和安全工作氛围；3）场地不平、排水不畅、道路不硬；4）临街施工未设工程外围全封闭挡墙、防护棚（安全通道）；5）场地内有影响安全的高压线和地下管线未作妥善的安全保护；6）施工总平面安排混乱，作业区、材料堆放加工场地、办公区和生活区未能有效分开；7）无符合规定的消防设施或达不到良好有效要求；8）对周边相邻建筑和设施未进行可靠的安全保证；9）材料堆放零乱，无稳固支垫、堆置过高和无可靠支撑；10）晚间施工照明不足；11）无严格防止扰民规定和避免相应纠纷引起干扰施工正常进行的措施；12）施工用动力和照明电线布置紊乱，易受碰、刮；13）场内无环形道路，车辆进出不畅；14）场内无消防水源，消防车难以到达需要地点
2	施工组织和安排	15）无稳定的项目管理机构和施工队伍，施管人员多变，难以建立起具有连续性的有力的安全管理；16）没有健全的安全生产制度，安全生产责任制不落实；17）不按正常的、安全的程序组织施工，地上地下并进、多层多工种交叉作业，进场人员过多、作业相互影响；18）安全设施无人监管，在施工中任意撤除、改变；19）材料的场内运输缺少统一协调，垂直运输和吊运设备超负荷、超强度工作；20）无限制的抢工、赶工、在施结构过早拆模或撤去支撑，施工安全无保证
3	职工健康和安全保护	21）不按规定配备和使用"三宝"和其他专业安全防护用品；22）不按规定进行可靠的"四口"和临边防护；23）不按规定实施安全交接班制度；24）工人从事自身健康条件不允承担的施工作业；25）工人食宿条件过差和连续超时工作，甚至疲劳作业；26）工地无医卫人员、无防暑、降温、饮水等保健措施，工人抱病上岗；27）工人作业条件达不到安全要求（如无合格作业架子、无充足照明、无可靠防护和监护等）；28）工地无必要学习、娱乐以使工人及时恢复体力的条件与安排
4	施工措施	29）无安全施工技术措施；30）施工措施中没有对其设计的安全可靠性进行深入考虑；31）施工措施中没有明确的安全限控要求；32）施工措施中没有必要的安全保险要求；33）施工措施中没有全面的安全保护要求；34）施工措施中没有对过去已发生事故的针对性预防措施；35）施工安全技术交底工作未履行签字手续和提出落实检查要求；36）施工措施改变时未相应修改安全要求
5	机械使用	37）带病机械仍在继续使用；38）对机械超过其额定性能和保养（小修）、保修（中修、大修期）规定的使用；39）作业条件不符机械正常工作的要求；40）机械未按保养（小修）、中修、大修的要求严格检修和及时更换润滑油、液压油、磨损件和到期件；41）机械使用超过其允许的连续运转时间或者中间停歇时间不够；42）机械在其最不利的工作条件和状况下进行满负荷作业；43）违章操作；44）无证驾驶和操作；45）临边、坡道、软土地基、积水地面等危险条件下的机械作业无施工安全措施；46）在机械作业影响区域内有非工作人员通过、逗留或同时进行其他作业；47）机械的防护罩、保险装置、安全控制装置（系统）、操作系统以及接地、漏电保护等达不到完善和有效；48）违章指挥和信号、联系手段缺陷

续表

序次	类 别	隐 患 的 主 要 表 现 形 式
6	施工作业和操作	49）施工作业和操作的安全要求和岗位职责不明确或不落实；50）交叉作业和人员聚集作业没有对工作安全的配合要求与规定；51）上岗不进行安全工作条件检查，收班未进行现场清理和安全善后事项检查（注1）；52）施工中在未经主管部门或负责人同意的情况下，随意改变工程和施工措施设计的规定；53）违反合理程序的施工作业；54）违反安全规定的操作；55）在工程和施工措施中使用不合格的材料、构件和零部件；56）未严格控制施工荷载，出现总体或局部严重超载；57）在作业和操作过程中任意拆除结构杆件、拉结固定、施工支撑和安全防护设施；58）在施工作业中不随时检查有关安全情况和异常变化的迹象
7	安全意识和自我保护	59）不按规定使用安全防护用品；60）无证人员从事有持证上岗要求的工作；61）单人从事有一定危险性的工作（注2）；62）在没有合格架子和防护的情况下进行高处作业；63）在工地吸烟和随意动火；64）上下架子和进出作业面不走安全通道；66）非电工从事接线和电气维修作业；67）电焊和气焊作业不遵守防火规定；68）进行容易引起工具脱手和身体失衡的不当操作；69）在不安全区域通过和逗留；70）带病和疲劳上岗；71）在光线昏暗、空气污浊的环境下进行作业；72）在进行各种安装和拆除工作时，不注意自身的安全和保护；73）在作业中随意拆除和撤去安全网、安全罩、防护和保险装置；74）作业面材料、工具乱堆乱放；75）在工地嬉闹和在不安全的地方歇息；76）长时间超时作业
8	季节施工和应急处置	77）夏季施工无良好的防暑降温措施；78）雨季施工无可靠的防风、防雷电、防水、防滑措施；79）无异常情况的应急处置措施

注：1. 安全善后事项检查为确保工人不在岗时的现场安全，对有关事项，如防倒塌、防风等的检查；
2. 如单人从事带有拖线的电动机具作业和长大杆件拆除作业等。

2．认真检查和整改，努力消除安全隐患

检查、发现隐患与整改、清除隐患是紧密相连的工作环节。发现隐患需要依靠"三查"，而消除隐患的整改工作则需要做到"四定"。

(1) 查找发现隐患的"三查"要求

1) 全面查：即检查的项目要全面，要检查到各个环节和各个角落（部位）。既要检查物（在施工程项目及其所用的施工措施、机械、设备、工具和材料），也要检查到人（管理人员、工人和其他人员），既要按《建筑施工安全检查标准》所列的168项去查，也要参考表35-44~表35-45所列的安全隐患表现形式和表35-3~表35-13所列的事故因素去进一步健全和细化检查项目。一般说来，中型以上工程项目应检查的安全隐患项目只有达到300个左右（甚至还要更多一些），才能达到"全面查"的要求。

2) 经常查：包括施工全过程中的经常性检查和阶段性（季、月以及新的施工阶段开始后）检查。一方面要检查先前查出的隐患的消除情况，另一方面还要查找新出现的隐患，而且要反复地查。

3) 深入查：不仅要把隐患找的更细、更具体，而且要将其产生的原因查清楚，特别是那些多次整改都未能根除的多发性、顽疾性隐患，以便能提出更加有效的整改措施。

"三查"的要求，既不能降低，也不能走形式，需要实实在在地去做，虽然其工作量和难度都比较大，但只要做到以下两点，就可把这项工作做好：

　　A．将检查项目加以划分，分别落实到各级管理部门和负责施管人员，分别制表，落实到人，并建立汇总、分析和及时反馈制度，将资料输入计算机，形成规范化的管理；

　　B．将大量的集中性检查项目化为经常性的平时检查项目，形成日常的工作程序和制度。

　　(2) 消除隐患整改工作的"四定"要求

　　1) 定整改负责人。即将发现的隐患项目分项确定整改工作的负责人，将整改工作落实到人。

　　2) 定整改措施。由主管部门和项目整改负责人制订整改和保持整改工作成果的措施。

　　3) 定整改完成时间。确定的整改完成时间，也是上级主管部门和验收人进行检查整改完成情况的时间。

　　4) 定整改验收人。需要定各级验收人，一级一级地进行验收。

35-2-7　伤亡事故的管理工作

　　在施工生产中发生伤亡事故后，应严格地按照"及时报告并同时抢救伤员、避免事故蔓延、保护现场──→组织调查组进行现场勘察、分析事故原因、性质和责任后，提出处理意见和写出调查报告──→事故的审理和结案──→填写统计报告"的规定程序进行事故的处理，报告、调查、处理和统计是伤亡事故管理工作的4个大的组成部分。

35-2-7-1　伤亡事故的报告

　　1．伤亡事故的报告和应急处理要求

　　(1) 伤亡事故发生后，负伤者或者现场有关人员应立即直接或者逐级报告企业（或工程项目）的负责人。

　　(2) 企业（或工程项目）负责人接到重伤、死亡和重大伤亡事故报告后，应迅速赶到事故现场，指挥抢救受伤人员，根据受伤者的伤害部位和情况，择送专业医院抢救。同时立即报告企业的上级主管部门和企业所在地市、县级建设行政主管部门及检察、劳动（如有人身伤亡）部门（但企业已投保意外伤害险者，则应立即通知保险公司到场，依保险合同条件协商应急处置办法）。事故发生单位属国务院部委的，应同时向国务院有关主管部门报告。多单位交叉施工的工程项目，当主要责任分不清的情况下，应各自直接上报其上级主管部门。

　　(3) 企业主管部门和当地建设行政主管部门接到报告后，应立即按系统逐级上报。事故发生地市、县级建设行政主管部门接到报告后，应立即向人民政府和省、自治区、直辖市建设行政主管部门报告；省、自治区、直辖市建设行政主管部门接到报告后，应立即向人民政府和建设部报告。

　　(4) 重大事故发生后，事故发生单位应在24h内写出书面报告，按上述程序和部门逐级上报。

　　(5) 事故发生后，发生事故的工程项目或单位，应立即采取措施制止事故蔓延扩大，严格保护事故现场，凡与事故有关的物体、痕迹和状态均不得破坏，为抢救受伤者需要移动现场某些物体时，必须做好现场标志。

　　2．事故书面报告的内容

事故发生后，随即提出的并逐级上报的书面报告应包括以下内容：

(1) 事故发生的时间、地点、工程项目和企业（单位）名称；

(2) 事故发生的简要经过、伤亡人数、伤害程度、伤亡者姓名及自然情况，以及直接经济损失的初步估计；

(3) 对事故发生原因的初步判断；

(4) 事故发生后采取的措施及对事故控制情况；

(5) 事故报告单位。

在编写事故报告时，应以清楚的层次、简明准确的文字把上述4项内容叙述清楚。对事故发生原因的初步判断一般可按以下层次写出：

事故的发生与伤害作用的过程；伤害物；起因物；不安全状态和不安全行为；初步判断。

3. 应急处理的注意事项

(1) 事故发生后，现场人员不要惊慌失措，要有组织、有指挥和有秩序地做好以下四件事：1) 及时向上级报告；2) 抢救伤员；3) 排除险情、制止事故蔓延；4) 保护好事故现场。避免乱中出错。

(2) 在事故单位的负责人未到达现场之前，当时在事故现场的最高级别负责人（例如主管施工生产的项目副经理、技术负责人、工长、栋号长等）应承担起应急处理的组织和指挥工作。此时要做的事有以下4件：

1) 制止惊慌混乱；

2) 将人员迅速撤出危险区域；

3) 抢救伤员；

4) 在急需并有把握的情况下进行排除险情和制止事故蔓延的工作。

在抢救伤员和进行排险工作时，一定不要招致伤害的扩大。单位负责人到场后，立即汇报。

(3) 事故单位负责人到场后，应迅速了解情况和组织安排，指挥上述报告、抢救、排险和保护等4项工作的进行（有投保约定者，则按双方协商好的处置办法进行）。指挥人员头脑一定要冷静，尽量避免或减少指挥的失误。

(4) 抢救伤员、排除险情和制止事故蔓延的工作必须在统一指挥下进行。进行时应对可能引起的新的危险作出防护安排，必须采取"先保护而后抢救排险"的严格要求和作法，以确保抢救和排险人员的安全。

(5) 严格地保护好现场，为进行事故调查和处理提供物证和分析依据。要求现场各种物品的位置和状态保持原样。由于抢救伤员和排险的需要而必须予以移动时，应安排专人做出原状的标志。必须采取一切可能的措施，防止人为或自然因素对事故现场的破坏。

(6) 清理现场必须在事故调查组确认取证完毕，并完整记录在案后方可进行。在此之前，不得借口恢复施工，擅自清理现场。

35-2-7-2 伤亡事故的调查

1. 伤亡事故调查组的组成

(1) 轻伤、重伤事故，由企业（或工程项目）负责人或其指定人员组成生产、技术、安全等有关人员以及工会成员参加的事故调查组,进行调查。

(2) 死亡事故,由企业(或工程项目)主管部门会同企业所在地区的市、县级建设行政主管部门,劳动、公安部门和工会组成事故调查组,进行调查。

(3) 重大事故,由事故发生地的市、县级建设行政主管部门或国务院有关主管部门组织成立调查组。调查组由建设行政主管部门和劳动等有关部门的人员组成,应邀请人民检察机关和工会派员。必要时,调查组可以聘请有关方面的专家协助进行技术鉴定、事故分析和财产损失的评估工作。

有保险合同者,保险公司按合同约定进行调查,投保人予以配合。

(4) 一、二级重大事故,由省、自治区、直辖市建设行政主管部门提出调查组组成意见,报请人民政府批准。事故发生单位属于国务院部委的,由国务院有关主管部门或其授权部门会同当地建设行政主管部门提出调查组组成意见。

2. 调查组的职责

(1) 组织技术鉴定;
(2) 查明事故发生的原因、过程、人员伤亡及财产损失情况;
(3) 查明事故的性质、责任单位和主要责任者;
(4) 提出事故处理意见及防止类似事故再次发生所应采取措施的建议;
(5) 提出对事故责任者的处理建议;
(6) 写出事故调查报告。

3. 事故调查工作的规定

(1) 事故调查组有权向事故发生单位、各有关单位和个人了解事故的有关情况,索取有关资料,任何单位和个人不得拒绝和隐瞒。

(2) 任何单位和个人不得以任何方式阻碍、干扰调查组的正常工作。

此外,事故调查组在查明事故情况以后,如果对事故的分析和事故责任者的处理不能取得一致意见,劳动部门有权提出结论性意见;如果仍有不同意见,应报上级劳动部门与有关部门处理,仍不能达成一致意见的,报同级人民政府裁决。但不得超过事故处理工作的时限。

4. 调查工作的内容

(1) 现场勘察

现场勘察工作必须做到及时、全面、细致和客观,它的技术性很强,需要多方面的科技知识和实践经验,否则就难以圆满地做好。工作内容包括笔录、拍照和绘图,其细项见表35-45所列。其中现场拍照是最重要的实物证据,应力求拍下原状。为此,所有施工生产现场均应配备照相机和安排拍照人员。一方面满足于施工实录工作的需要,另一方面在一旦发生事故时,可以及时拍摄下原状。不少企业和工程项目由于多无此项安排,在事故发生时,就多无原状照片。因此,这一工作应作为规定确定下来,以适应事故管理工作的要求。

(2) 分析事故的原因,确定事故的性质和责任者

根据现场勘察、调查材料,对造成事故的受伤部位、受伤性质、起因物、致害物、伤害方式、不安全状态和不安全行为等七项内容进行分析,确定造成事故的直接原因、间接原因、事故的性质和责任者。在分析工作中应注意以下事项:

事故调查的现场勘察项目 表 35-45

类别	项目
笔录	1) 发生事故的时间、地点和气象情况 2) 现场勘察人员的姓名、单位、职务 3) 勘察的起止时间和过程 4) 破坏情况、状态和程度 5) 设备损坏情况,事故前后的位置、状况和事故过程情况 6) 事故发生前的劳动组合、现场人员的位置和行动 7) 物件散落情况 8) 重要物件的特征、位置及检验情况 9) 其他
拍照	1) 方位拍照:反映事故现场及其周围环境的位置关系 2) 全貌拍照:反映事故现场各部分的关系 3) 中心拍照:反映事故现场中心部位情况 4) 细部拍照:揭示事故的引发物、致害物、细部的破坏和致害情况 5) 人体拍照:反映伤亡者伤害部位和程度 6) 备考拍照:因抢救伤员或排险,在移动现场物件前进行原状拍照 7) 标志拍照:在现场物件移动后对设置的标志(人体、物件原状位置)进行拍照
绘图	1) 建筑物平面、剖面图 2) 事故发生时人员的原始位置和疏散去向图 3) 物体在破坏前后的状态对比图 4) 事故涉及范围在事故发生前的原状图 5) 与事故有关的设备、工具、器具的构造图 6) 其他对说明和分析事故有帮助的图

1) 分析应以客观事实为基础,并根据分析的要求进行设计和技术复算、试验检验以及其他技术鉴定工作,以取得坚实的佐证材料。

2) 在分析事故原因时,应先从直接原因入手,尔后逐步深入到对间接原因的分析。通过直接和间接原因的分析,确定事故的性质(责任事故、非责任事故和破坏性事故)和责任(直接责任、间接责任和领导责任)。再根据其在事故发生过程中的作用,确定主要责任者。

直接原因和间接原因可参照表 35-46 确定。

事故的直接原因和间接原因 表 35-46

序次	事故原因类别	属于的情况
1	直接原因	机械、物质或环境的不安全状态: 1)《企业职工伤亡事故分类标准》(GB 6441—86) 附录 A-A6 中的相应不安全状态; 2) 表 35-5 所列不安全状态; 3) 按表 35-6 判断原则所确定的不安全状态; 4) 其他不安全状态;
2		人的不安全行为: 1) (GB 6441—86) 附录 A-A7 中的相应不安全行为; 2) 表 35-7 所列的不安全行为; 3) 其他不安全行为

续表

序次	事故原因类别	属于的情况
3	间接原因	技术和设计上的缺陷
4		教育培训不够、未经培训，缺乏或不懂安全操作技术知识
5		劳动组织不合理
6		对现场工作缺乏检查或指导错误
7		没有安全操作规程或不健全
8		没有或不认真实施事故防范措施，对事故隐患整改不力
9		其他

（3）提出处理意见

在分清责任的基础上，提出对事故责任的处理意见。

（4）写出调查报告

调查组根据调查结果，把事故发生的经过、原因、责任分析、处理意见以及本次事故应当吸取的教训和对改进工作的建议写成文字报告，经调查组全体成员签字后报批。如意见有分歧时，应在弄清事实的基础上，对照政策法规反复研究，统一认识。个别同志仍持有的不同意见允许保留，并在签字时写明自己的意见。

35-2-7-3 伤亡事故的处理

1. 伤亡事故的处理

伤亡事故的处理按以下规定进行。其中对事故责任者的处理，应根据其情节轻重和损失大小，按照主要责任、重要责任、一般责任或领导责任等，予以应得的处分。投保者的经济赔偿，则依据保险合同的约定条款办理。

（1）事故调查组提出的事故处理意见和防范措施建议，由发生事故的企业（单位）及其主管部门负责处理。

（2）因忽视安全生产、违章指挥、违章作业、玩忽职守或者发现事故隐患、危害情况而不采取有效措施以致造成伤亡事故的，由企业主管部门或者企业按照国家有关规定，对企业负责人和直接责任人员给予行政处分；构成犯罪的，由司法机关依法追究刑事责任。

在依法追究刑事责任方面，中华人民共和国刑法的有关规定列于表35-47中。

中华人民共和国刑法的有关规定　　　　表35-47

序次	条别	条文
1	第三十一条	由于犯罪行为而使被害人遭受经济损失的，对犯罪分子除依法给予刑事处分外，并应根据情况判处赔偿经济损失
2	第一百一十三条	从事交通运输的人员违反规章制度，因而发生重大事故，致人重伤、死亡或者使公私财产遭受重大损失的，处三年以下有期徒刑或者拘役，情节特别恶劣的，处三年以上、七年以下有期徒刑
3	第一百一十四条	工厂、矿山、林场、建筑企业或其他企业、事业单位的职工，由于不服管理、违反规章制度，或者强令工人违章冒险作业，因而发生重大伤亡事故，造成严重后果的，处三年以下有期徒刑或者拘役，情节特别恶劣的处三年以上、七年以下有期徒刑

续表

序次	条　别	条　文
4	第一百一十五条	违反爆炸性、易燃性、放射性、毒害性、腐蚀性物品的管理规定，在生产、储存、运输、使用中发生重大事故，造成严重后果的，处三年以下有期徒刑或者拘役，后果特别严重的，处三年以上、七年以下有期徒刑
5	第一百八十七条	国家工作人员由于玩忽职守，致使公共财产、国家和人民利益遭受重大损失的，处五年以下有期徒刑或者拘役

（3）在伤亡事故发生后隐瞒不报、谎报、故意迟延不报、故意破坏事故现场，或者无正当理由，拒绝接受调查以及拒绝提供有关情况和资料的，由有关部门按照国家有关规定，对有关单位负责人和直接责任人员给予行政处分，构成犯罪的，由司法机关依法追究刑事责任。

（4）在调查、处理伤亡事故中玩忽职守、徇私舞弊或者打击报复的，由其所在单位按照国家有关规定给予行政处分，构成犯罪的，由司法机关依法追究刑事责任。

（5）对造成重大事故承担直接责任的建设单位、勘察设计单位、施工单位、构配件生产单位及其他单位，由其上级主管部门或当地建设行政主管部门，根据调查组的建议，令其限期改善工程建设技术安全措施，并依据有关法规给予处罚。

（6）伤亡事故的处理工作应当在 90 日内结案，特殊情况不得超过 180 日。伤亡事故处理结案后，应当公开宣布处理结果。

2. 伤亡事故档案

伤亡事故档案把事故调查处理的文件、图纸、照片和资料等储存起来，是研究改进措施，进行安全教育和开展研究难得的资料，其内容包括：

（1）职工伤亡事故登记表；
（2）职工伤亡、重伤事故调查报告书及批复；
（3）现场调查记录、图纸、照片；
（4）技术鉴定和试验报告；
（5）物证、人证材料；
（6）直接和间接经济损失材料；
（7）事故责任者的自述材料；
（8）医疗部门对伤亡人员的诊断书；
（9）发生事故时的工艺条件、操作情况和设计资料；
（10）处分决定和受处分人员的检查材料；
（11）有关事故的通报、简报及文件；
（12）其他有关事故的材料。

35-2-7-4　伤亡事故的统计

1. 伤亡事故统计的目的和范围

（1）统计的目的

1）可使国家、地方和行业的安全生产主管部门，能够及时掌握国家、地方和行业的安全生产状况和发展形势，以便针对出现的问题采取相应的管理决策和措施，包括发出指示、要求、规定以及制订相应的政策和法规。

2) 便于企业和单位及时掌握本企业（单位）的安全生产情况，及时查找原因、拟定整改措施，解决现存问题，进一步加强管理，搞好安全生产工作；

3) 伤亡事故资料都是用血的教训换来的，是进行安全教育以及开展安全生产管理和技术研究的宝贵资料，对促进安全生产工作的发展具有重大作用。

(2) 统计的范围

1) 在企业生产活动所涉及到的区域内，在生产过程中、在生产时间、在生产岗位上或与生产直接有关所发生的伤亡事故；

2) 生产过程中存在的有害物质在短期内作用于人体，使职工立即中毒、停止工作并需进行急救的中毒事故；

3) 由于企业设备和劳动条件的不良所引起的职工在非生产和工作岗位上的伤亡。

(3) 有关伤亡统计的其他规定和说明

1) 职工负伤后1个月内死亡的，应作为死亡事故填报或补报。超过1个月死亡的，不作死亡事故统计。

2) 职工在生产（工作）岗位上干私活或打闹造成的伤亡事故，不作工伤事故统计。

3) 企业车辆执行生产运输任务（包括本企业职工乘坐企业车辆）行驶在厂（场）外公路上发生的伤亡事故，一律由交通部门统计。

4) 企业发生火灾、爆炸、翻车、沉船、倒塌、中毒等事故所造成的旅客、居民、行人伤亡，均不作职工伤亡事故统计。

5) 停薪留职的职工，在外单位工作发生的伤亡事故由外单位负责统计报告。

6) 乙企业（实行独立核算的）承包甲企业工程或承包加工、运输等生产任务而由乙企业计算产值的，乙企业职工发生的伤亡事故由乙企业统计报告。

7) 乙企业到甲企业分包工程，由甲企业计算产值的，乙企业职工发生的伤亡事故，由甲企业统计报告，而具体的事故责任则按调查结果确定和处理。

8) 企业内部实行经济承包，将生产任务发包给分公司（工区、工程处）、厂（车间）、科室、班组或职工个人，发生伤亡事故均由企业负责统计报告。

9) 两个以上企业或单位交叉作业时，发生伤亡事故的职工属于哪个企业（单位）的，就由哪个企业（单位）统计报告。

10) 凡由企业直接组织安排施工（生产）或工作的人员，不论是固定职工、临时工或计划外用工，只要发生工伤事故，都由企业统计报告。

2. 伤亡事故统计项目的解释和计算

(1) 伤亡事故类别：《企业职工伤亡事故分类标准》（GB 6441—86）将生产劳动过程中发生的人身伤害和急性中毒事故统称为"伤亡事故"，共分为20种，不属于前19种伤亡事故时，可定为"其他伤害"事故。

(2) 损失工作日：指被伤者失能的工作时间。

(3) 伤害类别项目：

1) 暂时性失能伤害：指伤害及中毒者暂时不能从事原岗位工作的伤害；

2) 永久性部分失能伤害：指伤害及中毒者肢体或某些器官部分功能不可逆的丧失的伤害；

3) 永久性全失能伤害：指除死亡外，一次事故中，受伤者造成完全残废的伤害。

(4) 伤害分析项目：

1) 受伤部位：指身体受伤的部位；

2) 受伤性质：指人体受伤的类型；

3) 起因物、致害物、伤害方式、不安全状态、不安全行为：见 35-1-2-3 节；

4) 伤亡事故类别：见 35-1-2-3 节。

(5) 伤害程度分类：

1) 轻伤：损失工作日低于 105 日的失能伤害；

2) 重伤：相当于表定损失工作日≥105 日的失能伤害。劳动部 1960 年发布了关于重伤事故范围的意见（见表 35-48），有表列情况之一者，均作为重伤事故处理。

重伤的划分范围 表 35-48

序 次	作 为 重 伤 处 理 的 情 况
1	经医师诊断成为残废或可能成为残废的
2	伤势严重，需要进行较大的手术的
3	人体要害部位严重灼伤、烫伤或虽非要害部位，但灼伤、烫伤占全身面积 1/3 以上的
4	严重骨折（胸骨、肋骨、脊椎骨、锁骨、肩胛骨、腕骨、腿骨和脚骨等因伤引起的骨折）、严重脑震荡
5	眼部受伤较剧，有失明可能的
6	手部伤害：1) 大拇指轧断一节的；2) 食指、中指、无名指、小指任何一只轧断 2 节或任何两只各轧断一节的；3) 局部肌腱受伤甚剧，引起机能障碍，有不能自由伸屈的，残废可能的
7	脚部伤害：1) 脚趾轧断 3 只以上的；2) 局部肌腱受伤较重，引起机能障碍，有不能行走自如的残废可能的
8	内部伤害：内脏损伤、内出血或伤及腹膜等
9	其他：即凡不在上述范围以内的伤害，经医师诊断后，认为受伤严重，可根据实际情况参考上述各点，由企业行政会同基层工会作个别研究，提出初步意见，由当地劳动部门审查确定

(6) 工伤事故评价指数

1) 千人死亡率（‰）：在某时期（年、季、月）内，平均每千名职工因工伤事故造成的死亡人数，即：

$$千人死亡率 = \frac{某时期内的死亡人数}{某时期内企业的平均职工人数} \times 10^3$$

其中：某时期内企业的平均职工人数 $= \dfrac{\Sigma \text{人数变化时段（天）} \times \text{时段内的职工人数}}{\text{时期的天数}}$

2) 千人重伤率（‰）：在某时期（年、季、月）内，平均每千名职工因工伤事故造成的重伤人数，即：

$$千人重伤率 = \frac{某时期内的重伤人数}{某时期内企业的平均职工人数} \times 10^3$$

3) 伤害频率（即"工伤事故频率"有按千人和百万工时两种统计方法）：在某时期（年、季、月）内，平均每千名职工（或每百万工时）中，因工伤事故所造成的伤害（包括轻伤、重伤、死亡）人数，即：

$$\text{千人伤害频率} A\ (\text{单位:‰}) = \frac{\text{某时期内的伤害人数}}{\text{某时期内企业的平均职工人数}} \times 10^3$$

$$\text{百万工时伤害频率} A\ (\text{单位：人/百万工时}) = \frac{\text{某时期内的伤害人数}}{\text{某时期内企业的实际总工时}} \times 10^6$$

4）伤害严重率（也有按千人和百万工时的两种统计方法）：在某时期（年、季、月）内，每千名职工（或每百万工时）中，因事故造成的损失工作日数，即：

$$\text{千人伤害严重率} B\ (\text{单位：工作日/千人}) = \frac{\text{某时期内总损失工作日}}{\text{某时期内企业的平均职工人数}} \times 10^3$$

$$\text{百万工时伤害严重率} B\ (\text{单位：工作日/百万工时}) = \frac{\text{某时期内总损失工作日}}{\text{某时期内企业的实际总工时}} \times 10^6$$

5）伤害的平均严重率：（工作日/人）：表示每人每次受伤害的平均损失工作日，即：

$$\text{伤害的严重率} N = \frac{B}{A} = \frac{\text{总损失工作日}}{\text{伤害人数}}$$

(7) 伤亡事故经济损失的确定

1) 经济损失的统计范围

由伤亡事故引发的经济损失包括直接经济损失和间接经济损失，其计算范围列入表35-49中。

伤亡事故经济损失的统计范围 表35-49

序次	类别	统计范围	统计项目
1	直接经济损失	人身伤亡后支出的费用	医疗、护理费用
2			丧葬及抚恤费用
3			补助及救济费用
4			歇工费用
5		善后处理费用	处理事故的事务性费用
6			现场抢救费用
7			清理现场费用
8			事故罚款和赔偿费用
9		财产损失价值	固定资产损失价值
10			流动资产损失价值
11	间接经济损失	停产、减产损失价值	
12		工作损失价值	
13		资源损失价值	
14		处理环境污染的费用	
15		补充新职工的培训费用	
16		其他损失费用	

2) 经济损失的计算

  a. 经济损失 = 直接经济损失 + 间接经济损失

  b. 工作损失价值 V_w（万元）：

$$V_w = D_L \times \frac{M}{S \times D} \tag{35-1}$$

式中 D_L——一起事故的总损失工日数。其中，死亡 1 名职工按 6000 个工作日计算，受伤职工视其伤害情况按 GB 6441—86 的附表确定；

    M——企业上年税利（万元）；

    S——企业上年平均职工人数；

    D——企业上年法定工作日。

  c. 报废的固定资产以其净值减去残值计算；损坏的固定资产，以修理费用计算。

  d. 流动资产损失价值：原材料、燃料、辅助材料等均以账面值减去残值；成品、半成品和再制品等均以企业实际成本减去残值计算。

  e. 事故已结案处理而未能结算的医疗费、歇工费等，采用测算方法（见 GB 644-86 附录）计算。

  f. 对分期支付的抚恤、补助等费用，按审定支出的费用，从开始支付日期累计到停发日期。

  g. 停产、减产损失，按事故发生之日起到恢复正常水平时止，计算其损失的价值。

(8) 伤亡事故经济损失的评价指标

1) 千人经济损失率：全年内按千名职工计的伤亡事故的经济损失（万元/千人），即：

$$千人经济损失率\ R_s = \frac{全年内伤亡事故经济损失\ E\ （万元）}{全年内企业职工平均人数\ S} \times 10^3$$

2) 百万元产值经济损失率：全年内按百万元产值计的伤亡事故的经济损失（%），即：

$$百万元产值经济损失率\ R_V = \frac{全年内伤亡事故经济损失\ E\ （万元）}{全年企业总产值\ V\ （万元）} \times 10^2$$

35-2-7-5 伤亡事故的常用分析方法

对伤亡事故进行分析，是掌握伤亡事故发生的规律性趋势和各种内在联系的有效方法，因而对于加强安全生产管理工作具有很好的决策和指导作用。

常用的分析方法有数理统计方法和图表法。

1. 数理统计方法

将对安全事故统计调查工作所得到的数字资料加以汇总整理，作出各种统计表。对统计表列数字采用数理统计的方法进行安全生产的动态分析和控制，如 35-2-4-2 节所阐述的工程项目施工的安全性评价，就使用了数理统计的方法。建设部安全主管部门依据 1983～1987 的五年间发生的职工因工死亡的 810 起事故，进行了统计分析，得出发生在高处坠落、触电、物体打击和机械伤害的这 4 类事故占事故总数的 80.6%（见表 35-50），而这 4 类事故又集中发生在脚手架、三宝利用及四口防护、龙门架与井字架、施工用电、塔吊、施工机械及安全处理不善等7个方面。因此，把这7个方面列为强化安全管理目标。

因工死亡事故统计表（1983~1987）　　　　表 35-50

事故类别	合计	高处坠落	触电	物体打击	机具伤害	起重伤害	刺割	灼烫	坍塌	中毒	其他
死亡人数	810	363	134	97	58	33	28	16	13	10	58
百分率（%）	100	44.8	16.6	12	7.2	4.1	3.4	2	1.6	1.2	7.1

2．图表分析法

将统计数字制成图表后，可以很形象地表达出事故的动态变化规律，常用的有以下4种：

（1）排列图（又称主次图、竖条图、台阶图等）

以事故发生次数的大小排列成图，醒目地显示出事故类别的主次排位（图35-11）。

（2）趋势图

把本企业历年的工伤事故的次数或事故频率绘入图中，形成一条显示历年事故的升降变化曲线，从中看出事故的发展趋势（图35-12）。

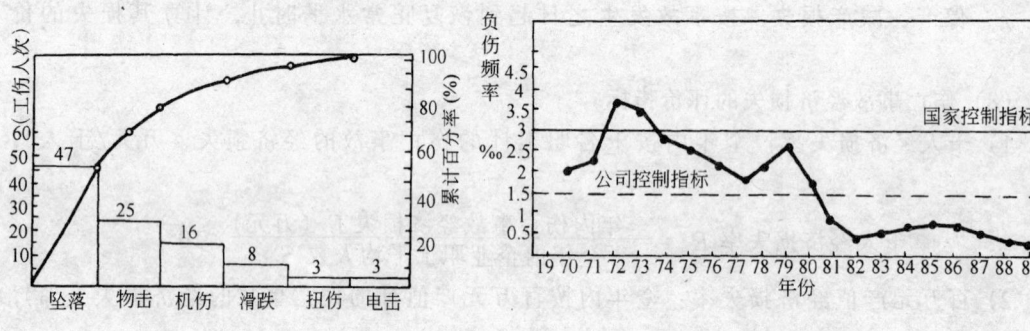

图 35-11　事故类别分析图　　　　图 35-12　历年负伤频率趋势图

（3）控制图

根据分析和控制的需要，作出几条年事故发生情况曲线，例如事故最多年、事故最低年、五年平均和当年的月统计事故曲线（见图35-13），通过比较可知当年的事故水平情况，并采取相应控制措施。

（4）事故因素分析图

将引发事故的各种原因进行归纳分析，按其作用方向和因果关系，用简明的文字和箭线绘出某类事故引起原因结构图（如图35-14所示），称为事故因素分析图。其图形象一条完整的鱼骨刺，因而也称为"鱼刺图"。

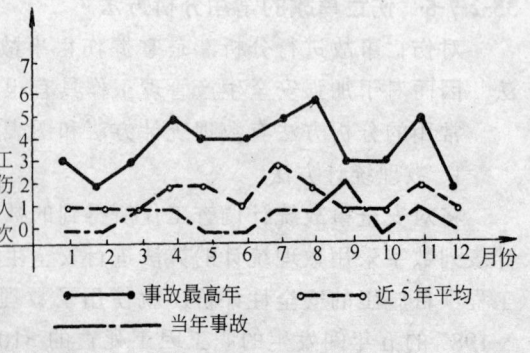

图 35-13　控制图

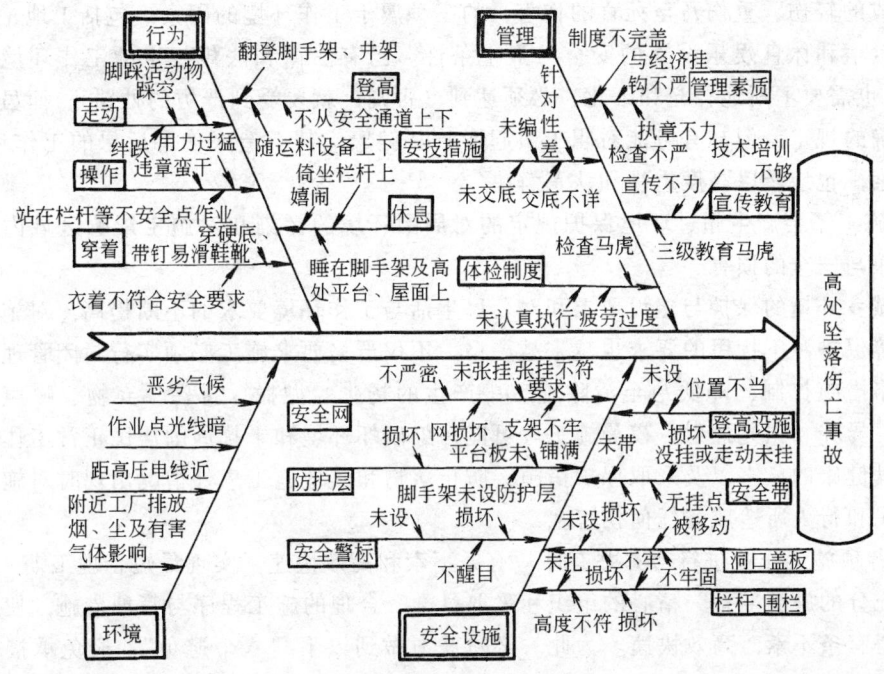

图 35-14 事故因素分析图

35-3 安全文明施工

安全文明施工包括了安全施工、文明施工和施工环境保护这三个各成体系、各有侧重，而又相互连接、影响和作用、不能割裂，必须共建的组成部分。遵守安全文明施工的规定和要求，采用安全文明施工的技术和措施，创建安全文明的建设工地、施工场所及其周围环境，就是安全文明施工的完整概念和全部内含。35-1 节对建筑施工生产安全是一门科学的阐述、35-2 节对建筑施工安全行政管理的阐述以及 35-4 节阐述的安全技术保证要求，都要服务和落实于推行安全文明施工避免发生事故，即创建安全文明土地这一工作目标上。而实现安全文明施工要求，不仅有赖于加强对施工安全、施工文明和施工环保的工作目标的管理，而且也有赖于安全文明施工的施工技术的提高、发展与不断完善。

35-3-1 实现安全文明施工要求的工作目标

35-3-1-1 安全文明施工的要求

1. 为施工现场的人员提供一个没有可能引起影响健康和损伤的工作环境

随着社会文明的进步和对人的价值的认识的提高，以人为本的观念正在成为一切行为的主导因素，并会逐步形成相应的法律和规定。为施工现场的人员（国外的提法是"雇主应为雇员"）提供一个没有可能引起影响健康和损伤的工作环境，就是以人为本观念在建筑施工领域职业健康与安全工作中的体现。

所谓"没有可能引起影响健康和损伤的工作环境"，就是应当消除可能会影响人身健康（即对健康造成损害）和造成人身伤害（即在出现各种安全意外事故时，对现场人员的人身所造成的轻伤、重伤乃至死亡的伤害）的工种属于工作环境的因素，包括工地、作业场所以及食宿和休息娱乐设施的安全与卫生条件。已有法律和法规规定的工作环境条件（有关规定也需要不断地补充和细化）必须达到（否则，就要受到严厉的处罚）；而虽尚无规定或明确的规定，但却有可能对职工引起影响其健康，甚至造成伤害后果的工作环境、条件与因素，也应予以高度重视和认真解决。

2. 使施工不会产生超过环境保护规定的对周围环境的污染和对施工影响区域内居民及人身健康与安全的损害

随着城乡环境的保护与建设要求和对公民生活与工作环境要求的不断提高，对施工过程中的环境保护和不扰民的要求也越来越严格。不仅严格要求施工必须实行封闭管理，还要采取严格措施控制、降低乃至清除施工中产生的扬尘、抛撒、排污、弃物、噪声、振动、浊气、异味、强光照射、夜晨施工等可能污染破坏环境和干扰周围居民正常工作，生活，影响其健康的危害以及采取保护措施，防止落物和其他施工意外情况出现时对施工影响区域居民和行人所造成的任何伤害。

3. 使各项施工作业进行得井井有序、有条不紊和高效快速，实现最短合理工期

依靠充分的施工准备、精心的组织和采取科学、合理的施工程序与管理措施，使施工作业进行得有条不紊，高效快速。为此，必须努力做到以下"八个避免"：避免承接"三边"（边设计、边准备、边施工）和建设、开工手续欠缺的工程；避免无充分准备的仓促开工和作业；避免进行违反"先地下、后地上"等正常和合理程序的施工；避免赶在雨季中施工地下工程和土方工程；避免时常出现窝工、停工、赶工和过度疲劳施工；避免在工地和作业面上投入超饱和资源（人员、材料、设备）和采用"人海战术"；避免反复开挖和施工场地长期处于不平、分割和杂乱无章的状态之中；避免在恶劣天气下继续进行施工。

4. 使安全文明的施管工作覆盖工地的每一个角落和施工的全过程

这是全方位实现安全文明的施工作业与管理工作的要求，即在施工的全过程中，使安全文明的施工作业和管理工作达到每一项施工作业、每一个工作场所和每一位作业工人和管理人员的操作与工作之中。而要实现这一要求，就必须有以下4项基础工作达到较高水平所提供的保证：

（1）在各个分项、分部和专业工程项目中采用安全文明的施工工艺和技术。施工工艺和技术是施工方案的核心部分，在比较和选择施工方案时，不仅要考虑其工艺技术的先进性、实际条件的可行性和经济的合理性；还要考虑其安全可靠性和施工的文明与环保要求。在环保和不扰民要求严格的市中心区施工时，必须选择用人少、声响小、振动轻、效率高、无扬尘与安全可靠的施工工艺和技术，例如可考虑采用小流水段施工法、泵送混凝土、整体吊装、松裂（动）爆破、钻孔桩、装配式大模板和滑模以及附着升降脚手架等更符合安全文明要求的施工工艺和技术。

（2）在各个施工作业项目中采用安全文明的作业和操作。安全文明的施工工艺和技术既为安全文明的作业和操作提供了良好的条件，也对安全文明作业和操作提出了严格的要求；而安全文明的作业和操作也可弥补工艺技术中存在的不足，二者共处一体，相辅相成。而要实现安全文明的作业和操作要求，一要作业工人掌握施工的技术与操作要求，二要提高作业工人的安全文明素质。

(3) 建立起完整的、严格的和有效的安全文明施工的管理制度。不仅要见于纸上和落实于工作中；还要牢牢地扎根于施管人员的一切日常行为之中，成为自觉的和习惯性的行动。

(4) 建立起强有力的宣传和监督氛围。采用各种固定或移动式的有关安全文明施工要求的宣传设施（挂图、标语牌、警示牌、公示牌、黑板报和宣传栏等），营造出遍布工地各个角落的安全文明施工的宣传氛围，形成自觉遵守、互相监督、共建安全文明工地的工作环境。

尽管我国一贯高度重视职工的健康和生产安全工作，各级政府主管部门所进行的工作和承担的责任甚至远远超出了政府的监督职能的要求。但长期以来，在建筑工程施工中，施工企业主要考虑的还是如何确保实现工程施工的质量、进度和经济效益的目标要求，在千方百计地加快进度和降低成本之中，职工的健康和安全往往最容易被忽视和被牺牲。在我国的建筑施工队伍中，作业工人的主体是民工，他们往往是在非常简陋的食宿和生活工作条件下，承担着超时的、很少有休息天的工作，因而成为影响身体健康，甚至是事故的直接受伤害者，他们已成为一支数量很大的弱势群体。高度重视对民工健康和安全权利的保护，完善有关的立法和执法监督，是能否形成安全文明施工的健康发展的重要问题，将国家的方针政策变为企业的行为规则和要求，是在创建安全文明工地工作中必须解决好的课题。

35-3-1-2 安全文明施工的工作目标

1. 企业创建文明工地的管理规定

上海建工（集团）总公司为了发挥集团整体优势，树立良好形象，维护城市市容整洁和城市安全，加大企业标准化管理力度，确保安全生产，提高工地文明施工、文明生产的水准，根据多年来创建文明工地的实践，按照建设部和上海市建委对施工企业的有关规定，结合集团当时的实际情况，以安全为突破口，以质量为基础，狠抓"窗口"达标，推动"两新"活动和全面、全方位、全过程、全员开展创建文明工地活动，制定了《文明工地标准管理规定》及相应的管理办法。这套管理规定和办法的内容全面务实、起点较高，具有规范和指导作用，因而受到了建设部安全主管部门的充分肯定和重视。

上述《文明工地标准管理规定》分为安全生产、场容场貌、工地卫生和文明建设等4个主要部分，其规定项目和内容分别归纳于表35-51～表35-54中（在整理时，对文字稍作调整）。在所列分项中，"防火安全"一项宜列入"安全生产"的规定中或改为现场"消防设施"列入"场容场貌"的规定中，而"社区服务要求"一项的提法不甚确切，可改为"施工环保和区域协理"，所谓"区域协理"即施工影响区域的协调处理，主要是对"扰民"以及由"扰民"引起的"民扰"问题进行协调处理。

"安全生产"的规定　　　　　　　　　　表35-51

序次	项　目	内　容
1	健全和完善各类安全管理台账，强化安全管理软件资料工作	包括：安全责任制、安全教育、施工组织设计、分部（项）工程安全技术交底、特殊作业持证上岗、安全检查、班前安全活动、遵章守纪、工伤事故处理、施工现场与安全标志、外包制与外包工管理、有关合同和协议

续表

序次	项目	内容
2	"三宝"使用和"四口"临边防护设施必须达标	包括：安全帽、安全网和安全带使用；楼梯口、电梯口、预留洞口、坑井、通道口防护和阳台、楼层、屋面的临边防护
3	脚手架设施达到检查标准并有验收使用手续	包括外脚手架、爬架、挂脚手、挑排脚手、吊脚手等，每周检查一次，及时整改，治理隐患
4	施工临时用电管理达标	推行三相五线制，设专业人员管理，对建筑工程与高压线的距离、支线架设、现场照明、变配电装置、熔丝、低压干线架设等必须达到建设部部颁标准
5	井字架及龙门架验收合格并挂牌使用	验收要求安全装置灵敏、可靠，保险标牌信号醒目，架体稳固，井架安全防护、卷扬机、吊索绳卡等符合规范
6	大型施工机械达标和安全使用	塔吊、各类吊机和人货两用电梯必须达到部颁标准，经验收合格挂牌后方可使用；其驾驶员、指挥员持有效证上岗，每天有运作记录；塔吊的三保险、五限位齐全、灵敏可靠，其他各项符合规定；各类吊机、人货两用电梯的保险、限位装置齐全有效，其他各项符合规定
7	中小型机械完好和安全使用	保持完好状态，传动和刀口防护和接零接地达标，操作人员按其使用要求持有效证上岗
8	实施有力的安全监控	有具体的安全坚护实施计划，实施楼层安全监控的具体做法，楼层安全监控人员持证上岗，施工现场所有人员必须佩戴胸卡

"场容场貌"的规定　　表35-52

序次	项目	内容
1	工地实行围挡封闭施工	（1）围栏设置按工程所处位置分别要求： 1) 主要路段、市容景观道路及机场、码头、车站、广场的围栏，高度不低于2.5m，并达到稳固、整洁、美观； 2) 其他路段的围栏，高度不低于1.8m，保证稳固、整洁； 3) 其他工程：按规定使用统一的连续性护栏设施； （2）建筑、装饰工程立面：围挡封闭高度必须高出作业层1.5m以上，以防物体外坠
2	工地建立企业特色标志	工地的门头、大门、旗杆设置实行各企业有各自特色的统一标准，标明集团、企业的规范简称，工地内须立三根旗杆，升挂集团、企业等旗帜
3	工地区域分布合理有序、场容场貌整洁文明	施工区域与生活区域严格分隔，场容场貌整齐、整洁、有序、文明，材料区域堆放整齐，并采取安全保卫措施
4	设置醒目安全标志	施工区域和危险区域设置醒目的安全警示标志

续表

序次	项 目	内 容
5	设置"七牌一图"施工标牌	在工地主要出入口设置"七牌一图"： 1）工程项目简介牌：工程项目，建设、设计、施工和监理单位的名称，工地四周范围、面积，工程结构和层数，开竣工日期和监督电话； 2）工程项目责任人员姓名牌：包括工程项目负责人、工程师、安全员、质量员、卫生员、施工员、计划员、材料员； 3）安全六大纪律牌； 4）安全生产计数牌（天） 5）十项安全技术措施牌； 6）防火须知牌； 7）卫生须知牌（图）； 8）工地施工总平面布置图
6	工地必须做到三通一平、排水畅通	防止泥浆、污水、废水外流或堵塞下水道和排水河道

"工地卫生"的规定　　　　　　　　　　　　　　表35-53

序次	项 目	内 容
1	生活"五有"设施齐全	现场"五有"设施齐全、设置合理。生活区应设置醒目的环境卫生宣传标牌和责任区包干图
2	除"四害"，排水、排污畅通	落实各项除四害措施，控制四害孳生。排水、排污畅通，有条件时应有绿化布置
3	宿舍等整齐清洁	宿舍统一使用36V低压电，日常生活用品力求统一并放置整齐，现场办公室、更衣室、厕所等应经常打扫，保持整齐清洁
4	食堂达到卫生要求	1）食堂的搭设符合规定并办理报批手续； 2）食堂内和四周应整齐清洁，没有积水； 3）盛器应有生熟标记，配纱罩，有条件的食堂应设密封间； 4）每年5～10月，中、夜两餐食品都要留样（不少于50g），保持24h并做好记录； 5）食具、茶具要严格消毒，使用的代价券每天消毒，防止交叉污染；茶水的供应应符合卫生要求； 6）炊事人员每年进行体检，持有健康证和卫生上岗证，并必须做到"四勤"、"三白"，保持良好的个人卫生习惯； 7）达不到"三专一严"及地区卫生防疫站许可证的食堂，不准供应冷面、冷馄饨、冷菜和改刀菜
5	生活垃圾管理	装于容器、放置定点，有专人管理，定时清除
6	保健卫生要求	1）设有医务室，或每周不少于2次现场巡回医疗； 2）做好职工卫生防病的宣传教育，利用板报等形式向职工介绍防病、治病知识； 3）医务人员对卫生起监督作用，定期检查食堂等处的卫生状况

"文明建设"的规定 表35-54

序次	项目	内容
1	工地宣传要求	1）在工地四周设置反映企业精神、时代风貌的醒目宣传标语；工地内设置宣传栏、黑板报等宣传阵地，及时反映内外动态； 2）施工人员遵守上海市民"七不"规范
2	班组建设要求	加强班组建设，工地为班组提供必要的活动场所，有良好的班容班貌，有三上岗一讲评的安全记录，提高班组素质
3	防台风、防汛要求	严格按照市府有关防台风、防汛的要求和规定做好
4	治安综合治理要求	加强工地治安综合治理，做到目标管理、制度落实、责任到人，治安防范措施有力，重点要害部位防范设施到位，外包队伍情况明了、建立档卡，签订治安、防火协议书，加强法制教育
5	社区服务要求	施工期间与地区合作，开展共建文明活动，为民着想，降低施工噪声，努力做到施工不扰民，使工程成为爱民工程、便民工程
6	防火安全	1）建立防火安全组织、义务消防队和防火档案；明确项目负责人、管理人员和各操作岗位的防火安全职责； 2）按规定配置消防器材，有专人管理并落实防火制度和措施； 3）按施工区域、层次划分动火级别，动火必须具有"二证一器一监护"； 4）严格管理易燃、易爆物品，设置专门仓库存放

2．《建筑施工安全检查标准》的检评规定

《建筑施工安全检查标准》（JGJ 59—99）比（JGJ 59—88）增加了对文明施工要求的检评项目，共有13个分项和53个评分小项，分别对现场设施、管理状况和问题表现等三个方面进行检评，其构成情况列于表35-55中。所定检评项目的覆盖性较好，但也有一些漏项，在编制本表时给予了适当的补充，以供读者参考使用。

"文明施工"要求的检评项目 表35-55

序次	项目	现场设施评项	管理状况评项	问题表现评项
1	现场围挡	1）工地四周连续设置围挡； 2）主要路段围挡高于2.5m； 3）一般路段围挡高于1.8m； 4）行人通道安全防护设施	①围挡设施材料和设置的定型化和标准化； ②围挡管理制度	1）围挡材料不坚固； 2）围挡设置不稳定、不整洁和不美观； ③围挡已有所损坏
2	封闭管理	1）设置大门； 2）门头设置企业标志； 3）设置门卫； ④有上挡门的门洞高度标示牌	1）门卫管理制度； 2）佩带工作卡制度； 3）公示制度	①门卫不严，非施工人员任意进出
3	施工场地	1）地面硬化和绿化处理； 2）道路畅通； 3）排水畅通； 4）泥浆、污水、废水收集、不外排设施 5）吸烟处	①现场管理制度	1）工地有积水； ②场地凸凹不平； ③污水外排； ④随处吸烟

续表

序次	项目	现场设施评项	管理状况评项	问题表现评项
4	材料堆放	①材料、构件、机具库房和存放场及其设施； ②废弃材料、下脚料和建筑垃圾收集和集中设施	①材料、设备的进场、分类存放和保管制度； ②材料存放的平面布置设计； ③建筑垃圾收集和清运制度	1) 不按总平面布局堆放； 2) 堆放不整齐； 3) 未挂标牌； 4) 工完未清理场地； 5) 建筑垃圾乱堆放、未设标牌
5	现场住宿	1) 与施工作业区分开的办公和生活设施； 2) 宿舍床铺； 3) 宿舍防煤气中毒、防蚊叮咬设施	①现场办公区和生活区的设置和管理制度	1) 在建工程兼作住宿； 2) 宿舍周围不卫生； 3) 施工办公生活区不分
6	现场防火	1) 灭火器材和消防设施； 2) 消防水源； ③消防车通道； ④现场人员疏散通道； ⑤安全防火人员	1) 消防制度； 2) 动火审批和监护制度； 3) 火源和易燃物品管理制度； ④火警应急工作制度	1) 消防设施不足和设置不合理； 2) 随意动火和吸烟； ③消防器材失效； ④消防通道被占用； 5) 消防水量不足
7	治安综合治理	1) 工人学习和娱乐场所设置； 2) 治安防范措施	1) 治安保卫制度； 2) 治安责任制度	1) 常发生失盗事件； 2) 现场人员状况不清
8	施工现场标牌	1) 大门处挂五牌一图； 2) 安全标语； 3) 宣传栏、读报栏、黑板报； ④公文公示牌； ⑤危险警示和指导牌	①施工安全的宣传工作制度； ②文件公示制度； ③危险作业明示制度	①作业场地无针对性警示、宣传品
9	生活设施	1) 卫生合格的厕所； 2) 卫生合格的食堂； 3) 饮水供应； 4) 淋浴设施； 5) 生活垃圾容器	1) 工地卫生责任制度； ②食品卫生制度	1) 随地大小便； ②作业场地无饮水供应； ③饮水杯公用； 4) 垃圾未及时清理
10	保健急救	1) 保健医药箱； 2) 急救器材； 3) 急救人员； 4) 卫生、防病宣传品	①急救知识培训制度	①病号多； ②工人生病无人管
11	社区服务	1) 防粉尘和噪声的措施； 2) 施工不扰民措施	①施工环保制度； ②不扰民制度； ③区域协理制度	1) 夜间施工未经许可； 2) 现场焚烧材料、物品； 3) 扰民纠纷

注：1. "社区服务"一项宜改为"施工环保和区域协理"；
  2. "五牌一图"为：工程概况牌；管理人员名单及监督电话牌；消防保卫牌；安全生产牌；文明施工牌和施工现场平面图；
  3. 表中使用〇编号者为补充的项目。

35-3-2 安全文明施工技术

35-3-2-1 安全文明施工技术的任务和内容组成

实践证明，安全须得文明，文明导致安全。现在的许多施工企业都已认识到，必须把创建文明工地，推行文明施工和文明作业作为确保施工生产安全、树立企业良好形象的必保的基础性工作来抓。

创建文明工地、推行文明施工和文明作业，不仅是管理性很强的工作，而且也是技术性很强的工作，同时，它还要求职工具有相应的安全文明生产素质作为其基础。因此，它包括了管理、技术和职工素质培养等三方面工作的建设与发展，而安全文明施工技术是它的重要内含和组成部分。

安全与文明密不可分、共处于一体，组成了安全文明的共同体；创建安全文明工地与推行安全文明施工技术也密不可分、共处于一体，组成了安全文明施工的共同体。

安全文明施工技术的任务是缔造施工生产的安全文明状态和规范施工生产作业的安全文明行为。施工生产的安全文明状态包括创造安全文明施工场所和采用安全文明施工的工艺和技术两个大的方面，而施工生产的安全文明行为即进行安全文明作业和操作。这三个大的方面的技术及其各个分支，就构成了安全文明施工技术的体系，见图35-15所示。图中所列均为实现施工安全保证要求的基础性工作项目，它与后述的四个环节的技术保证要

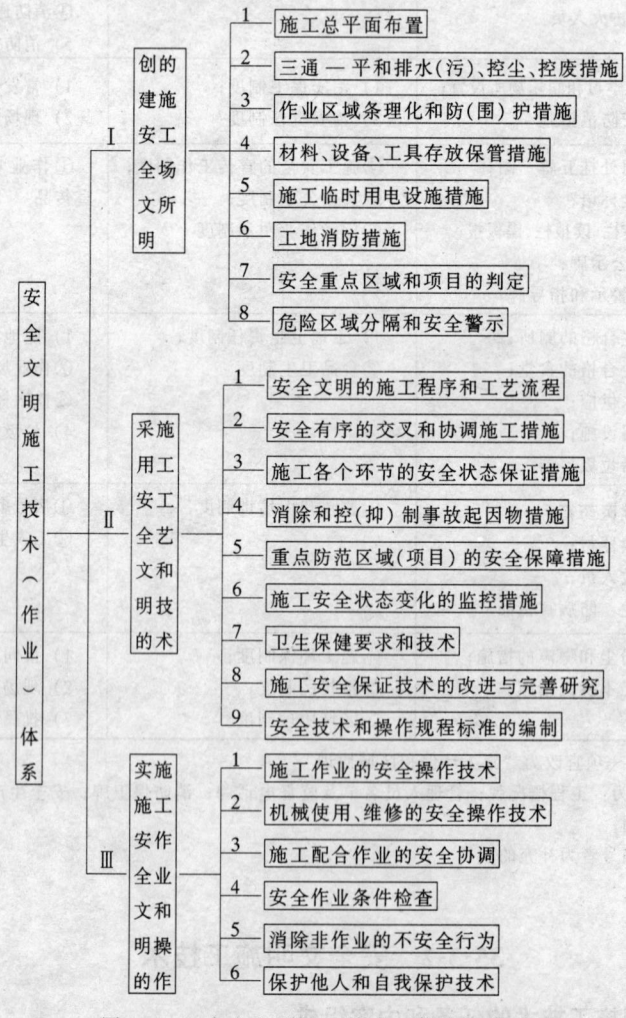

图 35-15 安全文明施工技术（作业）体系

求之间存在着密切的内在联系：安全文明施工技术是总体的全面的要求，四环节技术保证则是安全文明施工技术的四道控制，以实现安全文明施工技术对于施工安全的保证作用。因此，在分别阐述其任务、内容和要求时，不可避免地会有某种程度的交叉情况存在。

35-3-2-2 创建安全文明施工场所的基本要求

1. 施工场所的分类

施工场所按其范围和施工特点可分为以下3类：

(1) 工程建设区域

即一个大的工程建设项目所划定的建设区域，包括竣工区域、在施区域、待建区域、企业生产区域和企业生活区域等。它的有关规划安排应符合维护所属城市或地方的地域环境保护、城市市容、交通条件、安全文明等的要求。其中的在施区域为本节的阐述范围。

(2) 施工工地

即在施工程的施工区域，包括施工和生产作业区、材料堆放场地和库区以及管理和生活临时设施区等。

(3) 施工作业区

正在进行施工作业的区域或地段，包括以下3种类型：

1) 单项作业和正常配合作业区段，即以单项作业为主导的、伴有其他配合作业的区段。例如进行结构、墙体施工的作业区，以结构和墙体工程作业为主，其他水、暖、电、卫敷管作业配合进行的区域。

2) 交叉作业区段，即多种作业交叉和协调进行的区段。在交叉作业区段，没有明显的居主导地位（其他作业都要服从和配合其施工要求）的单项作业，在各项同时交叉进行的作业之间需要进行很好的协调安排，以确保有条不紊和安全顺利地进行。

3) 特种作业和危险作业区段，即进行电气焊、爆破、预应力、高压、水下等特种作业以及在有毒、有害、有危险场所进行作业的区段。

对于不同类型的施工场所，除遵守一般的安全文明施工作业要求外，还应注意满足它们的特殊要求。

2. 创建安全文明施工场所的基本要求

创建安全文明场所的8个方面（施工总平面布置、三通一平和排水（污）、作业区域条理化和防围护、材料设备工具的存放保管、施工动力和照明用电、消防、安全重点区域和项目的制定以及危险区域的分隔和安全警示）的基本要求（规定）分别归纳后列于表35-56～表35-69中。

施工总平面布置的基本要求　　表35-56

序次	项目	基本要求
1	区域划分	按功能划分成施工作业区、辅助作业区、材料堆置区、施工管理（办公）和生活设施区，并按环保要求设置绿化区域（点）
2	区域交叉的保护	对有安全问题存在的区域交叉部分采取设界牌、移动式围挡等保护措施
3	塔吊设置	满足作业覆盖要求和臂杆回转域内的安全要求
4	外域围护	1) 工地周边设置与外界隔离的围挡； 2) 临街或在人口稠密区，宜砌围墙和脚手架外侧面全封闭围护

序次	项目	基本要求
5	三通一平和排水（污）	见表35-57
6	材料堆放场地和库房	见表35-59
7	工地临时用电设施	见表35-60
8	标牌、标志设置	企业标志、工程标牌、安全标志齐全
9	消防设施	见表35-61

三通一平和排水（污）、控尘、控废的基本要求　　　　表35-57

序次	项目	基本要求
1	场平	平整施工场地，清除障碍物，无坑洼和凹凸不平，非开挖地面进行硬化处理
2	道路通	车行道、人行道坚实平整，有良好视野，雨季不存水，出入口之间通畅，必要处设交通标志；轨道（塔吊等）与车行、人行道交叉处采用平接措施；有火车轨道进入施工区域时，在道口设落杆、标志和信号灯；道路不得任意挖掘截断，因需要暂时挖断时，应在沟面架设安全桥板
3	电通、水通	工地供电和供水线路架通，供电线路设置要求见表35-60
4	排水、排污	具有良好的排水系统，设污水沉淀池妥善处理污水，未经处理的污水不得直接排入城市下水道和河流
5	控尘、控废	控制工地的粉尘、废气、废水和固体废弃物，清理高处废弃物宜使用密封式简道或其他防止扬尘的方式，定期清理废弃物，禁止将含有废弃物和有毒物质的垃圾土作回填土使用，地面经常洒水，对粉尘源进行覆盖，对场内存土覆盖或植草皮

作业区域的条理化和防（围）护的基本要求　　　　表35-58

序次	项目	基本要求
1	作区域区的条理化	有满足要求的操作场地或作业面，清除影响作业的障碍物，妥善处置有危险性的突出物，材料整齐堆放，有良好的安全通道
2	拆除物品的清理	拆下来的模板、支撑架、脚手架等材料物品以及施工余料、废料、垃圾应及时清运出去，木料上的钉子应及时拔掉或拍倒（以防发生钉子扎脚）
3	有危险作业区域的防（围）护	凡有可能发生块体或物品掉落、弹出、飞溅以及有其他伤害物的区域均应设置安全防（围）护措施，以保护现场其他人员的安全

材料、设备、工具存放保管的基本要求　　　　表35-59

序次	项目	基本要求
1	材料、物品的码垛堆放	按规定平整场地、设置支垫物；按平面布置图划定的地点分类堆放整齐、稳固和不超过规定高度；料堆应离开场地围挡或临时建筑墙体至少500mm，并将两头进口封堵，严禁紧贴围挡或临时建筑墙体堆料

续表

序次	项 目	基 本 要 求
2	材料、物品的支架堆放	易滚（滑）和重心较高的材料物品的支架堆放，其支架应稳定可靠。必要时应进行设计，严格按设计要求设置
3	爆炸物品的存放	工地一般不得过夜存放爆炸物；临时存放少量炸药、雷管、引火线的小仓库应符合防爆、防雷、防潮和防火的要求，且应通风良好和采用防爆型照明灯；库内存放的炸药量不得超过一天的用量，炸药和雷管应分库存放；库房内严禁吸烟和带入火种，库房管理和进库人员不得穿钉鞋入库
4	易燃和有毒物品的存放	油漆、稀释剂等易燃品和其他对职工健康有害的物品应分类存放在通风良好、严禁烟火并有消防用品的专用仓库内；沥青应放置在干燥通风、不受阳光直射的场所

施工临时用电设施的基本要求和规定　　　　　　　　　　　　　表 35-60

序次	项 目	基 本 要 求 和 规 定
1	低压电力及其接零保护系统	临时用电工程应采用中性点直接接地的 380/220V 三相四线制低压电力系统和 TN-S（即三相五线制）接零保护系统
2	配电线路	1）配电线路必须采用绝缘导线（铜线或铝线）；2）导线截面应满足计算负荷要求和末端电压偏移≥5%的要求；3）电缆配线应采用有专用保护线（PE 线）的电缆；4）架空线路的导线截面：一般场所不得小于 $10mm^2$（铜线）或 $16mm^2$（铝线）；跨越铁路、公路、河流和在电力线路挡距内不得小于 $16mm^2$（铜线）或 $25mm^2$（铝线）；5）配电线路至配电装置的电源进线必须做固定连接，严禁做活动连接；6）配电线路的绝缘电阻值不得小于 $1000\Omega/V$；7）配电线路不得承受人为附加的非自然力
3	配电线路架空敷设	1）采用专用电杆，电杆应坚固和绝缘良好；2）挡距不小于 35m，挡距内无接头；3）线间距不小于 0.3m；4）架空高度不小于：距地面 4m（暂设工程室内配线距地面为 2.5m）；距机动车道 6m；距铁路轨道 7.5m；距暂设工程顶端 2.5m；距广播通讯线路 1m；距 0.4kV 交叉电力线路 1.2m；距 10kV 交叉电力线路 2.5m；5）相序排列（面向负荷侧，从左起依次要求）：当单横担架设时为 L_1、N、L_2、PE；当双横担架设时，上层横担为 L_1、L_2、L_3，下层横担为 L_1（L_2、L_3）、N、PE
4	电缆敷设	1）电缆敷设采用直埋地或架空，严禁沿地面明设；2）埋地敷设深度不得小于 0.6m，并须覆盖硬质保护层，穿越建（构）筑物、道路及易受损伤场所时，须另加保护套管；3）架空敷设时应采用沿墙或电杆绝缘固定，电缆的最大弧垂处距地不得小于 2.5m；4）电缆接头盒应设置于地面以上，并能防水、防尘、防腐和防机械损伤；5）在建工程内的临时电缆的敷设高度不得小于 1.8m
5	用电设备的负荷线	1）应采用橡皮护套、铜芯软电缆；2）电缆的防护性能应与使用环境相适应；3）电缆芯线中有用作保护接零的黄/绿双色绝缘线；4）敷设应不受介质腐蚀和机械损伤；5）电缆无中间接头和扭结

续表

序次	项目		基本要求和规定
6	TN-S接零保护系统的保护线（PE线）		1）保护线（PE线）的统一标志为黄/绿双色绝缘导线；2）PE线应自专用变压器、发电机中性点处或配电室、配总电箱电源进线处的零线（N线）上引出；3）PE线应在其中间处和末端处作不少于两处的重复接地，且每处的工频接地电阻值应不大于10Ω；4）PE线上不得装设控制开关和熔断器；5）PE线的截面应不小于所对应的工作零线截面，并满足机械强度要求，与电气设备相接的PE线应为截面不小于$2.5mm^2$的多股绝缘铜线
7	设备不带电的外露导电部分的保护接零要求	应做保护接零的情况	1）电机、变压器、电焊机的金属外壳；2）配电屏、控制屏的金属框架；3）配电箱、开关箱的金属箱体；4）电动机械和手持电动工具的金属外壳；5）电动设备传动装置的固定金属部件；6）电力线路的金属保护管和敷线钢索；7）起重机轨道；8）滑升模板的金属操作平台；9）电力线杆（塔）上电气装置的金属外壳和金属支架；10）靠近带电部分的金属围栏和金属门等
		可不做保护接零的情况	1）安装在配电屏、控制屏金属框架以及配电箱、开关箱的金属箱体上，并能保证金属性连接的电器、仪表的金属外壳；2）安装在发电机同一固定支架上的用电设备的金属外壳
		连接规定	1）保护接零线必须与PE线相连接，并与工作零线（N线）相隔离；2）自备发电机组电源与外电线路电源联锁，并与TN-S接零保护系统联锁，严禁并列运行
8	用电设备		1）符合序7栏中的保护接零规定；2）保护外壳完备；3）绝缘电阻值不小于：鼠笼异步电动机0.5MΩ；绕线异步电动机的定子冷态2MΩ、定子热态0.5MΩ、转子冷态0.8MΩ、转子热态0.15MΩ；手持电动工具，Ⅰ类2MΩ、Ⅱ类7MΩ、Ⅲ类10MΩ；4）设备周围不得堆放易燃、易爆物
9	配电屏（盘、箱）和开关箱的设置与使用		1）动力配电和照明配电宜分屏（盘、箱）设置，如合置于一屏（盘、箱）中时，应分路设置；2）配电箱、开关箱的箱体应用铁质或优质绝缘材料制作，并能防水、防尘；3）配电屏（盘、箱）和开关箱应装设电源隔离开关（含分路隔离开关）、短路（含分路）保护电器、过载（含分路）保护电器，其额定值和动作整定值应与其负荷相适应；4）开关箱实行"一机一闸制"，不得设置分路开关；5）配电屏（盘、箱）和开关箱中必须设置漏电保护器，其选择应符合国标GB 6829的要求；6）配电屏（盘）和总配电箱中的漏电保护器的额定漏电动作电流大于30mA，额定漏电动作时间应大于0.1s，但其乘积应小于20mA·s，并应装设电压表、电流表和电度表；7）开关箱中的漏电保护器，对一般场所，额定动作电流不大于30mA，动作时间小于0.1s；对潮湿和有腐蚀介质场所，额定动作电流不大于15mA，时间小于0.1s；8）屏（盘）、箱应作名称、用途、分路标记，箱门配锁，停止作业时断电上锁；箱内不得直接挂接其他用电设备，不得放置杂物，更换熔体时，不得使用代用品；9）维修人员必须是专业电工并必须使用绝缘电工器材；10）维修时，维修点的前一级电源开关必须分闸断电，并悬挂醒目的停电标志牌；11）配电屏（盘、箱）、开关箱周围应有宽度不小于1m的通道，并不得堆放杂物，不得有灌木杂草、液体浸溅、物体撞击、强烈振动和热源烘烤，严禁存放易燃、易爆物和腐蚀介质；12）屏（盘）、箱必须安装牢固，移动式配电（开关）箱必须装设在坚固稳定的支架上，严禁置于地面

续表

序次	项目	基本要求和规定
10	配电室和控制室	1) 应靠近电源并设在无灰尘、无蒸汽、无腐蚀介质和无振动的地方；2) 应能自然通风，并有防雨雪、防动物进入措施；3) 配电室的建（构）筑物的耐火等级应不低于3级，室内应配置消防器具用品；4) 配电室内必须保持规定的操作、维修通道宽度，保持清洁，严禁放置杂物；5) 门应向外开，并配锁
11	照明供电要求	应与照明器的使用环境相适应：1) 一般场所的照明电压为220V；2) 隧道、人防工程、高温、有导电粉尘和狭窄的场所，照明电压应不大于36V；3) 潮湿和易触及照明线路的场所，照明电压不大于24V；4) 特别潮湿、导电良好地面、锅炉和金属容器内，照明电压不大于12V；5) 行灯电压不大于36V；6) 照明变压器应为双绕组型，严禁使用自耦变压器
12	照明器的选择	应与使用环境条件相适应：1) 正常环境下用开启型；2) 潮湿场所用密闭防水型；3) 易燃、易爆场所用防爆型；4) 多尘和振动场所用防尘型；5) 含酸、碱腐蚀介质场所用耐酸碱型；6) 夜间影响飞机、车辆、行人安全通行的在建工程、机械和暂设工程，应设醒目的红色警示灯
13	防雷接地	1) 工地的建筑机械，若处在临近设施的防雷保护之外时，应按下表规定作防雷接地： 	地区年平均雷暴日 (d)	≤15	>15，<40	≥40，<90	≥90
---	---	---	---	---
机械设备高度 (m)	≥50	≥32	≥20	≥12	 2) 配电室和总配电箱进、出线处应设阀型避雷器或将其架空，进、出线处绝缘子铁脚作防雷接地；3) 防雷接地的（冲击）接地电阻值不得大于3Ω；4) 当施工现场与外电线路共用同一供电系统时，电气设备应根据当地规定作保护接零或接地，不得一部分设备采用保护接零，而另一部分设备采用保护接地；5) 施工现场的电力系统严禁利用大地作相线或零线；6) 作防雷接地的电气设备，必须同时作重复接地；7) 保护零线的每一重复接地电阻值应不大于10Ω，塔式起重机的重复接地电阻值不应大于4Ω
14	架空电力线安全距离	1) 不得在架空电力线路正下方施工、搭设作业棚、建造暂时设施和堆放物品；2) 在建工程施工与架空电力线路边线之间的距离不得小于下表规定： 	外电线路电压 (kV)	<1	1~10	35~110	154~220	330~500
---	---	---	---	---	---
安全距离 (m)	4	6	8	10	15 | 3) 起重机通过架空电力线路时，应将起重臂落下，起重机任何部分与电力线的最小距离不得小于2m，起重机的任何部位及被吊物边缘与电力线的最小水平距离不得小于下表规定： | 输电线路电压 (kV)	≤10	11~20	35~154	220
---	---	---	---	---
最小水平距离 (m)	2	4	8	10	 4) 不能保证上述安全操作距离时，应采取增设绝缘屏障、遮栏等防护隔离，并悬挂醒目警示标志，或迁移电力线路，或改变工程位置；5) 受强电磁辐射的高大建筑机械，应采取加强绝缘等电气隔离措施

序次	项目	基本要求和规定
15	临时用电施工组织设计和技术措施的编制	凡用电设备在5台以上或用电设备在50kW以上时,应编制临时用电施工组织设计;5台和50kW以下时,应编制安全用电技术措施和电气防火措施

工地消防的基本要求和规定　　　　　　表35-61

序次	项目		基本要求和规定
1	一般规定		1)重点工程和高层建筑应编制防火技术措施并履行报批手续,一般工程应有防火技术方案;2)按规定配置消防器材、设施和用品,并建立消防组织;3)明确划定用火和禁火区域;4)动火作业须履行审批制度,动火操作人员持证上岗并有专人监护;5)定期进行防火检查,及时清除火灾隐患
2	灭火器材适用范围	器材名称	适用范围
		泡沫灭火器	油脂、石油产品及一般固体物质的初起火灾
		酸碱灭火器	竹、木、棉、毛、草、纸等一般可燃物质的初起火灾
		干粉灭火器	石油及其产品、可燃气体和电气设备的初起火灾
		二氧化碳灭火器	贵重设备、档案资料、仪器仪表、600V以下电器及油脂火灾
		"2111"灭火器	油脂、精密机械设备、仪表、电子仪器设备、文物、图书、档案等贵重物品的初起火灾
		水	适用范围较广,但不得用于:1)非水溶性可燃、易燃物体火灾;2)与水反应产生可燃气体、可引起爆炸的物质起火;3)直流水不得用于带电设备和可燃粉尘集聚处的火灾,贮存大量浓硫、硝酸场所的火灾
3	消防器材的日常管理		1)各种消防梯经常保持完整完好;2)水枪经常检查,保持开关灵活、喷嘴畅通,附件齐全无锈蚀;3)水带充水后防骤然折弯,不被油类污染,用后清洗晾干,收藏时应单层卷起,竖放在架上;4)各种管接口和扣盖应接装灵便、松紧适度、无泄漏,不得与酸、碱等化学品混放,使用时不得摔压;5)消火栓按室内、室外(地上、地下)的不同要求定期进行检查和及时加注润滑油,消火栓井应经常清理,冬季采用防冻措施;6)工地设有火灾探测和自动报警灭火系统时,应由专人管理,保持处于完好状态
4	料场仓库防火		1)易着火的仓库应设在工地下风方向、水源充足和消防车能驶到的地方;2)易燃露天仓库四周应有6m宽平坦空地的消防通道,禁止堆放障碍物;3)贮存量大的易燃仓库应设两个以上的大门,并将堆放区与有明火的生活区、生活辅助区分开布置,至少应保持30m防火距离,有飞火的烟囱应布置在仓库的下风方向;4)易燃仓库或堆料场与其他建筑物、铁路、道路、高架电线的防火间距按表35-64的规定执行;5)易燃仓库和堆料场应分组设置堆垛,堆垛之间应有3m宽的消防通道,每个堆垛的面积不得大于:木材(板材)300m²;稻草150m²;锯木200m²;6)易起火的仓库内、外应按500m²分区并设置防火墙;7)库存物品应分类分堆贮存编号,对危险物品应加强入库检验,易燃易爆物应使用不发火的工具设备搬运和装卸;8)库房内防火设施齐全,应分组布种类适合的灭火器,每组不少于4个,组间距不大于30m,重点防火区应每25m²布置1个灭火器;9)库房内不得兼做加工、办公和其他用途;10)库房内严禁使用碘钨灯,电气线路和照明应符合安全规定(见表35-60);11)易燃材料堆垛应保持通风良好,应经常检查其温、湿度,防止自燃起火;12)拖拉机不得进入仓库和料场进行装卸作业;其他车辆进入易燃料场仓库时,应安装符合要求的火星熄灭器;13)在仓库料场进行吊装作业时,机械设备应符合防火要求,严禁产生火星;14)装过化学危险品的车辆必须清洗干净后,方许装运易燃物品;15)露天油桶堆放场应有醒目的禁火标志和防火防爆措施,润滑油桶应双行并列卧放,桶底相对,桶口朝外,出口向上,轻质油桶与地面成75°鱼鳞靠式斜放,各堆之间应保持防火安全距离;16)各种气瓶均应单独设库存放

续表

序次	项目	基本要求和规定
5	木工作业棚（间）防火	1) 作业棚（间）应采用阻燃材料搭设；2) 处于刨花、锯末较多部位的电动机应装设防尘罩，电气设备应密封或采用防爆型，电箱下不得堆放物料；3) 防止电线短路、用电设备过载运行，设备漏油和缺油；4) 严禁在作业场所吸烟、生火、烧饭或点明火取暖；5) 配备足量的灭火器材
6	锅炉房防火	1) 按每 $25m^2$ 面积配备 1 个适合类型的灭火器；2) 烟囱上应安装消烟防尘和火星熄灭装置；3) 禁止在房内堆放其他燃料和燃烧废物
7	24m 以上建筑施工防火	1) 设置具有足够扬程的高压水泵和其他消防设施；2) 视需要增设临时水箱，以保证有足够的消防水源；3) 设专职防火监护员巡回检查；4) 现场配火险报警装置，及时报告
8	地下室施工防火	1) 保持出入口通畅；2) 在门窗洞口和通气孔处禁放氧气瓶和乙炔瓶；3) 不准用作危险品仓库和存放有毒、易燃物品；4) 应有火险报警装置
9	古建、文物单位大修工程防火	施工单位应会同使用单位和有关部门共同制订防火安全措施，报上级主管和公安消防部门批准后，方能施工
10	国家重点单位建设工程施工防火	施工现场的防火工作应执行国务院《重点单位消防工作的十项标准》
11	熬制沥青防火	1) 锅灶应设置在远离建筑物和易燃材料 30m 以上的适合地点，禁止设在屋顶、简易工棚内和电气线路下；2) 严禁用汽油或煤油点火，不得用沥青作燃料；3) 需要加煤油稀释沥青时，应待沥青的温度降低以后进行；4) 熬制现场应配置消防器材、用品
12	冷库施工防火	1) 严禁用汽油配制冷底子油，施工冷底子油期间，严禁火种入内，并及时排除库内可燃气体；2) 切割氨冷冻管道前，应清除管内残存油脂和周围可燃物，再经通氮气清扫后，方可进行切割
13	玻璃钢冷却塔和球罐施工防火	1) 玻璃钢冷却塔的安装应在具备不再动火的条件后进行；2) 球罐施工时的挡风材料应采用金属铁皮或"三防"布，且不得封闭人孔洞
14	电、气焊作业防火	1) 焊、割作业点与氧气瓶、电石桶、乙炔发生器的距离不小于 10m，与易燃易爆物品的距离不得小于 30m；2) 乙炔发生器与氧气瓶之间距离，在存放时不得小于 2m，在使用时不得小于 5m；3) 氧气瓶、乙炔发生器等切割设备上的安全附件完整有效；4) 严格执行"十不烧"规定（见表 35-65）；5) 作业前应有书面的防火交底和作业者签字，作业时备有灭火器材，作业后清理热物和切断电源、气源
15	现场锻炉作业防火	1) 须经消防和安全部门检查并领取用火审批合格证；2) 使用可燃液体和硝石溶液淬火时，应控制油温，防止液体自燃；3) 锻炉应用耐火材料修建，炉的上方和下方不应有电线（缆）；4) 锻炉间配备灭火器材
16	涂（喷）漆作业防火	1) 作业场所应通风良好，防止空气形成爆炸浓度，采用防爆型电器设备，严禁火源带入；2) 禁止与焊割作业同时或同部位上下交叉进行；3) 接触涂料、稀释剂的工具应采用防火花型；4) 浸有涂料、稀释剂的破布、棉纱、手套和工作服等应及时清除，防止堆放生热自燃

安全重点区域和项目判定的依据原则 表 35-62

序次	安全重点区域和项目判定的依据原则
1	各类安全事故的多发区域和项目（表 35-66）
2	采用新结构、新材料、新工艺、新技术和新设备的施工区域和项目
3	赶工、多层次交叉施工的区域和项目
4	施工条件困难、恶劣的区域和项目（见表 35-67）
5	不能连续施工以及其他的施工处于"干干停停"等不正常状态的区域和项目
6	高层、超高层建筑和高耸工程、特种工程、超深地下工程等"高、大、新、特"工程项目
7	多台机械协同作业和多种机械配合作业的区域和项目
8	有拆除工程、拆除作业和在施工过程中设计有"颠覆性"变更的区域和项目
9	较多分包队伍同时施工的区域和项目
10	安全措施难以达到完备的区域和项目

危险区域分隔和安全警示的基本要求 表 35-63

序次	项目	基本要求
1	危险区域的确定原则	1）有不安全状态存在的区域；2）存在和随时有可能出现致害物的区域；3）随时有可能发生意外情况的区域；4）施工人员过度集中的区域；5）已发现有危险征兆的区域；6）正在进行抢险作业的区域
2	存在不安全状态、致害物和可能出现意外情况的常见施工危险区域	1）高空落物区域；2）深基坑和坑、沟交错的施工区域；3）预应力张拉作业区域；4）结构和设备安装作业区域；5）隧道、洞室作业区域；6）高压作业区域；7）爆破作业区域；8）焊接作业区域；9）电热作业区域；10）拆除作业区域；11）复杂工程地质条件施工区域；12）沥青和加热涂敷作业区域；13）整体顶升、顶推作业区域；14）存在有毒气体和空气不流通的区域；15）其他
3	安全警示标志的设置要求	1）在施工危险区域设置"禁人"等警示标志；2）在事故多发区域、项目和点上设置相应的安全警示标牌；3）在电气控制设备和触电危险区域设置警示；4）在夜间设置危险区域红灯警示
4	安全禁示牌的警示内容	1）禁止（严禁）烟火；2）禁止进入（或禁止非作业人员进入）；3）禁止穿行；4）严禁合闸；5）禁止移动；6）禁止攀越；7）禁止闭门；8）禁用电炉；9）禁止靠近；10）禁止继续施工；11）高空落物、危险；12）坍塌，危险；13）坑沟，危险；14）洞口，危险；15）预应力张拉作业，危险；16）强电作业，危险；17）毒气，危险；18）冒（涌）水，危险；19）下沉，危险；20）倾斜，危险；21）交叉施工，注意安全；22）高空（架上）作业，注意安全；23）有施工障碍物，注意安全；24）夜间施工，注意安全；25）场地狭窄，注意安全；26）人员集中，注意安全；27）条件恶劣，注意安全；28）工期紧张，注意安全；29）特种作业，注意安全；30）假期之后，注意安全

仓库、料场与相邻建筑、设施的防火间距

表 35-64

序次	仓库、料场类别	相邻建筑设施名称	防火间距不小于 (m)			
1	乙、丙、丁、戊类（物品）库房	该4类库房之间和该4类库房与甲类厂房之间	耐火等级	耐火等级		
				一、二级	三级	四级
			一、二级	10	12	14
			三级	12	14	16
			四级	14	16	18
2	乙类库房	重要公共建筑	30			
		其他民用建筑	25			
3	甲类库房	民用建筑、明火或散发火花地点	3、4项		1、2、5、6项	
			≤5t	>5t	≤10t	>10t
			30	40	25	30
		其他建筑：其他4类库房	一、二级	15	20	12	15
			三级	20	25	15	20
			四级	25	30	20	25
4	甲、乙、丙类液体储罐、堆场；可燃、助燃气体储罐；液化石油气储罐的防火间距		见《建筑设计防火规范》(GBJ16—87) 第四章第4.5.6节			
5	稻草、芦苇等易燃材料堆场	与建筑物的防火间距	一个堆场总储量 m³ (t)	耐火等级		
				一、二级	三级	四级
			10～5000	15	20	25
			5001～10000	20	25	30
			10001～20000	25	30	40
6	木材等可燃材料堆场	与建筑物的防火间距	50～1000	10	15	20
			1001～10000	15	20	25
			10001～20000	20	25	30
7	煤和焦炭堆场	与建筑物的防火间距	100～5000	6	8	10
			>5000	8	10	12
8		防火间距 (m)				
		厂外铁路线中心线	厂内铁路线中心线	厂外道路路边	厂内道路路边	
					主要	次要
	液化石油气储罐	45	35	25	15	10
	甲类物品库房	40	30	20	10	5
	甲、乙类液体储罐	35	25	20	15	10
	丙类液体储罐、易燃材料堆场	30	20	15	10	5
	可燃、助燃气体储罐	25	20	15	10	5

注：1. 储存物品的火灾危险性分类见表35-68；
    2. 库房的耐火等级划分见表35-69。

焊、割作业的"十不烧"规定　　　　　　　　　　　　　表35-65

序 次	焊、割作业的"十不烧"规定
1	无本地区特种作业人员安全操作证，不得焊、割
2	进行一、二、三级动火范围的焊、割作业，未经办理动火审批手续，不得焊、割
3	不了解现场周围情况，不得焊、割
4	不了解焊件内部有否易燃、易爆物时，不得焊、割
5	装过可燃气体、易燃和有害物质的容器，未经彻底清洗和排除危害之前，不得焊、割
6	附近有与明火相抵触的工种作业时，不得焊、割
7	有压力或密闭的管道、容器，不得焊、割
8	附近的易燃易爆物品未作清理或采取安全防护措施前，不得焊、割
9	用可燃材料作保温、隔热、隔声层的设备部位或火星能飞溅到的地方，在未采取可靠安全措施之前，不得焊、割
10	与外单位相连的部位，在未弄清有无险情，或已知有危险而未采取有效措施之前，不准焊、割

常见各类安全事故的多发施工区域和项目　　　　　　　表35-66

序次	施工阶段和工程类别	常见事故多发区域和项目
1	土石方工程、基础和地下工程施工阶段	土石方爆破的振动、抛掷和冲击影响区域
2		瞎炮处理、二次爆破作业
3		炸药、引爆材料的管理
4		土石方机械的作业
5		超深、陡壁、涌水、滑移、坍坠的坑槽工程
6		人工挖孔桩工程
7		支护工程和降水设备与作业
8		隧道工程、洞室作业
9		底板、墙壁防水作业
10		沉井、沉箱工程
11	结构工程	各类内、外脚手架的设置和架上作业
12		垂直运输设施的设置和作业、卷扬机作业
13		塔吊的装拆、转移和作业
14		结构安装工程和小型构件的人力安装作业
15		结构施工和设备安装交叉作业
16		大跨、支撑梁板楼（屋）盖现浇混凝土作业
17		木作机械加工、钢筋加工作业
18		模板的安装、拆除作业和立式存放
19		结构构件的临时支撑和固定作业
20		受料、转运架台和栈桥的设置与使用
21		机械设备的设置、就位和机械作业

续表

序次	施工阶段和工程类别	常见事故多发区域和项目
22	装修和收尾阶段	室内多工种、多工序立体交叉作业
23		外装饰工程多层作业和落架子作业
24		防水、油漆和涂层作业
25		电动工具使用和临电使用
26		零星修补工作的高处作业
27	季节性施工	风雨季节的坑槽和室外作业
28		高温季节和高温环境作业
29		冬季严寒、风雪浓雾环境作业

施工条件困难和恶劣的情况　　　　表 35-67

序次	施工条件	序次	施工条件
1	施工场地狭窄	7	高压、高温、高湿环境
2	临街、临热闹区域	8	罐、管道和封闭容器内的施工
3	不能使用适合的大型机械	9	在粉尘和其他有害环境中的施工
4	不停产情况下进行检修和改造施工	10	不能采取适合的脚手架和垂直运输设施
5	酷暑、严冬和风雨季节下的露天施工	11	工程地质条件很差
6	隧道、洞室中的施工	12	其他困难和恶劣条件

储存物品的火灾危险性分类　　　　表 35-68

储存物品类别	火灾危险性的特征
甲	1. 闪点<28℃的液体 2. 爆炸下限<10%的气体，以及受到水或空气中水蒸气的作用，能产生爆炸下限<10%气体的固体物质 3. 常温下能自行分解或在空气中氧化即能导致迅速自燃或爆炸的物质 4. 常温下受到水或空气中水蒸气的作用能产生可燃气体并引起燃烧或爆炸的物质 5. 遇酸、受热、撞击、摩擦以及遇有机物或硫磺等易燃的无机物，极易引起燃烧或爆炸的强氧化剂 6. 受撞击、摩擦或与氧化剂、有机物接触时能引起燃烧或爆炸的物质
乙	1. 闪点≥28℃至<60℃的液体 2. 爆炸下限≥10%的气体 3. 不属于甲类的氧化剂 4. 不属于甲类的化学易燃危险固体 5. 助燃气体 6. 常温下与空气接触能缓慢氧化，积热不散引起自燃的物品
丙	1. 闪点≥60℃的液体 2. 可燃固体
丁	难燃烧物品
戊	非燃烧物品

库房的耐火等级、层数和占地面积　　表35-69

储存物品类别		耐火等级	最多允许层数	最大允许占地面积（m²）						库房的地下室、半地下室
				单层库房		多层库房		高层库房		
				每座库房	防火墙间	每座库房	防火墙间	每座库房	防火墙间	防火墙间
甲	3、4项	一级	1	180	60	—	—	—	—	—
	1、2、5、6项	一、二级	1	750	250	—	—	—	—	—
乙	1、3、4项	一、二级	3	2000	500	900	300	—	—	—
		三级	1	500	250					
	2、5、6项	一、二级	5	2800	700	1500	500	—	—	—
		三级	1	900	300					
丙	1项	一、二级	5	4000	1000	2100	700	—	—	150
		三级	1	1200	400					
	2项	一、二级	不限	6000	1500	3000	1000	2800	700	300
		三级	3	2100	700	1200	400			
丁		一、二级	不限	不限	3000	不限	1500	4000	1000	500
		三级	3	3000	1000	1500	500			
		四级	1	2100	700					
戊		一、二级	不限	不限	不限	不限	2000	6000	1500	1000
		三级	3	3000	1000	2100	700			
		四级	1	2100	700					

注：1. 高层库房、高架仓库和筒仓的耐火等级不应低于二级，储存特殊贵重物品的库房，其耐火等级宜为一级。

2. 独立建造的硝酸铵库房、电石库房、聚乙烯库房、尿素库房、配煤库房以及车站、码头、机场内的中转仓库，其占地面积可按本表的规定增加1倍，但耐火等级不应低于二级。

3. 装有自动灭火设备的库房，其占地面积可按本表及注2的规定增加1倍。

4. 石油库内桶装油品库房面积可按《石油库设计规范》执行。

35-3-2-3　采用安全文明施工工艺和技术的基本要求

在施工中采用安全文明的施工工艺和技术，是确保施工安全的重要保证条件之一。它的内容包括9个方面，应认真研究和掌握这9个方面的基本要求，并以此为指导，不断地研究、改进、发展与完善各工程技术领域的安全文明施工工艺和技术。

安全文明施工工艺和技术9个组成方面的基本要求汇于表35-70和表35-71中。

安全文明施工工艺和技术的基本要求 表 35-70

序次	类别	项目	基本要求
1	一、安全文明的施工程序和工艺流程	群体性工程项目的开工顺序	除考虑施工总体安排中的制约、影响关系和图纸、资金、材料设备的供应条件外，还必须考虑符合安全文明施工的要求
2		工程项目的安全文明施工程序	1)"三通一平"（或"7通1平"）工程先行，其他开工前的施工准备工作完备；2) 尽力采取"先地下后地上"的程序安排，避免或减少施工途中的断路和破坏现场平面安排情况；3) 为其他或后续工程项目创造安全文明施工条件的项目宜先安排进行；4) 对同时进行项目之间的安全文明施工协调工作有可行的措施安排
3		安全文明施工工艺	1) 按单项施工确定的、符合其工艺关系和安全文明施工要求的工艺流程；2) 按安全流水施工确定的、符合单项工艺流程和各单项之间流水协调关系的多项流水施工工艺；3) 按施工进度均衡和充分发挥人力资源效能确定的小流水段施工的工艺流程；4) 施工工艺关系应采用网络图标出并提出各工艺环节中的安全文明施工要求
4	二、安全有序的交叉和协调施工技术	安全有序交叉施工的类型	1) 按区域划分，确保该区域主专业项目施工要求，做好其他专业配合协调的交叉施工；2) 在同一区域内按时间段划分，确保该时间段主专业项目施工要求，停止其他专业项目施工或做好其他专业配合协调的交叉施工；3) 既按区域划分，又按时段划分的交叉施工（注1）
5		交叉施工的协调要求	1) 尽量确保在小的施工区域或场所进行单项作业；避免交叉影响；2) 在不可避免的交叉施工区域采用水平分隔和垂直保护措施（注2）；3) 按预定安排实施管理并及时对不协调的情况进行调整
6		其他施工中的协调要求	1) 主体和墙体施工时，与管道敷设、预埋设施等的协调配合；2) 主体施工时，与大型设备进入的协调配合；3) 结构和设备安装施工中的土建配合；4) 大型机械作业时所要求的各方面的配合；5) 施工作业与继续维持企业生产的配合；6) 预制、运输、进场与安装各环节之间的配合；7) 设计变更、事故处理的各业专业之间的配合
7	三、施工各个环节安全状态的保证措施	安全状态的技术保证项目	1) 四图：施工总平面布置图、施工区域平面布置图、施工阶段平面布置图、交叉施工区域平面布置图；2) 三可靠：技术措施安全可靠；机械状态安全可靠；施工材料物品的质量可靠
8		安全状态的技术保证要求	1) 施工作业面符合安全要求；2) 技术措施对保证安全状态有明确的、可监控的具体要求和规定；3) 机械性能符合要求、现况完好，运行措施安全；4) 对施工材料物品质量的规定明确并有检查控制要求
9	四、消除和控制事故起因物的措施	事故起因物的种类	1) 飞落或失控的块体和物件；2) 不稳固的地基、基础、支承物和结构；3) 不牢靠的连接方式和节点；4) 不合格和受损的部件；5) 机械设备故障；6) 由于设计问题或使用问题所造成的危险、薄弱环节上的起因物
10		消除和控制事故起因物的要求	1) 有防护飞落、失控物的措施；2) 严格、审慎地编制施工技术措施和安全措施，对基础、支承（撑）、结构、连接、杆部件关键部位进行计（验）算；3) 对机械性能、材料和加工质量提出明确要求；4) 对多发性起因物提出有针对性的消除和控制措施
11	五、重点防范区域（项目）的安全保障措施		1) 警示措施；2) 防护措施；3) 监控措施；4) 检查措施；5) 应急和排险措施

续表

序次	类别	项目	基 本 要 求
12	六、安全状态变化的监控措施	安全状态变化的监控项目	1) 不符合施工平面布置要求的变化；2) 不符合技术措施和安全规定的变化；3) 不符合机械性能和使用规定的变化；4) 材料不符合规格、型号和质量要求的变化；5) 结构、设备、临时设施的状态变化；6) 异常情况和事故征兆
13		安全状态变化的监控措施	1) 设专人巡视监控；2) 定项、定点、定方法观测；3) 定期组织多专业配合检查
14	七、卫生保健要求和技术		详见表35-71
15	八、施工安全保证技术的改进与完善研究		1) 研究在检查措施实施中发现的问题、不足和需要继续改进的事项；2) 研究本单位和外单位发生的安全事故中存在的安全技术不完善的问题；3) 研究新的技术发展中对安全技术的要求；4) 研究新出现的安全保障技术课题；5) 研究安全技术保证体系的发展与完善
16	九、安全技术和操作规程、标准的编制		1) 在每项施工中都提出安全方面的要求和规定，在有一定的实践和研究积累后，制定本企业（单位）的相应标准；2) 遵照国家、行业标准和上级的有关规定，制定本企业（单位）的相应标准；3) 逐步实现标准的细化和系列化，使其覆盖施工的各个领域

注：1. 主专业项目为处于网络计划图中关键线路上的在施的、关键工艺环节，不仅考虑进度和质量的要求，而且要考虑安全文明的要求。主专业项目可为1项或多项，当为2个项目以上时，应很好协调它们之间在进度要求上可能出现的矛盾；

2. 在交叉作业区域的水平分隔包括作业面和堆料场地的划分，以免相互影响和乱中出事；对其他项目作业有安全危害或影响的作业（例如电气焊作业等），应加设适合的安全围护遮挡；对于垂直方向的交叉作业，应于层间设置安全保护遮挡措施；避免落物伤人和相互影响施工。

施工卫生保健的基本要求　　　　　　　　　　　　　　　　　　表35-71

序次	项 目	基 本 要 求
1	作业场所	1) 作业场所应通风良好，可采用自然通风和局部机械通风；2) 凡有职业性接触毒物的作业场所，必须采取措施限制毒物浓度、以符合国家规定标准；3) 有害作业场所，每天应搞好场内清洁卫生；4) 当作业场所有害毒物的浓度超过国家规定标准时，应立即停止工作并报告上级处理
2	有毒有害物质的生产、储存和废弃物的处理	1) 各类油漆、颜料和其他有害物质不得与其他材料混放、应放在通风良好的仓库内；2) 沥青应存放在不受阳光直射和不易受热熔化的场所；3) 挥发性油料应装入密闭容器内；4) 散发有害蒸汽、气体和粉尘的设备应严加密封，必要时应装设通风、吸尘和净化装置；5) 散放粉尘的生产应该采用湿式作业；6) 工地上不得以危害健康的方式销毁或处理废弃物；7) 废料和废水应妥善处理，有毒或有传染性危险的废料应在当地卫生机关的指导下进行处理
3	一般卫生保健	1) 从事有毒物危害作业的工人要定期进行体检；2) 患有皮肤病、眼结膜病、外伤及有过敏反应者，不得从事毒物危害的作业；3) 按规定使用防护用品，加强个人防护；4) 不得在有毒物危害作业的场所内吸烟、吃食物，饭前班后必须洗手、漱口；5) 注意劳逸结合，应避免疲劳作业，带病作业以及其他因作业者的身体条件不行、可能危害其健康或受伤害的作业

续表

序次	项 目	基 本 要 求
4	搞好工地的饮食卫生，防止食物中毒	1）参见表35-55的"工地卫生"规定；2）严格管理亚硝酸钠，防止误食中毒；3）保证工地开水供应，设卫生水桶，自备茶缸或采用一次性茶具避免饮水感染；4）夏季作好防暑降温工作；5）运送午餐的容器、车辆要清洁卫生，防止食物在运输途中受灰尘污染和发生腐烂变质
5	沥青作业的卫生保健	1）装卸、搬运、使用沥青和含有沥青的制品均应使用机械和工具，有散漏粉末时，应洒水，防止粉末飞扬；2）从事沥青或含沥青制品作业的工人应按规定使用防护用品，并根据季节、气候和作业条件安排适当的间歇时间；3）熔化桶装沥青时，应先将桶盖和气眼全部打开，用铁条串通后，方准烘烤，并经常疏通防油孔和气眼，严禁火焰与油直接接触；4）熬制沥青时，操作工人应站在上风方向
6	油漆涂料作业的卫生保健	1）油漆配料应有较好的自然通风条件并减少连续工作时间；2）喷漆应采用密闭喷漆间。在较小的喷漆室内进行小件喷漆，应采取隔离防护措施；3）施工现场必须通风良好，在通风不良的车间、地下室、管道和容器内进行油漆、涂料作业时，应根据场地大小设置抽风机排除有害气体，防止急性中毒。排除有害气体应符合环保规定；4）在地下室、池槽、管道和容器内进行有害或刺激性较大的涂料作业时，除应使用防护用品外，还应采取人员轮换间歇、通风换气等措施；5）以无毒、低毒防锈漆代替含铅的红丹防锈漆，必须使用红丹防锈漆时，宜采用刷涂方式，并加强通风和防护措施
7	焊接作业的卫生保健	1）焊接作业场所应通风良好，可视情况在焊接作业点装设局部排烟装置、采取局部通风或全面通风换气措施；2）分散焊接点可设置移动式锰烟除尘器，集中焊接场所可采用机械抽风系统；3）流动频繁、每次作业时间较短的焊接作业，焊接应选上风方向进行，以减少锰烟尘危害；4）在器内施焊时，容器应有进、出风口，设通风设备，焊接时必须有人在场监护；5）在密闭容器内施焊时，容器必须可靠接地，设置良好通风和有人监护，且严禁向容器内输入氧气
8	电镀作业的卫生保健	1）电镀间应单独设置并通风良好；2）镀槽应配置抽风罩和吸风机；3）酸性镀槽和氰化镀槽不准合用；4）镀铬时，操作人员的手、脸和鼻腔内应涂护肤剂，镀铬液溅到身上后，应立即清洗；5）在化学热处理工作场所中禁止喝水饮食
9	有瓦斯巷道洞室作业的卫生保健	1）保持通风良好，经常测量瓦斯浓度，不得超过规定标准；2）凿岩应采用湿式作业，加强通风和个人防护，不能采用湿式作业时，应有防尘措施
10	潜水作业的卫生保健	1）潜水员工作时，应有滤清器，进气口应设置在能取得洁净空气处；2）潜水员的增、减压和职业病的防治应按有关规定进行
11	控、防粉尘危害	1）混凝土搅拌站、木加工、金属切削加工、锅炉房等产生粉尘的场所，必须装置除尘或吸尘罩，将尘粒捕捉后送到储仓内或经过净化后排放，以减少对大气的污染；2）施工和作业现场经常洒水，控制和减少灰尘飞扬；3）采取综合防尘措施或低尘的新技术、新工艺、新设备，使作业场所的粉尘浓度不超过国家的卫生标准（注1）

续表

序次	项目	基本要求
12	控、防噪声危害	1) 施工现场的噪声应严格控制在90dB以内；2) 改革工艺和选用低噪声设备，控制和减弱噪声源；3) 采取消声措施，装设消声器；3) 采取吸声措施，采用吸声材料和结构，吸收和降低噪声；4) 采取隔声措施，把发声的物体和场所封闭起来；5) 采用隔振措施，装设减振器或设置减振垫层，减轻振源声及其传播；6) 采用阻尼措施，用一些内耗损、内摩擦大的材料涂在金属薄板上，减少其辐射噪声的能量；7) 作好个人防护，戴耳塞、耳罩、头盔等防噪声用品；8) 定期进行体检
13	控防毒物危害	1) 检查施工作业中有无对身体有毒有害的物质存在，对可能存在的铅、四乙铅、锰、苯、氰化物、放射线、毒气等毒物危害按有关规定采取防护措施；2) 进行地下设备、管道保温作业前，应先检查并确认无瓦斯、毒气、易燃物和酸类等危险品后，方可操作；3) 检修有毒、易燃、易爆物的容器或设备时，应先严格清洗、经检查合格并打开空气通道后，方可进行操作

注：1. 一些建筑施工中粉尘浓度严重超标的检测情况见表35-72；
 2. 建筑施工常用设备的噪声声级和频谱特性见表35-73。

建筑业常见粉尘的平均浓度 (mg/m³)　　　　表35-72

粉尘类型	测定点数	绝对值范围	平均值	卫生标准	超过倍数
水泥尘	99	2.5~1180.0	30.6±3.1	6	5
木屑尘	73	2.2~303.7	25.6±2.9	10	2
铁锈尘	40	3.0~171.0	23.2±3.9	10	2
砂石尘	18	5.8~607.6	103.1±3.4	2	51
其他粉尘	14	4.1~406.9	25.1±3.7	10	2

常见噪声的声级和频谱特性　　　　表35-73

噪声源	测定点数	声级范围 dB (A)	声级 dB (A) 平均值	噪声特性	频谱特性
混凝土搅拌机	35	81~95	87.40	连续	低频
电锯（圆盘锯）	35	87~110	100.68	连续	低频
断料机	27	81~112	98.81	连续	中频
平刨机	15	93~100	96.26	连续	低中频
开榫机	10	91~102	95.30	连续	低中频
空气锤	27	84~112	98.80	连续	低频
风钻	5	100~105	102.0	连续	低频
铆枪	6	96~108	101.66	连续	中频
鼓风机	1		100.0	连续	高频
空压机	1		90.0	连续	高频

35-3-2-4 实施安全文明施工作业和操作的基本要求

实施安全文明的施工作业和操作的基本要求是规范和实施安全行为，避免发生不安全行为，以减少安全意外事故的发生。

1. 施工作业安全操作的基本要求

（1）了解和掌握进行作业的施工要求和技术要求，这既是确保工程质量，也是确保操作安全的需要。特别是对于有新工艺、新技术、新材料、新设备使用的作业项目，应认真仔细地听取技术或专业主管人员的技术和安全要求交底，努力掌握各操作细节的要求。对于技术复杂和要求高的操作，还应经过严格的技术培训并达到操作水平的要求。作业人员对于自己没干过或不熟悉的操作，一定要通过认真的学习和作业培训来解决，而不能照搬其他作业经验。

（2）严格按照操作规程所规定的程序、要点和要求进行操作。

（3）提高操作技术水平和处理操作中出现问题的能力。要能及时发现机械设备、脚手架等作业设施中的异常情况、故障乃至事故的征兆，避免设备带病运行和冒险作业情况的发生。

（4）注意自我保护并保护他人安全。在操作中应注意自己的站位、动作控制以及使用安全防护用品，作好自我保护，同时还要注意使自己的操作不要影响别人的安全，也要做好保护他人。

主要工种——架子工、木工、瓦工、石工、抹灰工、制材工、钢筋工、混凝土工、油漆工、防水工、凿岩爆破工、电工、管工、通风工、电焊工、气焊工、起重工、机械工和预应力工（均包括相应的辅助工）等的作业安全操作的要点分别列入表35-74～表35-85中。从中可以看出，施工作业的安全操作技术是安全文明施工技术在具体操作中的落实。而只有把安全文明施工的要求变为工人操作时的具体规定并为工人所掌握和自觉运用与遵守时，安全文明施工的各项要求才能得以落实和实现。

架子工作业安全操作的要点 表35-74

序次	作业项目	安 全 操 作 要 点
1	一般脚手架的搭设作业	1）架上作业人员必须佩挂安全带并站稳把牢；2）未设置第一排连墙件前，应适当设抛撑以确保架子稳定和架上作业人员安全；3）在架上传递、放置杆件时，应注意防止失衡闪失；4）安装较重的杆部件或作业条件较差时，应避免单人单独操作；5）剪刀撑、连墙件及其他整体性拉结杆件应随架子高度的上升及时装设，以确保整架稳定；6）搭设途中，架上不得集中（超载）堆置杆件材料；7）搭设中应统一指挥、协调作业；8）确保构架的尺寸、杆件的垂直度和水平度、节点构造和紧固程度符合设计要求；9）禁止使用材质、规格和缺陷不符合要求的杆配件
2	一般脚手架的拆除作业	1）按与搭设相反的程序进行拆除作业；2）每层连墙件的拆除，必须在其上全部可拆杆件均已拆除以后进行，严禁先松开连墙件；3）凡已松开连接的杆件必须及时取出，放下，以免误扶、误靠，引起危险；4）拆下的杆件和脚手板应及时吊运至地面，禁止自架上向下抛掷

续表

序次	作业项目	安全操作要点
3	挑、吊、挂脚手架的搭设与拆除作业	1）严格按照设计要求和规定程序进行搭设和拆除作业；2）挑梁、挑架等悬挑支承构架应采用机械吊装方式进行安装，挑梁、挑架与结构的附着连接必须固定牢固；3）用杆件组装方式搭设挑出架子构架时，上架人员必须有安全作业的条件；4）及时装设整体性拉结构件；5）拆卸按技术措施的规定进行；6）整体安装和拆除的脚手架，在安装和拆下之前应进行严格的检查工作
4	爬架和整体提升脚手架的升降作业	1）进行提升和下降作业时，架上人员和材料的数量不得超过设计规定并尽可能地减小；2）升降前必须仔细检查附着连接和提升设备的状态是否良好，发现异常时应及时查找原因和采取措施解决；4）升降时统一指挥、协调动作
5	井字架搭设作业	1）检查地基和垫木情况是否符合要求；2）严格按设计构造尺寸进行搭设；3）在第1道缆风设以前，应设抛撑确保井架稳定；4）装设天轮架梁时，一定要搭设作业台并铺稳脚手板；5）按规定要求设置缆风绳的地锚或锚桩

注：脚手架作业多为高处作业，架子工在作业时要遵守高处作业的安全规定，包括按规定使用安全防护用品、创造安全的作业条件、加强防（围）护措施，防止发生高空落物和高空坠落。

木工、制材工作业安全操作的要点　　　　　　表35-75

序次	作业项目	安全操作要求
1	支拆模板	1）不得使用不合格的模板、杆件、连接件和支撑件；2）按支模工序进行，立模未连接固定前，应加临时支撑以防模板倾倒；3）高大的支模作业应有安全的作业架子，禁止利用拉杆和支撑攀登上下；4）禁止站在柱模上操作或在梁模上行走；5）模板必须架设稳固，连接可靠；6）拆除模板的时间应经施工技术人员同意；7）拆模应按顺序分段进行，严禁猛撬、硬砸或大面积撬落和拉倒；8）拆下的模板应及时运出集中堆放，防止钉子扎脚；9）拆除梁、板模板时，应按规定加设顶撑
2	木构件安装和木装修	1）高处作业应佩挂安全带，在坡屋面上作业时，应有防滑梯和防护设施；2）木屋架的高空拼装作业应连续进行，中间停顿时加设临时支撑，屋架安装固定后应及时安脊檩、拉杆和支撑；3）在没有望板的屋架上安装石棉板时，在屋架下弦挂安全网或其他安全设施，设有防滑条的脚手板（固定牢固）进行操作，禁止在石棉瓦上行走；4）禁止直接在板条天棚和天棚板上行走和堆放 材料，需要时，可在能承受的大楞上铺脚手板；5）木装修作业使用电动工具时，应注意用电安全
3	机械木作	1）禁止使用没有安全防护装置的平刨机，使用平刨时严禁移（拆）去防护装置。刨料时，禁止在刨刃上方回料，禁止手按节疤上推料，换刀片时应拉闸断电或摘掉皮带；2）使用压刨机时，送料和接料均不准戴手套，并应站在机床的一侧，材料走横或卡住时应停机、降低台面拨正，遇硬节时应降低送料速度，送料时手指必须离开滚筒20cm以外，接料必须待料走出台面；3）圆盘锯的锯片不得有裂口，螺丝应上紧，操作时要戴防护眼镜，站在锯片一侧，禁止站在锯片线上，手臂不得跨越锯片；4）其他机械木作按相应安全操作要求进行
4	制材	1）从车上卸圆木时应有专人指挥，圆木滚卸时，车上不准留人，车下禁止行人通过；2）用马车运圆木时，下层装大的、上层装小的，装载高度不得超过1m，每隔30cm设横杆捆牢，卸车时，车要站稳、挂闸；3）带锯机的锯条应调整适宜，先试运转，待声音正常、无串音时方可开锯，非操作人员不得上跑车，跑车未停稳时禁止下木料，跑车进退时，禁止任何人在车道上停留或抢行

瓦工、石工、抹灰工作业安全操作的要点　　　　表 35-76

序次	作业项目	安全操作要点
1	瓦工作业	1）脚手架上不得超载堆料和人员过度集中；料具要放置稳固，防止碎砖和工具等掉落；2）架上推小车不得装载太满、不得倒拉车，不得在车厢一侧磕灰桶；3）不得在砖墙上行走或蹲在砖墙上进行勒缝、吊线等作业；4）不宜用人工在架上抬运、安装长、重预制构件；5）挂瓦必须使用移动板梯并挂钩牢固，不准在桁条和瓦条上行走；6）敲砖时，不得将碎块打落架下；7）不得在脚手架上设置不稳固的和高度超过 300mm 的垫脚物以加大砌筑高度
2	石工作业	1）搬运石料的绳索工具要牢靠，要拿稳放牢、防止滚落伤人；2）往坑槽下石料时应采用吊运或溜槽，下方不准有人；3）修整石料时要戴防护眼镜，不准两人对面操作；4）取拿石料时，应采取正对姿势，双手、双脚平衡用力
3	抹灰工作业	1）抹灰作业用的架子要牢固可靠，脚手板铺跨不得超过 2m，架上材料不得过于集中，同一跨内不宜超过 2 人；2）不准在门窗、暖气片、洗脸盆等器物上架设脚手板；3）架子要适合作业要求，禁止在架上进行倾体、点脚等易产生身体失衡的操作；4）使用电动工具时，应注意用电安全

钢筋工、混凝土工作业安全操作要点　　　　表 35-77

序次	作业项目	安全操作要求
1	钢筋工作业	1）展开盘圆钢筋要一头卡牢，防止回弹；2）拉直钢筋时的卡头要卡牢、地锚要稳固，拉筋沿线的 2m 宽区域内禁止人员通过。采用绞磨时，不准用胸、肚接触推杠，并缓慢松解，不得一次松开；3）钢筋堆放应分散、规整摆放，避免乱堆和叠压；4）绑扎墙、柱钢筋时应搭设适合的作业架子，不得站在钢筋骨架上或攀钢筋骨架上下；5）高大钢筋骨架应设临时支撑固定，以防倾倒；6）使用切断机断料时不能超过机械的负载能力，在活动刀片前进时禁止送料、手与刀口的距离不得少于 15cm；7）使用除锈机除锈时应戴口罩和手套，带钩的钢筋禁止上机除锈；8）上机弯曲长钢筋时，应有专人扶住并站于弯曲方向的外面，调头弯曲时，防止碰撞人、物；9）调直钢筋时，在机器运转中不得调整滚筒、严禁戴手套操作，调直到末端时，人员必须躲开，以防钢筋甩动伤人
2	混凝土工作业	1）用井架运输时，小车把不得伸出料笼（盘）外，车轮前后要挡牢；2）溜槽和串筒节间必须连接牢固，不准站在溜槽帮上焊接；3）混凝土料斗的斗门在装料吊运前一定要关好卡牢，以防止吊运过程被挤开抛卸；4）混凝土输送泵的管道应连接和支撑牢固，试送合格后才能正式输送，检修时必须卸压；5）浇筑梁、柱和框架混凝土时应设操作台，不得站在模板或支撑上操作；6）有倾倒掉落危险的浇筑作业应采取相应防护（止）措施；7）使用振动器时应穿胶鞋、湿手不得接触开关，电源线不得有破皮漏电；8）振动中发现模板撑胀、变形时应立即停止作业并进行处理

油漆工和防水工作业安全操作要点 表35-78

序次	作业项目	安全操作要求
1	油漆作业	1）用喷砂除锈时，喷嘴接头要牢固，不准对着人；喷嘴堵塞时，应消除压力后方可修理或更换；2）使用煤油、汽油、松香水、丙酮等调配漆料时，应戴好防护用品并严禁吸烟；3）在室内或容器内喷涂时要确保通风良好，且作业的周围不得有火种；4）静电喷涂时，喷涂间应有接地保护装置；5）刷刷开窗扇，必须佩挂安全带，刷封檐板应设置脚手架，在铁皮坡屋面上刷油时，应使用活动板、防护栏杆和安全网
2	玻璃作业	1）截割玻璃在指定场所进行，截下的边角料和碎玻璃应及时清运出去；2）在高处安装玻璃时，其下方禁止通行；3）安装玻璃幕墙、采光屋顶玻璃时，应按技术措施的规定进行
3	防水作业	1）患皮肤病、眼角膜病和对沥青有严重敏感反应者不得进行沥青作业；2）按规定使用防护用品，皮肤不得外露；3）熬油应由有经验的工人看守，随时测控油温，熬量不得超过锅容量的3/4，下料应慢慢溜放，严禁大块投放，下班熄灭，盖好锅盖。当锅中沥青着火时，应立即用铁锅盖盖着，封闭炉门、熄灭炉火；4）装运沥青不得使用锡焊的容器，盛油量不得超过其容量的2/3，垂直吊运的下方不得有人；5）配制冷底子油时，不得超过锅容量的1/2，温度不超过80℃，并严禁烟火；6）屋面贴铺卷材时，四周应设置1.2m高围栏，靠近屋面边沿时应侧身操作；7）在地下室、管道、容器内等进行有毒、有害的涂料防水作业时，应定时轮换间歇、通风换气

凿岩爆破工作业安全操作要点 表35-79

序次	作业项目	安全操作要点
1	凿岩作业	1）根据地质情况和施工要求设置边坡、顶撑和围护，严防冒顶、塌方，发现险情，应及时排除和报告；2）巷道峒室有透水预兆时，应停止作业处理；有瓦斯时，应保持通风良好，经常监测瓦斯浓度不超过标准，并严禁带入火种和使用明火；3）巷道峒室内凿岩应采用湿式作业。使用干式作业时，应有防尘措施，并都要加强通风和个人保护；4）用手风钻打眼时，严禁采取骑马式作业，手应不离风钻风门；5）使用凿岩机时，胶皮风管不准缠绕打结，不得用折弯气管的方法停气，钻杆与孔必须保持在同一直线上；6）竖井井口应设栏杆，提升机应确保可靠运转，保险吊盘必须封严井筒，且信号联系要畅通
2	火雷管爆破作业	1）联结导火和火雷管，必须在专用加工房内进行，房内不准有电气和金属设备，无关人员不得入内；2）导火（爆）索长度不得小于1m，切割必须用锋利的小刀（禁止用剪刀或石器），禁止抛掷、撞击和践踏，切导火索的桌上不得放置雷管；3）加工爆炸包只许在爆破现场于爆前进行，且按所需数量一次制作，不得留备用品，制作好的炸药包应由专人妥善保管；4）装药要用木竹棒轻塞，严禁用力顶人或使用金属棒捣实；5）禁止使用冻结、半冻结或半溶化的硝化甘油炸药；6）峒室法爆破药室内的照明在未安起爆体前用低电压，安起爆体时，必须用手电筒或在峒外用透光灯照明；7）放炮必须有专人指挥，设立警戒范围、规定警戒时间和信号标志，派出警戒人员。起爆前应检查并待施工人员、过路行人、船只和车辆等全部避入安全地点后，方准点火起爆，炮工的掩蔽所必须牢固、道路必须畅通；8）火雷管的导火索的点火只准使用专用香棒，不准使用香烟、火柴或其他明火；9）点火炮不得两人在同一方向先后点炮，每人点炮数目不得超过15个点；10）当火炮群和电炮群在同一施工区域内时，应先点火炮、后合电闸

续表

序次	作业项目	安全操作要点
3	电力爆破作业	1) 电源设专人严格控制,放炮器设专人保管,闸刀箱要上锁,不到放炮时间,不准将把手或钥匙插入放炮器或接线盒内;2) 同一路电炮应使用同厂、同批、同牌号的电雷管,各雷管的电阻差应控制在 0.2Ω 以内;3) 电雷管的脚线应先联成短路,待接母线时解开。连接母线应从药包开始向电源方向敷设,其末端未接电源前应先用胶皮包好,以防误触电源;4) 装药前,严禁将电爆机地线接到金属管道和铁轨上;5) 联线时,必须将手提灯撤出 3m 以外,用手电筒照明时,应离联线地点 1.5m 以外;6) 在电爆网路敷设后,待人员撤至安全地区,用欧姆表或电桥检查网路导电是否良好,其测量电阻值与计算值相差不得超过 10%;7) 雷雨天气不准进行露天电力爆破,如中途遇雷电时,应迅速将电雷管的脚线、电线主线两端联成短路;8) 其他安全操作要求参看火雷管爆破作业
4	水下爆破作业	1) 一般采用裸露药包法和炮眼法并用电力起爆,应使用防水性能好的炸药或采取严密的防水措施,电雷管的脚线和电力主线都确保防水、绝缘;2) 水下钻眼应使用带有套管的钻眼机;3) 装药和爆破时,应划定危险区域,设立警戒标志和值勤人员,必要时应封航,潜水员及炮工不得携带对讲电话机或手持电筒上船,施工现场同时切断一切电源;4) 水下裸露爆破一定要把药包固定在爆破点上,严防潜水员返回时把药包挂起来,爆破时,装药的船应移向上游;5) 其他要求参看2、3栏
5	安全警戒要求和瞎炮处理	1) 露天爆破安全警戒距离的半径规定为:裸露药包、深眼法、峒室法不得小于 400m;炮眼法(浅眼法)、药壶法不得小于 200m;特种爆破和特大型爆破按设计提出并经爆破主管部门批准的规定执行;2) 坑道两个临近工作面之间的厚度小于 20m 时,一方起爆前,另一方工作人员应全部撤离工作面;3) 当电力爆破通电后没有起爆时,应将主线与电源断开,接成短路。进入现场人员不得早于以下规定时间:即发雷管为主线短路后的 5min;延期雷管为主线短路后的 15min;4) 由于接线不良的瞎炮,可以重新接线起爆;5) 严禁掏挖或在原炮眼内重新装药,应在离原炮眼 60cm 以外的地方另打眼放炮;6) 在瞎炮未处理完时,严禁在该地点进行其他作业

电工作业安全操作要点 表35-80

序次	作业项目	安全操作要点
1	一般作业要求	1) 线路上禁止带负荷接电或断电,并禁止带电操作;2) 熔化焊锡块的工具要干燥,防止锡爆;3) 喷灯不得漏油、漏气和堵塞,不得在有易燃、易爆物的场所点火和使用;4) 不得使用锡焊容器盛装热电缆胶。高空浇注时,下方不得有人;4) 有人触电时,应立即切断电源,进行急救;5) 电气失火时,应立即切断电源,使用泡沫灭火器或干砂灭火
2	设备和内线安装	1) 多台配电箱(盘)安装时,手指不得放在两盘的接合处,也不得触摸连接螺孔;2) 管子煨弯用的砂子必须烘干,装砂架子应搭设牢固,用机械敲打时,下面不得站人,管子加热时,管口前不得有人;3) 管子穿带线时,不得对管口呼唤、吹气,防止带线弹力勾眼

续表

序次	作业项目	安全操作要点
3	外线工程作业	1) 人工立杆时，叉木应坚固完好，配合用力要均衡；机械立杆时，两侧应设溜绳；立杆时坑内不得有人；2) 登杆作业，安全带应拴于安全可靠处，不准拴于瓷瓶或横担上，工具、材料应用绳子吊递，禁止上下抛掷；3) 杆上紧线应侧向操作，调整拉线时，杆下不得有人。单方向紧线时，反方向应设置临时拉线；4) 架线时在线路上每2～3km应接地一次，送电前必须拆除。遇雷雨时，应停止工作
4	电气调试作业	1) 进行耐压试验装置的金属外壳须接地，被试设备或电缆两端如不在同一地点时，另一端应有人看守或加锁。人员撤离后，方可升压；2) 对电力传动装置系统及高低压各型开关调试时，应将有关的开关手柄取下或锁上，防止误合闸；3) 雷电时禁止测定线路绝缘；4) 电气材料或设备需放电时，穿戴绝缘防护用品，用绝缘棒安全放电
5	施工现场变配电和维修作业	1) 单人值班时，不准超越现场变配电高压设备的遮拦和从事修理工作；2) 在高压带电区域部分停电工作时，人体与带电部分应保持安全距离（表35-81），并需有人监护；3) 变配电室外高压部分及线路停电工作时应切断有关电源，操作手柄应上锁或挂指示牌，验电时应戴绝缘手套，装设接地线应由二人进行，并均应穿戴绝缘防护用品，检修完毕并全面检查无误后，方可拆除临时短路接地线

在高压带电区域工作时，人体与带电部分的安全距离　　表35-81

电　压　（kV）	安　全　距　离　（m）
6以下	0.35
10～35	0.60
44	0.90
60～110	1.50

管工和通风工作业安全操作要点　　表35-82

序次	作业项目	安全操作要点
1	管工作业	1) 用滚杠运输管子时，防止压脚，不准用手直接调整滚杠，管子滚动前方不得有人；2) 用克子切断铸铁管时应戴防护眼镜；3) 砂轮切管机的砂轮片应完好，操作时应站在侧面；4) 管子煨弯使用烘干砂，加热时管口前不得有人；5) 管子串动和对口时，手不得放在管口和法兰接合处；6) 翻动工件时，应防止滑动和倾倒伤人；6) 人工往沟槽下管时使用的索具和地锚必须牢固，沟槽内不得有人；7) 化铅锅应安放牢固，露天设置要有防雨措施，操作时应戴手套，并禁止熔化潮湿铅块；8) 用风枪、电锤或錾子打透眼时，板下、墙后不得有人靠近；9) 新旧管线相连时，要弄清管线内是否有有毒、易燃和易爆物质并清除干净，经有关部门检验许可后，方可操作；10) 管道试压时要分级缓慢升压，停泵稳压后方可进行检查，非操作人员不得在盲板、法兰、焊口、丝口处停留；11) 高压、超高压管道试压应遵守相应的安全操作规定；12) 管道吹扫、冲洗时，应缓慢开启阀门，以免管内物料冲击，产生水锤、气锤
2	通风工作业	1) 焊锡时，锡液不许着水，防止飞溅，盐酸要妥善保管；2) 冲眼时，配合人员要避开冲孔；3) 高空安装风管、气帽、水漏斗时，必须设置脚手架；4) 使用剪板机剪切时，禁止手伸入压板孔隙中；5) 折方时，应与折方机保持距离，以免被翻转的钢板和配重击伤；6) 咬口时，手不准放在咬口机轨道上，手指距滚轮应不小于5cm；7) 操作卷圆机、压缝机时，手不得直接推送工件

电焊工和气焊工作业安全操作要点   表 35-83

序次	作业项目	安全操作要点
1	电焊工作业	1）电焊机外壳必须接地良好，电焊机应设单独开关，焊钳和把线必须绝缘良好、连接牢固；2）严禁在带压力的容器和管道上施焊，焊接带电的设备必须切断电源，焊接贮存过易燃、易爆和有毒物质的容器和管道时，应先清洗干净并将所有孔口打开。在潮湿地点施焊时，应站在绝缘板或木板上；3）把线、地线禁止与钢丝绳接触，不得以钢丝绳和机电设备代替零线，所有地线接头必须连接牢固；4）清除焊渣时应戴防护眼镜或面罩；5）多台焊机在一起集中施焊时，焊接平台或焊件必须接地，并设置隔光板；6）雷雨时应停止露天电焊作业；7）在易燃、易爆气体或液体扩散区域施焊前，必须得到有关部门的检试许可；8）施焊时，应清除周围的易燃、易爆物品或进行可靠覆盖、隔离。电焊结束后，应切断焊机电源并检查操作地点，确认无起火危险后，方可离开
2	气焊工作业	1）施焊场地周围应清除易燃易爆物品或进行隔离覆盖；2）在易燃易爆气体或液体的扩散区域施焊时，应取得有关部门的检试许可；3）乙炔发生器必须设有防止回火的安全装置、保险链，球式浮桶必须有防爆球，浮桶的胶皮薄膜应厚1~1.5mm，面积不少于浮桶断面积的60%~70%；4）乙炔发生器的零件和管路接头不得采用紫铜制作，不得放置在电线的正下方，与氧气瓶不得同放一处，与易燃、易爆物品和明火的距离不得少于10m，检验漏气应用肥皂水、严禁用明火；5）氧气瓶、氧气表和割焊工具上严禁沾染油脂；6）氧气瓶应有防振胶圈、旋紧安全帽、避免碰撞和剧烈振动、防止曝晒；7）氧气瓶、乙炔器胶管和防回火安全装置冻结时，应用热水或蒸汽加热解冻，严禁用火烘烤；8）点火时，枪口不得对人，正在燃烧的焊枪不得放在工件或地面上。带有乙炔和氧气时，不准放在金属容器内，以防气体逸出、发生燃烧事故；9）工作完毕，应将氧气瓶气阀关好，拧上安全罩，将乙炔发生器按规定收拾好，检查场地并确认无着火危险时，方准离开

注：浮筒式乙炔发生器曾广泛地使用，但因其多为单位自制，缺少必要的安全装置，乙炔压力低、电石利用率低、公害多和安全隐患多，难以管理等原因，因此应尽快淘汰。现在有电石入水式、水入电石式、联合式的低压（0.044MPa）、中压（0.044~0.147MPa）等多种型号乙炔发生器，常用的有 Q3-0.5、Q3-1、QB-1、Q3-3 型排水式中压乙炔发生器及 Q4-5、Q4-10 联合式中压乙炔发生器等，其中 QB-1 型可自动调节产气量，用机械排污，使用方便。气焊工在使用这些定型乙炔发生器时，应按其使用说明和操作要求进行安全操作。

起重工作业安全操作要点   表 35-84

序次	作业项目	安全操作要点
1	一般作业要求	1）起重指挥应站在能够照顾全面的地点，信号要统一、准确；2）风力达5级时，应停止80t以上设备和构件的吊装；3）严禁所有人员在起重臂和吊起的重物下面停留或行走；4）卡环应使其长度方向受力，严防销卡环的销子滑脱，严禁使用有缺陷的卡环；5）起吊物件应使用交互捻制的钢丝绳，有扭结、变形、断丝和锈蚀的钢丝绳应及时按规定降低使用标准或报废；6）编结绳扣的编结长度不得小于钢丝绳直径的15倍和300mm，用卡子连成绳套时，卡子不得少于3个；7）地锚应按施工设计确定的位置和规格设置；8）按规定的间距和数量使用绳卡，并应将压板放在长头一面；9）使用2根以上绳扣吊装时，如绳扣间的夹角大于100度，应采取防止滑钩的措施；10）用4根绳扣吊装时，应加铁扁担以调节其松紧程度；11）使用的开口滑车必须扣牢；12）起吊物件应合理设置溜绳

续表

序次	作业项目	安全操作要点
2	起重桅杆设置作业	1) 组装桅杆应用芒刺对孔；2) 捆绑转向或定滑轮的捆绕数不宜过多，并宜排列整齐，使其受力均匀；3) 缆风绳应布置合理，松紧均衡，跨越马路时的架空高度应不低于7m，与高压线间应有可靠的安全距离。如需跨过高压线时，应采取停电、接地和搭设防护架等安全措施；4) 定点桅杆应设5根缆风绳，移动式桅杆的缆风绳不得少于8根，并禁止设多层缆风；5) 桅杆移动的倾斜幅度，当采用间歇法移动时，不宜大于桅杆高度的1/5；当采用连续法移动时，应为桅杆高度的$\frac{1}{20} \sim \frac{1}{15}$。移动时，相邻缆风绳要交错移位
3	结构吊装作业	1) 装运易倒构件应采用专用架子，卸车后应放稳搁实，支撑牢固；2) 就位的屋架应搁置在道木或方木上，两侧斜撑一般不少于3道，禁止斜靠在柱子上；3) 使用抽销卡环吊构件时，卡环主体和销子必须系牢在绳扣上，并将绳扣收紧，严禁在卡环下方拉销子；4) 无缆风校正柱子时应随吊随校正，但偏心较大、细长，杯口深度不足柱子长度的1/20或不足60cm时，禁止采用无缆风校正；5) 禁止将吊件放在板形物件上起吊；6) 吊装时不易放稳的构件应采用卡环，不得使用吊钩
4	设备吊装作业	1) 三角架（三木搭）的下脚应支稳，倒链挂在正中，移动时应防止倾倒；2) 装运重心高、偏心大和易滚动的设备时，应采取合理搁置和稳固措施；3) 采用旋转法起吊时，设备、桅杆和基础的中心线应在同一平面内，采用多根主缆风绳时应有调节受力装置，在滑车组的相反方向应有制动措施；4) 采用人字桅杆吊装时，桅杆两腿间的夹角应不大于45°，受力方向应在两腿的中间，桅杆两腿和设备铰座应设在一起，桅杆的高度应为设备长度的$\frac{1}{2.5} \sim \frac{1}{2}$；5) 采用滑行法吊装时，两桅杆或4桅杆的前倾或后仰应一致，并选用同型号同速度卷扬机。设备直径大于3m时应设两套溜绳，其间要有平衡轮调节，使滑车受力一致；直径小于3m时，可设一套溜绳，但应与设备和基础的中心线在同一直线上。滑车组应有防扭转措施

机械维修工、小型机械工和预应力工作业安全操作要点　　　　　　　　表35-85

序次	作业项目	安全操作要点
1	机械维修作业	1) 多人操作的工作台中间应设防护网，对面操作时应错开；2) 清洗用油、润滑油脂和废油脂应在指定地点存放，废油、废棉纱不准随地乱丢；3) 机械解体时，应使用支架、架稳垫实，回转机构要卡死；4) 不准在发动着的车辆下面操作；5) 架空试车时，不准在车辆下面工作或检查，不准在车辆前方站立；6) 检修有毒、易燃、易爆物品的容器和设备时，应严格清洗，确保良好通风和设人监护；7) 试车时应随时注意各种仪表的工作情况和响声等，发现异常时应立即停车

续表

序次	作业项目	安全操作要点
2	卷扬作业	1) 卷扬机应安装平稳,有良好视野,机身和地锚必须牢固,卷扬筒与导向滑轮中心线应垂直对正;卷扬机距滑轮一般应不小于15m;2) 钢丝绳应在卷筒上排列整齐,作业时最少应保留3圈;3) 在确认钢丝绳、离合器、制动器、保险棘轮、传动滑轮等安全可靠时,方准操作;4) 作业时,严禁擅自离开岗位,并不准有人跨越钢丝绳,要听从指挥人员的信号,吊物需在空中停留时,除使用制动器外,还应用棘轮保险卡牢;5) 遇中途停电时,应立即拉开闸刀,并将吊物放下;6) 操作人员应着工作服,女工应戴帽,防止衣袖和头发等被卷筒绞入
3	电梯作业	1) 电梯基座5m范围内不得挖掘沟槽,底笼2.5m范围内应搭设坚固的防护罩棚;2) 暴风雷雨后,应进行严格的安全检查;3) 各类安全和保险装置必须完好有效,有故障时应立即停运检修;4) 严禁超载使用,物料不得伸出梯笼之外
4	预应力作业	1) 锚具应逐个检验,不合格者禁止使用;2) 张拉设备用前应经过认真检修和标定;3) 拉伸机(千斤顶)的装设应平正对中,操作时人员应站在两侧,防止断、滑丝(筋)时伤人;4) 预应力筋固定端一侧应设置挡板和安全警戒区,在张拉时严禁一切人员通过;5) 检查(测)张拉数据和情况的人员严禁站于预应力筋的正面;6) 张拉完毕应及时灌浆或浇筑混凝土;7) 在张拉现场禁止进行电焊和其他作业;8) 电热张拉达到预应力值后,应先断电,然后锚固,带电操作应穿戴绝缘手套和鞋

2. 机械设备使用安全操作的基本要求

在建筑施工生产中使用的机械设备包括动力机械设备、电气设备、起重提升机械、土石方机械、运输机械(车辆、设备)、工程勘察机械设备、岩土工程机械(凿岩机械、钻进机械、桩工机械等)、木作机械、钢筋加工机械、混凝土和砂浆搅拌机械、设备安装工程机具、装修工程机具、焊接机械、预应力工程设备、金属加工机械(床)以及架设工具(脚手架)等十多类、达数百种以上。我们知道,工程施工中需要解决的任何技术课题和要求,最终都将化为对工艺、材料和机械这三方面的要求。因此,建筑施工机械设备的合理选择、安全使用和维修管理是安全文明施工技术和管理要求的重要组成部分。

合理选择机械设备的基本原则为:机械的性能符合施工的技术要求;施工的场地和其他有关条件符合机械安全使用的条件要求。此外,还应考虑解决供应方式(已有、添置、租赁、外委承包等)、时间以及经济方面的可行性和合理性。

机械使用安全操作的基本要求为:

(1) 解决满足机械安全使用要求的有关条件,这是使用机械的首要问题。其要求条件一般包括以下方面:1) 运行和工作场地;2) 基础和固定、停靠要求;3) 机械运(动)作范围内无障碍要求;4) 动力电源和照明条件要求;5) 辅助和配合作业要求;6) 对操作工人的要求;7) 配件和维修要求;8) 对停电和天气变化等事态出现时的要求;9) 指挥和协调要求。由于施工工地的现有条件不一定都能满足上述各项要求,因此必须采取相应的措施和办法加以解决。有时常会因此而出现一些困难甚至是较大的困难,但一定要解决,并且不能降低机械安全运行和使用的要求。否则将极易引发事故、损坏机械,从而招致远远超过必要投入的经济损失。

(2) 对进场的所有施工机械设备进行认真的检查和验收,这是确保机械设备安全运行的基础。其检查验收项目一般包括:1) 查验机械设备的产品生产许可证、合格证、保修证、使用和维修说明书、操作规程（定）、维修合格证、有所要求的主管部门验检合格证明以及有关图纸和其他资料。这些资料不仅是机械完好的证明材料，也是编制使用措施和安全使用的依据资料，要求齐全和真实有效。不属施工项目管理的租赁和分包单位的机械则由租赁和分包单位进行查验并负管理责任；2）审验进场机械的安全装置和操作人员的资质证明，不合格的机械和人员不得进入施工现场；3）大型的机械设备如塔吊、搅拌站、固定式混凝土输送设备等，在安装前，工程项目应根据设备提供的设置要求和资料数据进行基础及有关设施的设计与施工，经验收合格后，交有资质的设备安装单位进行安装和调试，调试合格后办理验收、移交和允许使用手续。所有的机械设备的产品、维修和验收资料应由企业或项目的机械管理部门（或人员）统一管理并交安全管理部门1份备案。

（3）了解和掌握施工生产对该机械设备作业的技术要求。

（4）严格按照机械设备的操作规程（定）所规定的程序和操作要求进行操作。在运行中还应严格地执行定时检查和日常检查制度，以确保机械设备的正常运行。

（5）提高操作技术水平和处理作业中出现问题的能力。发现问题时，应立即停机（车、设备）进行检查和维修处理，避免机械带病运作，以致酿出事故。

施工中常用机械设备安全使用和操作的要点分别列入表35-86～表35-95中。各表中所列要点系主要根据《建筑机械使用安全技术规程》（JGJ33—2001）加以摘汇，多是应当注意的主要安全使用和操作要求，在施工生产制订安全措施时，还应仔细学习上述规定并根据实际情况和需要进行必要的细化补充工作。

动力机械安全使用和操作要点　　表35-86

序次	机械名称	安全操作要点
1	空气压缩机	1）固定式空气压缩机的安装应平稳牢固，移动式空压机停置后应保持水平，轮胎应楔紧；2）作业环境应保持清洁干燥，贮气罐应放在通风良好处，在其周围15m内不得进行焊接和热加工作业；3）压缩机运行正常后，各种仪表指示值应符合说明书规定；贮气罐最大压力不得超过标牌规定，安全阀应灵敏有效；每隔2h应将油水分离器、中间和后冷却器内的油水排放1次，贮气罐内的油水每班应排放1～2次；4）出现下列情况之一时，应立即停机检查，找出原因和排除故障：漏水、漏电、漏气或冷却水突然中断；压力表、温度表、电流表的指示值超过规定；排气压力突然升高，排气阀、安全阀失效；机械有异响或电动机电刷发生强烈火花；5）运转中因缺水使气缸过热而停机时，不得立即添加冷水，待缸体自然降温至60℃以下时，方可加水；6）运转中遇停电时，应立即切断电源；7）用压缩空气吹洗零件时，严禁将风口对准人体或其他设备；8）停机后，放应出各级冷却器和贮气罐内的油水和存气，当气温低于5℃时，应将各部存水放净
2	低压蒸汽锅炉	1）按规定向当地劳动部门办理登记、取证；2）新装、改装、大修、封存和正常使用6年后的锅炉，使用前必须进行水压试验，试验压力按相应锅炉的规定，合格后，方准使用；3）锅炉在运行中，锅炉房门不得上锁或拴住。露天设置的锅炉应有防雨、防风、防冻的操作间；4）安全阀应经常保持清洁，铅封不得任意拆动，杠杆和安全阀上不得加压重物，更不得把阀杆定住；5）水位表不得有泄漏，运行中水位表的水面呆滞不动时，应立即检查；6）运行中，压力表的指针不得超过工作压力红线，不得用管子或铁棍撬动各种阀门，严禁在炉体上进行捻缝、焊接、锤击以及拧紧人孔、手孔螺帽等修理工作；7）运行中发现下列情况之一时，应采取紧急措施，并报告有关部门进行处理：气压超过额定压力并仍在上升；水位低于水位表下限而加不进水或加强注水仍不能阻止水位下降；炉体发生变形、裂纹、鼓包；附属管道发生严重泄漏或给水机械失效，以及其他可能引起危险的故障；8）发生缺水事故时应紧急停炉，严禁向炉内注水或开阀排汽。如属无漏水、缺水现象的其他事故，在紧急停炉前仍可向炉内注水以降低气压；9）如遇火灾威胁紧急停炉时，应向炉内加强注水，并将蒸汽排除和紧急灭火

起重和提升机械安全使用和操作要点　　　　表35-87

序次	机械作业名称	安全使用和操作要点
1	起重机械作业的一般规定	1) 应有足够的工作场地，起重臂起落和回转半径内无障碍物；2) 操作人员应严格执行指挥人员的信号，在进行各项动作前，应鸣声示意；3) 遇有6级以上大风或大雨、大雪、大雾等恶劣天气时，应停止起重机露天作业；4) 起重机的变幅指示器、力矩限制器、行程限位开关等安全装置必须齐全完整、灵敏有效。不得随意调整和拆除，严禁用限位装置代替操纵机构；5) 起重机作业时，重物下方不得有人停留和通过；6) 严禁用非载人起重机载运人员；7) 必须按规定的起重性能进行作业，不得超载作业和起吊重量不明的物体；8) 严禁使用起重机进行斜拉、斜吊和起吊地下埋设或凝结在地面上的重物；9) 不得在重物上堆放和悬挂零散物件。吊运零散物件应使用吊笼或用钢丝绳捆扎牢固，绑扎钢丝绳与物件的夹角不得小于30°；10) 升降速度要均匀，回转动作要平稳，严禁忽快忽慢和突然制动，非重力下式起重机严禁带载自由下降；11) 不得靠近架空输电线路作业，必须保持不超过安全距离的规定；12) 起重机的吊钩和吊环严禁补焊，有下列情形之一者，应当更换：危险断面和钩颈有永久变形；表面有裂纹；挂绳处断面磨损超过高度的10%；吊钩衬套磨损超过原厚度50%，心轴（销子）磨损超过其直径的3%～5%
2	履带式起重机	1) 必须有平坦坚实的工作地面，松软地面应夯实并用枕木横向垫于履带下；2) 严禁起重臂未停稳前变换挡位，满载或接近满载时严禁下落臂杆；3) 双机抬吊时，单机载荷不得超过允许起重量的80%；4) 臂杆的最大仰角不得超过产品规定，无资料可查时，不得超过78°；5) 带载行走时，载荷不得超过允许起重量的70%，重物离地面不得超过50cm；6) 下坡时严禁空档滑行，通过铁路、地面水管、电缆等设施时应铺设木板保护，且不得在其上转弯
3	汽车、轮胎式起重机	1) 在公路上行驶时，应遵守交通管理的有关规定；2) 作业前应全部伸出支腿并加垫木（板），支腿有定位销的必须插上，底盘为弹性悬挂的起重机在放支腿前应先收紧稳定器；3) 伸缩式臂杆伸出后，若前臂杆长大于后臂杆时，必须调整；4) 起吊重物时，必须用低速档传动；5) 作业中发现支腿沉陷、起重机倾斜等不正常现象时，应立即放下重物进行调整；6) 带载行走时，载荷不得超过产品规定，重物离地不得超过50cm，并拴好拉绳，严禁长距离带载行驶；7) 起重机行驶时应保持中速避免紧急制动，下坡严禁空档滑行，倒车时应有人监护，严禁人员在底盘走台上站立、蹲坐及堆放物件
4	塔式起重机	1) 路基和轨道严格符合产品使用规定或以下规定：路基承载力：中型塔为80～120kN/m²；重型塔为120～160kN/m²；轨距偏差不超过名义值的1/1000；钢轨顶面的纵横方向倾斜度不大于1/1000；两条轨道的接头必须错开，接头应在轨枕上，两端高差不大于2mm；距轨道端部1m处设轨挡器，其高度不小于行走轮半径；路基旁向开设排水沟；使用期内每周或雨后应进行检查，不符合规定的应及时调整；2) 专用配电箱宜设在轨道中部附近，电缆卷筒必须运转灵活可靠，不得拖缆；3) 塔身上不得悬挂标语牌；4) 塔吊的各项安全装置必须灵敏可靠；5) 电源电压的变动范围不得超过380±20V；6) 塔机在中波无线电广播发射天线附近施工时，凡与塔机接触的人员均应穿戴绝缘手套和绝缘鞋；7) 操作各控制器时应依次逐级操作，严禁越档操作，变换运转方向应先转到零位，待电机停止转动后再转向另一方向，严禁急开急停；8) 当吊钩提升接近臂杆顶部、小车行至端点或塔机接近轨端时，应减速缓行至停止位置，吊钩距臂杆顶部不得小于1m，塔机距轨道端部不得小于2m；9) 动臂式塔机的起重、回转、行走三个动作可同时进行，但变幅只能单独进行，允许带载变幅的塔机，在满载或接近满载时，不得变幅；10) 提升重物后，严禁自由下降，平移时应高出跨越障碍物0.5m以上；11) 两台塔机在同一轨道或相近轨道作业时，应保持两机（包括吊物）之间任何接近部位的距离不小于5m；12) 严禁在弯道上进行吊装或吊重物转移；13) 作业后，塔机应停放在轨道中间位置，臂杆转到顺风方向，并放松回转制动器，小车和平衡重移至非工作状态，吊钩提升到离臂杆顶2～3m处，下班应打开高空指示灯，锁紧夹轨器。如遇八级大风，应另设缆风、地锚固定；14) 附着式塔机，应按产品规定及时设置附着，风力在4级以上时不得进行安装、顶升和拆卸作业

序次	机械作业名称	安全使用和操作要点
5	桅杆式起重机	1）安装和拆卸必须划出警戒区，清除障碍物，底座地基应平整夯实，按设计规定设置缆风绳和地锚。缆风绳与地面的夹角应在30°～45°之间，且不得与电线接触，靠近电线时，应设置用绝缘材料制作的护线架；2）作业时，回转钢丝绳应处在拉紧状态，回转装置应有安全制动器；3）移动时主杆不得倾斜，缆风绳的松紧度应配合一致
6	建筑施工电梯（施工升降机）	1）地基应浇注混凝土基础，承载能力大于150kN/m²；2）单独安装接地保护和避雷接地装置；3）导轨架安装的不垂直度不得超高其高度的万分之五，最低附壁点高度、附壁点间距和顶端自由高度均不得超过产品的规定；4）电梯安装于建筑物内井道中时，必须在其全行程的井壁四周搭设封闭屏障；5）设置在阴暗处或夜班作业的电梯，必须在全行程上装设足够的照明和明亮的层站编号标志灯具；6）电梯的各种安全装置必须齐全、灵敏、有效；7）梯笼内荷载应均匀分布，防止偏重，严禁超载；8）电梯未切断总电源以前，严禁操作人员离开岗位；9）运行中发现异常情况时应立即停车检查、排除故障；9）六级以上大风和大雨、大雾时应立即停止运行，并降至底层、切断电源；10）严禁以行程限位开关自动停车来代替正常操纵按钮使用
7	滑升机械	1）根据施工要求合理选择千斤顶，导杆和滑升机构；2）自动控制台应置于不受雨淋、日晒、振动的地方；3）液压软管不得扭曲，应有较大的弧度；4）正常滑升前应通过严格的试滑升阶段的检验和调整，包括确定滑升的控制时间、测定不同浇筑部位的升程差等；5）千斤顶和液压控制系统必须完好，千斤顶应有备品；6）滑升时应听从统一指挥；7）混凝土的浇筑顺序应有设计，并在滑升过程中进行合理的反向交替，以调整阻力不一致的偏扭；8）寒冷季节使用时，液压油温不得低于+10℃，炎热季节不得超过60℃

土石方机械安全使用和操作要点　　　　　　　表35-88

序次	机械作业名称	安全使用和操作要点
1	土石方机械作业的一般规定	1）查明调运路线上桥梁、涵洞的承载能力，确保机械安全通过、开入现场；2）查明现场地下电缆走向并设置明显标志，严禁在离电缆1m的距离内进行作业；3）当配合机械清底、修坡等人员需要进入机械的回转半径内工作时，必须停止机械回转，机上、机下人员应密切配合；4）挖掘无地下水、深5m以内的基坑时，边坡坡度应符合表35-89规定，其他情况下基坑的边坡坡度另行设计确定或采用支护措施；5）进行爆破作业时，人员和机具应撤至安全地带或采取安全防护措施
2	挖掘机	1）严禁挖掘未经爆破的五级以上岩石和冻土；2）反铲和拉铲作业时，挖掘机履带应距工作面边缘至少保持1～1.5m安全距离；3）不得用铲斗破碎石块、冻土或用单边斗齿硬啃；4）挖掘悬崖时应采取防护措施，工作面不得留有伞沿和松动的大石块，发现有塌方危险时应立即撤离；5）铲斗未离开工作面时，不得作行走、回转等动作；6）回转制动应用回转制动器，不得用转向离合器反转制动；7）装车时，不得碰撞汽车任何部分；8）严禁靠近高压线路并保持安全距离；9）操作人员离开驾驶室时，必须将铲斗落地；10）行走时严禁在坡道上变速和空档滑行

序次	机械作业名称	安 全 使 用 和 操 作 要 点
3	推土机	1) 在坚硬土壤或多石地带作业时，应先用松土机翻松；2) 不得用于推石灰、烟灰等粉尘材料或用作压碎石块；3) 严禁拖、顶启动，严禁行驶前有人站在履带或刀片支架上；4) 在石子和粘土路面高速行驶时，不得急转弯；5) 越障碍物时应低速行驶，不得斜行或脱开一侧转向离合器超越；6) 上坡不得换档，下坡用低速档，不得脱档滑行；7) 需在陡坡上推土时，应先行挖填，使机身保持平衡下进行作业；8) 填沟作业驶近边坡时，刀片不得越出边缘；9) 在深沟、基坑或陡坡地区作业时，必须有专人指挥；10) 推倒围墙和旧房墙体时，其高度一般不得超过 2.5m，严禁推带有钢筋或与基础连接的混凝土桩等；11) 2 台以上推土机同时作业时，其前后距离应大于 8m，左右相距大于 1.5m；12) 履带式推土机严禁长距离倒退行驶
4	压路机	1) 在新筑道路上碾压时，应从中间向两侧碾压，距路基边缘不小于 0.5m，碾压傍山道路时，必须由里侧向外侧碾压，且距路基边缘不小于 1m；2) 两队以上同时作业时，前后间距不得小于 3m，在坡道上不得纵队行驶；3) 气温降至 0℃ 时，不得向滚轮内加水增重；4) 作业后，压路机应停在平坦坚实的地方并制动住，不得停放在土路边缘及斜坡上
5	装载机	1) 作业时应使用低速档，用高速档行驶时，不得进行升降、翻转铲斗动作；2) 严禁铲斗载人；3) 来往车辆卸料时应缓慢，铲斗前翻和回位均不得碰撞车辆
6	蛙式打夯机	1) 不得用于夯实坚实和软硬不一的地面，不得夯打坚石和含有砖石碎块的杂土；2) 2 台以上同时作业时，左右间距不得小于 5m，前后间距不得小于 10m；3) 不得单人拖线操作，必须有人递送导线，且都应戴绝缘手套和穿绝缘胶鞋；4) 操作时，转弯不得用力过猛，严禁急转弯；5) 在室内作业时，严防夯板和偏心块打在墙壁上

无地下水、深 5m 以内的基坑的边坡坡度　　表 35-89

序次	土壤性质	边坡坡度比例（坡高:坡底宽）	
		在坑沟底作业	在地面的坑沟边作业
1	砂土、炉渣回填土	1:0.75	1:1
2	粉质砂土、砾石土	1:0.50	1:0.75
3	粉质黏土、泥岩土、白土	1:0.33	1:0.75
4	黏土	1:0.25	1:0.75
5	干黄土	1:0.10	1:0.33

运输机械安全使用和操作要点　　表 35-90

序次	机械作业名称	安 全 使 用 和 操 作 要 点
1	运输机械作业的一般规定	1) 严格遵守城市和公路交通管理的规定，不得超载；2) 运输超宽、超高和超长构件时，应选用适合车辆，并制定妥善的运输方法和安全措施；3) 水温未达到 70℃ 时，不得高速行驶，变速时应逐级增减；4) 行驶中发现有异响、异味、发热等异常情况时，应立即停车检查和排除故障；5) 下坡时不得熄火滑行，在坡道上停车时，除拉紧手制动器并挂好低速档外，应将轮胎楔紧；6) 在泥泞、冰雪路面上应低速行驶，不得急转弯或紧急制动；7) 使用差速器锁时应低速行驶，严禁转弯和猛冲

续表

序次	机械作业名称	安全使用和操作要点
2	载重汽车	1) 装载物品要捆绑稳固，圆形物件卧装时应有防滚动措施；2) 不得人货混装，因工作必须搭人时，人不得处在货物之间或货物与前车箱板之间，严禁攀爬和坐在货物上面；3) 装载易燃品、危险品和爆炸品时应遵守有关规定，除必要的行车人员外，不得搭乘其他人员；4) 加挂拖车时，拖车上必须有制动装置和灯光信号，行驶中尽量避免紧急制动
3	自卸汽车	1) 保持顶升液压系统完好，不得有卡阻；2) 配合挖掘作业时，就位后应拉紧手制动器，铲斗必须越过驾驶室装料时，驾驶室内不得有人；3) 向基坑卸料时，必须和坑边保持安全距离，防止塌方翻车，严禁在斜坡进行侧向倾卸；4) 卸料后，车厢必须及时复位，不得在卸料情况下行驶；5) 严禁在车厢内站人；6) 车厢顶升后进行检修、润滑等作业时，应将车厢支撑牢固后，方可进入车厢下面工作
4	拖车组（全挂、半挂）	1) 运输超宽、超长和超高的设备和构件时，应有有经验的指挥和工作人员随车护送；2) 拖车搭设的跳板应结实，与地面的夹角，在卸载履带式起重机、挖掘机时应不大于15°，装载推土机、拖拉机时应不大于25°；3) 机械装车后，各制动保险装置必须制动住和锁牢，车轮和履带应楔紧；4) 雨、雪、霜冻天气装卸车时，应采取防滑措施；5) 上下坡道时，均应提前换低速档，避免中途换档和紧急制动，严禁下坡脱档滑行
5	皮带运输机	1) 固定式皮带机应安装在坚固的基础上，移动式皮带机运转前必须将轮子对称楔紧，多机平行作业时，其间应留出1m以上的通道；2) 作业中发现输送带有松弛或走偏现象时，应停车进行调整或修理；3) 作业时严禁人员从皮带下面穿过或从其上跨越；4) 输送带打滑时，不得用手拉动；5) 输送大块物料时，输送带两侧应加挡板或围栅防护
6	叉车	1) 不能超载叉装物件，物件重量不明时，应先叉起离地10cm后检查机械的稳定性；2) 物件提升离地后，应将起落架后仰、方可行驶；3) 严禁叉齿上载人

桩工机械安全使用和操作要点　　　　　　　　　　表35-91

序次	机械作业名称	安全使用和操作要点
1	桩工机械作业的一般规定	1) 施工场地应按坡度不大于1%，地基承载力不小于83kPa的要求进行整平压实，在坑坑和围堰内打桩时，应配备足够的排水设备；2) 桩基周围5m以内应无高压线路。作业区应有明显标志或围栏，严禁非工作人员进入。作业时，操作人员应在距桩锤中心5m以外监视；3) 水上打桩时，应选用比桩机重量大4倍排水量的作业船和牢固排架，桩机可靠地固定在其上面并设锚拉措施。作业船和排架的偏斜度超过3°时，应停止作业；4) 严禁吊桩、吊锤、回转或行走同时进行；5) 桩机在吊有桩和桩锤的情况下，操作人员不得离开岗位；6) 桩入土3m以上时，严禁用桩机行走和回转动作来纠正桩的偏斜度；7) 拔送桩时应严格掌握，不超过桩机的起重能力；8) 作业中停机时间较长时，应将桩锤落下垫好；9) 遇有大雨、雪、雾或6级以上大风等恶劣气候，应停止作业；10) 当有7级以上大风或强台风警报时，应将桩机顺风向停置并增加缆风绳，或将桩机放倒在地面上；11) 雷雨季节施工时，桩机应装避雷器

续表

序次	机械作业名称	安全使用和操作要点
2	柴油打桩机	1）轨道应符合产品规定，轨枕间距应不大于0.5m，轨距偏差不大于±10mm，轨道坡度不大于1%，两轨高差不大于5mm（轨距4m时）；2）履带式三点打桩机，当地基承载力不够时，可在履带下铺设厚28~30mm的钢板；3）用桩机吊桩时，正前方吊桩的距离不得大于4m。用履带式三点桩机时，不得偏心吊桩；4）在软土层启动桩锤时，应先关闭油门冷打至每击贯入度小于100mm再开启油门，不得在桩自沉或贯入度较大时给油启动；5）上活塞最大起跳高度一般不得超过2.5m；6）在锤击过程中，起落架可缓缓下降，但不得低于上气缸口以上2m；7）最后10击贯入度值小于5mm时，应停止作业；8）打斜桩时，应将桩吊入门架固定稳固、再后仰挺杆，履带式三点桩机则必须用后支撑杆；9）履带式三点支撑桩机行走时，必须有专人指挥。在坡道上行走时，桩机重心应移至坡道上方，且坡道的坡度应不大于5°
3	振动沉拔桩机	1）作业现场距电源变压器或供电主干线的距离应在200m以内，启动时的电压降不得超过额定电压的10%；2）作业前，测定电机绝缘电阻不得小于0.5MΩ，振动锤低于此值时，应进行干燥处理；3）电源接线和控制系统接触必须可靠，连接电缆应无破损；4）一次启动时间应不超过10s，启动困难时应查明原因、排除故障，严禁雨天在无防雨设施下启动；5）在沉桩中不得取下吊桩钢丝绳，拔桩时应在桩上拴好吊桩钢丝绳后方可松开卡具；6）作业中如电流急剧上升时，应停止运转并排除故障；7）沉桩时，应保持导轨与桩的垂直度，偏斜不得超过2°；8）拔桩至桩尖距地面1~2m时，应即停止振动，用起重机起拔
4	强夯机械	1）按强夯等级要求经过计算选用强夯作业主机；2）严禁超负荷作业；3）作业场地应平整，门架底座与桩机着地部位保持水平，当下沉超过10cm时，应重新垫平；4）强夯机械主要结构部件的材质和制作质量必须经过严格检查，不符合设计要求者一律不得使用；5）夯机在工作状态时，臂杆仰角应为69°~71°；6）梯形门架支腿不得前后错位，在未支稳垫实前严禁提锤；7）夯锤上升接近规定高度时应加强观察，防止自动脱钩器失灵时夯锤上升过高而发生事故；8）夯锤落下后，在吊钩尚未移至夯锤吊环附近前，操作人员不得提前下坑挂钩，严禁挂钩人员站在夯锤上随锤提升；9）夯锤必须留有相应的通气孔并随时清理堵塞，严禁钻入气孔或站在锤下进行清理；10）因坑内积水等原因使锤底吸力增大时，应采取措施排除，不得强行提锤；11）严禁在非作业时将锤悬挂空中
5	螺旋钻孔机	1）钻机应放置平稳，安装后钻杆中心线的偏斜应小于全长的1%，10m以上的钻杆不得在地面上接好后一次吊装；2）钻机应装有钻深限位的报警装置；3）钻孔中如遇卡钻，应即切断电源、停止下钻，在未查明原因前不得强行启动；4）钻孔时遇有机架摇晃、移动、偏斜或钻头内发生有节奏的响声时，应立即停钻处理；5）钻机作业中，应有专人负责电缆收放；6）钻孔时，严禁用手清除螺旋片上的泥土；7）成口后，必须随即将孔口加盖保护

混凝土和砂浆机械安全使用和操作要点　　　　表35-92

序次	机械作业名称	安全使用和操作要点
1	混凝土和砂浆机械作业的一般规定	1）作业场地应有良好的排水条件，机棚应有良好的通风、采光、防雨、防冻条件，并不得积水；2）固定式机械应有可靠的基础，移动式机械应在平坦坚硬的地坪上用方木或撑架架牢，并保持水平；3）当气温降至5℃以下时，管道、泵、机均应采取防冻保温措施；4）作业后，应将设备内存料和积水放尽，清洁保养机械，清理场地、切断电源和锁好闸箱；5）轮胎式机械转移时的拖行速度不得超过15km/h

续表

序次	机械作业名称	安全使用和操作要点
2	混凝土搅拌机	1) 传动机构、工作装置和制动器等均应紧固可靠,保证正常工作;2) 骨料规格应与搅拌机的性能符合,超过许可范围的不得使用;3) 进料时严禁头部伸入料斗与机架之间察看情况,运转中不得用手或工具伸入搅拌筒内扒料;4) 料斗升起时,严禁在其下方工作或穿行;5) 向搅拌筒加料应在运转中进行;6) 因出现故障不能继续运转时,应立即切断电源,将筒内的混凝土清除干净后进行修理
3	砂浆搅拌机	1) 搅拌机的传动、工作和防护装置均应工作可靠;2) 运转中不得用手或木棒等伸进搅拌筒内或筒口清理灰浆;3) 因发生故障不能继续运转时,应立即切断电源,将砂浆倒出后进行检修
4	灰浆泵	1) 输送管道应尽量减少弯管,接头应连接牢固,管道上不得加压或悬挂重物;2) 传动部分、工作装斗和料斗滤网应齐全可靠;3) 工作中应随时注意压力表指示,压力超过规定时应立即查明原因、排除故障;4) 因故障停机时,应打开泄浆阀使压力下降,压力未降到零时,不得拆卸空气室、压力安全阀和管道
5	混凝土喷射机	1) 管道安装应正确,连接处应紧固和密封;2) 喷射机应保持内部干燥和清洁,加入干料的配合比和潮湿程度必须符合喷射机的性能要求,不得使用结块水泥和未经筛选的砂石;3) 在喷嘴的前方和左右5m范围内不得站人,停歇时,喷嘴不得对向有人方向
6	混凝土泵送设备	1) 泵送设备应与基坑边沿保持适距离,在布料杆动作范围内应无高压线和障碍物;2) 管道敷设应接近直线、少弯曲、连接和支撑牢固可靠、接头处密封可靠;3) 严禁将垂直管道直接装在泵的输出口上,输出口前应有不少于10m长的水平管;4) 敷设向下倾斜的管道时,其下端应接一段长度不小于斜管高低差5倍的水平管(否则应采用弯管或其他布管措施);5) 风力大于6级时,泵车不得使用布料杆;6) 炎热天气时应用湿的麻(草)袋遮盖管路;7) 当布料杆处于全伸状态时,严禁移动泵车车身;8) 严禁用布料杆起吊或拖拉物件;9) 泵送时料斗内应保持一定量的混凝土,不得吸空;10) 泵送作业应连续进行;11) 用压缩空气冲洗管道时,出口端前方10m内不得站人
7	混凝土振捣器	1) 插入式振捣器软轴的弯曲 半径不得小于50cm,且不得多于2个弯;不得用力硬插、斜推或使钢筋夹住棒头,也不得全部插入混凝土中;2) 平板振捣器的电源线必须固定在平板上、开关装在把手上,拉绳应干燥绝缘;3) 操作人员必须穿戴绝缘胶靴和绝缘手套

钢筋加工机械安全使用和操作要点 表35-93

序次	机械作业名称	安全使用和操作要点
1	钢筋调直切断机	1) 在调直块未固定、防护罩未盖好前不得送料,作业中严禁打开各部防护罩及调整间隙;2) 钢筋送入后,手不得接近曳轮,必须保持一定距离;3) 送料前,应将不直的料头切去
2	钢筋切断机	1) 接送料台应和切刀下部保持水平;2) 机械未达到正常转速时不得切料;3) 不得剪切直径和强度超过机械铭牌规定的钢筋和烧红的钢筋;4) 一次切断多根钢筋时,其总截面积应在规定的范围之内;5) 剪切低合金钢筋时,应换用高硬度切刀;6) 切断短料时,手和切刀之间应保持150mm以上,手握端小于400mm时,应使用套管或夹具;7) 严禁用手直接清除刀片附近的断头和杂物,非操作人员不得在钢筋摆动范围和切刀附近停留;8) 发现机械运转不正常、有异响或切刀歪斜等情况时,应立即停机修理

续表

序次	机械作业名称	安全使用和操作要点
3	钢筋弯曲机	1）工作台和弯曲机台面应保持平直；2）芯轴的直径应为钢筋直径的2.5倍；3）弯曲钢筋时，严禁超过规定的钢筋直径、根数和机械转速，作业中严禁进行更换芯轴、销子和变换角度、调速等作业，亦不得加油和清扫；4）严禁在弯曲钢筋的作业半径内和机身不设固定销的一侧站人
4	钢筋冷拉设备	1）根据冷拉钢筋直径，合理选用卷扬机和夹具；2）卷扬机的设置位置距冷拉中线不小于5m，操作人员能看到全部冷拉场地；3）冷拉场地两端地锚外侧设置警戒区，装设防护栏杆和警戒标志，严禁无关人员在此停留；4）卷扬机操作人员看到指挥信号并待所有人员离开危险区后，方可作业。作业时，操作人员必须离开钢筋至少2m以上，冷拉应缓慢均匀地进行

木工机械安全使用和操作要点　　　　　　　　　　　表35-94

序次	机械作业名称	安全使用和操作要点
1	木工机械作业的一般规定	1）工作场应备有齐全可靠的消防器材，不得存放油、棉纱等易燃品，严禁烟火；2）机械的安全防护装置齐全可靠，各部连接紧密，工作台上不得置放杂物；3）机械的高速转动部件安装可靠，刀具不得有裂纹破损；4）严禁在机械运行中测量工件尺寸和清理木屑、刨花、杂物；5）运行中不准跨过机械传动部件传递工件、工具等，排除故障、拆装刀具时，必须待机械停稳后，切断电源，方可进行
2	带锯机	1）锯条接头处或齿侧的裂纹长度超过10mm以及连续缺齿两个和接头超过3个的锯条均不得使用。在规定范围内的裂纹的终端必须冲一止裂孔；2）操作人员应站在带锯机的两侧，跑车开动后，在行程范围内的轨道周围不得站人，严禁在运行中上下跑车；3）原木进锯前应调好尺寸，进锯后不得调整；4）平台式带锯作业，接、送料时不得将手送过台面；5）当木屑堵塞吸尘管口时，严禁在运转中用木棒在锯轮背侧清理管口
3	圆盘锯	1）锯片上方必须安装保险挡板和滴水装置；2）锯片不得连续缺齿2个，裂纹长度不得超过20mm，裂纹末端应冲止裂孔；3）夹持锯片的法兰盘的直径应为锯片直径的1/4，被锯木料的厚度应以锯片能露出木料10～20mm为限；4）操作人员不得站在和面对锯片离心力方向操作，手不得跨越锯片
4	平面刨（手压刨）	1）安全罩必须齐全有效；2）刨料时，手指必须离开刨口50mm以上，严禁手压木料后端跨越刨口；3）厚15mm和长250mm以下木料不得在平刨上加工；4）严禁将手按在节疤上送料；5）机械运转时，不得将手伸进安全挡板里侧去移动挡板，严禁拆除安全挡板进行刨削，严禁戴手套操作
5	压刨（单面和多面）	1）必须使用单向开关，不得安装倒顺开关；2）三、四面刨应按规定顺序启动；3）送料时不得戴手套，送料时必须先进大头；4）工作台面不得歪斜，必须装有回弹灵敏的逆止爪装置

焊接机械安全使用和操作要点 表 35-95

序次	机械作业名称	安 全 使 用 和 操 作 要 点
1	电弧焊的一般规定	1）焊接设备应有完整的保护外壳，一、二次接线柱外应有防护罩；2）在现场使用的电焊机应设有可防雨、防潮、防晒的机棚，并备有消防用品；3）焊接铜、铝、锌、锡、铅等有色金属时，焊接人员应戴防毒面具或呼吸滤清器；4）接地线的接地电阻应不大于 4Ω，不得接在管道、机床设备、建筑物的金属构架和轨道上，接地线和把线都不得搭在易燃、易爆和带有热源的物品上；5）长期停用的电焊机，使用时需检验其绝缘电阻（不得低于 0.5MΩ），接线部分不得有腐蚀和受潮现象；6）施焊现场的 10m 范围内，不得堆放氧气瓶、乙炔发生器、木材等易燃物；7）作业后应清理场地、灭绝火种、切断电源和锁好闸箱
2	交流电焊机	1）不可接错初、次级线；2）严禁接触初级线路的带电部分；3）移动焊机时，应切断电源
3	直流电焊机	1）启动后应检查电刷和换向器，如有大量火花时，应停机查明原因并及时排除；2）数台焊机同时工作时，应逐台启动，并使三相载荷平衡
4	硅整流电焊机	1）应在产品说明书要求的条件下工作；2）使用时须先开启风扇电机，停机后应清洁硅整流器及其他部件；3）严禁用摇表测试焊机主变压器次级线圈和控制变压器的次级线圈
5	氩弧焊机	1）氩气减压阀、管接头不得沾油脂；2）冷却水应保持清洁，水冷型焊机严禁断水施焊；3）高频引弧的焊机，其高频防护装置应良好，不得发生短路，振荡器电源线路中的联锁开关严禁分接；4）磨削钨极端头，操作人员必须戴手套、口罩，磨削下来的粉尘应及时清除；5）焊机作业附近不得有振动的机械设备，不得有易燃、易爆物品，工作场所应有良好通风措施；6）氩气瓶和氩气瓶与焊接地点不应靠得太近，并应直立固定放置，不得倒放

3．施工配合作业的安全协调

在交叉施工、流水施工以及一般的施工作业中，都存在着大量的作业配合情况。各专业施工之间的作业配合应确保施工的安全、质量、进度和经济效益的要求，其中安全应排在首位，在配合作业中，有关实施安全文明的施工作业和操作的要求如下：

（1）防止落物、掷物伤害

在交叉作业，特别是多层垂直交叉作业的情况下，由于操作者行为上的不慎，极易发生因落物或掷物造成的伤害，因此，应特别注意作好以下几点：

1）防止工具和零件掉落。作业工人应使用工具袋或手提的工具盒（箱），将工具和小零件等放入工具袋（盒、箱）中，随用随取，避免在架上乱放；

2）防止架上材料物品掉落。作业层面上的材料应堆放整齐和稳固，易发生散落的材料，可视其情况采用捆扎或使用专用夹具、盛器，使其不会发生掉落。此外，作业层满铺脚手板并在其外侧加设挡板，是防止材料物品掉落的另一有效措施；

3）防止施工中的废弃物（块）料掉落。可在作业层上铺设胶合板、铁皮、油毡等接住施工中掉落的砖块、灰浆、混凝土等，然后将施工废弃料收入袋中或容器中吊运下去。

4）禁止抛掷物料。往架上供应材料物品或是由架上清走材料物品，都应当采用安全的传递和运输方式，禁止上下抛掷。

(2) 防止碰撞伤害

在交叉配合施工中，由于人员多、作业杂，极易在搬运材料和施工操作之中出现各种形式的碰撞伤害或损害，包括碰撞人、脚手架、支撑架、设备和正在施工中的工程。为了避免发生碰撞伤（损）害，应注意以下几点：

1) 施工中所用的较大、较重和较长的材料物品，宜安排在施工的间歇时间或在场人员较少时进行。在运输的方式和人力、机械的安排上应能保证运输的安全，避免出现把持不住、晃动、拖带等易导致发生碰撞的状态出现；

2) 供应工作应有条不紊、避免匆忙混乱。在施工中常会发生因待料或紧急需要而提出的急供要求，此时供料者会只顾尽快地运上去而忽视发生碰撞的情况，因此要求越急越要沉着稳重，才能避免忙中出事；

3) 在运输材料时，应注意及时请在场人员配合，必要时可设专门指挥、开路人员。

(3) 防止作业伤害

这里是指作业者在操作时对别人造成的意外伤害，例如焊工突然引弧电焊，使在近处和通过的其他人员受电弧光伤害，木工用力撬拆模板和支撑时撞到别的人员，挥动长的工具或工具脱手时伤及别人等，此类情况常以各种形式发生，因此，应当注意以下几点：

1) 在进行作业操作时，应先环顾周围人员情况，必要时，可请别人暂时躲让一下，以免发生误伤事故；

2) 采取必要的防护措施，例如设置电焊作业时的挡弧光围挡等；

3) 安全地进行作业操作。

(4) 防止出现可能危及安全的"任意"行为

在交叉配合施工中，常会因自身作业的需要，在未征得对方或施工指挥人员同意的、不适当的"任意"行为，例如任意拆掉脚手架、支撑架的某些杆件和拉结件，任意拆掉某些挡护设施，任意移动设备和材料，任意移动灯位以及任意在不安全的地方进行作业等，这些"任意"的行为尽管是为了自己承担作业的需要，但往往会导致安全意外事件的发生。因此，应当从以下几方面去加以避免：

1) 在编制施工方案和安全技术措施时，应仔细地考虑交叉配合施工中有关问题，特别是应当在保证各在场专业施工的基本作业条件的前提下制订有关施工程序、技术和安全措施，对难以完全避免的交叉影响问题提出协调安排或处理原则；

2) 教育职工树立高度的安全意识和配合中的协调意识，当交叉施工中出现确实需要做某种或某些临时性的拆除、移位和变动事情时，应通过很好的协商，取得现场指挥和安全人员的同意，并针对变动所可能引起的隐患采取相应的安全措施，避免发生上述的"任意"行为。

(5) 坚持安全文明施工要求

坚持安全文明施工要求是搞好交叉配合施工的基础和保证，除应防止发生上述四个方面的问题外，还应注意以下几点：

1) 对施工中安排的人员投入和材料进场要求，应在满足总体施工要求的原则下，尽量少进人员和材料，以使交叉作业现场能有较好的施工作业条件，避免造成现场混乱；

2) 尽量实现分区、分段流水施工，避免较多的专业操作集中在狭小的区块内；

3) 各单项作业进行中和完毕后，及时将余弃材料和设备物品清移出交叉作业现场。

为保证这一要求的实现,应安排承担这一工作的专门人员。

4. 安全作业条件检查

具有安全作业条件是确保作业安全的前提,除企业(项目)领导、生产、技术和安全主管部门对安全生产的状况进行定期检查外,现场施工管理人员和作业班组对安全施工情况的日常检查更为重要。日常安全检查包括上岗前的检查、作业中的检查和收工时的检查,其检查内容包括现场的安全状态、安全作业条件和人员的不安全行为。因此,对安全作业条件的检查内容应有很好的了解并应认真地去做好。

(1) 安全作业条件的检查内容

安全作业条件的检查内容尽管随具体作业项目而有所不同,但在几个大的方面是相同的,见表35-96所列。

安全作业条件的检查内容 表35-96

序次	检查项目	内容要求
1	作业场地和工作面	具有满足操作要求的作业场地和工作面
2		场地和作业面上没有影响供料和操作的障碍物
3		设备、材料有合理的占位,不影响正常操作的进行
4		具有通畅的交通和安全通道,可保证供应要求和一旦有危险时的人员撤出要求
5	脚手架和作业台	具有适合作业要求的构架尺寸、铺板宽度和外围边沿防护设施
6		构架稳定、拉结牢固、承载可靠、不摇晃、不倾斜
7		连接紧固无松动,杆件和脚手板无超规定的缺陷和变形,无任意拆除的杆件
8	施工机具设备	具有符合《建筑机械使用安全技术规程》、产品说明或技术措施所规定的机械完好状态、周围环境要求等作业条件
9		在使用中发现的故障和问题已得到满意的解决
10	作业对象和涉及项目	作业项目达到可以安全作业的强度和其他要求
11		作业场地的工程结构达到安全作业的强度和其他要求
12	交叉配合作业的安排	交叉配合作业的各项有关安排明确并已落实
13		有关交叉配合作业中出现的影响问题已得到满意的解决

(2) 安全作业条件检查的注意事项

1) 认真坚持上岗前检查、作业中检查和收工时检查,发现问题时应及时解决。当自行解决不了时,应及时报告上级研究和协调解决。

2) 检查项目应按表35-96的内容要求并结合具体作业情况加以细化。

3) 坚持对安全作业条件的要求,杜绝冒险作业。当有某些暂时不能解决的安全作业条件而又必须进行施工作业时,应采取加强防护和监护措施,并应以书面记录下来,以便备查。

在对待必须有安全的作业条件的问题上,不应提倡不顾安全的"克服困难"要求,而应提倡"以克服困难的精神去创造安全的作业条件"。在这方面,较多存在班组和基层管理人员把不住关的情况,应当引起重视并很好地加以解决。

5. 消除非作业的不安全行为

在施工现场,除存在施工作业和操作中的不安全行为外,还存在着各种形式的非作业的不安全行为,包括作业人员的非作业不安全行为和非作业人员的不安全行为,其主要表现形式列于表35-97中,表中所列各项与安全的关系大多是清楚的,只有两项需要说明如下:

非作业的不安全行为　　　　　　　　　　　　表 35-97

序次	类　别	不　安　全　行　为
1	作业人员的非作业不安全行为	休息时间，在作业现场嬉闹或斗殴
2		坐在栏杆上或在其他不安全的场所休息
3		进入施工现场不戴安全帽
4		在施工现场吸烟
5		在间歇和非作业时间摆弄不属于自己管理的机具设备和施工设施
6		在出现某种事情时，出于想知道情况或其他考虑，离开自己岗位去别的场所观看
1	非作业人员的不安全行为	进入施工现场不戴安全帽
2		在施工现场吸烟
3		进入或闯入安全禁区
4		在现场摆弄施工机具和设备或做别的事情
5		在现场发生某种事情时，出于好奇心，进入施工现场观看
6		因"扰民"和"民扰"纠纷引起的不安全行为

1）关于在施工现场出现事故或某种事情时的围观现象问题，由于是自发性的，极易造成混乱，反而对事情的处理带来不便，而且也会酿出意外。如某地一高压车间发生第一次爆炸之后，在附近的一些施工人员前去观看，不幸赶上第二次爆炸，致使数十人死亡，其中相当一部分是观看者。因此，这一项中包含了很大的安全隐患，应当引起重视。当然，在出现突发事故的情况下，根据"火光就是命令、爆炸声就是命令"而奔去抢险的同志另当别论，他们是值得称赞的。但一是应有组织的去（有负责人），二是现场负责人员要很好地组织他们去进行抢险工作，且多余的和不适合的人员应立即退出。

2）关于"扰民"和"民扰"纠纷问题。一般说来，"扰民"在前，"民扰"在后。由于"扰民"的问题未得到很好解决，而发生居民进入现场阻止施工等纠纷事件，有时会出现拉掉电闸等举动，可能引发安全问题或事故。因此，除严格地遵守不扰民的规定和作好协商解决纠纷外，还应在安全方面制订相应的防范措施，以避免出现意外事故。

总之，这些非作业性的不安全行为也必须给以高度重视，而解决的途径主要应当依靠加强教育和管理工作。

6．保护他人与自我保护

在施工生产中的保护他人与自我保护工作包括以下 10 个方面：

（1）进入施工现场后，自己要按规定使用安全防护用品，同时也要敦促别人按规定使用安全防护用品；

（2）在施工作业中，自己要严格地执行安全操作的有关规定，同时也要敦促别人严格地执行安全操作的有关规定；

（3）在安全作业条件不具备，作业安全得不到保证的情况下，自己不冒险进行作业，同时也劝阻别人的冒险作业行为；

（4）自己不进行违章作业，同时也劝阻别人，使他也不进行违章作业；

（5）自己不违章进行指挥，同时也劝阻别人，使他不要进行违章指挥；

（6）自己不发生各种形式的不安全行为，同时也要劝阻别人各种形式的不安全行为；

（7）在进行作业时，使自己的操作和行为不要伤及别人，同时也要注意不被别人的操作和行为所伤害；

（8）在施工中发现事故征兆或异常情况时，应及时通知直接领导和负责人员处理；

(9) 发现危险情况出现时，自己迅速撤离或采取保护措施，同时通知别人及时撤离或采取保护措施；

(10) 事故发生后，应在采取自我安全保护措施的情况下，及时抢救受伤和受困人员脱险。

在施工中很好地保护自己和保护他人仍是目前安全工作中的较薄弱的环节，需要加强这方面的工作，以便能较迅速地提高职工的安全生产素质和自我保护能力，减少安全意外事故的发生和减轻其发生时的伤害程度。

35-4 施工安全的技术和措施保证

为施工安全提供技术和措施的保证，就是要建立起包括可靠性技术、限控技术、保险技术和保护技术的"四环节技术保证体系"以及确立起在险情和事故出现时的应急工作体制和措施。施工技术和措施的安全保证性，既是进行施工安全管理工作的基础和重点要求，也是安全文明施工技术的核心内容和研究重点。只有不断提高技术和管理措施对施工安全的保证性，才能不断加强对实现安全工作目标的把握性，即有充分把握确保施工的安全。

35-4-1 技术和措施的安全可靠性要求

35-4-1-1 技术和措施安全可靠性的研究和判断

编制和执行施工的安全技术和管理措施的目的是确保施工的安全。但并非有了安全技术和管理措施就可以实现安全，还必须确保安全技术和管理措施具有很好的安全可靠性。在"四环节安全技术保证体系"中位居第一环节并起基础性作用的可靠性技术，解决的就是如何判断并确保综合或单项施工安全技术及其管理措施的安全可靠性，使其在施工的全过程中及其可能出现的情况下，都能为施工的安全提供可靠的保证。因此，可靠性技术要达到以下4项要求：

(1) 探索安全可靠性的内在规律；

(2) 依据安全可靠性的内在规律去判断各项工程技术及其管理措施在确保安全要求方面的可靠性；

(3) 依据判断结果及其分析材料相应提出确保安全的保证要求；

(4) 依据安全保证要求完善安全技术和管理措施，使其能覆盖着在施工全过程中可能出现的各种情况，确保不发生事故。

1. 安全可靠性的内在规律和研究课题

由于安全意外事故都因有"事故五要素"（不安全状态、不安全行为、起因物、致害物、伤害与破坏方式）的存在和作用而引起，而只要不让"事故五要素"有存在或启动的可能，就能可靠地确保施工安全。因此，消除各种可能导致"不安全状态"和"不安全行为"存在的涉及因素，遏止"起因物"和"致害物"的孕育、启动，既是安全可靠性的内在规律，也是工作要求。为此，可靠性技术必须着力解决以下3个前后衔接的课题：

(1) 确定在相应工程施工技术及其管理措施实施的全过程中，有可能出现何种形式的显性或隐性的不安全状态、不安全行为、起因物、致害物与可能导致事故发生时的伤害与

破坏方式;

(2) 引起这些事故要素存在（含孕育和发展）的原因及其内在的规律性;

(3) 如何消除这些事故要素，避免和遏止它们起作用。

通过对这 3 个课题的研究，形成具有全面的覆盖性、明确的针对性、严格的控制性和可行的操作性的可靠性技术，以解决技术和措施的安全保证问题。

2．安全可靠性研究的切入点

工程施工技术及其管理措施的安全可靠性，包括了相应的编制依据、考虑因素、设计计算方法、实施规定（要求、作法）和监控手段等 5 个方面的可靠性，虽其中涉及的因素较多，但可归纳为以下 10 个方面的研究切入点:

(1) 工程施工条件的困难性;

(2) 施工作业要求的特殊性;

(3) 施工技术的创新性及其不成熟性（可能存在的尚不完全成熟的问题）;

(4) 设计考虑因素的全面性和未知性（暂时还不知道的问题）;

(5) 设计依据的适应性及其把握性;

(6) 计算参数的符合性和覆盖性;

(7) 设计安全储备（安全可靠度）的合理性及其保证性;

(8) 设计方法和计算的正确性;

(9) 管理规定的严格性和可行性;

(10) 监控手段的有效性和难控性（难以控制的实际情况）。

其中，(1)~(3)为考虑工程条件与技术特点对可靠性要求的研究切入点;(4)~(8)为考虑设计计算的安全可靠性的研究切入点;(9)~(10)为考虑管理与监控措施可靠性的研究切入点。以上各研究切入点的考虑项目列入表 35-98 中。

3．安全可靠性的研究程序

在编制工程施工技术措施，对其安全可靠性的研究，应以分析工程和技术的特点难点入手，根据表 35-98 所列研究切入点的相应考虑项目表 35-5、表 35-7 和表 35-8 所列的事故要素的相应考虑项目，找出在技术与管理措施中存在和潜在的不安全因素，分析和研究这些不安全因素并制订应对措施，在全面核定 5 个方面（考虑因素、编制依据、设计计算、实施规定、监控手段）的可靠性后，形成设计计算书和管理规定，其研究程序框图示于图 35-16 中。

安全可靠性研究的切入点及其考虑项目　　　　　　　　　表 35-98

研究切入点	应予考虑的涉及项目
工程施工条件的困难性	1）场地狭窄；2）周边环境限制；3）季节因素；4）工期紧迫；5）地质条件；6）材料、设备的存放条件；7）施工场地和作业面的安全条件；8）地下和空中管线条件；9）组织和管理条件
施工作业要求的特殊性	1）交叉作业；2）夜间作业；3）高空作业；4）恶劣环境作业；5）逆作法作业；6）水上和水下作业；7）不断交通、不停产和其他难以封闭围护的作业；8）非常规和合理程序的作业；9）突击性和抢险性作业；10）深基坑作业；11）带电、高温、高压作业；12）其他特殊性的作业；13）对周边建筑物和居民安全的保护要求；14）对控制施工振动和噪声的要求；15）试验工程和新技术试用的监测要求

续表

研究切入点	应予考虑的涉及项目
施工技术的创新性及其不成熟性	1) 新技术和新研制技术在工程中试用；2) 本单位首次采用的技术；3) 对原有技术、设备的改进和创新；4) 技术和设备应用条件的改变与应用范围的扩大；5) 无应用先例的技术措施；6) 已出现过事故的技术措施；7) 尚无标准和工法的技术；8) 尚无定型、成熟设计计算方法的技术；9) 临时加固和应急处理措施
设计考虑因素的全面性和未知性	1) 基本的设计条件和技术参数；2) 相关的设计条件和技术参数；3) 设计中的其他影响因素；4) 在设计因素中具有共生、因果关系的因素；5) 在技术和措施中可能存在（显现的和潜在的）的事故要素；6) 渐变和突变、可控和难控的设计因素
设计依据的适应性及其把握性	1) 依据的、相关的和参考的标准、规定；2) 依据的和参考的试验数据、研究成果、文献资料；3) 相关事故的分析
设计计算参数的符合性及其覆盖性	1) 结构构造参数；2) 动力和运行参数；3) 荷载；4) 技术和设计指标；5) 安全保证指标；6) 考虑影响因素和安全指标的计算系数；7) 材质和加工要求；8) 施工和安装误差要求；9) 设计和使用的限控规定；10) 合格规定
设计安全储备的合理性及其保证性	1) 工程结构的设计规定；2) 脚手架、支撑架等临时结构的设计规定；3) 一般机械构造的设计规定；4) 起重设备、吊具、索具的设计规定；5) 其他项目的设计规定
设计计算的正确性	1) 设计和计算方法的确定；2) 设计条件和计算参数的确定；3) 各项计（验）算；4) 计算和实用图表的编制；5) 验算结论的确定
管理规定的严格性和可行性	1) 具体性的规定；2) 原则性的要求；3) 考核评定指标；4) 考虑办法；5) 消除隐患要求；6) 应急措施安排
监控手段的有效性和难控性	1) 组织手段；2) 制度手段；3) 检测手段；4) 评价手段；5) 法办手段；6) 处理手段；7) 奖罚手段；8) 研究和总结手段

4. 安全可靠性的判断标准和审查程序

对工程施工技术及其管理措施安全可靠性的判断标准为：考虑全面、依据充分、设计正确、规定明确、便于落实和能够监控，其相应的审查内容和要求列入表35-99中。表中所列的26项内容和要求虽

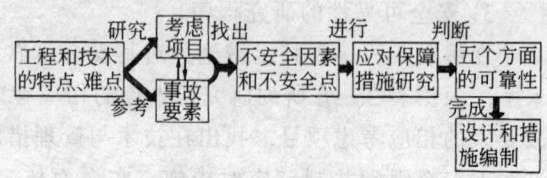

图 35-16 安全可靠性研究程序框图

然已经较为全面，但肯定还有概括不到的事项。因此，在进行某一技术和措施的安全可靠性判断时，还应考虑得更细一些，以免遗漏重要的判断项。

安全可靠性判断标准的审查内容和要求 表 35-99

判断标准	审查的内容和要求
考虑全面	1) 充分考虑了技术和管理的特点与难点；2) 充分考虑了安全保证要求的重点和难点；3) 全过程、全方位考虑，基本上无漏项；4) 全因素分析，基本上无漏项；5) 对潜在因素有较为深入的考虑；6) 将技术设计执行和管理要求结合考虑，无脱节和偏颇
依据充分	1) 采用的标准和规定适合；2) 依据的试验成果和文献资料可靠；3) 对1)、2) 所做的引申、变通和调整均有可靠的论证；4) 对首次采用的技术的研究和分析作得慎重、细微并留有余地

判断标准	审查的内容和要求
设计正确	1) 对设计方法及其安全保证度的选择正确或合适；2) 设计条件和计算简图的确定合理；3) 设计计算式正确；4) 计算参数和系数的取值无误；5) 计（验）算正确；5) 根据设计计算结果提出的结论和施工要求正确、适度
规定明确	1) 施工中的技术与安全控制指标明确；2) 检查、检测和验收要求的规定明确；3) 对隐患和异常情况的处理措施明确；4) 管理要求和岗位责任制度明确；5) 作业和操作规定细致明确
便于落实	1) 无执行不了或难以完全执行的规定和要求；2) 有全面落实和严格执行的保证措施；3) 有对执行中可能出现的情况和问题的处理措施
能够监控	1) 自身监控要求不低于政府和上级的监控要求；2) 措施和规定全面纳入了监控要求；3) 有关施工资料能满足监控管理的要求

在对施工技术和管理措施的安全可靠性进行审查时，可按上述6项标准逐项进行审查，相应得出对其安全可靠性的评价，并作出批准、原则批准（部分修改）或不批准（返回重作）的审查结论。这一审查程序的框图示于图35-17中。它虽然是对施工技术和管理措施安全可靠性的审查程序，其实也是对施工安全组织设计或施工安全技术措施的审查程序。

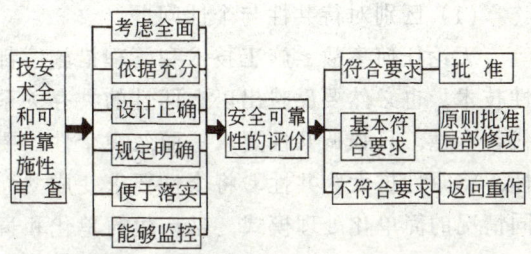

图 35-17 安全可靠性的审查程序框图

35-4-1-2 实施安全可靠性要求的注意事项

在编制和执行施工安全组织设计或施工安全技术措施的工作中实施安全可靠性要求，对于提高施工安全设计的科学性、实效性和保证水平将具有重大的作用，也是建立施工安全的技术保证体系的基础，并可有效地解决施工安全措施编制质量不高的问题。但在实施安全可靠性的工作要求时，有以下事项也需注意：

1. 注意对非常见因素的认真考虑

在涉及技术和措施安全可靠性要求的各种影响因素中，既有技术、设备、材料和施工的要求与条件方面的因素，也有管理、人为和自然条件因素。它们又可分为两大类：一类为常见的因素，即多数读者已轻较为了解和基本掌握了的那些属于常识性、多发性、单一些、可控性和可预见的因素，虽在安全工作（研究）中多能予以考虑而理应较少疏漏，但也存在部分读者了解不够或者也会疏漏的情况（这也正是多发事故不断发生的原因之一）；另一类为不常见因素，即多数读者还缺少了解的那些属于非常识性、隐蔽性、偶发性以及具有共生（交织）、因果（在某种条件下才会显现）和难控（掌握不住）性质的因素，在安全工作（研究）中较难考虑而极易疏漏。而这一类因素的出现，既与有关施管人员存在侥幸、不在意的心理，没有树立"万一"意识的现状有关，并随其变化，成为引发意外事故的"意外"之所在。如前述（见35-2-2-1和35-2-5-2节）直升飞机坠毁事故中，在事先未考虑到突然起风和摘不脱吊钩的情况，就是较为典型的不常见因素。

不常见因素不是不可知因素，是可以知道的因素。它之所以能够成为未知因素或者意外因素，不是知识面不够、缺少深入研究，就是"未必会出问题"的心理在作怪，甚至将对安全因素，特别是不常见因素的考虑认为是不必要的"自找麻烦"，这种心理是搞好安全工作的致命的障碍，必须认真加以消除。对于确保施工安全、避免出现事故伤害的要求来说，安全措施的考虑必须达到有足够保证度的要求。尽管有些措施考虑的情况有可能不会出现，但决不能在某种情况出现时，因没有相应的安全应对措施而发生事故。这就是为什么一再强调要充分考虑各种影响因素，以实现有力的安全保证的道理所在。

2. 将安全可靠性的研究成果转为管理规定时的注意事项

有关对技术和措施安全可靠性的研究与应用成果，包括取得的一些数据和结论，都有可能形成企业的管理规定，甚至被收入相应的各级标准和政府所颁布法规中。但有些成果是在某项工程的特定条件下提出的，会有一定的局限性和适用条件的限制，也常会对某些把握不准的事项给予更多一些的安全储备（这是必要的），但若将其上升为通用规定并在面上加以推广时，还应注意处理好以下事项：

（1）区别对待共性与个性问题

无论任何事故、施工技术和管理措施，都有其共性和个性存在，研究安全保证的可靠性技术，也必然要反映出以上两性的共存关系，且不能相互取代和错位。即既不能以共性代替个性，只强调共性要求，而忽视个性的要求，不作区别对待；也不能以个性去代替共性，将个性扩大为共性、将个性要求变成共性要求。这两种倾向都是要形成一个不区分不同情况的简单化处理模式，是产生简单化和盲目性问题的重要原因之一。

（2）正确制定具体规定和原则要求

我们知道，编制强制性技术标准时，必须遵守成熟、准确、适度和"宁缺勿滥"的原则。所谓"适度"即应综合考虑各种有关情况和要求，使作出的规定适度可行，既不过高，也不过低。所谓"宁缺勿滥"，就是宁肯空缺，也不要将本不成熟（依据不足）和有较大争论的事项纳入标准，以免造成失误和难以处理的问题。一般说来，属于共性的成熟的事项，可以作出具体的规定；属于个性的事项，应作出区别对待的规定；属于尚不成熟或有较大争论，但又必须提出安全要求的事项，可以提出较为原则性的要求，具体要求可由执行者去研究决定。

（3）不要对技术发展形成不适当的限制

确保安全是发展技术的前提，而技术的进步又是促进和实现安全的保证。因此，确保安全的要求和推进技术进步的要求是统一的。但任何一项技术的创新和进步，都会提（引）出一些新的安全课题，存在着出现问题的多种可能性。因此，对具有技术创新性的专题研究项目、新技术推广项目、高难技术项目和试点工程的试验和施工安全，给以高度重视、慎重对待和严格监控，并据此对确保安全提出适当的要求（包括作出一些适当的限制），是完全必要的；但提出的规定和要求应是科学的和适度的，应避免对技术发展形成不适当的限制。

（4）综合考虑安全可靠性和经济可行性的要求

提高安全可靠性和兼顾经济可行性，既是统一的，又存在一定矛盾，需要综合考虑。加强安全保证要求，需要在技术、管理和经济等3个方面的投入，在三者之间存在着一个组合的优化问题。即使单就技术的安全可靠性而言，也不是用材越多，杆件和结构越刚，控制系统越复杂就越安全，还得依赖管理工作的保证。因此，我们研究的应是将施工技术和管理措施捏到一起考虑的对安全可靠性的保证要求。

35-4-1-3 确保施工安全设计的计（验）算工作达到可靠要求的控制事项

建筑工程施工安全设计中的计（验）算工作，主要是对施工技术措施的安全可靠性进行计算和验算，并达到实现安全的保证要求。根据设计项目的类属，分别按工程结构、机械设备、管线与控制系统的设计要求和设计方法规定进行计（验）算工作。最常遇到的是属工程结构范畴的施工措施和设施，由于多为施工用的临时性设施，使其在包括设置条件、结构构造、使用要求、荷载控制等设计计算条件和参数方面，与永久性工程结构有显著的差别，常需借助于试验和经验来解决难以完全采用规范方法进行计算的问题，因而出现了试验方法，半理论半试验方法和半理论半经验方法，而其采用的计算系数，也会依确保安全的需要加以适当的增减和数值调整。一些工程技术和安全管理人员对此常会感到不适应或不好把握，其原因还是由于在知识面、施工经验和研究工作方面的积累不够。因此，应通过不断和深入的学习和研究，提高对安全设计工作有关方面的把握能力。

1. 对设计计算方法的把握
(1) 工程结构的设计计算方法

目前我国的建筑工程结构的设计标准一律采用"以概率统计为基础的极限状态设计法"。将结构的工作极限状态分为承载能力极限状态和正常使用极限状态（即变形刚刚达到使结构不能正常使用状态）。

结构按承载能力极限状态设计的一般表达式为：

$$\gamma_0 S \leqslant R \tag{35-2}$$

$$S = \gamma_G S_{GK} + \psi \gamma_Q (S_{QK} + S_{WK}) \tag{35-3}$$

$$R = \frac{1}{\gamma_R} R_K = \frac{1}{\gamma_R} f_K \cdot \alpha_K \tag{35-4}$$

式中 γ_0——结构重要性系数，查表35-100；
S——荷载作用效应（设计值）；
γ_G——永久荷载（恒载）分项系数，一般取1.2，荷载在抗倾覆验算中有利时取0.9；
γ_Q——可变荷载（活载、风载）分项系数，取1.4；
ψ——荷载组合系数，仅有施工活载时取1.0，同时有施工活载和风载时取0.85；
S_{GK}、S_{QK}、S_{WK}——分别为恒载、活载和风载标准值的作用效应；
R——构件抗力（设计值）；
γ_R——构件抗力分项系数；
R_K——构件抗力标准值；
f_K——材料性能标准值；
α_K——几何参数标准值。

判断设计的（安全）可靠度采用可靠指标 β，β 按下式计算，其值应达到表35-100的要求。

$$\beta = \frac{\mu_R - \mu_S}{\sqrt{\sigma_R^2 - \sigma_S^2}} \tag{35-5}$$

式中 μ_R、μ_S——结构构件作用效应（N·M等）的平均值和标准差；
σ_R、σ_S——结构构件抗力的平均值和标准差。

标准差按下式计算：

$$\sigma = \sqrt{\frac{\sum_{i=1}^{n}(X_i - \overline{X})^2}{n-1}} \tag{35-6}$$

结构按正常使用极限状态设计的一般表达式为：

$$S \leqslant [S] \tag{35-7}$$

$$S = S_{GK} + S_{Q_1K} + \sum_{i=2}^{n}\psi_{ci}S_{Q_iK} \quad （短期效应组合） \tag{35-8}$$

式中 S——作用效应（变形、裂缝）组合的设计值；
$[S]$——作用效应（变形、裂缝）的允许值；
ψ_{ci}——第 i 个可变作用的准永久系数。

读者应注意承载能力与变形计（验）算中的以下不同：前者考虑结构重要性系数 γ_0，计算作用效应时使用荷载设计值（即荷载标准值乘以分项系数和组合系数）；后者不乘 γ_0，计算作用效应时使用荷载标准值。

γ_0 和 β_0 值　　表 35-100

名称		安全等级		
		Ⅰ	Ⅱ	Ⅲ
β_0	延性	3.7	3.2	2.7
	脆性	4.2	3.7	3.2
γ_0		1.1	1.0	0.9

结构的安全等级　　表 35-101

安全等级	破坏后果	建筑物类型
Ⅰ	很严重	重要的工业与民用建筑
Ⅱ	严重	一般的工业与民用建筑
Ⅲ	不严重	次要的建筑物

(2) 脚手架结构的设计计算方法

脚手架结构包括采用脚手架杆配件搭设的各类脚手架和支撑架。《编制建筑施工脚手架安全技术标准的统一规定》(97) 建标工字第 20 号确定我国的脚手架结构按临时结构（安全等级为Ⅲ级）考虑（表 35-101），采用"概率极限状态设计法"进行设计，以与我国现行工程结构设计方法相一致，但由于缺少决定可靠度的概率统计数据，因此，又确定其计算结果还要符合历史的使用经验，即还要用"单一系数法"（容许应力法）进行验算，并应满足强度验算时的 $K \geqslant 1.5$，稳定验算时的 $K \geqslant 2.0$。这项要求最终以采用一个材料强度附加分项系数 γ'_m 加以解决，并将 $\gamma'_R = \gamma_0 \gamma'_m$ 称为抗力附加系数，其所采用的设计的一般表达式为：

$$\gamma_0 S \leqslant \frac{R}{\gamma'_m} \left(= \frac{R_K}{\gamma_R \gamma'_m} \right)$$

亦即

$$S \leqslant \frac{R}{\gamma'_R} \left(= \frac{R_K}{\gamma_R \gamma'_R} \right) \tag{35-9}$$

γ'_m 的计算式列入表 35-102 中，表中 η、λ 分别为活载、风载标准值的作用效应与恒载标准值作用效应的比值，即：

$$\eta = \frac{S_{QK}}{S_{GK}}; \lambda = \frac{S_{WK}}{S_{GK}} \tag{35-10}$$

除以上设计一般式与工程结构的设计式不同（即增加了一个系数 γ'_m）外，还有以下不同：

1) 验算脚手架整体稳定性的压杆长度计算系数 μ 取试验值（见表 35-103）。该值是通过 1:1 的真架（双排脚手架）试验，并将脚手架段视为一个轴心受压杆件，测得其临界荷载后反求其计算长度系数，并将其就视为长度为步距的立杆段的计算长度系数，由于它综合了构架、连墙情况等因素，比较接近实际工作情况。

γ'_m 的计算式　　　　　　　　　　　　　　　　　　表 35-102

构件类别	不组合风载	组合风载
受弯构件	$\gamma'_m \geqslant 1.19 \dfrac{1+\eta}{1+1.17\eta}$	$\gamma'_m \geqslant 1.19 \dfrac{1+0.9(\eta+\lambda)}{1+\eta+\lambda}$
轴心受压构件	$\gamma'_m \geqslant 1.59 \dfrac{1+\eta}{1+1.17\eta}$	$\gamma'_m \geqslant 1.59 \dfrac{1+0.9(\eta+\lambda)}{1+\eta+\lambda}$

扣件式钢管脚手架立杆的计算长度系数 μ　　　　　　表 35-103

类　别	立杆横距 (m)	连墙件布置	
		二步三跨	三步三跨
双排架	1.05	1.50	1.70
	1.30	1.55	1.75
	1.55	1.60	1.80
单排架	≤1.50	1.80	2.00

2) 其他情况下 μ 的取值。由于表 35-103 的 μ 值是依据双排扣件式钢管脚手架试验得到的，对于其他情况并不适用。在其他情况尚无相应的试验资料的情况下，其 μ 值采用以下办法给以暂时解决：

a. 单肢稳定性的立杆计算长度系数 μ_1（可用于多排架，满堂架和支撑架的计算）的确定：将立杆视为其所在排架中有侧移框架柱，按《钢结构设计规范》（GBJ 17—88）附表 4.2 计算出理论值 μ'，从相同构架情况 μ 值（表 35-103 值）与 μ' 的对比中分析出两个系数 m_1 和 m_2，并将其作为理论值的调整系数，于是确立以下式子：

$$\mu_1 = m_1 m_2 \mu' \tag{35-11}$$

μ_1 值分别按中柱（四侧有连接横杆约束）、边柱（有三侧横杆约束）和角栏（两侧有横杆约束）给出。

b. 碗扣式钢管脚手架使用的 μ 值。根据碗扣式钢管脚手架失稳临界荷载高于扣件架约 13.36%～87.45% 的试验结果，取 $N_{碗}/N = \mu_{碗}^2/\mu^2 = 1.15$，得到：

$$\mu_{碗} = 0.9325\mu \tag{35-12}$$

3) 梁板模板高支撑架的计算

将高度≥4m 的梁板模板高支撑架分为"几何不可变杆系结构"（其在两个方向均匀布置的斜杆均占全部框格的一半以上）和"非几何不可变杆系结构"（其斜杆设置数量显著小于"几何不可变杆系结构"，但符合我国规范的规定）两类构架分别计算，前者取计算长度 $l_0 = \mu_2 h = h + 2a$（a 为立杆伸出顶端横杆的长度）；后者取 $l_0 = \mu_1 h$。并对稳定计算确定的搭设高度 H_0 乘以搭设高度系数 K'_H 作为限用的高度，即：

$$H = K'_H H_0 = \frac{H_0}{1 + 0.005(H_0 - 4)} \tag{35-13}$$

式中分母中的 H_0 以 m 计,但无量纲。

(3) 附着升降脚手架的设计计算方法

在附着升降脚手架的组成部分中,用脚手架杆件组装的架体使用脚手架的计算方法,采用焊接件拼装的竖向主框架、架底梁架以及附着支撑等应按《钢结构设计规范》进行设计。考虑到附着升降脚手架在不同工况下的荷载变化,在计算中增加了荷载变化系数 $\gamma_1 = 1.3$(用于使用工况)和 $\gamma_2 = 2.0$(用于升降和坠落工况)。而升降机构和动力设备等则按机械设计的规定进行计算。

以上所述并不是要按其进行计算(计算时还得参看"脚手架和垂直运输设施"一章),而是说明设计计算方法应当如何选用和确定。必须有充分的依据、并达到确保安全的要求。为了确保安全,采用一些适当的计算系数以扩大安全储备,则是常用的方法。

2. 对计算要求的把握

安全设计的计算要求,就是选择最不利、最危险的情况进行验算。如果对最不利、最危险情况的验算结果表明是安全的,则其他情况下的安全就更不会有问题,因而设计肯定是安全可靠的。

最不利和最危险的情况可分为以下两类:

(1) 单一的最不利情况

单一的最不利情况,即在其他条件基本相同或变化不大的情况下,有一项最不利的参数。常见有以下 3 种:

1) 承受最大的荷载作用或者荷载组合的作用。例如脚手架立杆的底部会出现最大的轴力 N_{max},但如果立杆同时又受水平力(如风载、模板的侧压力和横杆传来的水平力等)产生的弯矩 M 的作用时就有可能出现在立杆 H_i 高度处的 $N_i + \frac{A}{W}M_i \geqslant N_{max}$ 的情况。当 $N_i + \frac{A}{W}M_i = N_{max}$ 时,则立杆的底部和 H_i 高度处都是危险截面;当 $N_i + \frac{A}{W}M_i > N_{max}$ 时,则立杆的 H_i 高度处为危险截面,立杆的底部则不是。

2) 结构、构造和杆件最为薄弱的部位,即出现最大计算长度的轴心受压杆件、最大跨度的受弯杆件(例如脚手架底部开设宽大通道——门洞处)和受力截面最小的杆件处,由于杆件的内力增大或杆件的承载能力降低而出现的最不利情况。当压杆的长度 h 或 l 相同时,选 μ_i 值最大的压杆验算(因计算长度 $l_0 = \mu h$ 或 μl);当压杆的长度 h 或 l 不同时,选 $\mu_i h_i$ 或 $\mu_i l_i$ 为最大的值进行验算。

3) 荷载作用或结构构造的突变处。包括杆件的增减和荷载作用的增减之处。

(2) 综合的最不利情况

在各种计算参数或相关条件多有不同或者有较多变化的情况下,其最不利和最危险的情况可能并不出在前述 3 种单一的最不利之处,而是综合受力情况最不利之处。此种情况分析起来就较为复杂一些。

3. 对设计计算结果的把握

对设计计算结果是否安全可靠的把握,需要进行以下 4 项判断:

(1) 对采用的设计计算方法是否有把握?即其中是否存有缺陷或吃不太准的问题,特别是有没有考虑不够、计算不能概括某些情况的问题；

（2）计算的情况是否为最不利的和最危险的情况？如果不是的话，则必须重新计算；

（3）计算采用的公式和计算中是否有错误？如果有错误，则必须校正过来；

（4）设计计算的结果是否与分析判断结果或使用经验相一致？如果不一致并感到不合理的话，则应当进行复查。

4．对试验和检验结果的把握

为了解决设计计算中某些吃不准、难以决定的问题或者验证设计计算结果，常需进行一些相应试验研究和实测检验工作，其试验或检验结果的正确性和可靠性，将取决于以下条件：

（1）试验或检测工作方案是否符合施工的实际情况？如果不完全一致，则必须对由试验得到的结果是偏于安全或是偏于不安全作出判断，并应采用偏于安全的试验方法；

（2）试验检测工作的误差。包括检测手段的误差和试验数量不够的统计误差。当试验的组数较少而测试数据的离散性又过大时，其试验结果（一般取平均值）的可信度达不到要求，应在改善检测手段之后增加试验的组数。否则，只能按低值（使用时偏于安全）对试验的应用要求进行控制，且不得将其推广使用。

35-4-2 技术和措施中的安全限控要求

安全限控规定是继可靠性设计之后，对实现施工安全的第二道保障，它具有非常明确的针对性，就是针对施工技术及其管理措施在执行中的安全控制点以及在施工中可能出现的其他不安全状态、不安全行为和事故的起因物与致害物，作出相应的限制、控制规定和要求。

长期以来，在建筑施工生产所涉及的各个方面和环节，包括工地临时用电、机械设备和施工设施的使用、高处和各种环境下的作业以及各项施工工艺、技术和操作中，为了确保安全，都毫无例外地要采用一些限制性和控制性的措施，如限高、限位、限速、限荷载、限变形、限构造尺寸、限设置状态、限使用条件和限操作程序等，已成为确保安全的重要控制手段，并已形成覆盖各个方面的规定和要求。所不足的是，还没有充分地认识到应将其作为一项技术——安全限控技术，系统地研究其内在的规律性，建立起科学的体系，以科学的理论为指导，不断予以发展和完善，以使其对确保安全的控制更加全面、准确和有效。本节将先阐述安全限控技术的基本概念和科学体系，然后列述在施工技术及其管理措施中的各项安全限控要求。

35-4-2-1 安全限控技术的基本概念和安全控制点

1．安全限控技术的基本概念

（1）定义、目的和作用

安全限控技术，是对施工技术及其管理措施中的重要环节，关键事项以及其他需要严格控制之处，提出明确的限控规定和要求，以确保施工安全的技术。

安全限控的目的，是通过对涉及施工工艺程序、设计指标、技术参数、受力状态、运行工况和施工操作要求等方面的安全关键环节和关键点进行严格的限控，避免可能出现的不安全状态、不安全行为、事故的起因物和致害物，构筑起第二道安全保障，以确保施工安全。为此，不仅需要将安全可靠性设计所确定的安全控制点（即在施工中必须确保的技术、操作和管理的关键要求）以具体、明确和硬性（强制性）的规定加以限制和控制，而且还应进一步补充在可靠性设计中未能涉及或者考虑不足的安全控制事项。

对安全限控技术的研究工作具有以下作用：
1) 有利于细致地解决安全可靠性设计中需要确定的控制项目及其要求；
2) 有利于形成安全文明施工要求中通用的安全限控规定；
3) 有利于形成政府和上级对施工安全监督与管理工作的重点控制要求；
4) 有利于形成对职工进行安全教育和职工必须掌握的安全知识的重点要求；
5) 有利于深入推进施工安全技术的研究工作。

(2) 安全限控技术研究的要求

安全限控技术研究和解答的问题，就是对考虑的事项有否必要加以安全限控，以及确保所作限控规定的准确性和可行性，并达到全面覆盖、明确具体、深入细致和可行易控的要求。

判断考虑的事项有否必要加以限控，取决于以下3点：1) 它是否为有某种重要的不安全因素存在的、必须加以限控的安全控制点；2) 在施工中是否存在突破安全限控规定的可能性。如果没有突破的可能时，则不必进行限控；3) 对其能否提出具体、明确和硬性的规定。

限控规定的准确性，包括限控对象（项目）选择准确和限控规定适当。限控规定的可行性，即在满足安全要求的前提下，不仅应考虑技术的可行性，而且也要考虑执行时的可行性。当提出的限控要求使大多数企业和工程项目的条件还难以达到时，宜采用可替代其作用并可以执行的限控规定。

(3) 安全状态、不安全状态与安全控制点

安全状态是不会发生事故的状态，不安全状态是有可能发生事故的状态。

对于建筑施工中出现的各种状态，包括工程结构（建成的和施工中的）、临时设施（职工宿舍、工棚、防护棚和围挡）、施工设施（模板、脚手架、支撑架等）、机具和设备的自身（完好与否）状态和设置（固定、停放）状态、受力（或运转）和使用（或工作）状态、运输和转移状态等，都有安全状态与不安全状态之分，且会相互转化。安全状态会因不安全因素的存在与作用，而向不安全状态转化；不安全状态也会因及时消除隐患而恢复安全状态。

由状态变化引发的事故，一般都会有一个发展过程，即先由安全状态进入不安全状态、再由不安全状态发展到危险点（事发点），事故发生后进入出事状态（出现破坏和伤害）。为了避免发生事故，就不能让相应的状态达到或接近危险点，必须使其状态离开危险点一个安全保证距离。这个距离应能够容纳施工中可能出现的不利因素（难以完全符合设计的荷载、构造和使用条件等）所造成的负载增加、状态变化和承载能力降低的结果，使其仍不会达到或接近危险点，以保证不会出现事故。为此，在使用适合的计算系数将可考虑的不利（常为随机变量）因素计入外，尚应考虑一个将其适当放大的系数（备量系数），以解决可能存在的考虑不足和考虑不到的问题，则有：

$$安全保证距离（量）= 不利因素作用的计入量 + 安全备量$$

由上式可以看出，当不利因素作用的计入量考虑不足，即实际不利因素所产生的不利作用大于计入量时，其超出的部分可由安全备量弥补，使安全备量降低。如若超出部分接

近安全备量时，则状态就会接近危险点。

因此，不能将安全保证距离（或称"安全保证量"）片面地看成就是"安全储备"、就是"富余量"，它实际上是"安全保证度"（或"安全可靠度"）的概念。我国的工程结构设计采用"以概率理论为基础的极限状态设计法"，其设计的可靠度（安全保证度）采用可靠指标，而可靠指标是依据"失效概率"的统计结果确定的，并将其转为荷载作用分项系数和抗力分项系数（分别将按标准值计算的荷载作用提高 20%～30%，将构件抗力降低了 16.5%，总效果相当于将抗力标准值降低了 40%～51.5%），以用于计算。而脚手架由于系临时结构，其构架的严格性和承载能力达不到正规工程结构的要求，且又缺少对其安全可靠性的概率统计数字，因此在稳定计算中又增加了一个抗力调整系数 $\gamma'_R = 0.9\gamma'_m$，再将构件的设计抗力降低 48.5%～60%，三者合起来达 100%，即达到安全系数为 2.0。γ'_R 就是上式中的安全备量，当脚手架的实际荷载远大于 1.2～1.3 倍荷载标准值和实际产生的压杆计算长度又高于所取的设计值（将使其稳定承载能力大幅下降）时，就有可能使安全备量被大量抵消，而接近危险点。

由发生事故的危险点（事发点）向安全状态移一个安全保证距离所得到的点，就是安全控制点。安全控制点一般采用技术参数进行定位和控制，如限载、限高、限速、限压和对角度、间距的限制等，以及其他为确立和保持其处于安全状态的基本控制条件。而这些对安全控制点技术参数和基本条件的限制与控制，就形成了安全限控技术的基本内容和要求。

2. 安全控制点的类型与分布

安全控制点为确保安全的重点控制事项，分布于安全技术设计和安全管理工作的各个环节中。由于施工企业和工程项目的安全工作水平与施工安全要求的不同，其重点控制事项、即安全控制点的确定也将会有所不同。企业安全工作的发展水平较高时，因不少安全控制点已有效确立并已为施工人员所严格遵守，则实际需要重点控制的事项就少一些；反之，就要多一些。

无论是安全技术设计的控制点，或是安全管理工作中的控制点，其目的都是控制不安全状态和不安全行为的出现，因此，可以把安全控制点大致分为以下三类：

(1) 安全状态的技术控制点

即对确立并影响安全状态的技术参数的控制要求，根据达到具有足够的安全保证度（可靠度）的要求，提出确保安全工作（使用、运行）状态所需的应严格加以控制的技术参数的限值（指标），包括对负载、高度、间距、速度、角（坡）度、强度（压强）、电压以及其他构造尺寸和技术参数。

(2) 安全状态的其他控制点

即对确立并影响安全状态中非技术参数条件的控制要求，涉及结构和构造、地基基础和支承结构、杆配（部、零）件质量、安装和施工允差、正常工作（运行、使用）、备用条件和应急处置以及安全设计、组织和管理工作中的重点控制要求，其中也包括安全设计要求和计算项目、施工安全组织设计或技术措施、安全保证体系的建立以及安全工作文件、管理与操作要求的现场和作业地点公示等具有重大作用的控制要求等。

这类安全控制点的涉及范围和项目较多，其中有不少控制点已形成通用性规定，但也有不少控制点的控制要求需依企业和项目的情况加以确定。

(3) 消除不安全行为的控制点

即为消除可能导致出现不安全状态、引发事故的起因物与致害物以及会对他人和自己造成严重伤害后果的不安全行为的控制点，并成为三级管理中的重点控制要求；主要由企业进行的安全教育、考核取证和持证上岗要求；由工程项目进行的安全工作交底和责任认签要求；由班组进行的安全操作和安全"三检"要求。

以上三类安全控制点的项目分布与控制要求汇于表35-104中。

建筑施工中安全控制点的类项分布与控制要求 表35-104

类别	控制项目	分布和控制要求
安全状态的技术控制点	最大负载	1) 机械、设备的额定负载（载重量、起重量、起重力矩等）；2) 工程结构，脚手架、支撑架和其他施工用临时结构物的使用荷载和施工荷载（均布荷载，集中荷载）；3) 吊具、索具和其他施工工具、杆件、零配件、材料的许用负载
	最低混凝土强度	1) 拆模强度；2) 起吊强度；3) 吊装强度；4) 现浇混凝土结构允许承受施工设（措）荷载作用（受压、受拉、受弯、受剪、受扭）的强度
	最大高度	1) 塔吊、施工电梯和其他垂直运输设施的额定架设高度；2) 脚手架的搭设高度；3) 脚手架、井字架、塔架、施工电梯和固定式塔吊等位于顶锚固（附着、拉结）点之上的自由（悬臂）高度；4) 滑升模板、附着升降脚手架等每次连续提升的高度；5) 现浇混凝土结构一次连续浇筑的高度；6) 贴围墙砂石料的堆放高度
	最高速度	1) 结构、构件、设备、材料吊装的提升速度和下降就位速度；2) 载物、载人、混装容器（梯笼、吊盘、平台等）和附着升降脚手架的升降速度；3) 起重、装卸机械的回转速度（空载和负载）；4) 车辆和自行式机械在坡道、弯道、施工场地、过桥、会车时以及其他需要限速情况下的行进速度；5) 顶升、顶进和掘进速度；6) 牵引、拖拉速度；7) 竖立吊装的扶正（由倾斜状态至竖直状态）速度；8) 避免冲撞的对接速度
	角度和坡度	1) 起重机械臂（扒）杆在负载下的最大俯角（臂杆轴线与竖直线的夹角）；2) 桅（把）杆平移时的最大俯角；3) 构件斜拉起吊角度（俯角、侧向角）；4) 供机械、车辆和人工搬运使用的坡道的最大坡度；5) 机械、设备停放地面的最大坡度；6) 无支护基坑、基槽边坡的最小放坡；7) 塔吊轨道坡度
	最小间距	1) 作业面、人、机械与高压线的安全距离；2) 防爆破飞溅物伤害的安全距离；3) 坑槽边缘与已有建筑物、围墙、塔吊轨道、机械设备、堆土和堆料的安全距离；4) 在施工现场内同时设置或工作的机械设备之间的安全距离（避免碰撞）；5) 氧气瓶与乙炔罐之间的安全距离
	电压和压强	1) 特种作业条件下采用的安全电压；2) 液压和气压设备的最大工作压强；3) 打压作业的最大压强；4) 充压作业环境的压强
	最大构造尺寸	1) 支柱和构架立杆的水平间距；2) 构架水平杆和支柱水平拉杆和竖距（步距）；3) 连墙点、附着点和固定螺栓的设置间距；4) 挑梁架和附着支承架的跨度；5) 水平梁架的悬挑长度
安全状态的其他控制点	结构和构造	1) 斜杆、剪刀撑、扫地杆和其他整体性构造的设置；2) 重负载和薄弱部位（开洞处、边角部等）的加强构造；3) 节点和连接构造；4) 混用不同材质杆件的构造
	地基基础和支承结构	1) 地基的承载力；2) 回填土等软弱地基的处理和防止不均匀沉降措施；3) 基础和支垫；4) 柱、梁、板、墙等支承（传力）结构的受力部位、均布支垫和支撑加固
	杆配件质量	1) 杆配件、零部件的材质、规格、加工要求和允许缺陷；2) 杆配件的检查、维修、保养和报废；3) 专用件和专供件；4) 焊接质量
	安装和施工允差	1) 构造尺寸；2) 设置和固定位置；3) 杆件的垂直度、水平度和累计误差（双控）；4) 连接的紧固程度；5) 配合间隙
	正常工作	1) 工艺流程、作业程序和操作程序；2) 连续工作时间；3) 中间保养；4) 试车、试运和重新启动检查；5) 停机和下班时的安全处置

续表

类别	控制项目	分布和控制要求
安全状态的其他控制点	备用条件和应急处置	1）备用的设备、电源、照明、材料、零配件和工作用品；2）故障、隐患、险情的表现（征兆）和处置规定
	安全设计、组织和管理	1）安全设计要求和计算项目；2）施工安全组织设计或技术措施的审定；3）安全保证体系的建立；4）安全运行的控制系统；5）指挥和联络信号；6）安全保护设施；7）危险区域的安全监护；8）施工状态（工作、运行、使用）安全的监测、监控；9）交叉作业、机械和工种配合；10）安全的作业环境和条件；11）机械、设备、设施安全的检查；12）安全工作文件、管理与操作要求的现场和作业地点公示
清除不安全行为的	安全教育、考核和取证（企业）	1）企业主管和安全技术人员的培训和考核；2）机械操作人员、特种作业人员和安全员的培训、考核、取证；3）全员的安全行为教育；4）重大、特种与特殊作业条件工程师的综合和专项安全教育、培训、考核
	安全交底（项目）	1）安全技术（组织设计和技术措施内容）交底；2）遵章操作和可以拒绝违章指挥与不安全工作的交底；3）安全上岗的身体条件和使用安全保护用品的交底；4）严格禁止的不安全行为的交底；5）交底者和被交底者责任认签；6）安全隐患和异常情况及时上报与应急处置要求
	安全操作检查	1）安全作业和操作的班前交底；2）安全自检；3）安全互检；4）安全交接检；5）班组和个人的安全守则

3. 安全状态的控制图

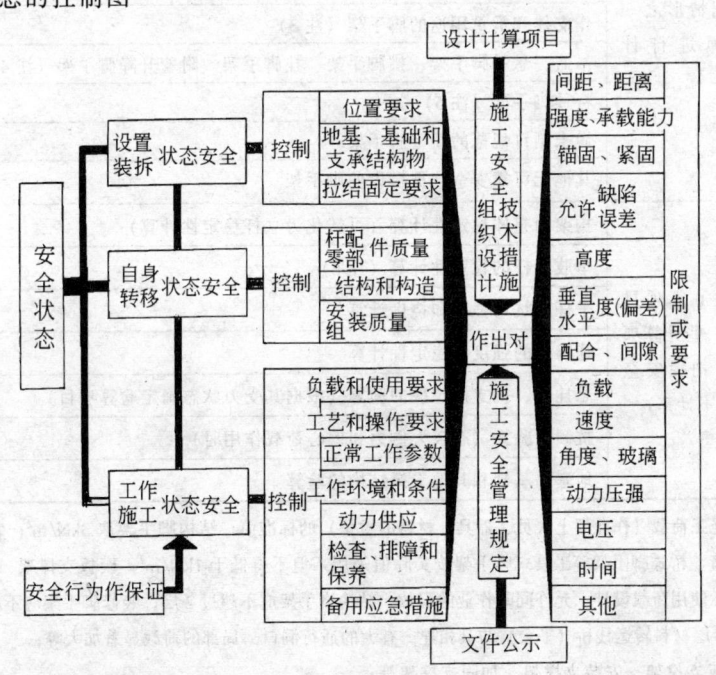

图 35-18 安全状态控制图

实现安全状态是安全限控的主要的、也是基本的目标，图 35-18 示出了安全状态的控制图。即实现安全状态需从分析其自身状态（含运输、转移状态）、设置状态（含安装和拆卸途中的状态）与工作状态（施工、使用、运行状态）的安全控制方面（图中列出了 14 个方面，可参看表 35-104）着手，通过编制（或制订）施工安全组织设计（或安全技术措施）和施工安全管理规定（含标准、法规），确定（作出）对有关安全限控的规定或要求（图中列出了13项主要控制项目）。图中也显示出了安全行为是实现工作状态安全的保证，设计计算项目对于施工安全组织设计（或安全技术措施）的编制工作至关重要，没有全面和可靠的计算（包括试验），就难以恰当地确定技术控制要求。而安全管理文件和规定的公示，对于施工安全管理工作规定的贯彻，也是必不可少的。

35-4-2-2 安全技术设计的计算项目和要求

1. 脚手架的计算要求和项目

脚手架是最重要的施工技术措施，也是安全事故的多发领域之一。脚手架设置的设计和搭设、使用与拆除的安全技术措施，应纳入工程项目施工组织设计（或施工技术措施）之中，有8种情形之一者，必须进行计（验）算或进行1:1实架段荷载试验，验算或检验合格后，方可进行搭设和使用。其验算项目有7项（可根据情况确定），见表35-105所列。

脚手架的计（验）算要求和项目　　　　　表35-105

序次	要　求	项　目
1	有表列情形之一者，必须进行计（验）算	架高≥20m，且相应脚手架安全技术规范没有给出不必计算的构架尺寸规定
2		实际使用的施工荷载值和作业层数大于规定值（注1）
3		全部或局部脚手架的构架形式、尺寸、荷载或受力状态有显著变化（注2）
4		作支撑和承重用途的脚手架（注3）
5		吊篮、悬吊脚手架、挑脚手架、挂脚手架、附着升降脚手架（注4）
6		特种脚手架（注5）
7		尚未制订规范的新型脚手架
8		其他无可靠安全依据搭设的脚手架
1	计（验）算项目（其中的一些计算项目，确有把握安全时，也可不计算）	构架的整体稳定性计算（可转化为立杆稳定性计算）
2		单肢立杆的稳定性计算（注6）
3		平杆的抗弯强度和挠度计算
4		连墙件的强度和稳定性计算
5		悬挂件、挑支撑拉件的验算（根据其受力状态确定验算项目）
6		抗倾覆验算（有较大侧力和偏心荷载作用时）
7		地基、基础和其他支撑结构的验算

注：1. 脚手架施工荷载（作业层上人员、器具、材料的重量）的标准值：结构脚手架取 $3kN/m^2$；装修脚手架取 $2kN/m^2$；吊篮、桥式脚手架等工具式脚手架按实际值采用，但不得低于 $1kN/m^2$；模板支撑架、受料架、安装架子等按实际使用荷载设计。允许同时作业的层数：结构脚手架应不超过2层；装修脚手架应不超过3层；

2. 例如有多层材料转运栈桥（平台）与其相连，有大的通行洞口，局部的荷载显著加大等；

3. 包括模板支撑架、安装支撑架、加固支撑架等；

4. 这一类脚手架体本身结构和挑支件、挑支件的附着连接固定以及提升机构等均应进行严格的设计计算；

5. 特种脚手架系指有特殊构造形式和使用要求的脚手架，如烟囱、水塔、冷却塔和外观造型多变化建筑所使用的脚手架等，这类脚手架往往比普通脚手架多构造变化和受较大的侧力作用；

6. 当单肢立杆稳定性已包括在脚手架整体稳定性计算之中，且立杆未显著超出构架的计算长度和使用荷载时，可以略去此项计算。

2. 土石方、爆破、支护桩和深基坑工程安全设计的计算项目和要求

列入表 35-106 中。表中所列为常规计算项目,而实际遇到的需要进行计算的情况还有很多,例如临江、临海深基坑开挖时的水压计算(珠海某临海高层建筑的深基坑支护设计中,因对海水压力计算不足,而导致基坑坍塌,掩埋了在基坑中的大型机械,造成巨大损失)和临已有建筑(特别是高层建筑)深基坑开挖的建筑安全计算(确保已有建筑不会因地基沉降造成开裂或倾斜,此类事故亦多次发生过)等。

土石方、爆破、桩和深基坑工程的一般安全设计计算项目和要求　　　　表 35-106

序次	设计计算项目	设 计 计 算 要 求
1	基坑的放坡、降水和边壁支护设计	1)基坑上边堆土、已有建筑和其他荷载作用的附加侧压力对放坡和支护的影响计算;2)降水线以及在降水线影响范围内原有建筑物的沉降计算;3)沟槽边壁支护的受力和结构计算;4)各类挡土桩、护坡桩(包括悬臂桩、锚拉桩等)的受力和截面计算;5)在富水地区施工的排水系统设置的设计计算
2	超深和大型基坑支护系统、逆作法施工设计	1)各种内支撑支护体系的受力分析和结构设计计算;2)地下连续墙的设计计算;3)逆作法(包括半逆作法)支护系统受力计算;4)内外混合支护体系的受力和结构计算;5)有关的施工设施、施工工艺技术中的安全设计计算
3	大型土石方机械化施工设计	1)多台阶同时开挖时的边坡稳定验算;2)大型土石方堆置的稳定性验算;3)运输道路及其桥涵的通过能力验算;4)其他大型土石方机械化施工措施的设计计算
4	土石方爆破设计	1)防止爆破飞石的安全距离的计算;2)爆破震动对建筑物影响的安全距离的计算;3)爆破冲击波的安全距离的计算;4)爆破毒气的安全距离的计算;5)深孔瞎炮处理的防飞石等的计算;6)拆除爆破的有关安全防范要求计算
5	各类挡土和支护桩设计	1)桩的埋置深度和受力计算;2)桩的强度和刚度验算;3)锚杆、锚钉的抗拔强度和抗拔力验算;4)在较差作业条件下,桩机的稳定性(防倾倒)验算;5)超深桩安全施工技术措施计算

3. 模板和混凝土工程的计算项目和要求

列于表 35-107 中。近年来,连续发生大型厅堂梁板楼(屋)盖模板高支撑架在浇筑混凝土时坍塌的事故,其原因均为没有严格地进行浇筑荷载和支架稳定的计算,在构架薄弱、稳定承载能力不足而又超载的情况下导致事故。采用脚手架杆配件搭设的模板支撑架应按"几何不可变杆系结构构架"(斜杆设置不低于构架框格的一半)或"非几何不可变杆系结构构架"分别进行计算(其压杆计算长度的计算方法不同。高度≥4m 的高支撑架,在计算中还应计入一个高度调整系数 $K_H = \dfrac{1}{1+0.005(H_0-4)}$ (H_0 为计算高度值,以 m 计,无量纲),以确保使用安全。

模板、钢筋和混凝土工程的一般安全设计计算项目和要求   表35-107

序次	设计计算项目	设计计算要求
1	大型模板及其支撑系统的设计	1) 大块模板吊运、安装措施的安全验算；2) 墙体模板水平荷载（侧压力）计算；3) 箱型基础内支撑系统的强度和稳定验算；4) 墙体和柱子模板斜支撑稳定性计算；5) 柱、梁和墙体模板对拉螺栓的强度验算；6) 楼板模板支撑系统的强度和稳定性计算；7) 厚大转换层模板及其支撑系统的强度和稳定性的设计计算；8) 支撑系统节点验算
2	滑模系统的设计	1) 千斤顶支承杆的允许承载力和荷载计算；2) 操作平台结构的设计计算；3) 平台物料提升架结构的设计计算；4) 平台纠偏的设计计算；5) 滑模平台整体拆除措施的计算
3	爬模系统的设计	1) 爬模荷载（注）和牵引力计算；2) 牵引设备及其固定支座的计算
4	飞模、台模和隧道模系统的设计	1) 飞模、台模和隧道模的结构计算；2) 飞模、台模、隧道模的吊装和移动就位计算
5	高大钢筋骨架的安装设计	1) 高大整装钢筋骨架吊装措施的验算；2) 高大整装钢筋骨架安装的临时支撑验算
6	混凝土运输、浇筑和养护的设计	1) 混凝土输送管道固定支架和连接的安全计算；2) 厚大混凝土的浇筑荷载及其分布计算；3) 电热法养护的电热设计计算

注：爬模的荷载包括：模板自重和施工荷载（按实际使用值）、混凝土对模板的上托力（当模板的倾角＜45°时，取3～5kN/m²；当倾角≥45°时，取5～12kN/m²；曲线坡面则取其较大值）；新浇混凝土与模板的粘结力（按0.5kN/m²采用）、混凝土与模板间的摩擦系数取0.4～0.5；模板滚轮与轨道间的摩擦系数可取0.05，滑块与轨道间的摩擦系数取0.15～0.5。

4. 垂直运输设施和起重吊装的计算项目和要求

列于表35-108中。

垂直运输设施和起重吊装的一般安全设计计算项目和要求   表35-108

序次	设计计算项目	设计计算要求
1	垂直运输和起重机械设备	1) 自制和改制垂直运输机械的设计计算；2) 物料提升机（架）架体结构的强度和稳定计算；3) 物料提升机（架）提升机构和安全防护装置的设计计算；4) 附着拉结构造的设计计算；5) 施工电梯和固定式塔机基础的设计计算；6) 塔机的抗倾覆验算；7) 垂直运输设施的转运平台等附属设施的设计计算；8) 缆风和地锚的设计计算；9) 悬挑受料平台架的设计计算；10) 物料提升机附设摇头把杆的设计计算；11) 支承工程结构（梁、板、墙、柱等）的验算
2	起重吊装工程的一般设计计算项目	1) 吊点的设计计算；2) 临时加固和支撑架的设计计算；3) 吊件翻身、竖起等危险受力状态的验算；4) 吊具、索具的验算；5) 基础、缆风和地锚的设计计算；6) 拔杆验算；7) 吊（安）装作业台的设计计算；8) 对将安装设备的架体和建筑物进行强度和稳定性验算；9) 其他起重吊装措施的设计计算
3	专项和特种起重吊装工程的设计计算项目	1) 双机或多机抬吊的受力分析、强度和稳定性计算；2) 刚架悬臂端临时支撑架的设计计算；3) 升板法及其他整体提升的提升机构的设计验算；4) 网架结构整体吊装受力情况和支承柱稳定性的验算；5) 网架结构高空滑移和拼装的受力状态验算（计算构件内力、跨中挠度、支座反力和挠度等）；6) 网架结构采用整体顶升时，顶升支承结构的稳定性验算；7) 桅杆或把杆吊装的受力计算；8) 采用旋转法或扳倒法安装设备时，对设备本身进行受力强度和稳定性验算

注：1. 当垂直运输和起重机械设备产品的使用条件符合产品说明的要求时，可不对产品的结构、安全防护装置、附着拉结件等进行验算。
    2. 整体吊装时应进行风荷载的验算，一般可按5级风计算。

5. 特种工程施工的计算项目和要求

列于表 35-109 中。

特种工程施工的一般安全设计计算项目和要求 表 35-109

序 次	设计计算项目	设 计 计 算 要 求
1	沉井、沉箱施工设计	1）沉井的重心高度的计算；超过沉井短边直径或 12m 时，应有相应的技术措施及其计算；2）采用加载助沉或纠偏时，对加载平台进行验算；3）沉箱工作室压入空气量的计算；4）减压下沉时减压控制计算
2	顶进和掘进施工设计	1）对坑道内存有两种以上有害气体的容许浓度计算和浓度超标计算；2）后背（承压壁）及后座，在承受千斤顶后座力时的强度和稳定计算
3	预应力工程施工设计	1）预应力工艺设计和应力损失控制计算；2）锚、夹具的设计和计算
4	气压作业设计	压缩空气压力值、空气消耗量和最小覆盖层厚度计算
5	器内和封闭空间作业	器内和封闭空间内存有两种以上有害气体的容许浓度计算和浓度超标计算
6	水上水下作业设计	安全防护设施（包括防台风）的设计计算

35-4-2-3 安全考核取证和安全交底的要求

1. 安全考核取证的目的

对施工企业（单位）、特种工程项目、特种作业和施工管理人员推行安全技术培训考核管理制度，即通过安全培训和考核，对施工企业（单位）颁发《施工企业安全资格审查认可证》，对特种工程项目和特别安全要求的工程项目颁发《工程项目施工安全资格和安全措施审查认可证》，对特种作业人员颁发《特种作业操作许可证》是一项非常重要的安全管理和安全限控措施。它的目的和作用主要有以下几点：1）加强安全生产的基础性工作。通过培训、考核和取证的管理手段，提高施工企业、施工管理人员和特种作业人员的安全生产的素质、能力和水平，加强安全生产的保证性；2）加强安全生产的组织管理。通过严格限制不具有相应安全施工、管理、操作能力的施工企业（单位）、管理和作业人员承担有严格安全生产要求的工程项目施工、管理和特种作业的操作，减少安全事故的发生；3）加强安全生产的规章管理。认证施工和认证上岗已成为重要的安全生产规章，无证施工和无证作业就是严重的违章，主管部门可以停止其施工和作业并给予惩罚。因此，认证施工上岗是制止"三违"（违章施工、违章指挥和违章作业）的有力手段；4）促进安全限控技术的发展。安全限控的技术和要求是考核取证的中心内容之一，通过考核取证工作，可以推动其发展。

目前，对施工企业（单位）、特种工程施工、施工管理人员和特种作业人员的考核取证工作已经形成制度和初步形成其体系的雏形，在省、地劳动保护监察和安全主管部门尚未作出规定的方面，一些集团性或大的施工企业在这方面都做了许多填补完善工作。例如，北京市在特种作业方面，就有《操作证》、《学习证》、《临时证》和《代用证》等 4 种；1）经北京市劳动局或其授权单位培训考核合格，由北京市劳动局给具有独立从事限定特种作业人员核发《北京市特种作业操作证》（简称《操作证》），可在全市范围内使用；2）经子公司进行初级专业安全技术培训，由集团公司安全部给确定为特种作业人员并从事限定的特种作业操作者核发《北京市特种作业操作学习证》）简称《学习证》），只可在本单位使用，且持证人员须在监护人员的指导下方可操作；3）由北京市劳动局或其授权单位签发给外地进京施工的、持有原地地、市级以上劳动保护监察机关签发的特种作业人员证件和《北京外来人员做工证》者《北京市特种作业临时操作证》（简称《临时证》），可在全市范围内从事限定的特种作业；4）经北京市劳动局认可，由集团公司安全部给经培训考核合格的外地进京施工特种作业人员核发《××××集团特种作业代用操作证》（简称《代用证》），可在该集团范围内从事限定的特种作业操作。这4种不同的特种作业操作证既坚持了考核取证上岗的要求，又适应和解决了不同情况下的具体需要和安排。以"学习"、"正式"、"临时"和"代用"4种不同形式来解决考核取证、凭证施工和上岗作业，具有普遍的意义。

2．安全考核取证的范围

特种工程和特种作业需要或应当考核取证的范围分别示于表35-110和表35-111中。表35-110中所列的"其他有重要安全要求的工程"包括以下3类工程：1）高度超过150m的建（构）筑物工程。由于高空风力作用成倍增加和高空运输与作业难度的增加而使得对安全的要求提高；2）不停产的检修和技改工程。这类工程施工难以实施封闭式的施工和安全管理，存在着可能挖断管线、引燃火源等危险性，特别是在石油化工类企业厂区内的施工，极易出现意外事故；3）已多次发生重大事故的专项工程，例如附着升降脚手架工程、梁板楼（屋）盖模板高支撑架工程等。

特种工程考核取证范围　　　　　　　　　　　　　　　　表35-110

序次	考核取证范围	序次	考核取证范围
1	沉井和沉箱工程	9	大型结构整体吊装、顶升工程
2	预应力工程	10	水上和水下作业工程
3	顶管和顶进工程	11	隧道和掘进工程
4	土石方爆破工程	12	峒室工程
5	拆除爆破工程	13	气压作业工程
6	有毒环境作业工程	14	器内和封闭空间工程
7	处于或毗邻安全禁区警戒区的工程	15	建筑加层和整体移位工程
8	特种处理工程	16	其他有重要安全要求的工程

注：1. 对于建筑施工特种工程考核取证的范围现尚无明确规定，本表所列项目的一部分为《建筑施工安全技术规范》（征求意见稿）中"特种工程"一章所列项目，其余为应当考虑取证的项目；
　　2. 特种处理工程包括对原建筑的纠偏、基础加固、抗震加固等。

特种作业考核取证范围　　　　　　　　　　　　　　　　表35-111

序次	类别	操作项目
1	电工类	1）低压运行维修；2）高压运行维修；3）电气试验；4）低压安装；5）高压安装；6）电缆安装
2	焊接类	1）普通电焊；2）普通气焊；3）气割；4）保护焊；5）建筑结构焊；6）高压、超高压管道焊接；7）特种设备焊接；8）特种金属焊接；9）粗钢筋"三焊"
3	驾驶类	1）汽车；2）叉车；3）铲车；4）电瓶车；5）翻斗车；6）摩托车；7）拖拉机；8）推土机；9）挖掘机；10）装载机；11）铲运机；12）摊铺机；13）平地机；14）压路机；15）油火碾机；16）泵车
4	起重类	1）桥式起重机；2）龙门起重机；3）门座式起重机；4）塔式起重机；5）旋转式起重机；6）履带式起重机；7）汽车式起重机；8）轮胎式起重机；9）5t以上卷扬机；10）5t以上电动葫芦
5	登高类	1）建筑脚手架装拆；2）建筑提升设备装拆；3）高层建筑清洁；4）烟囱和塔桅工程作业
6	电梯类	1）客运电梯；2）货运电梯；3）施工电梯（升降机）；4）电梯维修

续表

序次	类别	操作项目
7	机械施工和机加工类	1）木作（Ⅰ）机械；2）钢筋机械；3）混凝土机械；4）凿岩机械；5）桩工机械；6）电动装修机具；7）钣金机械；8）动力机械；9）金属切割机床；10）锻压机械
8	指挥类	1）信号指挥；2）挂钩作业；3）水上、水下作业指挥；4）其他特种作业指挥

3. 安全交底

安全交底包括安全技术交底、安全操作交底和安全管理交底，是施工安全管理工作中的重要环节。在安全交底中较为普遍存在的项目不全、内容不细和要求不明确的问题，已使安全交底的作用得不到应有的发挥。因此，将安全交底作为一项重要的安全限控要求，是非常必要的。

安全交底的内容列入表 35-112 中。

安全交底的内容　　　　　　　　表 35-112

序次	安全交底的内容
一、	安全技术交底
1.	在本工程项目施工中采用的一般（常规）技术、首次使用技术、高新和高安全要求技术项目的情况
2.	各项技术使用安全的关键环节和控制点（含工作环境和条件）；
3.	各项技术在施工（使用）中的控制要求（指标、参数和规定）；
4.	施工技术（措施）中设备性能和材料质量的控制要求；
5.	施工设施的设置、安（组）装、固定和检验、试车（运）、验收要求；
6.	施工技术实施中的难点和注意事项；
7.	施工途中应注意观察和经常检查的事项以及报告和记录要求；
8.	施工中发现隐患和异常情况时的处置、报告和记录要求；
9.	设计和计算方法的要点（针对技术管理人员）；
10.	相应技术的应用、发展情况和已出现过的典型事故和问题
二、	安全操作交底
1.	工作项目的工艺流程和作业（操作）程序；
2.	必须严格遵守的操作规定和注意事项；
3.	安全防护和安全用品使用的要求；
4.	安全上岗的身体条件和上岗安全检查项目；
5.	在工作中必须避免的不安全行为（表现）和互检要求；
6.	下岗的安全检查、整理和交接班时的安全交接事项；
7.	发现安全隐患和异常情况时的报告和应急处置要求；
8.	必须认真遵守的相关的安全管理规定
三、	安全管理交底
1.	企业的安全政策和安全工作的传统与业绩；
2.	企业和工程项目施工安全的组织与制度保证体系
3.	安全工作的岗位责任制度；
4.	创建安全文明工地的措施和规定；
5.	三级安全教育和持证上岗规定；
6.	安全文件和安全工作状况公示制度；
7.	职工的安全守则；
8.	安全工作的奖罚规定

35-4-2-4 施工机具设备使用安全的限控要求

对施工机具设备使用安全的限控要求虽然随设备的不同和技术措施的要求而异，但大致可归纳为4个方面的限控，即：限控设备本身的状况；限控设备的设置和使用（包括环境）条件；限控设备的运行程序与操作要求和限控设备的运行工况参数。其中，设备的维修保养要求是确保设备处于正常、良好状态的重要工作项目，包括小修、中修、大修的规定及项目、日常故障排除、零部件更换和维修保养等内容，可按各设备的相应要求进行。表35-113～表35-121分别列出了机具设备使用4个方面的限控内容及其他有关资料。

施工机具设备状况的一般限控要求　　　　　表35-113

序次	设备状况的一般限控要求
1	按设备的良好状况的要求进行全面检查，动力和电气装置应符合建筑机械使用安全规程的相应要求
2	设备的安全装置应齐全，缺少安全装置或安全装置已失效者不得使用
3	严禁拆除机械设备上的自动控制机构、力矩限位器等安全装置以及监测、指示、仪表、信号和报警等装置
4	新购进或经过大修、改装和拆卸后重新安装的机械设备，应按原厂说明书的要求和《建筑机械技术试验规程》进行测试和试运转，新机和大修后的机械设备应执行《建筑机械走合期使用规定》（进口机械按原厂规定）。设备的调试和故障的排除应由专业人员进行
5	入冬前应结合保养计划进行一次换季性全面保养，检查全部技术状况，换用适合本地区气温情况的防冻液、燃油、润滑油、液压油及安装预热、保温装置并做好机械设备的冬季保温和防冻措施

注：各种机械设备还有各自的良好状态的一些具体要求，可参看原厂说明书和其他有关规定。

部分施工机械的安全保护装置　　　　　表35-114

序次	机械名称	安全保护装置
1	塔式起重机	1) 起重载荷限制器；2) 起重力矩限制器；3) 极限力矩联轴器；4) 风向风速仪；5) 行程限位装置：臂端行程限位开关挡铁、起升高度限位器（有特殊要求的塔机还应设下限位器）、动臂式塔机臂架低高位幅度限制开关；6) 防风夹轨装置和锚定装置；7) 缓冲器
2	施工电梯	1) 限位装置；2) 限速制动器；3) 断绳保护器；4) 手制动器；5) 梯笼门、围护门启闭电器联锁装置；6) 缓冲装置；7) 进出口防护棚
3	龙门架、井字架	1) 停层制动装置；2) 断绳保护装置；3) 吊笼（盘）安全门；4) 超高限位装置；5) 下极限限位装置；6) 超载限制器；7) 楼层口停靠防护设施；8) 上料口防护棚；9) 通讯联络装置
4	乙炔发生器	1) 回火防止器；2) 阻火器；3) 安全泄压装置；4) 爆破片；5) 指示装置：压力表、氧气表、水位计、温度计
5	电动吊篮	1) 防坠落装置；2) 外旋转机构的保护装置；3) 限位装置
6	木工机械	1) 传动部分的防护罩；2) 刃具等工作部分的安全防护装置

施工机具设备设置和使用条件的一般限控要求　　　　　表35-115

序次	设置和使用条件的一般限控要求
1	非固定装设的机械应有满足作业要求的道路、场地、水电和临时停机棚等必须条件，并消除对机械作业有妨碍和不安全的因素
2	固定装设的机械设备应作符合要求的地基和基础以及缆风、地锚等，并清除影响作业的障碍物和消除不安全的环境因素

续表

序次	设置和使用条件的一般限控要求
3	机械设备的安装应按说明书、有关规定和措施的要求，在统一指挥下进行，并按《建筑机械技术试验规程》（JGJ 34—86）进行试运转，经签证合格后方可投入运行
4	作业场地应有符合作业要求的亮度条件，在阴暗处或夜间作业的机械，应有足够的照明条件和红灯警示措施
5	机械设备按规定设置安全接地和避雷接地
6	机械设备的设置位置以及机构运转中均应与架空输电线路、原有和在施建筑、施工临时设施等保持规定的安全距离，必要时应设置防护屏障
7	工作现场应有齐全可靠的消防器材和防水措施

部分施工机具设备设置和使用条件的主要限控内容　　　　表 35-116

序次	机械名称	设置和使用条件的主要限控内容
1	履带汽车和轮胎式起重机	1）平坦坚实的地面。如地面松软，应夯实后用枕木横向垫于履带下方；2）工作、行驶或停放时，应与沟渠、基坑保持安全距离；3）不得停放在斜坡上
2	塔式起重机	1）固定式塔机应根据设计要求设置混凝土基础；2）塔机轨道不得敷设在地下建筑物（暗沟、防空洞等）的上面；3）轨道路基和轨道安装应符合规定要求，松轨土和回填土必须分层压实并设置排水沟，按规定在轨道端头设置极限位置阻挡器（块）或枕木和防风夹轨器；4）安装架设按使用说明书中有关规定和注意事项进行，安装时的风速一般应不大于6m/s（除非使用说明书中有特殊规定）；5）塔机尾部与建筑物或外围施工设施之间、塔机任何部位与架空输电线路之间和相邻两台塔机之间均应保持安全规定距离；6）供电线路和装置应符合规定，供电电缆应备有1根专用芯线或金属外皮做的保护接地零线；7）夜间应有良好的照明条件和防撞红色灯；8）臂架铰点距地面高度大于50m时，在塔顶和臂架头部应设避雷装置，在电磁波感应较强地方工作，其吊钩和结构上有高压静电时，必须有防电磁波感应的措施
3	施工电梯	1）按说明书要求设置基础，尽量选择与建筑物较小的距离；2）在专人统一指挥下进行安装；3）单独安装接地保护和避雷接地装置；4）导轨架的不垂直度不得超过其高度的万分之五；5）导轨架顶端自由高度、导轨架与附壁距离、最低附壁点高度和相邻附壁点间距均不得超过原厂规定；6）梯笼四周和出入口按规定设置围栏和搭设防护棚；7）全行程范围内不得有危害安全运行的障碍物，并应搭设必要的防护屏障；8）装设在阴暗处和夜间作业的电梯，必须在全行程装符合要求的照明和层站编号标志灯具；9）限速制动器必须由专人管理并按原厂规定进行调整、试验、检查和维修
4	木工机械	1）电动机和电器部分按规定设置安全接地和其他用电保护；2）工作场所备有齐全可靠的消防器材，严禁烟火并清除易燃品；3）作业场地内成品、材料应堆放整齐，道路畅通，刨花、锯屑等及时清出，粉尘大的作业场所应装设除尘设备
5	焊接设备	1）按规定设置安全接地和其他用电保护；2）设可防雨、防潮、防晒的机棚，并备有消防器材；3）焊接场地保持通风良好；4）电焊线通过道路和轨道时应设护管或埋地护管

施工机具设备运行操作的一般限控要求　　　　表 35-117

序次	运行操作的一般限控要求
1	投入运行的机具设备必须处于符合要求的良好状态
2	禁止漏保、失修的设备投入运输；禁止带病的设备继续运转
3	操作人员和配合作业人员必须按照机械作业的规定使用防护用品

续表

序次	运行操作的一般限控要求
4	操作人员持证上岗，按规定的程序和要求进行操作。操作人员不得擅自离开工作岗位或交给非本机操作人员操作。严禁违章操作。严禁酒后操作，严禁无关人员进入操作室和作业区
5	处在运行和运动中的机械严禁对其进行维修、保养或调整作业
6	当机械设备的运行有安全危险时，应立即停止运行；当使用机械设备与安全有矛盾时，必须服从安全的要求
7	当机械设备发生事故或未遂恶性事故时，必须及时抢救、保护现场并立即报告领导和有关部门，听候处理
8	操作室应保持良好的操作环境

部分施工机具运行操作的主要限控内容　　　　表35-118

序次	机械名称	运行操作的主要限控内容
1	塔式起重机	1）严禁越档操作，严禁急开急停，严禁电动机未停止转动后就转换运转方向；2）动臂式塔机的变幅必须单独进行，满载或接近满载时不得变幅；3）主卷扬机未安装在平衡臂上的上旋式塔机不得顺一个方向连续回转；4）设机械式力矩限制器的塔机在每次变幅后，必须根据回转半径及其允许载荷，对超载限位装置的指示盘进行调整；5）严禁在弯道上进行吊装作业或吊重物转弯；6）塔机载人专用电梯严禁超员乘人，其断绳保护装置必须工作可靠，停用时应降于塔身底部，不得长时间悬在空中
2	施工电梯	1）严禁超载运行，电梯内荷载应均匀分布，防止偏重；2）在电梯未切断总电源开关前，操作人员不得离开岗位；3）电梯运行至最上层或最下层时，严禁以行程限位开关自动停车来代替正常的按钮操纵；4）运行中发现异常情况时，应立即停车
3	木工机械	1）装有气力除尘设备的木工机械，在开动前，应先启动排尘风机；2）严禁在机械运行中进行测量工件和清理工作，以及跨越机械传动部传递工件或工具；3）操作带锯机严禁在运行中上、下跑车；4）使用圆盘锯的锯线走偏时，不得猛扳；5）使用平刨时严禁戴手套操作，严禁将手按在节疤上送料；6）使用压刨时，严禁一次刨削两块不同材质、规格的木料
4	焊接设备	1）焊接时，焊接和配合人员应有防触电、防坠落、防瓦斯中毒和防火措施；2）严禁在运行中的压力管道、装有易燃、易爆物品的容器和受力构件上进行焊接；3）在容器内施焊时，必须有进出风口、器内使用不超过12V的照明电压，并设专人监护；4）不得用胳膊夹持焊钳；5）移动电焊机时，应切断电源

部分施工机具设备运行工况参数的主要限控内容　　　　表35-119

序次	机械名称	运行工况参数的主要限控内容
1	移动式空气压缩机	拖行速度不超过20km/h
2	发电机	1）连续运行的最高和最低电压不得超过额定值的±10%；正常运行的电压变动范围应在额定值的±5%以内；2）在额定频率下运行时，其频率变动范围不得超过±0.5Hz
3	变压器	1）运行电压的变动范围应在额定电压的±5%以内；2）周围温度在35℃时的最大温升不得超过60℃，上层油温不得超过85℃
4	电动机	1）电动机绝缘线圈的绝缘电阻不得低于0.5MΩ；2）温升不得超过表35-120的规定
5	履带式起重机	1）带载行驶时，其载荷不得超过允许起重量的70%；2）双机抬吊时，单机载荷不得超过允许起重量的80%；3）臂杆的最大仰角不得超过产品规定或78°
6	汽车、轮胎式起重机	伸缩式臂杆伸出后，臂杆下落时的仰角不得小于各长度的规定值

续表

序次	机械名称	运行工况参数的主要限控内容
7	塔式起重机	1) 吊钩距臂杆顶部不得小于 1m；2) 塔机距轨道端部不得小于 2m；3) 吊物平移时应高出其跨越的障碍物 0.5m 以上；4) 相邻两台机任何部位（包括吊物）之间的距离不得小于 5m；5) 附着式和内爬式塔机的垂直度偏差应不超过表 35-121 的规定
8	桅杆式起重机	缆风绳与地面的夹角应在 30°~45° 之间
9	施工电梯	导轨架的不垂直度不得超过其高度的万分之五
10	强夯机械	工作状态时，臂杆仰角应为 69°~71°

三相异步电动机的温升极限　　　　　　表 35-120

绝 缘 等 级		A	E	B	F	H
最大允许温升（℃）	温度计法	55	65	70	85	105
	电阻法	60	75	80	100	125

附着式、内爬式塔机塔身垂直度偏差的规定值　　　　　　表 35-121

锚固点距轨面高度（m）	塔身锚固点垂直度偏差值（mm）
25	25
40	30
45	35
50	40
55	45

注：锚固点高度超过 55m 时，可按塔机使用说明书的要求执行。

35-4-2-5　施工设施安全的限控要求

各项施工设施安全的主要限控内容列入表 35-122 中。

施工设施的主要限控内容　　　　　　表 35-122

序次	项　　目	主　要　限　控　内　容
1	施工现场道路	1) 在布置上确保畅通，有条件时应采用围绕施工现场或工程的环形布置；2) 路面的宽度和最小转弯半径分别不小于表 35-123 和表 35-124 的规定值；3) 道路应满足进场重载车辆的通行要求；4) 设有排水措施，保证雨季正常使用；5) 轨道车轨道的坡度不大于 3%，终端应设行程限位或安全车挡；6) 火车道口两侧设落杆、标志和信号灯
2	现场暂设工程	1) 必须进行设计，并经审核批准后才能施工；2) 必须符合安全和防火要求；3) 易燃品库房与其他建筑物的安全距离应符合表 35-125 的规定
3	临时用电设施	1) 采用中性点直接接地的 380/220V，三相四线制低压电力系统；2) 采用变压器或发电机供电时，其中性点工频接地电阻值应不大于 4Ω；采用市电线路供电时，应在进户处将中性点重复接地，其工频电阻值应不大于 10Ω；3) 采用 TV—S 接零保护系统，自备发电机组电源应与外电线路和 TN—S 接零保护系统联锁，严禁平行运行；4) 配电点按配电室、配电屏、配电盘或总配电箱、分配电箱，开关箱三级设置；5) 开关箱实行"一机一闸制"，不得设分路开关；6) 配电屏（盘）、总配电箱和开关箱中，必须设置漏电保护器；7) 供电线路的敷设应符合表 35-126 的规定；8) 照明电压应符合表 35-127 的规定；9) 在建工程和施工设备与电力线路的距离应符合表 35-128 的规定
4	脚手架	1) 按表 35-105 的规定进行设计计算；2) 脚手架的搭设高度和构造应符合表 35-129 的规定；3) 在使用中不得拆除构架结构杆件和连墙件

现场道路最小路面宽度　　　表 35-123

序　次	通 行 车 辆 类 别	道 路 宽 度 (m)
1	汽车单行	3
2	汽车双行	6
3	平板拖车单行	4
4	平板拖车双行	6

现场道路最小转弯半径　　　表 35-124

序次	通行车辆类别	路面内侧最小曲率半径（m）		
		无拖车	有1辆拖车	有2辆拖车
1	小客车、三轮汽车	6		
2	二轴载重汽车 三轴载重汽车 重型载重汽车	单车道9 双车道7	12	15
3	公共汽车	12	15	18
4	超重型载重汽车	15	18	21

易燃品库与其他建筑物的安全距离　　　表 35-125

序次	周围建筑物类别	油料库、乙炔库与其他建筑物的安全距离（m）
1	永久性建筑物和构筑物	20
2	福利建设工人宿舍	20
3	非燃材料库房	15
4	易燃材料库房	20
5	锅炉房、厨房和生活用房	25
6	各类木材堆场	20
7	废料堆及草席芦席等	30

临时用电线路敷设规定　　　表 35-126

序次	类别	项　目	要　求
1	架空线路	架空高度	距施工工地地面≥4m
2			距机动车道≥6m
3			距铁路轨道≥7.5m
4			距暂设工程顶端≥2.5m
5			距广播、通讯线路≥1m
6			距交叉电力线路：0.4kV 线路≥1.2m；10kV 线路≥2.5m
7		电杆档距	≤35m，档距内无接头
8		线间距	≥0.3m
9	电缆线路	埋地敷设	深度≥0.6m
10		架空敷设	最大弧垂处距地≥2.5m
11		室内敷设	高度≥1.8m
12		暂设工程室内配线	距地高度≥2.5m

工地临时照明电压规定 表 35-127

序次	使用场所	照明电压（V）
1	一般场所	220
2	隧道、人防工程、高温、有导电粉尘和狭窄场所	≤36
3	潮湿和易触及照明线路的场所	≤24
4	特别潮湿、导电良好地面、锅炉或金属容器内	≤12
5	行灯	≤36

在建工程施工与架空线路边线之间的安全距离 表 35-128

序次	电力线路电压（kV）	安全距离（m）
1	<1	≥4
2	1～10	≥6
3	35～110	≥8
4	154～220	≥10
5	330～500	≥15

脚手架的搭设高度和构造规定 表 35-129

序次	限控项目		扣件式钢管脚手架	碗扣式钢管脚手架	门式钢管脚手架	木脚手架	竹脚手架
1	搭设高度限值（m）	单排	20	20	普通 45轻载 60	30	25
		双排	50	60		60	50
2	立杆纵距和平杆步距（m）		≤2.0				
3	作业层铺板宽度（m）	外脚手架	≥0.75				
		里脚手架	≥0.5				
4	每个均匀设置的连墙点的覆盖面积（m²）	架高≤20m	≤40	≤50		≤40	
		架高>20m	≤30				
5	碗扣式钢管脚手架斜杆占框格总数的比例	架高9～25m		≥1/5		—	—
		架高>25m		≥1/3			
6	剪刀撑的设置	架高6～25m	两端和中间间隔≤15m（中心距）	—		两端和中间间隔≤15m（中心距）	
		架高>25m	满设	—		满设	

35-4-2-6 施工工艺和技术安全的主要限控要求

施工工艺和技术的限控涉及对材料和设备的选用要求、工艺流程、工艺参数、施工条件、技术参数和要求、操作要求以及安全防护要求等许多方面，其中一些内容已在前面系统叙述或有所述及，这里着重说明施工技术安全可靠性的控制方式和限控要求的着重点，并提供相应资料。

1. 施工技术安全的控制要求和着重点

施工技术由于涉及到材料、构件、机具、设备、工程结构、工艺、操作、地基、气候和作业环境等众多方面和环节,因此,在各个方面和环节上的安全控制要求和着重点也有所不同,见表35-130所列。在对安全可靠性的判断方面,目前有以下控制办法:

施工技术安全的控制要求和着重点 表35-130

序次	方面和环节名称	安全控制要求	限控的着重点
1	工程材料	控制材料质量	1)材质;2)材性;3)规格;4)允许缺陷
2	混凝土预制构件	控制加工质量和施工要求	1)规格尺寸;2)设计强度;3)堆放、运输和吊装强度;4)允许裂纹和缺陷
3	金属结构构件	控制加工质量和施工要求	1)材质、材性;2)焊接、连接质量;3)加工精度;4)运输和安装要求
4	机具设备	控制性能、使用条件和操作要求	1)设备性能;2)使用条件;3)操作要求;4)防护装置;5)备量、备品和维修要求
5	正规和临时工程结构	控制设计要求和施工质量	1)设计的安全可靠度;2)工程材料质量;3)施工质量;4)施工期间的承载要求;5)工程质量和变形的检测数据
6	工艺技术	控制工艺程序和技术要求	1)工艺流程(包括交叉施工);2)关键技术环节及其要求;3)主要技术参数和指标;4)安全防护措施和规定
7	施工操作	控制操作程序和要求	1)作业或操作的程序;2)操作要求;3)操作限制;4)安全防护要求
8	场地和地基条件	控制承载力和施工使用要求	1)地基和基础承载力;2)作业、运输、堆放场地;3)排水措施;4)安全距离;5)危险区域防护
9	天气条件	控制禁止和限制施工范围	在恶劣气候条件下的禁止作业和限制作业要求
10	作业环境	控制作业条件和监护措施	1)改善和达到进行作业的起码条件;2)安全作业的要求和规定;3)安全监护措施

(1) 额定法

即根据完全确保使用安全的要求,依据严格的设计计算、试验检验结果和有关的规定,确定机具设备使用的额定性能和技术指标。在设备所要求的正常使用条件和正常运行工况下,只要使用中不超过其额定性能和技术指标,就可以确保使用的安全。但遇到以下两种情况时,就必须对额定值的使用作出必要的调整变更:

① 不能满足设备的正常使用条件和正常运行工况的要求时,必须降低指标使用并采取相应的技术措施以确保使用的安全。在这方面已有一些规定,例如采用双机抬吊时的单机载荷只能使用到起重机额定载荷的80%;但在多数情况下尚未作出有关的规定,需要各施工单位在制订施工技术措施时加以研究并慎重确定,必要时应请机械设备研究、管理部门、安全管理部门以及有关方面的专家进行审定。

② 使用较久的机具设备,由于机器部件的磨损,多次维修和更换零部件,使其使用性能已不能完全达到额定指标的要求。应由机械主管部门并请有关部门参加研究和确定其是否使用的要求和规定,包括:a.停止使用,作报废处理,但已作报废处理的机具设备严禁转售给其他使用单位;b.降低性能指标使用,并在使用中注意考察其情况,验证其是否安全可靠;c.提高对使用条件的要求。但往往也需同时降低使用指标。

(2) 限定法

即对机具设备和施工技术措施的使用条件、运作工况和实施状态等以额定指标不能解决的安全保障问题作出限定,如限使用位置、限使用环境、限照明条件、限安全距离、限防火要求等。在设备的使用说明书和施工技术措施之中都有一定的,甚至较多的限定要求。

(3) 可靠状态法

即现在工程结构设计中"以概率理论为基础的极限状态设计方法"所采用的对可靠状态的判断方法。

(4) 安全系数法

即在设计中留有一定量的安全储备,不用到结构或材料的极限承载能(应)力,而是除以1个安全系数 K,成为容许应力(或称许用应力),规定结构应力不能超过其相应的容许应力,即留有一定量的安全储备。这一方法在安全技术和管理工作中沿用已久,大家比较习惯,也积累了不少在安全系数确定上的经验,例如对受力变化和危险性较大的材料和设备就取较大的安全系数,有的甚至取到6~10。

2. 工程施工技术安全限控的着重点和要求

一些工程技术领域施工技术安全限控的着重点列于表35-131中,其相应的限控要求见表35-132~表35-142。

部分工程施工技术安全限控的着重点　　　　　表35-131

序次	工程技术领域	施工技术安全限控的着重点
1	土石方工程	1) 开挖顺序和开挖方法; 2) 开挖机械的选择和安全作业条件的保证; 3) 边坡设置(表35-132~表35-137); 4) 沟槽支护; 5) 基坑边坡支护
2	爆破工程	1) 爆炸材料的运输和储存; 2) 爆破方案; 3) 药包制作; 4) 引爆、控爆作业; 5) 防飞石安全距离(表35-138); 6) 瞎炮处理
3	脚手架工程	1) 搭设高度; 2) 构架结构和尺寸; 3) 附墙连接; 4) 作业层数和施工荷载; 5) 架上运输和安装作业; 6) 悬挑支架及其固定; 7) 升降机构和升降操作; 8) 外立面防护和封闭
4	模板工程	1) 混凝土侧压力计算; 2) 模板对拉螺栓和支撑系统; 3) 大模板存放防倾倒; 4) 爬模的构造和操作; 5) 滑模平台拆除; 6) 楼板模板拆除
5	吊装工程	1) 构件运输、拼装和吊装方案; 2) 吊装机具的选择; 3) 吊具和索具的选择(有关参考资料见表35-139~表35-142); 4) 临时加固和支撑系统; 5) 临时就位固定; 6) 缆风绳和地锚

岩石土坡坡度容许值　　　　　表35-132

岩石类别	风化程度	坡度容许值(高宽比)	
		坡高在8m以内	坡高8~15m
硬质岩石	微风化	1:0.1~1:0.20	1:0.20~1:0.35
	中等风化	1:0.2~1:0.35	1:0.35~1:0.50
	强风化	1:0.35~1:0.50	1:0.50~1:0.75
软质岩石	微风化	1:0.35~1:0.50	1:0.50~1:0.75
	中等风化	1:0.50~1:0.75	1:0.75~1:1.00
	强风化	1:0.75~1:1.00	1:1.00~1:1.25

土质土坡坡度容许值　　　　　　表 35-133

土的类别	密实度或状态	坡度容许值（高宽比）	
		坡高在 5m 以内	坡高 5~10m
碎石土	密实	1:0.35~1:0.50	1:0.50~1:0.75
	中密	1:0.50~1:0.75	1:0.75~1:1.00
	稍密	1:0.75~1:1.00	1:1.00~1:1.25
粉土	$S_r \leqslant 0.5$	1:1.00~1:1.25	1:1.25~1:1.50
粘性土	坚硬	1:0.75~1:1.00	1:1.00~1:1.25
	硬塑	1:1.00~1:1.25	1:1.25~1:1.50

注：1. 表中碎石土的充填物为坚硬或硬塑状态的粘性土，或饱和度不大于 0.5 的粉土；
　　2. 对于砂土或充填物为砂土的碎石土，其边坡坡度容许值均按自然休止角确定。

压实填土土坡坡度容许值　　　　　　表 35-134

填土类别	压实系数 λ_c	承载力标准值 f_k （kPa）	边坡坡度容许值（高宽比）	
			坡高在 8m 以内	坡高 8~15m
碎石、卵石	0.94~0.97	200~300	1:1.50~1:1.25	1:1.75~1:1.50
砂夹石（其中碎石、卵石占全重 30%~50%）		200~250	1:1.5~1:1.25	1:1.75~1:1.50
土夹石（其中碎石、卵石占全重 30%~50%）		150~200	1:1.50~1:1.25	1:2.00~1:1.50
粘性土（$10 < I_p < 14$）		130~180	1:1.75~1:1.150	1:2.25~1:1.75

深度 5m 内的基坑（槽）边坡的最陡坡度规定　　　　　　表 35-135

土的类别	边坡坡度（高:宽）		
	坡顶无荷载	坡顶有静载	坡顶有动载
中密的砂土	1:1.00	1:1.25	1:1.50
中密的碎石类土（充填物为砂土）	1:0.75	1:1.00	1:1.25
硬塑的粉土	1:0.67	1:0.75	1:1.00
中密的碎石类土（充填物为粘性土）	1:0.50	1:0.67	1:0.75
硬塑的粉质粘土、粘土	1:0.33	1:0.50	1:0.67
老黄土	1:0.10	1:0.25	1:0.33
软土（经井点降水后）	1:1.00	—	—

注：1. 静载指堆土或材料等，动载指机械挖土或汽车运输作业等。静载或动载距挖方边缘的距离应在 0.8m 以外，堆土或材料其高度不应不超过 1.5m。
　　2. 若有成熟的经验或科学的理论计算并经试验证明者可不受本表限制。

基坑（槽）立壁垂直挖深规定　　　　　　表 35-136

土的类别	深度（m）
密实、中密的砂土和碎石类土（充填物为砂土）	1.00
硬塑、可塑的粉土及粉质粘土	1.25
硬塑、可塑的粘土和碎石类土（充填物为粘性土）	1.50
坚硬的粘土	2.00

水文地质条件良好时永久性挖方边坡   表35-137

序次	土 的 类 别	开挖深度（m）	边 坡 坡 度
1	天然湿度、层理均匀、不易膨胀的粘土、粉质砂土和砂土（不包括细砂、粉砂）	≤3	1:1～1:1.25
2	土质同上	3～12	1:1.25～1:1.5
3	干燥地区内，土的结构未经破坏的干黄土和类黄土	≤12	1:1.0～1:1.25
4	碎石土和泥灰岩土	≤12	1:0.5～1:1.5

爆破飞石的最小安全距离   表35-138

序次	爆 破 方 法	最小安全距离（m）
1	炮孔爆破、炮孔药壶爆破、浅眼爆破、边线控制爆破	200
2	二次爆破、蛇穴爆破、小峒室爆破、裸露药包破碎大块岩石爆破	400
3	深孔爆破、深孔药壶爆破、直井爆破、平洞爆破、浅眼破碎大块岩石爆破、浅眼药壶爆破、峒室爆破	300
4	拆除爆破、深孔爆破法扩大药壶	100
5	深孔爆破法扩大药壶、浅眼眼底扩壶、基础龟裂爆破	50
6	在露天场地爆破金属物	1500

白 棕 绳 的 安 全 系 数   表35-139

用 途		安 全 系 数
一般吊装作业	新绳	≥3
	旧绳	≥6
重要吊装作业	新绳	10
起重吊索	新绳	≥6
	旧绳	≥12
缆风绳	新绳	≥6

钢 丝 绳 安 全 系 数   表35-140

工 作 条 件		安全系数 K	滑轮或卷筒的最小值径 D
缆 风 绳		3.5	
人 力 驱 动		4.5	≥16d
机械驱动	工作条件轻便	5	≥20d
	工作条件中等	5.5	≥25d
	工作条件繁重	6	≥30d
起重吊索		6～10	
载人升降机		14	≥30d

注：表中 d 为钢丝绳的直径。

钢丝绳表面现象判断　　　　　表 35-141

类别	钢丝绳表面现象	允许拉力降低系数	允许使用场所
	各股钢丝位置未动，磨损轻微，无绳股凸起现象	1.00	重要场所
	1. 各股钢丝已有变位、压扁及凸出现象，但未露出绳芯。 2. 个别部位有轻微锈蚀。 3. 有断头钢丝，每米钢丝绳长度内断头数目不多于钢丝总数的 3%	0.75	重要场所
	1. 每米钢丝绳长度内断头数目超过钢丝总数的 3%，但少于 10%。 2. 有明显锈痕	0.5	次要场所
	1. 绳股有明显的扭曲、凸出现象。 2. 钢丝绳全部均有锈痕，将锈痕刮去后钢丝上留有凹痕。 3. 每米钢丝绳长度内断头数超过 10%，但少于 25%	0.4	不重要场所或辅助工作

常用钢滑轮允许荷载　　　　　表 35-142

滑轮直径 (mm)	允许荷载 (kN)								使用钢丝绳直径 (mm)	
	单门	双门	三门	四门	五门	六门	七门	八门	适用	最大
70	5	10	—	—	—	—	—	—	5.7	7.7
85	10	20	30	—	—	—	—	—	7.7	11
115	20	30	50	80	—	—	—	—	11	14
135	30	50	80	100	—	—	—	—	12.5	15.5
165	50	80	100	160	200	—	—	—	15.5	18.5
185	—	100	160	200	—	320	—	—	17	20
210	80	—	200	—	320	—	—	—	20	23.5
245	100	160	—	320	—	500	—	—	23.5	25
280	—	200	—	500	—	—	800	—	26.5	28
320	160	—	500	—	800	—	1000	—	30.5	32.5
360	200	—	—	800	1000	—	1400	—	32.5	35

注：无资料时也可用 $Q = \dfrac{nD^2}{16}$（Q—滑车起重量；n—滑车的门数；D—滑轮的直径（mm）进行估算）。

35-4-3　技术和措施中的安全保险要求

安全保险规定是继可靠性设计和安全限控规定之后，对实现施工安全的第三道保障。它虽也是预先采取的，但却是最接近事故发生的预防措施，其针对的是已知的起因物和伤害物（阻止其起动或立即停止其起动后的动作发展）以及已出现的紧急的异常情况（先避免其可能导致的事故伤害），并相应形成保险装置或保险措施。

35-4-3-1　安全保险技术的基本概念和安全保险点

1. 安全保险技术的基本概念

（1）定义和内涵

安全保险技术，是对有可能出现的突破设计条件、限控规定以及其他的异常情况，采用自动启动的保险装置或应急措施，以阻（停）止异常情况发展、事故发动和伤害发生。

当安全可靠性设计存在疏忽与缺陷或者限控措施不到位与失效时,安全保险措施作为防止事故发生的第三道保障,也是最后一道能起制止事故发生作用的"关口",它应当将前两道"关口"(安全可靠性设计和安全限控规定)未能预防或控制住的不安全事态,都能在这一"关口"被止住,或者减缓其发展速度,争取到可以进行人员撤离、应急处置和抢救人员的时间,以降低其伤害的后果。

安全保险措施首先是针对事故的致害物,即制止伤害物的运作和减小致害物的伤害程度。如施工电梯梯笼的断绳保护装置,断绳以后的梯笼就成为事故的致害物,断绳保护装置可以制止梯笼下坠并将其停止在导轨架上,从而避免或减小伤害。当致害物不明确,或即使明确、却又难以以某种装置或措施阻止其运动和作用时,保险措施就得向前延伸一步,针对引发事故的起因物、不安全状态和不安全行为。针对人身的安全保险措施,如使用"三宝"和其他安全防护用品等,它既是安全保护措施,也是安全保险措施,我们把它归入安全保护技术范畴;而在针对起因物和不安全状态的安全措施中,限控措施和保险措施是紧密联系并难以截然分开的,我们把其中暂停施工、甚至撤离人员的应急处置措施归入安全保险技术。因此,安全保险技术是按预防发生事故伤害要求所采取的强制性制止致害物动作和及时停止进行危险作业的技术。

(2) 安全保险技术的研究要求

但应对事故已处于引发状态的保险技术,无论采用保险装置或是采用停止作业等应急措施,都具有一定的风险性(制止不住),且需要相应的投入和承受应急处理所造成的损失。虽然一般说来,发生事故的损失会远远大于确保安全所作的投入,但就投入对确保安全的效果而言,还是应当把主要的努力放在筑好前两道"关"上,努力确保不出现险情,何况保险装置的本身及其支持物和设置情况也并非"绝对保险"。因此,在研究保险装置和保险措施时,应注意尽量地将其中的一些要求返回到加强设计的安全可靠性和限控措施上,而保险装置只应用在确实有必要设置的地方,以更好地实现安全、方便、经济的要求。

根据以上认识,对保险技术的研究要求,可以归纳为以下3点:

1) 研究和择定各种有可能引发事故的危险点和情况,及其可否返回到可靠性设计和限控措施加以解决的把握性;

2) 研究只能在保险技术中解决的危险点和情况时,其异常情况发展、事故发动和伤害发生的"三发"事态的规律性和控制途径;

3) 研究阻(停)止、减缓、降低"三发"后果的保险装置设施和应急措施,并使其达到及时和有效的要求。

2. 安全保险措施的类别和安全保险点

安全保险措施可大致分为以下4类:

(1) 保险制动装置:装设于施工设备之上(或者就是施工设备的一部分)的、在设备的工作工况中处于待发状态,在突发情况出现时,能自动启动制止危险状态发展的装置;

(2) 备用保证装置和措施:在突发情况出现时,能自动启用(或随即换上)的、以确保作业正常进行和施工安全的备用设备;

(3) 附加保险措施:在可靠性设计和限控措施之外,另行增设的可以抵抗住或有效延缓突发事态变化的措施;

(4) 应急处置措施：在异常情况和突发事态出现时，紧急采取的避免事态发展和伤害发生的应对处置措施。

安全保险点就是以上4类安全保险措施的涉及项目，初汇于表35-143中。在第3类保险措施中，是否有必要设置第二套需仔细研究确定。一般说来，只宜在事故的后果严重，而又设有绝对把握避免其产生的情况下采用。第4类保险措施的主体是强制性制（停）止作业的规定，包括禁止进行作业的天气和工作条件、设备状况、异常情况等不安全状态，禁止使用和作业、操作的规定，以及禁止载人、载物（某些品种、规格或状态）和人员停留、通过的规定等。

安 全 保 险 点 表35-143

序次	安全保险措施的类别	安全保险点（保险措施的主要考虑项目）
1	安全保险制动装置	1) 断绳保护自动止落（制停）装置；2) 限位机电联锁自动停运装置；3) 超载和超重力矩限制自动停运装置；4) 停层防坠落固定装置；5) 梯笼门自动启闭机电联锁装置；6) 运动终端的缓冲装置；7) 机械式自锁装置（棘轮棘爪装置、凸轮装置、液压式夹具等）；8) 手动保险固定装置；9) 防坠落抱固装置；10) 防倾装置；11) 限位制停装置（限位传感器、限位断路器）；12) 避雷装置；13) 温控装置；14) 防爆装置；15) 感烟、报警、喷淋装置；16) 超速自动抱固装置；17) 超负荷熔断和自动跳闸装置；18) 保护接零、接地和漏电保护装置；19) 防回火和阻火装置；20) 其他
2	附加保险措施	1) 吊篮的保险绳；2) 吊拉式附着升降脚手架的第2套附着支撑构造；3) 高模板支撑架的"保命柱"（注）；4) 层间安全网；5) 其他
3	应急备用措施	1) 备用电源（动力、照明）和线路；2) 备用机械和设备；3) 备用工具、零配件和材料；4) 备用支撑和加固用品；4) 其他应急备用事项
4	应急处理措施	1) 停电；2) 停止设备运转；4) 停止作业；5) 撤离人员；5) 抢险加固；6) 其他应急处理措施

注：即在高支撑架中另设的粗壮支撑柱及其上部支托构造，在支撑架发生坍陷时，可以及时将楼（屋）盖模板托住。

3. 安全保险措施的有效性

安全保险措施必须可靠有效，即在出现相应的险情时可以达到保险的要求，这也是安全保险技术研究的重点。在研究中应着力解决好的问题列于表35-144中。其中有关制动作用对人员安全的影响较难考察（绝对禁止用人员做试验），需要时可采用拟人装置进行试验、测试或观察。

确保安全保险措施有效的关键问题 表35-144

类 别	确保有效的关键问题
保险装置	1) 引发机构的灵敏性；2) 制动机构（包括依托物）的可靠性；3) 制动延续时间及在延续时间内事态的发展程度；4) 相关设备、构造和人员对制动作用的承受能力（即可承受性和无害性）；5) 复原机构或方式的方便性；6) 保险装置多次动作（试验要求）之后对其可靠性的影响（是否有影响）；7) 保险装置反复作用的允许次数（仍然有效）；8) 检查并认定其正常有效的方法和标准；9) 部件检修、更换和报废的标准；10) 其他
保险措施	1) 保险控制效能；2) 可行性；3) 执行所需时间的保证性；4) 人员在事态控制过程中的安全；5) 经济性；6) 其他

35-4-3-2 安全保险装置的作用原理

主要安全保险装置的作用原理如下：

1. 起重机的制动器

国家规定起重机的起升、运行、旋转和变幅机构必须装有制动器，它既是工作装置，又是安全装置。其作用为：1）支持、保持不动；2）降速后停止运转；3）制动、降速和停止运转。制动器分为块式、带式和盘式三种，以块式使用最多。块式制动器按其工作状态又分为常闭式和常开式两种。常闭式经常处于合闸状态，在机构工作时通过电磁铁或电力液压推杆器等的外力作用使其松闸；常开式制动器则与此相反，常处于松闸状态，施加外力才能使其合闸。以安全起见，应采用常闭式制动器。

2. 起重机的超载限制器

它是防止超载导致倾覆和零部件损坏的安全装置：当载荷达到额定起重量 90% 时先发出提示性报警信号，超过额定起重量时，自动切断起升动力源并发出禁止性报警信号。

3. 起重力矩限制器

用于动臂式和小车变幅式塔机，同时控制吊重和幅度两个参数。当超过额定起重力矩时，先发出报警信号，然后切断动力源。

4. 上升极限位置限制器

当滑轮提升到离卷扬机极限 300mm 前时，能自动切断上升电源，以防止滑轮上升超过极限后拉断钢丝绳。

5. 运行极限位置限制器

按机械要求的行程对电极实行控制，分为终点开关和安全开关两种。终点开关安装在工作机构行程的终点，控制其在一定范围内运行；安全开关用来保护人身安全，防止突然启动触电、挤压、绞卷、误操作及其他恶性事故的发生。

6. 风速报警器

当风力大于 6 级时能发出报警信号，并且有临时风速风级的显示能力。

7. 缓冲器

作为能量的吸收装置，用于减少塔机与终点止挡器相撞时的碰撞力，常用的有橡胶、弹簧、液压等型式。在其他有冲撞作用的情况下也需设置。

8. 夹轨器和锚定装置

将塔机夹持固定于轨道上，能各自独立承受非工作状态下的最大风力，而不被吹动。

9. 起重机液压系统中的液压锁、平衡阀和溢流阀

双向液压锁设在垂直支腿液压缸上，可使垂直支腿在某一位置不动，即使回路油管发生故障时，也不会影响垂直支腿的支承能力。平衡阀设置在变幅、伸缩和起升机构上，在机构不动时闭锁承载支路，即使发生意外时，吊臂也不会发生坠臂、自行缩回或吊重自由下降情况。溢流阀起控制压力作用，当系统达到最大工作压力时，溢流阀开启，使压力控制在允许的范围内。

10. 井架和龙门架吊笼（盘）停层保险装置

它是吊盘在装、卸料时防止因卷扬机制动失灵引起坠落的保险装置，由装在吊笼上的安全支杠和装在井架或龙门架立柱上的安全卡构成。安全杠为两根中间系以拉伸弹簧的钢管；安全卡为每边各一对上部带有三角滑铁的三角形支架（简称"牛腿"）。当吊笼升至牛腿部位时，安全杠顺牛腿斜面上升（弹簧被拉伸），至牛腿顶部时，将另一端带铰轴的三角滑铁抬起，在弹簧作用下收回间距，可停止于牛腿上或继续上升；从停止状态下落时，先向上升一段距离使三角滑铁落下后，吊笼在下落时，安全杠即可沿三角滑铁的斜面下落。此外，安全卡还有耳形铁肩和鱼状盖板等其他形式。

11. 井架和龙门架吊笼断绳保护装置

这是吊笼发生断绳时可使吊笼不坠落的装置。装置为两根内部装有由弹簧控制的圆钢"舌头"的钢管，焊于吊笼顶部两侧，"舌头"弹簧钢丝绳通过导向滑轮后与吊笼钢丝绳紧扎在一起并把"舌头"拉入管内，当吊笼断绳时，"舌头"钢丝绳随之放松，圆钢"舌头"弹伸出，搁在井架或龙门架的横杆上，使吊笼不能坠落。

12. 电梯限速制动装置

多采用双向离心摩擦锥鼓式限速装置，它减少了中间传力路线，在齿条上实现柔性直接制动，冲击性小和可靠性大，且其制动行程也可以预调。当梯笼超速30%时，其电器部分即自行切断主回路，当超速40%时，机械部分即开始动作并在预调的行程内实现制动。可有效防止上升时"冒顶"和下降时出现"自由落体"坠落现象。

13. 电梯其他制动装置

（1）限位装置：由限位碰铁和限位开关构成。设在梯架顶部的为最高限位装置，可防止冒顶；设在楼层的为停层限位装置，可实现准确停层。

（2）电机制动器：有内抱式电磁制动器和外抱式电磁制动器等。

（3）紧急制动器：有手动楔块制动器和脚踏液压紧急刹车等，在限速和传动机构的制动装置都发生故障时，可紧急实现安全制动。

14. 梯笼断绳保护开关

当梯笼在运行过程中因某种原因使钢丝绳断开或放松时，该开关可立即控制梯笼使之停止运动。

15. 电流型漏电保护器

由感受元件（零序电流互感器）、讯号放大回路和动作元件组成。在正常情况下，流进和流出感受元件的电流相等即总电流为零，使感受元件无信号输出。当有触电时，触电电流不经感受元件，而是通过大地回到中性点，此时流经感受元件的总电流不等于零，感受元件有信号输出，经信号放大回路放大，驱动动作元件动作、切断电源而起到保护作用。

漏电保护器只能在人员单相对地时提供保护，对两相触电则不起作用。

16. 保护接地

保护接地就是把在正常情况下不带电，而在发生故障时可能呈现危险的对地电压的金属部分同大地连接起来。即将电器、电机、配电盘的金属外壳和支架以及电缆的接线盒、导线和电缆的金属外皮等，用导线同接地装置相连接，以降低接触电压和减小流经人体的电流。通常人体电阻比接地电阻大数百倍，当接地电流极其微小时，电流绝大部分流入接地装置，使流经人体的电流几乎为零，使人体避免触电。

17. 保护接零

即将电气设备在正常情况下不带电的金属部分与系统中的零线相连接。当电气设备发生碰壳或接地短路时，短路电流经零线而形成闭合回路，使其变成单相电流故障。较大的单相短路电流可使保护装置迅速动作，可在不到 0.1s 的时间内切断事故电源，消除隐患和确保人身的安全。

18. 汽车的脚制动器

(1) 液压式制动装置

液压制动装置是将踏板力转为液压力，通过传动机构转变为机械力，使制动蹄张开，产生摩擦制动。即当踩下制动踏板时，使主缸推杆顶动主缸活塞，主缸内油压增高，使制动液从油管流入各制动轮缸，各轮缸的活塞在油压的作用下向两侧移动，推动制动蹄片与制动鼓压紧，产生摩擦力，使汽车制动生效。

(2) 气压式制动装置

即采用压缩空气的压力作为制动的力源。当踩下制动踏板时，制动阀打开贮气筒到制动气室之间的通道，使压缩空气进入制动气室，推动气室推杆向外伸出，通过制动臂转动凸轮，凸轮驱使制动蹄张开，压紧制动鼓，使车轮制动。当放松制动踏板时，制动气室的压缩空气流回制动阀，并经制动阀排出大气，制动蹄被回位弹簧拉回原位而解除制动。

(3) 真空加力制动

真空加力制动装置为在液压制动的基础上，加设一套以发动机工作时在进气歧管中造成的真空度为外加力源的真空加力装置，将发动机进气行程所产生的真空度转变为机械力作用于制动总泵上，以增加制动力量，提高制动效能。同时，也可减轻踩制动踏板的力量。

(4) 排气制动装置

为了加强发动机制动的效果，在发动机排气歧管内装一片状阀门，当汽车使用发动机制动时，即将该阀门关闭，同时切断燃油供应，以加大排气阻力。这套制动装置称为排气制动装置。

19. 乙炔罐安全装置

乙炔罐的安全装置有回火防止器、阻火器和安全泄压装置（安全阀和爆破片）。

在发生回火时，回火防止器用来阻止回火窜入贮气罐和主罐。回火防止器按阻火介质分为水封式和干式；按工作和容量分为岗位式和集中式（为装于乙炔站供气管的总回火防止器）；按结构形式则分为开口式（因安全性差、已不用）和闭合式。水封式回火防止器由筒体、防爆膜、出气管、水滴反射器、水位阀、分水板、止回阀和进气管等组成。当发生回火时，火焰从出气管返回，由于止回阀门关闭，使火焰不能进入乙炔进气管和乙炔发生器。同时由于火焰和温度作用，使顶部防爆膜爆开，从而可防止乙炔罐爆炸。干式回火防止器由防爆橡胶膜、橡胶节板、橡胶反向活门和端盖等组成。当发生回火时，回火火焰返回回火防止器后，过滤器可将爆炸的气浪消除，同时压紧橡胶反向活门，阻止乙炔气进入，并使防爆膜爆裂，排出爆炸气体。

阻火器用于阻止回火火焰在管道中蔓延，由 4~6 层细孔金属网组成的阻火器，就能阻止氢—氧火焰在胶管中蔓延。

安全阀又称泄压阀，常用弹簧式安全阀，当压力超过安全规定 0.115MPa 时，安全阀可自动打开，当泄压至安全使用压力时，又可自行关闭。

爆破片是用来防止因回火防止器失效而造成的罐体爆炸危险。它为在罐的适当部位设置的具有一定面积的脆性材料（如铝箔片），发生爆炸时，它首先破坏，将气体泄入大气而保住罐体。

35-4-3-3 强制性制（停）止作业的规定

当出现某种不适于作业安全或对安全作业造成危险的情况时，应立即强制性地停止作业。这既是一种限控措施，也是一种保险措施。先要保证不出事，然后弄清情况、消除险情或等天气好转后恢复正常作业。目前，在施工生产的各个环节中已有许多这样的规定，现汇于表35-145～表35-148中，在使用中还应根据施工技术和安全生产的要求加以补充细化。

脚手架工程的强制性制（停）止使用规定　　表35-145

序次	项目	制（停）止作业的情况和规定
1	脚手架有表列杆配件和材料情况者，禁止使用	油松、杨木、柳木、桦木、椴木以及腐朽、折断、枯节等易折木杆
2		生长期在三年以下的毛竹、青嫩、枯黄（黑）和有裂纹、虫蛀的竹材
3		有效小头直径小于70mm的木杆、竹杆
4		材质低于Q235（A3）标准的钢管，有明显变形、裂纹、严重锈蚀（出现蚀坑和锈皮）和实际壁厚小于0.92标准壁厚的钢管
5		有锈蚀和轧、折损伤或重复使用的镀锌钢丝或回火钢丝，有霉点、节疤和折痕的竹篾
6		加工不合格、锈蚀和有裂纹的扣件
7		有扭纹、破裂和大横透疖的木脚手板
8		不符合设计或规定要求的配件、加工件
9	脚手架有表列构架情况者，禁止使用	高度≥2.0m时，作业层铺板宽度小于：里脚手架500mm，外脚手架750mm
10		立杆纵距和步距>2.0m，立杆横距>1.8m而无相应的可靠性验算
11		连墙件设置数量不够、分布不均匀、上部未设置连墙点的自由高度大于6m而无临时拉撑措施
12		局部缺少构架结构基本杆件或在使用中任意拆除构架结构基本杆件和连墙件而未采取相应的弥补措施
13		杆件搭接、节点连接紧固不合格
14		作业层外围未按要求设置栏杆、挡脚板或封闭围护
15		脚手架与多层转运平台相接处未采取加强构造措施
16		未按规定设置剪刀撑和其他整体性拉结杆件，使整个构架不稳定
17		基础支垫不好，局部立杆悬空或下沉
18		脚手架立杆垂直度超过规定，出现显著倾斜
19	应予禁止的作业和不安全行为	在脚手架上拴缆风绳或以脚手架作为拉撑的支承结构（作支撑架用途者除外）
20		架上人员过度集中或实际使用荷载超过设计规定
21		在架板上堆放的标准砖多于单排立码3层，容器单重超过1.5kN和在架上搬运自重大于2.5kN的构件
22		架上人员在架上嬉闹、奔跑、退行、跨坐栏杆休息、倒行拉车和匆忙上下架
23		不走上下架安全通道，攀援架子上下
24		上、下抛掷材料物品和向下倾倒垃圾

土石方和爆破工程的强制性制（停）止作业规定 表35-146

序次	项目	规　　定
1	土方机械作业禁止事项	在离地下电缆1m的距离内或靠近高压电力线路进行作业
2		土方机械在未查明承载能力的桥梁和涵洞上行驶
3		挖掘机行驶在坡道上时进行变速或空档滑行
4		推土机拖、顶启动，行驶前有人员站在履带或刀片的支架上
5		装载机铲斗载人
6		挖掘未经爆破的5级以上的岩石或冻土
7		用推土机推石灰等粉尘物料和碾碎石块
8		在未查明挖掘力突然变化原因的情况下，擅自调整分配阀的压力
9		用铲斗破碎石块冻土或用单边斗齿硬啃
10		多台挖掘机作业时未自上而下逐层进行，而先挖了坡脚
11		履带式推土机长距离倒退行驶
12		铲运机在不平场地上行驶和转弯时将铲运斗提升到最高位置
13	爆破作业禁止事项	使用自卸汽车、拖车、自行车运输爆破材料，在衣袋中携带爆破材料
14		非专门押送人员乘坐运输爆破材料的车船
15		爆破材料贮存仓库与住宅、工厂、车站等建筑物小于安全距离
16		炸药与雷管混存于同一库房
17		穿带钉鞋、持敞开灯、带火柴和其他易燃品进入爆炸材料库房，在库房内吸烟
18		现场临时库房内的爆炸材料数量超过规定
19		使用未经检测和不合格的起爆材料和受潮变质的炸药
20		人员和设备在爆破前未完全撤出飞石影响范围或未进入特设的安全掩蔽设施
21		电爆网路电阻测试有异常情况未查明原因
22		未经允许进入瞎炮处理区域
23		处理瞎炮时，将雷管从药包中拉出

起重吊装的强制性制（停）止作业规定 表35-147

序次	项目	规　　定
1	禁用的钢丝绳	1) 达到报废更新标准的断丝数以及各种情况下的折减标准；2) 虽无断丝，但直径减少达公称直径的7%；3) 出现整股断裂；4) 有明显的内部腐蚀；5) 局部外层钢丝绳伸长呈"笼"形态；6) 钢丝绳纤维芯的直径增大较严重；7) 发生扭结、弯折塑性变形、麻芯脱出以及受电渣焊和高温作用影响到性能指标
2	禁用的吊钩（环）	1) 无合格证明书；2) 有裂纹；3) 危险截面上的磨损超过10%；4) 在裂纹和磨损处进行焊补

续表

序次	项目	规定
3	起重吊装作业禁止事项	在6级以上大风或大雨、大雷、大雾等恶劣天气下进行露天作业
4		随意调整和拆除起重机的安全装置或安全装置不灵敏可靠
5		用限位装置代替操纵机构
6		非载人起重机载人
7		人员在吊物下方停留或通过
8		超载作业和起吊埋在地下等重量不明吊物
9		履带式起重机作业时的仰角超过规定,在未停稳前变换档位
10		满载或接近满载时下落臂杆
11		起重机下坡空档滑行
12		起重机长距离带载行驶
13		起重机行驶时,在底盘走台上堆放材料或有人员站立、蹲坐
14		塔式起重机在弯道上作业或吊重物经弯道转移
15		塔式起重机顶升中回转臂杆或进行其他作业
16		在塔机连墙装置以上塔体未拆除前,先行拆除连墙装置
17		在起重机安装中随意用其他螺栓代替专用螺栓
18		用起重机斜拉吊物
19		塔式起重机的供电电缆拖地行走
20		地锚设置不合格或被水浸泡
21		履带式起重机在距坑、槽边5m以内距离行走或停放,或在斜坡上停放
22		在起重机支腿严重沉陷和机身倾斜下继续进行起重作业

其他方面重要的强制性制(停)止作业规定　　　　表35-148

序次	方面	重要的强制性禁止规定
1	用电安全	1)金属外壳未安全接地和接零保护;2)未按规定作重复接地的供电线路和设备;3)未按规定安装漏电保护装置;4)未按规定作避雷接地的机具设备和设施;5)未按规定采用低电压的照明设施;6)未按规定设置的架空线路和电缆线路;7)未按规定设置的控电设施
2	低压蒸汽锅炉使用	1)新装、改装、大修和封存6年后未经压力试验或试验不合格;2)安全阀失灵;3)水位表的水面呆滞不动
3	井字架等物料提升机	1)缆风绳使用钢丝绳以外其他材料制作;2)缆风绳拉在脚手架或其他不可靠物体上;3)人员攀登井架或乘吊盘上下;4)装起重臂杆时,吊盘和起重臂同时使用
4	施工电梯	1)未按规定进行附墙连接,顶部悬臂高度超过规定;2)安装中人员在梯笼顶部随梯笼上下;3)在拆除过程中梯笼同时上下运行
5	季节施工	1)雨季、冬季施工时作业层和运输通道无防滑措施;2)采用火炉暖棚施工时无防火、防煤气中毒措施;3)亚硝酸钠和食盐混放;4)用火烘烤冻结的氧气瓶、胶管及其他安全装置;5)在闪电、雷雨和6级以上强风时进行土石方爆破、露天电焊、露天起重、高处、外线和电缆架设作业
6	施工现场防火	1)易燃堆料区、露天仓库未留消防通道或在通道上堆放障碍物;2)在木工作场和气瓶库内吸烟和生火;3)在锅炉房存放其他可燃物和焚烧废物;4)在地下室存放有毒和易燃物品;5)在密闭、有压力的管道和容器上焊、割;6)在装过可燃易燃和有毒材料未经清洗干净的容器上焊接;7)在电气线路下搭设锅灶;8)用煤油和汽油点火或用沥青作燃料;9)将火源带入涂漆和喷漆作业场所
7	电气焊	1)利用厂房的金属结构、管道、轨道或用其他金属搭接起来作为导线使用;2)使用钢制工具敲击气瓶瓶阀;3)直接使用钢丝绳、链条和电磁吸盘吊运气瓶;4)在乙炔瓶贮存间使用四氯化碳灭火器;5)氯气瓶、氧气瓶及易燃物品同车船运输;6)擅自拆卸乙炔罐的回火防止器;7)在狭小空间、船舱和容器中焊接,无有轮换和监护人员;8)焊补未开洞的密闭容器

35-4-4 技术和措施中的安全保护要求

安全保护，就是保护劳动者在进行生产活动中的安全，避免或者显著减轻事故和职业（危害）对劳动者的伤害。对于事故伤害，为以保护为主，对于职业伤害则需控制与保护并重，以此来确定技术和措施中的安全保护要求。

35-4-4-1 安全保护技术的基本概念

1. 定义

在"四环节安全技术保证体系"中居于第四环节，为施工安全提供第 4 道保障的安全保护技术，主要目的是保护现场人员的安全，避免或者减轻在其生产活动中所受到的事故和职业伤害，同时也尽量保护工程与施工机械和设施少受损害。因此，就广义而言，它是保护现场人员以及施工设备（施）和工程安全的技术；就狭义而言，他是保护劳动者安全的技术。

狭义的安全保护技术即劳动保护技术，它是保护劳动者在生产活动中不受伤害或减小受伤害程度的技术。对劳动者身体的伤害分为事故伤害和职业伤害两大类，前者为安全事故发生时对劳动者所造成的致伤和死亡伤害，属于突发性的、瞬时性的和激烈作用的伤害；后者为职业环境和职业接触对劳动者身体健康所造成的伤害，属于隐性的、日常性的和慢性作用的伤害。保护劳动者不受或减轻生产安全事故伤害的技术称为"安全防护技术"；保护劳动者不受或减轻职业性健康伤害的技术称为"职业卫生、劳动卫生技术"，它们都是为了保护劳动者在生产活动中的安全与健康，因此统称为"劳动保护技术"。用于劳动保护目的的用品称为"劳动保护用品"或"劳动防护用品"，简称"劳保品"。"安全防护技术"包括对生产活动采用安全防护措（设）施和按规定使用安全（劳动）防护用品；"职业卫生、劳动卫生技术"包括采取确保劳动时的卫生环境与卫生操作条件的措（设）施和按规定使用劳动保护用品。因此，"安全保护技术"包括三个方面的内容：劳动保护用品的使用、安全保护措施的设置和劳动卫生条件的创造。

2. 安全保护技术的研究要求

安全保护技术着眼于建立和健全保护现场人员的人身安全、避免或减轻事故和职业的伤害的预防性措施，解决好前"三关"（可靠性技术、限控技术和安全保险技术）中因未能考虑到或者在执行中被突破而出现的安全保护问题，有以下 4 点研究要求：

(1) 对现场人员不受或少受事故性和职业性伤害的全过程、全方位的预防性保护要求及其措施；

(2) 保护措施的可靠性、可行性与经济性；

(3) 处理好保护工程、施工设备（施）安全与保护劳动者安全的有机协调关系；

(4) 实现设施、用品保护和劳动者自我保护的良好结合。

以上 4 项研究中所提出的二全（过程、方位）四性（预防、可靠、可行、经济）、一协调和一结合的"二四一一"要求，包含了许多需要继续和深入研究的问题。

所谓全过程和全方位的保护要求，就是在施工期间，对进入施工现场的所有人员（包括临时进入和短时逗留的人员）的安全进行不分时间（上班或下班）、不分地点（施工作业区、办公区、生活区）和不分人员情况的保护。因为即使是外部人员在下班期间进入现场所发生的安全意外事情，施工单位也有安全管理不到位的责任。

所谓经济性，就是在满足安全保护要求的前提下，提高安全保护投入的实效，不花不该花和可以不花的钱。这就需要做到以下3点：1）按规定要求和确保安全要求的安全保护费用必须投入，不能打折扣；2）认真贯彻安全保护问题4点研究要求中的（3）（4）的协调和结合要求，提高安全保护投入的实效；3）认真考察安全保护投入的实际效果及其存在问题，不断地加以改进。

我们都知道，当发生附着升降、脚手架坠落、脚手架在使用中坍塌、梁板楼（屋）盖模板支撑架在混凝土浇筑中倒塌以及建筑物倒塌、边坡塌方等具有强力作用的事故中，安全保护用品和设施几乎无能为力。即便是高空落物，安全帽也仅能护住头部，而防护不了其他部位。因此，必须注意解决好保护工程和施工设备（施）安全与保护劳动者安全的有机协调关系。

3. 制度保护、设施保护和自我保护

制度保护就是按安全制度的规定所执行的安全保护措施和规定，包括使用安全护品、特种作业安全保护和危险场所、作业的监控保护，其主要项目和要求列入表35-149中。

设施保护就是按照施工安全技术措施设置的安全保护设施，即在制订安全技术措施时，针对有可能出现的意外事态或有可能起动的事故起因物所采用的安全保护设施。安全保护设施可大致分为以下3类：1）加（稳）固型防护设施。即稳固施工作业面、在施工中的工程结构和施工设施，使其不发生异常事态变化或可显著延缓异常事态发展的设施；2）阻挡型防护设施。可有效阻挡事故起因物动作或意外因素作用，避免或减轻其伤害的设施；3）承接型防护设施。能够承受起因物的强力作用，减轻其作用力度和伤害后果的设施。以上3类安全防护设施一般都需要进行专门的设计，其主要考虑项目列入表35-150中。

自我保护是劳动者自我采取的安全保护措施，其涉及项目和要求列入表35-151中。

三项安全保护，特别是其中的制度保护和自我保护的有效实施，均需要职工有相应的安全意识、安全知识和安全能力（表35-152）。

制度保护的项目和要求　　　　　　　　　　　　　　　　　　表35-149

类　别	项目和要求
使用安全护品	1）安全带；2）安全帽；3）安全鞋；4）安全网；5）防毒面具；6）口罩；7）手套；8）护镜；9）护帽；10）绝缘护品；11）其他规定使用的护品
特种作业安全保护措施	1）通风；2）供氧；3）隔热；4）降温；5）加压；6）缩短工作时间（勤轮换）；7）使用特种作业护品；8）停止其他作业（或生产活动）；9）设置保护设施
危险场所、作业的监控保护	1）危险区域封闭（围挡）监管；2）供应和服务的监控；3）人员替换监控；4）作业环境条件（温度、有害气体、烟尘等）测试监控；5）异常情况的观测监控；6）救助设施到位

设施保护的主要考虑项目　　　　　　　　　　　　　　　　　　表35-150

类　别	主要考虑项目
稳固型防护设施	1）深基坑和深沟槽的边坡（壁）支护和稳固防护（护坡桩、土钉墙等）；2）不稳定土石坡的挡护（挡土墙等）；3）立放构件、构架和超高堆物的支撑（顶）加固；4）深坑旁现有建筑物基础和地基的稳定加固（打护坡桩等）；5）承受施工措施荷载工程结构的支撑加固；6）现浇楼层和悬挑结构的多层支承加固；7）施工设备（施）的防倾覆措施（拉结、增加配重、扩大支承面积等）；8）超大集中力作用的分布措施；9）危险受力和易变形部位的加固措施；10）其他

续表

类 别	主要考虑项目
阻挡型防护设施	1）机械设备动力和运转部分的安全防护罩；2）机械设备工作部分的安全保护装置；3）作业场地和作业面的封围防护设施（围挡、安全网等）；4）用于防风、防火、防飞物、防电弧光和其他致害物的挡墙、挡板；5）在施工程临街和临边的防（挡）护架；6）挡土墙、挡水堰；7）危险品库；8）其他
承接型防护设施	1）安全平网（首层、层间、随层网和天井、洞口网）；2）安全防护棚、安全通道；3）洞口、地沟封盖板；4）梁板模板拆除时的承接架；5）其他

自我保护的项目和要求 表 35-151

类 别	项目和要求
上岗身体条件	1）遵守上岗的身体条件规定；2）不抱病上岗；3）不进行疲劳作业；4）不进行超体力和身体不适应的作业
不在不安全区域逗留或进行其他作业	1）起重臂下和吊物经过区域；2）机械回转区域；3）高空落物区域；4）爆破抛物溅落区域；5）张拉作业的危险区域；6）试压作业的危险区域；7）塌方、滑坡区域；8）高压危险区域；9）拆除工程施工区域；10）事故处理区域；11）其他
不在无安全保障的条件下进行作业	1）无适合的作业面；2）无可靠的架设条件；3）无可靠的防（围）护设施；4）有可能出现碰撞伤害的混合作业；5）施工设施没有经过检查验收或检查不合格；6）场地内乱堆材料和物品；7）发现有安全隐患和异常情况；8）在长时间停工或受强力自然因素（风、雨、雪、地震）作用后未进行安全检查；9）其他
不进行不安全的作业	1）有可能引起身体失衡的作业；2）单独进行应有人合作或监控的作业；3）强顶、强拉、强撑、强撬、强行拼装和就位等蛮干作业；4）可能出现失控的滚、滑和倾翻情况的作业；5）抛掷物品和撞击作业；6）其他
不使用不合格的设施和机具	1）有缺陷和隐患的施工设施；2）有病、工作不正常或超期服役的机械设备；3）不合格工具
自我躲避伤害	1）防钉子扎脚；2）防滑跌；3）防踩空；4）防闪失；5）防触电；6）防机械伤害（碰、卷、绞、切、撞、拖等）；7）防中毒；8）防窒息；9）防坠落；10）防落物；11）防其他意外伤害

职工安全意识安全知识和安全技能的要求 表 35-152

职工安全素质	要 求
安全意识	1）遵章指挥和遵章作业意识；2）严格执行安全技术措施意识；3）严格执行安全作业程序意识；4）按规定使用安全护品意识；5）检查和清除安全隐患意识；6）及时报告异常情况意识；7）出现险情时及时报警并通知在场人员意识；8）随时随地注意安全的意识；9）维护安全权利意识
安全知识	1）安全文明施工（工地）知识；2）用电安全知识；3）动火和消防安全知识；4）安全保护和护品使用知识；5）高处作业安全知识；6）机械作业安全知识；7）特种和危险作业安全知识；7）安全隐患的检查与判定知识；8）异常事态应对知识；9）岗位操作安全知识；10）安全标准和管理规定知识；11）事故案例知识；12）抢险和救助知识；13）保护现场和事故处理知识；14）职工具有的安全权益知识；14）其他
安全技能	1）安全操作技能；2）安全洞察技能；3）安全应对异常事态技能；4）安全监督技能；5）安全指导技能；6）安全研究和改进技能

35-4-4-2 劳动保护用品及其使用

1．劳动保护用品的类别、发放范围和原则

（1）劳动保护用品的类别和发放范围

劳动保护用品分为个人劳动防护用品（简称"个人护品"）、重要劳动防护用品（简称"重要护品"）和特种劳动防护用品（简称"特种护品"），其项目和发放范围不可能截然分开，均有不同程度的交叉。其用品名称和发放范围分别列入表35-153～表35-155中。该套表根据中建一局集团的项目标准归纳，未包括公司及其他机构中的人员，仅供参考。

（2）劳动保护用品的发放原则

1）工种相同，但劳动条件发生变化的，应发给不同的护品。

2）1人从事多个工种作业，按基本工种发给。当从事其他工种作业不适合需要时，可按实际需要加以补充。

3）同工种岗位调动，原发个人护品未到期者，须继续使用。

个人护品名称和发放范围 表35-153

序次	人员	布工作服	化纤工作服	布手套	线手套	绒手套	绝缘鞋	防护鞋	雨胶鞋	胶雨衣	长袖手套	电焊手套	毛巾	肥皂	护目镜	太阳镜	鞋盖	口罩	棉上衣	棉长大衣	棉短大衣
1	木工		√		√	√		√		√			√	√					√		
2	瓦工、抹灰工		√	√	√			√	√	√			√	√					√		
3	钢筋工		√	√	√			√		√			√	√					√		
4	点焊、对焊工	√						√				√	√	√	√				√		
5	混凝土工		√		√			√		√			√	√					√		
6	油工		√		√			√					√	√				√	√		
7	防水工	√			√			√					√	√			√		√		
8	架子工		√	√	√			√					√	√					√		
9	起重工		√	√	√			√					√	√		√			√		√
10	白铁工		√	√	√			√					√	√					√		
11	水箱工		√		√			√					√	√					√		
12	钣金工		√		√			√					√	√	√		√		√		
13	水暖管工		√		√			√		√			√	√					√		
14	电工		√		√	√	√						√	√					√		√
15	直流电工	√											√	√					√		
16	车床工		√		√								√	√	√			√	√		
17	钳工		√		√			√					√	√					√		
18	铆工		√		√			√					√	√					√		
19	电焊工	√			√			√				√	√	√					√		
20	气焊工	√			√			√				√	√	√	√				√		
21	铸工	√			√			√					√	√					√		
22	锻工	√				√		√				√	√	√					√		
23	小型机械工		√		√	√							√	√				√	√		
24	机械修理工		√		√			√					√	√					√		
25	材料处理人员	√			√			√					√	√					√		
26	支拆模及张拉		√		√			√					√	√					√		
27	配灰工		√		√			√					√	√				√	√		
28	石工		√		√			√					√	√	√				√		
29	塔吊司机		√	√	√			√					√	√		√			√		

续表

序次	发放范围人员 / 护品名称	布工作服	化纤工作服	布手套	线手套	绒手套	绝缘鞋	防护鞋	雨胶鞋	胶雨衣	长袖手套	电焊手套	毛巾	肥皂	护目镜	太阳镜	鞋盖	口罩	棉上衣	棉长大衣	棉短大衣
30	塔吊起重工		✓		✓					✓			✓	✓		✓		✓			
31	测量工		✓		✓	✓			✓				✓	✓				✓		✓	
32	制材工		✓	✓					✓				✓	✓				✓			
33	制氧工		✓	✓					✓				✓	✓							
34	热处理工	✓			✓			✓					✓	✓	✓			✓			
35	探伤工		✓										✓					✓			
36	汽车司机		✓		✓	✓							✓	✓		✓				✓	
37	塔吊司机		✓		✓								✓	✓				✓			
38	压路司机		✓		✓								✓	✓				✓			
39	空压司机		✓										✓	✓				✓		✓	
40	风钻工		✓	✓		✓			✓		✓							✓			
41	铲运推土机司机		✓		✓				✓				✓	✓		✓				✓	
42	炮工		✓	✓		✓			✓									✓			
43	锅炉工	✓			✓			✓										✓			
44	装卸搬运工		✓	✓		✓				✓			✓	✓				✓	✓		
45	材料工		✓		✓													✓			
46	汽车修理工		✓	✓					✓				✓	✓	✓			✓			
47	钉道工		✓	✓		✓							✓					✓			
48	试验工		✓		✓	✓							✓					✓			
49	印刷工		✓															✓			
50	打更				✓	✓				✓										✓	
51	轮胎工		✓		✓								✓	✓				✓			
52	喷漆工		✓	✓		✓											✓	✓			
53	镀铬工		✓										✓	✓	✓			✓			
54	缝纫工		✓										✓					✓			
55	项目经理部管理人员（包括材料仓保管员）		✓		✓															✓	✓
56	工长、队长、材料员、检查员		✓		✓				✓				✓	✓						✓	
57	装载司机、小翻斗司机	✓			✓								✓	✓	✓			✓			
58	钢模刷油、喷油	✓			✓			✓		✓			✓	✓				✓			
59	外加剂	✓			✓			✓					✓	✓							

重要护品的范围 表35-154

类别	护品范围	使用和发放标准
A	安全帽	
B	安全带	
C	安全网	
D	钢管脚手扣件	1）按集团的规定定点使用；
E	漏电保护器	2）按个人护品发放原则和规定执行
F	五芯电缆	
G	电焊机二次侧保安器	
H	政府及上级规定的其他护品	

特种护品的范围 表35-155

序	护品名称	序	护品名称
1	安全帽	13	胶面防砸安全鞋
2	安全带	14	防静电导电安全鞋
3	安全网	15	低压绝缘布面胶底绝缘鞋
4	长管面具	16	过滤式防微粒口罩
5	防冲击眼护镜	17	电焊护目镜和面罩
6	防酸工作服	18	防静电工作服
7	防酸手套	19	防噪声护具
8	防尘口罩	20	炉窑护目镜和面罩
9	皮安全鞋	21	阻燃防护服
10	防酸碱鞋	22	过滤式防毒面具面罩
11	防穿刺鞋	23	防静电手套
12	绝缘皮鞋		

4）停岗人员的个人护品按在岗使用时间累计计算。

5）由于个人原因造成个人护品提前报废的，应及时予以更换，但费用由个人承担。

2．劳动保护用品的质量和使用要求

（1）安全帽

有塑料、竹、玻璃钢、柳条等多种安全帽，都必须符合国家标准《安全帽》（GB 2811）的规定。其中，对安全帽技术性能的基本要求和其他要求（根据需要增加的要求）列于表35-156中。

安全帽的技术性能要求 表35-156

序次	类别	项目	要求
1	基本要求	冲击吸收性能	用三顶安全帽分别在 50 ± 2℃（矿井井下用安全帽为10℃）、-10 ± 2℃及浸水三种情况下处理，然后用5kg钢锤自1m高度落下进行冲击试验，头模所受冲击力的最大值均不应超过500kg（5000N）
2		耐穿透性能	根据安全帽的材质选用上栏三种方法中的一种进行处理，然后用3kg钢锥自1m高度落下，钢锥不应与头模接触

续表

序次	类别	项目	要　求
3	其他要求	耐低温性能	在-10℃情况下，安全帽的冲击吸收性能和耐穿透性能应符合1、2栏的要求
4		耐燃烧性能	按《安全帽试验方法》（GB 2812—81）规定的火焰和方法燃烧安全帽10s，移开火焰后，帽壳火焰在5s内应能自灭
5		电绝缘性能	交流1200V耐压试验1min，泄漏电流不应超过1.2mA
6		侧向刚性	按（GB 2812—81）规定的方法给安全帽横向加43kg（430N）压力，帽壳最大变形不应超过40mm，卸载后变形不应超过15mm

应正确佩戴安全帽，佩戴高度（即帽箍底边至人头顶端的垂直距离）为80～90mm。尺寸则分为大、中、小三种，可按需要选用。要扣好帽带，调整好帽衬间距，勿使其松脱或颠动摇晃，缺衬缺带或有破损的安全帽不准使用。

（2）安全带

安全带和绳必须用锦纶、维纶、蚕丝料。电工围杆带可用黄牛皮革，金属配件用普通碳素钢或铝合金钢。安全带、绳和金属配件的破断负荷指标应符合表35-157的规定。其他技术要求见表35-158。

安全带、绳和金属配件的破断负荷指标　　　　表35-157

序次	部件名称	破坏负荷（kN）	序次	部件名称	破坏负荷（kN）
1	腰带	14.71	14	围杆带	14.71
2	护腰带	9.81	15	背带	9.81
3	护胸带	7.84	16	吊带	5.88
4	前胸连接带	5.88	17	攀登钩带	7.84
5	跨带	5.88	18	腿带	5.88
6	吊绳 ϕ16mm	23.53	19	安全绳	14.71
7	围杆绳 ϕ13mm	14.71	20	钎子扣	5.88
	ϕ16mm	23.53	21	调节环	9.81
8	安全钩（小）	11.77	22	安全钩（大）	9.81
9	自锁钩	9.81	23	转动钩	11.77
10	腰带卡子	5.88	24	圆环	11.77
11	攀登钩	5.88	25		
12	三角环	11.77	26	半圆环	11.77
13	8字环	11.77			

安全带使用注意事项如下：

1）必须使用构造型式和技术性能符合国家标准《安全带》（GB 6095—80）的安全带。

安全带的其他技术要求　　　　表35-158

序次	项目	技　术　要　求
1	腰带	1）必须为一根绳；2）宽度为40～50mm，长度为1300～1600mm；3）腰带上附加小袋1个
2	护腰带	1）宽度不小于80mm，长度为600～700mm；2）触腰部分垫有柔软材料，外层用织带或轻革包好，边缘圆滑无角

续表

序次	项目	技术要求
3	带子颜色和缝合要求	1）颜色主要用深绿、草绿、橘红、深黄，其次为白色；2）缝合线的颜色和带子一致；3）围杆带折头缝线方形框中，用直径4.5mm以上的金属铆钉各1个，下垫皮革和金属的垫圈，铆面应光洁
4	金属钩	1）必须有保险装置（铁路专用钩例外）；2）自锁钩的卡齿用在钢丝绳上时，硬度为HRC60；3）金属钩舌弹簧的有效复原次数不少于2万次；4）钩体和钩舌的咬口必须平整，不得偏斜
5	绳	1）安全绳直径不小于13mm、捻度为（8.5～9）/100（花/mm）；吊绳、网杆绳直径不小于16mm，捻度为7.5/100；3）电焊工用悬挂绳必须全部加套；其他悬挂绳应部分加套，吊绳不加套；4）绳头要编成3～4道加捻压股插花，股绳不准有松紧
6	金属配件	表面光洁，必须防锈，不得有麻点、裂纹、边缘呈圆弧形
7	金属环件	1）圆环、半圆环、三角环、8字环、品字环、三道联不许焊接，边缘成圆弧形；2）调节环只允许对接焊

2）使用时应高挂低用，防止摆动碰撞，绳子不能打结，钩子要挂在连接环上。当发现有异常时，应立即更换，换新绳时要加绳套。使用3m以上的长绳要加缓冲器。

3）在攀登和悬挂作业中，应有牢靠的挂钩处（设施），严禁只在腰间佩挂而没有在固定的设施上拴挂钩环。

4）停用时应妥善保管，不可接触高温、明火、强酸、强碱或尖锐物体。

5）使用中应经常检查外观。使用两年后应做抽样检查。围杆带做静荷试验，以2.21kN拉力，拉5min，无破断可继续使用。悬挂安全带以0.78kN重量做自由坠落试验，不破断时可继续使用。对抽试过的样带，必须更换安全绳后才能继续使用。

6）不准将绳打结使用。不准将钩直接挂在安全绳上直接使用，应挂在连接环上。

(3) 安全网

安全网分为平网和立网两种。安装平面不垂直于水平面、用于挡住坠落的人和物的安全网称为平网；安装平面垂直于水平面、用于防止人或物坠落的安全网称为立网。平网以 P 表示，如安全网 $P—3xb$ 为宽3m、长6m的平网；立网以 L 表示，如安全网 $L—4xb$ 为高4m、长6m的立网。

安全网的技术要求列于表35-159中。

安全网的技术要求　　　　　　　　　　　　　　　　　表35-159

序次	项目	技术要求
1	绳（线）	采用同一种材料，其湿干强力比不得低于75%
2	宽度、高度	平网宽度不小于3m，立网高度不小于1.2m
3	每张网重	一般不宜超过15kg
4	网目对角线	菱形网目的对角线应与对应的网边平行；方形网目对角线或边应与对应的网边平行
5	网目边长	不得大于10cm
6	边绳	1）必须与网体连接牢固；2）直径至少为网绳直径的2倍、且不小于7mm；3）断裂强力不低于：平网边绳为7.35kN；立网边绳为2.94kN
7	系绳	1）直径至少为网绳直径的2倍，且不小于7mm；2）断裂强力不得低于：平网为7.35kN；立网为2.94kN
8	网绳断裂强力	一般宜为1.47～1.96kN
9	试验绳	1）用网绳制作；2）每张网上不少于8根；3）长度不小于1.5m；4）绳段涂标志色的长度不小于20cm

续表

序次	项目	技术要求
10	筋绳	1）分布合理；2）相邻两根筋绳间的最小距离不得小于30cm；3）每根筋绳的破断力不得大于2.94kN
11	绳结、节点	必须固定
12	冲击试验要求	承受100kg，底面积2800cm^{2}的模拟人形砂包冲击后，网绳、系绳、边绳都不许断裂。试验高度为：平网10m；立网2m
13	缓冲性能	按《安全网力学性能试验方法》（GB 5726—85）的规定进行试验，当吸收了5883.6J能量时，网上最大负荷不超过8.83kN，最大延伸量不超过1.5m

注：序次1～12为基本要求，13为其他要求。

安全网的使用注意事项为：

1）根据使用目的严格地选择网的类型。

2）立网不能代替平网使用。

3）安装前必须对网和支撑物进行下列检查：网的标牌与选用相符；网的外观质量无任何影响使用的弊病；支撑物（架）有适合的强度、刚性和稳定性，且系网处无撑角和尖锐边缘。

4）安装时，系绳的系结点应沿网边均匀分布，且间距应不大于75cm，系结应牢固、易解开和受力后不会松脱。有筋网安装时，也必须将筋绳连在支撑物（架）上。

5）在输电线路附近安装安全网时，必须事先请示主管部门，并采取适当的防触电措施。

6）平网安装注意事项：应与水平面平行或外高里低，一般以15°为宜；其负荷高度一般不超过6m；因施工需要超过6m（最大不得超过10m）时，必须附加钢丝绳缓冲等安全措施；负载高度在5m以下时，网应伸出建筑物（或最边缘作业点）不小于2.5m；负载高度在5～10m时，应最少伸出3m；网安装时不宜绷紧，宽3m和4m的网，安装后的水平投影宽度分别为2.5m和3.5m；网与其下方的物体表面的最小距离不得小于3m。

7）安装立网注意事项：安装平面应与水平面垂直；网面与平面边缘的最大间隙不得大于10cm。

8）在安装和使用网时，应注意避免：把网拖过粗糙的表面或锐边；在网内或网下方堆积物品；大量的焊接火星或其他火星掉入网内；网周围有严重的酸碱烟雾以及人员跳进或把物品投入网内。

9）在高层建筑施工中，满高搭设或悬挑附着搭设的外脚手架均应对其外立表面进行封闭或半封闭围护，力保不发生人员和物品坠落；在首层应搭设伸出宽度不小于4m的双层安全平网，双层网间距0.8～1.2m，支撑架应有足够的整体刚度。

10）经常清理网上落物，保持网面清洁。

11）使用中定期对网进行检查（每周至少1次）。当受到较大冲击后应及时进行检查，有严重变形磨损、断裂、霉变和连接部位松脱的情况时，均不得继续使用。

(4) 其他劳动保护用品的使用要求

1）必须坚持按规定使用相应的劳动保护用品。

2）选用的劳动保护用品必须符合标准，禁止使用不合格的劣质产品。

3) 按劳动保护用品的使用要求正确地使用。

4) 注意劳动保护用品的保管要求，避免发生不应有的损坏。

35-4-4-3 安全保护措施的设置

1．安全保护措施的分类

安全保护措施是指使用劳动保护用品以外的、为保护作业者的安全所采取的措施。

安全保护措施可按其实施保护的方式分为以下 7 类：

（1）围挡措施

即围护和挡护措施，包括对施工区域、危险作业区域和有危险因素的作业面进行单面的、多面的和周边的围护和挡护措施。

（2）遮盖措施

即盖护、棚护和遮护措施，以防止施工人员发生误入"四口"等掉落危险，防止来自上面的落物击伤危险和护住危险源（如在机电设备上加安全罩），以避免危险源出现险情时对人员造成伤害。

（3）支护措施

对可能发生塌方和倒塌事故的危险源采取支撑、稳固措施，使其不出现事变，以保护作业人员的安全。

（4）加固措施

对施工中的承载力不足或不稳定的结构、设备以及其他设施（包括施工设施）进行加固，以避免发生意外。

（5）解危措施

即"转危为安"、"化险为夷"措施，即当危险来临时，通过解危措施消除危险，如用电安全中的安全接零、接地、漏电保护和避雷接地等。

（6）监护措施

即对不安全和危险性大的作业进行人员监护、设备监护和检测监护。

（7）警示措施

即警示和提醒人们不要进入危险区域和触及伤害物的措施。在已设有围挡、遮盖、撑护等措施的情况下，加上警示措施可以进一步确保安全；在不可能采取其他安全保护措施的情况下，警示措施就成为惟一可行的安全保护措施。

2．安全保护措施的基本设置要求

7 类安全保护措施的基本设置要求汇于表 35-160 中。在这 7 类安全保护措施中，施工中极易忽视的环节很多，特别是监控措施不到位的情况较为普遍，例如单人进行高处作业时出的事故就很多。往往由于作业量较小，嫌搭架子麻烦，在不安全的条件下进行作业而出事。对监控要求执行不认真、不严格而出事的情况也较多，甚至酿成极惨的事故。例如某厂修理冷却塔风机，风机的电闸设在车间内，开始作业前拉掉了电闸，并告诉 1 工人看着电闸，不要让人合闸。中午下班时，这名工人的朋友招呼她出去，临走时忘记转告别人看闸，结果不知道此情的人合了闸，酿成正在进行修理作业的电工被搅碎的极惨事故。因此，必须加强监护措施这一安全保护的薄弱环节。

安全保护措施设置的基本要求　　　　　　　　　　　　　　　表 35-160

序次	类别	设 置 范 围	设 置 要 求
1	围挡措施	1）施工区域周边；2）有伤害危险的作业区域周围（表35-161）；3）高处作业操作面的外围；4）交叉施工中有安全影响的区域；5）其他禁人区域	1）围挡高度应满足安全要求，且作业面围挡应不低于1.1m，围墙应不低于2.0m；2）围挡结构稳固；3）围挡材料适当；4）有相应的防火措施；5）临时性的围挡应便于移动或拆除
2	遮盖措施	1）"四口"；2）未设围挡的坑、槽、沟、池；3）高空落物范围内的人行通道；4）机械设备未设安全防护罩的传动和工作部分；5）处于火星溅落范围的易燃、可燃材料；6）露天放置的怕晒、怕雨、怕砸等需要遮盖保护的设备、材料；7）土、砂等扬尘材料的遮盖	1）遮盖设施牢固；2）具有足够的防护能力；3）有相应的防火措施；4）满足通风的要求；5）临时性遮盖便于移动或拆除；6）无绊脚物或突出物
3	支护措施	1）有塌方危险的沟槽边壁；2）深基坑的边壁；3）人工挖孔桩作业；4）立式存放的脚手杆、大模板和构件；5）在装拆大块墙体、柱子和楼板模板以及浇筑混凝土时，模板及其支撑系统发生的鼓胀、变形和其他异常情况；6）结构和设备在吊装前和正式安装固定以前；7）全部拆除模板支撑但未到强度的现浇工程结构；8）过高或不够稳定的堆物和设备的停放；9）发生显著倾斜变形的建筑物、工程结构、设备、脚手架和其他施工设施；10）隧道、峒室、顶进坑室等有支护要求的作业；11）通过能力不足的桥梁、涵洞；12）施工中临时发生超载情况的结构；13）大型构件和设备的运输；14）出现险情或事故；15）其他需要采取支护措施的情况	1）重要的支护措施应有严格的设计计算并经主管部门审查批准；2）支护措施应有可靠的安全度，其安全系数不能小于1.5；3）支护的材料质量、加工质量和安装质量应符合设计要求；4）重要的支护作业应有施工组织设计或施工安全技术措施；5）支护结构的支承地基或结构应可靠，必要时应进行验算。验算不够时，应进行加固；6）支护措施的施工必须有统一的指挥和安全监护人员；7）支护措施设置以后，应经常进行检查观测，发现有异常时，应立即采取措施；8）重要支护设施的撤除时间和措施应经过有关部门批准，避免拆除时发生安全意外
4	加固措施	1）在支护措施中需要采取加固措施的各种情况；2）吊装刚度不够的构件、组装结构和设备；3）施工中发现承载能力不够或已出现明显变形的脚手架、支撑架和其他施工设施；4）承载能力不足的结构、设备和设施的地基和基础；5）承载能力不足的支护措施的支承结构；6）因施工需要在工程结构上开洞、留施工缝等影响、降低结构承载能力的变动情况；7）因施工需要，在结构上增加较大的施工荷载；8）超过机械设备性能和使用要求规定；9）其他需要采取加固措施的情况	1）加固措施必须进行严格的设计计算，并经主管部门或设计的批准或会签；2）涉及到永久性的工程结构加固措施应由工程设计单位提出；3）重要的加固作业应有施工组织设计和施工安全技术措施；4）加固措施不得有损于结构和设备的使用要求（无法避免时，应经过同意）；5）加固作业严格按加固设计的要求进行；6）严格按加固程序进行、统一指挥并有安全监护人员；7）加固以后，经常进行检查观测，发现有异常时，应立即采取措施
5	解危措施	1）机械设备的安全接地和接零；2）高耸建筑、施工设备和设施的避雷接地；3）控电和用电设备的漏电、防触电保护；4）特种场合的安全照明电压；5）机械设备的应急停运、自锁装置；6）自备电源（发电）和应急照明设施；7）重要场合的感烟报警自动喷淋防火装置；8）危险施工场所的自动排毒通风装置；9）其他施工监控、预警和化解危险装置	1）严格执行安全用电和安全防火的有关规定；2）经常检查安全接零、接地、避雷接地和漏电保护装置的情况。有不符合规定的情况时，应及时解决；3）严格执行标准，不许降低标准

续表

序次	类别	设置范围	设置要求
6	监护措施	1) 爆破作业；2) 器内和封闭空间作业；3) 水下、水上作业；4) 井下作业；5) 沉井、沉箱作业；6) 疏浚管道作业；7) 有毒气环境作业；8) 单人高处作业；9) 隧道、峒室作业；10) 电气设备停电修理作业（监护电源控制设备）；11) 拆除作业；12) 脚手架搭拆作业；13) 有滚落危险的装卸作业；14) 排险作业；15) 支护、加固作业	1) 随时掌握作业进展情况；2) 及时提供帮助；3) 有险情时及时报警和救助；4) 及时制止危及作业人员安全的行为和情况
7	警示措施	1) 施工区域；2) 危险和禁入区域；3) 危险结构和危险物；4) 有伤害危险的设施；5) 有误入、误碰、误踏导致伤害的安全警戒点；6) 其他需要设置警示的地方	1) 设（挂）置危险警示牌；2) 夜间设红色警示灯；3) 工地设安全事故宣传栏或板报、贴安全标语牌

有伤害危险的作业区域　　　　　　　　　　　　　　　表35-161

1	钢筋冷拉场地	9	预应力张拉影响区域
2	深坑施工区域	10	深沟槽施工区域
3	拆除作业区域	11	爆破作业飞石溅落区域
4	高处作业落物区域	12	拆除工程作业区域
5	长时间连续焊接的弧光影响区域	13	起重吊装作业禁入区域
6	滑坡、塌方区域	14	高压控电设施周围
7	易燃、易爆、有毒材料堆放场地	15	危险建筑和设施周围
8	临街、临通道施工区域	16	安全事故处理区域

35-4-4-4 劳动的卫生环境和条件

在建筑施工中，职业卫生和劳动卫生工作直接关系到劳动者的身体健康。因此，建筑施工企业和施工的组织者与管理者，都应高度重视并做好职业卫生和劳动卫生工作。这就要求必须了解与建筑业有关的职业病，有职业危害的工种、对建筑施工职业卫生、劳动卫生的一般规定和有显著危害作业的要求，不断改进和创造良好的卫生作业环境和条件，以确保职工的健康。

1. 与建筑业有关的职业病和建筑行业有职业危害的工种

国家规定的职业病共9类99种，其中与建筑业有关的职业病有8类48种，见表35-162。根据职业病的分类，建筑业有职业危害的工种相当广泛，见表35-163。

与建筑业有关的职业病 表 35-162

类别	序次	种别	类别	序次	种别
职业中毒	1	铅及其化合物（蓄电池、油漆、喷漆）	职业性皮肤病	30	接触性皮炎（中国漆、酸碱）
	2	汞及其化合物（仪表制作）		31	光敏性皮炎（沥青、煤焦油）
	3	锰及其化合物（电焊）		32	电光性皮炎（紫外线）
	4	磷及其化合物（注1）		33	黑变病（沥青砂）
	5	砷及其化合物（注2）		34	痤疮（沥青）
	6	二氧化硫（酸洗、硫酸除锈、电镀）		35	溃疡（铬、酸、碱）
	7	氮氧化物（硝酸、TNT炸药、锰烟）	职业性眼病	36	化学性眼部灼伤（酸碱、油漆）
	8	一氧化碳（煤气）		37	电光线眼炎（紫外线、电焊）
	9	二氧化碳（煤烟）		38	职业性（含放射性）白内障（激光）
	10	氨（晒图）			
	11	硫化氢（下水道作业）			
	12	四乙基铅（含铅油库、驾驶、汽修）	职业性耳鼻喉病	39	噪声聋（铆工、校平、气锤）
	13	苯（油漆类）			
	14	甲苯（油漆类）		40	铬鼻病（电镀病）
	15	汽油			
	16	氯乙烯			
	17	苯的氨基及化合物（注3）	职业性肿瘤	41	石棉所致肺癌、间皮癌
	18	二甲苯（油漆类）		42	苯所致白血病
	19	三硝基甲苯（爆破）		43	铬酸盐制造业工人肺癌（电镀作业）
尘肺	20	矽肺（石工、风钻工、炮工、出碴工）	其他职业病	44	化学灼伤（沥青、强酸碱、煤焦油）
	21	石墨尘肺（铸造）		45	金属烟热（锰烟、电焊镀锌管、熔铅锌）
	22	石棉肺（保温、石棉瓦拆除）		46	牙酸蚀病（强酸）
	23	水泥尘肺			
	24	铝尘肺（铝制品加工）			
	25	电焊工尘肺（电、气焊）			
	26	铸工尘肺（浇铸）			
物理因素职业病	27	中毒（露天作业、锅炉）		47	职业性哮喘（接触易过敏土漆、樟木、苯及其化合物）
	28	减压病（潜涵作业、沉箱作业）			
	29	局部振动病（制管、振动棒、风铆、电钻、校平作业）		48	职业性病态反应性肺泡炎（接触中国漆、漆树等）

注：1. 不包括磷化氢、磷化锌和磷化铝；2. 不包括砷化氢；3. 不包括三硝基甲苯。

建筑行业有职业危害的工种 表 35-163

有害因素分类	主要危害	次要危害	危害的主要工作
粉尘	砂尘	岩石尘、黄泥沙尘、噪声、振动、三硝基甲苯	石工、碎石机工、碎砖工、掘进工、风钻工、炮工、出碴工
		高温	筑炉工
		高温、锰、磷、铅、三氧化硫等	型砂工、喷砂工、清砂工、浇铸工、玻璃打磨等
	石棉尘	矿渣棉、玻纤尘	安装保温工、石棉瓦拆除工
	水泥尘	振动、噪声	混凝土搅拌机司机、砂浆搅拌司机、水泥上料工、搬运工、料库工
		苯、甲苯、二甲苯环氧树脂	建材、建筑科研所试验工、各公司材料试验工
	金属尘	噪声、金刚砂尘	砂轮磨锯工、金属打磨工、金属除锈工、钢窗校直工、钢模板校平工
	木屑尘	噪声及其他粉尘	制材工、平刨机工、压刨机工、平刨工、开榫机、凿眼机工
	其他粉尘	噪声	生石灰过筛工、河沙运料和上料工

续表

有害因素分类	主要危害	次要危害	危害的主要工作
铅	铅尘、铅烟、铅蒸气	硫酸、环氧树脂、乙二胺甲苯	充电工、铅焊工、熔铅、制铅板、除铅锈、锅炉管端退火工、白铁工、通风工、电缆头制作工、印刷工、铸字工、管道灌铅工、油漆工、喷漆工
四乙铅	四乙铅	汽油	驾驶员、汽车修理工、油库工
苯、甲苯、二甲苯		环氧树脂、乙二胺、铅	油漆工、喷漆工、环氧树脂、涂刷工、油库工、冷沥青涂刷工、浸漆工、烤漆工、塑料件制作和焊接工
高分子化合物	聚氯乙烯	铅及化合物、环氧树脂、乙二胺	粘接、塑料、制管、焊接、玻璃瓦、热补胎
锰	锰尘、锰烟	红外线、紫外线	电焊工、气焊工、对焊工、点焊工、自动保护焊、惰性气体保护焊、冶炼
铬氧化合物	六价铬、锌、酸、碱、铅	六价铬锌、酸、碱、铅	电镀工、镀锌工
氨			制冷安装、冻结法施工、熏图
汞	汞及其化合物		仪表安装工、仪表监测工
二氧化硫			硫酸酸洗工、电镀工、充电工、钢筋等除锈工、冶炼工
氮氧化合物	二氧化碳	硝酸	密闭管道、球罐、气柜内电焊烟雾、放炮、硝酸试验工
一氧化碳	CO	CO_2	煤气管道修理工、冬季施工暖棚、冶炼、铸造
辐射	非电离辐射	紫外线、红外线、可见光、激光、射频辐射	电焊工、气焊工、不锈钢焊接工、电焊配合工、木材烘干工、医院同位素工作人员
	电离辐射	X射线、γ射线、α射线、超声波	金属和非金属探伤试验工、氩弧焊工、放射科工作人员
噪声		振动、粉尘	离心制管机、混凝土振动棒、混凝土平板振动器、电锤、气锤、铆枪、打桩机、打夯机、风钻、发电机、空压机、碎石机、砂轮机、推土机、剪板机、带锯、圆锯、平刨、压刨、模板校平工、钢窗校平工
振动	全身振动	噪声	电、气锻工、桩工、打桩机司机、推土机司机、汽车司机、小翻斗车司机、吊车司机、打夯机司机、挖掘机司机、铲运机司机、离心制管工
	局部振动	噪声	风钻工、风铲工、电钻工、混凝土振动棒、混凝土平板振动器、手提式砂轮机、钢模校平、钢窗校平工、铆枪

2. 职业卫生技术措施

职业卫生技术措施包括防尘、防毒、防噪声危害和防振动危害等方面的技术措施，合称为"职业卫生工程技术"，其主要措施列入表35-164中。

职业卫生的主要技术措施 表 35-164

序次	类别	项目	主要技术措施
1	防尘措施	水泥除尘	1）通风除尘系统（用于流动搅拌机）； 2）在进料仓上方装设水泥、砂料粉尘除尘器（用于制品厂搅拌站）； 3）高压静电除尘器，用于水泥除尘回收
2		木屑除尘	在尘源上方安装吸尘罩，用风机吸入输送管，再送至贮料仓内
3		金属除尘	用抽风机或通风机抽至室外，净化处理后向空气排放
4	防毒措施	防铅毒	1）允许浓度为：铅烟 $0.03 mg/m^3$，铅尘 $0.05 mg/m^3$，超标者应采取措施； 2）充电时用抽风机将铅尘（烟、蒸汽）抽至室外，净化处理后向空中排放，或设水池净化蓄集处理； 3）锅炉安装的胀管工艺以 TTW—1 型红外线退火炉代替"铅浴法"退火； 4）以无毒、低毒物料代替铅丹、消除铅源
5		防锰毒	1）集中焊接场所，用抽风机将锰尘吸入管道，过滤净化后排放； 2）分散焊接点设移动式锰烟除尘器； 3）焊接时位于上风方向操作； 4）密闭场所内焊接采用抽风措施； 5）加强个人防护（戴口罩等）； 6）改革工艺和焊接材料
6		防弧光辐射	1）使用防护面罩和镜片； 2）穿戴工作服、手套和鞋盖
7		防苯毒	1）允许浓度：苯 $40 mg/m^3$ 以下；甲苯和二甲苯为 $100 mg/m^3$ 以下； 2）采用密闭喷漆间，在室外用微机操作； 3）采用抽风机抽排室外； 4）采用在水幕内作业； 5）改善通风条件
8		涂刷冷沥青	在通风不良的情况下，应采用机械通风，送氧和抽风措施
9	防噪声措施	噪声控制标准	90dB
10		消声	设置消声器（阻性、抗性、阻抗复合、微穿孔板等形式）
11		吸声	多孔性吸声材料
12			穿孔共振吸声结构
13		隔声	单层隔声结构
14			多层隔声结构
15	防振动措施	阻尼	安装具有吸收振动的弹性隔振装置
16		隔振	设置隔振装置
17		改革生产工艺	改革工艺、降低噪声
18		手持振动工具	加泡沫塑料等隔振垫

3．建筑施工对职业卫生和劳动卫生要求的一般规定

建筑施工对职业卫生和劳动卫生要求的一般规定列于表 35-165 中，表中未列入或不细部分，应参考表 35-162～表 35-164 加以补充和细化。

建筑施工职业和劳动卫生要求的一般规定　　　　表 35-165

序次	项目	一般规定
1	职业性接触毒物的作业场所	限制毒物浓度符合国家标准
2	油漆、颜料和有毒有害物质的存放	1）不能与其他材料混放； 2）放在通风良好的专用库房内； 3）库房内不准住人； 4）库房与其他建筑物之间保持安全距离
3	沥青存放	不受阳光直射和不易熔化的场所
4	挥发性油料贮存	装入密闭容器内并妥善保管
5	散发有害蒸汽、气体和粉尘的设备	1）严加密封； 2）必要时安装通风、吸尘和净化装置； 3）尽可能采用湿式作业
6	有害作业场所	1）通风良好； 2）每天搞好场内清洁卫生； 3）不得在场内吸烟、吃食物
7	废弃物处理	1）不得以危害健康的方式在工地销毁和处理废弃物； 2）在当地卫生机关指导下进行处理
8	个人卫生和个人防护	1）按规定使用防护品； 2）设置淋浴设施，下班后进行淋浴后，换上自己的服装； 3）每天洗涤防护服（有条件时）； 4）定期进行身体检查；不适于某种有害作业的疾病患者，应及时调换工作岗位

35-4-5　应急事态的排险和救助要求

35-4-5-1　安全排险救助的含义和基本原则

1．安全排险救助的含义

安全排险救助包括安全排除重大险情、安全制止事故扩大、安全救助受伤人员和安全清理事故（或灾害）现场。

重大险情是指已经孕育、即将发生的可能招致伤亡事故的险情。安全排除重大险情即在伤亡事故发生之前安全地予以制止和排除。安全制止事故扩大，即在事故发生时及时安全地制止伤亡事故的进一步扩大，包括不使在场人员继续遭受伤害和迅速抢救伤员，最大限度地减小事故的伤害后果。在实施紧急救助以及事故调查完毕清理事故现场的过程中，仍然存在着发生新的伤害的危险，因此必须保持高度的警惕性并有妥善安全的救助和清理现场措施。

2．安全排险救助的基本原则

（1）及时的原则

包括及时撤离人员、及时报告（上级、有关主管部门）、及时通知保险公司（当已投保建筑施工安全保险时）和及时进行排险救助工作。

（2）"先撤人、后排险"的原则

即在发生事故或出现紧急险情之后，应首先将处于危险区域内的一切人员先撤出危险区域，然后再有组织地进行排险工作

（3）"先救人、后排险"的原则

当有人受伤或死亡，应先救出伤者和撤出亡者，然后进行排险处理工作，以免影响对伤者的及时抢救和对伤者、亡者造成新的伤害。

（4）"先防险、后救人"的原则

在险情和事故仍在继续发展或险情仍未消除的情况下，必须先采取支护等安全保险措施，然后救人，以免使救护者受到伤害和使伤者受到新的伤害。救人要求"急"，同时也要求"稳妥"，否则，不但达不到救人的目的，还会使救助者受伤，增加新的抢救难度。

（5）"先防险、后排险"的原则

在进入现场进行排险作业时，必须先采取可靠支护等适合的保安全措施，以避免排险人员受到伤害。

（6）"先排险、后清理"的原则

只有在制止事故继续发展和排除险情以后，才能进行事故现场的清理工作。但这一切，都必须遵守事故的处理程序规定和得到批准以后，才能进行。

（7）保护现场的原则

在事故调查组未决定结束事故现场原状之前，必须全力保护好现场的原状，以免影响事故的调查和处理工作。保护事故现场是所有人员的责任，破坏事故现场是违法行为。当然，为了进行救人和排险工作，允许采取以下做法：

1）在不破坏现状的要求下，为了确保救人和排险工作的安全，可以设置临时支护以阻止破坏的继续发展和稳定破坏时的状态。在设置支护措施时前，应先拍下当时的现场全貌和局部情况照片，以免因在实施支护时对其状况的可能扰动，造成以后调查分析工作的困难。

2）当为了阻止事故的进一步扩大，而仅采取支护措施不足以阻止其发展时，或为了抢救伤员的需要，而必须拆除，搬走一部分结构件或物品时，必须首先拍照（包括全貌、局部以及不同角度的状态），详细记录下当时的现状情况，并在撤出人员、构件、物品的原位上做出明显的和准确的标记（轮廓线、交叠位置等）。

此外，从事故地点撤出的构件和物品应存在现场的合适部位，并规整地堆放（不要叠放、混放）和做出标牌，避免在吊运堆放过程中改变其拆下时的原状。

35-4-5-2　安全排险救助工作的基本要求

安全排险救助工作是一项对时间性、政策性、技术性和安全可靠性要求很高的工作，各种要求和困难交织在一起。既要救人，又要护人；既要排险，又要保护现场；既要快速，又要稳妥。矛盾很多，常会在事变到来时，出现手忙脚乱、顾此失彼的情况。造成这种情况的原因是多方面的，其中，对排险和急救技术的日常教育和培训的不足，是发生混乱的重要原因之一。而排险"战时"的表现，取决于"战前"的训练，在这方面，和部队打仗与训练的关系是很相似的。因此，必须认真研究安全排险技术。尽管，安全生产工作的重点是放在预防上，但自然性强力因素引起的事故，往往是较难预防的。有了排险的技

术准备，就可以紧急应付突发的事变。

安全排险救助工作的基本要求如下：

(1) 遵守安全排险救助的基本原则；

(2) 及时地研究和制订安全排险救助的技术措施；

(3) 统一指挥、分工明确、各尽其责、搞好协作配合；

(4) 及时观察和研究排险救护工作进行的情况，发现问题时应及时研究解决，必要时，对原先不适合的措施作出修改。但应尽量避免在对情况判明不清的情况下作出草率的决定。

35-4-5-3 急救工作

对急救工作的基本要求如下：

1. 急救工作的设置与安排

(1) 施工企业应根据企业规模建立急救机构，随时提供急救服务，确保及时地将受伤和急病人员送去医院。

(2) 企业急救机构应定期培训急救人员，向职工进行急救知识教育，添置急救药品和器材。

(3) 施工现场应有受过急救培训、掌握抢救技术、熟悉在事故中营救伤员技能的专职或兼职急救人员，并配备急救药品和急救器材。

2. 受伤出血急救措施

(1) 根据出血的特点、类型（外出血、内出血）和失血的表现，采取正确的止血方法，阻止出血。

(2) 采用止血带止血，其位置应靠近心脏的一端和紧靠伤口处。止血带不能直接缠在皮肤上，其下应加毛巾等做成的平整垫子，其松紧程度以出血停止，摸不到远端脉搏为合适。

(3) 一般情况下，止血带缠紧时间应不超过 2~3h，且应每隔 40~50min 松解一次。

(4) 缠止血带后，加上标明止血带缠上时间的标牌，然后尽快将伤员送医院。

3. 避免伤口感染

(1) 伤口包扎应采用绷带、三角巾。没有时，也可采用毛巾、手帕和衣服。

(2) 充分暴露的伤口应先用无菌敷料覆盖伤口后，再进行包扎。

(3) 包扎时应松紧适度，避免在伤口上打结。

(4) 对四肢的包扎，应露出指（趾）的末端，以便于观察肢端血液循环情况。

4. 骨折急救

(1) 本着"先救命、后治伤"的原则处置骨折伤员。即若呼吸、心跳停止时，先使其心肺复苏；大出血时，先止血包扎，然后进行骨折固定。

(2) 骨折固定应使用定型夹板和三角巾、绷带绑扎。

(3) 骨折固定时应注意：小腿、大腿、脊椎骨折时应就地原位固定；四肢骨折时应先固定骨折处上端，后固定下端；对开放性骨折，严禁用水冲洗伤口和敷药物，应保持伤口清洁。严禁将外露断骨送回伤口。

(4) 骨折固定后，应迅速将伤员送去医院。

5. 搬运伤员

(1) 搬运前，应迅速检查伤员伤势并进行必要的急救处理。

(2) 需要将伤员拖至安全地带时，应沿伤员身体长轴向直向拖行，不应从侧面横向拖行。

(3) 应使用担架或用椅子、门板做成担架形式，应稳当牢固，防止伤员从担架上跌落。

(4) 凡头部、大腿、小腿、手臂、盆骨骨折或背部受伤者，不得让其坐在车上运送。

(5) 伤员的肢体断离时，不得用水冲洗断肢，应将断肢装入一塑料袋并将袋口扎好，装入另一个袋内装冰块或冷水的塑料袋中，将袋口扎好（切勿使水、冰块与断肢接触），然后用衣服包好，随伤员一起送往医院。

(6) 搬运伤员时，动作要轻，避免振动，在最短的时间内送往医院。

6. 心肺复苏的急救程序

(1) 判断伤员有无意识，若无意识，应以仰卧体位放于坚实的地面上。

(2) 开放气道，保持伤员的呼吸道畅通。

(3) 伤员无呼吸时，应进行人工呼吸。

(4) 伤员无脉搏时，应进行人工循环。

(5) 用担架搬运伤员时，应持续作心肺复苏，中断时间不得超过5s。

7. 开放气道

(1) 伤员仰卧平躺于坚实平面上，躯干应呈水平，头不可高于胸部并使头部后仰。

(2) 以拇指轻牵伤员下唇，使口微张，保持气道畅通。

(3) 头颈部受伤时，不要随意搬动伤员。

(4) 伤员无自主呼吸时，应检查口腔，有异物阻塞时应立即排除，无阻塞物时，应立即进行人工呼吸。

(5) 伤员能自主呼吸时，应继续保持气道畅通。

35-5 附录：香港特区、日本和美国的建筑业安全管理

我国香港特区和日本、美国都是实行资本主义制度和市场经济体制的地区和国家，其在建筑业的安全管理方面、包括政府的行政监督管理，都带有成熟市场体制的特点。突出地体现在法律健全，执行制度健全，监督、约束和鼓励制度健全，责任、权利和义务协调。政府认真履行对建筑安全管理的监督职责，企业、雇主和雇员认真执行有关法律、法规、标准规定，将法律、制度、计划、宣传、培训、管理、参与和监督、检查、传讯、惩罚、法办等结合起来，实现了相当有效的管理。本节将简要介绍香港特区，日本、美国在建筑业安全管理方面的一些基本情况，其中不乏值得我们研究和借鉴的地方，以供读者参考。

35-5-1 香港建造业的文明施工安全管理

1. 香港建造业安全管理发展的进程

香港建造业的文明施工安全管理经历了由一般规定到严格监管、由注重保护到加强意识和建立系统、由被动应付到主动管理的发展过程：1955 年香港政府颁布了旨在处理儿

童、妇女和年青人的从业问题、改善卫生环境、防止火灾和事故的《工厂及工业经营条例》；60年代有了工厂安全督导员；在70年代，安全督导员的招募、培训、考试与工厂安全训练、职业安全、事故统计等项工作逐步走上正轨；1986年则开始推行《工厂及工业经营安全主任及安全督导员条例》，要求工业企业每雇佣200个雇员须雇佣1个安全主任，每雇佣30个雇员须雇佣1个安全督导员（到1994年，将此项要求提高到每雇佣100人要雇佣1个安全主任，每雇佣20人要有1个安全督导员）；1990年，香港政府推出指导手册《安全工作系统》，确定了由①评估；②危险源的确定；③工作安全程序的确定；④安全工作系统的履行和⑤系统的检查所组成的安全系统的框架；1995发布了鼓励雇主和雇员以自我约束方式加强安全管理的《香港工业安全检讨顾问书》；1996年香港工务局开始推行《支付安全费用计划》及《独立安全稽查计划》，独立安全稽查计划已成为香港政府惟一认可的建造业安全稽核制度；适用于工务局及香港房屋委员会辖下的建造工程，职业安全健康局则被邀请和委任为管理人，并为总承建商及政府工务部门提供认可的安全稽核师和助理安全稽核师的名单。独立安全稽核（稽查核定）工作分准备和执行两部分，通过对由①安全政策；②安全的组织架构；③安全训练；④内部安全守则及规则；⑤安全委员会；⑥视察危险情况的计划；⑦分析工作的危害；⑧个人防护用品计划；⑨意外事故调查；⑩紧急应急方案；⑪安全推广；⑫健康保障计划；⑬评估、甄选及监管分判商；⑭工序控制程序等14项的稽核评估。合格时，就支付给总承建商安全费用；不合格时，则要相应进行处罚；1996年，香港规划环境地政局长根据新颁布的《建筑物（修订）案例》发布了《监工计划书的备忘录》，主要列明以下项目：①评估工程复杂性的方法；②管理组织的架构；③各人员的资格要求；④各人员的责任、地监巡查的频率、各种要呈交的报告书等；⑤监工计划的呈递、修改和申报的程序。由屋宇署推行的监工计划，主要对私人发展计划进行质量监督和地盘安全监督。

香港的文明施工安全管理归入安全健康管理范畴，而施工中的环境保护也属于这一范畴。自上世纪80年代末至90年代初，香港政府相继制定了《空气污染控制条例》、《噪声控制条例》、《废物处理条例》、《水污染控制条例》以及一系列与工程施工有关的环保规例，大大提高了对地盘文明施工安全管理的要求。

2. 香港政府及有关部门对建造业文明施工安全管理的监管

工务局是香港政府公共工程的主管部门，采用其颁发的《公共工程计划建筑地盘安全守则》和所认可的《支付安全计划》、配合职业安全健康局的《独立安全稽核计划》，由其辖下的建筑署、土木署、路政署、渠务署等部门均各自制定一套执行办法，将承建商在工程中的安全表现规定于合约中，在执行中由独立人进行稽查，对达标者另外发付费用，对表现差者进行经济和行政处罚（包括不付安全费用、暂停投标权和降低资质等级等），从多方面调动承建商重视安全的积极性，取得了良好效果。

屋宇署为香港私人发展计划的监管部门，根据规划土地环境局颁布的《监工计划书的技术备忘录》推出监工计划书制度，工程开工前需向建筑事务监督递交监工计划书备案，这虽是允许工程开工的先决条件，都并不需要署方的正式批核。但为了确保计划书确实是依照技术备忘录编写并按其所定内容认真落实执行，屋宇署会随机抽查各个地盘。这样即可以较少付出，而对各安全管理系统作有效的监管。

房屋委员会是香港最大的发展商，参照屋宇署的《建筑地盘安全守则》自定一套规定，对安全管理系统实行自我管制。这套安全系统的内容包括合约中的安全要求、安全训练、安全行政管理、安全奖励及推广活动和安全研究工作及资料库等五个方面。核心是将承建商的安全表现与投标机会挂钩，使其更加关注地盘的安全问题。此外，房屋署还设立了意外报告系统及地盘意外（事故）资料库，提供足够的财政以聘用安全审查员，并支持其培训和研究工作。

近年来，各有关部门加强了在地盘安全管理方面的合作：一是在安全推广方面的合作，工务局、房委会、劳工处和职业安全健康局联合举行安全比赛、地盘安全日示范、与承建商的联席会议等活动，并发放安全挂图，提高行业的安全意识；二是在安全监督方面合作。对于房委会的工程，当劳工处发现地盘违反职业安全健康条例，就会下令停工整顿，超过14天未达到整改目标者，房屋署就要介入调查、视情况作出是否停盘的决定；对于公共工程，工务局会对地盘（也包括房委会的地盘）安全管理欠佳和事故频发者作出处理决定，屋宇署也会根据工务局的决定对投标名单作出相应调整。此外，根据房委会安全稽查系统得分的多少，决定是否停止其落标（中标）权。

环境保护署依据有关规定，对地盘施工可能引致大气、水、噪声、固体废弃物污染的有关防护措施进行指导及监督，对违反者进行行政处罚，引导施工企业注意文明施工与环保问题，减少有关施工扰民的投诉。

社会舆论、特别是新闻媒体的监督，是推动香港建筑施工安全文明管理水平不断提高的一个重要原因。建筑地盘出现的任何问题，都会成为媒体追逐的热点，政府、有关管理部门和承建商都会因此受到很大压力，而尽快解决，以避免类似事情再次发生。

3. 建造商对建造业文明施工和安全、环保的管理

香港建造业的事故发生率，曾因最低价中标、施工工期紧迫、职业工人变动率高等原因而居高不下。近年来随着有关规例制定的越来越苛刻、政府的监管越来越严格和社会舆论的要求越来越高，承建商的观念也有所改变，已开始由被动的应付检查到主动加强管理，一般建筑工程都设有独立的安全部门，地盘专职安全主任、专职安全职员都要完成有关安全课程，公司雇员都要接受安全内容培训，机械设备和个人防护都要达到要求等。

以香港金门建筑公司为例，公司设有安全健康与环境保护部，制定了公司在工作健康、安全和环境保护方面的政策，为雇员提供所需的资料、指示、训练、监督以及安全装置和防护衣物，以确保他们在工作时的健康与安全。规定地盘工人必须参加一天安全课程，通过安全测试取得平安卡，特别工种还要学习超级平安卡课程并取得超级平安卡。公司建立和健全了有关安全管理的规章制度，包括地盘急救员的任命与职责、地盘安全员的任命与职责、事故的处理与报告程序、安全设备的购买与分发程序、安全绳索的要求程序、火警处理程序、台风政策和紧急程序以及每个工序对环境、健康有影响因素的安全记录等。公司对所有项目都要制订比监工计划还要全面详细的安全计划，主要包括以下内容：①公司安全与健康政策；②项目安全与健康组织；③安全与健康培训；④安全与健康委员会；⑤安全与健康检查；⑥工作伤害分析/风险评估；⑦个人防护设备；⑧事故报告与调查；⑨应急准备；⑩安全与健康推广；⑪程序控制计划；⑫健康保险计划；⑬分包商的评估、筛选和控制；⑭联络；⑮访客；⑯记录与报告；⑰安全稽核。并规定了从公司董事到建筑经理、合约经理、项目经理、项目工程师、地盘总管 管工、地盘工程师、急救员及其他雇员的安全责任。公司安全健康与环境保护部还派出安全主任和安全监督员驻地

盘监督安全计划的落实。

此外，公司在环境保护方面的措施有：

(1) 噪声控制：用油（液）压打桩机取代柴油打桩机；地盘四周设挡音板；夜间和节假日停止高噪音操作；

(2) 大气污染控制：硬化地盘进出口地面；设置车轮清洗机；细小颗粒废物清扫时润湿表面和运输时润湿表面、加盖和脚手架用防尘布封闭等；

(3) 水污染控制：地盘边界设引水渠及用沙包围挡；卫生间和厨房废水进市政下水道和化学废水单独收集处理等。

（本小节依文献8编写，一些名词术语和提法虽与内地有所不同，但读者并不难理解，例如"地盘"相当于内地的工地，"地盘总管"相当于项目经理，"管工"相当于工长、工号长等）

35-5-2 日本建筑业的安全管理

1. 法律和法规

法律和法规比较健全，有《劳动安全卫生法》和一批专业法辅助该法实施，如《劳动基准法》、《作业环境测定法》、《劳动者灾害补偿保险法》等，政府还颁发了《劳动安全卫生法施行令》，具体规定了各劳动场所安全的基本要求。还制定了相应的标准，如《作业环境测定基准》、《作业环境评价基准》、《作业环境测定法施行规则》、《建筑业附属寄宿舍规程》和《劳动者灾害补偿保险法施行规则》等。建筑业则有《建设业法》、《建筑基准法》等及其施行规则，由建设省监督执法。

2. 政府对建筑业的安全管理

劳动省安全卫生部负责政府对职业安全卫生的综合管理，建设业管理则由建设省、地方的建设局和都、道、府、县的建设部负责。建设行政主管部门在受理建设工程后，虽在施工阶段赴工地进行安全检查比较少，但一旦发生事故时必到现场，并作相应的处理，对企业和负责人进行行政处罚、民事赔偿或依法惩处。

建筑工人的人身意外伤害保险在日本得到了普遍的推行，建设主管部门要求必须明示，即在工地外侧必须悬挂"劳动保险关系成立票"，以接受社会的监督。

3. 工地安全管理

工地安全管理规范、简捷、明了和有效，主要作法有：

(1) 工前的安全活动。每天上班前都有"早礼"活动，进行总的工作安排和安全交底。管理人员讲解了一天的工作内容和安全要求后，员工两人一对互相检查是否带了安全用具和穿戴是否正确。

(2) 施工中开展"KY（危险预防）"活动，包括"KYK（危险预知）"活动和"KYT（危险预防训练）"活动，由作业班长将当天的作业内容、危险事项、对策和措施写在铁板上，向全班成员讲解后，挂在规定的地方。

(3) 对分包队伍严格管理。工地办公室都有一块磁性黑板（可卷起来，拉开后可贴在铁板上），对分包队伍做到了明确规定工作人数、工作场所和是否动用明火。

(4) 个人工种明示。将土地所有人员的名字和工作类别，都用较厚的纸打印塑封后，插入或粘贴在安全帽上，便于检查其工作是否与身份相称。

(5) 安全设施已做到工具化、定型化、标准化和产业化，零件可通用。

4. 文明施工

在日本，文明施工的形成，既有企业内部的原动力，也有社会约束机制的作用。企业已将作业时的文明状态作为对作业人员劳动态度考评的重要方面，形成了责任明确、井井有条的工作现场，工后做到落手清。而工地周围也做到了环境文明，稍有差错，如泥浆外流、建筑垃圾散落等，都将受到相当严厉的经济处罚。文明施工已成为企业和个人的自觉行动，突出的有以下几点：

(1) 施工铭牌公开化、格式化。包括悬挂"建设许可票"、"建设计划书"、劳保灾害保险关系确定票等。

(2) 在建工程的全封闭。外侧全部用密目式安全网封闭，使在建工程对环境的影响减少到最低程度。

(3) 工地围挡的定型化、工具化、周转使用。

(4) 工地现场办公用房采用工具式和定型式。多采用拼装式钢结构活动房。

(5) 作业人员住宿和就餐社会化。工地除值班人员外，不允许有其他人员，用餐则从附近的超市买盒饭。

（本小节依文献 9 编写）

35-5-3 美国"OSHA"的建筑安全管理

美国劳工部下属的职业安全健康行政管理机构（OSHA），是美国主管建筑施工安全的机构，OSHA 有关建筑施工安全管理的一些主要内容如下：

1. 法律依据

法律依据为《1970 职业安全及健康法》，主要内容为：

(1) OSHA 的检查员通过经常的、不定期的对工作环境的检查，来确保此项法律的实施；

(2) 雇主必须遵守依此法制定的安全健康标准，必须为雇员提供一个没有可能引起影响健康和损伤的工作环境；

(3) 雇员在工作中必须遵守所有的安全健康标准、法律、法令和规定；

(4) 要求雇主、雇员代表陪同 OSHA 检查官员进行检查。没有雇员代表陪同时，OSHA 检查员应与一定数量的工人进行讨论，以了解工作地点的安全和健康状况；

(5) 雇员及其代表有权向最近的 OSHA 办公室揭发存在于工作地点的不安全因素；OSHA 对揭发雇员的名字和内容保密，法律保护揭发者雇员不受任何歧视和偏见；

(6) OSHA 检查员就在工作场所发现的违法事件发出传讯通知，并要求在规定时间内改正；

(7) 根据不同违法内容的性质及后果，每次罚款的最高额度为 50 万美元，并可对雇主判处 6 个月监禁；

(8) 鼓励雇主在受到 OSHA 官员检查前，自觉降低工作场所的危险因素；

(9) 提供免费咨询，雇主在任何时候都可以请求 OSHA 培训官员解决有关健康与安全的疑难技术和法律问题，并可委托其培训；

(10) 应张贴规定的宣传表格。

2. 管理组织结构

有垂直和平行两种管理模式（图35-19），其有关管理和专业人员的职责列入表35-166中。在垂直管理模式下，项目总经理将安全工作的管理和实施全权委托给安全经理，并配有相应的检查员及实施工人，安全经理负责宣传安全施工规范，检查、教育工人，建立和维护安全设施。这种管理模式的优点为：职责较为明确，材料专用，安全设施的建立和修改快捷；缺点为：同现场施工有矛盾时不易协调，容易产生生产工人和安全工人的工作范围划分不清。由于为责任分工，电气、机械等专业要求较强的检查员必须由专业工程师担任，而现场普通检查员必须做到专人负责。平行管理模式的优点为：由于将生产和安全结合起来，便于统筹安排，对生产的影响较小；缺点为：由于多头管理和专业性不强，使安全措施落实较慢，在生产任务压力大时，生产经理容易忽视安全管理。

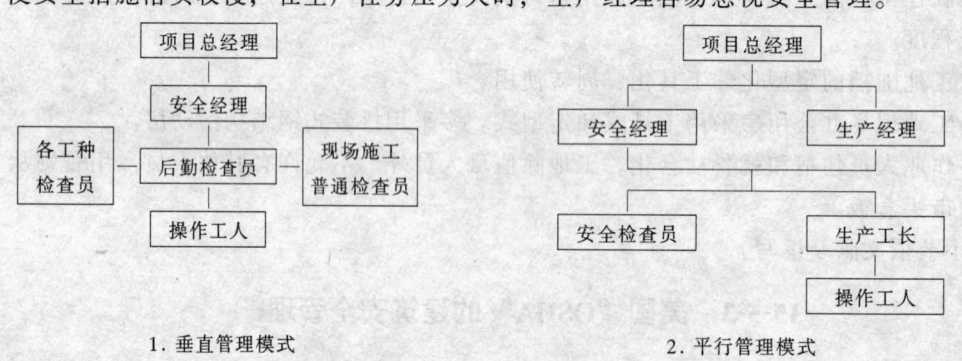

1. 垂直管理模式　　　　　　2. 平行管理模式

图 35-19　管理组织结构模式

两种管理模式下安全管理人员的职责　　　　　表 35-166

名　称	类别	职　　责		
安全经理	垂直管理	1）对总经理或现场总管负责，保证现场施工和后勤保障符合 OSHA 规范要求；2）全面管理指导和协调项目的安全管理工作，准备并落实各种安全计划	平行管理	1）重点在于全面指导管理 OSHA 规范；2）与生产经理一起安排各检查人员完成各项检查工作
	垂直平行管理	3）督促材料部门保证安全设施材料的按时供应；4）在收到 OSHA 传讯通知后，组织对违规事件进行整改；5）在受到 OSHA 官员检查时，负责文案资料准备并作解释；6）对 OSHA 传讯内容持不同意见时，负责出庭答辩；7）调查并处理安全事故		
各工种检查员	垂直管理	1）按 OSHA 规范要求，对现场机械和电气线路进行用前和使用中的测试、检查并记录，将测试结果交安全经理处存档；2）日常检查、修理和监督、指导操作工人按安全规范进行操作		
后勤检查员		1）按 OSHA 标准检查宿舍、食堂、厕所；2）饮用水、个人保护用品的现场后勤供应，并负责组织改善		
施工现场普通检查员		1）对整个施工现场的安全设施和施工环境（如拉杆、工作平台、安全网、材料堆放等）进行日常建立、修复和修改；2）对工人进行安全交底，并将交底内容送安全监理处存档		
专业安全检查员	平行管理	1）隶属于生产经理和安全经理领导；2）检查内容同垂直管理模式，但不配备专业安全工人（同生产工长一起组织安全设施的落实和维护）		

3. 安全计划和文字记录

一切管理思想和行为都必须有文字记录，管理思想体现在各项符合 OSHA 要求的安全计划中，而行为则必须进行日常记录。主要有以下6项计划：

(1) 安全及健康计划

安全计划的内容为：

1) 公司安全方针（由总经理签发）：员工是公司最宝贵的财富，公司有义务为全体员工提供安全、健康的工作环境，员工和公司共同创造此环境并遵守相应的法令、法规和纪律，保证对全体员工进行安全培训等；

2) 指定安全及健康计划的执行人，负责对员工进行培训、组织安全会议、决定是否聘请外部专家、对相应法律规范进行解释、对公司工作场所的安全及健康进行全面管理；对施管人员提供安全方面的技术支援以及对安全事件进行调查处理；

3) 现场的安全管理；

4) 分析施工现场，对容易出现危险的地方进行重点保护；

5) 危险的预防与控制；

6) 培训；

7) 管理机构的设置。

OSHA 官员在检查中会对计划及其执行情况进行评估，以5分制评分，获5分者可减少违规罚金80%；获4分者减60%；获3分者减40%；获2分者减15%和获1分者不减。

(2) 培训计划

培训计划是 OSHA 官员到现场必检查的内容之一。通常可采用三级培训：安全经理（或外聘专家）对管理人员和现场检查人员进行培训；管理人员、检查员对各工种施工工长、班组长进行培训；班组长对工人进行培训。

培训计划由培训人、受培训对象、采用方法、培训地点、培训材料、时间和日程安排、培训达到的目标、培训大纲和保证培训质量的措施（方式）等组成。

培训的主要内容为：1) 什么是 OSHA 及施工过程的普通义务和责任；2) 施工工地的常见危险及预防；3) 基础开挖时的安全操作规定；4) 楼梯和梯子的安全使用要求；5) 防高空坠落；6) 现场急救；7) 噪声的危害；8) 个人安全用品的使用和维护；9) 防火和消防；10) 安全标志和符号；11) 材料的堆放和贮存；12) 材料的吊装和运输；13) 焊接和气割、气焊的安全要求；14) 用电安全；15) 脚手架的安全要求；16) 屋面和墙面施工的安全要求；17) 混凝土和砌体施工的安全要求；18) 吊车使用安全与其他现场施工安全要求。

(3) 危险品计划

包括可能对人体造成损害的化学品，有毒、易燃、易爆、腐蚀和放射性物品的认识、识别标志和判断，进行专业培训以及处理事故的程序和方法等。

(4) 确保安全使用用电设备的接地计划

包括采用的检查步骤、执行计划人员、测试时间的间隔要求和测试结果保存等

(5) 急救和急救反应计划

1) 建立急救站和急救设施；

2) 指定急救站和急救设施的负责人，急救站负责人必须是受过美国红十字协会培训以上或相当的培训的人员，并附有他的资质证明，急救设施负责人至少要经过他的培训；

3) 发生事故时的急救程序（分为小伤、轻伤和重伤等几类）和情况反应程序（包括通讯、交通、处理和事后记录等）；

4) 对现场急救人员进行包括反应程序、器械使用、急救知识和通讯器材使用等的培训。

(6) 防火及消防安全计划

按突出"员工生命第一、财产第二"的要求制订，包括防火重点分析、防火措施、员工培训、消防措施和器材以及发生火灾时的疏散方式。

4. 日常的现场检查

日常检查的范围和内容包括：

(1) 检查公司（雇主）应张贴和宣传的内容。主要查两项：1) 是否张贴 OSHA 的标准印刷品"职业安全健康保护"，发现没有或认为不够时，处以 7000 美元以下罚款；2) 在雇员可接触到对身体有害物品的地方，必须贴有材料的安全数据表（MSDS），而且必须用英语和雇员的母语同时写成；

(2) 检查记录。主要检查培训记录和工伤记录，除小伤外，其他所有受伤情况必须记录在 OSHA 的表 200 中；

(3) 检查安全健康计划；

(4) 检查医疗设施和急救箱。检查急救箱内是否有足够的药品和工人能否很方便的取到，并要求现场至少有一人有能力提供急救处理；

(5) 检查消防和防火。包括检查有无计划，灭火器材的品种、数量和设置位置是否符合要求以及在规定的时间内是否进行了检查和维护；

(6) 检查个人防护器具。包括检查工人在有飞溅或腐蚀物品的地方是否戴眼镜、在有落物危险的地方是否戴安全帽、在没有安全平台和可能发生高空坠落的地方是否拴好安全带。同时也检查工人的工作量是否合适；

(7) 检查移动式电动工具。包括检查砂轮机、圆锯、断钢筋机等是否有合格的保护罩和所有电动工具是否有效接地或采用认可的双层绝缘方式；

(8) 检查现场用电。包括检查在用线路是否有接地线，在使用 120V、15A 或 20A 以上电源时是否有漏电保护（GFCI），导线绝缘损坏是否立刻更换，软线是否有接头和软线应被固定，极性是否接反，所有导线都应进行保护以防止绝缘被损伤以及禁止金属梯子在可能接触（包括梯子上的人）带电体的地方使用；

(9) 检查现场工作环境。包括检查施工现场是否清洁有序，易燃垃圾和废品是否能立即从现场清走，是否有足够数量的卫生和洗涤设施及其是否清洁干净，有可能掉落的钢筋头是否加盖保护，基坑是否设栏杆和人孔在没有使用时是否加盖保护，走道是否有障碍物，饮用水容器是否加盖密封。要求非饮用水龙头和贮水罐必须标明"非饮用水"以及绝对禁止使用公用杯喝水；

(10) 梯子和脚手架检查。包括检查所有梯子是否结实稳固和活动部位运动是否正常。要求金属梯脚和梯步应有防滑措施并挂设"注意，勿在电器设备周围使用"警告语牌，移动梯子上端必须超过上平面（搁靠处）3 英尺（92cm），平台式脚手架上栏杆须由高 42 英寸（1066.8mm）的上杆、中杆和高 4 英寸（101.6mm）的挡脚板组成、必须满铺脚手板和提供上下安全通道。检查脚手架是否支撑在稳定坚固的基础上以及上下通道上是否有垃圾和别的东西；

（11）焊接、气焊和气割。包括要求气瓶在任何时候都必须直立和固定良好（在侧向加50磅的力气瓶不倒），将气表取下、盖上阀门盖后方可移动，气焊、气割地点应离开气瓶一定距离，否则必须加设防火间隔，氧气与乙炔或别的燃气瓶不能存放在一起，气管必须采用旋转才能断开、直拉不能断开的接头，在电焊条与焊机之间的电缆至少应有10英尺（3.05m）长没有接头或绝缘皮破损，在焊接、气割等工作地点应有灭火器，焊接和气割时必须戴护具以及氧气瓶和乙炔瓶之间，必须有20英尺（6.1m）的距离或在其间有能挡隔半小时以上的防火隔离墙；

（12）楼梯和梯道。包括要求4步以上梯段的开放边必须有标准栏杆，栏杆的高度为36~37英寸（914~940mm）和栏杆上应无危险的突出物、垃圾等；

（13）楼、墙洞和平台跑道。包括要求楼面、平台、跑道上的孔、洞，必须加盖或用标准栏杆进行保护，高差6英尺（1.83m）和跑道上超过4英尺（1.22m）的开放边必须设标准栏杆围护；

（14）机械护罩。包括要求所有运动、转动的机械部件都必须加护罩且必须良好固定，台锯则必须有防倒退齿和分离装置；

（15）可燃和易燃物、液体的存贮。要求存放地方必须通风并注明"严禁烟火"，灭火器应装填情况良好、位置存放正确、随时可以使用，设于其存放地之外的灭火器，其距离必须在75英尺（22.9m）之内，设于存放地之内的灭火器，则离可燃液体的距离不小于10英尺（3.05m）；

（16）危险性材料的使用。要求必须有危险品材料使用计划和落实人，在工作场所应有危险品名表，每一危险品容器外都必须有产品名称注意事项和"材料安全数据表"，并检查雇员是否按要求戴好个人安全设施；

（17）吊车和其他垂直运输设备。包括要求在使用前都必须检验（检验可采用厂家或OSHA推荐的内容和方法），设备的提升速度、危险警告和其安全注意事项都必须张贴于操作人员能轻易看到的地方，指挥手势必须张贴于现场，在没有得到厂家许可时不能对设备做任何修改，吊车旋转楼的后部和旋转范围内必须拦住，防止人员误入此区域，吊车司机必须为合格驾驶员，每天使用前必须确定设备状况良好以及在塔吊的显眼处标明塔吊的额定起吊能力和吊车的最大试验荷载为125%额定起重量。

5. OSHA的检查

根据1978年高等法院规定，OSHA不会在没有有效同意的情况下进行毫无理由的检查，引起检查的起因的顺序排列为：①即将发生的危险；②发生了5人以上受伤的事件；③雇员对存在危险的地方正式向OSHA报告；④具有高传统性危险的地方；⑤跟踪检查的地方。

在检查中，雇主不能拒绝OSHA官员的要求。

（1）检查时间

OSHA通过严格的、不定期的、突发性的检查，对实施"职业健康安全法"进行监督。只有在下列情况下，才可能给予提前通知（但提前时间均不超过24小时）：1）即将发生的危险，需要马上改正；2）检查所需的特殊准备只能在正常工作之后进行时；3）必须保证雇主和雇员都参加检查；4）检查将会带来超过5天的停工；5）OSHA官员认为提前通知可使检查更为彻底和有效。

(2) 检查过程及程序

1) 证实 OSHA 官员身份。到现场检查的 OSHA 官员均应出示其证件并要求同雇主代表会谈，雇主也应坚持证实 OSHA 官员的身份（包括查看证件和向 OSHA 机构查询其身份）。在其检查期间，OSHA 官员不能收取罚金，不能推销任何产品或服务，否则，雇主应向联邦调查局或其他执法机构报告。

2) 检查前会议。在会上，OSHA 官员讲明检查的范围和目的，使用的标准和规范及取得它们的渠道和地方，并应要求雇主派代表陪同检查。同时应给雇员代表参加会议和发言的机会，但并不强调必须有雇员代表陪同。没有雇员代表参加时，OSHA 可以同一定数量的雇员就安全、健康问题进行交流。

3) 检查的进行。检查前会议结束以后，OSHA 官员和雇主代表开始对现场进行检查。检查的路线、时间、地点由 OSHA 官员自行确定，对可能造成灾难、危害的地方进行重点检查。在检查中，OSHA 官员会按前述的检查项目进行认真的检查，尤其重视检查各种文字记录和宣传品，查看雇员疾病和工伤记录、是否张贴 OSHA 表格 200 和宣传品 OSHA2203（向雇员宣传其有权享受到的安全及健康的权利）。检查员观察到有危险因素时，会向雇主指出和解释。如果雇员要求，也会提出解决的办法。一些明显违反 OSHA 规定的地方雇主应立刻改正，检查员会记录雇主立刻改正的行为，并作为评价雇主遵守 OSHA 规定诚意的考虑因素。即使如此，明显违反 OSHA 规定的行为仍会受到传讯及罚款。

在检查过程中，应对任何看到的商业秘密保密；任何未经授权而泄漏了商业秘密的检查，将被处以 1000 美元的罚款或坐监 1 年。

4) 检查会议。在会上，OSHA 官员将对检查作出结论，指出不安全和违反 OSHA 规定的项目和地方，雇员代表、雇主可以诚恳地同 OSHA 官员讨论任何有关安全和健康的问题，雇主应表现出遵守 OSHA 规定所做出的努力（可作为 OSHA 官员降低罚款的根据）。如果检查结果还需要测试报告，这种会议可能多次召开。

6. 检查后的行动

(1) OSHA 在检查后的行动

在检查员报告的基础上，OSHA 机构地区负责人会决定对违法事件进行罚款或传讯。根据不同的违反情况，有多种罚款及传讯：

1) 传讯通知。传讯通知以挂号信的方式寄给雇主，通知雇主违规的内容、地点、拟定罚款金额和限定改正的时间。雇主应将传讯通知张贴于违规地点至少 3 天或到危险改正为止。

2) 罚款

a. 非严重违反：每一事件将被课以 7000 美元以下罚款，同时根据雇主努力遵守 OSHA 规定的诚意情况，可以作最高到 95% 以下的折扣。通常在调整后罚款低于 100 美元时，就不再罚款。

b. 严重违反：定义为存在的危险可能造成死亡或严重受伤。罚款额度为 1500 到 7000 美元。罚款也是可以根据雇主的诚意、违反的历史和经营规模进行调整。

c. 故意违法：定义为雇主在知道危险存在和 OSHA 规范义务要求的情况下，却故意不努力去消除危险。其罚款额度为 5000~70000 美元，如果此类危险造成了雇员死亡，将会受到250000美元的罚款。如果是公司，罚款为50万美元或坐监6个月，或罚款与坐监同时进行。

  d．重复违法：定义为发现的任何违反OSHA规范、标准、法律的地方与过去有实质性的相同。且此项违反通知将变成命令，其罚款金额为70000美元以下，并根据其大小乘以2.5~10的系数。

  e．忽略降低危险：如果对所指出的危险在OSHA通知中规定的时间内未予修改，则每天罚7000美元。

  f．其他罚款：涂改记录——课以7000美元以下罚款并坐监6个月；违反张贴宣传要求——罚款7000美元；袭击、反对、拉拢、影响检查员——课以5000美元罚款并判入狱3年以内。

  (2) 雇主收到传讯后的合法行动

  1) 请求延长危险修改（整改）的时间。在收到传讯通知书后，应在15d内对违反规定的地方进行修改。但如果存在雇主不可控制的因素、且雇主已尽力去降低这种危险时，可以向OSHA部门发送1份陈述书，说明达到要求结果所应采取的步骤、需要延长的时间和原因以及修（整）改期间采取的步骤，并提供证明此请求书已张贴于发生危险的地方，以及雇员已收到此请求书的复印件。

  2) 对传讯通知中提出的"违法"项目进行辩解。如果雇主对传讯的项目持有异议，在收到传讯通知书的15个工作日之内，应向"职业安全及健康评论委员会"（OSHRC）提交1份书面的"辩解通知"，OSHA地区主管就会将此事件交给OSHRC，而OSHRC是一个独立于劳工部和OSHA机构的部门，它将辩解事件分配给行政法律法官，并在雇主处附近举行申述会，雇主和雇员代表参加。在法官作出判决以后，事件的任何部分可以再次请求由OSHRC进行评价、判断。

  (3) 辩解后的行动

  在OSHRC判定完成并对罚款进行调整（减少、取消或维持原判）后，通知雇主，雇主应在2周之内向OSHA缴纳认定的罚款，并对违规项目进行整改。

  (本小节依文献10编写)

主 要 参 考 文 献

1 秦春芳，魏忠泽主编．建筑施工安全技术手册．北京：中国建筑工业出版社，1991
2 樊锡仁主编．建筑施工安全问答．北京：中国建筑工业出版社，1992
3 李杰，周福来，徐化王．建筑施工安全技术．北京：中国建筑工业出版社，1991
4 编制组．建筑施工安全技术规范（征求意见稿）．1995
5 工程项目安全生产标准．中建一局集团，1996
6 有关《文明工地》系列文件．上海建工集团，1996
7 建筑安全手册．中建一局，1989
8 毕庶涛，黄志伟．香港建造业文明施工安全管理．建筑安全，2001．5
9 姜敏．参加日本国际安全卫生中心安全培训的启示．建筑安全，2001．5
10 兰北．"OSHA"之建筑安全管理简介．建筑安全，2001．4~5
11 杜军玲．从"父母官"到"公仆"．人民政协报，2002．3．13
12 王维瑞，唐伟主编．安全员手册（第二版）．中国建筑工业出版社，2001

36 建设工程监理

36-1 建设工程监理概述

36-1-1 建设工程监理的概念

建设工程监理，是指具有相应资质的监理单位受工程项目建设单位的委托，依据国家有关工程建设的法律、法规，经建设主管部门批准的工程项目建设文件、建设工程委托监理合同及其他建设工程合同，对工程建设实施的专业化监督管理。实行建设工程监理制，目的在于提高工程建设的投资效益和社会效益。这项制度已经纳入《中华人民共和国建筑法》的规定范畴。

监理单位对建设工程监理的活动是针对一个具体的工程项目展开的，是微观性质的建设工程监督管理；对建设工程参与者的行为进行监控、督导和评价，使建设行为符合国家法律、法规，制止建设行为的随意性和盲目性，使建设进度、造价、工程质量按计划实现，确保建设行为的合法性、科学性、合理性和经济性。

从事建设工程监理活动，应当遵循"守法、诚信、公正、科学"的准则。

36-1-2 建设工程监理制的提出

进入 20 世纪 80 年代，我国的经济体制开始进行重大改革。随着国家改革开放政策的不断深入，商品经济的不断发展，国外投资、中外合资和外资贷款建设项目的不断增加，工程建设领域中进行了一些以项目法人责任制、招标投标制、合同管理制等为主要内容的重大改革实践；同时又在工程建设领域参照国际惯例，试行建设工程监理制，向社会主义商品经济新秩序迈开了关键一步；而这些试行建设监理项目实践的结果是工期、工程质量和投资控制均取得了良好的效果。1988 年 7 月，建设部发出《关于开展建设监理工作的通知》，该《通知》提出：参照国际惯例，建立具有中国特色的建设工程监理制度，以提高投资效益和建设水平，确保国家建设计划和建设工程合同的实施，逐步建立起建设领域社会主义商品经济的新秩序。

几十年来，我国的工程建设活动，基本上由建设单位自己组织进行。不仅负责组织设计、施工、申请材料设备，还直接承担了工程建设的监督和管理职能。这种由建设单位自行管理项目的方式，使得一批批的筹建人员刚刚熟悉项目管理业务，就随着工程竣工而转入生产或使用单位；而另一批工程的筹建人员，又要从头学起。为此周而复始在低水平上重复，严重阻碍了我国建设水平的提高。它在以国家为投资主体并采用行政手段分配建设任务的情况下，已经暴露出许多缺陷，投资规模难以控制，工期、工程质量难以保证，浪费现象比较普遍；在投资主体多元化并全面开放建设市场的新形势下，就更为不适应了。在新形势下，随着社会主义市场经济的发展和基本建设投资体制、设计与施工管理体制的改革，迫切需要建立起一套能够有效控制投资，严格实施国家建设计划和建设工程合同的新格局，抑制和避免建设工作的随意性。建立建设工程监理制度，就是为适应这种新格局而提出来的。

另外，为了加强对国外投资和贷款项目的管理，为了开拓国际建设市场，进入国际经济大循环，也需要参照国际惯例实行建设工程监理制度，以便使我国的建设体制与国际建设市场相衔接。

36-1-3　建设工程监理试点、发展和推行

按照法规先导、慎重起步，先行试点、摸索经验、作出示范，再向面上推行的建设工程监理实施方案，建设部在1988年11月提出了《关于开展建设监理试点工作的若干意见》，确定北京、上海、天津、南京、宁波、沈阳、哈尔滨、深圳八市和能源、交通二部的水电和公路系统作为全国开展建设工程监理工作的试点单位。该文件同时对试点的指导思想和目的、试点工作的组织领导、工程监理单位的建立和管理、建设工程监理业务的取得和监理内容、试点工程的确定、监理取费、工程监理单位与建设单位和承建单位之间的关系等均提出了具体意见，使建设工程监理试点工作顺利开展。

随着建设工程监理工作的试点和发展，开展建设工程监理工作的地区和部门也逐步增加，不仅限于原试点的省市和部门。为了使建设工程监理工作能更好地健康地发展，建设部在1989年7月又颁发了《建设监理试行规定》，其内容更为具体、实施方便；主要内容包括总则、政府监理机构及职责、社会监理单位及监理内容、监理单位与建设单位和承建单位之间的关系、外资与中外合资和外国贷款建设项目的监理等。

通过几年的实践，一些地区和部门先后实行了建设工程监理试点，并取得了显著成效。我国的建设工程监理队伍在试点实践中逐步成长起来，其中有些人已经达到较高水平，成功地监理了一批大型复杂的工业交通建设项目、市政和民用工程，达到了控制投资、进度和工程质量，提高建设效益的目的。为了促进我国建设监理试点工作进一步深入，及早地改变"三资"工程主要由外国人监理和我国监理人员不能监理国外工程的局面，建设部和人事部于1990年9月开始了确认监理工程师岗位资格的工作。经各地区、各部门推荐，监理工程师岗位资格审定委员会审定，确认了首批100名同志具备监理工程师岗位资格；正式确立了我国监理工程师在建设工程中的作用和地位。以后又在培训、考试的基础上，陆续确认了一批批的监理工程师岗位资格，建立起了中国监理工程师的队伍。

随后几年中，又陆续发布了《关于加强建设监理培训工作的意见》、《工程建设监理单位资质管理试行办法》、《关于进一步开展建设监理工作的通知》、《监理工程师资格考试和注册试行办法》、《关于发布工程建设监理费有关规定的通知》等文件，使建设工程监理工作由试点逐步转向全国推行。各地区，各部门按照"扩大、完善、提高"的工作方针，加快了建设工程监理工作的步伐；试行比较早的地区和部门，总结了试点经验，逐步普遍推行；试点工作开展得比较晚和尚未开展的地区和部门，也开始了试点，积极创造条件，迅速展开，为我国的建设工程监理事业稳步发展创造了条件。

从1996年开始，建设工程监理转入全面推行阶段，明确国家计委和建设部共同负责推

行建设工程监理事业的发展,建设部归口管理全国建设工程监理工作;发布了《工程建设监理规定》。与此同时,建设部和国家工商行政管理局先后颁发了《工程建设监理合同示范文本》和《建设工程委托监理合同》。这些都对建设工程监理事业健康发展起了促进作用。

1997年11月1日第八届全国人民代表大会常务委员会第二十八次会议通过了《中华人民共和国建筑法》,以后几年又陆续颁布了《中华人民共和国招标投标法》、《中华人民共和国合同法》、《建设工程质量管理条例》等,将国家推行建设工程监理制度等内容明确列入有关章、节条文,确立了工程监理单位的市场主体地位,使建设监理工作有法可依,有章可循;标志着建设工程监理制度已经用国家法律的形式作了肯定,是工程建设管理中的重要制度之一,受到了社会的广泛关注和普遍认可。

建设工程监理工作的主要内容包括:协助建设单位进行工程项目可行性研究,优选设计方案、设计单位和施工单位,审查设计文件,控制工程质量、造价和工期,监督、管理建设工程合同的履行,以及协调建设单位与工程建设有关各方的工作关系等。

36-1-4 "FIDIC"合同条件与工程师

"FIDIC"是国际咨询工程师联合会的法文缩写,总部设在瑞士洛桑。它是一独立的国际组织,目前有60多个代表不同国家和地区的咨询工程师专业团体会员国(其会员在每个国家只有一个),是国际上最有权威的被世界银行认可的咨询工程师组织;中国工程咨询协会代表中国于1996年10月加入了该组织。

1. "FIDIC"合同条件

"FIDIC"的本意是指国际咨询工程师联合会,习惯上有时也指"FIDIC"条款或"FIDIC"方法。"FIDIC"的主要出版物有《土木工程施工合同条件》(通常俗称为"FIDIC"条件或"FIDIC"合同条件)、《电气和机械工程合同条件》、《业主与咨询工程师标准服务协议书》等,又分别称为"红皮书"、"黄皮书"和"白皮书",已获得国际上的广泛认可和推荐使用。

"FIDIC"的起源要追溯到19世纪,欧洲兴起工业革命,建设工程的规模和投资扩大,技术日益复杂,因此业主聘用工程建设的专家为自己咨询、顾问,甚至在工程实施阶段代表业主进行组织、协调、项目管理、检查与控制工程质量和进度等。在1913年,欧洲4个国家的咨询工程师协会开始组成了国际咨询工程师联合会,即"FIDIC"。随着工程实践中的应用,合同专家和法律专家的不断修改和完善,产生了"合同条件标准文本";特别是在1945年国际咨询工程师联合会(FIDIC)成立不久,制订了国际性的工程承发包"通用合同条件";以后经过补充和修改,于1957年出版了"FIDIC"土木工程施工合同条件(第一版),由于该标准合同的封面为红色,因此很快以"红皮书"的俗称而闻名于世。以后在1969年、1977年、1987年分别在修订后出版了第二、三、四版,成为国际上通用的承包工程合同条件。

今天,"FIDIC"合同条件已成为国际公认的标准合同示范本,在国际上被广泛采用,所以又被称为国际通用的承包工程合同条件。它以严谨性、科学性和公正性而为世界和有关业主、承包商、咨询机构所接受;特别是由于世界银行等国际金融机构的认可和应用,使该文本的影响不断扩大,在国际上被广泛采用。

2. 工程师

国际上工程项目施工阶段管理体制大都是"业主、工程师、承包商"的三元管理体制。业主是施工合同的签约者之一，负责筹措建设资金并在工程建成后从中受益的工程所有者。承包商是其投标书被选中并与业主签订合同、按合同规定进行工程施工并保证工程按时按质按量完成的工程建设者。工程师是受业主委托，在授权范围内公正地监督合同实施、解决合同实施中出现的问题，是介于业主和承包商之间的中间人。"工程师"是其中独立的一方，在合同中的概念是法人，在国际工程承包市场上是具有法定资格的专业称号，与我国的工程师职称是完全不同的概念，"工程师"的任务和职权是由业主与承包商之间签订的建设工程施工合同协议书和业主与"工程师"之间签订的技术服务合同协议书中所确定的；"工程师"不属于业主和承包商之间的任何一方，而是受业主委托参与管理的第三方。从"FIDIC"合同条件中"工程师"的工作内容和职权上理解，它与我国的监理工程师相近。

在国际上，工程师服务的范围和深度、权力的大小、工作目标，随具体项目的不同而具有很大的差异。按 FIDIC 合同条件的通用条件及习惯做法，在一般情况下，工程师的任务是监督承包商按照合同要求完成工程，在工程质量、工期、费用以及其他各方面满足合同要求，也就是合同管理。FIDIC 大部分条款都涉及到工程师的职责，如：

(1) 向承包商发布信息和指令；
(2) 要求承包商制订详尽的工程进度计划，并予以审批。还要审查施工方案和用款计划；
(3) 接收并检验承包商报送的材料样品，批准或拒收材料。如果用了不合格材料，该部分工程应拆除；
(4) 对工程的每一工序、分项分部工程进行检查、验收；
(5) 巡视工程，重要工序旁站监督；
(6) 审批分包合同；
(7) 审查工程进度；
(8) 处理索赔与反索赔；
(9) 处理工程变更事项；
(10) 核对工程量；
(11) 签发付款凭证；
(12) 签发工程移交证书；
(13) 签发工程事故处理有关报告等。

编制"FIDIC"合同条件的基本出发点，就是在合同履行的管理过程中，"工程师"处于核心的地位，也就是以"工程师"为核心的管理模式。这种项目管理模式，在业主与承包商为实施工程项目建设而签订的建设工程施工合同中，许多条款内将管理的权力赋予非合同当事人的"工程师"，要求"工程师"独立、公正地进行管理，既有利于减少合同纠纷，又可实现高效率的管理。

3. "FIDIC"新出版物

1999 年，国际咨询工程师联合会正式出版了四本"FIDIC"合同条件（均标明 1999 年第一版，以示与过去版本的区别）：即《施工合同条件》（新红皮书）、《工程设备和设计——建造合同条件》（新黄皮书）、《EPC（设计——采购——建造）交钥匙项目合同条件》（银皮书）和《合同的简短格式》（绿皮书）。

《施工合同条件》（新红皮书）适用于由业主或委托工程师进行设计，承包商只负责施工（或参加少量设计工作）的工程项目。在这种合同形式下，业主方和委托的工程师对项目的管理工作参与较多，对项目实施的全过程进行控制和监督；工程师的地位相对独立，其权力、职责在合同中有明确的规定；工程师的决定必须符合合同规定，并努力做到公正。

《工程设备和设计——建造合同条件》（新黄皮书）适用于由承包商进行设计和施工的总承包项目。这种合同形式下，业主方只需在要求中说明工程的目的、范围和设计等方面的技术标准，由承包商按要求进行设计、提供设备和施工，在达到业主的要求后交付业主。在一般情况下，业主委托工程师进行合同管理，把好工程完工后的检验关。这种合同方式多用于机械设备工程、电力等建设项目。

《EPC（设计——采购——建造）交钥匙项目合同条件》（银皮书）适用于在交钥匙的基础上进行的工厂、电厂的实施以及其他相关设施的提供或基础设施项目和其他类型的工程项目的实施。承包商应负责项目的设计、采购和建造工作；交"钥匙"时，应提供一个设施配备完整、投产运行正常并达到要求的规模的项目。在一般情况下，业主对项目的最终造价和施工的时间要求较高，业主派出代表管理合同。

《合同的简短格式》（绿皮书）适用于投资小、不需要分包的建筑工程项目（或虽然投资较大，但工作内容较简单、重复，周期较短的工程项目）。这一种合同形式灵活，可以由业主（或另行委托工程师设计），也可以由承包商提供部分或全部设计；文字比较简明，条款也比较简单；其项目管理可由业主指派代表或另行委托工程师进行合同管理。

由于"FIDIC"合同只是一个约束施工经济行为的法律文件，而"FIDIC"合同条件的各个版本各有特点和侧重，使用者一方面对老版本使用已经习惯，另一方面对新版本需要一个学习、理解和熟悉的过程，因此并非后一版本出版后就能简单地取代前一版本。

"FIDIC"条款的使用前提是工程项目应采用竞争性招标方式选择承包商；把竞争机制引进工程建设，对提高建设工程管理水平、降低工程成本、确保工程质量和建设速度都有好处。"FIDIC"有关条款规定，构成合同的文件包括合同协议书、中标函、投标书、合同条件第二部分（即特别应用条款）、合同条件第一部分（即一般条款）以及构成合同文件的任何其他文件（包括技术规范、图纸和其他设计文件、标价的工程量清单等）；在实际应用中，它们有先后顺序，且互为说明。

36-2 工程监理单位

工程监理单位是由社会上建设工程监理企业（称谓工程建设监理公司或工程建设监理事务所）受业主的委托和授权，以自己合格的技能和丰富的经验为基础，依照国家有关工程建设的法律、法规、政策、技术标准和设计文件、建设工程委托监理合同、建设工程施工合同等，对工程项目建设的活动所实施的监督、管理，包括对工程建设活动的组织、协调、监督控制和服务等一系列技术服务活动；亦即实现工程项目建设活动监督管理的专业化和社会化。

工程监理单位是建筑市场的主体之一，建设工程监理是一种高智能的有偿技术服务。它受业主的委托，可以对工程建设的全过程实施监理，也可以对工程建设的某一阶段或某一阶段部分工程实施监理。

建设工程监理工作的主要内容包括：协助建设单位进行工程项目可行性研究，优选设计方案、设计单位和施工单位，审查设计文件，控制工程质量、造价和工期，监督、管理建设工程合同的履行，以及协调建设单位与工程建设有关各方的工作关系等。

由于建设工程监理工作具有技术管理、经济管理、合同管理、组织管理和工作协调等多项业务职能，因此对其工作内容、方式、方法、范围和深度均有特殊要求。鉴于目前监理工作在建设工程投资决策阶段和设计阶段尚未形成系统、成熟的经验，需要通过实践进一步研究探索，因此，本章内容未涉及工程项目前期可行性研究和设计阶段的监理工作。

36-2-1　监理单位的性质

在我国，工程监理单位是社会主义市场经济发展的产物，除具有我国社会主义企业的共性外，还有其本身服务性、独立性、科学性、公正性等特性。

1. 服务性

工程监理单位是依法成立的、具有法人资格的、独立的、智力密集型的、从事建设工程监理事务的经济实体，它本身并不是建设产品的直接生产者，也不是产品的经营者，既不向业主承包工程造价，又不参与工程承包商的盈利分成，它根据业主的需要，以自己的知识和经验为其工程建设的事务提供技术服务，并根据投入的人员、力量和取得的成果，按规定收取相应的技术服务报酬。

技术服务是社会监理单位的重要特征之一。实施建设工程监理前，工程监理单位必须与建设单位签订书面建设工程委托监理合同，以明确双方的权利、义务、责任和监理报酬等；监理工程师应当按照建设工程监理规范的要求，采取检查验收、签发指令、书面报告、批准有关文件、见证、旁站、巡视和平行检验等形式，对建设工程实施监理。

2. 独立性

(1) 工程监理单位在实施工程建设监理活动的过程中，是处于建设工程合同签约双方之外的第三方，是独立的一方，其工作职能是受建设单位委托管理施工合同、监督施工合同的履行，其工作依据主要是法律、法规及施工合同和委托监理合同，其工作方式是依靠自身的专业技术知识管理工程建设的实施；它以自己的名义，行使依法成立的委托监理合同和建设工程合同所确认的职权，客观公正、独立自主地开展监理工作，并承担相应的法律责任。

(2) 业主和监理单位之间是委托与被委托的关系，是平等的合同约定关系；监理单位所承担的任务是双方事先按平等协商的原则确立于合同之中的；委托监理合同一经确定，业主不得干涉监理工程师的正常工作。

(3) 工程监理单位具有依法成立的法人资格，在人事关系、业务关系和经济关系上必须独立；监理单位或监理人员，不得同参与被监理工程项目建设的各方发生直接利益关系或隶属关系。

工程监理单位与被监理工程的施工承包单位以及建筑材料、建筑构配件和设备供应单位有隶属关系或者其他利害关系时，不得承担该项建设工程的监理业务。

3. 科学性

建设工程监理是一种高智能的技术服务；工程监理单位是知识密集型的技术服务企业，它必须具有一批工程建设方面的专家，他们具有深厚的科学理论基础和丰富的工程设计与施工技术、管理经验,具有能发现与解决工程项目建设过程中的技术与管理方面问题的能力;同时,拥有一定数量的监理工程师。而监理工程师均必须具有相当的学历,并有长期从事工程建设工作的丰富实践经验,经过监理业务培训、经权威机构考试合格、并经政府部门登记注册,发给证书,才能取得公认的合法资格。

只有具备上述条件,才能够提供高水平的专业技术服务;它的服务才能够满足工程建设越来越高、技术越来越复杂的要求。

工程监理单位应当根据工程的具体情况和建设工程委托监理合同的要求选派具备相应资格的总监理工程师、总监理工程师代表、专业监理工程师和监理员等进驻施工现场。

4. 公正性

工程监理单位开展工作的依据是国家政策、技术标准、设计文件和建设工程合同、委托监理合同等;在工作的过程中,监理工程师是建设工程合同管理的主要承担者,应维护合同的双方合法权益,应组织各有关方面协作、配合;当业主与承包商之间、或与分包商之间有合同争议或纠纷时,监理工程师是争议的第一调解人,应站在公正的立场上帮助协商、调解或作出决定;但其决定不是终局性的,对业主和承包商没有强制约束力。无论哪一方对监理工程师的决定不满,都可以根据施工合同规定的解决争议程序寻求合理解决;但在得到最终解决前,双方都必须执行监理工程师的决定。

监理工程师作出公正性决定的前提是必须保持自己独立性和处理问题时的科学性。

36-2-2 监理的范围及内容

监理单位承担的监理业务,是由业主根据需要委托一个监理单位承担工程建设项目全过程或若干阶段的监理工作,也可以委托数个监理单位承担不同阶段的监理工作;监理工程师在建设项目上进行的一切工作,包括组织、管理和协调等工作,都必须是在被委托的权限之内,而不能取代业主(委托方)的决策权;监理工程师的工作更不能取代政府管理部门的审批权和监督管理权。

36-2-2-1 监理范围

1. 为了确定必须实行监理的建设工程项目具体范围和规模标准,规范建设工程监理活动,根据《中华人民共和国建筑法》和《建设工程质量管理条例》,下列建设工程必须实行监理:

(1) 国家重点建设工程;

(2) 大中型公用事业工程;

(3) 成片开发建设的住宅小区工程;

(4) 利用外国政府或者国际组织贷款、援助资金的工程;

(5) 国家规定必须实行监理的其他工程。

2. 国家重点建设工程,是指依据《国家重点建设项目管理办法》所确定的对国民经济和社会发展有重大影响的骨干项目。

3. 大中型公用事业工程,是指项目总投资额在 3000 万元以上的下列工程项目:

(1) 供水、供电、供气、供热等市政工程项目;

(2) 科技、教育、文化等项目;

(3) 体育、旅游、商业等项目;

(4) 卫生、社会福利等项目；
(5) 其他公用事业项目。

4．成片开发建设的住宅小区工程，建筑面积在 5 万 m^2 以上的住宅建设工程必须实行监理；5 万 m^2 以下的住宅建设工程，可以实行监理，具体范围和规模标准，由省、自治区、直辖市人民政府建设行政主管部门规定。

为了保证住宅质量，对高层住宅及地基、结构复杂的多层住宅应当实行监理。

5．利用外国政府或者国际组织贷款、援助资金的工程范围包括：
(1) 使用世界银行、亚洲开发银行等国际组织贷款资金的项目；
(2) 使用国外政府及其机构贷款资金的项目；
(3) 使用国际组织或者国外政府援助资金的项目。

6．国家规定必须实行监理的其他工程是指：
(1) 项目总投资额在 3000 万元以上关系社会公共利益、公众安全的下列基础设施项目：
1) 煤炭、石油、化工、天然气、电力、新能源等项目；
2) 铁路、公路、管道、水运、民航以及其他交通运输业等项目；
3) 邮政、电信枢纽、通信、信息网络等项目；
4) 防洪、灌溉、排涝、发电、引（供）水、滩涂治理、水资源保护、水土保持等水利建设项目；
5) 道路、桥梁、地铁和轻轨交通、污水排放及处理、垃圾处理、地下管道、公共停车场等城市基础设施项目；
6) 生态环境保护项目；
7) 其他基础设施项目。
(2) 学校、影剧院、体育场馆项目。

7．国务院建设行政主管部门商同国务院有关部门后，可以对本规定确定的必须实行监理的建设工程具体范围和规模标准进行调整。

8．省、自治区、直辖市的政府和建设行政主管部门根据本地区的情况，对建设工程监理范围还有补充规定的，按补充规定执行。

36-2-2-2 监理内容

建设工程监理分为建设前期阶段、勘察设计阶段、施工招标阶段、施工阶段和保修阶段的监理；各阶段监理的主要内容包括控制工程建设的投资、建设工期和工程质量，进行工程建设的合同管理，协调有关单位间的工作关系等。

在一般的情况下，监理工作的主要业务内容：

1．建设前期阶段的监理工作
(1) 投资项目的决策内容和建设项目的可行性研究；
(2) 参与设计任务书的编制等。

2．勘察设计阶段的监理工作
(1) 协助业主提出设计要求，组织评选设计方案；
(2) 协助选择勘察、设计单位，协助签订建设工程勘察、设计合同，并监督合同的履行；

(3) 督促设计单位限额设计、优化设计；

(4) 审核设计是否符合规划要求，能否满足业主提出的功能使用要求；

(5) 审核设计方案的技术、经济指标的合理性，审核设计方案是否满足国家规定的具体要求和设计规范；

(6) 分析设计的施工可行性和经济性。

3．工程施工招标阶段的监理工作

(1) 受业主委托组织招标，编制与发送招标文件（包括编制标底）；

(2) 协助业主考查投标单位的承包能力和水平，提出考查意见；

(3) 协助业主依法招标、评标和定标；

(4) 协助业主与承建单位签订建设工程施工合同。

4．工程施工阶段的监理工作

(1) 协助业主与承建单位编写开工报告，协助业主办理开工手续；

(2) 确认承建单位选择的分包单位；

(3) 参加施工图会审和设计交底；

(4) 审查承建单位提出的施工组织设计、施工技术方案、施工进度计划、施工质量保证体系和施工安全保证体系，并提出审查意见；

(5) 督促、检查承建单位执行建设工程施工合同和国家工程技术规范、标准，协调业主和承建单位之间的关系和争议；

(6) 审核承建单位或业主提供的材料、构配件和设备的清单及所列规格、技术性能与质量；

(7) 审批承建单位报送的施工总进度计划；审批承建单位编制的年、季、月度施工计划；分阶段协调施工进度计划，及时提出调整意见，督促承建单位实施进度计划；

(8) 根据施工进度计划协助业主编制用款计划；审核经质量验收合格的工程量，并签证工程支付申请表；协助业主进行工程竣工结算工作；

(9) 督促承建单位严格按现行规范、规程、强制性质量控制标准和设计要求施工，控制工程质量；

(10) 检查工程使用的材料、构配件和设备的规格、技术性能和质量；

(11) 督促、检查、落实施工安全保证措施和防护措施；

(12) 负责施工现场签证；

(13) 检查工程进度和施工质量，进行技术复核和隐蔽工程验收，组织有关单位人员进行检验批和分项工程、分部（子分部）工程的验收，编写地基与基础、主体结构和其他主要分项工程、分部（子分部）工程和单位（子单位）工程的质量评估报告（或分阶段工程质量评估报告，报政府质量监督机构进行备案）；

(14) 参加、督促和检查对工程质量事故的调查、分析和处理；

(15) 督促整理合同文件、施工技术档案资料和竣工资料；

(16) 协助业主组织设计、施工和有关单位进行工程竣工初步验收，编写工程竣工验收报告，协助业主办理工程竣工的备案手续；

(17) 协助业主审查工程结算；

(18) 督促承建单位及时完成未完工程尾项，维修工程出现的缺陷。

5. 工程保修阶段的监理工作

负责检查工程，鉴定质量问题的责任，督促承建单位回访和保修。

36-2-3 监理单位应具备的条件

工程监理单位是技术密集型企业，是依法成立的法人，除有自己的名称、组织机构、场所、必要的财产和经费外，还必须具有与承担监理业务相适应的人员素质、监理手段、专业技能和管理水平等。

符合条件的单位，经申请得到政府有关部门的资格认证，确定可以监理经核定的工程类别及等级，并经工商行政管理机关注册登记，取得营业执照，就具有进行工程项目监理的资格，成为可以从事工程建设监理业务的经济实体。

36-2-4 监理单位的资质管理

监理单位资质是指从事建设工程监理业务的工程监理企业，应当具备的注册资本、专业技术人员的素质、管理水平及工程监理业绩等。

36-2-4-1 一般规定

1. 为了加强对工程监理企业资质管理，维护建筑市场秩序，保证建设工程的质量、工期和投资效益的发挥，根据《中华人民共和国建筑法》、《建设工程质量管理条例》，建设部在 2001 年制定发布了《工程监理企业资质管理规定》以下简称《规定》。在中华人民共和国境内申请工程监理企业资质，实施对工程监理企业资质管理，适用该规定。

2. 工程监理企业应当按照其拥有的注册资本、专业技术人员和工程监理业绩等资质条件申请资质，经审查合格，取得相应等级的资质证书后，方可在其资质等级许可的范围内从事工程监理活动。

3. 国务院建设行政主管部门负责全国工程监理企业资质的归口管理工作。国务院铁道、交通、水利、信息产业、民航等有关部门配合国务院建设行政主管部门实施相关资质类别工程监理企业资质的管理工作。

省、自治区、直辖市人民政府建设行政主管部门负责本行政区域内工程监理企业资质的归口管理工作。省、自治区、直辖市人民政府交通、水利、通信等有关部门配合同级建设行政主管部门实施相关资质类别工程监理企业资质的管理工作。

36-2-4-2 资质等级和业务范围

1. 资质等级

工程监理企业的资质等级分为甲级、乙级和丙级，并按照工程性质和技术特点划分为若干工程类别。

工程监理企业的资质等级标准如下：

(1) 甲级

1) 企业负责人和技术负责人应当具有 15 年以上从事工程建设工作的经历，企业技术负责人应当取得监理工程师注册证书；

2) 取得监理工程师注册证书的人员不少于 25 人；

3) 注册资本不少于 100 万元；

4) 近三年内监理过五个以上二等房屋建筑工程项目或者三个以上二等专业工程项目。

(2) 乙级

1) 企业负责人和技术负责人应当具有 10 年以上从事工程建设工作的经历，企业技术负责人应当取得监理工程师注册证书；

2) 取得监理工程师注册证书的人员不少于 15 人；

3) 注册资本不少于 50 万元；

4) 近三年内监理过五个以上三等房屋建筑工程项目或者三个以上三等专业工程项目。

(3) 丙级

1) 企业负责人和技术负责人应当具有 8 年以上从事工程建设工作的经历，企业技术负责人应当取得监理工程师注册证书；

2) 取得监理工程师注册证书的人员不少于 5 人；

3) 注册资本不少于 10 万元；

4) 承担过二个以上房屋建筑工程或者一个以上专业工程项目。

2．业务范围

(1) 甲级工程监理企业可以监理经核定的工程类别中一、二、三等工程；乙级工程监理企业可以监理经核定的工程类别中二、三等工程；丙级工程监理企业可以监理经核定的工程类别中三等工程（工程类别及等级见表 36-1）。

(2) 工程监理企业可以根据市场需求，开展家庭居室装修监理业务。具体管理办法另行规定。

工程类别及等级　　　　　　表 36-1

序号	工程类别		一 等	二 等	三 等
一	房屋建筑工程	一般房屋建筑工程	28 层以上；36m 跨度以上（轻钢结构除外）；单项工程建筑面积 30000m² 以上	14～18 层；24～36m 跨度（轻钢结构除外）；单项工程建筑面积 10000～30000m²	14 层以下；24m 跨度以下（轻钢结构除外）；单项工程建筑面积 10000m² 以下
		高耸构筑工程	高度 120m 以上	高度 70～120m	高度 70m 以下
		住宅小区工程	建筑面积 12 万 m² 以上	建筑面积 6～12 万 m²	建筑面积 6 万 m² 以下
二	冶炼工程	钢铁冶炼、连铸	年产 100 万 t 以上或单座高炉炉容 1000m³ 以上或单座公称容量转炉 50t 以上或电炉 50t 以上	年产 100 万 t 以下或单座高炉炉容 1000m³ 以下或单座公称容量转炉 50t 以下或电炉 50t 以下	
		轧钢工程	年产 25 万 t 以上或装备连续、半连续轧机	年产 25 万 t 以下	
		炼焦工程	年产 50 万 t 以上或碳化室高度 4.3m 以上	年产 50 万 t 以下或碳化室高度 4.3m 以下	
		烧结工程	单台烧结机 90m² 以上	单台烧结机 90m² 以下	
		制氧工程	小时制氧 10000m³ 以上	小时制氧 10000m³ 以下	
		氧化铝加工工程	年产 30 万 t 以上	年产 10～30 万 t	年产 10 万 t 以下
		有色金属冶炼、电解	年产 10 万 t 以上	年产 5～10 万 t	年产 5 万 t 以下
		有色金属加工工程	年产 3 万 t 以上	年产 1～3 万 t	年产 1 万 t 以下
		水泥工程	日产 2000t 以上	日产 1000～2000t	日产 1000t 以下
		浮法玻璃工程	日熔量 400t 以上	日熔量 300～400t	日熔量 300t 以下

续表

序号	工程类别		一等	二等	三等
三	矿山工程	井巷矿山工程	年产120万t以上	年产45~120万t	年产45万t以下
		洗选煤工程	年产120万t以上	年产45~120万t	年产45万t以下
		立井井筒工程	深度800m以上	深度300~800m	深度300m以下
		露天矿山工程	年产400万t以上	年产100~400万t	年产100万t以下
		铁矿采、选工程	年产100万t以上	年产60~100万t	年产60万t以下
		黑色矿山采选工程	年产200万t以上	年产60~200万t	年产60万t以下
		有色砂矿采、选工程	年产100万t以上	年产60~100万t	年产60万t以下
		有色脉矿采、选工程	年产60万t以上	年产30~60万t	年产30万t以下
		磷矿、硫铁矿工程	年产60万t以上	年产30~60万t	年产30万t以下
		铀矿工程	年产30万t以上	年产20~30万t	年产20万t以下
		石膏矿、石英矿工程	年产20万t以上	年产10~20万t	年产10万t以下
		石灰石矿工程	年产70万t以上	年产40~70万t	年产10万t以下
四	化工、石油工程	炼油化工工业工程	原油处理能力在500万t/年以上的一次加工及相应二次加工装置和后加工装置	原油处理能力在50~500万t/年的一次加工及相应二次加工装置和后加工装置	原油处理能力在50万t/年以下的一次加工及相应二次加工装置和后加工装置
		油田工业工程	原油处理能力150万t/年以上、天然气处理能力150万m³/d以上、产能50万t以上及配套设施	原油处理能力80~150万t/年、天然气处理能力50~150万m³/d、产能30~50万t及配套设施	原油处理能力80万t/年以下、天然气处理能力50万m³/d以下、产能30万t以下及配套设施
		输油气管道工程	100km以上	30~100km	30km以下
		储油气容器设备安装工程	压力容器8MPa以上;大型油气储罐10万m³/台以上	压力容器1~8MPa;大型油气储罐1~10万m³/台	压力容器1MPa以下;大型油气储罐1万m³/台以下
		乙烯工程	年产30万t以上	年产11~30万t	年产11万t以下
		合成橡胶、合成树脂及塑料和化纤	年产4万t以上	年产2~4万t	年产2万t以下
		有机原料、农药、染料	投资额2亿元以上	投资额1~2亿元	投资额1亿元以下
		轮胎工程	年产30万套以上	年产20~30万套	年产20万套以下
		制酸工业工程	年产硫酸16万t以上	年产硫酸8~16万t	年产硫酸8万t以下
		制碱工业工程	年产烧碱5万t以上;年产纯碱40万t以上	年产烧碱2~5万t;年产纯碱20~40万t	年产烧碱2万t以下;年产纯碱20万t以下
		化肥工业工程	年产20万t以上合成氨及相应后加工装置;年产24万t以上磷铵工程	年产8~20万t合成氨及相应后加工装置;年产12~24万t磷铵工程	年产8万t以下合成氨及相应后加工装置;年产12万t以下磷铵工程
五	水利水电工程	水库工程	总库容1亿m³以上	总库容1千万~1亿m³	总库容1000万m³以下
		运河工程	流域面积1万km²以上	流域面积1000~10000km²	流域面积1000km²以下
		水利发电站工程	总装机容量250MW以上	总装机容量25~250MW	总装机容量25MW以下

续表

序号	工程类别		一 等	二 等	三 等
六	电力工程	火力发电站工程	单机容量30万kW以上	单机容量5~30万kW	单机容量5万kW以下
		核力发电站工程	核电站		
		输变电工程	330kV以上	220~330kV	220kV以下
七	林业及生态工程	林业局（场）总体工程	面积35万hm²以上	面积35万hm²以下	
		林产工业工程	投资额5000万元以上	投资额5000万元以下	
		生态建设工程	投资额3000万元以上	投资额3000万元以下	
八	铁路工程	铁路综合工程	新建、改建一级干线，单线铁路40km以上；双线30km以上及枢纽	新建、改建一级干线，单线铁路40km以下；双线30km以下，二级干线及站线	专用线、专用铁路
		铁路桥梁工程	桥长500m以上	桥长100~500m	桥长100m以下
		铁路隧道工程	单线3000m以上，双线1500m以上	单线2000~3000m，双线1000~1500m	单线2000m以下，双线1000m以下
		铁路通信、信号、电力电气化工程	新建、改建铁路（含枢纽，配、变电所，分区亭）单双线2000m及以上	新建、改建铁路（不含枢纽，配、变电所，分区亭）单双线2000m及以下	
九	公路工程	公路工程	高速公路；一级公路	高速公路路基；一级公路	二级公路及以下各级公路
		公路桥梁工程	独立大桥工程；特大桥总长500m以上或单跨跨径100m以上	大桥总长100~150m或单跨跨径40~100m	中桥及以下桥梁工程总长100m以下或单跨跨径40m以下
		公路隧道工程	长度3000m以上	长度250~3000m	长度250m以下
		交通工程	通讯、监控、收费等公路机电工程；高速公路环保工程	标志、标线、护栏、护网、反光路标、轮廓标、防眩设施等公路交通安全设施；一级公路环保工程	二级公路及以下各级公路的标志、标线等公路交通安全设施；二级公路及以下各级公路环保工程
十	港口与航道工程	港口年吞吐能力	海港：杂货150万t以上，散货300万t以上；河港：杂货250万t以上，散货300万t以上	海港：杂货100~150万t，散货200~300万t；河港：杂货200~250万t，散货250~300万t	海港：杂货100万t以下，散货200万t以下；河港：杂货200万t以下，散货250万t以下
		码头吨位	海港：2.5万t级以上码头；河港：5000t级以上码头	海港：1~2万t级码头；河港：1000~5000t级码头	海港：5000t级以下码头；河港：500t级以下码头
		航道、疏浚	通航万吨级以上船舶的沿海复杂航道；通航1000t级以上船舶的内河航运工程项目	通航万吨级以上船舶的沿海及长江干线航道；通航300~1000t级船舶的内河航运工程项目	通航万吨级以下船舶的沿海航道；通航300t级以下船舶的内河航运工程项目
		投资额	投资额在8000万元以上的其他水运工程项目（指建安费）	投资在5000~8000万元的其他水运工程项目（指建安费）	投资在5000万元以下的其他水运工程项目（指建安费）

续表

序号	工程类别		一 等	二 等	三 等
十一	航天航空工程	民用机场工程风洞工程	飞行区指标为4E及以上，大型跨音速、超音速风洞及特种风洞	飞行区指标为4D，中型跨音速、超音速风洞及特种风洞	飞行区指标为4C及以下，低速风洞和各类小型风洞
		航空专用试验设备工程	大型整机、系统模拟试验设备工程	大型部件模拟试验设备、整机试验设备工程	中、小型模拟试验设备、部件试验设备工程
		航天器及运载工具总装车间，发射试验装置工程	研制、生产航天飞行器、运载火箭、大型动力装置等基地	总体设计部（所），总装厂，发动机、控制系统、惯性器件、地面设备及大型试验台、试车台等综合性建设项目	各类试验室、计算中心、仿真中心、地面测控站、研究用房和试制生产车间等单项工程
十二	通信工程	有线、无线传输通信工程，卫星、综合布线	省际通信、信息网络工程	省内通信、信息网络工程	地市以下通信、信息网络工程
		邮政、电信、广播枢纽及交换工程	省会城市邮政、电信枢纽	地市级城市邮政、电信枢纽	县级邮政、电信枢纽
		发射台工程	总发射功率500kW以上短波或600kW以上中波发射台；高度200m以上广播电视发射台	总发射功率150～500kW短波或200～600kW中波发射台；高度100～200m广播电视发射台	总发射功率150kW以下短波或200kW以下中波发射台；高度100m以下广播电视发射台
十三	市政公用工程	城市道路工程	各类市政公用工程（地铁、轻轨单独批）	各类城市道路、单孔跨径20～40m的桥梁；500～3000万元的隧道工程	城市道路（不含快速路）、单孔跨径20m以下的桥梁；500万元以下的隧道工程
		给水排水建筑安装工程		2～10万t/日的给水厂；1～5万t/日污水处理工程；0.5～3m³/s的给水、污水泵站；1～5m³/s的雨水泵站；各类给排水管道工程	2万t/日以下的给水厂；1万t/日以下污水处理工程；0.5m³/s以下的给水、污水泵站；1m³/s以下的雨水泵站；直径1m以下的给水管道；直径1.5m以下的污水管道
		热力及燃气建筑安装工程		总储存容积500～1000m³液化气贮罐场（站）；供气规模5～15万m³/日的燃气工程；中压以下的燃气管道、调压站；供热面积50～150万m²的热力工程	总储存容积500m³以下液化气贮罐场（站）；供气规模5万m³/日以下的燃气工程；2kg/cm²以下的中压、低压管道、调压站；供热面积50万m²以下的热力工程
		垃圾处理		各类城市生活垃圾工程	生活垃圾转运站
十四	机电安装工程		各类一般工业、公用工程及公共建筑的机电安装工程	投资额3000万元以下的一般工业、公用工程及公共建筑的机电安装工程	

说明：1. 表中的"以上"含本数，"以下"不含本数。
2. 表中"机电安装工程是指未列入前13项工程的机械、电子、轻工、纺织及其他工程工业机电安装工程；
3. 未列入本表中的国务院工业、交通、信息等部门的其他工程，由国务院有关工业、交通、信息等部门按照有关规定在相应的工程类别中划分等级。

36-2-4-3 资质申请和审批

1. 资质申请

(1) 工程监理企业应当向企业注册所在地的县级以上地方人民政府建设行政主管部门申请资质。

(2) 中央管理的企业直接向国务院建设行政主管部门申请资质，其所属的工程监理企业申请甲级资质的，由中央管理的企业向国务院建设行政主管部门申请，同时向企业注册所在地省、自治区、直辖市人民政府建设行政主管部门报告。

(3) 直接向建设部申请工程监理企业甲级资质的中央管理企业目前是指如下企业：中国建筑工程总公司、中国核工业集团公司、国家电力公司、中国石油天然气集团公司、中国石油化工集团公司、中国化学工程总公司、中国兵器工业（装备）集团公司、中国船舶工业（重工）集团公司、中国航空工业集团公司、中国国际信托公司、中国国际工程咨询公司、中国轻工国际工程设计院。

上述企业的所属监理企业是指：1) 全资子公司；2) 持股比例超过 50% 的子公司；3) 以上 1)、2) 所列企业的全资子公司和其持股比例超过 50% 的子公司。

2. 工程监理企业的主项资质和增项资质

(1) 按照《规定》的要求，工程监理企业资质分为 14 个工程类别。

工程监理企业可以申请一项或者多项工程类别资质。申请多项资质的工程监理企业，应当选择一项为主项资质，其余为增项资质。

工程监理企业的增项资质级别不得高于主项资质级别。

(2) 工程监理企业申请多项工程类别资质的，其注册资金应达到主项资质标准，从事过其增项专业工程监理业务的注册监理工程师人数应当符合国务院有关专业部门的要求。

(3) 工程监理企业的增项资质可以与其主项资质同时申请，也可以在每年资质审批期间独立申请。

(4) 工程监理企业资质经批准后，资质审批部门应当在其资质证书副本的相应栏目中注明经批准的工程类别范围和资质等级。工程监理企业应当按照经批准的工程类别范围和资质等级承接监理业务。

3. 资质申请材料

(1) 工程监理企业申请资质，应当如实填报《工程监理企业资质申请表》。企业法定代表人须在《工程监理企业资质申请表》上签字，对申请材料的真实性负责。

工程监理企业的资质申请材料应当齐全，手续完备。凡出现填报不符合要求，包括主要数据、印鉴不全及关键性文字难以辨认等情况的，资质审批部门将不予受理。

工程监理企业，申请资质，须报送《工程监理企业资质申请表》一式两份，有关附件材料一份。其中，申请铁道、交通、水利、信息产业、民航方面资质的，每申请一项资质，须增填一份《工程监理企业资质申请表》，并将相应的附件材料单独装订成册。

附件材料中的企业资质证书、监理工程师注册证书、监理合同、监理规划和总结、监理业务手册等可用复印件，但对申请材料中要求加盖公章或法定代表人印章、签字的，复印件无效。

(2) 监理工程业绩是指已竣工工程，并应出具由业主签字的工程验收意见（复印件）。专业工程是指《规定》的工程类别表中除房屋建筑工程外的其他各类工程。

注册资本金是指工程监理企业在工商行政管理部门登记并在其企业法人营业执照上注明的注册资本金。

工程监理企业的注册监理工程师是指具有全国监理工程师注册证书，并在本企业注册的人员。注册监理工程师不得在两个以上（含两个）工程监理企业任职或兼职。

(3) 工程监理企业申请资质，应当逐步实现通过"中国工程建设信息网"申报。近期可暂实行"中国工程建设信息网"和文字材料两种方式进行申报。但《工程监理企业资质申请表》、监理工程师有关情况、监理工程业绩要从"中国工程建设信息网"上申报。

4．新设立企业申请

新设立的工程监理企业，到工商行政管理部门登记注册并取得企业法人营业执照后，方可到建设行政主管部门办理资质申请手续。

新设立的工程监理企业申请资质，应当向建设行政主管部门提供下列资料：

(1) 工程监理企业资质申请表；
(2) 企业法人营业执照；
(3) 企业章程；
(4) 企业负责人和技术负责人的工作简历、监理工程师注册证书等有关证明材料；
(5) 工程监理人员的监理工程师注册证书；
(6) 需要出具的其他有关证件、资料。

5．资质升级申请

工程监理企业申请资质升级，除向建设行政主管部门提供新设立企业申请所列资料外，还应当提供下列资料：

(1) 企业原资质证书正、副本；
(2) 企业的财务决算年报表；
(3) 《监理业务手册》及已完成代表工程的监理合同、监理规划及监理工作总结。

6．资质审批

(1) 甲级审批

1) 甲级工程监理企业资质，经省、自治区、直辖市人民政府建设行政主管部门审核同意后，由国务院建设行政主管部门组织专家委员会进行评审，并提出初审意见；其中涉及铁道、交通、水利、信息产业、民航工程等方面监理企业资质的，由省、自治区、直辖市人民政府建设行政主管部门商同级有关专业部门审核同意后，报国务院建设行政主管部门，由国务院建设行政主管部门送国务院有关部门初审。国务院建设行政主管部门根据初审意见审批。

审核部门应当对工程监理企业的资质条件和申请资质提供的资料审查核实。

2) 申请甲级工程监理企业资质的，国务院建设行政主管部门每年定期集中审批一次。国务院建设行政主管部门应当在工程监理企业申请材料齐全后3个月内完成审批。由有关部门负责初审的，初审部门应当从收齐工程监理企业的申请材料之日起1个月内完成初审。国务院建设行政主管部门应当将审批结果通知初审部门。

国务院建设行政主管部门应当将经专家评审合格和国务院有关部门初审合格的甲级资质的工程监理企业名单及基本情况，在中国工程建设和建筑业信息网上公示。经公示后，对于工程监理企业符合资质条件的，予以审批，并将审批结果在中国工程建设和建筑业信息网上公告。

(2) 乙、丙级审批

乙、丙级工程监理企业资质，由企业注册所在地省、自治区、直辖市人民政府建设行政主管部门审批；其中交通、水利、通信等方面的工程监理企业资质，由省、自治区、直辖市人民政府建设行政主管部门征得同级有关部门初审同意后审批；涉及铁道、民航方面的乙、丙级资质审批，鉴于目前各省、自治区、直辖市人民政府未设立相应的行政主管部门，其审批程序暂与甲级资质相同。

申请乙、丙级工程监理企业资质的，实行即时审批或者定期审批，由省、自治区、直辖市人民政府建设行政主管部门规定。

(3) 新设立企业的审批

新设立的工程监理企业，其资质等级按照最低等级核定。并设一年的暂定期。

新设立的工程监理企业，应符合丙级监理企业标准的前三项要求，企业技术负责人和监理工程师应当具有《监理工程师执业资格证书》。

(4) 企业改制，分立、合并后的审批

由于企业改制，或者企业分立、合并后组建设立的工程监理企业，其资质等级根据实际达到的资质条件，按照规定的审批程序核定。

(5) 增项资质的审批

甲级工程监理企业申请甲级增项资质，其申请、审批程序与资质升级相同；甲级工程监理企业申请乙、丙级增项资质，由企业注册所在地的省、自治区、直辖市人民政府建设行政主管部门负责审批，并于每年的年检工作完成后通过"中国工程建设信息网"报建设部备案。

中央管理企业所属的甲级工程监理企业申请乙、丙级增项资质，由中央管理企业向建设部提出申请，由建设部负责审批。其中，涉及铁道、交通、水利、信息产业、民航方面资质的，由建设部送国务院有关部门初审。

(6) 晋升资质的审批附加条件

工程监理企业申请晋升资质等级，在申请之日前一年内有下列行为之一的，建设行政主管部门不予批准：

1) 与建设单位或者工程监理企业之间相互串通投标，或者以行贿等不正当手段谋取中标的；

2) 与建设单位或者施工单位串通，弄虚作假、降低工程质量的；

3) 将不合格的建设工程、建筑材料、建筑构配件和设备按照合格签字的；

4) 超越本单位资质等级承揽监理业务的；

5) 允许其他单位或者个人以本单位的名义承揽工程的；

6) 转让工程监理业务的；

7) 因监理责任而发生过三级以上工程建设重大质量事故或者发生过两起以上四级工程建设质量事故的；

8) 其他违反法律法规的行为。

7. 资质证书

(1) 工程监理企业资质条件符合资质等级标准，且未发生晋升资质的审批附加条件所列行为的，建设行政主管部门颁发相应资质等级的《工程监理企业资质证书》。

《工程监理企业资质证书》分为正本和副本，由国务院建设行政主管部门统一印刷，正、副本具有同等法律效力。

(2) 工程监理甲级资质证书加盖建设部公章后有效。乙、丙级资质证书按照审批权限，加盖建设部或省、自治区、直辖市人民政府建设行政主管部门的公章后有效。

(3) 工程监理企业资质证书实行统一编号。资质证书编号为：[ ]工监企第（＊＊＊＊）号。其中，[ ] 中由建设部颁发的证书是［建］，其余的是地区简称，如上海市为［沪］。（ ）中为六位数，前两位为年份代号，如2001年为01；第三位为资质等级代号，甲级为1、乙级为2、丙级为3；后三位为流水号。

(4) 工程监理企业的名称、地址、法定代表人、企业负责人、技术负责人等内容发生变化的，应当在发生变化后30日内持原资质证书和已变更的营业执照、有关变更批准文件等材料，向原资质审批部门申办变更手续。

由建设部负责审批的工程监理企业办理资质变更手续，除按照前款要求提供材料外，还应当持省、自治区、直辖市人民政府建设行政主管部门同意变更的文件或中央管理企业出具的变更报告，向建设部申请。

(5) 任何单位和个人不得涂改、伪造、出借、转让《工程监理企业资质证书》，不得非法扣压、没收《工程监理企业资质证书》。

(6) 工程监理企业在领取新的《工程监理企业资质证书》的同时，应当将原资质证书交回原发证机关予以注销。

工程监理企业因破产、倒闭、撤销、歇业的，应当将资质证书交回原发证机关予以注销。

(7) 工程监理企业遗失资质证书，可以向原资质审批部门申请补办。向建设部申请补办资质证书的，应当在"中国工程建设信息网"上刊登遗失作废声明，并提供下列材料：

1) 遗失情况说明；

2) 申请补办报告；

3) 省、自治区、直辖市人民政府建设行政主管部门或中央管理企业同意补办的文件。

向省、自治区、直辖市人民政府建设行政主管部门申请补办资质证书的，由省、自治区、直辖市人民政府建设行政主管部门参照有关要求规定。

36-2-4-4 监督管理

1. 县级以上人民政府建设行政主管部门和其他有关部门应当加强对工程监理企业资质的监督管理。

禁止任何部门采取法律、行政法规规定以外的其他资信、许可等建筑市场准入限制。

2. 建设行政主管部门对工程监理企业资质实行年检制度。

甲级工程监理企业资质，由国务院建设行政主管部门负责年检；其中铁道、交通、水利、信息产业、民航等方面的工程监理企业资质，由国务院建设行政主管部门会同国务院有关部门联合年检。

乙、丙级工程监理企业资质，由企业注册所在地省、自治区、直辖市人民政府建设行政主管部门负责年检；其中交通、水利、通信等方面的工程监理企业资质，由建设行政主管部门会同同级有关部门联合年检。

3. 工程监理企业资质年检按照下列程序进行：

(1) 工程监理企业在规定时间内向建设行政主管部门提交《工程监理企业资质年检表》、《工程监理企业资质证书》、《监理业务手册》以及工程监理人员变化情况及其他有关资料，并交验《企业法人营业执照》。

(2) 建设行政主管部门会同有关部门在收到工程监理企业年检资料后40日内，对工程监理企业资质年检作出结论，并记录在《工程监理企业资质证书》副本的年检记录栏内。

4. 工程监理企业资质年检的内容，是检查工程监理企业资质条件是否符合资质等级标准，是否存在质量、市场行为等方面的违法违规行为。

工程监理企业年检结论分为合格、基本合格、不合格三种。

5. 工程监理企业资质条件符合资质等级标准，且在过去一年内未发生晋升资质的审批附加条件所列行为的，年检结论为合格。

6. 工程监理企业资质条件中监理工程师注册人员数量、经营规模未达到资质标准，但不低于资质等级标准的80%，其他各项均达到标准要求，且在过去一年内未发生晋升资质的审批附加条件所列行为的，年检结论为基本合格。

7. 有下列情形之一的，工程监理企业的资质年检结论为不合格：

(1) 资质条件中监理工程师注册人员数量、经营规模的任何一项未达到资质等级标准的80%，或者其他任何一项未达到资质等级标准；

(2) 有晋升资质的审批附加条件所列行为之一的。

已经按照法律、法规的规定予以降低资质等级处罚的行为，年检中不再重复追究。

8. 工程监理企业资质年检不合格或者连续两年基本合格的，建设行政主管部门应当重新核定其资质等级。新核定的资质等级应当低于原资质等级，达不到最低资质等级标准的，取消资质。

9. 工程监理企业连续两年年检合格，方可申请晋升上一个资质等级。

10. 降级的工程监理企业，经过一年以上时间的整改，经建设行政主管部门核查确认，达到规定的资质标准，且在此期间内未发生晋升资质的审批附加条件所列行为的，可以按照本规定重新申请原资质等级。

11. 在规定时间内没有参加资质年检的工程监理企业，其资质证书自行失效，且一年内不得重新申请资质。

36-2-5 监理单位守则

1. 正确执行国家建设法规，守法、公正、诚信、科学，维护国家利益；

2. 必须严格按照企业资质等级和监理范围承接工程监理业务；严格按照委托监理合同规定的权限开展监理活动；

3. 不得与被监理工程的施工单位以及建筑材料、建筑构配件和设备供应单位发生经营性隶属关系或其他利害关系，也不得是这些单位的合伙经营者；

4. 监理单位负责人和监理工程师必须专职从事本单位的监理业务，不得在政府机关、受监工程的设计、施工单位、设备制造和材料供应单位任职；

5. 独立承担受委托的监理业务，不得转让；也不允许其他单位假借监理单位的名义执行监理业务。如经建设单位同意，监理单位可以将部分专业监理业务再委托给其他专业监理单位进行监理；委托专业监理单位进行监理的，总监理工程师应当由接受建设单位委托的监理单位承担；

6. 接受有关工程建设监理主管机关的管理与监督；

7. 监理单位应按照"公正、独立、自主"的原则，开展工程建设监理工作，公平地维护业主和被监理单位的合法权益。

36-2-6　监理单位的民事责任

监理单位对建设单位或者有关该建设工程项目的单位（如勘察设计、施工单位等）提供的资料和文件，承担保密责任。

监理单位未履行监理义务或者由于监理单位指令错误，给建设单位造成损失的，应当承担相当的赔偿责任。

监理单位与承接该建设工程项目的单位串通，给建设单位造成损失的，应当与承接该建设工程项目的单位承担连带赔偿责任。

36-2-7　罚　则

1. 监理单位有下列行为之一的，由资质管理部门根据情节，分别给予警告、通报批评、罚款、降低资质等级、停业整顿直至收缴《监理申请批准书》或者《监理许可证书》、《资质等级证书》的处罚；构成犯罪的，由司法机关依法追究主要责任者的刑事责任：

（1）申请设立或定级、升级时隐瞒真实情况，弄虚作假的；

（2）超越核定的监理业务范围或者未经批准擅自从事监理活动的；

（3）伪造、涂改、出租、出借、转让、出卖《监理申请批准书》或者《监理许可证书》、《资质等级证书》的；

（4）徇私舞弊，损害委托单位或者被监理单位利益的；

（5）因监理过失造成重大事故的；

（6）变更或者终止业务，不及时办理核批或备案手续和在报纸上公告的。

2. 以欺骗手段取得《工程监理企业资质等级证书》承揽工程的，吊销资质证书，处合同约定的监理酬金1倍以上2倍以下的罚款；有违法所得的，予以没收。

3. 未取得《工程监理企业资质等级证书》承揽监理业务的，予以取缔，处合同约定的监理酬金1倍以上2倍以下的罚款；有违法所得的，予以没收。

4. 超越本企业资质等级承揽监理业务的，责令停止违法行为，处合同约定的监理酬金1倍以上2倍以下的罚款；可以责令停业整顿，降低资质等级；情节严重的，吊销资质证书；有违法所得的，予以没收。

5. 转让监理业务的，责令改正，没收违法所得，处合同约定的监理酬金25%以上50%以下的罚款；可以责令停业整顿，降低资质等级；情节严重的，吊销资质证书。

6. 工程监理企业允许其他单位或者个人以本企业名义承揽监理业务的，责令改正，没收违法所得，处合同约定的监理酬金1倍以上2倍以下的罚款；可以责令停业整顿，降低资质等级；情节严重的，吊销资质证书。

7. 有下列行为之一的，责令改正，处50万元以上100万元以下的罚款，降低资质等级或者吊销资质证书；有违法所得的，予以没收，造成损失的，承担连带赔偿责任：

(1) 与建设单位或者施工单位串通，弄虚作假、降低工程质量的；

(2) 将不合格的建设工程、建筑材料、建筑构配件和设备按照合格签字的。

8．工程监理单位与被监理工程的施工承包单位以及建筑材料、建筑构配件和设备供应单位有隶属关系或者其他利害关系，承担该项建设工程的监理业务的，责令改正，处5万元以上10万元以下的罚款、降低资质等级或者吊销资质证书；有违法所得的，予以没收。

9．涉及建筑主体或者承重结构变动的装修工程，没有设计方案擅自施工的，责令改正，处50万元以上100万元以下的罚款；房屋建筑使用者在装修过程中擅自变动房屋建筑主体和承重结构的，责令改正，处5万元以上10万元以下的罚款。

有前款所列行为，造成损失的，依法承担赔偿责任。

10．发生重大工程质量事故隐瞒不报、谎报或者拖延报告期限的，对直接负责的主管人员和其他责任人员依法给予行政处分。

11．注册建筑师、注册结构工程师、监理工程师等注册执业人员因过错造成质量事故的，责令停止执业1年；造成重大质量事故的，吊销执业资格证书，5年以内不予注册；情节特别恶劣的，终身不予注册。

12．依照规定，给予单位罚款处罚的，对单位直接负责的主管人员和其他直接责任人员处单位罚款数额百分之五以上百分之十以下的罚款。

13．建设单位、设计单位、施工单位、工程监理单位违反国家规定，降低工程质量标准，造成重大安全事故，构成犯罪的，对直接责任人员依法追究刑事责任。

14．规定责令停业整顿，降低资质等级和吊销资质证书的行政处罚，由颁发资质证书的机关决定；其他行政处罚，由建设行政主管部门或者其他有关部门依照法定职权决定。

依照规定被吊销资质证书的，由工商行政管理部门吊销其营业执照。

15．建设、勘察、设计、施工、工程监理单位的工作人员因调动工作、退休等原因离开该单位后，被发现在该单位工作期间违反国家有关建设工程质量管理规定，造成重大工程质量事故的，仍应当依法追究法律责任。

16．资质审批部门未按照规定的权限和程序审批资质的，由上级资质审批部门责令改正，已审批的资质无效。

17．从事资质管理的工作人员在资质审批和管理工作中玩忽职守、滥用职权、徇私舞弊的，依法给予行政处分；构成犯罪的，依法追究刑事责任。

18．"刑法"第一百三十七条规定：建设单位、设计单位、施工单位、工程监理单位违反国家规定，降低工程质量标准，造成重大安全事故的，对直接责任人员，处五年以下有期徒刑或者拘役，并处罚金；后果特别严重的，处五年以上十年以下有期徒刑，并处罚金。

19．当事人对行政处罚决定不服的，可以在收到处罚通知之日起15日内，向作出处罚决定机关的上一级机关申请复议，对复议决定不服的，可以在收到复议决定之日起15日内向人民法院起诉；也可以直接向人民法院起诉。逾期不申请复议或者不向人民法院起诉，又不履行处罚决定的，由作出处罚决定的机关申请人民法院强制执行。

36-2-8 监理单位与建设单位、承建单位、质量监督机构的关系

36-2-8-1 监理单位与建设单位的关系

1. 建设单位与监理单位的关系是平等的合同约定关系,是委托与被委托的关系。

监理单位所承担的任务由双方事先按平等协商的原则确定于合同之中,建设工程委托监理合同一经确定,建设单位不得干涉监理工程师的正常工作;监理单位依据监理合同中建设单位授予的权力行使职责,公正独立地开展监理工作。

2. 在工程建设项目监理实施的过程中,总监理工程师应定期(月、季、年度)根据委托监理合同的业务范围,向建设单位报告工程进展情况、存在问题,并提出建议和打算。

3. 总监理工程师在工程建设项目实施的过程中,严格按建设单位授予的权力,执行建设单位与承建单位签署的建设工程施工合同,但无权自主变更建设工程施工合同;若由于不可预见和不可抗拒的因素,总监理工程师认为需要变更建设工程施工合同时,可以及时向建设单位提出建议,协助建设单位与承建单位协商变更建设工程施工合同。

4. 总监理工程师在工程建设项目实施的过程中,是独立的第三方;当建设单位与承建单位在执行建设工程施工合同过程中发生的任何争议,均须提交总监理工程师调解。

总监理工程师接到调解要求后,必须在30日内将处理意见书面通知双方。如果双方或其中任何一方不同意总监理工程师的意见,在15日内可直接请求当地建设行政主管部门调解,或请当地经济合同仲裁机关仲裁。

5. 工程建设监理是有偿服务活动,酬金及计提办法,由建设单位与监理单位依据所委托的监理内容、工作深度、国家或地方的有关规定协商确定,并写入委托监理合同。

36-2-8-2 监理单位与承建单位的关系

1. 监理单位在实施监理前,建设单位必须将监理的内容、总监理工程师的姓名、所授予的权限等,书面通知承建单位。

监理单位与承建单位之间是监理与被监理的关系,承建单位在项目实施的过程中,必须接受监理单位的监督检查,并为监理单位开展工作提供方便,按照要求提供完整的原始记录、检测记录等技术、经济资料;监理单位应为项目的实施创造条件,按时按计划做好监理工作。

2. 监理单位与承建单位之间没有合同关系,监理单位所以对工程项目实施中的行为具有监理的身分,一是建设单位的授权;二是在建设单位与承建单位为甲、乙方的建设工程施工合同中已经事先予以承认;三是国家建设监理法规赋予监理单位具有监督实施有关法规、规范、技术标准的职责。

3. 监理单位是存在于签署建设工程施工合同的甲乙双方之外的独立一方,在工程项目实施的过程中,监督合同的执行,体现其公正性、独立性和合法性;监理单位不直接承担工程建设中,进度、造价和工程质量的经济责任和风险。

监理人员也不得在受监工程的承建单位任职、合伙经营或发生经营性隶属关系,不得参与承建单位的盈利分配。

36-2-8-3 监理单位与质量监督机构的区别

建设工程监理和质量监督是我国建设管理体制改革中的重大措施;是为确保工程建设

的质量、提高工程建设的水平而先后推行的制度。质量监督机构在加强企业管理、促进企业质量保证体系的建立、确保工程质量、预防工程质量事故等方面起到了重要作用，两者关系密不可分、相互紧密联系。工程监理单位对工程质量的监督管理需要接受受政府委托的质量监督机构的监督和检查；工程质量监督机构对工程质量实施的宏观控制也有赖于工程监理单位驻项目监理机构的日常管理、检查等微观控制活动，监理机构在工程建设中的地位和作用，也只有通过在工程中的一系列控制活动才能得到进一步加强。对工程质量监督机构和监理单位予以正确的认识和了解，将有助于工程项目管理工作更好地开展。

1. 监理单位与质量监督机构的性质不同

建设工程质量监督机构是经省级以上建设行政主管部门或有关专业部门考核认定的独立法人。建设工程质量监督机构接受县级以上地方人民政府建设行政主管部门或有关专业部门的委托，依法对建设工程质量进行强制性监督，并对委托部门负责。

政府建设工程质量监督的主要目的是保证建设工程使用安全和环境质量，主要依据是法律、法规和工程建设强制性标准，主要方式是政府认可的第三方强制监督，主要内容是地基基础、主体结构、环境质量与此相关的工程建设各方主体的质量行为，主要手段是施工许可制度和竣工验收备案制度。

而工程监理单位是受建设单位委托，对工程建设的日常活动进行检查、监督和管理的社会服务行为，监理单位属技术服务性企业，它的工作既有强制性的一面，又有非强制性的一面。

2. 工作的广度和深度不同

建设工程质量监督机构的主要任务包括：

(1) 根据政府主管部门的委托，受理建设工程项目质量监督。

(2) 制定质量监督工作方案。确定负责该项工程的质量监督工程师和助理质量监督工程师。根据有关法律、法规和工程建设强制性标准，针对工程特点，明确监督的具体内容、监督方式。在方案中对地基基础、主体结构和其他涉及结构安全的重要部位和关键工序，作出实施监督的详细计划安排。建设工程质量监督机构应将质量监督工作方案通知建设、勘察、设计、施工、监理单位。

(3) 检查施工现场工程建设各方主体的质量行为。核查施工现场工程建设各方主体及有关人员的资质或资格。检查勘察、设计、施工、监理单位的质量保证体系和质量责任制落实情况，检查有关质量文件、技术资料是否齐全并符合规定。

(4) 检查建设工程的实体质量。按照质量监督工作方案，对建设工程地基基础、主体结构和其他涉及结构安全的关键部位进行现场实地抽查，对用于工程的主要建筑材料、构配件的质量进行抽查。对地基基础分部、主体结构分部工程和其他涉及结构安全的分部工程的质量验收进行监督。

(5) 监督工程竣工验收。监督建设单位组织的工程竣工验收的组织形式、验收程序以及在验收过程中提供的有关资料和形成的质量评定文件是否符合有关规定，实体质量是否存有严重缺陷，工程质量的检验评定是否符合国家验收标准。

(6) 报送建设工程质量监督报告。工程竣工验收后5日内，应向委托部门报送建设工程质量监督报告。建设工程质量监督报告应包括对地基基础和主体结构质量检查的结论，工程竣工验收的程序、内容和质量检验评定是否符合有关规定，及历次抽查该工程发现的质量问题和处理情况等内容。建设工程质量监督报告必须由质量监督工程师签署。

(7) 对预制建筑构件和商品混凝土的质量进行监督。

(8) 受委托部门委托，按规定收取工程质量监督费。

(9) 政府主管部门委托的工程质量监督管理的其他工作。

工程质量监督机构主要是代表政府把好工程质量关，其工作范围主要是工程质量的监督；而监理单位的工作内容是按照建设单位的委托，以委托监理合同的约定为准，可以包括建设前期阶段、设计阶段、施工招标阶段、施工阶段和保修阶段的监理；在施工阶段监理的具体内容可以是控制工程建设的投资、建设工期和工程质量，进行工程建设合同管理和信息管理，协调有关单位间的工作关系。因此，工程质量监督机构与监理单位的工作范围不同。

在工作深度上，工程质量监督机构对建设工程的实体质量的监督以抽查为主，并辅以科学的检测手段。而监理单位则设立由总监理工程师、专业监理工程师和监理员组成的监理组进驻现场，按照建设工程监理规范的要求，采取旁站、巡视、平行检验和检查验收等形式，对建设工程实施全方位、全过程的监理，实现其工作目标。

3．工作依据和控制手段上的区别

工程质量监督机构和监理单位在日常工作中，工作依据都是政策、法规和工程建设强制性标准等，但工程质量监督机构主要手段是施工许可制度和竣工验收备案制度，还可以依据国家和地方的有关行政法规，行使行政手段，给某些违章的工程（或有关单位）予以停工、返工、罚款、不予进行分项、分部工程验收备案和竣工验收备案（或通报批评、警告）等处分；而监理单位只能根据建设工程施工合同和委托监理合同开展工作，并使用合同约束的经济手段，如采取是否签证确认、是否支付工程款等措施，这与质量监督机构的处分有原则上的区别。

4．质量责任不同

工程质量监督机构行使的是政府对工程质量的监督管理职能，它不是项目工程建设的参与主体；如果发生监督失职行为的，将受到行政处分。而工程监理单位是受建设单位委托，实施对工程项目的具体管理、控制，是工程项目建设的参与主体之一，应承担工程质量管理的直接和间接责任，它的违法、违纪和失职行为，将受到有关纪律、法律、条例等的纪律、刑事处分。

36-3 监理工程师

36-3-1 监理工程师的性质

监理工程师系岗位职务，是指经全国统一考试合格，取得《监理工程师资格证书》，并经监理工程师注册机关注册，取得《监理工程师岗位证书》的工程建设监理人员。

监理工程师按专业设置岗位。

监理工程师不是专业技术职称，而是具有专业技术职称人员通过考试合格、注册后，取得的一种岗位职务和执业资格；监理工程师的岗位职务和执业资格也不是终身的，即使是在取得了《监理工程师资格证书》、《监理工程师岗位证书》以后，在从事监理业务的监理工程师,也得由注册机关按规定的年限复查;对不从事监理业务、不在职的监理工程师或不符合条件(或违纪、违法)者,应注销(或吊销)注册,并收回《监理工程师岗位证书》。

监理工程师不得以个人名义私自承接工程建设监理业务,也不得为未取得监理资质证书的单位实施监理业务的技术服务;监理业务只能由取得《监理资质证书》的单位承担,而监理工程师只能服务于取得《监理资质证书》的监理公司、监理事务所等单位,才能开展工程建设监理业务。

36-3-2 监理工程师的责任、权力和应具备的条件

监理工程师的工作与一般工程技术人员的工作不同,它不仅要解决工程建设中的技术问题,还要处理建设工程施工合同中的经济问题,调解工程建设过程中有关方面的争议……。因此,监理工程师为适应工程建设监理工作的需要,应该具有更高的要求和更好的素质。

36-3-2-1 监理工程师的责任

在工程施工阶段,监理工程师的责任是根据国家的法规、技术标准、设计文件、监理合同、建设工程施工合同等,在工程项目施工的全过程进行监督、管理。包括控制工程建设的投资、建设工期和工程质量;进行工程建设合同管理和信息管理;协调有关单位间的工作关系。具体内容是:

1. 协助业主考查、选择、确定施工队伍,并参加合同谈判;
2. 有权发布开工令、停工令、复工令以及在授权范围内的其他指令;
3. 认可施工组织设计或施工方案;
4. 有权要求撤换不合格的工程建设分包单位和工程项目建设负责人及有关人员;
5. 在工程实施的过程中,及时进行隐蔽工程验收、签证;
6. 审查有关材料的性能、质量与操作工艺,监督有关工程试验;
7. 签认工程项目有关款项的支付凭证;
8. 处理有关工程变更事项;
9. 处理有关索赔事项;
10. 参加工程质量事故的调查、分析和处理;
11. 组织有关单位人员进行检验批、分项工程、分部(子分部)工程和单位(子单位)工程的验收,对地基与基础、主体结构和其他主要分项工程、分部工程、单位工程质量写出评估报告;
12. 签发施工单位提交的工程竣工报告,参加由建设单位组织的工程竣工验收工作。

36-3-2-2 监理工程师的权力

监理工程师的权力应在委托监理合同中写明,并正式通知承建单位;在一般情况下,业主应赋予监理工程师的权力是:

1. 发现建设工程设计不符合建筑工程质量标准或者合同约定的质量要求的,应当报告建设单位要求设计单位改正;
2. 认为工程施工不符合设计要求、施工技术标准和合同约定的,或者可能产生工程质量或安全隐患的,有权要求建筑施工企业改正;

3. 对影响建设工程主体结构质量和安全的建筑材料、构配件和设备，未经签字认可，不得在工程上使用或者安装；对其他质量不合格的建筑材料、构配件和设备，要求施工单位停止使用；未经监理工程师签字认可，建筑材料、构配件和设备不得在工程上使用或者安装，施工单位不得进行下一道工序施工；

4. 对隐蔽工程进行验收；未经总监理工程师签字认可，不进行竣工验收；

5. 建议撤换不合格的承接建设工程项目的单位、项目负责人或者有关人员；

6. 建议撤换不合格的建设单位项目负责人，并有权向有关主管部门反映；

7. 计划进度与建设工期上的确认与否决权；

8. 工程计量、工程款支付与结算上的确认与否决权；

9. 施工组织协调上的主持权。

在特殊情况下，如出现了危及生命、工程或财产安全的紧急事件时，监理工程师有权指令承建单位实施解除这类危险的作业，或必须采取其他的措施。

除在建设工程施工合同和监理合同中明确规定外，监理工程师无权解除合同规定的承建单位的任何权利和义务。

36-3-2-3 监理工程师应具备的条件

1. 应有较高的学历和较广泛的理论知识

这是因为工程建设要求越来越高，功能越来越全，涉及的学科越来越多，因此要求组织者和管理者不仅应有现代科技理论知识，还应有相应的经济管理知识、组织管理和法律知识等。

2. 应有丰富的工程实践经验

工程建设中的失误，往往与工程技术人员的实践经验不足有关；而实践经验又与工作年限和经历的工程数量、类型有关。因此，国家有关规定参加监理工程师资格考试者，必须是取得工程技术或工程经济专业高级职称、或取得工程技术或工程经济专业中级职称后具有3年以上工程设计或施工管理实践经验的人员。

3. 应精力充沛和身体健康

由于监理工程师承担岗位责任，需要巡视、检查工程实施情况，还要深入工程现场，不管是在露天，还是在高空，也不管风雨或严寒、酷暑，都要身临施工操作第一线，处理工程中的有关问题，因此监理工程师的身体状况应能适应施工现场流动性大、工作条件和生活条件差，以及工作繁忙，甚至夜以继日的工作环境。

而且，工程中出现的问题往往要求限时限刻地及时处理，因此要求监理工程师的身体条件能够适应工程施工现场的条件。

4. 应有良好的品质

监理工程师应具有强烈的事业心和责任感。处理问题时，能从实际出发，以事实和数据为依据，抓住主要矛盾，使问题迅速、正确地得到解决。

同时，应廉洁奉公，为人正直，办事公道，坚持原则，合情合理，维护各方的正当权益；此外，还应善于听取各方面的意见，善于同各方面共事合作，协调好各方面的关系。

36-3-3　监理工程师的执业资格考试

为了保证监理工程师有较好的素质，国务院建设行政主管部门和人事部规定，对监理工程师的基础知识和实务技能实行执业资格考试制度。

监理工程师执业资格考试是对建设工程监理专业技术人员进行评价的一项重要工作，涉及的行业广、人员多。因此，建设部和人事部要求各地人事、建设行政主管部门要加强对这项工作的组织领导，要在明确分工的基础上，认真履行职责，搞好协作，确保考试工作的顺利进行。

全国监理工程师执业资格考试在建设部和人事部统一组织指导下进行。考务工作委托人事部人事考试中心负责，具体考务事宜由该中心另行通知。

36-3-3-1 报考条件

1．参加全科（四科）考试条件

全科（四科）考试包括"工程建设合同管理"、"工程建设质量、投资、进度控制"、"工程建设监理基本理论与相关法规"、"工程建设监理案例分析"。

凡中华人民共和国公民，身体健康，遵纪守法，具备下列条件之一者，可申请参加监理工程师执业资格考试。

（1）工程技术或工程经济专业大专（含大专）以上学历，按照国家有关规定，取得工程技术或工程经济专业中级职称，并任职满3年。

（2）按照国家有关规定，取得工程技术或工程经济专业高级职称。

（3）1970年（含1970年）以前工程技术或工程经济专业中专毕业，按照国家有关规定，取得工程技术或工程经济专业中级职称，并任职满3年。

2．免试部分科目条件

对从事工程建设监理工作并同时具备下列四项条件的报考人员，可免试《工程建设合同管理》和《工程建设质量、投资、进度控制》两科。

（1）1970年（含1970年）前工程技术或工程经济专业中专（含中专）以上毕业；

（2）按照国家有关规定，取得工程技术或工程经济专业高级职称；

（3）从事工程设计或工程施工管理工作满15年；

（4）从事监理工作满1年。

36-3-3-2 考试工作计划

1．建设部和人事部公布考试、考务工作通知和计划；

2．报名与资格考试审查：由报考人员填写《监理工程师执业资格考试报名表》和《专业经历表》，经所在单位考核同意加盖单位人事部门公章后，携带本人的报名表、专业经历表、近期一寸证件照（同版）二张以及身份证、学历证书、职称证书（以上证件须提供原件和复印件，资格审查后复印件留存），在规定的报名时间和地点，办理考试报名手续。单位集体办理的应填写报名汇总表，所填写的报名表和报名汇总表字迹应端正清晰，并统计报考人数，单位盖章有效；

3．各地安排考场、发放准考证、向人事考试中心报告报名人数、报送试卷预订单；

4．试卷运抵各省市；

5．考试：一般情况下，"四科"的考试（"建设工程合同管理"、"建设工程质量、投资、进度控制"、"建设工程监理基本理论"、"建设工程监理案例分析"）安排在2 d的上、下午分别进行；

6．下发评分标准和标准答案，开始阅卷工作；

7. 各地完成阅卷、验收工作，上报有关数据；

8. 人事部有关部门对各地考试工作进行验收，并下发合格标准；

9. 各地向人事部有关部门核报合格人数，并抄送建设部有关部门，经批准后公布考试结果；

10. 发放监理工程师执业资格证书。

36-3-3-3 考前培训

为准备考试，应积极参加和做好考前培训工作；培训工作由各省市、自治区、直辖市建设行政主管部门和国务院有关部门负责管理，统一使用《全国监理工程师培训教材》，包括：

1. 《工程建设监理概论》；
2. 《工程建设质量控制》；
3. 《工程建设进度控制》；
4. 《工程建设信息管理》；
5. 《工程建设合同管理》；
6. 《工程建设投资控制》等。

36-3-3-4 合格发证

经监理工程师资格考试合格者，由监理工程师注册机关核发《监理工程师资格证书》。《监理工程师资格证书》式样由国务院建设行政主管部门统一印制，颜色为红色。

为方便证书管理，证书采用统一编号，采用：〔 〕建监资字（ ）号；〔 〕中是部门或地区的简称，（ ）中为流水号。

《监理工程师资格证书》的持有者，自领取证书起，若5年内未经注册，其证书失效。

36-3-4 监理工程师注册

36-3-4-1 注册条件

申请监理工程师注册者，必须同时具备下列条件：

1. 经考试合格，并取得人事部、建设部颁发的《监理工程师执业资格证书》；
2. 为监理企业的在职人员，年龄在65周岁以下；
3. 在工程监理工作中没有发生重大监理过失或重大质量责任事故；
4. 身体健康，能胜任工程监理工作的需要。

36-3-4-2 注册程序和要求

1. 申请注册的人员向所在的监理企业提出申请，填写《监理工程师注册申请表》。监理企业经审查同意并签字盖章后，将申报材料报送本企业注册所在地的省、自治区、直辖市人民政府建设行政主管部门；中央管理的有关总公司下属的监理企业，向其总公司报送。申报材料包括：

   (1) 申请人的《监理工程师执业资格证书》复印件；

   (2) 监理工程师注册申请表；

   (3) 《技术职称证书》复印件；

   (4) 申请人的身份证复印件。

2. 各省、自治区、直辖市人民政府建设行政主管部门或中央管理的有关总公司对监理企业的申报材料进行审查，对符合条件的人员填写《监理工程师注册一览表》并签署意见后，连同企业的申报材料报送全国监理工程师注册管理办公室。

全国监理工程师注册管理办公室组织专家对申报的注册材料核查后，对符合注册条件者颁发监理工程师注册证书。

监理工程师注册证书的照片和日期处应加盖省、自治区、直辖市人民政府建设行政主管部门或中央管理的有关总公司钢印或红印。监理工程师注册证书编号为"建（×）监工字第＊号"：×为地区、总公司简称；＊为六位数，其中前两位数为年份（2002年简写为02），后四位数为本地区、本总公司同年注册的流水号。"发证日期"按全国监理工程师注册管理办公室核查通过的日期填写。

3．监理工程师注册机关按规定的年限对持《监理工程师岗位证书》者复查。对不符合条件者，注销注册，并收回《监理工程师岗位证书》。

监理工程师退出、调出所在的监理单位或被解聘，须向原注册机关交回《监理工程师岗位证书》，核销注册；核销注册后，不满5年再从事监理业务的，需由拟聘用的监理单位，向本地区或本部门的监理工程师注册机关重新申请注册。

36-3-4-3 注册限制

监理工程师申请人属于下列情形之一的，不予注册；已注册的，由注册机关收回监理工程师执业证书并公告注销：

1．无民事行为能力或者限制民事行为能力的；
2．被判处有期徒刑以上刑罚、刑满释放未逾3年的，但过失犯罪的除外；
3．受吊销监理工程师执业证书处罚，未逾3年的；
4．未经注册擅自以注册监理工程师的名义进行监理活动而被行政处罚，未逾3年的；
5．因重大经济违法行为受行政处罚，未逾3年的；
6．提供虚假注册申请材料的；
7．政府规定的其他情形。

36-3-5　监理工程师的职业道德

1．必须遵守国家的有关法律、法规和技术标准等；
2．必须履行工程建设监理合同中所承诺的义务和承担约定的责任；
3．处理工程项目建设中的问题时，必须坚持实事求是，坚持科学态度；处理各方面的争议时，必须坚持公平和公正的立场；
4．不得出卖、出借、转让、涂改《监理工程师岗位证书》；
5．监理工程师不得在政府机关、或所监工程的施工、设备制造、材料供应单位兼职，不得是所监工程的施工、设备制造和材料供应单位的合伙经营者或有直接的经济利益关系；
6．不得接受承建单位的盈利分成或补贴等；
7．监理工程师应当在一个监理单位执业，不得同时在两个或者两个以上监理单位执业；不得以个人的名义承接建设工程监理业务。

36-3-6 罚 则

若监理工程师违反国家有关规定，有不遵守职业道德的不良行为时，由有关建设主管部门没收非法所得，收缴《监理工程师岗位证书》，并可以罚款；对情节严重，构成犯罪的，由司法机关依法追究刑事责任。

1．监理工程师在两个或者两个以上监理单位兼职，或者以个人名义承接建设工程监理业务的，责令改正或者限期改正，予以警告，并可处以5000元以上3万元以下罚款；

2．发生重大工程质量事故隐瞒不报、谎报或者拖延报告期的，对直接负责的主管人员和其他责任人员依法给予行政处分；

3．注册建筑师、注册结构工程师、监理工程师等注册执业人员因过错造成质量事故的，责令停止执业1年；造成重大质量事故的，吊销执业资格证书，5年以内不予注册；情节特别恶劣的，终身不予注册；

4．给予单位罚款处罚的，对单位直接负责的主管人员和其他直接责任人员处单位罚款数额百分之五以上百分之十以下的罚款；

5．建设单位、设计单位、施工单位、工程监理单位违反国家规定，降低工程质量标准，造成重大安全事故，构成犯罪的，对直接责任人员依法追究刑事责任；

6．建设、勘察、设计、施工、工程监理单位的工作人员因调动工作、退休等原因离开该单位后，被发现在该单位工作期间违反国家有关建设工程质量管理规定，造成重大工程质量事故的，仍应当依法追究法律责任；

7．"刑法"第一百三十七条规定：建设单位、设计单位、施工单位、工程监理单位违反国家规定，降低工程质量标准，造成重大安全事故，对直接责任人员，处五年以下有期徒刑或者拘役，并处罚金；后果特别严重的，处五年以上十年以下有期徒刑，并处罚金。

36-4 工程建设项目的招标投标

招标投标，是在市场经济条件下进行大宗货物的买卖、工程建设项目的发包与承包，以及服务项目的采购与提供时，所采用的一种交易方式。在这种交易方式下，通常是由项目采购方作为招标方，通过各种方式发布招标公告或者向一定数量的有关供应商、承包商发出招标邀请等方式发出招标采购的信息，提出所需采购的项目的性质及其数量、质量、技术要求，交货期、竣工期或提供服务的时间，以及对供应商、承包商的资格要求等招标采购条件，表明将选择最能够满足采购要求的供应商、承包商与之签订采购合同的意向。由各有意提供采购所需货物、工程或服务项目的供应商、承包商作为投标方，向招标方书面提出自己拟提供的货物、工程或服务的报价及其他响应招标要求的条件，参加投标竞争。经招标方对各投标者的报价及其他条件进行审查比较后，从中择优选定中标者，并与其签订采购合同。

招标投标的交易方式，是市场经济的产物，也是国际上通行的工程承发包管理制度。我国从1980年国务院首次提出试行招标投标制度开始，到2000年1月1日起开始施行的《中华人民共和国招标投标法》，经历了20年，标志着我国市场交易方式发生了重大变革，加强了政府主管部门投资决策的科学化、民主化，促使建设单位法人重视并做好项目前期准备，从根本上杜绝违背建设程序的项目上马，这是深化投融资体制改革的重大举措，是我国招标投标事业发展道路上的里程碑。

36-4-1　监理工程师的招标投标知识

在中华人民共和国境内进行招标投标活动，都应遵循《中华人民共和国招标投标法》。作为监理工程师，要得到建设监理项目，其本身就是作为项目服务的投标方，参加监理招标投标交易和市场竞争；另一方面，在所监理的项目管理工作中，监理工程师应运用自己的专业知识和经验，为业主开展招标投标工作服务，发挥监理工程师的作用。因此，监理工程师应学习、了解、熟悉和正确运用招标投标法知识。

36-4-1-1　招标投标法的立法与宗旨

为了规范招标活动，保护国家利益、社会公共利益和招标投标活动当事人的合法权益，提高经济效益，保证项目质量，我们国家制订了《中华人民共和国招标投标法》（1999年8月30日第九届全国人民代表大会常委员会第十一次会议通过，自2000年1月1日起施行），其立法宗旨具体是：

1. 依法规范招标投标活动，并以法律的形式予以明确；确立我国招标投标必须遵守的基本规则和程序，要求参与招标投标活动的各方都必须一致遵循；对违反招标投标法定规则和程序的行为依法追究法律责任，以保证招标投标制度在我国的顺利实施，充分发挥其在我国社会主义市场经济中的重要作用；达到减少和堵塞招标投标活动中的不正当交易、钱权交易、拿回扣等腐败现象的漏洞，这是立法的基本目的；同时也达到减少行政干预，加强行政监督，防止地方保护主义或部门保护主义的目的。

2. 保护国家利益和社会公共利益。一方面是通过招标投标活动，在投标竞争者中选择在报价、技术和质量保障等方面最具优势的供应商、承包商作为中标者，保障财政资金和其他国有资金、公共资金的合理、有效和节约使用，杜绝腐败，防止国有资产的流失。另一方面是有利于反腐倡廉，铲除国有资金和其他公共资金采购活动中滋生腐败的土壤，堵住不法分子侵吞国有和其他公共采购资金的渠道，防止资金的流失。而且通过招标投标活动有利于创造公平竞争的市场环境，有利于促进经济的健康发展，建立社会主义市场经济新秩序。

3. 提高经济效益。经济效益是投入与产出的比较。对国家投资、融资和公共资金建设的生产经营性项目实行招标投标制度，能达到集中采购，让更多的供应商或承包商进行竞争，以较低的价格获得最优的货物、工程或服务，有利于节省投资，缩短工期，保证质量，从而有利于提高投资效益以及项目建成后的经济效益。

4. 确保项目质量。即通过招标投标活动，使无资质者或资质不符合要求的承包商无法参加投标活动，确保项目能选择真正符合要求的供货商和承包商；并且通过竞争，选择技术强、信誉好、质量保障体系可靠的投标人中标，对于保证采购项目的质量是十分重要的。

5. 保护招标投标活动当事人的合法权益。在招标投标活动中，各方当事人的合法权益都受到法律的保护；一切不符合《招标投标法》规定的行为、做法或招标投标各方当事人享有的基本权利受到侵犯时，当事人有权提出异议或者向有关行政部门投诉等。

36-4-1-2　招标范围

1. 招标范围

在中华人民共和国境内进行下列工程建设项目包括项目的勘察、设计、施工、监理以及与工程建设有关的重要设备、材料等的采购，必须进行招标：

(1) 大型基础设施、公用事业等关系社会公共利益、公众安全的项目。所谓基础设施，是指为国民经济各行业发展提供基础性服务的铁路、公路、港口、机场、通信等设施；公用事业，是指为公众提供服务的自来水、电力、燃气等行业。对于大型基础设施和公用事业项目，不论其建设资金来源如何，都必须进行招标投标。

1) 关系社会公共利益、公众安全的基础设施项目的范围包括：

①煤炭、石油、天然气、电力、新能源等能源项目；

②铁路、公路、管道、水运、航空以及其他交通运输业等交通运输项目；

③邮政、电信枢纽、通信、信息网络等邮电通讯项目；

④防洪、灌溉、排涝、引（供）水、滩涂治理、水土保持、水利枢纽等水利项目；

⑤道路、桥梁、地铁和轻轨交通、污水排放及处理、垃圾处理、地下管道、公共停车场等城市设施项目；

⑥生态环境保护项目；

⑦其他基础设施项目。

2) 关系社会公共利益、公众安全的公用事业项目的范围包括：

①供水、供电、供气、供热等市政工程项目；

②科技、教育、文化等项目；

③体育、旅游等项目；

④卫生、社会福利等项目；

⑤商品住宅，包括经济适用住房；

⑥其他公用事业项目。

(2) 全部或者部分使用国有资金投资或者国家融资的项目。

1) 使用国有资金投资项目的范围包括：

①使用各级财政预算资金的项目；

②使用纳入财政管理的各种政府性专项建设基金的项目；

③使用国有企业事业单位自有资金，并且国有资产投资者实际拥有控制权的项目。

2) 国家融资项目的范围包括：

①使用国家发行债券所筹资金的项目；

②使用国家对外借款或者担保所筹资金的项目；

③使用国家政策性贷款的项目；

④国家授权投资主体融资的项目；

⑤国家特许的融资项目。

(3) 使用国际组织或者外国政府贷款、援助资金的项目，其范围包括：

1) 使用世界银行、亚洲开发银行等国际组织贷款资金的项目；

2) 使用外国政府及其机构贷款资金的项目；

3) 使用国际组织或者外国政府援助资金的项目。

(4) 规定范围内的各类工程建设项目，包括项目的勘察、设计、施工、监理以及与工程建设有关的重要设备、材料等的采购，达到下列标准之一的，必须进行招标：

1) 施工单项合同估算价在 200 万元人民币以上的；

2) 重要设备、材料等货物的采购，单项合同估算价在 100 万元人民币以上的；

3) 勘察、设计、监理等服务的采购，单项合同估算价在 50 万元人民币以上的；

4) 单项合同估算价低于第 1)、2)、3) 项规定的标准，但项目总投资额在 3000 万元人民币以上的。

(5) 法律或者国务院对必须进行招标的其他项目的范围有规定的，应依照其规定。

省、自治区、直辖市人民政府根据实际情况，可以规定本地区必须进行招标的具体范围和规模标准，但不得缩小规定确定的必须进行招标的范围。

国家发展计划委员会可以根据实际需要，会同国务院有关部门对必须进行招标的具体范围和规模标准进行部分调整。

(6) 依法必须进行招标的项目，全部使用国有资金投资或者国有资金投资占控股或者主导地位的，应当公开招标。

2. 有关规定

(1) 任何单位和个人不得将依法必须进行招标的项目化整为零或者以其他任何方式规避招标。

(2) 招标投标活动应当遵循公开、公平、公正和诚实信用的原则。如果违反了这一基本原则，招标投标活动就失去了本来的意义。

"公开"的原则，主要是指进行招标活动的信息要公开，开标的程序要公开，评标的标准和程序要公开，中标的结果要公开。

"公平"和"公正"的原则，要求招标方应严格按照公开的招标条件和程序办事，同等地对待每一个投标竞争者，不得厚此薄彼、亲亲疏疏。包括提供相同的招标信息，相同的招标文件的解释和澄清文件，相同的投标人资格审查标准和程序，相同的投标担保要求，相同的技术、质量要求和规范标准，相同的投标截止期，相同的评标标准和程序，所有的投标人都有权参加开标会，与投标人有利害关系的人员不得作为评标委员会成员，不得向任何投标人泄露标底或其他可能妨碍公平竞争的信息等。对投标方的要求是应当以正当的手段参加投标竞争，不得串通投标，不得向招标方及其工作人员行贿、提供回扣或给予其他好处等不正当竞争行为。招标方与投标方之间的关系，在招标投标活动中的地位平等，任何一方不得向另一方提出不合理的要求，不得将自己的意志强加给对方。

"诚实信用"是民事活动的基本原则，在我国民法通则和合同法等民事基本法律中都规定了这一原则。招标投标活动是以订立采购、承包合同为目的民事活动，当然也适用这一原则。在招标投标活动中遵守诚实信用原则，要求招标投标各方都要诚实守信，不得有欺骗、背信的行为。如招标人不得以任何形式搞虚假招标；投标人递交的资格证明材料和投标书的各项内容都要真实，中标订立合同后，各方都要严格履行合同。对违反诚实信用原则，给他方造成损失的，要依法承担赔偿损失责任。

(3) 依法必须进行招标的项目，其招标投标活动不受地区或者部门的限制。任何单位和个人不得以任何方式限制或者排斥本地区、本系统以外的法人或者其他组织参加投标，不得以任何方式非法干涉招标投标活动。

实行社会主义市场经济，必须在全国范围内建立起统一、开放、竞争、有序的大市场。任何以地方保护、部门垄断等方式分割市场的行为，都会缩小市场规模，降低市场效率，阻碍经济的发展，是与建立和发展社会主义市场经济的目标背道而驰的。因此，行业主管部门或地方政府，不应采取对本地区、本系统以外的供应商或承包商不给予资格认定、不发给有关许可证、收取高额的管理费等方式，排斥、限制本地区、本系统以外的法人或其他组织参加本行业、本地区的投标竞争；行业主管部门或地方政府不应要求本系统、本行业的采购或建设项目的招标单位只能将项目交给属于本地区或本系统的单位；部门或地方政府的工作人员在项目采购或招标活动中，不能利用手中的权利，不能干预正常的招标投标活动，不能要求采购或招标项目交给其指定的供应商或承包商。

在招标投标活动中实行地方保护或行业垄断的作法以及行政机关、工作人员违法干预正常的招标投标活动的作法，破坏了市场的统一性，违反了公平竞争的原则，严重影响招标投标活动的正常开展，也给腐败行为留下可乘之机。为此招标投标法明确规定，禁止以地方保护、行业垄断或其他任何方式干预依法必须进行招标的项目的招标投标活动。

3. 关于工程招标投标的监督管理、招标、投标、开标、评标和中标等有关知识，可查《中华人民共和国招标投标法》和本手册有关章节内容。

36-4-2 监理工程师在施工招标阶段的工作

在全过程的监理工作中，监理单位受建设单位的委托，组织或参加招标工作，也是监理工程师的一项重要业务。由于招标工作是否成功，对承建单位选择是否合适，是工程项目建设成败的关键之一。因此，即使建设单位具备组织招标工作能力，或委托了具有法人资格的咨询服务单位代理招标工作时，监理工程师在招标投标的整个工作中，也处于一种特殊的地位。协助做好招标投标工作，对今后施工过程中开展监理工作也有很大的好处。

监理工程师在施工招标阶段的主要工作是：

1. 招标准备工作：根据工程的具体情况和特点，协助建设单位选择招标方式；不管是采用公开招标、邀请招标、还是议标，监理工程师均应积极配合建设单位，对投标单位进行认真的考查和资格预审查等工作。

2. 协助建设单位编写招标申请书和招标通告，并对拟建工程的概况提供简要的说明。

3. 协助建设单位和有关单位编写施工招标文件，并提供工程情况，如工程名称、建设地点、投资规模、现场条件、工程地质情况、气候特点、工程项目的规划情况、建筑面积、结构特点、技术要求、质量标准、发包范围和要求，拟开工和竣工的日期等。

4. 协助建设单位为投标单位提供工程有关信息。在投标单位收到招标文件以后，监理工程师应协助建设单位安排好投标单位对现场的踏勘；公开接待投标单位，进行工程情况介绍，回答投标单位所提有关工程中的问题；对原招标文件中未予明确的某些问题发出补充通知等。

5. 监理工程师在投标和开标阶段应注意的问题：

监理工程师未经建设单位或招标领导小组的同意，不得向外界透露有关信息；监理工程师有事情联系时，尽量不与投标单位进行面谈，而应通过信函的方式；监理工程师更不得为了私利而对投标单位作出某些暗示、许诺或提供情报。

6. 评标阶段:

监理工程师应按照招标文件确定的评标标准和方法,协助业主或为评标委员会(或评标小组)做好评标工作;评标标准一般是根据报价、工期、施工组织设计(或施工方案)、质量安全保证和企业社会信誉等因素进行综合考虑。而监理工程师对投标人进行综合考查、了解,对所有的标书进行综合评价和比较,其中特别要注意:

(1) 投标单位的资质、业绩、信誉、技术力量、施工方法、施工经验和进度计划的详细安排,以及相应的质量、安全、文明施工等措施;

(2) 标书报价所包含的具体内容、工程量清单和附加条件;

(3) 投标单位拟派出的项目经理、项目班子人员的业绩和水平;项目劳务人员的来源、业绩等情况。监理工程师只有通过对标书和招标过程中了解的一些情况进行综合分析、评价后,才能提出自己的看法。

36-4-3 监理项目的招标投标

实行监理的建设工程,建设单位应当委托具有相应资质等级的工程监理单位进行监理,也可以委托具有工程监理相应资质等级并与被监理工程的施工承包单位没有隶属关系或者其他利害关系的该工程的设计单位进行监理。

在一般情况下,建设单位在进行工程项目施工招标、发包以及办理《建设工程项目施工许可证》前,先进行监理项目的招标,选定监理单位,签订工程项目委托监理合同。

36-4-3-1 监理项目招标投标管理

建设单位在项目的筹建过程中,应根据工程项目的规模、特点和需要技术服务的内容,向当地建设行政主管部门了解国家和地方有关工程建设项目的监理委托方面的政策和规定;同时了解具备相当资格的监理单位的概况和业绩,以便能更好地开展项目监理的招标和委托工作。另一方面,监理工程师更应该对工程建设监理市场有充分地了解,熟悉其业务和规定,才能在市场经济的活动中取得一席之地。

由于我国建设监理制度推行时间还不长,在各地的发展也存在着较大的差异,因此各地建设行政主管部门对建设工程项目的委托监理工作根据国家招标投标的有关规定和当地的具体情况,分别制订了交易规则(或规定);特别是在我国工程建设项目监理市场健康发展和发达的地区,完善建设了有形的市场机制,规范建设监理交易行为,成立了"建设工程交易管理中心监理分中心"(或其他相应机构),将工程建设监理行业的无形无序竞争变为有形有序的竞争,变为公开、公平、公正的竞争和交易。

建设工程交易管理中心监理分中心(或其他相应机构)应经当地建设行政管理部门批准成立,是不以盈利为目的,为监理项目交易双方提供服务,并进行自律性管理的会员制事业法人;在业务上接受当地建设工程交易管理中心领导。

1. 宗旨和原则

监理分中心以"加强市场管理,规范交易行为,保障工程质量,维护合法权益"为宗旨,遵循"公开、公平、公正、诚实守信"的交易原则。

2. 职责

为建设监理交易发布信息,提供交易场所,依法监督交易各方行为,确保建设监理市场健康规范运行。

3. 权利

(1) 制定内部交易和管理制度；
(2) 监督场内交易全过程及规范交易行为；
(3) 调解会员之间的交易争议；
(4) 收取相关费用；
(5) 其他权利。

4. 义务

(1) 提供交易场所及必要的设备；
(2) 及时正确地发布监理项目交易信息；
(3) 依法接受管理机构的监管；
(4) 完好地保存业务记录、账册、文件资料；
(5) 其他义务。

5. 组织机构

由地方建设监理协会和所在地区的有关部门及监理行业的有关人员组成，设会员大会、理事会和监事会，实行总裁负责制。

36-4-3-2 建设工程监理范围和规模标准

建设工程监理范围和规模标准详见"36-2-2-1 监理范围"。

36-4-3-3 工程建设项目招标范围和规模标准

工程建设项目招标范围和规模标准详见"36-4-1-2 招标范围"。

36-4-3-4 监理项目交易方式

监理项目的交易方式有招标方式和直接委托方式；招标方式又可分为公开招标、邀请招标和协商议标。

1. 招标方式的项目

实行招标的监理项目详见"36-4-1-2 招标范围"。在一般情况下，主要是：

(1) 国家和本地区的重大建设工程；
(2) 大中型公益事业工程；
(3) 住宅建设工程；
(4) 利用外国政府或者国际组织贷款、赠款的建设工程；
(5) 国家或地方政府规定必须实行监理的其他工程。

保密工程、军事设施等特殊建设工程由建设工程交易管理中心监理分中心（或其他相应机构）审核批准，可以自由选择交易方式，并接受地方建设行政主管部门的监督。

对进行监理招标投标范围以外的建设监理项目，建设单位可采用招标或者其他方式确定监理单位，但均应进入地方建设工程交易管理中心监理分中心（或其他相应机构）进行交易，并办理监理合同登记。

2. 公开招标

公开招标指招标单位通过建设工程交易管理中心监理分中心（或其他相应机构）发布招标信息，监理单位按招标信息规定的地点和时间内报名申请投标，由招标单位在资格预审通过的报名单位中，采用公开、公正的办法选定四至十家投标单位，发给招标文件，参加投标的招标方式。

凡符合公开招标信息规定条件的监理单位，在规定的报名时间内均可报名申请建设监理投标。投标报名单位数量不受限制，招标单位不得以任何理由拒绝投标单位参加投标报名。

对具备条件且应公开招标的监理项目，由建设工程交易管理中心监理分中心（或其他相应机构）统一发布建设监理项目交易信息，各单位根据发布的监理项目信息，按企业资质等级参加投标。

公开招标的建设工程监理项目见"36-4-3-3 工程建设项目招标范围和规模标准"，在一般情况下，主要是：

(1) 国家和本地区的重大建设工程；
(2) 建筑面积达到一定规模的住宅建设工程；
(3) 依法必须进行招标的项目，全部使用国有资金投资或者国有资金投资占控股或者主导地位的项目。

3. 协商议标

协商议标指招标单位选择具有与工程相应的资质等级、营业范围、监理能力的两家以上（含两家）监理单位，依据议标文件对参加议标的监理单位的标书进行协商谈判的招标方式。

对近一年内出现过因监理责任引起的质量、安全事故或者有其他违反建筑市场管理法规的行为，受到建设行政主管部门处罚而被限制承接任务的监理单位不得参加议标。

协商议标的建设工程项目范围有：

(1) 工程有保密性要求的；
(2) 工程专业性、技术性高，有能力承担相应任务的单位只有少量几家；
(3) 工程施工所需的技术、材料设备属专利性质，并且在专利保护期之内的；
(4) 主体工程完成后为配合发挥整体效能所追加的小型附属工程；
(5) 单位工程停建、缓建后恢复建设且原有监理合同已经中止的；
(6) 公开招标或者邀请招标失败，不宜再次公开招标或者邀请招标的工程；
(7) 其他特殊性工程。

协商议标项目应由招标单位提出书面申请，经建设工程交易管理中心监理分中心（或其他相应机构）批准后方可实施。

4. 邀请招标

邀请招标亦称邀请投标，是招标单位向预先选择的若干家资质符合本工程投标条件的监理单位，发出投标邀请书，将招标工程的情况、工作范围和实施条件等作出简要说明，邀请参加投标竞争的招标方式。

(1) 邀请招标参加投标的监理单位应三家以上（含三家）。
(2) 招标单位发出投标邀请书，被邀请的监理单位可以不参加投标，但在该招标工程开标以后，不得再行提出参加投标；监理单位在收到投标邀请书后，招标单位不得以任何借口拒绝被邀请单位参加投标，因拒绝而延误被邀请单位参加投标的，招标单位应负包括经济赔偿在内的一切责任。
(3) 邀请招标范围：除公开招标、协商议标范围外的监理招标工程项目。

36-4-3-5 招标条件

进行监理项目招标的工程应具备下列条件:
1. 初步设计和概算文件已被批准;
2. 建设资金已经落实;
3. 征地拆迁工作已基本完成或落实,能保证连续建设的需要;
4. 监理招标文件已编制完毕,并已报有关部门核准;
5. 已具备向有关主管部门报建的条件。

36-4-3-6 招标机构

项目法人可以自行组织施工监理招标,也可委托具备下列条件的机构代理:
1. 具有代理招标投标的企业法人资格和资质;
2. 具有与招标工作相适应的工程管理、概预算管理、财务管理能力;
3. 有组织编制招标文件和标底的能力;
4. 有对投标者进行资格审查和组织评标的能力。

36-4-3-7 招标程序

监理项目的招标工作由项目法人主持,按下列程序进行:
1. 招标单位成立招标工作小组,并报有关部门核准。
2. 招标单位报建设工程交易管理中心监理分中心(或其他相应机构)并填写《建设监理项目交易方式核定表》,确定招标方式;其中公开招标项目由建设工程交易管理中心监理分中心(或其他相应机构)发布招标公告(或信息),协商议标或邀请招标项目发出招(议)标邀请函;公告(或信息)、邀请函的主要内容包括工程概况、投标方式、投标时间和地点、对投标单位的资质要求、对投标申请书的要求和其他事项等。
3. 由建设单位或招标代理单位编写招标文件(包括评标办法),并报有关部门审核批准。
4. 公布资格预审的要求。

招标人可以根据招标工程的需要,对投标申请人进行资格预审,也可以委托工程招标代理机构对投标申请人进行资格预审。实行资格预审的招标工程,招标人应当在招标公告或者投标邀请书中载明资格预审的条件和获取资格预审文件的办法。

资格预审文件一般应当包括资格预审申请书格式、申请人须知,以及需要投标申请人提供的企业资质、业绩、技术装备、财务状况和拟派出的总监理工程师与主要监理人员的简历、业绩等证明材料。

5. 组织报名并对报名的各监理单位进行资格预审,将资格预审的结果报有关部门审批。
6. 招标人应当向资格预审合格的投标申请人发出资格预审合格通知书,告知获取招标文件的时间、地点和方法,按时出售或发放投标文件和有关设计资料等;并收取投标保证金(一般为1000~3000元)。

同时向资格预审不合格的投标申请人告知资格预审结果。

7. 组织投标单位现场踏勘和答疑。
8. 投标的监理单位编制并按规定的时间、地点和方式报送投标文件。
9. 招标单位接受投标者投标文件,并审查投标书的符合性。

10. 组织成立评标委员会或评标工作小组，开标、评标、询标。

11. 推荐和确定中标单位。

12. 发出经建设工程交易管理中心监理分中心（或相应机构）鉴证的中标通知书；中标的监理单位应在收到中标通知书十五日内（或其他规定的时间）与招标单位签订项目的建设工程委托监理合同，并退还中标单位的投标保证金（无息）。

13. 发出未中标单位的通知书，在十五天内（或其他规定的时间）收回未中标单位领取的招标文件等资料，退还投标保证金（无息），并按招标文件确定的数额对未中标单位付给投标标书编制补偿费。

36-4-3-8 招标文件

施工监理招标文件的主要内容：

1. 投标须知：包括项目名称、地点、概算、现场条件、开（竣）工日期、主要工程种类、规模、数量；委托监理的工程范围及业务内容；递交投标书的地点、方式和起止时间，开标的时间和地点；评标原则，公布评标结果的时间；投标保证金的数量及交付、返还的时间和方式，对监理投标书的要求等。

2. 合同主要条款：包括对监理服务费报价要求及付款和结算办法；项目法人与监理人的责任；监理人的责任期和工作范围，对监理检测项目和手段的要求，对监理单位资质和现场监理人员的要求；业主提供的交通、办公和食宿等条件，业主可提供的检测仪器和设备等条件。

3. 技术条款：包括工程名称、地点，工程监理依据的技术规范和有关标准，经审批的设计文件及有关图纸、资料，工程技术特殊要求等。

4. 说明：监理招标文件发出后，项目法人对招标文件的补充和修改，应报请原有关审批部门同意，在投标截止日期 10d 前（或按原规定的时间），以书面形式通知到各投标单位。

36-4-3-9 投标文件

投标文件是监理单位为取得工程建设项目监理业务而编制的，应按照招标文件的要求编制，对招标文件提出的实质性要求和条件作出响应。在评标过程中，评委是根据招标文件预先确定的评标标准和方法，对投标文件进行评审和比较，写出书面评标报告和择优推荐中标候选人。因此，项目投标文件的编制质量是关系到监理单位能否中标的决定因素之一。监理工程师对此应予重视，并应能熟练地按要求编写投标文件。

1. 投标文件的主要内容

(1) 投标说明；

(2) 项目监理大纲；

(3) 拟配备的现场监理人员一览表及有关资格证书（复印件）；

(4) 主要监理人员简历及监理业绩；

(5) 拟配置的现场检测仪器和技术装备一览表；

(6) 本监理单位情况说明和近三年内承担的监理工程一览表；

(7) 反映自身信誉和能力的其他材料；

(8) 监理费用报价及其依据；

(9) 招标书中要求提供的其他内容。

2. 项目监理大纲

项目监理大纲是监理单位针对所投标的监理项目的具体情况编写的监理方案文件，主要目的是使建设单位了解监理单位对该工程项目监理思路、方法、组织、措施，以达到实现建设单位的投资目标和建设意图，使工程建设的投资、建设工期和工程质量在既统一又相互矛盾的目标系统中，达到最优的目标值。

监理大纲的主要内容如下：

（1）工程概况。应包括项目名称、建设地点、建设单位、设计单位、建筑面积、建筑物高度与层数、结构形式、建筑物主要功能、暂定的工程造价和建设工期等。

（2）监理工作范围与内容。应根据业主的需要和监理单位能提供的技术服务内容而制订。

（3）监理工作目标和目标控制措施。包括工程建设的投资、建设工期和工程质量的目标和目标控制措施。

（4）监理方法。应根据监理单位以往的工作经验，阐述为圆满完成监理工作而采用的监理工作方法。

（5）监理工作权限。监理工作的权限是业主根据需要监理单位提供的服务内容，而赋予监理单位的，详见本章"36-3-2 监理工程师的责任、权力"；在一般情况下，监理工作的权限应写入委托监理合同和建设工程施工合同。

（6）监理单位与有关各方之间的业务关系。阐明监理单位与建设单位、承建单位、质量监督站之间的关系，详见本章"36-2-8 监理单位与建设单位、承建单位、质量监督机构的关系"。

（7）监理工作流程和措施。根据拟委托的监理工作权限，列出设备订货、材质核定、技术联系、隐蔽工程验收、工程付款、施工阶段的质量控制、竣工验收等工作流程，以及为搞好本工程的监理工作拟采取的组织、技术、经济等措施。

（8）监理组织结构及监理组成员一览表：应包括姓名、年龄、资质、拟担任的职务等；总监理工程师、总监理工程师代表和主要专业监理工程师等成员应附简历和监理业绩。

（9）施工阶段的进度控制和措施。

（10）施工阶段的投资控制和措施。

（11）施工阶段的工程质量控制和措施。

（12）工程质量事故处理。

（13）工程验收与工程质量评估。

（14）监理资料。

（15）工程监测、检测方法和使用仪器一览表。

（16）本工程的特殊分项工程、分部工程监理要点。

3. 监理组织结构及监理组成员一览表

在工程建设项目管理的实际工程中，业主委托了监理单位以后，能否得到高质量的专业服务，在很大程度上是依靠监理人员的工作态度、管理能力、专业经验和技术水平等；而这些又与监理工程师们的资历、工作经验、专业技能、协调能力等有关。因此业主非常注意项目监理组工作人员的组成、年龄和知识结构等，往往要求监理单位在投标文件中报告监理人员名单（包括姓名、年龄、资格和资质、拟担任的职务、业绩等），总监理工程师、总监理工程师代表、主要专业监理工程师等主要成员应附简历和监理业绩、文字说明和有关材料、证件的复印件。

4. 监理取费

(1) 监理费报价及依据之一

建设监理是有偿的技术服务活动；酬金及计提办法，由业主与监理单位依据所委托的监理业务的范围、深度和工程的性质、规模、难易程度以及工作条件等情况协商确定，并写入《建设工程委托监理合同》，但不得低于国家物价管理部门与建设行政主管部门联合颁发的规定的标准。

监理酬金列入工程概算，计取办法有以下几种：

1) 按所监理工程概（预）算的百分比计收（用插入法计算）。国家物价局、建设部于1992年9月28日颁布的工程建设监理收费标准见表36-2。

工程建设监理收费标准 表36-2

序号	工程概（预）算 M（万元）	设计阶段（含设计招标）监理取费 a（%）	施工（含施工招标）及保修阶段监理取费 b（%）
1	$M<500$	$0.20<a$	$2.50<b$
2	$500<M<1000$	$0.15<a<0.20$	$2.00<b<2.50$
3	$1000<M<5000$	$0.10<a<0.15$	$1.40<b<2.00$
4	$5000<M<10000$	$0.08<a<0.10$	$1.20<b<1.40$
5	$10000<M<50000$	$0.05<a<0.08$	$0.80<b<1.20$
6	$50000<M<100000$	$0.03<a<0.05$	$0.60<b<0.80$
7	$100000<M$	$a<0.03$	$b<0.60$

2) 按照参与监理工作的年度平均人数计算：2.5万元~5万元/人·年（注：为1992年9月28日国家物价局、建设部规定），同时应参照物价上涨指数进行调整。

3) 工程测试费用应另行计取。

4) 不宜按1)、2) 两项办法计收的，由业主和监理单位按商定的其他办法计收。

5) 以上规定的工程建设监理收费标准为指导性价格，具体收费标准由业主和监理单位在规定的幅度内协商确定。

6) 中外合资、合作、外商独资的建设工程，工程建设监理费由双方参照国际标准协商确定。

7) 工程建设监理费用于监理工作中的直接、间接成本开支，交纳税金和合理利润。

8) 各监理单位要加强对监理费的收支管理，自觉接受物价和财务监督。

9) 监理单位提出的合理化建议而取得的节省投资，建设单位应给监理单位奖励。奖励额度为节省投资额的25%~30%。

(2) 地方的工程建设监理费行业指导价标准

由于国家物价局、建设部颁布的工程建设监理收费标准是1992年9月28日制订，现在情况发生了一些变化，新标准也正在制订中；另外，我国各地的情况也存在一些差异,因此,许多地方已制订了地方的收费标准,如上海市、深圳市等。现介绍上海市建设监理协会提出的并于2002年1月1日起开始实施工程建设监理取费行业指导价标准,供参考。

1) 上海市施工阶段和保修阶段监理的取费标准(不含施工招标阶段的取费)见表36-3。

上海市施工阶段和保修阶段监理的取费标准　　　　表36-3

序号	工程总造价(万元)	取费标准b(%)	
1	$M<500$	$b>3.3$	
2	$500 \leqslant M < 1000$	$3.3 \geqslant b > 2.9$	
3	$1000 \leqslant M < 3000$	$2.9 \geqslant b > 2.6$	①工程总造价是指所监理工作的造价,不含建设单位管理费、征地拆迁费、勘察设计费、工程保险费、不可预见费等费用;若在两档之间,用内插法计算。 ②考虑到工程情况的不同和市场因素,在保证监理质量的前提下,可在上述取费标准的基础上作正负调整,但最低不得低于-10%。 ③保修期原则为一年
4	$3000 \leqslant M < 5000$	$2.6 \geqslant b > 2.4$	
5	$5000 \leqslant M < 7000$	$2.4 \geqslant b > 2.2$	
6	$7000 \leqslant M < 10000$	$2.2 \geqslant b > 1.9$	
7	$10000 \leqslant M < 20000$	$1.9 \geqslant b > 1.7$	
8	$20000 \leqslant M < 30000$	$1.7 \geqslant b > 1.5$	
9	$30000 \leqslant M < 50000$	$1.5 \geqslant b > 1.3$	
10	$50000 \leqslant M < 70000$	$1.3 \geqslant b > 1.1$	
11	$70000 \leqslant M < 100000$	$1.1 \geqslant b > 0.9$	
12	$100000 \leqslant M < 300000$	$0.9 \geqslant b > 0.7$	
13	$300000 \leqslant M$	$b \leqslant 0.7$	

2) 上海市按照工作时间计算监理费

一般情况下,零星的监理,保修期超出以上工作内容及合同规定时间超过一年的监理或不宜按百分比计算监理费时,应按商定的监理工作人数的时间计算监理费。可参照上海市建委和物价局颁布的沪建建〔2000〕第0434号文规定计取。

①当不足一个月时,按天计算,每天八小时计:

总监理工程师:每人每小时200元;

监理工程师:每人每小时150元;

其他监理人员:每人每小时100元;

②当超过一个月时,每月按21.5个工作日计,每人每月10000~12000元。

③本监理取费标准未包括工程检测费用,若工程需要检测时,应另行计算有关费用。计费标准可双方协商参照国家和上海市有关规定计算。

5. 本监理单位的情况介绍

通过监理单位的自我介绍,让招标单位了解本企业的历史和现状,并使之能产生信任感。其内容主要包括:企业的业务范围、资格和资质等级、主要监理业绩和近几年内承担监理项目一览表、获奖和荣誉证明等文字资料以及有关复印件等。

6. 注意事项

(1) 投标书必须加盖单位公章和法定代表人(或附有正式委托书的代理人,下同)的印鉴，并由投标单位密封后，在招标书规定的期限内送达规定的地点。

（2）对已送出的投标书，投标单位自行修改和补充的内容，必须在投标截止日期前，以正式文件密封送达项目法人。

（3）投标单位在递交投标书时，应按招标文件规定数额向项目法人交纳投标保证金，其额度一般为 1000～3000 元。

36-4-3-10 开标、评标和定标

1. 开标

（1）开标应当在招标文件确定的提交投标文件截止时间的同一时间公开进行；开标地点应当为招标文件中预先确定的地点。

（2）开标由招标人主持，邀请所有投标人参加。开标应当按照下列规定进行：

由投标人或者其推选的代表检查投标文件的密封情况，也可以由招标人委托的公证机构进行检查并公证。经确认无误后，由有关工作人员当众拆封，宣读投标人名称、投标价格和投标文件的其他主要内容。

招标人在招标文件要求提交投标文件的截止时间前收到的所有投标文件，开标时都应当当众予以拆封、宣读。

开标过程应当记录，并存档备查。

（3）在开标时，投标文件出现下列情形之一的，应当作为无效投标文件，不得进入评标：

1）投标文件未按照招标文件的要求予以密封的；

2）投标文件中的投标函未加盖投标人的企业及企业法定代表人印章的，或者企业法定代表人委托代理人没有合法、有效的委托书（原件）及委托代理人印章的；

3）投标文件的关键内容字迹模糊、无法辨认的；

4）投标人未按照招标文件的要求提供投标保函或者投标保证金的；

5）组成联合体投标的，投标文件未附联合体各方共同投标协议的。

2. 评标和定标

（1）评标由招标人依法组建的评标委员会负责。

依法必须进行招标的工程，其评标委员会由招标人的代表和有关技术、经济等方面的专家组成，成员人数为 5 人以上单数，其中招标人、招标代理机构以外的技术、经济等方面专家不得少于成员总数的 2/3。评标委员会的专家成员，应当由招标人从建设行政主管部门及其他有关政府部门确定的专家名册中确定（专家名册应当拥有一定数量规模并符合法定资格条件的专家）。

确定专家成员一般应当采取随机抽取的方式。

与投标人有利害关系的人不得进入相关工程的评标委员会。评标委员会成员的名单在中标结果确定前应当保密。

（2）评标委员会应当按照招标文件确定的评标标准和方法，对投标文件进行评审和比较，并对评标结果签字确认。

（3）评标的具体办法分为计分法和综合评议法。

计分法：由评委按项目法人事先制订的评标办法，对标书的各项内容分别评分，按分数高低排出投标单位顺序。评分的主要内容包括：监理人员素质、监理方案、监理业绩及

信誉、监理费报价、检测仪器及设备配置情况等。

综合评议法：由评委对投标书的内容，监理单位的信誉、业绩，监理人员的素质，监理方案以及监理费报价等进行综合评议，最后由评委以无记名投票的方法排出投标单位顺序。

(4) 评标委员会完成评标后，应当向招标人提出书面评标报告，阐明评标委员会对各投标文件的评审和比较意见，并按照招标文件中规定的评标方法，推荐不超过3名有排序的合格的中标候选人。招标人根据评标委员会提出的书面评标报告和推荐的中标候选人确定中标人。

使用国有资金投资或者国家融资的工程项目，招标人应当按照中标候选人的排序确定中标人。当确定中标的中标候选人放弃中标或者因不可抗力提出不能履行合同的，招标人可以依序确定其他中标候选人为中标人。

招标人也可以授权评标委员会直接确定中标人。

(5) 中标确定后，招标人应当按招标规定的时限向中标人发出中标通知书，同时通知未中标人；并将评标报告和评标结果报有关招标投标交易管理部门备案。

有关招标投标交易管理部门应对开标、评标和定标工作进行全过程监督。

36-4-3-11　合同签订

1. 中标的监理单位应在收到中标通知书十五日内，与招标单位签订委托监理合同。

委托监理合同签订后，应即在建设工程交易管理中心监理分中心（或其他相应机构）办理合同登记手续。

2. 在办理直接委托方式交易的委托监理合同登记时，建设单位应提供具备监理交易条件的各种资料证件，并由建设工程交易管理中心监理分中心（或其他相应机构）对监理单位的资格、监理费用和监理合同等进行审核。

3. 监理单位接受监理委托以后，须凭《监理资格证书》、业主出具的监理委托书以及《工程建设监理合同》，向受监工程所在地的建设行政主管部门登记备案，申领工程项目监理许可证（或建设工程施工监理登记证），施工监理项目登记表见表36-4。

4. 业主将委托的监理单位、监理内容、总监理工程师的姓名和所赋予的权限等，书面通知被监理单位。

施工监理项目登记表　　　　　　　　　表36-4

单位名称：_____（公章）　　　　　　　　　　　　　　　　编号：

项目概况	工程项目名称					
	工程类别及等级					
	工程地点		区		路（地块）	
	建设规模	工程投资（万元）		投资性质	建筑面积（m²）	
	建设单位名称					
	施工单位名称					
	施工计划日期	开工工期：			竣工工期：	
	监理单位证书编号				资质等级：	

续表

合作监理单位	名　　称：		
	证书编号：	资质等级：	
监　理　内　容			
总监理工程师姓名		监理组人员数	
监理酬金金额	监理费（万元）	计费依据简述：	
备注			

负责人：　　　填报人：　　　日期：　　年　月　日

注：本表按项目上报，由监理单位于签订合同后的十五天内填报一份交政府主管部门（分期签订合同的项目，尚需分期上报）。

36-4-4　建设工程委托监理合同

监理单位承担监理业务，应当与业主依法签订书面建设工程委托监理合同，以便更好地规范合同双方当事人的行为。

建设工程委托监理合同分三部分：

第一部分　建设工程委托监理合同，包括工程名称、地点、规模和总投资，本合同的组成文件，监理人向委托人承诺的监理业务，委托人向监理人承诺支付报酬和合同期限，双方法定代表人签章等。

第二部分　标准条件，包括词语定义、适用范围和法规，双方的义务、权利和责任，合同生效、变更与终止，监理报酬，争议的解决和其他等。

第三部分　专用条件，包括合同适用的法律，监理依据、范围和工作内容，监理报酬的支付方法和奖励办法，附加协议条款等。

监理合同文本的内容和格式可参照中华人民共和国建设部和国家工商行政管理局制定的《建设工程监理合同》示范文本（GF 2000—0202），详见本节附录。

签订监理合同时，还应注意：

1．监理合同的签订程序和内容应符合国家有关技术合同法的规定，合同一经生效，双方应全面履行，任何一方不得擅自变更和违背合同。

2．建设单位在委托监理业务时，只能与有相应监理资质的监理单位签订合同。与无监理资质或未经批准擅自越级承接监理业务的监理单位所签订的合同均无效。

3．监理合同应按法定程序签订，双方均应由法定代表人签章。

4．持有《科技经营证书》的监理单位，其所订立的监理合同，经认定和登记后可纳入技术服务合同，享受有关优惠政策。

附录：

GF-2000-0202

建设工程委托监理合同

(示范文本)

中华人民共和国建设部
国家工商行政管理局 制定

二〇〇〇年二月

第一部分　建设工程委托监理合同

委托人_____与监理人_____经双方协商一致，签订本合同。

一、委托人委托监理人监理的工程（以下简称"本工程"）概况如下：

工程名称：

工程地点：

工程规模：

总 投 资：

二、本合同中的有关词语含义与本合同第二部分《标准条件》中赋予它们的定义相同。

三、下列文件均为本合同的组成部分：

①监理投标书或中标通知书；

②本合同标准条件；

③本合同专用条件；

④在实施过程中双方共同签署的补充与修正文件。

四、监理人向委托人承诺，按照本合同的规定，承担本合同专用条件中议定范围内的监理业务。

五、委托人向监理人承诺按照本合同注明的期限、方式、币种，向监理人支付报酬。

本合同自_____年_____月_____日开始实施，至_____年_____月_____日完成。

本合同一式　份，具有同等法律效力，双方各执　份。

委托人：（签章）	监理人：（签章）
住所：	住所：
法定代表人：（签章）	法定代表人：（签章）
开户银行：	开户银行：
账号：	账号：
邮编：	邮编：
电话：	电话：

本合同签订于：_____年_____月_____日

第二部分　标　准　条　件

词语定义、适用范围和法规

第一条　下列名词和用语，除上下文另有规定外，有如下含义：

(1)"工程"是指委托人委托实施监理的工程。

(2)"委托人"是指承担直接投资责任和委托监理业务的一方以及其合法继承人。

(3)"监理人"是指承担监理业务和监理责任的一方，以及其合法继承人。

(4)"监理机构"是指监理人派驻本工程现场实施监理业务的组织。

(5)"总监理工程师"是指经委托人同意,监理人派到监理机构全面履行本合同的全权负责人。

(6)"承包人"是指除监理人以外,委托人就工程建设有关事宜签订合同的当事人。

(7)"工程监理的正常工作"是指双方在专用条件中约定,委托人委托的监理工作范围和内容。

(8)"工程监理的附加工作"是指:①委托人委托监理范围以外,通过双方书面协议另外增加的工作内容;②由于委托人或承包人原因,使监理工作受到阻碍或延误,因增加工作量或持续时间而增加的工作。

(9)"工程监理的额外工作"是指正常工作和附加工作以外,根据第三十八条规定监理人必须完成的工作,或非监理人自己的原因而暂停或终止监理业务,其善后工作及恢复监理业务的工作。

(10)"日"是指任何一天零时至第二天零时的时间段。

(11)"月"是指根据公历从一个月份中任何一天开始到下一个月相应日期的前一天的时间段。

第二条 建设工程委托监理合同适用的法律是指国家的法律、行政法规,以及专用条件中议定的部门规章或工程所在地的地方法规、地方规章。

第三条 本合同文件使用汉语语言文字书写、解释和说明。如专用条件约定使用两种以上(含两种)语言文字时,汉语应为解释和说明本合同的标准语言文字。

监 理 人 义 务

第四条 监理人按合同约定派出监理工作需要的监理机构及监理人员,向委托人报送委派的总监理工程师及其监理机构主要成员名单、监理规划,完成监理合同专用条件中约定的监理工程范围内的监理业务。在履行合同义务期间,应按合同约定定期向委托人报告监理工作。

第五条 监理人在履行本合同的义务期间,应认真、勤奋地工作,为委托人提供与其水平相适应的咨询意见,公正维护各方面的合法权益。

第六条 监理人使用委托人提供的设施和物品属委托人的财产。在监理工作完成或中止时,应将其设施和剩余的物品按合同约定的时间和方式移交给委托人。

第七条 在合同期内或合同终止后,未征得有关方同意,不得泄露与本工程、本合同业务有关的保密资料。

委 托 人 义 务

第八条 委托人在监理人开展监理业务之前应向监理人支付预付款。

第九条 委托人应当负责工程建设的所有外部关系的协调,为监理工作提供外部条件。根据需要,如将部分或全部协调工作委托监理人承担,则应在专用条件中明确委托的工作和相应的报酬。

第十条 委托人应当在双方约定的时间内免费向监理人提供与工程有关的为监理工作所需要的工程资料。

第十一条 委托人应当在专用条款约定的时间内就监理人书面提交并要求作出决定的

一切事宜作出书面决定。

第十二条 委托人应当授权一名熟悉工程情况、能在规定时间内作出决定的常驻代表（在专用条款中约定），负责与监理人联系。更换常驻代表，要提前通知监理人。

第十三条 委托人应当将授予监理人的监理权利，以及监理人主要成员的职能分工、监理权限及时书面通知已选定的承包合同的承包人，并在与第三人签订的合同中予以明确。

第十四条 委托人应在不影响监理人开展监理工作的时间内提供如下资料：
（1）与本工程合作的原材料、构配件、机械设备等生产厂家名录。
（2）提供与本工程有关的协作单位、配合单位的名录。

第十五条 委托人应免费向监理人提供办公用房、通讯设施、监理人员工地住房及合同专用条件约定的设施，对监理人自备的设施给予合理的经济补偿（补偿金额＝设施在工程使用时间占折旧年限的比例×设施原值＋管理费）。

第十六条 根据情况需要，如果双方约定，由委托人免费向监理人提供其他人员，应在监理合同专用条件中予以明确。

监理人权利

第十七条 监理人在委托人委托的工程范围内，享有以下权利：
（1）选择工程总承包人的建议权。
（2）选择工程分包人的认可权。
（3）对工程建设有关事项包括工程规模、设计标准、规划设计、生产工艺设计和使用功能要求，向委托人的建议权。
（4）对工程设计中的技术问题，按照安全和优化的原则，向设计人提出建议；如果拟提出的建议可能会提高工程造价，或延长工期，应当事先征得委托人的同意。当发现工程设计不符合国家颁布的建设工程质量标准或设计合同约定的质量标准时，监理人应当书面报告委托人并要求设计人更正。
（5）审批工程施工组织设计和技术方案，按照保质量、保工期和降低成本的原则，向承包人提出建议，并向委托人提出书面报告。
（6）主持工程建设有关协作单位的组织协调，重要协调事项应当事先向委托人报告。
（7）征得委托人同意，监理人有权发布开工令、停工令、复工令，但应当事先向委托人报告。如在紧急情况下未能事先报告时，则应在24小时内向委托人作出书面报告。
（8）工程上使用的材料和施工质量的检验权。对于不符合设计要求和合同约定及国家质量标准的材料、构配件、设备，有权通知承包人停止使用；对于不符合规范和质量标准的工序、分部分项工程和不安全施工作业，有权通知承包人停工整改、返工。承包人得到监理机构复工令后才能复工。
（9）工程施工进度的检查、监督权，以及工程实际竣工日期提前或超过工程施工合同规定的竣工期限的签认权。
（10）在工程施工合同约定的工程价格范围内，工程款支付的审核和签认权，以及工程结算的复核确认权与否决权。未经总监理工程师签字确认，委托人不支付工程款。

第十八条 监理人在委托人授权下，可对任何承包人合同规定的义务提出变更。如果由此严重影响了工程费用或质量、或进度，则这种变更须经委托人事先批准。在紧急情况下未能事先报委托人批准时，监理人所做的变更也应尽快通知委托人。在监理过程中如发现工程承包人人员工作不力，监理机构可要求承包人调换有关人员。

第十九条 在委托的工程范围内，委托人或承包人对对方的任何意见和要求（包括索赔要求），均必须首先向监理机构提出，由监理机构研究处置意见，再同双方协商确定。当委托人和承包人发生争议时，监理机构应根据自己的职能，以独立的身份判断，公正地进行调解。当双方的争议由政府建设行政主管部门调解或仲裁机关仲裁时，应当提供作证的事实材料。

委托人权利

第二十条 委托人有选定工程总承包人，以及与其订立合同的权利。

第二十一条 委托人有对工程规模、设计标准、规划设计、生产工艺设计和设计使用功能要求的认定权，以及对工程设计变更的审批权。

第二十二条 监理人调换总监理工程师须事先经委托人同意。

第二十三条 委托人有权要求监理人提交监理工作月报及监理业务范围内的专项报告。

第二十四条 当委托人发现监理人员不按监理合同履行监理职责，或与承包人串通给委托人或工程造成损失的，委托人有权要求监理人更换监理人员，直到终止合同并要求监理人承担相应的赔偿责任或连带赔偿责任。

监理人责任

第二十五条 监理人的责任期即委托监理合同有效期。在监理过程中，如果因工程建设进度的推迟或延误而超过书面约定的日期，双方应进一步约定相应延长的合同期。

第二十六条 监理人在责任期内，应当履行约定的义务。如果因监理人过失而造成了委托人的经济损失，应当向委托人赔偿。累计赔偿总额（除本合同第二十四条规定以外）不应超过监理报酬总额（除去税金）。

第二十七条 监理人对承包人违反合同规定的质量要求和完工（交图、交货）时限，不承担责任。因不可抗力导致委托监理合同不能全部或部分履行，监理人不承担责任。但对违反第五条规定引起的与之有关的事宜，向委托人承担赔偿责任。

第二十八条 监理人向委托人提出赔偿要求不能成立时，监理人应当补偿由于该索赔所导致委托人的各种费用支出。

委托人责任

第二十九条 委托人应当履行委托监理合同约定的义务，如有违反则应当承担违约责任，赔偿给监理人造成的经济损失。

监理人处理委托业务时，因非监理人原因的事由受到损失的，可以向委托人要求补偿损失。

第三十条 委托人如果向监理人提出赔偿的要求不能成立，则应当补偿由该索赔所引起的监理人的各种费用支出。

合同生效、变更与终止

第三十一条 由于委托人或承包人的原因使监理工作受到阻碍或延误,以致发生了附加工作或延长了持续时间,则监理人应当将此情况与可能产生的影响及时通知委托人。完成监理业务的时间相应延长,并得到附加工作的报酬。

第三十二条 在委托监理合同签订后,实际情况发生变化,使得监理人不能全部或部分执行监理业务时,监理人应当立即通知委托人。该监理业务的完成时间应予延长。当恢复执行监理业务时,应当增加不超过42日的时间用于恢复执行监理业务,并按双方约定的数量支付监理报酬。

第三十三条 监理人向委托人办理完竣工验收或工程移交手续,承包人和委托人已签订工程保修责任书,监理人收到监理报酬尾款,本合同即终止。保修期间的责任,双方在专用条款中约定。

第三十四条 当事人一方要求变更或解除合同时,应当在42日前通知对方,因解除合同使一方遭受损失的,除依法可以免除责任的外,应由责任方负责赔偿。

变更或解除合同的通知或协议必须采取书面形式,协议未达成之前,原合同仍然有效。

第三十五条 监理人在应当获得监理报酬之日起30日内仍未收到支付单据,而委托人又未对监理人提出任何书面解释时,或根据第三十三条及第三十四条已暂停执行监理业务时限超过六个月的,监理人可向委托人发出终止合同的通知,发出通知后14日内仍未得到委托人答复,可进一步发出终止合同的通知,如果第二份通知发出后42日内仍未得到委托人答复,可终止合同或自行暂停或继续暂停执行全部或部分监理业务。委托人承担违约责任。

第三十六条 监理人由于非自己的原因而暂停或终止执行监理业务,其善后工作以及恢复执行监理业务的工作,应当视为额外工作,有权得到额外的报酬。

第三十七条 当委托人认为监理人无正当理由而又未履行监理义务时,可向监理人发出指明其未履行义务的通知。若委托人发出通知后21日内没有收到答复,可在第一个通知发出后35日内发出终止委托监理合同的通知,合同即行终止。监理人承担违约责任。

第三十八条 合同协议的终止并不影响各方应有的权利和应当承担的责任。

监 理 报 酬

第三十九条 正常的监理工作、附加工作和额外工作的报酬,按照监理合同专用条件中第四十条的方法计算,并按约定的时间和数额支付。

第四十条 如果委托人在规定的支付期限内未支付监理报酬,自规定之日起,还应向监理人支付滞纳金。滞纳金从规定支付期限最后一日起计算。

第四十一条 支付监理报酬所采取的货币币种、汇率由合同专用条件约定。

第四十二条 如果委托人对监理人提交的支付通知中报酬或部分报酬项目提出异议,应当在收到支付通知书24小时内向监理人发出表示异议的通知,但委托人不得拖延其他无异议报酬项目的支付。

其 他

第四十三条 委托的建设工程监理所必要的监理人员出外考察、材料设备复试，其费用支出经委托人同意的，在预算范围内向委托人实报实销。

第四十四条 在监理业务范围内，如需聘用专家咨询或协助，由监理人聘用的，其费用由监理人承担；由委托人聘用的，其费用由委托人承担。

第四十五条 监理人在监理工作过程中提出的合理化建议，使委托人得到了经济效益，委托人应按专用条件中的约定给予经济奖励。

第四十六条 监理人驻地监理机构及其职员不得接受监理工程项目施工承包人的任何报酬或者经济利益。

监理人不得参与可能与合同规定的与委托人的利益相冲突的任何活动。

第四十七条 监理人在监理过程中，不得泄露委托人申明的秘密，监理人亦不得泄露设计人、承包人等提供并申明的秘密。

第四十八条 监理人对于由其编制的所有文件拥有版权，委托人仅有权为本工程使用或复制此类文件。

争议的解决

第四十九条 因违反或终止合同而引起的对对方损失和损害的赔偿，双方应当协商解决，如未能达成一致，可提交主管部门协调，如仍未能达成一致时，根据双方约定提交仲裁机关仲裁，或向人民法院起诉。

第三部分 专用条件

第二条 本合同适用的法律及监理依据：

第四条 监理范围和监理工作内容：

第九条 外部条件包括：

第十条 委托人应提供的工程资料及提供时间：

第十一条 委托人应在_____天内对监理人书面提交并要求作出决定的事宜作出书面答复。

第十二条 委托人的常驻代表为_____。

第十五条 委托人免费向监理机构提供如下设施：

监理人自备的、委托人给予补偿的设施如下：

补偿金额＝

第十六条 在监理期间，委托人免费向监理机构提供_____名工作人员，由总监理工程师安排其工作，凡涉及服务时，此类职员只应从总监理工程师处接受指示。并免费提供_____名服务人员。监理机构应与此类服务的提供者合作，但不对此类人员及其行为负责。

第二十六条 监理人在责任期内如果失职，同意按以下办法承担责任，赔偿损失［累计赔偿额不超过监理报酬总数（扣税）］：

赔偿金＝直接经济损失×报酬比率（扣除税金）

第三十九条 委托人同意按以下的计算方法、支付时间与金额，支付监理人的报酬：

委托人同意按以下的计算方法、支付时间与金额，支付附加工作报酬：（报酬＝附加工作日数×合同报酬/监理服务日）

委托人同意按以下的计算方法、支付时间与金额，支付额外工作报酬：

第四十一条 双方同意用＿＿＿＿＿支付报酬，按＿＿＿＿＿汇率计付。

第四十五条 奖励办法：

奖励金额＝工程费用节省额×报酬比率

第四十九条 本合同在履行过程中发生争议时，当事人双方应及时协商解决。协商不成时，双方同意由仲裁委员会仲裁（当事人双方不在本合同中约定仲裁机构，事后又未达成书面仲裁协议的，可向人民法院起诉）。

附加协议条款：

36-4-5 争 议 调 解

1. 建设工程交易管理中心监理分中心（或其他相应机构）可依法对监理定标中的争议进行调解。监理定标中的争议指下列几种情况：

(1) 评标委员会（或评标工作小组）成员意见争议不能确定中标单位；

(2) 中标通知书发出以后，因签订合同时当事人之间发生争议；

(3) 评标、定标中的其他争议。

2. 因评标、定标分歧意见不能确定中标单位时，由招标工作小组在五日内（或其他规定的期限）填写调解申请书，报建设工程交易管理中心监理分中心（或其他相应机构）。监理分中心（或其他相应机构）接到调解申请后，应在规定的时间内组织协商，并发出调解决定书通知各方。

3. 建设工程交易管理中心监理分中心（或其他相应机构）作出的调解决定，自签发之日起生效。会员单位对此调解不服的，可以向本地区仲裁委员会申请仲裁。

36-4-6 法 律 责 任

1. 在监理项目招标投标活动中，各有关方有下列行为之一的，由建设工程交易管理中心监理分中心（或其他相应机构）提请地方建设行政管理部门对其依照法律法规作出处罚。

(1) 在场外进行交易的；

(2) 未按规定方式组织招投标交易的；

(3) 压价竞争的；

(4) 相互串标的；

(5) 招标代理单位泄漏委托方的信息影响公正定标的；

(6) 没有按照已确定的评标办法定标的;

(7) 其他妨碍或者有损公正交易的行为。

2．工作人员有弄虚作假、故意偏袒、幕后交易、接受贿赂和错误导向行为的,调离工作岗位,并视情节轻重、危害大小给予相应的行政处分。

3．任何人员在交易活动中,触犯国家法律的,依照有关程序提交司法机关处理:

(1) 违反规定,必须进行招标的项目而不招标的,将必须进行招标的项目化整为零或者以其他任何方式规避招标的,责令限期改正,可以处项目合同金额5‰以上10‰以下的罚款;对全部或者部分使用国有资金的项目,可以暂停项目执行或者暂停资金拨付;对单位直接负责的主管人员和其他直接责任人员依法给予处分。

对国家机关或者国有及集体企业、事业单位的人员,根据国务院发布的《行政机关工作人员奖惩暂行规定》和《企业职工奖惩条例》的规定给予行政处分;行政处分的形式有警告、记过、记大过、降级、撤职、留用查看、开除等;其他处分有单位内部对违反制度、纪律的人员所给予的处分。

(2) 招标代理机构违反规定,泄露应当保密的与招标投标活动有关的情况和资料的,或者与招标人、投标人串通损害国家利益、社会公共利益或者他人合法权益的,处5万元以上25万元以下的罚款,对单位直接负责的主管人员和其他直接责任人员处单位罚款数额的5%以上10%以下的罚款;有违法所得的,并处没收违法所得;情节严重的,暂停直至取消招标代理资格;构成犯罪的,依法追究刑事责任。给他人造成损失的,依法承担赔偿责任。

前款所列行为影响中标结果的,中标无效。

(3) 招标人以不合理的条件限制或者排斥潜在投标人的,对潜在投标人实行歧视待遇的,强制要求投标人组成联合体共同投标的,或者限制投标人之间竞争的,责令改正,可以处1万元以上5万元以下的罚款。

(4) 依法必须进行招标的项目的招标人向他人透露已获取招标文件的潜在投标人的名称、数量或者可能影响公平竞争的有关招标投标的其他情况的,或者泄露标底的,给予警告,可以并处1万元以上10万元以下的罚款;对单位直接负责的主管人员和其他直接责任人员依法给予处分;构成犯罪的,依法追究刑事责任。

前款所列行为影响中标结果的,中标无效。

(5) 投标人相互串通投标或者与招标人串通投标的,投标人以向招标人或评标委员会成员行贿的手段谋取中标的,中标无效,处中标项目金额5‰以上10‰以下的罚款;有违法所得的,并处没收违法所得;情节严重的,取消其一年至二年内参加依法必须进行招标的项目的投标资格并予以公告,直至由工商行政管理机关吊销营业执照;构成犯罪的,依法追究刑事责任。给他人造成损失的,依法承担赔偿责任。

(6) 投标人以他人名义投标或者以其他方式弄虚作假(包括未按要求如实提供有关的资质证明文件、业绩情况、担保文件以及其他文件及材料等),骗取中标的,中标无效,给招标人造成损失的,依法承担赔偿责任;构成犯罪的,依法追究刑事责任。

依法必须进行招标的项目的投标人有前款所列行为尚未构成犯罪的,处中标项目金额5‰以上10‰以下的罚款,对单位直接负责的主管人员和其他直接责任人员处单位罚款数额5%以上10%以下的罚款;有违法所得的,并处没收违法所得;情节严重的,取消其一年至三年内参加依法必须进行招标的项目的投标资格并予公告,直至由工商行政管理机关吊销营业执照。

(7) 依法必须进行招标的项目,招标人违反规定,在中标人确定前,与投标人就投标价格、投标方案等实质性内容进行谈判,违背了公平、公正、公开的原则;很可能产生招标人与投标人串通投标、排斥其他投标人的结果;或利用获取的信息对另一投标人施加压力,迫使其降低报价或提供其他方面对招标人更有利的投标。因此,应给予警告,对单位直接负责的主管人员和其他直接责任人员依法给予处分。上述行为影响中标结果的,中标无效。

(8) 评标委员会成员收受投标人的财物或者其他好处的,评标委员会成员或者参加评标的有关工作人员(包括为评标提供服务,在一定程度上了解评标情况的工作人员)向他人透露对投标文件的评审和比较、中标候选人的推荐以及与评标有关的其他情况的,给予警告,没收收受的财物,可以并处 3000 元以上 5 万元以下的罚款,对有所列违法行为的评标委员会成员取消担任评标委员会成员的资格,不得再参加任何依法必须进行招标的项目的评标;构成犯罪的,依法追究刑事责任。

这里涉及的犯罪,主要是指《刑法》规定的泄露国家秘密罪和侵犯商业秘密罪。《刑法》第三百九十八条规定:"国家机关工作人员违反保守国家秘密法的规定,故意或者过失泄露国家秘密,情节严重的,处 3 年以下有期徒刑或者拘役;情节特别严重的,处 3 年以上 7 年以下有期徒刑。非国家机关工作人员犯前款罪的,依照前款的规定酌情处罚。"《刑法》第二百一十九条是关于侵犯商业秘密罪的规定。商业秘密是指不为公众所知悉,能为权利人带来经济利益,具有实用性并经权利人采取保密措施的技术信息和经营信息。刑法对披露、违反约定或者违反权利人有关保守商业秘密的要求,给商业秘密的权利人造成重大损失的,处三年以下有期徒刑或者拘役,并处或者单处罚金;造成特别严重后果的,处三年以上七年以下有期徒刑,并处罚金。

(9) 招标人在评标委员会依法推荐的中标候选人以外确定中标人的,依法必须进行招标的项目在所有投标被评标委员会否决后自行确定中标人的,中标无效,责令改正,可以处中标项目金额 5‰ 以上 10‰ 以下的罚款;对单位直接负责的主管人员和其他直接责任人员依法给予处分。

责令改正并不是行政处罚,而是实施行政处罚时,必须采取的一种行政措施;招标人除改正其违法行为外,还要承担"中标无效"和"罚款"(实行"双罚"的原则,即对违法的单位、主管人员和责任人罚款)的法律责任。

(10) 中标人将中标项目转让给他人的,将中标项目肢解后分别转让给他人的,违反规定将中标项目的部分主体、关键性工作分包给他人的,或者分包人再次分包的,转让、分包无效,处转让、分包项目金额 5‰ 以上 10‰ 以下的罚款;有违法所得的,并处没收违法所得;可以责令停业整顿;情节严重的,由工商行政管理机关吊销营业执照。

(11) 招标人与中标人不按照招标文件和中标人的投标文件订立合同的,或者招标人、中标人订立背离合同实质性内容的协议的,责令改正;可以处中标项目金额 5‰ 以上 10‰ 以下的罚款。

(12) 中标人不履行与招标人订立的合同的,履约保证金不予退还,给招标人造成的损失超过履约保证金数额的,还应当对超过部分予以赔偿;没有提交履约保证金的,应当对招标人的损失承担赔偿责任。

中标人不按照与招标人订立的合同履行义务，情节严重的，取消其二年至五年内参加依法必须进行招标的项目的投标资格并予以公告，直至由工商行政管理机关吊销营业执照。

因不可抗力不能履行合同的，中标人不承担违约的法律责任。这里所说的不可抗力，是指不能预见、不能避免并不能克服的客观情况。包括自然事件如地震、洪水、火山，以及社会事件如战争等。

(13) 任何单位违反规定，限制或者排斥本地区、本系统以外的法人或者其他组织参加投标的，为招标人指定招标代理机构的，强制招标人委托招标代理机构办理招标事宜的，或者以其他方式干涉招标投标活动的，责令改正；对单位直接负责的主管人员和其他直接责任人员依法给予警告、记过、记大过的处分，情节较重的，依法给予降级、撤职、开除的处分。

个人利用职权进行上述违法行为的，依照规定追究责任。

(14) 对招标投标活动依法负有行政监督职责的国家机关工作人员徇私舞弊、滥用职权或者玩忽职守，构成犯罪的，依法追究刑事责任。"滥用职权"是指国家机关工作人员违反法律规定的权限和程序，滥用职权或者超越职权的行为；"玩忽职守"是指国家机关工作人员不履行、不正确履行或者放弃履行其职责的行为；"徇私舞弊"是指国家机关工作人员的徇个人私情，置国家利益于不顾的行为。

《刑法》第三百九十七条规定："国家机关工作人员滥用职权或者玩忽职守，致使公共财产、国家和人民利益遭受重大损失的，处三年以下有期徒刑或者拘役；情节特别严重的，处三年以上七年以下有期徒刑。本法另有规定的，依照规定。国家机关工作人员徇私舞弊，犯前款罪的，处五年以下有期徒刑或者拘役；情节特别严重的，处五年以上十年以下有期徒刑。本法另有规定的，依照规定。"

不构成犯罪的，依法给予行政处分。行政处分是指国家机关、企事业单位依法给隶属于它的犯有一般违法行为人员的一种制裁性处理。视其情节轻重，依照《行政监察法》和《国家公务员暂行条例》的规定，给予警告、记过、记大过、降级、撤职、开除的处分。

(15) 依法必须进行招标的项目违反规定，中标无效的，应当依照规定的中标条件从其余投标人中重新确定中标人或者依照规定重新进行招标。

中标无效的规定主要有以下几种情况：

1) 招标代理机构违法泄露应当保密的有关情况和资料或者与招标人、投标人串通，并影响中标结果的。

2) 招标人向他人透露可能影响公平竞争的有关招标投标情况，并影响中标结果的。

3) 投标人相互串通投标或者投标人与招标人串通投标的，投标人以向招标人或评标委员会成员行贿的手段谋取中标的。

4) 投标人以他人名义投标或者以其他方式弄虚作假骗取中标的。

5) 招标人违法与投标人就投标价格、投标方案等实质性内容进行谈判，并影响中标结果的。

6) 招标人在评标委员会依法推荐的中标候选人以外确定中标人的，或者所有投标被评标委员会否决后自行确定中标人的。

36-5 项目监理机构及其设施

36-5-1 项目监理机构

项目监理机构是监理单位派驻工程项目负责履行委托监理合同的组织机构。监理单位履行施工阶段的委托监理合同时，必须在施工现场建立项目监理机构。它是为实施工程项目的监理工作而按合同设立的临时组织机构，在完成委托监理合同约定的监理工作后可撤离施工现场，随着工程项目监理工作的结束而撤消。

36-5-1-1 组织形式

项目监理机构的组织形式和规模，应根据委托监理合同规定的服务内容、服务期限、工程类别、规模、技术复杂程度、工程环境等因素确定。在一般情况下，设立工程项目监理班子的原则是统一指挥，分层管理，指令关系清晰，信息传递方便，权与责相符，既有利于专业化分工，又便于协作，可采用矩阵式、职能式、直线式、直线—职能式等。

1. 矩阵制监理组织结构型式见图36-1。

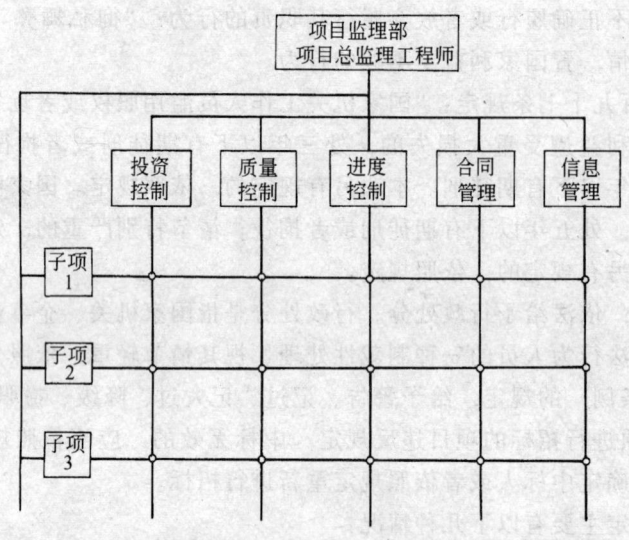

图 36-1 矩阵制监理组织型式

矩阵制监理组织型式适用于监理项目能划分为若干个相对独立子项的大、中型建设项目，有利于总监理工程师对整个项目实施规划、组织、协调和指导，有利于统一监理工作的要求和规范化，同时又能发挥子项工作班子的积极性，强化责任制。

但采用矩阵制监理组织型式时要注意，在具体工作中要确保指令的惟一性，明确规定当指令发生矛盾时，应执行哪一个指令。

2. 按监理职能分解的监理组织结构型式见图36-2。

按职能分解的监理组织型式适用于中、小型或一个单体建设项目。

在实际工作中还可以根据工程具体情况和监理的职能进行调整、归并。

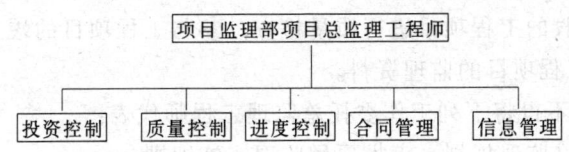

图 36-2 按职能分解的监理组织型式

36-5-1-2 监理人员和要求

1. 监理人员应包括总监理工程师、专业监理工程师和监理员，必要时可配备总监理工程师代表。

总监理工程师应由具有三年以上同类工程监理工作经验的人员担任；总监理工程师代表应由具有二年以上同类工程监理工作经验的人员担任；专业监理工程师应由具有一年以上同类工程监理工作经验的人员担任。

项目监理机构的监理人员应专业配套、数量满足工程项目监理工作的需要。

2. 监理单位应于委托监理合同签订后 10d 内将项目监理机构的组织形式、人员构成及对总监理工程师的任命书面通知建设单位。当总监理工程师需要调整时，监理单位应征得建设单位同意并书面通知建设单位；当专业监理工程师需要调整时，总监理工程师应书面通知建设单位和承包单位。

36-5-2 监理人员的职责

36-5-2-1 总监理工程师

总监理工程师是由监理单位法定代表人书面授权、全面负责委托监理合同的履行、主持项目监理机构工作的监理工程师。

1. 一名总监理工程师只宜担任一项委托监理合同的项目总监理工程师工作。当需要同时担任多项委托监理合同的项目总监理工程师工作时，须经建设单位同意，且最多不得超过三项。

2. 总监理工程师应履行以下职责：

(1) 确定项目监理机构人员的分工和岗位职责；

(2) 主持编写项目监理规划、审批项目监理实施细则，并负责管理项目监理机构的日常工作；

(3) 审查分包单位的资质，并提出审查意见；

(4) 检查和监督监理人员的工作，根据工程项目的进展情况可进行监理人员调配，对不称职的监理人员应调换其工作；

(5) 主持监理工作会议，签发项目监理机构的文件和指令；

(6) 审定承包单位提交的开工报告、施工组织设计、技术方案、进度计划；

(7) 审核签署承包单位的申请、支付证书和竣工结算；

(8) 审查和处理工程变更；

(9) 主持或参与工程质量事故的调查；

(10) 调解建设单位与承包单位的合同争议、处理索赔、审批工程延期；

(11) 组织编写并签发监理月报、监理工作阶段报告、专题报告和项目监理工作总结；

(12) 审核签认分部工程和单位工程的质量检验评定资料，审查承包单位的竣工申请，

组织监理人员对待验收的工程项目进行质量检查,参与工程项目的竣工验收;

(13) 主持整理工程项目的监理资料。

3. 总监理工程师不得将下列工作委托总监理工程师代表:

(1) 主持编写项目监理规划、审批项目监理实施细则;

(2) 签发工程开工/复工报审表、工程暂停令、工程款支付证书、工程竣工报验单;

工程开工/复工报审表应符合 A1 表(表 36-15)的格式;工程暂停令应符合 B2 表(表 36-26)的格式;工程款支付证书应符合 B3 表(表 36-27)的格式;工程竣工报验单应符合 A10 表(表 36-24)的格式。

(3) 审核签认竣工结算;

(4) 调解建设单位与承包单位的合同争议、处理索赔、审批工程延期;

(5) 根据工程项目的进展情况进行监理人员的调配,调换不称职的监理人员。

36-5-2-2 总监理工程师代表

总监理工程师代表是经监理单位法定代表人同意,由总监理工程师书面授权,代表总监理工程师行使其部分职责和权力的项目监理机构中的监理工程师。

总监理工程师代表应履行以下职责:

1. 负责总监理工程师指定或交办的监理工作;
2. 按总监理工程师的授权,行使总监理工程师的部分职责和权力。

36-5-2-3 专业监理工程师

专业监理工程师是根据项目监理岗位职责分工和总监理工程师的指令,负责实施某一专业或某一方面的监理工作,具有相应监理文件签发权的监理工程师。

专业监理工程师应履行以下职责:

1. 负责编制本专业的监理实施细则;
2. 负责本专业监理工作的具体实施;
3. 组织、指导、检查和监督本专业监理员的工作,当人员需要调整时,向总监理工程师提出建议;
4. 审查承包单位提交的涉及本专业的计划、方案、申请、变更,并向总监理工程师提出报告;
5. 负责本专业分项工程验收及隐蔽工程验收;
6. 定期向总监理工程师提交本专业监理工作实施情况报告,对重大问题及时向总监理工程师汇报和请示;
7. 根据本专业监理工作实施情况做好监理日记;
8. 负责本专业监理资料的收集、汇总及整理,参与编写监理月报;
9. 核查进场材料、设备、构配件的原始凭证、检测报告等质量证明文件及其质量情况,根据实际情况认为有必要时对进场材料、设备、构配件进行平行检验,合格时予以签认;
10. 负责本专业的工程计量工作,审核工程计量的数据和原始凭证。

36-5-2-4 监理员

监理员是经过监理业务培训,具有同类工程相关专业知识,从事具体监理工作的监理人员。

监理员应履行以下职责:
1. 在专业监理工程师的指导下开展现场监理工作;
2. 检查承包单位投入工程项目的人力、材料、主要设备及其使用、运行状况,并做好检查记录;
3. 复核或从施工现场直接获取工程计量的有关数据并签署原始凭证;
4. 按设计图及有关标准,对承包单位的工艺过程或施工工序进行检查和记录,对加工制作及工序施工质量检查结果进行记录;
5. 担任旁站工作,发现问题及时指出并向专业监理工程师报告;
6. 做好监理日记和有关的监理记录。

36-5-3 监理设施

1. 建设单位应提供委托监理合同约定的满足监理工作需要的办公、交通、通讯、生活设施。项目监理机构应妥善保管和使用建设单位提供的设施,并应在完成监理工作后移交建设单位。
2. 项目监理机构应根据工程项目类别、规模、技术复杂程度、工程项目所在地的环境条件,按委托监理合同的约定,配备满足监理工作需要的常规检测设备和工具。
3. 在大中型项目的监理工作中,项目监理机构应实施监理工作的计算机辅助管理。

36-5-4 监理人员守则

1. 认真学习和贯彻有关建设监理的政策、法规以及有关工程建设的法律、法规、政策、标准和规范;
2. 认真履行监理合同,根据编制的项目监理规划和监理实施细则开展工作;对工作严格要求,一丝不苟;
3. 严格遵守"忠诚服务、恪尽职守、公正廉洁、信誉至上"的职业道德,自觉抵制不正之风,不准利用职权牟取私利;
4. 尊重客观事实,准确反映工程和监理工作情况,及时、妥善处理问题;努力钻研监理业务,坚持科学的工作态度,对工程以科学数据为认定质量的依据;
5. 虚心听取受监单位的意见,及时总结经验教训,不断提高监理工作水平;
6. 自觉遵守各项规章制度;树立严格的自我保护意识,熟悉安全技术要求;进入工地,必须遵守安全纪律,配戴安全帽和有关防护用品。

36-6 项目监理工作程序

工程项目施工阶段的监理,是指工程项目已经完成施工图设计,并已经完成施工投标招标工作、签订建设工程施工合同以后,从工程项目的承建单位进场准备、审查施工组织设计开始,一直到工程竣工验收、备案、竣工资料存档的全过程实施的监理。

监理工作程序包括编写监理工作计划书、编写专业(或分项工程、分部工程)监理实施细则、制订监理工作方法、建立监理工作报告制度等,其程序见图 36-3。

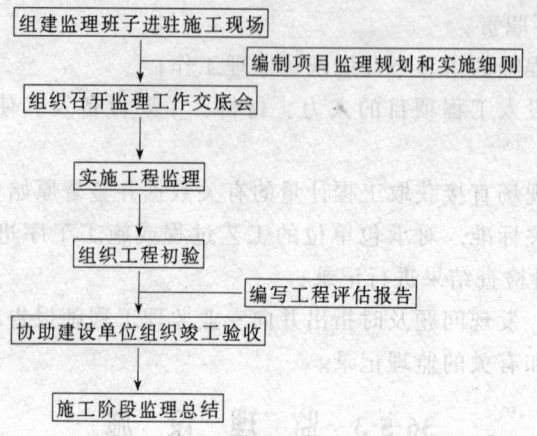

图 36-3 监理工作程序图

36-6-1 监理工作程序的制定要点

制定监理工作程序有利于项目监理机构的工作规范化、程序化、制度化，有利于建设单位、承包单位及其他相关单位与监理单位之间工作配合协调。

1. 制定监理工作总程序应根据专业工程特点，并按工作内容分别制定具体的监理工作程序。

2. 制定监理工作程序应体现事前控制和主动控制的要求。

3. 制定监理工作程序应结合工程项目的特点，注重监理工作的效果。要按照监理工作开展的先后次序，应明确每一阶段工作内容、行为主体、考核标准、工作时限。

4. 当涉及到建设单位和承包单位的工作时，监理工作程序应符合委托监理合同和施工合同的规定。

5. 在监理工作实施过程中，应根据实际情况的变化对监理工作程序进行调整和完善。在实际监理过程中，由于工程项目的具体情况，可能会产生监理工作内容的增减或工作程序颠倒的现象，但无论出现何种变化都必须坚持监理工作"先审核后实施、先验收后施工（下道工序）"的基本原则。

36-6-2 施工准备阶段的监理工作

1. 在设计交底前，总监理工程师应组织监理人员熟悉设计文件，并对图纸中存在的问题通过建设单位向设计单位提出书面意见和建议。

项目总监理工程师组织监理人员熟悉施工图是监理预先控制的一项重要工作，其目的是熟悉图纸，了解工程特点、工程关键部位的施工方法、质量要求，以督促承包单位按图施工。虽然监理单位对设计问题不承担责任，但如发现图纸中存在按图施工困难、影响工程质量以及图纸错误等问题，应通过建设单位向设计单位提出书面意见和建议。

2. 项目监理人员应参加由建设单位组织的设计技术交底会，参加设计技术交底会应了解的基本内容是：

（1）设计主导思想、建筑艺术构思和要求、采用的设计规范、确定的抗震等级、防火等级、基础、结构、内外装修及机电设备设计（设备造型）等；

(2) 对主要建筑材料、构配件和设备的要求，所采用的新技术、新工艺、新材料、新设备的要求以及施工中应特别注意的事项等；

(3) 对建设单位、承包单位和监理单位提出的对施工图的意见和建议的答复。

在设计交底会上确认的设计变更应由建设单位、设计单位、施工单位和监理单位会签。

总监理工程师应对设计技术交底会议纪要进行签认。

3. 工程项目开工前，总监理工程师应组织专业监理工程师审查承包单位报送的施工组织设计（方案）报审表，提出审查意见，并经总监理工程师审核、签认后报建设单位。施工组织设计（方案）报审表应符合 A2 表（表 36-16）的格式。

审查施工组织设计的工作程序及基本要求：

(1) 施工组织设计审查程序

1) 承包单位必须完成施工组织设计的编制及自审工作，并填写施工组织设计（方案）报审表，报送项目监理机构。

2) 总监理工程师应在约定时间内，组织专业监理工程师审查，提出审查意见后，由总监理工程师审定批准。需要承包单位修改时，由总监理工程师签发书面的意见，退回承包单位修改后再报审，总监理工程师应重新审定。

3) 已审定的施工组织设计由项目监理机构报送建设单位。

4) 承包单位应按审定的施工组织设计文件组织施工。如需对其内容做较大变更，应在实施前将变更内容书面报送项目监理机构重新审定。

5) 对规模大、结构复杂或属新结构、特种结构的工程，项目监理机构应在审查施工组织设计后，报送监理单位技术负责人审查，其审查意见由总监理工程师签发。必要时与建设单位协商，组织有关专家会审。

(2) 审查施工组织设计的基本要求：

1) 施工组织设计应有承包单位负责人签字。

2) 施工组织设计应符合施工合同要求。

3) 施工组织设计应由专业监理工程师审核后，经总监理工程师签认。

4) 发现施工组织设计中存在问题应提出修改意见，由承包单位修改后重新报审。

4. 监理工作是在承包单位建立健全质量管理体系、技术管理体系和质量保证体系的基础上完成的，如果承包单位不建立质量管理体系、技术管理体系和质量保证体系，难以保证施工合同的履行。因此工程项目开工前，总监理工程师应审查承包单位现场项目管理机构的质量管理体系、技术管理体系和质量保证体系，确能保证工程项目施工质量时予以确认。对质量管理体系、技术管理体系和质量保证体系应审核以下内容：

(1) 质量管理、技术管理和质量保证的组织机构；

(2) 质量管理、技术管理制度；

(3) 专职管理人员和特种作业人员的资格证、上岗证。

5. 分包工程开工前，专业监理工程师应审查承包单位报送的分包单位资格报审表和分包单位有关资质资料，符合有关规定后，由总监理工程师予以签认。分包单位资格报审表应符合 A3 表（表 36-17）的格式。

对分包单位资格应审核以下内容：

(1) 分包单位的营业执照、企业资质等级证书、特殊行业施工许可证、国外（境外）企业在国内承包工程许可证；

(2) 分包单位的业绩；

(3) 拟分包工程的内容和范围；

(4) 专职管理人员和特种作业人员的资格证、上岗证。

6. 专业监理工程师应按以下要求对承包单位报送的测量放线控制成果及保护措施进行检查，符合要求时，专业监理工程师对承包单位报送的施工测量成果报验申请表予以签认：

(1) 检查承包单位专职测量人员的岗位证书及测量设备检定证书；

(2) 复核控制桩的校核成果、控制桩的保护措施以及平面控制网、高程控制网和临时水准点的测量成果。

施工测量成果报验申请表应符合 A4 表（表 36-18）的格式。

7. 专业监理工程师应审查承包单位报送的工程开工报审表及相关资料，具备以下开工条件时，由总监理工程师签发，并报建设单位：

(1) 施工许可证已获政府主管部门批准；

(2) 征地拆迁工作能满足工程进度的需要；

(3) 施工组织设计已获总监理工程师批准；

(4) 承包单位现场管理人员已到位，机具、施工人员已进场，主要工程材料已落实；

(5) 进场道路及水、电、通讯等已满足开工要求；

8. 工程项目开工前，监理人员应参加由建设单位主持召开的第一次工地会议。

第一次工地会议应包括以下主要内容：

(1) 建设单位、承包单位和监理单位分别介绍各自驻现场的组织机构、人员及其分工；

(2) 建设单位根据委托监理合同宣布对总监理工程师的授权；

(3) 建设单位介绍工程开工准备情况；

(4) 承包单位介绍施工准备情况；

(5) 建设单位和总监理工程师对施工准备情况提出意见和要求；

(6) 总监理工程师介绍监理规划的主要内容；

(7) 研究确定各方在施工过程中参加工地例会的主要人员，召开工地例会周期、地点及主要议题。

第一次工地会议纪要应由项目监理机构负责起草，并经与会各方代表会签。

36-6-3 监 理 规 划

监理规划是在总监理工程师的主持下编制、经监理单位技术负责人批准，用来指导项目监理机构全面开展监理工作的指导性文件。

36-6-3-1 监理规划的编制

1. 监理规划的编制应针对项目的实际情况，明确项目监理机构的工作目标，确定具体的监理工作制度、程序、方法和措施，并应具有可操作性。

2. 监理规划编制的程序与依据应符合下列规定：

(1) 监理规划应在签订委托监理合同及收到设计文件后开始编制，完成后必须经监理单位技术负责人审核批准，并应在召开第一次工地会议前报送建设单位；

(2) 监理规划应由总监理工程师主持、专业监理工程师参加编制；

(3) 编制监理规划应依据：——建设工程的相关法律、法规及项目审批文件；——与建设工程项目有关的标准、设计文件、技术资料；——监理大纲、委托监理合同文件以及与建设工程项目相关的合同文件。

36-6-3-2 监理规划的内容

1. 监理规划应包括以下主要内容：

(1) 工程项目概况；

(2) 监理工作范围；

(3) 监理工作内容；

(4) 监理工作目标；

(5) 监理工作依据；

(6) 项目监理机构的组织形式；

(7) 项目监理机构的人员配备计划；

(8) 项目监理机构的人员岗位职责；

(9) 监理工作程序；

(10) 监理工作方法及措施；

(11) 监理工作制度；

(12) 监理设施。

2. 在监理工作实施过程中，如实际情况或条件发生重大变化而需要调整监理规划时，应由总监理工程师组织专业监理工程师研究修改，按原报审程序经过批准后报建设单位。在监理工作实施过程中，工程项目的实施可能会发生较大的变化，如设计方案重大修改、承包方式发生变化、建设单位的出资方式发生变化，工期和质量要求发生重大变化，或者当原监理规划所确定的方法、措施、程序和制度不能有效地发挥控制作用时，总监理工程师应及时召集专业监理工程师进行修订，按原程序报建设单位。

36-6-4 监理实施细则

监理实施细则是根据监理规划，由专业监理工程师编写，并经总监理工程师批准，针对工程项目中某一专业或某一方面监理工作的操作性文件。

36-6-4-1 监理实施细则的编制

对中型及以上或专业性较强的工程项目，项目监理机构应编制监理实施细则。监理实施细则应符合监理规划的要求，并应结合工程项目的专业特点，做到详细具体、具有可操作性。

由于施工阶段的监理工作是非常具体而又细致的工作，要求监理人员对施工项目进行跟踪监理，即对施工项目的每一工序的操作过程进行跟踪、巡视、指导和检查；对施工项目的隐蔽工程逐项、逐件进行验收和签证；对施工项目的分项工程、分部工程的质量进行实测、检查（或复查）、签证；对某些需请质量监督站进行实体质量的监督检查的分项工程、分部工程施工完成后和单位工程竣工后进行质量评价，并写出质量评价报告。因此在实际工作中,仅仅根据监理规划开展监理工作还是远远不够的。还要求根据监理规划和分项工程或分部工程的具体情况和设计要求,以及国家有关的施工规范、质量评定标准和相应的操作规程编写专业项目(或分项、分部工程)监理实施细则(或监理要点)。

1. 编写方法

在一般情况下,监理实施细则(或监理要点)随着工程进展分阶段地编写,逐步完成;只要求在该专业项目(或分项工程、分部工程)施工开始前完成即可;实施细则可以依次编号为之一、之二、之三……,或其他的编排形式。

由于工程的具体情况千变万化,因此监理实施细则(或监理要点)也不一样。对于大、中型项目,可以按分项工程编写监理实施细则(或监理要点),如"桩基础工程"、"地下连续墙工程"、"混凝土结构工程"、"钢结构制作与安装工程"、"玻璃幕墙工程"等。对于一般中、小型工程,可以按分部工程编写监理实施细则(或监理要点),如"地基与基础工程"、"主体工程"、"地面与楼面工程"、"门窗工程"、"装饰工程"等;其中也可以对某些特殊的或不常见的分项工程单独编写,如"钻孔灌注桩工程",必须全过程地进行跟踪监理和隐蔽工程验收,各个施工环节要进行签证、检查或验收,因此,就有必要编写"钻孔灌注桩工程的施工监理实施细则(或监理要点)"。

2. 编写的程序和依据

(1) 监理实施细则应在相应工程施工开始前编制完成,并必须经总监理工程师批准;

(2) 监理实施细则应由专业监理工程师编制;

(3) 编制监理实施细则的依据:——已批准的监理规划;——与专业工程相关的标准、设计文件和技术资料;——施工组织设计。

36-6-4-2 监理实施细则的内容

1. 监理实施细则应包括下列主要内容:

(1) 专业工程的特点;

(2) 监理工作的流程;

(3) 监理工作的控制要点及目标值;

(4) 监理工作的方法及措施。

2. 在监理工作实施过程中,监理实施细则应根据实际情况进行补充、修改和完善。

当发生工程变更、计划变更或原监理实施细则所确定的方法、措施、流程不能有效地发挥管理和控制作用等情况时,总监理工程师应及时根据实际情况安排专业监理工程师对监理实施细则进行补充、修改和完善。

总之,专业项目(或分项、分部工程)监理实施细则(或监理要点)不仅具有政策性强和针对性强的特点,还具有通俗和可操作性的特点,应予重视。

36-6-5 监理工作方法

监理的工作方法很多,目前还没有统一的模式;而且建设单位要求技术服务的内容和方法也不一样,因此各监理单位的具体做法也不尽相同。

在一般情况下,根据国际上的惯例和我国的具体情况,通常的方法是"严格控制、积极参与、热情服务"。

1. 严格控制

监理单位以国家和地方的法令、法规、规范、标准、设计文件和建设工程施工合同等为依据，对项目施工的全过程严格把关，这是搞好监理工作、实现监理目标的关键。

严格控制又可以分为事先控制和过程控制。

事先控制是在施工之前，对工程承建单位提交的施工方案、施工组织设计、技术措施以及工程管理体系、质量保证体系、各种管理制度等进行审查和确认，否则不允许工程施工；同时，还要对用于工程的原材料、半成品、成品、设备的质量等进行检查（或检验）、签证认可，否则不允许在工程中使用，以免造成因材料、设备质量不符合要求而产生的质量问题。

过程控制是在施工进行的过程中，监理工程师随时对施工的操作质量进行检查和验收；同时控制上道工序未经监理工程师验收签证，不准进行下道工序的施工。

监理人员在施工现场检查中，若发现承建单位不按图施工，或施工不符合有关规范、规定、标准或设计文件时，一般先以口头形式向施工现场负责人提出，并要求纠正，同时在监理日记中做好记录；若承建单位整改不力或不听从劝告时，监理工程师可签发监理工程师通知单，书面通知整改；若承建单位还是整改不力，或问题性质严重时，可由总监理工程师签发工程暂停令，同时抄报业主；由于停工涉及到延长工期和停工费用等重大问题，因此总监理工程师认为必要签发停工通知时，应先报业主，由业主决策后，再通知有关方面停工。

2. 积极参与

监理单位对工程的监理，不仅要对施工操作进行监督，对检验批、分项工程、分部工程和产品最终的质量进行检验，而且监理工作要贯穿于施工准备、图纸会审、方案讨论和施工全过程的跟踪监理。

在施工准备、图纸会审和方案讨论中，监理工程师们在对所承担监理项目的特点、要求比较熟悉的基础上，积极地提出有利于加快工程施工进度、降低工程成本、提高工程质量的建议；在工程施工的全过程，监理人员要深入工程现场，及时发现问题，提出改进意见，尽可能地使工程建设中的各种失误消灭在萌芽状态之中。

3. 热情服务

这是具有中国特色的建设监理制度的一大特色和特征，也是根据我国的国情和参与工程建设项目各方之间的关系提出的；要求监理单位不仅要站在公正的立场上，为建设单位做好技术服务工作；而且还要主动、热情地做好有关工程合同、进度、投资、技术、质量等方面的协调工作；利用周例会（或协调会）、月度生产会，或召开建设监理恳谈会、分部工程座谈会，或应邀参加建设单位、承建单位召开的各种会议，提出要求、帮助总结，积极配合设计单位、承建单位解决工程中出现的问题和疑点，协调建设单位，设计单位和承建单位之间出现的矛盾。

此外，热情服务还表现于监理人员坚守现场，积极配合施工的需要；遇到问题，尽可能及时解决，不拖拉，不推诿；对工程中的一些技术复杂问题，尽可能地给予帮助；及时向有关单位提供工程信息和建议等。

36-6-6 监理工作报告制度

工程项目建设不是一般的加工定制产品，与其他工业生产项目有较大的差异。工程项目建设的特点是投资大，建设周期长，涉及面广，承包商和供货商多，投资风险大，受自然、气候条件的影响大；即使在正常的情况下，工程情况也随着时间在一天天地变化，因此在工程项目建设的过程中，监理单位（即项目监理组）应及时将工程施工过程中的有关情况向建设单位报告，以便建设单位能及时了解工程情况，并及时作出决策。

36-6-6-1　工地例会和会议纪要

工地例会是由项目监理机构主持的，在工程实施过程中针对工程质量、造价、进度、合同管理等事宜定期召开的、由有关单位参加的会议。

工地例会是在工程开工以后，按照监理工程师确定的时间，定期召开；一般有周（或二周）例会和月度生产会两种。工程监理中的许多信息和决定是在工地例会上产生和决定的，因此开好工地例会是工程监理的一项重要工作。

总监理工程师应定期主持召开工地例会，监理单位的有关监理人员和承建单位、分包商的有关人员参加，同时邀请建设单位的代表参加；在特殊情况下，可邀请与工程有关的机构、单位的代表参加。

工地例会应包括以下主要内容：

1. 检查上次例会议定事项的落实情况，分析未完事项原因；
2. 检查分析工程项目进度计划完成情况，提出下一阶段进度目标及其落实措施；
3. 检查分析工程项目质量状况，针对存在的质量问题提出改进措施；
4. 检查工程量核定及工程款支付情况；
5. 解决需要协调的有关事项；
6. 其他有关事宜。

工地例会由于定期召开，因此一般均按照一个标准的会议议程进行，会议的目的主要是：检查上次会议对有关问题的处理、落实情况；交流信息；对工程中一般性问题进行讨论，并作出决定；对下一步工作提出要求和意见。

总监理工程师的各种意见、决定和要求均应以书面形式发出指示。在工地例会上的决定同其他发出的各种指令性文件一样，具有等效作用。因此，工地例会的会议纪要是一个很重要的文件。

由于工地例会是按一个标准的会议议程召开，因此会议纪要也可以根据会议议程拟成一个标准的内容写法。会议纪要应由项目监理机构负责起草，并经与会各方代表会签。

会议纪要是监理工作指令文件的一种，要求记录应真实、准确；当会议上对有关问题有不同意见时，监理工程师应站在公正的立场上作出决定；但对一些工程中的重大问题、比较复杂的技术问题或难度较大的问题，不宜在工地例会上详细研究讨论，而可以由监理工程师作出决定，另择时举行专题会议研究。

36-6-6-2　专题会议和会议纪要

总监理工程师或专业监理工程师应根据需要及时组织专题会议，解决施工过程中的各种专项问题。工程项目各主要参建单位均可向项目监理机构书面提出召开专题工地会议的动议。动议内容包括：主要议题、与会单位、人员及召开时间。经总监理工程师与有关单位协商，取得一致意见后，由总监理工程师签发召开专题工地会议的书面通知，与会各方应认真做好会前准备。专题工地会议纪要的形成过程与工地例会相同。

需要召开专题会议研究、解决的有设计交底、施工方案或施工组织设计审查、复杂技术问题的研讨、重大工程质量事故的分析和处理、工程延期、费用索赔等。

参加专题会议的人员应根据会议的内容确定，除建设单位、施工单位和监理单位的有关人员外，还可以邀请设计人员和有关专家参加。

由于专题会议研究的问题重大，又较复杂，因此会前应与有关单位一起，作好充分的准备，如进行调查、收集资料，以便介绍情况。这样才能在有限的时间里，让到会的专家们充分地研究。对于专题会议，应有会议记录和会议纪要，并作为监理工程师发出的相关指令文件的附件或存档备查的文件。

36-6-6-3 监理月报

监理月报是总监理工程师每月底向建设单位提交的报告，其主要内容应包括：

1．工程进展情况：本月计划实际完成情况，原因分析；工程财务情况，本期工程款支付情况，下期可能支付的工程款；施工现场情况，包括文明施工、安全、工程质量情况和原因分析等；

2．监理工作情况；

3．存在的问题和建议；

4．下月的监理工作要点；

"监理月报"详见"36-11-2-2 监理月报"。

36-6-6-4 质量评价报告

对于业主单独委托分包商的分项工程或分部工程、需要请质量监督站进行实体质量的监督检查的分项工程或分部工程以及单位工程完工后，在当地工程质量监督部门监督检查前，均需总监理工程师组织初验，并写出相应的工程质量评价报告。

工程质量评价报告的内容如下：

1．工程概况。

2．监理工作和质量评价的依据。

3．工程划分和评定方法。

按照国家标准《建筑工程施工质量验收统一标准》GB 50300—2001 的要求和本工程项目的情况，列出本工程项目的各单位工程，以及所包含的分部工程和分项工程。

(1) 分项工程

一般按主要工种、材料、施工工艺、设备类别等划分分项工程，分项工程是分部工程质量验收合格的依据之一。

监理工程师应督促施工单位建立、健全质保体系，使分项工程质量在施工单位自检的基础上，由监理工程师（建设单位项目技术负责人）组织施工单位项目专业质量（技术）负责人等进行验收。

(2) 分部工程

分部工程的划分应按专业性质、建筑部位确定，当分部工程较大或较复杂时，可按材料种类、施工特点、施工程序、专业系统及类别等划分为若干子分部工程。

分部工程应由总监理工程师（建设单位项目负责人）组织施工单位项目负责人和技术、质量负责人等进行验收。

(3) 单位工程

具备独立施工条件并能形成独立使用功能的建筑物及构筑物为一个单位工程；建筑规

模较大的单位工程，可将其能形成独立使用功能的部分为一个子单位工程。

单位工程质量是根据分部工程质量评定汇总、质量控制资料检查、观感质量验收、所含分部工程有关安全和功能的检测资料和主要功能项目的抽查结果进行综合评定。

(4) 列出各分项工程、分部工程的质量评定情况和说明。

(5) 几个需要说明的质量问题。

对于一般性工程质量问题及处理情况，应在分项工程、分部工程质量评定情况中予以说明；对于重大工程质量事故应在本项中说明，包括对事故的情况、原因分析和处理意见、处理情况等，均应作详细的说明。

(6) 质量评价意见。

质量评价意见的内容应包括：

1) 质量管理方面；

应包括现场质量管理制度、质量责任制、主要工种操作上岗证、分包方资质与对分包单位的管理制度、施工组织设计及审批等制度建立和执行情况，工程质量检查与评定等质量管理制度的建立和执行情况等。此外，还应阐明监理方、设计方和业主在质量管理中的促进作用。

2) 分部工程质量验收记录汇总；

3) 质量控制资料核查记录（表36-12）；

4) 单位工程观感质量检查记录（表36-14）；

5) 安全和主要使用功能核查及抽查记录（表36-13）；

最后提出质量验收合格评价意见。

分项和分部工程验收记录、单位工程质量验收记录、质量控制资料核查记录、安全和功能检验资料核查及主要功能抽查记录、观感质量检查记录等有关表式，详见"36-7-7-4 建筑工程施工质量验收"。

36-6-6-5　专题报告

在监理工作的实施期间，监理工程师对一些比较重要的管理和技术问题（包括设计、施工和材料设备等），可以向业主（或应邀向业主）发出专题报告。监理工程师应对提出专题报告的原因、处理的依据、解决的办法等详细阐述，观点明确；必要时，该报告可抄送有关设计、施工、材料设备和构配件供应单位等。

36-6-6-6　监理工作总结

监理工作总结可根据工程项目的复杂程度和履约时间的长短等具体情况确定编写方法。一般情况是项目完成以后进行总结；项目复杂的工程，可分子项进行总结；履约时间长达数年的工程，可分阶段进行总结。

监理工作总结的内容应包括工程概况、监理组织机构和人员、监理合同履约情况、工作成效、出现的问题和处理情况、建议、工程声像资料等，详见"36-11-2-3 监理工作总结"。

36-7　项目质量控制

建筑工程质量是反映建筑工程满足相关标准规定或合同约定的要求，包括其在安全、使用功能及其在耐久性能、环境保护等方面所有明显和隐含能力的特性总和。通常，工程项目的质量是指通过工程建设过程所形成的工程项目，应满足用户从事生产、生活所需的功能和使用价值，应符合设计要求和合同规定的质量标准。

工程项目的质量控制就是为了确保合同所规定的质量标准而进行的各项组织、管理工作和采取的一系列质量监控措施、手段和方法。对工程项目的质量控制包括政府、建设单位和施工单位对工程质量的控制；在实行建设监理制的管理中，质量监督机构和项目监理机构分别代表政府和业主对工程项目的质量实施控制。

36-7-1 质量控制的原则和要求

监理工程师在进行工程项目质量控制的过程中，应遵循以下几点原则：

1. 坚持质量第一，提高质量意识

工程建设虽然也是一种物质生产活动，但它不同于其他物质生产活动；因为建筑产品是一项特殊的商品，不仅使用年限长，涉及面广，影响工程质量的因素多；它的生产过程也是一个极其复杂的综合过程，容易产生质量波动；即使事后发现质量有问题，对其处理也是一个非常复杂的问题，还直接关系到人民的生命财产安全。所以，监理工程师不仅要为建设单位负责，同时也要为国家和社会负责；必须将质量控制贯穿于项目建设的全过程中，将质量第一的思想贯穿于项目建设全过程的每一个环节。还要提高参加本工程项目施工的全体人员的质量意识，特别是项目班子成员的质量意识，把工程项目质量的优劣作为考核的主要内容。

2. 坚持全过程质量控制，预防为主

由于工程实物质量的形成是一个系统的过程，所以施工阶段的质量控制，也是一个由对投入原材料的质量控制开始，直到工程完成、竣工验收为止的全过程的系统控制过程。

质量控制的范围包括对参与施工人员的质量控制，对工程使用的原材料、构配件和半成品的质量控制，对施工机械设备的质量控制，对施工方法与方案的质量控制，对生产技术、劳动环境、管理环境的质量控制等。

为此，要求监理工程师坚持全过程质量控制的原则，也就是不仅要对产品质量进行检查，还要对工作质量、工序质量、中间产品的质量进行检查；不仅要对形成产品的验收质量进行控制，而且还要对工程在施工前和施工过程中进行质量控制。

对施工全过程质量控制的原则中，也包含了对工程质量问题预防为主的内容，即事先分析在施工中可能产生的问题，提出相应的对策和措施，将各种隐患和问题消除在产生之前或萌芽状态之中。

3. 坚持质量标准，以实测数据为依据

工程质量检查与验收是按建设工程施工合同的规定，遵照现行的施工质量验收规范和质量验收统一标准，采取相应的检验方法与检查手段，对工程分阶段地进行检查、验收与质量评定。

检查、验收与质量评定的基础是要求对建筑工程中使用的每一种原材料进行检验、分析，对施工过程的每一道工序进行检查、验收等，因此，对建筑工程产品坚持质量标准，应从原材料开始，道道工序应坚持质量标准，以数据为依据，严格检查、验收制度。

4. 坚持以人为核心的质量控制

人是工程施工的操作者、组织者和指挥者。人既是控制的动力，又是控制的对象；人是质量的创造者，也是不合格产品、失误和工程质量事故的制造者。因此，在整个质量控制的活动中，应以人为核心，提高职工素质。

从招标投标开始，监理工程师就应注意施工队伍的社会信誉和职工素质；施工开始就应注意推行全面质量管理方法，建立和完善质量保证体系、质量管理制度，明确工程项目质量责任制；施工过程中应注意各类管理和操作人员持证上岗，实行质量自检、互检和专业检查的制度等，用各种手段督促和调动人的积极性，达到以工作质量保工序质量、促工程质量的目的。

5. 坚持"严格控制、积极参与、热情服务"的监理方法

严格控制工程质量，对施工组织设计或施工方案、施工管理制度、质量保证体系、测试单位与分包单位的资质、工程上使用的原材料、半成品、成品和设备的质量以及工程复核验收签证等都必须严格把关。

积极参与即认真学习有关文件，积极配合设计单位解决工程中出现的问题和疑点，协调设计和施工单位之间出现的矛盾；在施工组织设计或施工方案审查时，从实际出发，积极提出改进意见，使之更为完善。

热情服务是我国监理工程师的特色，即坚守施工现场，积极配合施工需要；遇到问题尽可能及时解决于现场，不拖拉，不推诿；对施工中的一些技术复杂难题，尽可能地给予帮助；及时向有关单位提供工程信息，做好协调工作。

36-7-2 监理工程师的责任和任务

产品的质量是在生产中创造的，因此产品生产者应对产品的质量负直接责任。但是，监理人员对质量应间接承担控制的责任，这是因为监理人员具有事前介入权、事中检查权、事后验收权、质量认证和否决权，具备了承担质量控制责任的条件。监理人员对质量控制，就是要对形成质量的因素进行检测、试验；对质量差异提出调整、纠正措施；对质量过程进行监督、检查、认证，这是建设单位赋予的质量控制的职能；监理人员应具有胜任工作的职业道德和业务能力，并享有相应的经济报酬。所以监理人员对质量失控负有一定的责任。

尤其是监理人员检查把关不严、决策或指挥失误、明显失职、犯罪行为等原因所造成的质量问题，更应承担不可推卸的质量控制责任。因此，在项目质量控制工作中，保证和提高工程项目的工程质量是监理人员的责任。

在质量控制工作中，监理工程师的任务：

1. 认真贯彻国家和地方有关质量管理工作的方针、政策，贯彻和执行国家或地方颁发的规范、标准和规程，并结合本工程项目的具体情况，拟定监理规划和实施细则。

2. 运用全面质量管理的思想和方法，实行方针目标管理，确定工程项目的质量管理目标。依据工程项目的情况和要求，以及施工单位的管理和操作水平，确定工程项目所计划的质量目标；然后将目标进行分解、落实。

3. 协助施工单位制订工程质量控制设计；明确检验批、分项工程、分部（子分部）工程和单位（子单位）工程的质量保证措施，确定质量管理重点，组成质量管理小组，进行 PDCA 循环，不断地克服质量的薄弱环节，以推动工程质量的提高。

4. 认真进行工程质量的检查和验收工作，应督促施工单位的施工班组做好操作质量的自检工作和专职质量员的质量检查工作，同时做好数据的积累和分析。

在此基础上，监理人员应及时做好质量预检查、隐蔽工程验收，对检验批、分项工程、分部（子分部）工程和单位（子单位）工程进行质量的验收工作。

5. 做好工程质量的回访工作；在工程交付后，特别是在保修期间，监理人员应进行回访，听取用户意见，协助建设单位检查工程质量变化情况；对于施工造成的质量问题，应督促施工单位进行返修或处理。

36-7-3 质量控制的依据和内容

1. 质量控制的依据

施工阶段的质量控制，包括施工过程的质量控制和最终产品的质量控制，其依据是：

(1) 建设工程施工合同和监理合同等；
(2) 设计图纸、说明和文件等；
(3) 建筑工程施工质量验收统一标准；
(4) 有关工程的施工质量验收规范、规程及标准；
(5) 有关原材料、半成品和产品的技术标准；
(6) 有关试验方法的技术标准；
(7) 有关材料验收、包装、标志的技术标准；
(8) 新材料应有权威机构的技术检验鉴定证书；
(9) 有关建筑安装作业的操作规程；
(10) 凡采用新工艺、新技术、新材料、新结构的工程，应在试验的基础上制订施工工艺规程，并进行相应的技术鉴定及鉴定文件。

2. 质量控制的内容

(1) 施工前质量控制

施工前质量控制即在正式施工前进行的质量控制，其具体工作内容有：

1) 审查施工单位的资质，包括总包单位和分包单位的资质，以确保施工单位和队伍具有能完成工程并确保其质量的技术能力和管理水平。审查有关人员的岗位证书、上岗证。

2) 对工程所需的原材料、半成品和各种加工预制品的质量进行检查与控制。材料产品质量的优劣是保证工程质量的基础，在订货时，应依据质量标准签订合同；必要时，先鉴定样品，经鉴定合格的样品应予封存，作为材料验收的依据。凡进场材料，均应有产品合格证或技术说明书；同时还应按有关规定进行抽检；没有产品合格证和抽检不合格的材料，不得在工程中使用。

专业监理工程师应对承包单位报送的拟进场工程材料、构配件和设备的工程材料/构配件/设备报审表及其质量证明资料进行审核，并对进场的实物按照委托监理合同约定或有关工程质量管理文件规定的比例采用平行检验或见证取样方式进行抽检。

对未经监理人员验收或验收不合格的工程材料、构配件、设备，监理人员应拒绝签认，并应签发监理工程师通知单，书面通知承包单位限期将不合格的工程材料、构配件、设备撤出现场。

工程材料/构配件/设备报审表应符合A9表（表36-23）的格式；监理工程师通知单应符合B1表（表36-25）的格式。

对进口材料、构配件和设备，承包单位还应报送进口商检证明文件，并按照事先约定，由建设单位、承包单位、供货单位、监理单位及其他有关单位进行联合检查。

3) 对永久性设备或装置，应按审批同意的设计图纸采购和订货；设备进场后，应进行抽查和验收；主要设备还应按交货合同规定的期限开箱查验。

4) 审查施工单位提交的施工方案和施工组织设计，其中主要审查施工方法和施工顺序是否科学合理，有无工程质量方面的潜在危害。保证工程质量的技术措施是否得当。

项目监理机构应要求承包单位必须严格按照批准的（或经过修改后重新批准的）施工组织设计（方案）组织施工。在施工过程中，当承包单位对已批准的施工组织设计进行调整、补充或变动时，应经专业监理工程师审查，并应由总监理工程师签认。

5) 专业监理工程师应要求承包单位报送重点部位、关键工序的施工工艺和确保工程质量的措施，审核同意后予以签认。

6) 当承包单位采用新材料、新工艺、新技术、新设备时，专业监理工程师应要求承包单位报送相应的施工工艺措施和证明材料，组织专题论证，经审定后予以签认。

凡未经试验或无技术鉴定证书的新工艺、新结构、新技术、新材料不得在工程中应用。

7) 进行工程施工预检工作。预检是指工程施工前进行的检查、复核工作，是确保工程质量，防止可能发生的差错或造成重大工程质量事故的有力措施。

8) 检查、复核施工现场的测量标志、建筑物的定位轴线以及高程水准点等。

9) 搞好计量管理工作，定期检查施工单位的直接影响工程质量的计量设备的技术状况，完善计量及质量检测技术和手段，对各种计量器具要建立台账，并按规定的周期，定期进行检定。

10) 协助施工单位建立和完善质量保证体系，确定工程项目的质量目标，并进行质量控制设计，建立质量责任制，实现管理标准化，开展群众性的质量管理活动和PDCA循环，及时进行质量反馈等。

11) 协助施工单位完善现场质量管理制度，包括现场会议制度、现场质量检验制度、质量统计报表制度和质量事故报告及处理制度等。

12) 组织设计交底和图纸会审，并作好会议纪要。

13) 编好监理规划和监理工作实施细则，包括检查验收程序、质量要求和标准等。

14) 对工程质量有重大影响的施工机械、设备，应审核施工单位提供的技术性能报告，凡不符合质量要求的不能使用。

15) 把好开工关。监理工程师在对现场各项施工准备工作检查，符合要求以后，才发布开工令。

(2) 施工中质量控制

施工中质量控制即在施工过程中进行的质量控制，其具体内容有：

1) 协助施工单位完善工序控制，把影响工序质量的因素都纳入管理状态。如混凝土施工过程中进行坍落度测定，对大体积混凝土工程进行温度测量和控制降温等；建立质量管理点，及时检查和审核施工单位提交的质量统计分析资料和质量控制图表。

2) 严格工序间交接检查，严格班组的自检、交接制度。按照规定，生产者必须负责质量，必须对本班组的操作质量负责。在完成或部分完成施工任务时，应及时进行自检；自检达到合格标准，并经专业质量员和下道工序的班组进行检查、验收、签证后，方可进行下道工序的施工。

主要工序作业（包括隐蔽工程）需按规定经监理人员检查、验收后方可进行下一工序（或隐蔽）。

3) 项目监理机构应对承包单位在施工过程中报送的施工测量放线成果进行复验和确认。

4) 隐蔽工程验收是指将被其他分项工程所隐蔽的分项工程或分部工程，在隐蔽前所进行的检查或验收；它们是防止质量隐患、保证工程项目质量的重要措施；隐蔽工程验收的主要项目有地基与基础工程、主体结构各部位的钢筋工程、结构焊接和防水工程等。

隐蔽工程验收后，要办理验收手续和签证，列入工程档案；对验收中提出的不符合要求的问题，要认真处理；处理后应再经复核，并注明处理情况。

未经验收或验收不合格，不得进行下一道工序施工。

5) 重要的工程部位、专业工程、材料或半成品等，在施工单位检验、测试的前提下，监理人员还要进行技术复核或复试。

6) 对完成的检验批、分项工程、分部（子分部）工程应按建筑工程施工质量验收统一标准和有关工程的施工质量验收规范进行检查、验收，并按规定写监理小结（或评价报告）；并请建设工程监督机构按照质量监督工作方案对工程地基基础、主体结构和其他涉及结构安全的关键部位等进行现场实地抽查，对用于工程的主要建筑材料、构配件的质量进行抽查，对地基基础分部、主体结构分部工程和其他涉及结构安全的分部工程的质量验收进行监督。

对上一道工序、分项工程、分部（子分部）工程质量验收合格前，不得进入下一道工序和分项工程、分部（子分部）工程的施工。

7) 审核设计变更和图纸修改。

8) 组织定期或不定期的现场会议，及时分析、通报工程质量状况，并协调有关单位间的业务活动。

9) 做好成品、半成品的保护工作，并合理安排施工顺序，防止后道工序损坏或污染前道工序；同时，对已完成的成品、半成品，采取妥善措施加以保护，以免造成损伤或影响工程质量。

10) 对施工过程中出现的质量缺陷，专业监理工程师应及时下达监理工程师通知，要求承包单位整改，并检查整改结果。

11) 参加或主持工程质量事故的调查处理。当发现施工存在重大质量隐患，可能造成质量事故或工程发生不符合质量标准、达不到设计要求的质量事故时，应通过总监理工程师及时下达工程暂停令，立即组织有关部门进行质量事故调查分析，查明原因，对事故的严重程度和危害程度进行分析，并作出鉴定，提出处理方案，经有关部门同意后，进行处理，再进行验收。

整改完毕并经监理人员复查，符合规定要求后，总监理工程师应及时签署工程复工报审表。总监理工程师下达工程暂停令和签署工程复工报审表，宜事先向建设单位报告。

对需要返工处理或加固补强的质量事故，总监理工程师应责令承包单位报送质量事故调查报告和经设计单位等相关单位认可的处理方案，项目监理机构应对质量事故的处理过程和处理结果进行跟踪检查和验收。

总监理工程师应及时向建设单位及本监理单位提交有关质量事故的书面报告，并应将完整的质量事故处理记录整理归档。

12) 按合同规定行使质量监督权；并在以下情况下，监理工程师有权下达停工令：

①使用没有产品合格证的工程材料，或者使用不符合设计要求的工程材料；

②不按设计图纸和有关文件施工，或者擅自变更设计要求；

③对已经发生的工程质量问题或事故未进行处理，未提出有效措施而继续进行作业时；

④隐蔽工程未经检查、验收、签证而自行封闭、掩盖时；

⑤施工中出现异常情况，经监理人员提出后仍不采取改进措施，或整改措施不力，使工程质量状况继续恶化时；

⑥分包单位或人员未经资质审查同意，而进入施工现场施工时。

(3) 施工后质量控制

施工后质量控制即指对施工已经完成的检验批、分项工程、分部（子分部）工程、并已形成为产品的质量控制。其具体内容包括：

1) 按规定的质量评定标准和评定办法，对已完成的检验批、分项工程、分部（子分部）工程和单位（子单位）工程进行检查验收；对承包商报送的验评资料进行审核和签认。并报工程质量监督机构对有关分项工程、分部（子分部）工程和单位（子单位）工程的质量验收进行监督；

2) 组织单机（或分系统）、或联动调试；

3) 审核施工单位提供的工程质量检验报告及有关技术文件；

4) 审核施工单位提交的竣工图；

5) 整理本工程项目质量的文件（包括工程质量评定资料、验收资料和有关报表等），并编目，建立档案。

36-7-4 质量控制的方法和手段

1. 质量控制的方法

监理人员在施工阶段的质量控制中，应履行自己的职责，主要的方法是：

(1) 审核有关的技术文件、报告或报表，具体内容包括：

1) 审核各有关分包单位的技术资质证明文件；

2) 审核施工单位的开工报告；并经核实后，下达开工令；

3) 审核施工单位提交的施工方案或施工组织设计，以确保工程质量有可靠的技术措施；

4) 审核施工单位提交的有关原材料、半成品和构配件的质量检验报告；

5) 审核施工单位提交的有关工序交接检查、分项工程、分部工程和单位工程的质量检查和质量等级评定资料；

6) 审核有关设计变更、修改图纸和技术核定单等；

7) 审核有关工程质量事故处理报告;

8) 审核施工单位提交的反映工程质量动态的统计资料或管理图表等;

9) 审核有关应用新工艺、新技术、新材料、新结构的技术鉴定文件;

10) 审核并签署有关质量签证、文件等。

在整个施工过程中,监理人员应按照监理工作计划书和监理工作实施细则的安排,并按照施工顺序和进度计划的要求,对上述文件及时审核和签署。

(2) 进行质量监督、检查与验收。

监理组成员应常驻现场,进行质量监督、检查与验收,主要工作内容有:

1) 开工前检查是否具备开工条件,开工后能否保证工程质量,能否进行正常的施工;

2) 工序交接检查,主要是在施工单位班组自检、互检、专业质量检查人员检查的基础上,还应经监理人员对重要的工序或对工程质量有重大影响的工序进行质量检查;

3) 对隐蔽工程检查与验收是监理人员的正常工作之一;监理人员应根据承包单位报送的隐蔽工程报验申请表和自检结果进行现场检查,应经监理人员检查、验收、签证后才能隐蔽,才能进行下一道工序;

对未经监理人员验收或验收不合格的工序,监理人员应拒绝签认,并要求承包单位严禁进行下一道工序的施工。

隐蔽工程报验申请表应符合 A4 表 (表 36-18) 的格式。

4) 停工整顿后,复工前的检查。当施工单位严重违反有关规定,监理人员可行使质量否决权,令其停工;以及因其他原因停工后需复工时,均需检查复工条件后,下达复工令;

5) 分项工程、分部工程完成后,以及单位工程竣工后,需经监理人员检查认可。专业监理工程师应对承包单位报送的分项工程质量验评资料进行审核,符合要求后予以签认;总监理工程师应组织监理人员对承包单位报送的分部工程和单位工程质量验评资料进行审核和现场检查,符合要求后予以签认。

2. 质量控制的手段

当前,进行质量控制通常采用以下几种手段:

(1) 旁站、巡视、见证

所谓旁站是在关键部位或关键工序施工过程中,由监理人员在现场进行的监督活动;巡视是监理人员对正在施工的部位或工序在现场进行的定期或不定期的监督活动;见证是由监理人员现场监督某工序全过程完成情况的活动。

总监理工程师应安排监理人员对施工过程进行巡视和检查。对隐蔽工程的隐蔽过程、下道工序施工完成后难以检查的重点部位,专业监理工程师应安排监理员进行旁站。

监理人员应经常地、有目的地对承包单位的施工过程进行巡视检查、检测。主要检查内容如下:

1) 是否按照设计文件、施工规范和批准的施工方案施工;

2) 是否使用合格的材料、构配件和设备;

3) 施工现场管理人员,尤其是质检人员是否到岗到位;

4) 施工操作人员的技术水平、操作条件是否满足工艺操作要求、特种操作人员是否持证上岗;

5) 施工环境是否对工程质量产生不利影响；

6) 已施工部位是否存在质量缺陷。

对施工过程中出现的较大质量问题或质量隐患，监理工程师宜采用照相、摄影等手段予以记录。

由于监理人员在现场，可以随时检查施工过程中的每个细节，包括施工单位的质保体系与质量管理制度的运转情况和作用、施工方法、施工中所用的材料情况等。监理人员一旦发现问题，可以及时通过口头、或书面指令予以纠正。

这种方法对减少或消灭质量缺陷的发生、提高工程质量具有很大的作用。

(2) 严格执行监理程序

在质量监理的过程中，严格执行监理程序，也是强化施工单位的质量管理意识，保证工程质量的有效手段。如规定施工单位没有对工程项目的质量进行自检时，监理人员可以拒绝对工程进行检查和验收，以便强化施工单位自身质量控制的机能；规定没有监理人员签发的中间交工证书时，施工单位就不能进行下道工序的施工，这样做可以促进施工单位坚持按施工规范施工，才能保证工作正常进行。

(3) 发布指令性文件

监理人员的指示一般采用书面形式，如"监理工程师通知单"、"监理工作联系单"、"工程暂停令"等，也称为指令性文件。施工单位要严格履行监理人员对工程质量进行管理的指示；监理人员应充分利用指令性文件对施工单位进行质量控制。

如监理人员发现施工单位的质保体系不健全，或质量管理制度不完善，或工程的施工质量有缺陷等，就可以发出"监理工作联系单"、"监理工程师通知单"等指令性文件，通知施工单位整改或返工，甚至停工整顿。

(4) 试验与平行检验

专业监理工程师应从以下五个方面对承包单位的试验室进行考核：

1) 试验室的资质等级及其试验范围；

2) 法定计量部门对试验设备出具的计量检定证明；

3) 试验室的管理制度；

4) 试验人员的资格证书；

5) 本工程的试验项目及其要求。

工程中所用的各种原材料（包括水泥、钢筋等）、半成品和构配件等，是否合格，都应通过取样试验或测试的数据来决定；监理人员可采取见证取样和送检监视试验或测试的全过程的方法，也可采取平行检验的方法。

平行检验是项目监理机构利用一定的检查或检测手段，在承包单位自检的基础上，按照一定的比例独立进行检查或检测的活动。

(5) 测量复核

在工程建设中，测量复核工作贯穿于施工监理的全过程。工程开工前，监理人员应对控制点和放线进行核查；在施工过程中，对承包单位报送的施工测量放线成果进行复验和确认，还要对工程的标高、轴线、垂直度等进行复核；工程完成后，应采取测量的手段，对工程的几何尺寸、轴线、高程、垂直度等进行验收。

(6) 工程计量与支付工程款

工程计量是根据设计文件及承包合同中关于工程量计算的规定，项目监理机构对承包单位申报的已完成工程的工程量进行的核验。

对合同管理的重要手段是经济手段；监理人员确认工程计量与支付工程款的条件之一，就是工程质量要达到合同规定的标准和等级，否则监理人员有权采取拒绝对已完工程进行计量或支付工程款的手段；由此造成的损失应由施工单位自己负责。这是保证工程质量的重要措施，也是监理人员在质量监理中的有效方法。

36-7-5 对影响工程质量因素的控制

工程质量控制的范围包括对人、材料和构配件、机械设备、施工方法与方案、环境等方面，这也是影响工程质量的主要因素，是确保施工阶段工程质量的关键。

1．人的质量控制

为了调动人的积极性，避免因人的失误而影响工程质量，或造成工程质量事故，要求管理人员和操作工人都应通过专业技术培训，并对他们的技术水平予以考核，在取得培训合格证或上岗证以后，持证上岗。

并且，应健全岗位责任制，充分发挥管理人员和操作工人在质量活动中的作用，禁止违章作业和野蛮施工。

2．材料和构配件的质量控制

材料和构配件的质量是工程质量的基础；加强材料和构配件的质量控制，是提高工程质量的重要保障和前提。

（1）材料和构配件质量控制的内容主要是它们的适用范围、适用标准、检验方法、质量标准和施工要求等；

（2）材料和构配件质量控制的要点是：

1) 采购订货前，审查有关性能、数据等是否与本工程要求相符；

2) 进场前，核验产品出厂合格证和检测报告，对主要材料和构配件还应分批量按规定取样检验和复试；

3) 对进口材料、设备应配合商检部门检验；

4) 材料和构配件等应按规定的条件保管，并在规定的条件和期限内使用；对保管不善或使用期限超过规定的材料，应再按规定取样测试，经检验合格后，才能使用；

5) 在现场配制的材料，应先提出试配要求，经试验合格后，才能使用；

6) 材料和构配件的抽样和检验方法，应符合国家有关标准和专业技术标准的规定；试验室应符合资质等级要求，计量器具应定期检定。

3．机械设备的控制

施工机械设备是形成建筑工程产品的重要物质基础之一，对工程项目的施工进度、安全和质量均有直接的影响。

从工程质量角度出发，应着重从机械设备的性能参数、选型和使用要求等方面予以控制，特别是在主要施工设备进场前，应应检查设备的性能检验报告和有效日期。

4．施工方法与方案的控制

施工方法与方案正确否，是直接影响到工程质量的关键。因此，监理人员应积极参与施工单位对施工方法的选择和方案的制订；在审查时，必须结合工程实际，从组织管理、技术、经济、自然条件等方面进行分析和考虑提出建议。

5. 环境因素的控制

影响工程质量的环境因素很多；有直接影响工程质量，反映工程地质、水文、气象的工程技术环境；有反映施工企业管理水平、质量保证体系、质量管理制度的工程管理环境；有反映劳动组合、劳动条件的劳动环境；由于环境因素具有复杂、多变的特点，因此在施工中，应根据工程特点和具体条件，对影响工程质量的环境因素，利用其有利的一面，采取措施控制其不利的一面。

36-7-6 工程质量事故（或缺陷）的分析与处理

1. 工程质量事故的等级

工程建设过程中，由于设计错误，原材料、半成品、构配件、设备不合格，施工工艺或施工方法错误，施工组织、指挥不当等责任过失的原因，造成工程质量不符合规定的质量标准或设计要求的，或造成工程倒塌、报废或重大经济损失的事故，都是工程质量事故。

工程建设质量事故包括工程建设过程中发生的重大质量事故；由于勘察设计、施工等过失造成工程质量低劣，而在交付使用后发生的重大质量事故；因工程质量达不到合格标准，而需加固补强、返工报废，且经济损失额达到质量事故级别的，分为以下几种类别和等级：

(1) 一般质量问题

由于施工质量较差，造成直接经济损失在5000元以下的为一般质量问题。

(2) 一般质量事故

由于勘察、设计、施工过失，造成建筑物、构筑物明显倾斜、偏移、结构主要部位发生超过规范规定的裂缝、强度不足，超过设计规定的不均匀沉降，影响结构安全和使用寿命需返工重做或由于质量低劣、达不到合格标准，需加固补强，且改变了建筑物的外形尺寸，造成永久性缺陷的质量事故。同时，直接经济损失在≥5000元以上、＜100000元以下，或造成重伤2人以下的为一般质量事故。

(3) 重大质量事故

在工程建设过程中或交付使用后，由于勘察、设计、施工等过失，造成工程倒塌或报废；或由于质量达不到合格标准，而需加固补强、返工报废，且经济损失额达到重大质量事故级别的，为重大质量事故。

重大质量事故分为4个等级：

1) 具备下列条件之一者为一级重大事故：

①死亡30人以上；

②直接经济损失300万元以上。

2) 具备下列条件之一者为二级重大事故：

①死亡10人以上，29人以下；

②直接经济损失100万元以上，不满300万元。

3) 具备下列条件之一者为三级重大事故：

①死亡3人以上，9人以下；

②重伤 20 人以上；
③直接经济损失 30 万元以上，不满 100 万元。
4）具备下列条件之一者为四级重大事故：
①死亡 2 人以下；
②重伤 3 人以上，19 人以下；
③直接经济损失 10 万元以上，不满 30 万元。

2．工程质量事故的特点
(1) 质量事故的严重性
建筑工程是一项特殊的产品，不像一般的生活用品可以报废、降低使用等级或使用档次。如果发生工程质量事故，不仅影响了工程顺利进行，增加了工程费用，拖延了工期，甚至还会给工程留下隐患，危及社会和人民生命财产的安全。
(2) 质量事故的复杂性
建筑工程的生产过程是人和生产随产品流动，产品千变万化，并且是露天作业多，受自然条件影响多，受原材料、构配件质量的影响多，手工操作多，受人为因素的影响大。因此造成质量事故的原因也极其复杂和多变，增加了质量事故的原因和危害分析的难度，也增加了工程质量事故的判断和处理的难度。
(3) 质量事故的可变性
在一般情况下，工程质量问题不是一成不变的，而是随着时间的变化而变化着。如材料特性的变化，荷载和应力的变化，外界自然条件和环境的变化等，都会引起原工程质量问题不断发生变化。
(4) 质量事故的多发性
由于建筑工程产品中，受手工操作和原材料多变等影响，造成某些工程质量事故经常发生，降低了建筑标准，影响了使用功能，甚至危及使用安全，而成为质量通病，对此应总结经验，吸取教训，采取有效的预防措施。

3．工程质量事故的处理程序
工程质量事故发生以后，应及时组织调查处理，一般的程序是：
(1) 事故报告
1）一般质量问题
问题发生的施工单位在 7d 内，应书面上报企业上级主管部门。
2）一般质量事故
事故发生单位应在 3d 内书面上报该工程受监的质量监督机构。
3）重大质量事故
重大质量事故发生后，事故发生单位必须以最快方式，向上级主管部门和事故发生地的建设行政主管部门及检察、劳动（如有人身伤亡）部门报告；事故发生单位属于国务院部委的，应同时向国务院有关主管部门报告。
省、自治区、直辖市建设行政主管部门接到报告后，应当立即向人民政府和建设部报告。
同时，事故发生单位应当在 24h 内写出书面报告，按上述所列程序和部门逐级上报。
(2) 调查研究

工程质量事故发生，有违背基本建设程序、未认真进行工程地质勘察、设计计算错误、原材料或构配件不合格、施工管理不善等原因，因此造成建筑物轴线位移、标高错误、倾斜、倒塌、结构开裂、结构断面尺寸偏差过大、主体结构承载力不足、影响使用功能、造成永久性缺陷等质量事故。

1) 对于重大质量事故：在事故发生后，施工单位应当严格保护事故现场，采取有效措施抢救人员和财产，防止事故扩大。因抢救人员、疏导交通等原因，需要移动现场物件时，应当做出标志，绘制现场简图并做出书面记录，妥善保存现场重要痕迹、物证，有条件的可以拍照或录像。

一、二级重大质量事故的调查由省、自治区、直辖市建设行政主管部门提出调查组组成意见，报请人民政府批准。

三、四级重大质量事故的调查由事故发生地的市、县级建设行政主管部门提出调查组组成意见，报请人民政府批准。

事故发生单位属于国务院部委的，由国务院有关主管部门或其授权部门会同当地建设行政主管部门提出调查组组成的意见。

必要时，调查组可以聘请有关方面的专家协助进行技术鉴定、事故分析和财产评估工作。

调查组的职责是组织技术鉴定；查明事故发生的原因、过程、人员伤亡及财产损失情况；查明事故的性质、责任单位和主要责任者；提出事故处理意见及防止类似事故再次发生所应采取措施的建议；提出对事故责任者的处理建议；写出事故调查报告。

调查组有权向事故发生单位、各有关单位和个人了解事故的有关情况，索取有关资料，任何单位和个人不得拒绝和隐瞒。

2) 对于一般质量问题和一般质量事故，在质量事故发生后，监理工程师应发出书面指令（或施工单位写出事故报告），停止有质量问题的部位及其有关联部位的下道工序的施工。

施工单位收到指令后，应报告事故的详细情况、严重程度、原因、处理的方案和技术措施。

必要时，应由监理工程师邀请有关设计、施工、材料等方面的专家参加论证，或成立专门小组。通过调查研究，确定事故的原因、影响范围、性质和对工程的危害或影响的程度等，并整理书面资料和报告。

(3) 情况分析

情况分析应在调查研究的基础上，甚至通过计算、探伤、检测、荷载试验等手段，查明事故的原因、事故的严重程度及对工程的危害程度、事故的变化（或恶化）的可能性等，并与原设计要求或有关规定对照，提出事故处理的措施和决定。

调查组或监理工程师对质量事故既要慎重对待，又要尽快根据分析结论和合同条件作出决定。

(4) 事故处理

质量事故的处理方案有纠偏复位、封闭保护、结构补强、返工处理等，但不管采用哪一种方案，都要求有关单位对事故调查、分析、处理方案的意见取得一致，并且能确保消除隐患（或缺陷），能保证建筑物的使用安全和使用功能。同时，事故处理方案及技术措施，应委托原设计单位提出；若由其他单位提供技术方案，必须经原设计单位签字认可。

事故处理要实行"三不放过原则"：事故原因不清不放过，事故责任者和群众没有受到教育不放过，没有防范措施不放过。

(5) 鉴定验收

事故处理后的质量是否达到了预期的目的，应通过检查、鉴定、验收，作出最后的结论，其内容包括：隐患已经消除，结构安全可靠；结构加固补强，安全满足要求；事故排除，可以继续施工；虽然结构外形改变，建筑可以处理等几种情况。

有时，经法定检测单位鉴定达不到原设计要求，但经原设计单位复核、验算认可，仍能够满足结构和使用功能要求时，可不加固补强。

必要时，还应通过有关仪表检测、荷载试验等方法，取得可靠数据以后，才能作出明确的结论。对一时难以作出结论的事故，在不影响安全的原则下，可以提出进一步观测、检查，以后再作处理的要求。

4. 工程质量事故的资料和文件

工程质量事故处理完后，必须对处理的全过程写出报告，并附有关资料、文件，存档备查。

(1) 施工单位的工程质量事故报告和监理工程师的书面指令。包括：

1) 事故的详细情况、发生时间、地点（或部位）、工程项目名称、事故发生的经过、伤亡人数、直接经济损失的初步估计、事故发生原因的初步判断、事故发生后采取的措施、事故控制情况；

事故的观测记录（如变化规律、稳定情况等），与事故有关的施工图纸、文件，与施工有关的资料（如施工记录、材料检测与试验报告、混凝土或砂浆试块强度报告等）；

2) 事故调查组组成成员情况，邀请专家情况；事故的调查报告和原因分析；

3) 事故的评估意见：通过有关实测、试验、验算，阐明事故的严重程度和危害性，对建筑使用功能、建筑效果、结构受力性能和下一道工序施工安全的影响；

4) 事故的性质；

5) 处理方案：包括事故处理的依据，事故处理的设计图纸、计算资料或文件，施工方法及技术措施；

6) 对工期的影响；

7) 造成的经济损失及分析资料；

(2) 设计、建设、监理、施工等单位对质量事故的要求和意见；

(3) 设计、建设、监理、施工等单位对质量事故的鉴定验收意见；

(4) 事故处理后，对今后使用、观测检查的要求；

(5) 负责事故调查处理单位的上级主管部门批准建设工程质量事故调查报告，明确事故结论。

36-7-7 建筑工程施工质量验收与确认

正确地进行建筑工程施工质量的验收与确认是工程项目质量管理工作中的重要内容，开展这一工作的目的是为了对建筑工程作为最终产品进行全面正确的评价。同时，在施工的过程中进行检验批、分项工程、分部（子分部）工程的施工质量验收和确认，发现问题,及时处理,把好工程质量关。

建筑工程的验收是在施工单位自行质量检查评定的基础上,参与建设活动的有关单位共同对检验批、分项工程、分部工程、单位工程的质量进行抽样复验,根据相关标准以书面形式对工程质量达到合格与否做出确认。

36-7-7-1 建筑工程施工质量验收统一标准

为了加强建筑工程质量管理,统一建筑工程施工质量的验收,保证工程质量,由建设部主编、批准,并与国家质量监督检验检疫总局联合发布了国家标准《建筑工程施工质量验收统一标准》(GB 50300—2001)。

该标准依据现行国家有关工程质量的法律、法规、管理标准和有关技术标准编制。建筑工程各专业工程施工质量验收规范必须与本标准配合使用。该标准适用于建筑工程施工质量的验收,并作为建筑工程各专业工程施工质量验收规范编制的统一准则。

36-7-7-2 建筑工程施工质量验收统一标准的基本规定

1. 施工现场的质量管理与检查

施工现场质量管理应有相应的施工技术标准,健全的质量管理体系、施工质量检验制度和综合施工质量水平评定考核制度。

施工单位应推行生产控制和合格控制的全过程质量控制,应有健全的生产控制和合格控制的质量管理体系。这里不仅包括原材料控制、工艺流程控制、施工操作控制、每道工序质量检查、各道相关工序间的交接检验以及专业工种之间等中间交接环节的质量管理和控制要求,还应包括满足施工图设计和功能要求的抽样检验制度等。施工单位还应通过内部的审核与管理者的评审,找出质量管理体系中存在的问题和薄弱环节,并制订改进的措施和跟踪检查落实等措施,使单位的质量管理体系不断健全和完善,是该施工单位不断提高建筑工程施工质量的保证。

同时施工单位应重视综合质量控制水平,应从施工技术、管理制度、工程质量控制和工程质量等方面制订对施工企业综合质量控制水平的指标,以达到提高整体素质和经济效益。

施工现场质量管理检查记录应由施工单位按表36-5(A.0.1)填写,总监理工程师(建设单位项目负责人)进行检查,并做出检查结论。

表 36-5

表 A.0.1		施工现场质量管理检查记录		开工日期:	
工程名称			施工许可证(开工证)		
建设单位			项目负责人		
设计单位			项目负责人		
监理单位			总监理工程师		
施工单位		项目经理		项目技术负责人	
序 号	项 目			内 容	
1	现场质量管理制度				
2	质量责任制				
3	主要专业工种操作上岗证书				
4	分包方资质与对分包单位的管理制度				
5	施工图审查情况				

续表

序号	项目	内容
6	地质勘察资料	
7	施工组织设计、施工方案及审批	
8	施工技术标准	
9	工程质量检验制度	
10	搅拌站及计量设置	
11	现场材料、设备存放与管理	
12		

检查结论：

总监理工程师
（建设单位项目负责人） 年 月 日

2．施工质量控制的规定

建筑工程应按下列规定进行施工质量控制：

（1）建筑工程采用的主要材料、半成品、成品、建筑构配件、器具和设备应进行现场验收。凡涉及安全、功能的有关产品，应按各专业工程质量验收规范规定进行复验，并应经监理工程师（建设单位技术负责人）检查认可。

（2）各工序应按施工技术标准进行质量控制，每道工序完成后，应进行检查。

（3）相关各专业工种之间，应进行交接检验，并形成记录。未经监理工程师（建设单位技术负责人）检查认可，不得进行下道工序施工。

3．施工质量验收的要求

建筑工程施工质量应按下列要求进行验收：

（1）建筑工程施工质量应符合本标准和相关专业验收规范的规定。

（2）建筑工程施工应符合工程勘察、设计文件的要求。

（3）参加工程施工质量验收的各方人员应具备规定的资格。

（4）工程质量的验收均应在施工单位自行检查评定的基础上进行。

（5）隐蔽工程在隐蔽前应由施工单位通知有关单位进行验收，并应形成验收文件。

（6）涉及结构安全的试块、试件以及有关材料，应按规定进行见证取样检测。见证取样检测是在监理单位或建设单位监督下，由施工单位有关人员现场取样，并送至具备相应资质的检测单位所进行的检测。

（7）检验批的质量应按主控项目和一般项目验收。

检验批是按同一的生产条件或按规定的方式汇总起来供检验用的，由一定数量样本组成的检验体。

检验是对检验项目中的性能进行量测、检查、试验等，并将结果与标准规定要求进行比较，以确定每项性能是否合格所进行的活动。

主控项目是建筑工程中的对安全、卫生、环境保护和公众利益起决定性作用的检验项目。一般项目是除主控项目以外的检验项目。

（8）对涉及结构安全和使用功能的重要分部工程应进行抽样检测。抽样检验是按照规定的抽样方案，随机地从进场的材料、构配件、设备或建筑工程检验项目中，按检验批抽取一定数量的样本所进行的检验。

(9) 承担见证取样检测及有关结构安全检测的单位应具有相应资质。

(10) 观感质量是通过观察和必要的量测所反映的工程外在质量。工程的观感质量应由验收人员通过现场检查,并应共同确认。

4. 检验批的质量检验

检验批的质量检验,应根据检验项目的特点在下列抽样方案中进行选择:

(1) 计量、计数或计量-计数等抽样方案。

(2) 一次、二次或多次抽样方案。

(3) 根据生产连续性和生产控制稳定性情况,尚可采用调整型抽样方案。

(4) 对重要的检验项目当可采用简易快速的检验方法时,可选用全数检验方案。

(5) 经实践检验有效的抽样方案。

抽样方案是根据检验项目的特性所确定的抽样数量和方法。

5. 生产方风险和使用方风险

关于合格质量水平的生产方风险 α,是指合格批被判为不合格的概率,即合格批被拒收的概率;使用方风险 β 为不合格批被判为合格批的概率,即不合格批被误收的概率。抽样检验必然存在这两类风险,要求通过抽样检验的检验批 100% 合格是不合理的也是不可能的。

在制定检验批的抽样方案时,对生产方风险(或错判概率 α)和使用方风险(或漏判概率 β)可按下列规定采取:

(1) 主控项目:对应于合格质量水平的 α 和 β 均不宜超过 5%。

(2) 一般项目:对应于合格质量水平的 α 不宜超过 5%,β 不宜超过 10%。

36-7-7-3 建筑工程质量验收的划分

1. 建筑工程质量验收应划分为单位(子单位)工程、分部(子分部)工程、分项工程和检验批。

2. 单位工程的划分应按下列原则确定:

(1) 具备独立施工条件并能形成独立使用功能的建筑物及构筑物为一个单位工程。

(2) 建筑规模较大的单位工程,可将其能形成独立使用功能的部分为一个子单位工程。

3. 分部工程的划分应按下列原则确定:

(1) 分部工程的划分应按专业性质、建筑部位确定。

(2) 当分部工程较大或较复杂时,可按材料种类、施工特点、施工程序、专业系统及类别等划分为若干子分部工程。

4. 分项工程应按主要工种、材料、施工工艺、设备类别等进行划分。

建筑工程的分部(子分部)、分项工程划分见表 36-6 (B.0.1)。

5. 分项工程可由一个或若干检验批组成,检验批可根据施工及质量控制和专业验收需要按楼层、施工段、变形缝等进行划分。

6. 室外工程可根据专业类别和工程规模划分单位(子单位)工程。

室外单位(子单位)工程、分部工程划分见表 36-7 (C.0.1)。

表36-6

表B.0.1 建筑工程分部工程、分项工程划分

序号	分部工程	子分部工程	分项工程
1	地基与基础	无支护土方	土方开挖、土方回填
		有支护土方	排桩，降水、排水、地下连续墙、锚杆、土钉墙、水泥土桩、沉井与沉箱，钢及混凝土支撑
		地基及基础处理	灰土地基、砂和砂石地基、碎砖三合土地基，土工合成材料地基，粉煤灰地基，重锤夯实地基，强夯地基，振冲地基，砂桩地基，预压地基，高压喷射注浆地基，土和灰土挤密桩地基，注浆地基，水泥粉煤灰碎石桩地基，夯实水泥土桩地基
		桩基	锚杆静压桩及静力压桩、预应力离心管桩、钢筋混凝土预制桩、钢桩，混凝土灌注桩（成孔、钢筋笼、清孔、水下混凝土灌注）
		地下防水	防水混凝土，水泥砂浆防水层，卷材防水层，涂料防水层，金属板防水层，塑料板防水层，细部构造，喷锚支护，复合式衬砌，地下连续墙，盾构法隧道；渗排水、盲沟排水、隧道、坑道排水；预注浆、后注浆，衬砌裂缝注浆
		混凝土基础	模板、钢筋、混凝土，后浇带混凝土，混凝土结构缝处理
		砌体基础	砖砌体，混凝土砌块砌体，配筋砌体，石砌体
		劲钢（管）混凝土	劲钢（管）焊接、劲钢（管）与钢筋的连接，混凝土
		钢结构	焊接钢结构、栓接钢结构、钢结构制作，钢结构安装，钢结构涂装
2	主体结构	混凝土结构	模板，钢筋，混凝土，预应力，现浇结构，装配式结构
		劲钢（管）混凝土结构	劲钢（管）焊接、螺栓连接、劲钢（管）与钢筋的连接，劲钢（管）制作、安装，混凝土
		砌体结构	砖砌体，混凝土小型空心砌块砌体，石砌体，填充墙砌体，配筋砖砌体
		钢结构	钢结构焊接，紧固件连接，钢零部件加工，单层钢结构安装，多层及高层钢结构安装，钢结构涂装、钢构件组装，钢构件预拼装，钢网架结构安装，压型金属板
		木结构	方木和原木结构、胶合木结构、轻型木结构，木构件防护
		网架和索膜结构	网架制作、网架安装、索膜安装、网架防火、防腐涂料
3	建筑装饰装修	地面	整体面层：基层、水泥混凝土面层、水泥砂浆面层、水磨石面层、防油渗面层、水泥钢（铁）屑面层、不发火（防爆的）面层；板块面层：基层、砖面层（陶瓷锦砖、缸砖、陶瓷地砖和水泥花砖面层）、大理石面层和花岗石面层，预制板块面层（预制水泥混凝土、水磨石板块面层）、料石面层（条石、块石面层）、塑料板面层、活动地板面层、地毯面层；木竹面层：基层、实木地板面层（条材、块材面层）、实木复合地板面层（条材、块材面层）、中密度（强化）复合地板面层（条材面层）、竹地板面层

续表

序号	分部工程	子分部工程	分项工程
3	建筑装饰装修	抹灰	一般抹灰，装饰抹灰，清水砌体勾缝
		门窗	木门窗制作与安装、金属门窗安装、塑料门窗安装、特种门安装、门窗玻璃安装
		吊顶	暗龙骨吊顶，明龙骨吊顶
		轻质隔墙	板材隔墙、骨架隔墙、活动隔墙、玻璃隔墙
		饰面板（砖）	饰面板安装、饰面砖粘贴
		幕墙	玻璃幕墙、金属幕墙、石材幕墙
		涂饰	水性涂料涂饰、溶剂型涂料涂饰、美术涂饰
		裱糊与软包	裱糊、软包
		细部	橱柜制作与安装，窗帘盒、窗台板和暖气罩制作与安装，门窗套制作与安装，护栏和扶手制作与安装，花饰制作与安装
4	建筑屋面	卷材防水屋面	保温层，找平层，卷材防水层，细部构造
		涂膜防水屋面	保温层，找平层，涂膜防水层，细部构造
		刚性防水屋面	细石混凝土防水层，密封材料嵌缝，细部构造
		瓦屋面	平瓦屋面，油毡瓦屋面，金属板屋面，细部构造
		隔热屋面	架空屋面，蓄水屋面，种植屋面
5	建筑给水、排水及采暖	室内给水系统	给水管道及配件安装、室内消火栓系统安装、给水设备安装、管道防腐、绝热
		室内排水系统	排水管道及配件安装、雨水管道及配件安装
		室内热水供应系统	管道及配件安装、辅助设备安装、防腐、绝热
		卫生器具安装	卫生器具安装、卫生器具给水配件安装、卫生器具排水管道安装
		室内采暖系统	管道及配件安装、辅助设备及散热器安装、金属辐射板安装、低温热水地板辐射采暖系统安装、系统水压试验及调试、防腐、绝热
		室外给水管网	给水管道安装、消防水泵接合器及室外消火栓安装、管沟及井室
		室外排水管网	排水管道安装、排水管沟与井池
		室外供热管网	管道及配件安装、系统水压试验及调试、防腐、绝热
		建筑中水系统及游泳池系统	建筑中水系统管道及辅助设备安装、游泳池水系统安装
		供热锅炉及辅助设备安装	锅炉安装、辅助设备及管道安装、安全附件安装、烘炉、煮炉和试运行、换热站安装、防腐、绝热
6	建筑电气	室外电气	架空线路及杆上电气设备安装，变压器、箱式变电所安装，成套配电柜、控制柜（屏、台）和动力、照明配电箱（盘）及控制柜安装，电线、电缆导管和线槽敷设，电线、电缆穿管和线槽敷设，电缆头制作、导线连接和线路电气试验，建筑物外部装饰灯具、航空障碍标志灯和庭院路灯安装，建筑照明通电试运行，接地装置安装
		变配电室	变压器、箱式变电所安装，成套配电柜、控制柜（屏、台）和动力、照明配电箱（盘）安装，裸母线、封闭母线、插接式母线安装，电缆沟内和电缆竖井内电缆敷设，电缆头制作、导线连接和线路电气试验，接地装置安装，避雷引下线和变配电室接地干线敷设
		供电干线	裸母线、封闭母线、插接式母线安装，桥架安装和桥架内电缆敷设，电缆沟内和电缆竖井内电缆敷设，电线、电缆导管和线槽敷设，电线、电缆穿管和线槽敷设，电缆头制作、导线连接和线路电气试验

续表

序号	分部工程	子分部工程	分项工程
6	建筑电气	电气动力	成套配电柜、控制柜（屏、台）和动力、照明配电箱（盘）及安装，低压电动机、电加热器及电动执行机构检查、接线，低压电气动力设备检测、试验和空载试运行，桥架安装和桥架内电缆敷设，电线、电缆导管和线槽敷设，电线、电缆穿管和线槽敷线，电缆头制作、导线连接和线路电气试验，插座、开关、风扇安装
		电气照明安装	成套配电柜、控制柜（屏、台）和动力、照明配电箱（盘）安装，电线、电缆导管和线槽敷设，电线、电缆导管和线槽敷线，槽板配线，钢索配线，电缆头制作、导线连接和线路电气试验，普通灯具安装，专用灯具安装，插座、开关、风扇安装，建筑照明通电试运行
		备用和不间断电源安装	成套配电柜、控制柜（屏、台）和动力、照明配电箱（盘）安装，柴油发电机组安装，不间断电源的其他功能单元安装，裸母线、封闭母线、插接式母线安装，电线、电缆导管和线槽敷设，电线、电缆导管和线槽敷线，电缆头制作、导线连接和线路电气试验，接地装置安装
		防雷及接地安装	接地装置安装，避雷引下线和变配电室接地干线敷设，建筑物等电位连接，接闪器安装
7	智能建筑	通信网络系统	通信系统、卫星及有线电视系统、公共广播系统
		办公自动化系统	计算机网络系统、信息平台及办公自动化应用软件、网络安全系统
		建筑设备监控系统	空调与通风系统、变配电系统、照明系统、给排水系统、热源和热交换系统、冷冻和冷却系统、电梯和自动扶梯系统、中央管理工作站与操作分站、子系统通信接口
		火灾报警及消防联动系统	火灾和可燃气体探测系统、火灾报警控制系统、消防联动系统
		安全防范系统	电视监控系统、入侵报警系统、巡更系统、出入口控制（门禁）系统、停车管理系统
		综合布线系统	缆线敷设和终接、机柜、机架、配线架的安装、信息插座和光缆芯线终端的安装
		智能化集成系统	集成系统网络、实时数据库、信息安全、功能接口
		电源与接地	智能建筑电源、防雷及接地
		环境	空间环境、室内空调环境、视觉照明环境、电磁环境
		住宅（小区）智能化系统	火灾自动报警及消防联动系统、安全防范系统（含电视监控系统、入侵报警系统、巡更系统、门禁系统、楼宇对讲系统、住户对讲呼救系统、停车管理系统）、物业管理系统（多表现场计量及与远程传输系统、建筑设备监控系统、公共广播系统、小区网络及信息服务系统、物业办公自动化系统）、智能家庭信息平台
8	通风与空调	送排风系统	风管与配件制作；部件制作；风管系统安装；空气处理设备安装；消声设备制作与安装，风管与设备防腐；风机安装；系统调试

续表

序号	分部工程	子分部工程	分项工程
8	通风与空调	防排烟系统	风管与配件制作；部件制作；风管系统安装；防排烟风口、常闭正压风口与设备安装；风管与设备防腐；风机安装；系统调试
		除尘系统	风管与配件制作；部件制作；风管系统安装；除尘器及排污设备安装；风管与设备防腐；风机安装；系统调试
		空调风系统	风管与配件制作；部件制作；风管系统安装；空气处理设备安装；消声设备制作与安装；风管与设备防腐；风机安装；风管与设备绝热；系统调试
		净化空调系统	风管与配件制作；部件制作；风管系统安装；空气处理设备安装；消声设备制作与安装；风管与设备防腐；风机安装；风管与设备绝热；高效过滤器安装；系统调试
		制冷设备系统	制冷机组安装；制冷剂管道及配件安装；制冷附属设备安装；管道及设备的防腐与绝热；系统调试
		空调水系统	管道冷热（媒）水系统安装；冷却水系统安装；冷凝水系统安装；阀门及部件安装；冷却塔安装；水泵及附属设备安装；管道与设备的防腐与绝热；系统调试
9	电梯	电力驱动的曳引式或强制式电梯安装工程	设备进场验收，土建交接检验，驱动主机，导轨，门系统，轿厢，对重（平衡重），安全部件，悬挂装置，随行电缆，补偿装置，电气装置，整机安装验收
		液压电梯安装工程	设备进场验收，土建交接检验，液压系统，导轨，门系统，轿厢，平衡重，安全部件，悬挂装置，随行电缆，电气装置，整机安装验收
		自动扶梯、自动人行道安装工程	设备进场验收，土建交接检验，整机安装验收

表 36-7

表 C.0.1 室外工程划分

单位工程	子单位工程	分部（子分部）工程
室外建筑环境	附属建筑	车棚、围墙、大门、挡土墙、垃圾收集站
	室外环境	建筑小品、道路、亭台、连廊、花坛、场坪绿化
室外安装	给排水与采暖	室外给水系统、室外排水系统、室外供热系统
	电气	室外供电系统、室外照明系统

36-7-7-4 建筑工程质量验收

1. 检验批质量验收

检验批是工程验收的最小单位，是分项工程乃至整个建筑工程质量验收的基础。检验批是施工过程中条件相同并有一定数量的材料、构配件或安装项目，由于其质量基本均匀一致，因此可以作为检验的基础单位，并按批验收。

检验批合格质量应符合下列规定：
(1) 主控项目和一般项目的质量经抽样检验合格。
(2) 具有完整的施工操作依据、质量检查记录。

为了使检验批的质量符合安全和功能的基本要求，达到保证建筑工程质量的目的，各专业工程质量验收规范应对各检验批的主控项目、一般项目的子项合格质量给予明确的规定。

检验批的合格质量主要取决于对主控项目和一般项目的检验结果。主控项目是对检验批的基本质量起决定性影响的检验项目，因此必须全部符合有关专业工程验收规范的规定。这意味着主控项目不允许有不符合要求的检验结果，即这种项目的检查具有否决权。鉴于主控项目对基本质量的决定性影响，从严要求是必须的。

质量控制资料反映了检验批从原材料到最终验收的各施工工序的操作依据、检查情况以及保证质量所必须的管理制度等。对其完整性的检查，实际是对过程控制的确认，这是检验批合格的前提。

检验批的质量验收记录由施工项目专业质量检查员填写，监理工程师（建设单位项目专业技术负责人）组织项目专业质量检查员等进行验收，并按表36-8（D.0.1）记录。

表36-8

表 D.0.1　　　　　　　　　检验批质量验收记录

工程名称			分项工程名称		验收部位	
施工单位				专业工长	项目经理	
施工执行标准名称及编号						
分包单位			分包项目经理		施工班组长	
		质量验收规范的规定	施工单位检查评定记录		监理（建设）单位验收记录	
主控项目	1					
	2					
	3					
	4					
	5					
	6					
	7					
	8					
	9					
一般项目	1					
	2					
	3					
	4					
施工单位检查结果评定			项目专业质量检查员：		年　月　日	
监理（建设）单位验收结论			监理工程师（建设单位项目专业技术负责人）		年　月　日	

2. 分项工程质量验收

分项工程的验收在检验批的基础上进行。一般情况下，两者具有相同或相近的性质，只是批量的大小不同而已。因此，将有关的检验批汇集构成分项工程。分项工程合格质量的条件比较简单，只要构成分项工程的各检验批的验收资料文件完整，并且均已验收合格，则分项工程验收合格。

分项工程质量验收合格应符合下列规定：

(1) 分项工程所含的检验批均应符合合格质量的规定。

(2) 分项工程所含的检验批的质量验收记录应完整。

分项工程质量应由监理工程师（建设单位项目专业技术负责人）组织项目专业技术负责人等进行验收，并按表36-9（E.0.1）记录。

表36-9

表 E.0.1 　　　　　　　　分项工程质量验收记录

工程名称		结构类型		检验批数	
施工单位		项目经理		项目技术负责人	
分包单位		分包单位负责人		分包项目经理	
序 号	检验批部位、区段	施工单位检查评定结果		监理（建设）单位验收结论	
1					
2					
3					
4					
5					
6					
7					
8					
9					
10					
11					
12					
13					
14					
15					
16					
17					
检查结论	项目专业技术负责人： 　　年　月　日		验收结论	监理工程师 （建设单位项目专业技术负责人） 　　年　月　日	

3. 分部（子分部）工程质量验收

分部工程的验收在其所含各分项工程验收的基础上进行。分部（子分部）工程质量验收合格应符合下列规定：

(1) 分部（子分部）工程所含分项工程的质量均应验收合格。

(2) 质量控制资料应完整。

(3) 地基与基础、主体结构和设备安装等分部工程有关安全及功能的检验和抽样检测结果应符合有关规定。

(4) 观感质量验收应符合要求。

首先，分部工程的各分项工程必须已验收合格且相应的质量控制资料文件必须完整，这是验收的基本条件。此外，由于各分项工程的性质不尽相同，因此作为分部工程不能简单地组合而加以验收，尚需增加以下两类检查。

涉及安全和使用功能的地基基础、主体结构、有关安全及重要使用功能的安装分部工程应进行有关见证取样送样试验或抽样检测。关于观感质量验收，这类检查往往难以定量，只能以观察、触摸或简单量测的方式进行，并由各个人的主观印象判断，检查结果并不给出"合格"或"不合格"的结论，而是综合给出质量评价。对于"差"的检查点应通过返修处理等补救。

分部（子分部）工程质量应由总监理工程师（建设单位项目专业负责人）组织施工项目经理和有关勘察、设计单位项目负责人进行验收，并按表36-10（F.0.1）记录。

表36-10

表 F.0.1 　　　　　　　　分部（子分部）工程验收记录

工程名称			结构类型		层数	
施工单位			技术部门负责人		质量部门负责人	
分包单位			分包单位负责人		分包技术负责人	
序号	分项工程名称		检验批数	施工单位检查评定	验收意见	
1						
2						
3						
4						
5						
6						
质量控制资料						
安全和功能检验（检测）报告						
观感质量验收						
验收单位	分包单位			项目经理	年 月	日
	施工单位			项目经理	年 月	日
	勘察单位			项目负责人	年 月	日
	设计单位			项目负责人	年 月	日
	监理（建设）单位			总监理工程师（建设单位项目专业负责人）	年 月	日

4. 单位（子单位）工程质量验收

单位工程质量验收也称质量竣工验收，是建筑工程投入使用前的最后一次验收，也是最重要的一次验收。单位（子单位）工程质量验收合格应符合下列规定：

(1) 单位（子单位）工程所含分部（子分部）工程的质量均应验收合格。
(2) 质量控制资料应完整。
(3) 单位（子单位）工程所含分部工程有关安全和功能的检测资料应完整。
(4) 主要功能项目的抽查结果应符合相关专业质量验收规范的规定。
(5) 观感质量验收应符合要求。

以上规定表明，验收合格的条件除构成单位工程的各分部工程应该合格、并且有关的资料文件应完整以外，还须进行以下三个方面的检查：

一是涉及安全和使用功能的分部工程应进行检验资料的复查。不仅要全面检查其完整性（不得有漏检缺项），而且对分部工程验收时补充进行的见证抽样检验报告也要复核。这种强化验收的手段体现了对安全和主要使用功能的重视。

二是对主要使用功能还须进行抽查。使用功能的检查是对建筑工程和设备安装工程最终质量的综合检验，也是用户最为关心的内容。因此，在分项、分部工程验收合格的基础上，竣工验收时再作全面检查。抽查项目是在检查资料文件的基础上由参加验收的各方人员商定，并用计量、计数的抽样方法确定检查部位。检查要求按有关专业工程施工质量验收标准的要求进行。

最后，还须由参加验收的各方人员共同进行观感质量检查。检查的方法、内容、结论等在分部工程的相应部分中阐述，最后共同确定是否通过验收。

单位（子单位）工程质量验收，质量控制资料核查，安全和功能检验资料核查及主要功能抽查记录，观感质量检查应分别按表36-11～表36-14填写、记录。

表36-11

表G.0.1-1　　　　　　单位（子单位）工程质量竣工验收记录

工程名称		结构类型		层数/建筑面积	/
施工单位		技术负责人		开工日期	
项目经理		项目技术负责人		竣工日期	
序号	项　目	验收记录		验收结论	
1	分部工程	共　　分部，经查　　分部 符合标准及设计要求　　分部			
2	质量控制资料核查	共　项，经审查符合要求　项， 经核定符合规范要求　　项			
3	安全和主要使用功能核查及抽查结果	共核查　　项，符合要求　　项， 共抽查　　项，符合要求　　项， 经返工处理符合要求　　项			
4	观感质量验收	共抽查　　项，符合要求　　项， 不符合要求　　项			
5	综合验收结论				
参加验收单位	建设单位	监理单位	施工单位	设计单位	
	（公章）	（公章）	（公章）	（公章）	
	单位（项目）负责人 　　年　月　日	总监理工程师 　　年　月　日	单位负责人 　　年　月　日	单位（项目）负责人 　　年　月　日	

注：本表验收记录由施工单位填写，验收结论由监理（建设）单位填写。综合验收结论由参加验收各方共同商定，建设单位填写，应对工程质量是否符合设计和规范要求及总体质量水平做出评价。

表36-12

表G.0.1-2　　　　　　单位（子单位）工程质量控制资料核查记录

工程名称			施工单位		
序号	项　目	资　料　名　称	份数	核查意见	核查人
1	建筑与结构	图纸会审、设计变更、洽商记录			
2		工程定位测量、放线记录			

续表

工程名称			施工单位			
序号	项目	资料名称		份数	核查意见	核查人
3	建筑与结构	原材料出厂合格证书及进场检（试）验报告				
4		施工试验报告及见证检测报告				
5		隐蔽工程验收表				
6		施工记录				
7		预制构件、预拌混凝土合格证				
8		地基、基础、主体结构检验及抽样检测资料				
9		分项、分部工程质量验收记录				
10		工程质量事故及事故调查处理资料				
11		新材料、新工艺施工记录				
12						
1	给排水与采暖	图纸会审、设计变更、洽商记录				
2		材料、配件出厂合格证书及进场检（试）验报告				
3		管道、设备强度试验、严密性试验记录				
4		隐蔽工程验收表				
5		系统清洗、灌水、通水、通球试验记录				
6		施工记录				
7		分项、分部工程质量验收记录				
8						
1	建筑电气	图纸会审、设计变更、洽商记录				
2		材料、设备出厂合格证书及进场检（试）验报告				
3		设备调试记录				
4		接地、绝缘电阻测试记录				
5		隐蔽工程验收表				
6		施工记录				
7		分项、分部工程质量验收记录				
8						
1	通风与空调	图纸会审、设计变更、洽商记录				
2		材料、设备出厂合格证书及进场检（试）验报告				
3		制冷、空调、水管道强度试验、严密性试验记录				
4		隐蔽工程验收表				
5		制冷设备运行调试记录				
6		通风、空调系统调试记录				
7		施工记录				
8		分项、分部工程质量验收记录				
9						
1	电梯	土建布置图纸会审、设计变更、洽商记录				
2		设备出厂合格证书及开箱检验记录				
3		隐蔽工程验收表				
4		施工记录				
5		接地、绝缘电阻测试记录				
6		负荷试验、安全装置检查记录				
7		分项、分部工程质量验收记录				
8						

续表

工程名称			施工单位			
序号	项目	资料名称		份数	核查意见	核查人
1	建筑智能化	图纸会审、设计变更、洽商记录、竣工图及设计说明				
2		材料、设备出厂合格证及技术文件及进场检(试)验报告				
3		隐蔽工程验收表				
4		系统功能测定及设备调试记录				
5		系统技术、操作和维护手册				
6		系统管理、操作人员培训记录				
7		系统检测报告				
8		分项、分部工程质量验收报告				

结论：

施工单位项目经理　　　年 月 日　　（建设单位项目负责人）总监理工程师　年 月 日

表 36-13

表 G.0.1-3　单位（子单位）工程安全和功能检验资料核查及主要功能抽查记录

工程名称			施工单位			
序号	项目	安全和功能检查项目	份数	核查意见	抽查结果	核查(抽查)人
1	建筑与结构	屋面淋水试验记录				
2		地下室防水效果检查记录				
3		有防水要求的地面蓄水试验记录				
4		建筑物垂直度、标高、全高测量记录				
5		抽气(风)道检查记录				
6		幕墙及外窗气密性、水密性、耐风压检测报告				
7		建筑物沉降观测测量记录				
8		节能、保温测试记录				
9		室内环境检测报告				
10						
1	给排水与采暖	给水管道通水试验记录				
2		暖气管道、散热器压力试验记录				
3		卫生器具满水试验记录				
4		消防管道、燃气管道压力试验记录				
5		排水干管通球试验记录				
6						
1	电气	照明全负荷试验记录				
2		大型灯具牢固性试验记录				
3		避雷接地电阻测试记录				
4		线路、插座、开关接地检验记录				
5						
1	通风与空调	通风、空调系统试运行记录				
2		风量、温度测试记录				
3		洁净室洁净度测试记录				
4		制冷机组试运行调试记录				
5						
1	电梯	电梯运行记录				
2		电梯安全装置检测报告				

续表

工程名称			施工单位			
序号	项目	安全和功能检查项目	份数	核查意见	抽查结果	核查（抽查）人
1	智能建筑	系统试运行记录				
2		系统电源及接地检测报告				
3						
结论：						
施工单位项目经理　　　年　月　日			总监理工程师（建设单位项目负责人）　　　年　月　日			

注：抽查项目由验收组协商确定。

表 36-14

表 G.0.1-4　　单位（子单位）工程观感质量检查记录

工程名称			施工单位				
序号	项目		抽查质量状况		质量评价		
					好	一般	差
1	建筑与结构	室外墙面					
2		变形缝					
3		水落管，屋面					
4		室内墙面					
5		室内顶棚					
6		室内地面					
7		楼梯、踏步、护栏					
8		门窗					
1	给排水与采暖	管道接口、坡度、支架					
2		卫生器具、支架、阀门					
3		检查口、扫除口、地漏					
4		散热器、支架					
1	建筑电气	配电箱、盘、板、接线盒					
2		设备器具、开关、插座					
3		防雷、接地					
1	通风与空调	风管、支架					
2		风口、风阀					
3		风机、空调设备					
4		阀门、支架					
5		水泵、冷却塔					
6		绝热					
1	电梯	运行、平层、开关门					
2		层门、信号系统					
3		机房					
1	智能建筑	机房设备安装及布局					
2		现场设备安装					
3							
观感质量综合评价							
检查结论		施工单位项目经理　　　年　月　日		总监理工程师（建设单位项目负责人）　　　年　月　日			

注：质量评价为差的项目，应进行返修。

5. 质量问题的处理

当建筑工程质量不符合要求时,应按下列规定进行处理:

(1) 经返工重做或更换器具、设备的检验批,应重新进行验收。

(2) 经有资质的检测单位检测鉴定能够达到设计要求的检验批,应予以验收。

(3) 经有资质的检测单位检测鉴定达不到设计要求、但经原设计单位核算认可能够满足结构安全和使用功能的检验批,可予以验收。

(4) 经返修或加固处理的分项、分部工程,虽然改变外形尺寸但仍能满足安全使用要求,可按技术处理方案和协商文件进行验收。

返修是对工程不符合标准规定的部位采取整修等措施。返工是对不合格的工程部位采取的重新制作、重新施工等措施。

一般情况下,不合格现象在最基层的验收单位——检验批时就应发现并及时处理,否则将影响后续检验批和相关的分项工程、分部工程的验收。因此所有质量隐患必须尽快消灭在萌芽状态,这也是以强化验收促进过程控制原则的体现。

第一种情况,是指在检验批验收时,其主控项目不能满足验收规范规定或一般项目超过偏差限值的子项不符合检验规定的要求时,应及时进行处理的检验批。其中,严重的缺陷应推倒重来;一般的缺陷通过翻修或更换器具、设备予以解决,应允许施工单位在采取相应的措施后重新验收。如能够符合相应的专业工程质量验收规范,则应认为该检验批合格。

第二种情况,是指个别检验批发现试块强度等不满足要求等问题,难以确定是否验收时,应请具有资质的法定检测单位检测,当鉴定结果能够达到设计要求时,该检验批仍应认为通过验收。

第三种情况,如经检测鉴定达不到设计要求,但经原设计单位核算,仍能满足结构安全和使用功能的情况,该检验批可以予以验收。一般情况下,规范标准给出了满足安全和功能的最低限度要求,而设计往往在此基础上留有一些余量。不满足设计要求和符合相应规范标准的要求,两者并不矛盾。

第四种情况,更为严重的缺陷或者超过检验批的更大范围内的缺陷,可能影响结构的安全性和使用功能。若经法定检测单位检测鉴定以后认为达不到规范标准的相应要求,即不能满足最低限度的安全储备和使用功能,则必须按一定的技术方案进行加固处理,使之能保证其满足安全使用的基本要求。这样会造成一些永久性的缺陷,如改变结构外形尺寸,影响一些次要的使用功能等。为了避免社会财富更大的损失,在不影响安全和主要使用功能条件下可按处理技术方案和协商文件进行验收,但不能作为轻视质量而回避责任的一种出路,这是应该特别注意的。

6. 严禁验收的工程

通过返修或加固处理仍不能满足安全使用要求的分部工程、单位(子单位)工程,严禁验收。

36-7-7-5 工程质量验收程序和组织

1. 检验批和分项工程的验收

检验批和分项工程是建筑工程质量基础,因此,所有检验批和分项工程均应由监理工程师或建设单位项目技术负责人组织验收。验收前,施工单位先填好"检验批和分项工程的质量验收记录"（有关监理记录和结论不填），并由项目专业质量检验员和项目专业技术负责人分别在检验批和分项工程质量检验记录中相关栏目签字，然后由监理工程师组织，严格按规定程序进行验收。

2．分部工程的验收

分部（子分部）工程应由总监理工程师（建设单位项目负责人）组织施工单位项目负责人和技术、质量负责人等进行验收；地基与基础、主体结构分部工程的勘察、设计单位工程项目负责人和施工单位技术、质量部门负责人也应参加相关分部工程验收。

3．单位工程的验收

（1）单位工程完工后，施工单位应自行组织有关人员进行检查评定，并向建设单位提交工程验收报告。

（2）建设单位收到工程验收报告后，应由建设单位（项目）负责人组织施工（含分包单位）、设计、监理等单位（项目）负责人进行单位（子单位）工程验收。

在一个单位工程中，对满足生产要求或具备使用条件，施工单位已预验，监理工程师已初验通过的子单位工程，建设单位可组织进行验收。由几个施工单位负责施工的单位工程，当其中的施工单位所负责的子单位工程已按设计完成，并经自行检验，也可组织正式验收，办理交工手续。在整个单位工程进行全部验收时，已验收的子单位工程验收资料应作为单位工程验收的附件。

（3）单位工程有分包单位施工时，分包单位对所承包的工程项目应按规定的程序检查评定，总包单位应派人参加。分包工程完成后，应将工程有关资料交总包单位。

由于《建设工程施工合同》的双方主体是建设单位和总承包单位，总承包单位应按照承包合同的权利义务对建设单位负责。分包单位对总承包单位负责，亦应对建设单位负责。因此，分包单位对承建的项目进行检验时，总包单位应参加，检验合格后，分包单位应将工程的有关资料移交总包单位，待建设单位组织单位工程质量验收时，分包单位负责人应参加验收。

（4）当参加验收各方对工程质量验收意见不一致时，可请当地建设行政主管部门或工程质量监督机构协调处理。

（5）单位工程质量验收合格后，建设单位应在规定时间内将工程竣工验收报告和有关文件，报建设行政管理部门备案。

建设工程竣工验收备案制度是加强政府监督管理，防止不合格工程流向社会的一个重要手段。建设单位应依据《建设工程质量管理条例》和建设部有关规定，到县级以上人民政府建设行政主管部门或其他有关部门备案。否则，不允许投入使用。关于建设工程竣工验收备案管理的详细内容请见本章36-12-1。

36-7-8　建设工程质量监督机构的监督工作

在工程建设中，政府质量监督机构必须建立和遵循严格的工程质量监督程序，以加大建设工程质量监督的力度，保证建设工程质量。质量监督机构对建设工程质量监督的依据是国家的法律、法规和强制性标准；主要目的是保证建设工程使用安全和环境质量；主要内容是监督工程建设各方主体质量行为和地基、基础、主体结构和使用功能；主要监督方式是巡回抽查，对建设单位组织的竣工验收实施监督。工程竣工后出具工程质量监督报告。

36-7-8-1 办理建设工程质量监督手续

1. 建设工程质量监督机构是经省级以上建设行政主管部门考核认定具有独立法人资格的事业单位。根据建设行政主管部门的委托，依法办理建设工程项目质量监督登记手续。

2. 凡新建、改建、扩建的建设工程，在工程项目施工招标投标工作完成后，建设单位申请领取施工许可证之前，应携有关资料到所在地建设工程质量监督机构办理工程质量监督登记手续，填写工程质量监督登记表，并按规定交纳工程质量监督费用。

3. 建设单位办理建设工程质量监督登记时，应向工程质量监督机构提交以下有关资料：

(1) 规划许可证；

(2) 施工、监理中标通知书；

(3) 施工、监理合同及其单位资质证书（复印件）；

(4) 施工图设计文件审查意见；

(5) 其他规定需要的文件资料。

4. 7个工作日内审核完毕，符合规定由监督机构发给《建筑工程质量监督书》和《工程质量监督计划》。

5. 建设单位凭《建设工程质量监督书》，向建设行政主管部门申领施工许可证。

36-7-8-2 开工前的监督准备工作

1. 确定质量监督工程师

2. 制定质量监督工作方案

项目质量监督工程师对负责监督的工程项目，应当依据工程建设项目各方责任主体、设计图纸及有关文件、工程的特点、规模和技术复杂程度等，编制质量监督工作方案。

工作方案根据有关法律、法规和工程建设强制性标准，针对工程特点，明确监督的具体内容、监督方式。要对地基基础、主体结构和其他涉及结构安全的重要部位、使用功能和关键工序做出监督计划，并应将必须监督的重要部位及安装中的重要环节，及时通知建设、勘察、设计、施工、监理等单位。

3. 检查施工现场工程建设各方主体的质量行为。核查施工现场工程建设各方主体及有关人员的资质或资格。检查勘察、设计、施工、监理单位的质量保证体系和质量责任制落实情况，检查有关质量文件、技术资料是否齐全并符合规定。请有关单位填写《工程质量保证体系审查表》。

36-7-8-3 对工程参建各方主体质量行为的监督

1. 对建设单位质量行为的监督

(1) 工程项目报建审批手续齐全；

(2) 基本建设程序及有关要求：

1) 按规定进行了施工图审查；

2) 按规定委托监理单位；建设单位自行管理工程的，应建立工程项目管理机构，配备相应的专业技术人员；

(3) 无明示或者暗示勘察、设计单位、监理单位、施工单位违反强制性标准，降低工程质量和迫使承包方任意压缩合理工期等行为；

(4) 按合同规定，由建设单位采购的建材、构配件和设备必须符合质量要求。

2．对勘察、设计单位质量行为的监督

3．对监理单位质量行为的监督

(1) 监理的工程项目有监理委托手续及合同，监理人员资格证书与承担任务相符；

(2) 工程项目的监理机构专业人员配套，责任制落实；

(3) 现场监理采取旁站、巡视和平行检验等形式；

(4) 制订监理规划，并按照监理规划进行监理；

(5) 按照国家强制性标准或操作工艺，对分项工程或工序及时进行验收签认；

(6) 对现场发现使用不合格材料、构配件、设备的现象和发生的质量事故，及时督促、配合责任单位调查处理。

4．对施工单位质量行为的监督

36-7-8-4 对建设工程的实体质量的监督

实体质量监督以抽查方式为主，并辅以科学的检测手段。地基基础实体必须经监督检查后方可进行主体结构施工；主体结构实体必须经监督检查后方可进行后续工程施工。并按规定填写监督记录表格。

36-7-8-5 工程竣工验收的监督

建设工程质量监督机构，在工程竣工验收监督时，重点对工程竣工验收的组织形式、验收程序、执行验收规范情况等实行监督，发现有违反建设工程质量管理规定行为的，责令改正，并将对工程竣工验收的监督情况列为工程质量监督报告的重要内容。

1．工程竣工验收的条件：见"36-12-1-1　竣工验收条件"。

2．工程竣工验收程序和要求：见"36-12-1-2　竣工验收程序"和"36-12-1-3　组织竣工验收要求"。

36-7-8-6 建设工程质量监督报告

建设工程质量监督机构应在工程竣工验收合格后5个工作日内出具质量监督报告。

36-7-8-7 竣工验收备案管理

根据本地区实际情况，县级以上人民政府建设行政主管部门可委托质量监督机构具体实施建设工程竣工备案工作。

36-7-8-8 建设工程质量监督档案

1．建设工程应按单位工程建立监督档案，监督档案应及时、真实、完整。

2．监督档案的内容主要包括：

(1) 建设工程质量档案封页；标明工程名称、建设、勘察、设计、施工和监理单位名称、开竣工日期以及档案编号等；

(2) 档案目录；

(3) 建设工程报监资料，包括：报监登记表、施工、监理中标通知书、施工图设计文件审查意见、施工合同、监理合同的编号及日期等；

(4) 有关各责任主体单位的资质和有关人员资格审查记录；

(5) 质量监督记录：

1) 监督交底会议纪要；

2) 建设工程质量整改通知书及整改报告;
3) 历次监督抽查记录;
(6) 行政处罚决定书及相关材料;
(7) 建设工程质量事故报告;
(8) 建设工程质量监督报告。

36-7-9 见证取样和送检的规定

见证取样和送检是指在建设单位或工程监理单位人员的见证下,由施工单位的现场试验人员对工程中涉及结构安全的试块、试件和材料在现场取样,并送至经过省级以上建设行政主管部门对其资质认可和质量技术监督部门对其计量认证的质量检测单位(以下简称"检测单位")进行检测。

为规范房屋建筑工程和市政基础设施工程中涉及结构安全的试块、试件和材料的见证取样和送检工作,保证工程质量,建设部根据《建设工程质量管理条例》,制定了"房屋建筑工程和市政基础设施工程实行见证取样和送检的规定"。凡从事房屋建筑工程和市政基础设施工程的新建、扩建、改建等有关活动,应当遵守该规定。

国务院建设行政主管部门对全国房屋建筑工程和市政基础设施工程的见证取样和送检工作实施统一监督管理。县级以上地方人民政府建设行政主管部门对本行政区域内的房屋建筑工程和市政基础设施工程的见证取样和送检工作实施监督管理。

1. 涉及结构安全的试块、试件、材料见证取样和送检的比例不得低于有关技术标准中规定应取样数量的30%。

2. 下列试块、试件和材料必须实施见证取样和送检。
(1) 用于承重结构的混凝土试块;
(2) 用于承重墙体的砌筑砂浆试块;
(3) 用于承重结构的钢筋及连接接头试件;
(4) 用于承重墙的砖和混凝土小型砌块;
(5) 用于拌制混凝土和砌筑砂浆的水泥;
(6) 用于承重结构的混凝土中使用的掺加剂;
(7) 地下、屋面、厕浴间使用的防水材料;
(8) 国家规定必须实行见证取样和送检的其他试块、试件和材料。

3. 见证人员应由建设单位或该工程的监理单位具备建筑施工试验知识的专业技术人员担任,并应由建设单位或该工程的监理单位书面通知施工单位、检测单位和负责该项工程的质量监督机构。

4. 在施工过程中,见证人员应按照见证取样和送检计划,对施工现场的取样和送检进行见证,取样人员应在试样或其包装上做出标识、封志。标识和封志应标明工程名称、取样部位、取样日期、样品名称和样品数量,并由见证人员和取样人员签字。见证人员应制作见证记录,并将见证记录归入施工技术档案。

见证人员和取样人员应对试样的代表性和真实性负责。

5. 见证取样的试块、试件和材料送检时,应由送检单位填写委托单,委托单应有见证人员和送检人员签字。检测单位应检查委托单及试样上的标识和封志,确认无误后方可进行检测。

6. 检测单位应严格按照有关管理规定和技术标准进行检测，出具公正、真实、准确的检测报告。见证取样和送检的检测报告必须加盖见证取样检测的专用章。

36-8 项目投资控制

对建设项目投资进行有效的控制是工程建设管理的重要组成部分，它包括在投资决策阶段、设计阶段、发包阶段和实施阶段的控制；把建设项目投资控制在批准的投资限额以内，随时纠正发生的偏差，确保项目投资控制目标的实现，以求能合理地使用人力、物力、财力，取得较好的投资效益和社会效益。

36-8-1 投资控制的原理

1. 设置建设项目的投资控制目标

为了确保投资目标的实现，需要对投资进行控制；如果没有投资目标，也就不需要对投资进行控制。投资目标的设置应有充分的科学依据，是很严肃的，既要有先进性，又要有实现的可能性。如果控制目标的水平过高，也就意味着投资留有一定量的缺口，虽经努力也无法实现，无法达到，投资控制也就将失去指导工作、改进工作的意义，成为空谈。如果控制目标的水平过低，也就意味着项目高估冒算，建设者不需努力即可达到目的，不仅浪费了资金，而且对建设者也失去了激励的作用，投资控制也如同虚设。

由于工程项目的建设周期长，各种变化因素多，而且建设者对工程项目的认识过程也是一个由粗到细、由表及里，逐步深化的过程，因此，投资控制的目标是随设计的不同阶段而逐步深入、细化，其目标也是分阶段设置，使控制的目标愈来愈清晰，愈来愈准确。如投资估算是设计方案选择和初步设计时的投资控制目标，设计概算是进行技术设计和施工图设计时的投资控制目标，设计预算或建设工程施工合同的合同价是施工阶段投资控制的目标，它们共同组成项目投资控制的目标系统。

2. 投资控制的全过程

监理工程师对投资控制应开始于设计阶段，并贯穿于工程实施的全过程之中。

项目投资控制的关键在于施工以前的决策阶段和设计阶段；而在投资决策以后，设计阶段（包括初步设计、技术设计和施工图设计）就成为控制项目投资的关键。监理工程师应注意对设计方案进行审核和费用估算，以便根据费用的估算情况与控制投资额进行比较，并提出对设计方案是否进行修改的建议。

同时，监理工程师还应对施工现场和环境进行踏勘，对施工单位的水平和各种资源情况进行调查，以便对设计方案的某些方面进行优化，提出意见，节约投资。

在施工阶段，投资控制主要是通过审核施工图预算，不间断地监测施工过程中各种费用的实际支出情况，并与各个分部工程、分项工程的预算进行比较，从而判断工程的实际费用是否偏离了控制的目标值，或有无偏离控制目标值的趋势，以便尽早采取控制纠偏措施。

3. 技术与经济应有机地结合

在工程项目的建设过程中，将投资控制目标值与实际值进行比较，以及当实际值偏离目标值时，分析偏离产生的原因，并采取纠偏的措施和对策，这仅仅是投资控制的一部分工作。要更有效地控制项目的投资，还必须从项目的组织结构、合同结构、技术措施与方案、经济与信息管理等多方面采取相应的措施。如技术措施与方案就包括设计方案的比较与选择，严格审查初步设计、技术设计、施工图设计、设计变更、施工方案、施工组织设计，以及对各种方案和措施进行技术比较、经济分析和效果评价，正确处理技术与经济二者之间的关系，使之有机地结合起来，也是控制项目投资的有效手段之一。

36-8-2 监理工程师的任务、职责和权限

36-8-2-1 监理工程师的任务和职责

项目投资控制包括建设前期阶段的监理、工程设计阶段的监理、工程施工阶段的监理等；一般应根据工程建设监理合同开展工作，这里仅介绍工程施工阶段的监理工程师的工作。

1. 施工招标阶段：协助建设单位确定项目管理模式，协助建设单位准备与发送招标文件，协助评审投标书，提出决标意见。

2. 签订合同：协助建设单位确定合同结构和形式、考查施工队伍、与施工单位签订建设工程施工合同。

3. 认真审查施工图预算，详见"36-8-3 施工图预算编制与审核"。

4. 确定目标：为了控制项目投资，监理工程师必须编制资金使用计划（按项目或按分项工程、分部工程），合理地确定工程项目投资控制的目标值，包括工程项目的总目标值、分目标值、各细目标值；在工程项目实施的过程中，采取积极的措施，控制投资支出，并及时、全面、准确地收集、汇总费用支出额的实际值，与投资目标值进行比较，并作好费用支出的分析与预测；加强对各种干扰因素及其影响程度的控制，并及时采取防范措施，保证工程项目投资控制目标值的实现。

当在日常工作的过程中，发现实际支出额与各目标值发生偏差时，应及时分析产生的原因，同时对各目标值进行必要的调整。

此外，还应将投资控制与进度控制结合在一起，进一步编制按时间进度的资金使用计划，绘制反映资金与进度的综合图表。

5. 对进度计划与施工组织设计（或施工方案）的审查。

6. 对目标进行风险分析。依据施工合同有关条款、施工图，对工程项目造价目标进行风险分析，并应制定防范性对策。

专业监理工程师进行风险分析主要是找出工程造价最易突破部分（如施工合同中有关条款不明确而造成突破造价的漏洞，施工图中的问题易造成工程变更、材料和设备价格不确定等）以及最易发生费用索赔的原因和部位（如因建设单位资金不到位、施工图纸不到位，建设单位供应的材料、设备不到位等），从而制定出防范性对策，书面报告总监理工程师，经其审核后向建设单位提交有关报告。

7. 工程计量与工程款支付工作。按施工合同约定的工程量计算规则和支付条款进行工程量计量与工程款支付，详见本章 36-8-4。

8. 工程变更的控制：总监理工程师应从造价、项目的功能要求、质量和工期等方面审查工程变更的方案，并宜在工程变更实施前与建设单位、承包单位协商确定工程变更的价款。详见"36-8-5　工程变更的控制"。

9. 索赔管理，详见"36-8-6　索赔管理"。

10. 竣工结算，详见"36-8-7　竣工结算与决算"。

36-8-2-2　监理工程师的权限

为保证监理工程师有效地控制项目投资，必须对监理工程师授予相应的权限，并且在建设工程施工合同中作出明确规定，正式通知施工企业。

监理工程师在施工阶段进行投资控制的权限包括：

1. 审定批准施工企业制定的工程进度计划，并督促按批准的进度计划执行；

2. 检验施工企业报送的材料样品，并按规定进行抽查、复试，根据检验、复试的情况批准或拒绝在本工程中使用；

3. 对隐蔽工程进行验收、签证，并且必须在验收、签证后才能进行下一道工序的施工；

4. 对已完工程（包括检验批、分项工程、子分部和分部工程）按有关规范标准进行施工质量检查、验收和评定；并在此基础上审核施工企业完成的检验批、分项工程、子分部和分部工程数量，审定施工企业的进度付款申请表，签发付款证明；

5. 审查施工企业的技术措施及其费用；

6. 审查施工企业的技术核定单及其费用；

7. 控制设计变更，并及时分析设计变更对项目投资的影响；

8. 做好工程施工和监理记录，注意收集各种施工原始技术经济资料、设计或施工变更图纸和资料，为处理可能发生的索赔提供依据；

9. 协助施工企业搞好成本管理和控制，尽量避免工程返工造成的损失和成本上升；

10. 定期向建设单位提供施工过程中的投资分析与预测、投资控制与存在问题的报告。

36-8-3　施工图预算的编制与审核

36-8-3-1　施工图预算及其作用

施工图预算是在设计的施工图完成以后，以施工图为依据，根据预算定额、费用标准、以及工程所在地区的人工、材料、施工机械设备台班的预算价格编制的，是确定建筑工程、安装工程预算造价的文件。

施工图预算的作用：

1. 是工程实行招标、投标的重要依据；

2. 是签订建设工程施工合同的重要依据；

3. 是办理工程财务拨款、工程贷款和工程结算的依据；

4. 是施工单位进行人工和材料准备、编制施工进度计划、控制工程成本的依据；

5. 是落实或调整年度进度计划和投资计划的依据；

6. 是施工企业降低工程成本、实行经济核算的依据。

36-8-3-2 施工图预算的编制方法和步骤

请查阅本手册"32 建筑工程造价"。

36-8-3-3 施工图预算的审核

施工图预算编制完成后，需要监理工程师进行审核。由于监理工程师参加了技术准备和施工的全过程，熟悉施工的范围、内容和施工详图情况，能搜集到较多、较完整的技术经济资料，因此可以通过审核，对发现的差错与编制单位协商，进行相应的修正，提高预算的准确性。可以排除不正当提高工程预算造价的现象，防止高估冒算，有利于节约资金；可以堵塞预算中的漏洞，防止预算偏高或偏低的不良倾向，使施工单位的劳动得到应有的收入和补偿，促使施工单位加强管理，搞好经济核算，增产节约，降低成本；可以为资金监督部门实施财政监督提供可靠的依据。

审核的内容主要是：

1. 工程量计算是否准确，特别是对原设计是否符合工程的实际情况，计算中是否有重复或漏项；

2. 预算单价的套用是否合理，特别要注意预算中所列各分项工程的名称、规格、尺寸、形式、施工方法等内容，是否与预算定额一致；

3. 各项取费标准是否符合现行的规定。对其中的直接费审查，因各地区对其具体内容、计算方法有不同的规定，因此在计算时要按当地的定额要求执行。

对其中间接费的审查，不但要防止多算或重复计算，还要注意防止高套取费标准，包括高套企业的级别和工程标准等。

36-8-4 工程计量与工程款支付

工程计量是根据设计文件及承包合同中关于工程量计算的规定，项目监理机构对承包单位申报的已完成工程的工程量进行的核验。工程计量的范围仅限于承包单位完成的质量验收合格的工程量，未经监理人员质量验收合格的工程量，或不符合施工合同规定的工程量，监理人员应拒绝计量和该部分的工程款支付申请。

36-8-4-1 工程计量与工程款支付程序

项目监理机构应按下列程序进行工程计量和工程款支付工作：

1. 承包单位统计经专业监理工程师质量验收合格的工程量，按施工合同的约定填报工程量清单和工程款支付申请表；

工程款支付申请表应符合 A5 表（表 36-19）的格式。

2. 专业监理工程师进行现场计量，按施工合同的约定审核工程量清单和工程款支付申请表，并报总监理工程师审定；

3. 总监理工程师签署工程款支付证书，并报建设单位。

36-8-4-2 审核与签认

专业监理工程师对承包单位报送的工程款支付申请表进行审核时，应会同承包单位对现场实际完成情况进行计量，对验收手续齐全、资料符合验收要求并符合施工合同规定的计量范围内的工程量予以核定。

工程款支付申请中包括合同内工作量、工程变更增减费用、经批准的索赔费用，应扣除的预付款、保留金及施工合同约定的其他支付费用。专业监理工程师应逐项审查后，提出审查意见报总监理工程师审核签认。

36-8-4-3 统计与分析报告

专业监理工程师应及时建立月完成工程量和工作量统计表，对实际完成量与计划完成量进行比较、分析，制定调整措施，并应在监理月报中向建设单位报告。

36-8-5 工程变更的控制

工程变更是在工程项目实施过程中，按照合同约定的程序对部分或全部工程在材料、工艺、功能、构造、尺寸、技术指标、工程数量及施工方法等方面做出的改变。

建设工程施工合同签订以后，对合同文件中的任何一部分的变更都属于工程变更的范畴。建设单位、设计单位、施工单位和监理单位等都可以提出工程变更的要求。因此在工程建设的过程中，如果对工程变更处理不当，都将对工程的投资、进度计划、工程质量造成影响，甚至引发合同的有关方面的纠纷，因此对工程变更应予以重视，严加控制，并依照法定程序予以解决。

36-8-5-1 工程变更的原因

工程项目在实施的过程中，一是发现有许多问题在设计文件、招标文件中没有考虑，或是考虑不周；二是施工现场情况、或是自然条件等发生了变化，或是发生了不可预见的事故，需要修改设计文件和施工合同。

不管是什么原因引起，监理工程师都必须查清变更的原因和依据，以便及时处理。

变更的主要原因包括以下几个方面：

1. 设计变更

在施工前或施工过程中，由于遇到不能预见的情况、环境，或为了降低成本，或原设计的各种原因引起的设计图纸、设计文件的修改、补充，而造成的工程修改、返工、报废等。

2. 工程量的变更

由于各种原因引起的工程量的变化，或建设单位指令要求增加或减少附加工程项目、部分工程，或提高工程质量标准、提高装饰标准等。监理工程师必须对这些变化进行认证。

3. 有关技术标准、规范、技术文件的变更

由于情况变化，或有关方面的要求，对合同文件中规定的有关技术标准、规范、技术文件需增加或减少，以及建设单位或监理工程师的特殊要求，指令施工单位进行合同规定以外的检查、试验而引起的变更。

4. 施工时间的变更

施工单位的进度计划，在监理工程师审核批准以后，由于建设单位的原因，包括没有按期交付设计图纸、资料，没有按期交付施工场地和水源、电源，以及建设单位供应的材料、设备、资金筹集等未能按工程进度及时交付，或提供的材料设备因规格不符、或有缺陷不宜使用，影响了原进度计划的实施，特别是这种影响使关键线路上的关键节点受到影响，而要求施工单位重新安排施工时间时引起的变更。

5. 施工工艺或施工次序的变更

施工组织设计经监理工程师确认以后，因为各种原因需要修改时，改变了原施工合同

规定的工程活动的顺序及时间,打乱了施工部署而引起的变更。

6. 合同条件的变更

建设工程施工合同签订以后,甲乙双方根据工程实际情况,需要对合同条件的某些方面进行修改、补充,待双方对修改部分达成一致意见以后,引起的变更。

36-8-5-2 工程变更的性质

工程变更的实质是对合同的某一部分进行变更,也就是要对依照国家法律、法规和政策签订的经济合同即建设工程施工合同文件进行修正、补充,使之更结合工程实际情况,更臻完善。因此,工程变更经确认、批准以后,即成为合同文件的一部分或合同文件的附件,是依法成立的,也同样具有一定的法律性。

所以,监理工程师处理工程变更的指令应严肃、认真和公正,使其符合法定程序。

36-8-5-3 工程变更的管理

1. 工程变更的操作程序

建设单位、设计单位、施工单位和监理单位都可以提出工程变更的要求;项目监理机构应按下列程序处理工程变更:

(1) 设计单位对原设计存在的缺陷提出的工程变更,应编制设计变更文件;建设单位或承包单位提出的工程变更,应提交总监理工程师,由总监理工程师组织专业监理工程师审查。审查同意后,应由建设单位转交原设计单位编制设计变更文件。当工程变更涉及安全、环保等内容时,应按规定经有关部门审定。

(2) 项目监理机构应了解实际情况和收集与工程变更有关的资料。

(3) 总监理工程师必须根据实际情况、设计变更文件和其他有关资料,按照施工合同的有关条款,在指定专业监理工程师完成下列工作后,对工程变更的费用和工期作出评估:

1) 确定工程变更项目与原工程项目之间的类似程度和难易程度;

2) 确定工程变更项目的工程量;

3) 确定工程变更的单价或总价。

(4) 总监理工程师应就工程变更费用及工期的评估情况与承包单位和建设单位进行协调。

(5) 总监理工程师签发工程变更单。

工程变更单应符合 C2 表(表 36-32)的格式,并应包括工程变更要求、工程变更说明、工程变更费用和工期、必要的附件等内容,有设计变更文件的工程变更应附设计变更文件。

(6) 项目监理机构应根据工程变更单监督承包单位实施。

2. 处理工程变更的注意事项

项目监理机构处理工程变更应符合下列要求:

(1) 项目监理机构在工程变更的质量、费用和工期方面取得建设单位授权后,总监理工程师应按施工合同规定与承包单位进行协商,经协商达成一致后,总监理工程师应将协商结果向建设单位通报,并由建设单位与承包单位在变更文件上签字。

(2) 在项目监理机构未能就工程变更的质量、费用和工期方面取得建设单位授权时,总监理工程师应协助建设单位和承包单位进行协商,并达成一致。

(3) 在建设单位和承包单位未能就工程变更的费用等方面达成协议时,项目监理机构应提出一个暂定的价格,作为临时支付工程进度款的依据。该项工程款最终结算时,应以建设单位和承包单位达成的协议为依据。

(4) 因承包人自身原因导致的工程变更,承包人无权要求追加合同价款。

3. 时间限制

(1) 施工中发包人需对原工程设计进行变更,应提前14d以书面形式向承包人发出变更通知。

(2) 承包人在工程变更确定后14d内,提出变更工程价款的报告,经监理工程师确认后调整合同价款。

(3) 承包人在双方确定变更后14d内不向监理工程师提出变更工程价款报告时,视为该项变更不涉及合同价款的变更。

(4) 监理工程师应在收到变更工程价款报告之日起14d内予以确认,监理工程师无正当理由不确认时,自变更工程价款报告送达之日起14d后视为变更工程价款报告已被确认。

(5) 监理工程师不同意承包人提出的变更价款,按关于争议的约定处理。

4. 其他

(1) 在总监理工程师签发工程变更单之前,承包单位不得实施工程变更。

(2) 未经总监理工程师审查同意而实施的工程变更,项目监理机构不得予以计量。

(3) 监理工程师确认增加的工程变更价款作为追加合同价款,与工程款同期支付。

36-8-5-4 工程变更的资料和文件

由于工程变更处理除涉及到合同管理和执行外,还影响到工程的投资、进度计划和工程质量,因此对其处理过程应有书面签证。主要包括:

1. 提出工程变更要求的文件

提出工程变更要求的文件应包括工程变更的原因和依据,变更的内容和范围,对工程量变化和由此引起的价格变化、合同价款变化的估算,对有关单位或有关工作的要求和影响,以及对工程价格、进度计划、工程质量的要求或影响等。

2. 审核工程变更的文件

监理单位、建设单位、设计单位和施工单位对"提出工程变更要求"的文件的各项内容提出复核、计算、审查意见;对于设计变更还需要送原设计单位审查,取得相应的设计图纸和说明。

3. 同意工程变更的文件

一般由有关的施工单位、设计单位会签,建设单位批准,监理工程师签发。

36-8-6 索赔管理

索赔是在建设工程施工合同履行过程或经济贸易活动中,合同当事人一方因对方违约、过错或者无法防止的外因造成本方合同义务以外的费用支出,或致使本方遭到损失时,通过一定的合法途径和程序,要求对方按合同条款规定给予赔偿或补偿的权利。

凡是涉及到两方或两方以上的合同协议都可能发生索赔问题。索赔是落实合同当事人双方权利与义务的有效手段,是建设工程施工合同及有关法律赋予当事人的权利,是合同双方保护自己、维护自己正当权益、避免和减少由于对方违约造成经济损失、提高经济效益的手段,是合同法律效力的具体表现。能对违约者起着警戒作用,使其考虑到违约的后果,起着保证合同实施的作用。

36-8-6-1 索赔的分类

一般情况下,索赔可按提出方的不同分为业主索赔和承包商索赔(又称施工索赔)。

业主索赔是指由于承包商不履行或不完全履行双方签订的建设工程施工合同中约定的义务,或者由于承包商的行为使业主遭受损失时,业主根据合同中有关条款的规定,向承包商提出的索赔。

承包商索赔(又称施工索赔)是指由于业主或其他有关方面的过失或责任、不可抗力或不可预见事件,使承包商在工程施工中增加了额外的费用支出,承包商根据合同中有关条款的规定,要求业主或其他有关方面对所遭受的损失提出索赔或补偿。

1. 业主索赔

常见的业主索赔有以下几种:

(1) 工程交付时间拖延、竣工期限拖延的索赔

由于承包商的原因而未能在合同规定的期限内完成工程,拖延了工程交付时间,拖延了竣工期限,业主有权提出索赔;按合同中违约的责任条款的规定偿付逾期违约金。

(2) 对劣质产品的索赔

在工程施工阶段,对不合格的工程返工或拆除,对不合格的材料、半成品的调换或对质量不符合合同规定的工程进行处理和由此引起的损失提出的索赔。

当承包商施工的工程质量不符合合同的规定时,应无偿拆除、返工或修理,承包商应承担由此造成的全部经济损失和拖延工期的责任;当承包商未能履行业主和监理工程师对质量不符合合同规定的工程进行处理、对不合格材料、半成品调换的指令时,业主有权雇用其他施工单位来完成该项工作,发生的一切费用由原承包商负担。

(3) 工程变更索赔

承包商提出的工程变更(详见"36-8-5 工程变更的控制"),并由此而造成工程在投资、进度计划、工程质量上的影响和损失时,以及为了弥补或减少影响、损失而采取了措施,由此而引起的索赔。

(4) 业主合理终止合同的索赔

当承包商无力继续履行合同;或承包商管理混乱,不能按要求组织项目管理班子和施工人员;施工进度缓慢,施工质量低劣,又不听从监理工程师的警告,严重违反合同的规定,严重影响合同的实施;或承包商由于各种原因无力继续履行合同,不正当地主动放弃工程时,业主有权向承包商提出索赔,以补偿工程在经济和工期等方面造成的损失。

2. 承包商索赔

常见的承包商索赔(又称施工索赔)有以下几种:

(1) 工程变更的索赔

业主、设计单位或监理工程师提出了工程变更(包括设计变更、工程量变更、技术标准变更、施工时间变更、施工工艺变更、合同条件变更等,详见"36-8-5 工程变更的控制"),并且业主或监理工程师发出了变更指令,承包商均按有关指令执行,因此承包商有权对这些变更所引起的附加费用进行索赔。

(2) 现场条件变更的索赔

承包商在施工的过程中，发现或遇到了与原设计文件、或合同条款所示的自然条件有重大变化，并给施工增加难度，或需要进行处理、增加费用时，有权向业主要求索赔。

如工程地质与合同规定不符，出现异常情况；发现地下障碍物、古墓或其他文物、不明地下管线等，必须采取处理措施，或报请有关部门处理。

(3) 业主终止合同或因故暂停的索赔

业主因意外事件（或风险）以及其他一些非承包商的原因，造成停建、缓建，而不能继续履行合同义务而终止合同时，应采取措施弥补或减少损失。但对于合同终止前所完的工程、进场的材料设备和雇佣人员的遣返费用等，承包商有权向业主索赔。

对于非承包商的原因，而是执行业主或监理工程师的指令，暂停作业时；或业主拖延合同责任范围内的工作，迫使工程停工，造成的损失和额外支出以及工地上的窝工费用等，承包商有权向业主提出索赔。

(4) 质量检查验收条件特殊要求的索赔

业主或监理工程师对工程质量检查和验收有特殊要求，指令承包商进行合同规定以外的检查、试验，造成工程损坏、费用增加，而试验结果证明承包商的工程质量是符合要求的，承包商有权向业主提出索赔。

对合同文件中已有规定的试验，业主或监理工程师指示在非合同规定的试验单位进行，而试验结果又表明材料或工程质量符合合同规定或监理工程师的指示时，承包商有权向业主提出承担此项试验和增加的费用的索赔。

(5) 工程延期的索赔

由于业主未能按合同规定的时间内发出施工所需的图纸或指令，致使承包商延误工程进度，导致费用增加的索赔。

(6) 未支付工程款的索赔

由于业主未按照合同规定的时间和数量支付工程款，而使承包商增加了费用开支的索赔。

(7) 不可预见、不可抗力事件的索赔

由于国家政策、法令的修改或变化，物价大幅度的上涨而造成材料价格、员工工资大幅度上涨，以及战争、自然灾害等原因，造成的财产和人身的损失、损害等，承包商有权向业主提出索赔。

(8) 对业主不适当使用工程的索赔

由于业主在工程验收前或交付使用前，使用已完或未完工程，造成工程损坏的，承包商有权向业主要求修复工程和为此发生的其他费用的索赔；对工程验收后，已经交付使用，而还在保修期间，由于业主使用不当和其他非承包商施工与安装质量原因造成的损坏，当业主要求承包商予以修理时，承包商有权向业主要求修理和相关的费用。

36-8-6-2 索赔处理的原则

监理工程师遇到索赔事件时，必须站在客观公正的立场上，以完全独立的身份，审查处理索赔事件。

1. 以法律和建设工程施工合同为依据

项目监理机构处理费用索赔应依据国家有关法律、法规和工程项目所在地的地方法规，国家、部门和地方有关的标准、规范和定额，本工程的施工合同等。

签订合同是业主和承包商的一项法律行为，经双方签署的建设工程施工合同是符合国家有关法律的文件，是受法律保护的，也是建设项目实施中的法律依据；执行合同条款、履行合同义务是合同当事人一切行为的准则；合同变更或解除需经双方共同认可；合同当事人双方应通过合同实现协作；任何一方违反合同条款，另一方合同当事人有权要求对方按合同履行义务；当给对方造成经济损失时，受损一方有权依据合同，向对方提出索赔与补偿，否则应承担法律规定的责任。

监理工程师必须熟悉和详细了解协议条款、合同条件、双方权利与义务的变更文件、招标文件、投标文件、中标通知书、工程量清单、设计图纸和文件以及有关技术标准、规范、技术资料等，公平合理地处理合同双方的利益纠纷。当上述文件、资料不一致或有不同解释时，应按合同约定或有关规定的顺序进行解释和判别。

2．必须实事求是，有充分的资料和数据

任一方在提出索赔要求时，必须提出一整套合同履行过程中完善和真实的记录资料、数据和与索赔文件有关的凭证，包括施工进度计划实施情况、工程质量检查与验收、财务的收支资料等；而监理工程师除收集上述的相应文件资料外，还应及时收集、整理有关施工和监理，以及可能涉及索赔论证的资料，包括同有关各方研究技术问题、进度计划问题和其他问题的会议记录、会议纪要；同时，应建立监理日记、隐蔽工程验收记录、工程检查记录、工程量计量记录、工程款支付记录等，以便处理索赔事件时，有充分的事实依据和可靠的数据。

3．必须及时进行索赔处理

索赔事件发生后，监理工程师必须依据合同的准则，及时地对索赔进行处理。

(1) 当承包单位提出费用索赔的理由同时满足以下条件时，项目监理机构应予以受理：

1) 索赔事件造成了承包单位直接经济损失；

2) 索赔事件是由于非承包单位的责任发生的；

3) 承包单位已按照施工合同规定的期限和程序提出费用索赔申请表，并附有索赔凭证材料。

费用索赔申请表应符合 A8 表（表 3-22）的格式。

(2)《建设工程施工合同（示范文本）》（GF—1999—0201）第二部分规定：

1) 索赔事件发生后 28d 内，向工程师发出索赔意向通知；

2) 发出索赔意向通知后 28d 内，向工程师提出延长工期和（或）补偿经济损失的索赔报告及有关资料；

3) 工程师在收到承包人送交的索赔报告和有关资料后，于 28d 内给予答复，或要求承包人进一步补充索赔理由和证据；

4) 工程师在收到承包人送交的索赔报告和有关资料后 28d 内未予答复或未对承包人作进一步要求，视为该项索赔已经认可；

5) 当该索赔事件持续进行时，承包人应当阶段性向工程师发出索赔意向，在索赔事件终了后 28d 内，向工程师送交索赔的有关资料和最终索赔报告。

如果合理的索赔要求长时间得不到解决，不仅会使矛盾随时间的推移而逐步复杂化和激化，还会影响工程的正常进行和资金周转；并不断为此耗费有关方的精力；并可能引起后续相关工程的正常进行，而且增加索赔处理的困难。

4. 索赔处理应合理

索赔是签订合同双方各自享有的正当权利，也是合法行为，发生费用索赔是合同实施过程中的正常现象。

承包商向业主索赔得到的任何费用，并不是意外的收入，而是承包商为业主承担合同规定之外工作的劳动报酬，或是因业主的失误给承包商损失的补偿；业主向承包商索赔的费用是承包商没有完成合同规定之内的工作，不该获得的一部分劳动报酬，或是因承包商的失误给业主损失的补偿。

因此，不管是哪一种索赔，都应体现等价有偿的原则；并且体现签订合同的双方当事人的经济法律地位是平等的，即平等地享有经济权利、平等地承担经济义务的原则。

由于索赔还是以双方签署的合同为依据，反映了双方继续实施合同的愿望，因此在索赔处理的过程中，应合情合理，平等互利。而不能提出不符合合同条件的投机性索赔，或是虽然符合合同条件的索赔，但不按照发生索赔的实际情况，大幅度地提高索赔费用的金额。

5. 减少或避免不必要的索赔

在建筑工程的准备和实施阶段，业主和监理工程师应该做好详细的调查研究和充分的技术、物质准备工作，尽量减少工程在实施阶段的工程变更；并且分析合同中由业主承担的风险或可能导致承包商增加费用的因素；而不能采取风险转嫁与隐瞒的手段。

承包商在投标时，应该提出合理的价格；不能在投标时，为了达到中标的目的，有意采用投标时低标价，施工中采用高索赔的手段。

监理工程师在项目实施阶段处于特殊的地位。在可能的情况下，应该将预料到可能发生影响工程施工的情况（或问题）通报给承包商，避免可能给工程造成的损失或返工；监理工程师还应对工程及时检查和进行隐蔽工程验收，以便发现问题，及时处理，尽量减少由此引起的返工、报废的损失，避免索赔事件的发生；监理工程师还应该尽可能地对可能引起的索赔进行预测，以便采取防范措施，也可避免索赔发生。

36-8-6-3 索赔处理的操作程序

处理索赔是监理工程师在投资控制中的一项重要工作，必须按照一定的程序办理。

在一般情况下，分为如下几个步骤：

1. 提出索赔意向的报告（或通知）

当索赔事件发生后，提出索赔要求的一方当事人必须在一定期限内（建设工程施工合同规定为28d，FIDIC条款也规定为28d），将其索赔的意向以书面形式报告（或通知）监理工程师，并同时报告（或通知）合同的另一方当事人；其内容应包括发生索赔事件的时间、内容和要求索赔的权利。

在正式提出索赔意向的报告（或通知）以后，监理工程师可以对索赔事件的过程和细节进行详细的调查，收集有关的信息和资料，并据此对索赔的费用做出合理的估算，否则将影响监理工程师对索赔事件进行合理的处理。

同时，合同的另一方当事人收到索赔意向的报告（或通知）后，也会重视，采取措施，尽快履行合同中规定的义务和责任，解决产生索赔的因素，减少索赔的范围。

2. 提交费用索赔申请表

在正式提出索赔意向报告后，提出报告的一方应抓紧准备包括索赔的证据资料，向项目监理机构提交对建设单位的费用索赔申请表，提出有关延长工期和（或）补偿经济损失费用索赔申请，并在索赔意向报告（或通知）发出后的一定时间内（建筑工程施工合同和 FIDIC 条款均规定为 28d）提出。费用索赔申请表应符合 A8 表（表 36-22）的格式。

对于具有连续性影响的索赔事件，因不断发生成本支出（或损失），在规定的时间内不可能算出索赔估计款额时，承包人应当阶段性向监理工程师提出索赔意向，陆续报送索赔证据资料和索赔款项；并在该索赔事件影响结束后的一定期限内（建设工程施工合同和 FIDIC 条款规定均为 28d），提出总的索赔论证资料、累计索赔款项和最终费用索赔申请报告。

索赔详细情况报告应包括以下内容：

(1) 索赔的原因和依据

在提出索赔的要求时，必须提出索赔的原因，并提供依据；这些索赔依据必须是在实际实施合同过程中的、能完全反映实际情况的证据；应能说明事件的全过程；这些依据、变更文件和记录等，应该是书面文件，并由业主或监理工程师在施工过程中、或在施工合同履行过程中签署认可。

一般情况下，索赔的依据有：

1) 招标文件、投标文件、合同文本和附件、其他各种签约、设计文件和图纸、技术规范和标准等；
2) 各种会议决定或决议；
3) 经认可的工程实施方案和进度计划；
4) 施工现场的原始记录，如施工记录、施工日报、施工备忘录、监理记录、检查与验收记录等；
5) 工程录像和照片；
6) 气象资料；
7) 工程各种技术鉴定、试验、测量资料；
8) 工程停水、停电、封路等记录和证明；
9) 官方的工资指数、物价指数、材料设备指导价证明；
10) 建筑材料设备的采购、订货、运输、使用的凭据；
11) 有关会计核算资料；
12) 国家或地方政府有关法律、法规、政策等文件。

特别要注意的是，要做好索赔事件发生时的同期记录，即在索赔事件发生后至索赔事件的影响结束期间的事件和与事件有关的各项详细记录。

(2) 索赔费用的金额（或延长工期的要求）

1) 本项索赔事件开始至索赔事件影响结束所需索赔费用的总额（或延长工期的要求）；
2) 构成索赔费用总额的各项费用清单（包括数量、单价与金额等）；
3) 清单中各项费用的说明（包括每项费用的来源和索赔的原因）。

(3) 附件，即与本项索赔有关的文件、报表、单据和说明材料。

3. 监理工程师对索赔事件的审批

（1）监理工程师在收到索赔意向的报告（或通知）和有关资料后，应收集、研究有关的文件、资料和记录。在收到费用索赔申请表后，对应予受理的（详见36-8-6-2）费用索赔进行审查，并在初步确定一个额度后，与建设单位（发包人）和施工单位（承包人）进行协商；监理工程师应在施工合同规定的期限内（28d）签署费用索赔审批表，及时给予答复；或要求施工单位（承包人）进一步补充索赔理由和证据；如果监理工程师在合同规定的期限（28d）内未予答复或要求施工单位（承包人）作进一步的要求，视为该项索赔已被认可。对持续进行的索赔事件，监理工程师不断地收到阶段性的索赔意向，并在索赔事件终了后规定的期限内（28d）给予答复，或要求施工单位（承包人）进一步补充索赔理由和证据，否则视为该项索赔已经认可。费用索赔审批表应符合B6表（表36-30）的格式。

（2）当承包单位的费用索赔要求与工程延期要求相关联时，总监理工程师在作出费用索赔的批准决定时，应与工程延期的批准联系起来，综合作出费用索赔和工程延期的决定。

（3）由于承包单位的原因造成建设单位的额外损失，建设单位向承包单位提出费用索赔时，总监理工程师在审查索赔报告后，应公正地与建设单位和承包单位进行协商，并及时作出答复。

在一般情况下，对一些造成索赔事件的原因比较明显、时间比较短、范围比较小、涉及索赔的费用比较清楚，且索赔事件的影响不具有连续性时，可以由监理工程师直接审批，报业主审定；但对于比较复杂的索赔事件，可以由监理工程师组织或任命一个评估小组，由评估小组对索赔事件进行调查核实，提出评估报告和处理意见后，再由监理工程师审批，报业主审定。

4. 提交仲裁

当合同双方的当事人不同意监理工程师对索赔事件的审批意见，且经过协商和调解也得不到解决时，合同双方中的任一方可按合同协议条款的约定，向协议条款约定的单位或人员要求调解；或向有管辖权的经济合同仲裁机关申请仲裁；或向有管辖权的人民法院起诉，以求得解决。

36-8-6-4 索赔的资料和文件要求

索赔事件处理的过程是项目建设工程施工合同继续完善的过程；索赔的资料和文件是合同的组成部分，应列入竣工资料中。因此，在索赔事件处理的过程中，应注意收集文件、资料，索赔事件处理完成后，应将有关文件、资料整理，装订成册、存档。

其主要内容包括：

1. 提出索赔的意向报告（或通知）；
2. 提交费用索赔申请表及附件；
3. 监理工程师调查核实的材料、处理意见、报送业主审定的函件；
4. 监理工程师对费用索赔的审批意见；
5. 业主的审定意见；
6. 仲裁机关或人民法院裁决文件及附件等。

36-8-7 竣工结算与决算

36-8-7-1 竣工结算

建设项目完成，并经建设单位、监理单位和有关部门验收以后，由施工单位依照有关规定，向建设单位（发包人）递交竣工结算报告及完整的结算资料，经监理单位和建设单位审核、确认，双方按照协议书约定的合同价款及专用条款约定的合同价款调整内容，进行工程竣工结算；建设单位收到竣工结算报告及结算资料后，在规定的时间（28d）内进行核实，给予确认或者提出修改意见；建设单位确认后，通知经办银行向施工单位（承包人）支付工程竣工结算价款。

竣工结算书是表达该项工程造价为主要内容，并作为结算工程价款的依据的经济文件。

1. 竣工结算的目的

(1) 为建设单位编制竣工决算提供依据；

(2) 为施工单位的上级管理部门核定该工程的建筑安装产值和实物工程量的完成情况、确定该工程的最终收入、进行经济核算和考核工程成本提供依据；

(3) 预算部门据此可核定该工程项目的最终造价，作为建设单位拨付工程价款的依据。

建设单位与施工单位办完竣工结算后，他们之间的合同关系和经济责任即告结束。

2. 竣工结算的依据

(1) 工程竣工报告和工程竣工验收单；

(2) 建设工程施工合同；

(3) 施工图预算、施工图纸、设计变更和施工变更资料、索赔资料和文件等；

(4) 现行建筑安装工程预算定额、基本建设预算价格、建筑安装工程管理费定额、其他取费标准及调价规定等；

(5) 有关施工技术的资料等。

3. 竣工结算的程序

项目监理机构应按下列程序进行竣工结算：

(1) 承包单位按施工合同规定填报竣工结算报表；

(2) 专业监理工程师审核承包单位报送的竣工结算报表；

(3) 总监理工程师审定竣工结算报表，与建设单位、承包单位协商一致后，签发竣工结算文件和最终的工程款支付证书报建设单位。

4. 编制与审核工程结算书的方法

监理方收到经施工单位主管部门和领导审定的竣工结算书后，应及时与审计（或审价）部门审查确认，主要包括：

(1) 以单位工程为基础，对施工图预算的主要内容，如定额编号、工程项目、工程量、单价及计算结果等进行检查与核对；

(2) 核查工程开工前的施工准备及临时用水、电、道路和平整场地、清除障碍物的费用是否准确；土石方工程与地基基础处理有无漏项或多算；钢筋混凝土工程中的含钢量是否按规定进行了调整；加工订货的项目、规格、数量、单价与施工图预算及实际安装的规格数量、单价是否相符；特殊工程中使用的特殊材料的单价有无变化；工程施工变更记录与预算调整是否符合；索赔处理是否符合要求；分包工程费用支出与预算收入是否相符；施工图要求及实际施工有无不相符合的项目等。若发现不符合有关规定，有多算、漏算或计算误差等情况时，均应及时调整；

(3) 将各个单位工程预算分别按单项工程汇总，编出单项工程综合结算书，并将单项工程综合结算书汇编成整个建设项目的工程竣工结算书与说明书；

(4) 应对竣工结算的价款总额与建设单位和承包单位进行协商。当无法协商一致时，应按"36-10-2-5 项目结算管理"和"36-10-2-6 合同争议的调解"进行处理；

(5) 工程竣工结算书送经主管领导审定后，再由监理单位、建设单位和预算合同审查部门审查确认，再由财务部门据此办理工程价款的最终结算和拨款；同时将资料按档案管理的要求，及时存档。

36-8-7-2 竣工决算

建设项目的全部工程完成后，并经有关部门验收盘点移交后，按有关规定计算和确定工程建设的实际成本，由监理工程师根据监理委托合同，协助建设单位编制综合反映该工程从筹建到竣工投产全过程中，各项资金的实际运用情况和建设成果的总结性文件，叫竣工决算。

所有建设项目竣工后，都应按照国家规定编制竣工决算，它是正确核定新增固定资产价值、考核分析投资效果、建立健全经济责任制的依据，也是竣工验收报告的重要组成部分。

1. 竣工决算的内容

(1) 从筹建开始到竣工投产交付使用为止的全部建设费用，即建筑工程费用、安装工程费用、设备、工器具购置费用和其他费用；

(2) 对建设项目的所有财产和物资，包括各种建筑材料、设备、施工机具等进行逐项清仓盘点，核实账物，清理所有债权债务；

(3) 清理结余资金，上交主管部门。

国家规定，建设项目在动用验收后1个月内，由建设单位将竣工决算报主管部门和财政部门。

2. 竣工决算的报表

(1) 竣工工程概况表和文字说明，包括工程概况、设计概算和基本建设执行情况。主要反映竣工项目建设的实际成本以及各项技术经济指标的完成情况，建设工期和实物工程量完成情况，主要材料消耗情况、建设成本分析和投资效果分析，新增生产能力和效益分析，建设过程中主要经验、存在的问题和意见等。

(2) 竣工财务决算表，主要反映建设项目的全部投资来源及其运用情况。资金来源是指项目全部投入的资金，包括国家预算拨款或贷款、利用外资、基建收入、专项资金和其他资金等。资金运用反映建设项目从开始筹建到竣工验收的全过程中资金运用全面情况，主要包括作为基本建设成果而交付使用的财产和少量收尾工程；已经支出但不构成交付使用财产的资金，即核销支出；结余财产及物资，包括应安装的设备、库存材料、因自行施工而购置的施工机具设备、银行结余存款和现金、专用基金及应收款等。

(3) 交付使用财产总表和明细表，包括交付使用的固定资产构成情况（建安工程费用、设备费用和其他费用）和流动资金的详细情况。

36-9 项目进度控制

工程项目能否在预定的时间内交付使用，直接影响到投资效益的发挥；而进度控制的目标与投资控制的目标、质量控制的目标是对立和统一的关系；监理工程师的日常工作，就应该从系统的角度出发，正确处理进度、投资、工程质量三者之间的矛盾，在矛盾中求得目标的统一。

项目进入实施阶段后，监理工程师应该对建设项目的实施过程进行有效的控制，使其顺利达到预定的工期、质量和造价目标；监理工程师的一切活动也都是围绕这个目标开展的。

36-9-1 监理工程师的任务、职责和权限

36-9-1-1 监理工程师的任务和职责

1. 审批下达工程开工令。监理工程师下达开工令的时间，对建设单位和施工单位都十分重要。开工日期应根据合同条款的规定，在中标函发出之后，于规定的期限内开工，这是建设单位和施工单位双方的义务。建设单位应该根据合同的规定，按时完成征地、拆迁，提供设计图纸、有关文件和测量控制网点，并办理有关法律、财务等手续，以保证施工单位能正常开展工作，履行义务。施工单位应当为开工做好劳动力、材料、机械设备和施工现场临时设施等准备。

监理工程师应当检查建设单位和施工单位双方开工准备情况，并在符合开工条件和要求以后，下达开工令，即工程正式开始施工。开工令是确定施工工期的依据。施工工期从开工日期起算，至竣工验收、交付使用止。开工令是具有法律效力的指令性文件。

工程开工报审表应符合 A1 表（表 36-15）的格式。

2. 审核和确认总进度控制计划。监理工程师应在熟悉合同文件、设计文件、施工图纸以及各种技术规范、标准等的基础上，编制工程项目的总进度控制计划；以便审核和确认施工单位提交的施工总进度计划及年、季、月的实施进度计划；必要时提出建设性的意见，调整进度计划。

进度计划经监理工程师确认、批准以后，即成为合同条件的一部分，是今后处理工程延期、费用索赔的重要依据。

3. 专业监理工程师应依据施工合同有关条款、施工图及经过批准的施工组织设计制定进度控制方案，对进度目标进行风险分析，制定防范性对策，经总监理工程师审定后报送建设单位。

4. 突出控制网络图中的节点，明确提出若干个阶段目标，严格控制关键线路上的关键工序、关键分项分部工程或单项工程的控制工期的实现。

5. 监督检查进度计划的实施。监理工程师应以经确认的总进度计划为依据，监督、检查进度计划的实施，并记录实际进度及其相关情况，这是一项经常性的工作。在一般情况下，每月检查1次施工单位的进度情况，或检查根据总进度计划确定的各分部工程、分项工程（或分包单位）的目标是否按期完成。监理工程师应定期对施工单位的实际进度与计划进度进行比较；如果实际施工进度拖延时，应督促施工单位采取有效措施，加快进度，及时修改下一阶段施工进度计划，以保证按期完工。必要时，可下达指令，要求施工单位采取有效措施，追赶进度。同时，根据施工单位的进度计划完成情况（包括资源投入、施工机械的使用、实物工程量等）做好记录，审查月度报表，签署月进度款支付凭证。

当实际进度严重滞后于计划进度时，应与建设单位商定采取进一步措施。

6．搞好现场协调工作。协助施工总包单位编制和落实分包项目计划，协调好各施工单位之间的工序安排，尽可能减少相互干扰，以便保证项目顺利实施。

7．督促、协调施工单位物资按计划供应，以保证施工按计划实施。

8．索赔处理。公正、合理地处理好有关方面的索赔要求，尽可能减少对工期有重大影响的"工程变更"指令，以保证施工按计划执行。

9．工程延期及工程延误的处理。如果由于施工单位自身的原因和失误，造成工期的延长为工程延误；其一切损失应由施工单位承担（包括监理工程师同意以后，所采取加快工程进度的措施费用和误期损失赔偿费）。

如果由于施工单位以外的原因造成的施工期延长，如工程变更、工程量增加、建设单位的延误（包括未能提供设计图纸和文件、未按规定的时间支付工程款项等）、异常恶劣的气候条件、自然灾害和战争等造成的工期延长为工程延期。经过监理工程师批准以后，其延长的时间属于合同工期的一部分，竣工时间可以顺延，增加的费用应由建设单位承担。

监理工程师应按照有关的合同条件，公正、合理地区分工程延误与工程延期；并及时根据延误部分工程的实际情况和对总工期的影响，批准工程工期延长的时间，办理签证手续。有关详细内容，见"36-10-2-3 工程延期及工程延误的处理"。

10．签发工程暂停令及复工报审表，详见"36-10-2-2 工程暂停及复工"。

工程暂停令和复工报审表应分别符合B2表（表36-26）、A1表（表36-15）的格式。

11．定期向建设单位报告工程进度情况。在提交工程进度报告的同时，还应不断地组织召开进度协调会议，解决进度控制中的重大问题，签发会议纪要。

总监理工程师应在监理月报中向建设单位报告工程进度和所采取进度控制措施的执行情况，并提出合理预防由建设单位原因导致的工程延期及其相关费用索赔的建议。

12．及时做好工程质量评定和竣工验收工作。由于建筑工程产品的特殊性，应及时协助建设单位和施工单位作好检验批、分项工程、分部（子分部）工程、单位（子单位）工程和全部工程的验收工作，以及工程在建设过程中的隐蔽工程验收工作；使工程在建设过程中能一道工序紧跟一道工序顺利地进行。

36-9-1-2 监理工程师的权限

建设单位与施工单位签订建设工程施工合同，同时建设单位又将合同管理的工作委托给监理工程师，因此，监理工程师应依据与建设单位签订的监理合同和赋予的权限，对施工单位在施工过程中的行为进行监理，其具体的权限是：

1．确保工程按合同规定的日期开工和竣工

施工单位在收到中标通知书后的较短时间内，应该向监理工程师提交一份施工进度计划，经过审查、修改、批准后，根据监理工程师下达的开工令进行施工。

在进度计划的执行过程中，监理工程师应按计划对施工活动进行全面控制，检查和分析计划的执行情况；并根据实际情况调整计划，以确保工程按合同规定的日期竣工。

2．施工组织设计审定权

监理工程师应对施工组织设计进行审查，特别是对施工组织设计中涉及到进度计划、施工总部署、施工方案与施工机械设备的选择、临时设施的规模与生产能力等内容进行审查，提出修改意见，确认后供施工单位执行。

3．技术核定和设计变更签字权

在施工的过程中，由于施工或设计方面的原因，需要修改原设计时，必须征得监理工程师的同意，并签字认可后，才能付诸实施。

4. 劳动力、材料、施工机械设备使用监督权

监理工程师应根据进度计划的安排，检查劳动力配备，材料的供应和贮存，施工机械设备的类型、性能、数量和完好率的情况，以确保进度计划的实施。

5. 工程付款签证权

监理工程师在工程的进度控制中，应要求建设单位按计划组织资金到位，以便按时支付工程进度款；施工单位的施工进度、设备购置、材料准备、工程结算等款项，应经监理工程师签署付款凭证后，才能付款。

6. 下达停工令和复工令

由于施工条件发生较大的变化或建设单位的原因而必须停工时，监理工程师有权下达停工令；在符合施工合同的要求后，也有权下达复工令。当施工单位不按质量标准、规范、图纸等要求进行施工，监理工程师有权签发整改通知单，限期整改。整改不力时，可在征得建设单位同意后签发停工通知单，直至整改验收合格后才准许复工。而对于严重违约的施工单位，监理工程师有权向建设单位提出中止合同的建议。

7. 延误工期的制约权

在施工的过程中，如果由于施工单位的原因造成工期拖后，又不采取积极的措施改变拖延工期的状态时，监理工程师有权拒绝施工单位提出的支付工程款的申请，用停止付款的经济手段制约施工单位；当施工单位未能按合同规定的工期和条件完成整个工程时，则应按合同向建设单位支付违约的损失赔偿费。

当施工单位严重违反合同条款，严重影响合同实施，如无正当理由推迟开工，施工进度缓慢，无视监理工程师的警告等，都有可能受到终止合同的制裁，并承担由此造成的损失。

8. 索赔费用的核定权

双方中的一方因对方违约责任造成工期延误（或工期延期）及费用增加时，受损失的一方有权向对方提出索赔要求；监理工程师应审核索赔的依据和索赔费用的金额。

在合同管理中，应尽量减少索赔事件的发生。

9. 有效地开展协调工作的权力

监理工程师应定期召开建设单位和各有关施工单位的协调会议，使之互相配合，搞好工作衔接，检查进度计划的执行情况，并通过分析原因，找出措施，修订下阶段的进度计划，以利实施。

监理工程师应通过监理通知、指令和会议纪要等形式对合同实施管理。

10. 工程验收签字权

当检验批、分项工程、分部（子分部）工程完成后，或隐蔽工程隐蔽前，监理工程师应组织验收，并在签证后才能进行下一道工序。

36-9-2 进度控制的程序和内容

36-9-2-1 进度控制的程序

项目监理机构应按下列程序进行工程进度控制：

1. 总监理工程师审批承包单位报送的施工总进度计划；

2. 总监理工程师审批承包单位编制的年、季、月度施工进度计划；

3. 专业监理工程师对进度计划实施情况检查、分析；

4. 当实际进度符合计划进度时，应要求承包单位编制下一期进度计划；当实际进度滞后于计划进度时，专业监理工程师应书面通知承包单位采取纠偏措施并监督实施。

36-9-2-2　进度控制的内容

施工阶段进度控制的主要内容包括施工前、施工过程中和施工完成后的进度控制。

1．施工前进度控制的内容

（1）编制施工阶段进度控制方案

施工阶段进度控制方案是监理工作计划在内容上的进一步深化和补充，它是针对具体的施工项目编制的，是施工阶段监理人员实施进度控制的更详细的指导性技术文件，是以监理工作计划中有关进度控制的总部署为基础而编制的，应包括：

1）施工阶段进度控制目标分解图；

2）施工阶段进度控制的主要工作内容和深度；

3）监理人员对进度控制的职责分工；

4）进度控制工作流程；

5）有关各项工作的时间安排；

6）进度控制的方法（包括进度检查周期、数据收集方式、进度报表格式、统计分析方法等）；

7）实现施工进度控制目标的风险分析；

8）进度控制的具体措施（包括组织措施、技术措施、经济措施及合同措施等）；

9）尚待解决的有关问题等。

（2）审核或编制施工总进度计划

审核的内容包括：

1）进度安排是否满足合同工期的要求和规定的开竣工日期；

2）项目的划分是否合理，有无重项或漏项；

3）项目总进度计划是否与施工进度分目标的要求一致，该进度计划是否与其他施工进度计划协调；

4）施工顺序的安排是否符合逻辑，是否满足分期投产使用的要求，是否符合施工程序的要求；

5）是否考虑了气候对进度计划的影响；

6）材料物资供应是否满足均衡性和连续性的要求；

7）劳动力、机具设备的计划是否能确保施工进度分目标和总进度计划的实现；

8）施工组织设计的合理性、全面性和可行性如何；应防止施工单位利用进度计划的安排造成建设单位的违约、索赔事件的发生；

9）建设单位提供资金的能力是否与进度安排一致；

10）施工工艺是否符合施工规范和质量标准的要求；

11）进度计划应留有适量的余地，如应留有质量检查、整改、验收的时间；应当在工序与工序之间留有适量空隙、机械设备试运转和检修的时间等。

监理工程师在审查过程中发现问题，应及时向施工单位提出，并协助施工单位修改进度计划；对一些不影响合同规定的关键控制工作的进度目标，允许有较灵活的安排。

需进一步说明的是，施工进度计划的编制和实施，是施工单位的基本义务；将进度计划提交监理工程师审核、批准，并不解除施工单位对进度计划在合同中所承担的任何责任和义务。同样，监理工程师审查进度计划时，也不应过多地干预施工单位的安排，或支配施工中所需的材料、机械设备和劳动力等。

在有些情况下，施工进度计划也可由监理人员编制；不过，监理人员编制的施工进度计划是粗线条的，控制性的；详细的项目实施计划还得由施工单位编制。

监理工程师对施工阶段进度控制的工作流程见图36-4。

(3) 进行进度计划系统的综合

监理工程师在对施工单位提交的进度计划进行审核时，还要注意把若干个相互关联的处于同一层次或不同层次的进度计划综合成一个多级群体的总进度计划，使之方便于了解各个局部计划之间的关系和影响，以利于总计划的控制。

(4) 编制月度、季度、年度工程计划

编制月度、季度工程计划，作为施工单位近期执行的指令性计划，以保证年度工程计划和施工总进度计划的实现；而以施工总进度计划为基础编制的年度工程计划，是作为建设单位准备和拨付工程款、备用金的依据，同时做好所需各种资源的准备（包括施工力量、建筑机械设备和材料等）。

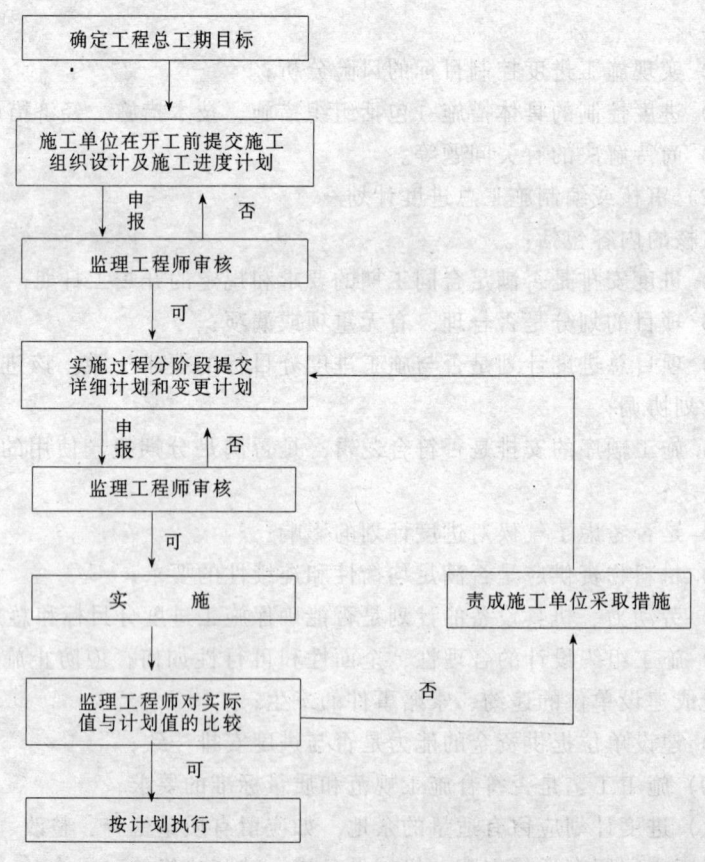

图36-4 施工阶段进度控制工作流程

2. 施工过程中进度控制的内容

监理工程师监督进度计划的实施，是一项经常性的工作；他以被确认的进度计划为依据，在项目施工过程中进行进度控制，是施工进度计划能否付诸实现的关键过程。一旦发现实际进度与目标偏离，即应采取措施，纠正这种偏差。

施工过程中进度控制的具体内容包括：

（1）经常深入现场，了解情况，协调有关方面的关系，解决工程中的各种冲突和矛盾，以保证进度计划的顺利实施；

（2）协助施工单位实施进度计划，随时注意进度计划的关键控制点，了解进度计划实施的动态；

（3）及时检查和审核施工单位提交的月度进度统计分析资料和报表；

（4）严格进行进度检查，要了解施工进度的实际状况，避免施工单位谎报工作量的情况，为进度分析提供可靠的数据资料；

（5）做好监理进度记录；

（6）对收集的有关进度数据进行整理和统计，并将计划与实际进行比较，跟踪监理，从中发现进度是否出现或可能出现偏差；

（7）分析进度偏差给总进度带来的影响，并进行工程进度的预测，从而提出可行的修正措施；

（8）当计划严重拖后时，应要求施工单位及时修改原计划，并重新提交监理工程师确认；计划的重新确认，并不意味着工程延期的批准，而仅仅是要求施工单位在合理的状态下安排施工。监理工程师应监督按调整的计划实施；

（9）通过周报或月报，向建设单位汇报工程实际进展情况，并提供进度报告；

（10）在周或月度生产会上，及时分析、通报工程进度情况，协调各有关单位之间的生产活动；

（11）核实已完工程量，签发应付工程进度款。

3. 施工完成后进度控制的内容

（1）及时组织工程的初验和验收工作；

（2）按时处理工程索赔；

（3）及时整理工程进度资料，为建设单位提供信息，处理合同纠纷，积累原始资料；

（4）工程进度资料应归类、编目、存档，以便在工程竣工后，归入竣工档案备查；

（5）根据实际施工进度，及时修改和调整验收阶段进度计划和监理工作计划，以保证下一阶段工作的顺利开展。

36-9-3 进度计划的编制

实现施工阶段进度控制的首要条件是有一个符合客观条件的、合理的施工进度计划。以便根据这个进度计划确定实施方案，安排设计单位的出图进度，协调人力、物力，评价在施工过程中气候变化、工作失误、资源变化以及有关方面的人为因素而产生的影响，并且也是进行投资控制、成本分析的依据。

36-9-3-1　编制进度计划的依据

1. 经过规划设计等有关部门和有关市政配套审批、协调的文件；
2. 有关的设计文件和图纸；
3. 建设工程施工合同中规定的开竣工日期；
4. 有关的概算文件、劳动定额等；
5. 施工组织设计和主要分项、分部工程的施工方案；
6. 工程施工现场的条件；
7. 材料、半成品的加工和供应能力；
8. 机械设备的性能、数量和运输能力；
9. 施工管理人员和施工工人的数量与能力水平等。

36-9-3-2　编制进度计划应考虑的因素

1. 建设工程施工合同规定的开竣工日期和施工工期；
2. 对有关专业施工分包的时间要求，如有关设备供货、安装、调试等的时间要求；
3. 各专业、工种配合土建施工的能力；
4. 材料、半成品、机械设备、劳动力等资源的情况；
5. 资金筹集能力；
6. 外界自然条件的影响；
7. 进度计划的连续性、均衡性和经济性等。

36-9-3-3　编制进度计划的方法和步骤

进度计划编制前，应对编制的依据和应考虑的因素进行综合研究。其具体的编制方法和步骤如下：

1. 划分施工过程

编制进度计划时，应按照设计图纸、文件和施工顺序把拟建工程的各个施工过程列出，并结合具体的施工方法、施工条件、劳动组织等因素，加以适当整理。

在编制控制性施工进度计划时，施工过程的划分可以粗一些，如列出分部工程的名称，或楼层分段等；在编制实施性进度计划时，则应适当细一些，特别是对主导工程、主要分项工程和分部工程，应尽量详细，不漏项，以便掌握进度，指导施工，否则不容易暴露、发现问题，失去了指导施工的意义。

在划分施工过程时，还要密切结合选择的施工方案。因为对同一施工的分项或分部工程，往往由于施工方案不同，不仅会影响施工过程的名称、内容和数量的确定，还会影响施工顺序的安排。

2. 确定施工顺序

在确定施工顺序时，要考虑：

(1) 各种施工工艺的要求；
(2) 各种施工方法和施工机械的要求；
(3) 施工组织合理的要求；
(4) 确保工程质量的要求；
(5) 工程所在地区的气候特点和条件；
(6) 确保安全生产的要求。

3. 计算工程量

工程量计算应根据施工图纸和工程量计算规则进行。同时应注意：

(1) 工程量的计量单位应与相应定额中的计量单位一致；

(2) 应考虑施工方法和安全技术的要求；

(3) 应结合施工组织与施工方法的要求，分层、分段或分区计算；

(4) 将编制进度计划需要的工程量计算与编制施工预算、材料和半成品的进料计划、劳动力计划的工程量计算一同考虑。

4. 确定劳动力用量和机械台班数量

应根据各分项工程、分部工程的工程量、施工方法和相应的定额，并参考施工单位的实际情况和水平，计算各分项工程、分部工程所需的劳动力用量和机械台班数量。

5. 确定各分项工程、分部工程的施工天数，并安排进度。

当有特殊要求时，可根据工期要求，倒排进度；同时在施工技术和施工组织上采取相应的措施，如在可能的情况下，组织立体交叉施工、水平流水施工，增加工作班次，提高混凝土早期强度等。

6. 施工进度图表

施工进度图表是施工项目在时间和空间上的组织形式。目前表达施工进度计划的常用方法有网络图和流水施工水平图（又称横道图）。

流水施工水平图用线条形象地表达了各个分项工程、分部（子分部）工程的施工进度，各个分项工程、分部（子分部）工程的工期和单位（子单位）工程的总工期，并且综合反映了它们之间相互的关系和各施工单位（或队组）在时间和空间上的相互配合关系。但对于比较复杂的工程，如分项工程、分部（子分部）工程项目较多，或工序搭接、配合复杂时，就难以充分暴露矛盾，特别是在计划执行过程中，某些项目发生提前或拖后时，将对哪些项目产生多大的影响就难以分清，且不能反映出施工中的主要矛盾。

用网络图的形式表示施工进度计划，能够克服流水施工水平图的不足，充分揭示出施工过程中各个工序之间的相互制约和相互依赖的关系，有利于计划的检查和调整，便于计划的优化和计算机的应用。

在网络图计划的编制过程中，一般也是采取分阶段逐步深化的方法，即采用绘制多级网络的方法，由粗到细，由浅入深，将计划逐级分解和综合，以便检查、监督、分析、平衡和调整。

7. 进度计划的优化

进度计划初稿编制以后，需再次检查各分部（子分部）工程、分项工程的施工时间和施工顺序安排是否合理，总工期是否满足合同规定的要求，劳动力、材料、施工机械设备需用量是否出现不均衡的现象，主要施工机械设备是否充分利用。经过检查，对不符要求的部分予以改正和优化。

36-9-4 进度计划的检查、分析与调整

专业监理工程师应检查进度计划的实施，并记录实际进度及其相关情况，当发现实际进度滞后于计划进度时，应签发监理工程师通知单指令承包单位采取调整措施。当实际进度严重滞后于计划进度时应及时报总监理工程师，由总监理工程师与建设单位商定采取进

一步措施。

由于建设工程项目存在着施工周期长，参与的单位（或部门）多，需投入的劳动力、资金和材料量大等特点，同时还受到设计变更、自然灾害（或气候条件影响）、施工组织不当或施工技术上的失误等影响，有时会使工程项目不能按原定计划进行。

只要监理工程师和计划控制人员掌握了进度实施的状况和问题产生的原因，还是可以通过对计划的调整和有效的进度管理得到弥补，或将损失和影响减少。

36-9-4-1 进度计划的检查

施工阶段进度计划不可能一成不变。实际上的管理是动态管理，控制也是动态控制。因此监理工程师应经常收集工程进度信息，不断将实际进度与计划进度进行比较，分析原因，并对下一阶段工作将会产生的影响作出判断，以便采取对策。

检查的方法如下：

1. 定期收集施工单位的报表（包括进度计划、资金、材料、劳动力、机械设备等）；
2. 定期计量或对分项工程、分部（子分部）工程的工程量进行复核；
3. 随时收集设计变更资料；
4. 定期召开现场协调会；监理工程师可以通过召集周例会或月度生产会，详细了解工程进展情况、存在的和潜在的各种问题，寻求解决的办法和措施。

36-9-4-2 进度计划偏差的分析

在工程实施阶段，应经常对进度的实际情况与原进度计划进行比较和分析。当进度出现偏差时，需要对此偏差的大小、产生的原因、所处的位置是否处于关键线路上，是否会对下一步工作造成影响、是否会影响总工期等进行判断和分析。对于处在关键线路上的各项工作，不论偏差大小，都将会对下一步工作和项目的总工期造成影响，应采取赶工措施，以减少对进度计划的影响，或对进度计划进行调整。

36-9-4-3 进度计划的调整

究竟对进度计划进行怎样的调整，应在对原进度计划进行偏差分析的基础上确定。

一般的方式有以下几种：

1. 改变各工作之间的逻辑关系，如增加各工作之间的协调工作，改变关键线路上各工作之间的先后顺序，增加相互搭接时间等；
2. 改变有关事项工作的延续时间，如增加相适应的劳动力、材料、或施工机械设备等资源，或增加施工班次，以达到压缩关键线路上有关工作的延续时间，加快进度、保证总工期的目标实现。

36-10 合同管理

项目合同管理是工程建设管理中一项十分重要的内容。工程项目的建设过程中，其主体的行为必定会形成各个方面的社会关系，包括发包人、总承包人、施工人、勘察人、设计人和监理人等，他们之间的关系都是通过合同的契约关系形成的；工程建设过程中的一切活动也是按照合同的规定进行活动，均受到合同的保护、制约和调整。一个监理工程师，应该了解合同管理的知识，熟悉所监理工程项目的有关合同内容，按照《建设工程委托监理合同》所规定的义务、权利和责任，做好建设工程项目的监理工作。

36-10-1　监理工程师的合同管理知识

36-10-1-1　《合同法》的立法目的

1. 立法目的

《中华人民共和国合同法》的立法目的是为了保护合同当事人的合法权益，维护社会经济秩序，促进社会主义现代化建设。

2. 合同的概念

合同是平等主体的自然人、法人、其他组织之间设立、变更、终止民事权利义务关系的协议。婚姻、收养、监护等有关身份关系的协议，适用其他法律的规定。

自然人是指基于出生而成为民事法律关系主体的有生命的人。自然人作为合同法律关系的主体应当具有相应的民事权利能力和民事行为能力。

自然人的民事权利能力是国家法律直接赋予的，始于出生，终于死亡；法律规定自然人作为民事主体享有民事权利和承担民事义务的资格。民事行为能力是指民事主体以自己的行为参与民事法律关系，从而取得享受民事权利和承担民事义务的资格；自然人根据其年龄和精神健康状况可以分为完全行为能力人、限制民事行为能力人和无民事行为能力人，由《民法通则》作了专门规定。

法人是具有民事权利能力和民事行为能力，依法独立享有民事权利和承担民事义务的组织。法人必须是按照法定程序成立的社会组织，具有独立的财产或独立经营管理的财产和活动经费，有自己的名称、组织机构和活动场所，能够独立承担民事责任。

其他组织是指依法成立，但不具备法人资格，而能以自己的名义参与民事活动的经济实体或者法人的分支机构等社会组织。

36-10-1-2　合同法的基本原则

1. 地位平等原则：合同当事人的法律地位平等，一方不得将自己的意志强加给另一方。
2. 自愿订立原则：当事人依法享有自愿订立合同的权利，任何单位和个人不得非法干预。
3. 公平原则：当事人应当遵循公平原则确定各方的权利和义务。
4. 诚实信用原则：当事人行使权利、履行义务应当遵循诚实信用原则。
5. 遵守法律、维护社会公共利益原则：当事人订立、履行合同，应当遵守法律、行政法规，尊重社会公德，不得扰乱社会经济秩序，损害社会公共利益。
6. 法律约束力原则：依法成立的合同，对当事人具有法律约束力。当事人应当按照约定履行自己的义务，不得擅自变更或者解除合同。依法成立的合同，受法律保护。

关于合同的订立、合同的效力、合同的履行、合同的变更和转让、合同的权利义务终止、违约责任等可查《中华人民共和国合同法》和本手册有关章节内容。

36-10-2　施工合同管理

建设工程施工合同是承包人（施工单位）进行工程建设施工，发包人（建设单位）支付价款的合同，合同中发包人和承包人（即建设单位和承建单位）为完成商定的建筑安装工程，明确相互权利、义务关系。按照建设工程施工合同，施工单位应按照合同期限和规定的质量要求，完成建设单位交给的建筑安装工程任务；而建设单位应按照合同规定提供必要的施工条件和按期支付工程价款。

建设工程施工合同应当采用书面形式。合同条款、合同的内容和形式等不仅必须依据国家和地方的有关法律、法规；而且应把当事人的责任、权利、义务都纳入合同条款。合同条款应尽量细致严密，应考虑到各种可能发生的情况和一切可能引起纠纷的因素。

为了贯彻《中华人民共和国建筑法》、《中华人民共和国合同法》等法律，建设部和国家工商行政管理局在总结近几年建设工程施工合同示范文本推行经验及借鉴国际上一些通行的施工合同文本的基础上，制订了《建设工程施工合同（示范文本）》（GF—1999—0201）。它由协议书、通用条款和专用条款组成，基本适用于各类公用建筑、民用住宅、工业厂房、交通设施及线路管道的施工和设备安装工程等。

由于建设工程项目履约时间长，耗资大，涉及面广；而且建设工程施工合同的实施，还包括与此相关的勘察、设计、物资供应、运输等环节；当合同实施过程中出现纠纷时，需对几个具有连带关系的合同主体间的权利与义务进行评议和协调，分清楚违约责任。

监理工程师对工程项目合同管理贯穿于合同结构的策划和合同的起草、谈判、签订、履行、归档的全过程；使建设工程合同根据法律、政策和计划的要求，运用指导和监督等手段，促使双方当事人依法签订、履行、变更合同，并承担违约责任；同时，对合同的争议和纠纷进行处理和解决，以保证合同依法订立和履行，使工程项目顺利进行。

监理工程师在合同管理方面的具体工作包括：项目工期管理、工程暂停及复工、工程延期及工程延误处理、项目质量管理、项目结算管理、合同争议的调解和合同的解除等。

36-10-2-1　项目工期管理

建设工程工期一般是指一个工程项目从破土动工之日起到竣工验收、交付使用所需的时间。

1．工期定额及其作用

目前，各行业建设项目工期定额是指在平均的建设管理水平、施工装配水平、正常的建设条件下编制的。因此在项目实施的过程中，不同的工程项目，其工期是不同的；相同的工程项目，由于管理水平、施工方法以及设备条件、物资供应等外部条件不同，其工期也可能是不同的。因此，工期定额的作用是：

（1）编制初步设计文件时，确定建设工期的依据；

（2）确定投资效益和计算投资回收期的依据；

（3）指导招标投标工作。

2．工程合同工期

在建设项目实施阶段，工程工期应以建设工程施工合同规定的合同工期为准；而合同工期又应该在工期定额的基础上，根据本企业的管理水平、施工方法、机械设备和物资供应具体条件确定；经签约确认的合同工期，将是考核履约与违约、奖与罚的重要指标之一。

3．工程项目施工总进度计划的编制

工程开工前，应督促施工单位编制包括分月、分段的施工总进度计划，并加以审核、批准；对其中应由建设单位执行部分（即在合同条款中已有明确规定的），如按时提供设计文件和图纸、甲方供设备和材料等，应提醒建设单位及时办理。

4. 分月、分段计划的控制

施工总进度计划批准之后,就应按总进度计划检查月、段计划的落实情况。

一般在月度生产计划会上,应全面分析月计划的完成情况,影响计划执行的原因;对属于施工单位的,应督促其迅速解决;对属于建设单位的,应及时、主动提请建设单位解决。

为了确保月计划的实施,也可实行周例会,将月度计划分解到周计划中。

5. 进度计划的修订

工程项目实施的过程中,由于各种原因,往往需要修订分月、分段或总进度计划。

监理工程师如何对项目进度进行控制,详见本章"36-9 项目进度控制"。

36-10-2-2 工程暂停及复工

1. 工程暂停的依据

总监理工程师在签发工程暂停令时,应根据暂停工程的影响范围和影响程度,按照施工合同和委托监理合同的约定签发。

2. 工程暂停的原因

在发生下列情况之一时,总监理工程师可签发工程暂停令:

(1) 建设单位要求暂停施工、且工程需要暂停施工;
(2) 为了保证工程质量而需要进行停工处理;
(3) 施工出现了安全隐患,总监理工程师认为有必要停工以消除隐患;
(4) 发生了必须暂时停止施工的紧急事件;
(5) 承包单位未经许可擅自施工,或拒绝项目监理机构管理。

3. 工程暂停范围的确定

总监理工程师在签发工程暂停令时,应根据停工原因的影响范围和影响程度,确定工程项目停工范围。

4. 注意事项

(1) 由于非承包单位原因时,总监理工程师在签发工程暂停令之前,应就有关工期和费用等事宜与承包单位进行协商。

(2) 由于建设单位原因,或其他非承包单位原因导致工程暂停时,项目监理机构应如实记录所发生的实际情况。总监理工程师应在施工暂停原因消失,具备复工条件时,及时签署工程复工报审表,指令承包单位继续施工。

(3) 由于承包单位原因导致工程暂停,在具备恢复施工条件时,项目监理机构应审查承包单位报送的复工申请及有关材料,同意后由总监理工程师签署工程复工报审表,指令承包单位继续施工。

(4) 总监理工程师在签发工程暂停令到签发工程复工报审表之间的时间内,宜会同有关各方按照施工合同的约定,处理因工程暂停引起的与工期、费用等有关的问题。

工程暂停令和工程复工报审表应分别符合 B2 表 (表 36-26)、A1 表 (表 36-15) 的格式。

36-10-2-3 工程延期及工程延误的处理

1. 工程延期受理的依据

当发生非承包单位原因造成的影响工期事件,导致施工期延长,工期索赔经过批准的部分为工程延期。当承包单位提出工程延期要求符合施工合同文件的规定条件时,项目监理机构应予以受理。

2．工程延期的申请与审批

(1) 当影响工期事件具有持续性时,项目监理机构可在收到承包单位提交的阶段性工程延期申请表并经过审查后,先由总监理工程师签署工程临时延期审批表并通报建设单位。当承包单位提交最终的工程延期申请表后,项目监理机构应复查工程延期及临时延期情况,并由总监理工程师签署工程最终延期审批表。

工程临时延期申请表应符合 A7 表(表 36-21)的格式;工程临时延期审批表应符合 B4 表(表 36-28)的格式;工程最终延期审批表应符合附录 B5 表(表 36-19)的格式。

(2) 项目监理机构在作出临时工程延期批准或最终的工程延期批准之前,均应与建设单位和承包单位进行协商。

(3) 项目监理机构在审查工程延期时,应依下列情况确定批准工程延期的时间:

1) 施工合同中有关工程延期的约定;
2) 工期拖延和影响工期事件的事实和程度;
3) 影响工期事件对工期影响的量化程度。

(4) 在确定各影响工期事件对工期或区段工期的综合影响程度时,可按下列步骤进行:

1) 以事先批准的详细的施工进度计划为依据,确定假设工程不受影响工期事件影响时应该完成的工作或应该达到的进度;
2) 详细核实受该影响工期事件影响后,实际完成的工作或实际达到的进度;
3) 查明因受该影响工期事件的影响而受到延误的作业工种;
4) 查明实际的进度滞后是否还有其他影响因素,并确定其影响程度;
5) 最后确定该影响工期事件对工程竣工时间或区段竣工时间的影响值。

3．造成费用索赔的处理

工程延期造成承包单位提出费用索赔时,项目监理机构应按"36-8-6 索赔管理"的规定处理。

4．工期延误的处理

当承包单位未能按照施工合同要求的工期竣工交付造成工期延误时,项目监理机构应按施工合同规定从承包单位应得款项中扣除误期损害赔偿费。

36-10-2-4 项目质量管理

为了使建设工程项目的质量达到合同规定的质量要求,监理工程师应行使工程质量检验权。

1．审查主要建筑材料和主要设备订货,并核定其性能是否满足规范和设计要求;
2．检验工程使用的材料、设备质量;
3．检验工程使用的半成品及构件质量;
4．按合同规定的规范、规程,监督、检验工程施工质量和设备安装质量;
5．按合同或规范规定的程序,检查和验收隐蔽工程和需要中间验收工程的质量;
6．当设备安装工程具备单机无负荷试车条件时,参加安装单位组织的试车,并在试车记录上签署意见;当设备安装工程具备联动无负荷试车条件时,参加由建设单位组织的试车；

7. 对单位工程竣工质量和全部工程竣工质量进行初验和评价，参加工程验收和质量评定；

8. 组织工程质量事故分析及处理等。

监理工程师如何对项目质量进行控制，详见本章"36-7 项目质量控制"。

36-10-2-5 项目结算管理

对项目结算进行管理是监理工程师的职责，应严格结算管理。

1. 工程计量与工程款支付

工程计量的项目应包括合同中规定的工程项目、辅助项目以及经审批确认的工程变更项目。这些经过监理工程师计量所确定的数量是对施工单位支付款项的凭据；工程计量不仅仅是监理工程师对施工单位已完工程数量的确认，而且也是对已完工程的综合评价，如工程质量不合格的工程、验收手续和资料不齐全的项目等，监理工程师有权不予计量。

监理工程师应对计量的结果负责。

工程款支付的含义就是业主对施工单位支付工程款项，都必须由监理工程师出具证明，业主才予支付；工程款支付包括工程费用、预付款费用、违约罚金等。

监理工程师对工程计量和工程款支付应有充分的批准权和否决权，对违约方的违约行为有权按合同处予罚金或停止付款，所以计量与支付是约束承包商履行义务的手段。详见"36-8-4 工程计量与工程款支付"。

2. 索赔管理

索赔是指施工合同履行过程中，合同一方因对方不履行或不适当地履行施工合同所设定的义务而遭受损失时，向对方提出的索赔要求；这是合同价款以外的费用。

监理工程师在项目实施过程中，应严格按照合同条件，根据实际情况公正地处理费用索赔事件，发现索赔机会，同时对不合理的索赔要求进行反索赔，以维护合同双方当事人的正当权益（详见 36-8-6 索赔管理）。

3. 工程变更的管理

工程变更分别有施工单位、设计单位和建设单位对原设计的变更。

施工单位对原设计的变更应在征得监理工程师同意后，送原规划、设计单位审查，在取得相应的图纸和说明后执行；在施工中，建设单位对原设计的变更，也应送原规划、设计单位审批后，向施工单位发出变更通知，施工单位按通知进行变更。同时，确定变更价格。

在施工的过程中，对工程变更应慎重对待。详见"36-8-5 工程变更的控制"。

4. 工程竣工结算

工程竣工结算是施工合同履行的重要步骤，又是施工合同管理的最后阶段。在工程办理完竣工结算手续后，建设单位应按有关部门规定的工程价款结算办法和施工合同内规定的程序，办理工程价款结算拨付手续。

监理工程师如何对项目结算进行管理，详见"36-8-7 竣工结算与决算"。

36-10-2-6 合同争议的调解

1. 项目监理机构接到合同争议的调解要求后应进行以下工作：

(1) 及时了解合同争议的全部情况，包括进行调查和取证；

(2) 及时与合同争议的双方进行磋商；

(3) 在项目监理机构提出调解方案后，由总监理工程师进行争议调解；

(4) 当调解未能达成一致时，总监理工程师应在施工合同规定的期限内提出处理该合同争议的意见；

(5) 在争议调解过程中，除已达到了施工合同规定的暂停履行合同的条件之外，项目监理机构应要求施工合同的双方继续履行施工合同。

2. 在总监理工程师签发合同争议处理意见后，建设单位或承包单位在施工合同规定的期限内未对合同争议处理决定提出异议，在符合施工合同的前提下，此意见应成为最后的决定，双方必须执行。

3. 在合同争议的仲裁或诉讼过程中，项目监理机构接到仲裁机关或法院要求提供有关证据的通知后，应公正地向仲裁机关或法院提供与争议有关的证据。

36-10-2-7 合同的解除

1. 施工合同的解除必须符合法律程序。

2. 当建设单位违约导致施工合同最终解除时，项目监理机构应就承包单位按施工合同规定应得到的款项与建设单位和承包单位进行协商，并应按施工合同的规定从下列应得的款项中确定承包单位应得到的全部款项，并书面通知建设单位和承包单位：

(1) 承包单位已完成的工程量表中所列的各项工作所应得的款项；

(2) 按批准的采购计划订购工程材料、设备、构配件的款项；

(3) 承包单位撤离施工设备至原基地或其他目的地的合理费用；

(4) 承包单位所有人员的合理遣返费用；

(5) 合理的利润补偿；

(6) 施工合同规定的建设单位应支付的违约金。

3. 由于承包单位违约导致施工合同终止后，项目监理机构应按下列程序清理承包单位的应得款项，或偿还建设单位的相关款项，并书面通知建设单位和承包单位：

(1) 施工合同终止时，清理承包单位已按施工合同规定实际完成的工作所应得的款项和已经得到支付的款项；

(2) 施工现场余留的材料、设备及临时工程的价值；

(3) 对已完工程进行检查和验收、移交工程资料、该部分工程的清理、质量缺陷修复等所需的费用；

(4) 施工合同规定的承包单位应支付的违约金；

(5) 总监理工程师按照施工合同的规定，在与建设单位和承包单位协商后，书面提交承包单位应得款项或偿还建设单位款项的证明。

4. 由于不可抗力或非建设单位、承包单位原因导致施工合同终止时，项目监理机构应按施工合同规定处理合同解除后的有关事宜。

36-11 监理信息与监理档案管理

监理信息管理就是监理信息收集、整理、处理、存储、传递与应用等一系列工作的总称。其目的是通过有组织的监理信息流通，使监理工程师能及时、准确完整地获得相应的信息，以作出科学的决策。

36-11-1 监 理 信 息

36-11-1-1 监理信息的重要性

1．信息是监理工程师实施控制的基础

控制是建设工程监理的主要手段之一。监理工程师为了控制工程项目投资目标、质量目标及进度目标，首先应掌握三大目标的计划值，它们是实行控制的依据；同时，还应掌握三大目标的执行情况；并把执行情况与目标进行比较，找出差异，对比较的结果进行分析，预防和排除产生差异的原因，使总体目标得以实现。也只有充分地掌握了这些信息，监理工程师才能实施控制工作。

2．信息是监理工程师决策的重要依据

建设工程监理决策正确与否，直接影响着工程项目建设总目标的实现；而监理决策正确与否，其中重要的因素之一就是信息。

例如，在工程施工招标阶段，应对投标单位进行资质预审。为此，监理工程师就必须了解参加投标的各承包单位的技术水平、财务实力和施工管理经验等方面的信息。

又如施工阶段对施工单位的工程进度款的支付决策，监理工程师也只有在详细了解了合同的有关规定及施工的实际情况等信息后，才能决策是否支付及支付的数量等。

3．信息是协调各有关方面的媒介

工程项目的建设过程涉及到有关的政府部门和建设、设计、施工、材料设备供应、监理单位等，这些政府部门和企业单位对工程项目目标的实现都会有一定的影响，处理好、协调好它们之间的关系，并对工程项目的目标实现起促进作用，就是依靠信息，把这些单位有机地联系起来。

36-11-1-2 监理信息的特点

1．信息量大

因为监理的工程项目管理涉及多部门、多专业、多环节、多渠道，而且工程建设中的情况多变化，处理的方式又多样化，因此信息量也特别大。

2．信息系统性强

由于工程项目往往是一次性（或单件性）；即使是同类型的项目，也往往因为地点、施工单位或其他情况的变化而变化，因此虽然信息量大，但却都集中于所管理的项目对象上，这就为信息系统的建立和应用创造了条件。

3．信息传递中的障碍多

传递中的障碍来自于地区的间隔、部门的分散、专业的隔阂，或传递的手段落后，或对信息的重视与理解能力、经验、知识的限制。

4．信息的滞后现象

信息往往是在项目建设和管理过程中产生的，信息反馈一般要经过加工、整理、传递，以后才能到达决策者手中，因此是滞后的。倘若信息反馈不及时，容易影响信息作用的发挥而造成失误。

36-11-1-3 监理信息的管理

1．建立信息管理系统

信息管理系统包括设计信息沟通渠道、建立信息管理组织和信息管理制度等。

设计信息沟通渠道的目的是保证信息流畅通无阻；信息管理组织和管理制度是系统管理所必须的条件。信息管理组织有人工管理信息系统和计算机管理信息系统。

2. 掌握信息来源，进行信息收集

收集监理原始信息是很重要的基础工作。监理信息管理工作的质量优劣，很大程度上取决于原始资料的全面性和可靠性。主要的监理信息来源于：

(1) 监理工作的记录

1) 监理日记：包括天气记录、施工内容、参加施工的人员（工种、数量、施工单位等）、施工用的机械（名称、数量、运转情况等）、发现的工程质量问题、施工进度与计划进度的比较（若拖延应分析其原因）、监理工作纪要和重大决定、对施工单位所作的主要指示、当天发生的纠纷及正在解决的办法、与其他方面达成的协议等；

日记可采用表格形式，应每日填写，力求简明；

2) 周报：监理工程师和其他监理人员应按专业分工分别向总监理工程师汇报一周内工程进展和监理工作情况，以及工程中的重大事件，总监理工程师根据合同要求汇总后向建设单位汇报。

3) 月报：各专业监理工程师每月应向总监理工程师汇报本月工程形象进度、工程签证情况、工程存在的主要问题、本月监理工作小结、下月监理工作打算等。总监理工程师汇总后，向建设单位写出月报（详见36-6-6-3监理月报）。

4) 监理工程师通知单或监理工作联系单

对施工单位作出比较重要的指示时，应采用书面的指示——监理工程师通知单或监理工作联系单的形式。

5) 工程质量检查、验收、评定记录。

(2) 会议制度和纪要

工地会议是监理工作的一种重要方法，会议中包括大量的来自各有关方面的信息，监理工程师必须予以重视，并作好充分的准备，以便于会议信息的收集。会议制度包括会前通知参加会议的有关方面及其会议的内容、主持人、参加人、时间、地点等，会议应做好记录，会后应有会议纪要等（详见"36-6-6-1 工地例会和会议纪要"、"36-6-6-2 专题会议和会议纪要"）。

(3) 项目管理机构之外的信息

它包括主管部门、市场、高校、科研单位、信息管理部门等处获取与本项目管理有关的信息，包括技术信息、市场信息、指令性或指导性信息等。

3. 搞好信息加工整理和储存

对于收集到的资料、数据要经过鉴别、分析、汇总、归类，作出推测、判断、演绎，这是一个逻辑判断推理的过程；现在往往借助于电子计算机进行工作。

有价值的原始资料、数据及经过加工整理的信息，要长期积累，以备查阅。

现在，建立监理信息的编码系统、采用电子计算机数据库或其他微缩系统，可以提高数据处理的效率、节省存储的时间和空间。

4. 监理信息的处理

(1) 处理的要求

要使信息能有效地发挥作用，就要求信息处理必须符合及时、准确、适用、经济的原则。

及时即信息的传递速度要快，准确即要求信息能反映实际情况，适用即信息符合实际工作的需要，经济即指信息处理方式符合经济效果的要求。

(2) 处理的内容

信息处理一般包括收集、加工、传输、存储、检索和输出等六项内容。

收集即收集原始信息，要求全面和可靠，这是信息处理的基础工作。

加工是信息处理的基本内容，包括对信息进行分类、排序、计算、比较、选择等方面的工作。应根据监理工作的要求，使收集的信息通过加工为监理工程师提供有用的信息。

传输是指信息借助于一定的载体（如上网软盘、磁带、胶片、纸张等）在监理工作的各有关单位、部门之间传播。信息通过传输而形成为信息流，信息流将不断地将信息传递给监理工程师，成为监理工作的依据。

存储是指对处理后信息的存储，建立档案，妥善保管，这些存储的信息有的可立即使用，有的日后可应用或参考。

检索是将存储的大量信息，为了方便于查找，拟定一套科学的、迅速的查找方法和手段。

输出是将处理后的信息，按照监理工作的要求，编印成各种报表和文件。

(3) 处理的方式

信息处理的方式有手工处理、计算机处理等方式。

1) 手工处理方式

在信息的处理过程中，主要依靠人工收集、填写原始资料，人工用笔、珠算、计算器等进行计算，计算结果由人工编制文件、报表，并由档案室保存和存储资料。信息的输出也依靠电话、传真机或信函发出文件、通知、报表等。

2) 计算机处理方式

计算机处理方式是利用电子计算机进行数据处理，它可以接受资料、处理和加工资料、提供处理结果。

由于监理工作中不仅有大量的信息，而且对信息的正确性、及时性等也有较高的质量要求，倘若仅依靠手工处理方式是很难胜任的。必须借助于电子计算机存贮量大，可集中存贮有关的信息，能高速准确地处理监理工作所需要的信息，能方便地形成各种监理工作需要的报表等特点，因此，要优先选用计算机处理方式。

36-11-1-4 监理信息系统

监理信息系统是以电子计算机为手段，运用系统思维的方法，对各类监理信息进行收集、传递、处理、存储、分发的计算机辅助系统。

监理信息系统是一个由多个子系统构成的系统，整个系统由大量的单一功能独立模块拼搭起来，配合数据库、知识库等组合起来，其目标是实现信息的全面管理、系统管理。

目前，已利用电子计算机辅助投资控制、进度控制、质量控制和辅助合同管理、信息管理。随着建设监理事业的发展，监理信息系统必将更快地发展和普及。

36-11-2 监理资料的管理

监理资料是工程项目监理实施过程中直接形成的、具有保存价值的各种形式的原始记录，应与工程建设同步进行。

从项目监理机构进场起，即应开始进行监理资料的积累、整理和审查工作。委托监理合同终止时，应完成监理资料的归档。

36-11-2-1 监理资料的内容

施工阶段的监理资料应包括下列内容：

1. 施工合同文件及委托监理合同；
2. 勘察设计文件；
3. 监理规划；
4. 监理实施细则；
5. 分包单位资格报审表；
6. 设计交底与图纸会审会议纪要；
7. 施工组织设计（方案）报审表；
8. 工程开工/复工报审表及工程暂停令；
9. 测量核验资料；
10. 工程进度计划；
11. 工程材料、构配件、设备的质量证明文件；
12. 检查试验资料；
13. 工程变更资料；
14. 隐蔽工程验收资料；
15. 工程计量单和工程款支付证书；
16. 监理工程师通知单；
17. 监理工作联系单；
18. 报验申请表；
19. 会议纪要；
20. 来往函件；
21. 监理日记；
22. 监理月报；
23. 质量缺陷与事故的处理文件；
24. 分部工程、单位工程等验收资料；
25. 索赔文件资料；
26. 竣工结算审核意见书；
27. 工程项目施工阶段质量评估报告等专题报告；
28. 监理工作总结。

36-11-2-2 监理月报

施工阶段的监理月报应包括以下内容：

1. 本月工程概况。

2. 本月工程形象进度。
3. 工程进度：
(1) 本月实际完成情况与计划进度比较；
(2) 对进度完成情况及采取措施效果的分析。
4. 工程质量：
(1) 本月工程质量情况分析；
(2) 本月采取的工程质量措施及效果。
5. 工程计量与工程款支付：
(1) 工程量审核情况；
(2) 工程款审批情况及月支付情况；
(3) 工程款支付情况分析；
(4) 本月采取的措施及效果。
6. 合同其他事项的处理情况：
(1) 工程变更；
(2) 工程延期；
(3) 费用索赔。
7. 本月监理工作小结：
(1) 对本月进度、质量、工程款支付等方面情况的综合评价；
(2) 本月监理工作情况；
(3) 有关本工程的意见和建议；
(4) 下月监理工作的重点。
监理月报应由总监理工程师组织编制，签认后报建设单位和本监理单位。

36-11-2-3 监理工作总结

施工阶段监理工作结束时，监理单位应向建设单位提交监理工作总结。

监理工作总结应包括以下内容：
1. 工程概况；
2. 监理组织机构、监理人员和投入的监理设施；
3. 监理合同履行情况；
4. 监理工作成效；
5. 施工过程中出现的问题及其处理情况和建议；
6. 工程照片（有必要时）。

36-11-2-4 监理资料的管理

1. 监理资料必须及时整理、真实完整、分类有序。
2. 监理资料的管理应由总监理工程师负责，并指定专人具体实施。
3. 监理资料应在各阶段监理工作结束后及时整理归档。
4. 监理档案的编制及保存应按有关规定执行。

36-11-3 施工阶段监理工作的基本表式

施工阶段监理工作的基本表式分 A、B、C 三类。其中 A 类表为承包单位用表，B 类表为监理单位用表，C类表为各方通用表。

36-11-3-1　A类表（承包单位用表）

1．A1 工程开工/复工报审表（表36-15）
2．A2 施工组织设计（方案）报审表（表36-16）
3．A3 分包单位资格报审表（表36-17）
4．A4 ＿＿＿＿＿＿报验申请表（表36-18）
5．A5 工程款支付申请表（表36-19）
6．A6 监理工程师通知回复单（表36-20）
7．A7 工程临时延期申请表（表36-21）
8．A8 费用索赔申请表（表36-22）
9．A9 工程材料/构配件/设备报审表（表36-23）
10．A10 工程竣工报验单（表36-24）

36-11-3-2　B类表（监理单位用表）

1．B1 监理工程师通知单（表36-25）
2．B2 工程暂停令（表36-26）
3．B3 工程款支付证书（表36-27）
4．B4 工程临时延期审批表（表36-28）
5．B5 工程最终延期审批表（表36-29）
6．B6 费用索赔审批表（表36-30）

36-11-3-3　C类表（各方通用表）

1．C1 监理工作联系单（表36-31）
2．C2 工程变更单（表36-32）

A1　　　　　　　　　　　　　　　　　　　　　　　　　　　　　　　　表 36-15

工程开工/复工报审表

工程名称：　　　　　　　　　　　　　　　　　　　　　　　　　编号：

致：　　　　　　　　　　　　　　　　　　　　　　（监理单位） 　　我方承担的＿＿＿＿＿＿＿＿＿＿工程，已完成了以下各项工作，具备了开工/复工条件，特此申请施工，请核查并签发开工/复工指令。 　　附：1．开工报告 　　　　2．（证明文件） 　　　　　　　　　　　　　　　　　　　　　　承包单位（章）＿＿＿＿＿＿ 　　　　　　　　　　　　　　　　　　　　　　项目经理＿＿＿＿＿＿＿＿ 　　　　　　　　　　　　　　　　　　　　　　日　　期＿＿＿＿＿＿＿＿
审查意见：   　　　　　　　　　　　　　　　　　　　　　　项目监理机构＿＿＿＿＿＿ 　　　　　　　　　　　　　　　　　　　　　　总监理工程师＿＿＿＿＿＿ 　　　　　　　　　　　　　　　　　　　　　　日　　期＿＿＿＿＿＿＿＿

36-11 监理信息与监理档案管理　　　*1067*

A2　　　　　　　　　　　　　　　　　　　　　　　　　　　　　　　　　　　表 36-16

施工组织设计（方案）报审表

工程名称：　　　　　　　　　　　　　　　　　　　　　　　　　　　编号：

致：　　　　　　　　　　　　　　　　　　　　　　　　　　（监理单位） 　　我方已根据施工合同的有关规定完成了＿＿＿＿＿＿＿＿＿＿工程施工组织设计（方案）的编制，并经我单位上级技术负责人审查批准，请予以审查。 　　附：施工组织设计（方案） 　　　　　　　　　　　　　　　　　　　　　　　　　承包单位（章）＿＿＿＿＿＿ 　　　　　　　　　　　　　　　　　　　　　　　　　项目经理＿＿＿＿＿＿＿＿ 　　　　　　　　　　　　　　　　　　　　　　　　　日　　期＿＿＿＿＿＿＿＿
专业监理工程师审查意见： 　　　　　　　　　　　　　　　　　　　　　　　　　专业监理工程师＿＿＿＿＿＿ 　　　　　　　　　　　　　　　　　　　　　　　　　日　　期＿＿＿＿＿＿＿＿
总监理工程师审核意见： 　　　　　　　　　　　　　　　　　　　　　　　　　项目监理机构＿＿＿＿＿＿＿ 　　　　　　　　　　　　　　　　　　　　　　　　　总监理工程师＿＿＿＿＿＿ 　　　　　　　　　　　　　　　　　　　　　　　　　日　　期＿＿＿＿＿＿＿＿

A3　　　　　　　　　　　　　　　　　　　　　　　　　　　　　　　　　　　表 36-17

分包单位资格报审表

工程名称：　　　　　　　　　　　　　　　　　　　　　　　　　　　编号：

致：　　　　　　　　　　　　　　　　　　　　　　　　　　（监理单位） 　　经考察，我方认为拟选择的＿＿＿＿＿＿＿＿＿＿＿（分包单位）具有承担下列工程的施工资质和施工能力，可以保证本工程项目按合同的规定进行施工。分包后，我方仍承担总包单位的全部责任。请予以审查和批准。 附：1. 分包单位资质材料； 　　2. 分包单位业绩材料。

分包工程名称（部位）	工程数量	拟分包工程合同额	分包工程占全部工程
合　　　　计			

承包单位（章）＿＿＿＿＿＿ 　　　　　　　　　　　　　　　　　　　　　　　　　项目经理＿＿＿＿＿＿＿＿ 　　　　　　　　　　　　　　　　　　　　　　　　　日　　期＿＿＿＿＿＿＿＿
专业监理工程师审查意见： 　　　　　　　　　　　　　　　　　　　　　　　　　专业监理工程师＿＿＿＿＿＿ 　　　　　　　　　　　　　　　　　　　　　　　　　日　　期＿＿＿＿＿＿＿＿
总监理工程师审核意见： 　　　　　　　　　　　　　　　　　　　　　　　　　项目监理机构＿＿＿＿＿＿＿ 　　　　　　　　　　　　　　　　　　　　　　　　　总监理工程师＿＿＿＿＿＿ 　　　　　　　　　　　　　　　　　　　　　　　　　日　　期＿＿＿＿＿＿＿＿

A4 表36-18

_____报验申请表

工程名称：　　　　　　　　　　　　　　　　　　　　　　　　　　编号：

致：　　　　　　　　　　　　　　　　　　　　　　　　　　（监理单位）
　　我单位已完成了_____工作，现报上该工程报验申请表，请予以审查和验收。
附件：

　　　　　　　　　　　　　　　　　　　　　　承包单位（章）_____
　　　　　　　　　　　　　　　　　　　　　　项目经理_____
　　　　　　　　　　　　　　　　　　　　　　日　　期_____

审查意见：

　　　　　　　　　　　　　　　　　　　　　　项目监理机构_____
　　　　　　　　　　　　　　　　　　　　　　总/专业监理工程师_____
　　　　　　　　　　　　　　　　　　　　　　日　　期_____

A5 表36-19

工程款支付申请表

工程名称：　　　　　　　　　　　　　　　　　　　　　　　　　　编号：

致：　　　　　　　　　　　　　　　　　　　　　　　　　　（监理单位）
　　我方已完成了_____
_____工作，按施工合同的规定，建设单位应在_____年_____月_____日前支付该项工程款共（大写）_____（小写：_____），现报上_____工程付款申请表，请予以审查并开具工程款支付证书。
附件：
　　1. 工程量清单；
　　2. 计算方法。

　　　　　　　　　　　　　　　　　　　　　　承包单位（章）_____
　　　　　　　　　　　　　　　　　　　　　　项目经理_____
　　　　　　　　　　　　　　　　　　　　　　日　　期_____

A6 表36-20

监理工程师通知回复单

工程名称：　　　　　　　　　　　　　　　　　　　　　　　　　　编号：

致：　　　　　　　　　　　　　　　　　　　　　　　　　　（监理单位）
　　我方接到编号为_____的监理工程师通知后，已按要求完成了_____工作，现报上，请予以复查。
详细内容：

　　　　　　　　　　　　　　　　　　　　　　承包单位（章）_____
　　　　　　　　　　　　　　　　　　　　　　项目经理_____
　　　　　　　　　　　　　　　　　　　　　　日　　期_____

复查意见：

　　　　　　　　　　　　　　　　　　　　　　项目监理机构_____
　　　　　　　　　　　　　　　　　　　　　　总/专业监理工程师_____
　　　　　　　　　　　　　　　　　　　　　　日　　期_____

A7 表 36-21

工程临时延期申请表

工程名称： 　　　　　　　　　　　　　　　　　　　　　　　　　　　　编号：

致： 　　　　　　　　　　　　　　　　　　　　　　　　　　　（监理单位）
　　根据施工合同条款_____条的规定，由于_____原因，我方申请工程延期，请予以批准。

附件：
　　1. 工程延期的依据及工期计算

　　合同竣工日期：
　　申请延长竣工日期：
　　2. 证明材料

　　　　　　　　　　　　　　　　　　　　　　　　　　　　承包单位_____
　　　　　　　　　　　　　　　　　　　　　　　　　　　　项目经理_____
　　　　　　　　　　　　　　　　　　　　　　　　　　　　日　　期_____

A8 表 36-22

费用索赔申请表

工程名称： 　　　　　　　　　　　　　　　　　　　　　　　　　　　　编号：

致： 　　　　　　　　　　　　　　　　　　　　　　　　　　　（监理单位）
　　根据施工合同条款_____条的规定，由于_____的原因，我方要求索赔金额（大写）_____，请予以批准。

索赔的详细理由及经过：

索赔金额的计算：

附：证明材料

　　　　　　　　　　　　　　　　　　　　　　　　　　　　承包单位_____
　　　　　　　　　　　　　　　　　　　　　　　　　　　　项目经理_____
　　　　　　　　　　　　　　　　　　　　　　　　　　　　日　　期_____

A9 表 36-23

工程材料/构配件/设备报审表

工程名称： 　　　　　　　　　　　　　　　　　　　　　　　　　　　　编号：

致： 　　　　　　　　　　　　　　　　　　　　　　　　　　　（监理单位）
　　我方于_____年_____月_____日进场的工程材料/构配件/设备数量如下（见附件）。现将质量证明文件及自检结果报上，拟用于下述部位：
_____
_____，
请予以审核。

附件：1. 数量清单
　　　2. 质量证明文件
　　　3. 自检结果

　　　　　　　　　　　　　　　　　　　　　　　　　　　　承包单位（章）_____
　　　　　　　　　　　　　　　　　　　　　　　　　　　　项目经理_____
　　　　　　　　　　　　　　　　　　　　　　　　　　　　日　　期_____

续表

审查意见：
　　经检查上述工程材料/构配件/设备，符合/不符合设计文件和规范的要求，准许/不准许进场，同意/不同意使用于拟定部位。

　　　　　　　　　　　　　　　　　　　　　　　项目监理机构＿＿＿＿＿＿
　　　　　　　　　　　　　　　　　　　　　　　总/专业监理工程师＿＿＿＿＿＿
　　　　　　　　　　　　　　　　　　　　　　　日　　期＿＿＿＿＿＿

A10　　　　　　　　　　　　　　　　　　　　　　　　　　　　　　　表36-24

工程竣工报验单

工程名称：　　　　　　　　　　　　　　　　　　　　　　　　编号：

致：　　　　　　　　　　　　　　　　　　　　　（监理单位）
　　我方已按合同要求完成了＿＿＿＿＿＿＿＿＿＿＿＿工程，经自检合格，请予以检查和验收。
附件：

　　　　　　　　　　　　　　　　　　　　　　　承包单位（章）＿＿＿＿＿＿
　　　　　　　　　　　　　　　　　　　　　　　项目经理＿＿＿＿＿＿
　　　　　　　　　　　　　　　　　　　　　　　日　　期＿＿＿＿＿＿

审查意见：
经初步验收，该工程
1. 符合/不符合我国现行法律、法规要求；
2. 符合/不符合我国现行工程建设标准；
3. 符合/不符合设计文件要求；
4. 符合/不符合施工合同要求。
综上所述，该工程初步验收合格/不合格，可以/不可以组织正式验收。

　　　　　　　　　　　　　　　　　　　　　　　项目监理机构＿＿＿＿＿＿
　　　　　　　　　　　　　　　　　　　　　　　总监理工程师＿＿＿＿＿＿
　　　　　　　　　　　　　　　　　　　　　　　日　　期＿＿＿＿＿＿

B1　　　　　　　　　　　　　　　　　　　　　　　　　　　　　　　表36-25

监理工程师通知单

工程名称：　　　　　　　　　　　　　　　　　　　　　　　　编号：

致：
事由：

内容：

　　　　　　　　　　　　　　　　　　　　　　　项目监理机构＿＿＿＿＿＿
　　　　　　　　　　　　　　　　　　　　　　　总/专业监理工程师＿＿＿＿＿＿
　　　　　　　　　　　　　　　　　　　　　　　日　　期＿＿＿＿＿＿

B2   表 36-26

工程暂停令

工程名称：   编号：

致：   （承包单位）
由于
原因，现通知你方必须于_____年_____月_____日_____时起，对本工程的 _____部位（工序）实施暂停施工，并按下述要求做好各项工作：

                                                  项目监理机构_____
                                                  总监理工程师_____
                                                  日   期_____

B3   表 36-27

工程款支付证书

工程名称：   编号：

致：   （建设单位）
根据施工合同的规定，经审核承包单位的付款申请和报表，并扣除有关款项，同意本期支付工程款共（大写）_____（小写：_____）。请按合同规定及时付款。
其中： 1. 承包单位申报款为： 2. 经审核承包单位应得款为： 3. 本期应扣款为： 4. 本期应付款为：
附件： 1. 承包单位的工程付款申请表及附件； 2. 项目监理机构审查记录。

项目监理机构_____
                                                  总监理工程师_____
                                                 日   期_____

B4   表 36-28

工程临时延期审批表

工程名称：   编号：

致：   （承包单位）
根据施工合同条款_____条的规定，我方对你方提出的_____工程延期申请（第_____号）要求延长工期_____日历天的要求，经过审核评估：
□ 暂时同意工期延长_____日历天。使竣工日期（包括已指令延长的工期）从原来的_____年_____月_____日延到_____年_____月_____日。请你方执行。
□ 不同意延长工期，请按约定竣工日期组织施工。
说明：

项目监理机构_____
                                                    总监理工程师_____
                                                 日   期_____

B5 表36-29

工程最终延期审批表

工程名称： 编号：

致： （承包单位）

　　根据施工合同条款_____条的规定，我方对你方提出的_____工程延期申请（第_____号）要求延长工期日历天的要求，经过审核评估：

　　□ 最终同意工期延长_____日历天。使竣工日期（包括已指令延长的工期）从原来的_____年_____月_____日延迟到_____年_____月_____日。请你方执行。

　　□ 不同意延长工期，请按约定竣工日期组织施工。

　　说明：

项目监理机构_____
总监理工程师_____
日　　期_____

B6 表36-30

费用索赔审批表

工程名称： 编号：

致： （承包单位）

　　根据施工合同条款_____条的规定，你方提出的_____费用索赔申请（第_____号），索赔（大写）_____，经我方审核评估：

　　□ 不同意此项索赔。

　　□ 同意此项索赔，金额为（大写）_____。

同意/不同意索赔的理由：

索赔金额的计算：

项目监理机构_____
总监理工程师_____
日　　期_____

C1 表36-31

监理工作联系单

工程名称： 编号：

致：

　事由

　内容

单　位_____
负责人_____
日　期_____

C2　　　　　　　　　　　　　　　　　　　　　　　　　　　　　　　　表 36-32

工 程 变 更 单

工程名称：	编号：

致：
　　　　　　　　　　　　　　　　　　　　　　　　　　　　　　　　　（监理单位）
　　由于 _____ 原因，兹提出
_____ 工程
变更（内容见附件），请予以审批。

附件：

提出单位_____
代 表 人_____
日 期_____

一致意见：

建设单位代表	设计单位代表	项目监理机构
签字：	签字：	签字：
日期_____	日期_____	日期_____

36-12　工程竣工验收

36-12-1　建设工程竣工验收备案管理

　　为了加强房屋建筑工程和市政基础设施工程质量的管理，在中华人民共和国境内新建、扩建、改建各类房屋建筑工程和市政基础设施工程实行竣工验收备案管理办法。国务院建设行政主管部门负责全国房屋建筑工程和市政基础设施工程的竣工验收备案管理工作，县级以上地方人民政府建设行政主管部门负责本行政区域内工程的竣工验收备案管理工作。

36-12-1-1　竣工验收条件

　　竣工验收应符合下列条件：
　　1．完成工程设计和合同约定的各项内容，达到竣工标准；
　　2．施工单位在工程完工后，对工程质量进行了全面检查，确认工程质量符合法律、法规和工程建设强制性标准规定，符合设计文件及合同要求，并提出工程竣工报告；
　　3．勘察、设计单位对勘察、设计文件及施工过程中由设计单位参加签署的更改原设计的资料进行了检查，确认勘察、设计符合国家规范、标准要求，施工单位的工程质量达到设计要求，并提出工程质量检查报告；
　　4．对于委托监理的工程项目，监理单位在施工单位自评合格，勘察、设计单位认可

的基础上,对竣工工程质量进行了检查并核定合格质量等级,提出工程质量评估报告;

5. 有完整的工程项目建设全过程竣工档案资料;

6. 建设单位已按合同约定支付工程款,有工程款支付证明;

7. 施工单位和建设单位签署了工程质量保修书;

8. 规划行政主管部门对工程是否符合规划设计要求进行了检查,并出具认可文件;

9. 有公安消防、环保等部门出具的认可文件或者准许使用文件;

10. 建设行政主管部门及其委托的建设工程质量监督机构等有关部门要求整改的质量问题全部整改完毕。

36-12-1-2 竣工验收程序

竣工验收应符合下列程序:

1. 工程完工,建设单位收到施工单位的工程质量竣工报告,勘察、设计单位的工程质量检查报告,监理单位的工程质量评估报告,对符合验收要求的工程,应组织勘察、设计、施工、监理等单位和其他有关方面的专家组成验收组、制定验收方案;

2. 建设单位应在工程竣工验收 7 日前,向建设工程质量监督机构申领《建设工程竣工验收备案表》和《建设工程竣工验收报告》,并同时将竣工验收时间、地点及验收组名单书面通知建设工程质量监督机构;

3. 建设工程质量监督机构应审查该工程竣工验收十项条件和资料是否符合要求,符合要求的发给建设单位《建设工程竣工验收备案表》和《建设工程竣工验收报告》,不符合要求的,通知建设单位整改,并重新确定竣工验收时间。

36-12-1-3 组织竣工验收要求

建设单位应按下列要求组织竣工验收:

1. 建设、勘察、设计、施工、监理单位分别汇报工程合同履约情况和在工程建设各个环节执行法律、法规和工程建设强制性标准的情况;

2. 验收组人员审阅建设、勘察、设计、施工、监理单位的工程档案资料;

3. 实地查验工程质量;

4. 对工程勘察、设计、施工、监理单位各管理环节和工程实物质量等方面作出全面评价,形成经验收组人员签署的工程竣工验收意见;

5. 参与工程竣工验收的建设、勘察、设计、施工、监理等各方不能形成一致意见时,应当协商提出解决的方法。待意见一致后,重新组织工程竣工验收,当不能协商解决时,由建设行政主管部门或者其委托的建设工程质量监督机构裁决。

36-12-1-4 竣工验收报告

工程竣工验收合格后,建设单位应当及时提出工程竣工验收报告。工程竣工验收报告主要包括工程概况、报建日期、建设单位执行基本建设程序情况、对工程勘察、设计、施工、监理等方面的评价。工程竣工验收时间、程序、内容和组织形式、验收小组人员签署的工程竣工验收意见等内容。

工程竣工验收报告,还应附有下列文件:

1. 施工许可证;

2. 施工图设计文件审查意见;

3. 施工单位提交的工程质量竣工报告,勘察、设计单位提供的工程质量核查报告,

监理单位提供的工程质量评估报告;

4. 施工单位签署的工程质量保修书;

5. 规划行政主管部门认可文件;

6. 公安消防、环保等主管部门认可文件;

7. 建设工程竣工质量验收和使用功能试验资料;

8. 商品住宅的还应有建设单位签署的《住宅质量保证书》和《住宅使用说明书》。

36-12-1-5 竣工验收监督要点

建设工程质量监督机构对建设单位组织的竣工验收实施监督重点,主要有下列内容:

1. 工程竣工标准是否符合规定;

2. 工程竣工验收的组织形式、验收程序、执行标准、验收内容是否正确;

3. 工程实物质量情况及质量保证资料有无重大缺陷;

4. 竣工验收人员签字及验收文件是否齐全,工程建设参与各方主要质量责任人签字手续是否齐全,质量终身责任制档案是否建立。

36-12-1-6 工程质量监督报告

对符合竣工验收标准的工程,建设工程质量监督机构应当在工程竣工验收之日起5日内,向备案部门提交单位工程的质量监督报告。工程质量监督报告应包括下列内容:

1. 工程概况;

2. 工程报监和开工前的质量监督情况;

3. 施工过程中重点监督部位及各次巡回抽查质量情况;

4. 地基、基础、主体结构安全、质量检验抽查情况;

5. 工程建设参与各方执行国家标准、质量行为及质量责任制履行情况;

6. 工程竣工技术质量资料抽查意见;

7. 工程质量情况及施工中出质量问题整改情况;

8. 对工程遗留质量缺陷的监督意见;

9. 工程竣工验收监督意见;

10. 监督单位、签发人、签发时间、监督人员。

36-12-1-7 竣工验收备案文件

建设单位应当自工程竣工验收合格之日起15日内,向工程所在地的县级以上地方人民政府建设行政主管部门的备案机关备案。

建设单位办理工程竣工验收备案应当提交下列文件:

1. 工程竣工验收备案表;

2. 工程竣工验收报告。竣工验收报告应当包括工程报建日期,施工许可证号,施工图设计文件审查意见,勘察、设计、施工、工程监理等单位分别签署的质量合格文件及验收人员签署的竣工验收原始文件,市政基础设施的有关质量检测和功能性能试验资料以及备案机关认为需要提供的有关资料;

3. 法律、行政法规规定应当由规划、公安消防、环保等部门出具的认可文件或者准许使用文件;

4. 施工单位签署的工程质量保修书;

5. 法规、规章规定必须提供的其他文件。

商品住宅还应当提交《住宅质量保证书》和《住宅使用说明书》。

36-12-1-8 竣工验收备案手续

备案部门收到建设单位报送的竣工验收备案文件和建设工程质量监督部门签发的"工程质量监督报告"后，验证文件齐全，应当在工程竣工验收备案表上签署文件收讫。

工程竣工验收备案表一式二份，一份由建设单位保存，一份在备案部门存档。

36-12-1-9 罚则

1. 备案机关发现建设单位在竣工验收过程中有违反国家有关建设工程质量管理规定行为的，应当在收讫竣工验收备案文件15日内，责令停止使用，重新组织竣工验收。

2. 建设单位在工程竣工验收合格之日起15日内未办理工程竣工验收备案的，备案机关责令限期改正，处20万元以上30万元以下罚款。

3. 建设单位将备案机关决定重新组织竣工验收的工程，在重新组织竣工验收前，擅自使用的，备案机关责令停止使用，处工程合同价款2%以上4%以下罚款。

4. 建设单位采用虚假证明文件办理工程竣工验收备案的，工程竣工验收无效，备案机关责令停止使用，重新组织竣工验收处20万元以上50万元以下罚款；构成犯罪的，依法追究刑事责任。

5. 备案机关决定重新组织竣工验收并责令停止使用的工程，建设单位在备案之前已投入使用或者建设单位擅自继续使用造成使用人损失的，由建设单位依法承担赔偿责任。

6. 竣工验收备案文件齐全，备案机关及其工作人员不办理备案手续的，由有关机关责令改正，对直接责任人员给予行政处分。

36-12-2 监理工程师在竣工验收中的工作

1. 总监理工程师应组织专业监理工程师，依据有关法律、法规、工程建设强制性标准、设计文件及施工合同，对承包单位报送的竣工资料进行审查，并对工程质量进行竣工预验收。对存在的问题，应及时要求承包单位整改。整改完毕由总监理工程师签署工程竣工报验单，并应在此基础上提出工程质量评估报告。工程质量评估报告应经总监理工程师和监理单位技术负责人审核签字。

竣工预验收的程序：

（1）当单位工程达到竣工验收条件后，承包单位应在自审、自查、自评工作完成后，填写工程竣工报验单，并将全部竣工资料报送项目监理机构，申请竣工验收。

（2）总监理工程师应组织各专业监理工程师对竣工资料及各专业工程的质量情况进行全面检查，对检查出的问题，应督促承包单位及时整改。

（3）对需要进行功能试验的工程项目（包括单机试车和无负荷试车），监理工程师应督促承包单位及时进行试验，并对重要项目进行现场监督、检查，必要时请建设单位和设计单位参加；监理工程师应认真审查试验报告单。

（4）监理工程师应督促承包单位搞好成品保护和现场清理。

（5）经项目监理机构对竣工资料及实物全面检查、验收合格后，由总监理工程师签署工程竣工报验单，并向建设单位提出质量评估报告。

2. 项目监理机构应参加由建设单位组织的竣工验收，并提供相关监理资料。对验收中提出的整改问题，项目监理机构应要求承包单位进行整改。工程质量符合要求，由总监理工程师会同参加验收的各方签署竣工验收报告。

36-12-3　保修期的监理工作

1．监理单位应依据委托监理合同约定的工程质量保修期监理工作的时间、范围和内容开展工作。

2．承担质量保修期监理工作时，监理单位应安排监理人员对建设单位提出的工程质量缺陷进行检查和记录，对承包单位进行修复的工程质量进行验收，合格后予以签认。

3．监理人员应对工程质量缺陷原因进行调查分析并确定责任归属，对非承包单位原因造成的工程质量缺陷，监理人员应核实修复工程的费用和签署工程款支付证书，并报建设单位。

主 要 参 考 文 献

1　中华人民共和国国家标准．《建设工程监理规范》（GB 50319—2000）．北京：中国建筑工业出版社，2001

2　中华人民共和国国家标准．《建筑工程施工质量验收统一标准》（GB 50300—2001）．北京：中国建筑工业出版社，2001

3　卞耀武主编．中华人民共和国招标投标法实用问答．北京：中国建材工业出版社，1999

4　刘贞平等编．工程建设监理概论．北京：中国建筑工业出版社，1999

5　曲修山等编．工程建设合同管理．北京：中国建筑工业出版社，1999

6　徐大图等编．工程建设投资控制．北京：中国建筑工业出版社，1999

7　杨劲等编著．工程建设进度控制．北京：中国建筑工业出版社，1999

8　毛鹤琴等编．工程建设质量控制．北京：中国建筑工业出版社，1999